U0286851

ESI虚拟样机技术及应用
——2012年ESI中国用户峰会论文选集

ESI中国　主编

内容提要

本书介绍了ESI虚拟样机技术在碰撞冲击安全性、振动噪声、复合材料、铸造、钣金成型、焊接、流体力学多物理场等应用领域的最新研究成果，内容涉及核电、轨道交通、汽车制造、飞行器、海洋平台建设等的有限元分析、模拟分析、仿真分析。本书可供航空航天、交通、钢铁制造、模具制造、电子信息等行业的研发团队、相关专业的技术人员参考。

责任编辑：张 冰
装帧设计：刘 伟

图书在版编目（CIP）数据

ESI虚拟样机技术及应用：2012年ESI中国用户峰会论文选集/ESI中国主编. —北京：知识产权出版社，2013.4

ISBN 978-7-5130-1528-8

Ⅰ.①E… Ⅱ.①E… Ⅲ.①计算机仿真—文集 Ⅳ.①TP391.3—53

中国版本图书馆CIP数据核字（2012）第217297号

ESI虚拟样机技术及应用——2012年ESI中国用户峰会论文选集

ESI中国 主编

出版发行：知识产权出版社

社　　址：北京市海淀区马甸南村1号	**邮　　编**：100088
网　　址：http：//www.ipph.cn	**邮　　箱**：bjb@cnipr.com
发行电话：010-82000860转8101/8102	**传　　真**：010-82005070/82000893
责编电话：010-82000860转8024	**责编邮箱**：zhangbing@cnipr.com
印　　刷：北京中献拓方科技发展有限公司	**经　　销**：新华书店及相关销售网点
开　　本：787mm×1092mm 1/16	**印　　张**：27.25
版　　次：2013年4月第1版	**印　　次**：2013年4月第1次印刷
字　　数：787千字	**定　　价**：98.00元

ISBN 978-7-5130-1528-8/TP·009（4382）

目　录

第一篇
碰撞冲击安全性

第二篇
振动噪声

第三篇
复合材料

第四篇
铸 造

第五篇
钣金成型

第六篇

焊 接

第七篇
流体力学多物理场

第八篇
平 台

第一篇
碰撞冲击安全性

核电站主泵三维泵壳有限元分析

孙明明　郭春华

东方阿海珐核泵有限责任公司，四川德阳，618000

摘　要： 本文应用有限元分析软件 SYSTUS，对反应堆冷却剂泵重要的承压部件——主泵泵壳——进行三维有限元分析，并采用该软件的核电分析模块对计算结果进行 RCC-M 分析。计算结果表明，主泵泵壳的设计完全满足 RCC-M 标准的要求。

关键词： 主泵；泵壳；应力；RCC-M。

1　前言

反应堆冷却剂泵（以下简称主泵）是核岛设备最重要的组成部分，其作用是驱动反应堆冷却剂在主回路里循环，将反应堆产生的热量传递给蒸发器。

泵壳部件位于主泵的最下部，其进出口直接连接一回路主管道，上部则通过法兰连接主泵电机部件。作为主泵的主要压力和温度腔室以及承压边界的重要组成部分，主泵泵壳的应力水平直接影响到整个反应堆的安全性，是重要的核安全部件。

采用大型有限元分析软件 SYSTUS 对主泵泵壳进行三维有限元计算，同时依照法国 RCC-M 标准对计算结果进行校核。

分析是选用 RCC-M 规定的第四类工况即事故工况进行计算，该工况涵盖了主泵所承受的主要内部及外部载荷。

计算结果表明，主泵泵壳部件具有足够的安全裕度，能够保证主泵安全可靠运行。

2　计算程序 SYSTUS 简介[1]

SYSTUS 软件是一款大型通用有限元分析软件，其功能涵盖了结构、传热、电磁等多个物理场及各物理场间耦合的有限元分析。

该软件具有很强的前处理功能，提供了与主流三维造型软件（如 UG、CATIA 等）的接口，三维模型可以方便地从造型软件导入 SYSTUS；强大的有限元网格控制和划分功能，使得有限元模型的建立快捷准确；多样的结果数据处理功能以及各类图形、动画的显示和输出功能，极大地方便了对计算结果的分析评价。

SYSTUS 主程序最大的特色是包含了核工业分析模块——RCCM/ASME 程序。

RCCM/ASME 模块是 SYSTUS 的一个独立后处理模块，可以实现在 SYSTUS 程序内部直接用 RCC-M 标准的 B3200 章节或 ASME 标准的 Section III，division 1，article NB3200 来验证计算结果，校核结构特性。SYSTUS 的 RCCM/ASME 程序模块将设计人员从大量结果数据的人为比对和校核操作中解放出来，可以有效避免人为错误的出现。保证结果的精确性、可靠性，提高计算分析的效率。SYSTUS 目前版本的 RCCM/ASME 模块的参考标准为 RCCM 2007 版与 ASME 2007 版。

3　主泵主要参数

功率：	8032kW（冷态）
	5932kW（热态）
同步转速：	1500 r. p. m
机组高度：	9.4 m
机组重量：	104.7 t
额定流量：	23790 m³/h
冷却剂主压力：	152 bar
正常运行温度：	293 ℃

4　有限元模型

本文采用的有限元网格划分软件为法国 ESI

集团的Visual-Mesh[2]，使用该软件可以非常方便地实现与SYSTUS的数据交换。

主泵泵壳的三维整体有限元模型如图1所示。泵壳的三维实体CAD模型见图2，其作为.IGS文件输入Visual-Mesh并完成网格划分。

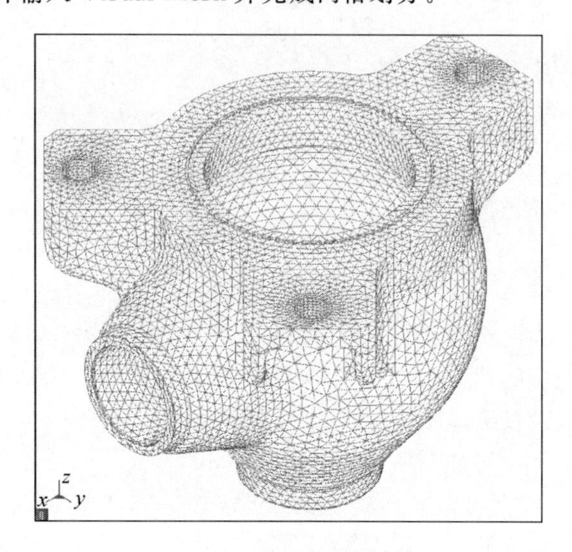

图1 泵壳有限元模型

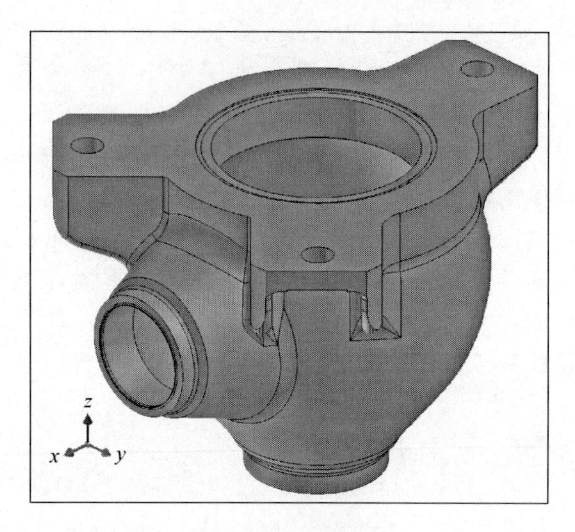

图2 泵壳几何模型

5 计算工况及载荷

计算工况为RCC-M中规定的第四类工况，即事故工况，该工况主要载荷如下：

- 主泵正常运行时的压力。
- 安全停堆地震载荷（SSE）。
- 冷却剂断水事故及主管道破裂产生的载荷（LOCA）。

事故工况时主冷却剂最高的可能温度为352.4℃，主回路最大压力为18.7MPa。

事故工况下的主泵泵壳三维计算，主要考察其一次应力水平，即RCC-M所规定的*Pm*（一次薄膜应力）和*Pm*+*Pb*（一次薄膜与弯曲应力之和）。

6 计算结果

使用SYSTUS软件的核电专用功能-RCC-M分析模块，可以方便快捷地计算出泵壳部件上各选定分析位置的一次薄膜应力（*Pm*）及一次薄膜应力与弯曲应力之和（*Pm* + *Pb*）的数值。

表1是泵壳最危险位置的应力计算结果。图3是事故工况（18.7MPa）下，泵壳应力分布云图。

表1　部分应力计算结果　单位：MPa

泵壳分析截面	一次薄膜应力 *Pm*	一次薄膜应力+弯曲应力（*Pm*+*Pb*）	
		泵壳内表面	泵壳外表面
1	152.0	164.7	158.0
2	146.6	162.3	139.8
3	135.1	143.6	137.9
4	123.8	140.0	124.3
5	121.0	139.2	108.7
6	119.0	140.8	114.4
7	114.6	94.2	138.9
8	113.9	90.8	142.2
9	82.3	91.6	98.7
10	97.4	115.5	92.0
11	95.1	102.1	118.7

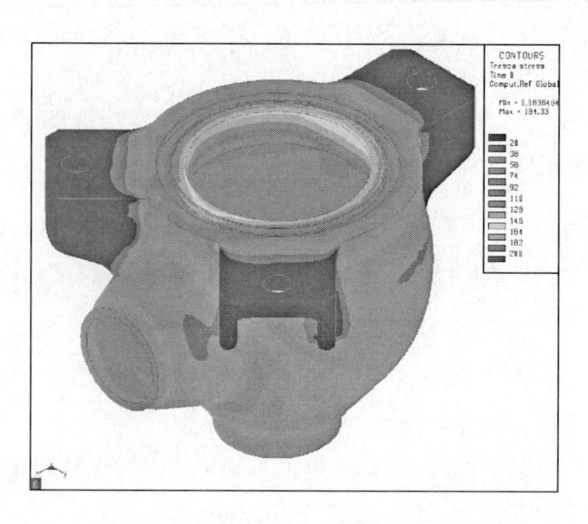

图3 泵壳应力分布云图——事故工况（18.7MPa）

7　结果评价及结论

RCC-M 对第四类工况应力评判有专门的要求(见表 2)。承压边界部件材料不同，许用应力也不同，可以在 RCC-M 附录 ZF 中查询到主泵泵壳材料在对应温度下的许用应力值及极限应力，并对计算结果进行校核[3]。

表 2　RCC-M 对第四类工况的应力准则

RCC-M level D criteria	Sub-section B：Class 1 components（B 3236－B 3254）
除螺栓外的承压部件	B 3236 ZF 1323. 1b Pm ＜ min（2. 4 Sm；0. 7 Su①）一次薄膜应力 ZF 1323. 1b Pl ＜ 1. 5 min（2. 4 Sm；0. 7 Su）局部一次薄膜应力 ZF 1323. 1b Pm＋Pb ＜ 1. 5 min（2. 4 Sm；0. 7 Su） 一次薄膜应力 ＋ 弯曲应力
螺栓	B 3254－B 3251 ZF 1323. 1b σmemb. ＜ min（2. 4 Sm；0. 7 Su）薄膜应力
特殊应力	没有要求

① 0. 7 Su 代替 min（2. 4 Sm；0. 7 Su）对于铁素体材料。

计算结果表明，主泵泵壳的一次应力水平满足 RCC-M 的要求，能够满足主泵安全可靠运行的要求，泵壳结构设计是安全的。

参　考　文　献

[1]　SYSTUS 2011 用户手册 .

[2]　Visual-Mesh 7. 0 用户手册 .

[3]　法国核岛设备设计、建造在役检查规则协会 . RCC-M 压水堆核岛机械设备设计和建造规则 .

B型地铁列车虚拟碰撞仿真分析

王卉子　伊召锋　高　峰

唐山轨道客车有限责任公司，唐山，063035

摘　要： 以B型地铁列车为研究对象，对车体模型合理简化，运用PAM-CRASH专业仿真软件，对两列AW0地铁列车在25km/h相对速度碰撞工况下，进行了虚拟碰撞仿真分析研究，对列车碰撞结构的设计及优化提供理论指导依据。

关键词： 地铁列车；虚拟碰撞仿真；PAM-CRASH。

1　前言

地铁列车作为城市轨道交通的一种运输工具，越来越受到人们的青睐。地铁列车运行载客量大，人流密集，其安全性也成了公众关注的焦点，地铁列车的碰撞性能指标对列车的安全运行至关重要。本文采用PAM-CRASH专业分析软件对B型地铁列车的碰撞性能进行了虚拟仿真分析。

2　列车仿真模型的建立

B型地铁列车为6辆编组列车，共有Tc车、Mp车和M车三种车型，成对称分布。根据参考文献［4］，前三节车对于第一介面的动态响应有至关重要的影响，第三节以后的车辆在碰撞中对第一界面的动态响应影响很小，因此，本次计算中为了减少计算规模，对于列车的碰撞仅考虑了前三辆车的编组，编组的有限元模型如图1所示。

碰撞问题是一个系统级的动态响应问题，各级吸能结构的简化和等效严重影响最终的计算结果，尤其是接触力的响应。列车所采用的防爬器是金属刨削式，其仿真中所采用的算法与碰撞仿真所采用的大变形算法是不一样的，根本不可能在一个仿真模型中同时完全表达；头车车钩在碰撞过程中，当碰撞力大于所设计的剪切螺栓所承受的剪切，车钩将会脱离车体退出碰撞。本文重点关注的是列车的变形问题，为简化问题，对防爬器和头车车钩所吸收的能量从碰撞系统中扣除，只关注列车车体在防爬器达到最大吸能能力以后的情况，为保证列车在碰撞中力的传递路径与实际一致，特保留了防爬器在达到有效行程以后的安装状态。

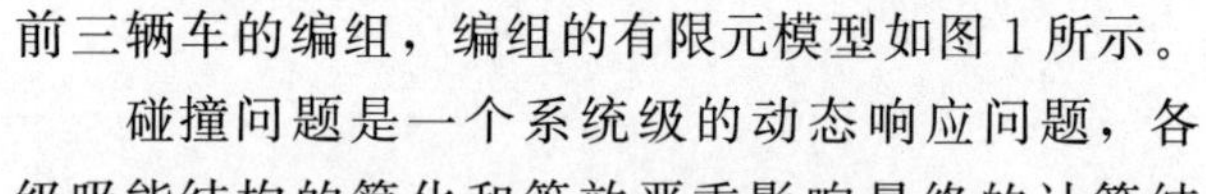

图1　三辆编组对碰列车的模型示意图

3　两列AW0列车以25km/h相对速度相撞仿真结果分析

从碰撞系统的能量图和碰撞力曲线来看，整个碰撞过程保持能量守恒原则，整个系统的能量为1856.67kJ。随着碰撞的进行内能逐渐增加，动能逐渐减少，碰撞开始的前19ms，是刚度较弱车司机室铝骨架发生变形，随后才进入刚度较大的司机室铝合底架的碰撞变形，因此能量图中动能和内能曲线均在19ms处有拐点，碰撞力曲线在前19ms碰撞中第一界面的碰撞力（两个头车的碰撞面）并不大，20ms防爬器开始接触，碰撞力急速增加，第一个峰值为3160.2kN，发生在25ms。25～93ms之间，司机室底架发生变形，碰撞力在这个时间段内围绕1800kN波动，在93ms之后第一界面的碰撞力出现急速下降，114ms降为0，此后第一界面上车体前端不再接触，司机的变形量也在此刻以后没有较大的变化。但在152ms时，碰撞力再次急速增加，这是由于后继车辆对头车的冲击影响造成的，其碰撞力在3000kN左右波动。在碰撞计算时间内，第一界面发生两次碰撞，在整个碰撞过程中车体主体结构保持完整，始终处于弹性变形阶段，大变形区域主要集中在司机室铝骨架和底架横梁上，如图 2 所示。冲击车辆和被撞车辆的第二界面上等效车钩的吸能区已达到最大，冲击车辆和被撞车辆的第三界面上等效车钩发生了部分变形，但并没有达到吸能极限，在计算时间内第二界面和第三界面上车体还未发生碰撞。

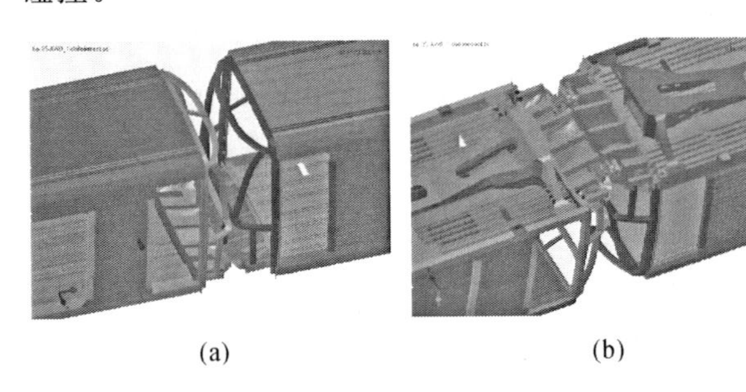

(a)　　(b)

图 2　Tc 车司机室变形

(a) t=180ms 车体变形情况；(b) t=180ms 车体变形情况

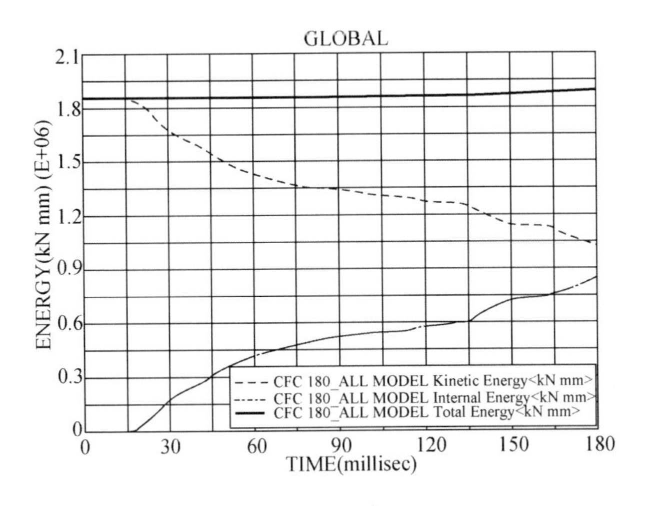

图 3　碰撞系统能量随时间变化的曲线

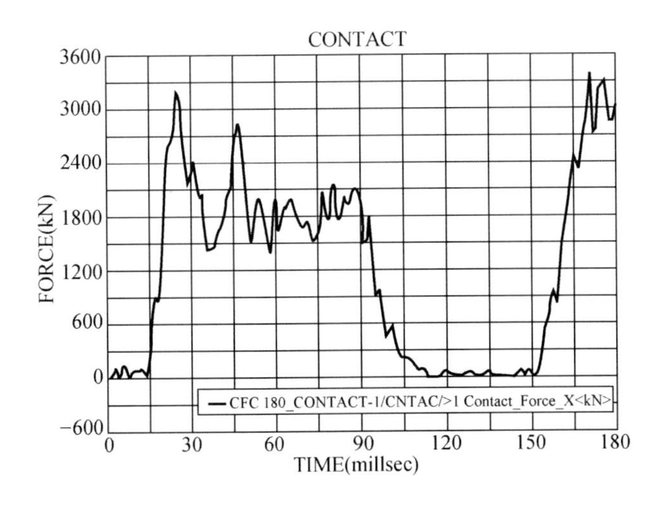

图 4　第一界面碰撞力随时间变化的曲线

图 5 为冲击车辆第一节车采点位置的纵向速度曲线图，图 6 为冲击车辆第一节车采点位置的纵向位移图。180ms 时，车体二位端纵向位移达到最大，约 785.9mm。由于第一界面在 114ms 碰撞力降为 0，以冲击车辆第一节车的二位端采点作为参考点，此时，该点的纵向位移值为 528.8mm，纵向速度为－3.127mm/ms，冲击车辆第一节车在第一次冲击中的平均加速度约为－30.69m/s^2（即约－3.1g），被撞车辆第一节车在第一次冲击中的平均加速度约为 31.34 m/s^2（即约－3.1g，见图 7）。

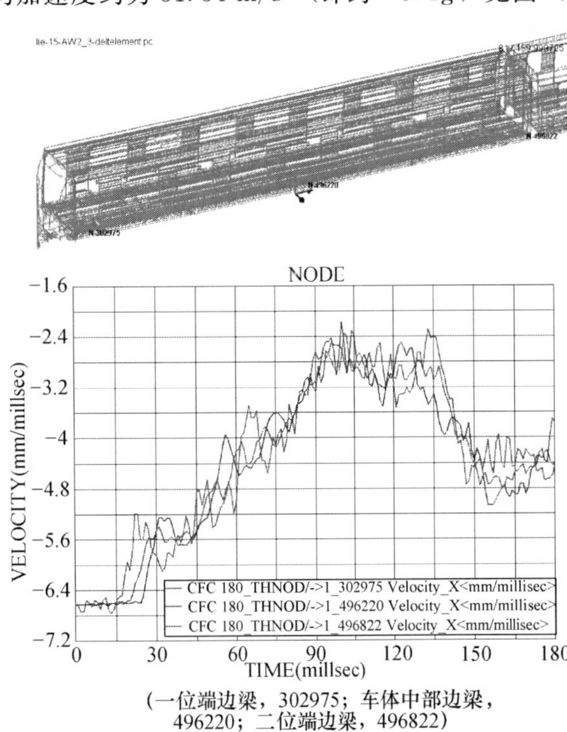

（一位端边梁，302975；车体中部边梁，496220；二位端边梁，496822）

图 5　冲击车辆第一节车采点，位置的纵向速度曲线图

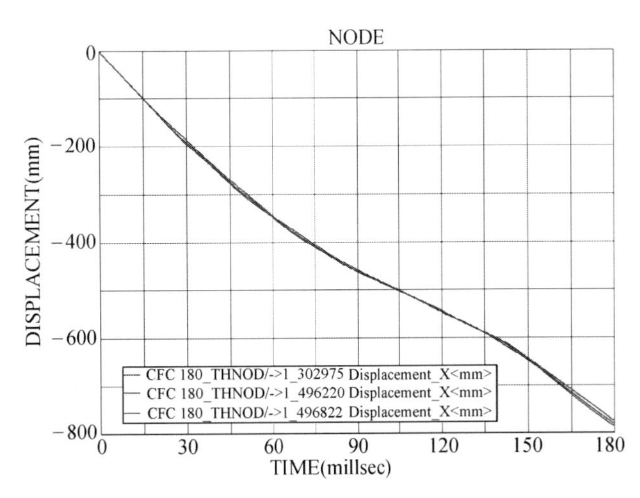

图 6　冲击车辆第一节车采点位置的纵向位移图

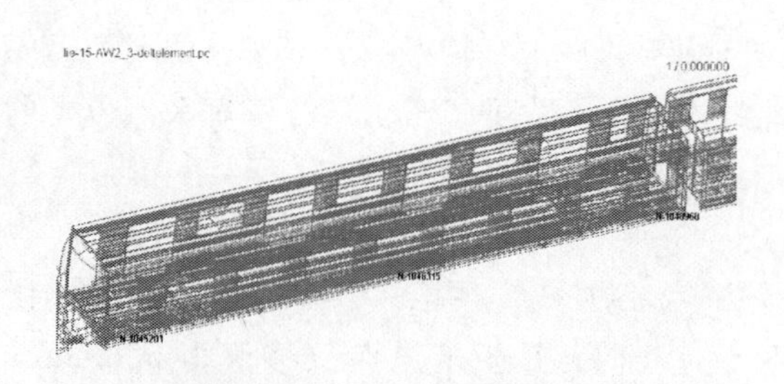

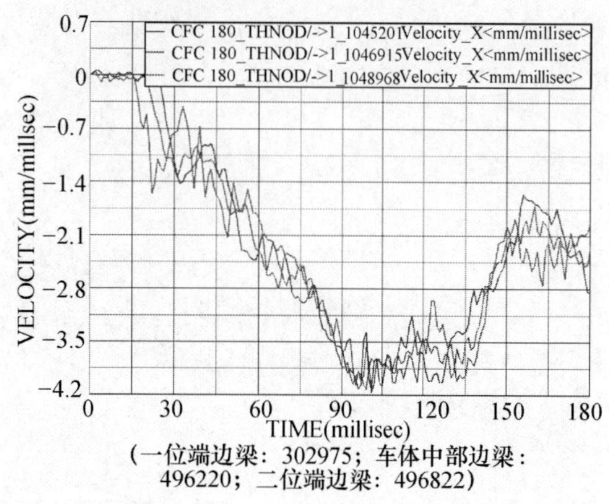

(一位端边梁：302975；车体中部边梁：496220；二位端边梁：496822)

图7 被撞车辆第一节车采点位置的纵向速度曲线图

4 结论和展望

借助于PAM-CRASH专业碰撞分析软件，初步完成了两列AW0地铁列车以25km/h相对速度的碰撞仿真分析。列车在碰撞中的平均减速度满足标准EN15227的要求，除司机室有较大的变形外，客室区保持完整，但司机室与车体的接口较弱，应适当加强。

本文在碰撞分析时对某地铁列车碰撞系统做了大量的简化，在计算时间内也未能反映出整个碰撞系统中后继车辆的相继冲击效应。因此，如何考虑采用更能准确表达车钩缓冲装置和吸能结构的动态行为特性的简单简化模型，以便更为准确地捕捉碰撞系统的动态响应，需要做进一步的工作。

参 考 文 献

[1] 谢素明，兆文忠，闫学冬．高速车辆大变形碰撞仿真基本原理及应用研究［J］．铁道车辆．2001.

[2] 刘金朝，王国成．城市轨道车辆防碰撞性研究［J］．现代城市轨道交通．2005.

[3] 房加志，刘金朝，焦群英，等．铁路客车结构大变形碰撞特性的仿真研究［J］．中国农业大学学报．2004.

[4] G Lu．耐碰撞车辆的能量吸收要求［J］．国外铁道车辆．2006.

采用 Mapping 方法考虑初始应变的整车侧碰模拟

罗登科　吴峻岭　连志斌

上海大众汽车有限公司，上海，201805

摘　要：车身许多部件在冲压成形过程都会形成较大的初始的应变，这将会对整车碰撞模拟计算过程中材料的行为产生一定的影响。而通过结合 PAM-STAMP 中 Export 功能和 PAM-CRASH 中 Import 功能能够很好地将这一影响体现出来。本文详细介绍了 PAM-CRASH 中的 Import 中的 Mapping 基本原理，并结合侧碰的具体算例，说明了采用 Mapping 考虑初始应变对计算结果产生的影响情况。

关键词：侧碰；有限元；初始应变；PAM-CRASH；Mapping。

1　引言

整车碰撞模拟中，车身的许多部件在冲压成型过程中都将留下较大的初始应变，这些初始应变可能会使得部件材料出现硬化，进而影响到计算结果。因此在碰撞模拟计算工作中，从开始建模阶段考虑材料的初始应变是很有必要的。通过 PAM-CRASH Import 选项中 Mapping 映射功能，结合 PAM-STAMP 的 Export 选项，能够成功导入包含零件初始应变信息的 * M01 文件，进而建立更细致的有限元模型，实现更准确的计算模拟。

2　基本原理

2.1　坐标转换

通常在 PAM-STAMP 中针对单独零件做的冲压模拟与零件 PAM-CRASH 整车计算中的坐标是不相同的，而 Mapping 要求镜像文件和目标文件在几何坐标上基本重合。因此需要在建模阶段对镜像文件进行坐标转换。PAM-CRASH 中大体上提供了三类处理方法，即平面法、旋转平移法和矩阵转换法。平面法通过图 2 (a) 所示将镜像单元分步平移和旋转实现坐标变换。旋转平移法通过图 2 (b) 所示沿坐标轴分步旋转，随后通过转动向量进行平移来实现坐标变换。

本文采用的方法是矩阵转换法。矩阵转换法操作比较方便快捷。它是通过定义一个转换方程来实现镜像坐标与目标坐标之间的变换。如式 (1)，其中 $[\theta_{ij}]$ 和 $\{T\}$ 分别表示转换矩阵和移动向量。

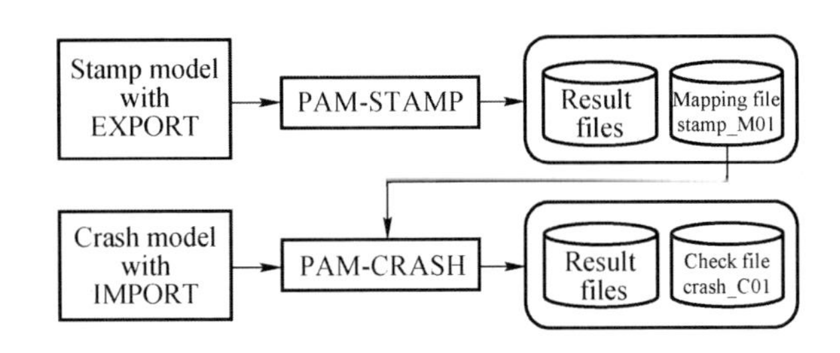

图 1　PAM-STAMP 和 PAM-CRASH 结合求解初始应变问题

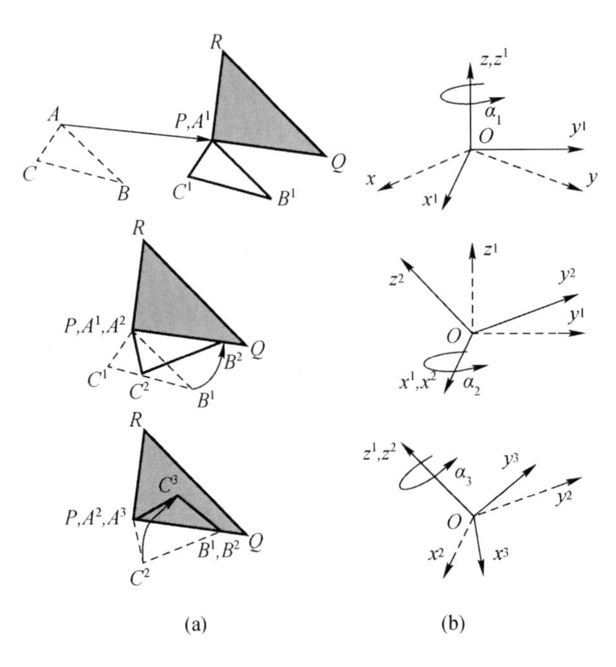

图 2　平面法和旋转平移法示意图

$$\begin{Bmatrix} Q_x \\ Q_y \\ Q_z \end{Bmatrix} = \begin{Bmatrix} \theta_{11} & \theta_{12} & \theta_{13} \\ \theta_{21} & \theta_{22} & \theta_{23} \\ \theta_{31} & \theta_{32} & \theta_{33} \end{Bmatrix} \begin{Bmatrix} P_x \\ P_y \\ P_z \end{Bmatrix} + \begin{Bmatrix} T_x \\ T_y \\ T_z \end{Bmatrix} \tag{1}$$

2.2 映射与插值

坐标转换后，所有的壳单元和体单元都要进行投影映射［见图3（a)］，搜索所有的接近目标单元的镜像单元，找到最近的镜像单元后，通过对其单元变量进行线性插值，计算出相应的目标变量。而在壳单元的厚度方向，如镜像单元与目标单元采用的积分点数若不相同，同样采用线性插值的方式［见图3（b)］。

PAM-CRASH提供了四种插值方法可供选择，分别是面积插值、最大值插值、最小值插值以及自定义插值。本文采用了面积插值法。如式（2），v^{target}和v^{image}分别表示目标单元和最接近目标单元的映像单元的变量；α_i表示映射单元到目标单元的投影面积［见图3（a)］。

$$v^{target} = \frac{\sum_{i \in c} a_i v_i^{image}}{\sum_{i \in c} a_i} \tag{2}$$

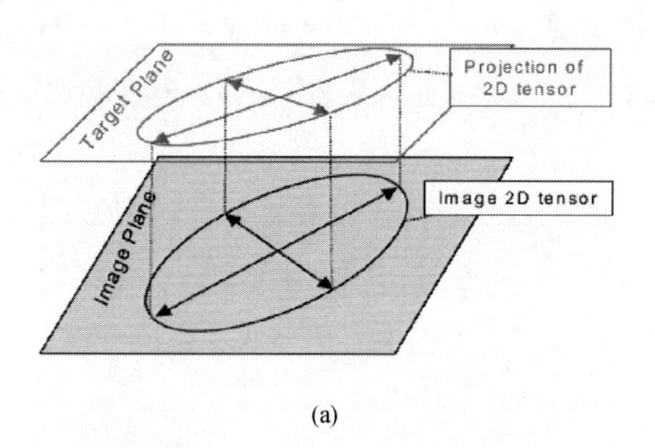

(a)

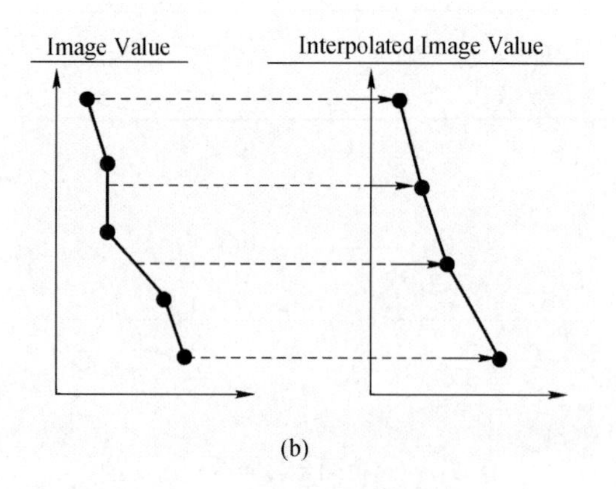

(b)

图3 映射和插值示意图

3 算例分析

本文以对某轿车的侧面碰撞的计算为例，考虑到在冲压过程中会出现较大残余变形的B柱内板的初始应变，通过导入PAM-STAMP含初始应变的单件M01文件进行分析。

3.1 模型建立

首先建立侧碰有限元模型，如图4所示。壁障以50km/h的速度撞击轿车，考察车身的变形状况。主要采用Shell单元进行建模，共1545369个节点，1598020个单元。

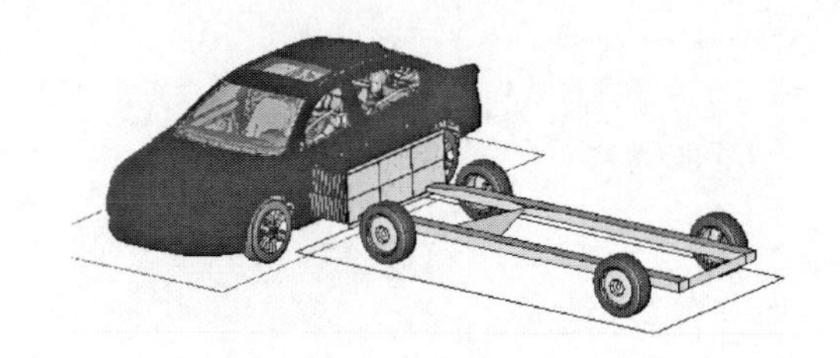

图4 侧碰有限元计算模型

在整车侧撞模型的基础上，需要导入B柱内板的初始应变文件。可以利用Mapping Process导入B柱内板的M01文件。

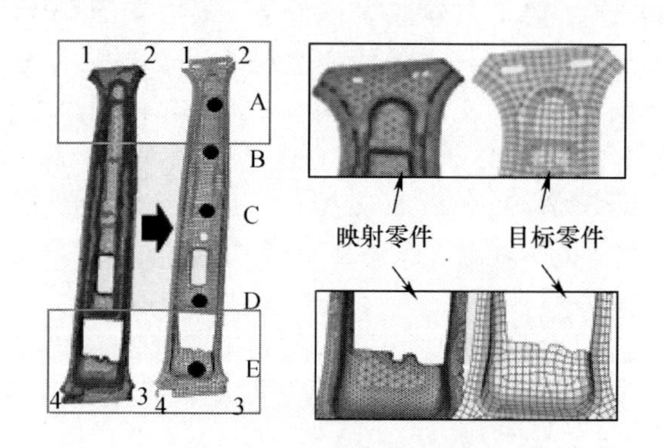

图5 B柱内板映像网格和目标网格

从式（1）可以看出要转换方程中的［θ_{ij}］和｛T｝共含12个需确定的变量。而每个节点可确定3个坐标值，因此只需确定4个节点的坐标值便可求解出式（1）的12个变量。注意选取的4个节点最好是有代表性的特征点（见图5中的1～4点)。VCP中会根据所选的4个节点自动计算出式（1）中的各个变量值。

3.2 结果分析

从塑性应变对比图可看出，有初始应变情况下B柱内板在最终时刻的应变值显然要大于无初始应变的计算结果［见图6（b)］。因此，在一些需要考虑到重要零件局部失效的工况计算中，应考虑采用带初始应变的计算模型。

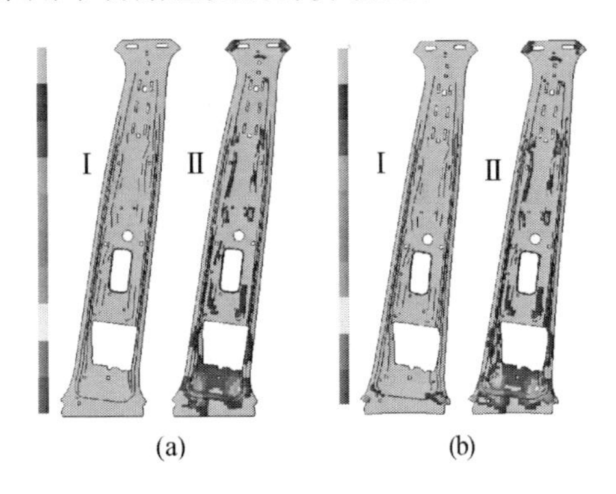

图 6　塑性应变对比图

(a) 初始时刻；(b) 最终时刻

Ⅰ—无初始应变；Ⅱ—有初始应变

从 B 柱内板由上至下取 A～E 五个点，研究其变形情况。图 7 可看出考虑初始应变后，由于出现材料硬化现象，y 向的侵入量相对偏小。表 1 列出了有无初始应变情况下各点侵入量的增量百分比，可看出 A～D 点有初始应变的侵入量较无初始应变的模型要小，A 点最高达到了 4.79%。

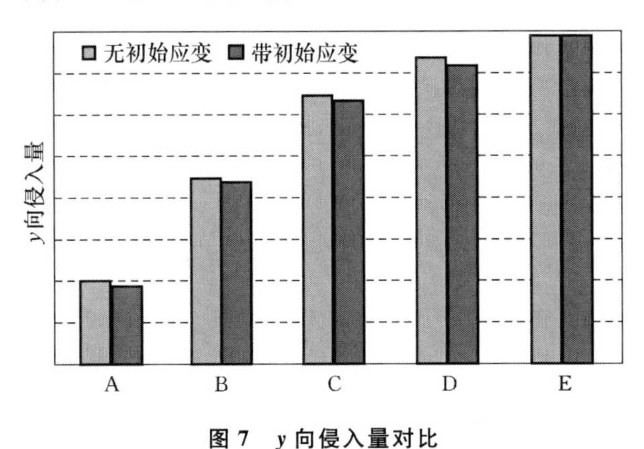

图 7　y 向侵入量对比

表 1　有初始应变较无初始应变的侵入量变化

节点	A	B	C	D	E
Δ	−4.79%	−2.14%	−1.60%	−1.20%	0.8%

4　总结

本文通过介绍 PAM-CRASH 中的 Mapping 理论和用法，对比计算了有无初始应变部件在侧碰中的应变、变形区别，得出以下结论：

(1) 考虑初始应变的部件在模拟结果中会表现出材料硬化的行为，但其最终时刻的塑性变形值会有所增大。

(2) PAM-CRASH 中自带的坐标转换和单元映射插值功能，结合 PAM-STAMP 中的 Export 功能，能够很方便地对零件进行初始应变模拟。

参　考　文　献

[1] VP Solutions-2010_ExplicitSolverNotesManual ESI 2010.

[2] VP Solutions-2010_ExplicitSolverReferenceManual ESI 2010.

Integrated Numerical Simulation Technique of Bird Impact on an Aircraft Windshield①

J. Liu Y. L. Li P. Xue
Northwestern Polytechnical University, Xi'an 710072, Shanxi, China
DOI: 10.2514/1.24568

The paper is focused on the development of an effective method to optimization inversion on constitutive model parameters of bird material in the numerical simulation of bird impact on an aircraft windshield. The experiments of bird impact on a plate under the velocity of 170m/s were performed and the displacements as well as the strains of the plate were measured. The Murnaghan Equation of State for Solid Element was used to simulate the bird and the finite element model of bird impact on a plate was established using PAM-CRASH. The constitutive model parameter value of the bird material for the Murnaghan Equation of State was optimized in iSIGHT, and the simulation of bird impact on an aircraft windshield was preformed using the bird constitutive model parameters.

1 Introduction

Collisions between a bird and an aircraft, also known as a bird-strike event, are very common and dangerous. The serious events of bird impact can lead to unacceptable losses of aircraft and crewmembers. Military fighter aircraft occasionally suffer high-speed collisions with birds[1,2], posing a threat to pilot safety and to the structural integrity of the aircraft.

With the development of the aircraft performance at low altitude and high speed, the issue of bird impact on aircraft has been concerned more and more. The windshield is a very key component in modern aircraft, so the study on performance of windshield resisting to bird-impact is significant for protecting the safe of aircraft[3].

In the research of bird striking, the bird impact experiment is the most effective method. But the existing data of experimental results are highly disperse, so that they do less help for the design of engine and also cost more. Therefore, the numerical studies become essential to design the engine components. The numerical simulation of bird strike shorten the design phase and reduce the number of intermediate tests, many researchers have been tried to improve their numerical method with non-linear dynamitic analysis[4-6]. Mao et al.[7] investigated the nonlinear dynamic response of a bird striking a fan system. The bird strike is simulated using Lagrangian blade-bird formulations. Using the established model, the effect of bird velocity and its size are examined and attention is given to strikes involving larger birds so as to address the lack of data in this aera. Rade Vignjevic et al.[8] investigated the bird strike on compressor blades, involves the study of the bird-blade inter-

① The study is supported by the 111 project (B07050).

action based on coupled finite element - smoothed particle hydrodynamic analysis. The process under consideration is characterized by high strain rates, large deformations, damage and fracture initialization and propagation. The main difficult lying in the simulation of bird striking has to be modeled with enough accuracy bird model to obtain good correlation with experiments.

A very important part of bird strike analysis is the choosing of the appropriate material constitutive model of the bird. The paper has optimization inversion and validated a kind of constitutive model parameters of bird material in the numerical simulation of bird strike on the aircraft.

2 Approach

2.1 Optimization method on constitutive model parameters of bird material

The process for optimization inversion on constitutive model parameters of bird material was automatic implemented by means of iSIGHT integrated PAM-CRASH, the specific process are as follows: the finite element mesh model on bird impact with plate was established in Visual-mesh, then the mesh model was leading-in Visual-HVI, material property was defined, node-surface contact type between bird and plate was specified, boundary condition as well as the bird speed were applied, finally the input file named input. pc for calculation was generated, then a template file named temp-input. pc was generated by means of modifying the name of input. pc. The definition for optimization variable was proceed in temp-input. pc usually. The value of optimization variable was transferred to the corresponding variable in input. pc by means of file parsing for input. pc. invoking batch process program PAM-CRASH. bat, the input. pc was calculated, and the calculation results file named answer. THP was generated. The answer. THP was transferred to text file answer. xy through calling batch process program Visual-viewer. bat, combined with the experimental results, the objective function value on relative error quadratic sum was obtained by modular calculation. The optimization flow showed in Fig. 1 was to seek the reasonable variable value to minimize the objective function.

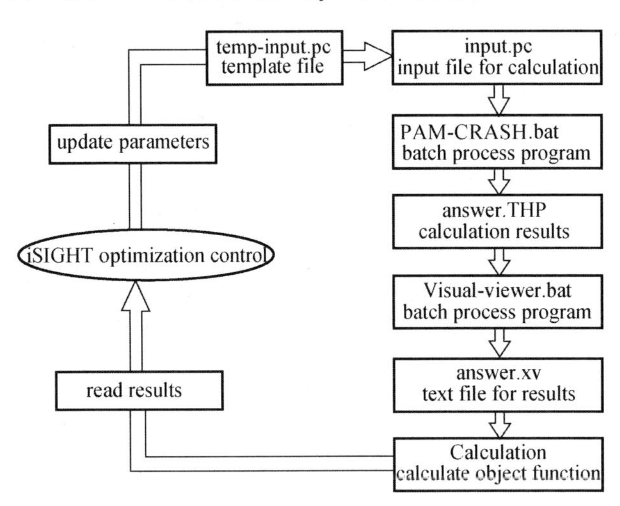

Fig. 1 Flow graph for optimization inversion on constitutive model parameters

2.2 The experiment and simulation of bird impact on a plate

Fig. 2 (a) shows the experimental apparatus of bird impact with plate, the plate is based on 8mm thick 45# steel bolted to a clamping fixture, the clamping fixture was fixed by 8 force sensor to a heavy frame support attached to the ground. The impact velocity was measured by laser velocity equipment, the impact of the bird was normal to the plate, two impact velocities were tested, approximately 170m/s for 17# and 176m/s for 18#.

The numerical model for the test of bird impacting on a plate was established in explicit dynamic FE code PAM-CRASH, as showed in Fig. 2 (b). The model consists of 6 parts, the plate was modeled by the solid element, and the dynamic material data of the plate was measured using Hopkinson Bar, the results was showed in Fig. 3 (a). The clamping fixture was modeled by solid element, the frame support was modeled using shell element and the force sensor was simulated by

(a)

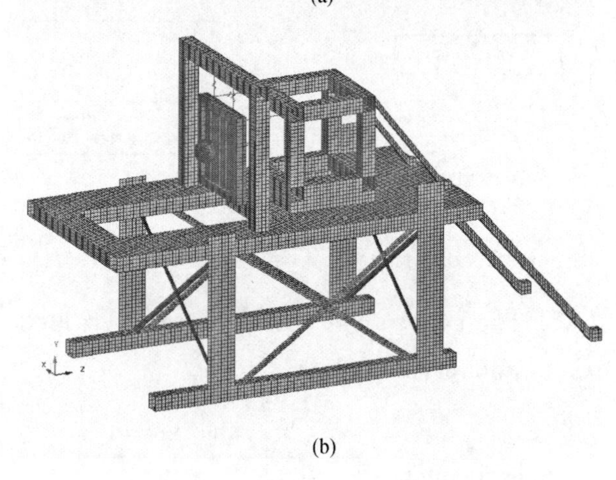

(b)

Fig. 2 The test apparatus of bird impact plate and its FE model

(a) The test apparatus of brid impact plate;
(b) The FE model of brid impact plate

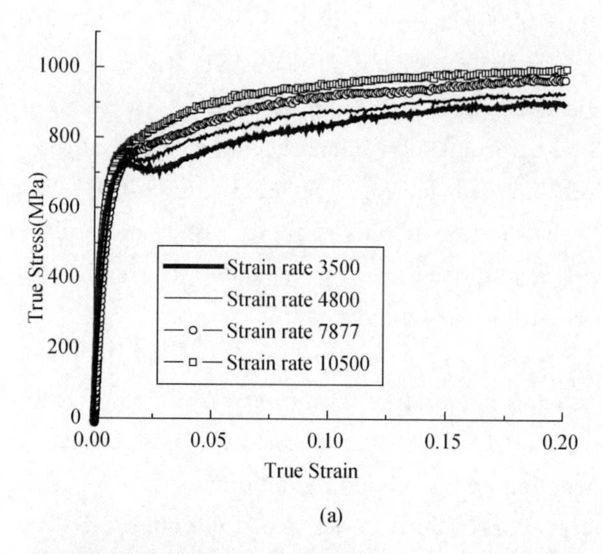

(a)

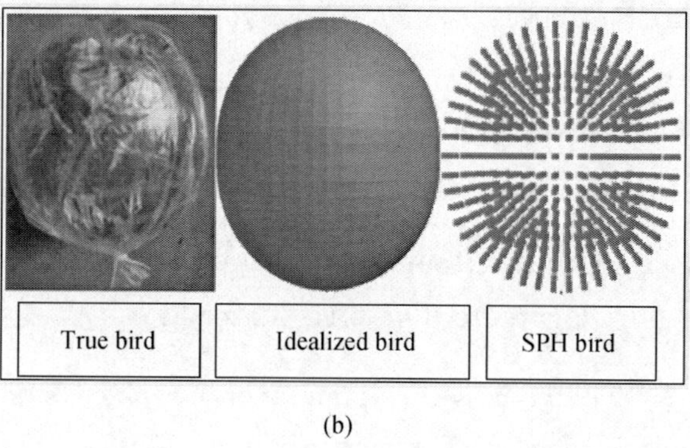

(b)

Fig. 3 The dynamic materials data of the plate and the bird models

(a) The dynamic materials data of the plate;
(b) The true, idealized and SPH model of bird

spring element. The bolt joints between the plate and the clamping fixture were simulated using adhesive joint in PAM-CRASH. Fig. 3 (b) showed the true, idealized and SPH model of bird, and the geometry of the idealized bird is a 13.25mm length cylinder with two half-sphere which radius is 75mm, the mass of the bird is 1.8kg.

2.3 The constitutive model of bird material and its parameters

A simple model on bird material for SPH in PAM-CRASH is material 28 (the Murnaghan EOS), in this model the EOS (equation of state) is given by following formulation:

$$p = p_0 + B[(\rho/\rho_0)^{\gamma} - 1] \quad (1)$$

Where p, p_0, ρ and ρ_0 are current pressure, reference pressure, the current material and initial density, respectively, B and γ($GAMA$) are constants to be determined. Bird was instead of fowl in bird-impact experiment, from the calculation experience the domain of B and γ is as follows:

$$10^8\,\text{Pa} \leqslant B \leqslant 10^{10}\,\text{Pa}$$

$$6 \leqslant GAMA \leqslant 8 \quad (2)$$

2.4 The optimization objective and algorithm

The maximum value of displacement on the two points of the plate 17# showed in table 1 was used in optimization. The optimization objective function was defined as formulation (3).

Table1　The maximum value of displacement on the two points of the plate 17＃

	MAXD1	MAXD2
17＃	38.1mm	22.3mm

$$F=\left\{\frac{MAXD1_C-MAXD1_T}{\max[MAXD1_C,|MAXD1_T|]}\right\}^2+\left\{\frac{MAXD2_C-MAXD2_T}{\max[MAXD2_C,|MAXD2_T|]}\right\}^2 \quad (3)$$

Where $MAXD1_C$ and $MAXD1_T$ indicated the calculation and experimental value on maximum displacement of point 1 on plate, $MAXD2_C$ and $MAXD2_T$ indicated the calculation and experimental value on maximum displacement of point 2 on plate. The optimization objection is to minimum F. The multi-island genetic algorithm (MGA) and sequence quadratic program algorithm (SQPA) which have been incorporated as an optimization method into the integration software iSIGHT were used to the optimization inversion on constitutive model parameters, the optimization was defined in iSIGHT as Fig. 4 showed.

	Parameter	Var	Obj	Type	Lower Bound		Current Value		Upper Bound
1	B	☑	■	REAL	100000000.0	≤	1E9	≤	10000000000.0
2	GAMA	☑	■	REAL	6.0	≤	7.0	≤	8.0
3	MAXD1		■	REAL			0.0		
4	MAXD2		■	REAL			0.0		
5	F		■	REAL			0.0		
6	Objective			REAL			0.0		
7	Feasibility			INTEGER			0		
8	TaskProcessStatus			REAL			-1.0	≤	0.0

Fig. 4　The definition graph for parameter optimization in iSIGHT

3　Results and Discussion

3.1　The optimization inversion results

The optimization inversion results for bird materials were showed in table 2, the optimization value for parameter B and γ are 2.8e8Pa and 7.99, and the quadratic sum of relative error is just about 0.0001.

The numerical simulation for the displacement results of point 1 and 2 on plate using the optimization parameter values were compared with experimental results in Fig. 5. The curves indicated that the impact ended at about 2ms. During the progress of bird impacting, the compassion indicated that the good agreement between simulation and experiment. This validated that the constitutive model parameters value of bird materials was reasonable.

Table 2　Optimization inversion results on constitutive model parameters of bird materials

Parameters	Definition domain/Pa	Initial value/Pa	Optimization value/Pa
B	108 - 1010	109	≈2.8e9
γ	6 - 8	7	≈7.99
Quadratic sum of relative error			F≈0.00010302

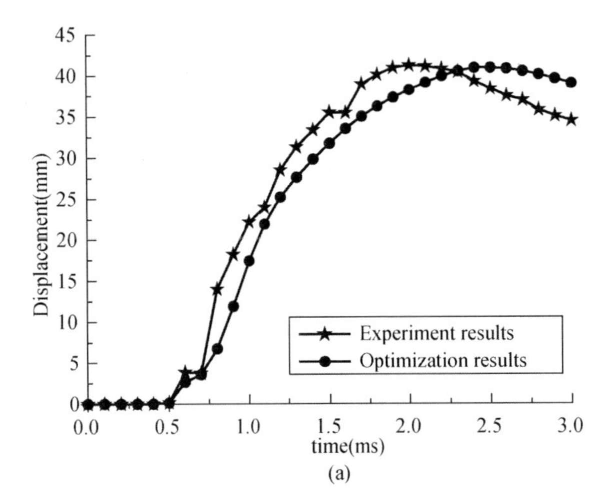

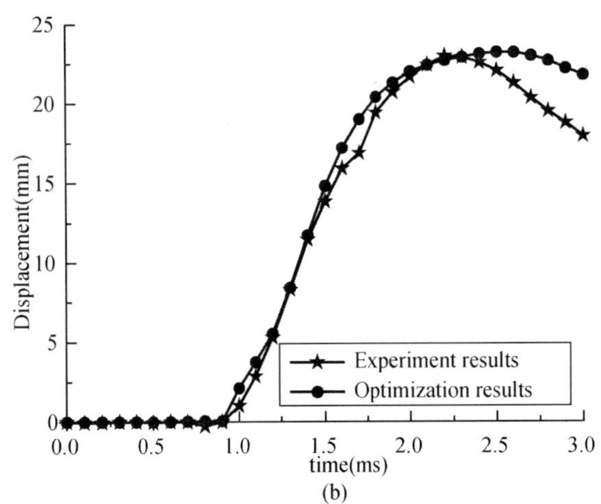

Fig. 5　Comparison between experiment results and optimization results

(a) Displacement results on point 1;

(b) Displacement results on point 2

3.2　The numerical simulation of the bird impact on a windshield

3.2.1　Windshield FE model

The aircraft windshield studied in the present

paper is monolayer nondirective organic glass with uniform thickness, the entity model of the windshield was plugged in PAM-CRASH from IGES file. The windshield was meshed using Belytschko-Tsay element which is shell in space with four nodes. The material of the aircraft windshield is 3# aviation organic glass. This kind of nondirective organic glass material was systematically studied in literature[5]. A modified 'ZHU-WANG-TANG' constitutive model was presented for this kind of nonlinear viscoelasticity material as follows:

$$\sigma = E_0\varepsilon + [\alpha + 10^4 \lg(\dot{\varepsilon})]\varepsilon^2 + [\beta + 10^4 \lg(\dot{\varepsilon})]\varepsilon^3 + \dot{\varepsilon}\left\{0.015 + \sum_{i=1}^{6} E_i\theta_i\left[1 - \exp\left(-\frac{\varepsilon}{\theta_i\dot{\varepsilon}}\right)\right]\right\} \tag{4}$$

Where σ, ε, $\dot{\varepsilon}$, E_0, α, β, E_i and θ_i denote stress, strain, strain rate, the elastic constant of the material, relaxed modulus and relaxed time, respectively. Where E_0=2950MPa, α=10.9GPa, β=−96.4GPa. The other values of the parameters in the upper equation are listed in table 3.

Table 3 Parameters values in constitutive model

Relaxed time (s)	100	10	0
Relaxed modulus (MPa)	745	278	251
Relaxed time (s)	0.1	0.01	0.001
Relaxed modulus (MPa)	240	393	875

Eight curves of stress-strain relation were getted by setting strain rate at 0.0001/s, 0.001/s, 0.01/s, 0.1/s, 1/s, 10/s, 100/s, 1000/s, respectively, and were inputted to the material definition card in PAM-CRASH.

The contact type 34 was applied to define the contact between the FE model and SPH model. The four sides of the windshield were fixed to simplify the calculation, because the boundary conditions of the windshield have little influence to the results[5]. At last, the velocity of the bird (170m/s) and other calculation parameters must be defined. Then the FE model of bird-impact aircraft windshield was established completely as showed in Fig. 6.

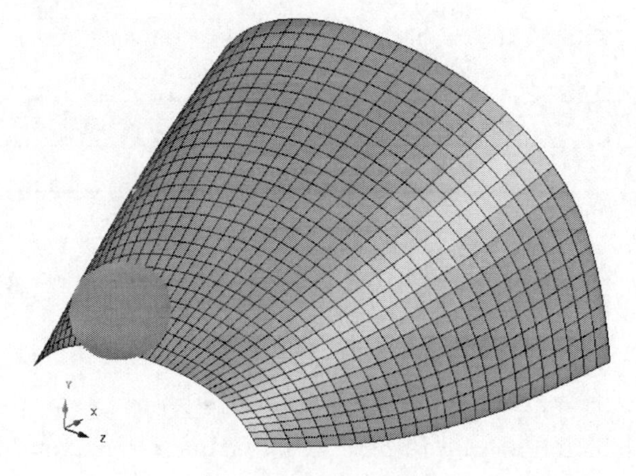

Fig. 6 The FE model

3.2.2 Simulation results

Fig. 7 showed the deformation of the windshield and bird at T=2.5ms, no element failure was allowed, the excessive deformation behavior of the SPH bird appears to be crushed and splashed on different direction in good agreement with the video stills, with the flow around the aircraft windshield and break-up into debris particles well modeled. The windshield leaving a big hole in the area of bird impact, some of the bird materials penetrated deeper into the windshield, a potential danger for the windshield structure.

Fig. 7 Deformation of the windshield at T=2.5ms

Fig. 8 depicts the maximum equivalent stress over thickness at increasing time intervals during bird impact windshield, the bird was not contacting with the windshield at T = 0.5ms, so the stresses in the windshield is zero. After the bird hits the windshield, there generates contact between the windshield and bird, this induces deformation and stresses at the contact point and nearby area at T=1.0ms, at the same time wave of deformation and stresses transformed in the windshield. Then the bird moved to the rear of the windshield along the axial line, as a result of that, the maximum equivalent stress moved to the rear of the windshield also. After all, the maximum stresses generates at the rear of the windshield at $T=3.0$ms.

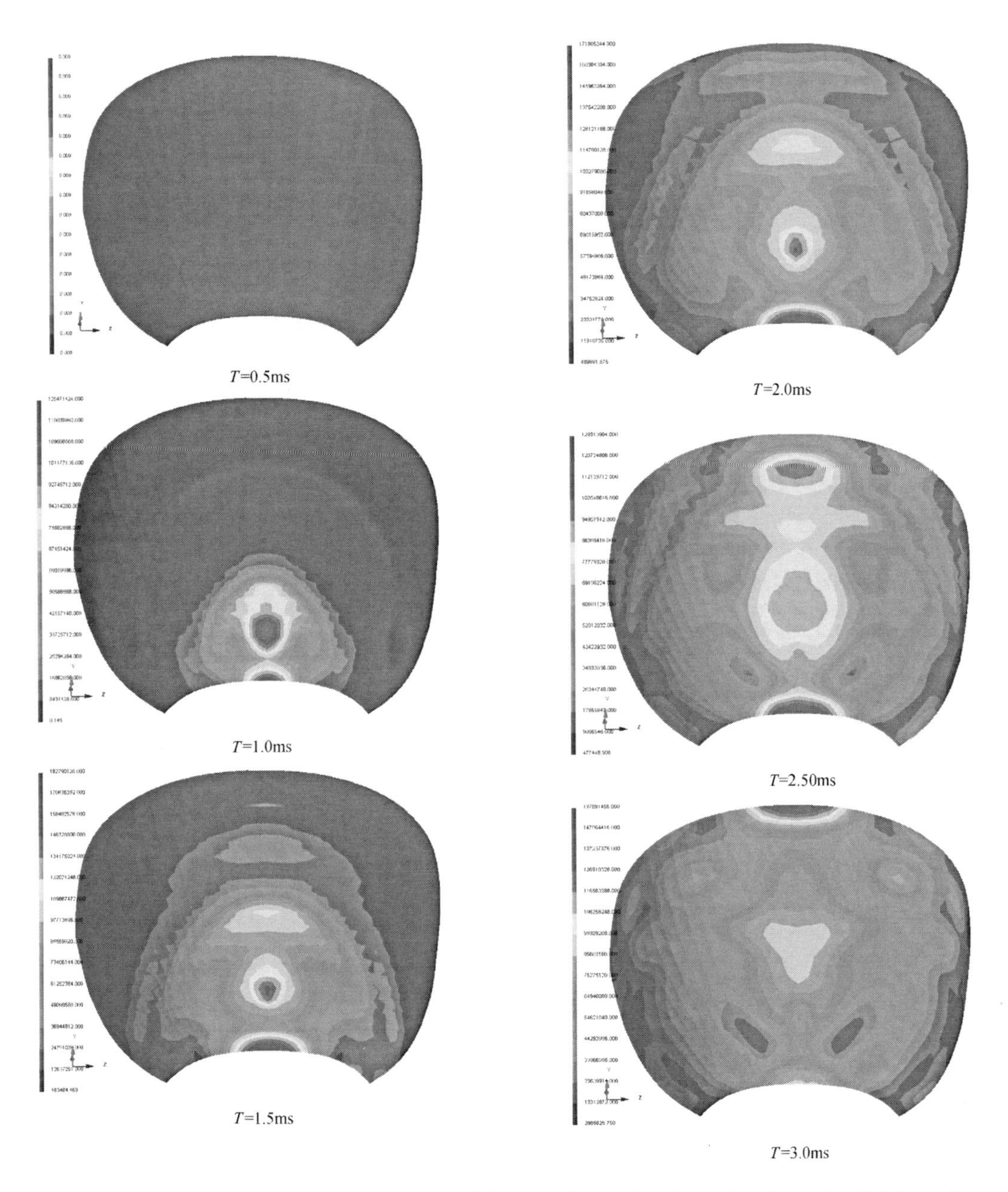

Fig. 8 The maximum equivalent stress over thickness at increasing time intervals during bird impact

4 Conclusions

The paper developed an effective method to optimization inversion on constitutive model parameters of bird material in the numerical simulation of bird impact by iSIGHT and PAM-CRASH as well as the measured experimental results of bird impacting with plate, and also the parameters results were validated using experiments. The numerical simulation of bird impacting on a windshield was conducted using the bird material parameters at last. Some conclusions were obtained as follows:

(1) The equation of state (EOS) was used to simulation the bird because of its fluid behavior, and the parameters of B and γ for the EOS was optimized at 170m/s: $B=2.8e9Pa$, $\gamma=7.99$.

(2) The results of displacement on plate simulated by the optimization parameter value were compared with experimental results. The good agreement indicated that the constitutive model parameters optimized in the present paper is rational.

(3) A numerical simulation methodology has been successfully developed to model the bird strike on the aircraft windshield using the constitutive model parameters of the bird, the deformation of the windshield and the bird, as well as the stresses in the windshield were successfully calculated. The developed FE model may be considered a useful tool for the design of aircraft windshield for bird strike resistance.

References

[1] R. C. Kull. Bird Impacts on Aircraft Canopy and Windshield of American Air Force, AD/A140701.

[2] Worldwide Bird Strike Statistics of LUFTHANSA GERMAN Airlines, AD-P004183.

[3] T. A. Kelly, Require Bird Strike Reports. Aviation Week & Space Technology, 1998, 148(20):6-6.

[4] S. Audic, M. Berthillier, J. Bonini. Prediction of bird impact in hollow fan blades. 36th AIAA/ASME/SAE/ASEE joint propulsion conference and exhibit 16-19 July 2000, Huntsville, Alabama. AIAA 2000-3201.1-7.

[5] Bai Jinze. Inverse Issue Study of Bird-Impact To Aircraft Windshield Based on Neural Network Method [D]. Northwestern Polytechnical University for Ph. D Degree. 2003.

[6] Zhang Zhilin, Yao Weixing. Dynamitic method analysis method on bird impact aircraft windshield. Chinese Journal of Aeronautics. 2004. 25(6):577-580.

[7] R. H. Mao, S. A. Meguid, T. Y. Ng. Finite element modeling of a bird striking an engine fan blade. JOURNAL OF AIRCRAFT. 2007. 44(2),583-596.

[8] Rade Vignjevic, Juan Reveles, Alexndr Lukyanof. Analysis of compressor blade behaviour under bird impact. International Conference on Computational Methods for Coupled Problems in Science and Engineering. CIMNE. Barcelona,2005:1-14.

PAM-SAFE 在驾驶员离位保护方面的应用

梁　韫[1]　叶　威[2]

1. 锦州锦恒汽车安全系统有限公司；2. ESI 中国

摘　要： 本文利用 PAM-SAFE 软件与实际试验相结合的方法，在驾驶员离位保护方面进行了研究。并着重分析5种不同折叠方式的气袋特性，以及其对 OOP 状态下的驾驶员伤害。

1　研究策略

为了有效利用 PAM-SAFE 软件分析不同折叠方式的气囊特性，考核 OOP 状态下的假人伤害指标，本人制定了如下研究策略（见图 1）：

（1）建立气囊模型，利用 SIM-FOLDER 进行5种气袋折叠。

（2）模拟5种折叠气囊的静态展开过程，采集气袋内部压力变化曲线，并分析其差异性。

（3）进行静态冲击模拟，采集冲击物体的加速度曲线，分析不同折叠方式气囊展开初期对假人的作用力和作用时间。

（4）模拟跌落塔试验，采集下落重物的加速度曲线，对比5种气囊之间的缓冲性能。

（5）根据以上分析，选择最优折叠方式的气袋模型，进行两种状态下的 OOP 模拟，考核假人伤害指标。

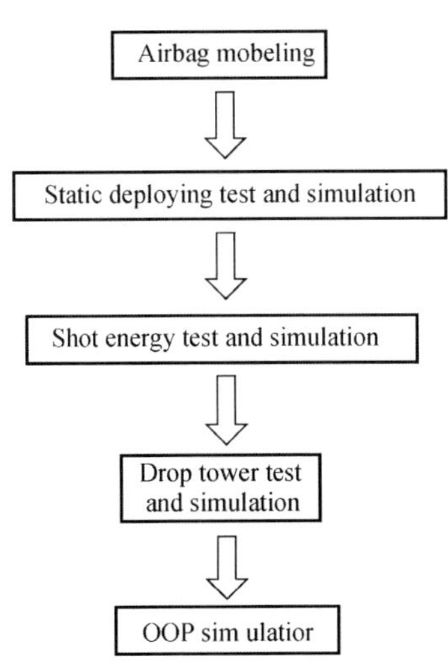

图 1　流程图

2　模拟分析

2.1　气囊模型建立

首先简述气囊建模方法，然后描述5种不同折叠气袋类型。

先利用 PAM-CRASH 前处理网格软件画气袋网格，再将网格导入 SIM-FOLDER 进行气袋折叠。接下来进入 PAM-SAFE 界面定义气袋材料，发生器输入特性等相关参数。最后进行计算气囊展开过程。

本文共分析5种不同的气袋折叠方式，分别如下：

A——Z 型折叠，见图 2；

B——O 型折叠，见图 3；

C——G 型折叠，见图 4；

D——W 型折叠，见图 5；

E——☆型折叠即无序折叠，见图 6。

折叠类型	发生器位置	折叠难易性
Z 型折叠	最下面	容易
O 型折叠	环绕	容易
G 型折叠	最下面	一般
W 型折叠	环绕	难
☆型折叠	最下面	借用工装

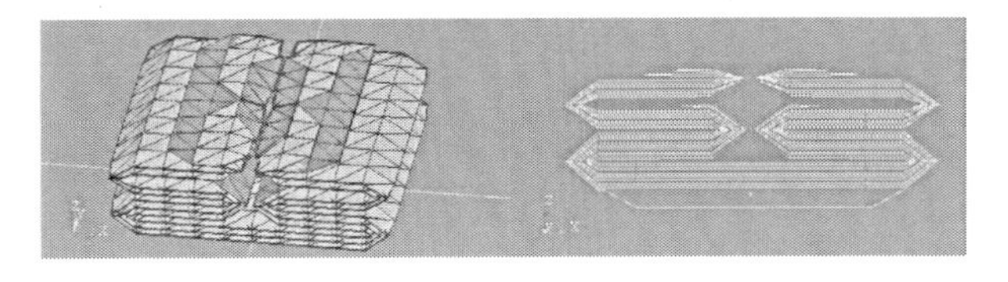

图 2　Z 型折叠

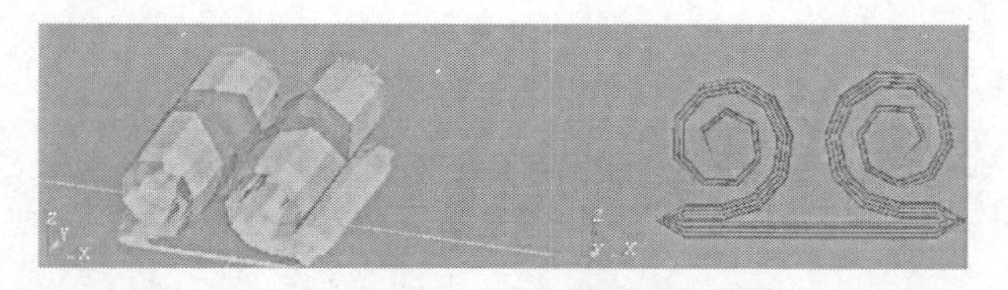

图3　O型折叠

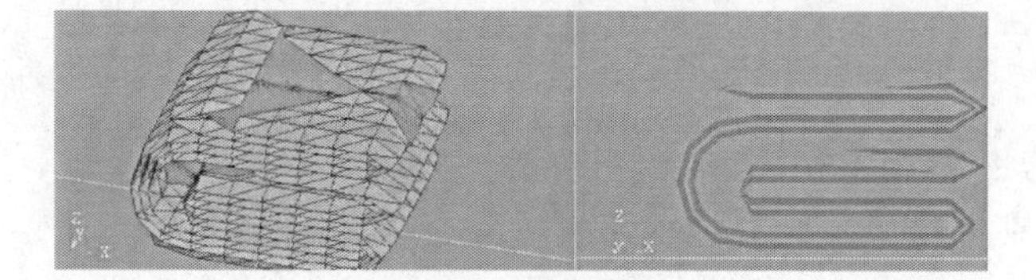

图4　G型折叠

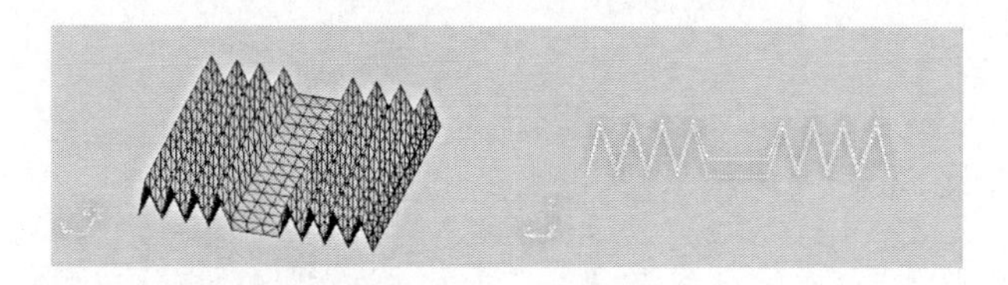

图5　W型折叠

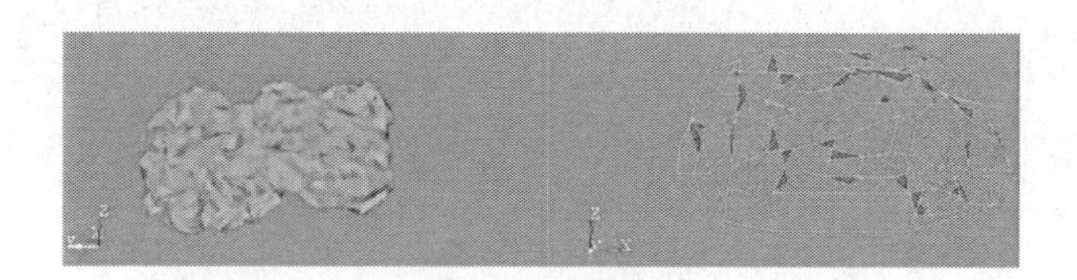

图6　☆型折叠

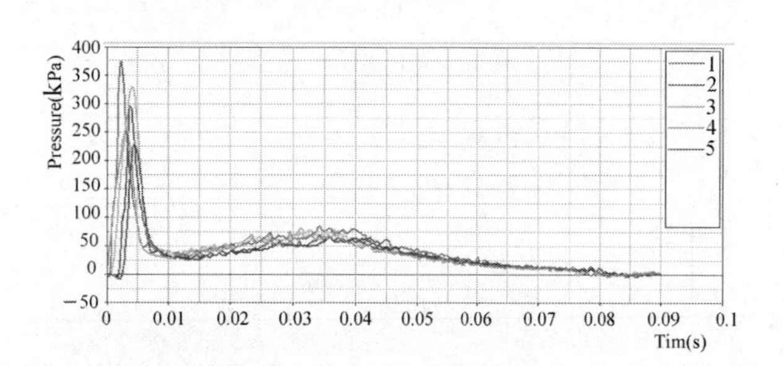

图7　气袋内部压力曲线

2.2　静态展开模拟、试验

表1　　　压力变化分析

气袋折叠方式	Z型	O型	G型	W型	☆型
初始压力（kPa）	374	295	330	253	227
工作压力（kPa）	84	66.6	80.5	72.6	67

通过静态起爆物理实验测得的压力曲线结果对比可知：1、Z型折叠气囊冲出饰盖的初始压力最大，达到374kPa，☆型折叠最小，达到227kPa；2、5中折叠方式的气囊在工作阶段的压力相当。

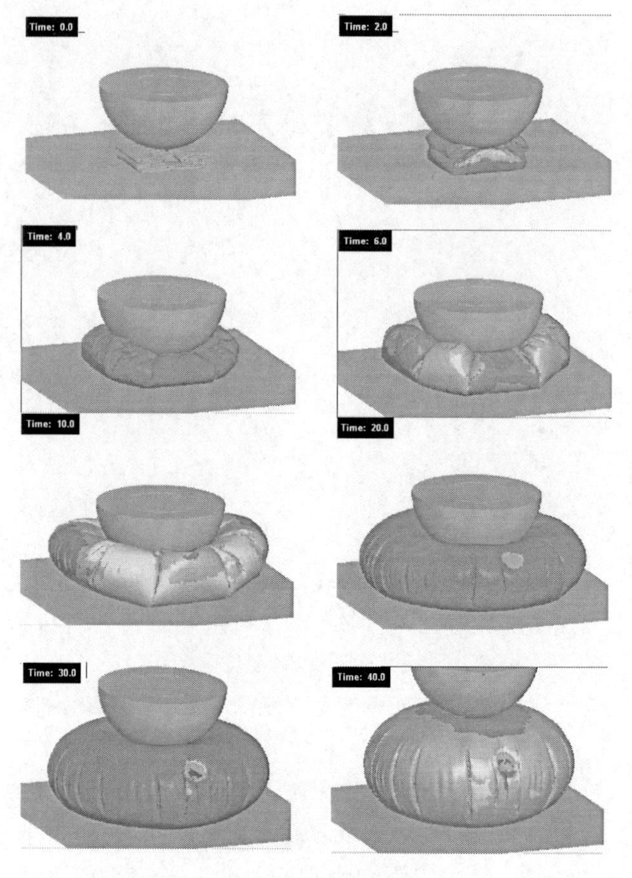

图8　冲击过程动画

2.3　冲击模拟、试验

表2　　　冲击能量数据表

气袋折叠公式	Z型	O型	G型	W型	☆型
冲击高度（mm）	0.061	0.041	0.056	0.0208	0.0246
能量（J）	6.46	4.34	5.93	2.21	2.61

冲击模拟实验是半球体接触气囊，点爆的气囊直接作用到半球体上，半球体由于气囊的Z向作用垂直向上运动。通过能量公式 $E=mgh$ 计算气囊作用于半球体上的能量。这个实验可以直接反应气囊初始展开阶段对OOP假人作用力大小，从而评估哪种折叠方式的气囊初始释放的能量最小。

2.4　跌落塔模拟、试验

表3　　　气袋缓冲性能对比表

气袋折叠公式	Z型	O型	G型	W型	☆型
ACC(g)	5.77	5.23	4.95	5	4.42
△V(m/h)100ms	4.27	3.43	3.22	2.79	2.6
Disp（m）	0.4	0.425	0.436	0.44	0.453

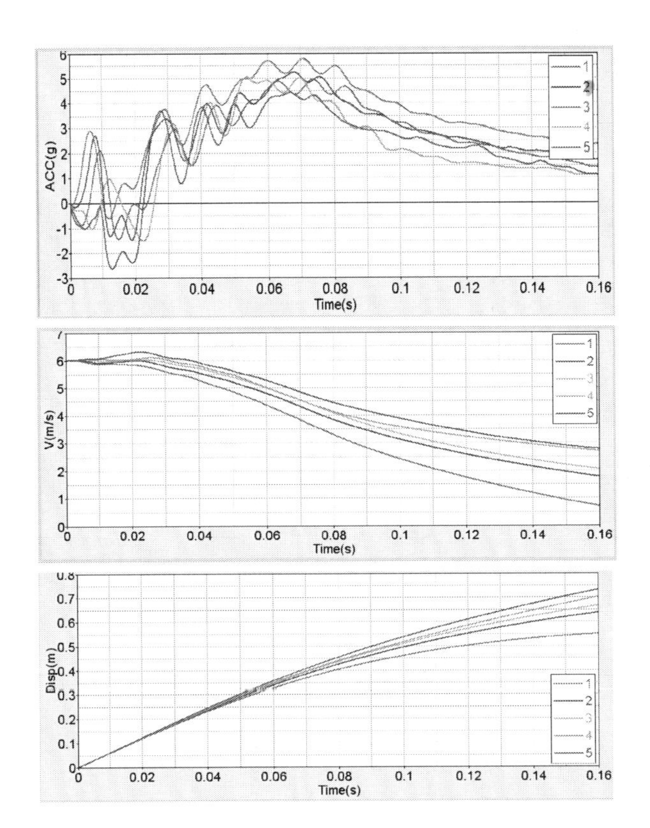

图 9　下落头型物加速度、速度、位移量曲线

相对于冲击试验来说，跌落试验更能反映气囊对假人的缓冲效果。由表 3 可知，5 种折叠方式中，Z 型折叠气囊的能量吸收性最差，对假人的伤害最大。☆型折叠气囊对假人保护最好。

2.5　OOP 模拟分析

通过上面一系列分析和模拟，我们已经判断出☆型折叠的气囊对 OOP 假人的冲击最小。接下来，我们利用实际的物理实验进行两次驾驶员侧的两种形式的 OOP 实验（见图 10、图 11）。伤害指标具体如表 4、表 5 所示。

表 4　　OOP 状态 1 假人伤害指标

OOP-1	☆型
HIC15	15.52
FZ	668
My(flex)	9.83
MY(ext)	14.82
NIJ	0.4

表 5　　OOP 状态 2 假人伤害指标

OOP-2	☆型
HIC15	21.3
FZ	1096
My(flex)	22.19
MY(ext)	2.88
NIJ	0.48

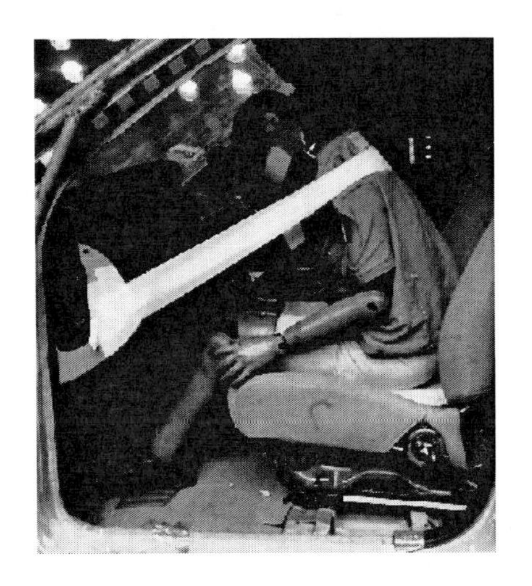

图 10　OOP 状态 1

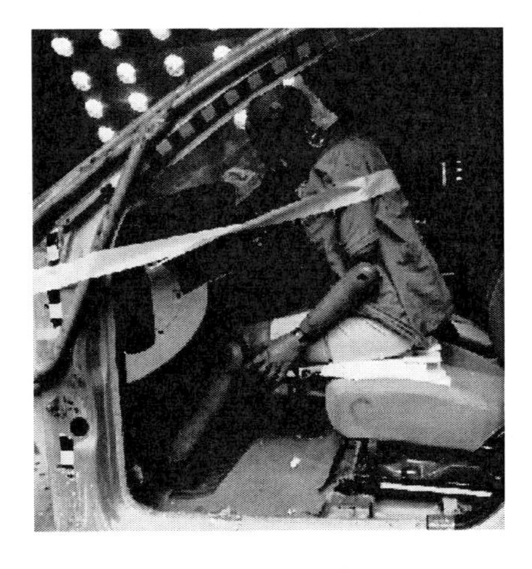

图 11　OOP 状态 2

☆型折叠气囊在两种 OOP 状态下，对假人的保护效果都很好，假人伤害指标满足 FMVSS208 中的性能要求。

3　结论

本文利用 PAM-SAFE 软件模拟了 5 种不同折叠方式气囊的静态起爆、冲击试验和跌落试验。并判断出哪种气囊对 OOP 假人的保护效果最好，进行了实际的物理实验。试验结果证明上面的分析方法正确，分析结果可靠。具体结论如下：

(1) 利用压力传感器测量静态起爆中气囊的内部压力，根据曲线可以看出不同折叠方式的气囊，在起爆的初始阶段反映出不同的压力变化。其中☆型折叠气囊的压力最小；

(2) 冲击试验可以记录半球体的加速度变化，从而反应气囊初始展开阶段对OOP假人的冲击力大小，这样可以评估出Z型折叠方式的气囊初始释放的能量最大。

(3) 进行跌落试验的目的是反映气囊对假人的缓冲效果。5种折叠方式中，☆型折叠气囊的能量吸收性最好，对假人保护效果也最好。

本文讨论的方法同样也可以应用到乘员气囊和侧面气囊的OOP试验伤害情况的判定中。

参考文献

[1] 法国ESI公司 . PAM-SAFE Legform Model User′s Manual. Version 2005,2005.

[2] Xinghua Lai, Yongning Wang, Zhe Lin, Pierre Culiere, Qing Zhou. PAM-CRASH Finite Element Model of Hybrid III Crash Test Dummy. The Thirteenth Conference of Automotive Safety Technology, 2010, 197-203.

[3] Xinghua Lai, Qing Zhou. Study of Pre-stress Effect of Ribcage Structure on Chest Response of Crash Dummy Model. ASME International Mechanical Engineering Congress and Exposition. 2010.

摩擦系数对模拟正碰主驾乘员小腿损伤的影响

刘国操　葛安娜　万薇薇

上海大众汽车有限公司，上海，201805

摘　要：随着C-NCAP试验要求的不断更新，乘员约束系统模拟分析越发重要。在实际工作中，应用PAM-CRASH软件进行乘员约束系统分析并对假人的损伤指标进行考核时，会发现乘员的小腿损伤和试验差别较大，本文将详细介绍乘员小腿损伤的计算标准以及造成伤害的机理，并结合实际的算例，说明在CAE模型设置中具体哪些参数会对假人小腿的损伤造成大的影响。

关键词：正碰；乘员；小腿损伤；PAM-CRASH。

1　引言

中国汽车技术研究中心于2006年正式建立C-NCAP（中国新车评价规程）。NCAP的量化测试包括了头部伤害、颈部伤害、胸部压缩量、胸部加速度和小腿伤害指标，同时对车身，特别是乘员舱和转向柱变形进行测量以弥补生物力学指标的不足，并来判断造成人员伤害的潜在可能。因其结果直接面向消费者，故各大汽车企业视NCAP为汽车开发的重要评估依据。最新的2012版将偏置碰撞的速度从56km/h提高到了64km/h，这对前排乘员的损伤分析将更为苛刻。

2　基本原理

2.1　C-NCAP中碰撞假人小腿损伤计算

其中参与小腿评分的是 F_Z 值和由 F_Z、M_X、M_Y 三个值计算得到的 TI 值，TI 的公式如下：

测试仪器	测试部位	
前排乘员 HybridⅢ 50%男性假人	小腿上胫骨力及力矩（左/右）	F_Z
		M_X，M_Y
	小腿下胫骨力及力矩（左/右）	F_Z
		M_X，M_Y

$$M_R=\sqrt{(M_X)^2+(M_Y)^2}$$

$$TI=|M_R/(M_C)_R|+|F_Z/(F_C)_Z|$$

式中 M_X 为绕 X 轴的弯矩；M_Y 为绕 Y 轴的弯矩；$(M_C)_R$ 为临界弯矩，按225N·m计；F_Z 为 Z 向的轴向压缩力；$(F_C)_Z$ 为 Z 向临界压缩力，按35.9kN计。

将 F_Z、M_X 和 M_Y 的三条随时间变化的曲线按上述公式进行计算后得到 TI 随时间变化的曲线并取最大值作为小腿损伤的评定值之一。

3　算例分析

本文以对某轿车的正面碰撞的计算为例，考虑碰撞过程中假人的下肢运动情况，并对与下肢相关的周边环境参数进行更改定义。

3.1　模型建立

首先建立完整的整车有限元模型，整车以64km/h的速度撞击可变形壁障。主要采用Shell单元进行建模，共1819714个节点，1966056个单元。

3.2　结果分析

在初始模型中假人左右腿和车身是定义在一个接触里，且摩擦系数小，为0.2，其左小腿下的损伤曲线，如图2浅灰色曲线所示，可以看出假人小腿损伤有个很大的峰值。

结合模拟动画，图1左侧所示即为摩擦系数0.2的情况下左脚的运动情况，可以看到假人左小腿在歇脚板处有向上的滑动后再往下掉，这个掉下的瞬间造成小腿损伤峰值。为此考虑更改左脚与地板的接触摩擦，从0.2改为0.5，其得到的左小腿结果如图2深黑色曲线所示。相同的模型，仅改变摩擦系数，对 M_X、M_Y 及 F_Z 都有很大的影响。

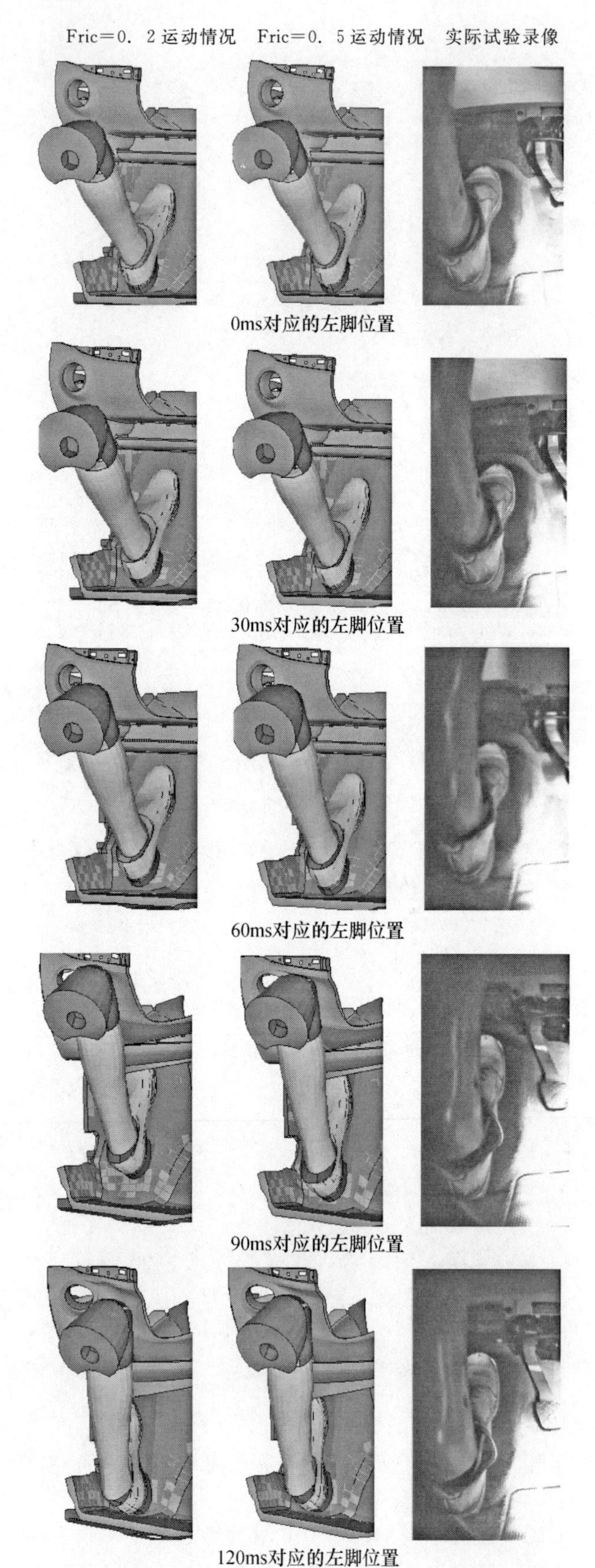

图1　不同时刻、不同摩擦系数下左脚位置对比示意

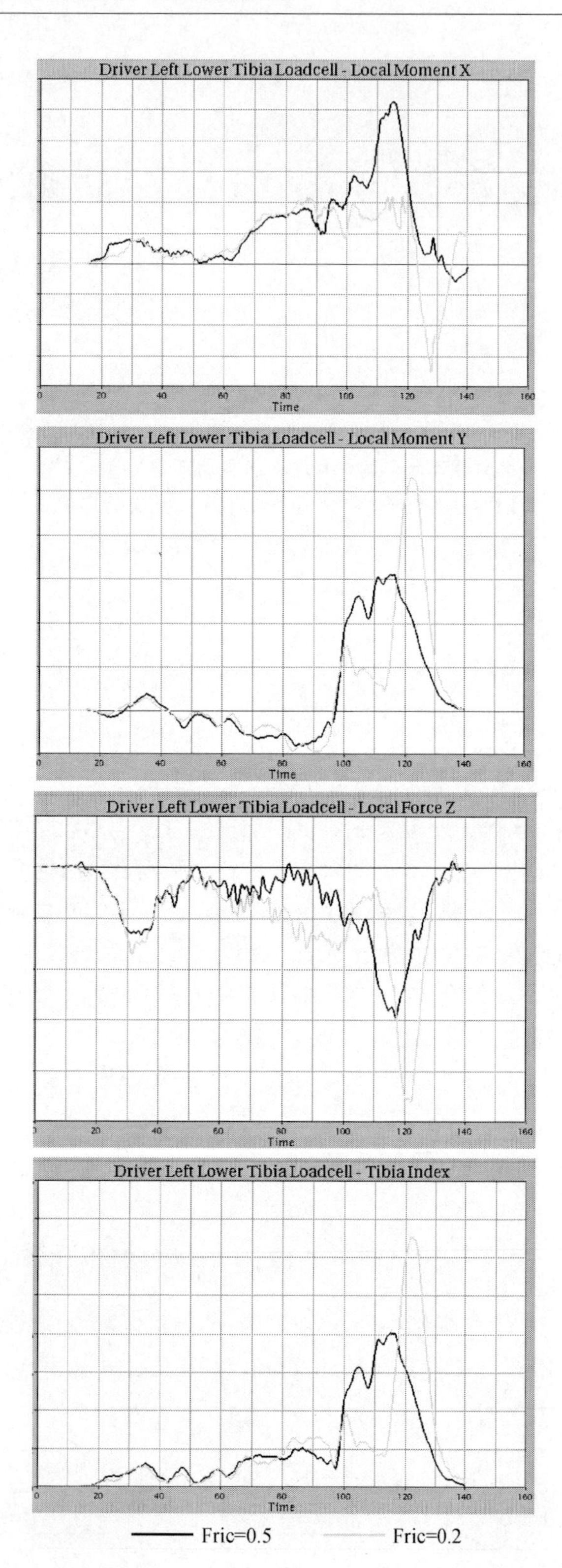

图2　左小腿下 M_X、M_Y、F_Z 和 T_I 值不同情况下的对比

从图1的模拟和实际实验的左脚运动情况可以看出，实验时的左脚是一直靠在歇脚板上没有产生 Z 向的相对滑动了，而左边的摩擦系数为0.2的情况下，在90ms时，左脚相对歇脚板产生 Z 向滑动，在 120ms 时掉回地面，将摩擦系数改为 0.5 后，其左脚运动情况如图 1 中间所示，其运动过程和实际基本接近。

再仔细分析小腿的各曲线可以看到，以 F_Z 为例，一般在整个碰撞过程中 F_Z 会出现两次峰值，如图 2 所示，将这一曲线结合模拟动画可以看出，第一个峰值是假人整体前移时脚部与地面牢牢接触，前围开始有侵入的时刻，第二个峰值就是假人膝部与仪表板下体碰撞最深的时刻。为继续降低假人左小腿的损伤值，可从曲线与实际运动的特性出发继续深入研究。

4 总结

本文通过介绍应用 PAM - CRASH 软件进行 C-NCAP 乘员碰撞模拟中的假人小腿损伤值的分析，对比计算不同接触摩擦系数的定义对小腿损伤值得影响，得出以下结论：摩擦系数会直接影响脚部的运动情况，应根据实验中的实际情况进行适当的调整。

参 考 文 献

[1] VP Solutions - 2010_SolverNotesManual ESI 2010。

膝关节在侧向低速载荷下的剪切和弯曲仿真

翟广凤　李海岩　赵　玮　崔世海

天津科技大学损伤生物力学与车辆安全工程中心，天津，300222

摘　要： 通过施加侧向低速（20km/h）载荷，研究在剪切和弯曲两种碰撞形式下膝关节的损伤情况。方法 基于中国人体下肢有限元模型，应用 PAM-CRASH 软件对行人下肢进行剪切和弯曲两种载荷方式的仿真，并借助尸体试验数据验证该模型的有效性。仿真所得撞击力曲线以及标记点 P1 和 P2 位移曲线与尸体试验数据吻合。剪切仿真中，在 0.008s 时，前交叉韧带（ACL）出现断裂，未出现骨骼损伤，与尸体试验 21S 和 29S 中韧带损伤情况吻合；弯曲仿真中，侧向副韧带（MCL）被拉伸，未出现骨骼损伤，与尸体试验 30B 中情况吻合。本研究验证了行人下肢有限元模型的有效性，为后续对行人下肢在碰撞过程中的损伤研究奠定了基础，为行人下肢保护提供了科学的理论依据。

关键词： 下肢有限元模型；膝关节损伤；仿真。

车辆与行人碰撞过程中，行人下肢是最容易受伤的部位。下肢损伤的主要形式是长骨骨折和膝关节损伤。尽管下肢损伤不像头部损伤一样是致命伤，但是它容易造成长期或永久性损伤，给受害者的生活带来很多不便，也给社会带来巨大的负担和经济损失。

多年来，研究人员借助尸体试验[1-5]来研究人体膝关节的损伤情况。生物实验方法虽然真实性强，但是其成本较高、样本难获得且可重复性差，故这种方法具有一定的局限性。随着计算机技术的不断发展，有限元模型逐渐成为研究行人下肢损伤的一种重要工具。近些年，研究人员构建了众多具有详细膝关节解剖学结构的下肢有限元模型[6-7]；然而，这些模型大都是根据欧美等国家的人体尺寸来建立的，与中国人的体型有很大差别[8]，这将直接影响碰撞事故中行人的损伤部位、损伤形式以及损伤严重性。因此，建立符合中国人体尺寸分布的有限元模型是有必要的。

本文基于中国人体尺寸建立的下肢有限元模型，对膝关节进行侧向低速载荷下的剪切和弯曲仿真，研究膝关节的损伤情况，并重构尸体试验对其进行有效性验证，为以后的车辆－行人事碰撞故中行人下肢损伤研究做出贡献。

1　材料与方法

1.1　下肢有限元模型

本模型基于 Ruan 等[9]建立的下肢有限元模型，其中大腿长约为 463.75mm，小腿长约为 369.18mm，基本符合 50 百分位的中国人体尺寸分布[8]。该模型主要包括股骨、胫骨、腓骨和膝盖骨以及膝关节主要韧带、半月板、皮肤和肌肉等软组织。其中股骨、胫骨和腓骨属于长骨，由密质骨和松质骨组成。该模型中，长骨密质骨采用四边形壳单元模拟，松质骨采用六面体单元来模拟。膝关节韧带和皮肤采用壳单元，肌肉则采用体单元模拟（见图 1）。其中肌肉与骨骼之间采用共节点的方式连接。

1.2　材料属性

本研究借助 PAM－CRASH 进行求解分析。该模型各个部分的材料参数如表 1 和表 2 所示。

表 1　下肢有限元模型材料参数[6-7,9-11]

组　织	密度 (kg/m^3)	弹性模量 (MPa)	泊松比	屈服应力 (MPa)	极限应变 (%)
股骨密质骨	2000	17300	0.3	92.1	2.5
股骨、胫骨和腓骨松质骨	861.5	40	0.45	5.6	13.4
股骨两端松质骨	861.5	160	0.45	29	13.4
胫骨和腓骨密质骨	2000	17500	0.3	89.3	2
胫骨两端和腓骨两端松质骨	861.5	160	0.45	22	13.4
膝关节主要韧带 (ACL/PCL/LCL/MCL)	1100	345	0.49	29.8	15
髌骨韧带	1000	225	0.3	29.8	15

续表

组　织	密度（kg/m³）	弹性模量（MPa）	泊松比	屈服应力（MPa）	极限应变（%）
半月板	1500	250	0.3		
皮肤	1600	1	0.45		

表 2　下肢有限元中肌肉材料参数[12,13]

组织	密度（kg/m³）	体积模量（MPa）	短时剪切模量（MPa）	长时剪切模量（MPa）	衰减常数
肌肉	1600	19	0.134	0.086	100

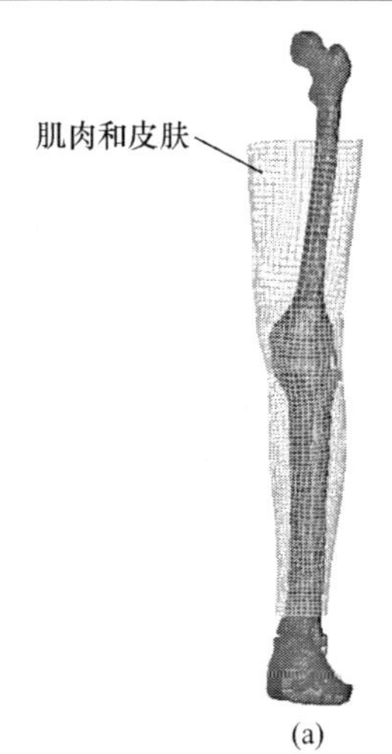

(a)

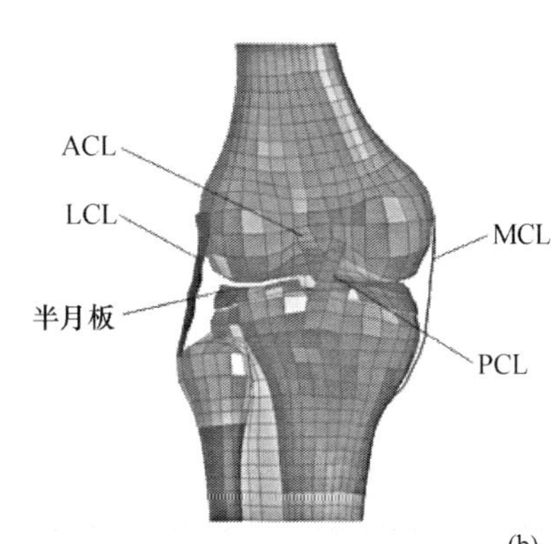

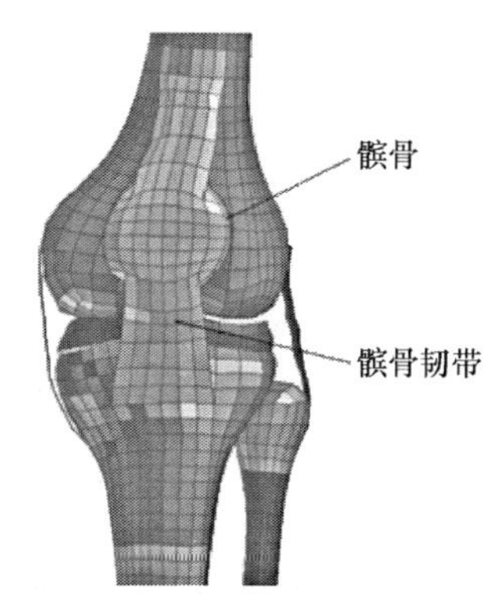

(b)

图 1　有限元模型

（a）下肢整体；（b）膝关节

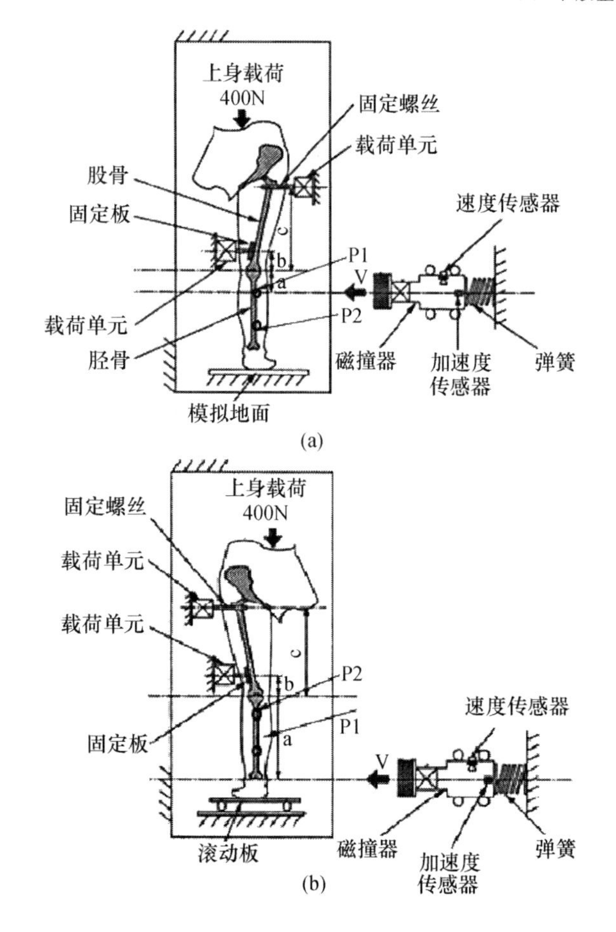

图 2　下肢试验设备

（a）剪切；（b）弯曲

1.3　试验方法

本文对 Kajzer 等[1]的行人下肢剪切和弯曲试验来对本下肢有限元模型进行重构。尸体标本被放置在固定的实验台上，对下肢加载 400N 的垂直载荷加载以模拟上部身体重量，股骨的上下两端分别由固定螺丝和固定板固定。装有泡沫材料的质量为 6.25kg 的碰撞器以 20km/h 的速度撞击膝关节下部（剪切）和踝关节（弯曲），如图 2 所示。文献［1］中描述了尸体实验结果：撞击力以及标记 P1 和 P2 的位移-时间曲线。本仿真中的条件设置与试验的保持一致，如图 3 所示。

2　结果

2.1　剪切仿真结果

下肢有限元模型的剪切仿真过程如图 4 和图 5 所示。0.008s 时，膝关节前交叉韧带（ACL）出现断裂。有限元模型仿真所得撞击力曲线以及标记点 P1 和 P2 位移曲线与尸体试验数据进行比较，如图 6 所示。

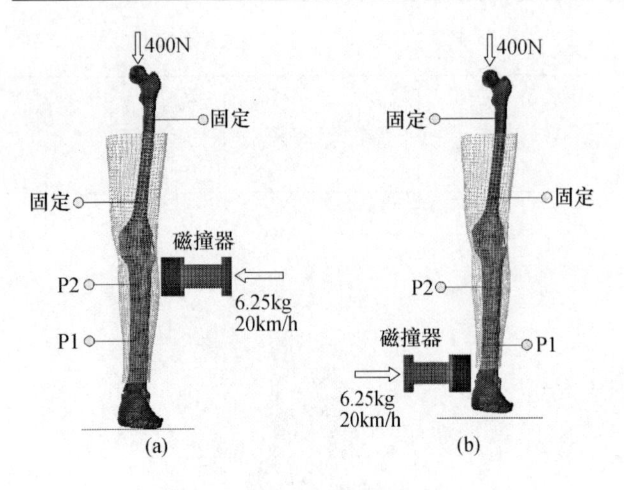

图 3　有限元下肢仿真设置

(a) 剪切；(b) 弯曲

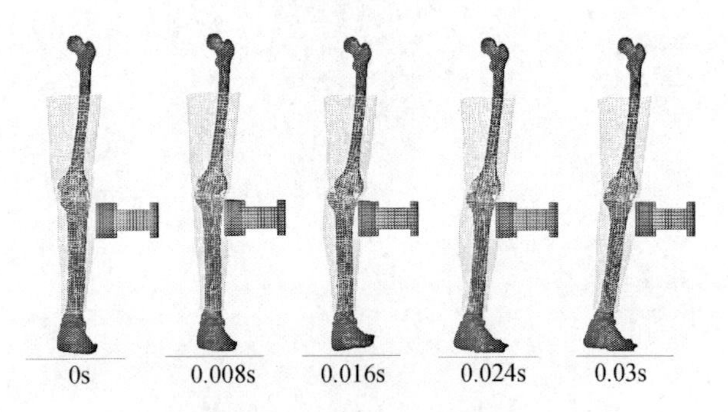

图 4　下肢有限元模型剪切仿真过程

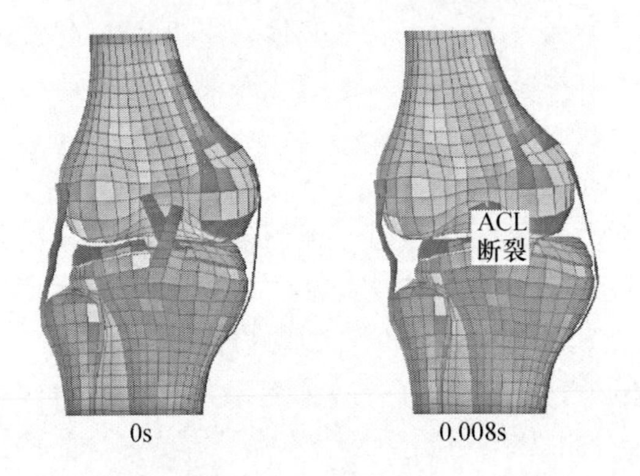

图 5　膝关节韧带损伤

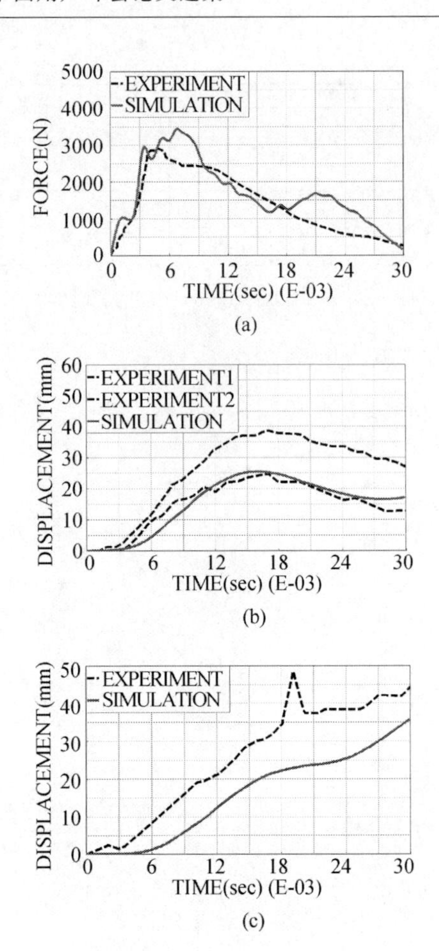

图 6　剪切仿真结果：

(a) 撞击力曲线；(b) P2位移曲线；(c) P1位移曲线

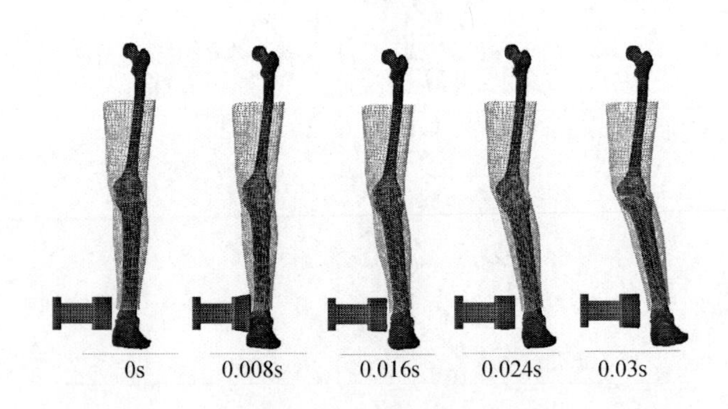

图 7　下肢有限元模型弯曲仿真过程

2.2　弯曲仿真结果

下肢有限元模型的弯曲仿真过程如图 7 和图 8 所示。仿真中侧向副韧带（MCL）被拉伸。有限元模型仿真所得撞击力曲线以及标记点 P1 和 P2 位移曲线与尸体试验数据进行比较，如图 9 所示。

3　讨论

在 20km/h 的低速剪切仿真中，冲击能量较小，冲击块前部的缓冲泡沫变形较小，长骨移动速度较慢。但是由于冲击块直接撞击膝关节下部，膝关节韧带变形较大，如图 4 和图 5 所示。因此，在 0.008s 时，膝关节前交叉韧带（ACL）出现断裂。而在整个剪切仿真过程中的那个，骨骼并没有出现损伤。而 Kajzer 等通过尸体试验（21S、28S、29S）所得出的结论表明，3 组试验中都是只有 ACL 出现损伤，没有出现骨骼损伤[1]。其中试

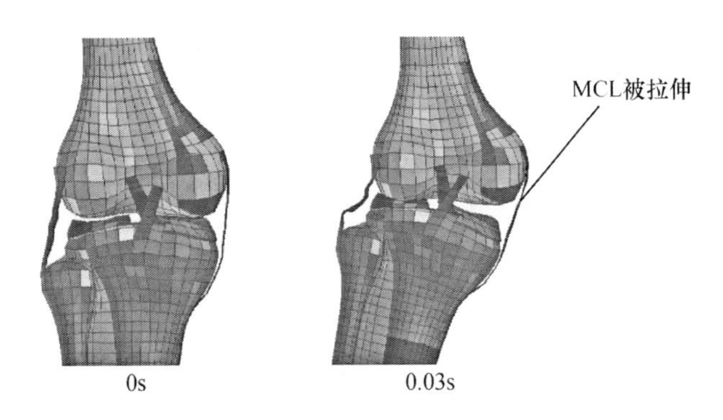

图 8　膝关节韧带损伤

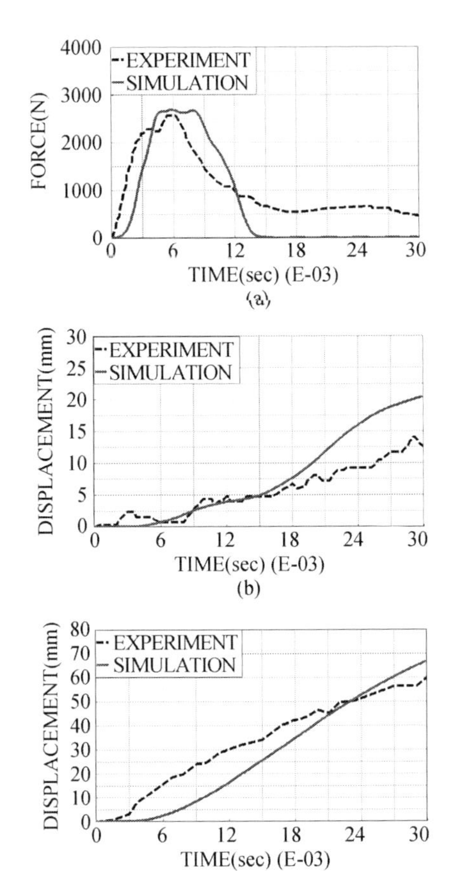

图 9　弯曲仿真结果

(a) 撞击力曲线；(b) P2 位移曲线；(c) P1 位移曲线

验 21S 和 28S 中 ACL 撕裂，29S 中 ACL 被拉伸。仿真所得膝关节损伤形式与尸体试验很好地吻合。如图 6 所示为仿真曲线与试验数据比较，可见，仿真所得曲线与试验所得曲线的吻合性较好。仿真所得撞击力曲线较试验曲线振荡，可能是由于泡沫材料与肌肉直接接触所导致。而仿真所得 P1 位移曲线比试验结果小，则可能是由于脚与地面摩擦所导致，但是，曲线走势基本符合。仿真所得 P2 位移曲线在试验所得范围之内，与试验曲线吻合较好。

在 20km/h 的低速弯曲仿真中，冲击能量也较小，冲击块前部的缓冲泡沫变形较小，小腿的弯曲速度较剪切仿真的快。膝关节韧带相对于剪切仿真变形较小。如图 7 和图 8 所示。整个仿真过程中没有出现膝关节韧带撕裂和骨骼损伤情况，只是 MCL 被拉伸。Kajzer 等所做 5 组尸体试验中 2 组没有出现损伤、2 组出现 MCL 的撕裂和 1 组出现股骨末端断裂。仿真膝关节损伤形式与尸体试验的较好吻合。图 9 所示为仿真所得撞击力曲线、标记点 P1 和 P2 位移曲线与试验所得结果的比较。其中撞击力曲线和 P1 点位移曲线两者吻合较好。P2 点位移曲线在 0.0015s 内吻合较好，之后仿真曲线较试验曲线大。原因可能是由于膝关节韧带材料所致。膝关节韧带的应变率依赖特性会导致其强度随加载速度增加而增加，由于缺少这方面的具体参数，可能导致仿真曲线在 0.0015s 后出现上升趋势，但总体的走势是基本吻合的。

由此可见，仿真所得结果与尸体试验结果基本吻合。

4　结语

本文基于下肢有限元模型对膝关节进行了侧向低速（20km/h）载荷下的剪切和弯曲仿真，研究了膝关节的损伤情况，并重构尸体试验进行有效性验证。该模型及所选用材料属性可以用来进行后续研究。下肢膝关节结构复杂，容易受伤形成长期或永久性损伤。本研究为以后车辆一行人碰撞过程中行人下肢损伤研究提供了科学的理论依据，为减少行人下肢损伤做出了贡献。

参　考　文　献

[1] Kajzer J, Matsui Y, Ishikawa H, et al. Shearing and Bending Effects at the Knee Joint at Low Speed Lateral Loading. In: SAE Technical. Paper Number 1999-01-0712. Warrendale, PA: 1999.

[2] Kajzer J, Cavallero C, Ghanouchi S, et al. Respons of the Knee Joint in Lateral Impact: Effect of Shearing Loads. In: 1990 International IRCOBI Conference on the Biomechanics of Impact. Bron-Lyon, France, 1990, 293-304.

[3] Kajzer J, Schroeder G, Ishikawa H, et al. Shearing and Bending Effects at the Knee Joint at High Speed Lateral Loading. Stapp Car Crash J, 1997. 41: 151-165.

[4] Kerrigan J R, Ivarsson B J, Bose D, et al. Rate—Sensitive Constitutive and Failure Properties of Human Collateral Knee Ligaments. In: 2003 International IRCOBI Conference on the Biomechanics of Impact. Lisbon, Portugal, 2003, 177-190.

[5] Bose D, Bhalla K, Rooij L, et al. Response of the Knee Joint to the Pedestrian Impact Loading Environment. In: SAE Technical. Paper Number 2004-01-1608. Warrendale, PA: 2004, 1-13.

[6] Takahashi, Y., Kikuchi, Y., Konosu, A.. Development and validation of finite element model for the human lower limb of pedestrians[J]. Stapp Car Crash Journal,2000,44:335.

[7] Costin Untaroiu,Kurosh Darvish,Jeff Crandall. A Finite Element of The Lower Limb for Simulating The Pedestrain Impacts[J]. Stapp Car Crash Journal, 2005,49:157-181.

[8] 国家技术监督局. 中国成年人人体尺寸(GB/T 10000-1988). 1989.

[9] Jesse Ruan, XiaobingTang, Lihaiyan. Finite Element Modeling and Application of the Leg for Chinese Pedestrian[J]. 3rd International Conference on Computer and Network Technology. 2011,11:264.

[10] 张冠军. 行人下肢的碰撞损伤特性及相关参数研究[M]. 湖南:湖南大学博士学位论文. 2009.

[11] 陈斌,张智凌,尹大刚. 胫骨生物复合材料多级微纳米结构的韧性机理[J]. 医用生物力学, 2011, 26(5): 420-425.

[12] Ruan J,El-Jawahri R,Chai L,et al. Prediction and Analysis of Human Thoracic Impact Response and Injuries in Cadaver Impacts Using a Full Human Body Finite Element Model[J]. Stapp Car Crash J,2003, 47:299-321.

[13] Snedeker J G,Muser M H,Walz F H. Assessment of pelvis and upper leg injury risk in car-pedestrian collisions: comparison of accident statistics, impactor tests and a human body finite element model[J]. Stapp Car Crash J,2003,47:437-57.

汽车安全气囊在计算机中的模拟研究

靳云飞[1]　吴瑞源[2]　韩　啸[1]

1. 锦州锦恒汽车安全系统有限公司；2. ESI 中国

摘　要： 安全气囊作为一种有效的碰撞损伤防护装置已广泛地应用在现代汽车中，但是，安全气囊在防止汽车乘员发生严重碰撞损伤和死亡的同时，由于气囊展开而导致的损伤事故仍有发生。为了进一步提高安全气囊的防护效果，对安全气囊的仿真研究尤显得越来越重要。本文采用 PAM－CRASH 软件基于 PAM－SAFE 平台再现了安全气囊的折叠，展开状态。

有汽车就有安全问题，随着汽车保有量的增加，安全问题日益突显。汽车安全已经成为制约我国交通运输业和汽车工业进一步发展的重要因素之一，开展汽车安全性研究是十分必要和紧迫的。

随着汽车被动安全性研究的深入，为了对安全性研究目标进行评价、获得理论研究的相关数据以及对新型汽车进行认证都离不开汽车被动安全性试验。汽车被动安全性的研究最早是通过试验来进行的。有关汽车被动安全性的试验有：①模拟碰撞试验（滑车冲击试验）；②实车碰撞试验。

但试验费用非常昂贵。模拟碰撞试验是以实车试验结果为基础确定其试验条件，适合于评价零部件和安全系统，试验费用不高。但是不论是模拟碰撞试验还是实车碰撞试验，都要涉及试验数据的采集与处理。试验中要用到大量的传感器和数台高速摄像机，这些数据采集系统以及试验中采用的假人在试验前都要进行严格的标定，因此其试验准备工作十分费时费力。另外，在对汽车安全气囊进行匹配的过程中，往往只是改动某一个参数，例如孔直径、拉带长度、气囊折叠方式等，微小的改动就去做模拟碰撞试验是很费时费力的，从经济角度考虑也是不可取的。进行计算机模拟汽车碰撞过程，反复更改气囊参数，成为安全系统优化重要途径。但是如何再现安全气囊在汽车碰撞过程中的各种状态就成了计算机模拟的关键。

本文采用 PAM－CRASH 软件中的 PAM－SAFE 模块再现了安全气囊的折叠，展开过程，使得计算机模拟汽车碰撞评价假人伤害与实车试验更为贴近。

在汽车驾驶室内主要有前排气囊、后排气囊、气帘、侧气囊、膝部气囊等。在众多的气囊样式中，形状最为复杂的就是前排副驾驶侧的乘员安全气囊。因此，本文以前排副驾驶侧的乘员安全气囊为例再现气囊的折叠、展开。

1　模型建立

气囊 2D 模型由锦州锦恒汽车安全系统有限公司提供。在 VTS－E－02－2011 Visual－MESH 中完成网格划分如图 1 所示。在 CRS－E－07－2011 SIM－Folder 专业气囊折叠模块中进行网格的捏合和折叠。

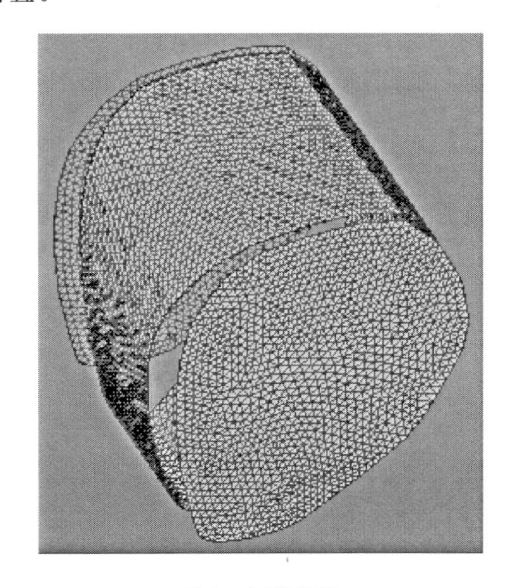

图 1　气囊网格

SIM－Folder 中缝合工具的运用大大减少了建模过程的时间和工作量。这个功能在众多的前处

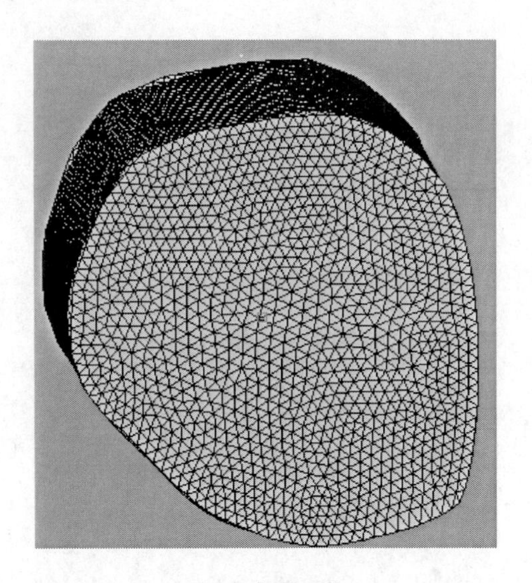

图 2　气囊网格

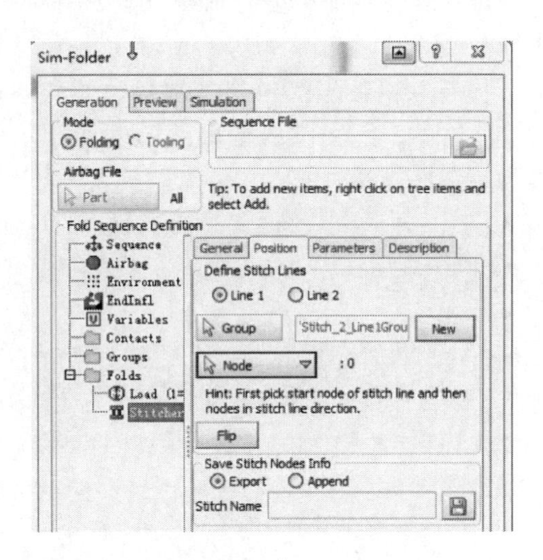

图 3　气囊囊皮缝合过程

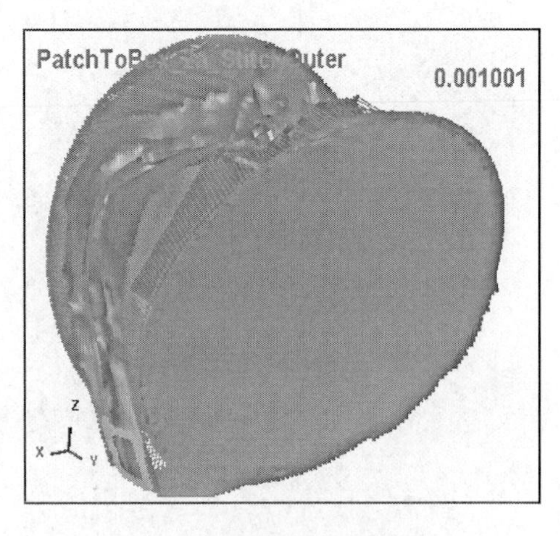

图 4　捏合好的气囊模型

理网格划分工具中是不具备的。

安全气囊缝合完成后就可以运用 SIM - Folder 中的工具对气囊进行折叠。

从捏合好的模型可以看到这个气囊是 3D 的，在运用手工折叠也是一件比较麻烦的事情。PAM -CRASH 软件在 SIM - Folder 中开发了很多折叠工具来完成这种 3D 气囊的折叠，使得气囊折叠在计算机模拟中实现成为可能。

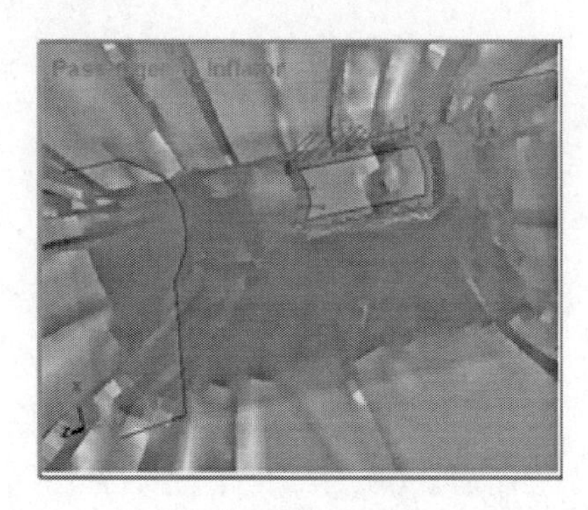

图 5　气囊的固定点

首先，采用 SIM - Folder 中的 Press 工具对 3D 的气囊模型进行压平。

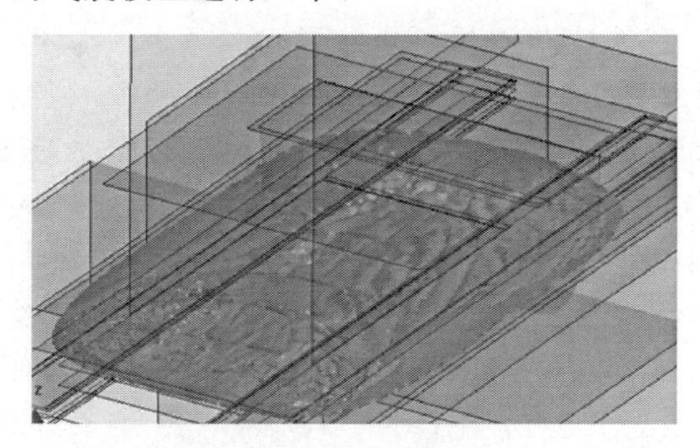

图 6　压平后的气囊模型

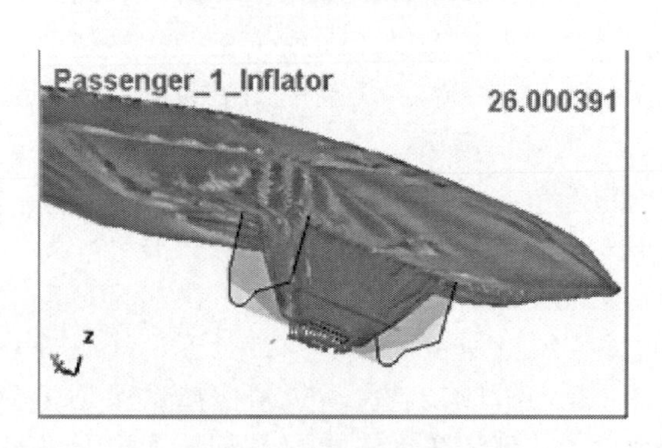

图 7　压平过程中气囊侧视图

在运用压平工具时，气囊固定点按照实际折叠方法的要求是不被压平的。

其次，我们就可以采用其他的工具对压平后的气囊进行折叠。气囊先左右 Z 字型折叠，然后进行卷折，最后运用折叠工具中的 house 工具对气囊进行缩放，能够放到气囊盒子中。

到此完成气囊的折叠工作。在 PAM - SAFE

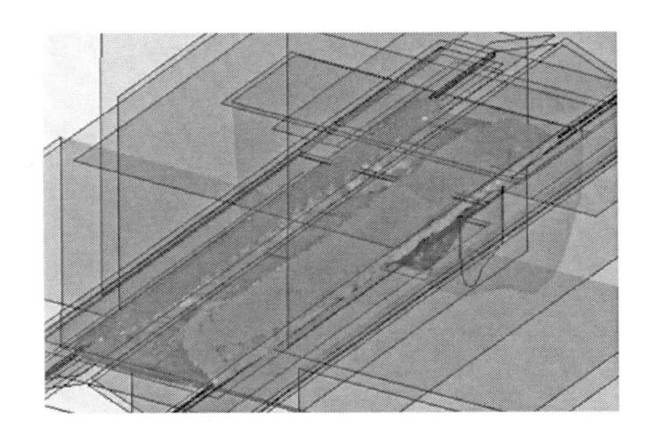

图 8　左右 Z 字型折叠

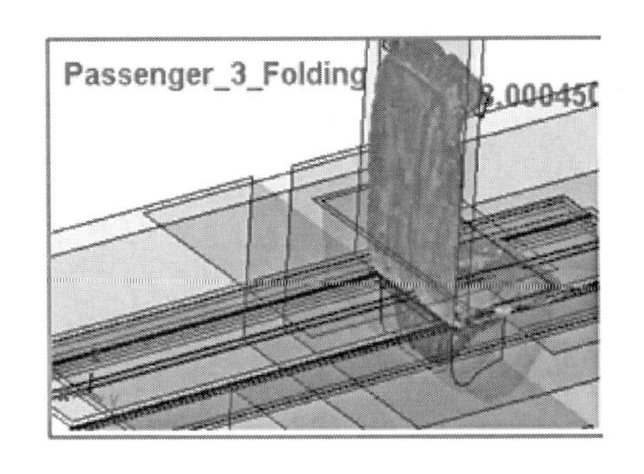

图 9　卷折

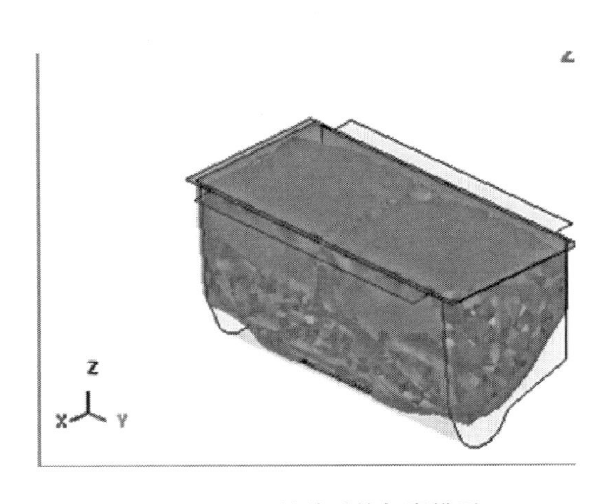

图 10　house 缩放后的气囊模型

中完成气囊边界条件的设置。由于汽车安全气囊在碰撞过程中要保护人身安全，一个气囊模块是很复杂的。在 PAM－SAFE 中专门配备了多层非线性纤维编织物气囊材料模型，用户可以很轻松地定义各个类型的气囊，包括单气室、多气室气囊。各个气室独立定义，充分考虑进气节流、充气泄露，有效保证了模拟的精确性。气体发生器是安全气囊装置重要装置，PAM－SAFE 中设置了很多款气体发生器模型，这也为计算机模拟气囊起爆更为真实。

2　计算机模拟

下面，把完成边界设置的气囊模型进行跌落实验模拟——重物撞击气囊的实验。

图 11　气囊点爆 5ms

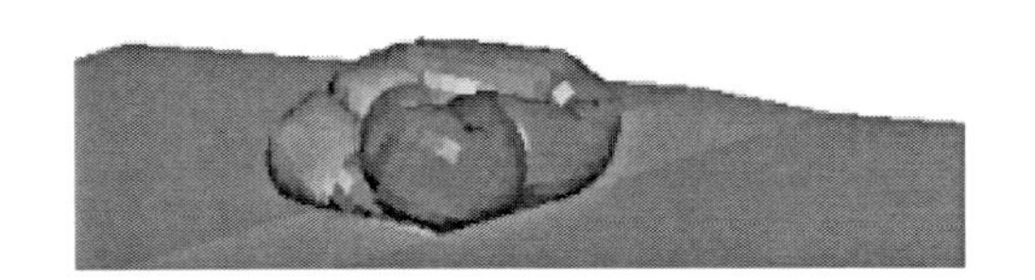

图 12　气囊点爆 15ms

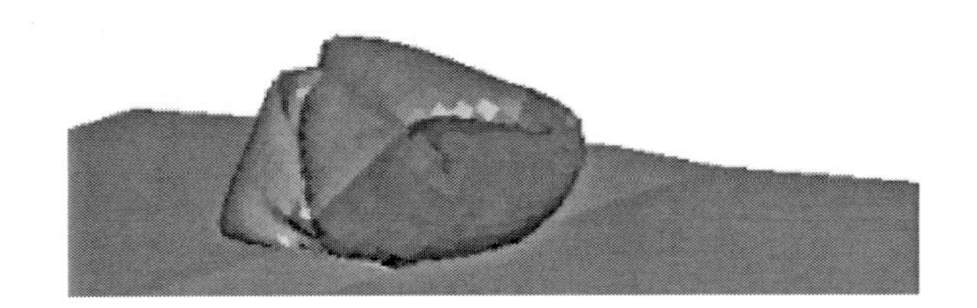

图 13　气囊点爆 25ms

图 14　气囊点爆 35ms

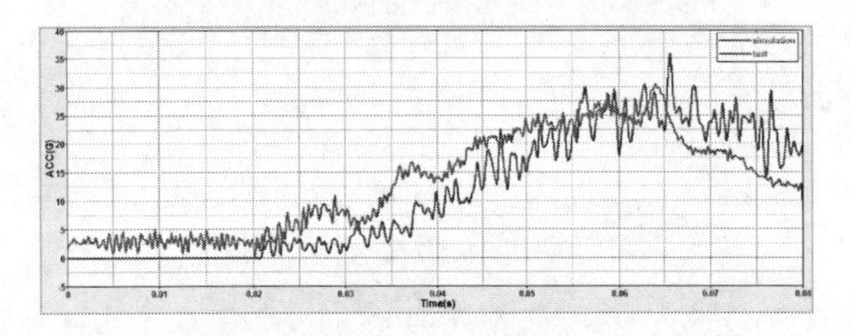

图 15　跌落物的加速度曲线对比

3　结论

利用PAM－CRASH软件建立前排副驾驶安全气囊模型，运用PAM－SAFE模块对气囊进行了折叠，材料的设定，发生器的设定，泄漏系数等一系列系数的设定。然后进行了跌落试验模拟。模型计算结果看，发现计算机很好地模拟了气囊展开状态，并且对跌落物加速度曲线进行了对比和试验结果吻合良好。SIM－Folder中提供的折叠工具为模拟气囊在碰撞初期点爆和OOP模拟提供了一个很好的平台，可以对气囊折叠方式不同对假人伤害和气囊起爆状态有更深入研究。

参　考　文　献

［1］ PAM－SAFE TRAINING MANUL，ESI Software South East Asia Office.

［2］ PAM－CRASH/SAFE 2002 THEROY NOTES MANUAL，ESI Software.

基于 PAM-CRASH 的气囊 UP 及 FPM 方法的对比分析

万薇薇　葛安娜　刘国操
上海大众汽车有限公司，上海，201805

摘　要：安全气囊作为整车乘员约束系统的一部分，它的模拟对整车碰撞模拟约束系统性能有较大的影响。PAM-CRASH 中气囊的模拟方法有两种，即均匀压力法（UP）以及基于有限元衍生的 FPM 方法，两种方法下气囊的展开形态等参数都有所区别。本文简要介绍了 PAM-CRASH 中的 UP 以及 FPM 的基本原理，并结合气囊具体算例，说明了两种方法对气囊模块性能参数的影响，并考虑了周边环境参数对气囊模型展开形态的影响情况。

关键词：安全气囊；PAM-CRASH；UP；FPM。

1　引言

整车碰撞模拟中，安全气囊作为乘员约束系统重要的一部分，对于气囊的模拟精确度将对最终结果有很大影响。在 PAM-CRASH 中，提供了 UP 以及 FPM 两种模拟方法，两种方法在气囊模型展开的精确度、计算效率等方面各有优劣。本文以某气囊模型为例，对两种模拟方法进行对比分析，除了气囊自身模块的分析外，还针对气囊周边环境对于气囊模型的展开形态的影响进行了研究。

2　基本原理

2.1　UP

UP（Uniform Pressure）即均匀压力模型，是目前最广泛使用的气囊展开模型。均匀压力模型的理论如下：假设控制容积内部的气体是理想气体且热容量系数为常数，与外界没有热量交换，将气囊看成是不断扩大的控制容积，气体的流入和流出以质量流量来计算，即可确定气囊展开过程中每一时刻的体积和压力。其基本原理如图 1 所示。

如果气囊网格不是封闭的，即有气体发生器进气孔、排气孔等，则由计算软件自动用无质量的单元片将其与相邻的网格连接，从而形成一个封闭的曲面。

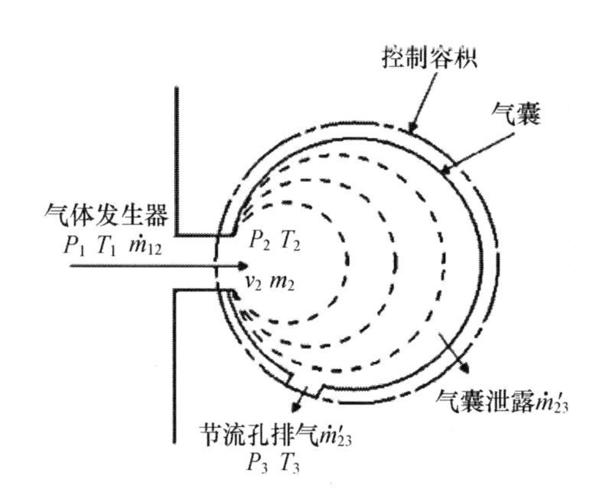

图 1　气囊 UP 模型示意图

2.2　FPM

如图 2 所示，FPM（Finite Point Method）在气囊内部自动生成 N 个点，相当于将气囊表面以及内部都分割成很小的单元，利用拉格朗日方程、质量守恒等原理对每个时刻气囊内部各点运动进行计算，由此计算气囊各个时刻表面以及内部各点的体积、压力等。

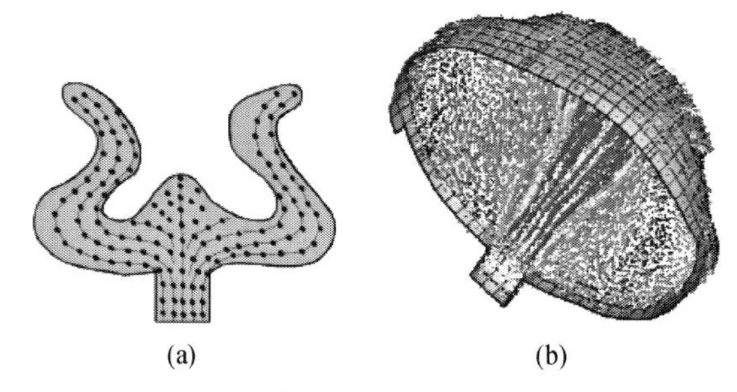

图 2　气囊 FPM 模型示意图

FPM算法对泄气孔、气体发生器的位置比较敏感，对有限元模型折叠等建模过程要求高、更为复杂，并且计算耗费CPU，计算时间长。

3 算例分析

本文以对某轿车的副驾气囊模型的计算为例，考虑不同的气囊模拟方法，并对其进行分析。

3.1 模型建立

首先建立两种气囊有限元模型。UP是PAM-CRASH中默认的气囊算法，不需要对气囊参数特别定义，FPM模型在UP模型基础上加入相应关键字，即FPM算法激活以及FPM的出气孔定义。

3.2 结果分析

首先，从计算时间来看，如表1所示，在相同的计算条件下，该气囊UP模型计算80ms需要30min左右，而同样的模型利用FPM算法则需要大约4h。

表1 气囊模型计算对比

气囊模型	UP	FPM
模型计算时间	30min	4h

其次，从气囊展开形态进行对比，如图所示。

可以看到，FPM气囊模型在展开过程有较强的气流冲击效应，在气囊完全展开前，两者区别较大，但在展开之后，如图3的42ms，两者相似。

图4所示气囊展开的体积曲线以及其对比也可以得到如上相同的结论。

3.3 结果验证与优化

将气囊模块放入仪表板模型中，验证两种不同模型与试验的区别。

气囊在40ms已经基本完全展开，气囊UP模型与FPM模型的展开形态也产生了区别。由于受到气囊周边仪表板以及风挡玻璃等外界条件的接触影响，模型与试验存在以下区别：

（1）模型在展开过程中整体抖动都较大，UP模型更为明显，这在试验中并不明显

（2）UP模型与试验区别较大，角度过大而不如试验竖直，而FPM模型虽然也与试验有差别，但相较于UP模型要更接近。

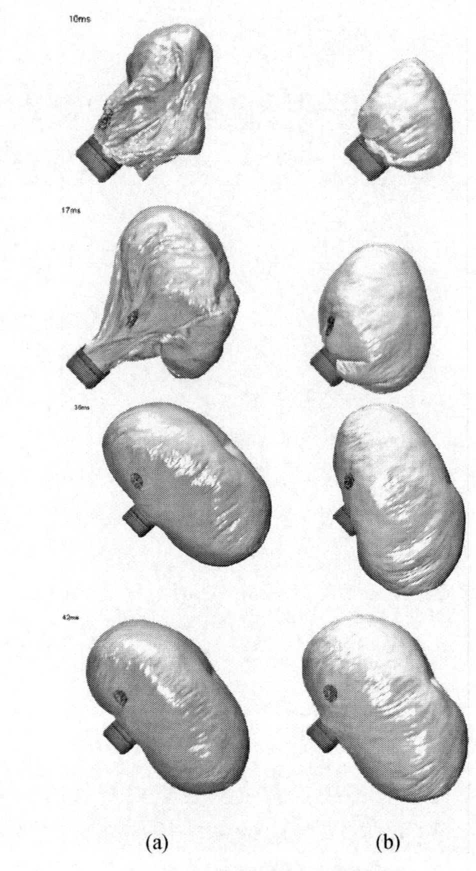

(a) (b)

图3 气囊模型展开示意图

（a）FPM模型；（b）UP模型

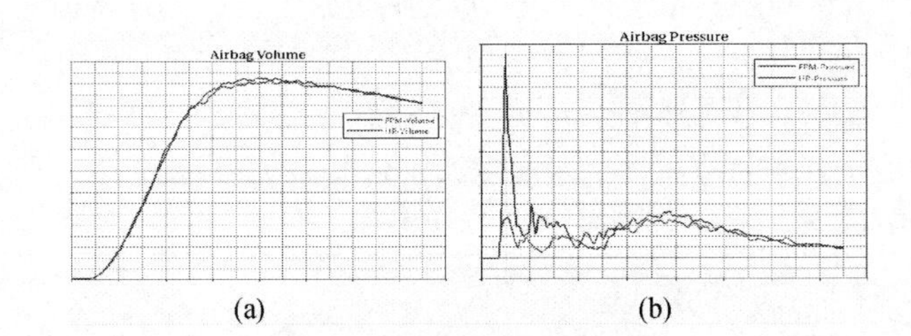

(a) (b)

图4 气囊充气曲线示意图

（a）体积曲线对比；（b）压力曲线对比

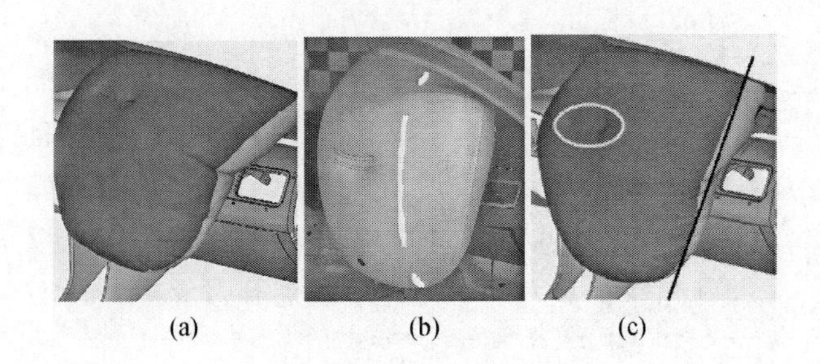

(a) (b) (c)

图5 气囊模型展开40ms示意图

（a）UP模型；（b）试验；（c）FPM模型

考虑到气囊与边界环境的摩擦系数的影响，更改摩擦系数，并分析对比两者的区别。初始模型摩擦系数为0.001，将其更改成0.3。

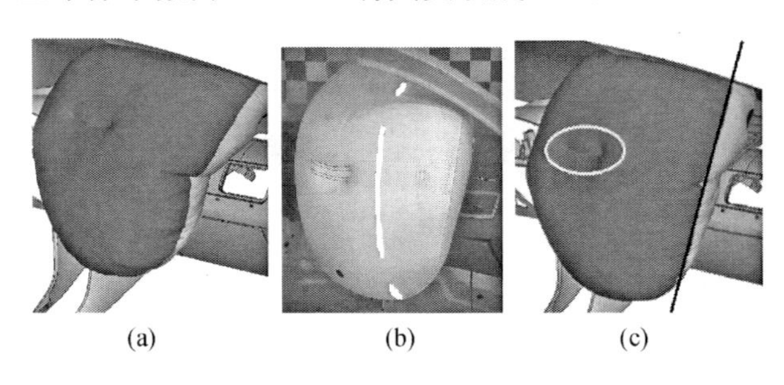

图6　气囊模型40ms展开示意图

(a) UP模型；(b) 试验；(c) FPM模型

结果对比来看，增大摩擦系数，气囊UP模型以及FPM模型的抖动都变得很小，对于FPM模型而言，对比图5 (c) 以及图6 (c) 标示位置可以看出，它的展开形态得到了改善，而对于UP模型而言，反而更差，尤其在气囊展开过程中，摩擦力过大导致气囊模型的展开缓慢，甚至有部分单元粘住的现象，而事实在将摩擦系数继续增大后，UP气囊模型即无法正常展开。

4　总结

本文通过介绍PAM-CRASH中气囊模拟的UP以及FPM理论基础，对比两种方法下气囊展开的形态以及计算效率，得出结论：

(1) 对于单独气囊模块而言，UP模型计算效率高，气囊完全展开后基本符合实际，FPM模型计算时间长，但气囊展开初期更贴合实际，对有限元模型的精度更为敏感。

(2) 气囊模块与边界环境的接触对气囊的展开影响很大，UP模型要求较小的摩擦系数，否则影响气囊的展开过程，有时甚至无法正常展开，FPM模型此种情况下表现更为稳定。

参考文献

[1] Virtual Performance Solution 2011 Volume Ⅵ Multi-Applications/Physics Modeling.

使用 PAM - CRASH 隐式求解乘用车后排座椅非线性准静态工况

刘 雍 张耿耿 连志斌 吴峻岭

上海大众汽车有限公司，上海，201805

摘 要：本文使用 PAM - CRASH 隐式求解模块对一种测试乘用车座椅刚度的非线性准静态工况进行了分析，并详细归纳了求解过程和原理，总结了加强隐式问题收敛性的方法；与试验结果及其他求解方法相比，计算结果精确且求解效率较高。

关键字：隐式求解；非线性问题；准静态过程；汽车后排座椅刚度试验。

ESI 公司的仿真碰撞和冲击解算器 PAM - CRASH 已广泛用于瞬态的显式计算求解，但是其隐式求解模块即使面对非线性较强的静态、准静态、动态等问题也能高效地获得精确的结果，求解器的适用性很广。此外隐式模型与显式模型可以做到基本统一，碰撞模型无需大量模型格式转换或者调用其他求解器即可用来求解各种静动态刚度问题，大幅提高了工作效率与经济性。本文以一个测试乘用车后排座椅刚度的准静态工况为例，介绍了隐式求解该类问题的基本原理与方法，并研究了获得精确收敛结果的有效方法。

1 座椅刚度工况介绍

如图 1 所示，将某乘用车上的四六分后排座椅固定（三个约束位置），方式与安装在车身上相同，在六分位座椅靠近顶端边缘处以 1mm/s 的速度施加一个水平、往车头正方向的拉力，待测得的拉力达到要求的 F_{max} 时停止继续加大位移，稳定一段时间后缓慢卸载，要求整个过程中座椅靠背上加载点下方测点处的最大变形小于 20mm。

1.1 工况分析

由于加载及卸载速度较慢，在每个时刻系统都可以看作处于平衡状态，因此该工况可视作准静态过程，有显式和隐式两种方法可以求解。

一是通过时间缩放，提高加载速率进行显式求解（已用 PAM - CRASH 完成，过程不在此详述），好处是不用过多考虑收敛问题，即使存在较

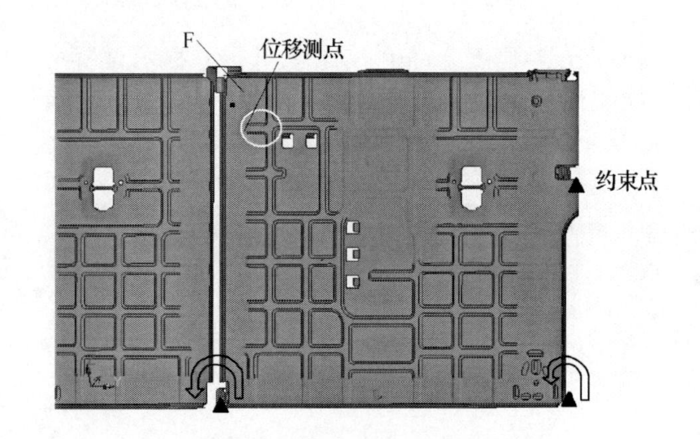

图 1 后排座椅工况示意图

大非线性，但是弊端也较多，主要如下：即使计算时间可以远小于实际加载时间，由于最小稳定时间增量非常小，需要大量的时间增量步求解，求解的时间相对较长，相对趋于稳态的准静态工况来说效率不高；若加载速率放大过大容易出现局部较大惯性力，出现局部不当变形，或者材料应变率过大，都会影响求解的准确性；而且卸载过程若处理不当容易出现阻尼震荡，位移结果难以在计算时间内稳定。

出于以上几点以及更重要的计算时间效率（隐式求解无条件稳定，时间增量较大）上的考虑，我们在这里采用了隐式求解。该工况边界条件如图 1 所示，由于拉力较大座椅靠背在加载点附近容易出现塑性变形，所以存在材料非线性；而座椅靠背在下端约束位置存在转动自由度，上方外侧固定点的卡钳处存在间隙，所以座椅结构在整个过程中存在大转动，结构的形状和刚度始终在改变，不属于小变形工况，存在几何非线性；

此外，当座椅变形增大到一定程度后，座椅靠背上的加强管柱和相邻的座椅靠背之间容易出现由于相对运动导致的几何穿透（见图3），即接触对之间的大相对位移，又存在边界非线性，这些非线性若不能正确分析及处理，在隐式求解中很容易出现求解不收敛的情况。

2　求解方法介绍

2.1　分析类型定义

PAM-CRASH隐式模块支持STATIC，DYNAMICS，BUCKLING，TRANSIENT四种分析类型，由于该座椅工况趋近于稳态过程和响应，这里我们采用静力分析（即STATIC，需要注意：PAM-CRASH的所有隐式求解相关控制卡片都加在ICTRL参数设置中，下同）。更为重要的是分析类型的线性/非线性定义，PAM-CRASH支持三种参数：①LINEAR，用于求解对外界载荷线性响应的问题，在小变形和弹性材料的前提下求解；②NON_LINEAR，静力分析的默认类型，能够求解非线性材料的问题，但是还是基于小位移假设；③GEOMETRIC_NON_LINEAR，支持大变形和接触非线性（接触面之间存在大相对位移），模型的几何在每个增量步中都被更新；由于上一节中介绍的非线性的存在。我们采用GEOMETRIC_NON_LINEAR参数。

2.2　计算加载历史（分析阶段）定义

整个隐式分析过程可能包括一个或者多个加载历程，可以类似真实试验的过程将其定义成一个个独立的，有顺序的单独分析阶段（STAGE），每一阶段的计算结果传递给下一个分析阶段作为输入边界条件。

首先，通过PAM-CRASH的MULTI-STAGE功能依次定义分析阶段，在每个分析阶段中可以定义不同的PAM控制卡片以及载荷和边界条件，本例在第一个分析阶段（STAGE1）中定义座椅上的集中加载力F_{max}，在座椅约束点定义位移约束，需要放开1.1节分析的几个自由度；第二个分析阶段（STAGE2）定义卸载，STAGE2设置CONTINUOUS参数可以沿用STAGE1的所有边界条件，只需要定义发生改变的边界条件，本例STAGE2将集中力重新设置，大小从F_{max}改为0。

其次，在每一个分析阶段下，对当前的边界条件进行求解，结果作为下一个分析阶段的输入，最后再将每个分析阶段的计算结果依次输出，可以从后处理软件得到整个计算历程。

2.3　单一分析阶段下的求解过程

在每个分析阶段下，模型可以看做一个独立的问题求解。对非线性问题来说，不可能像线性问题那样仅通过求解单一系统方程就能得到最终解，而是需要结合增量步和迭代的方式，逐步逼近最终解。具体过程如下：

（1）将施加的载荷分成一定数量的增量步添加，定义计算的总时间T_{total}（RUNEND卡片，一般定义成1，这里的时间与显式计算中的不同，没有实际的物理意义），在TCTRL卡片定义增量步时长ΔT（PREFER选项，一般最低取到0.05～0.1足够，也可以通过AUTO_STEPSIZE让软件根据第一步计算结果自动调整之后的增量步数量），这样，每一步的载荷增量就等于$\Delta T/T_{total} * F_{max}$。

（2）在每个增量步中进行若干次迭代，达到近似平衡状态，结果作为下一个增量步的输入，建议输出文件的间隔定义成与增量步时长相同以便观察每个增量步的结果。

（3）最后一个增量步迭代收敛后，即求得了该分析阶段（STAGE）下非线性计算的最终解。

2.4　增量步中的非线性迭代求解算法

PAM-CRASH的隐式非线性迭代算法包含了最常用的牛顿-拉普逊法（Newton-Raphson）和弧长法（Arc-Length），其中牛顿-拉普逊法对于不同迭代方式又包括三个变种：标准牛顿法，改进牛顿法以及BFGS法，这里我们采用对于较强非线性问题更易收敛的标准牛顿法（NEWTON_STANDARD），其基本原理如图2，纵坐标载荷，横坐标为位移，以下就其迭代过程略作解释。

在静态稳态情况下，系统平衡的判据是内部力F^{int}和外部力F^{ext}相等；非线性计算中迭代收敛则需要满足以下两个要求：一是使该增量步的外部力F^{ext}和该迭代步的计算内部力F^{int}（$d^{(i)}$）差值，即残差力$R^{(i)}$小于容许值，PAM-CRASH默认的容许值为整个计算时间历程中作用在结构上平均力的1%（可以通过NL_CONVERGENCE_

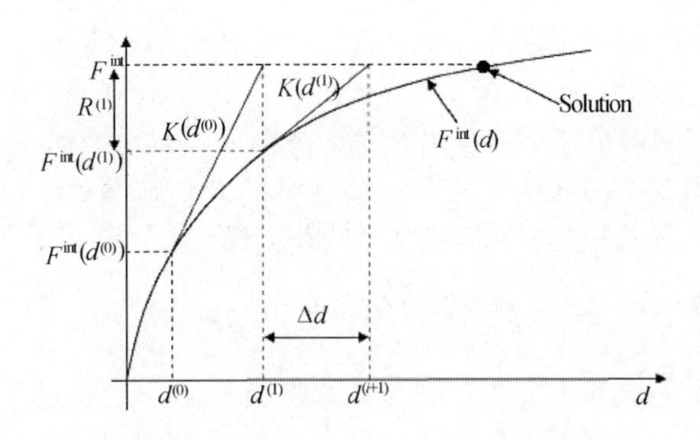

图 2　NEWTON _ STANDARD 法迭代过程

FORCE 设置该比值)；同时还要满足检查每次迭代相对上一次迭代的位移修正值 Δd，Δd 需要小于整个迭代过程总增量位移的 1％（可以通过 NL _ CONVERGENCE _ DISPLACEMENT 设置该比值)。

假设第 i 步迭代后还未收敛，残差力 $R^{(i)}$ 由外部力 F^{ext} 和内部力 F^{int}（$d^{(i)}$）的差值求得，大于收敛要求的残差力允许值，此时的位移构型是 $d^{(i)}$，对该迭代步的非线性方程进行一致线性化得到切线刚度矩阵 K（$d^{(i)}$），此时利用刚度方程的基本表达式推导（式 1）可以求出下一步迭代需要改变的位移修正值 Δd，进而得到第 $i+1$ 步模型的位移构型 $d^{(i+1)}$，再对该迭代步的非线性方程进行一致线性化得到新的切线刚度矩阵 $K(d^{(i+1)})$，由刚度矩阵 $K(d^{(i+1)})$ 和位移构型 $d^{(i+1)}$ 即可求出第 $i+1$ 迭代步下的内部力 $F^{int}(d^{(i+1)})$，此时再判断新的残差力 $R^{(i+1)}$ 是否小于残差力允许值，若满足，则迭代过程收敛，该增量步求解结束，得到该增量步内的最终解，若未收敛，则同样方式进行下一步迭代，逐步逼近最终解。

$$K(d^{(i)})\Delta d=\frac{\partial F^{int}(d^{(i)})}{\partial d}\Delta d=F^{ext}-F^{int}(d^{(i)})=R^{(i)} \tag{1}$$

2.5　隐式模型单元格式

PAM - CRASH 隐式计算支持的数据格式与显式基本相同，以下几个显式模型中的单元需要经过转换得到隐式模型需要的格式，可以通过 VE 的显式转隐式检查器（explicit - implicit advisor）自动查找转换或者编写脚本批量转换，主要包括：铰链单元 KJOINT 转换成 MTOJNT，刚性单元 Rigid Body 转换成 MTOCO，焊点材料类型 302 号转换成 224 号，此外控制卡片中的 ANALYSIS TYPE、ICTRL、ECTRL 等设置也需要转换。

2.6　接触设置

PAM - CRASH 在隐式求解中的接触处理是十分先进的，无需做过多的定义，基本可以沿用隐式的方法，如本文座椅工况只需要定义一个整体 36 号自接触，把所有零件加入其中，整个求解过程即能够自动计算两两零件间的接触，无需像其他软件比如 ABAQUS _ STANDARD 那样每两个相邻考虑接触的零件就要单独定义一个接触对。

在非线性问题中，接触设置是否准确对结果精度影响很大，以下几点需要特别关注：

(1) 如 2.1 节所述，接触面间存在较大相对滑动时，为保持接触有效，分析类型中必须采用 GEOMETRIC _ NON _ LINEAR 参数，PAM - CRASH 会自动在每个迭代步更新模型的几何，再计算接触。

(2) 必须消除初始穿透，不然初始存在接触穿透的从节点会被作为连接装配入刚度矩阵，结构刚度强于实际结构，这里建议将接触卡片的接触厚度参数 Hcont 设置成负值，配合初始穿透自动处理参数 IREMOV 取－2，这样计算接触时既能考虑实际的结构厚度，又可以自动调节局部接触厚度以消除初始穿透，使计算结果更为接近实际情况。

(3) 与显式计算相同，接触卡片中的接触刚度缩放系数（关键字 SLFACM）对接触是否有效起决定作用，接触力大小与其成正比，隐式求解与显式中接触力的计算式略有不同，显式计算一般缩放系数取 0.1 即可，此工况中沿用 0.1 在接触滑移较大处出现了穿透，说明接触力不够高到排挤出穿透节点，需要通过不同取值（比如 0.1、1、10）试算几次，得到模型不出现穿透的合适取值，若此系数过大也会导致局部单元不稳定，结果发散。

(4) 接触类型不支持 46 号边-边（edge - edge）接触，可以改成其他约束类型或者去除。

2.7　非线性模型加强收敛性措施

模型检查时首先要保证模型不能存在刚体自由度，如上一节所述接触力不能过大。当非线性因素较多迭代难以收敛时可以通过措施增加迭代次数，适当放宽收敛条件，以及使用如下两个参数：一是添加阻尼参数（NL _ STABILIZE 参数），可以自定义或者系统自动设定能量消散率（默认2.0E-0.4），消除局部不稳定；二是在迭代过程中使用线搜索方法（Line Search method，参数 NL _ LINE _ SEARCH），更改迭代步骤，减小系统总能量，改善收敛速率。

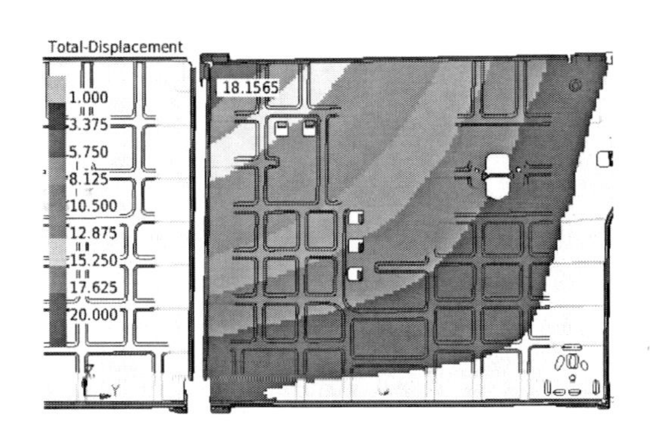

图 3　PAM-CRASH 隐式求解结果位移云图

3　分析结果

PAM-CRASH 隐式求解得到的结果如图 3 所示，位移最大值为 18.16mm，试验结果为 18.17mm，可见求解的精度很高；此外使用 ABAQUS _ Standard 和 PAM-CRASH 显式模块进行同工况计算得到后得到的结果如图 4 所示，同时根据表 1 列出的计算时间可见，PAM-CRASH 隐式求解器针对非线性准静态问题的计算效率和计算精度都能得到保证。

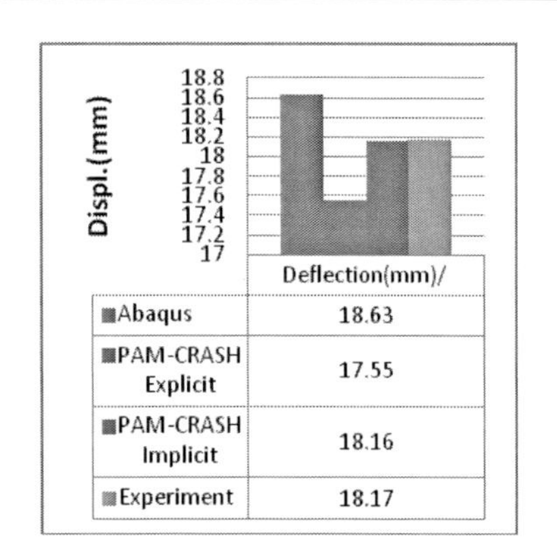

4　各求解器计算结果与试验结果比较

表 1　各求解器座椅工况计算时间

求解器	计算时间
Abaqus	4CPU 15min
PAM-CRASH explicit	16CPU 49min
PAM-CRASH implicit	16CPU 5min

4　小结

本文使用 PAM-CRASH 隐式求解模块对一种测试乘用车座椅刚度的非线性准静态工况进行了仿真，并对求解该类问题的具体原理方法进行了总结归纳，包括获得精确结果以及提高收敛性的措施等，计算结果表明 PAM-CRASH 隐式求解在计算效率较高的同时具有很高的求解精度。

参　考　文　献

[1] ESI-Virtual performance solution solver reference manual 2011.

六岁儿童头部颅内响应的有限元分析

崔世海　李向楠　赵　玮　李海岩

天津科技大学损伤生物力学与车辆安全工程中心，天津，300222

摘　要：有限元方法已广泛应用于人体头部损伤的研究，但较成人而言，儿童头部有限元模型很少。本文借助天津科技大学构建的六岁儿童头部有限元模型，并加载 Nahum 成人尸体试验的试验条件，进行力学分析。然后与成人第 5 百分位试验数据对比，验证了模型的有效性。同时分析结果表明，在相同的加载条件下，儿童更容易发生颅脑损伤。

关键词：六岁儿童；有限元模型；头部损伤。

1　引言

据国外流行病学研究称，大脑外伤是引起少年儿童死亡及致残的主要原因[1]。车祸和坠落是少年儿童大脑外伤的主要诱因[2,3]。研究儿童头部损伤准则及耐受限度，对于弄清楚损伤发生原因，诊断损伤程度和开发护具有重要意义。

近年来，有限元方法已广泛应用于头部的力学研究。目前，成人头部有限元模型已经比较普遍。但是由于缺乏研究，儿童头部有限元模型则很少。McPherson 和 Kriewall 在 1980 年研究了颅骨的准静态弹性模量[4,5]和胎儿顶骨的结构刚度[6]，但是没有提及骨缝的特性。Margulies 和 Thibault[7]于 2000 年分别对婴儿和乳猪颅骨进行了三点弯曲试验，证明人体颅骨和猪的颅骨具有相似的力学特性，并进一步对幼猪颅骨和骨缝进行了拉伸及三点弯曲试验。然后建立了两个满月幼儿的有限元模型，分别赋予婴儿和成人颅骨材料参数，研究受力响应。Roth 和 Willinger[8]在比较剧烈摇晃和外部碰撞两种不同载荷情况儿童颅内响应时，建立了六个月儿童头部的有限元模型。该模型包括脑、大脑镰、小脑幕、卤门、脑膜、头皮和面骨。结果显示摇晃情况的大脑压力和剪力较碰撞低，且剧烈摇晃没有明显外伤，却会引起硬脑膜下血肿和缺氧性神经损伤。Mertz[9]在 1997 年提出通过缩放成人头部比例，得到儿童头部的几何和组织材料特性参数。但是，儿童毕竟不等同于缩小的成人，他们有着与成人不同的生理解剖特性和组织材料特征。Roth 和 Willinger[10]在研究该问题时，首先通过不同年龄的形态学结构的比较，指出缩放方法具有较大的局限性。接着建立了真实、详细的三岁儿童头部有限元模型，并与通过缩放方法得到的三岁儿童模型进行验证比较，证明缩放方法的模型试验结果与实际情况不符。但是由于资料的缺乏，三岁儿童头部模型仍然参考的是六个月儿童的材料参数。2010 年，Roth 和 Willinger[11]又建立了六个月儿童头部的真实有限元模型，通过事故重构，并与缩放法得到的模型进行对比，再次验证了真实模型的重要性。而且该文首次考虑了儿童神经损伤的情况。但是该模型并没有将大脑、小脑、脑室、脑干等软组织进行区分，因而无法评估局部脑组织的应力应变分布。

为了进一步研究儿童头部损伤机理，本文借助已经过有效性验证的具详细解剖结构的六岁儿童头部有限元模型重构尸体试验，分析儿童头部在直接撞击下的颅内生物力学响应，并通过与成人仿真结果的对比探讨颅脑损伤对年龄的敏感性。

2　方法

2.1　有限元模型的构建

本研究借助阮世捷等[12]和 Zhao 等[13]构建的六岁儿童头部有限元模型和第 5 百分位成人头部有限元模型进行研究。图 1 给出了该头部有限元模型的完整解剖学结构。

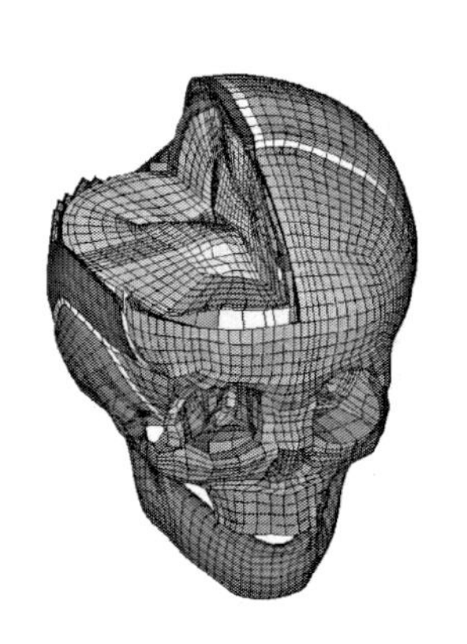
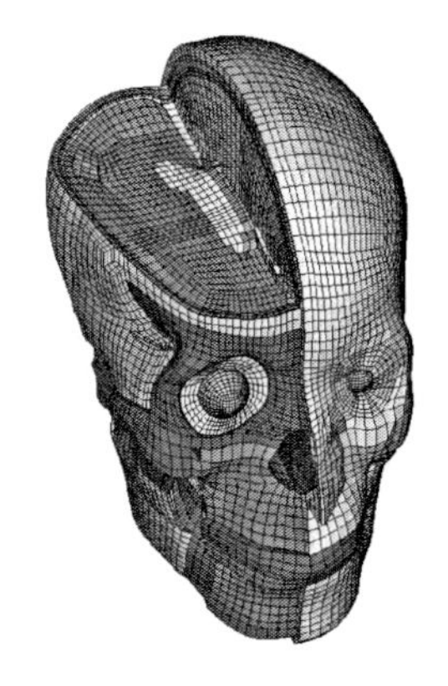

图 1　儿童及第 5 百分位成人头部有限元模型

该有限元模型包括头皮、颅骨（三层）、大脑白质、大脑灰质、小脑和脑干、脑脊液、脑室和窦沟、大脑镰、小脑幕、硬脑膜、面骨、下颌骨和骨缝。大脑镰、小脑幕、硬脑膜以及一些接触面等采用壳单元，其余组织均采用八节点六面体单元。颅骨与颅骨之间以及颅骨与骨缝中间采用共节点连接的方法，颅骨与脑组织以及脑组织与脑组织之间采用固连接触。

该模型中大脑镰、小脑幕及硬脑膜均采用弹性材料，弹性模量代替体积模量；脑脊液采用液体进行模拟，其密度与水相同且具有较高的不可压缩性，由于液体只能受压，不能受剪切力的作用，因此脑脊液只需定义体积模量即可；颅骨内外板、中间的板障，还有骨缝均采用弹性材料；大脑、小脑、脑干则考虑黏弹性材料。

模型中各个组织的材料参数如表 1 所示。其中 G_0 是瞬时剪切模量，G_∞ 是稳态剪切模量，β 是衰减系数，K 是体积模量。

2.2　有限元分析

2.2.1　加载条件

由于道德问题的限制，儿童尸体试验几乎没有。因此本文借助与儿童头部几何形状相近的成人尸体试验的数据，并与成人试验所得数据进行对比，用来研究儿童头部损伤的趋势。

由于 Nahum 尸体头部试验（1977）[14] 中第 41 号试验的试验样本与本研究的尺寸样本较吻合，如表 2 是将该试验项尸体的头部尺寸和仿真试验中儿童头部的尺寸进行对比，因此本研究以该试验为对比项，进行仿真试验。仿真分析试验在 PAM－CRASH中进行。

表 1　　头部模型材料参数

组织	体积模量（MP）	剪切模量（MP）	泊松比	密度（kg/m³）	数据来源
硬膜（包括大脑镰、小脑幕）	31.5		0.45	1133	Zhou et al (1996)
脑脊液/窦沟/脑室	2190		0.489	1040	[12]
头皮	16.7		0.42	1200	Zhou et al (1996)
颅骨内外板	3412.5	2350	0.22	2120	[12]
板障	1584.3	1091	0.22	2150	[12]
骨缝	893	615	0.45	3400	[12]
脑（包括大脑、小脑、脑干）	$G(t)=G_\infty+(G_0-G_\infty)\times e^{-\beta t}$ $G_0=0.528$MP，$G_\infty=0.168$MP，$\beta=35S^{-1}$ $K=219$MP			1040	[12]

仿真试验中的加载条件参考 Nahum 的尸体头部试验：由于尸体试验中在撞锤和头部之间有一层缓冲物质，这层缓冲物质的材料属性并未给出，因此，本研究对头部加载由试验中所提取的撞击力，如图 2 所示，最大值为 14.84kN；加载位置在正中矢状面的前额处，方向为前后方向。旋转头部，使得法兰克福平面与水平方向成 45°角，如图 3 所示；由于力的作用线通过头部的质心，所以头部只有直线运动而基本上不发生旋转。加载时间窗宽约为 10ms，持续时间较短，头部采用自由边界条件[12]，仿真时长为 10ms。

表 2　　头部几何尺寸　　单位：mm

项目	头长（枕骨隆突到印堂的直线距离）	头宽（两耳以上头部最宽距离）	头高（颌下点到头顶最高点）
尸体头部	164	136	200
儿童头部模型	164	140	202
成人第 5 百分位模型	164	135	194

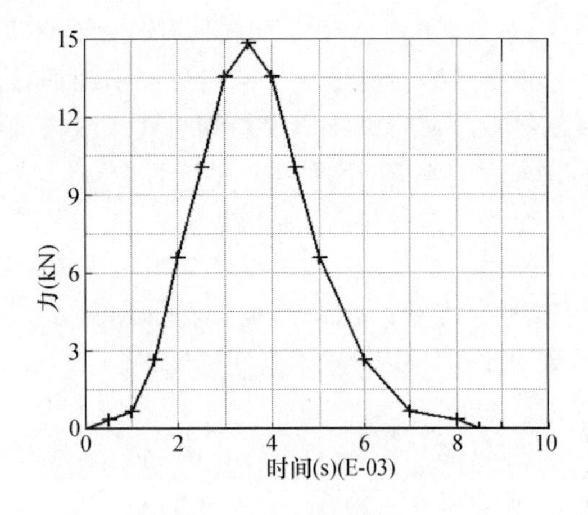

图2　输入载荷曲线

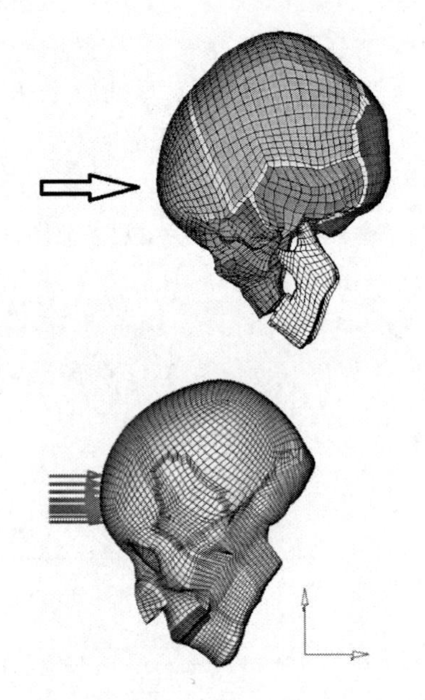

图3　设置完毕后的模型位置

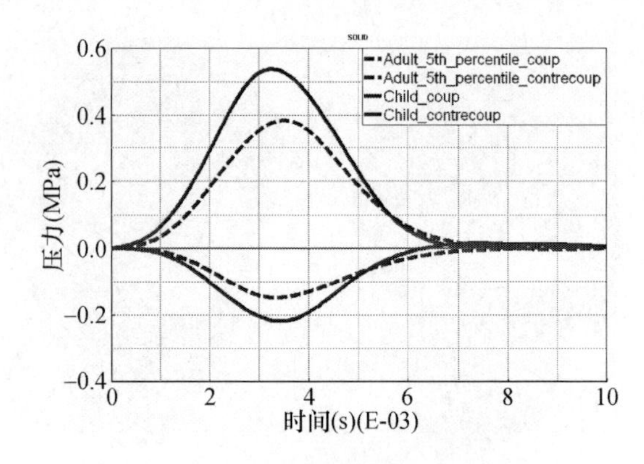

图4　撞击侧和对撞侧压力曲线

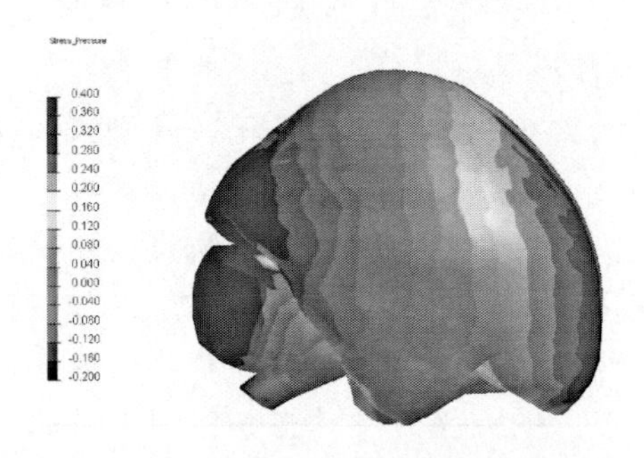

图5　脑组织压力分布云图

2.2.2　结果与讨论

脑部有限元模型的验证主要参考尸体试验的结果，对比结果数据，从而证明模型的有效性。需要参照的结果主要有脑组织颅内压曲线、撞击侧和对撞侧压力曲线的对比、颅内压力分布、脑组织 Von-Mises 应力。本文所得结果如下。

通过 SAE 180Hz 滤波通道去除噪声[12]后，得到颅内压力仿真曲线，如图4所示。从图中可以看出，模型中得到的撞击侧和对撞侧压力的变化趋势与尸体试验的变化趋势基本一致，都在3.2ms处达到峰值，只是峰值差异较大。说明相同的载荷下，六岁儿童的头部响应已具有成人特征。这主要是因为六岁儿童的颅骨卤门已经封合，人字缝、矢状缝、冠状缝均已形成，而且颅骨也已经出现三层结构[15]。事实上，六岁儿童颅骨的解剖学结构与成人已基本相同。

图5为脑组织在3.2ms时的应力分布云图。可以看出，仿真结果中颅内压力呈梯度分布，脑组织撞击侧出现正压力，最大值主要出现在额叶区域，达到0.5MP以上；而对撞侧出现负压力，最大值则出现在小脑区域，其绝对值也超过了0.2MP；同时在顶叶处的脑组织压力也达到了0.2MP以上。其与试验值对比见表3。

表3　仿真颅内压力峰值与相对试验值的对比

项目	试验值（MPa）	仿真值（MPa）	误差（仿真值—试验值）
撞击侧	0.4276	0.537	25.6%
顶叶处	0.1885	0.24	27.3%
对撞侧	−0.0568	−0.219	285.6%

与 Nahum 的试验数据相比，仿真试验的结果均大于成人尸体试验的数值。特别是在撞击侧和对撞侧相差较大。这与儿童颅骨厚度较成人薄、刚度较成人小所致。一方面，六岁儿童颅骨的板障刚刚开始形成，颅骨的厚度要比成人小[16]，颅骨抵抗外力变形的能力要弱很多。另一方面，根据 Sebastien Rotha 的研究[17]，儿童头颅的杨氏模

量是随年龄的不同而发生变化的。在六岁以前头颅杨氏模量较小且增长率较大，六岁后杨氏模量开始缓慢增长，直到20岁以后基本达到稳定。因此，六岁儿童较成年人颅骨刚度较小，同时颅骨的厚度又薄，使得儿童头部在受到外力作用时容易发生大的变形，导致颅内压力在撞击侧和对撞侧都较高。由此可见，在相同的加载条件下，儿童颅内压力比成人要高许多。因此，在受到撞击后的数小时内，儿童颅内压快速升到一个较大值，若不及时处理，后果很严重。

根据 HIC（Head Injury Criterion）的计算公式[18]：

$$HIC=\left[\frac{1}{t_2-t_1}\int_1^t a\mathrm{d}t\right]^{2.5}(t_1-t_2)$$

式中，t_1、t_2 分别为加速度的作用时间间隔或窗宽，以 s 为单位；a 为头部质心的合加速度，以 g 为单位，$g=9.81\mathrm{m/s^2}$。

根据上述公式算出的儿童头部 HIC 值为7456.76。而相同情况下，成人的 HIC 值是4756。所以相同加载条件下，儿童受到的伤害更大。在相同的载荷条件下，儿童的 HIC 值较成人大，其颅内压力也较大。反过来，成人 HIC 值小，其颅内压也较小。所以，HIC 值作为衡量颅脑损伤的准则是具有一定科学性的。

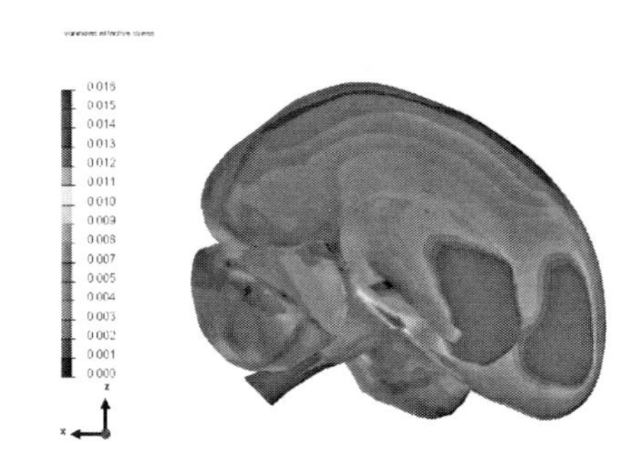

图6　成人脑组织 Von－Mises 应力分布云图

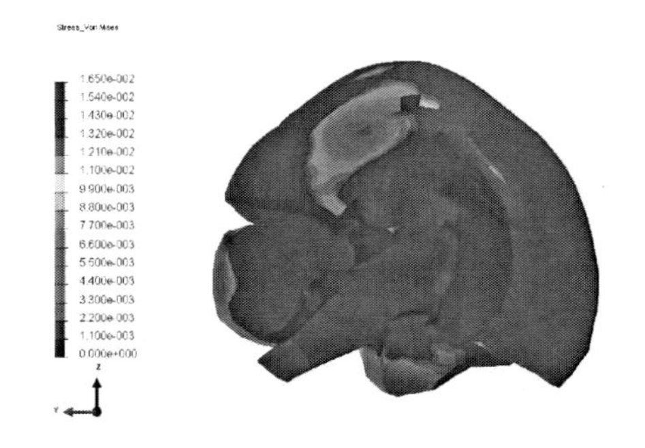

图8　六岁儿童模型脑组织 Von－Mises 应力分布云图

图6和图7则分别为3.2ms时成人和六岁儿童脑组织的 Von－Mises 应力分布云图。由图可知，与成人的试验对比，儿童模型大脑组织的80%以上出现了较大的 Von－Mises 应力。Nahum 的尸体试验中，实际上由于剪切力的作用，导致大脑表面血管撕裂，血液直接流入蛛网膜下腔，硬膜外或硬膜下血管破裂等血液穿破脑组织流入蛛网膜下腔，引起蛛网膜下出血。同时因为撞击力较大，在撞击侧大脑出现相互挤压及轻微错位，导致额叶处产生脑挫伤；而在颞叶和脑干处，也会产生脑挫伤。但脑干处挫伤情况较轻，且挫伤并未出现在中心区域。所以从图7可知，仿真结果显示儿童大脑表面血管大面积撕裂，脑室出血，血液直接流入蛛网膜下腔，必然存在蛛网膜下出血；同时儿童的颅骨刚度较小，颅骨变形较大，导致撞击侧的相互挤压和错位更大。而且脑组织各部分的剪切也更大，所以在额叶、颞叶、枕叶和脑干出现大面积挫伤，情况相对比较严重。因此与成人试验对比，不论是从脑组织损伤严重程度，还是损伤面积大小上来说，儿童在此加载条件下，受到的损伤更大。

3　结论

本文将具有详细解剖结构的六岁儿童头部有限元模型和成人头部有限元模型参照 Nahum 尸体试验进行仿真分析。通过仿真结果与尸体试验数据和成人模型仿真结果的对比分析可知，在相同的撞击载荷下，儿童头部的 HIC 值更高且颅内生物力学响应也更高。因此，在制定相关头部损伤准则是应考虑年龄对颅脑损伤带来的影响。

参考文献

[1] D. Viano, H. VonHolst, E. Gordon. "Serious brain injury from traffic related causes : priorities for primary intervention". Accid. Anal. Prev. 29(1997): 811－816.

[2] J. Langlois, W. Rutland － Brown, K. Thomas. TraumaticBrain Injury in the United States: Emergency DepartmentVisits, Hospitalizations, and Death, Centers for Disease Control and Prevention. National Center for Injury Prevention and Control, Atlanta, 2006.

[3] CDC. Childhood injuries in the United States, Am. J. Dis. Child 144(1990): 627－646.

[4] McPherson, G. K., and Kriewall, T. J., 1980. "The Elastic Modulus of Fetal Cranial Bone: A First Step Towards an Understanding of the Biomechanics of Fetal Head Molding". J. Biomech., 13:9-16.

[5] Kriewall, T. K., et al.. "Bending Properties and Ash Content of Fetal Cranial Bone". J. Biomech. 1981, 14:73-79.

[6] Kriewall, T. J.. "Structural, Mechanical, and Material Properties of Fetal Cranial Bone" Am. J. Obstet. Gynecol., 1982, 143:707-714.

[7] Susan S. Margulies, and Kirk L. Thibault, 2000, "Infant Skull and Suture Properties: Measurements and Implications for Mechanisms of Pediatric Brain Injury". J. Biomech. 2000, 122:364-371

[8] Sébastien Roth, Jean-Sébastien Raul, Bertrand Ludes and Rémy Willinger. "Finite element analysis of impact and shaking inflicted to a child". Int J Legal Med, 2006, 121:223-228

[9] Mertz, HJ. "A procedure for normalizing impact response data". SAE Technical Paper 840884, 1 April 1984, doi:10.4271/840884.

[10] S. Roth, J-S. Raul, J. Ruan, and R. Willinger, "Limitation of scaling methods in child head finite element modeling". Int. J. Vehicle Safety, 2007, 2:404-421.

[11] Sebastien Rotha, Jean-Sebastien Raula, and Remy Willinger. "Finite element modelling of paediatric head impact: Global validation against experimental data". computer methods and programs in biomedicine, 2010, 99:25-33

[12] J. S. Ruan, T. Khail, and A. I. King. "Dynamic Response of the Human Head to Impact by Three-Dimensional Finite Element Analysis," J. Biomech. Eng. 1997, 116:44-50

[13] Zhao wei, Ruan Shijie, Li Haiyan, He Lijuan, and Li Jianyu (2012). Development and validation of a 5th percentile human head finite element model based on the Chinese population. International Journal of Vehicle Safety (In press).

[14] Alan M. nahum, and Randall Smith, "An Experimental Model for Closed Head Impact Injury". Proc. 20th Stapp Car Crash Conf. 1976. (SAE 760825): 339-366.

[15] 曹立波，张瑞锋，刘曜．儿童乘员损伤机理及保护措施研究［J］．汽车工程学报，2012，2（1）：18.

[16] 李海岩．基于CT图像的活体人颅骨几何特征测量与研究［D］．天津：天津大学出版社，2006.

[17] ROTHA S, VAPPOU J. "Child Head Injury Criteria Investigation through Numerical Simulation of Real World Trauma". Computer Methods and Programs in Biomedicine, 2009, 93(1): pp. 32-45.

[18] 阮世捷，李海岩，王学魁，刘文岭. 对头部损伤判断准则适用性和可用性的新探索［J］. 生物医学工程学杂志，2007，24（6）：1373-1377.

第二篇
振动噪声

VA One 预计中阻尼损耗因子确定方法研究

扈西枝
上海飞机设计研究院，上海，200232

摘　要：基于统计能量原理的 VA One 软件擅长计算密闭声空间声压值的大小，但存在计算结果准确性的问题，如何保证计算结果的准确性，是人们一直关注并致力研究的问题。本文基于正确使用 VA One 软件的原则，探讨了阻尼损耗因子确定方法。

关键词：VA One 软件；阻尼损耗因子；预计。

1　前言

飞机客舱是一个密闭空间，各种内部的、外部的噪声声源以不同的传播形式、不同的大小、不同的频率特性对舱内声学环境产生影响。乘机过程中乘客可直接感受到噪声纷扰，影响乘客乘机时的心情，并且一定强度的舱内噪声对乘客的身体健康也可产生影响。国际航空组织对舱内噪声虽然没有制订统一的限制标准，但世界各国的航空设计制造公司为使自己的产品具有更强的市场竞争力，纷纷加大飞机舱内声学专业的研究力度。

若飞机制造成型之后再进行降噪，会带来一系列的问题。例如，会使飞机的总重量增加，也会受机上其他系统或部件的干扰，无法将降噪的方案正常实施，降噪的结果不理想。因此，在飞机的设计阶段，就要进行飞机舱内的声学设计研究，而此阶段所做的主要研究工作是通过数值计算评估民机客舱声场情况，然后根据评估结果和舱内声学设计指标的需要，进行民机客舱内一系列的声学设计工作。目前最适合用于这项研究任务的软件是 VA One。为保证用 VA One 计算时计算结果的精度，VA One 计算时所输入参数的准确性尤为重要。例如，用 VA One 计算时需要输入材料的厚度、密度、拉伸模量、剪切模量及泊松比等参数，还要输入结构部件子系统与子系统之间的阻尼损耗因子等。为保证计算结果的准确性，本文对用 VA One 计算时如何考虑阻尼损耗因子做了一些介绍。

2　阻尼损耗因子

阻尼（Damping）是指任何振动系统在振动中，由于外界作用和/或系统本身固有的原因引起的振动幅度逐渐下降的特性。阻尼系数（Damping Coefficient）是表示阻尼大小的物理量，是对阻尼特征的量化表示。

阻尼损耗因子（Damping Loss Factor，DLF），是衡量系统的阻尼特性并决定其振动能量耗散能力的重要参数，是指在单位振动周期（与振动频率有关）内损耗能量与平均储存能量之比。阻尼损耗因子与声学参数有联系，这些统计能量参数包括临界阻尼比、阻尼系数、混响时间、波衰减、半功率点带宽、声吸收系数等。

阻尼损耗因子包括内损耗因子和耦合损耗因子。内损耗因子是指单结构自身能量损失的系数，耦合损耗因子是指多结构间的能量传递损失系数。

2.1　理论分析

阻尼损耗因子 η_1 是在单位振动周期（与振动频率有关）内损耗能量与平均储存能量的比值，即

$$\eta_1 = \frac{\Delta E}{E} \tag{1}$$

式中：η_1 为阻尼损耗因子；ΔE；损耗能量；E 为平均储存能量。

由于阻尼作用，位移滞后于激振力。阻尼损耗因子也可用相位滞后角 ϕ 的正切表示，即

$$\eta_1 = 2\pi\tan\phi \tag{2}$$

2.2　试验测试

由于许多工程问题需要用统计能量进行研究解决，因此各国（包括中国在内）均有许多著名的专家在阻尼损耗因子确定方面进行了大量的探索与研究，各种材料、各种结构的阻尼损耗因子

有表格和计算公式可查，但最常用和最可靠获得阻尼损耗因子的办法是通过试验测量。但由于实际结构经常是在一个分析频带内包含多个模态的情形，导致实验获得的振动衰减规律十分复杂，不易识别，给阻尼损耗因子的确定带来很大困难，不同的分析者面对同一实验获得的同一衰减规律，根据各自的经验加以分析，最后得到的阻尼损耗因子值各不相同，有时甚至相差一个数量级，其主要原因是阻尼损耗因子的估计精度太差。

目前常用来测量阻尼损耗因子的经典方法主要有稳态法和衰减法。稳态法如半功率法、模态圆拟合法等都是伴随着模态分析与参数识别技术而产生的，所测得的是结构的单频损耗因子即模态损耗因子。衰减法也称为混响时间法，通过测试振动衰减的规律获得分析频带内的损耗因子，由于结构的基频模态响应是自由振动的主体，如果不采取措施，利用此种测试方法就只能测得基频损耗因子。这两种经典的测试方法各有优点和缺点，一般情况下阻尼损耗因子的实验测定采用衰减法。

2.3 经验估算举例

实际工程计算过程中，如果没有测试的条件，可对所要计算的实际结构形式通过查找相关的阻尼损耗因子数据、分析，对要计算结构子系统的阻尼损耗因子进行估算。

以某实体的仿真计算为例：该实体的壁板是由铝合金板材制作，经查相关的阻尼损耗因子数据可以得到铝合金板材的损耗因子为0.0001～0.002，但由于壁板是经过框、桁及铆钉组成的壁板子系统，所以结构阻尼损耗因子为0.01～0.02。根据经验：如果阻尼损耗因子$\eta<0.1$，不同性质的阻尼对响应估算的影响很小。由于本算例的壁板未采取阻尼层处理，因此将子系统的阻尼损耗因子取值0.01进行了实体的仿真计算。

3 结束语

为保证民机客舱的噪声计算结果的精确度，不仅在模型的建立、激励的输入进行不断地研究和创新，还必须在参数的输入准确性方面进行长期的研究，对于阻尼损耗因子的计算、实验以及使用的研究也是需要长期进行的，在客舱噪声的工程计算中争取较准确、简便地获得各项输入的参数，以减少舱内噪声计算的误差，为后期的工程问题的治理工作提供技术保证。

参考文献

[1] 李以农，郑玲，闻邦椿．波能耗散的结构阻尼损耗因子度量方法．应用力学学报，Vol. 18No. 42001.

[2] Jaime Esteban, Frederic Lalande, Zaffir Chaudhry, and Craig A. Rogers. Theoretical modeling of wave propagation and energy dissipation in joints. 37th AIAA/ASME/ASCE/AHS/ASC Structural Dynamic, and Materials Conference, Salt Lake City, UT., April 15217, 1996.

[2] 戴德沛．阻尼技术的工程应用．北京：清华大学出版社，1991.

[3] 孙进才．复杂结构的损耗因子和耦合损耗因子的测量方法．声学学报，1995.

某动车组车内噪声控制方案设计研究

郭　涛　赵新利

唐山轨道客车有限责任公司，唐山，063035

摘　要： 在某高速列车噪声控制设计方案过程中，运用了统计能量分析法以及有限元与统计能量相结合的混合方法，分别对车内噪声的中高频段、低频段建立了 SEA 模型和混合模型，进行了噪声控制方案的对比分析研究。

关键词： 高速动车组；车内噪声；统计能量分析法；混合法；噪声控制处理。

1　引言

传统的数值计算方法，如有限元法和边界元法在强度和振动计算方面取得很大成功，但在噪声预测方面存在一定的局限性，其结构建模的精度在大约 20 阶模态后较低，特别是存在螺栓和点焊连接时，精度将进一步下降，而重要的声学频率范围常常超过 100 阶模态[1]。

高速列车车内噪声的传统数值预测模型受到以下几个方面的限制：

（1）在高频分析中，由于短波分辨率要求，需要对结构划分庞大的网格数量，使得计算量巨大。

（2）对板件施加有限频带、散布压力场非常困难。

（3）对车体（地板、侧墙、顶板等）板材以及内装结构的建模非常困难。

（4）数值仿真周期长，不能满足我国轨道交通车内噪声的设计周期要求。

而统计能量分析技术和传统的有限元或边界元数值方法在结构的全频段振动噪声预测方面可以相互补充。准确的统计能量分析方法依赖于结构的高模态密度（单位频带内的模态数）、高模态重叠度（共振峰值和频带宽的比率）和短波波长。然而，这些恰好是造成传统数值方法不精确和计算量大的因素。

因此，在这次某高速动车组噪声设计过程中，运用统计能量分析法以及有限元与统计能量相结合的混合方法对车内噪声中的高频、中低频结构噪声部分进行预测与研究，并从噪声传播路径角度出发分析了车内噪声的影响因素，提出了车体减振降噪方案。

2　车内噪声数值分析方法

2.1　统计能量分析法基本理论

统计能量分析法的能量是在各个子系统之间流动，单位时间内的能量即功率流，而统计能量系统的功率流式遵守功率流平衡方程[2]。

对于 N 个子系统的复杂结构的统计能量模型，E_i、P_i 分别为第 i 个子系统的能量、输入功率，n_i、n_j、η_{ij}、η_{ji} 分别为子系统 i、j 的模态密度和耦合损耗因子，则功率平衡方程可表示为

$$\omega\begin{bmatrix} \left(\eta_1+\sum\limits_{i\neq 1}^{N}\eta_{1i}\right)n_1 & (-\eta_{12}n_1) & \cdots & (-\eta_{1N}n_1) \\ (-\eta_{21}n_2) & \left(\eta_2+\sum\limits_{i\neq 2}^{N}\eta_{2i}\right)n_2 & \cdots & (-\eta_{1N}n_2) \\ \vdots & \vdots & & \vdots \\ (-\eta_{N1}n_N) & (-\eta_{N2}n_N) & \cdots & \left(\eta_N+\sum\limits_{i\neq N}^{N}\eta_{Ni}\right)n_N \end{bmatrix}\begin{bmatrix} \frac{E_1}{n_1} \\ \frac{E_2}{n_2} \\ \vdots \\ \frac{E_N}{n_N} \end{bmatrix}=\begin{bmatrix} P_1 \\ P_2 \\ \vdots \\ P_N \end{bmatrix} \tag{2.1}$$

2.2　混合法基本理论

混合方法，其难点是如何保证用 FEA 建模的部件和用 SEA 建模的部件在交界面上的位移协调。Langley、Gandner 等人[3,4]提出了模态叠加法，应用模态叠加法，结构位移响应可以表示为

$$\{u(x,t)\} = \sum_{n=1}^{\infty} q_n(t)\{\phi_n^g(x)\}$$
$$= \sum_{n=1}^{N_g} q_n^g(t)\{\phi_n^g(x)\} + \sum_{n=1}^{N_l} q_n^l(t)\{\phi_n^l(x)\} \tag{2.2}$$

式中：$\{u(x, t)\}$、$q_n(t)$、$\{\phi_n(x)\}$分别为位移向量、主坐标（或广义坐标）、振型函数；g、l 分别为整体模态集合局部模态集。

将动刚度阵［D］按整体模态和局部模态分解，可以得到动力学方程：

$$\begin{bmatrix} D_{gg} & D_{gl} \\ D_{gl}^T & D_{ll} \end{bmatrix}\begin{pmatrix} q^g \\ q^l \end{pmatrix} = \begin{pmatrix} f^g \\ f^l \end{pmatrix} \tag{2.3}$$

式中：$[D]$为动刚度；$\{F\}$为外力向量。

将式（2.3）第一个方程中的 $\{g^l\}$ 消去，有

$$([D_{gg}] - [\Delta D_{gg}])\{q^g\} = \{f^g\} - \{\Delta f^g\} \tag{2.4}$$

$$[D_{ll}]\{q^l\} = \{f^l\} - [D_{gl}^T]\{q^g\} \tag{2.5}$$

其中
$$[\Delta D_{gg}] = [D_{gl}][D_{ll}^{-1}][D_{gl}^T]$$
$$[\Delta F^g] = [D_{gl}][D_{ll}^{-1}][f^l]$$

式中：$[\Delta D_{gg}]$、$[\Delta F^g]$分别为局部子系统对整体系统产生的刚度扰动和外力扰动。

可以借助统计能量的思想和受挡子结构的概念，给出$[\Delta D_{gg}]$、$[\Delta F^g]$的简化公式。因此，由方程（2.4）就可以计算出结构整体振动响应$\{q^g\}$。而局部子系统的振动响应则通过传统的统计能量方法求解。

3 车体模型建立

如图所示，图1为车体SEA模型，图2为混合模型，模型包括车体及内饰结构，网格密度遵循的基本原则是一个波长范围不应少于4个单元，并根据SEA模型子系统的模态密度和模态数将噪声分析频率划分为低频区、高频区和中频区，建立了不同的仿真分析模型，即中低频区建立有限元和统计能量的混合模型，高频区建立统计能量模型。

基于SEA板壳子系统，建立车内声腔子系统的SEA模型。根据车内声腔不同区域的噪声响应，车内声腔划分为多个声腔子系统。图3所示为车内声腔子系统的SEA模型，共划分了9个声腔子系统。表1为车内声腔子系统列表。

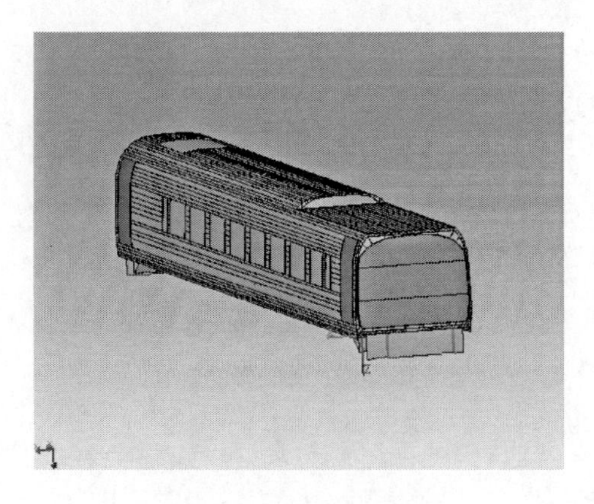

图1 车体SEA子系统

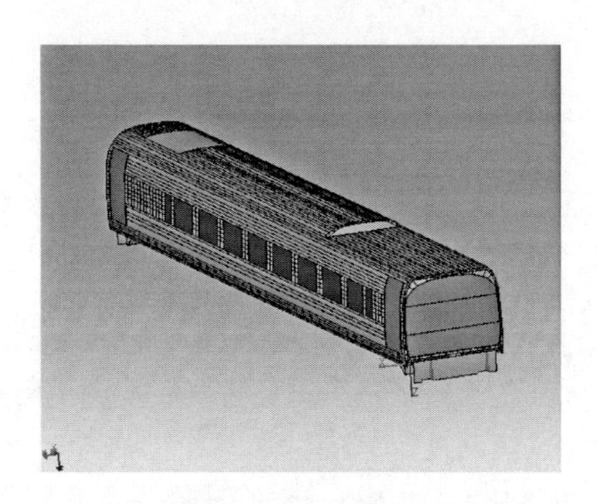

图2 混合模型

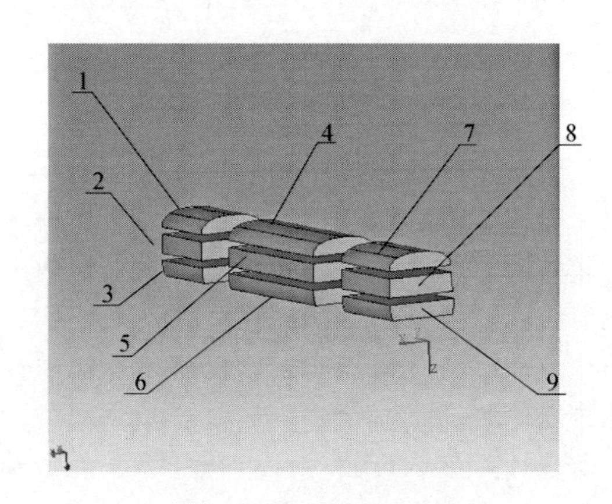

图3 车内SEA声腔子系统

表1 车内声腔SEA子系统

序号	声腔位置	序号	声腔位置	序号	声腔位置
1	一位端上部声腔	4	车内中间上部声腔	7	二位端上部声腔
2	一位端中部声腔	5	车内中间中部声腔	8	二位端中部声腔
3	一位端下部声腔	6	车内中间下部声腔	9	二位端下部声腔

4 车内噪声设计方案对比分析

阻尼损耗因子作为统计能量分析中的一个重要参数，对仿真计算的精度有较大的影响[5]。本文首先根据实际选取了子系统结构阻尼损耗因子，利用计算公式将车内的吸声系数转化为车内声腔子系统的阻尼损耗因子[6]。对SEA模型和混合模型分别在不同频段进行计算，其中SEA模型的计算频域为630～8000Hz，混合模型的计算频域为80～500Hz。将计算结果与试验结果进行对比分析，验证了这两种模型的正确性，以及对SEA模型和混合模型分别采用SEA和混合方法进行仿真分析这种思路的合理性。

高速动车组降噪设计的4种初步对比方案如下：

（1）车体与内饰板之间的刚性连接和弹性连接对车内噪声的影响。

（2）车体铝合金型材是否喷涂阻尼材料对车内噪声的影响。

（3）内饰板进行吸声隔声处理或非吸声隔声处理对车内噪声的影响。

（4）采用某种复合胶合木地板或普通木地板对车内噪声的影响。

图4～图7为采用不同降噪措施的仿真结果。从仿真结果分析，车体与内饰板的弹性连接、车体铝合金型材附加阻尼材料以及采用复合胶合板内饰地板在中低频段有较好的降噪效果，从车内平均降噪效果来看，弹性连接降噪效果达到2dB以上，附加阻尼材料后车内噪声降低约1.5dB，采用复合地板结构能起到3dB的降噪效果；内饰板结构进行吸声隔声处理对于车内中高频段的噪声有良好的抑制作用，车内噪声下降将近2dB。另外，综合采用上述四种措施对车体结构进行改进，从计算结果来看，改进后的车体结构有良好的减振降噪效果，在大部分频率下车内噪声都减小了4dB以上。

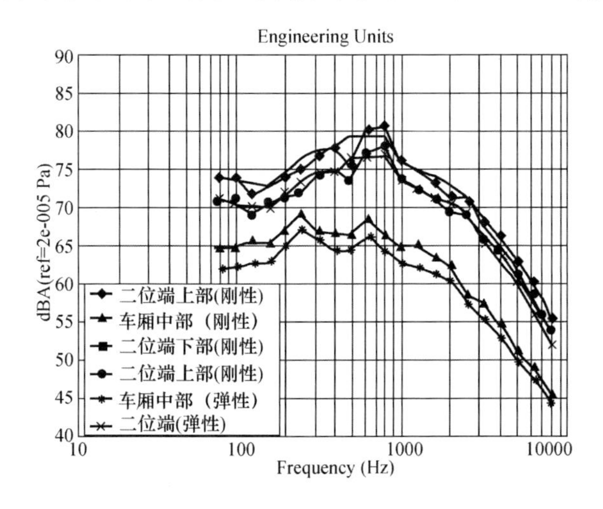

图4 刚性连接与弹性连接对比图

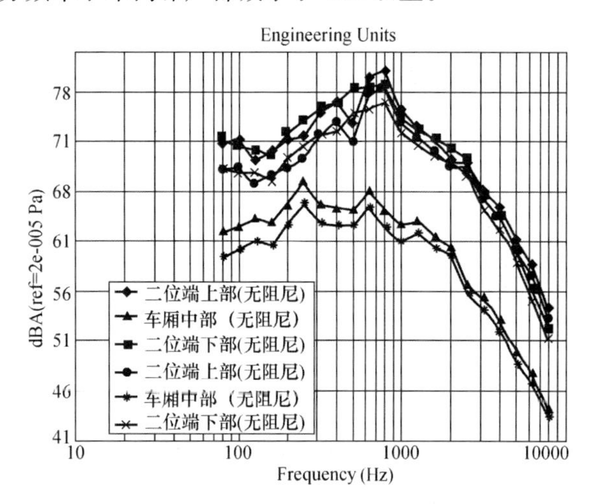

图5 增加阻尼材料的仿真结果

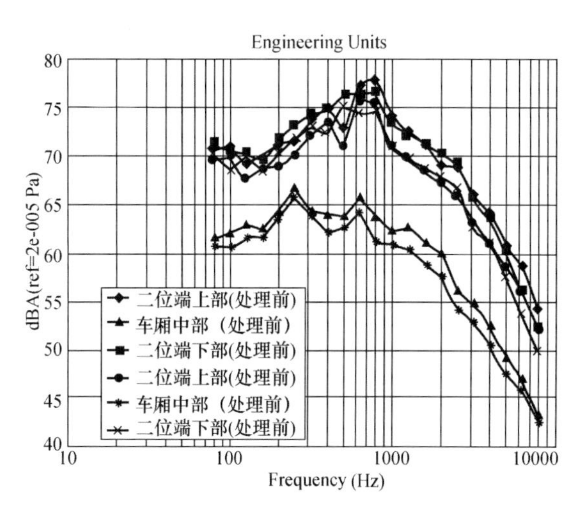

图6 内饰板结构进行噪声处理的仿真结果

5 结束语

在高速动车组噪声设计的前期，对不同的频段采用SEA和混合方法进行仿真计算这种思路是合理的；在本次设计过程中，车体与内饰板的弹性连接方案，车体铝合金型材喷涂3mm阻尼材料方案，内饰板进行吸声隔声处理方案以及采用复合胶合板木地板结构等方案，对车内噪声起到了

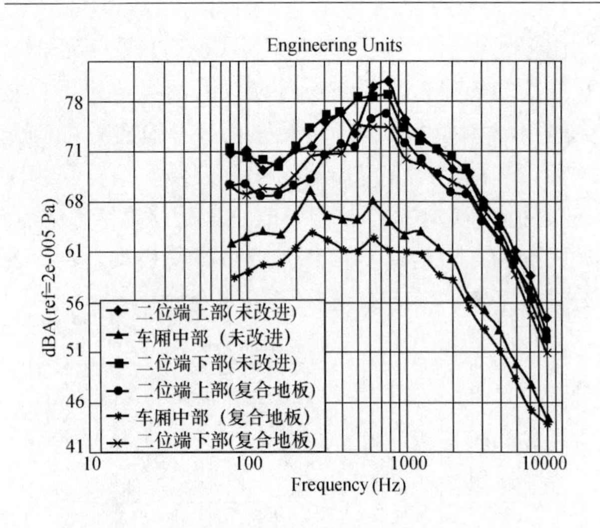

图7 复合胶合板内饰地板仿真结果对比

良好的效果，但是针对具体的某些低频噪声，仍需要进一步优化和改善。

参考文献

[1] 雷晓燕，圣小珍．铁路交通噪声与振动．北京：科学出版社．2004.

[2] 姚德源，王其政．统计能量分析原理及其应用．北京：北京理工大学出版社．1995.

[3] Langley R S，Bremner P. A hybrid method for the vibration analysis of complex structural-acousitc system. J. of the Acoust. Soc. of Ame. 1999，105（3）：1657－1671.

[4] Gardner B，Shorter P，Cotoni V. Vibro-acousitc analysis of large space structures using the hybrid FE-SEA method. 46th AIAA/ASME/ASCE/AHS/ASC Structures，Structural Dynamics and Materials Confer.，Ausin，2005：1－11.

[5] 阿久津，勝則．采用统计能量解析法（SEA）预测车内噪声的研究．2008.9，45（5）：14－18.

[6] 王其政，马建华，马道远，韦冰峰．统计能量分析混响声场中吸声系数与损耗因子关系研究．强度与环境，2006.12，33（4）：13－16.

统计能量分析在预测车辆隔声性能中的应用

刘从光[1,2]　吴行让[1,2]　程育虎[1,2]　刘宏玉[1,2]

1. 长安汽车工程研究总院，重庆，401120；

2. 汽车噪声振动和安全技术国家重点实验室，重庆，401120

摘　要： 本文阐述了车辆隔声性能仿真的重要性，利用 VA One 软件建立了某车型的统计能量分析（SEA）整车模型，计算了车外混响条件下驾驶员头部空间声腔的噪声频谱，并通过声腔的噪声能量输入分析出主要的噪声传递路径，发现车门玻璃及风挡玻璃对 2500～4000Hz 频率段噪声影响较大，通过依次控制各处玻璃的噪声能量传递来降低车内噪声，然后用试验验证了仿真结果的有效性，说明了 SEA 方法在预测车辆隔声性能方面的可行性。

关键词： 隔声性能仿真；SEA；混响；噪声传递路径。

1　前言

统计能量分析（statistical energy analysis，简称 SEA）主要用于中高频噪声的预测与分析[1,2]，最早应用于航空航天领域，20 世纪 90 年代初开始进入汽车工业领域，美国福特汽车率先发展和应用统计能量分析技术，通用汽车公司和克莱斯勒汽车公司随后也投入了大量的人力、物力从事统计能量分析工作。近年来，随着汽车技术的快速发展，全球各地越来越多的主机厂、内饰件供应商及科研院所开始从事统计能量分析研究工作，加速了统计能量分析的应用和发展。

欧美发达国家的汽车企业和科研机构在统计能量分析应用方面取得了很大的进步，Parimal Tathavadekar 等[3]利用 AutoSEA2 软件建立了快速 SEA 模型，研究了不同的 PVB 风挡玻璃对驾驶员头部空间噪声的影响。文献［4］计算了不同工况下驾驶员头部、腰部及腿部空间噪声能量流的输入，识别出主要的噪声传递路径，并评估了不同的声学包装降噪方案。文献［5］主要研究了后排头部空间噪声的传递路径及其贡献量，后地板及侧围饰板成为主要传递路径，并通过后行李箱声学包装轻量化设计来达到声学设计目标。这些基本上是针对一般工况条件下的仿真及优化研究，对于处于混响环境下的车辆隔声性能仿真研究还比较少。

本文利用 ESI 公司的中高频噪声分析软件 VA One，建立了某车型的整车 SEA 模型，分析车辆在车外混响环境下的隔声性能，计算出驾驶员头部空间噪声的主要传递路径，并与混响室法测车辆隔声的试验结果进行对比，结果表明，利用 SEA 仿真能比较准确地预测出影响车辆隔声的传递路径。

2　SEA 基本理论

统计能量分析从统计出发，运用能量守恒的观点来解决复杂的中高频振动噪声响应问题，根据一定的原则将一个系统划分成若干个子系统，对于每一个子系统，都可以建立其功率流平衡方程，即子系统的输入功率等于该子系统内部的耗散功率和传递到其他各子系统之间的功率之和。引入矩阵概念，N 个子系统的功率平衡方程如下[6]：

$$\begin{bmatrix} \eta_1+\sum\limits_{i\neq 1}\eta_{1i} & -\eta_{12} & \cdots & -\eta_{1k} \\ -\eta_{21} & \eta_2+\sum\limits_{i\neq 2}\eta_{2i} & \cdots & \cdots \\ \vdots & \vdots & & \vdots \\ -\eta_{k1} & \cdots & \cdots & \eta_k+\sum\limits_{i\neq k}\eta_{ki} \end{bmatrix} \begin{bmatrix} E_1 \\ \vdots \\ E_k \end{bmatrix} = \begin{bmatrix} \Pi_1 \\ \vdots \\ \Pi_k \end{bmatrix} \tag{1}$$

式中：η_k 为子系统 k 的内损耗因子；η_{1i} 为子系统 1 对子系统 i 的耦合损耗因子；E_k 为子系统 k 储存的能量；Π_k 为子系统 k 的输入功率。

将方程中的能量参数用实际系统中容易测量得到的物理量表示，对于结构振动子系统 k，储存

的能量表示为

$$E_k = M_k \langle v_k^2 \rangle \tag{2}$$

式中：M_k 为结构质量；$\langle v_k^2 \rangle$ 为结构多点振动速度的平方的平均值。

对于声腔类子系统 k，储存的能量表示为

$$E_k = \frac{\langle P_k^2 \rangle}{\rho c^2} V_k \tag{3}$$

式中：$\langle P_k^2 \rangle$ 表示声压平方的平均值；ρ 为空气密度；c 为声速；V_k 为声腔的体积。

3 车内噪声仿真分析

3.1 SEA模型建立

整车SEA模型建立主要包括结构子系统、声腔子系统及内饰声学材料件的创建。在结构子系统创建过程中，需要去除支撑梁及加强筋等结构，再根据子系统划分原则对主要覆盖件进行建模，整车结构SEA模型如图1所示。声腔子系统分为车内声腔子系统和车外声腔子系统，它们是在整车结构SEA模型建立后，根据内外空间特性和SEA预测一般原则进行创建的，车内声腔子系统模型如图2所示。车内声学材料具有形状复杂、厚度分布不均匀、材料成分多样等特点，利用VA One软件中的MNCT（Multiple Noise Control Treatment）功能，可以将不同厚度、不同材料、不同形状的内饰声学材料件进行属性化模拟，分别赋予到相应的结构子系统中。在各个子系统创建完成之后，需将各个子系统正确联结起来。

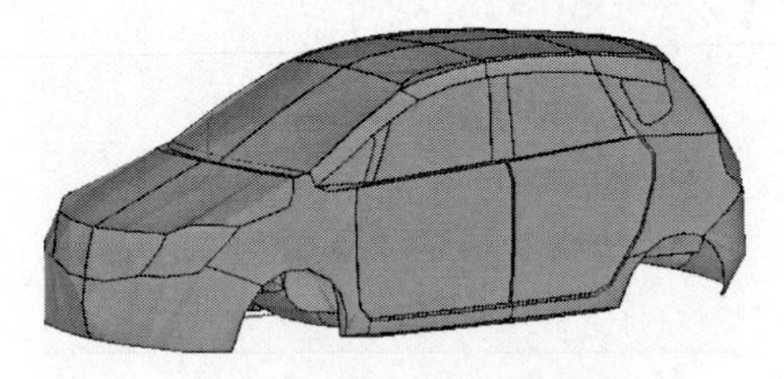

图1　整车结构SEA模型

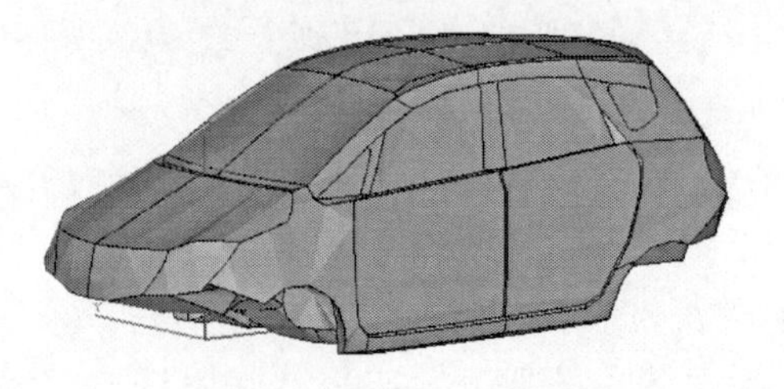

图2　车内声腔SEA模型

3.2 载荷输入

本文研究某车型在混响室条件下车辆的隔声性能，先测得混响室中球形声源的声压均值，再利用VA One的script功能将声压频谱数据导入到车外各个声腔子系统模型中，用于模拟车外混响环境。

3.3 仿真结果计算与分析

选择驾驶员头部空腔为响应点，先计算出此处的声压响应，如图3所示。从图中可以看出，声压级在3000Hz左右出现峰值，影响频段2500～4000Hz。为研究此处峰值出现原因，对声腔进行噪声贡献源分析，从图4中可以看出，在峰值频率处能量贡献较大的路径分别为左前窗玻璃，仪表板声腔及左边后排头部空间，再对这两个声腔进行贡献量分析，以找出影响驾驶员头部空间声压较大的位置。从图5可以看出，前风挡玻璃在2500～4000Hz范围内对仪表板声腔影响最大。用同样的方式可以分析出左后门窗玻璃及左侧后风挡玻璃在这个频段范围内对后排头部空间影响最大。这样，就将2500～4000Hz频段影响驾驶员头

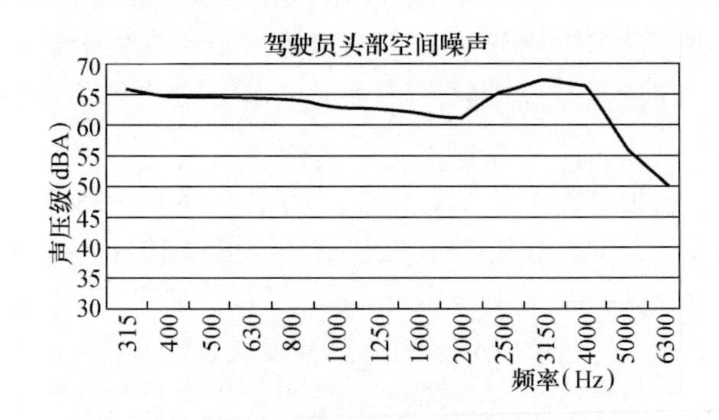

图3　原状态驾驶员头部空间声压响应值

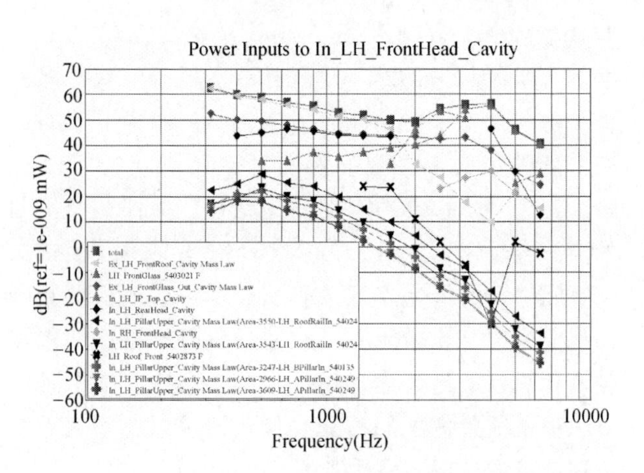

图4　驾驶员头部空间能量贡献路径

部空间声压的主要路径分解出来，分别为左前车门玻璃、左前风挡玻璃、左后车门玻璃及左后风挡玻璃。

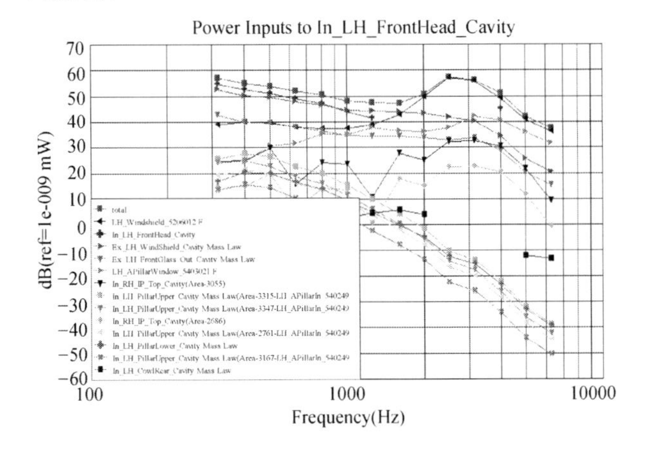

图 5　仪表板声腔能量贡献路径

4　车辆隔声性能测试

在混响室中测量车辆隔声，将车辆置于混响室对角线上，车身离墙面距离至少大于 1m，球形声源布置在墙角位置。测量声腔均匀度时在车辆周围不同高度布置 5 个麦克风，测试这些点的声压，求取这几点声压的能量平均值，同时将作为仿真分析的外部声腔的激励源，测试结果如图 6 所示，从图中可以看出，混响室内各点的声场均匀度较高，满足混响条件。

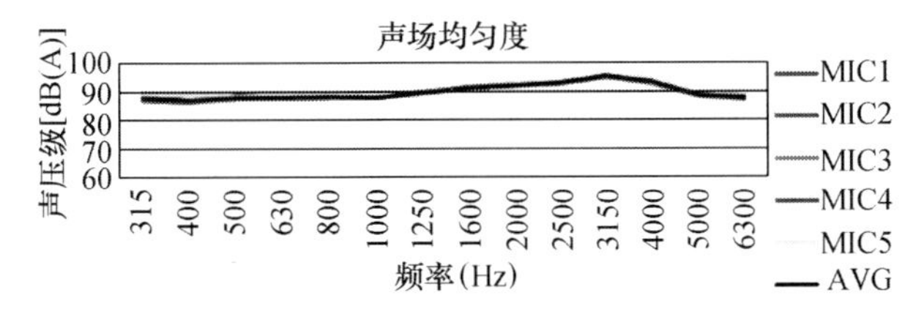

图 6　混响室声场均匀度测试结果

为与仿真结果做对比，试验时在驾驶员头部空间随机布置 4 个麦克风，如图 7 所示。由于试验与仿真车外激励源一致，因此只需测量出车内的声压级，而不用再计算传递损失即可进行对比。先测试原状态驾驶员声腔的声压级，然后用隔声材料将整车玻璃覆盖，如图 8 所示，测得玻璃不传声时的声压级，随后依次移除玻璃上的隔声材料，移除后下一个测试工况不再进行覆盖，测试结果如图 9 所示。

从上图可以看出，整车玻璃覆盖隔声材料后，

图 7　驾驶员头部空间测点布置

图 8　整车玻璃覆盖隔声材料

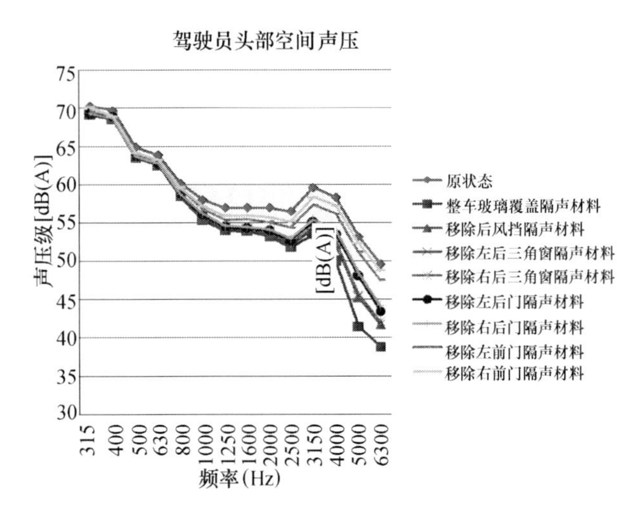

图 9　各状态下驾驶员头部空间声压测试值

驾驶员声腔的声压在 2500Hz 以上明显降低，说明玻璃对驾驶员头部空间处峰值频率段的噪声贡献较大。从依次移除隔声材料车内声压级相对变化值来看，后风挡、左后门、左前门及前风挡玻璃对驾驶员声腔的隔声影响非常大，这与仿真预测结果基本一致。

5 仿真与试验结果对比分析

为了验证仿真手段在预测车辆隔声性能方面的可行性，将预测结果与试验结果相比较，如图 6（a）～（e）所示，二者在各种状态下趋势都基本相似，误差也在统计能量分析可接受范围内，说明了 SEA 在预测车辆隔声性能方面的有效性。

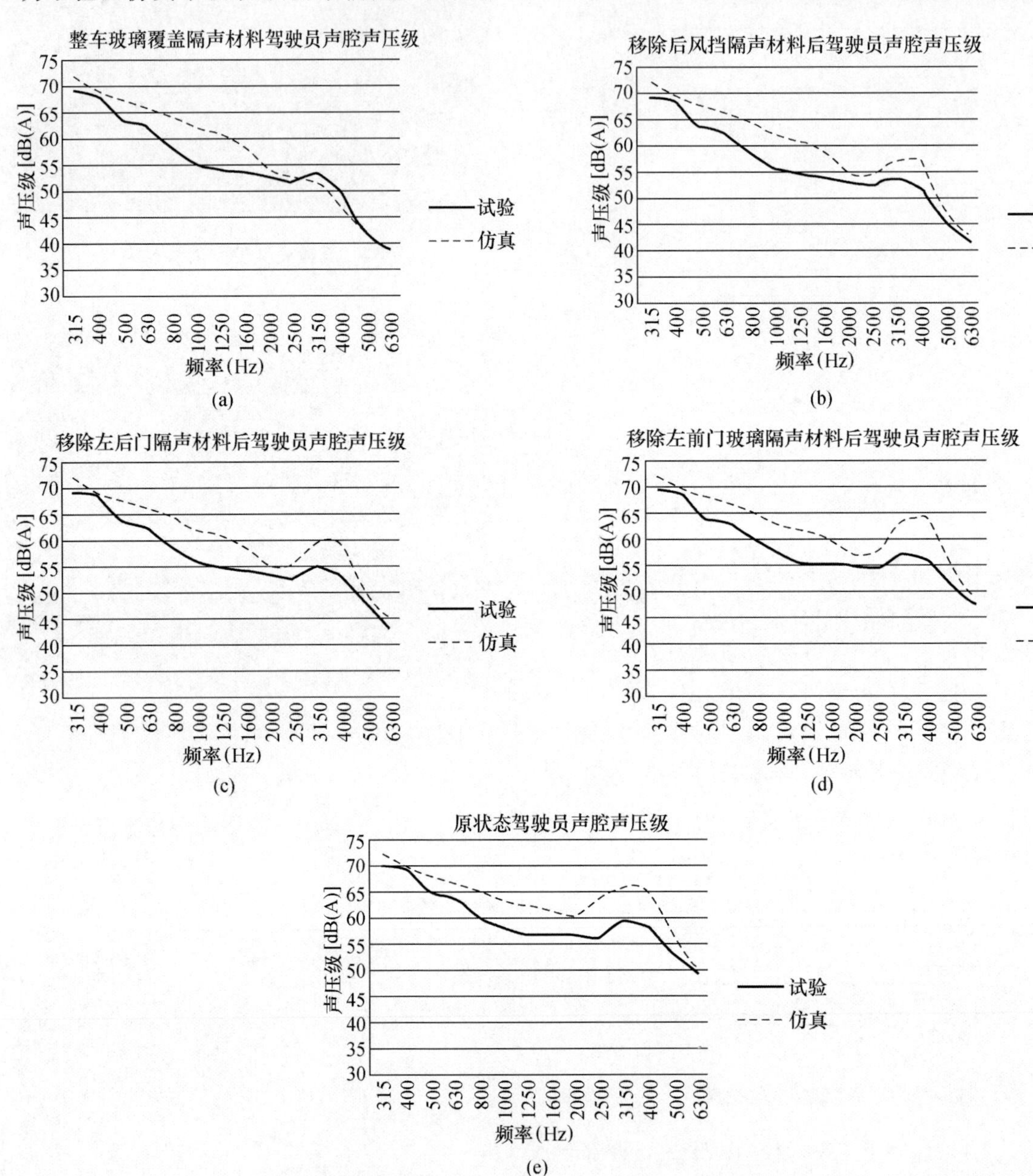

图 10 驾驶员头部空间主要噪声传递路径试验与仿真对比

6 结论

本文阐述了统计能量分析的基本原理，利用 VA One 软件创建了某车型的整车 SEA 模型，预测了驾驶员头部空间噪声源的传递路径，并与试验结果进行了对比分析，得到如下结论：

（1）将混响室测得的混响声压输入到 VA One 模型当中，模拟车辆处于混响环境，计算了驾驶员头部空间噪声值，发现 2500～4000Hz 频段内出现了峰值。

（2）通过能量流贡献量分析，得出影响驾驶员头部空间 2500～4000Hz 频段噪声值偏大的主要子系统，分别为左前门玻璃、前风挡玻璃、左后门玻璃及后风挡玻璃。

（3）在混响室中对整车玻璃进行隔声处理，然后依次移除玻璃上的隔声材料，对比前后两次测量的差值，发现影响隔声性能的子系统与仿真预测的基本一致，充分说明了 SEA 在预测车辆隔声性能方面的可行性。

参　考　文　献

[1] 叶武平，等．运用统计能量分析法进行轿车内室噪声的仿真［J］. 同济大学学报，2001，29（9）：1066－1071.

[2] 姚德源，王其政．统计能量分析原理及其应用［M］. 北京：北京理工大学出版社，1995.

[3] Parimal Tathavadekar，Denis Blanchet and Len Wolf. Rapid SEA Model Building Using Physical Measurements on Vehicles. SAE Paper 2003－01－1543.

[4] Liangyu（Mike）Huang and Ramkumar Krishnan. Development of a Luxury Vehicle Acoustic Package using SEA Full Vehicle Model. SAE Paper 2003－1－1554.

[5] Norimasa Kobayashi and Hisanori Tachibana. A SEA-Based Optimizing Approach for Sound Package Design. SAE Paper 2003－01－1556.

[6] 庞剑，谌刚，何华．汽车噪声与振动［M］. 北京：北京理工大学出版社，2008.

SCS 动车组预期噪声的仿真分析

李敬雅　吕志龙　谢红兵

中国南车集团株洲电力机车有限公司，湖南株洲，412001

摘　要：以 SCS 动车组为研究对象，建立了城际动车组车辆高频噪声分析的整车 SEA 仿真模型，分析中空铝型材的等效隔声处理方式，对比分析仿真和实测的室内各部位的噪声声压级，验证仿真的准确性。找出城际动车组的噪声控制的薄弱环节，从而指导设计出舒适、低噪声的轨道车辆。

关键词：高频噪声分析；SEA；中空铝型材；等效隔声。

1　前言

在铁路机车车辆、汽车、航天器等众多行业中，结构振动产生的噪声是一种难以治理的噪声污染，需要在产品从研发—制造—试验的过程中全程控制。在设计阶段对结构声学进行有效的理论和仿真分析，对结构的形状和尺寸进行声学灵敏度、优化设计研究，对改善结构声学特性、减振降噪有着重要的意义[1]。本文运用统计能量统计分析方法，利用专用噪声分析软件 VA One 对 SCS 动车组的预期噪声进行了仿真分析，对比分析仿真和实测的室内各部位的噪声声压级，验证仿真的准确性。找出城际动车组的噪声控制薄弱环节，从而指导设计出舒适、低噪声的轨道车辆。

2　噪声源分析

由于 SCS 动车组带司机室的头车（Mc 车）系统的振动及噪声问题是一个复杂系统宽带高频动力学问题，通常对车内噪声的影响主要集中在中高频段，讨论的是空气传播噪声。因而采用 SEA（Statistic Energy Analysis）方法评估 Mc 车内预定测点的噪声水平。

根据列车运行噪声特性，当列车速度在 60～120km/h 时，轮轨噪声占主要成分。其他噪声主要是底架设备如变压器、空气压缩机、车顶空调设备等运转时产生的噪声。

3　仿真设计

3.1　Mc 车子系统的构成和参数确定

整车模型系统采用 1∶1 比例进行，首先是对车辆断面进行点的分散处理。由断面曲线图建立整车 SEA 结构模型，其次要对车辆子系统进行划分，表 1 列出了各 SEA 子系统的划分及噪声控制情况（NTC），充分考虑侧墙、地板中空铝型材及贯通道等双层结构对噪声声压级的影响，表 2 列出各种材料的物理属性。

表 1　声学 SEA 模型的结构子系统

子系统	厚度（mm）	材料	NCT
车顶	10	铝板	
空调支撑板	14	铝型材	
侧墙	20	铝型材	
侧窗玻璃	16	玻璃	
车门	15	铝蜂窝板	
底架地板	32	铝型材	有
地板	26	铝蜂窝板	有
端墙	6	铝型材	
司机室隔墙	26	铝蜂窝板	
头罩	34	玻璃钢	
前挡风玻璃	11.8	玻璃	
贯通道	11	橡胶	

表 2　各种材料的属性参数

材料	密度（kg/m³）	拉伸模（Pa）	剪切模量（Pa）	泊松比
铝	2700	7.1×10^{10}	2.67×10^{10}	0.326
玻璃	2300	6.2×10^{10}	2.5×10^{10}	0.24
空气	1.21	—	—	—
阻尼浆	900	—		0.49

3.2　中空铝型材的隔声设计

为简化建模，对中空铝型材等双层结构从理论上进行了等效隔声量处理。平均隔声量 $\overline{TL}$

(dB) 可由经验公式[2]计算：

当 $\rho_{A1}+\rho_{A2}\leqslant 100\text{kg/m}^2$ 时，

$$\overline{TL}=13.5\lg(\rho_{A1}+\rho_{A2})+13+\Delta\overline{TL}$$

当 $\rho_{A1}+\rho_{A2}>100\text{kg/m}^2$ 时，

$$\overline{TL}=18\lg(\rho_{A1}+\rho_{A2})+8+\Delta\overline{TL}$$

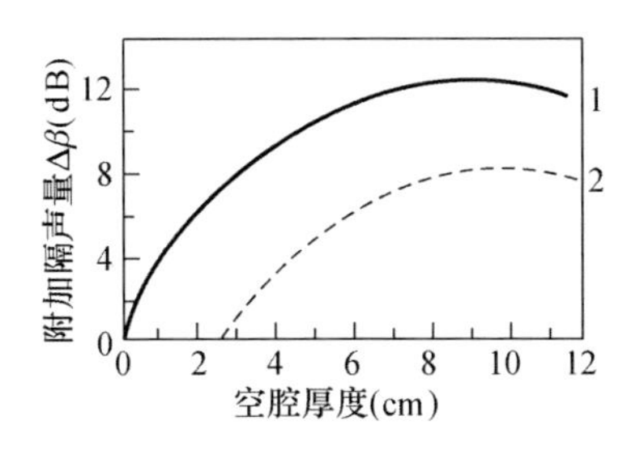

图 1　双层隔板中间空气层

式中：ρ_{A1} 和 ρ_{A2} 分别为双层隔板各自的面密度，kg/m^2；$\Delta\overline{TL}$为双层隔板中间空气层的附加隔声量（见图 1）[3]。

图 1 中曲线 1 为双层间弹性连接，曲线 2 为双层间刚性连接。在工程实践中，由于受空间位置的限制，空气层不可能太厚，当空气层的厚度取 20～30cm 时，附加隔声量为 15dB 左右，当空气层的厚度取 10cm 左右时，附加隔声量为 8～12dB[4]。从图 1 可以看出，空气层厚度 10cm 以上，隔声量就几乎不再增加，故实际应用时一般取空气层厚度为 8～10cm。

3.3　仿真结构模型

图 2 为附加材料后的 Mc 车 SEA 结构模型图。

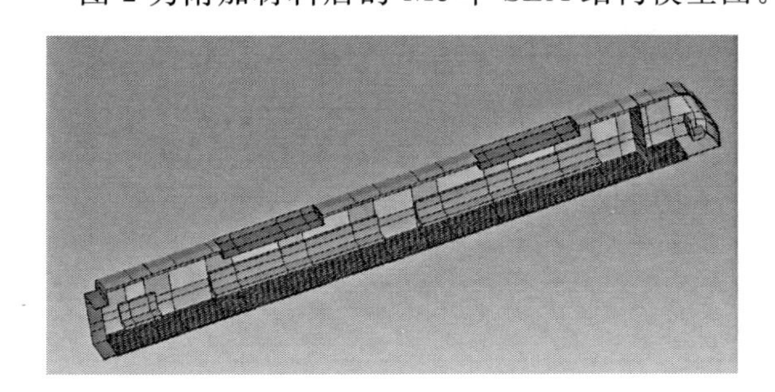

图 2　Mc 车 SEA 结构模型图

4　仿真计算

4.1　仿真空腔模型的建立

在建立 SEA 结构模型后，需构建车辆内部和外部空气腔模型，之后对车顶和底架空气腔施加噪声激励载荷，选用 1/3 倍频率 63.5～8000Hz 频段进行计算，可得到各部分的噪声声压值，图 3 为 Mc 车声学模型噪声分布状况。

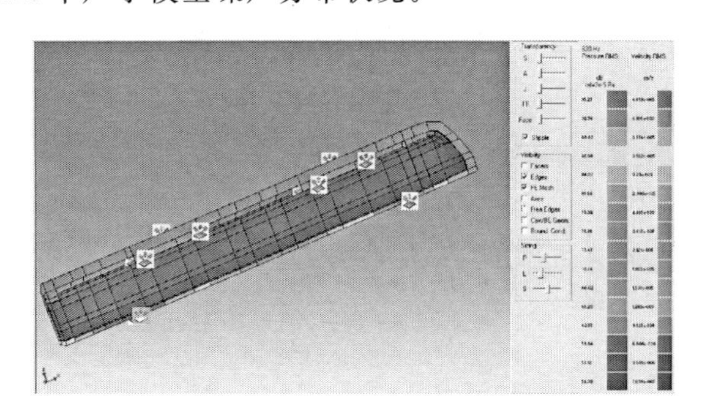

图 3　Mc 车声学模型噪声分布

4.2　仿真结果与实测结果比较

仿真测点布置：Mc 车司机室内布置一个测点，司机室中央距地板高度 1.2m 处；Mc 车内地板上方 1.2m 处的车辆中心线上安装 4 个传声器。第一个测量点位于一位端转向架中心的上方。最后一个测量点位于二位端贯通道中心的上方。其余两个测量点位于这两个测点之间的大致等距点位上。

实测测点布置：传感器从司机室到贯通道均匀分布。

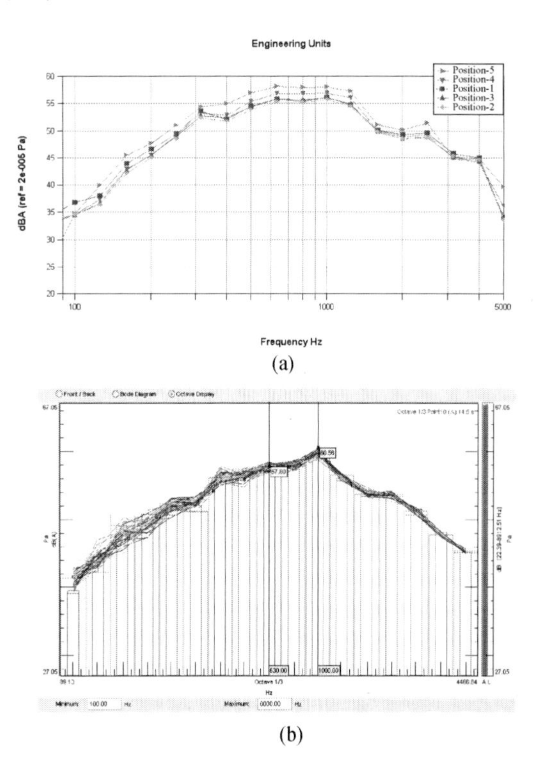

图 4　定置工况车厢内各预测点声压级数据对比

(a) 仿真结果；(b) 测试数据

图4（a）是静置工况下司机室及客室距地板1.2m处噪声频谱图，该位置的实测值频谱图如图4（b）所示。图5是运行工况（100km/h）时，车厢内各预测点声压级仿真结果与测试数据对比。

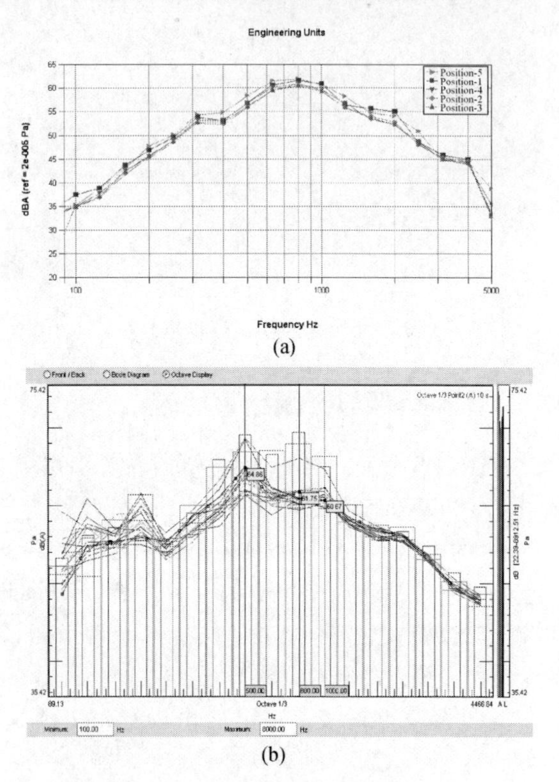

图5　100km/h车厢内各预测点声压级数据对比

（a）仿真结果；（b）测试数据

从图可以得出：

（1）车厢内噪声主要在250～2500Hz，定置工况最大峰值主要出现在1000Hz附近。运行工况最大峰值主要出现在800Hz附近。

（2）在贯通道处，声压级最大。静置工况时为58dB（A）（630Hz）。运行工况约62dB（A）（800Hz），比静置工况约大4dB（A）。

（3）对图4和图5：静置工况和运行工况下车厢内声压级变化相差4～5dB（A），噪声的增大主要由轮轨噪声引起。

5　结论

综合分析噪声源和预测点的噪声频谱特性：

（1）在两种工况下，车内噪声主要在中、高频段，250～2500Hz之间。噪声特性与实际测量结果基本一致。

（2）轮轨噪声对司机室及车厢内的噪声有较大的影响，轮轨噪声使车内噪声增大了4～5dB（A）。

（3）在运行工况的5个测点数据中，在轮轨上方和贯通道处略高于其他测点，总的来说呈现出声压从车中部向贯通道增大的趋势，在车定置工况时贯通道的声压也为最大。因此可以判断出贯通道是整个车体噪声最严重的地方，是噪声治理的重要对象。

参　考　文　献

［1］　刘晓波，等．电力机车司机室减振降噪设计［J］．机车电传动，2009，6：13-17.

［2］　机械设计手册编委会．机械设计手册（第五卷）［K］．北京：机械工业出版社．2004：193-195.

［3］　陈楠．骑车振动与噪声控制［M］．北京：人民交通出版社，2005：203—208.

［4］　张弛．噪声污染控制技术［M］．北京：中国环境科学出版社，2007：124-130.

复杂外形飞行器声振环境的统计能量法预示技术研究

杨　巍

空间物理重点实验室，北京，100076

摘　要：航空航天技术的迅速发展对复杂外形飞行器提出相当高的可靠性要求，火箭在不同的飞行时段内会产生较严重的宽带随机振动。这些振动可能造成结构高达 50g 的均方根加速度响应，并使舱内产生恶劣的噪声环境，大大降低系统的可靠性。本文利用统计能量法原理和 VA One 软件，针对复杂外形飞行器超高速飞行时的噪声环境进行仿真和计算，获得飞行器的内噪声环境预示结果。

关键词：内噪声；统计能量分析；内损耗因子；耦合损耗因子；模态密度。

1　引言

飞行器受到的振动主要是发动机工作及其喷气噪声以及气动噪声引起的，对于高速飞行的飞行器来说，气动噪声则成为这些振源中的主要成分。它可以引起飞行器系统结构的疲劳破坏和电子元器件的损坏，大大降低了飞行器的可靠性。美国的一项研究结果表明：声振、温度和湿度是环境因素引起故障的三大主要因素，占环境因素故障率的 80％以上。因此，在追求航空航天飞行器系统可靠性指标时，我们必须对飞行器的噪声环境予以关注。

2　理论分析基础

由于噪声都是宽频带的随机振动，在现有的条件下，传统的 FEM 分析方法不能充分适应高频段的振动分析。所以，声振环境的预示需采用新的方法，统计能量法（SEA）就是其中之一，它可以克服 FEM 和传统模态分析方法所遇到的一些困难，为预示复杂系统的宽带高频动力学问题提供有效途径。统计能量法的基本原理就是子系统间的功率流平衡方程，其基本形式如式（1）所示：

$$P_{i,\text{in}} = \dot{E}_i + P_{id} + \sum_{\substack{j=1 \\ j\neq i}}^{N} P_{ij} \tag{1}$$

式中：$P_{i,\text{in}}$为外界对子系统 i 的输入功率；$\dot{E}_i$ 为子系统 i 的能量 E_i 的变化率，$\dot{E}_i=\frac{\mathrm{d}E_i}{\mathrm{d}t}$；$P_{ij}$ 为从子系统 i 流向子系统 j 的功率。

当系统响应达到稳定状态时，$\dot{E}_i=0$，简化式（1）写成如式（2）所示的矩阵形式：

$$[L]\{E\}=\frac{1}{\omega}\{P_{in}\} \tag{2}$$

$$\{E\}^T=\{E_1,\ E_2,\ \cdots,\ E_N\}$$

$$\{P_{in}\}^T=\{P_{1,in},\ P_{2,in},\ \cdots,\ P_{N,in}\}$$

式中：$\{E\}$为能量列阵；$\{p_{in}\}$为输入功率列阵；$[L]$为保守弱耦合系统的损耗因子矩阵。

$[L]$的矩阵元素为

$$L_{ij}=\begin{cases}-\eta_{ji}\,(i\neq j)\\ \sum\limits_{k=1}^{N}\eta_{ik}\,(i=j)\end{cases} \tag{3}$$

L_{ij}是系统的总损耗因子，包括子系统的内损耗因子和系统间的耦合损耗因子，若已知系统的这些损耗因子和输入功率，由式（2）就可以计算得到能量阵列$\{E\}$，进而得到各子系统的动力学参数，如位移、速度、加速度、应力、声场等。由这些参数就可以做噪声环境预示等工作。

3　SEA 建模及参数确定

3.1　建立飞行器 SEA 模型

根据某飞行器的噪声环境条件，利用统计能量法建模，分析预示该飞行器的响应量级。依据结构的自然几何边界条件、动力学边界条件、材料属性等原则进行子系统的划分。飞行器总共划分为31个子系统，包括26个飞行器结构的平板子系统和5个飞行器内声腔子系统，各个子系统的编号和名称如表1所示，建立飞行器的模型如图1所示。

表1　　飞行器结构SEA子系统

编号	子系统名称	编号	子系统名称
1	前舱蒙皮1	17	右弹翼蒙皮3
2	前舱蒙皮2	18	右弹翼蒙皮4
3	前舱蒙皮3	19	末修舱蒙皮1
4	前舱蒙皮4	20	末修舱蒙皮2
5	控制舱蒙皮1	21	末修舱蒙皮3
6	控制舱蒙皮2	22	末修舱蒙皮4
7	控制舱蒙皮3	23	前舱底端框
8	控制舱蒙皮4	24	左弹翼底端框
9	控制舱蒙皮5	25	右弹翼底端框
10	控制舱蒙皮6	26	控制舱底端框
11	左弹翼蒙皮1	27	前舱内声腔
12	左弹翼蒙皮2	28	左弹翼内声腔
13	左弹翼蒙皮3	29	右弹翼内声腔
14	左弹翼蒙皮4	30	控制舱内声腔
15	右弹翼蒙皮1	31	末修舱内声腔
16	右弹翼蒙皮2		

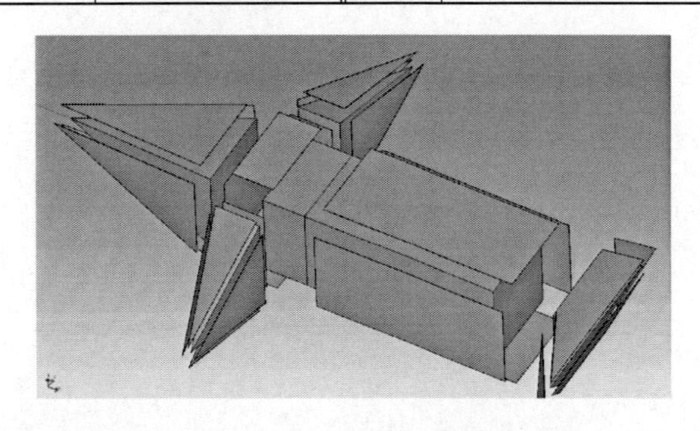

图1　飞行器SEA模型图

3.2　建立混响室声腔SEA模型

目前，飞行器的噪声试验大部分都是在混响室中进行的，因此，需要在飞行器周围建模混响室声腔的SEA模型，如图2所示。

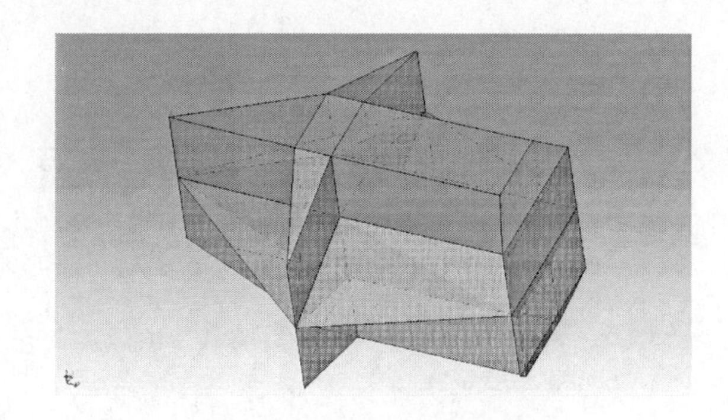

图2　混响室声腔SEA模型

3.3　SEA模型参数

SEA参数主要包括子系统的内损耗因子、耦合损耗因子和模态密度。

3.3.1　内损耗因子

内损耗因子主要包括系统本身材料摩擦产生的结构损耗因子，子系统振动声辐射阻尼形成的损耗因子，以及子系统边界连接阻尼形成的损耗因子。一些典型材料和结构的内损耗因子可以在相关资料中查询得到。此飞行器蒙皮结构为2mm铝制带有薄约束层的金属板，故取其内损耗因子为10％。

3.3.2　耦合损耗因子

在此飞行器SEA模型中，包括点连接、线连接和面连接，用到最多的是线连接和面连接。同时，这些连接也包括了结构与结构之间的耦合、结构与声腔之间的耦合以及声腔与声腔之间的耦合。VA One软件中，设置好内损耗因子和子系统之间的连接形式之后，耦合损耗因子是可以利用软件自动解算出来的。部分子系统之间的耦合损耗因子如图3、图4所示。

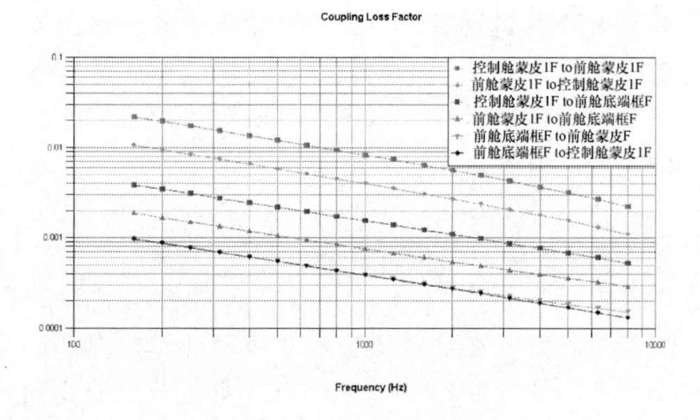

图3　结构耦合损耗因子

3.3.3　模态密度

一般较规则的结构其模态密度是可以计算的，如二维平板的模态密度为

$$n(f)=\frac{A_p}{2RC_l} \tag{4}$$

式中：A_p为平板面积；R为截面回转半径；C_l为纵波速。

该飞行器中部分子系统的模态密度如图5所示。

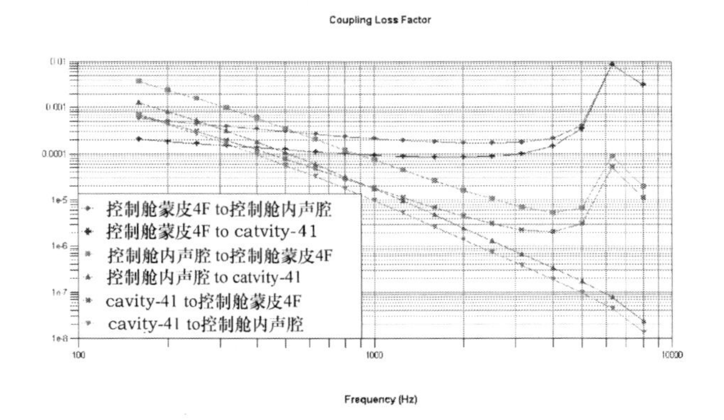

图 4　结构以及声腔耦合损耗因子

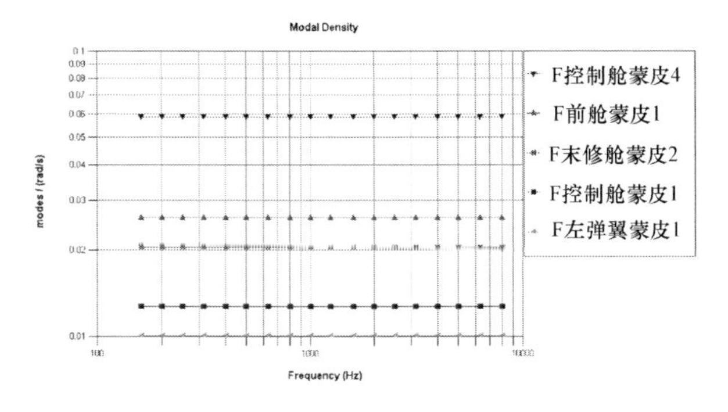

图 5　部分子系统的模态密度

4　SEA 模型混响室噪声激励加载及计算

4.1　噪声激励加载

在混响室声腔子系统上加载约束条件，使得混响室内的噪声量级满足噪声环境条件。总声压级为 163dB，声谱为 1/3 倍频程谱，如图 6 所示。

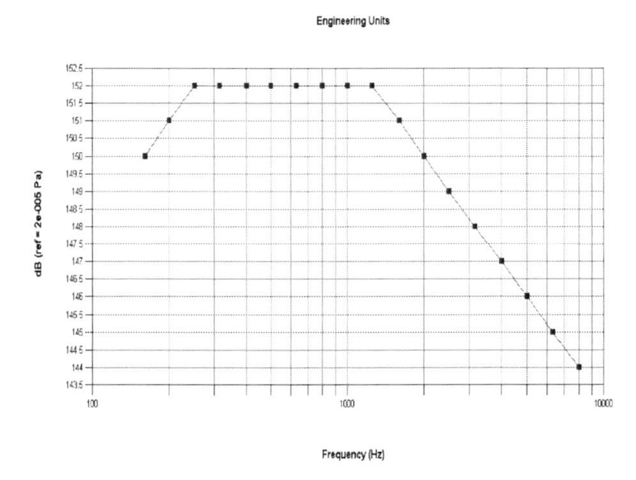

图 6　混响室噪声环境条件

混响室声腔加载了噪声激励后如图 7 所示。

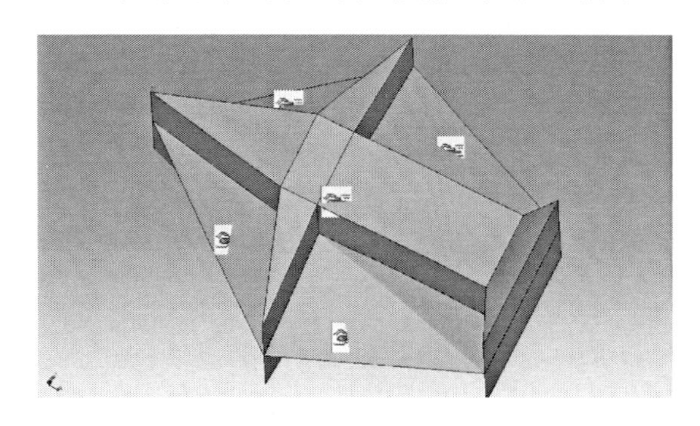

图 7　加载噪声激励

4.2　计算及分析

4.2.1　结构子系统响应计算及分析

首先，VA One 计算结果可以给出不同频率下各子系统的响应大小，从而判断在不同的频率段响应较大的子系统，部分子系统的响应谱如表 2 所示，图 8 所示的是在 1000Hz 时各子系统的响应云图。

表 2　　部分结构子系统响应

中心频率 (Hz)	左弹翼蒙皮 1 (g^2/Hz)	末修舱蒙皮 2 (g^2/Hz)	前舱蒙皮 1 (g^2/Hz)	控制舱蒙皮 4 (g^2/Hz)
160	7.38384	6.2899	5.78763	3.19846
200	8.08088	6.75962	6.12751	3.28103
250	8.43712	6.90948	6.19816	3.31321
315	6.8322	5.4828	4.89913	2.59605
400	5.41638	4.21107	3.81253	1.97264
500	4.28489	3.2331	2.96838	1.4993
630	3.32111	2.44818	2.26019	1.11899
800	2.59344	1.86586	1.72048	0.850298
1000	2.01907	1.4079	1.30281	0.642748
1250	1.58345	1.0713	0.99782	0.492106
1600	0.998778	0.658737	0.618476	0.304624
2000	0.639384	0.414499	0.390676	0.192429
2500	0.429764	0.273705	0.259276	0.127499
3150	0.311261	0.195859	0.185946	0.092732
4000	0.271711	0.170253	0.160636	0.084217
5000	0.383496	0.239456	0.224471	0.123984
6300	1.2159	1.44507	1.47643	1.64914
8000	0.408927	0.409492	0.411067	0.413345

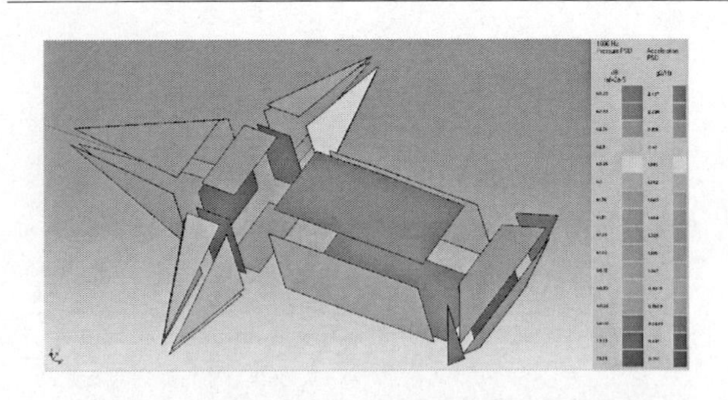

图8　频率为1000Hz时各子系统的响应云图

将这些结构的响应曲线进行比较，如图9所示。

从图8中可以看出，左弹翼蒙皮对噪声最为敏感，其响应量级最大，在结构设计过程中，应当重点关注该处的结构强度。

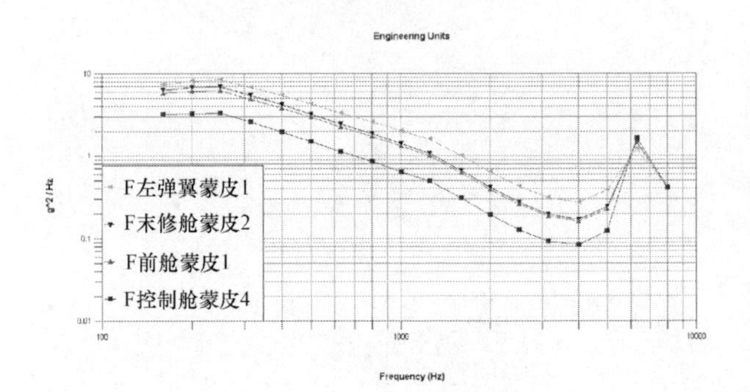

图9　部分结构PSD响应曲线

4.2.2　内声腔响应计算及分析

同样，计算可以得到飞行器各个舱段内的噪声响应量级，从而能够判断哪些舱段的噪声环境比较恶劣。部分舱段的噪声响应如表3所示。

表3　部分舱段内声腔子系统响应

中心频率(Hz)	左弹翼内声腔(SPL)	末修舱内声腔(SPL)	前舱内声腔(SPL)	控制舱内声腔(SPL)	中心频率(Hz)	左弹翼内声腔(SPL)	末修舱内声腔(SPL)	前舱内声腔(SPL)	控制舱内声腔(SPL)
160	138.517	137.87	137.774	137.955	1250	130.927	132.277	129.534	127.734
200	139.22	138.521	138.641	138.855	1600	127.429	129.232	125.892	123.874
250	139.812	139.016	139.296	139.427	2000	123.987	126.165	122.352	120.186
315	139.304	138.457	138.749	138.726	2500	120.478	122.898	118.704	116.449
400	138.592	137.794	137.956	137.665	3150	116.793	119.444	114.911	112.585
500	137.667	137.156	136.937	136.327	4000	113.144	116.148	111.1	108.638
630	136.394	136.254	135.517	134.564	5000	111.285	115.064	108.526	105.351
800	134.766	135.093	133.705	132.413	6300	121.482	123.867	120.462	119.18
1000	132.978	133.86	131.74	130.166	8000	111.963	114.303	110.22	107.988

将这些内声腔子系统的响应进行比较，如图10所示。

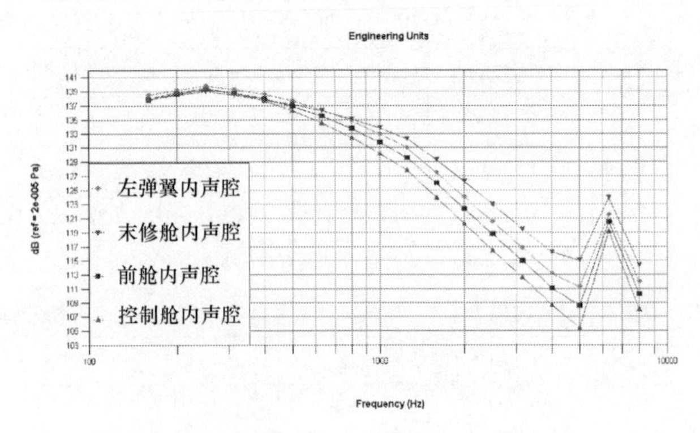

图10　部分内声腔子系统响应SPL曲线

从图10可以看出，末修舱内声腔的响应量级最大，其次是左弹翼内声腔，尤其是在高频段。因此，在结构设计时，若这些舱段中有对噪声敏感的结构或者元器件的情况下，应该特别予以关注，如果有必要的话，应该对这些舱段的结构进行隔声处理，从而改善结构的噪声环境条件。

从总声压级来看，混响室内的噪声总声压级为163dB，而飞行器内部的总声压级均在147dB附近，内外声压差为16dB。工程实测数据中，2mm铝制板的内外声压差大约为20dB。这说明，此预测结果与实测数据是相吻合的。存在差异是因为统计能量法预示的是整个声腔的平均响应，而实测数据则是声腔中的某个特殊点的采样结果。

5　总结

本文主要基于统计能量分析原理，利用VA One软件分析平台，对某复杂外形飞行器的统计能量模型进行噪声环境预示进行计算研究。分别计算了在混响室噪声激励的情况下，飞行器结构的振动响应以及飞行器舱段内的噪声量级。并根据计算结果预测哪些部位的响应量级比较高，需要给予重点关注。从总声压级的角度，与工程实测数据进行对比，验证了该预测方法的可靠性。当然，复杂外形飞行器的噪声响应与其内损耗因子和耦合损耗因子密切相关，为了更加精确的预示飞行器的噪声环境，必须准确的获得各个子系统的内损耗因子和耦合损耗因子。从而精细建模，获得更好的预测结果。

参 考 文 献

[1] 姚德源，王其政．统计能量分析原理及其应用[M]. 北京：北京理工大学出版社，1995.

[2] 王宪成，张晶，张更云．基于统计能量分析法的船艇机舱噪声建模计算［A］. 2007，（11）：1367 - 1372.

[3] 王其政，宋文滨，刘斌．动力学环境质量载荷效应的统计能量分析与试验研究［J］. 1998（3）：6 -12.

[4] Ho - Jin Hwamg, Ronald G. Hund, Dayton Hartley. Raytheon premier interior cabin noise modeling using statistical energy analysis［A］. Proceedings of the First International AutoSEA Users Conference［C］. 2000. 27 - 28.

[5] Alan V. Parrett, John K. Hicks. Statistical Energy Analysis of Airborne and Structure - Borne Automobile InteriorNoise［J］. Society of Automotive Engineers. 1997. 20 - 25.

[6] Lyon R. H. and Maidanik G. Power Flow Between Linearly Coupled Oscillators, Journal of Acoustics Society of America, 1962, 34（5）.

[7] 姚德源．振动系统的统计能量分析方法［M］. 北京工业学院出版社，1986.

[8] Fahy F. J. Sound and Structural Vibration, England: Academic Press, 1985.

[9] 姚德源．导弹声振技术，战术导弹技术，1989（4）.

[10] White R. G. and Walker J. G. Noise and Vibration, England: Ellishorwood Publishers. 1982.

海洋平台上噪声分析方法的研究

张艳春　惠　宁　沈志恒

海洋石油工程股份有限公司，天津塘沽，300451

摘　要：本文以海洋平台上动设备产生的大量振动噪声为研究对象，阐述了海洋平台和FPSO等结构物声振耦合分析的数值方法以及噪声分析的相关软件。海洋平台上的噪声传播有空气声传播和结构声传播两种传播路径，计算分析时均需要考虑。同时指出了随着科技和计算方法的发展，快速多极边界元法是未来噪声分析的有效方法。

关键词：海洋平台；噪声分析；声振耦合；快速多极边界元法。

1　引言

在海洋平台上，维持工艺流程正常运转所使用的主机、压缩机、泵、电机及火炬等设备都会产生高分贝噪声。这些噪声会对海上作业人员的身心健康及平台的正常运转产生不利的影响。为了保护平台作业人员的身心健康，《海上固定平台安全规则》对平台各区域的噪声声压级提出强制性要求。在平台设计阶段，由于不能通过现场实测得到平台噪音数据，因此通常采用数值模拟的方法预测各区域噪音声压级。根据预测结果优化平台上的设备布置，并采取适当的减振降噪措施以满足各相关标准的具体要求。

2　数值分析方法及其在海洋平台中的应用

常用的声振环境预示方法主要有四种：边界元法（BEM）、有限元法（FEM）、统计能量分析（SEA）法和声线法。

2.1　边界元法

2.1.1　传统边界元法

传统的边界元分析法是一种将区域性问题转化为边界性问题的方法，它的基础是边界元积分方程。该方法的优点在于它能对所处理的问题进行降维求解，从而使方程组的数量大大减少。式(1)反映了声场中的点与边界上各种边界条件之间的关系[1]：

$$\int_s \left[\begin{array}{l} p(Y) \dfrac{\partial G(X,Y)}{\partial n} + \\ i\rho\omega v_n(Y) G(X,Y) \end{array} \right] dS = \alpha(X) p(Y) \quad (1)$$

$$\int_s \left[p(Y) \frac{\partial G(X,Y)}{\partial n} + i\rho\omega v_n(Y) G(X,Y) \right] = p(X)$$

其中　$G(X,Y)=\dfrac{e^{-ikr}}{4\pi r}\quad r=X-Y$

式中：$p(X)$ 为声场中任意一点的声压；$p(Y)$ 为声源所在点的声压；$\alpha(X)$ 为与曲面光滑程度有关的系数；$v_n(Y)$ 为媒介在声源边界上一点的法向速度；k 为波数。

基于传统边界元法进行噪声分析的软件有SYSnoise、LMS Virtual. Lab和VA One等。其中SYSnoise软件是以振动数据为输入条件，模拟计算平台上的结构振动产生的辐射噪声。

2.1.2　快速多极边界元法

快速多极边界元法（FMM）是一种用来处理超大规模边界元问题的方法，是对传统边界元技术的完善。传统边界元法形成的求解方程的系数矩阵是非对称满阵，其求解需要大量的计算机资源，计算能力成为制约边界元法在大规模声学领域发展和应用的瓶颈。然而，FMM的出现解决了这一难题[2]。它利用高速迭代技术以及基于多极扩展和多级别分层细胞子结构的复杂算法求解边界元问题[3]，不同于对整体模型进行直接求解。该方法自动把模型分成若干区域，各区域又进一步不断地分解为更多子区域。最终每个子区域仍按照传统边界元模型对待，而各子区域之间的关系则用一个转换算子描述，并采用快递迭代算法求解整体模型。快速多极算法将计算量和存储量的量级从原来的 $O(N^2)$ 减少到 $O(N)$，因此非常适合处理大规模计算问题。目前，在国际上快速多极边界元方法已应用到声学领域[4]，并在分析高频噪声占主导的大型结构物方面表现出广阔的工程应用前景。

将其与传统边界元进行比较，得到结果如表1所示。

应用FMM进行噪声分析的软件有VA One和LMS Virtual. Lab。2008年Müller等采用FMM方法对汽车外部的高频噪声的衍射进行了模拟，发现该方法能快速精确地得到计算结果。随着FMM方法的发展和计算机运算速度的提高，快速多极边界元法必将能高效地解决海洋平台等大型结构物的噪声分析问题。

表1　BEM与FMM的区别

特点	分析方法	
	BEM	FMM
数值解	非唯一解	唯一解
求解自由度	小于2万	可达300万
求解精度	精度相差不大	
计算用时	用时长	用时短
使用频域	低频	低、中、高频
适用模型	小模型	于大模型

2.2　有限元法

有限元法是将求解区域划分为有限个单元网格去逼近连续，适合于求解中低频内部声学问题。由于每个单元的声学特征参数不同，所以有限元模型可以解决非均匀和多层媒质中的声传播问题，并可以得到局部位置的精确响应。但对于海洋平台这样的大型结构物，该方法有一定的局限性，主要原因有以下几方面：

(1) 设计初级阶段数据比较粗略，系统的机构形式、尺寸、连接方式与材料特性存在着很大的不确定性，而该方法对这些参数较为敏感。

(2) 生产工艺与载荷存在很大的不确定性。

(3) 结构复杂，声源大都处于高频域。

以有限元为理论基础的声学分析软件有LMS Virtual. Lab、VA One和ANSYS等。分析时需要对整个传播区域进行建模，并模拟完全的声振耦合，用以确定声源对结构的影响。

2.3　统计能量分析法

统计能量分析法适用于分析和解决高频随机激励下的复杂系统动力响应问题，是20世纪60年代初发展起来的一种动态系统随机振动分析方法，它给出的是空间和频域的平均量，所以得不到系统内特殊位置上和特殊频率处响应的详细信息，但能较精确地从统计意义上预测整个子系统的响应级。

以两个弱耦合的子系统 i 和 j 为例，图1给出了两个子系统之间的能量关系。每一个子系统在给定频率 $\Delta\omega$ 内的能量平衡方程为[5]

$$P_{id}=\omega\eta_i E_i+\omega\eta_{ij}E_i-\omega\eta_{ji}E_j \tag{2}$$

$$P_{jd}=\omega\eta_j E_j+\omega\eta_{ji}E_j-\omega\eta_{ij}E_i \tag{3}$$

式中：P_{id}、η_i、η_{ij} 和 E_i 分别为子系统 i 在带宽 $\Delta\omega$ 内所有振型的平均损耗功率、内损耗因子、耦合损耗因子和能量。

其可以表示为矩阵的形式：

$$\begin{pmatrix}\eta_i+\eta_{ij} & -\eta_{ji}\\ \eta_j+\eta_{ji} & -\eta_{ij}\end{pmatrix}\begin{pmatrix}E_i\\ E_j\end{pmatrix}=\frac{1}{\omega}\begin{pmatrix}P_{i,in}\\ P_{j,in}\end{pmatrix} \tag{4}$$

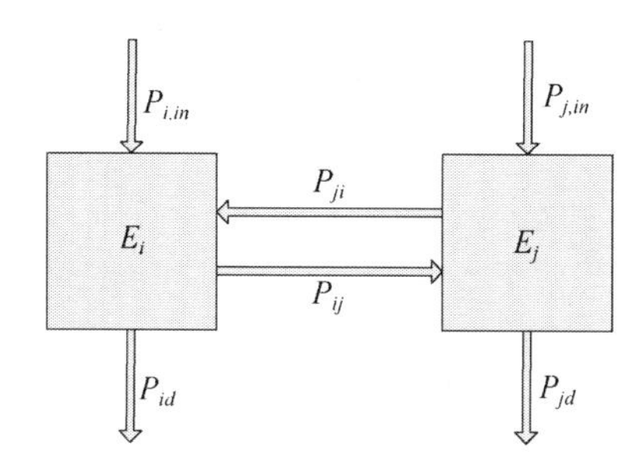

图1　子系统间能量耦合示意图

对于有 N 个子系统的系统，其表示式为

$$[L]\{E\}=\frac{1}{\omega}\{P_{in}\} \tag{5}$$

式中：能量列阵转置 $\{E\}^T=\{E_1, E_2, \cdots, E_N\}$；输入功率列阵转置 $\{P_{in}\}^T=\{P_{1,in}, P_{2,in}, \cdots, P_{N,in}\}$；$[L]$ 为保守弱耦合系统损耗因子矩阵，其矩阵元素为

$$L_{ij}=\begin{cases}-\eta_{ji} & (i\neq j)\\ \sum\limits_{k=j}^{N}\eta_{ik} & (i=j)\end{cases} \tag{6}$$

式中：L_{ij} 为子系统 i 的总损耗因子，它包含了子系统 i 内损耗因子和子系统间的耦合损耗因子。

若已知研究对象中各子系统的内损耗因子及其间的耦合损耗因子：N^2 个 η_{ij} 及 N 个 $P_{i,in}$，则由

上式可得 E_i，由此可得各子系统 i 的动力学参数（如位移、速度、加速度、应力、声场压力等），由此可做声振环境预示、声振控制和故障诊断等工作。

以统计能量分析法为基础的声学软件有AutoSEA和VA One，由于该方法能够节省大量的时间和费用，因此被汽车、航空、船舶和铁道等行业广泛采用[6]。

2.4 声线法

声线法是基于几何声学的方法，当声波的频率较高时，忽略其波动性质，不考虑干涉和衍射现象，把声源向外辐射的声能量以声线代替，用以表示声音的传播方向和路径。声线在遇到界面或障碍物时，部分能量被吸收，同时产生反射声。声线法的使用条件是反射面尺寸远大于声波的波长，而同时反射面的粗糙度远小于波长[7]。

以声线法为理论基础的经典声学软件为SoundPLAN。该软件主要用于墙优化设计、成本核算、工厂内外噪声评估、空气污染评估等。

根据激励源互不相关性，对某点的响应可以分别计算所有声源的贡献并加以叠加，如下式所示：

$$L_{i,sum}=10\times\log(\sum 10^{L_{ii}/10}) \tag{7}$$

对于某单个声源的贡献可由下式计算

$$L_i=L_W-C_1-C_2-\cdots-C_n \tag{8}$$

式中：L_W 为单个声源的声功率；C_1，…，C_n 为各个不同传播模式的修正系数，包括直达声场、空气吸收、衍射声场、地面吸收和反射声场。

3 海洋平台的噪声分析

海洋平台主体为钢结构，各部分通过焊接、铰接等方式连接为一个整体。噪声来源于机器的运转，机器除对空气辐射噪声外，还因为其振动对周围甲板产生影响，从而会通过结构传播能量，传播路径如图2所示。

一般的厂区噪声预测，其密封场所相对独立，计算时只需考虑空气声传播，但是对于海洋平台这种整体结构，密封场所由于其隔板都比较厚，噪声大部分是通过结构进行传播的，而只考虑空气声传播的预测方法具有一定局限性，因此必须同时考虑空气声传播和结构声传播的噪声影响。

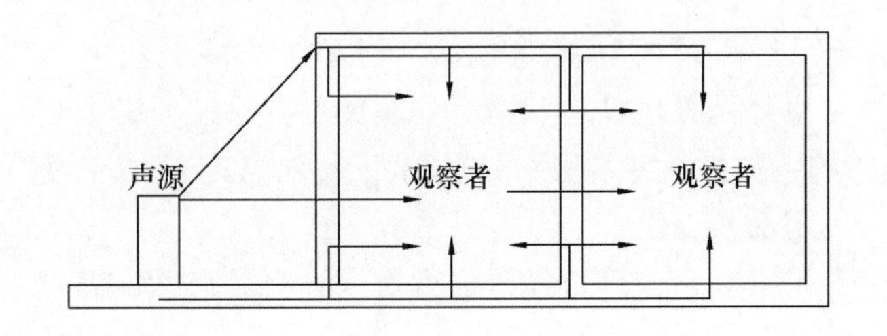

图2 海洋平台噪声传播路径

通常在噪声分析中分别计算空气传播噪声和结构传播噪声，最后进行声压级叠加，从而得到整个海洋平台的噪声分布规律。图3给出了海洋平台上噪声分析的基本计算步骤。

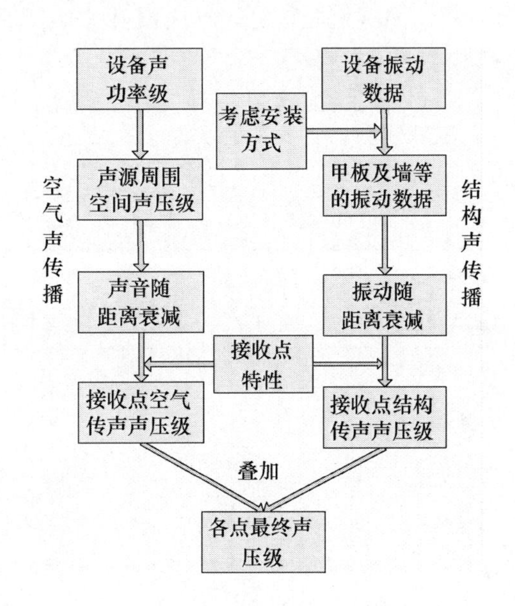

图3 平台噪声分析流程图

海洋平台上的噪声可以通过以下三种方法进行分析：①利用声线法计算空气传声（如SoundPLAN软件），同时利用统计能量分析法（如AutoSEA软件）计算结构传声，从而得到平台各区域噪声的声压级；②基于声音传播的经验公式自行编译程序来计算空气传声；同时利用有限元计算甲板和墙壁的结构振动，将其计算结果作为初始条件，利用边界元方法得到结构振动的辐射噪声，从而得到平台各区域的声压级；③利用全频域噪声分析软件VA One分别考虑计算空气传播噪声和结构传播噪声，从而得到平台噪声分布情况。

在某海洋平台项目中，曾利用方法①完成了平台各区域噪声的预测工作，得到了丰富的计算结果。图4为用SoundPLAN计算得出的空气传播噪声的分布图，从图中可以清楚地看出，声压级随距离的衰减及噪声对人员集中区域的影响。

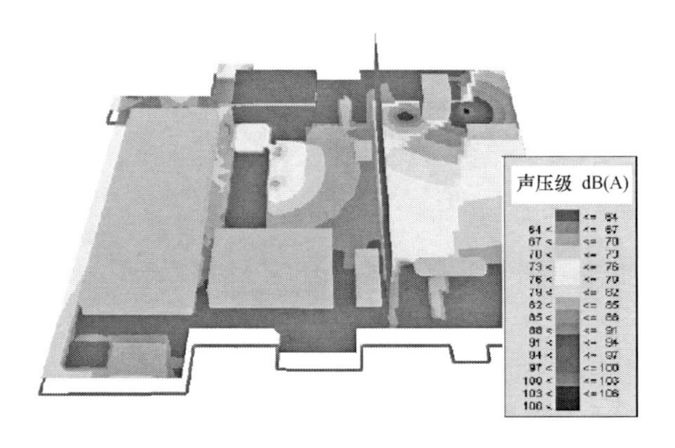

图 4　海洋平台上各区域噪声分布图

某 FPSO 项目中，利用方法③对其上层甲板设备产生的噪声进行了详细的分析，得到了大量的计算结果，图 5 为得到的甲板各区域噪声的等值线图。由于该方法是用同一个软件分别计算两部分噪声，因此在模型耦合和后期数据处理方面更方便和快捷。

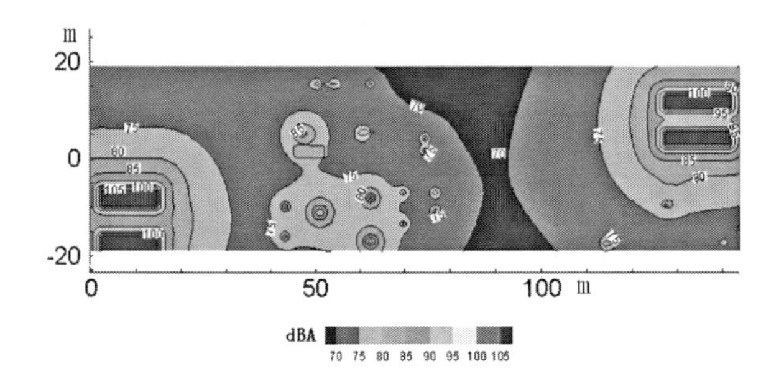

图 5　FPSO 上层甲板各区域的噪声预测声压级

根据计算结果，平台设计人员可以对平台区域进行划分，并施加隔声墙、隔声罩、吸声材料和隔振器等减振降噪措施，从而为平台作业人员提供良好舒适的工作环境。

4　结论

模拟计算噪声分析的方法有很多种，主要包括边界元法、有限元法、统计能量分析法和声线法。通过对上述方法的分析得到以下结论：①分析平台类结构物噪声时，空气传播噪声和结构传播噪声都不可忽略；通常将空气传声和结构传声分别计算，然后耦合；②适用于分析海洋平台、FPSO 及其类似大型结构物上设备噪声的数值分析方法有统计能量分析法和声线法；③随着计算速度和计算方法的不断进步，快速多极边界元法必将能够有效地解决此类噪声分析。

参　考　文　献

[1] 冯涛，王晶．声学中的数值模拟方法及其应用范围［J］．北京工商大学学报．2004（22）：41－43.

[2] ROKHLIN V. Rapid solution of integral equations of classical potential theory［J］. Journal of Computational Physics. 1985（60）：187－207.

[3] 陈泽军．三维弹性接触 Taylor 级数多极边界元法理论与应用研究［D］．河北：燕山大学．2010：3－23.

[4] GREENGARD L，ROKHLIN V. A fast algorithm for particle simulations［J］. Journal of Computational Physics. 1987（73）：325－348.

[5] 姚德源，王其政．统计能量分析原理及其应用［M］．北京：北京理工大学出版社．1995：3－15.

[6] 于学华．基于 SEA 法的汽车道路噪声研究［J］．华南理工大学学报．2007（35）：46－49.

[7] 曾向阳，Claus Lynge Christensen. 声线法误差及其影响参数分析［J］．电声技术．2006（9）：29－33.

基于 Matlab 的 VA One 模型优化

白玉儒[1]　马　上[2]

1. ESI 中国；2. 北京宇航系统工程研究所，100076

摘　要： VA One 是进行全频段振动噪声耦合分析的一款商用软件。利用 API 函数可以通过 Matlab 访问 VA One 的数据库，调用 VA One 的求解器，进行用户自定义的二次开发。在 VA One 2012 之前的版本中并没有优化的功能，因此需要利用 VA One 的二次开发接口，借助其他语言编写优化程序。本文利用 Maltab 进行 VA One 模块的优化，不仅可以直接使用 VA One 的 API 函数实现数据及功能的传递和调用，还可以利用 Matlab 优秀的计算求解功能。本文描述了利用 Matlab 进行 VA One 模型优化程序的开发以及 GUI 设计，并对一简单模型进行参数优化。

关键词： 优化；API 函数；VA One；Matlab。

1　引言

结构振动噪声的预测对现代工程来讲有着非凡的意义。结构的振动不仅会对周围精密仪器产生重大影响，还会对结构的疲劳寿命产生很大的危害。而结构内噪声水平直接影响人的主观感觉，过高的声压级会对身体健康产生严重的威胁，即使是人能忍受的噪声也会将危害渐渐累积，直到这种伤害不可忽视，即使是无人的环境，强噪声本身也是一种载荷。因此对结构的振动噪声控制是当今结构设计不可忽视的一个环节。在减振降噪过程中，找到对设计目标，如噪声或振动影响最大的部件，了解设计目标在设计变量可调范围内的变化趋势，找到最合理的参数才是最有效的方法。VA One 是一款进行振动噪声仿真分析的专业软件，而且具有良好的开发性，因此将 VA One 的专业仿真能力与 Matlab 优异的计算能力相结合，进行结构的优化是本文的主要研究内容。

VA One 的核心部分包括两个部分，即数据库和求解器。数据库中包含了所有模型的仿真信息。Windows 版的 VA One 已经将 VA One 核、GUI 和脚本编译语言整合到一个环境中。GUI 和脚本编译都是通过 API 与 VA One 的核进行通讯连接，用户可以使用 Matlab、C/C＋＋、Python 进行 VA One 的二次开发（见图 1）。

本文采用 Matlab 进行优化工具的开发，利用 Matlab 设计图形化操作界面，在 Matlab 中使用

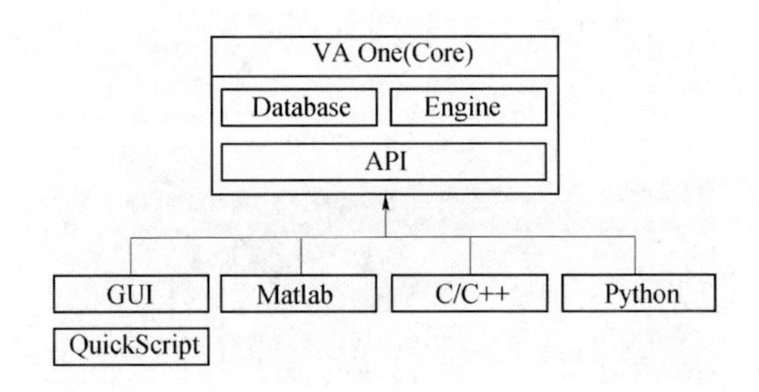

图 1

API 函数进行 VA One 求解器的调用以及 VA One 数据库的访问。

2　优化程序图形界面化设计

优化程序的初始界面如图 2 所示。通过此窗口可以新建一个优化工作，并载入待优化的 VA One 文件。对于已经做过优化设置的文件保存在 .mat 格式的文件中，可以通过“打开已有的优化文件”

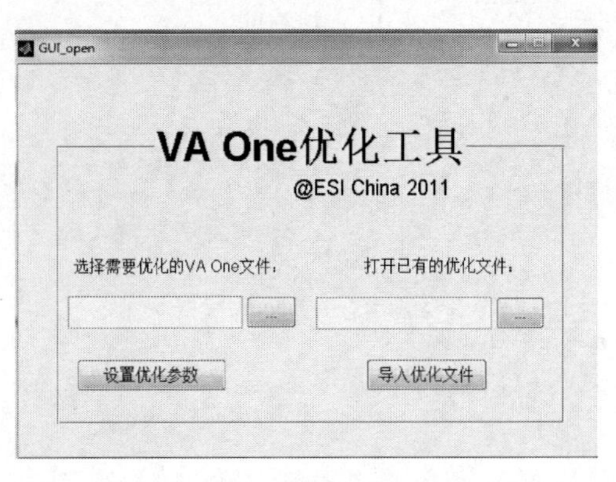

图 2

选择对应的文件，进入到已有的优化程序设置中。

在优化过程中，优化程序会根据子系统的名称去查找对应的属性参数（图 3）。而经常有多个子系统共用同一属性的情况，因此在进行优化之前，为了避免由于修改一个属性造成其他子系统属性的随意变更，需将优化目标引用的属性单独建立。

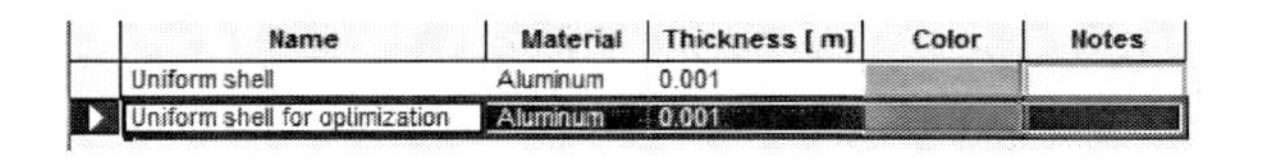

Name	Material	Thickness [m]	Color	Notes
Uniform shell	Aluminum	0.001		
Uniform shell for optimization	Aluminum	0.001		

图 3

2.1　设计变量

为了定义一个优化问题，往往需要对特定的模型的某些参数进行合理的优化。在这个优化程序中，我们用“设计变量”来表示这些可以进行修改的参数。图 4 为载入优化文件后，做设计变量设置的界面。在载入优化参数设置时，优化程序会将 VA One 文件中保存的“optimize group”自动读入可供优化的子系统。因此我们需要将可能用来优化的子系统添加到“optimize group”中备用。另外，对于材料、频谱等不是 VA One 中的子系统，我们需要将其添加到 addss. txt 的文件中，在优化程序打开时一并载入到子系统的下拉菜单里。

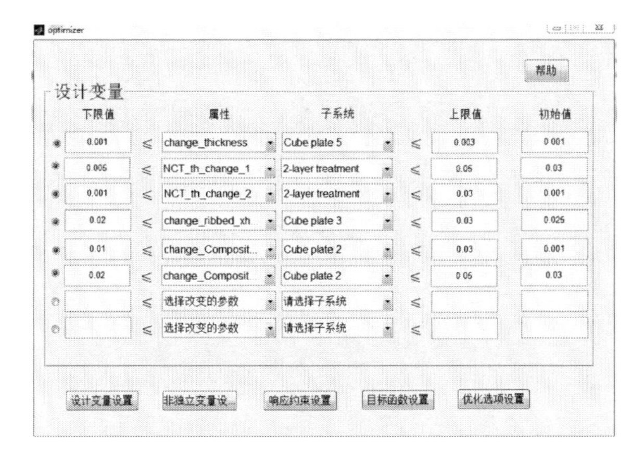

图 4

每一个设计变量都要通过“下限值”、“属性”、“子系统”、“上限值”和“初始值”进行定义。不同的属性变更指令依赖于不同的代码。例如第一个设计变量，change _ thickness 用来改变匀质板的厚度。

初始值的设置会对计算结果造成很大的影响。特别是目标函数有很多局部最小值时。为了得到更加准确的结果，应该使用不同的初始值进行多次的优化计算。在依次选择了“属性”和“子系统”后，程序会自动读取 VA One 文件中对应子系统的属性值，并显示在“初始值”中供参考，用户可以修改此初始值。

在每一次优化迭代计算前，优化算法都会修改设计变量的值，并驱动 VA One 求解器进行计算，并将当前的修改结果保存在数据库中。因此，每一次的优化计算都会将最后一步计算所用的属性值保存在 VA One 文件中。

2.2　非独立变量

非独立变量的设置主要考虑到变量之间具有相互关联的情况。例如对于一些相邻的子系统，其厚度是连续的，因此这样的两个子系统间的厚度就是一个倍数关系。如果子系统 1 的厚度改变了，子系统 2 的厚度就要随之而变。具体的格式如图 5 所示。窗口中 A1、A2、A3、A4 表示非独立变量，D 表示独立变量，AD 矩阵表示非独立变量与设计变量的线性关系，D0 为常数项。通过构建矩阵 AD 和 D，确定各变量之间的相互关系。

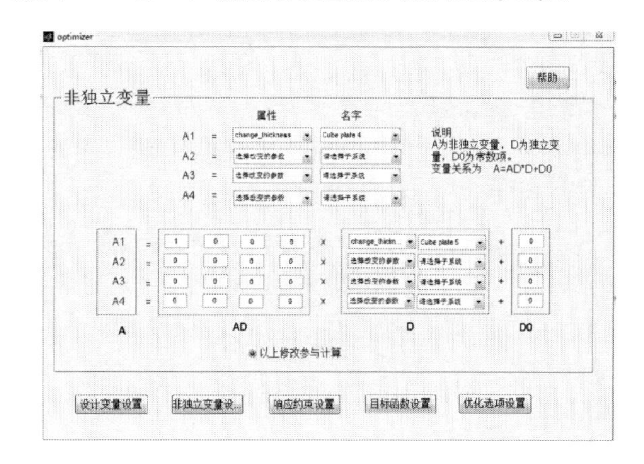

图 5

2.3　响应约束

为了确保一个子系统的响应不超过某个标准值，或者想要确保结构总的质量不超过一个特定值，需要对优化问题设置约束条件。在图 6 所示的窗口中设定响应约束，例如速度、加速度、声压级、总质量等。为了确保结构的总质量不超过一定限制，进行总质量的约束是十分必要的。如果总质量没有任何工程上的限制，可以将此项设置

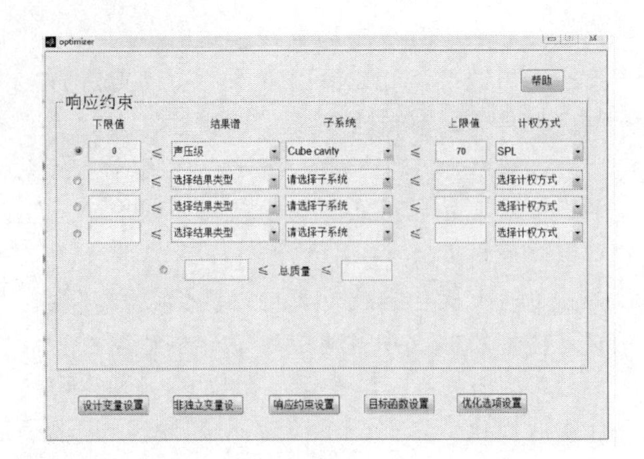

图 6

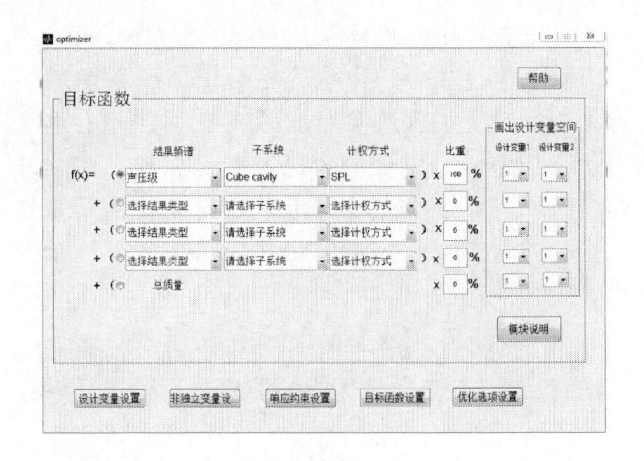

图 7

空置。这里总质量是所有可优化的子系统质量的总和，并且包含噪声控制处理中添加的各种泡沫多孔材料的质量。

可以从第二栏的“结果谱”下拉菜单中选择被约束的结果作为我们的约束对象。在第三栏中定义结果对应的子系统。

虽然VA One中计算结果都是频谱，不过我们可以通过单一的一个数字来代表一个谱，如均方根值（RMS）或A计权值。例如我们通常用加速度或速度的均方根值来表征一个结构振动的强烈程度，很多情况下，我们不直接提供加速度或速度的频谱信息。而对于声音来讲，更多情况下，我们可能是希望某个腔的总声压级SPL或者A计权声压级小于某个值。因此我们可以约束结果的变化范围，设定上下限。而各种计权方式我们可以通过后面一栏进行选择。对于声音，有两种计权方式，即A计权和SPL。对于加速度和速度来讲，只有一种方式，即均方根值RMS。

2.4 目标函数

为了对模型进行优化方案的评估，应该设定一些目标函数。我们可以对某些子系统的声压或者振动响应进行加权叠加作为优化目标。例如我们可以通过计算接收室的A计权声级对比不同噪声控制处理手段的降噪效果。

图7中显示出优化程序中的目标函数设置窗口。目标函数可以设置声压级、加速度、速度和质量。由于我们对不同的子系统响应水平要求不同，因此，可以通过设定比例权重来考虑不同子系统响应对整个问题的重要性。所有选中的目标所占比重相加值最后应该等于1。

2.5 优化选项

通过优化设置窗口，进行优化计算相关参数的设置，如图8所示。当程序运行满足此项收敛条件时，优化程序会认定已经找到了目标函数的最小值，并终止程序。但是如果优化程序在目标函数变化平缓的位置暂停或者收敛很慢，则我们需要手动设置目标函数、响应约束以及设计变量的容忍度帮助其找到最小值。这里所用的优化算法会根据自适应算法计算目标函数和约束对响应的设计变量的梯度。通过有限差分梯度的最大改变量和最小改变量来手动设置有限差分梯度的设计变量最大、最小允许变化量，也可以通过最大迭代次数来约束计算的时间和效率。

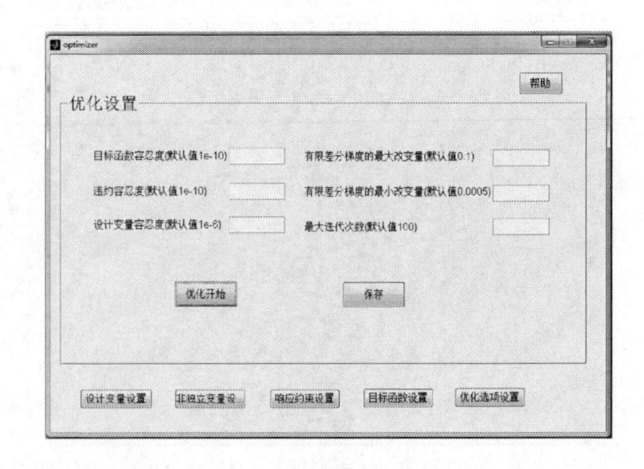

图 8

有时目标函数在设计变量变化范围内存在多个极小值，所以优化程序找到的并不一定是最小值，这与计算时采用的初始值有关。因此我们有必要采用不同的初始值进行多次计算避免由于多个极小值造成的程序收敛在某个局部极小值的不正确结果。

优化本身存在很多不稳定性，因此我们需要进行多次优化计算，分析每次计算的目标函数值，筛选掉局部极小值，得到最优的设计变量。如果每次优化计算结果都相同，则此时设计空间中可能只存在唯一的局部极小值，也就是最小值。如果每次的计算结果不同，则说明设计空间中存在若干个极小值或设置的目标函数容忍度比较大。

虽然我们得到了最小值，但是在最小值位置，目标函数对设计变量扰动的不确定性也应该是我们关注的对象之一。例如，如果制造工艺上出现一些问题，包括一些结构参数上的扰动，通过画出设计空间或者查看目标函数的梯度信息来判断确保这种情况下得到的仍然是最优的结果。如果梯度非零并且很大，说明目标函数对相关的设计变量非常敏感。但是，如果是无约束问题，虽然梯度为零，但实际的情况可能并非如此。

在优化程序包中有两个函数可以帮助我们进行目标函数在设计变量空间的变化范围（见图 13和图 14）。查看设计变量空间内的目标函数曲线，我们可以了解设计变量在上限值和下限值之间变化时，目标函数的变化范围，也可以帮助我们更好的判断优化得到的结果是否最优。

3　算例

经典隔声量计算模型进行优化，如图 9 所示。

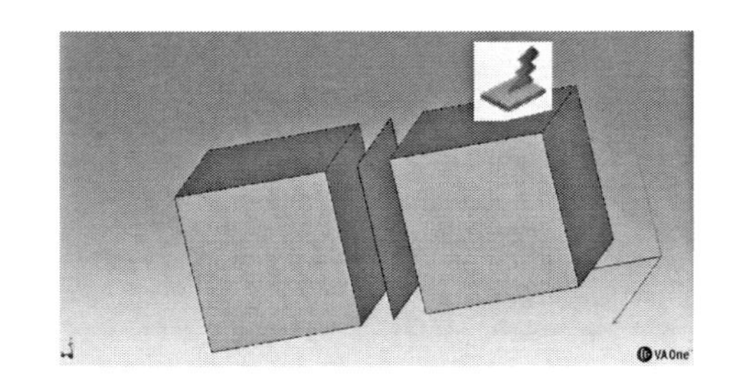

图 9

通过改变板的厚度以及板左侧 NCT 的各层厚度，使左侧声腔的声压级最小。板为 1m×1m×0.001m 的铝板，NCT 的属性如图 10 所示。

设计变量的设置如下。

目标函数设置如图 12 所示。

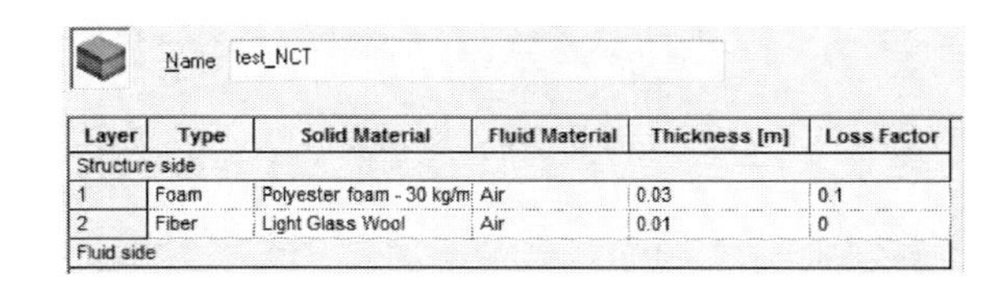

Name test_NCT

Layer	Type	Solid Material	Fluid Material	Thickness [m]	Loss Factor
Structure side					
1	Foam	Polyester foam - 30 kg/m	Air	0.03	0.1
2	Fiber	Light Glass Wool	Air	0.01	0
Fluid side					

图 10

图 11

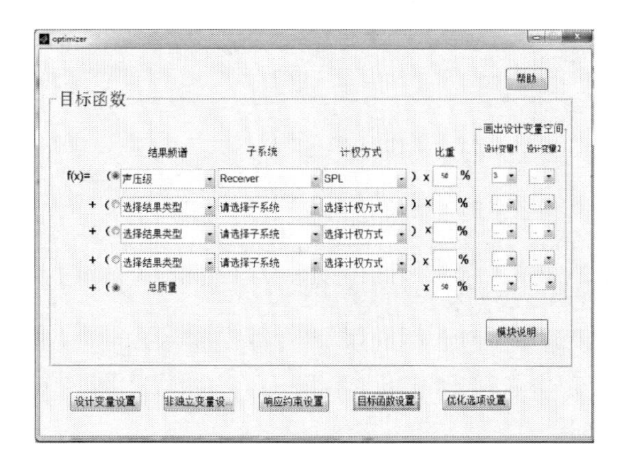

图 12

采用默认优化计算参数设置，进行优化，结果如下：

目标函数 1 的值为：53.641

目标函数质量的值为：3.2647

目标函数 f（x）的计算值为：0.729

output ＝

iterations：8

funcCount：71

lssteplength：1

stepsize：8.920699775008767e-008

algorithm：‘medium-scale：SQP，Quasi-Newton，line-search’

firstorderopt：0.202691454534332

constrviolation：0

message：[1x771 char]

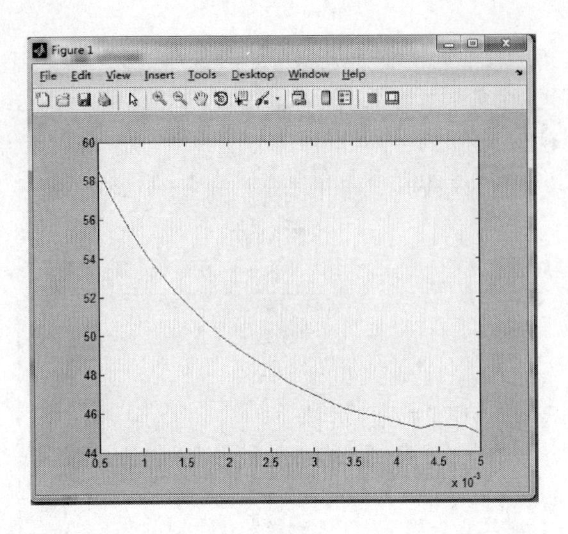

图 13

各设计变量处的梯度值为：

12.7654

0.20269

−0.58169

最后的设计变量为：

0.0005

0.037422

0.05

计算时间共 6.4294 秒

可以看到，经过优化计算，当各变量取值为 0.0005、0.037422、0.05 时，receiver 声腔的声压级最小，同时，整个结构的质量最小。

查看 reciever 声腔的声压级随变量 1 的变化趋势如图 13 所示，随变量 2 和变量 3 的变化趋势如图 14 所示。

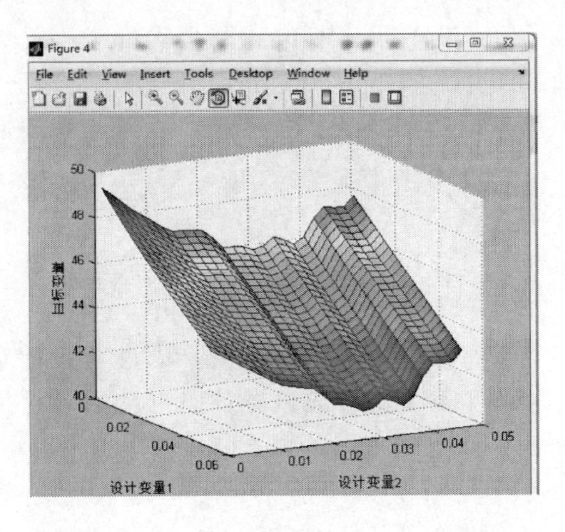

图 14

4 总结

本文介绍了利用 Matlab 和 VA One 相结合，进行结构的声振响应优化程序设计。利用 VA One 良好的二次开发接口，进行参数的优化设计。不仅能够将结构响应控制在预期范围内，还可以通过优化计算，得到响应最小、质量最轻的状态下，结构的设计参数。

参 考 文 献

[1] VA One API Reference Guide，2011.

[2] VA One Developer Kits，2011.

[3] 罗华飞. MATLAB GUI 设计学习笔记. 北京：北京航空航天大学出版社.

基于统计能量分析方法的平台噪声仿真

姜聪聪[1]　马　骏[2]

1. 大连中远船务工程有限公司，辽宁大连，116113；

2. 大连理工大学，辽宁大连，116023

摘　要： 噪声不仅影响人们的工作、学习、休息，也会直接影响人的身体健康。国际海事组织要求新船和现有船舶必须执行 IMO A468（XII）中规定的噪声标准，现今，一些欧盟国家甚至提出在原标准的基础上再降低 5dB。因此，对其居住舱室进行噪声预报并进行控制十分必要。本文运用统计能量分析方法，在声振分析软件 VA One 环境中以某自升式平台为例建立了该平台的统计能量分析模型。对平台的发电机噪声等级进行了估算，并将其作为载荷加载到统计能量分析模型中求解，得到平台生活区舱室的 A 计权声级及一些重要的 SEA 参数。

关键词： 钻井平台；统计能量分析（SEA）；噪声预报。

近年来，随着社会的发展，人们对石油能源的需求日益增加，而陆上石油已不能满足人们的需求，更多人开始将目光转向油气储量丰富的海洋。海洋平台是海洋油气勘探、开发的主要设备。海洋平台作为一种高附加值产品，它的设计与建造在一定程度上反映了船舶行业的技术水平，而振动与噪声作为平台的一项重要性能指标，已被越来越多的船厂和船东所重视。一些船东，特别是欧美国家的船东，在设计任务书中对船舶舱室噪声水平提出了严格的要求。

平台上的工作人员长期生活在高强度的噪声环境中，噪声和振动不仅影响人们的工作、学习、休息，也会直接影响人的身体健康。长期在噪声环境下工作，可能导致人耳听力损伤（耳聋）以及其他疾病。因此，船舶设计人员需要采取各种措施来降低舱室的噪声级。在以往的设计中，往往是在已设计完成的船舶上安装减振装置或敷设阻尼涂层来达到减振降噪的效果，利用这种方法解决问题所需要的成本较高[1]，所以在设计初期就对舱室进行噪声和振动计算分析是很有必要的。

1　统计能量分析方法的基本原理

统计能量分析[2]（Statistical Energy Analysis，简称 SEA）方法最早是在 20 世纪 60 年代提出的，用来解决复杂结构的高频振动问题。随着科学技术的发展，尤其是航空航天的迅速发展，人们越来越关心受宽频带激励复杂工程结构的动力响应问题。此时，传统的模态法无法应对模态密集的高频段，人们开始探索解决这类问题的方法，统计能量分析方法就是在这种工程背景下逐渐形成并得以发展起来的。

统计能量分析方法中“统计”的含义是把研究系统对象划分成若干子系统，这些子系统构成了用随机变量描述的总体。统计能量分析中“能量”的含义是利用能量的观点来描述子系统的状态。统计能量分析中“分析”的含义是强调统计能量分析方法是一种研究方法，它的一些参数（如模态密度、内损耗因子和耦合损耗因子等）必须通过分析研究才能得到。

1.1　统计能量分析方法的能量平衡方程

（1）对于两个子系统，其能量平衡方程为

$$
\begin{aligned}
P_1 &= \omega\eta_1 E_1 + \omega\eta_{12} n_1\left[\frac{E_1}{n_1}-\frac{E_2}{n_2}\right] \\
P_2 &= \omega\eta_2 E_2 + \omega\eta_{21} n_2\left[\frac{E_2}{n_2}-\frac{E_1}{n_1}\right]
\end{aligned}
\tag{1}
$$

式中：P_i 为系统输入能量；ω 为分析频段的中心频率；η_i 为阻尼损耗因子；η_{ij} 为耦合损耗因子；n_i 为模态密度；E_i 为能量。

（2）对三个或三个以上子系统，其统计能量分析方程为

$$
\omega[A]=\begin{bmatrix} E_1/n_1 \\ \vdots \\ E_k/n_k \end{bmatrix}=\begin{bmatrix} P_1 \\ \vdots \\ P_k \end{bmatrix} \tag{2}
$$

式中：$[A]$ 为阻尼矩阵。

$$[A]=\begin{bmatrix}(\eta_1+\sum_{i\neq 1}\eta_{1i})n_1 & -\eta_{12}n_1 & \cdots & -\eta_{1k}n_1\\ -\eta_{21}n_2 & (\eta_2+\sum_{i\neq 2}\eta_{2i})n_2 & \cdots & \vdots\\ \vdots & \vdots & & \vdots\\ -\eta_{k1}n_k & \cdots & \cdots & (\eta_k+\sum_{i\neq k}\eta_{ki})n_k\end{bmatrix}$$

式中：P_{id} 为第 i 个子系统的内损耗功率；P_{ij} 为第 i 个子系统向第 j 个子系统传递的功率；$P_{i,in}$ 为第 i 个子系统的输入功率；ω 为分析频段的中心频率；η_i、η_j 为阻尼损耗因子；η_{ij}、η_{ji} 为耦合损耗因子；n_i、n_j 为模态密度；E_i、E_j 为能量。

2 平台噪声源及统计能量分析模型建立

2.1 噪声源估算

船舶噪声主要包含两种：一种是声源在空气中直接以声波的形式向外传播噪声的，称之为空气噪声；另一种是噪声源的表面不直接与空气接触，但是噪声源的振动通过船体结构传播到结构辐射表面形成噪声，称之为结构噪声。

平台上的发电机、泵机、风机、空调等均是噪声的来源，本文只对其主要噪声源发电机与柴油机噪声源进行研究。

进行详细的噪声分析时，对结构噪声采用统计能量方法分析，空气噪声采用声场传播理论处理，船舶结构和舱室分别用SEA的板单元和声腔单元模拟。主机、螺旋桨、发电机、泵和风机等设备噪声源的声功率等级数据由制造商提供，如果没有提供数据，可根据经验公式进行计算，本文是按照文献［3］提供的经验公式估算。

发电机的空气噪声声压级可用下列公式估算：

$$L_W=34+10\log(kW)+7\log(rpm)+C_0 \quad (3)$$

式中：kW 为发电机的额定功率；C_0 为倍频程下的修正值。

对于发电机的结构声：

$$L_a=42+10\log(kW)+7\log(rpm)+C_0 \quad (4)$$

式中：kW 为发电机额定功率，单位为马力；rpm 为发电机的额定转速；C_0 为发电机在倍频程下结构声的修正值。

根据公式（3）和公式（4），我们可以估算发电机的两种噪声声压级水平，该平台的发电机两种噪声等级如表1所示。

表1　发电机激励声压级（dB）

倍频程中心频率（Hz）	31.5	63	125	250	500	1000	2000	4000	8000
(ref. 10^{-12} W)	95	101	104	103	106	108	108	104	97
(ref. 10^{-5} m/s^2)	106	117	120	120	122	123	124	124	124

2.2 统计能量分析模型

本文的模型是在全频域振动噪声分析软件VA One中建立的。VA One是法国ESI集团于2005年推出的，它集成有限元分析（FEA）、边界元分析（BEM）、统计能量分析（SEA）及其混合分析（hybrid）于一身，可以解决复杂结构全频段振动和噪声问题，代表着ESI集团在振动噪声模拟、分析和设计方面的最新技术，被业界专家评为振动噪声工程近二十年来最重大的突破，目前广泛用于航空航天、汽车、船舶、电子工业等领域。

VA One处理问题的一般过程如下：

（1）建立节点。根据结构图纸输入节点坐标。

（2）定义材料特性，根据模型材料输入所用到的所有材料特性。

（3）输入可能用到的构件类型，比如用到的梁、板之类。

（4）建立子系统。在3D界面中设定每个子系统的类型。

（5）定义所有载荷及约束频谱。

（6）设定采取的减振降噪处理方法。比如对面的吸声处理、隔振处理等。

（7）在VA One模型中的合适位置定义载荷与约束。

（8）连接子系统。

（9）计算。

（10）结果分析。

根据以上子系统划分的原则和VA One的工作流程并按照结构图纸建立平台的统计能量分析模型。

1. 模型中板子系统的划分与建立

板元是模型中应用最多的子系统，它的划分直接影响结果的精度，在实际工程应用中，应兼顾模型的复杂程度与计算精度，适当对板进行简化。对于该平台，模型中用到的板元主要有三种类型，即用来模拟普通钢板的 Uniforn 板、用来模拟居装中非承重复合岩棉舱壁的 Sandwich 板和用来模拟单向加筋板的 Ribbed 板。

2. 梁子系统的建立

模型中梁子系统数目繁多，若对应图纸一一建立，工作量巨大。本文中将一些分布规则的梁构件作为加强筋附加到加筋板上，只单独建立强构件的梁（例如横骨、纵桁），对于这些梁采用 VA One 中的 Beam 梁来模拟。

3. 声腔子系统的划分与建立

平台舱室内的空间声场用 VA One 中的 cavity 子系统来模拟，以此预测舱室的声压级水平。统计能量法是对子系统进行统计平均，而不能预测某一精确位置的声压级水平，所以对于一个声腔子系统而言，其内部声压级处处相同，若要得到不同位置的声压级，还需对声腔进行细化。由于本文主要关注平台生活区的噪声情况，所以对于主船体，同一舱室的声场只建立一个声腔，而没有再细化，而对于上层建筑，需要将一些比较大的舱室细化。图 1、图 2 分别为 VA One 中建立的板与声腔子系统模型。

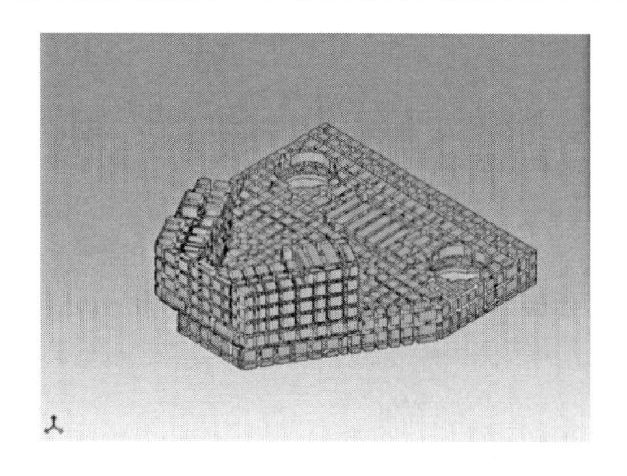

图 1　平台统计能量模型板单元图

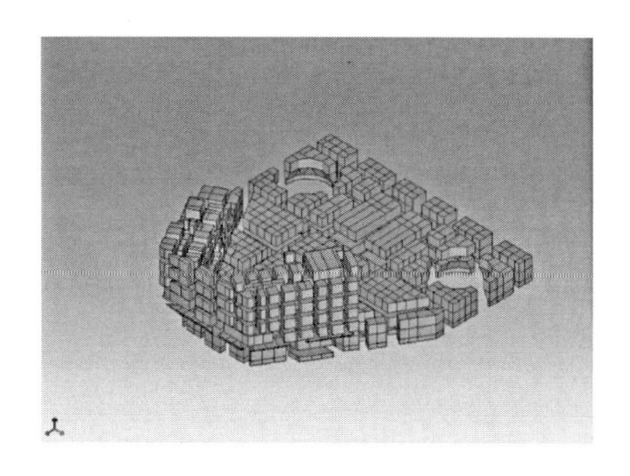

图 2　平台统计能量模型声腔单元图

3　舱室噪声结果预测

对模型进行求解就可得到平台系统倍频程各频率范围内的能量水平、声压级水平等结果。图 3为各舱室能量云图，图 4 为舱室声压级水平。从声腔的能量云图上可以清楚地看出，能量从施加了激励的结构底部向顶部传递，而从舱室的声压级水平云图也可得到噪声在各舱室的大致水平。

选取主甲板上的某一舱室做进一步研究，图 5 分别为该舱室的波数、模态数、能量以及声压级水平频谱图。

从图 5（d）中可以读出倍频程各个带宽范围内的声压级，进而可以得到该舱室的 A 计权声级，结果如表 2 所示。

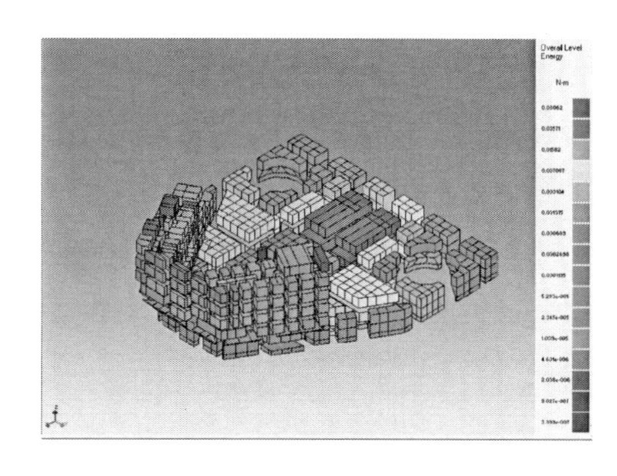

图 3　声腔能量云图

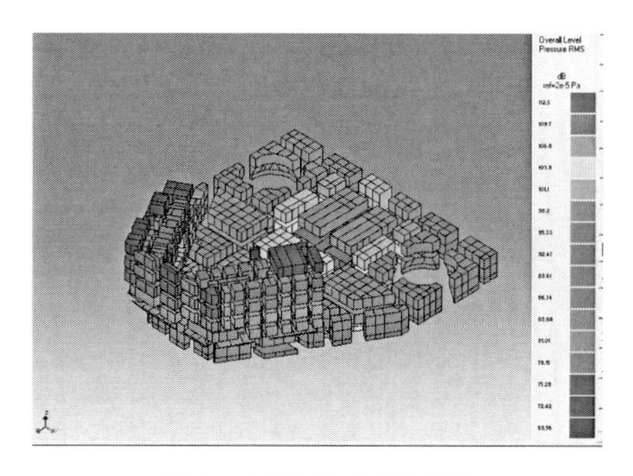

图 4　声腔声压级水平云图

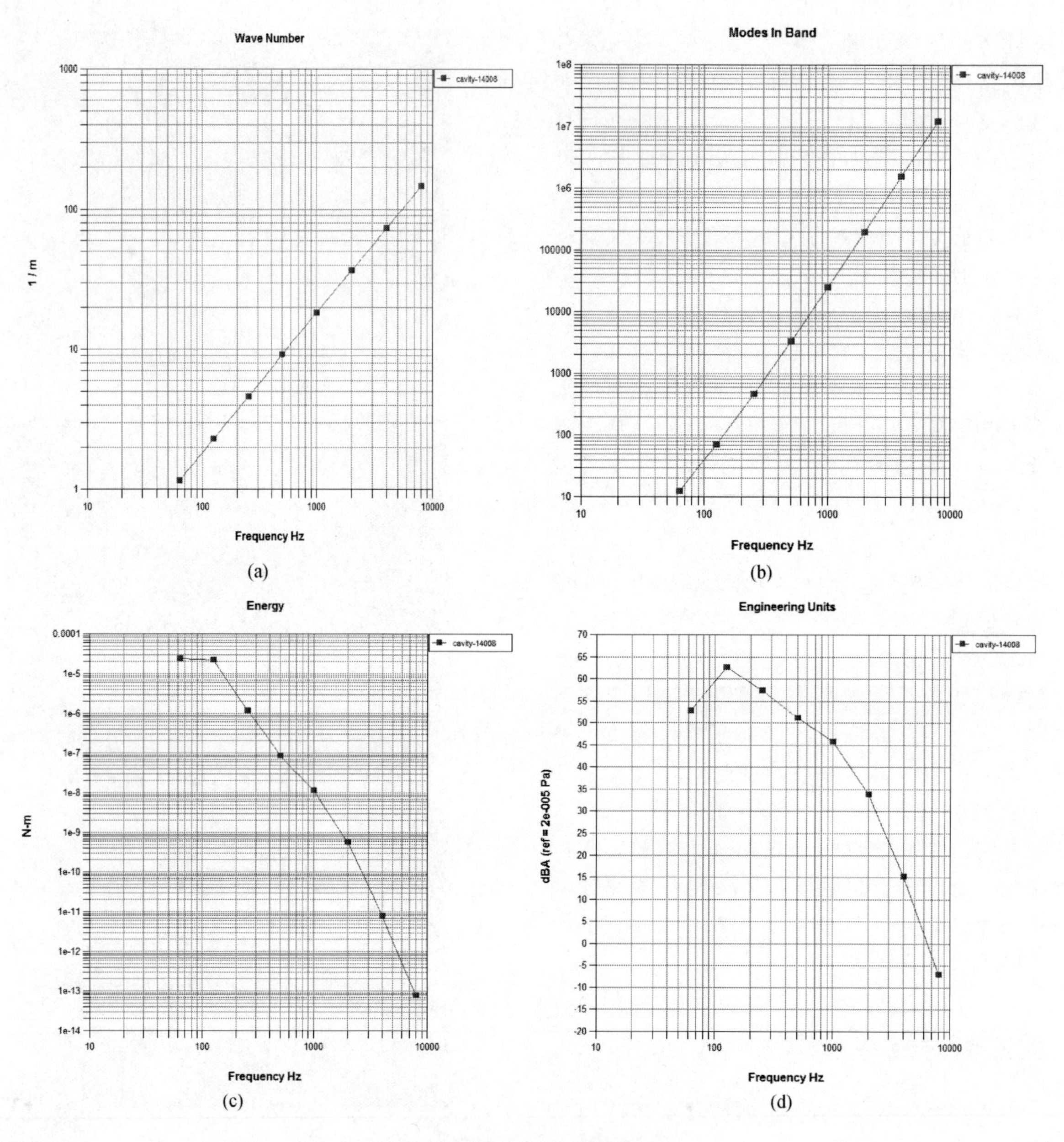

(a) (b) (c) (d)

图5 甲板某舱室的结果图谱

(a) 波数；(b) 模态数；(c) 能量；(d) 声压级水平

表2 甲板某舱室的A计权声级声压值

频率(Hz)	63	125	250	500	1000	2000	4000	8000	A计权声级
声压级(dB)	52.8	62.6	57.4	51.2	45.8	33.8	15.1	−7.0	64.4

计算获得的结果只是由发电机激励产生的，没有考虑背景噪声与其他噪声源的影响，所以上述计算结果要小于实际值，有必要对一些不满足规范要求的舱室进行降噪处理。

4 结语

本文建立了某海上钻井平台的振动噪声模型，利用统计能量分析方法预报了该平台的高频域范围内噪声等级。随着近年来船东船检对噪声的重视，相信该方法会为船舶及平台的设计者提供指导，满足船舶设计部门对噪声预报的需求，对不满足要求的舱室提前进行噪声控制，避免建造完成后进行修正带来的麻烦。

参　考　文　献

[1] 阿·斯·尼基福罗夫．船舶结构声学设计．北京：国防工业出版社，1998.

[2] 王其政，姚德源．统计能量分析原理及其应用 [Z]．北京：北京理工大学，1995.

[3] FISCHER R W，RURROUGHS C B，NELSON D L. Design Guide for Shipboard Airborne Noise Control. New York：SNAME，1983.

一种混合方法在声-固耦合系统中的应用

谢晓忠　李　卓　陈　林　徐　伟

哈尔滨工程大学船舶工程学院，黑龙江哈尔滨，150001

摘　要：基于波动的观点，联合统计能量法和有限元方法，建立了模型结构的混合分析模型，采用扩散场多自由度互易原理，进而实现随机子系统和确定子系统的耦合计算，给出了模型结构在外界激励下的声振响应。通过数值计算板结构的传递损失，与传统的SEA比，验证了本文所介绍方法的可行性、有效性，证明该方法计算复杂结构的高效性与精确性，可以应用于实际工程问题。

关键词：隔声量；确定性方法；统计能量法；混合法。

1　引言

在军事领域，结构振动与噪声对水下航行器的隐身性能有着非常重要的作用。降低水下航行器的辐射噪声不仅可以增强自身的隐蔽性，而且还可以增加自身声呐的探测能力。目前成熟的分析方法主要有两种：一是确定性方法，如有限元方法（FEM）、边界元方法（BEM）；二是统计能量方法（SEA）。FEM和BEM主要解决低频噪声问题，当计算复杂结构的高频响应时，需要大量的自由度；SEA主要解决高频带内的系统级宽频噪声，虽然能够有效地分析复杂结构的响应，但当模态数低于某一固定值时，SEA得不到比较理想的结果。因此中频问题成为亟待解决的问题，本文正是在这样一个背景下给出一种基于波动声场理论的混合法（FE-SEA）。

本文在统计能量分析原理和文献［1］、［2］的基础上，综合基于波动理论的扩散场互易原理，应用一种新的混合求解方法（FE-SEA）来求解复杂结构的中频声振响应问题。

2　混合方法（FE-SEA）

2.1　随机子系统的求解

对于一个随机子系统，当与随机子系统连接时，则其连接边界同样具有不确定性，称之为随机边界；当与确定性子系统连接时，则其连接边界是确定的，称之为确定性边界。对于一个含有随机边界的随机子系统的振动响应，可以用直接场响应和混响场响应之和来表示，图1所示为含有随机边界的随机子系统，其包含直接场和混响场两部分。图1中粗实线表示确定性边界；虚线表示随机边界；直接场中细实线表示波阵面；混响场中细实线表示局部响应能量流。

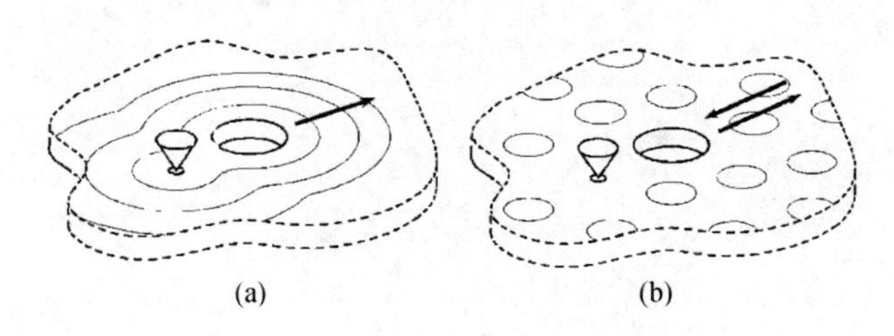

图1　含有随机边界的随机子系统

（a）随机子系统直接场；（b）随机子系统混响场

对于这类统计性子系统，系统响应 u 可以用式 $\mathrm{Re}[u\exp(i\omega t)]$ 来表示，如果该子系统的自由场Green函数已经确定，那么子系统响应可以通过边界积分方程求得。边界的响应可以用一系列广义自由度来表示：

$$u(x \in \Gamma) = \sum_k \phi_k(x) q_k(t) \tag{1}$$

式中：u 为边界上的位移响应；ϕ_k 为在边界上的振型函数；x 为边界位置；$q_k(t)$ 为第 k 阶振幅时间函数。

根据广义力和广义位移可以列一系列方程。方程表达式如下：

$$Hq=Gf \tag{2}$$

式中：q 为边界广义位移的矢量；f 为作用在边界上的广义力；H 和 G 为系数矩阵，可以通过很多方法如边界元法[3]求得。

假定统计能量子系统的空间为Ω、边界为Γ、边界响应为q，边界分成两部分：一部分为确定边界Γ_d，其广义位移为q_d；一部分为随机边界Γ_r，其广义位移为q_r。这样子系统的边界运动方程可以写为

$$\begin{bmatrix} H_{dd} & H_{dr} \\ H_{rd} & H_{rr} \end{bmatrix}\begin{bmatrix} q_d \\ q_r \end{bmatrix}=\begin{bmatrix} G_{dd} & G_{dr} \\ G_{rd} & G_{rr} \end{bmatrix}\begin{bmatrix} f_d \\ f_r \end{bmatrix} \tag{3}$$

由于随机边界部分是不确定的，所以对上面的方程进行简化，忽略随机边界的自由度，因此可以写成：

$$D_{dir} q_d = f_d + f_{rev} \tag{4}$$

其中 $$D_{dir} = G_{dd}^{-1} H_{dd}$$

式中：D_{dir}为直接辐射动刚度矩阵，采用波动理论对其进行分析，物理含义为在不考虑随机边界的情况下，确定边界自由度的动刚度矩阵；f_{rev}为随机边界的影响，称之为“受挡混响”力，物理含义为施加在确定边界上的，用于解决由于随机边界导致的声波的反射，形成的混响场，f_{rev}取决于施加在随机边界上的边界条件；G和H均为边界元系数矩阵。

由扩散声场的散射理论可知：

$$< f_{rev} > = 0$$

$$< f_{rev} f_{rev}^{*T} > = \left(\frac{4E}{\omega \pi n}\right) \mathrm{Im}\{D_{dir}\} \tag{5}$$

式中：$<\cdot>$为一个整体平均；E为子系统振动能量；n为模态密度。

方程（5）称为“扩散场互易原理”。

2.2　确定性子系统的计算求解

如果板的子系统是刚性的，子系统的位移响应可以用板上所有的节点自由度q表示，对应于某一圆频率ω，基于有限元或者边界元方法，可获得该子系统的动刚度矩阵D_d。对于确定性子系统来说，非耦合运动方程可以写成：

$$D_d q = f_d \tag{6}$$

2.3　混合法 FE-SEA 的耦合求解

对于稳态响应系统，根据能量守恒原理，则该随机子系统能量方程可以表示为

$$P_{in,dir} = P_{out,rev} + P_{diss} \tag{7}$$

式中：$P_{in,dir}$为邻近子系统通过确定边界向该随机子系统输入的能量；$P_{out,rev}$为该子系统向邻近子系统通过确定边界输出的能量；P_{diss}为在该子系统混响场中所耗散的能量。

将式（5）和式（6）带入式（7）得到

$$P_{in,dir}^{(m)} = P_{in,0}^{(m)} + \sum_n h_{nm} \frac{E_n}{n_n} \tag{8}$$

$$P_{in,0}^{(m)} = \frac{\omega}{2} \sum_{jk} \mathrm{Im}\{D_{dir,jk}^{(m)}\}(D_{tot}^{-1} < S_{ff}^{ext} > D_{tot}^{-H})_{jk} \tag{9}$$

其中 $$h_{nm} = \frac{2}{\pi} \sum_{jk} \mathrm{Im}\{D_{dir}^{(m)}\}(D_{tot}^{-1} \mathrm{Im}\{D_{dir}^{(m)}\} D_{tot}^{-H})_{jk} \tag{10}$$

$$h_{nm} = h_{mn},\ D_{tot} = D_d + \sum_m D_{dir}^m$$

式中：系数h_{nm}为从第n个随机子系统混响场向第m个子系统直接场输入能量的模态能量密度，类似于传统 SEA 中的耦合损耗因子。

第m个子系统混响场向其他子系统输出能量可以表示为

$$P_{out,rev}^{(m)} = \frac{\omega}{2} \sum_{jk} S_{qq,jk}^{(m),rev} \mathrm{Im}\{D_{tot,jk}\} = \frac{E_m}{n_m} h_{tot,m} \tag{11}$$

式中：$S_{qq,jk}^{(m),rev}$为第m个子系统混响场激励所产生的响应。

$$h_{tot,m} = \frac{2}{\pi} \sum_{jk} \mathrm{Im}\{D_{tot,jk}\}(D_{tot}^{-1} \mathrm{Im}\{D_{dir}^{(m)}\} D_{tot}^{-H})_{jk} \tag{12}$$

能量传递系数$h_{tot,m}$表示第m个子系统混响场向其他子系统输出总能量的模态能量密度。式（12）也可以表示确定性子系统由于阻尼所消耗的能量，总刚度阵虚部包括两部分，一部分是随机子系统直接场刚度阵，一部分是确定子系统阻尼所产生的刚度阵，于是有

$$\mathrm{Im}\{[D_{tot}]\}_{jk} = \mathrm{Im}\{[D_d]\}_{jk} + \sum_n \mathrm{Im}\{[D_{dir}^n]\}_{jk} \tag{13}$$

因此式（11）也可以用下式表示：

$$P_{out,rev}^{(m)} = \frac{E_m}{n_m}\left(h_m^a + \sum_n h_{nm}\right) \tag{14}$$

其中

$$h_m^a = \frac{2}{\pi} \sum_{jk} \mathrm{Im}\{[D_d]\}_{jk}([D_{tot}^{-1}]\mathrm{Im}\{[D_{dir}^{(m)}]\}[D_{tot}^{-H}])_{jk} \tag{15}$$

h_m^a表示第m个随机子系统混响场向其他确定性子系统所传递能量的模态能量密度。

在第m个随机子系统混响场所消耗的能量可

以用阻尼损耗因子来表示：

$$P_{diss,m}=\omega\eta_m E_m \tag{16}$$

联立式（7）～式（16），得到第 m 个随机子系统混响场能量平衡方程为

$$(M_m+h_{tot,m})\frac{E_m}{n_m}-\sum_n h_{nm}\frac{E_n}{n_n}=P_{in,0}^{(m)} \tag{17}$$

3 混合法的应用

数值计算模型以板为例，周围刚性固定，两端为两个声场，面声源位于一端声场中，声压作用在板壳表面上的波动压力是受挡压力与板壳振动辐射压力之和。该辐射压力又包括与壳体振动速度同相的压力分量即辐射阻尼；与板壳振动速度不同相的压力分量即流体载荷。声场以在真空中为例，板的辐射阻尼很小，这时声场就变为压力源。这时声场脉动压力对板壳单元的时间平均输入功率 $P_{in}=\sum_i[v_i(t)f_i(t)]_t$，把声（压力）场作为统计能量分析模型的一个子系统，则一般声场对板壳的输入功率为

$$P_{in}=\frac{2\pi^2 C_a^2 n_s(\omega)}{\omega^2\rho_s}\sigma_{rad}\overline{\langle p_a^2\rangle} \tag{19}$$

同时板壳对声场的输入功率为

$$P_{in}=\rho_s C_a^2 A_p\sigma_{rad}\overline{\langle v^2\rangle} \tag{20}$$

则板的传递损失为

$$TL=10\lg\left[\frac{A_2\omega}{8\pi^2 n_1 c_1^2\eta_3}\left(\frac{E_1}{E_3}-\frac{n_1}{n_3}\right)\right] \tag{21}$$

式中：A 为有效传递的连接面积；c 为声波波速；ω 为频带的中心频率，rad/s；E 为子系统能量；n 为子系统的模态密度；下标1、2、3分别代表激励源声腔、板壳结构、吸收声腔。

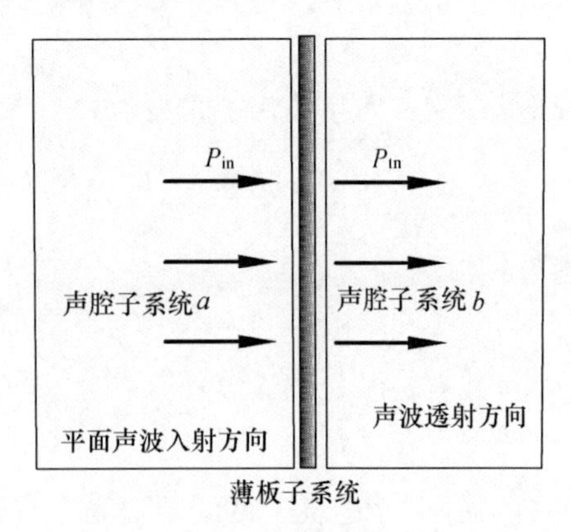

图2 声波透过薄板结构示意图

如图2所示，板的厚为20mm，边长1m，弹性模量 $E=2\times10^{11}\text{N/m}^2$，质量密度＝7800kg/m³，泊松比 $\nu=0.3$，阻尼损耗因子＝0.01。板两侧的声腔体积可以任意假定，现设置每一个声腔均为10m³。由 $\eta_d=\Pi_d/\omega E$ 可得到板的传递损耗因子为0.01，声腔的传递损耗因子为0.01。本文采用混合方法计算，其中声腔子系统划分为SEA模型，板结构划分为确定性子结构，则 $D_{dir}^{(1)}$ 和 $D_{dir}^{(3)}$ 可以根据傅里叶变换得到，$D_{dir}^{(2)}$ 可由无限大平板Green函数[3]得到。将其带入方程（8）可得结构总刚度阵 D_{tot}，进而求解结构响应。数值计算结果同传统SEA、文献实测结果[10]进行对比，如图3所示。

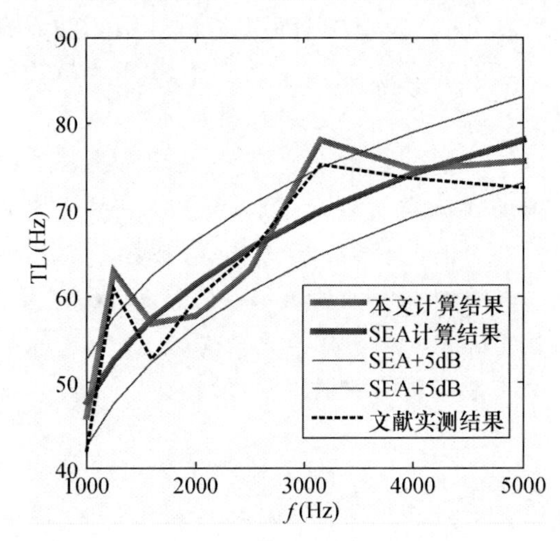

图3 不同方法计算的板壳的传递损失曲线

如图3所示混合法、SEA及实测结果曲线的数值计算对比结果，由板壳的传递损失对比曲线可以发现，混合模型计算结果与传统的SEA的计算结果误差在中频时在5dB以内，高频时基本吻合在一起。

4 结论

本文基于波动声场理论，利用扩散场的互易原理，结合统计能量分析理论，讨论了一种分析中频力作用下结构声振响应的方法。本文将混合方法应用到板-声腔耦合系统的声振问题，数值计算结果表明：

（1）本文方法用于分析结构-声学耦合的问题有效可行，而且可以应用于复杂结构声振问题。

（2）本文方法能够根据分析对象的结构形式及精度要求，合理地定义结构子系统（确定的或者

统计的)，准确和有效地计算结构的声振响应。

(3) 本文方法为工程中结构的中频声振问题分析提供了依据。在解决中频问题时可以处理刚性结构与柔性结构间耦合连接问题。

参考文献

[1] Vlahopoulos N, Zhao X. An investigation of power flow in the midfrequency range for systems of co-linear beams based on a hybrid finite element formulation [J]. Journal of Sound and Vibration, 2001, 242 (3): 445-473.

[2] Shorter P J, Langley R S. Vibro-acoustic analysis of complex systems [J]. Journal of Sound and Vibration, 2005, 288 (3): 669-699.

[3] Brebbia C A, Walker S. 边界元法的工程应用 [M]. 张治强，译．西安：陕西科学技术出版社，1983.

[4] 姚德源，王其政．统计能量分析原理及其应用 [M]. 北京：北京理工大学出版社，1995.

[5] Brebbia C A, Walker S. 边界元法的工程应用 [M]. 张治强，译．西安：陕西科学技术出版社，1983.

[6] Shorter P J, Langley R S. On the reciprocity relationship between direct field radiation and diffuse reverberant loading [J]. Journal of the Acoustical Society of America, 2005, 117 (1): 85-95.

[7] Lyon R H, Dejong R G. Theory and application of statistical energy analysis [M]. Second edition. Boston: Butterworth-Heimenmann, 1995.

[8] VA one 2007 Foam User' s Guide. Theory and QA. ESI Group. 2007.

[9] Folds D L, Loggins C D. Transmission and reflection of ultrasonic waves in layered media. Journal of the Acoustical Society of America. 1997, 62 (5): 1102-1109.

[10] 冯瑀正．轻结构隔声原理与应用技术．北京：科学出版社，1987.

舰船基座连接形式声学研究

丛　刚　吕　帅　郑　律

哈尔滨工程大学船舶工程学院，黑龙江哈尔滨，150001

摘　要：舰船的隐身性是一项至关重要的性能指标，对潜艇而言尤为重要。在潜艇结构中，其内部机械设备一般都安装在一定的基座上，壳体内部基座相当于各种连接结构的串联和并联，当设备激励基座面板振动时，振动波就会沿着这些连接结构将振动能量传递至其他结构，从而导致艇体结构发生振动，进而向海洋中辐射噪声。本文采用 FE-SEA 混合方法研究了几种典型基座连接形式（主要包括线性、“T”形、“┴┬”形等典型连接结构）下双层圆柱壳中高频段振动声辐射特性。为基座的实船应用提供一定的理论指导。

关键词：双层圆柱壳；基座结构；减振降噪。

1　引言

目前，在研究圆柱壳振动声辐射特性时，很少考虑壳体的内部结构对其振动声辐射的影响。但在实际工程问题中，壳体内部都不可避免地存在某些结构，如基座、横纵舱壁等。其中动力设备一般都安装在基座上，动力设备的振动首先将振动传递给基座，然后通过基座将振动传递给其他结构，而壳内基座都是由各种形式的连接结构串联或者并联组合而成，不同的连接结构对振动波的传递是不同的，合理设计壳内结构，使其能够有效阻断振动波的传递，进而起到减震降噪的作用。因此，研究基座对双层圆柱壳振动声辐射的影响对其减振降噪有重要意义。

2　FE-SEA 混合法基本原理

与 SEA 方法相类似，在采用 FE-SEA 混合法进行复杂结构的中频振动声辐射特性分析时，首先也需要子系统划分，不同的是，SEA 方法所划分的子系统都是随机子系统，而 FE-SEA 混合法所划分的子系统既有随机子系统，又包含确定性子系统，针对不同类型的子系统采用不同的方法进行求解，进而可以得到整个结构的振动声辐射响应。

直接场的振动响应可以采用 BEM 得到，而随机混响场的振动响应可以由 SEA 方法得到。将随机子系统边界划分为确定边界和随机边界，其中，含有随机边界的多个子系统耦合的复杂结构的整体平均响应。

$$\langle[S_{qq}]\rangle = [D_{tot}^{-1}]\langle\left[S_{ff}^{ext} + \sum_{m}\alpha_m \mathrm{lm}\{[D_{dir}^{(m)}]\}\right]\rangle[D_{tot}^{-H}] \tag{1}$$

由式（1）可以看出，对于含有确定边界的子系统，很容易进行确定性分析或随机振动响应计算；而对于随机子系统，则根据能量守恒原理，建立统计能量分析模型进行求解，其过程与传统统计能量方法相类似，但需要考虑由确定边界和随机边界两种途径传递的能量流。

3　数值计算模型

本文分三种工况研究了中高频段基座对双层圆柱壳振动声辐射的影响：①壳内无基座；②“T”形连接基座（旧基座）；③“┴┬”形连接基座（新基座），从而研究了典型连接结构在双层圆柱壳中高频减振降噪中的应用。

本文所研究的双层圆柱壳模型为某艇的缩尺比模型，为研究基座对双层圆柱壳振动声辐射的影响，从而建立两个物理模型：一个模型有基座，另一个模型没有基座，如图 1 所示。为了考察基座对振动的影响，在圆柱壳耐压壳结构和储油舱舱壁结构上选取 9 个考核点，由于结构左右对称，考核点位置位于模型左侧，其考核点布置如图 2 所示（以包含基座的模型为例）。

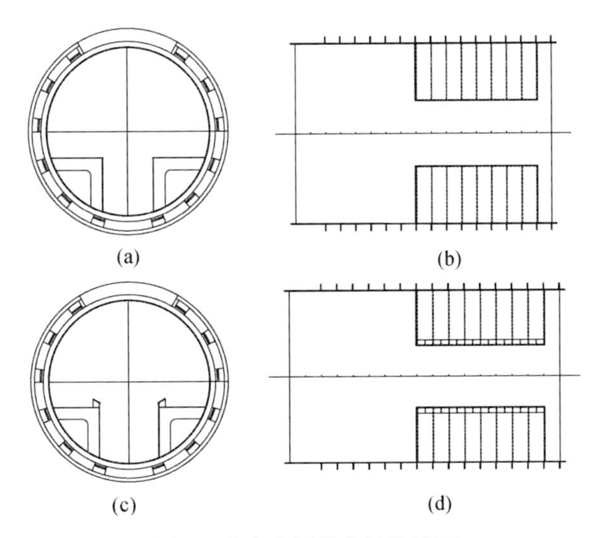

图 1　内壳有无基座结构见图

(a) 无基座侧视图；(b) 无基座俯视图（轻外壳没有画出）；(c) 有基座侧视图；(d) 有基座俯视图（轻外壳没有画出）

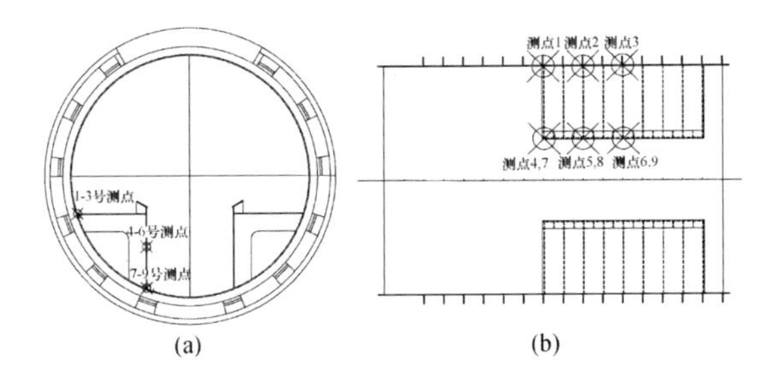

图 2　测点布置及编号图

(a) 测点布置及编号图（侧视）；(b) 测点布置及编号图（俯视）

最后根据 FE-SEA 基本原理、子系统划分原则和能量传递途径对双层圆柱壳进行 FE-SEA 子系统划分，建立 FE-SEA 双层圆柱壳模型。FE-SEA 建模完成后其模型如图 3 所示。

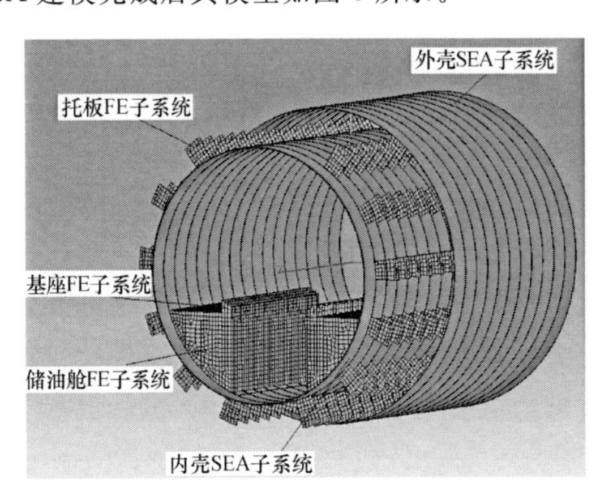

图 3　内部含基座 FE-SEA 模型

4　双层圆柱壳中高频段振动及声辐射特性研究

在相应位置分别施加单位力载荷，设置计算频率为 500～3000Hz（1/3oct），分别进行三种工况下振动声辐射计算，当考核结构振动时，其测点布置位置与图 2 中的测点布置位置相同。图 4 为

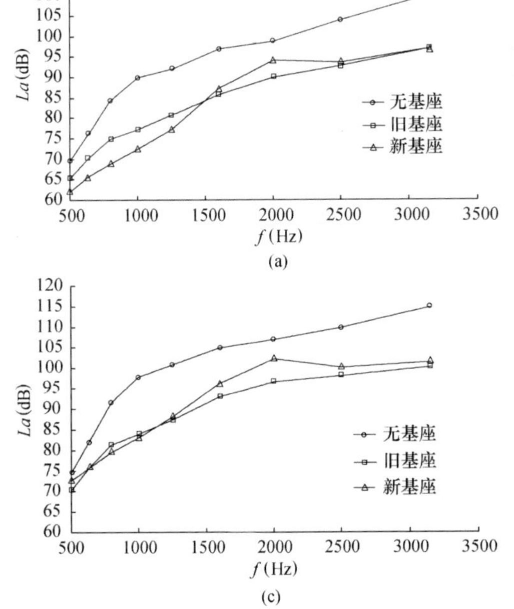

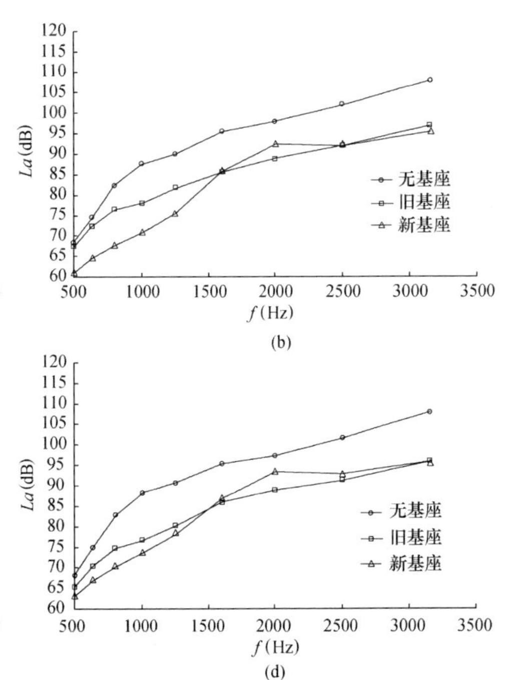

图 4　典型测点处振动加速度级频响曲线

(a) 测点 1 振动加速度级频响曲线；(b) 测点 3 振动加速度级频响曲线；(c) 测点 5 振动加速度级频响曲线；(d) 测点 8 振动加速度级频响曲线

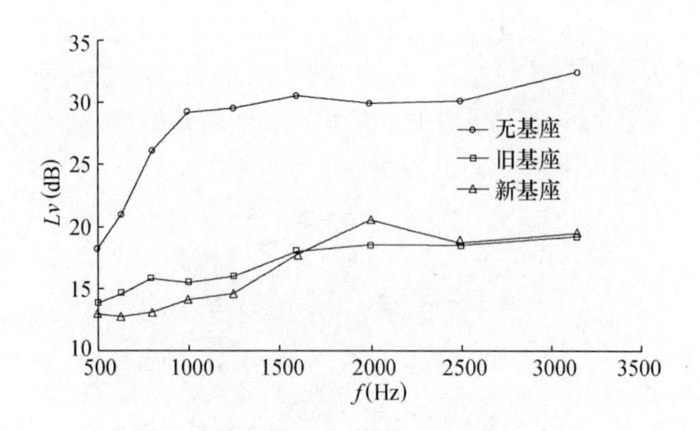

图5 外壳振动均方速度级随频率变化曲线

三工况下典型测点处振动加速度级的频率响应曲线。图5为三工况下外壳振动均方速度随频率的变化曲线。

从图4中可以看出：在中高频段，三种工况下典型测点振动加速度级都随频率的变高而增大，且不同测点处振动加速度级曲线变化趋势变化不大；壳内无基座时的工况振动加速度级明显大于壳内有基座的两工况；将“T”形连接基座改为“┻┳”形连接基座后，测点1、3处除了中心频率为2000Hz处新基座振动加速度偏大外，其余频点处都有不同程度的减振效果，而测点5、8处减振效果并不是很明显，且在2000Hz以后同样偏大。

从图5中可以看出，当壳内存在基座后，轻外壳均方振动速度级明显变小，基座的存在能有效阻隔振动波的传递，从而减小轻外壳的振动；当基座由“T”形连接改为“┻┳”形连接后，当频率大于2000Hz后轻外壳均方振动速度略微偏大，减振效果出现负值，当频率小于2000Hz时，新基座能减低轻外壳的振动，但从图中也可以看出，基座形式发生改变后，平均减振1.2dB。

图6为双层圆柱壳三工况下声源声压级随频率变化曲线，从图中可以看出，三工况下声源声压级曲线总体是随频率升高而增大，基座能可有效降低结构向水中辐射的声能，从而使结构的频带声压级明显降低；基座形式发生改变后，频带声压级也随之发生改变，频带范围为500～2000Hz时，“┻┳”形连接基座降低了辐射声压级，2000Hz以后，声压级反而有所增大；综合分析，频带范围为500～3150Hz时，由于基座形式发生变化，平均降噪1.5dB。

表1为新旧基座两工况下距壳体1m频带声压级降噪效果，其中降噪效果采用旧基座声压级—

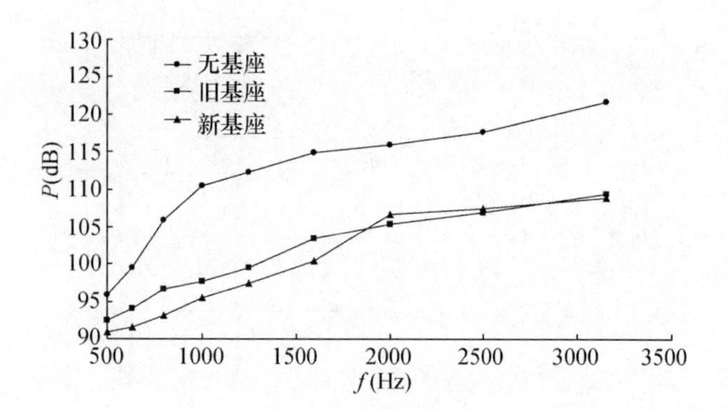

图6 频带声压级随频率变化曲线
(500～3150Hz，1/3OCT)

新基座声压级来衡量，正值表示具有降噪效果，负值表示不具有降噪效果。从表1中可以看出，当将基座由“T”形连接改为“┻┳”形连接后，频带声压级在频率为500～1600Hz之间都不同程度的有所降低，但在2000Hz以上，降噪效果则不明显，反而有所偏大。可见，本次设计的基座对高频段减振降噪效果不明显。

表1　　各工况降噪效果对比表　　单位：dB

中心频率	旧基座	新基座	降噪效果
500	92.46	90.85	1.60
630	94.09	91.52	2.56
800	96.62	93.12	3.50
1000	97.65	95.52	2.12
1250	99.57	97.44	2.13
1600	103.36	100.38	2.98
2000	105.44	106.69	−1.25
2500	106.97	107.49	−0.52
3150	109.36	108.93	0.43
平均降噪效果	—	—	1.51

4 结论

随着频率的提高，FEM/BEM耦合法将不再适用于研究复杂结构的振动声辐射特性，因此本章采用FE-SEA混合法研究了中频段基座对双层圆柱壳振动声辐射的影响，得出主要结论如下：

(1) 针对一个复杂结构，将其中不满足使用SEA方法的结构采用FEM建模，而对满足SEA方法的结构采用SEA建模，最后采用FE-SEA混合法进行复杂结构振动声辐射的计算，其计算精度较高，且计算时间也较短。

（2）采用 FE-SEA 混合法研究了中高频三种工况下双层圆柱壳振动声辐射特性，研究表明：在中高频段，壳内基座能够有效阻隔振动波的传递，从而起到减振降噪的作用；当将壳内基座连接形式由“T”形连接改为“┴┬”形连接后，其中高频减振虽然能起到一定程度的减振降噪作用，但其效果并不很明显，无论是减振还是降噪其平均效果只有 1 dB 左右。

参 考 文 献

［1］ 陈越澎．加筋柱壳的声学设计方法研究［D］．华中科技大学博士学位论文，1999.

［2］ 陈美霞．有限长加筋双层圆柱壳声辐射性能分析［D］．华中科技大学博士学位论文，2003.

［3］ Lee J-H，Kim J. Analysis and measurement of sound transmission through a double-walled cylindrical shell. J. Sound. Vib.，2002，251（4）：631－649.

［4］ 商德江，何祚镛．加肋双层圆柱壳振动声辐射数值计算分析［J］．声学学报，2001.26（3）：193-201.

舰船结构损耗因子优化研究*

吕 帅 谢晓忠 王耀辉 丛 刚 庞福振

哈尔滨工程大学，黑龙江哈尔滨，150001

摘 要：舰船动力设备等引起的舱室噪声会影响到舰船上乘客以及工作人员的正常生活，严重时甚至会对人员健康产生影响；另一方面，对于军用舰船，其辐射噪声决定了其隐身性能。本文研究了舰船结构损耗因子特性对舰船舱室噪声及辐射噪声的影响。研究发现，结构损耗因子越大，舰船舱室噪声及辐射噪声越小。因此在实际工程中可以通过选取损耗因子较大的舾装材料以增加舰船结构损耗因子，减弱其舱室及辐射噪声。

关键词：损耗因子；统计能量法；舱室噪声；辐射噪声。

1 基本理论

本研究以统计能量分析（SEA）方法为理论基础。SEA 的基本出发点是将一个完整的系统离散成 N 个子系统（包括结构和声场），在外界激励作用下产生振动时，子系统间通过接触边界进行能量交换，而每个子系统的振动参数如：位移、加速度、声压均可由能量求得，所以“能量”是分析结构噪声的基本未知量[1]。

统计能量分析就是将一个复杂结构分成多个子系统，当某个或者某些子系统受到激励而振动时，子系统间就通过接触边界进行能量交换，这样对每个子系统都能列出一个能量平衡方程，最终得到一个高阶线性方程组，解此方程组求得每个子系统的能量，进而由能量得到需要的各个子系统的振动参数，如位移、速度、加速度和声压等[2]。两个子系统耦合的模型如图 1 所示。其中 P_1、P_2 分别表示振子 1、2 的输入功率；E_1、E_2 为分别为振子 1、2 的振动能量；η_1、η_2 为分别为振子 1、2 的内损耗因子；η_{12}、η_{21} 分别为振子 1 传递到振子 2 和振子 2 传递到振子 1 的耦合损耗因子；ω 为激励频段的平均频率[3]。

则系统能量的平衡表达式：

$$\begin{aligned} P_1 &= E_1 + \eta_1 \omega E_1 + \eta_{12} \omega E_{12} - \eta_{21} \omega E_2 \\ P_2 &= E_2 + \eta_2 \omega E_1 + \eta_{21} \omega E_1 - \eta_{12} \omega E_2 \end{aligned} \quad (1)$$

以单自由振动系统为例，理论示意图如图 2 所示，其损耗功率 P_d 有如下的基本关系：

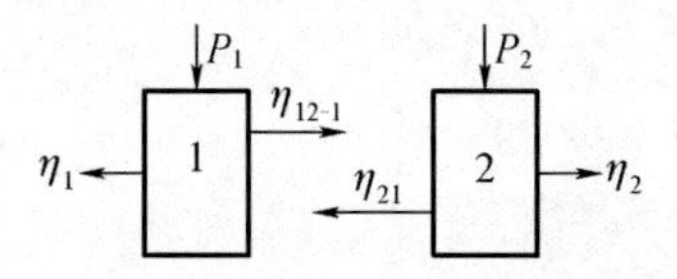

图 1 双模态耦合系统的模型

$$P_d = C\dot{x}^2 = 2\zeta\omega_n M\dot{x}^2 = 2\zeta\omega_n E = \frac{\omega_n E}{Q} = \omega_n \eta E \quad (2)$$

式中：C 为振子系统的阻尼系数；$\dot{x}$ 为振子质点速度；ζ 为阻尼比（$\zeta = C/2\sqrt{MK} = C/2M\omega_n$），$M$、$K$ 分别为振子系统的质量和刚度；ω_n 为振子固有频率；E 为振子系统能量；Q 为放大（品质）因子；η 为内损耗因子[4]。

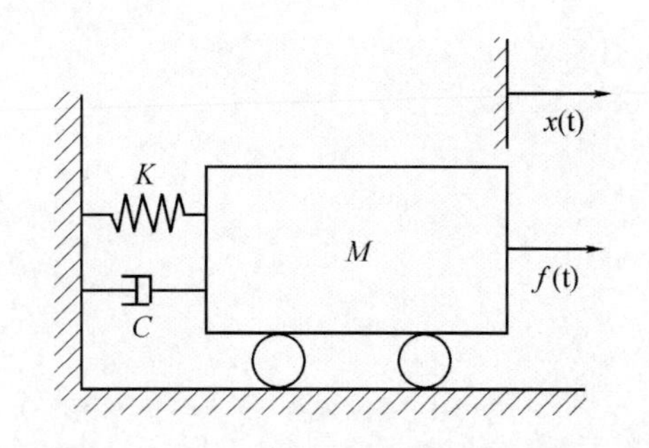

图 2 单自由度振子的结构模型示意图

对统计能量分析模型中个子系统 i，其内损耗功率 P_{id} 有如下的一般关系式：

* 本项研究是中国博士后基金项目（20100471026）；黑龙江省青年基金项目（QC2011C013）；哈尔滨市科技创新人才研究专项基金项目（2011RFQXG）。

$$P_{id}=\omega\eta_i E_i \tag{3}$$

式中：ω 为分析带宽 $\delta\omega$ 内的中心频率。

内损耗功率通常由结构阻尼、结构声辐射损耗和边界连接阻尼损耗三部分组成。类似的，保守耦合系统中从子系统 i 传递到子系统 j 的单向功率流 p'_{ij} 可表示为：

$$P'_{ij}=\omega\eta_{ij}E_i \tag{4}$$

式中：η_{ij} 为从子系统 i 到子系统 j 的耦合损耗因子。

记 $\dot{E}_i=\mathrm{d}E_i/\mathrm{d}t$ 为子系统 i 的能量变化率，由系统的运动方程，通过模态法、波动方程或格林函数，对子系统 i 有如下的功率流平衡方程：

$$P_{i,jn}=\dot{E}_i+P_{id}+\sum_{j=1,j\neq 1}^{N}P_{ij} \tag{5}$$

式中：$P_{i,jn}$ 为外界对子系统 i 的输入功率；P_{ij} 为子系统 i 流向子系统 j 的功率。

当稳态振动时 $\dot{E}_i=0$，上式可变成：

$$\begin{aligned}P_{i,jn}&=\omega\eta_i E_i+\sum_{j=1,j\neq i}^{N}(\omega\eta_{ij}E_i-\omega\eta_{ji}E_j)\\&=\omega\sum_{k=1}^{N}\eta_{ik}E_i-\omega\sum_{j=1,j\neq i}^{N}\eta_{ji}E_j\quad(i=1,2,\cdots,N)\end{aligned} \tag{6}$$

其中 $\eta_{ii}=\eta_i$（$I=1$，2，…，N）

此式表明，当系统进行稳态强迫振动时，第 i 个子系统输入功率除消耗在该子系统阻尼上外，应全部传输到相邻子系统上去，这就是统计能量法的基本关系式[5]，即

$$\sum_{j=1}^{N}L_{ij}E_j=\frac{P_{i,in}}{\omega}(i=1,2,\cdots,N) \tag{7}$$

即

$$\omega[L]\{E\}=\{P_{in}\} \tag{8}$$

解此方程可得到每个子系统的能量，再根据子系统的能量就可以对系统的响应进行估计了[6]。对结构子系统，它的振动均方速度为

$$\langle v_i^2\rangle=E_i/M_i \tag{9}$$

式中：E_i 为子系统结构的模态振动能量；M_i 为子系统质量。

振动速度级为

$$L_v=10\lg(\langle v_1^2\rangle/v_0^2) \tag{10}$$

式中：$v_0=1\times10^{-9}\,\mathrm{m/s}$，为参考速度值，据此相应的可求出系统的加速度级[7]。

对声场子系统，其声压均方值为

$$\langle P_i^2\rangle=\frac{E_i\rho C^2}{V_i} \tag{11}$$

声压级为

$$L_p=10\lg\frac{\langle P_i^2\rangle}{P_0^2} \tag{12}$$

式中：$P_0=1\times10^{-6}\,\mathrm{N/m^2}$ 时为水介质中的参考声压。

2　模型建立

在要考察舱室噪声的会议室处建立空气声腔结构，对于舱段的辐射噪声，考察舱室结构水线面以下部分在水平方向，舱段右侧 100m 处的辐射噪声值。舱室结构的损耗因子是结构的特性，但是由于舾装及结构厚度等特性会引起其值在一定范围内变化。根据相关文献，本研究假设结构的损耗因子在 0.1%、0.3%、0.5%三个值上变化，研究舱室结构损耗因子对舱室自噪声及辐射噪声值的影响规律。本文以某典型船舶的部分舱段为研究对象，以统计能量法为理论基础，通过通用软件 ANSYS 及 VA one 最终建立舱段模型，如图 3 所示。

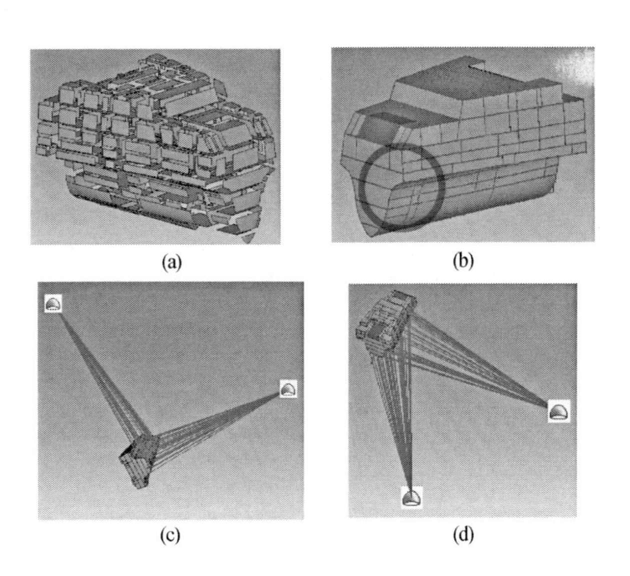

图 3　典型舱段噪声预报模型

（a）舱室噪声声腔结构；（b）舱段连接结构；
（c）舱段水平及垂直流畅；（d）完整舱段模型

为保障预报模型宽频分析的有效性，一般需保障各子系统在分析频带的模态数≥4（对于形状及曲率变化较小板架等子系统，其模态数

可放宽至满足模态数≥1），为此，本文对各子系统的划分尺寸进行了控制，使之在 $f \geq 25\text{Hz}$ 即满足了统计能量分析对模态密度的要求（典型子系统模态数见图4），从而保障了分析模型的有效性。

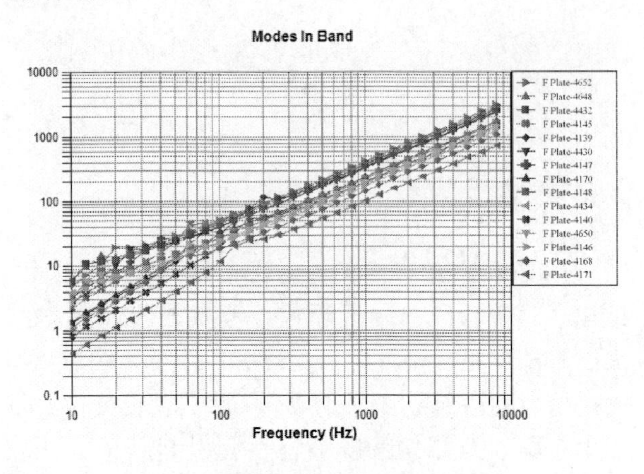

图4 舰船典型结构模态数随频率的变化关系曲线

在图3所示的模型的基础上，展开某典型舱段舱室噪声及辐射噪声预报。取推进电机与生活污水处理设备机脚处振动加速度作为输入载荷，研究他们开启状态下引起的会议室舱室自噪声，以及水平方向上距离舱段100m处的辐射噪声。

3 舱室噪声与辐射噪声分析

研究中，共分三个研究工况，舱段结构是损耗因子一次变大，具体值如表1所示。

表1 工况设置

工况	结构损耗因子
1	0.1%
2	0.3%
3	0.5%

设备的输入载荷统一不变，经过计算，得到相同输入载荷下不同结构损耗因子时舱段的舱室噪声及辐射噪声值，其中会议室自噪声声压级如表2所示。

经过计算，可得到如图5所示云图，分别为舱段会议室自噪声值，以及水平方向100m处的舱段辐射噪声值。

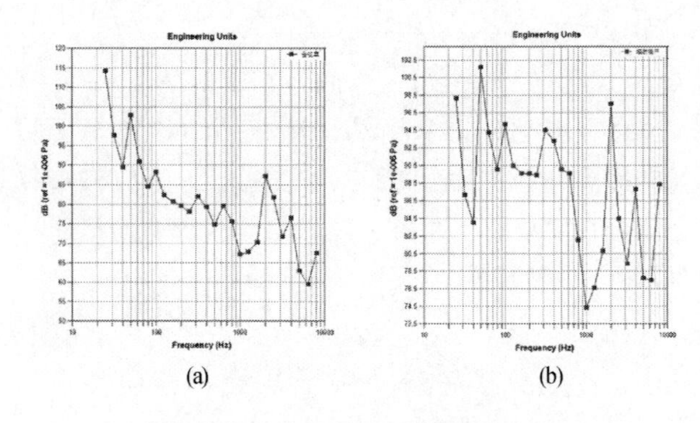

图5 会议室自噪声和辐射噪声曲线

（a）会议室自噪声声压级；（b）会议室辐射噪声声压级

表2 会议室自噪声声压级

	会议室声压级（dB）		
f(Hz) \ η	0.1%	0.3%	0.5%
25	114.117	107.902	104.877
31.5	97.5707	91.258	88.1532
40	89.4468	82.8811	79.6328
50	102.816	95.847	92.3519
63	90.8797	83.7268	80.0526
80	84.5045	76.6365	72.582
100	88.2486	79.521	75.0551
125	82.2252	72.866	68.1234
160	80.603	70.5003	65.4929
200	79.501	68.7771	63.5709
250	78.1326	66.9571	61.6117
315	81.9819	70.4201	64.9478
400	79.2914	67.5177	61.9792
500	74.7441	62.6397	56.9672
630	79.5312	67.2495	61.4907
800	75.5149	63.0303	57.2169
1000	67.1919	54.0506	47.8782
1250	67.8166	54.7612	48.6122
1600	70.2071	57.1454	50.9414
2000	87.123	74.154	67.9151
2500	81.6472	69.1699	62.9589
3150	71.75	58.1131	51.2892
4000	76.5423	63.142	56.3956
5000	62.904	48.6626	41.4673
6300	59.4428	44.8635	37.4388
8000	67.3825	52.6554	45.0583

根据计算数据，作图比较舱段结构不同损耗因子时会议室自噪声以及水平辐射噪声的变化，

如图 6 和图 7 所示。

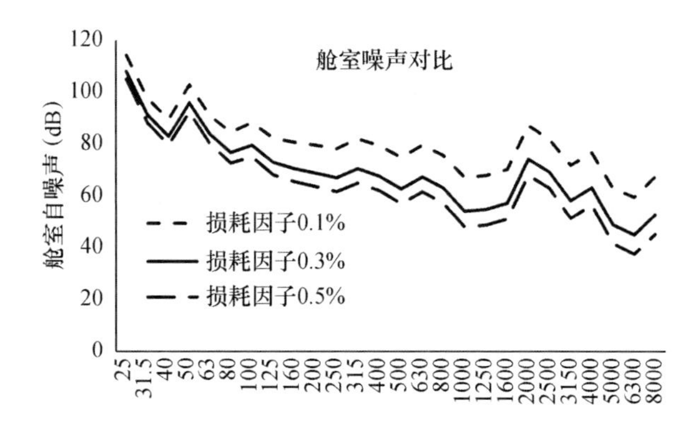

图 6　会议室自噪声对比图

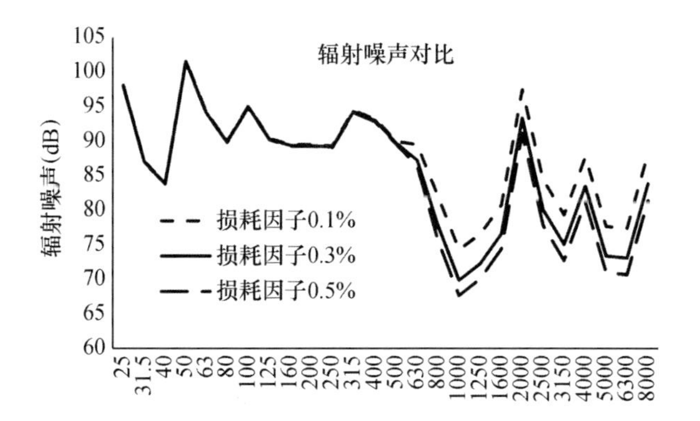

图 7　水平向舱段辐射噪声对比图

分析可知，对于舱段会议室的舱室噪声，随着舱段结构损耗因子的不断增大，结构对声能量的吸收能力也不断增强，因此会议室的舱室噪声也在不断下降，并且随着结构损耗因子的下降，会议室自噪声在全频段都有明显的下降，可见增加结构的损耗因子是有效降低舰船舱室自噪声的方式之一。

分析图 7 可知，对于舱段辐射噪声，随着舱段结构损耗因子的不断增大，高频段开始，舱段的辐射噪声值开始有明显的降低；低频阶段，舱段的辐射噪声值变化不大。可见，增加结构的损耗因子可以有效地降低舰船高频段的辐射噪声，对于低频段，需采取其他有效措施。

4　结论

经过研究发现，增加舰船结构的损耗因子可以有效的降低舰船舱室噪声值；而对于舰船的辐射噪声，增加结构的损耗因子仅对于高频阶段有明显的降低辐射噪声的作用，对于低频段，其影响不明显。总体上，通过舾装等工序增加舰船结构的损耗因子对于降低舰船的舱室噪声和辐射噪声是有益的。

参　考　文　献

［1］　商德江. 复杂弹性壳体水下结构振动和声场特性研究［D］. 哈尔滨：哈尔滨工程大学，1999.

［2］　姚熊亮，刘庆杰，翁强，刘文贺. 水下加筋圆柱壳体的振动与近场声辐射研究［J］. 中国舰船研究，2006，1（2）：13-19.

［3］　Grote，M.，J. Keller. On nonreflecting boundary conditions［J］. Journal of Computational Physics，1995，vol. 122：231-243.

［4］　何祚镛，赵玉芳. 声学理论基础［M］. 北京：国防工业出版社，1981.

［5］　Lu，Y. C.，D'Souza，K.，and Chin，C. Sound Radiation of Engine Covers with Acoustic Infinite Element Method［J］. SAE Paper，No. 2005-01-2449，2005.

［6］　Cipolla，J. L. Acoustic Infinite Elements with Improved Robustness［J］. Proceedings of the ISMA2002，Leuven，Belgium，September，2002：16-18.

［7］　商德江，何祚镛. 加肋双层圆柱壳振动声辐射数值计算分析［J］. 声学学报，2001，26（3）：193-201.

敷设阻尼材料的圆柱壳振动与声辐射预报研究*

李 卓 陈 林 谢晓忠 徐 伟

哈尔滨工程大学船舶工程学院，黑龙江哈尔滨，150001

摘 要： 针对阻尼层对水下壳体有明显的减振降噪效果，为了预报覆盖层在减少声辐射方面的效果，应用统计能量法建立其分析模型。计算分析了不同敷设工况下的水下壳体的声辐射特性，比较了敷设阻尼层前后复杂圆柱壳结构的声学特性，得到了阻尼层的抑振降噪效果；分析了阻尼层敷设比例对复杂圆柱壳结构振动与声辐射的影响；讨论了结构损耗因子对阻尼层减振降噪效果的影响。研究表明：结构损耗因子对局部敷设阻尼层的抑振效果有很大影响。

关键词： 阻尼层；声辐射；损耗因子；统计能量法。

1 引言

水下振动体如潜艇和鱼雷，由于内部动力装置的机械振动，传递到壳体进而向周围流体介质传播噪声。降低水下潜器的辐射噪声不仅可以提高自身的隐蔽性，而且还可以增大自身声呐系统的探测距离。圆柱壳体是潜艇、鱼雷及其他各种水下潜器舱段的主要结构形式对表面部分敷设阻尼层的圆柱壳体的研究，对于潜艇结构声学设计具有重要的意义。在实艇上，壳体上会布置很多管系和设备，使得阻尼层往往不能够完全敷设于壳体表面。这就使得研究部分敷设阻尼层的圆柱壳体的声辐射性能，在工程实践上具有重要的意义。

对于中、低频范围内的敷设阻尼层的圆柱壳振动与声辐射问题，国内外有许多学者进行研究，已取得一定的成果。B. Laulagnet 和 J. L. Guyader[1] 研究了流体中覆盖有一层黏弹性阻尼材料的有限长圆柱壳的声辐射，在处理肋骨时采用了能量法。谢官模、骆东平[2] 分别导出环肋柱壳在流场中声压的解析解与模型在消声水池中的实例声压相当一致。陈炜[3] 研究了敷设自由阻尼层的环肋圆柱壳在流场中的声辐射。他采用正交异性法处理环肋，用三维 Navier 方程描述阻尼层的运动，阻尼层位移场求解采用渐进展开。他讨论了阻尼层各参数对环肋圆柱壳的声辐射影响。

但在中、高频范围内，由于模态密集（$N>5$），有限元和边界元等确定性方法受到计算机速度和内存的挑战，同时其对结构模型的微小差异扰动非常敏感，对结果影响很大。所以，在本文中将采用基于统计能量法分别对激励下的敷设阻尼层双层圆柱壳的中、高频振动与声辐射性能进行分析，通过与解析法计算结果的对比，证明了利用统计能量法进行圆柱壳中、高频振动与声辐射研究的可行性。之后重点分析了阻尼参数对双层圆柱壳的声辐射的影响，得到一些有价值的结论。

2 结构振动分析的统计能量法

统计能量分析方法从统计的观点出发，以能量为基本变量，重点研究稳态振动时的平均振动能量。在复杂系统里的传递和分布，是研究结构和声场的相互作用及振动在结构间传输的有效方法。SEA 将整个声振系统划分为若干个子系统，以每个子系统的能量为基本参数，用统计的观点，建立每个子系统之间的能量平衡关系，以此来预测系统的声振环境。

SEA 的基本出发点是将一个完整的系统离散成 N 个子系统（包括结构和声场），在外界激励作用下产生振动时，子系统间通过接触边界进行能量交换，而每个子系统的振动参数（如位移、加速度、声压）均可由能量求得，所以“能量”是

* 黑龙江省青年科学基金项目（QC2011C013）。

分析结构噪声的基本未知量。分析的第一步就是确定由相似模态群构成的子系统，这些子系统必须能够清楚地表示出能量的输入、储存、耗散和传输等特性。统计能量分析就是当某个或者某些子系统受到激励而振动时，子系统间就通过接触边界进行能量交换，如此，对每个子系统都能列出一个能量平衡方程，最终得到一个高阶线性方程组，解此方程组求得每个子系统的能量，进而由能量得到需要的各个子系统的振动参数，如位移、速度、加速度和声压等。各子系统的激励相互独立及保守耦合稳态响应时的能量平衡关系式如图所示：

$$\omega\begin{bmatrix}(\eta_1+\sum_{i\neq 1}\eta_{1i})N_1 & -\eta_{12}N_1 & \cdots & -\eta_{1k}N_1\\ -\eta_{21}N_2 & (\eta_2+\sum_{i\neq 2}\eta_{2i})N_2 & \cdots & \vdots\\ \vdots & \vdots & & \vdots\\ -\eta_{k1}N_k & \cdots & \cdots & (\eta_k+\sum_{i\neq k}\eta_{ki})N_k\end{bmatrix}\begin{bmatrix}\frac{E_1}{N_1}\\ \vdots\\ \frac{E_k}{N_k}\end{bmatrix}=\begin{bmatrix}\Pi_1\\ \vdots\\ \Pi_k\end{bmatrix} \tag{1}$$

式中：Π_i 为子系统 i 的输入功率；ω 为系统的平均固有频率；η_i 为子系统 i 的内损耗因子；η_{ij} 为子系统 i 与子系统 j 间的耦合损耗因子；E_i 为子系统 i 的总能量；N_i 为子系统 i 的模态密度。

解此方程可得到每个子系统的能量，再根据子系统的能量就可以对系统的响应进行估计了。对结构子系统，它的振动均方速度为

$$\langle v_i^2\rangle=\frac{E_i}{M_i} \tag{2}$$

式中：E_i 为子系统结构的模态振动能量；M_i 为子系统质量。振动速度级为：

$$L_v=10\lg\frac{\langle v_i^2\rangle}{v_0^2} \tag{3}$$

式中：$v_0=1\times10^{-9}m/s$ 为参考速度值，据此相应的可求出系统的加速度级。

对声场子系统，它的声压均方值为

$$\langle P_i^2\rangle=\frac{E_i\rho C^2}{V_i} \tag{4}$$

声压级为

$$L_p=10\lg\frac{\langle P_i^2\rangle}{P_0^2} \tag{5}$$

式中：$P_0=1\times10^{-6}\mathrm{N/m^2}$ 时为水介质中的参考声压。

3　复杂圆柱壳结构的计算模型

复杂圆柱壳结构由双层圆柱壳舱段构成，复杂圆柱壳结构内壳为水密结构，其内部设置多处平台、舱壁、环向肋骨等结构；内壳与外壳之间为非水密结构，充满层间流体，且内外壳之间设置托板结构进行连接。其中钢的杨氏模量 $E=$ 2e11Pa；泊松比 $\mu=0.312$；密度 $\rho=7840\mathrm{kg/m}$；空气密度 $\rho=1.21\mathrm{kg/m}$；海水密度 $\rho=1026\mathrm{kg/m}$；空气中声传播速度 $c=343\mathrm{m/s}$；海水中声传播速度 $c=1500\mathrm{m/s}$。

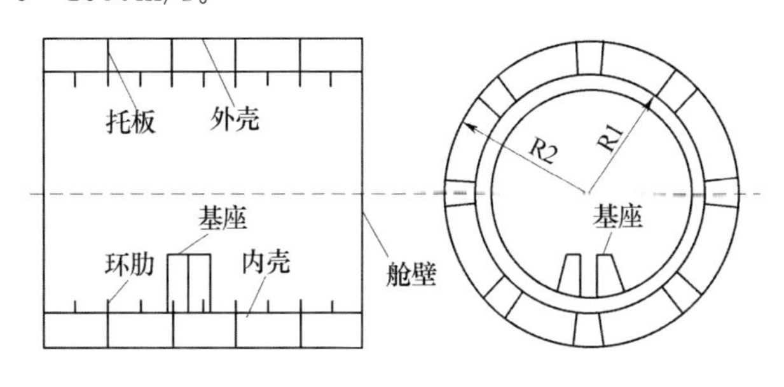

图 1　复杂圆柱壳计算模型

在本文研究的圆柱壳结构振动问题上，对于系统可得 N 个线性方程，解此方程组就可以得到各个子系统的能量 E，将其带入振速和声压的求解式子，就可得到子系统的振动速度和外场声压。

4　统计能量法求解

当结构阻尼较低时（$\eta=1\%$时），即使隔声去耦瓦的敷设密度达到 75%，隔声去耦瓦的降噪性能依然较差，其降噪效果不超过 5dB。

但当结构阻尼相对较高时（$\eta=5\%$时），75%敷设密度下隔声去耦瓦的降噪效果就可有较大提高，降噪效果可高达 6dB 以上。可见，当艇体结构阻尼较低时，如隔声去耦瓦敷设密度不够，将导致隔声去耦瓦不能较好地吸收艇体的结构辐射噪声，从而使艇体出现一定的“声泄露”；而当结构阻尼不断增大时，由于振动能量主要集中于激励源附近，“声泄露”现象将得到明显改善。

进一步研究表明，不论结构阻尼是 $\eta=1\%$，还是 $\eta=5\%$，只要将艇体尾部动力舱周围覆盖完整的隔声去耦瓦，即可有效阻止结构辐射噪声的传递，此时的隔声去耦瓦的降噪效果同 100%敷设

时的效果相差不大；且随着结构阻尼的增大，采用尾部动力舱敷设隔声去耦瓦的效果同 100％敷设效果的差异在逐渐减小。

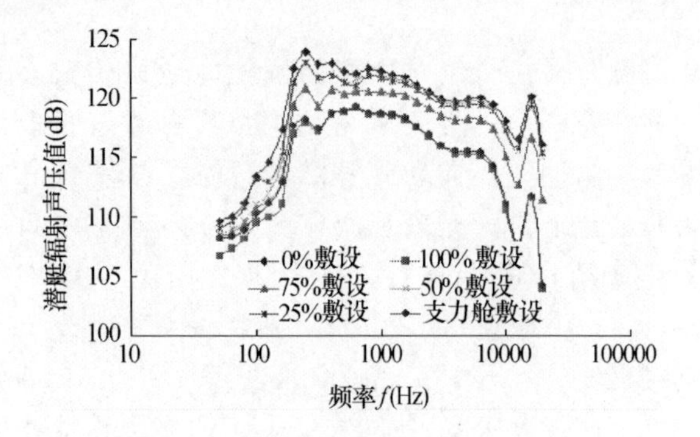

图 2　敷设覆盖层的圆柱壳的辐射声压曲线（η=1％）

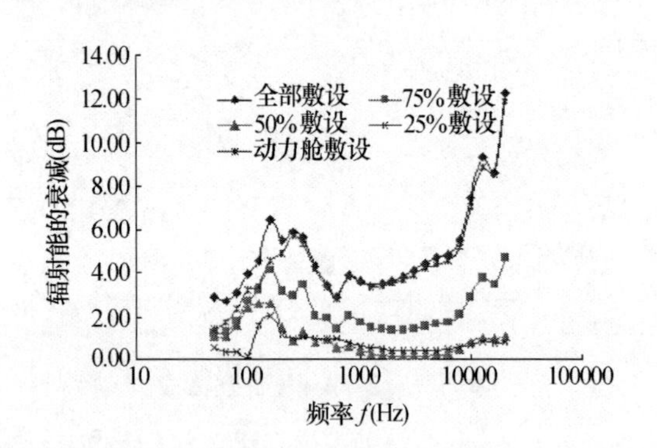

图 3　敷设覆盖层的圆柱壳的噪声衰减曲线（η=1％）

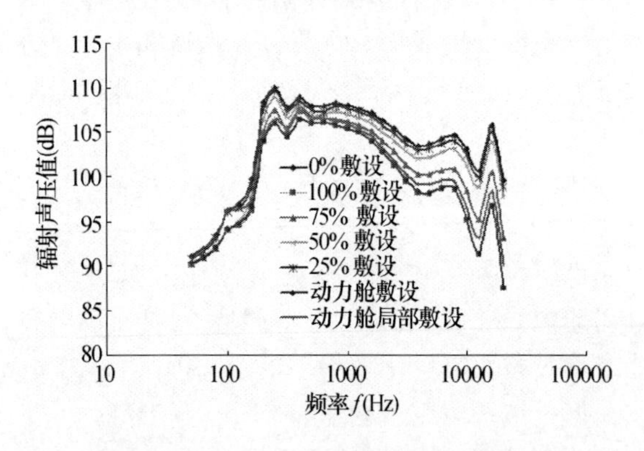

图 4　敷设覆盖层的圆柱壳的辐射声压曲线（η=5％）

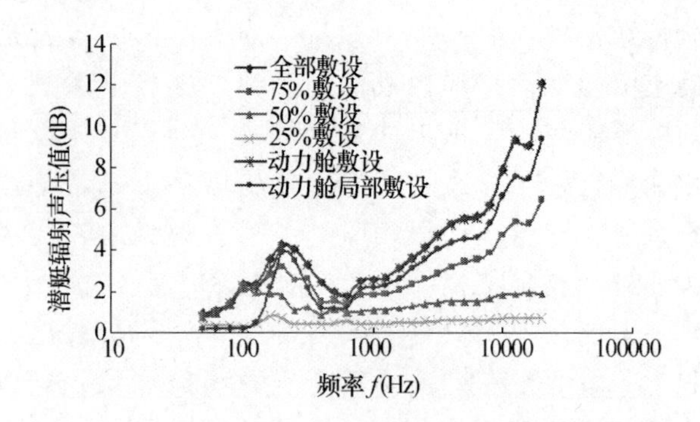

图 5　敷设覆盖层的圆柱壳的噪声衰减曲线（η=5％）

5　结论

计算分析表明：①当艇体结构阻尼较低时，如果覆盖层敷设密度不够，将导致覆盖层的牺牲效果不佳，从而出现一定的“声泄露”；②当结构阻尼增大到一定程度，振动能量将集中于激励源附近，“声泄露”现象将得到明显改善。③不论结构阻尼多大，动力舱周围铺设完整覆盖层将起到很好的隔声效果，且随着结构阻尼的增大，动力舱完整覆盖层的隔声效果将与完全铺设效果相同。

参　考　文　献

[1]　Laulagnet. B，Guyader. J. L. Sound radiation from finite cylindrical coated shells，by means of asymptotic expansion of three-dimensional equations for coating. J. Acoust. Soc. Am. 1994，96（1）：277－286.

[2]　谢官模，骆东平．环肋柱壳在流场中声辐射性能分析，中国造船，1995，131（4），37－45.

[3]　陈炜，骆东平，等．敷设阻尼材料的环肋柱壳声辐射性能分析．声学学报，2000，25（1）：27－32.

[4]　商德江，何祚镛，加肋双层圆柱壳振动声辐射数值计算分析．声学学报．2001，26（3）：193－201.

声学建模和阻尼损失系数对舱室噪声影响研究

郑　律　邱中辉

哈尔滨工程大学，黑龙江哈尔滨，150001

摘　要：基于统计能量法（SEA）开展了声学覆盖层敷设位置对舱室噪声的影响研究，计算分析表明：在激励源舱室敷设声学覆盖层，不会明显降低此舱室噪声，但对其他舱室有降噪作用；而在非激励源舱室敷设声学覆盖层，对非激励源舱室能起到降噪作用，并且非激励源舱室敷设声学覆盖层对非激励源舱室的降噪作用比在激励源所在舱室敷设声学覆盖层效果更好。而后探讨了不同损耗因子对舱室噪声的影响，计算对比表明尼损损失系数发生改变时，声学覆盖层的抑振降噪效果亦将发生改变；同时，随着阻尼损失系数的增大，可以有效地降低船舶舱室声压响应。

关键词：统计能量法；声学覆盖层；舱室噪声；阻尼损失系数；抑振降噪。

船舶声学设计的基本原则是在船舶设计的早期就要考虑降噪的要求，其既包括在船舶设计的早期阶段选择声学上最佳的船舶建造型式[1]，也包括阻尼减振技术[2]。

对船舶结构声学数值分析方法可以分为两大类：离散法和能量法。能量法和离散法相比较而言，更适用于中、高频激励作用下模态密集的结构振动与声学的计算分析[3-5]。

统计能量分析法是应用统计学观点，从能量的角度来分析复杂结构外载荷作用下的响应，它运用能量流关系式对复杂结构进行动力特性、振动响应及声辐射的模拟和预测。而且，由于统计能量分析方法在某种程度上忽略了复杂结构的具体细节，同时很好地解决了声场与结构间的耦合问题，因而使得统计能量分析方法在结构设计之处，在无法得知具体结构，受力细节情况下，也能有效地预估结构的振动和声学特性。

1　统计能量分析原理

统计能量法（SEA 法）在结构中高频声振环境预报方面具有独特的优势，特别是进入 20 世纪 80 年代以后，SEA 法开始在理论和工程应用上有了新的进展，如非保守耦合[6]、强耦合[7]、激励相关性、试验 SEA 以及有限元和 SEA 相结合[8]等，大幅提高了 SEA 计算精度。由于声学覆盖层的有效作用频带多集中于中高频段，为此，本文借助统计能量法开展了声学覆盖层对复杂锥柱结构水下声学特性的影响研究。

统计能量分析的基本原理是将一复杂结构划分成若干子系统，当某个或者某些子系统受到激励载荷振动时，子系统间将通过边界进行能量交换；这样对每个子系统都能列出一个能量平衡方程，并最终得到一个高阶线性方程组，求解此方程组可得到各子系统的能量，进而由子系统能量得到各个子系统的振动参数，如位移、速度、加速度、声压等。

对于 SEA 模型中的某子系统 i 而言，其在带宽 $\Delta\omega$ 内的平均损耗功率

$$P_{id}=\omega\eta_i E_i \tag{1}$$

式中：ω 为分析带宽 $\delta\omega$ 内的中心频率；η_i 为结构损耗因子；E_i 为子系统的模态振动能量。

保守耦合系统中从子系统 i 传递到子系统 j 的单向功率流 p_{ij} 可表示为

$$p_{ij}=\omega\eta_{ij}E_i \tag{2}$$

式中：η_{ij} 为从子系统 i 到子系统 j 的耦合损耗因子。

记 $\dot{E}_i=\mathrm{d}E_i/\mathrm{d}t$ 为子系统 i 的能量变化率，则子系统 i 的功率流平衡方程为

$$P_{i,in}=\dot{E}_i+P_{id}+\sum_{\substack{j=1\\ j\neq i}}^{N}P_{ij} \tag{3}$$

式中：$P_{i,in}$ 为外界对子系统 i 的输入功率；P_{ij} 为子系统 i 流向子系统 j 的功率。

当稳态振动时 $\dot{E}_i=0$，上式可变成：

$$P_{i,in} = \omega\eta_i E_i + \sum_{\substack{j=1 \\ j\neq i}}^{N} (\omega\eta_{ij} E_i - \omega\eta_{ji} E_j)$$
$$= \omega\sum_{k=1}^{N}\eta_{ik}E_i - \omega\sum_{\substack{j=1 \\ j\neq i}}^{N}\eta_{ji}E_j (i = 1,2,\cdots,N) \tag{4}$$

式（4）表明，当系统进行稳态强迫振动时，第 i 个子系统输入功率除消耗在该子系统阻尼上外，应全部传输到相邻子系统上去，于是有

$$\sum_{j=1}^{N} L_{ij}E_j = \frac{P_{i,in}}{\omega}(i = 1,2,\cdots,N) \tag{5}$$

写成矩阵形式：

$$\omega\begin{bmatrix} (\eta_1+\sum\limits_{i\neq 1}\eta_{1i})N_1 & -\eta_{12}N_1 & \cdots & \eta_{1k}N_1 \\ -\eta_{21}N_2 & (\eta_2+\sum\limits_{i\neq 2}\eta_{2i})N_2 & \cdots & \cdots \\ \vdots & \vdots & & \vdots \\ -\eta_{kl}N_k & \cdots & \cdots & (\eta_k+\sum\limits_{i\neq k}\eta_{ki})N_k \end{bmatrix}\begin{bmatrix} \frac{E_1}{N_1} \\ \vdots \\ \frac{E_k}{N_k}\end{bmatrix}$$
$$=\begin{bmatrix}\Pi_1 \\ \vdots \\ \Pi_k\end{bmatrix}$$

或 $$\omega[L]\{E\}=\{P_{in}\} \tag{6}$$

式中：$\{E\}^T=\{E_1,\ E_2,\ \cdots,\ E_N\}$ 为能量转置矩阵；$\{P_{in}\}^T=\{P_{1,in},\ P_{2,in},\ \cdots,\ P_{N,in}\}$ 为输入功率矩阵；$[L]$ 为系统损耗因子矩阵。

求解方程（6）可得到每个子系统的振动能量，再根据子系统的振动能量分析就可以得到该子系统结构的振动均方速度

$$<v_i^2>=E_i/M_i \tag{7}$$

式中：E_i 为子系统结构的模态振动能量；M_i 为子系统质量。

子系统的振动速度级为

$$L_v=10\lg_{10}(<v_i^2>/v_0^2) \tag{8}$$

式中：$v_0=1\times10^{-9}$ m/s，为参考速度值。

对于声场子系统，其声压均方值为

$$<p_i^2>=E_i\rho C^2/V_i \tag{9}$$

声压级为

$$L_p=10\lg_{10}(<p_i^2>/P_0^2) \tag{10}$$

式中：$P_0=1\times10^{-6}$ N/m^2，为水介质中的参考声压。

2 舱室结构的简化计算模型

2.1 计算模型简介

本文对典型舱室敷设 0.006m 厚的纤维阻尼材料，将敷设阻尼材料的钢板分别置于激励源舱室和非激励源舱室，分别测量激励源舱室和非激励源舱室声压级响应。

计算模型由声学覆盖层材料及舱室舱壁两部分组成。声学覆盖层多为黏弹性材料，并由吸声层、隔声层及阻尼层三部分结构组成（如图 1 所示）。

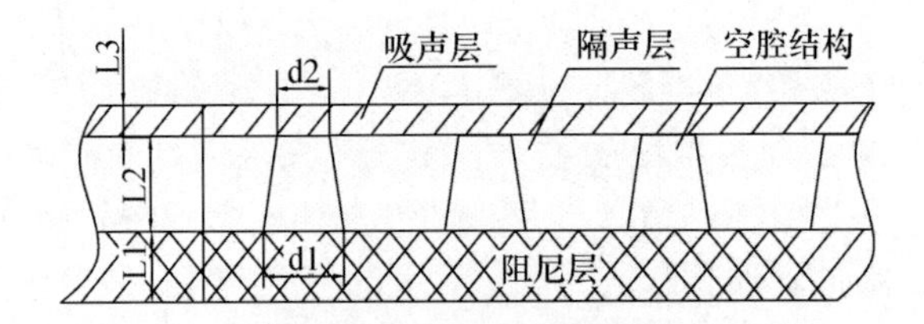

图 1　声学覆盖层结构示意图

利用基于统计能量法分析原理软件 VA One 进行三维声学建模，采用黏弹性阻尼材料以及板、壳和空气声腔等统计能量分析子系统来模拟船舶结构，本文给定结构噪声激励，数值模拟模型如图 2 所示。

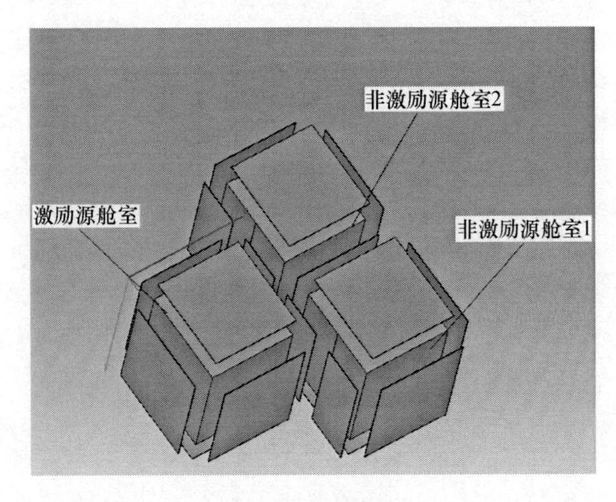

图 2　SEA 模型

2.2 工况及载荷设置

考虑到声学覆盖层敷设方式的不同及实际结构的阻尼差异，本文通过改变声学覆盖层部位（分激

励源舱室敷设、非激励源舱室敷设）及阻尼损失系数（分阻尼系数 η=0.1%、η=0.5%、η=1%）等方式，开展了声学覆盖层和阻尼损耗因子对舱室噪声声压级的影响研究。其工况设置如表1所示。

表1　　计算工况表

序号	阻尼损失系数	覆盖层敷设部位	序号	阻尼损失系数	覆盖层敷设部位	序号	阻尼损失系数	覆盖层敷设部位
1	0.1%	裸板船舶	6	0.5%	裸板船舶	11	1%	裸板船舶
2		激励源舱室上下甲板、整个围壁	7		激励源舱室上下甲板、整个围壁	12		激励源舱室上下甲板、整个围壁
3		激励源舱室下甲板、整个围壁	8		激励源舱室下甲板、整个围壁	13		激励源舱室下甲板、整个围壁
4		非激励源舱室1上下甲板、整个围壁	9		非激励源舱室1上下甲板、整个围壁	14		非激励源舱室1上下甲板、整个围壁
5		非激励源舱室1下甲板、整个围壁	10		非激励源舱室1下甲板、整个围壁	15		非激励源舱室1下甲板、整个围壁

由于只有子系统的模态密度或带宽 Δf 内振型数 $N=n(f)\ \Delta f$ 足够大时（如 $N>2$），统计能量分析才具有足够的精度；对本计算模型进行模态数分析可知，复杂锥柱结构的有效计算频率为 $f>$ 200Hz；由此确定模型的分析频带为200～8000Hz。

3　声学覆盖层对舱室噪声影响研究

船体结构在激扰力作用下将产生振动，并向舱室辐射噪声；当舱室结构表面敷设声学覆盖层材料时，由于声学覆盖层材料的阻尼及吸隔声性能，船体结构的振动及舱室声辐射性能也将发生改变。为便于讨论，下面依次讨论声学覆盖层敷设位置的变化及阻尼系数改变对舱室噪声声压级的影响。

3.1　不同敷设方式下舱室结构的振动特性分析

声学覆盖层敷设位置改变时，舱室结构的振动特性也会发生改变。图3给出了舱室结构阻尼损失系数 η=1%、裸板船舶工况下的舱室结构振动速度级的分布。其他工况下舱室结构的振动响应分布情况与之相似。

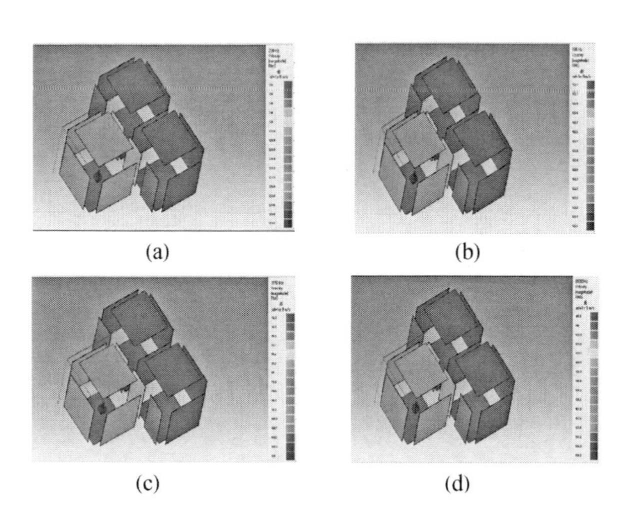

图3　裸板船舶情况下舱室结构振动响应分布

(a) f=20Hz时；(b) f=800Hz时；
(c) f=3150Hz时；(d) f=8000Hz时

由上图可以看出，振动响应主要集中在激励源舱室，而剩下两个非激励源舱室相对于激励源舱室来说位置相同，所以其振动响应相同。

3.2　声学覆盖层敷设位置对舱室噪声影响分析

分别对激励源舱室和非激励源舱室敷设阻尼材料，分别对激励源所在舱室和非激励源所在舱室进行噪声预报，考虑在 η=1%的阻尼损失系数的情况下，考察5种工况下（即裸板船舶、激励源舱室上下甲板和整个围壁敷设声学覆盖层、激励源舱室下甲板和整个围壁敷设声学覆盖层、非激励源舱室上下甲板和整个围壁敷设声学覆盖层、非激励源舱室下甲板和整个围壁敷设声学覆盖层）激励源舱室的舱室噪声情况如图4所示。

如图4所示，可以发现：激励源所在舱室在计算频域内声压值不发生变化。尽管此舱室是一个混响空间，然而整个舱室声腔子系统作为一个统计能量分析子系统进行数值分析，噪声响应基本上是直达声，其对阻尼层边界条件并不敏感。

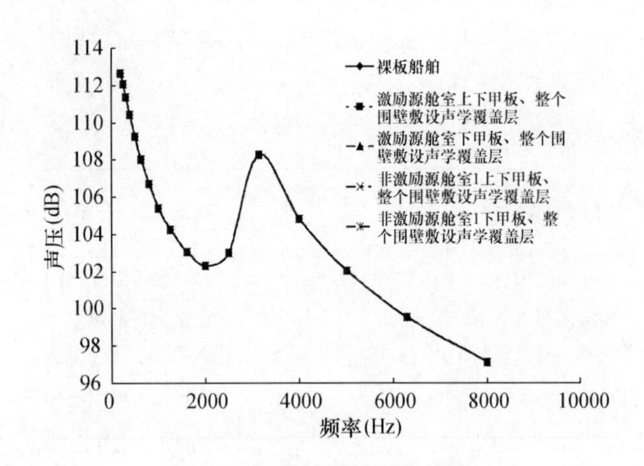

图4　激励源舱室的舱室声压

图5和图6为改变激励源舱室声学覆盖层（即裸板船舶、激励源舱室上下甲板和整个围壁敷设声学覆盖层、激励源舱室下甲板和整个围壁敷设声学覆盖层）的情况下考察的非激励源舱室1和非激励源舱室1的舱室噪声情况。

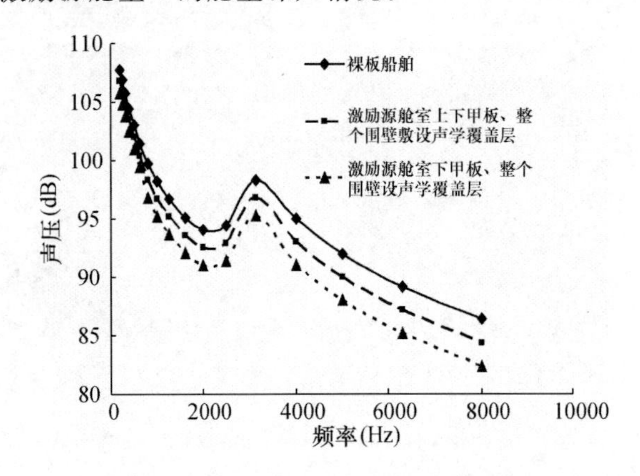

图5　非激励源舱室1的舱室噪声情况

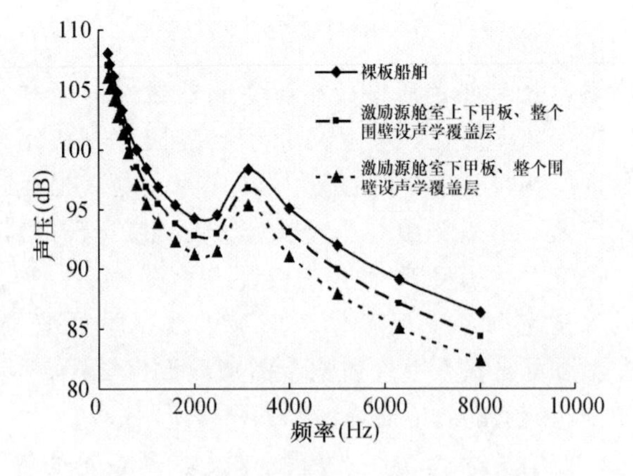

图6　非激励源舱室2的舱室噪声情况

由上图可以看出，在激励源所在舱室区域敷设声学覆盖层，对于非激励源舱室有明显的降低，而且高频区域比低频区域更加明显，因而对船舶敷设声学覆盖层，耗散了结构振动能量，相当于增大了船舶结构的结构阻尼。

同时改变非激励源舱室声学覆盖层敷设情况的非激励源舱室的舱室噪声预报情况如图7和图8所示。

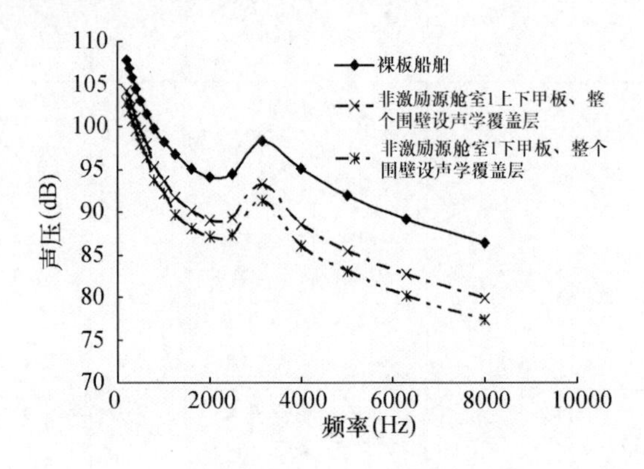

图7　非激励源舱室1的舱室噪声情况

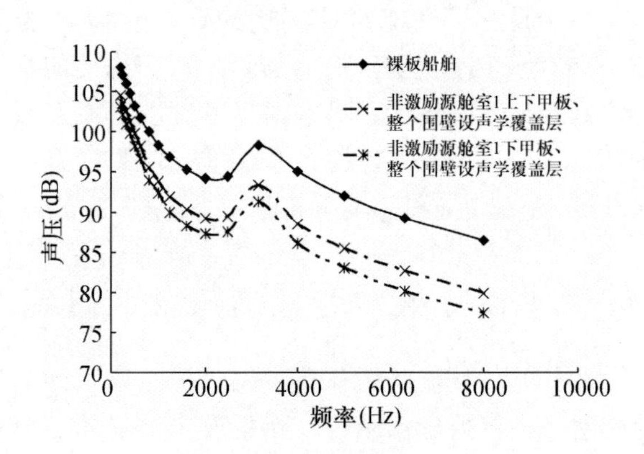

图8　非激励源舱室1的舱室噪声情况

对于非激励源舱室敷设阻尼材料，明显能够达到很好的降噪效果，而且高频区域更加的明显，阻尼材料耗散了结构振动能量。由于在激励源舱室和非激励源舱室敷设声学覆盖层对激励源舱室的声压影响不大，而在非激励源舱室敷设声学覆盖层能够更好的降低非激励源舱室的舱室噪声，能够更好地达到降噪的目的。

3.3　声学覆盖层阻尼损失系数对舱室噪声影响分析

由于阻尼损失系数对每个舱室的噪声影响趋势几乎一样，我们选择非激励源舱室1作为考察舱室，分别取覆盖层阻尼损失系数为$\eta=0.1\%$、$\eta=0.5\%$、$\eta=1\%$等情况下进行分析（工况1为激励源舱室上下甲板和整个围壁敷设声学覆盖层、工况2为激励源舱室下甲板和整个围壁敷设声学覆盖层、工况3为非激励源舱室上下甲板和整个围壁敷设声学覆盖层、工况 4 为非激励源舱室下甲板和整个围壁敷设声学覆盖层）。

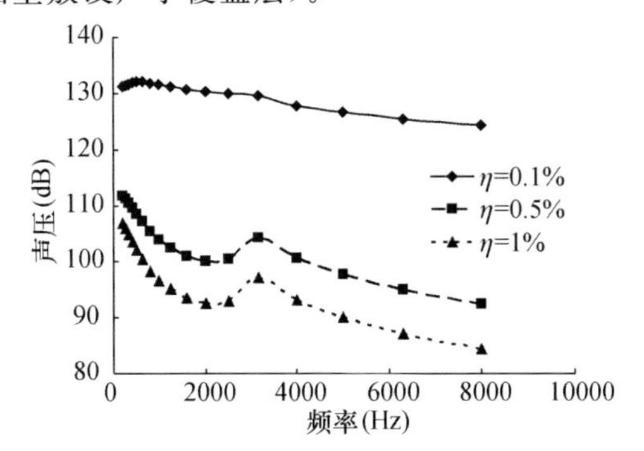

图 9　工况 1

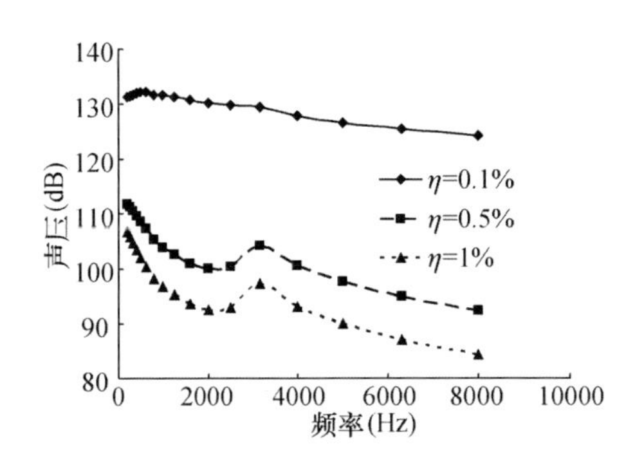

图 10　工况 2

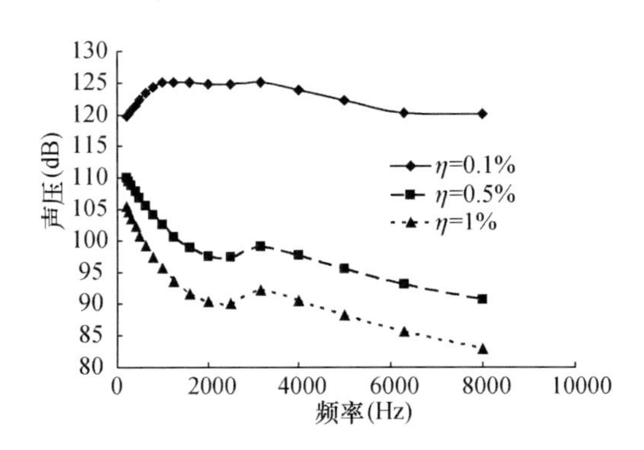

图 11　工况 3

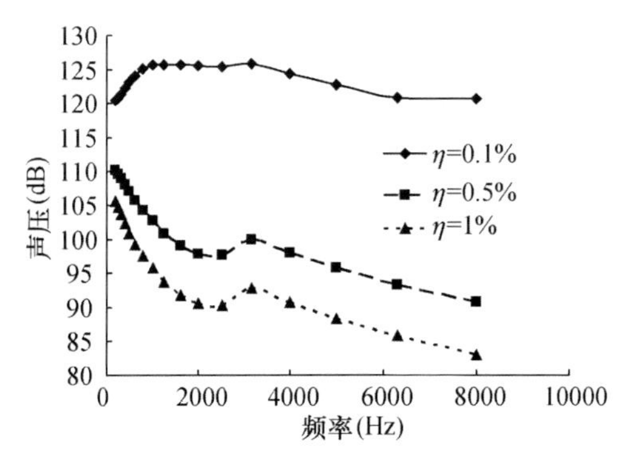

图 12　工况 4

由上图可以看出，随着阻尼损失系数的增大，舱室噪声是逐渐降低的。因为阻尼损失系数增加相当于耗散了结构振动能量，增加了舱室结构的结构阻尼。由上图可以看出，在频率为 3000Hz 左右时，舱室噪声明显增大，因为在共振区域，阻尼影响起主要作用，因此 3000Hz 声压显著增加是由于共振引起的。

4　结论

利用统计能量分析方法，对舱室声学数值模拟模型进行计算分析，得到如下结论：

（1）在激励源所在舱室敷设声学覆盖层，不会明显降低此舱室噪声，其对阻尼边界条件不敏感；对非激励源舱室噪声响应，有降噪作用。

（2）在非激励源舱室敷设声学覆盖层，对非激励源舱室能起到降噪作用；并且非激励源舱室敷设声学覆盖层对非激励源舱室的降噪作用比在激励源所在舱室敷设声学覆盖层效果更好。

（3）尼损损失系数发生改变时，声学覆盖层的抑振降噪效果亦将发生改变：声学覆盖层的抑振降噪效果随阻尼损失系数的增大有所降低；同时，随着阻尼损失系数的增大，可以有效地降低船舶舱室声压响应。

参　考　文　献

［1］ 于大鹏，赵德有，等．船舶上层建筑布置型式对噪声影响分析［J］．造船技术，2004，261（5）：14－18
YU Dapeng，ZHAO Deyou. The influence of ship superstructure arrangement on noise［J］．Marine Technology，2004，261（5）：14－18

［2］ 朱英富，张国良．舰船影身技术［M］．哈尔滨：哈尔滨工程大学出版社，2005

［3］ Nefske D J. Sung S H. Power flow finite element analysis of dynamic systems：theory and applications to beams［J］．ASME Transactions，Journal of Vibration，Acoustics，Stress and Reliability，1989，111：94－106.

［4］ Fahy F J. Statistical energy analysis in noise and vibration［M］．Chichester：John Wiley，1987.

［5］ 姚德源，王其政．统计能量分析原理及其应用［M］．北京：北京理工大学出版社，1995.
YAO Deyuan，WANG Qizheng. Principle and application of statistical energy analysis［M］．Beijing：University of Beijing for Science and Technology Press，1995.

[6] FAHY F J. Statistical energy analysis: a critical overview [M]. Philosophical Transactions of the Royal Society, 1994.
[7] LAIM L, SOON A. Prediction of transientvibration envelopes using statistical energy analysis techniques [J]. Journal of Vibration and Acoustics, 1990, 112: 127-137.
[8] NEFSKE D J, SUNG S H. Power flow FEA of dynamicsystems: basic theory and application to beams [J]. Journal of Vibration, Acoustics, Stress and Reliability in Design, 1989, (3): 94-100.

约束阻尼层对水下圆柱壳声辐射性能的影响

陈 林 李 卓 谢晓忠 徐 伟

哈尔滨工程大学，黑龙江哈尔滨，150001

摘 要： 基于统计能量法（SEA）对力激励下敷设约束阻尼层前后的单层圆柱壳的声辐射性能进行了数值分析，对比分析了敷设约束阻尼层后圆柱壳辐射声压的变化，重点分析了约束阻尼层的参数变化对辐射性能的影响。计算结果表明：敷设约束阻尼层对单层圆柱壳降噪有明显的效果，圆柱壳的辐射声压随着阻尼层杨氏模量的增加先减小后增加，随着阻尼层厚度的增加而减小，但是减小不大。可以得知阻尼层杨氏模量的适当增加对圆柱壳的减振降噪有利，但过分增加反而不利。

关键词： 圆柱壳；声辐射；SEA 法；约束阻尼层。

1 引言

随着声呐探测水平的提高及人们对船舶航道水下噪声环境的不断提高，船舶水下辐射噪声日益成为船舶设计者及广大学者关注的焦点[1]；尤其在军事领域中，结构的振动和噪声对水下航行器的隐身性能有着非常重要的影响。降低水下航行器的辐射噪声不仅可以提高自身的隐蔽性，而且还可以增大自身声呐系统的作用距离，从而大大提高航行器的水下对抗能力。在实际中圆柱壳体是潜艇、鱼雷及其他航行器的舱段的主要形式，因此研究圆柱壳的水下声辐射特性有着重要的意义。

结构噪声数值预报方法，根据预报频段可以大致分成如下两类：①适用于结构高频段噪声预报的统计能量法（SEA 法）；②适用于结构中低频段噪声预报的有限元法，边界元法等。对于中、高频段的圆柱壳水下声辐射问题，国内外学者利用 SEA 法进行研究，并已取得一定的成果。B Laulaget等[2]基于 SEA 法开展了声学覆盖层对加筋圆柱壳模型水下声辐射的影响研究。和卫平，陈美霞等[3]基于 SEA 法对环肋圆柱壳中、高频振动与声辐射性能进行了数值分析，并把计算结果与解析结果进行了对比，证明了利用 SEA 法进行圆柱壳中、高频振动与声辐射研究的可行性。但是对于圆柱壳表面敷设约束阻尼层的水下声辐射问题，目前还没有相关的数值研究。因此本文基于 SEA 法着重探讨约束阻尼层结构对圆柱壳声辐射的影响，并对约束阻尼层结构参数进行了优化，得到一些有价值的结论。

2 统计能量分析法的基本原理

SEA 方法是应用统计的观点，运用能量流关系来分析复杂结构在外载荷作用下的响应。一个复杂系统往往包含各种类型的结构元件及其构成的封闭空间，在激励源的作用下两者产生耦合。利用 SEA 法计算结构振动时，将结构离散成 N 个子系统，在各子系统的激励相互独立及保守耦合的情况下得到稳态响应的能量平衡关系式[4]：

$$\omega\begin{bmatrix}(\eta_1+\sum\limits_{i=1,i\neq j}^{N}\eta_{1i})n_1 & -\eta_{12}n_1 & \cdots & -\eta_{1N}n_1\\ -\eta_{21}n_2 & (\eta_2+\sum\limits_{i=1,i\neq j}^{N}\eta_{2i})n_2 & \cdots & -\eta_{2N}n_2\\ \vdots & \vdots & & \vdots\\ -\eta_{N1}n_N & -\eta_{N2}n_N & \cdots & (\eta_N+\sum\limits_{i=1,i\neq j}^{N}\eta_{Ni})n_N\end{bmatrix}\begin{bmatrix}\frac{\overline{E}_1}{n_1}\\ \frac{\overline{E}_2}{n_2}\\ \vdots\\ \frac{\overline{E}_N}{n_N}\end{bmatrix}=\begin{bmatrix}\overline{P}_{in_1}\\ \overline{P}_{in_2}\\ \vdots\\ \overline{P}_{in_N}\end{bmatrix} \tag{1}$$

式中：ω 为频带中心频率，rad/s；η_i 为第 i 个子系统的内损耗因子；η_{ij} 为第 i 个子系统对第 j 个子系统的耦合损耗因子；$\overline{P}_{in_i}$ 为输入到子系统 i 的时间平均功率；n_i 为子系统 i 的模态密度。

每一个结构子系统或声学子系统都具有一个与时间平均和空间平均振速或声压成比率的稳态能量水平。

对于质量为 m_s 的结构子系统：

$$\langle E_s \rangle_{\Delta\omega} = m_s \langle \overline{v}_s \rangle_{sp} \tag{2}$$

对于体积为 V 的声场：

$$\langle E_a \rangle_{\Delta\omega} = \frac{V}{\rho v} \langle \overline{p} \rangle_{sp} \tag{3}$$

由此就建立了能量与响应之间的关系，由能量可得到响应量，同样由响应量亦可计算出能量。

3 统计能量分析模型

3.1 单层圆柱壳几何模型

本文所采用的单层圆柱壳几何模型及材料参数如下：圆柱壳长度 $L=2.0$m，直径 $D=1.2$m，壳体厚度 0.01m，两端端板厚 0.015m。圆柱壳材料为钢材，钢的杨氏模量 $E=2.1\times10^{11}$ Pa，泊松比 $\mu=0.3$，密度 $\rho=7840\text{kg/m}^3$，阻尼层材料的杨氏模量 $E=8\times10^6$ Pa，泊松比 $\mu=0.49$，密度 $\rho=1200\text{kg/m}^3$，阻尼层的损耗因子 $\eta=0.5$，阻尼层厚度为 0.03m，约束层的材料也是钢，厚度为 0.005m。壳体外部海水密度 $\rho=1026\text{kg/m}^3$，内部空气密度 $\rho=1.21\text{kg/m}^3$，空气中声传播速度 $c=343$m/s，海水中声传播速度 $c=343$m/s。这样，由基板（圆柱壳表面）、阻尼层和约束层就构成了约束阻尼结构，如图 1 所示。约束阻尼结构的损耗因子不是每层损耗因子简单的叠加，而应按 Reissner 提出的夹层板理论[5]，经过推导得到。由于篇幅原因，本文不详细给出相关的计算公式，只给出计算结果。

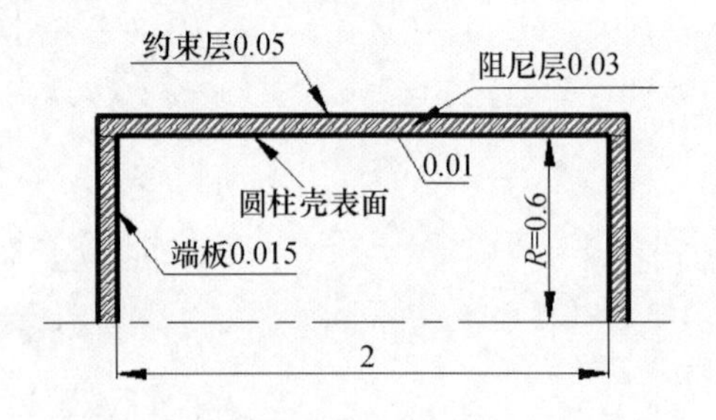

图 1 单层圆柱壳剖面结构尺寸（单位：m）

3.2 单层圆柱壳 SEA 模型

在 ANSYS 中建单层圆柱壳模型，将其导入 VA One 中建立图 2（a）所示的 SEA 模型。圆柱壳为 1 个子系统，两端端板各 1 个子系统，圆柱壳内部声场为 1 个声腔子系统，该 SEA 模型中共 4 个子系统。同时在距离圆柱壳轴向中点 100m 远处定义一个半无限场单元（外界能量接收器）。另外在圆柱壳表面中点出施加 1N 的单位力。

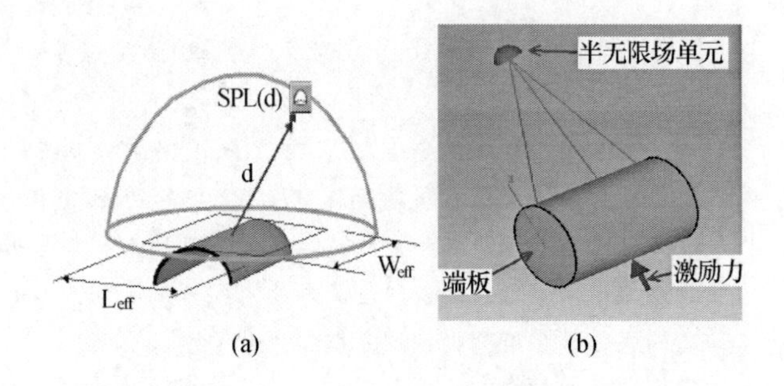

图 2 单层圆柱壳 SEA 模型

（a）子系统辐射声场出示意图；（b）圆柱壳辐射噪声声场模型

4 圆柱壳振动与声辐射数值分析

4.1 敷设约束阻尼层前后圆柱壳声辐射性能对比

首先计算单层圆柱壳的水下辐射声压，然后对圆柱壳表面敷设 30mm 厚的阻尼层，阻尼层表面再加一层 5mm 厚的约束层，阻尼层与约束层的材料参数见 2.1。经过推导，由 Matlab 编程计算可得到此尺寸下的约束阻尼结构的结构损耗因子为 0.0283。由于 VA One 软件是基于统计能量法，根据统计能量分析适用范围可知，当分析模型中每个子系统模态密度 $N\geqslant5$ 时，分析模型的计算结果较为准确。图 3 为圆柱壳分析模型的模态密度随频率变化的曲线，从图中可见，当每个子系统模态密度都大于 5 时，此时对应的最小频率为 800Hz，因此本文采用 1/3 倍频程，计算频段为 800～50000Hz。敷设约束阻尼层前后的圆柱壳水下辐射声压级曲线如图 4 所示。

从图 4 可以看出，敷设约束阻尼层对单层圆柱壳降噪有明显的效果。敷设约束阻尼层后，在某些频点处，辐射声压级最大可以降至 37dB 左右；整个频段上也基本能达到降低 30dB 左右。

4.2 约束阻尼层参数对圆柱壳声辐射性能对比

经过计算发现，圆柱壳结构的振动特性与约

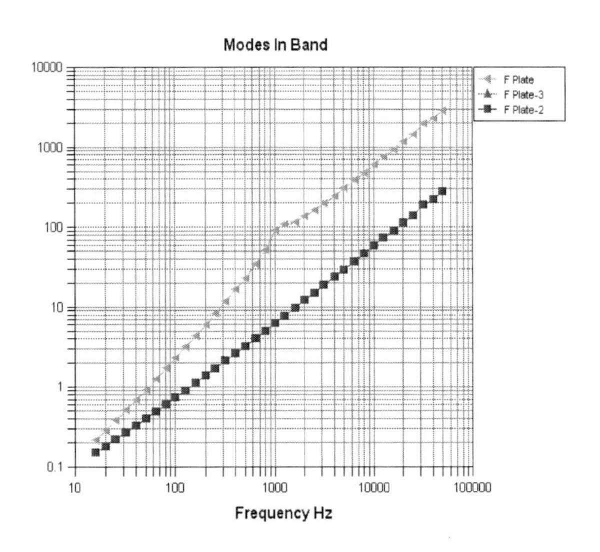

图 3　圆柱壳 SEA 模型子系统模态密度

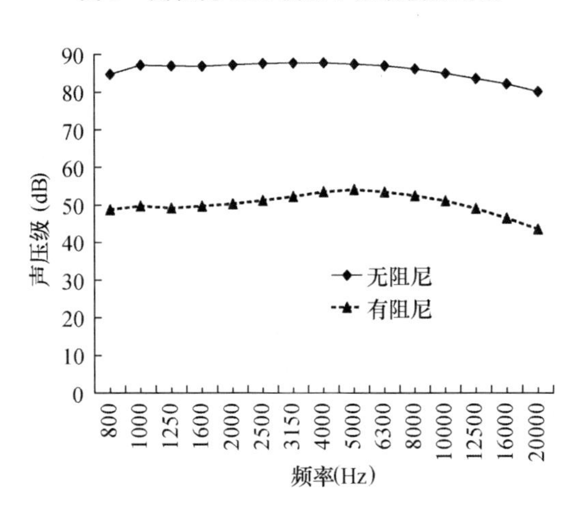

图 4　有无约束阻尼层圆柱壳辐射声压

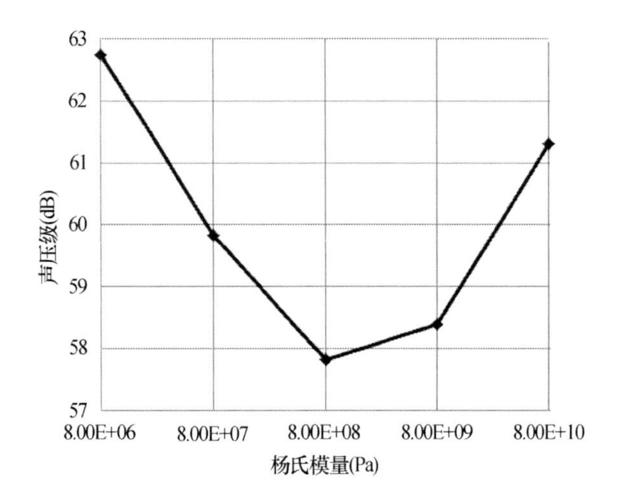

图 5　阻尼层杨氏模量对圆柱壳声辐射性能的影响

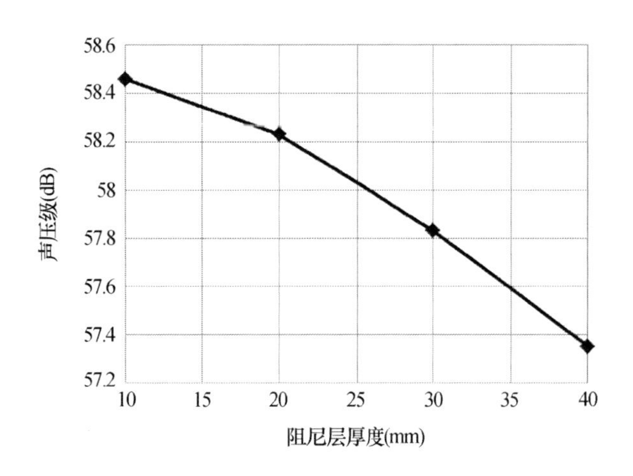

图 6　阻尼层厚度对圆柱壳声辐射性能的影响

束阻尼结构的结构损耗因子有较大关系，而约束阻尼结构的结构损耗因子又与阻尼层的杨氏模量，厚度有较大关系。因此，下面改变阻尼层的杨氏模量、厚度，研究约束阻尼层参数对圆柱壳声辐射性能的影响。

4.2.1　阻尼层杨氏模量对圆柱壳声辐射性能的影响

下面改变阻尼层的杨氏模量，阻尼层的厚度仍按初始给定值 $t=30\text{mm}$，其他参数保持不变，研究杨氏模量对圆柱壳声辐射性能的影响。

由图 5 可以看出，杨氏模量的增加对圆柱壳声辐射性能影响很大。圆柱壳的辐射声压随着阻尼层杨氏模量的增加先减小后增加。由此可以知道阻尼层杨氏模量的适当增加对圆柱壳的减振降噪有利，但过分增加反而不利。

4.2.2　阻尼层厚度对圆柱壳声辐射性能的影响

下面改变阻尼层的厚度，阻尼层的杨氏模量 $E=8\times10^{8}\text{Pa}$ 一定，其他参数保持不变，研究阻尼层厚度对圆柱壳声辐射性能的影响。

由图 6 可以看出，圆柱壳的辐射声压随着阻尼层厚度的增加而减小，但是减小不大。因此可以得知，阻尼层厚度增加对圆柱壳的减振降噪影响不是很大。阻尼层厚度的选取要从制造工艺等其他方面去考虑。

5　结论

本文基于统计能量法的 VA One 对单层圆柱壳敷设约束阻尼层前后的振动与声辐射性能进行了数值分析，同时改变约束阻尼层的参数来研究其对圆柱壳声辐射性能的影响，得出以下结论：

(1) 敷设约束阻尼层对单层圆柱壳降噪有明显的效果。敷设约束阻尼层后，在某些频点处，辐射声压级最大可以降至 37dB 左右。

（2）圆柱壳的辐射声压随着阻尼层杨氏模量的增加先减小后增加。由此可以知道阻尼层杨氏模量的适当增加对圆柱壳的减振降噪有利，但过分增加反而不利。

（3）圆柱壳的辐射声压随着阻尼层厚度的增加而减小，但是减小不大。

参 考 文 献

［1］ 何祚镛．水下噪声及其控制技术进展与展望［J］．声学技术，2002，21（1）：26－34.

［2］ B Laulaget，J L Guyader. Sound radiation from finite cylindrical shells ，partially covered with longitudinal of compliant layer［J］．Journal of Sound and Vibration，1995，186（5）：723～742.

［3］ 和卫平，陈美霞，高菊．基于统计能量法德环肋圆柱壳中高、频振动与声辐射性能数值分析［J］．中国舰船研究，2008，3（6）：7－12.

［4］ 姚德源，王其政．统计能量分析原理及其应用［M］．北京：北京工业大学出版社，1995.

［5］ 中国科学院北京力学研究所固体力学研究室板壳组．夹层板壳的弯曲稳定振动［M］．北京：科学出版社，1977，1－5，98.

VA One 在 175m 抛石船机控室噪声控制中的应用

徐芹亮　王　波　孙玉海　李　峰　陈丕智

烟台中集来福士海洋工程有限公司研发设计中心，山东烟台，264000

摘　要：通过 Va One 软件对烟台中集来福士建造的 175m 抛石船船体艉部及上层建筑进行噪声预测分析，得知机控室噪声超出标准 3dB。经过分析结构噪声来源和空气噪声的传播路径，讨论了噪声的控制方法，通过施加约束阻尼的形式进行噪声控制，使得机控室噪声声压级实测满足规范要求。为船舶噪声控制提供了一定的参考。

关键词：噪声源；结构噪声；空气噪声；统计能量分析；约束阻尼。

通常情况下，船舶及海洋工程的噪声与振动控制分为以下三个阶段，即设计阶段、施工建造阶段和实船海试阶段。在设计阶段，可以用经验公式法、母型船或相似船型的噪声与振动测试结果进行整体的噪声分布预测，同时利用仿真分析方法，采取相应的噪声与振动控制方法，制定和修改船体设计方案。施工阶段的噪声控制方法较为有限，很难进行结构的修改，转而进行舾装类的噪声控制。实船海试阶段既是对理论的实践验证又同时为基础设计提供重要依据。在生产实践过程中，应该拟订噪声与振动试验程序，并根据试验结果来修正控制措施。本文也对施工阶段的噪声控制问题作了简要论述，以期为读者提供参考。

1　船舶主要噪声源及噪声分析方法

船舶的主要噪声源有主柴油机、辅助发电机、主推进器和波浪等。

船舶噪声按声源性质不同，基本上可分为空气动力噪声、机械噪声和电磁噪声三类。按发生场所分为动力装置噪声、结构激振噪声、辅助机械噪声、螺旋桨噪声和船体振动噪声等[1]。

对于船舶噪声控制，传统的工作流程主要有依据数学公式计算、物理模型校验和实船海试采集等主要环节，计算量巨大，近年来，随着计算机硬件和软件的发展，为船舶振动与噪声控制提供了新的平台，目前采用数值仿真的方法模拟船舶噪声振动问题主要基于有限元（FEM）、边界元（BEM）和统计能量分析（SEA）三种方法。

VA One 是法国 ESI 集团于 2005 年推出的全频段振动噪声分析的模拟环境，把有限元分析（FEA）、边界元分析（BEM）、统计能量分析（SEA）及其混合分析（hybrid）集中于统一的模拟环境。

2　舱室噪声预报及控制实例

2.1　实例介绍

图 1 所示为 175m 抛石船艉部及上建生活区中纵剖面模型。艉部的噪声源主要有 2 台主柴油机、4 台辅助发电机及 2 台推进器、2 个动态定位螺旋桨（DP）的激励。

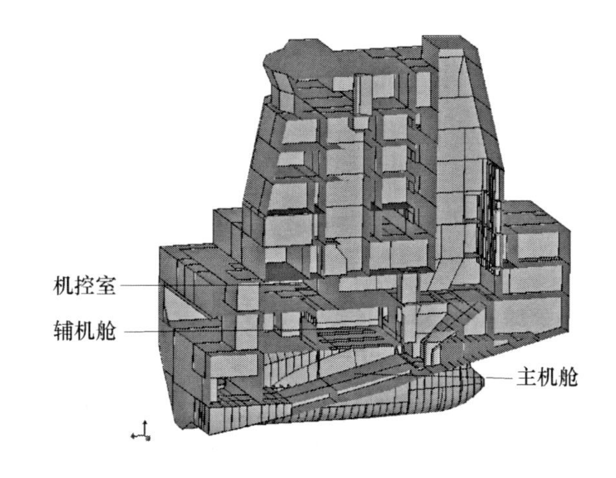

图 1　艉部及上建中纵剖面图

根据详细设计及相关分析，机控室内需要铺设浮动地板以控制室内噪声满足 IMO 规范的要求[机控室噪声声压级必须低于 75dB（A）]。现场生产因层高不足以铺设浮动地板，需要采取其他的噪声控制措施以控制机控室的噪声声压级。

2.2 SEA模型处理

本文实例在使用VA One进行噪声分析研究时，主要考虑以下内容：模态密度、损耗因子、输入功率。

在统计能量分析中，一群相似模态就可视为一个子系统，并且根据统计能量法要求：子系统的模态密度必须足够高，分析带宽内的模态数目要超过5个[2]。因此，在上述噪声预测分析模型中，简化了许多较小的次要结构，以使子系统尽可能地得做大，从而保证在低频段也能得到足够高的模态密度。

损耗因子是衡量系统的阻尼特性并决定其振动能量耗散能力的重要参数，也称为阻尼损耗因子，包括内损耗因子和耦合损耗因子[3]。

内损耗因子是指子系统在单位频率内单位时间损耗能量与平均储存能量之比，是衡量船体结构固有特性的重要参数之一。船体结构复杂，所用钢板厚度型号多样，严格意义上说需要根据不同类型的结构定义不同的损耗因子。但实际分析中，在保证满足工程要求的前提下，为节约工时而以相同的损耗因子定义各类结构的属性。另外，根据分析验证，不同的船型及结构，需要依据经验在一定的范围内调整结构损耗因子，以得到较为合理的噪声分析结果。通常情况下损耗因子取值范围在0.004～0.01。

在船舶噪声分析时，耦合损耗因子是用来表示一个系统连接另一个系统时的功率流或阻尼效应的量，是表征耦合系统间能量交换的重要参数。VA One系统可以对系统之间连接处的耦合损耗因子进行自动计算[4]，本文实例的分析计算中没有进行特殊设定。

2.3 载荷

VA One噪声分析系统提供了多种载荷施加方法，如：定义集中力法、定义功率法、定义约束法（能量）、定义声压法等。其中，集中力及声压法与载荷施加的子系统大小有关，为消除因子系统大小不同而造成的计算结果差异，在本例中采用定义功率及定义约束法进行载荷施加，其中，空气噪声采用声功率输入定义，结构噪声采用约束定义。

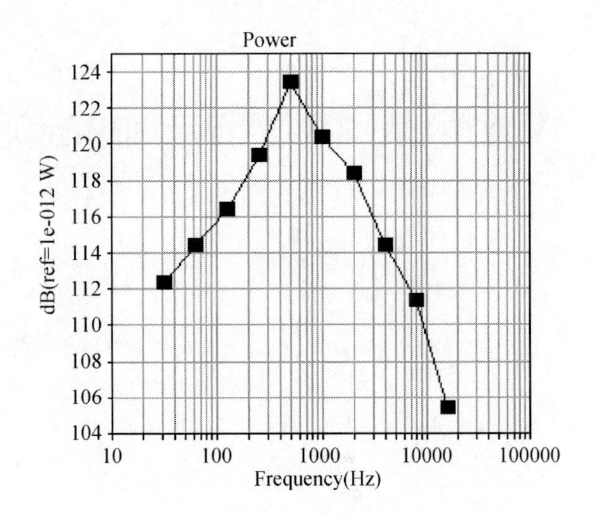

图2 主机声功率值

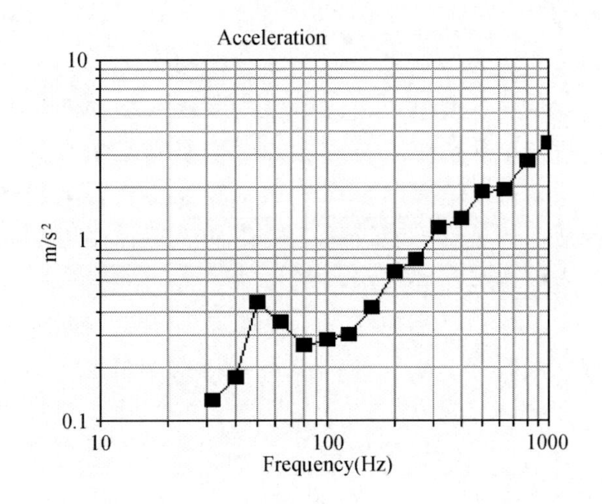

图3 主机振动值

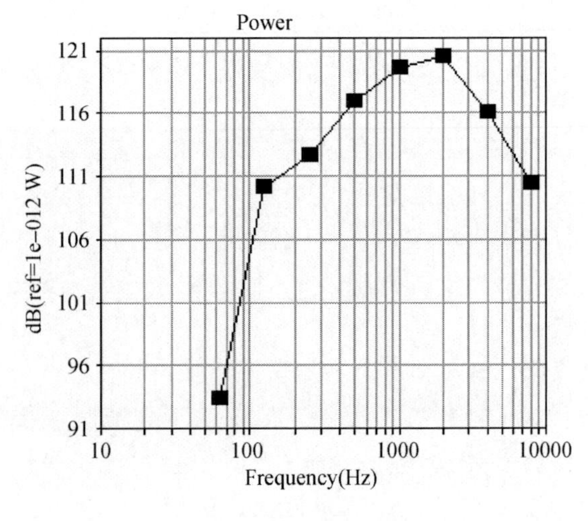

图4 辅机声功率值

从上列图示声源的频谱特性来看，激励的最大值分布在中频（200～1000Hz）范围内。对于结构复杂的大型船舶，这种激励频率适合应用VA

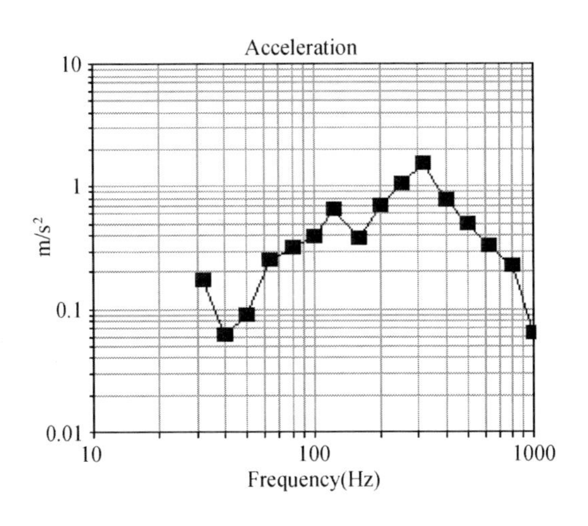

图 5　辅机振动值

One 系统进行分析计算[3]。

2.4　舱室噪声预测结果

通过 VA One 软件进行噪声预测计算，预测工况下所考虑的噪声源为：2 台主机的空气噪声及结构噪声、4 台辅机的空气噪声及结构噪声、2 台推进器的结构噪声及 2 个动态定位螺旋桨的结构噪声。

根据现场情况，在不考虑机控室内安装浮动地板情况下，计算预测结果如表 1 所示，预测值显示机控室的噪声值超出规范要求 3dB，必须采取噪声控制措施。

表 1　　舱室噪声预测结果

房间号	主机舱	辅机舱	机控室
预测值［dB (A)］	110	110	78
规范要求［dB (A)］	110	110	75

2.5　舱室噪声控制及控制结果

传输路径分析，首先进行噪声源识别，即分析造成机控室噪声超标的主要噪声源。发现辅机舱与机控室相连的部分甲板结构是造成机控室噪声超标的主要原因，是辅助发电机产生的振动、噪声传递到辅机舱的艉部舱壁结构及天花板结构，引起这些结构的振动，又传递到机控室内部产生二次噪声。

根据以上分析，这部分结构属于机控室噪声的主要传递路径，是有效进行噪声控制的关键。分析过程采用了在舱壁结构上铺设约束阻尼[5]的方法进行分析研究。

阻尼材料由美国 3M 公司提供，约束阻尼的形式如图 6 所示。阻尼层 3mm，约束层 3mm，500Hz 时的损耗因子约为 6.78%。阻尼的铺设如图 7 深色部分所示。

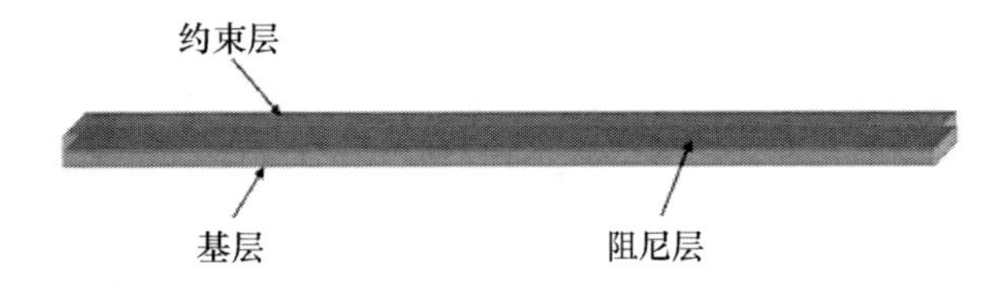

图 6　约束阻尼形式

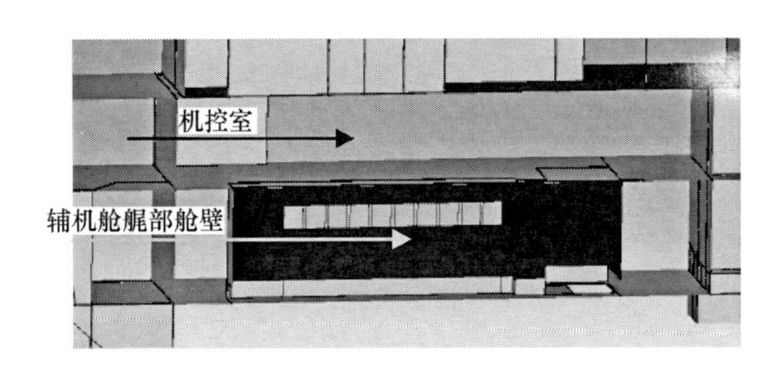

图 7　辅机舱艉部舱壁约束阻尼布置

根据预测分析和实测比较的结果，表 2 所列结果表明控制措施有效降低了机控室内的噪声值，满足规范要求。

表 2　　舱室噪声控制预测结果与实测值比较

房间号	主机舱	辅机舱	机控室
预测值［dB(A)］	110	110	74
实测值［dB(A)］	109	110	73
误差［dB(A)］	1	0	1

针对产生误差的原因，经过分析可能有如下几个方面：

（1）测量操作的本身有一定的偏差，如测量位置选择不同会导致结果的差异。

（2）模型的简化，计算过程中材料参数（如损耗因子）的选择，亦是造成误差的原因。

（3）因激励设备较大，载荷的模拟及施加也会产生一定的误差。

（4）本文实例中目标区域的舾装部件较少，计算中未作考虑，也是造成产生误差的原因。

3　结语

（1）船舶及海洋工程结构复杂，声源众多，使得传递路径交错复杂，给噪声分析、控制带来很大的困难。

(2) 按照噪声传递的三种途径，可以根据实际情况合理有效地选择噪声控制方法，以达到优化控制的目的；

(3) 经过设计、分析和实验等主要环节，可以发现虽然预测值与实测值仍存在一定误差，但基本相符。

参 考 文 献

[1] 马大猷．噪声与振动控制工程手册 [M]. 北京：机械工业出版社，2002.

[2] 姚德源，王其政．统计能量分析原理及其应用 [M]. 北京：北京理工大学出版社，1995.

[3] 程广利，朱石坚，伍先俊．统计能量分析法及其损耗因子确定方法综述 [J]. 船舶工程，2004，26 (4).

[4] Denis Blanchet，Sandor Matla. Building SEA Predictive Models to Support Vibro - Acoustic Ship Design. ESI Global Forum，May 19 - 20，2010，Munich，Germany.

[5] 裴高林，米志安，等，约束阻尼材料性能测试方法的探讨 [J]. 噪声与振动控制，2008 (3).

海洋平台的噪声预测与降噪技术

纪晓懿　韩华伟　霍　斌　王　娜

烟台中集来福士海洋工程有限公司研发设计中心研发部，山东烟台，264000

摘　要：随着对海洋平台舒适性的要求不断提高，平台的噪声水平也不断得到关注，统计能量方法能通过前期建模、舾装模拟等方式有效预测海洋平台的噪声水平。海洋平台的降噪技术，通常情况下主要有使用浮动地板、使用高隔声的舾装材料、加阻尼材料等措施来实现海洋平台的噪声水平优化。本研究对降低海洋平台的建造成本，提高海洋平台的建造质量具有十分重要的意义。

关键字：统计能量；噪声；预测；降噪。

1　引言

对于海洋平台的初始设计阶段，传统上重点考虑的是其安全性能，需要做平台的整体强度分析、疲劳分析、稳性分析等相关分析工作，但随着近些年对工人工作环境的舒适性要求的提高，对海洋平台初始设计阶段的噪声预测分析及控制技术也提出了要求，以此来最大限度地降低建造完成后因噪声超标而带来的经济损失。为满足海洋平台工人工作生活的舒适性要求，各国船级社或IMO、ISO等国际组织也对平台的噪声水平提出了较高的要求。众所周知，噪声会对人的健康、生活、休息、工作甚至心理都带来一定的影响，而对于海洋平台来说，噪声还会导致某些结构声振疲劳破坏，影响舱内各种仪器设备等的正常运转，噪声过大会导致平台上的工作人员工作失误，危及平台安全。由于海洋平台是一个复杂的系统，其舱室噪声问题更为复杂，许多条件和情况难以确定和量化，因此海洋平台的噪声预测与控制一直是工程上的难题，所以，能够准确预测复杂系统下平台的舱室噪声并对噪声超标的房间进行有效的控制具有十分重要的理论与现实意义。

2　海洋平台的噪声预测

目前对于各个行业的噪声预测方法主要有经验公式法、有限元法、边界元法及统计能量法等，每种方法都有其优势和局限性，对于整个平台的中高频噪声预测分析，统计能量方法有其独特的优势，也广泛应用于海洋平台和船舶的噪声分析之中，也是此文章介绍的重点。

2.1　模型的建立

使用统计能量方法进行噪声预测，首先要建立子系统模型，需要对平台的结构进行一定的简化和添加，所谓的简化主要是简化结构中小的加强结构，球扁钢、T型材等加强结构可以根据情况建为梁结构或使用加筋板结构。所谓的添加，主要是根据总体布置图或舱室布置图，在钢结构的基础之上，把被舾装板材料隔开的房间都一一建出来，以便在分析完毕的时候提取每个房间的噪声值。如图1及图2为建立的板子系统模型及空腔子系统模型。

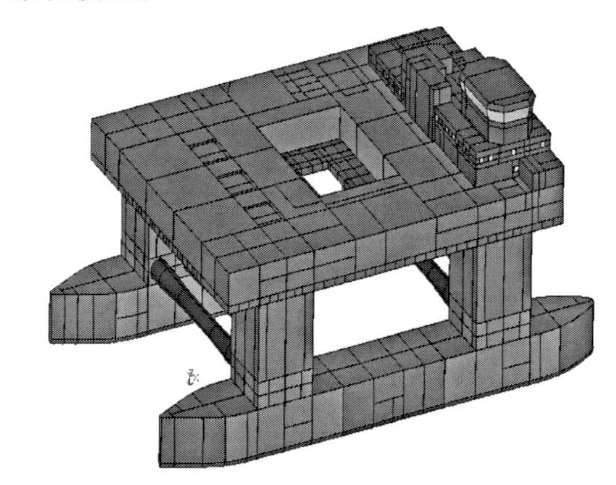

图1　板子系统模型

2.3　噪声源的确立

对于钻井平台来说，需要考虑的噪声源主要

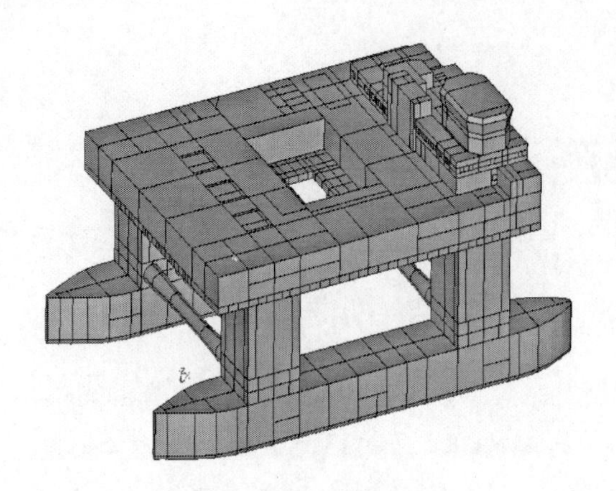

图2　空腔子系统模型

有主机、主机排烟、风机、推进器、泥浆泵、空压机、空调系统、变压器以及一些相对较小的供水泵、油泵等。这些噪声源的结构声与空气声以功率的形式输入到统计能量模型中去。如图3及图4分别为在模型中的声源加载及某主机的声功率谱。

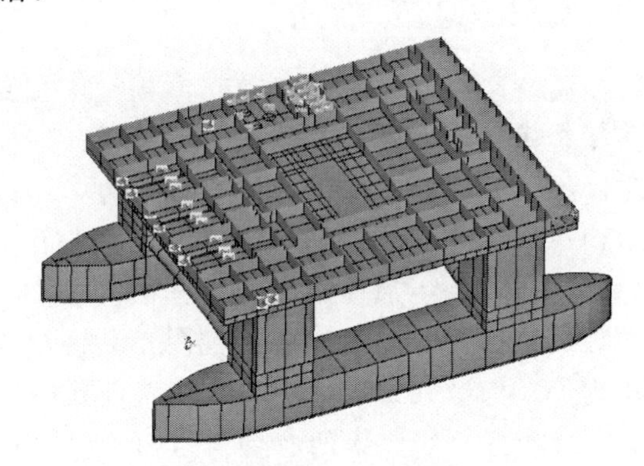

图3　模型中的声源加载

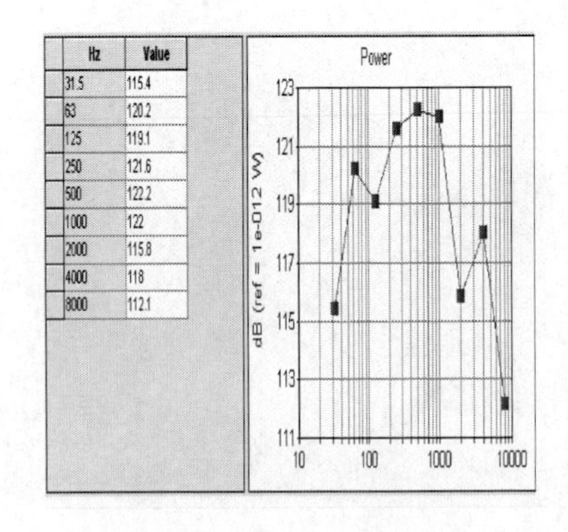

Hz	Value
31.5	115.4
63	120.2
125	119.1
250	121.6
500	122.2
1000	122
2000	115.8
4000	118
8000	112.1

图4　某主机声功率谱

2.4　海洋平台舾装结构的模拟

海洋平台的舾装系统（壁板、隔板、地板、天花板）对于舱室噪声的前期预测起着重要的作用。通常情况下，材料的生产厂家会给我们提供两方面的信息，一个是材料的属性，另一个就是材料的隔声值图谱（经隔声试验获得），如图5及图6所示。

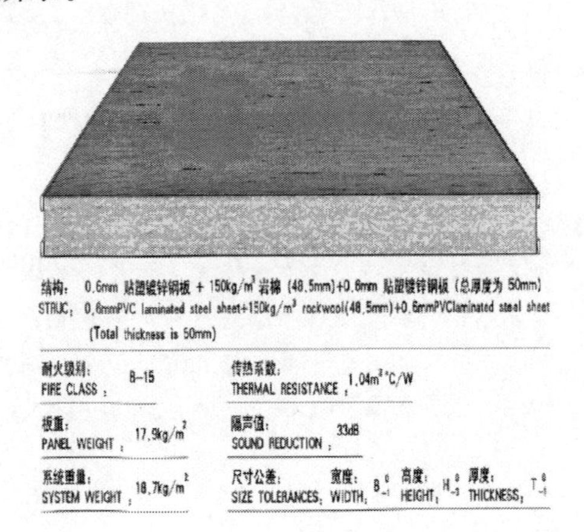

图5　某舾装壁板的材料构成及属性

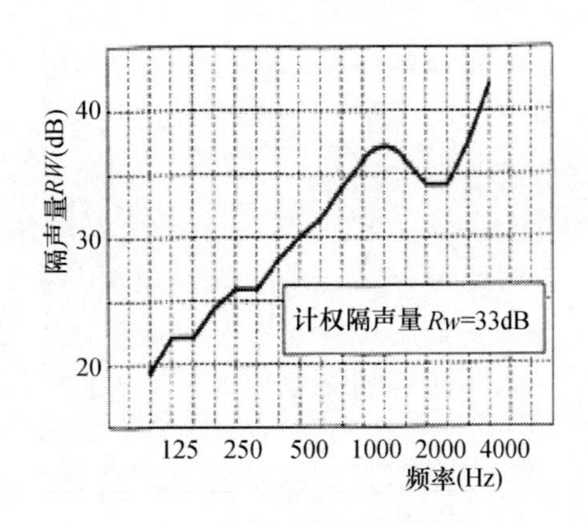

图6　某舾装壁板材料的隔声值图谱

VA One中模拟隔声材料也可直接输入构成该结构的各种材料的材料属性。图7及图8分别统计能量使用材料属性的模拟方式及统计能量使用隔声值图谱的模拟方式。

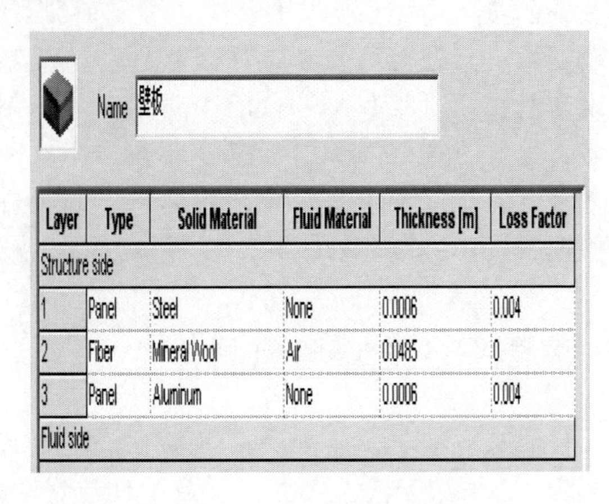

Layer	Type	Solid Material	Fluid Material	Thickness [m]	Loss Factor
Structure side					
1	Panel	Steel	None	0.0006	0.004
2	Fiber	Mineral Wool	Air	0.0485	0
3	Panel	Aluminum	None	0.0006	0.004
Fluid side					

图7　统计能量中材料属性的模拟方式

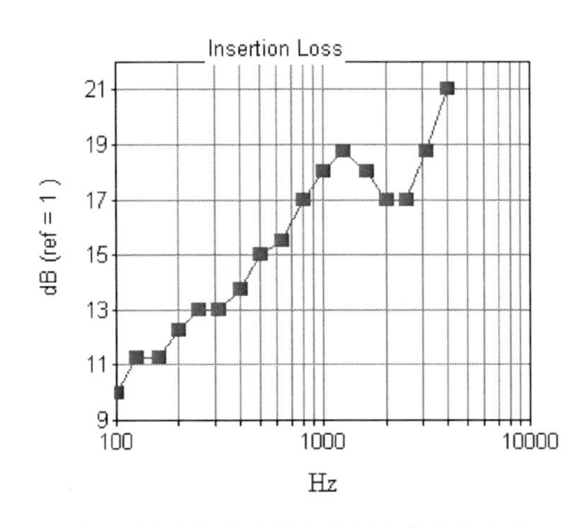

图 8　统计能量中隔声值图谱的模拟方式

2.5　结果的提取及与实测结果的对比

图 9 为某海洋平台的噪声分布云图。为了解预测结果与实测结果的误差，将预测的 245 个房间的预测结果与试航实测结果进行对比，表 1 为部分房间的对比结果。通常情况下，认为预测结果与实测结果的误差在±3dB（A）内，则预测结果是可接受的，在选取的 245 个房间中，89%的房间噪声预测结果都是在可接受的范围之内，由此可见使用统计能量方法对海洋平台的噪声进行预测，能够保证一定的精度。

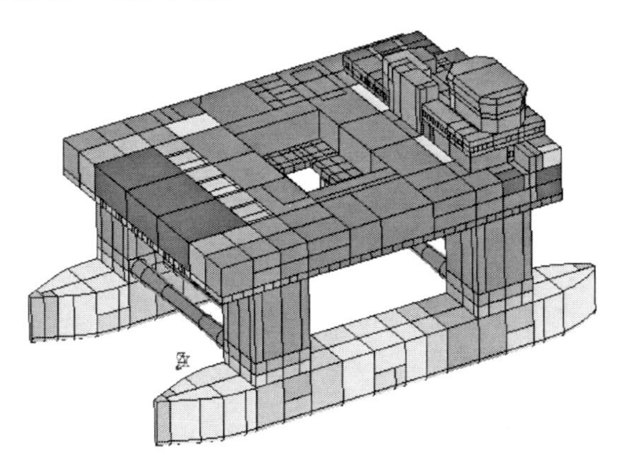

图 9　噪声分布云图

3　海洋平台的降噪技术

目前，对于海洋平台的降噪技术主要针对的是结构振动噪声和空气噪声。

对整个平台的结构振动噪声有一定影响的主要设备是主机和推进器，一些相对小型的设备则是对平台的局部结构振动噪声有一定的影响。与一些船舶的主机及推进器有所不同，海洋平台使用的主机多为高转速且与基座弹性连接，这种形式，在某种程度上已经降低了因主机引起的结构振动噪声。海洋平台使用的推进器也带有整流罩且安装的时候与水平面存在一定的倾角，这些结构形式也在某种程度上降低了推进器引起的表面力。

表 1　预测的噪声值与实测噪声值对比

Room	预测的噪声值[dB(A)]	实测噪声值[dB(A)]	误差[dB(A)]	规范要求的噪声值[dB(A)]
L1117/L1118 Cabin	40	41	1	45
L1120/L1121 Cabin	40	42	2	45
L1122 Cabin	41	43	2	45
L1124 Cabin	43	43	0	45
L1125 Cabin	43	42	−1	45
L1126 Cabin	44	43	−1	45
L1127 Cabin	44	44	0	45
L1128 Cabin	44	44	0	45
L1129 Cabin	43	45	2	45
L1115/L1116 Cabin	41	41	0	45
L1111 Cabin	42	42	0	45

然而，在主机和推进器的降振不断得到改善的同时，人们对海洋平台的舒适性要求也越来越高，Norsok 标准更是对船员舱室的噪声要求提到了 45dB（A），如此严格的标准，导致了海洋平台的部分舱室噪声仍然会超标。针对此种情况，通常对这些舱室可采取以下降噪措施主要有：加浮动地板或改变浮动地板型号；使用高隔声的壁板或墙，采取此种方法，可以有效地降低因舱壁振动过大而辐射的噪声；在主机舱、推进器舱的结构声主要传递路径上加阻尼材料，阻尼材料主要分为刚性阻尼、柔性阻尼及约束阻尼，这三种阻尼形式各自有其优势，刚性阻尼用于全频段范围的振动区较好，低频振动用约束型阻尼较为理想，高频区柔性阻尼有一定的优势。

由空气声引起的舱室噪声超标主要是空调系统噪声，对于空调系统噪声超标，最常用的方法就是在风机的进出口安装消声器，消声器的安装一般有这几种情况[5]：①当向需要控制强噪声的区域送风时，可仅在风机出口管道上安装消声器；②当对送风区域无噪声要求、抽风区域有要求时，可仅在风机出口管道上安装消声器；③当对送风区域无噪声要求、抽风区域有要求时，可仅在风机进口管道上安装消声器；④当进、出口区域均有噪声要求时，则应在进、出气口管道上都要装消声器。

4 结论

本文系统地介绍了使用统计能量进行噪声预测分析的基本方法，并将预测结果与实测结果进行对比，对比结果表明，在保证正确的载荷输入及舾装模拟的情况下，预测结果虽然存在一定的误差，但误差在可接受的范围之内，且对生产起到指导作用。在保证一定预测精度的基础之上，采取有效的降噪技术，对降低海洋平台的建造成本，改善工人的生活环境，提高生产效率等都具有十分重要的意义。

参考文献

[1] 姚德源，王其政．统计能量分析原理及其应用[M]. 北京：北京理工大学出版社，1995.

[2] 马大猷．噪声与振动控制工程手册 [M]. 北京：机械工业出版社，2002.

[3] 扈西枝，韩峰，何立燕，英基勇．基于 VA ONE 进行结构声学优化设计的技术研究．2010 年 ESI 中国论坛论文集，2010.

[4] 蒋淦清. 船舶噪声控制．北京：人民交通出版社，1985.

[5] 潘仲麟，翟国庆．噪声控制技术．北京：化学工业出版，2006.

商用飞机噪声仿真流程研究

马　楠

北京航空航天大学，北京，100191

摘　要：为了保证飞机行驶途中的舒适性，舱内声学设计是当今飞机设计必不可少的环节。现如今，计算机仿真的设计借助其快速、可靠的特性，已被广泛应用于各行各业。VA One 是一款专门进行振动噪声仿真计算的商业软件。利用 VA One 可以快速得到各种设计状态下，飞机舱内的噪声分布，方便地进行各种振动噪声控制方案的评估。本文主要是进行飞机舱内噪声分析流程的研究。

关键词：声学设计；飞机舱内噪声；仿真流程。

1　引言

在当今社会，噪声是影响产品评价的一个重要指标。在产品设计初期进行噪声的预测是很多主机厂都在进行的工作。通过前期的仿真，可以设定内部噪声的设计目标，并且可以在实际飞机建好之前选择最经济的隔振及降噪方案，节约空间，确保声品质。

飞机的内部噪声的贡献来自多方面，包括飞机各个噪声源、振动源，以及通过各种传递路径传播的噪声。因此，在建模之前简化模型是一项浩大工程。对于舱内噪声计算，应建立系统级的仿真模型，用模型检查其噪声的传播路线。图 1 是舱内噪声的一些主要贡献来源及传递路径分析。内部噪声的主要贡献来自于湍流层激励下的气动压力、发动机振动、环控系统（ECS）噪声和其他的产生噪声或者振动的力学系统。当气动的湍流层噪声是从机身结构或门缝、窗等传递到机舱内时，ECS 的噪声是舱内噪声的主要贡献来源，因为这部分噪声会直接传递到机舱内部。

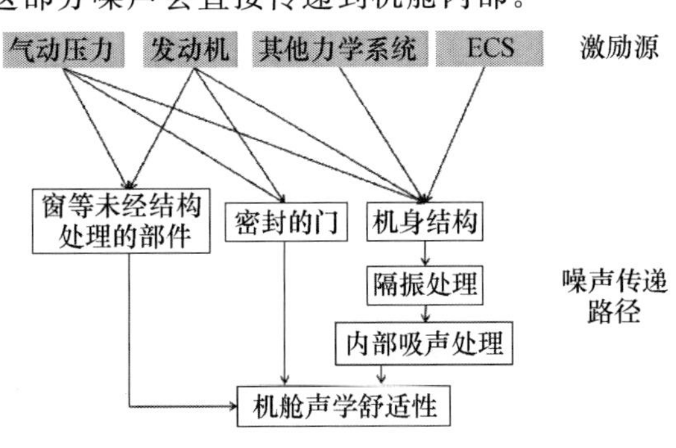

图 1

系统级的建模方法可以在声学设计前，在气动外形设计阶段减低机身分离流，在发动机安装设计阶段减少发动机振动产生的噪声。

2　建立系统模型

统计能量方法（SEA）是创建系统级声学系统模型的首选。采用 ESI Group 的 VA One 将系统的主要声源、主要传递路径及主要的隔振和吸声部件进行仿真建模，如图 2 所示。

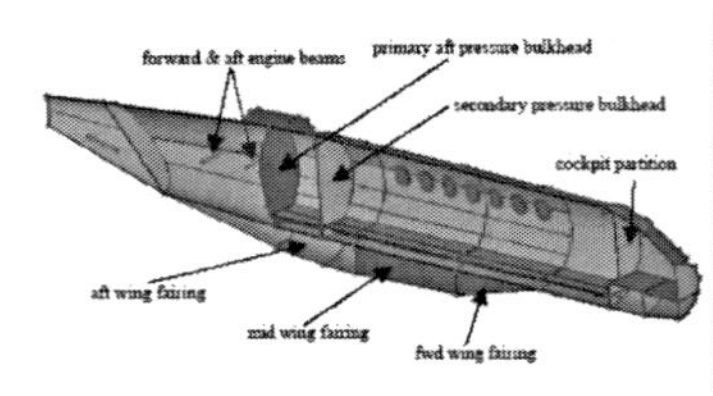

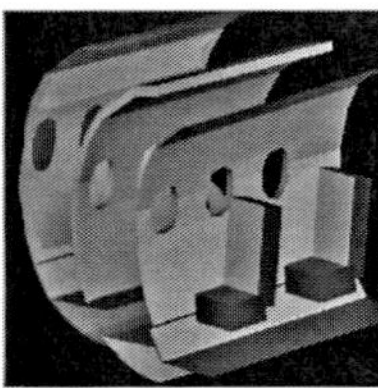

图 2

从整机的 SEA 模型，分析得到：

（1）内部噪声谱，包括驾驶室、客舱的声压级和语言干扰级（SIL）。

（2）每个激励的主要传递路径，如图 3 和图 4 所示，确保隔振降噪处理的对象是关键部位。

（3）衡量各种噪声控制手段带来的整机重量及代价。

（4）可以在声学材料采购前，提出相应的吸声特性要求。

3　声振测试

声学系统模型的可靠性依赖于声源的估算准

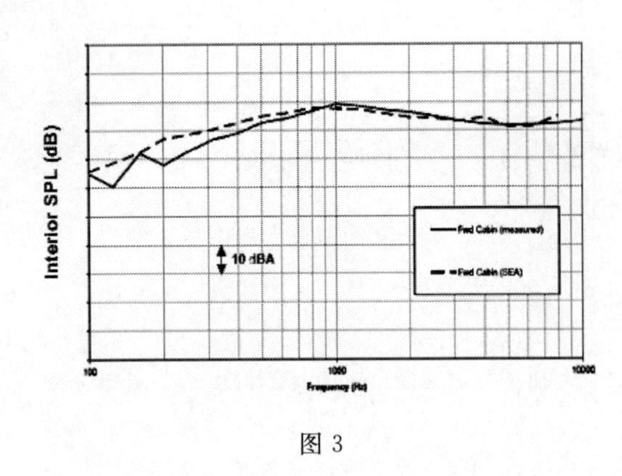

图 3

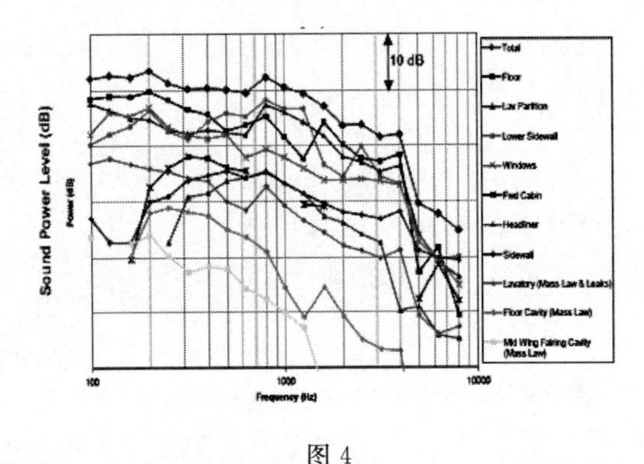

图 4

确程度。这主要体现在以下几点：

（1）每个激励源的激励谱。

（2）吸声材料的属性数据。

（3）系统级的飞机测试数据。

模型的飞行测试校正应该在进行内部设计前进行。因为内部噪声主要来由边界层扰动引起机身外蒙皮的振动传递而来，因此进行白机身测量，主要关注振动及噪声测量。对于边界层噪声，可以通过经验模型进行估算；发动机制造商可以提供振动的数据；用手持声级计的测量数据定义ECS的噪声。在初期设计和关键部件设计之间的阶段，需要进行更多的相关测试。

4 内部声学包设计

内部的声学包设计通常分为三个阶段：

阶段一，在初期设计阶段进行内部声学包的最初设计。

阶段二，在关键部件设计阶段进行详细的设计和测试。

阶段三，进行声学材料的初装，得到样机。

阶段一应该对整个项目的内部噪声设计目标持谨慎的态度。一旦设计目标确定，就要开始对噪声源进行量化定义，确定最初的测试计划。使用声学系统级模型进行隔振和吸声的设计，确定能够达到预定目标。同时要保证重量与声学品质的双赢。第一阶段最后应该提出内部噪声设计方案的初稿，并确定需要声学材料供应商提供商品的必备参数。

阶段二应该包括样机的噪声和振动测试，主要是用来修正仿真模型。在这一阶段，进行关键噪声源的测试、隔声结构隔声量的测试、阻尼测试和隔振结构的测试。例如，在加压状态下舱门隔声量、组装后的舱壁（包括机身板、窗户、隔声隔振系统、内饰板、阻尼器等）隔声量测试。仿真模型经过校正，能够更加真实地反映实际的物理样机特性。这一阶段最后应该提出关键部件设计方案和振动噪声测试方案。

阶段三是设计的实施阶段，完成从图纸到实物的转化。

5 结语

在当今快节奏的经济发展速度影响下，设计周期也在不断缩短。计算机仿真技术的出现正配合了这种快节奏的设计流，并且也节省了产品研发的开支。因此，仿真设计是如今必不可少的设计手段。本文描述了飞机舱内噪声的仿真流程，包括仿真模型的创建、模型修正及声学包设计，希望能为机舱声学包的设计提供一些参考。

参 考 文 献

[1] VA One2011 - User's Guide, ESI Group.

[2] Measurement of rotorcraft interior sound pressure levels, 1988.

第三篇
复合材料

风机叶片上蒙皮注胶口 RTM 优化模拟分析

秦贞明　王丹勇　李冰川　贾华敏　郭建芬　徐井利

中国兵器工业集团第五三研究所

摘　要：本文使用 PAM-RTM 树脂传递模拟软件，对大型风力发电机复合材料叶片的上蒙皮进行了工艺充模过程模拟分析，考察了不同浇口布置方式对充模时间、充模过程的影响，并找出了进一步缩短充模时间的方法。最终结果表明，使用 PAM-RTM 软件可有效优化设计大型复合材料构件工艺制备参数，大幅降低制造成本。

关键词：风机叶片蒙皮　注胶口优化　RTM 工艺充模过程模拟分析

RTM 工艺是一种闭合模具中即时成型制品，其不仅具有成型周期短、对环境污染危害少、设备和劳动成本低、能成型复杂和大型制件等优点[1]，而且还较少依赖工人的技术水平，工艺质量仅仅依赖预先确定好的工艺参数，产品质量易于保证，废品率低[2]。

对于像如风机叶片这种大型部件的 RTM 工艺来说，通过经验和反复实践来确定其模具结构和工艺参数，不但在经济上是一种很大的浪费，而且也需要花费大量的时间。模拟仿真作为一种先进技术用于 RTM 工艺，可以有效解决上述问题。正是基于这个原因，RTM 工艺的仿真模拟已越来越受到人们的重视。RTM 工艺过程在树脂充模阶段依赖于纤维渗透率、注射压力、树脂粘度、模具温度、注射口形状及大小以及溢料口位置等工艺条件。所有这些工艺参数相互影响，最终都会影响到 RTM 制品的质量与性能。ESI 公司的 PAM-RTM 树脂传递模拟软件可以完成以上工艺参数的优化设计，应用计算机对 RTM 工艺充模过程进行仿真模拟，可以以较低成本、在较短的时间内得到对整个 RTM 工艺过程具有指导意义的数据，有利于合理设计模具结构、优化工艺参数，从而获得优良品质的 RTM 制品[3]。

1　数学模型[4-7]

在对 RTM 工艺过程进行模拟时，进行了以下一些简化和假设：

(1) 固体和液体之间没有质量交换；

(2) 纤维布和树脂密度保持不变，即充模过程是不可压缩的；

(3) 忽略惯性力和表面张力；

(4) 充模过程中没有化学变化，是一物理过程；

(5) 充模过程是由一系列稳态流动组成。

在 RTM 工艺过程中，由于模腔尺寸远大于纤维布的孔隙，因此树脂在模腔内的流动可以看作是牛顿流体在多孔介质中的流动，可以采用达西定律分析这种流动，即：

$$\vec{\nu}=-\frac{\bar{\kappa}}{\mu}\cdot\nabla P \tag{1}$$

其中：$\vec{\nu}$ 是速度矢量，$\bar{\kappa}$ 是纤维布的渗透率张量，μ 是树脂粘度，∇P 是压力梯度。在三维流场和笛卡尔坐标下，公式 (1) 可展开为：

$$\begin{Bmatrix} u \\ \nu \\ \omega \end{Bmatrix}=-\frac{1}{\mu}\begin{bmatrix} k_{xx} & k_{xy} & k_{xz} \\ k_{yx} & k_{yy} & k_{yz} \\ k_{zx} & k_{zy} & k_{zz} \end{bmatrix}\begin{Bmatrix} \frac{\partial P}{\partial x} \\ \frac{\partial P}{\partial y} \\ \frac{\partial P}{\partial z} \end{Bmatrix} \tag{2}$$

其中，u、v、w 是 3 个速度分量，k_{ij} (i，$j=x$，y，z) 是笛卡尔坐标下的渗透率张量。

由于假设树脂和纤维的密度不变，即树脂为不可压缩流体，根据质量守恒定律，则连续性方程为：

$$\nabla\vec{\nu}=0 \tag{3}$$

对以上三式整理得到以下方程，可以用作为描述 RTM 充模过程的基本控制方程：

$$-\int\vec{n}\cdot\frac{\bar{\bar{k}}}{\mu}\cdot\nabla P ds=0 \tag{4}$$

方程 (4) 是基于质量平衡的方程，利用方程 (4) 可以求解流体流过各向异性多孔介质的问题。

2 模型建立、网格划分以及浇口和工艺参数的设置

2.1 模型创建

用三维软件proe创建风机叶片的模型，如图1。

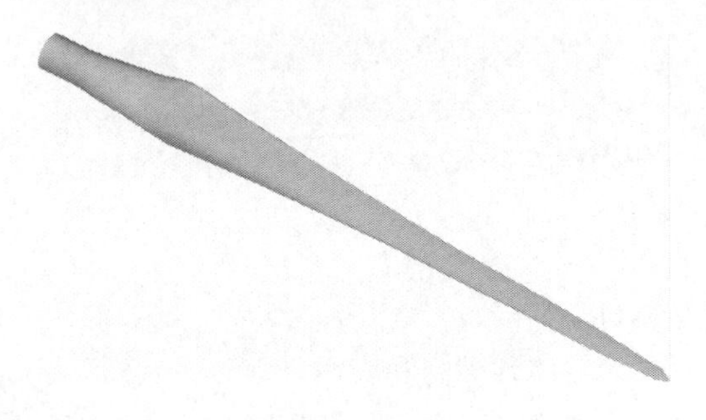

图1 三维模型

2.2 网格划分

模型建好后，导入ESI公司的visual-mesh软件中划分三角形网格，如图2所示，其中，节点数为6187个，网格数为11491个。

图2 网格划分

1.3 工艺参数的设置

划分好网格后，导入PAM-RTM软件中进行工艺参数的设置，分析计算时，假定填充过程中温度是恒定不变的，并且纤维增强材料为各向同性，浇口处压力设置为1.0E5Pa，溢料口处压力为大气压，纤维三个方向的渗透率设置为1E-009，树脂密度设定为1000kg/m^3，粘度设为定值0.1Pa.S。

1.4 浇口布置

浇口布置情况如图3所示，其中A沿中心线间隔开了多个点浇口，边界为溢料口；B为沿中心的线浇口，边界为溢料口。

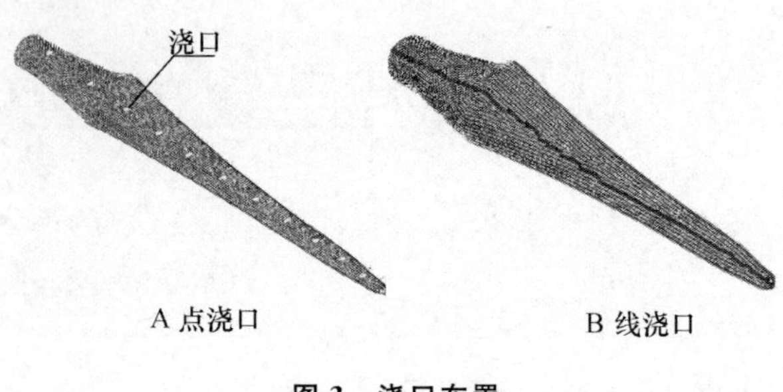

图3 浇口布置

3 分析计算

3.1 填充过程

图4给出了树脂在风机叶片流动情况。

3.2 填充时间

图4给出了两种浇口布置方式，树脂在风机叶片上蒙皮中的充模流动情况。从图中可以看出，两种注胶方式，叶片上蒙皮最宽处都是最后填充的区域，为缩短注胶时间，使用点浇口时可以考虑加密此处的浇口，使用线浇口时可以考虑在此处布置横向流道。

3.2 充模时间

图5给出了在风机叶片上蒙皮中，树脂充模所需要的时间。从图中可以看出，点浇口时所用注胶时间较长，约为4630秒，而线浇口时注胶时间较短，仅为4210秒左右，时间缩短了近420秒。

4 小结

从以上分析可以看出：

(1) 使用PAM-RTM树脂传递模拟软件，可对大型结构部件进行有效的工艺充模过程模拟分析；

(2) 两种浇口设置方式下，树脂都可以充满模具型腔，而且不会出现干斑等成形缺陷；

(3) 同样条件下，线浇口的充模时间要短于点浇口的充模时间；

(4) 找到树脂最后填充区域，可以考虑通过增加该处浇口或布置流道的方式来缩短充模时间。

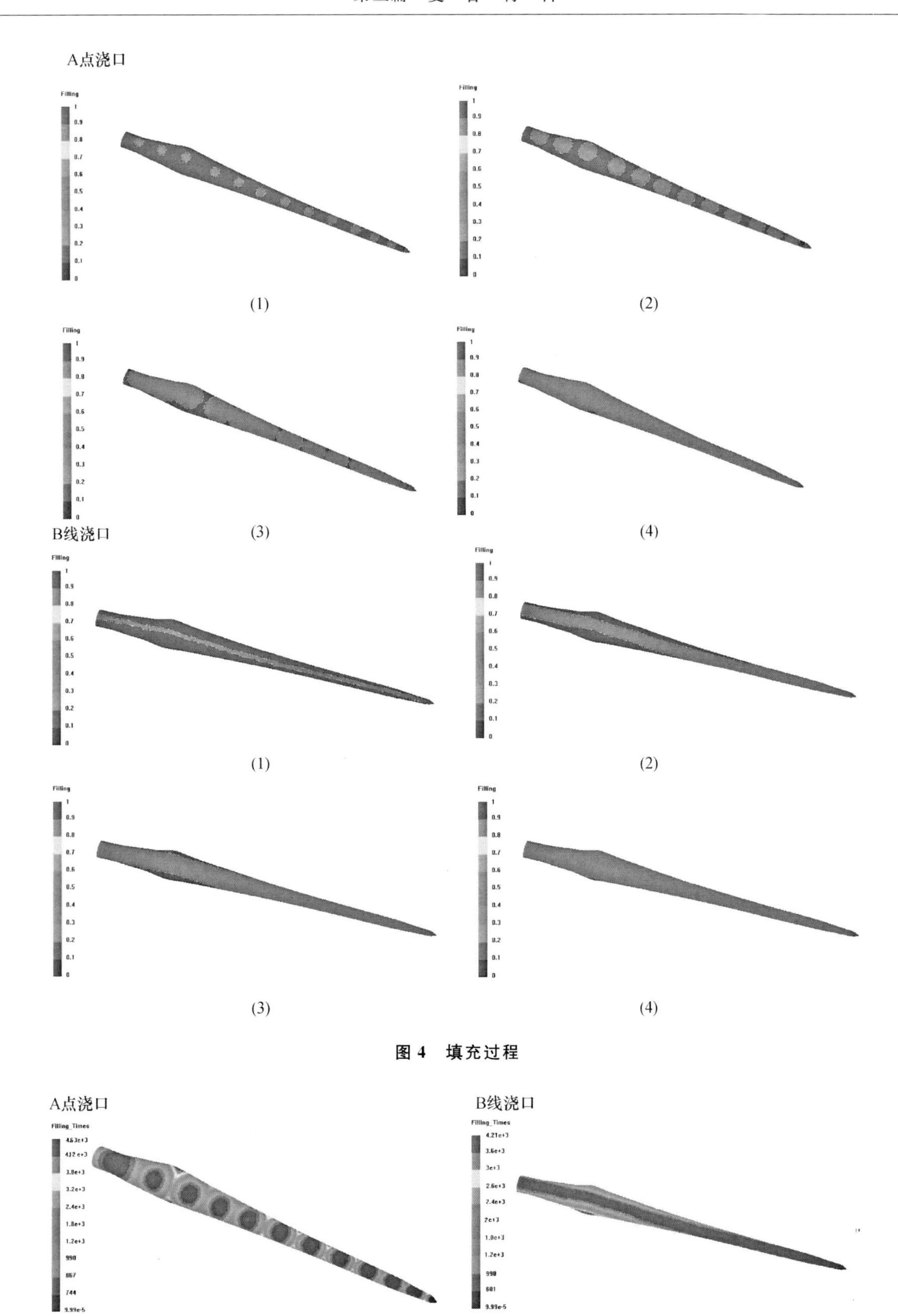

图 4 填充过程

图 5 充模时间

参 考 文 献

[1] 张彦飞，刘亚青，杜瑞奎，陈淳．RTM工艺过程中气泡形成机理及排除方法研究进展 [J]. 宇航材料工艺，2006，5：7-11.

[2] 孙玉敏，段跃新，李丹，梁志勇，张佐光．风机叶片RTM工艺模拟分析及其优化 [J]. 复合材料学报，2005，22 (4)：23-29.

[3] 邱婧婧，段跃新，梁志勇．RTM工艺参数对树脂充模过程影响的模拟与实验研究 [J]. 复合材料学报，2004，21 (6)：70-74.

[4] 江顺亮．RTM加工工艺充模过程的计算机模拟 [J]. 复合材料学报，2002，19 (2)：13-17.

[5] 江顺亮，万志国．RTM充模分析控制体积法的求解方法 [J]. 纤维复合材料，2006，32 (3)：32-35.

[6] Rudd C D，Long A C，Kendall K N. Liquid Molding Technologies [M]. Cambridge：Woodhead Publishing Limited，1997，254-292.

[7] Bear. Dynamics of Fluids in Porous Media [M]. Li J S，Chen C X (Translation) . Beijing：China Architecture & Building Press，1983.

热压罐工艺仿真技术

王　翾

北京航空航天大学，北京，100191

摘　要：热压罐工艺是航空航天用复合材料结构中最广泛采用的成型工艺。复合材料的热压罐成型过程是一个涉及流固对流换热、树脂固化反应、材料固化变性等物理化学过程的复杂过程。使用传统的试模方式需要消耗大量的时间和成本，且难以归纳影响规律。采用FEM和CFD耦合仿真技术能够有效地预报热压罐工艺的工艺过程和产品性能，在一定程度上代替部分试模，节省工艺方案的设计时间和成本。以此为基础构建热压罐仿真专家系统更有望帮助工艺人员快速确定优化的工艺方案，改进目前的工艺设计方法。

1　背景

热压罐工艺开始于20世纪40年代，在60年代开始被广泛使用，是针对第二代复合材料的生产而研制开发的工艺，尤其在生产蒙皮类零件的时候发挥了巨大的作用，现已作为一种成熟的工艺被广泛使用。由热压罐工艺生产的复合材料占整个复合材料产量的50%以上，在航空航天领域比重高达80%以上。热压罐工艺已经在各个复合材料零部件生产厂被大量地使用。随着国防技术的高速发展，工业领域对复合材料的发展提出了更大、更厚、更复杂的要求，这使得这些新产品的翘曲变形、残余应力水平以及分层开裂等问题浮出水面。目前解决热压罐工艺诸多问题的方法还是采用试模的方式。由于复合材料本身高昂的价格、较长的工艺时间以及热压罐工艺本身的复杂性，使得试模方法注定要耗费了大量的时间和成本，且难以归纳经验。

随着FEM和CFD仿真手段的发展，利用仿真手段替代部分试模，预报试模的结果已成为可能。通过仿真手段可以模拟热压罐工艺过程中罐内的流场情况、温度场分布、预浸料的固化过程，以及最终工件的变形和残余应力等。而在积累了大量的虚拟仿真实验之后，则可能利用神经网络，建立热压罐工艺的知识库和专家系统，从而指导工装工件摆放、工装设计以及诸多工艺参数的优化，从根本上改变热压罐工艺方案的设计方式。

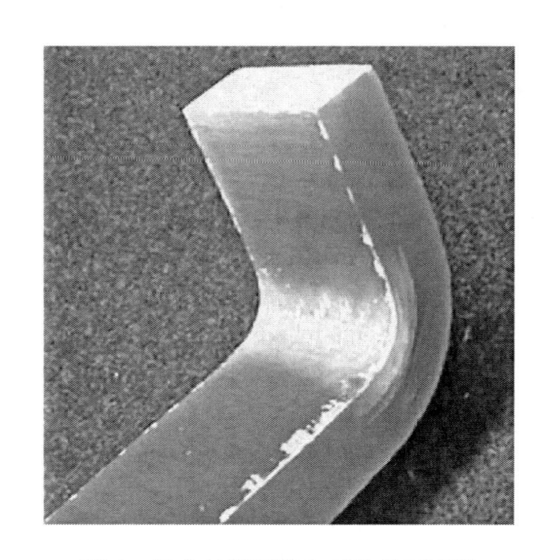

图1　复合材料厚壁L型的分层开裂

2　热压罐工艺仿真方案

复合材料的热压罐成型工艺过程是一个涉及对流换热、结构热变形和固化相变反应的复杂的物理化学过程。完整的热压罐工艺分析方案应考虑的因素包括以下几方面：

(1) 罐内的流场与流固间对流换热。

(2) 预浸料铺覆过程中的纤维剪切作用。

(3) 真空袋、吸胶纸等对传热过程的影响。

(4) 预浸料的固化反应与放热。

(5) 压实过程中树脂在纤维床中的流动。

(6) 模具的传热与热变形。

(7) 预浸料玻璃态转变前后材料性能变化。

模具与预浸料的相互作用与脱开过程、结合仿真技术，完整的热压罐工艺仿真方案的仿真流程应包括以下几步：

（1）罐内流体传热分析非结构网格的快速划分，包括工装位置的快速修改。

（2）罐内流场的CFD分析，计算流固间对流换热的温度场分布。

（3）固化方程求解模块，支持与罐内对流换热分析的双向耦合。

（4）压实过程中的树脂渗透分析，得到压实后纤维体积含量的变化情况。

（5）预浸料铺覆分析模块，修正纤维铺设方向。

（6）复合材料翘曲变形分析和残余应力预报。

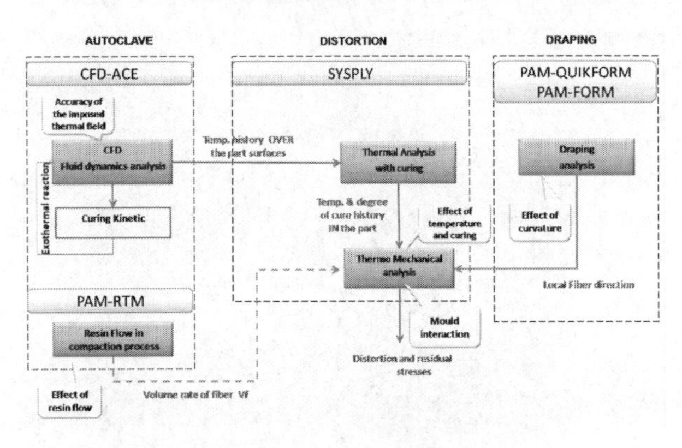

图2 ESI热压罐工艺仿真方案完整路线图

（树脂流动模块与网格映射接口开发中）

可见，对于热压罐工艺的仿真研究可以分为罐内对流换热研究和工件翘曲变形分析两部分。前者的研究重点为工件摆放方法的预报、模具表面的温度分布预测、风扇功率、加热曲线等工艺参数对温度场的影响等。后者主要研究工装工件之间的相互作用、工件的固化度分布并最终预报工件的翘曲变形和残余应力水平。对于产品质量的预报是热压罐工艺仿真的最终目的。

罐内的对流换热分析是固化变形分析的前提。工件的固化变形受到内部温度分布、自身固化度以及模具热变形三个主要因素影响，而这三个影响因素都与工件周围的温度分布和温度变化历程有关。树脂在固化过程中会因高分子的胶联反应而释放大量的热量，通常1kg的树脂完全固化的放热量在几百千焦的量级，而树脂的热容在1500J/(kg·℃）左右，因而，在绝热环境下，如果固化反应放出的热量全部用于树脂升温，树脂因固化发热而使自身温度的提高可能达到上百度。在RTM工艺的实际操作中，也确实存在因固化反应过于剧烈，散热不及时而导致的复合材料烧芯的情况。对于热压罐工艺，由于模具的热传导和空气流动引起的对流换热，这些反应放热会不同程度地被散失掉，散失程度受模具材料、真空袋/吸胶纸等工装材料的热导率、罐内流场情况等的显著影响。因而在研究罐内流场时必须将流场计算、对流传热求解与固化反应放热双向耦合起来，才有可能准确地获得工装工件表面的温度分布情况。

导致复合材料固化变形的直接原因是结构上各点处应变在时间历程上的积累。应变由外应变和内应变两部分构成，外应变主要指由于结构的约束状态和外力载荷引起的应变，膨胀应变又包括热膨胀应变和固化收缩应变两部分，指由温度载荷和固化反应导致的树脂固化收缩而发生的应变，即

$$\varepsilon_{ij}^{E}=\varepsilon_{ij}^{T}+\varepsilon_{ij}^{C}$$

其中热膨胀应变可描述为

$$\varepsilon_{ij}^{T}=\int_{0}^{t}\alpha_{ij}(T,X)\frac{\partial T}{\partial t'}\mathrm{d}t'$$

固化收缩应变可表述为

$$\varepsilon_{ij}^{C}=\int_{0}^{t}\beta_{ij}(T,X)\frac{\partial X}{\partial t'}\mathrm{d}t'$$

目前比较常见的分析翘曲变形的方法只能考虑层合板的热变形，研究对象也往往针对非对称铺层的层合板结构，而对对称结构的层合板固化变形研究较少。ESI集团的复合材料热力耦合分析软件SYSPLY采用SWEREA SICOMP模型[1-6]，能够考虑复合材料玻璃态转变前后的热膨胀系数差别和固化收缩特性，通过建立三维层合板模型，分析复合材料结构的固化变形。

SICOMP模型可描述为

$$\sigma_{ij}=\begin{cases}C_{ijkl}^{r}(\varepsilon_{kl}-\varepsilon_{kl}^{E}),T\geqslant T_{g}(X)\\C_{ijkl}^{g}(\varepsilon_{kl}-\varepsilon_{kl}^{E})-(C_{ijkl}^{g}-C_{ijkl}^{r})(\varepsilon_{kl}-\varepsilon_{kl}^{E})|_{t=t_{vit}},\\T<T_{g}(X)\end{cases}$$

树脂的固化度可用Kamal - Sourour公式描述：

$$\frac{\mathrm{d}\alpha}{\mathrm{d}t}=\left[K_{1}\exp\left(\frac{-E_{1}}{RT}\right)+K_{2}\exp\left(\frac{-E_{2}}{RT}\right)\alpha^{m}\right](1-\alpha)^{n}$$

而玻璃态转变温度可由DiBenedetto方程描述：

$$\frac{T_{g}-T_{g0}}{T_{g\infty}-T_{g0}}=\frac{\lambda\chi}{1-(1-\lambda)\chi}$$

T_{g0}——Glass transition temperature of the uncured system（$\chi=0$）；

$T_{g\infty}$——Glass transition temperature of the fully cured system ($\chi=1$);

λ——Material constant。

假设树脂的凝胶点为 $\alpha=0.5$，则：

当 $\alpha<0.5$ 且 $T>T_g$ 时，树脂呈液态，无应力产生。

当 $\alpha>0.5$ 且 $T>T_g$ 时，树脂呈橡胶态，由于整个固化过程树脂均处于小应变水平，因而橡胶态树脂的本构可视为线弹性。

当 $T<T_g$ 时，树脂完成玻璃态转变，材料本构呈线弹性。

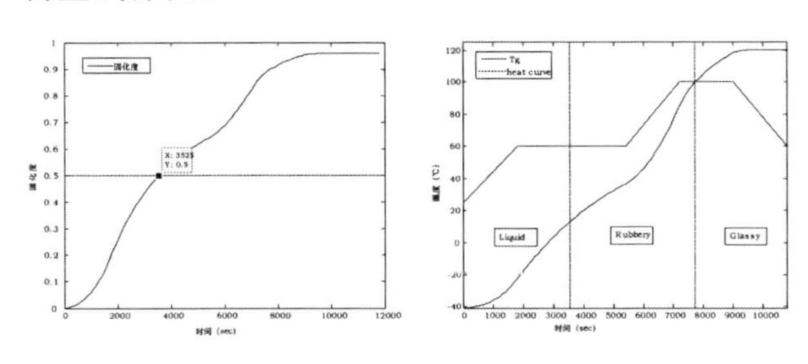

图 3　典型树脂固化相变历程

预浸料通过压实过程，使多余的树脂流入吸胶纸，从而控制预浸料的纤维体积含量。在这一过程中存在树脂流动和纤维床的迁移两个相对运动，由于纤维床的迁移需要压力差并存在摩擦，因而导致最终纤维体积含量在厚度方向上存在梯度[7]。对于平板工件，这种纤维体积含量的梯度很小，而对于翻边倒角处，由于应力分布不均以及同等面积的吸胶纸对应的预浸料体积差别，导致纤维体积含量在翻边内外两侧的差别比较显著，最终影响翻边处的回弹角水平。

预浸料在曲面上的铺覆过程会对增强体造成剪切和挤压，从而导致纤维铺设角度发生变化，当剪切角超过预浸料的极限角时甚至可能引起褶皱。纤维角度的变化会引起局部热膨胀系数和模量的改变，从而对最终的翘曲变形和残余应力分布造成影响。显然，铺覆作用的影响程度受工件几何形貌的影响，对于曲率较大的工件，这种作用的影响相对显著（见图 4）。

在固化变形分析中，热膨胀与固化收缩决定了预浸料应变能的水平，而预浸料的约束方式则直接决定了残余应力在结构上的分布状态。残余应力在厚度方向上分布的不平衡导致了结构的翘曲变形。图 5 为采用相同预浸料，经历相同的温度

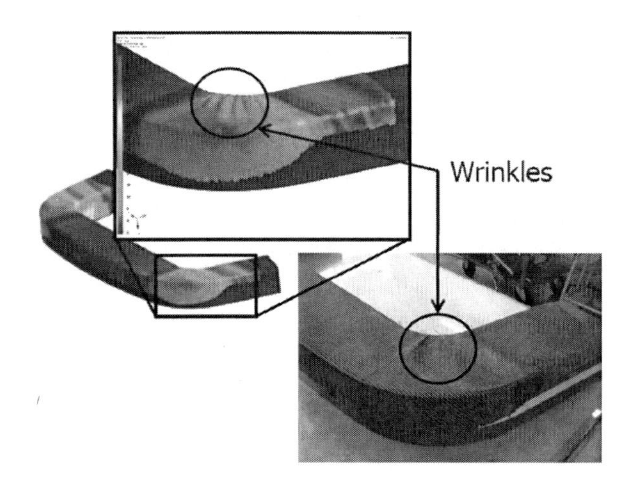

图 4　铺覆不良引起的褶皱

历程，在不同的约束方式下的两个 L 型件的变形计算结果。左图 L 型件外侧施加全约束，固化结束后释放约束；右图 L 型件内侧施加全约束，固化结束后释放约束。可见，采用不同的约束方式将显著影响最终的变形结果。

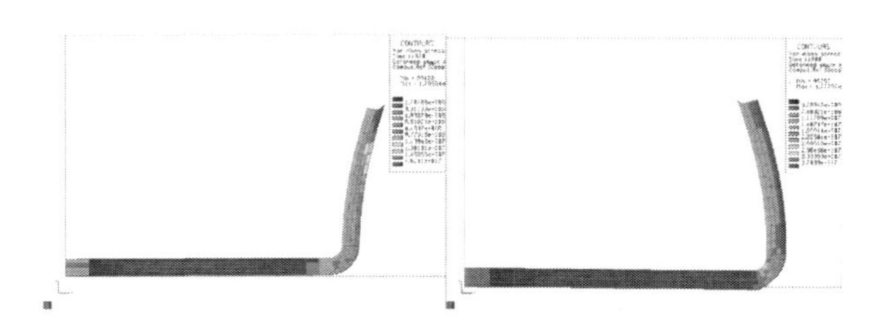

图 5　约束方式对翘曲变形的影响

在实际情况中，随着温度的下降，由于工件与模具的热膨胀系数差别，金属模具的收缩明显大于工件，从而在工件与模具的接触表面产生剪切应力[8]。当剪切应力超过某一阈值时，工件与模具脱开，局部剪切应力释放。图 6 为工件与模具脱开过程的模拟。位移曲线的第一阶段斜率较大，这是因为金属的热膨胀率较大，模具与工件贴合在一起。当达到脱开点时，位移发生剧烈变化，之后位移随时间的斜率较平稳，表征复合材料较小的热膨胀率。

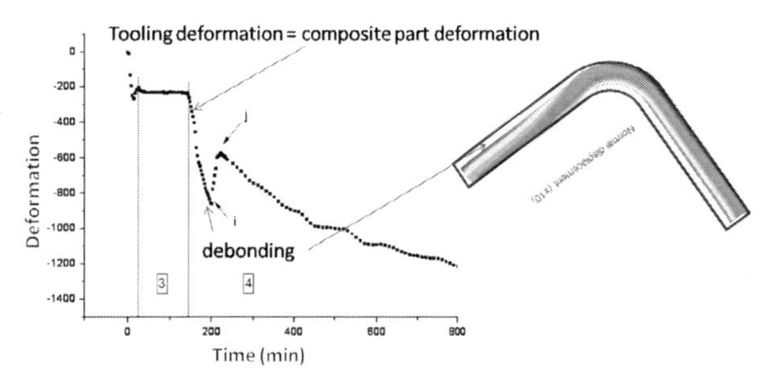

图 6　预浸料与模具的脱开过程模拟

显而易见，工件与模具的脱开条件和脱开过程将显著的影响工件最终的翘曲变形水平。而目前，工件与模具的脱开模型与脱开准则尚缺乏理论研究和实验支持。

3 结束语

航空航天工业的高速发展为复合材料提出了越来越高的要求，越来越多的零部件将被替换成复合材料产品。通过传统的试模方法确定工艺方案需要花费大量的时间和成本，且难以归纳各工艺参数对产品质量的影响规律。采用虚拟仿真技术，用虚拟实验替代部分试模有望改变这个现状。而通过积累大量的虚拟实验结果能够建立热压罐仿真知识库和专家系统，从而分析温度分布、工件翘曲对工艺参数的敏感性，帮助工艺人员根据产品特征快速得到优化的工艺方案。而实现这一切的前提是完整而准确的热压罐工艺仿真方法。

热压罐工艺涉及一系列复杂的物理和化学过程，因而热压罐工艺的仿真过程需要考虑诸多影响因素。影响产品固化变形的显著因素包括工件表面的温度分布和变化历程、工件的固化过程、预浸料的热膨胀、树脂的固化收缩、纤维因铺覆过程导致的角度变化和褶皱、树脂流动引起的纤维体积含量梯度、模具的热变形及与工件之间的相互作用等。这些影响因素都在不同程度上影响工件的翘曲变形和残余应力水平。预浸料压实过程引起的树脂流动、工件与模具的脱开过程目前尚缺乏理论模型和实验支持，通过对这些过程的深入研究有望完善热压罐工艺仿真技术的完整拼图。

参 考 文 献

[1] J. Magnus Svanberg. Predictions of Manufacturing Induced Shape Distortions. Doctoral Thesis; 2002: 40, ISSN: 1402 - 1544, ISRN: LTU - DT - 02/40 - SE.

[2] J. M. Whitney, R. L. McCullough. Micromechanical Material Modelling, Delaware Composites Design Encyclopaedia - Volume2, Technomic Pub. Co. Inc., Lancaster, Pennsylvania, USA. 1990, 65 - 72.

[3] W. C. Tucker, R. Brown. Moisture absorption of graphite/polymer composites under 2000 feet of seawater. Journal of Composite Material, 1989 (23), 787 - 797.

[4] J. M. Kenny, A. Maffezzoli, L. Nicolais. Composite Science and Technology, 1990 (38), 339 - 358.

[5] J. M. Svanberg, J. A. Holmberg: "Results from material and spring - in characterisation", SICOMP Technical Note 99 - 006. SICOMP AB, Box 271, SE - 941 26 Pitea, Sweden, 1999.

[6] Gudmundsson P, Zang W. An Analytic Model for Thermoelastic Properties of Composite Laminate Containing Transverse Matrix Cracks. International Journal of Solids and Structures, 1993 (30): 3211 -3231.

[7] 张纪奎，郦正能，等．热固性复合材料固化过程三维有限元模拟和变形预测．复合材料学报，2009 (1), 174 - 178.

[8] 岳广全，张博明，等．固化过程中模具与复合材料构件相互作用研究．复合材料学报，2010 (6), 167 - 171.

冲击板的缺陷分析和铸造工艺优化

冯长海

河北工业大学材料学院，天津，300130

摘　要：首先用 UG 对冲击板进行三维造型和铸造工艺设计，然后用 ProCAST 对铸件的凝固过程进行模拟。基于模拟结果，找出铸件产生缺陷的原因。最终找出最优工艺方案。

关键词：ProCAST；数值模拟；工艺优化；冲击板。

1　前言

本文所研究的铸件为高铬铸铁件（$Cr_{25}Mo$）冲击板。高铬铸铁是一种性能优良并受到特别重视的抗磨材料。它的耐磨性比合金钢高得多，其韧性、强度又比一般白口铸铁好很多，同时它还兼有良好的抗高温和抗腐蚀性能，并且其生产便捷、成本适中，因此被誉为当代最优良的抗磨材料之一。本文采用砂型铸造方法，通过应用 ProCAST 数值模拟软件来对铸件的工艺进行优化，最终找到一个最优工艺方案。

2　UG 三维造型及工艺设计部分

2.1　冲击板三维图

冲击板三维造型图如图 1 所示。

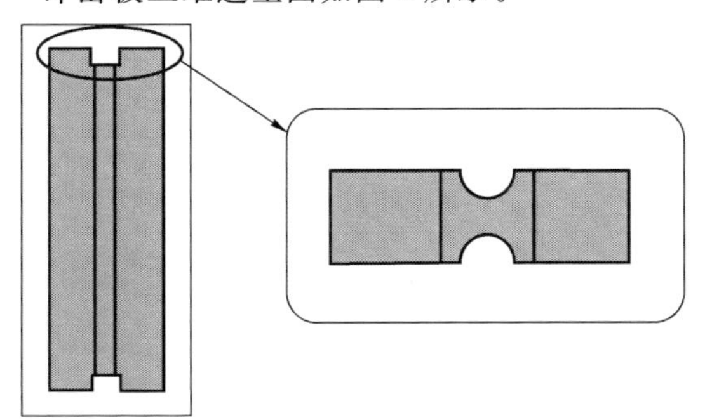

图 1　冲击板三维造型图

2.2　铸件分型面的选择

采用如图 2 所示分型面可使铸件全部置于下半型，有利于提高铸件的精度；同时砂箱的高度也不会太高。[1]

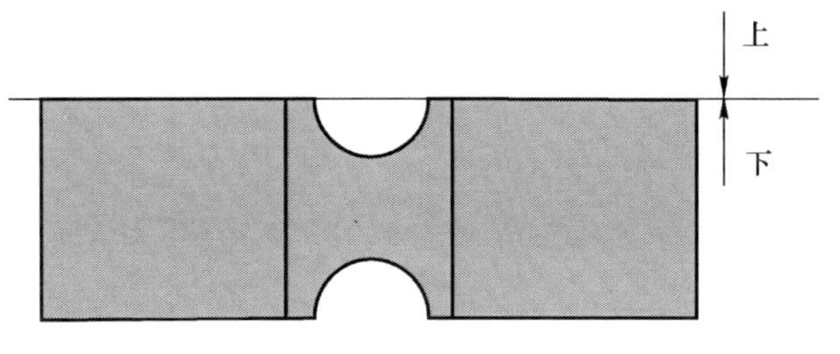

图 2　水平分型面

2.3　浇注系统的设计[1]

本铸件采用封闭式浇注系统，这样可防止金属液卷入气体，同时具有较好的阻渣能力。$S_{阻}:S_{横}:S_{直}=1:1.2:1.5$。

2.4　冒口的设计[1]

由模数法确定出冒口、冒口颈和铸件之间的模数关系如下。

内浇道经过冒口：

$$Mc:Mn:Mr=1:(1\sim1.03):1.2$$

对于顶冒口：

$$Mr=(1.2-1)Mc$$

式中：Mc 为冒口模数；Mn 为冒口颈模数；Mr 为铸件模数。

3　CAE 模拟部分

模拟参数设置如表 1 所示。

表 1　　模拟参数设置

材料赋值	铸件：$Cr_{25}Mo$；冷铁：steel
	铸型：石英砂；保温材料也设成 Mold 类型
界面换热系数	铸件和砂型之间、冷铁和砂型之间 $h=500$
	铸件和冷铁之间 $h=1000$

续表

重力参数	加速度－9.8m/s^2
	方向 z 轴方向
初始温度	铸件的初始温度 1400℃
	砂型的初始温度 20℃
边界条件	Heat：Air Cooling
	Temperature：1400℃
	Velocity：直浇道截面积和浇注时间来确定
浇注方式	重力浇注
运算步数	20000 步
停止条件	铸件的温度低于 500℃

方案 1

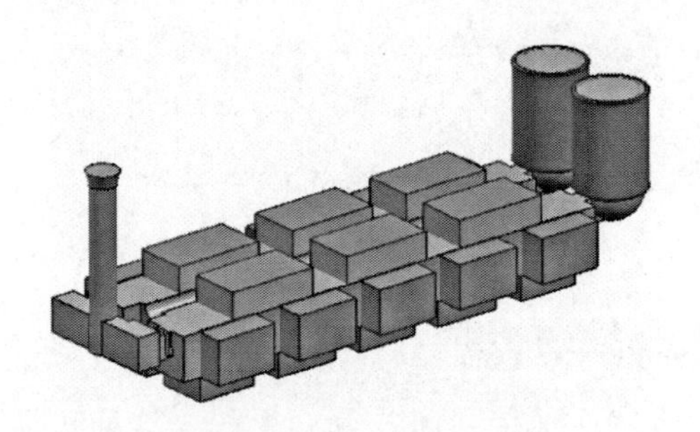

图 3　方案一的工艺图

由图 3 中可看出方案 1 中共用了 26 块冷铁，目的是实现铸件同时凝固，但这样设计在铸件最后凝固的部分便得不到补缩，所以容易在铸件中产生缩孔和缩松。

方案 1 中右侧为两个保温冒口；并采用倾斜浇注，角度为 5°。

方案 1 的模拟结果如下。

1. 方案 1 的流场分析

由 Step＝1340 分析可知，流动基本平稳未出现大的紊流现象（见图 4）。

2. 方案 1 的温度场分析

如图 5 中所示 A、B、C、D 四处为最后凝固的地方，当其由于凝固而产生收缩时其周围的液体早已凝固，无法对其进行补缩，故初步预测在这些地方易产生缩孔或缩松等缺陷。

3. 方案 1 的缩孔缩松分析

如图 6 中所示，1 处为原工艺模拟结果中产生缩空的位置，令其与图 5 中温度场中的 A 处进行比较，发现位置基本一致，是由于此处凝固比较慢，周围液体无法对其进行补缩，而导致产生铸件最后产生缩孔。

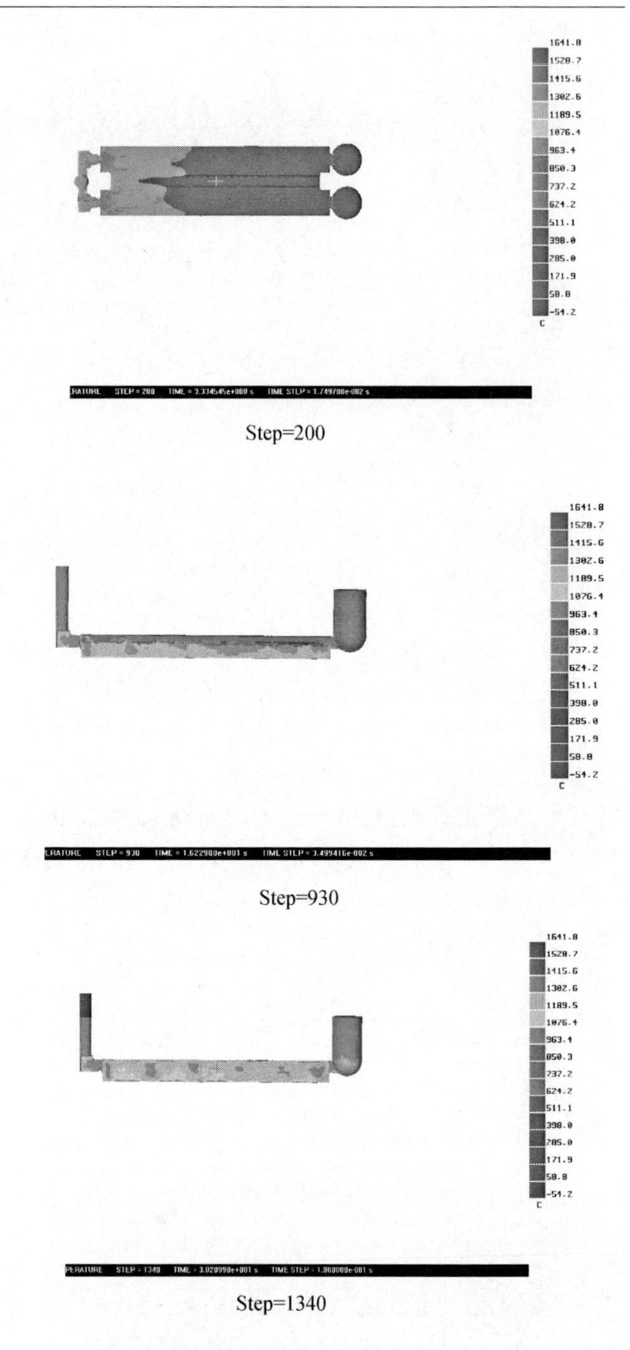

图 4　方案 1 的流场分析

如图 7 中所示，2、3、4 处分别为方案一模拟结果中产生缩松的位置，与图 5 温度场中分析的 B、C 处易产生缩松缺陷的情况基本吻合。

综上所述，在图 6 和图 7 中产生缩孔和缩松的原因是方案 1 中在铸件的表面放置了大量的冷铁，想实现其同时凝固。但由于铸件本身结构的限制，使其在实际凝固过程中在某些部位凝固比较慢，而其四周早已凝固。这样的话，在这些凝固比较慢的部位凝固时无法得到补缩，因此会产生缩孔和缩松。

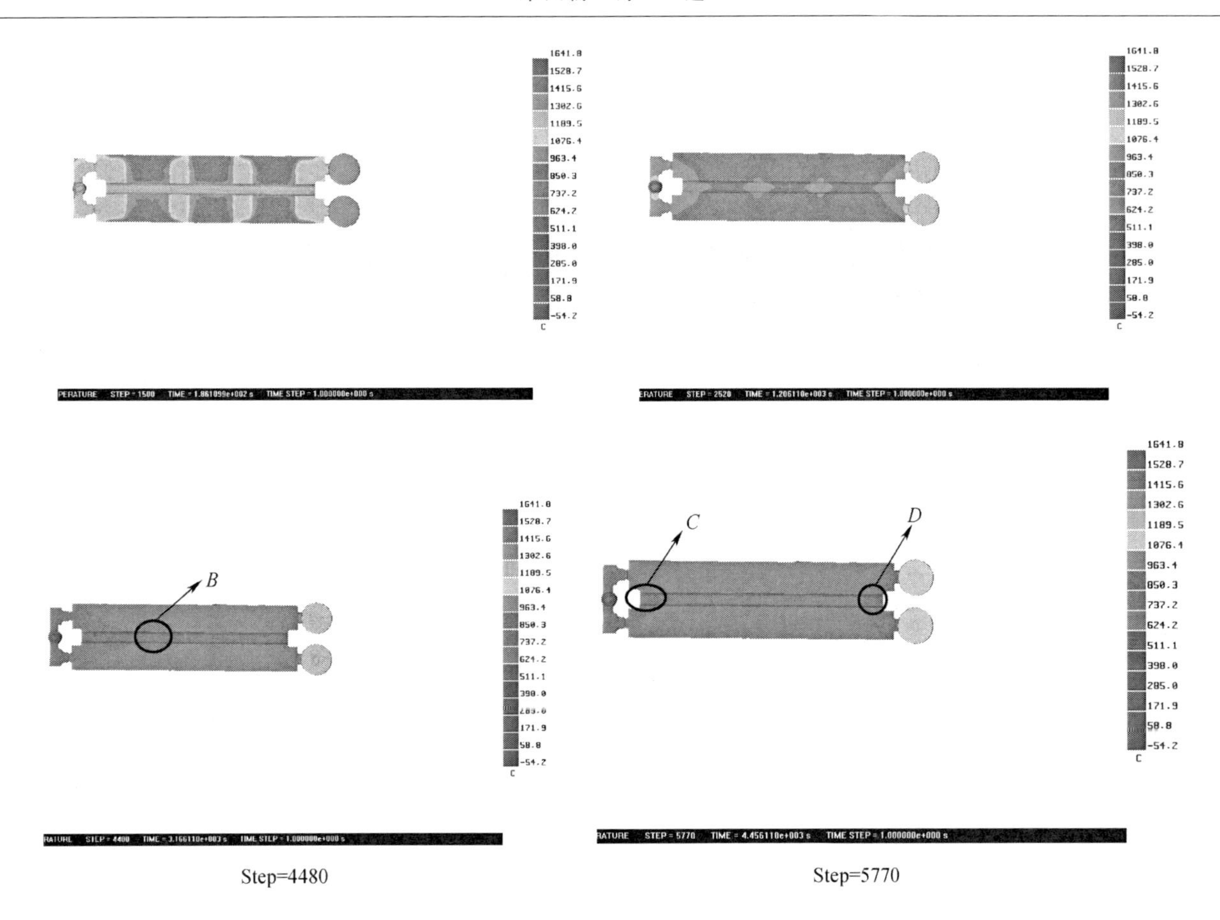

图 5　方案 1 的温度场分析

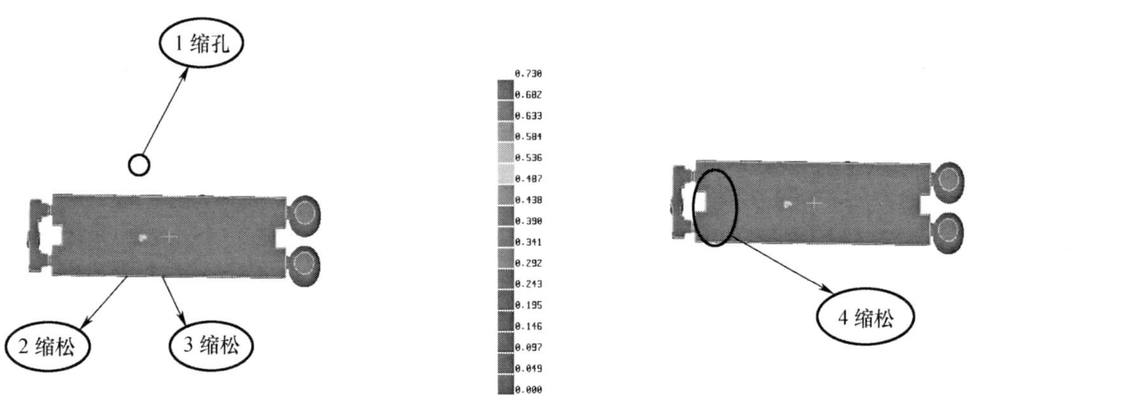

图 6　方案 1 中的缩孔

图 7　方案 1 中的缩松

方案 2

依据均衡凝固工艺原则，浇口和冒口不应该开设在铸件的几何热节上，以避免几何热节由于铁液引入造成热量积聚，即几何热节与物理热节重合加大补缩量；[2]采用适当的冷铁均衡几何热节，可以减小冒口；采用薄、短、宽的内浇口分散均匀引入铸型，减小局部严重过热的可能性。由此确定采用了压边冒口与冷铁相配合的铸造工艺。[3]

鉴于方案 1 中，由于同时凝固带来的问题；方案 2 中采用了冷铁与冒口相互结合的方法。如图 8 中所示铸件从四周开始向冒口处实现循序凝固；使冒口处最后凝固，这样的话便可保证补缩通道的畅通，可消除铸件中的缩孔和缩松。

方案 2 的模拟结果分析如下

1. 方案 2 的流场分析

由图 9 中可以看出方案 2 的流动基本平稳，未出现大的卷流、紊流现象。

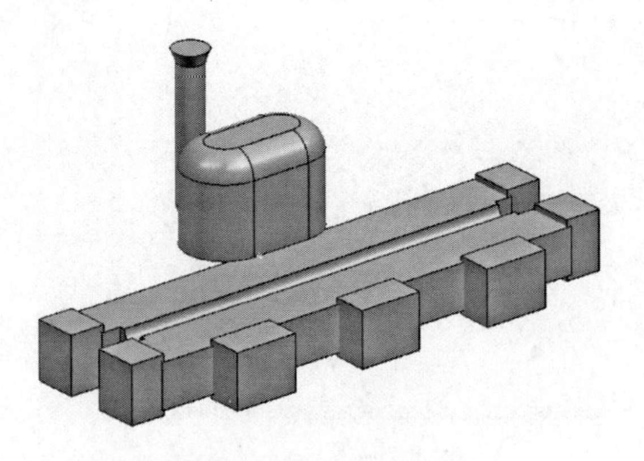

图8　方案2的工艺图

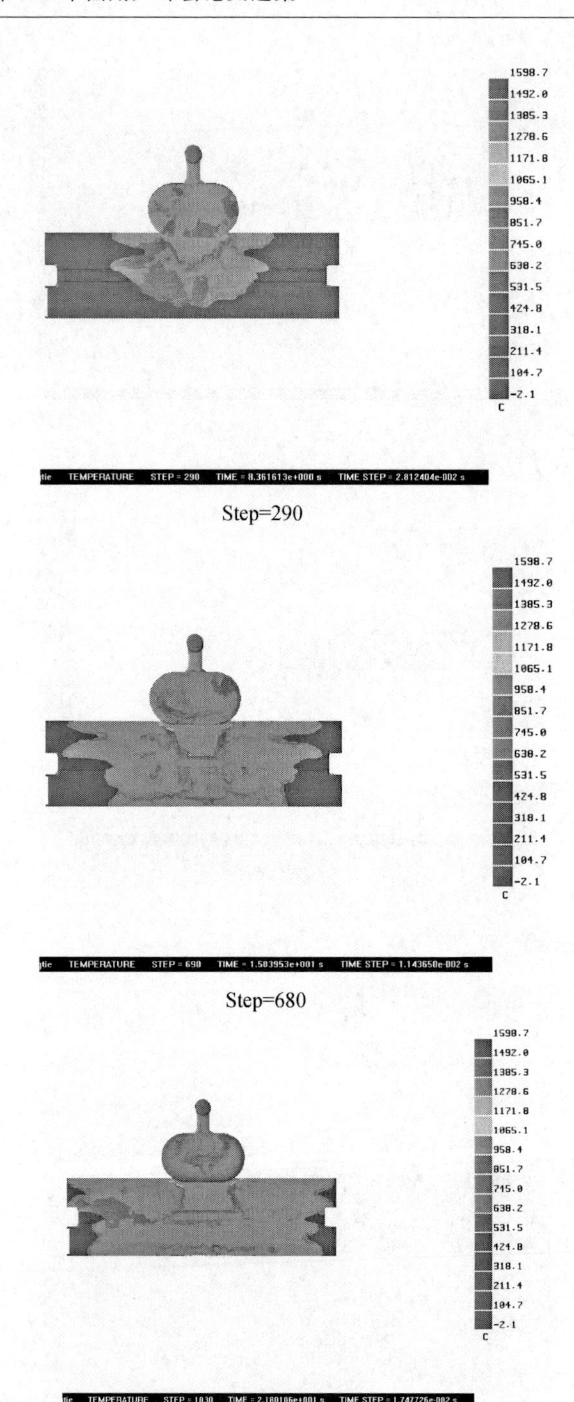

图9　方案2的流场分析

2. 方案2的温度场分析

由图10中温度场的分析可知实现了铸件的顺序凝固，并且冒口为铸件最后凝固的地方；这样可始终保证补缩通道的畅通。可有效避免铸件中缩孔缩松缺陷的产生，有利于铸件质量的提高。

3. 方案2的缩孔缩松分析

如图11中所示，方案2中的缩孔全部位于冒口和浇注系统中，在铸件中没有缩孔。

如图12所示为方案2的缩松模拟结果，可看出缩松仅存在于冒口中，铸件中的组织很致密，没有缩松。

综上所述，方案2基本解决了铸件中产生的缩孔缩松缺陷。但由于冒口所在的大平面有平整度要求，故一般不将冒口放在大平面上。

方案3

该工艺中共用了11块冷铁，两个冒口分别为浇冒口和保温冒口（见图13）。

目的：通过这种工艺，使铸件的中间部分和带冷铁的这一部分先凝固，使冒口部分最后凝固，始终保证补缩通道的畅通，最终实现顺序凝固，以有利于提高铸件质量。

1. 方案3的流场分析

由图14可看出铸件在充型过程中基本平稳。未发生大的卷起现象。

2. 方案3的温度场分析

由图15中对温度场的分析可看出，A、B处得凝固最慢，当其凝固时，周围的液体都已凝固无法对其进行补缩，易产生缩松等缺陷。

3. 方案3的缩孔缩松分析

由图16中可看出该工艺中无缩空出现。

综上所述，方案3的模拟结果表明若采用该方案，不会产生缩孔，同时产生的缩松，在铸件内部，而且很小，不会影响铸件的使用。因此，最后选定方案3为最佳方案。

由图17分析可知，A、B处为缩松，同时与图15中温度场中分析的A、B处易产生缩松相吻合。

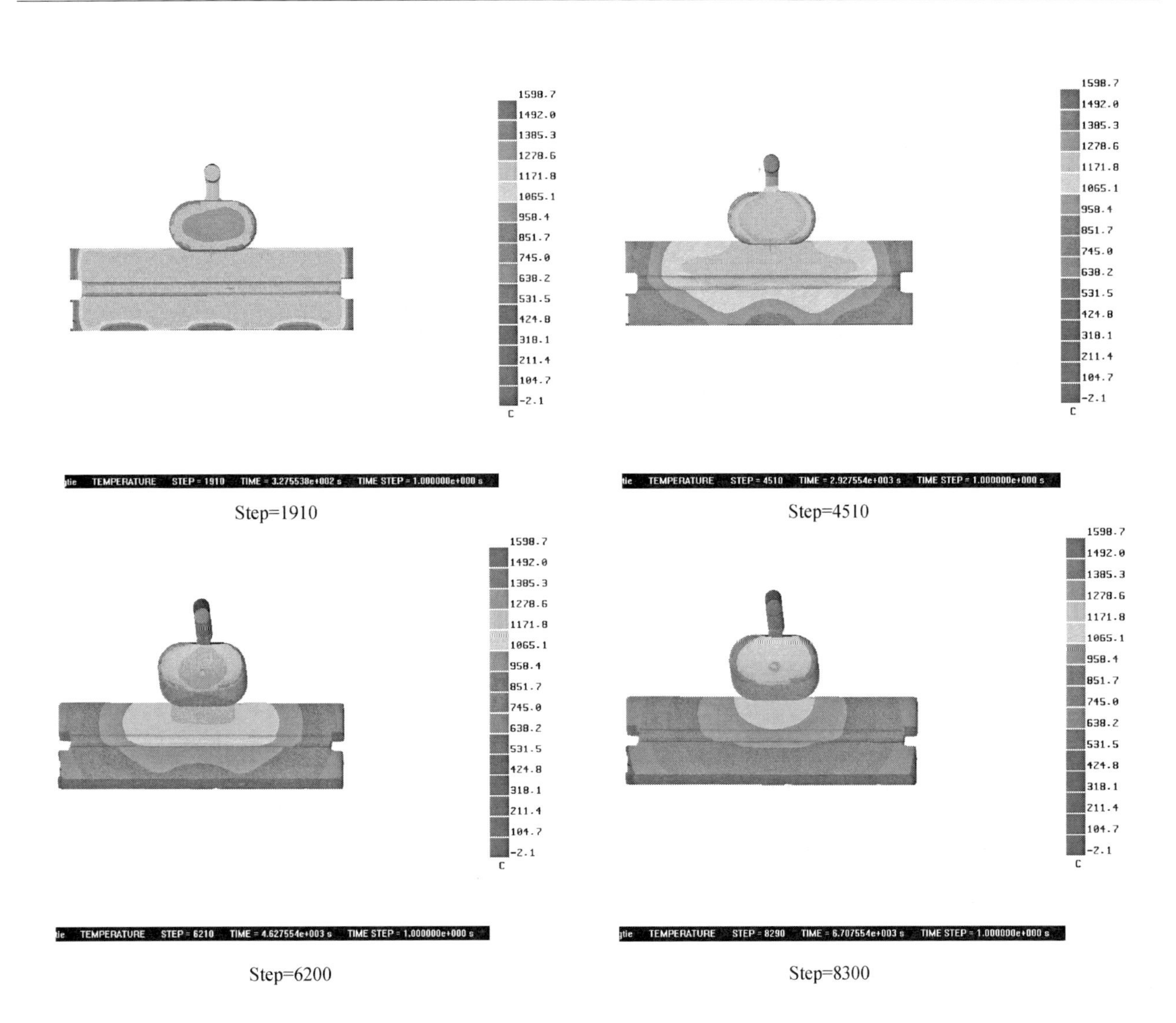

图 10　方案 2 的温度场分析

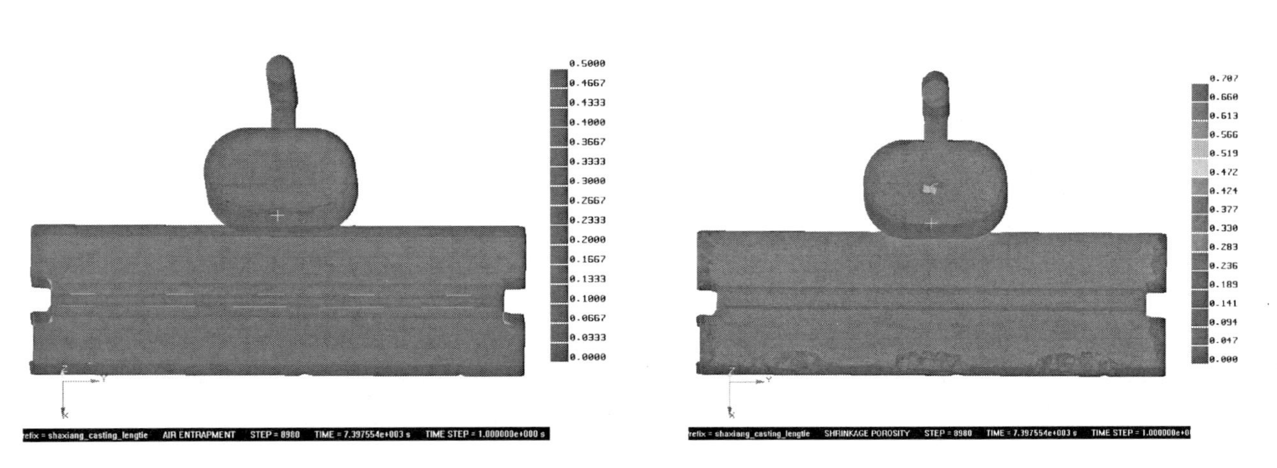

图 11　方案 2 中的缩孔　　　　**图 12　方案 2 中的缩孔**

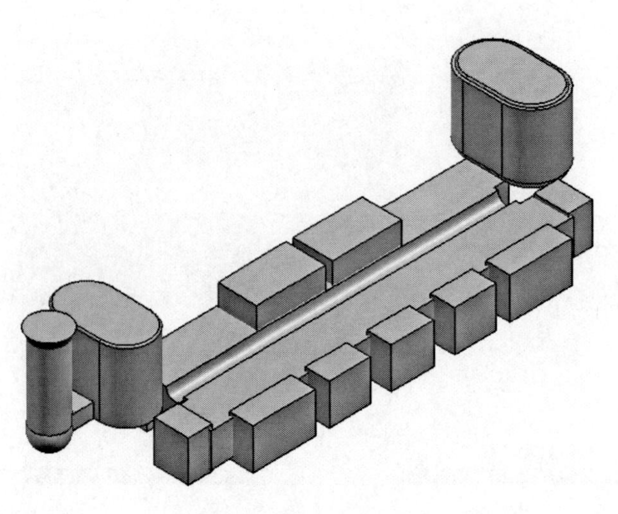

图 13　方案 3 的工艺图

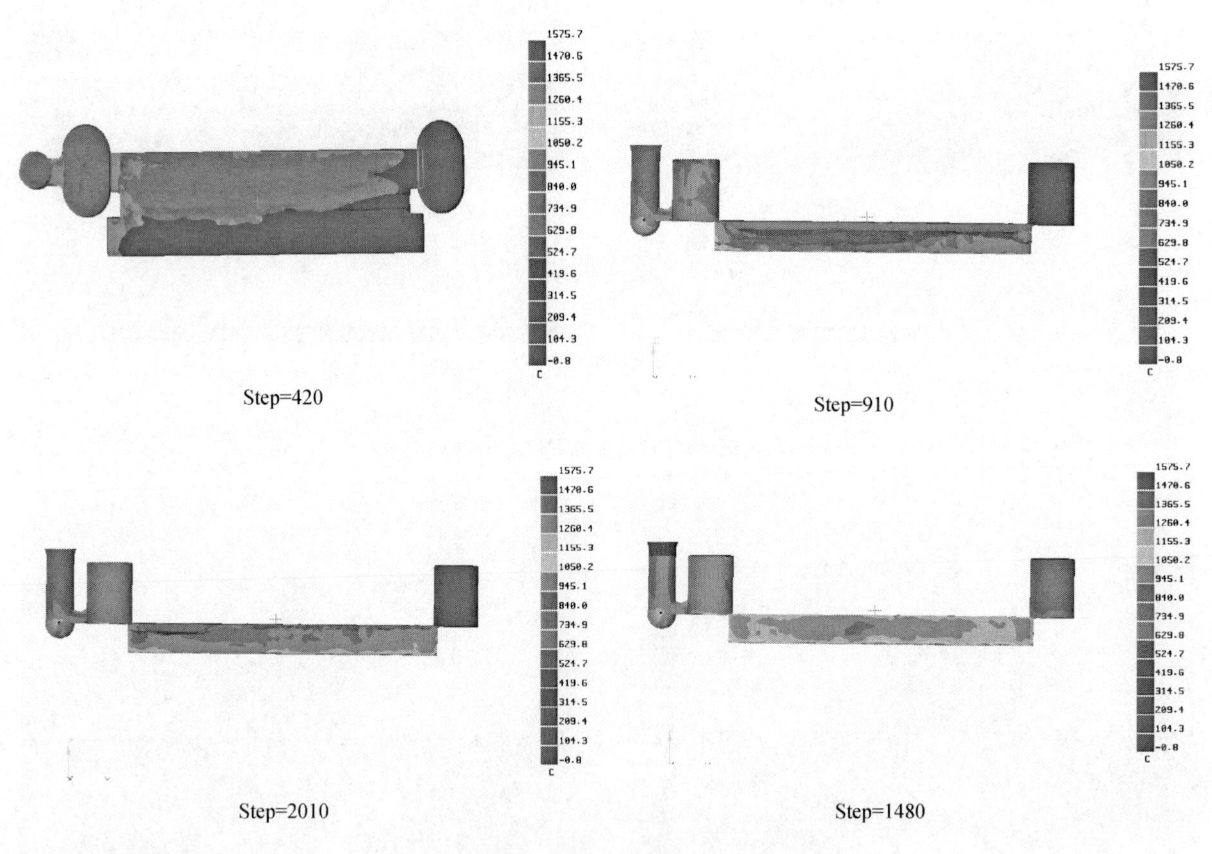

图 14　方案 3 的流场分析

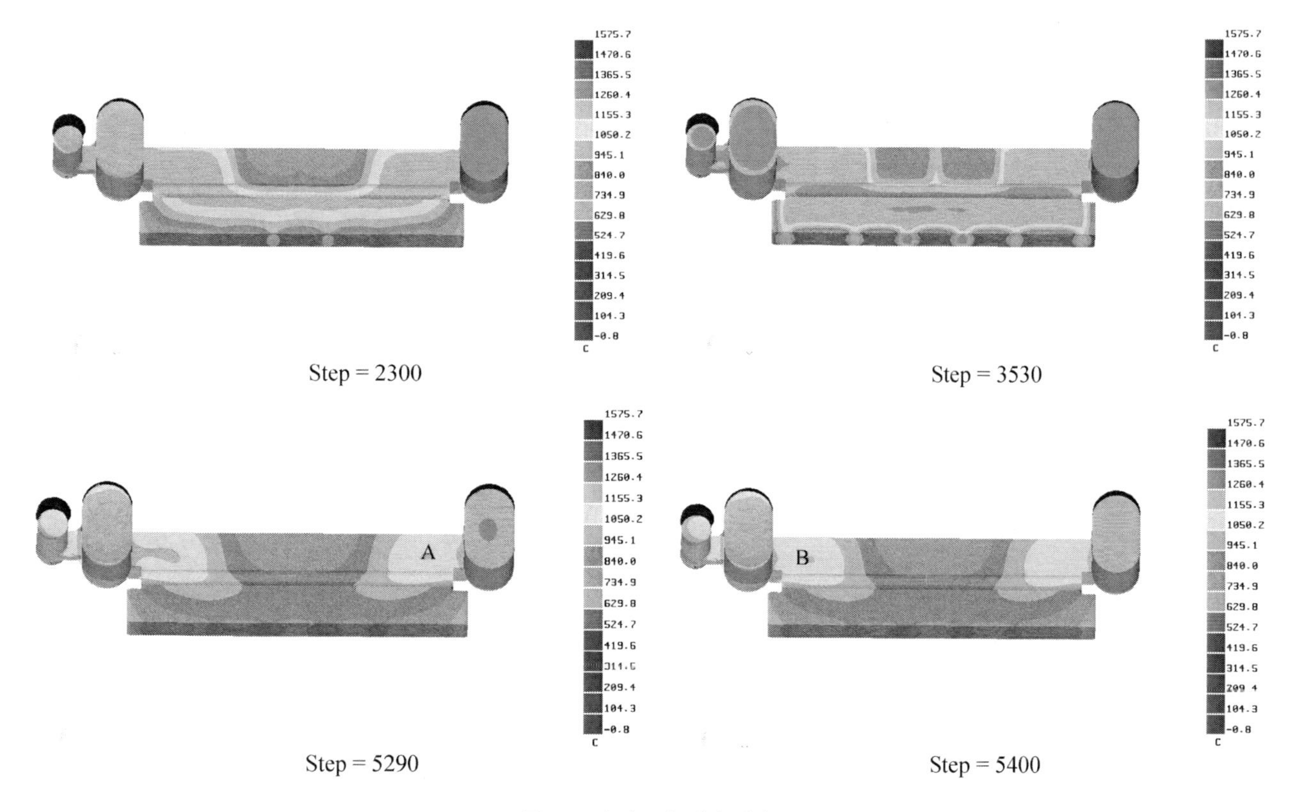

图 15　方案 3 温度场分析

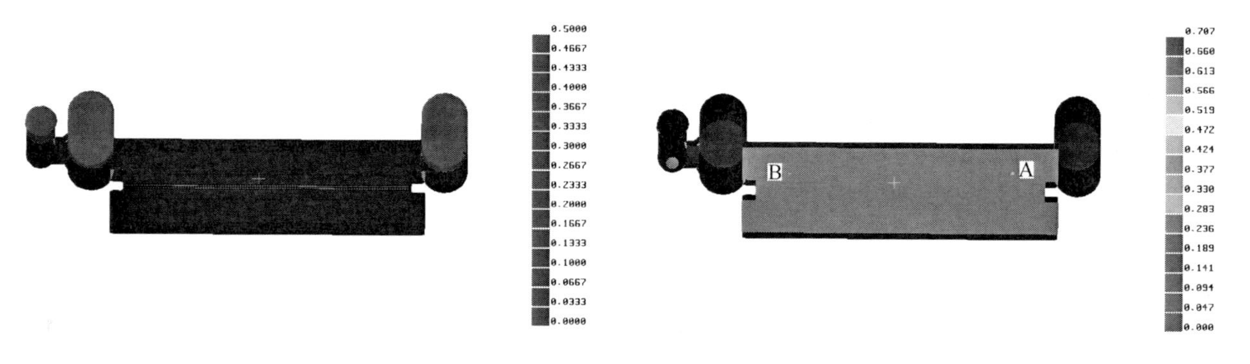

图 16　方案 3 中的缩孔

图 17　方案 3 中的缩松

参　考　文　献

[1] 李魁盛，王文清．铸造工艺学．北京：机械工业出版社．

[2] 魏兵．均衡凝固技术及其应用．北京：机械工业出版社．

[3] 均衡凝固技术在高铬白口铸铁衬板上的应用．铸造技术．2005，26 (8)．

基于 ProCAST 的消失模铸造工艺优化及研究

沈焕弟　李　日　冯传宁　郭仁军　尹海军　冯长海

河北工业大学材料学院，天津，300130

摘　要：采用 ProCAST 软件对消失模铸造搅龙铸件的温度场、流场、应力场进行了模拟分析，根据模拟结果预测的缺陷形成的位置与实际浇注结果十分吻合，通过分析计算提出了实现消除缺陷的优化方案。

关键词：ProCAST；消失模；数值模拟。

消失模铸造技术（EPC）是当前铸造技术发展趋势，近年来其发展速度很快，已成为国家重点推广的高新技术之一[1]。消失模铸造具有尺寸精度高、机械加工余量少、环境污染小、生产适用性强等诸多优点，被认为是一项很有发展前景的近净型加工技术和清洁生产技术[2]。本文利用 ProCAST 软件对搅龙铸件进行消失模充型和缺陷的数值模拟，并提出消除缺陷的改进法案。

1　分析模型及参数设置

1.1　分析模型

图 1（a）所显示的铸件部分为消失模生产的搅龙铸件的三维造型图，材料为 Cr_{15}。原本原厂工艺为一箱 32 件，为了节约计算时间把原厂工艺简化成如图 1（a）所示的模型。本铸件中间瓦片部分的厚度为 16.5mm，叶片部分厚度为 17mm，并且在瓦片的一侧底部有一孔和突起［见图 1（b）的 A 部分］。由于本铸件的特殊要求在瓦片平面 B 上不能放浇道或冒口。通过图可以看出本铸件的热节在瓦片和叶片交接的地方和 A 部分，其他部分的尺寸比较均匀。

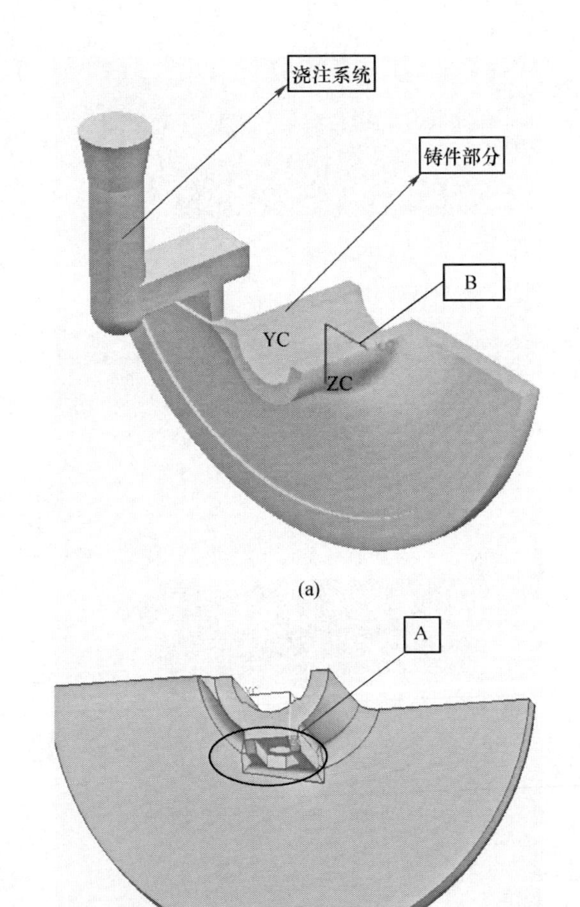

图 1　原厂工艺及铸件图

（a）原厂工艺图；（b）铸件图

1.2　主要参数设置

（1）界面换热系数。砂箱与铸件、铸件与冷贴间的换热系数分别为 $h=500$、$h=1000$。

（2）边界条件。砂箱外围设为空冷，砂箱和空气的温度为 25℃，浇注压力及位移约束赋值略。

（3）重力加速度、初始条件、运行参数的设置。按照实际浇注情况设置重力加速度的方向（此处为 $-Z$ 轴），泡沫模样在解热过程中需要消耗很多金属液的热量，所以消失模铸造的浇注温度要比砂型铸造的 30～50℃[3]。根据实际情况设浇注温度为 1650℃。

2　原厂工艺的模拟结果与分析

图 2、图 3 是模拟在进行到 150s 和 190s 时的

温度分布情况，从这两张图的温度分布和变化可以看出由于补缩通道过早的凝固致使铸件上热节（图 3 上的 A 区域）最后凝固，可能在此位置上会有缩孔或缩松。

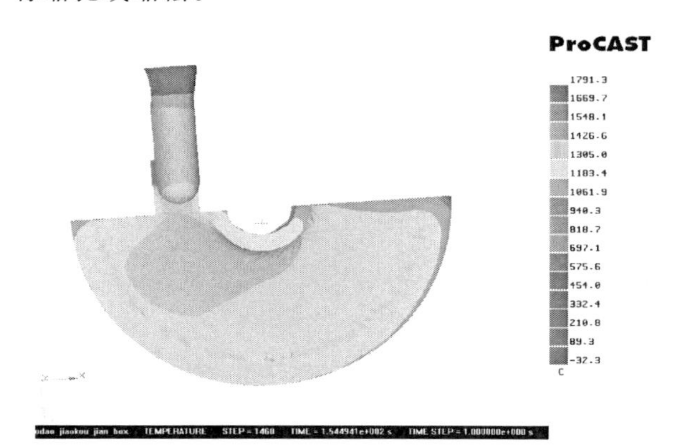

图 2 $t=150s$

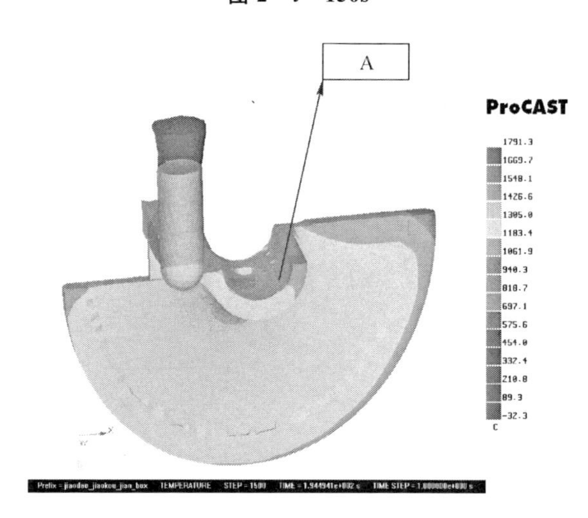

图 3 $t=190s$

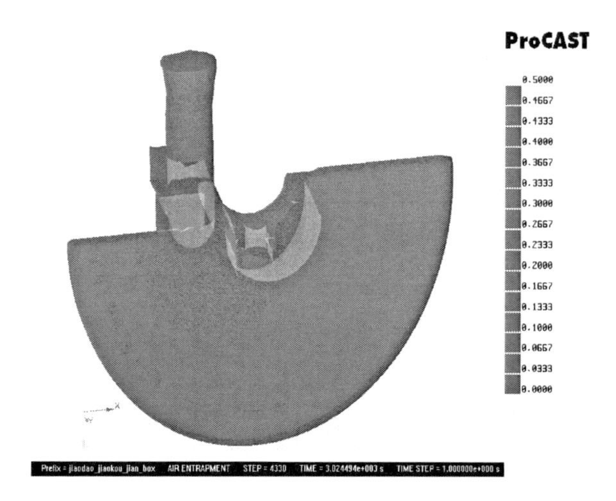

图 4 缩孔的位置图

从图 4 可以看到采用该工艺进行模拟，铸件上没有明显的缩孔。从图 5 可以看到在铸件瓦片与叶

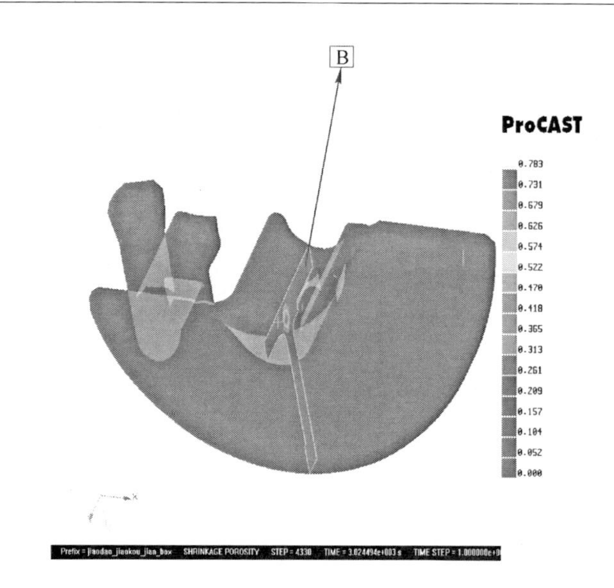

图 5 缩松的位置

片相交的地方有明显的缩松（图 5 中 B）而且缩松比较靠近表面，这与上面的分析吻合。模拟出来的结果和工厂实际出现的缺陷吻合，这说明本模拟接近实际生产情况。

3 优化工艺的模拟结果与分析

3.1 优化工艺一的模拟结果及分析

通过以上对铸件的分析和原厂工艺的模拟结果，选择改变浇注位置（见图 6、图 7）并加冒口（见图 7 中 B），来改变铸件的凝固顺序消除缩松。冒口的设置主要是按模数法计算，采用易割冒口。

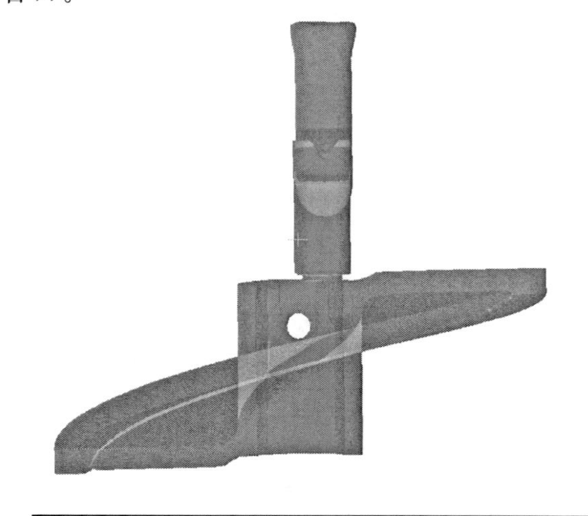

图 6 缩孔的位置

从优化工艺一的模拟结果来看，改变浇注位置并加冒口，确实起到了一定的作用。但是由于铸件本身的结构，冒口没能达到完全补缩效果，所以在铸件上出现了少量的缩松（图7中C）。

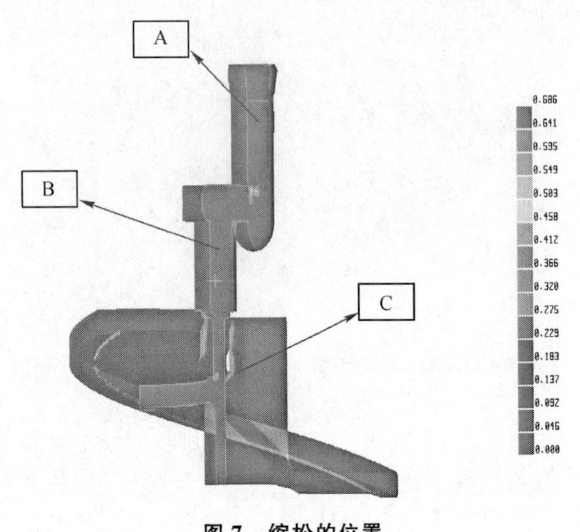

图7　缩松的位置

3.2　优化工艺二及其模拟结果

优化工艺一已经达到了很好的改变凝固顺序的效果，只是还存在少量缩松。优化方案二（见图8）是在优化方案一的基础上加冷铁（见图8中C），以消除工艺一中产生的缩松。

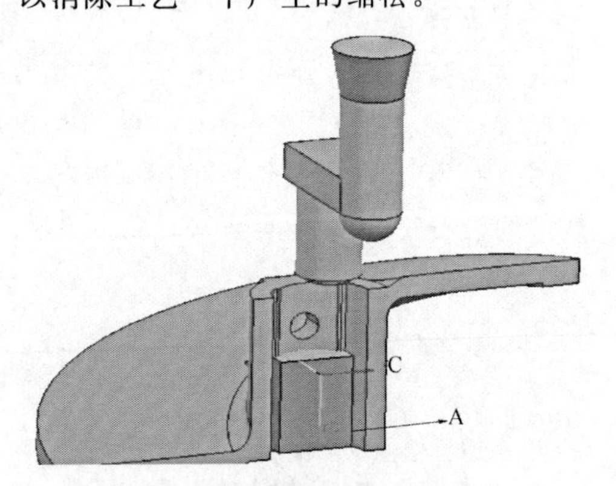

图8　优化工艺二的三维图

图9显示的是模拟出来的铸件上的缩孔的位置，可以看到缩孔没有出现在铸件上，说明铸件上没有缩孔缺陷。图10显示的是模拟出来的铸件上的缩松的位置，可以看到铸件热节上没有缩松，说明冷铁和冒口起到了比较好的补缩效果。

4　应力场模拟结果

本次对原厂工艺进了应力模拟（见图11），由

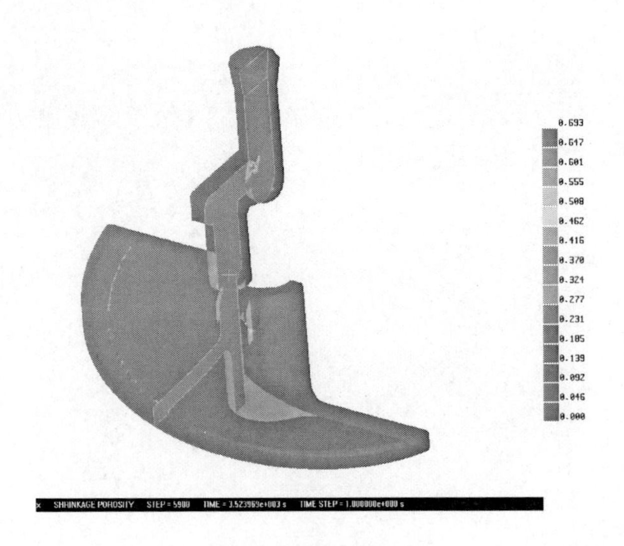

图9　缩孔的位置

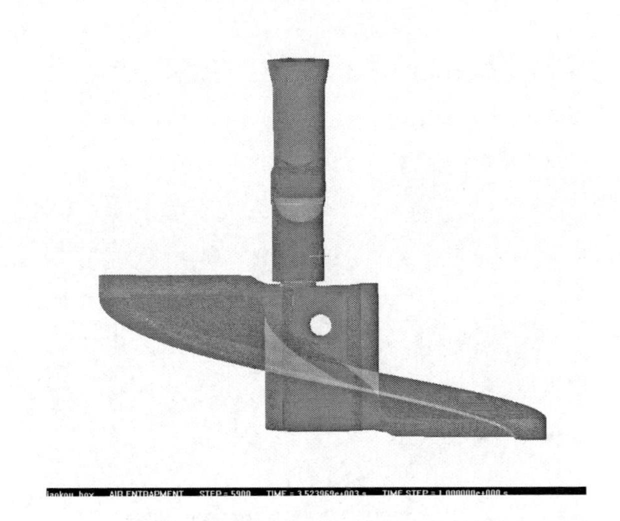

图10　缩松的位置

于本铸件除了在瓦片和叶片交接的地方比较厚外，其他部分尺寸比较均匀，在凝固过程中不会产生较为明显的应力，而只是在瓦片和叶片交接的地方有少许应力（见图11），所以本铸件不会产生较为明显的变形。这与实际生产结果相吻合。

5　结论

（1）采用ProCAST软件对搅龙铸件进行消失模温度场和流场模拟，预测铸件发生缺陷的位置，且与实际相吻合，通过计算模拟得出了消除缺陷的优化法案。

（2）应力的模拟结果与实际情况也比较吻合，说明此次应力模拟的可靠性，为以后应力模拟提供依据。

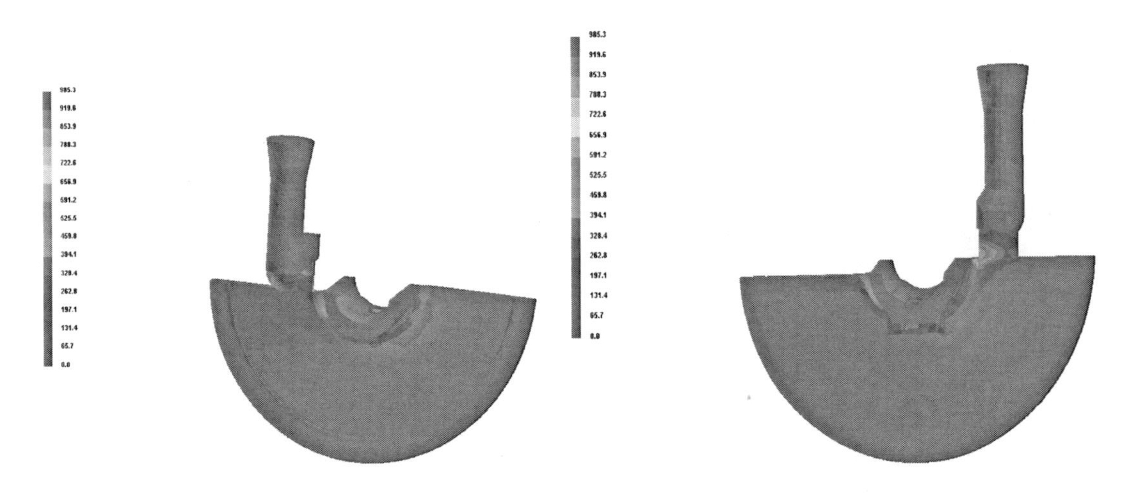

图 11 有效应力

参 考 文 献

[1] 李茂林．消失模铸造技术概述 [J]．中国建材报．2010，1.

[2] 肖泽辉，罗吉荣．消失模铸造在中国的应用及其发展 [J]．铸造技术，2003.

[3] 黄乃瑜，叶升平，樊自田．消失模铸造原理及质量控制 [M]．武汉：华中科技大学出版社，2004.

基于 ProCAST 对破碎机锤头的工艺优化及微观组织模拟

尹海军　李　日　冯传宁　郭仁军　冯长海　沈焕弟

河北工业大学材料科学与工程学院，天津，300130

摘　要：本文是以破碎机锤头为研究对象，基于 UG 和商业模拟软件 ProCAST 平台对工艺进行评价，对比分析原工艺所产生的缺陷原因，提出运用均衡凝固原理设计浇冒口系统，以消除破碎机锤头缩孔、缩松。同时对铸件重要部位的微观组织进行模拟，对其晶粒大小和形成原因进行对比分析。

关键词：数值模拟；均衡凝固；缩孔缩松；微观组织。

1　铸件结构及工艺特点

破碎机是水泥、陶瓷、矿山等行业广泛使用的机械。锤头是主要磨损件，高铬铸铁是硬度较高的脆性耐磨材料，体收缩和线收缩量较大，铸造生产时浇冒口设计稍有不慎便会造成缩孔、缩松、裂纹等缺陷。零件典型结构如图 1 和图 2 所示，其工作面均要求弧度精确以免影响装配，铸件最小厚度为 25mm，最大壁厚为 120mm，热节是厚壁中心部分。表 1 列出了钝件的基本参数。

表 1　　铸件基本参数

材质	体积（cm^3）	散热表面积	质量（kg）
$Cr_{25}Mo$	6042.34	2415.12	47.30

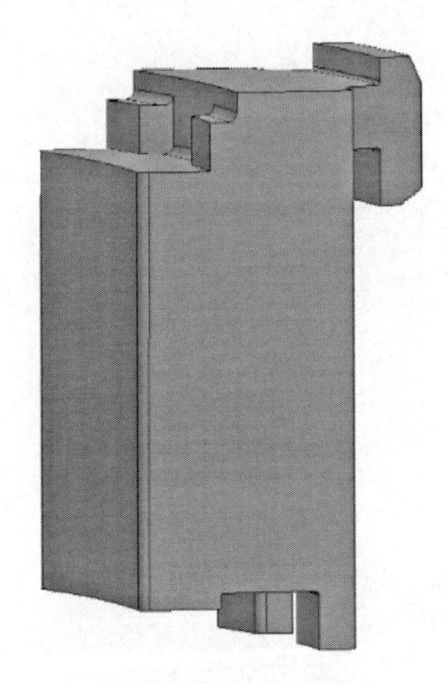

图 1　破碎机锤头三维图

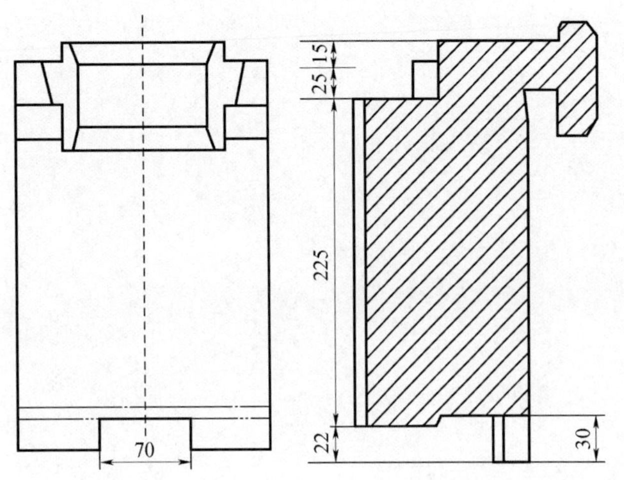

图 2　破碎机锤头结构图

2　原工艺方案及存在问题

根据锤头形貌及材质的特点，原工艺按照传统的顺序凝固进行浇冒口的设计，采用保温浇冒口在铸件的厚大部位侧向引注（见图3），冒口基本尺寸如表2所示。

表2　原冒口基本尺寸　单位（mm）

冒口类型	直径 D	高度 H	冒口颈	冒口窝 h
保温	120	150	50×50	50

对原工艺生产的铸件现场统计，主要缺陷如下：

（1）打掉浇冒口时出现掉肉现象，在铸件和冒口接触的部位出现缩松，严重影响铸件的耐磨性和使用寿命。

（2）铸件在表面处理时，发现轻微气孔和夹渣现象；线切割铸件，在远离冒口端的厚大部位出现蜂窝式缩孔和大面积缩松。

用ProCAST对原工艺仿真模拟，分析其温度场和流场：侧冒口静压头相对顶冒口较低，很难对远冒口端充分补缩（见图4），这是形成蜂窝式缩孔的主要原因；此外，冒口颈和铸件构成热节，导致此处凝固较慢，没有金属液补充而形成缩松。因此，运用均衡凝固原理对铸造工艺优化设计。

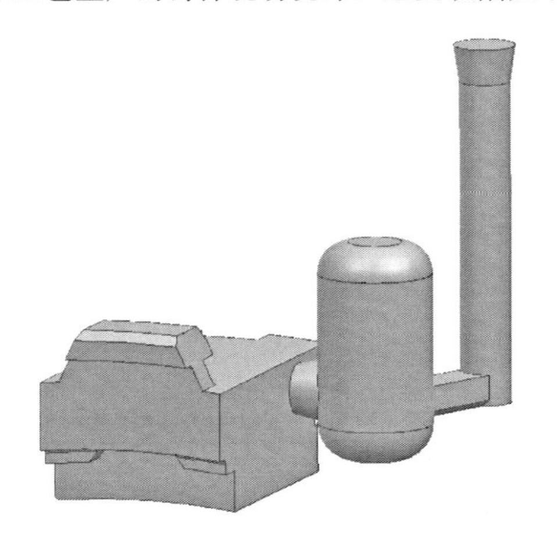

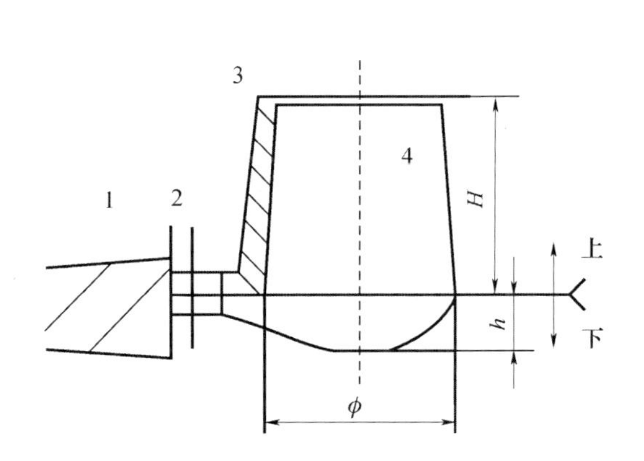

图3　原工艺

1—铸件；2—冒口颈；3—保温套；4—冒口

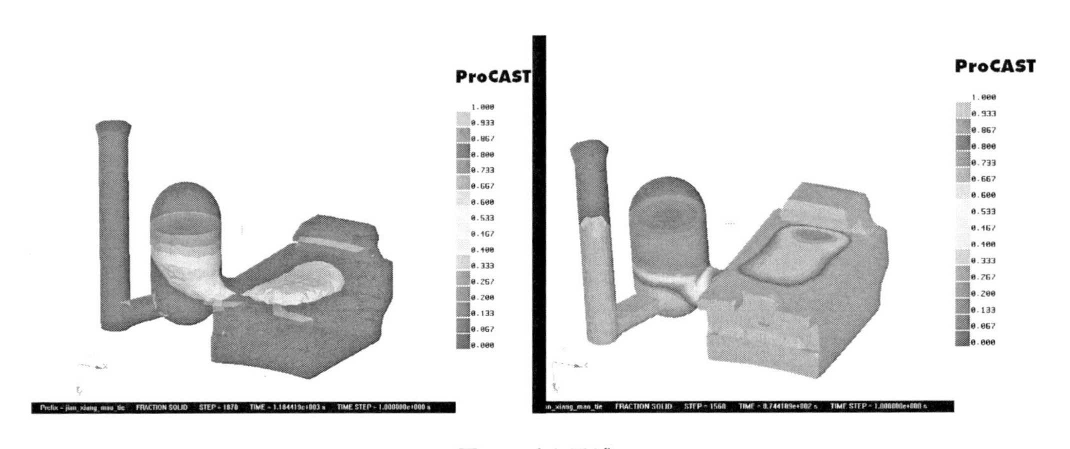

图4　孤立区域

3　均衡凝固工艺优化

3.1　均衡凝固原理

依据均衡凝固工艺原则，浇口和冒口不应设在铸件的几何热节上，以避免热节因铁液引入造成热量积聚，即几何热节与物理热节重合加大补缩量[1]。可采用适当的冷铁均衡几何热节率。

3.2　飞边冒口尺寸设计

薄、宽、短的内浇口均匀引入铸型，可避免

冒口颈形成热节，因此，确定采用飞边冒口（见图5）。将冒口由原来的 $H/D=1.2$ 提高到1.3，以增加静压延长补缩距离，冒口基本尺寸见表3。

表3　冒口基本尺寸　单位：mm

冒口类型	直径 D	高度 H	窝 h
保温暗冒口	120	160	50
冒口颈尺寸	宽 W	厚度 e	长 L
短薄宽系列	20	10	160

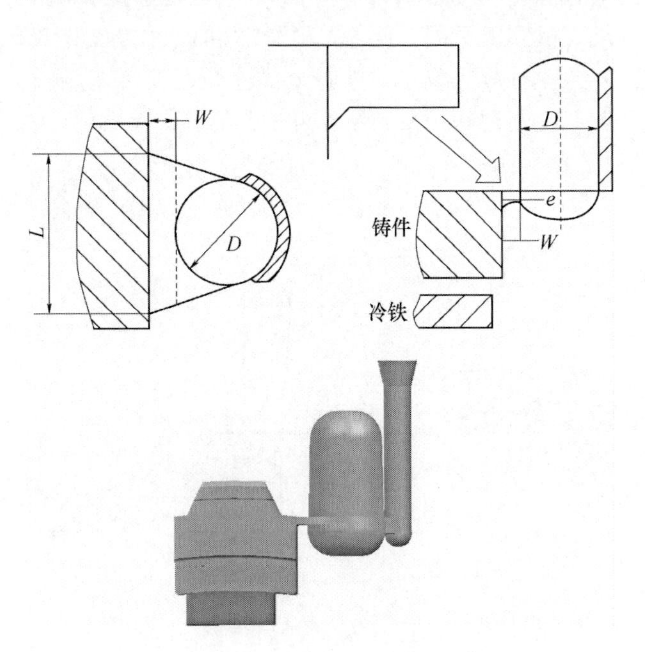

图5　优化工艺三维造型

3.3　浇冒口系统和冷铁设计

利用奥攒公式计算浇道阻流截面积：

$$A=\frac{G}{\rho\mu\tau\sqrt{2gHp}} \tag{1}$$

式中：τ 为浇注时间，由经验公式 $\tau=s\sqrt{G}$ 计算获得，其中 s 查表确定；G 为浇注金属液总质量。

按灰铸铁设计的浇注系统，需要扩大1.1～1.2才适合高铬铸铁。保温冒口与冷铁相配合可减少冒口的体积，并得到稳定健全铸件，冷铁尺寸直接采用经验法（见表4）。

表4　冷铁尺寸

冷铁长度 L	厚度 h	宽度 W	间隙 d	铸件厚度
$L=(2-4)H$	$h=(0.5-1.0)H$	$W\approx L$	$d=(0.5-0.76)W$	H

（1）采用圆顶暗冒口，冒口颈划切割槽，避免清理时产生带肉现象。

（2）横浇道设计集渣包，以提高浇注系统的挡渣能力，为了防止冒口向浇注系统补缩，内浇口的厚度一般不超过8～12mm。

3.4　浇注温度及散热边界

浇注温度低容易导致冷隔、缩孔、夹渣、气孔等缺陷，浇注温度过高易导致热裂纹，而且凝固缓慢，使组织粗化，降低铸件耐磨性。高铬的液相线温度在1270℃左右，考虑各方面的因素，浇注温度保持高于液相线150～230℃[2]。本次模拟的浇注温度参数设置为1400℃，冷铁和铸件热扩散系数设置为 $Hw=1000\text{W/m}^2\cdot\text{k}$，保温套和铸件之间 $Hw=20\text{W/m}^2\cdot\text{k}$，砂型和铸件 $Hw=500\text{W/m}^2\cdot\text{k}$，时间步长2000。

4　后处理及模拟结果分析

4.1　冲型过程对比

图6（a）为原工艺浇注位置，冲型初期大股金属液的注入，在铸型内产生紊流，容易卷气卷渣形成气孔、夹杂等缺陷。图6（b）为优化工艺浇注位置，冒口颈设在顶端，先注入的铁液沿型壁下流，由于底部冷铁激冷温度迅速降低并停在底部，受到不断浇入的高温铁液的接续振动，有利于杂质、气泡的上浮和逸出。

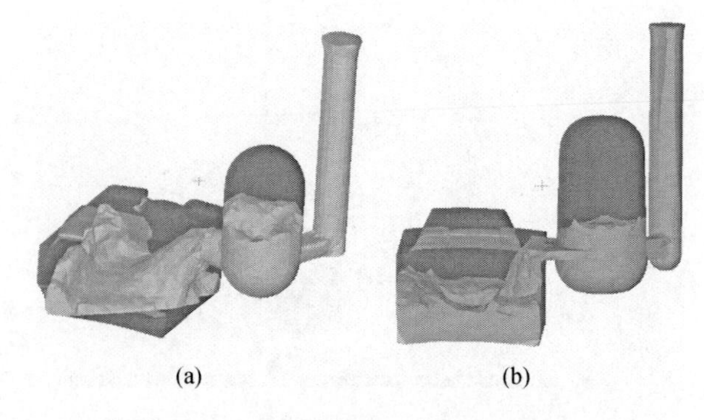

(a)　(b)

图6　冲型过程对比

4.2　缺陷对比分析

在View Cast中对铸件温度场和凝固过程进行分析，虽然冒口的凝固时间比铸件要晚，但补缩距离不够，导致远离冒口端的靠近沟槽位置出现严重的缩松现象（见图7）。优化工艺模拟结果显示（见图 8），冒口和铸件没有形成热节，铸件内部没有缩孔，缩松基本消除。

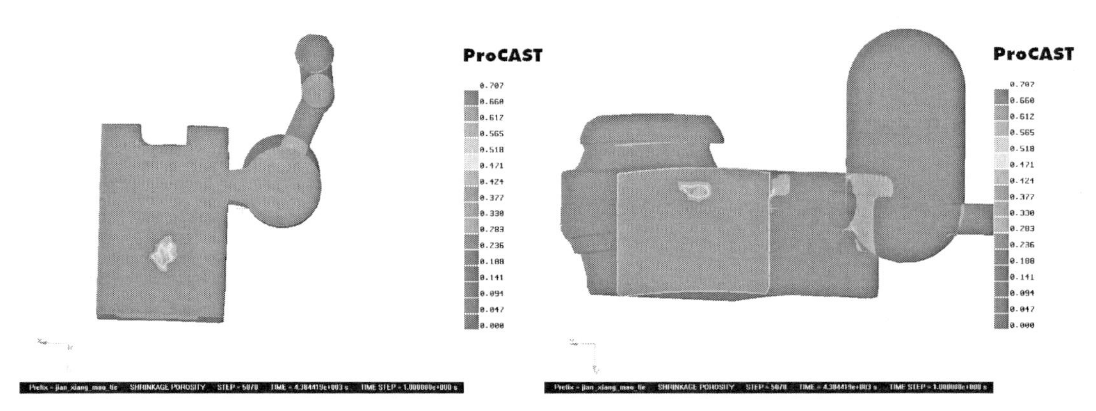

图 7　原工艺缺陷分布

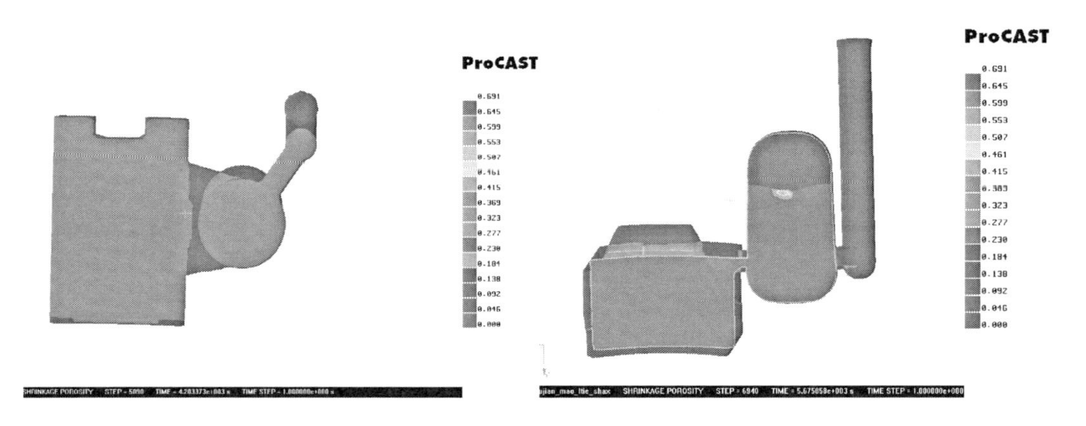

图 8　优化工艺缺陷分布

5　微观组织模拟

耐磨铸件的基体组织形态、晶粒大小对其零件的冲击韧性和耐磨性等性能息息相关。因此，进行微观组织模拟是提高铸件性能的有效途径之一。考虑到 ProCAST 的微观组织模拟实际条件，针对优化工艺，截取了 3 个典型区域（见图 9）进行微观模拟。

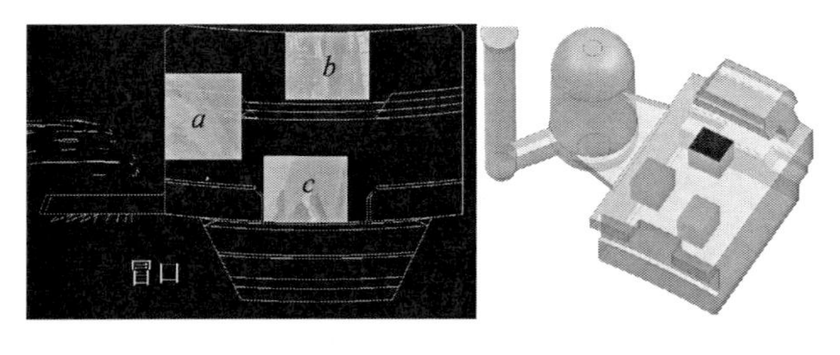

图 9　微观组织模拟区域

铸件三部位同一比例下的微观组织晶粒大小（见图 10）：

图 10（a）为邻近冒口部位的晶粒，受冒口颈

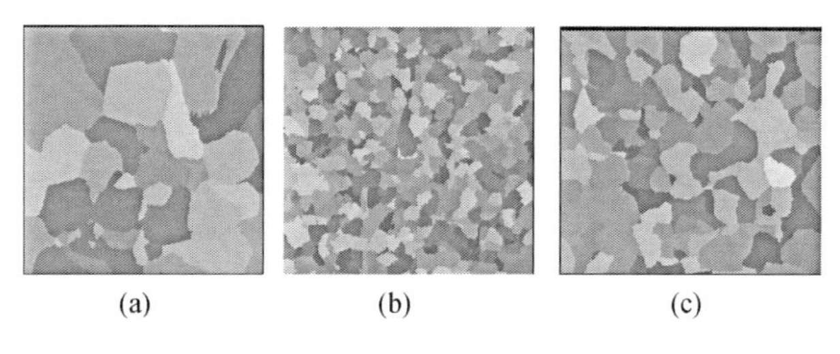

图 10　晶粒大小

的影响，前期砂型蓄热过热度较大，铸件凝固时间较晚，出现了粗大的等轴晶组织。

图 10（b）中，铸件在冷铁的激冷作用下，过冷度大沿铸型散热快，使晶粒致密细小，组织得到改善，因而可以强化铸件该处的性能。

图 10（c）中，由于铸件本身结构的影响散热困难，凝固时间也较晚，表面细晶区和柱状晶区相对都不发达，内部有较大的等轴晶组织。

6　结论

（1）应用均衡凝固原理，开设薄、短、宽的

飞边冒口，从铸件的非热节处引注，打破传统的铸铁生产技术观念，对新的铸造工艺理论进行了强有力的支持。

（2）采用改进的工艺现场浇注铸件，检测热节部位观测其缩孔、缩松全部消除，质量稳定，证明数值模拟的有效性。

（3）运用ProCAST的CAFE对铸件微观组织模拟，计算结果和理论分析吻合良好。

参考文献

[1] 魏兵，袁森，张卫华．铸件均衡凝固技术及应用[M]. 北京：机械工业出版社，1998.

[2] 赫石坚．高铬耐磨铸铁[M]. 北京：煤炭工业出版社，1993.

[3] 中国机械工程学会铸造分会编．铸造手册[M]. 北京：机械工业出版社，2006.

基于 ProCAST 软件对搅拌臂的消失模铸造工艺的优化

冯传宁　李　日　尹海军　沈焕弟　冯长海　郭仁军
河北工业大学材料科学与工程学院，天津，300130

摘　要：采用三维绘图软件 UG 对零件进行三维造型和铸造工艺方案设计，然后用 ProCAST 仿真模拟软件对各工艺的缺陷进行模拟预测，并根据结果进行工艺分析和改进，最后确定出最佳的工艺方案。

关键词：消失模；ProCAST；应力场；数值模拟。

1　前　言

消失模铸造具有尺寸精度高、表面粗糙度低、加工余量少、工艺操作简单、成本低等许多优点，是一种很有发展潜力的铸造方法。而且现在许多工艺都在向消失模铸造转变，希望能以消失模的方法将产品生产出来。但有人这样形容消失模铸造技术“一看就懂、一学就会、一坐就废”，可见人们对消失模铸造技术的认识和研究还很不足，实际成功的经验也不丰富。一个成功消失模铸造工艺需要大量的实验研究，费时费力，设计周期长。因此，采用计算机模拟技术对消失模铸造进行模拟，观察金属液的充型和凝固过程，研究各种因素的影响，并对可能产生的缺陷进行预测，进而改善工艺设计，为实际的试验和生产提供指导借鉴。本文就利用 ProCAST 软件，对搅拌臂的消失模铸造工艺进行了优化设计，以期找到最佳工艺。

2　铸件的结构及工艺分析

2.1　铸件工艺性分析

铸件的零件图如图 1 所示，材质 45 钢，根据铸件结构，浇注位置选择立浇，且拌臂向下，这样易于填砂造型和补缩；由于是消失模铸造，没有起模操作，不需要考虑分型面；浇注系统选择顶注式，且采用封闭式浇注系统，各浇道截面积比为$\sum S_{内}:\sum S_{横}:\sum S_{直}=1:1.1:1.2$，由于消失模铸造过程中，需要气化泡沫颗粒，消耗了金属液大量的热量，故再设计浇注系统时需将浇注系统各部分都放大 10%～20%；铸钢件浇注时要保证顺序凝固，但钢液流动性较差，且存在较大收缩，故需在顶部设置冒口，以减小缺陷的产生。

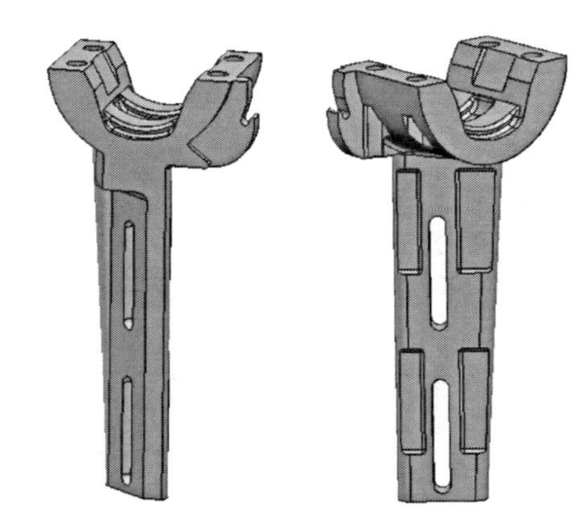

图 1　搅拌臂零件图

2.2　铸件的模数分析

根据铸件结构，我们可以把铸件划分成几个分体，如图 2 所示，找出热节部位及大小。各铸件分体模数大小如表 1 所示。通过模数分析，可以看出铸件分体③、⑥、⑦、⑧是热节部位，应当采取措施减小这些部位的热节或将热节部位转移，以减轻或消除这些部位可能产生的缺陷。

表 1　铸件各分体模数

结构分体	①	②	③	④	⑤	⑥	⑦	⑧
体积 V(mm³)	203930.83	247275.1	336054.5	265007.9	446923.5	601002.42	593230.37	1400327.659
表面积 S(mm²)	19456.39	21795.64	26341.55	22789	32869.5	43923.03	42070.44	80673.02
模数 $M=V/S$(cm)	1.048	1.135	1.276	1.163	1.36	1.37	1.41	1.74

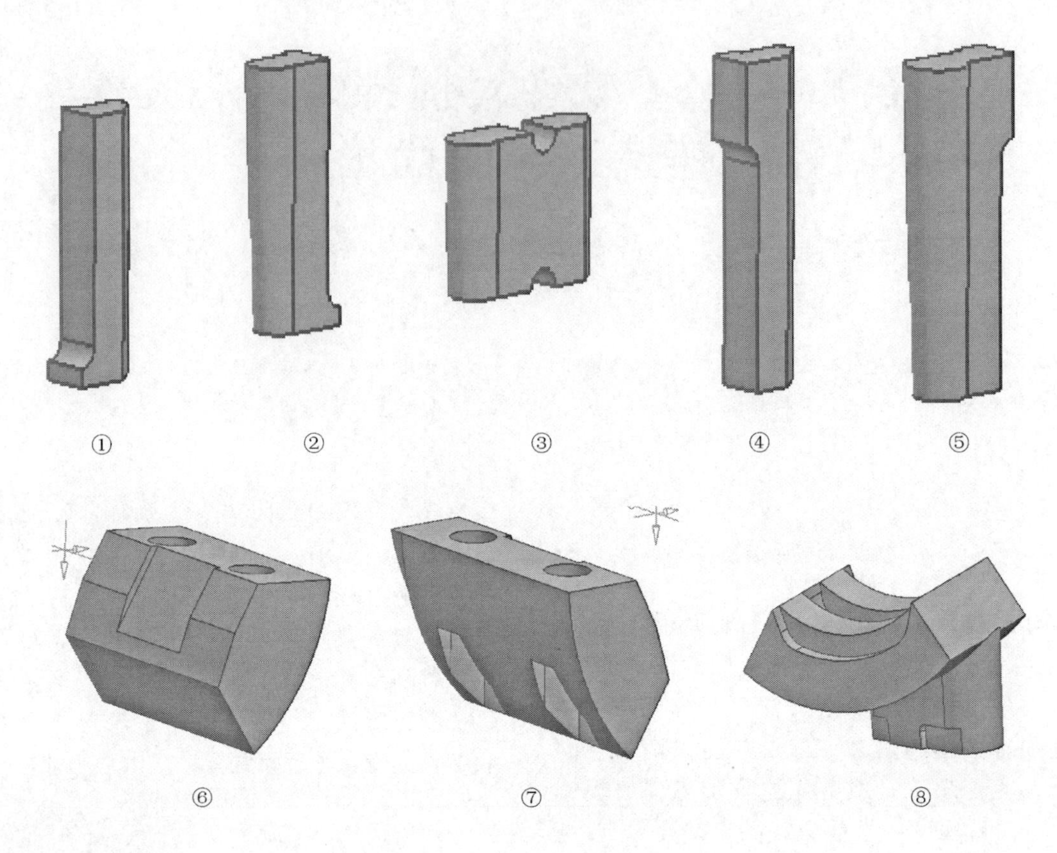

图2 铸件各结构分体

3 确定铸造工艺方案及分析模拟结果

3.1 初始铸造工艺方案及模拟分析

3.1.1 工艺方案

根据之前的工艺分析及消失模铸造的特点，选择在铸件顶端两边各加一个原形冒口，$R=25$mm，$H=100$mm。负压选择为－0.06MPa，浇注温度1600℃，比普通铸造方法的浇注温度要高60℃左右。

3.1.2 模拟结果分析

1. 铸件充型过程的流场分析

流场分析即对浇注过程中液体在型腔内的充型流动过程进行分析。首先来看一下铸件充型过程，如图3所示。观察铸件的充型过程，可以知道在整个充型过程中，液体的流动非常平稳。没有出现紊流、液体冲撞等现象。这是因为型腔材料是泡沫，金属液进入型腔将泡沫燃烧气化，而使金属液受到气体的反压，在气体反压下平稳向前流动。这一点也可解释型腔上部为什么先充满。可见，气体反压力是很大的。虽然金属液流动平稳，但是还不能说明就不会产生卷气、夹杂等缺陷，只能说明产生这些缺陷的可能性较小。

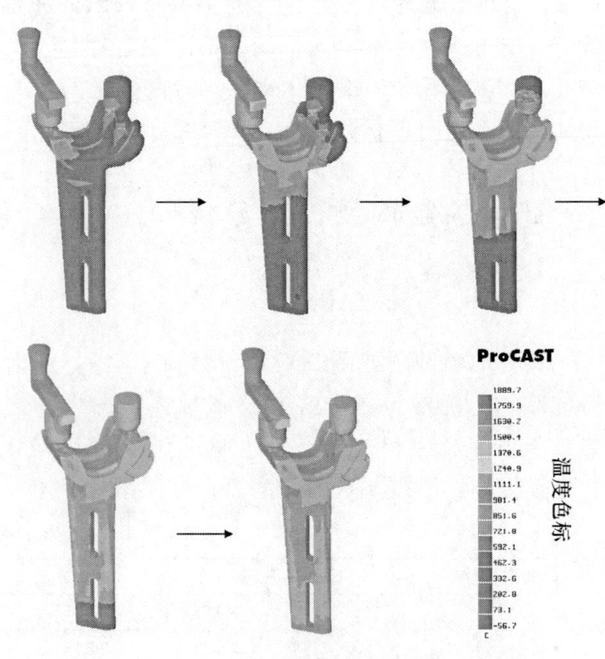

图3 铸件不同时刻充型状态

2. 铸件凝固过程的温度场分析

温度场分析即观察铸件在充型完成后，冷却凝固时铸件各部位的温度变化情况，可以找出铸件热节及可能产生缩孔缩松的部位。铸件温度场的变化情况如图 4 所示，还可以观察铸件内部的温度变化。

通过观察铸件的温度变化，可以看出在拌臂中间部位凝固顺序断开了，并不是从底端向上凝固，这对于铸钢件来讲是不利的。此外，铸件中间的厚大部位也是最后凝固，从铸件的截面温度变化直接观察到。此时冒口的补缩通道已完全凝固，不再起补缩作用，容易在最后凝固的部位产生缩孔缩松缺陷，如图 4 中圆圈标注（是否会在这些部位产生缺陷会在后边给出分析）。当铸件完全凝固后，铸件拌臂的温度变化改变过来了，凝固顺序变成从底部向上凝固，但最后凝固的部位仍是中间厚大部位。

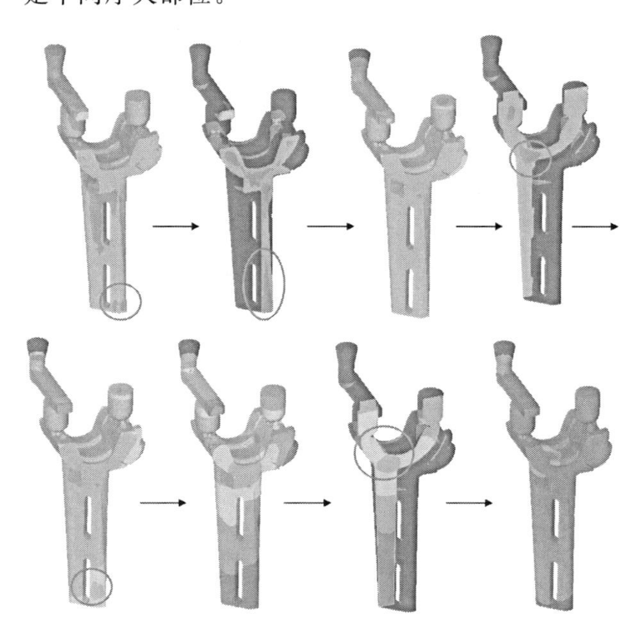

图 4　铸件不同时刻温度变化

通过对温度场进行分析，我们还可以找出铸件的实际热节部位，这为我们今后制定和改善铸造工艺很有帮助。

3. 铸件缩孔缩松分析

为了全面显示缩松的程度，同一位置的缩松我们从两个截面来显示，即 X 轴截面、Z 轴截面。图 5 中色标表示单位体积内的缩松率。通过分析，可以找到在铸件的不同部位产生了三处集中的缩松，如图 5 所示。其中铸件的最厚大部位缩松最严重，另外两处也是出现在了铸件厚大结构上，这与前述分析的铸件温度场变化是一致的。这些部位均为独立的最后凝固区，在凝固后期周围金属液都已凝固，没有金属液再进行补缩了，所以最后产生了缩松。铸件中并无集中缩孔。

3.2　优化工艺方案一及模拟分析

3.2.1　工艺优化

对于铸钢件，它在凝固后期没有石墨化膨胀，所以应该尽量保证它的顺序凝固，不能出现孤立的液相区。为了平衡铸件的热节部位，我们常常采用设置冒口、冷铁等措施，以保证铸件的顺序凝固。根据前次的模拟结果，采用加冷铁的工艺措施来消除铸件厚大部位的热节。

将冒口改为易割冒口，改动后冒口直径 $D=110\text{mm}$，$H-126\text{mm}$，隔板孔直径为 $d=23\text{mm}$，$h=7\text{mm}$。改动后冒口模数 $M_r=1.94\text{cm}$，大于与其相接的铸件分体⑥、⑦的模数。

在碗口凹部加冷铁，冷铁与铸件的接触面是随形的，即接触面随铸件的形状变化。冷铁 $l=120\text{mm}$，$b=70\text{mm}$，$h=85\sim100\text{mm}$。加上冷铁后铸件分体⑧的模数会减小至 $M_r=1.508\text{cm}$。

3.2.2　模拟结果分析

前处理中网格划分及参数设置不变，对此优化工艺模拟结果如下。模拟结果显示，充型过程中流场没有太大变动，与初始工艺基本一致，但是温度场发生了变化，如图 6 所示。

通过观察温度场的变化，可以看出拌臂上中间部位存在孤立的凝固区域，仍有可能产生缩孔缩松。而逐渐顶端的厚大部位通过冒口的作用将热节转移到了冒口中，使最后凝固区域也相应地转移到冒口中。通过冷铁的作用，铸件厚大部位的热节减小，冷却速度加快，降低了产生缩孔缩松的几率。相比前工艺，凝固顺序已有所改善。

图 7 显示了铸件中的缩孔分布，可知铸件内无缩孔。

图 8 显示了铸件中的缩松分布。出现缩松的部位仍是铸件中最后凝固的部位。但由于加上冷铁的原因，可以看出，缩松的面积以及严重程度都比前工艺减小许多，达到了优化工艺的目的，提高了产品质量。

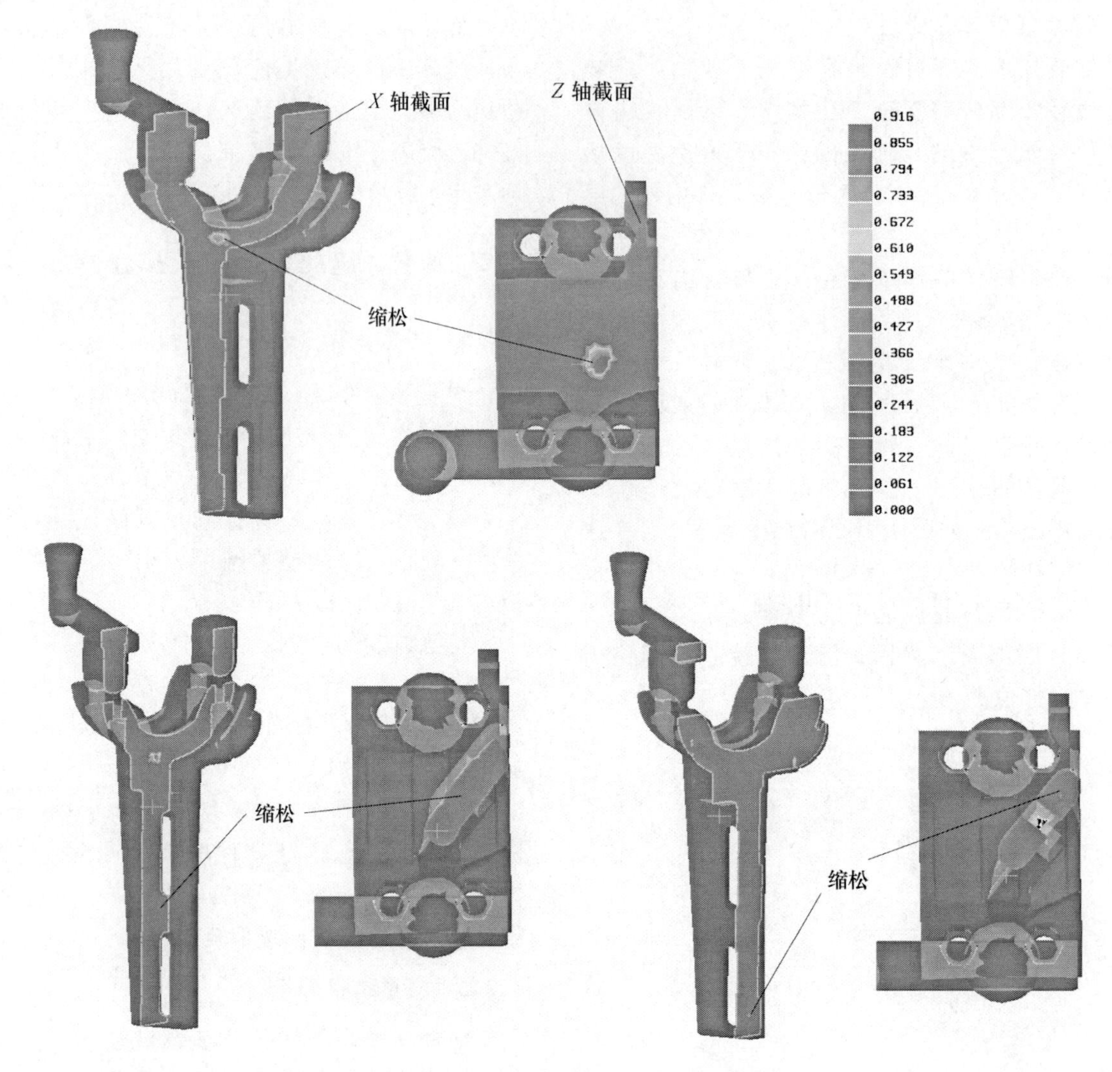

图5　铸件不同部位的缩松分布

3.3　优化工艺方案二及模拟分析

3.3.1　工艺优化

该工艺需要四块冷铁，对消失模铸造来讲，造型装配时可能会带来不少困难。将横浇道与冒口相接的部分融为一体，这样可以减少模样的体积，也就可以减少浇注时产生的气体量。此外，冒口体积作了适当减小，但通过计算模数后，冒口模数仍然大于铸件分体模数。这样优化后，既可以减少泡沫体积，又保证了铸件热节转移，消除缩松缺陷。

3.3.2　模拟结果分析

这里不对温度场和流场再做分析，只对最后的缩孔缩松作分析。如图9所示，可以看出在铸件体内已没有明显的缩孔缩松，缺陷已集中到了浇道和冒口中，说明这个工艺可以避免产生缩孔缩松缺陷。可以视为最优工艺。

图10所示为铸件的有效应力分布，图11所示为铸件的热裂倾向分布。通过对该工艺的应力模拟分析，可以找出铸件在凝固过程中可能产生裂纹的部位，以及发生变形的部位。这些部位与实际生产中铸件产生缺陷的位置基本一致，可知模拟结果是比较可靠的，能为工艺改进提供依据。

4　总结

（1）利用计算机模拟仿真技术，对各种中铸造工艺进行了模拟预测，从而对铸造工艺实现了优化改进，最终消除了集中缩孔和缩松缺陷，得到了最优工艺。

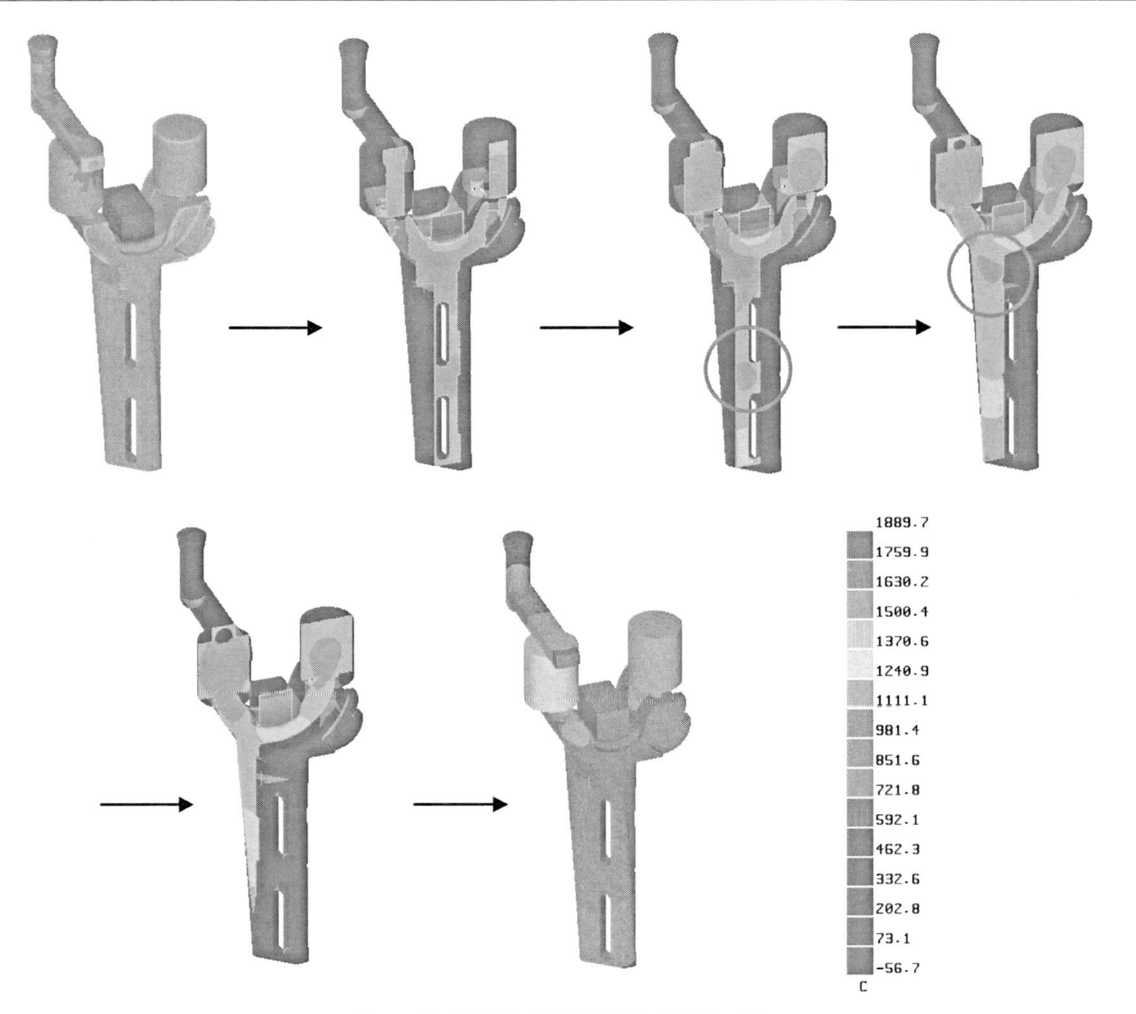

图 6　铸件不同时刻不同部位的温度变化

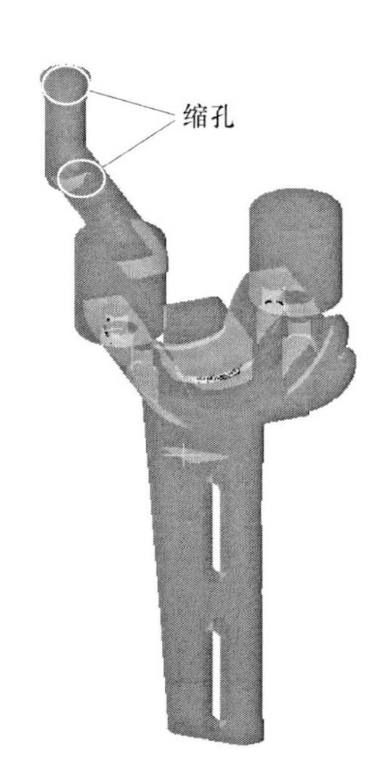

图 7　铸件内缩孔分布

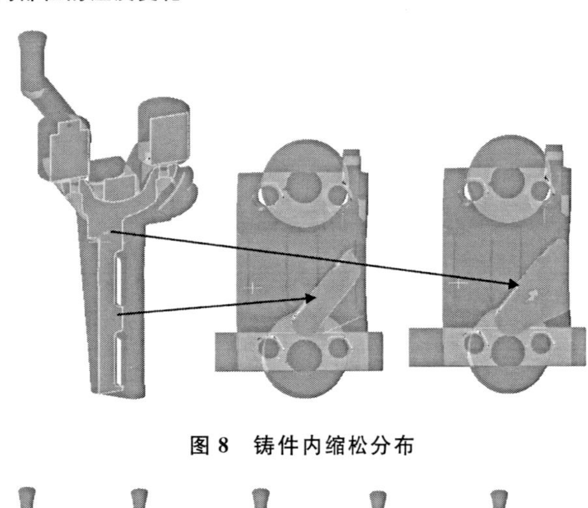

图 8　铸件内缩松分布

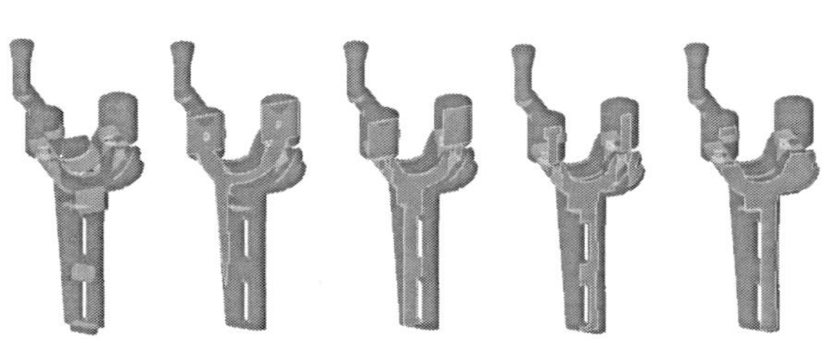

图 9　铸件体内缩孔缩松的分布

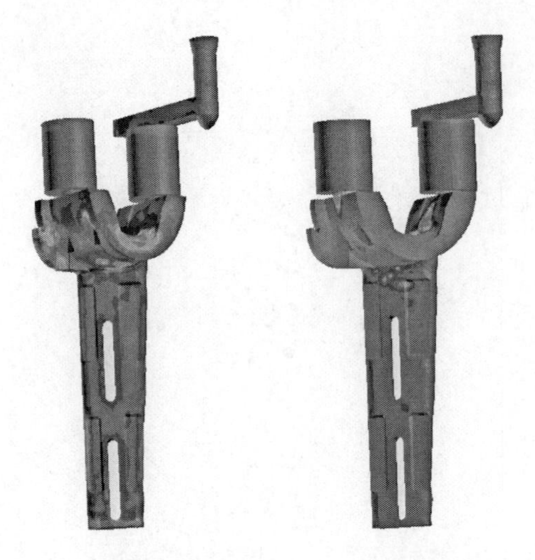

图10　有效应力分布　　　图11　热裂倾向

(2) 预测了铸件可能产生变形及热裂纹的倾向。

(3) 最优工艺需要四块随形冷铁，在实际操作过程中会有困难，若不能实现，则取优化工艺一，调整为一块冷铁。

附：

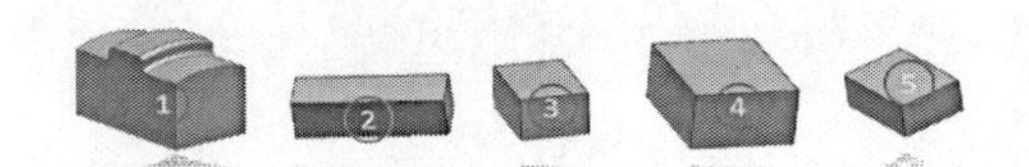

冷铁尺寸表

冷铁	1	2	3	4	5
H(mm)	70～90	25	30	40	25
L(mm)	120	75	60	85	50
D(mm)	70	25	40	60	40

参考文献

[1] 魏利．铸铁铸钢中小件消失模铸造串铸工艺研究［硕士论文］．华中科技大学，2007.

[2] 廖希亮，范金辉，姜青河．消失模铸钢件气孔缺陷的分析及解决措施．铸造技术，2004，12：960－961.

[3] 李增民，李志勇．消失模铸造的关键技术．铸造技术，2002，5 (3)：155－159.

[4] 马敏团，陈鹏波，黄引平，王伟．ProCAST在铸造工艺优化中的应用．热加工工艺，2006，35 (1)：52－54.

[5] 王文清，李魁盛．铸造工艺学．北京：机械工业出版社，2007.

[6] 李日，马军贤，崔启玉．铸造工艺仿真ProCAST从入门到精通．北京：中国水利水电出版社，2010.

计算机模拟在衬板铸造工艺设计上的应用

郭仁军　李　日　冯传宁　冯长海　沈焕弟　尹海军

河北工业大学材料科学与工程学院，天津，300130

摘　要： 综合运用CAD/CAE方法对衬板铸件进行了铸造工艺设计及优化。首先，用UG4.0对衬板铸件进行三维造型，并设计铸造工艺；然后，运用ProCAST模拟软件对衬板初始工艺的凝固过程进行模拟，分析缺陷的部位和原因；最后，通过改进参数设计和调整浇口位置进行工艺优化，并获得最优方案。模拟结果显示，不同的浇注方式对铸件的铸造过程和结果都有很大的影响，而最终优化工艺也都基本消除了缩孔、缩松等缺陷。

关键词： 衬板；铸造工艺；CAD/CAE。

据统计，我国每年消耗的金属耐磨材料约300万吨以上，其中仅冶金矿山消耗的衬板就达10万吨左右[1]，由此可见，在国内衬板的工业需求极大。然而，薄壁衬板由于内部缺陷，往往易于产生变形、开裂和硬度不达标等宏观缺陷，其工艺设计在当今仍是铸造行业的一大难题，依靠大量的试验研究才能确定合理的工艺方案。这样不仅周期长，而且费力费资金。因此，采用计算机对薄壁衬板铸造过程进行数值模拟，可以观察金属的充型和凝固过程，对诸如缩孔、缩松、夹渣、气孔、裂纹和应力集中等缺陷进行预测，有助于设计出合理的浇注工艺，为生产实践提供指导[2]。本文通过CAD/CAE方法改进参数设计和调整浇口位置，对衬板铸件进行铸造工艺设计及优化，最终获得最优方案。

1　工艺设计

图1所示为采用UG4.0绘制的衬板三维图，材料为Cr_{15}白口铸铁，壁厚均匀，主要壁厚为16mm，为薄壁件，零件的重量为30kg。

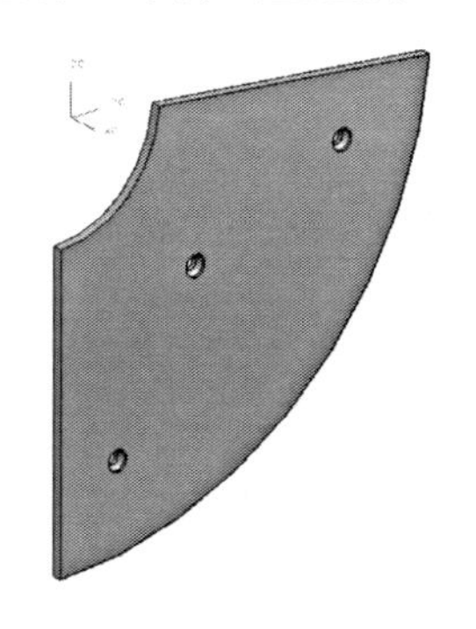

图1　衬板工艺三维图

1.1　铸件工艺分析

衬板铸件属壁厚均匀、薄壁、耐磨、不易排气的板体，设计工艺时使用900mm×1000mm×100mm的砂箱。根据零件分析，要使衬板铸件工艺成功，应该达到以下要求：

（1）浇注系统要有足够的压头，充型速度要大一些。

（2）砂型要有良好的透气性。

（3）形成铸件铸出孔的砂芯尺寸要精确。

1.2　浇注位置的选择

根据浇注时分型面的位置可分为水平浇注、垂直浇注或倾斜浇注。由于衬板可视为大平板件，水平浇注会烘烤上平面，大液面上升速度慢，容易出现夹渣、结疤等缺陷，而且不易排气排渣，渣气会聚集在衬板上表面。而倾斜和垂直浇注适

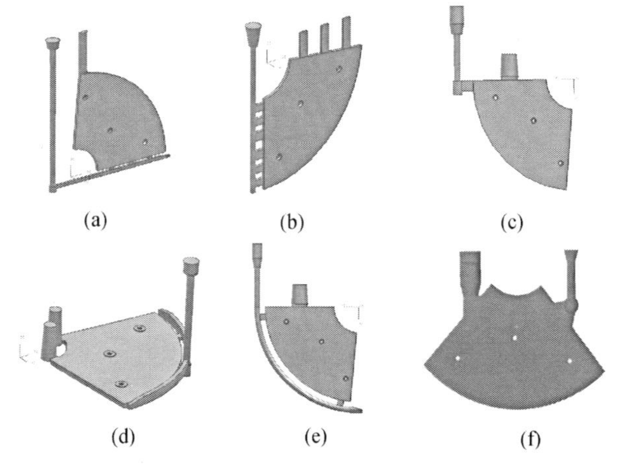

图2　浇注位置的选择

（a）底注式；（b）阶梯中注式；（c）顶注式；（d）倾斜浇注式；（e）阶梯式；（f）中注式

合同时/顺序凝固。结合以上特点，选择了倾斜浇注和垂直浇注，而放弃了水平浇注。根据内浇口的位置分类则大体分为顶注式、底注式、中注式和阶梯式。因此，铸件选用了图2中（a）～（f）所示的几种浇注位置，至于哪个是最佳设计，需在ProCAST模拟之后，参看模拟结果才能知晓。

2 模拟分析

2.1 模型分析

铸件尺寸可视为半径为640mm的四分之一圆，壁厚为16mm，浇道截面比为$F_{直}:F_{横}:F_{内}=1.15:1.1:1$，浇注系统采用封闭式。铸件顶部设有排气冒口。浇注金属为高铬白口抗磨铸铁Cr_{15}，分别采用不同浇注位置来实现消除缺陷的目的。利用ProCAST进行网格剖分，铸件与砂箱的相对位置及生成有限元网格如图3所示。

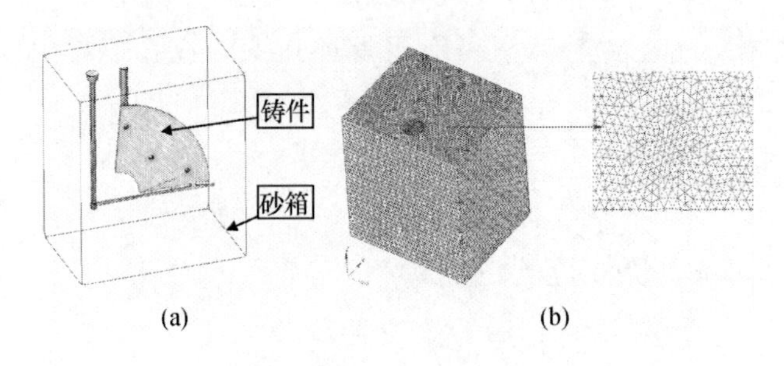

图3 网格剖分

（a）逐渐与砂箱融合；（b）浇口处网格融合

2.2 参数设置

（1）材料属性：铸件材料为Cr_{15}，铸型材料为树脂砂。

（2）边界条件：砂箱外轮廓面为自然空冷，直浇道顶面施加速度和温度边界条件。

（3）初始条件：砂箱温度为25℃，铸件温度为1420℃。

（4）运行参数：重力充型，最大运行步数为20000，终止温度为600℃。

2.3 工艺方案模拟结果及分析

2.3.1 底注式

底注式充型形态及缩孔、缩松分布如图4～图6所示。充型过程中，底注式内浇道和铸件中心位置局部过热，且最后凝固；铸件冒口补缩液量过少，致使冒口附近出现大量缩孔。本方案采用底注式浇注，其优点是充型平稳。缺点也显而易见，充型后金属的温度分布不利于顺序凝固和冒口补缩；内浇道附近易过热，导致缩松和结晶粗大等；金属液面易结皮，难于保证高大薄壁铸件充满，易形成浇不到、冷隔等缺陷。可改进为点浇冒口，但点浇的时间及用量难以掌握，技术要求高，所以舍弃此方案。

2.3.2 顶注式

顶注式充型形态及缩孔、缩松分布如图7、图8所示。本方案采用顶注式浇注，其优点是有利于铸件自下而上地顺序凝固和冒口的补缩；其缺点为易出现激溅、卷气等，使铸件充型不平稳。通过缩松图10可以看出此方案缩松分布区域较大，且缩孔率较高，而衬板对铸件的强度要求很高，因此，本方案不适于衬板铸件。

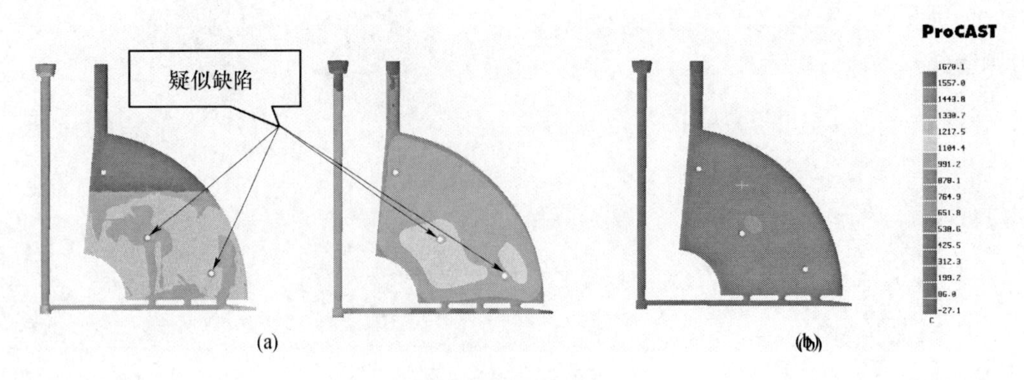

图4 流场和温度场

（a）充型过程；（b）凝固过程

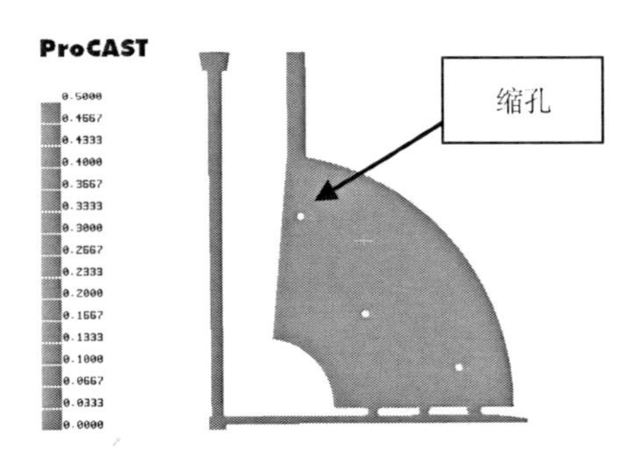

图 5　缩孔分布图

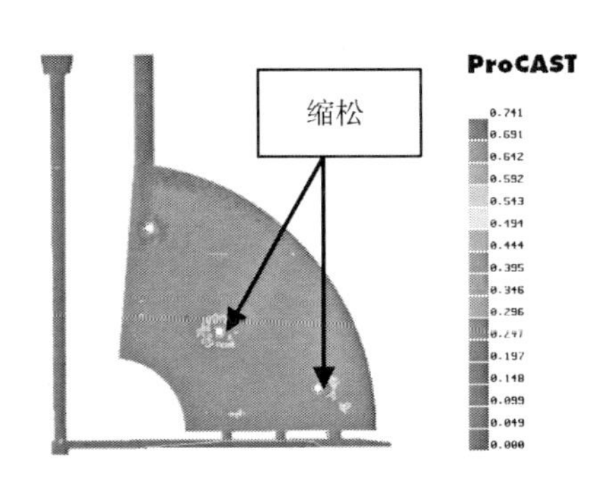

图 6　缩松分布图

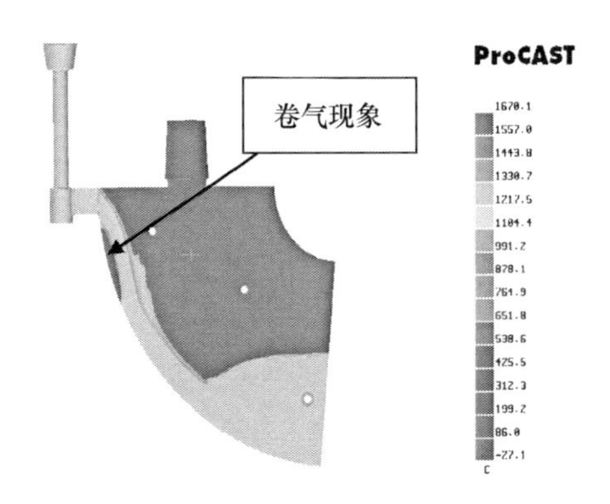

图 7　充型过程

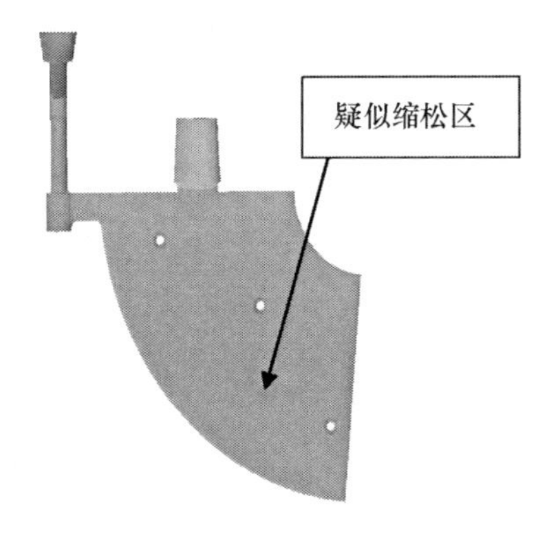

图 8　凝固过程

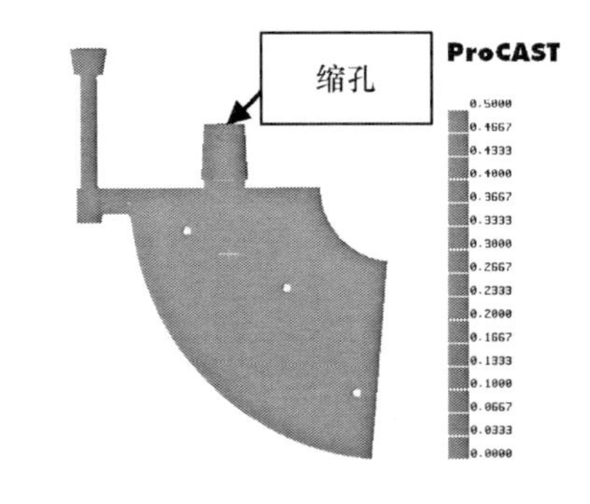

图 9　缩孔分布图

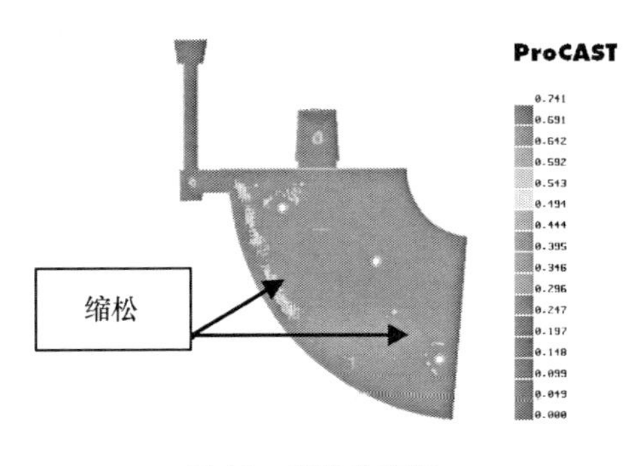

图 10　缩松分布图

2.3.3　中注式

中注式充型形态及缩孔、缩松分布如图 11、图 12 所示。充型过程中，在金属液浇注初期发生激溅和卷气卷渣现象，但在液体上升的过程中渣气会随之上升而逐渐浮出，对铸型的冲击也会消失。然而金属液对铸型的初始冲击很大，所以要求铸型有较高的强度和紧实度。就其模拟结果来看，其缩松基本消除，铸件质量和性能都能适用于各种高要求的工作环境，因而此方案还是极具实用价值的。

2.3.4　阶梯式

阶梯式充型形态及缩孔、缩松分布如图 13、图 14 所示。阶梯式浇注的难点是造型复杂，对计算和结构设计要求高，易出现上下各层内浇道同时进入金属液的“乱浇”现象，或底层进入金属液过多，形成下部温度过高的不理想的温度分布。为避免以上问题，分别设置了两个方案：方案①控制各组元比例的阶梯式浇注，方案②带反直浇道的阶梯式浇注。充型过程可以看出方案①中虽然在开始时有少量卷气卷渣现象，但渣气会随液面上浮而排出，所以此设计视为有效。对两种方案的缩孔缩松进行分析，不难看出两者冒口补缩情况良好，金属液得到充分利用，但方案①中在铸件表面小区域内出现了极薄的一层缩孔，而表面缩孔可通过在其附近涂保温材料来改善，缩松情况良好，因此可用于实际生产。方案②的内浇口附近的缩松比较严重，这可能是由于内浇口局部过热所致。两相比较，所以阶梯式浇注方案选择方案①。

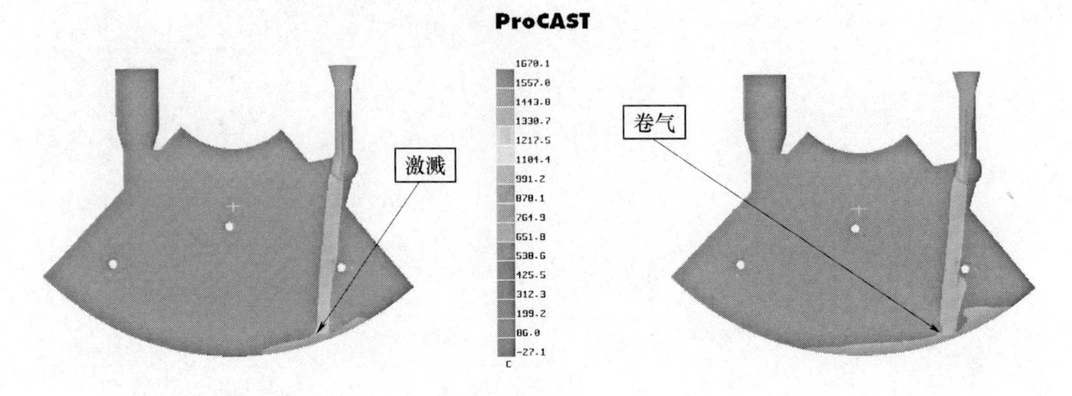

图 11　流场分析

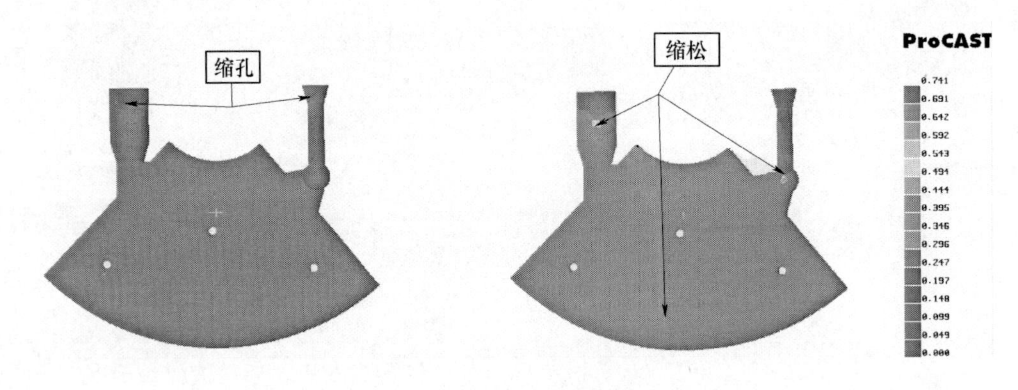

图 12　缩孔缩松图

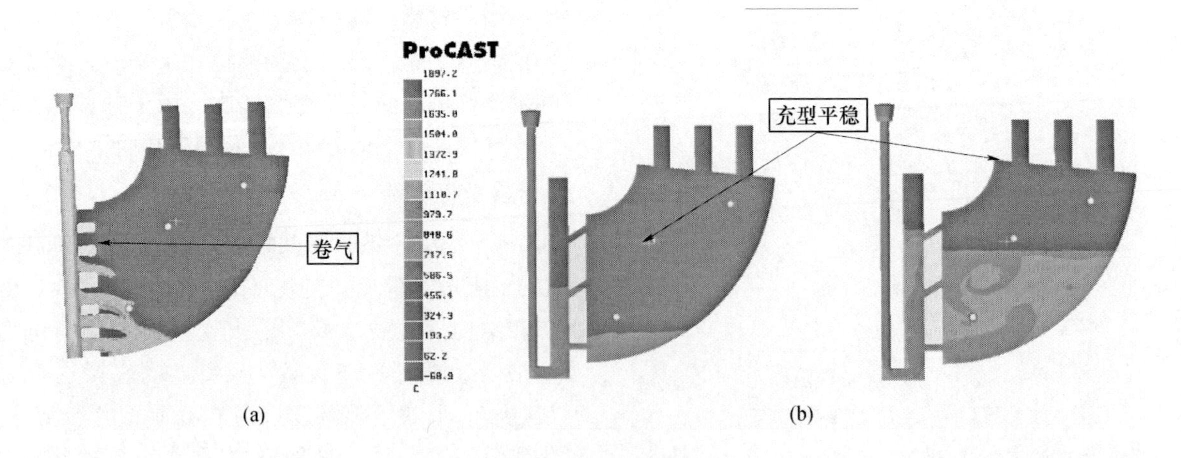

(a)　　(b)

图 13　阶梯式浇注

(a) 控制各组元比例；(b) 带反直浇道

2.3.5　倾斜式

倾斜式缩松分布如图 15 所示。实际生产要求圆弧面不得设浇冒口，而工厂设计和理论方案在时间和温度上有所冲突，所以加入了时间和温度对铸件的影响，因此涉及四个方案，分别是 12s 低温浇注（1380℃）、12s 高温浇注（1480℃）、20s 低温浇注和 20s 高温浇注。模拟结果显示 12s 低温浇注效果最差，而 20s 高温浇注效果最佳。充型过程和缩孔分布基本相同，不影响铸件各项指标，所以只对最佳与最差的缩松

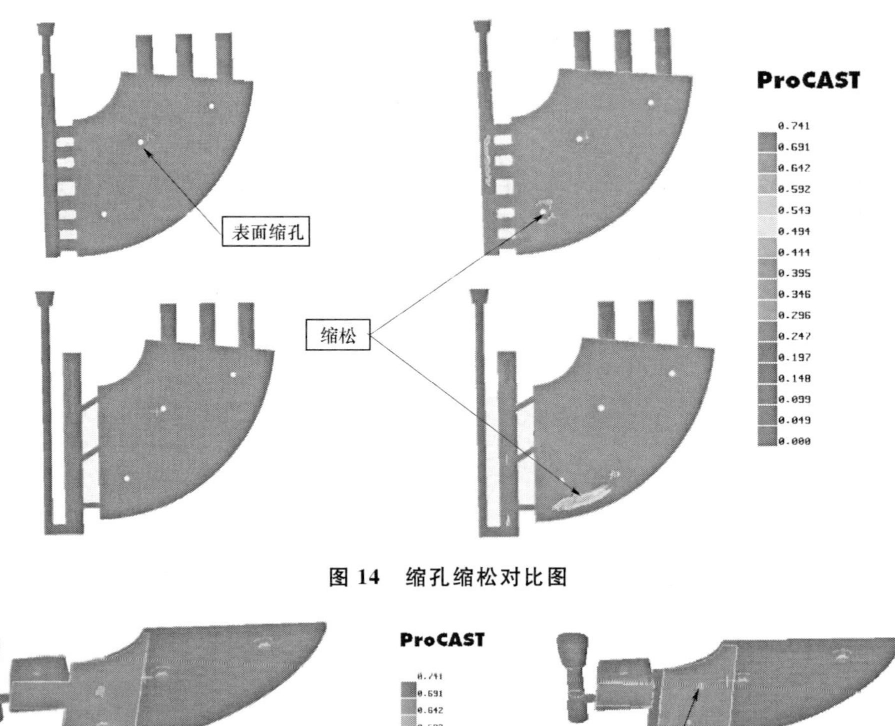

图 14 缩孔缩松对比图

图 15 缩松对比图

(a) 20s 高温浇注缩松图；(b) 12s 低温浇注缩松图

进行了图形对比。缩松差别较大，低温浇注由于浇注温度低，枝晶易形成骨架，阻碍了金属液的补缩，形成缩松；浇注时间快，则使液体内的渣气不易上浮排除，且对型壁冲击较大。因此，高温慢浇是最优方案。

2.4 最终工艺方案

根据以上各种工艺的对比和实现情况，最终工艺方案确定为中注式、20s 高温倾斜浇注和控制各组元比例的阶梯式浇注这三种方案。这些方案中，中注式的缩松控制最好，即组织致密；20s 高温倾斜浇注控制热节最优，且后加工方便，即浇冒口的切割和打磨极为容易；控制各组元比例的阶梯式浇注，结构简单，占用砂型体积小，便于机械化规模生产。

2.5 应力分析

通过 ProCAST 的应力场功能可以观察到铸件的有效应力和热裂情况，如图 16、图 17 所示。

对上图分析可知：有效应力主要集中在四个尖角处，且为正应力，所以铸件将会朝中心鼓起或四角向外翘起；由热裂图知，应力集中处即为热裂处，继而证实应力模拟结果可靠性。并且以上分析结论均与工厂衬板变形情况相符合，可对实际生产起到指导作用。

3 结论

利用 ProCAST 软件可视化方式模拟铸造凝固过程，一方面动态展示了铸件浇注时的充型过程（因为是在理想环境下，所以该过程平稳、顺利无阻隔），直观地显示出充型凝固的温度场分布、金

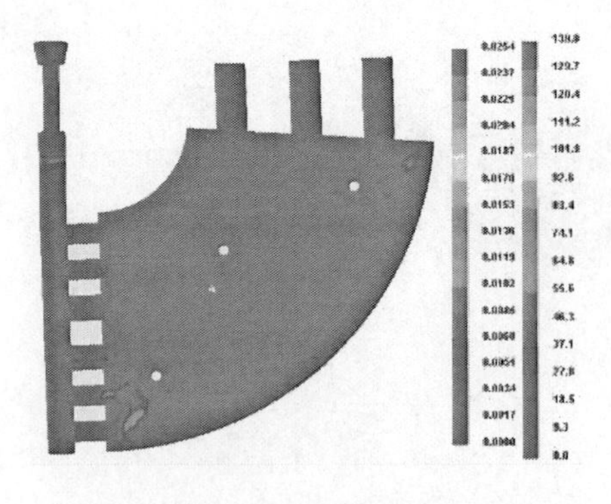

图16　有效应力

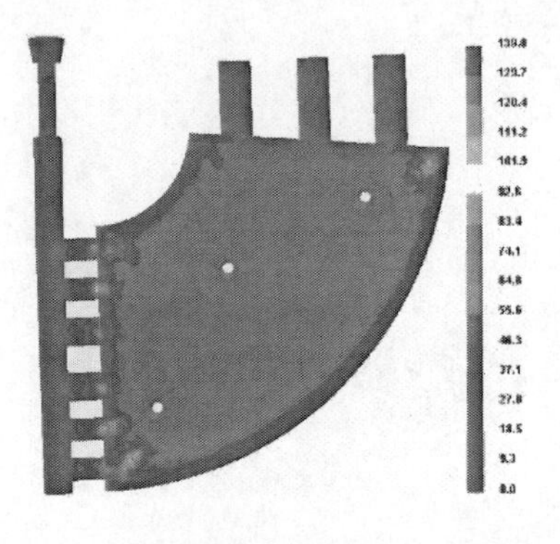

图17　热裂

属液流动、热节部位和应力分布等；另一方面根据ProCAST自身强大的缩孔缩松分析功能，可估算缩孔缩松的位置和大小，针对模拟的结果修改铸件工艺设计的3D模型，进而改善铸件性能，提高铸件质量和工艺出品率，降低成本，获得最优方案，为实际生产提供参考和模拟实验依据，从而达到指导工厂实际生产的目的。

参　考　文　献

[1]　冯胜山，杨应凯．高韧性高铬铸铁衬板的研制和应用．现代铸造，2003（6）．

[2]　赵建华，田军．浇注方式对消失模铸造充型的影响．铸造应用，2010．

[3]　吉泽升，朱荣凯，李丹．传输原理．哈尔滨：哈尔滨工业大学出版社．

[4]　魏兵，袁森，张卫华．铸件均衡凝固技术及其应用．北京：机械工业出版社．

[5]　型铸造工艺工装设计．北京：北京出版社．

[6]　中国机械工程学会铸造分会．铸造手册．北京：机械工业出版社．

[7]　王文清，李魁盛．铸造工艺学．北京：机械工业出版社．

桑塔纳轿车后制动鼓铸造过程数值模拟

殷平玲
上海汇众汽车制造有限公司

摘　要： 本文利用计算机辅助设计和模拟分析一体化技术（CAD/CAE），研究桑塔纳轿车后制动鼓铸件的充型凝固过程中，在计算机上展示金属液进入铸型到凝固的全过程。实现了模拟试浇、质量预测及铸造缺陷的形成原因，进而提出了工艺优化方案，为生产出合格的产品节省了时间和金钱。

关键词： 后制动鼓；数值模拟；缩松缩孔；凝固。

我公司生产的桑塔纳轿车后制动鼓零件，在铸造过程中始终存在随机的缩松缩孔缺陷，造成了大量的材料和能源的浪费，因此，我们针对桑塔纳轿车后制动鼓，结合三位实体造型软件（UG）和铸造CAE（ProCAST）软件进行了仿真模拟分析。

1　模拟前的准备

1.1　铸件的CAD三维造型

采用UG（unigraphics）软件进行三维实体造型。该软件是集CAD/CAE/CAM为一体的三维机械设计平台，它不仅具有强大的实体造型、曲面造型、虚拟装配和生成工程图等设计功能，且在设计过程中可进行有限元分析、机构运动分析、动力学分析和仿真模拟，从而提高设计的可靠性。零件铸造系统造型如图1所示。

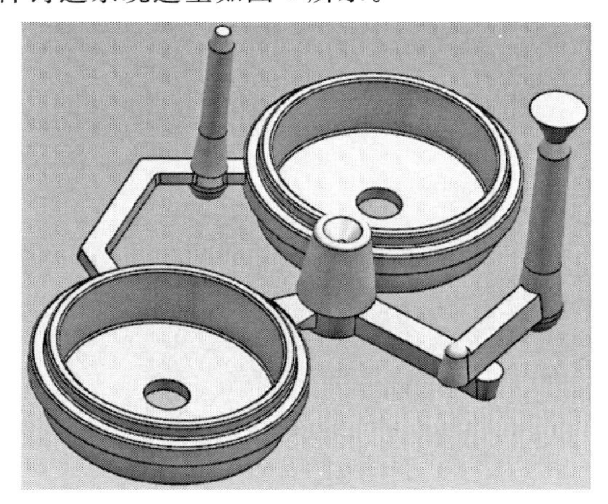

图1　桑塔纳轿车后制动鼓零件浇注系统三位造型

1.2　研究方法

基于目前的大型CAD/CAE软件条件，利用UG7.5造型三维软件和ProCAST的完美配合完成此次后制动鼓的铸造充型和凝固过程的数值模拟工作。主要设计思想如图2所示。

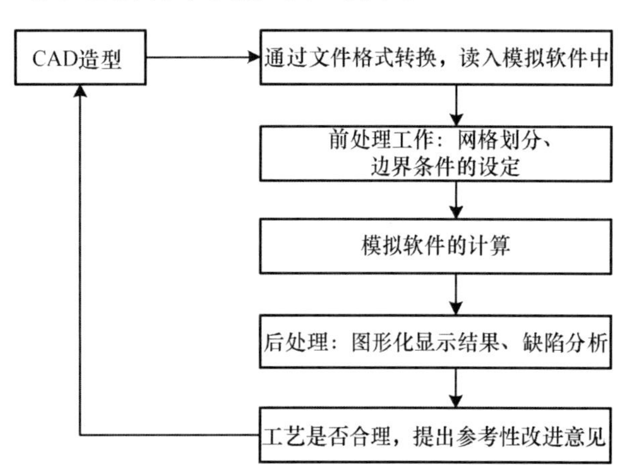

图2　铸造过程数值模拟CAD/CAE设计示意图

2　铸造充型凝固过程仿真和铸造缺陷预测

2.1　桑塔纳轿车后制动鼓铸造过程充型和凝固过程模拟

桑塔纳轿车后制动鼓工艺中，采用一箱两型的浇注方式。

2.1.1　网格划分

用ProCAST中的MeshCAST网格划分模块，网格既保证模拟的精度又尽可能提高运算速度，铸件部分网格单元大小为6mm，而砂型部分的网格大小为 16mm，内浇口部分的网格单元大小为 2mm. 铸造装配系统的网格划分情况见图 3，共有节点数 442542，单元数 2595092，利用 MeshCAST 网格处理工具对该网格进行了进一步的处理和加工，最终网格数目兼顾精度和运算速度，经软件检测无坏网格和负单元。因此，前处理的顺利完成，保证了有限元计算的有效性。

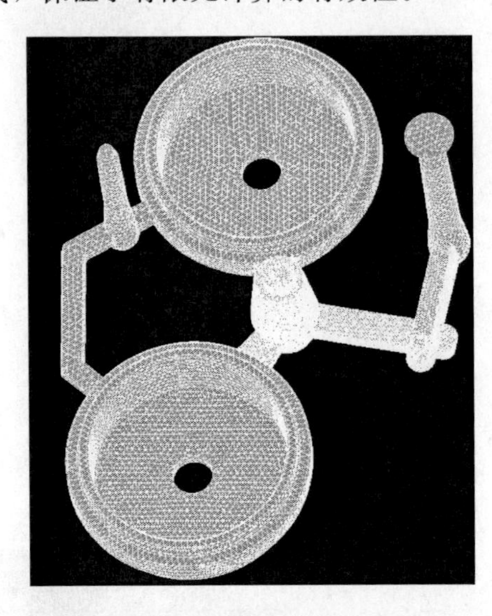

图 3　铸造装配系统的网格划分图

2.1.2　热物理参数设定

表 1　　灰铸铁导热系数

温度（K）	298	408	508	608	693	818	913	993	1173	1408	1523	1648
导热系数 [W/(a·K)]	76.9	67	57	45.6	43.8	38.9	38.1	35.1	25.2	20.4	16.8	27.2

表 2　　灰铸铁的密度

温度（℃）	25	599	694	794	911	1144	1155	1177	1192	1396
密度 (g/cm²)	7.22	7.05	7.07	7.03	7.01	6.92	6.99	6.96	6.91	6.80

表 3　　灰铸铁的比热容

温度（K）	373	473	573	673	773	873	973	1073
比热容 [kJ/(kg·K)]	0.548	0.561	0.573	0.586	0.594	0.619	0.644	0.703
温度（K）	1173	1273	1373	1423	1453	1455	1673	
比热容 [kJ/(kg·K)]	0.720	0.732	0.745	0.311	0.311	0.917	0.907	

灰铸铁的固相线温度和液相线温度：液相线温度，1183℃；固相线温度，1159℃。

灰铸铁的固相率：灰铸铁的固相率由液相线和固相线温度决定。当为液相线温度（1183℃）时，固相率 $f_s=0$；当为固相线温度（1159℃）时，固相率 $f_s=1$；灰铸铁的凝固潜热：242kJ/kg；界面换热系数：0.006cal/(cm²·s·℃)

2.1.3　铸造过程仿真和缺陷预测

桑塔纳轿车后制动鼓铸件的充型过程如图 4 所示，由模拟结果可见，整个充型过程大概需要持续 8s 左右，流速适中，充型平稳，没有明显的卷气夹渣现象，整个浇注系统的流场性能比较良好。

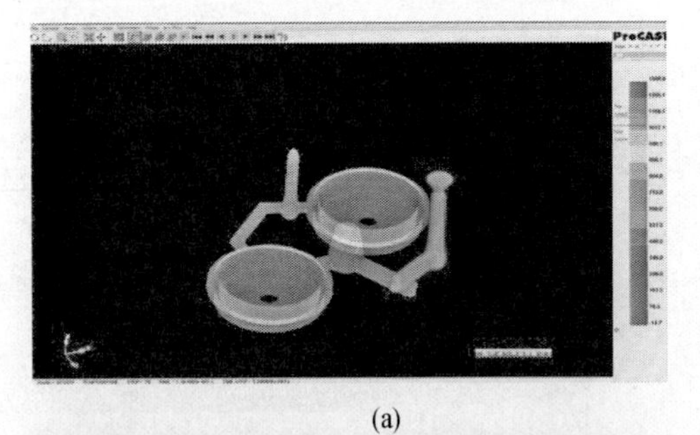

(a)

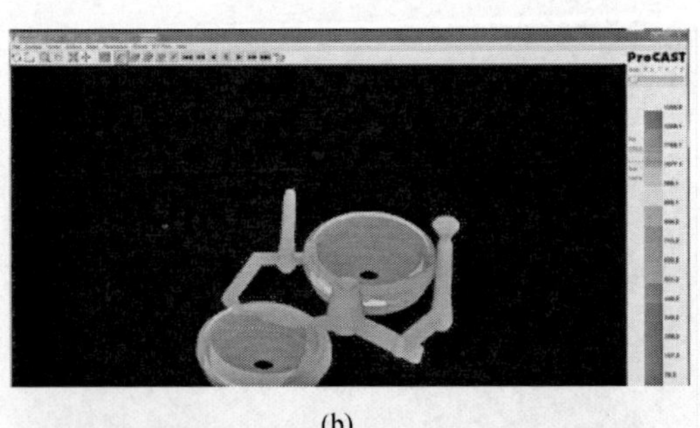

(b)

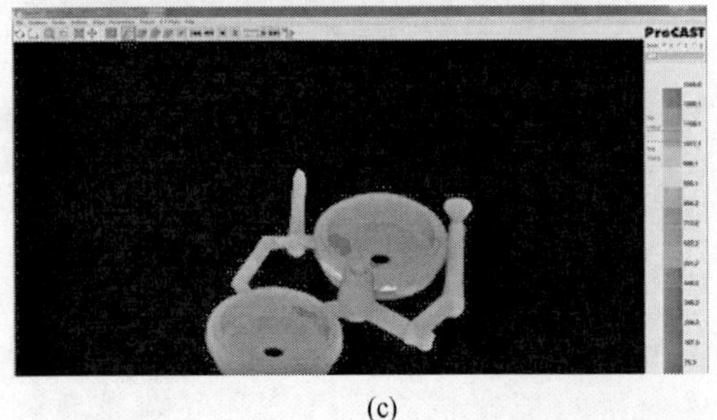

(c)

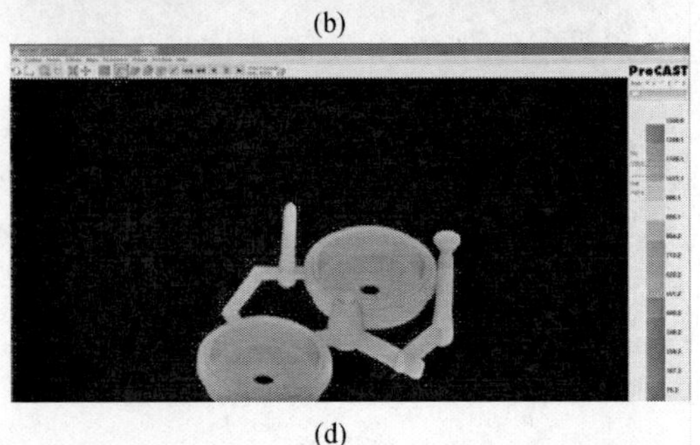

(d)

图 4　后制动鼓充型过程示意图

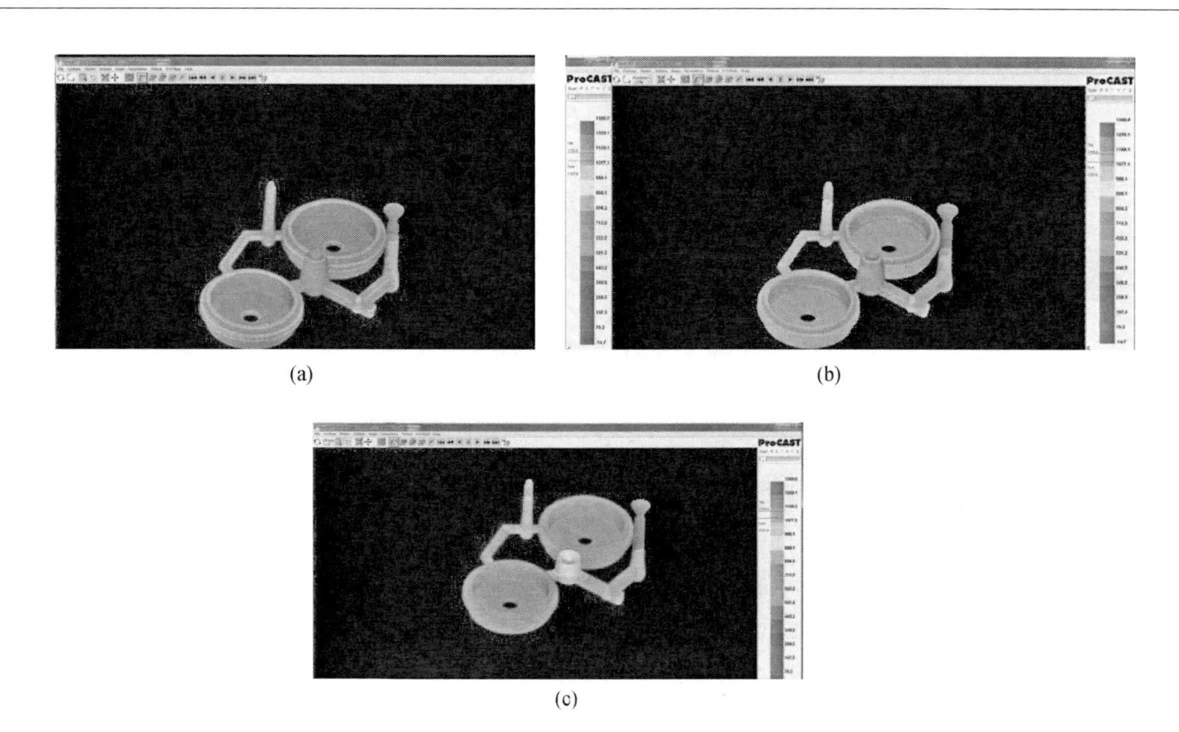

(a)　　(b)　　(c)

图 5　后制动鼓凝固过程示意图

铸件凝固过程如图 5 所示，整个散热情况看，后制动鼓的边缘部分和中间圆孔部分由于整个铸造系统的设计，散热效果好，散热量大、速度快，而制动鼓底盘面中间部分和制动鼓所有拐角部分由于铸件本身的结构，散热性不好，散热速度慢。而从凝固时间方面看（见图 6），最后凝固的部分是制动鼓垂直盘面处及拐角处部分，该部分是整个凝固的热节所在处，可能由于凝固时间长，得不到有效的补充，容易形成缩孔缩松缺陷。

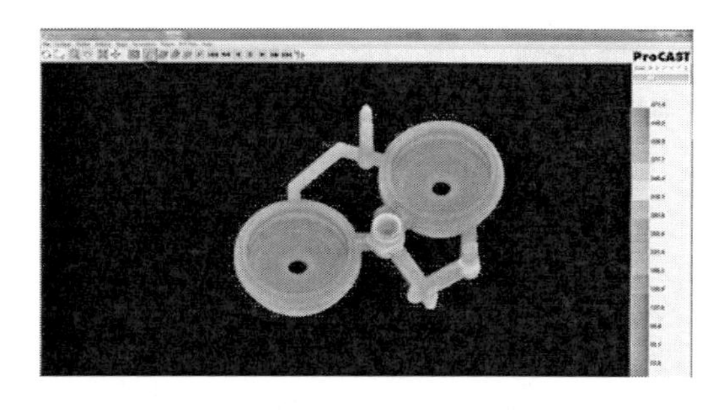

图 6　后制动鼓凝固时间过程示意图

3　结论分析

3.1　等固相线法判断结果

采用等固相线法来考察凝固结果。在 ProCAST 软件中，用设置 Isochrons 的考察温度为固相线温度的方法来实现。等时线法可以描绘铸件系统到达某一指定温度的时间曲线图。这一功能尤其对于判断热节点和缩颈很有参考价值。可以设定相应的参数，将其输出以供 VIEWCAST 程序仿真。

由图 7 可见，模拟的结果显示在后制动鼓的壁厚较厚的拐角处，有缩松缺陷存在的。

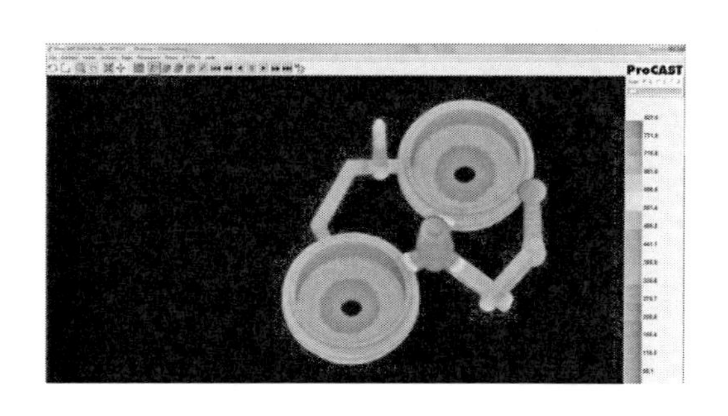

图 7　用等固相线法模拟缺陷的示意图

3.2　直接模拟法

直接模拟法是利用传热传质的连续性方程、动量方程直接计算收缩缺陷的。首先，依据初始条件或$\triangle\tau$之前的流动数据求解收缩率、单元状态、单元体积等，并进行温度场的计算。其次，进行潜热的修正，起初液相线以下的单元在$\triangle\tau$内的凝固量，并重新评价单元的状态，进而求得流动领域数（即能流动的液相连续的领域）。流动领域数确定方法是：从某一流动单元开始，看其邻接的单元是否流动单元。如果有，则为同一个流动领域，从而求出铸件有几个流动领域组成。在此基础上，建立能量、动量和压力的联立方程，解此方程并通过设定的临界压力判断单元内是否发生缩松。直接模拟法可以评价缩松的产生，还可以预计它的大小形状。

由图8可见，模拟结果中可以比较明显地确定缩松位置所在，利用此方法确定的结果和上面的方法模拟的结果是一致的。

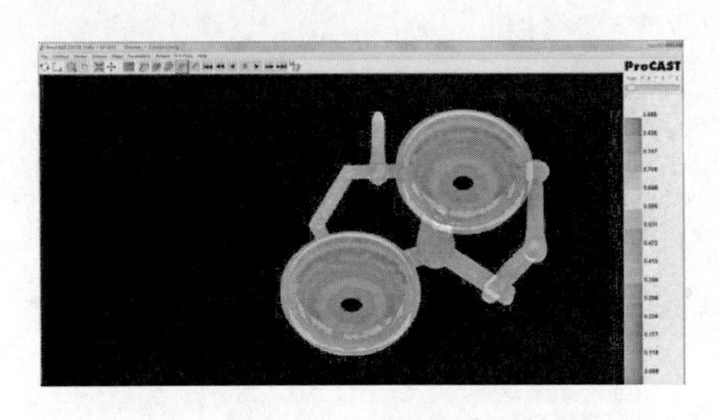

图8　用直接模拟法模拟缺陷的示意图

4　工艺改进方法

4.1　原因分析

结合桑塔纳轿车后制动鼓模拟结果以及缩孔缩松缺陷产生的机理，可以从以下三方面来分析桑塔纳轿车后制动鼓铸件容易产生缩孔缩松缺陷的工艺因素：

(1) 铸件壁厚不均匀。壁厚不均匀使壁厚改变的型壁传热情况恶化，降低该处金属的凝固速度；厚壁部分凝固时不能从薄壁处获得补缩。从模拟结果来看，在铸件的内缘壁厚处存在热节（热节一般是指在凝固过程中，逐渐内比周围金属凝固缓慢的节点或局部区域），由于热节在铸件中最后凝固，因此不容易得到补缩，所以在热节部位容易产生缩孔缩松。模拟结果验证了这一点。

(2) 浇道截面面积影响。一方面浇注系统的截面面积太小，会使浇注时间增加，进入型腔的液体金属与型壁及型内的气体接触时间太长，而被强烈冷却，这样虽然减少液态收缩，但补缩能力大大减低。

(3) 冒口尺寸。冒口尺寸太小，补缩范围减小。冒口颈过热时间不够长，虽然避免了产生新的接触热节，但不能进行有效的补缩，未能充分发挥补缩的作用。

4.2　工艺改进意见

根据上面缩松缩孔缺陷分析原因。铸件壁厚是固定的，根据现有的工艺情况，对浇注系统做了修改。根据模拟中出现的冒口对铸件补缩不足，壁厚处容易产生热节从而产生铸造缺陷情况的情况，一方面把冒口的高度增高，由原来的 $H=80\text{mm}$ 增高到 $H=100\text{mm}$；另一方面适当增加内浇口的截面面积（具体工艺参数改进及说明见图）。

原来尺寸：$D1=35\text{mm}$，$D2=30\text{mm}$，$D3=35\text{mm}$，$D4=40\text{mm}$。

修改后的尺寸：$D1=38.5\text{mm}$，$D2=33.5\text{mm}$，$D3=38.5\text{mm}$，$D4=43.5\text{mm}$。

同时，对内浇口截面的修改考虑到实际增大截面面积带来的其他问题：一方面增大内浇口截面

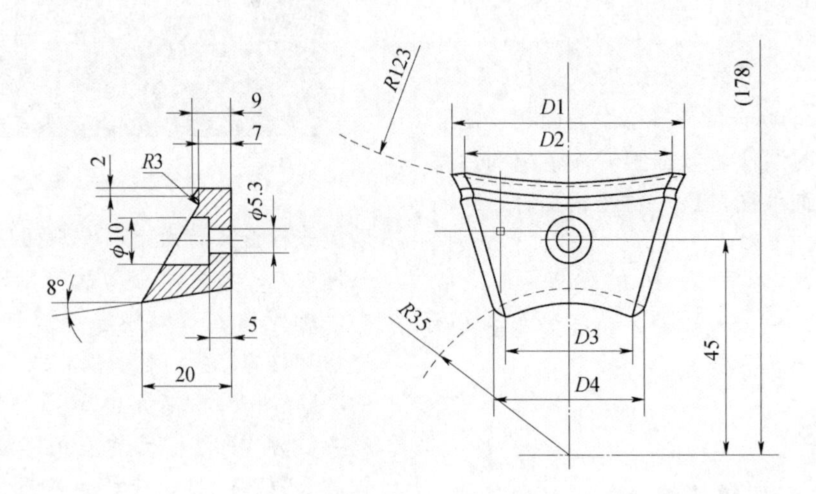

面积由于充型速度的增加会引起卷起或渣等问题，而且是浇注完成时铸件的温度很高，从而要求补缩的温度区间增大；另一方面内浇口的增大增加浇注系统与铸件分离的难度。根据对修正工艺的多次数值模拟结果，选用上述参数。工艺改进后的模拟结果表明不管用哪种判据铸件的凝固性能良好，缺陷部位已经得到较大改善。

5　结论

（1）结合缩松缩孔缺陷理论和模拟结果分析了铸件产生缩孔缩松缺陷的原因。发现影响本铸件的主要工艺参数包括铸件壁厚、浇道截面面积、冒口尺寸这三个方面。

（2）针对影响铸件质量的工艺因素，在多次模拟的基础上，提出了通过增高冒口，增加内浇口的尺寸，提高其直浇到的截面面积比 $S_{直}/S_{内}$，消除了铸件中的缺陷。

参　考　文　献

[1]　施延藻，王玉玮. 铸造使用手册［M]。沈阳：东北工学院出版社，1998：1－228.

[2]　Niyama E.，T. Uchida. AFS International Cast Metala Journal，1981（6），16－21.

[3]　Imafuku I.，K. Chijiiwa. AFS Trans.，1983.

[4]　董仁扬，董梅，贺礼斌 . M DT 基础应用和技巧［M]. 北京：机械工业出版社，2001.

[5]　刘子建，黄红武，宗子安 . 计算机辅助设计 CAD 原理与应用技术［M]. 长沙：湖南大学出版社，2000.

ProCAST 模拟软件在熔模铸造快速样品前期工艺设计上的应用

郭印丽　张志军　颜　宏　田　毅

无锡鹰普精密铸造有限公司

摘　要： 采用 ESI 公司发布的 ProCAST 模拟软件，对样品的工艺进行仿真模拟。根据工程师的经验，辅助软件模拟，在短时间内完成新工艺的设计和改进，节约了试制成本，降低了生产风险。

关键词： 熔模铸造；工艺优化；凝固过程；补缩；缩松。

1　前言

我公司与某公司在快速样品开发有着长期的合作，并建立了长期的合作伙伴关系，一直比较稳定高效地提供快速样品服务，得益于公司拥有 ProCAST 模拟软件，该软件可以极大地缩短样品的工艺开发及样品的生产周期。服务于本公司的工艺改进及样品工艺开发的同时，也为客户提供了很好的服务。

快速样品特点：合格率 100%，开发周期短，且必须一次开发成功。

ProCAST 模拟软件可以模拟分析铸造生产过程中可能出现的问题，为铸造工程师提供新的途径来研究铸造过程，使他们能看到型腔内所发生的一切（流动、温度、固态分数等），并根据预测出的缩孔、缩松、冷隔的位置，进行有的放矢的改进工艺方案。

2　快速样品的几何模型

快速样品的几何模型如图 1 所示。

图 1　某快速样品实体

3　浇注系统设计

浇注系统实体如图 2 所示。

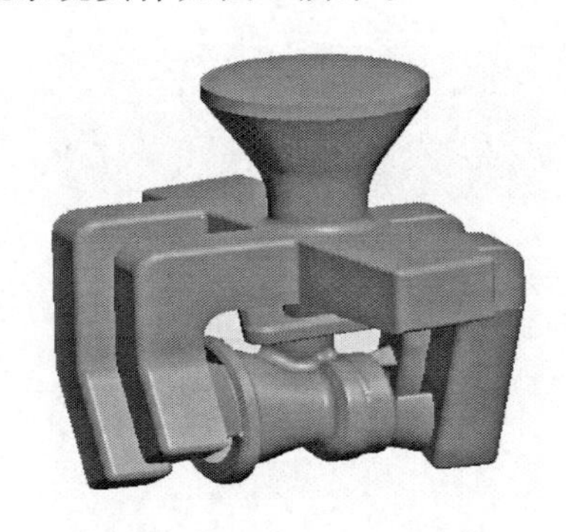

图 2　浇注系统实体

4　前处理

4.1　几何清理，接口转换

将 .stp 格式的实体模型读入 Geomesh，对其进行几何清理，导出 .gmrst 格式。

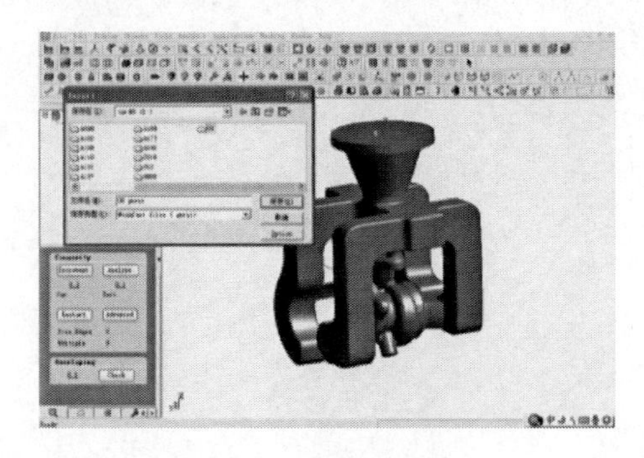

图 3　Geomesh 界面

4.2 生成面网格

将上一步生成的文件导入 MeshCAST，网格划分一般要求零件断面必须有大于或等于 2 个元素，铸件最薄处为 4mm，为确保计算准确，而又尽快算出结果，铸件和内浇口部分网格长度设为 2，浇道网格长度设为 6（见图 4）。

面网格的文件格式为 .sm。

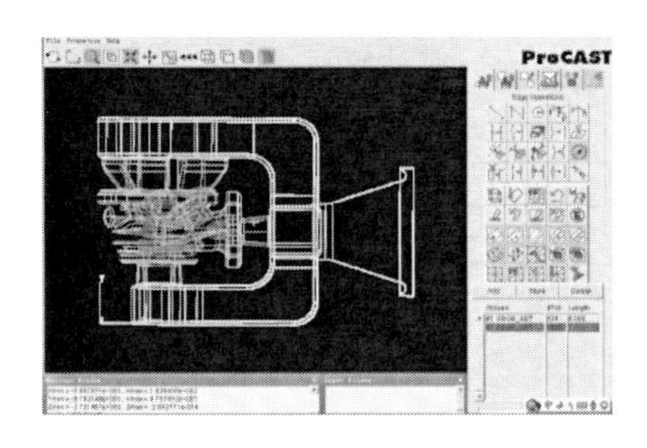

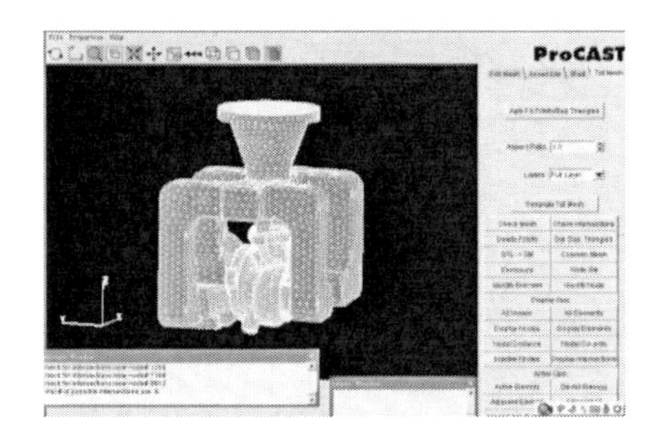

图 4 生成面网格界面

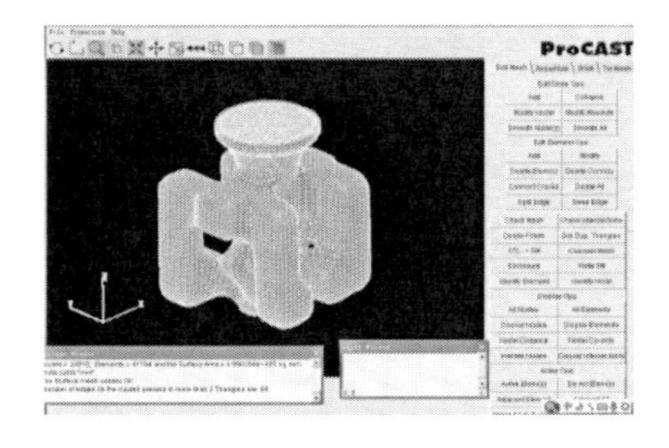

图 5 生成模壳界面

4.3 自动生成模壳

上步骤中生成的网格质量经检查无误后开始生成模壳（见图 5），此样品我们设模壳厚度为 7mm。

对生成模壳的面网格也要进行检查，检查无误后方可进行下一步操作。

4.4 生成体网格

生成体网格（见图 6）的时间一般是做一个模

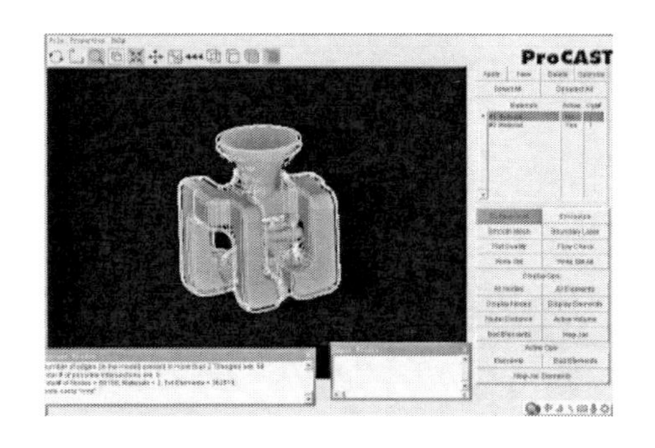

图 6 生成体网格的界面

拟最耗时也是最关键的一步，如果 CAD 质量不好或网格划分不合理，即使前面点和面的检查都没问题，也是生不成体网格的（生成 45%左右就跳掉了），有时改变一下模壳厚度就能解决，有时需要根据提示的信息重新修一下网格，有时甚至需要重新划分网格才能行。一般进度到 50%就不会出现什么问题了。

体网格的文件格式为 .mesh。

4.5 设置参数

在 PreCAST 中导入上一步生成的体网格。设置铸造过程的基本条件（见图 7）：

（1）物理条件：材料、速度、重力等。

（2）热学条件：温度、热辐射与对流、界面热交换系数等。

设置完参数并保存，生成两个 .dat 文件。

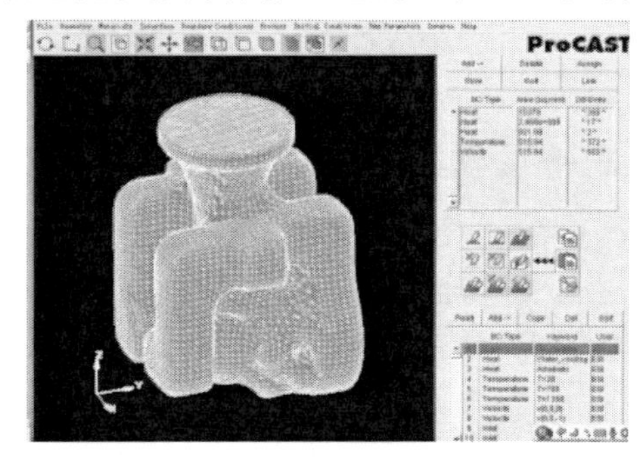

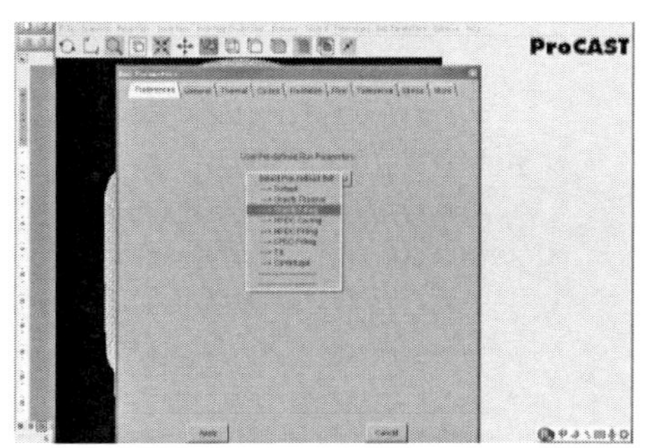

图 7 设置参数界面

5 运算

在 ProCAST 中读入上一步生成的 .dat 文件进行熔液填充、凝固的模拟运算（见图 8）。

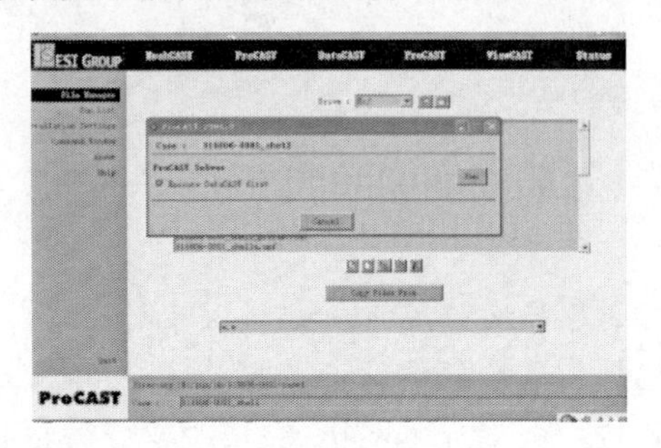

图 8 运算设置界面

6 结果

在 ViewCAST 查看计算结果。

6.1 充型过程

充型过程平稳，如图 9 所示。

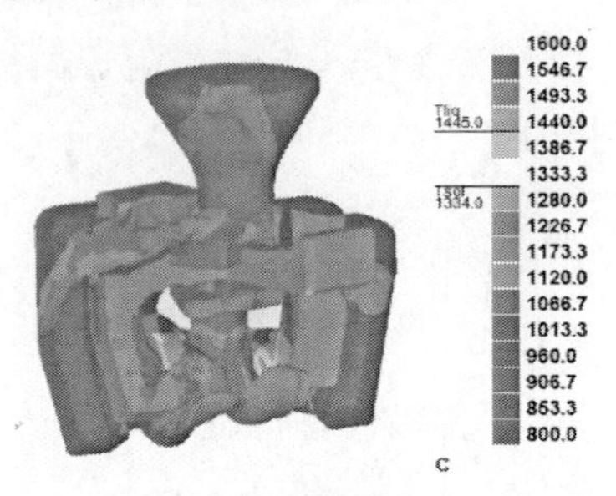

图 9 充型过程

6.2 凝固过程

固相率大于 60％的隐藏，铸件在凝固过程中未出现明显的热结，但圈处部位有补缩不够的趋势（见图 10）。

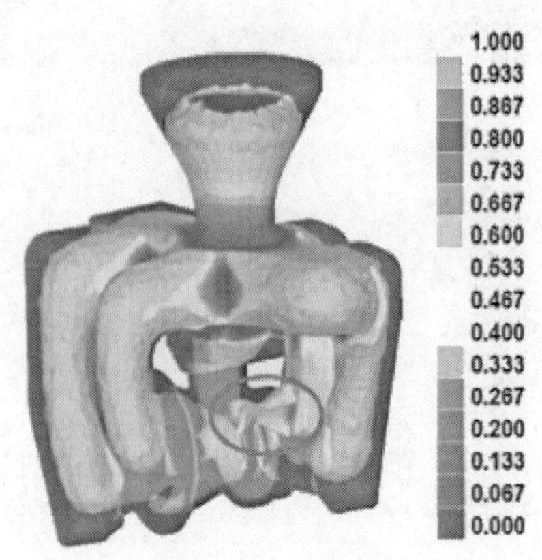

图 10 凝固过程

6.3 凝固时间分布

整体呈现的是顺序凝固，如图 11 所示。

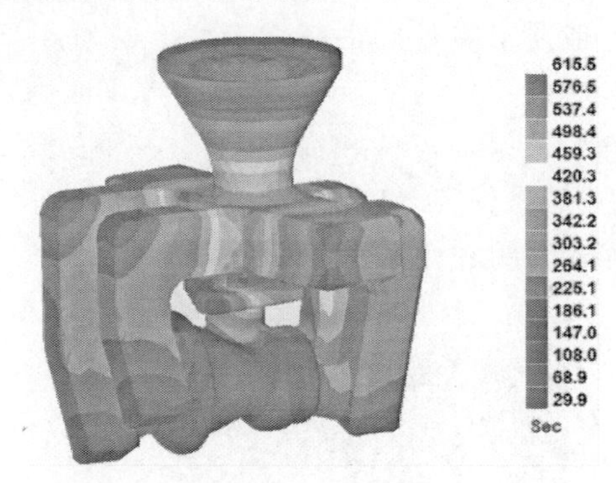

图 11 凝固时间分布

6.4 缩松、缩孔缺陷分析

取孔隙率大于 2.5％显示，铸件在圈处出现微量缩松、缩孔缺陷，如图 12 所示。

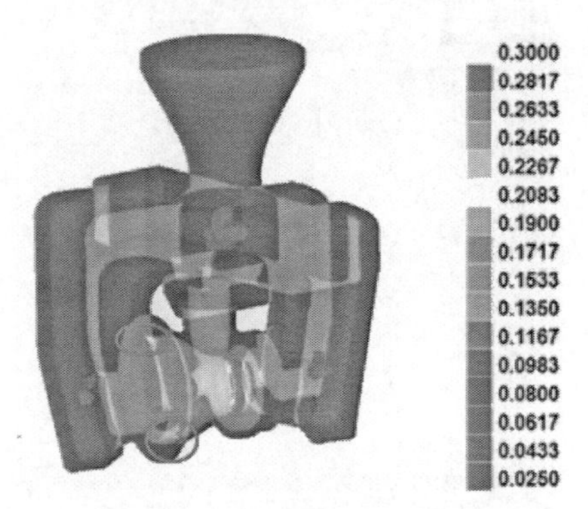

图 12 缩松缩孔缺陷

7 结论

虽然充型平稳，铸件在凝固过程中也未出现明显的热结，但有一处部位有补缩不够的趋势，且此部位为重要位置，不允许有缺陷产生，工艺需继续优化。

8 工艺优化

在 case1 的基础上我们进行了工艺优化（见图 13、图 14），并重新计算对比结果。

重新模拟计算，case3 被确定为最终工艺，其中 case3 模拟结果如图 15、图 16 所示。

按照 case3 工艺，实际浇注出来的产品经检测

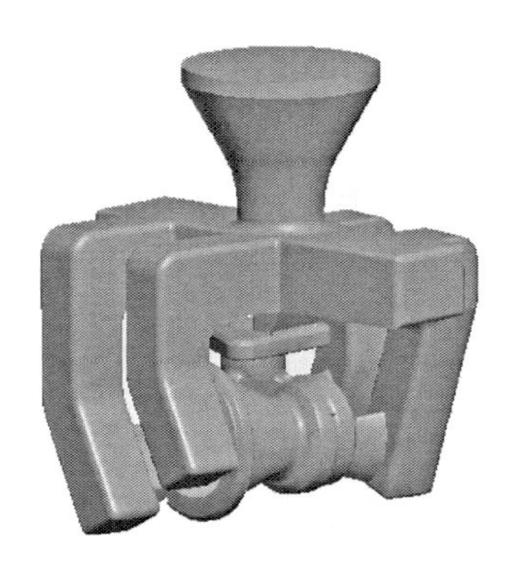

图 13　case2，针对补缩不足的部位进行特殊处理

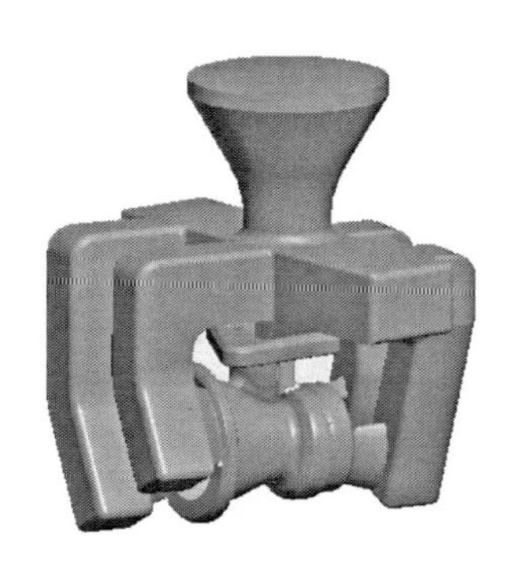

图 14　case3，针对补缩不足的部位进行两种特殊处理

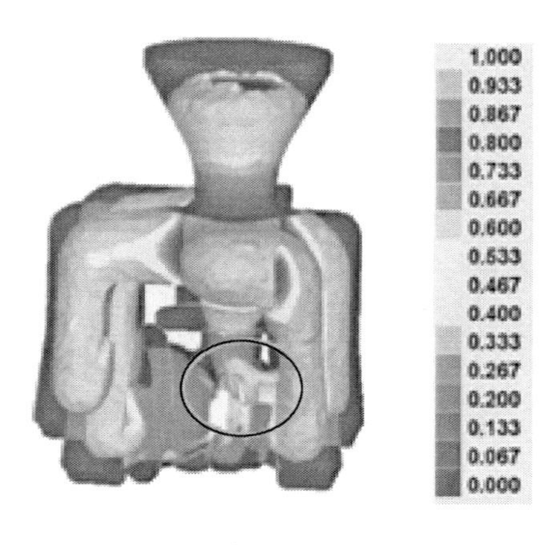

图 15　case3 的凝固结果，补缩充足

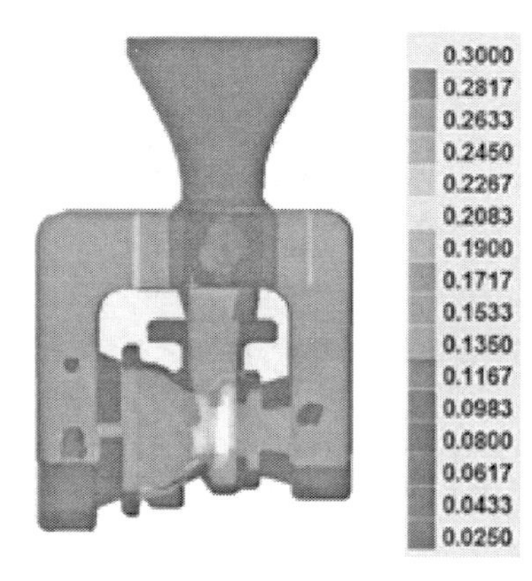

图 16　取孔隙率大于 2.5%显示，case3 的缩松结果基本无缩，原来有微缩的部位减弱

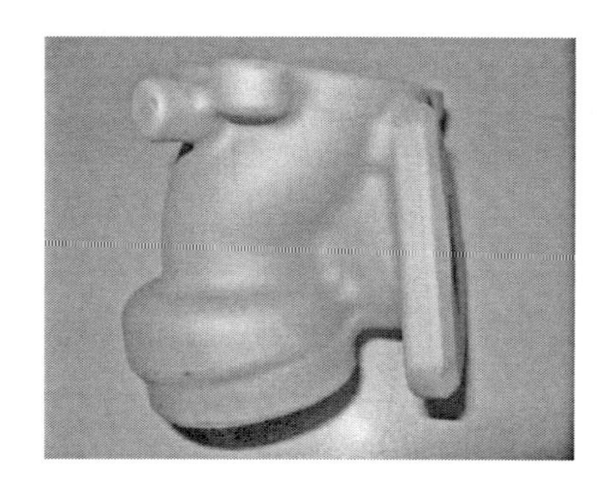

图 17　外观质量合格

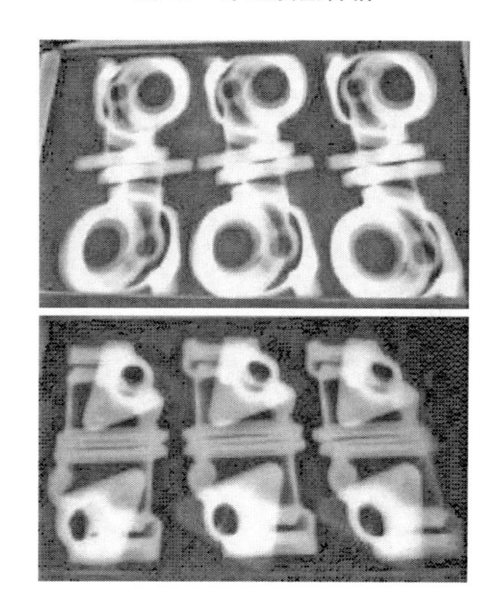

图 18　X－RAY 检测合格

为合格产品（见图 17、图 18），如期交货。

9　结论

（1）使用该软件已近 6 年，在软件的使用上已日渐成熟，如合理划分网格、修理网格，灵活运用续算、列表运算，根据时间紧急和零件大小灵活选择充型与凝固耦合和单独计算凝固过程预测缺陷等。但是一些特殊工艺的操作还很欠缺，需要继续学习。

（2）样品开发实现 100%进行工艺模拟，减少了废品的产生，减短了样品开发周期，提高铸件质量，提升了公司的竞争力。

（3）减少了对有经验的工程师的依赖，开拓了制定铸造工艺的新途径。

基于 ProCAST 壳体件数值模拟分析及工艺改进

薛丽娟[1]　孙红梅[1]　张春辉[1]　金福斌[1]　贵　菁[2]　潘国昌[2]

1. 哈尔滨第一机械集团有限公司；2. ESI 中国

摘　要： 本文以数值模拟技术为手段，模拟分析壳体件在已有工艺下的流场、温度场及应力场情况，预测缺陷种类、位置及大小，匹配实际试制产品后指导相关工艺进行改进，优化工艺的同时缩短产品试制周期，降低生产成本。

关键词： 壳体件；数值模拟；流场；温度场；残余应力。

1　引言

近年来，随着 CAD/CAE 技术的迅猛发展，制造业中数值模拟的应用已逐步成为验证工件结构设计及制造工艺设计的有效手段。对于铸造行业，其优越性表现在：模拟工件固有的结构性缺陷，在设计要求范围内做出有利于铸造工艺设计的修改，同时为工艺设计提供直观依据；通过分析充型及凝固过程的速度场、温度场、卷气、缩孔缩松等数值模拟结果，对已有铸造工艺进行改进。本文以壳体铸件为例，在现有工艺设计基础上，主要研究浇注系统、冒口尺寸、浇注温度、速度等工艺参数与壳体工件铸造过程中的流场、温度场及应力场变化的关系，分析铸件及工艺特点实施优化，以达到降低生产成本，提高产品良品率及质量的目的。

2　壳体件工艺制定及离散处理

2.1　铸件及工艺介绍

壳体铸件及其铸造工艺如图 1 所示。铸件中空成锥形，壁厚均匀在 70mm 左右，铸件工况要求：台架试验油温 100℃左右，转速每分钟 2000 转左右，稳定工作时间 15min，不渗漏。工艺方面，采用底注多内浇口式浇注方法以保证金属升液平稳，同时采用阶梯式浇注方式，根据连通器原理，在金属液浇注一定高度下实现部分顶注，从而调节温度梯度。上端设置模数较大的冒口，制造温度场条件及金属静压，便于铸件补缩。下端布置冷铁，加强顺序凝固条件。铸件材料的化学成分如表 1 所示。

图 1　铸件及工艺

表 1　壳体材料化学成分

化学成分	C	Si	Mn	Cr
含量（%）	0.25～0.35	0.2～0.5	1.0～1.4	0.8～1.2

2.2　求解域网格化处理

本次数值模拟是基于法国 ESI 集团的 ProCAST 铸造仿真软件，该软件基于有限元方法，提供全套的充型、凝固、残余应力等求解方案，软件界面友好，集成度高，可准确计算铸造过程中的流场、温度场及应力场变化，预测缩孔缩松缺陷及铸件开裂区域。

综合上述工艺及网格处理技巧，求解域轮廓为 656mm×613mm×666mm，充满型腔所需金属液净重量为 408kg。图 2 为添加冷铁后的求解区域有限元离散情况。铸件轴对称，浇注系统非对称，故考虑采用ProCAST软件提供的虚拟砂箱功能，取出砂箱区域的网格离散，节省计算空间及时间。考虑到本次数值模拟内容包括残余应力的计算，为创建边界节点以保证应力场计算精度，在设置虚拟砂箱前，利用ProCAST软件网格划分模块Visual-Mesh提供的生壳功能在铸件、浇冒口及冷铁边界布置一层厚度为6mm，由四面体网格构成的壳，如图3所示。

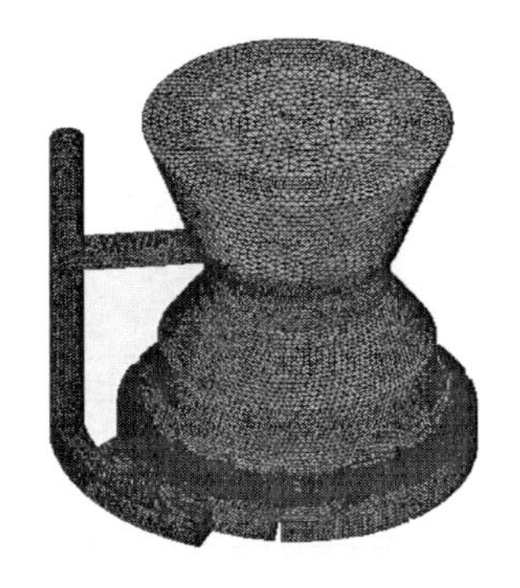

图2 网格划分结果

图3 网格生壳处理结果

3 数值模拟过程及结果分析

3.1 参数处理

将铸件、冷铁及砂型材料信息赋予相应离散区域；建立区域间的换热条件，在虚拟砂箱及壳体区域间设置砂与砂换热系数，以便于该方法的实施；以边界条件形式在浇口位置设置浇注温度1540℃及浇注速度1.8kg/s(20s浇注完毕)；最后设置重力方向及砂型重力铸造下与计算内容、频率及数据存储等信息相关的运行参数便可调用求解器进行计算。首先计算充型过程中的流场及温度场，之后利用ProCAST软件提供的Extract（抽取）功能，在计算结果文件中拾取充型完毕步数，继承相关模拟结果后计算凝固过程中的温度场及应力场。

3.2 数值模拟结果分析

根据ProCAST求解器功能可得到如下模拟结果：流场、温度场、固相率、缩孔缩松、残余等效应力和变形等。

3.2.1 充型模拟结果

底注式浇注方法，浇口速度在1.4m/s左右，金属液在底层形成闭合后上升平稳，无飞溅紊流现象，随着铸件横截面积的逐步扩大，液面上升速度减慢，达到上端阶梯浇口处时，浇口将高温金属液注入型腔，填满冒口。图4（a）、（b）所示分别为浇注1s及5s后的充型状态及速度场分布。

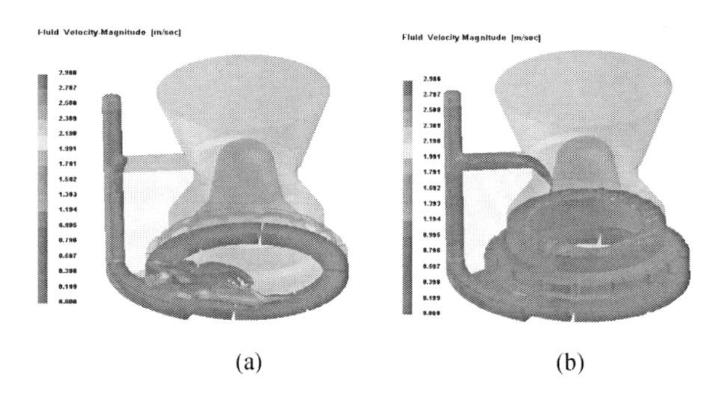

(a) (b)

图4 充型过程流场结果分析

(a) 1s；(b) 5s

3.2.2 凝固过程温度场分析

受底部冷铁、顶部冒口及阶梯式浇注系统的影响，铸件整体呈现定向凝固趋势，具有一定的温度梯度。图5（a）、（b）分别为凝固3600s及8000s时的铸件温度场分布情况。

3.2.3 凝固过程固相率及缩孔缩松分析

上端大模数冒口及下端冷铁工艺使铸件在凝固过程中拥有整体上的顺序凝固趋势，如图6（a）所示，但铸件锥形区域壁厚均匀，呈现局部同时凝固，甚至在接近冒口区域补缩通道被截断形成孤立液相区，如图6（b）所示。

综合上述，对凝固过程中固相率的分析，铸件中缩孔缩松区域易出现于同时凝固及形成孤立液相的铸型区域。缩孔缩松模拟结果如图7（a）、（b）、（c）所示，分别显示了凝固过程中，型腔内

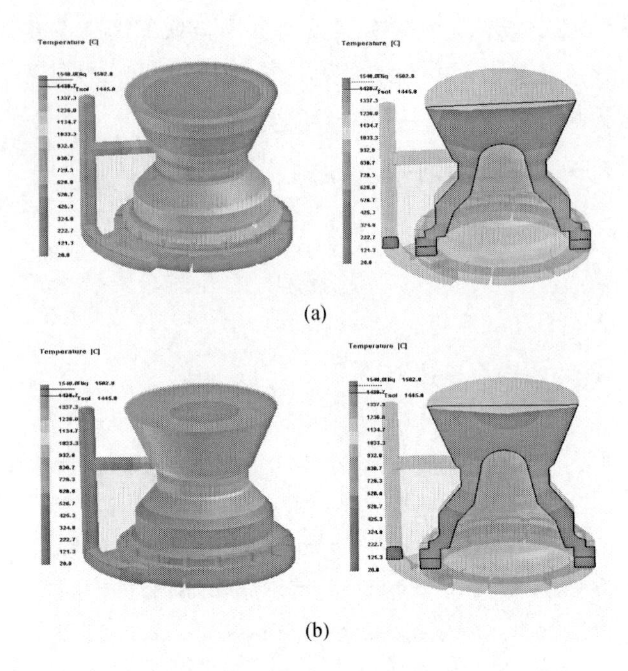

图5　凝固过程中的温度场分布

(a) 3600s；(b) 8000s

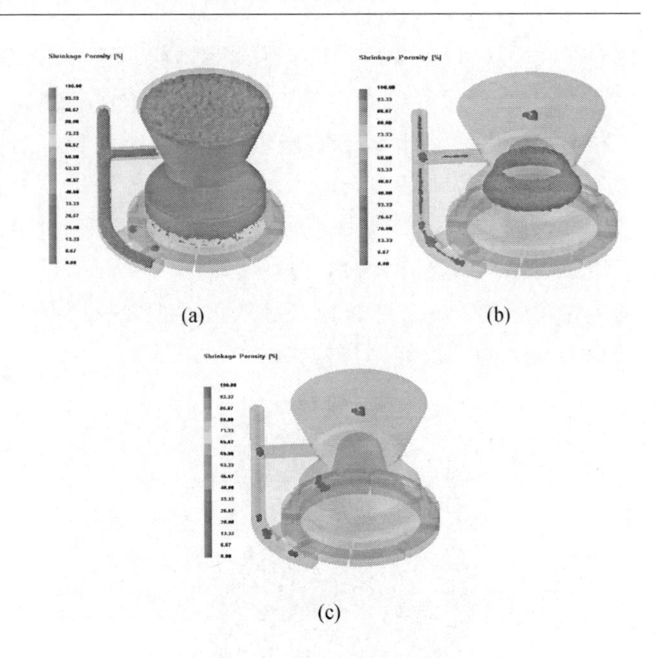

图7　缩孔缩松的数值模拟结果

(a) 致密度达不到99%的区域；(b) 致密度达不到98.5%的区域；(c) 致密度达不到98%的区域

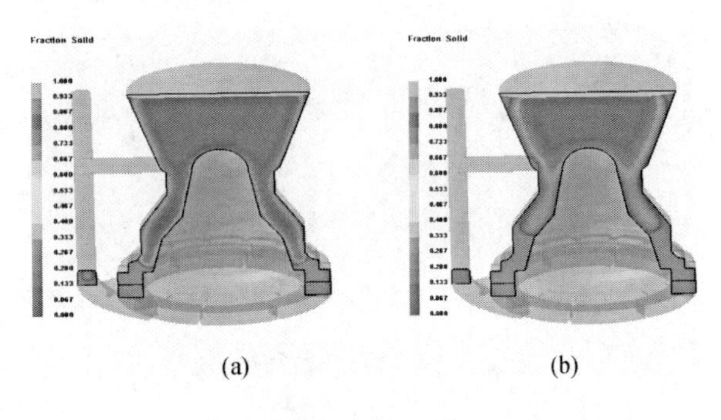

图6　凝固过程中固相率分布

(a) 350s；(b) 1050s

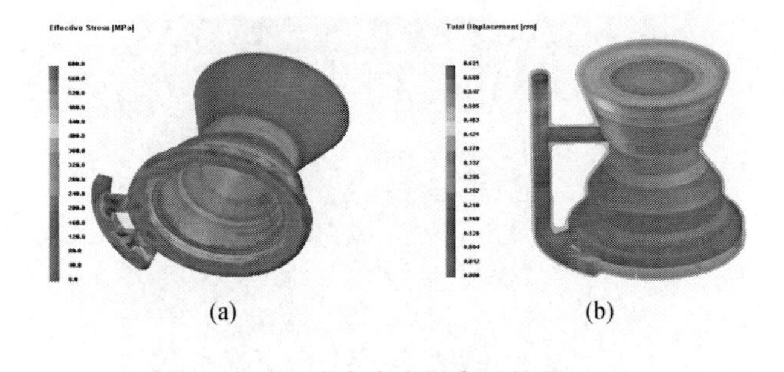

图8　残余应力及变形结果

(a) 充型结束6h的残余应力分布；(b) 充型结束6h变形情况

金属致密度达不到99%、98.5%及98%的区域。根据模拟经验及实际铸件生产情况，认为致密度达不到99%的区域多为缩松缺陷，不影响对铸件的质量要求。因此，在后续的工艺改进过程中主要针对图7 (a)、(b) 所示缺陷。

3.2.4　铸件残余应力及变形结果分析

铸件在充型结束6h后开箱，此时的最大铸造残余应力除在浇口位置外，还集中于铸件锥形结构，有同时凝固趋势的区域，如图8 (a) 所示，数值最大可达400MPa左右，在相应温度下可能超过材料抗拉强度造成开裂。通过铸件变形的预测结果可知，受重力方向影响，冷却收缩主要集中于浇冒口系统，铸件表面的变形不超过0.3mm，在机加处理范围内，不影响铸件质量，如图8 (b) 所示。

3.2.5　铸件实际结果比对

根据上述工艺进行的产品试制表明，铸件实际出现开裂的位置即浇口与铸件圆锥结构处与模拟预测的结果相符，故在后续的工艺改进过程中，采用相同的数值模拟参数验证改进效果。经过铸后焊补如图9 (a)、(b) 所示，铸件粗加工后进行水压试验，试验压力0.15MPa，保压10分钟不许渗漏，在该技术要求下，铸件良品率不能达到要求。

4　工艺改进方案及模拟结果

4.1　工艺改进介绍

通过上述模拟及产品实际试制可知，原工艺方案中的浇冒口系统在金属液平稳充型、调节温

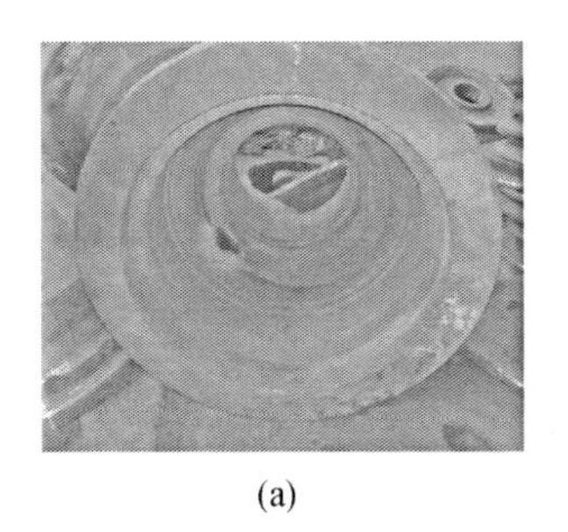

(a)

(b)

图 9　实际铸件开裂位置

度场分布形成定向凝固方面达到了设计目的。铸件缺陷包括缩孔缩松及开裂主要集中在铸件锥形结构处，故在该区域适当调节毛坯厚度，使其呈现阶梯式分布，将原工艺中的同时凝固优化为具有一定温度梯度的定向凝固，具体修改方案的网格划分结果如图 10 所示。

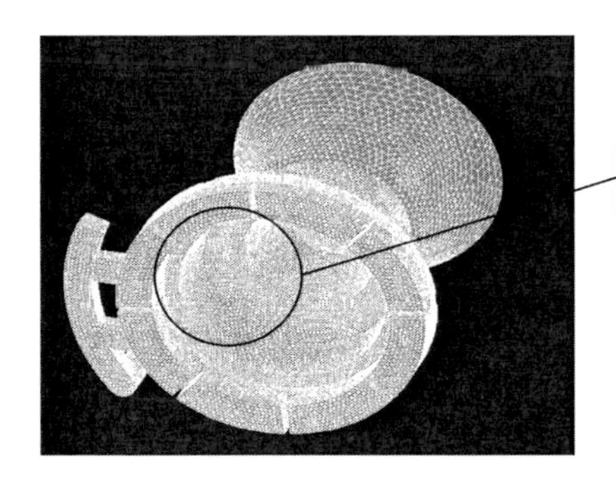

阶梯式结构

图 10　改进后的网格划分结果

4.2　优化方案模拟结果分析

由于铸件结构的改进，定向凝固趋势更为明显，体现在缩孔缩松数值模拟结果，如图 11（a）、（b）所示，分别表示致密度达不到 98.5%及 98%的区域。由于相关补缩通道的扩展，缺陷较原有工艺大为改进。

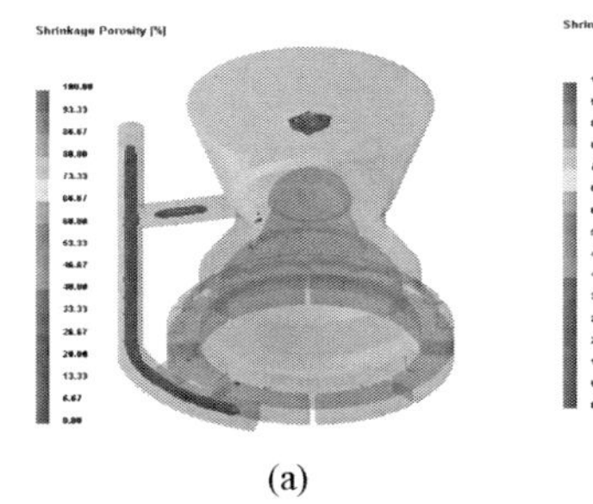

(a)

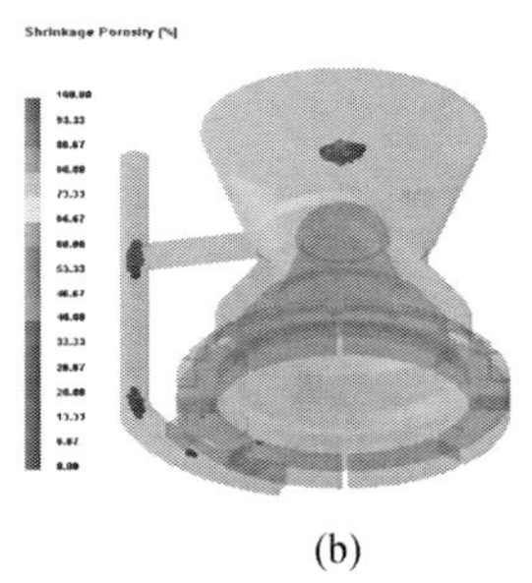

(b)

图 11　缩孔缩松的数值模拟结果

（a）致密度达不到 98.5%的区域；

（b）致密度达不到 98%的区域

同时，凝固区域的减少也一定程度降低了铸件开裂的可能性。数值模拟预测的铸件凝固 6h 后的残余应力集中情况如图 12 所示，相关位置的应力集中数值已降为 200/300MPa，与实际试制产品相符，开裂情况得到明显改善。

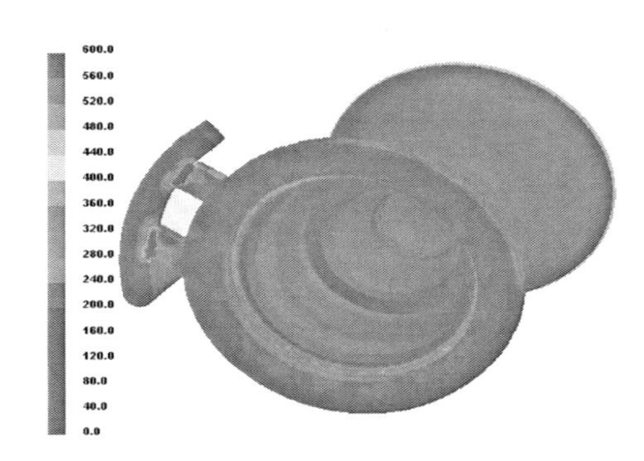

图 12　改进方案后的残余应力分布

5　结论

数值模拟技术的引用已成为产品设计及工艺制定人员判定产品结构铸造性能，设计、改进铸造参数及工艺的有力手段。ProCAST 铸造仿真软件作为基于有限元方法的全套模拟解决方案，在铸件充型、凝固、应力求解及计算精度方面符合本厂要求。

数值模拟过程中，使用适当操作技巧，如设置虚拟砂箱减少网格数量、生成网格壳保证计算精度、抽取结果避免三场耦合等，可以在提高软件使用率的同时保证计算精度。

数值模拟过程中的参数及经验积累尤为重要，与实际试制产品的对比，对结构及工艺改进具有指导意义。

针对本文中的铸件案例，还有许多可以改进的方面，例如调整冒口形态及模数、进一步改进毛坯尺寸已达到提高铸件良品率的目的，从而节省生产成本。

第五篇
钣金成型

BenQ明基电子某液晶电视机后盖板钣金成型工艺仿真分析报告

张　增[1]　王　玮[2]

1. 达运精密；2. ESI中国

摘　要：本文通过运用PAM-SRAMP 2G软件，对某液晶电视机后盖板钣金成形工艺进行了数值模拟与分析。仿真的结论如下：零件没有破裂区域，但两个角落有起皱趋势，需要进行工艺优化。

1　模型输入条件

模型为所给产品的第1个工步。

此次分析一共分析了1个工步。

此模型应用的材料参数为SPCE _ Xmm：

材料参数如下：

料厚Thickness＝0.6mm

E ＝ 210；

NU ＝ 0.3

RO ＝ 7.8e－006

Anistropic各项异性类型：正则化

R＝ 1.7

HARDENING _ CURVE ＝ 'HC _ SPCE'

TYPE ＝ POINTS _ LIST

EPSILON _ SIGMA＝0　0.170546

EPSILON _ SIGMA＝0.01　0.203496

EPSILON _ SIGMA＝0.02　0.226405

EPSILON _ SIGMA＝0.03　0.244447

EPSILON _ SIGMA＝0.04　0.259533

EPSILON _ SIGMA＝0.05　0.272608

EPSILON _ SIGMA＝0.06　0.284211

EPSILON _ SIGMA＝0.07　0.294685

EPSILON _ SIGMA＝0.08　0.30426

EPSILON _ SIGMA＝0.09　0.313101

EPSILON _ SIGMA＝0.1　0.321328

EPSILON _ SIGMA＝0.12　0.336293

EPSILON _ SIGMA＝0.14　0.349683

EPSILON _ SIGMA＝0.16　0.361844

EPSILON _ SIGMA＝0.18　0.373013

EPSILON _ SIGMA＝0.2　0.383364

EPSILON _ SIGMA＝0.25　0.406443

EPSILON _ SIGMA＝0.3　0.426506

EPSILON _ SIGMA＝0.4　0.460482

EPSILON _ SIGMA＝0.5　0.488896

EPSILON _ SIGMA＝0.6　0.513521

EPSILON _ SIGMA＝0.7　0.535375

EPSILON _ SIGMA＝0.8　0.555102

EPSILON _ SIGMA＝0.9　0.573136

EPSILON _ SIGMA＝1　0.589788

FORMING _ LIMIT _ CURVE＝'FLC _ SPCE'

TYPE＝POINTS _ LIST

MIN _ MAX＝－0.4　1.05

MIN _ MAX＝－0.1　0.44

MIN _ MAX＝－0.05　0.37

MIN _ MAX＝0　0.355

MIN _ MAX＝0.075　0.39

MIN _ MAX＝0.15　0.45

MIN _ MAX＝0.24　0.5

MIN _ MAX＝0.35　0.52

MIN _ MAX＝0.4　0.525

压边力＝800KN

2　计算模型

根据实际需要，本模型的产品采用Deltamesh进行网格划分，应用PAM-STAMP求解。压边圈和冲头应用PAM-STAMP的Toolbuilder生成。

生成以后的模型如图1～图3所示。

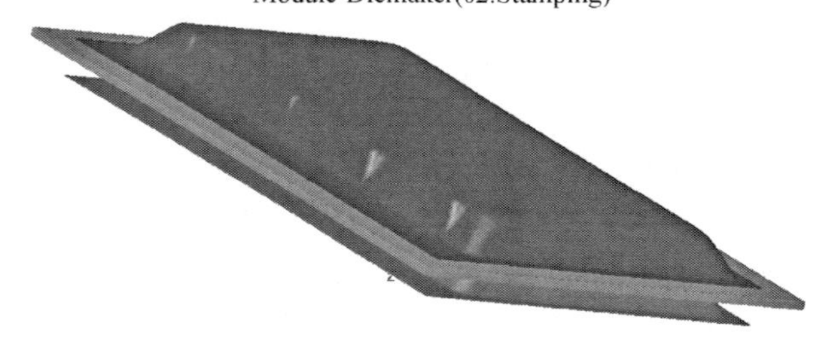

图1　整体模型

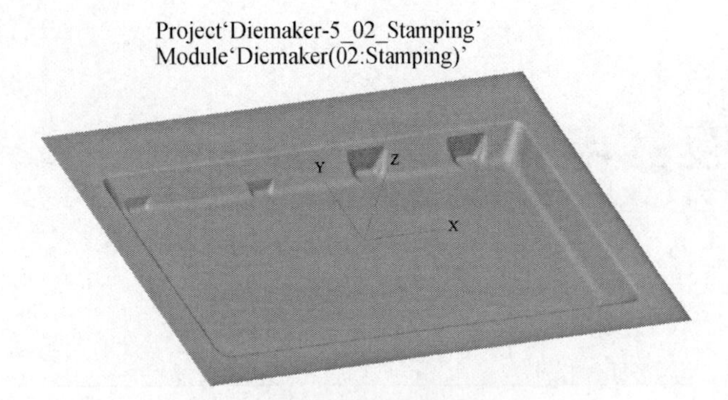

图2　模具模型

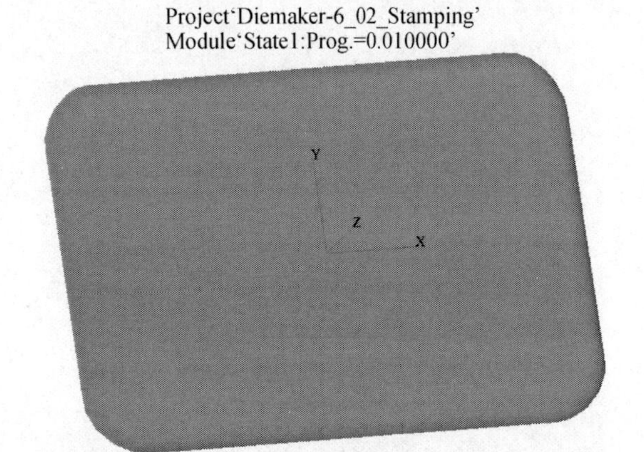

图3　初始板料

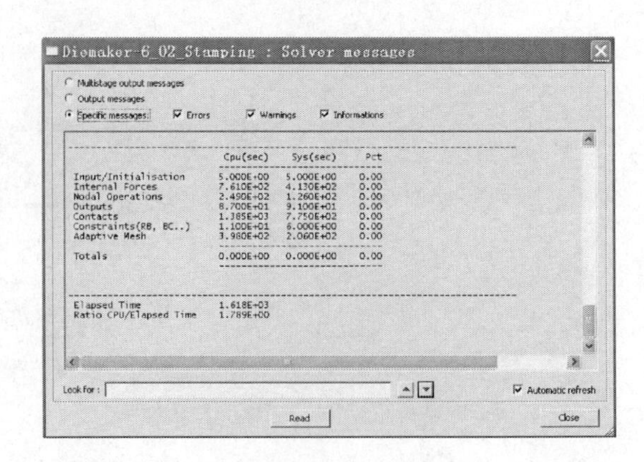

图4　成形计算的时间

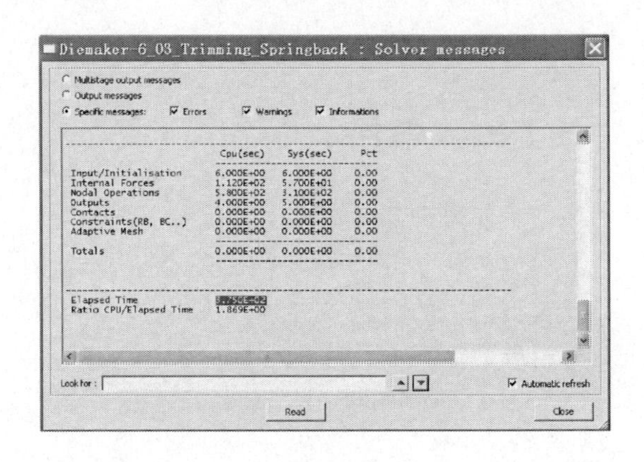

图5　回弹计算的时间

3　耗费的时间

应用的硬件参数为：Intel Core2 P8600 @ 2.4G，2.4G、内存4G。

3.1　网格划分时间

表1　　　网格划分时间表

模型	所用模块	单元数	最终单元数	所用时间
凸模	Deltamesh	20750	20750	1min
板料	Deltamesh	1097	24320	0.5min

3.2　分析时间

表2　　　分析时间表

过　程	所用模块	所用时间
模具设计	Diemaker 模面设计	5min
成形计算	Autostamp 精确成形	27min
回弹计算	Autostamp 精确成形	6min

3.3　截图

成形计算的时间如图4所示，时间为1618s。

回弹计算的时间如图5所示，成形性时间为375s。

4　CAE结果分析

4.1　成形阶段

（1）减薄率。成形的减薄率结果如图6所示，最大减薄为25.35%，位置如图所示。

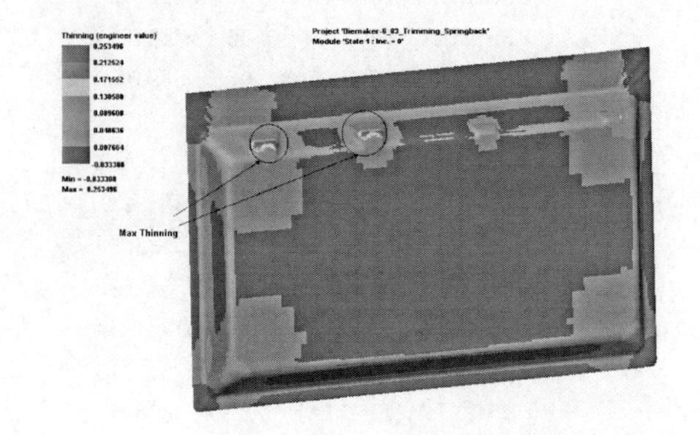

图6　成形的减薄率云图

（2）FLD成形极限图。成形阶段FLD成形极

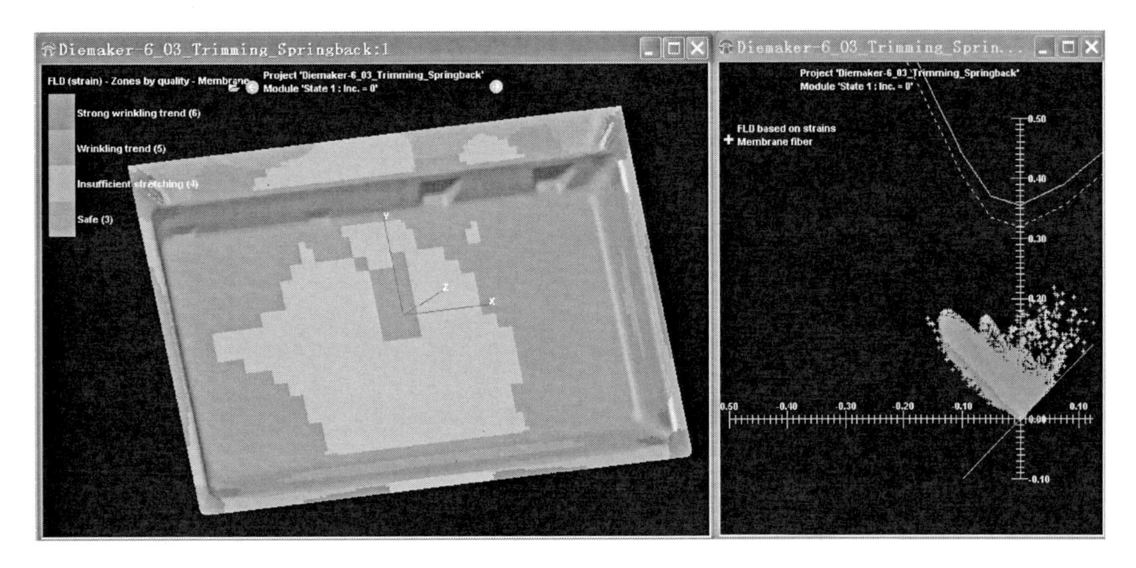

图 7　成形阶段 FLD 成形极限图

限图如图 7 所示，没有破裂区域，但是有起皱的区域。

（3）起皱区域（见图 8）。

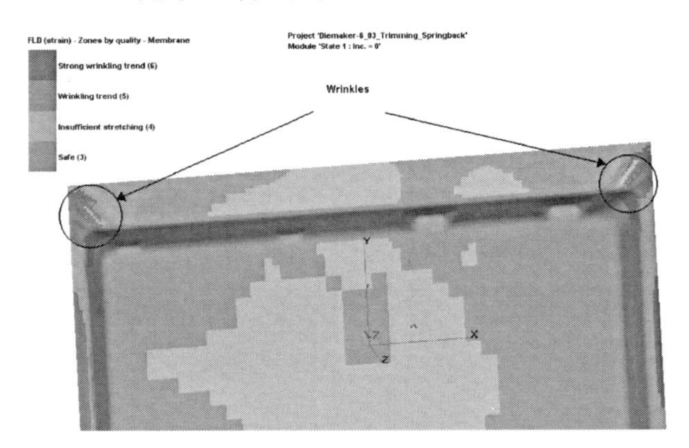

图 8　起皱区域图

（4）塑性应变。最终成形零件的塑性应变分布云图如图 9 所示。

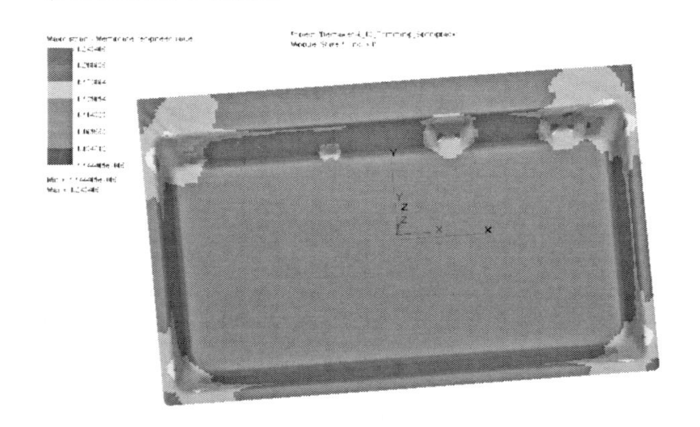

图 9　塑性应变分布云图

4.2　回弹阶段

回弹量分布云图如图 10 所示。

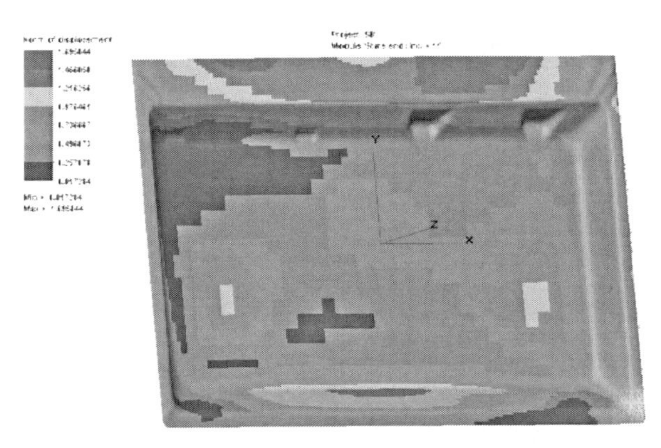

图 10　回弹量分布云图

4.3　总结分析

根据分析结果，在预设工况载荷下：

（1）零件的最大减薄率为 25.35%。

（2）零件没有破裂区域。

（3）两个角落有起皱，需要进行工艺优化。

New Progress of the Virtual Prototyping Solution for Hot-forming with PAM-STAMP 2G

Martin Skrikerud[1] Bahia Dahmena[1] Caroline Borot[1] Wang Wei[2]
1. ESI Group; 2. ESI China

Key words: virtual prototyping; hot-forming; quenching; tool cooling.

The challenges to automotive industry are motivated by the feelings and needs of customers, globalization, competition, and regulations. According to sheet metal forming process, the focusing issues are how to reduce production cost, how to reduce weight, how to reduce lead time of new parts development, how to keep assembly possibilities after stamping with new materials, and how to keep performances capabilities after stamping with new materials.

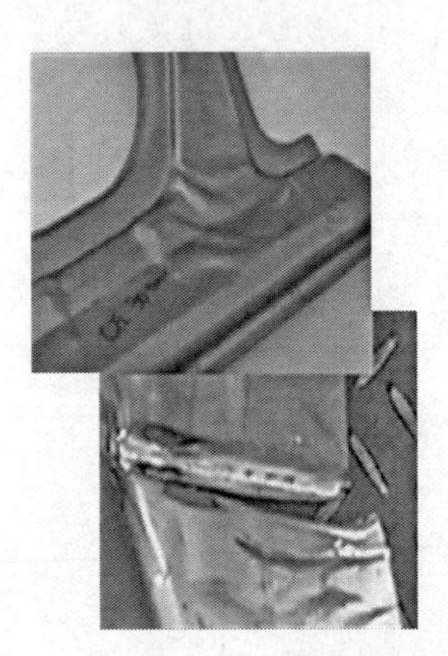

Fig. 1 Bad forming and large springback

Requirements for Body-in-white are light weight, stronger and stiffer higher energy absorption. Although the two sides are conflicting requirements, hot-forming is an acceptable solution.

Illustrated are parts in a body in white where it makes sense to use Mangan 22 Boron 5 steel, designed for hot forming.

Virtual Prototyping means reducing tests and physical prototypes with virtual test and prototypes. This saves the cost for the physical try-out. Also the time it takes to do the try-out is eliminated. The mandatory condition is the ability to deliver results good enough to reliably replace the physical tests, in a time frame significantly shorter than physical try-out would be.

The virtual simulation softwares of stamping, welding, and casting from ESI Group are all integrated into the hot-forming simulation. And some significant testing datas are from AP&T Group. It is shown as Fig. 3.

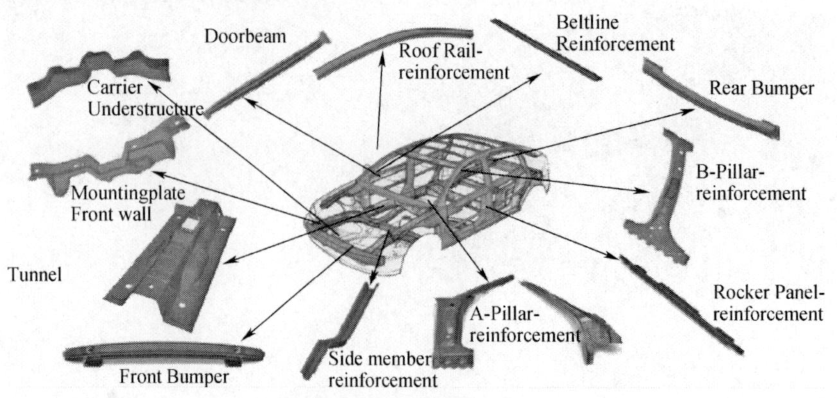

Fig. 2 Hot-forming Parts

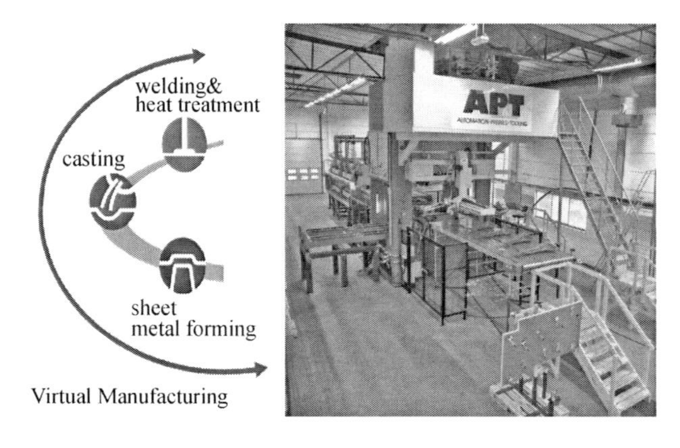

Fig. 3 Hot-forming pressing line and virtual solution

To investigate the hot-forming progress parameters in detail, we simulated many cases and compare the simulation results with the testing cases. Some of the results and conclusions are as followings.

1. First of all, the contact force was studied and if the objective is 10s quenching time. The minimum of martensite would be:

(1) 1000kN press force: min martensite: 73.7%;

(2) 3000kN press force: min martensite: 86.3%;

(3) 5000kN press force: min martensite: 91.7%.

After comparison we got such conclusion as followings: Increase press force, or Increase quenching time can increase martensite percentage. The 5000kN case is shown as Fig. 4.

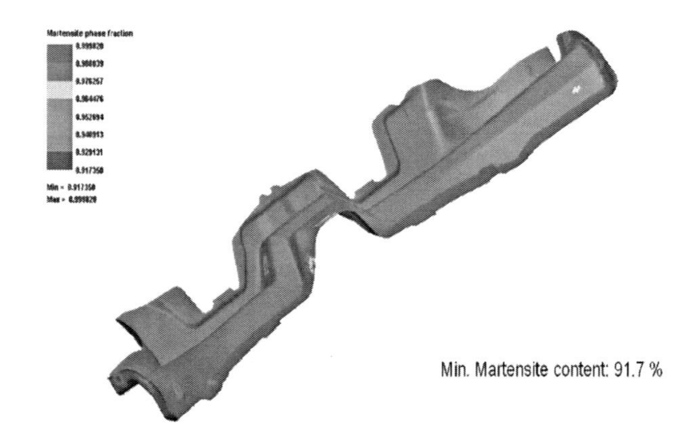

Fig. 4 Case that contact force equals 5000KN

2. Secondly, we want to get an impression how tool temperature affect the martensite. In order to calculate the 3D tool temperature, we shall import and read the volume tools via CAD files. Then assembling, detecting and repairing are important and necessary.

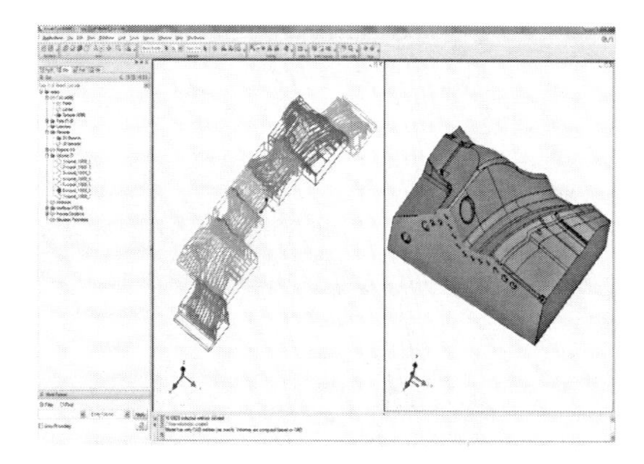

Fig. 5 Import, assemble and mesh the volume tools

The same as above, we set the objective quenching time is 10s. The results are as below:

(1) 25 degrees C: min martensite: 86.3%;

(2) 100 degrees C: min martensite: 81.4%;

(3) 200 degrees C : min martensite: 55.0%。

After comparison we got such conclusion as followings:

(1) Tool temperature is quite critical.

(2) As the figure of No. 7 shows, a increase to a tool temperature of 200 degrees means part performance will definitely fail. The cooling channel is necessary to redesign.

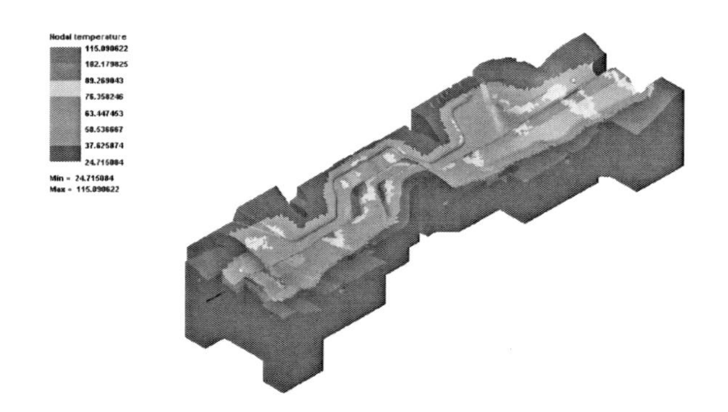

Fig. 6 Nodal temperature of die 3D tool

3. Thirdly, we study the accuracy of simulation. The comparison of thickness distribution between PAM-STAMP 2G and the real part measurement. The maximum difference is less than 4%. And the supplier of the tool is quite

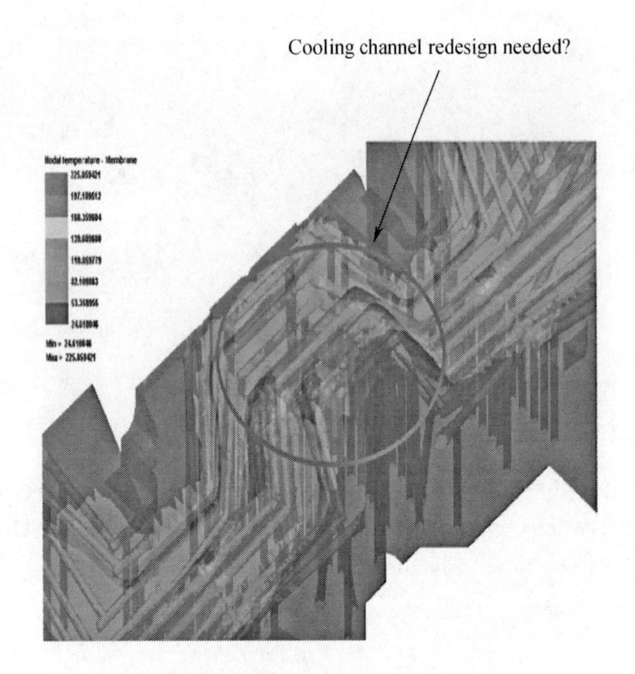

Fig. 7 The hot spot area according to simulation

satisfied with the simulation results.

Summary

(1) Virtual prototyping helps saving real prototypes in a shorter time at a lower cost.

(2) Parameter studies & influence factors can easily be determined using Virtual Prototyping.

(3) Every part manufactured is part of a bigger body, which needs to be assembled.

(4) New functions for PAM-STAMP V2012 such as hardness, speed-up and improved usability.

References

[1] The Corus-Vegter Lite material ModelV High Accuracy with few Parameters, Carel ten Horn, Henk Vegter, Michael Abspoel, Corus Research Development & Technology, EUROPAM Conference, May 2008.

[2] Numisheet 2008 Benchmark Study, Sep1-5, 2008, Interlaken, Switzerland.

[3] Numisheet 2011 Benchmark Study, Aug21-26, 2011, Seoul, Korea.

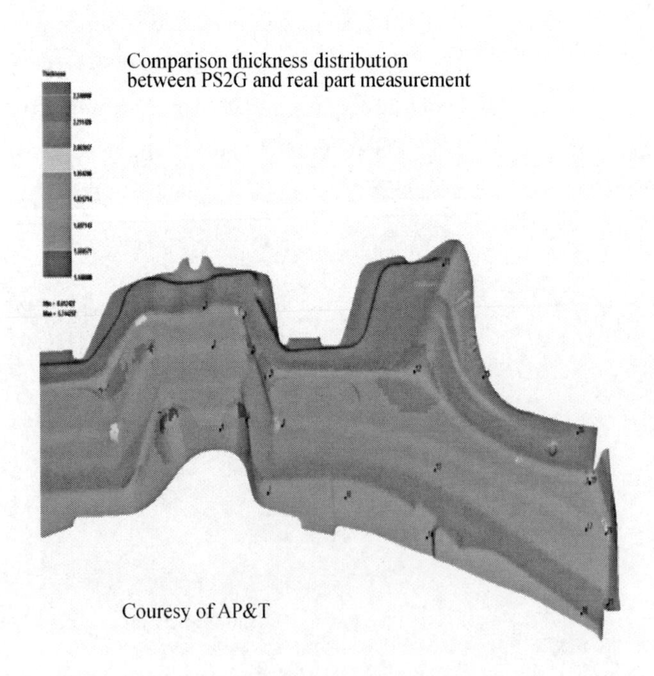

Location	Difference
1	−4.0%
2	−0.3%
3	−0.8%
4	2.4%
5	−3.4%
6	−2.3%
7	−2.3%
8	0.6%
9	−2.1%
10	−0.6%
11	2.0%
12	−0.4%
13	3.3%
14	−2.2%
15	0.7%
16	0.0%
17	−0.6%
18	1.1%
19	−0.5%
20	3.2%
21	−0.1%

Fig. 8 Comparison thickness distribution between software and real part

基于 PAM-STAMP 2G 软件的飞机钛合金钣金零件橡皮囊成形模拟技术研究

王厚闽[1]　徐应强[1]　顾俊海[1]　胡　丹[2]　鲍益东[2]

1. 上海飞机制造有限公司钣金制造车间，上海，200436；

2. 南京航空航天大学机电学院，江苏南京，210016

摘　要：橡皮囊成形是飞机钣金零件的一种重要成形工艺方法，针对钛合金成形存在回弹大、不容易控制的问题，本文采用 PAM-STAMP 2G 软件研究飞机钛合金钣金零件橡皮囊成形与回弹规律，以一个典型的飞机钛合金钣金 U 形零件为例，首先建立其橡皮囊成形有限元模型，然后对橡皮囊成形过程分析板料与模具的贴模情况，通过分析回弹结果得出零件的平均回弹角以及零件基准面的下陷圆弧半径大小，为飞机钛合金钣金零件的橡皮囊成形的设计和生产提供依据。

关键词：钛合金；橡皮囊成形；回弹；数值模拟。

1　前言

橡皮囊成形是飞机钣金零件的一种重要成形工艺方法。其原理是利用橡皮囊作为弹性凹模（或凸模），用液体作为传压介质，使金属板料随刚性凸模（或凹模）成形。其中使板料沿着模具成形的部分就是橡皮囊，另外约束板料成形的一部分就是刚性模。橡皮囊成形是半模成形，具有简化模具，缩短模具制造周期，降低制造费用的特点。而且，在高的压力下橡皮可以辅助加给板料一种较大的向下摩擦力，使板料的弯曲带有一定的拉弯性质，有助于回弹的减少。橡皮囊成形为品种多、产量少的飞机钣金零件生产提供了一种极为适宜的成形工艺方法。

钛合金钣金零件具有比强度高、热强度高、抗腐蚀性好、低温性能好、化学活性质活泼、导热系数小、弹性模量低等特点。由于具有以上特点，钛合金钣金件在常温下成形困难。

针对钛合金钣金零件在常温下橡皮囊成形存在不容易变形、回弹大、导致贴模差等问题，本研究利用 PAM-STAMP 2G 软件模拟钛合金板件的橡皮囊成形与回弹过程仿真分析，分析橡皮囊成形过程中的回弹量的大小，从而为橡皮囊成形模具的设计和生产提供有效依据。

2　橡皮囊成形的有限元模型

本文以典型的 U 形件的橡皮囊成形有限元模拟为例。零件形状如图 1 所示，长 957mm，圆角 A 为 150°，圆角 B 为 90°。材料选用钛合金 CP3，板料厚度 0.635mm，其真实应力应变曲线如图 2 所示。橡皮厚度为 6mm，密度为 1200 kg/m^3，材料参数如表 1 所示。

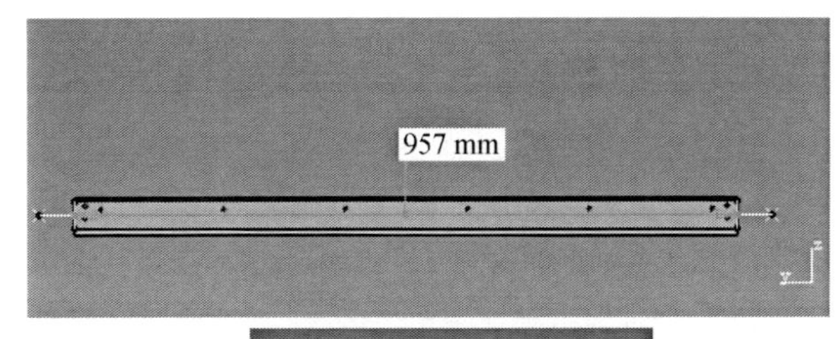

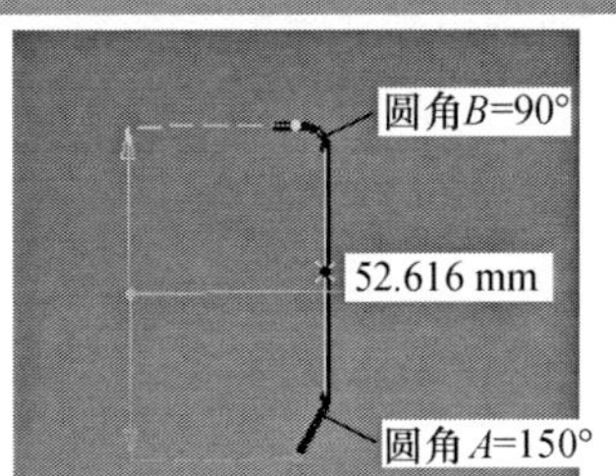

图 1　零件几何模型

然后利用 PAM-STAMP 2G 软件进行有限元分析，第一步是建立橡皮囊成形的模具和板料的有限元模型，然后确定橡皮囊成形各个阶段的模具和板料的成形工艺参数。

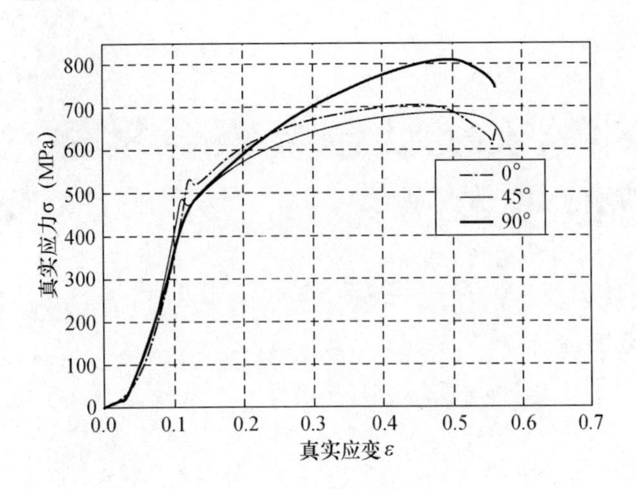

图2　钛合金CP3－0.635mm各方向真实应力应变图

表1　　材料力学参数

钛合金材料属性	
密度 (kg/m^3)	4430
杨氏模量 (MPa)	1.10E5
泊松比	0.34
橡胶材料参数	
密度 (kg/m^3)	1200
弹性本构模型	Mooney-Rivlin

图3为钛合金钣金零件橡皮囊成形过程中的橡皮垫、板料、凹模以及工作台有限元模型。其中橡皮垫和板料为可变形体，采用壳单元（S4）划分板料网格单元，凹模和工作台为刚体。

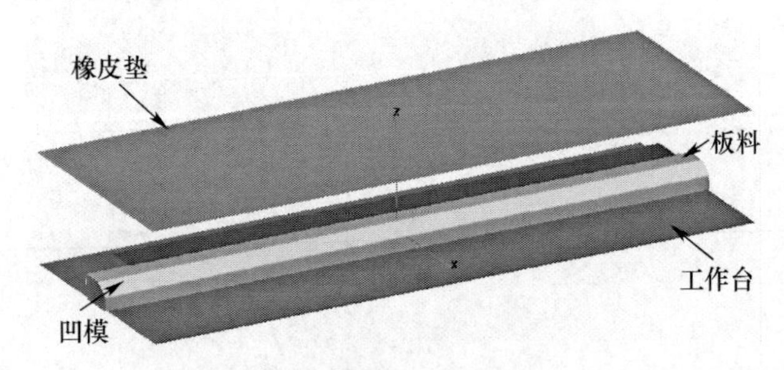

图3　橡皮囊成形有限元模型

橡皮囊成形工艺分为Stamping和Spring Back两个阶段，接触设置参数如表2所示。通过液体单元在橡皮垫上施加均布压力实现压力加载，体积模量为2.1×10^3MPa，初始体积为$3.6\times10^8mm^3$，最大压力为25MPa，时间进程为25s。

在Spring Back阶段，分两种回弹的刚体位移约束方式：第一种在该零件的基准面上的节点都施加上x、y、z方向平移约束，用于约束回弹计算可能的刚体位移，用于计算零件圆角处的回弹角大小；第二种是通过ISOSTATIC方法PAM-STAMP软件自动寻找节点进行刚体位移约束，用来计算零件基准面的下陷弧度。

表2　　接触设置参数

主接触面	从接触面	摩擦系数	罚函数因子	接触算法
Die	Blank	0.15	0.03	Accurate
Die	Rubber	0.30	0.03	Accurate
Station	Rubber	0.30	0.03	Accurate
Blank	Rubber	0.30	0.03	Accurate

3　模拟结果分析

利用PAM-STAMP 2G 2011最新版求解器成功地模拟钛合金板件橡皮囊成形过程，模拟结果的分析分Stamping和Spring Back两个部分。

（1）Stamping进程的模拟结果如图4所示。

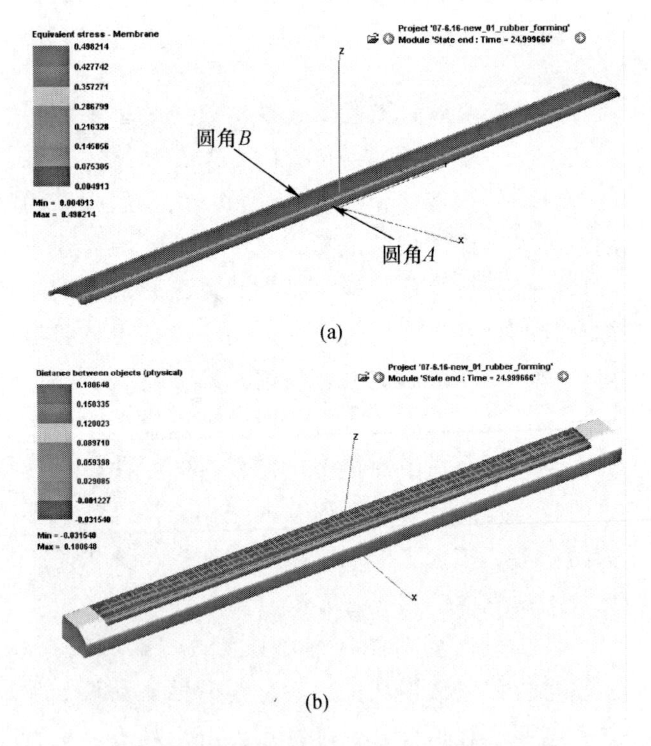

图4　冲压进程后板料的等效应力和贴膜状态

（a）等效应力分布；（b）板料贴膜状态分布

利用软件的后处理功能可以很方便地了解冲压后板料的厚度、应力、应变、位移以及贴膜状态，由图4（a）和4（b）所示的冲压后板料的等效应力和贴膜状态，为设计生产提供可靠的依据。

由图4（a）可知，等效应力最大的地方集中在变形的两个圆角处，最大等效应力为 286.8MPa。

由图 4（b）可知，板料的贴膜度不好，最大间隙为 0.180mm。

（2）Spring Back 进程的模拟结果如图 5 所示。

图 5（a）为固定板料基准面后的回弹情况，由图 5（a）可知，圆角 A 和圆角 B 处有不同程度的回弹，为了测量回弹角的大小，在零件上选取了 7 个截面，为了统一，给出圆角 A 处的回弹角平均大小为 3.2°，圆角 B 处的回弹角平均大小为 7.9°。

图 5（b）为通过 ISOSTATIC 方法 PAM-STAMP 软件自动寻找节点进行刚体位移约束后产生的回弹下陷，由图 5（b）可知，板料的中间部分的回弹量最大，为 3.687mm；零件两端的回弹量较小；回弹量是从中间向两端递减分布。由图 6 所示，通过测量并计算出下陷弧度半径为 2574.874mm。回弹量大小分布形式和实际生产过程中产品产生的回弹量大小分布形式基本一致。

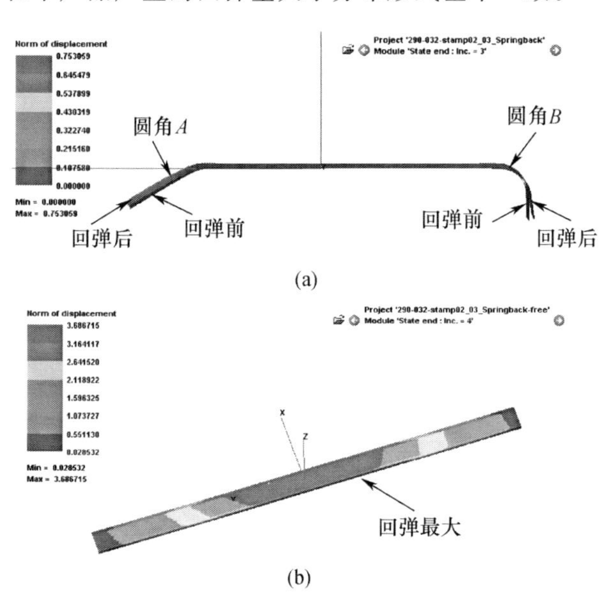

图 5 回弹进程后板料的回弹位移云图

（a）板料回弹角；（b）板料回弹下陷

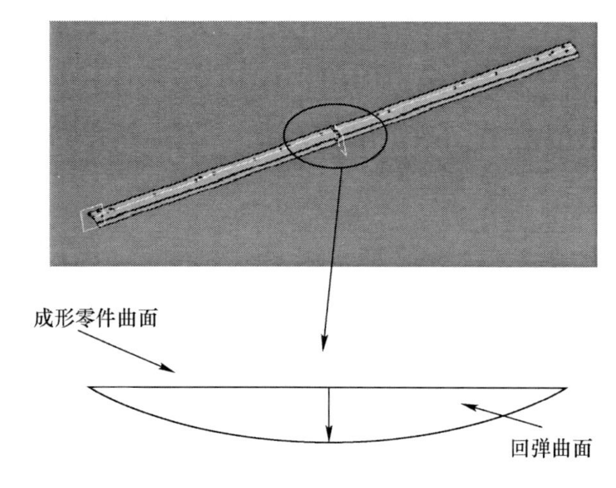

图 6 回弹下陷示意图

4 结论

本文根据飞机钛合金钣金零件的成形特点，利用 PAM-STAMP 2G 软件模拟钛合金板件的橡皮囊成形过程，通过分析软件模拟成形结果得出常温下钛合金钣金件橡皮囊成形后回弹角和下陷圆弧半径的大小，并根据此结果预测零件各部位的回弹量，以零件回弹后的形状与设计要求形状的几何误差为依据，修正模具，为钛合金板件的橡皮囊成形的设计和生产提供依据。

参 考 文 献

[1] 李泷杲，王书恒，徐岩．金属板料成形有限元模拟基础[M]．北京：北京航空航天大学出版社，2008.

[2] 付云方，高霖，王辉．橡皮囊成形研究进展[J]．中国制造业信息化，2009.

[3] ESI Groop. PAM-STAMP 2G Reference Manual[M]，2010.

[4] 肖海峰，徐艳琴．基于 PAM-STAMP 2G 的模具结构的优化设计[J]．模具，2009.

V 形件弯曲回弹数值模拟精度研究

张兴振　李小强　李东升

北京航空航天大学，北京，100191

摘　要：V 形件弯曲成形是一种典型的冲压成形工艺，其小应变、大变形的特点，通常导致零件成形后的卸载回弹量很大。运用有限元数值模拟技术预测板料成形后的回弹分布，进而进行模具回弹补偿设计，目前是板料成形领域的研究热点。文章基于 PAM-STAMP 2G 有限元软件平台，针对商业纯钛板 V 形弯曲工艺，建立了成形和回弹过程的有限元模型，研究了网格尺寸、虚拟凸模速度、厚向积分点数目等模拟参数对回弹预测精度的影响规律，并通过与试验结果的对比，得到了优化的数值模拟方案，提高了回弹数值模拟精度。

关键词：V 形件弯曲；回弹；数值模拟；模拟参数；模拟精度。

1　前言

V 形件弯曲成形是板料冲压成形工艺中最常见的工艺之一，广泛用于汽车、船舶、航空航天等领域[1]。其优点是生产效率和材料利用率高，工艺简单，便于实现机械化和自动化生产，但由于其成形过程中典型的小应变、大变形问题，弹性变形所占比例较大，因此卸载后的回弹现象比较严重。

回弹是指在板料成形过程中，当卸去外力时，板料由于弹性变形区和塑性变形区的弹性变形部分弹性恢复的发生，零件最终形状、尺寸与零件理论外形发生偏差的现象。V 形件弯曲回弹的结果是其弯曲半径和弯曲角与零件理论外形发生差异，从而导致与弯曲件要求的形状和角度不一致，影响弯曲件的质量，进而影响到零件后续的装配[2]。

板料成形数值模拟技术的发展，为解决板料成形回弹问题提供了新的途径。有限元数值模拟法既能处理解析法不能分析的复杂零件和成形工艺，又节约了试验法所需的材料、人力、设备、时间等成本，对提高生产效率，缩短产品的生产周期具有重要意义。黄新莲[3]在 ANSYS 平台上建立了 V 形件弯曲及回弹分析的模型，探究了弯曲角、变形程度（r/t）等工艺参数，硬化系数等材料参数对回弹的影响规律。代洪庆[4]等人运用 LSDYNA 软件，采用动静态联合算法对 V 形弯曲成形和回弹进行了模拟，分析了材料性能，凸凹模圆角半径，模具间隙，摩擦系数等因素对回弹的影响，为模具修正提供了有力依据。然而，大量的研究表明有限元数值模拟回弹预测的精度仍很低（≤75%）[5]；其次，文献［4］、［5］以及大部分的学者[6-8]只是在目前所能达到的回弹模拟精度的条件下，研究了材料和工艺参数对回弹的影响规律，并没有涉及如何提高回弹模拟精度，而在材料和工艺参数确定的情况下，影响回弹模拟精度的主要是模拟参数的设置。本文基于 PAM-STAMP 2G 有限元软件平台，在台湾大学 Fuh-Kuo Chen[9]等人论文的 V 形件弯曲试验数据的基础上，重点研究了网格大小、虚拟凸模速度、厚向积分点数目等数值模拟参数对回弹模拟精度的影响，旨在获得优化的数值模拟方案，提高 V 形件弯曲回弹数值模拟的精度。

2　V 形件弯曲成形工艺

本文中所讨论的 V 形件弯曲成形工艺，是指通过模具和压力机的压力作用，将平板毛料弯成一定形状和角度零件的成形方法，其成形原理如图 1 所示。该工艺相对简单，主要的工艺参数有：

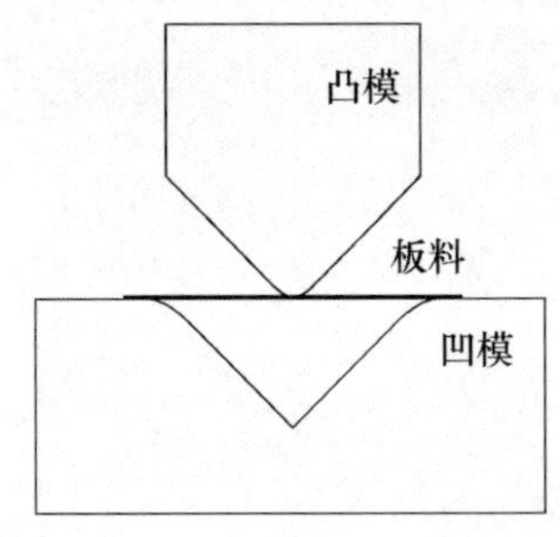

图 1　V 形件弯曲成形工艺原理

弯曲角、凸模圆角半径、凸凹模间隙、摩擦系数、保压力等。

3 V形件弯曲试验

Fuh-Kuo Chen 等人对商业纯钛板的回弹性能进行了大量试验研究。试验所用的凹模的张角，即弯曲角为90°；为了研究凸模圆角半径对回弹的影响，试验设置了一系列不同凸模圆角半径值，从0.5mm到5mm，每隔0.5mm取值；凸凹模间隙为1个板厚；由于摩擦力对V形件弯曲回弹的影响很小，试验过程中没有进行润滑。

试验所用的材料为商业纯钛板，其材料性能参数如表1所示。为了考虑各向异性的影响，分别进行了与轧制方向成0°、45°、90°夹角的试件的单向拉伸试验，获得了三个方向的应力应变曲线，如图2所示。

表1 商业纯钛板材料性能参数

材料	弹性模量(GPa)	泊松比	密度(g/cm^3)	r_0	r_{45}	r_{90}
商业纯钛	107.8	0.37	4.5	4.2	2.2	2.1

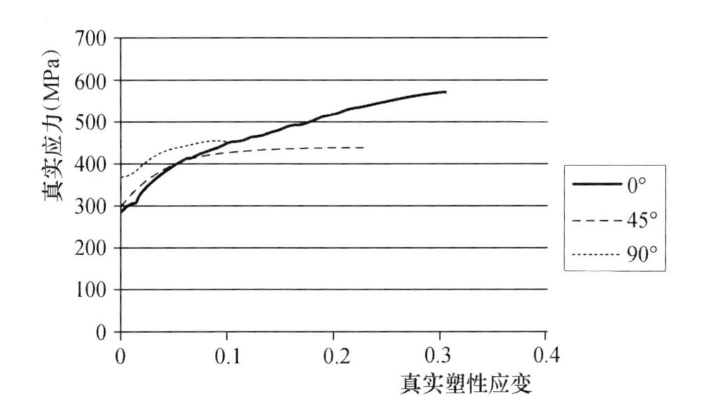

图2 三个方向的应力应变曲线

试验所用的毛料尺寸：长60mm，宽15mm，厚度0.5mm。

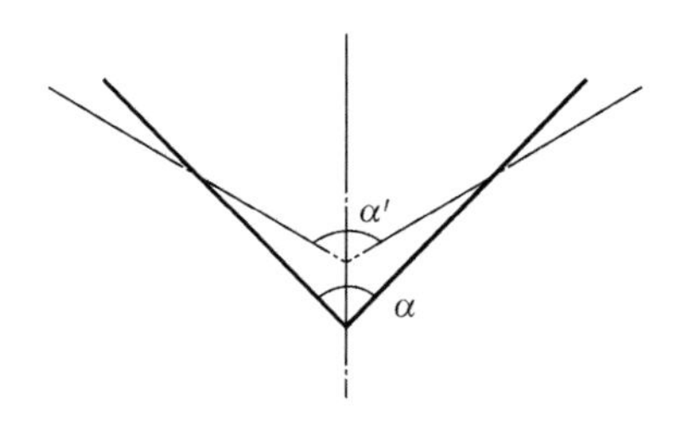

图3 回弹角定义

V形件弯曲回弹用弯曲角的变化来表示，如图3所示。实线为卸载前零件的形状，α为此时的弯曲中心角，虚线为卸载后零件的形状，α'为此时的弯曲中心角，则回弹角定义为

$$\Delta\alpha=\alpha'-\alpha \tag{1}$$

4 V形件弯曲回弹数值模拟精度研究

在已有试验数据的基础上，本文主要研究采用何种数值模拟方案得到的模拟回弹角能与试验结果较好地吻合。所考虑的数值模拟参数主要有：网格尺寸、虚拟凸模速度、厚向积分点数目，而忽略了材料模型、单元类型、有限元算法等其他参数。本文所用的数值模拟方案如表2所示。

表2 数值模拟方案

参数类别	模拟参数	模拟方案
固定参数	屈服准则	Hill48
	强化模型	各向同性强化
	单元类型	BT壳单元
	有限元算法	显/隐式结合
可变参数	网格尺寸	大/相等/小[①]
	虚拟凸模速度	1/4/8mm/ms
	厚向积分点数目	5/7/9

① “大/相等/小”是指与凸模圆角处的网格尺寸相比。

利用V形件弯曲成形的对称性，模拟时可以采用1/2模型。本文建立的1/2模型如图4所示。本文中回弹后弯曲角的测量是通过如下方式进行的：首先，输出回弹后板料与中间纵截面间的交点坐标，如图5所示；然后用最小二乘法将所有点

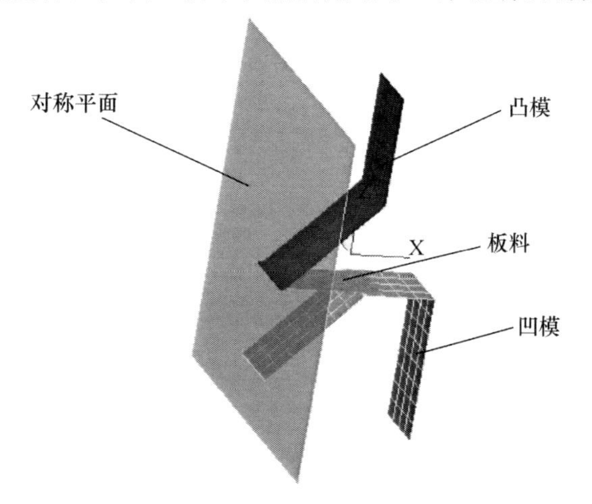

图4 1/2模型

拟合成一条直线，得到拟合直线的斜率；最后通过反正切及角度运算求出弯曲角。

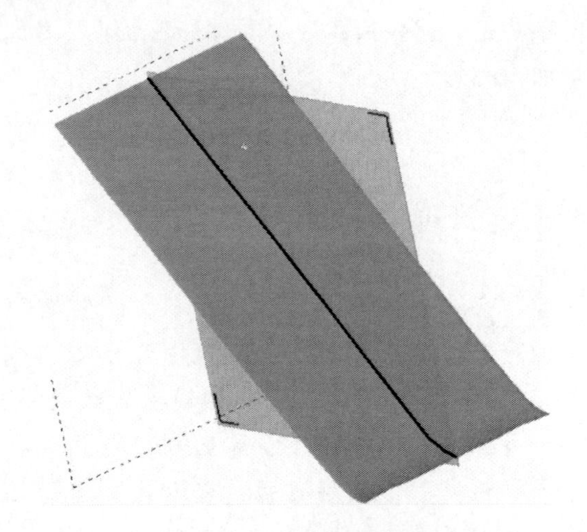

图5　中间纵截面示意图

4.1　网格尺寸的影响

网格划分是数值模拟的重要环节，网格的大小在一定程度上会影响计算精度和计算时间。理论上来说，网格尺寸越小，数值模拟的精度越高，相应的计算时间越长。

为此，针对每个凸模圆角半径，本文采用了三种不同的板料网格尺寸方案进行模拟，分别用大网格、相等网格、小网格表示，具体的网格尺寸如表3所示。为了精确描述凸模圆角处的型面，在该区域至少划分了5个以上的单元，同时考虑到计算时间的问题，采用大网格时，整个板料划分了均匀的网格，采用相等网格和小网格时，只在板料与凸模圆角发生接触的部位划分了较细的网格。

表3　　网格尺寸

凸模圆角半径（mm）	凸模圆角处网格尺寸（mm）	大网格尺寸（mm）	相等网格尺寸（mm）	小网格尺寸（mm）
0.5	0.1	1	0.1	0.06
1	0.2	1	0.2	0.125
1.5	0.3	1	0.3	0.25
2	0.4	1	0.4	0.25
2.5	0.5	1	0.5	0.25
3	0.5	1	0.5	0.25
3.5	0.5	1	0.5	0.25
4	0.5	1	0.5	0.25
4.5	0.5	1	0.5	0.25
5	0.5	1	0.5	0.25

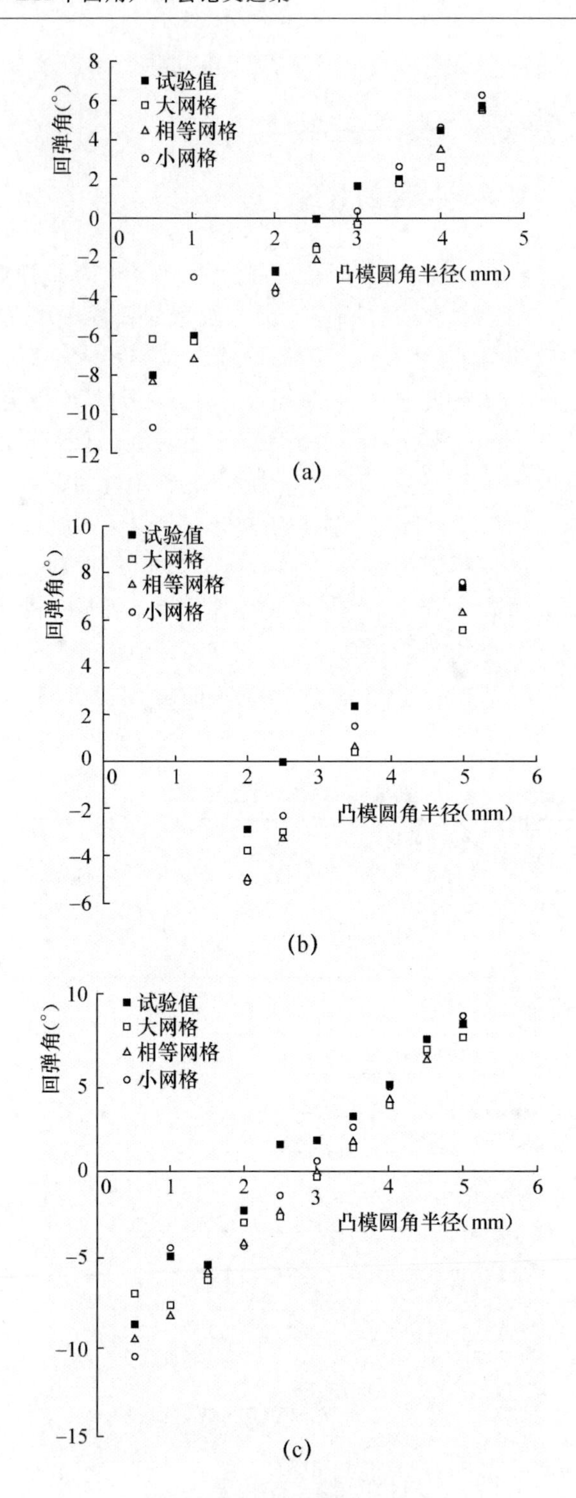

图6 不同网格方案的回弹角

(a) 0°方向；(b) 45°方向；(c) 90°方向

图6为分别采用三种网格方案时，得到的板料三个方向不同凸模圆角半径对应的模拟回弹角与试验值的对比。需要注意的是，板料方向为90°，凸模圆角半径为1mm时，回弹角的试验值明显异常，本节及以后的分析中对此点不予参考。表4为凸模圆角半径为0.5mm时，三种网格方案的计算

时间的对比。由于大网格变形后不能很好地描述弯曲角形状，故不采用；从回弹角相对误差的平均值来看，小网格比其他两种网格提高了4个百分点，如表5所示。因此，网格尺寸越小，模拟精度越高，但不能太小，否则将造成模拟时间的增加，大约为凸模圆角半径处网格尺寸的一半即可。

表4　　不同网格方案的计算时间

网格方案	计算时间（min）
大网格	1
相等网格	25
小网格	63

表5　　回弹角相对误差

网格方案	回弹角相对误差的平均值
大网格	0.46
相等网格	0.465
小网格	0.422

注：回弹角相对误差 $=\frac{\Delta\alpha_{模拟}-\Delta\alpha_{试验}}{\Delta\alpha_{试验}}$，下同。

4.2　虚拟凸模速度的影响

PAM-STAMP 2G 采用显式算法进行板料成形过程计算，而显式算法是条件稳定的，即计算中的时间步长必须小于一定值。在模拟中通常采用人为提高凸模速度的方法来减小计算时间。但是板料成形过程一般是准静态过程，如果凸模速度设置过大，会产生惯性效应，从而使计算结果不准确。

本文考察了三种虚拟凸模速度，对应的平均回弹角相对误差如表6所示，图7为模拟值与试验值的对比。由表6可见，虚拟凸模速度越大，回弹角的误差整体上呈增大的趋势，回弹预测的精度越低；当虚拟凸模速度为1mm/ms时，回弹角的平均角度误差在1°以内，回弹预测的精度最高，但是其模拟时间相应地增加，分别是4mm/ms的4倍和8mm/ms的8倍；当虚拟凸模速度为4mm/ms时，回弹角预测精度与1mm/ms时仅相差大约1个百分点，但是其模拟时间大幅度缩短。

表6　　回弹角相对误差

虚拟凸模速度（mm/ms）	回弹角相对误差的平均值
1	0.421
4	0.435
8	0.458

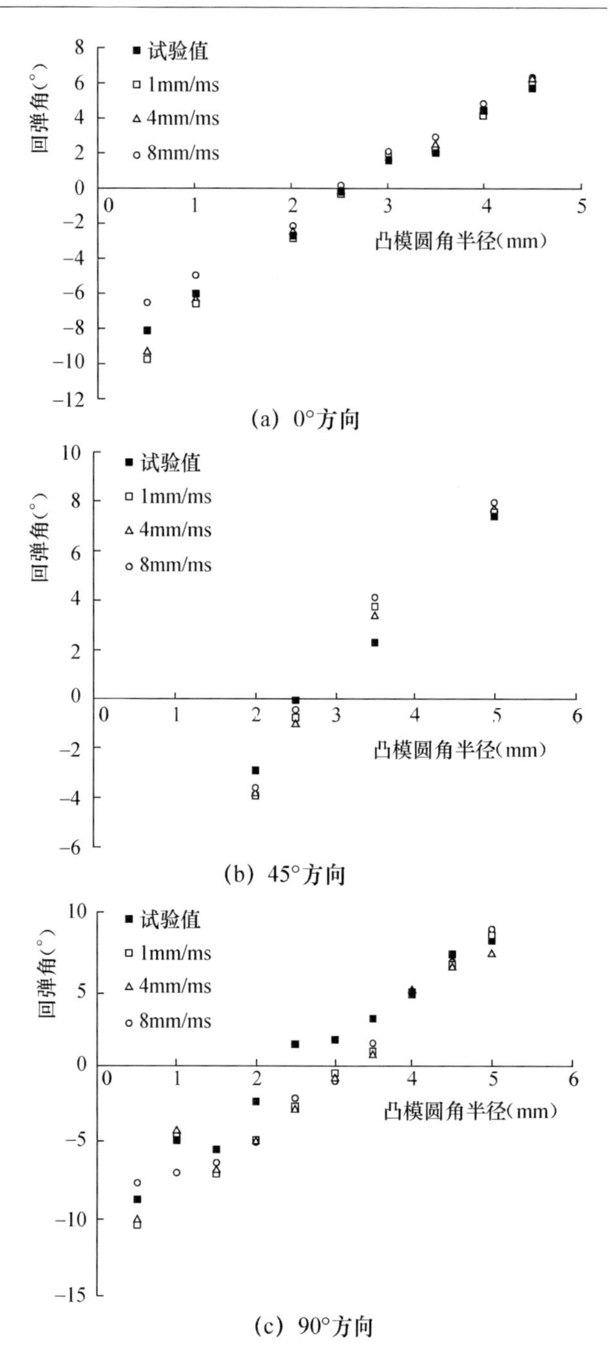

图7　不同虚拟凸模速度的回弹角

4.3　厚向积分点数目的影响

为了能准确地计算回弹，需要计算出板厚方向上准确的应力分布。本文模拟中都是采用了一层BT壳单元，厚度方向的应力是通过高斯积分插值得到的。根据数值积分的知识可知，插值点的数目越多，插值结果越接近真实值。

为此，本文通过沿板厚方向设置三种不同的积分点数目来研究其对回弹模拟精度的影响。由表7和图8可见，随着厚向积分点数目的增加，回弹角相对误差有减小的趋势，回弹预测精度略有提高，但是不明显。因此，取5个厚向积分点即可。

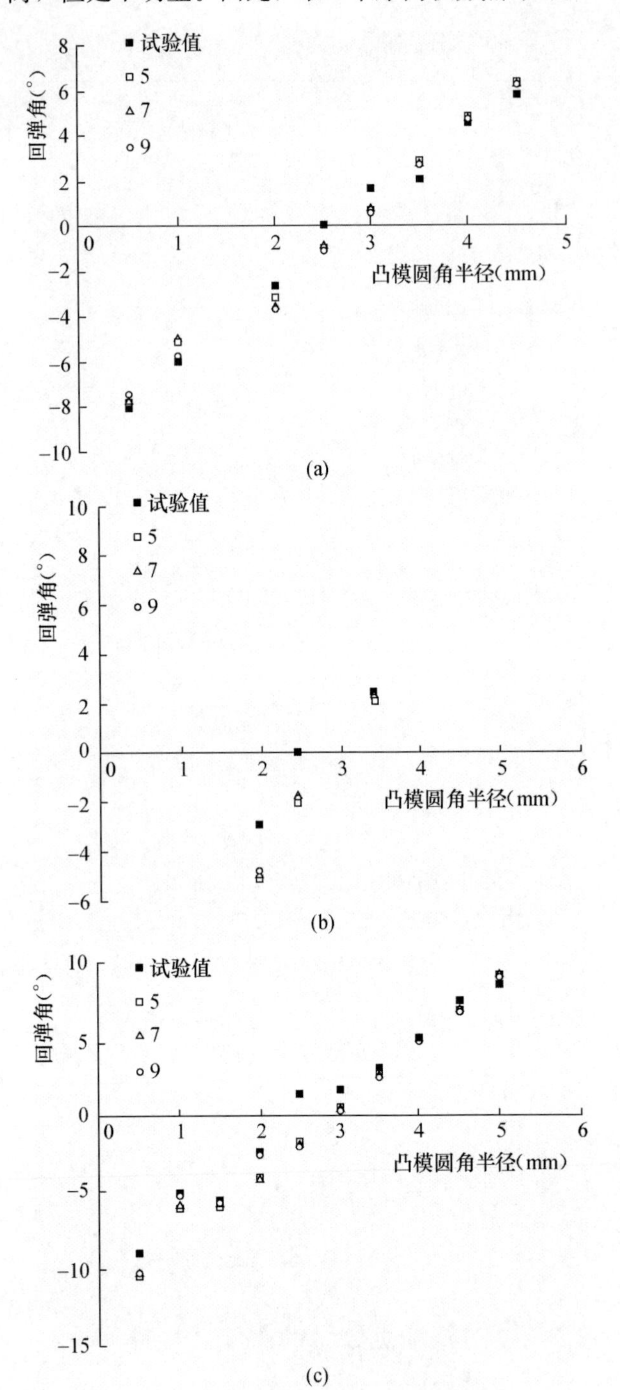

图8 不同厚向积分点数目的回弹角

(a) 0°方向；(b) 45°方向；(c) 90°方向

表7 回弹角相对误差

厚向积分点数目	回弹角相对误差的平均值
5	0.347
7	0.341
9	0.338

5 结论

V形件弯曲回弹的数值模拟精度很大程度上取决于模拟参数的取值，本文在进行了大量的数值模拟的基础上，得到如下结论：

(1) 网格尺寸越小，模拟精度越高，但同时会造成模拟时间的增加，大约为凸模圆角半径处网格尺寸的一半是优化方案；

(2) 虚拟凸模速度越小，回弹角的误差整体上呈减小的趋势，回弹预测的精度越高，计算时间也越长，4mm/ms是优化方案。

(3) 增加厚向积分点数目，回弹预测精度略有提高，但不明显，因此优化方案为取5个厚向积分点。

(4) 采用上述优化模拟方案，回弹角的平均角度误差在1°以内。

参 考 文 献

[1] 陈毓勋．板材和型材弯曲回弹控制原理与方法[M]．北京：国防工业出版社，1990.

[2] 张冬娟．板料冲压成形回弹理论及有限元数值模拟研究[D]．上海：上海交通大学，2006.

[3] 黄新莲．V型件弯曲回弹规律的有限元分析[J]．模具技术，2006，4：7—10.

[4] 代洪庆，赵妍，户春影，黄文怡．V形件自由弯曲回弹的数值模拟影响因素分析[J]．黑龙江八一农垦大学学报，2010，22(3)：26—29.

[5] 叶玉刚，薛勇，段江年．板料成形回弹模拟及补偿技术研究现状[J]．锻压装备与制造技术，2009，44(3)：18-22.

[6] 齐麦顺．纵向拼焊板V形自由弯曲及回弹模拟研究[J]．机械设计与制造，2010(8)：105—107.

[7] 刘洋．板料弯曲回弹预测与控制研究[D]．济南：山东大学，2009.

[8] W. M. Chan，H. I. Chew，H. P. Lee. Finite Element Analysis of Spring-back of V-bending Sheet Metal Forming Processes[J]. Journal of Materials Processing Technology，2004，148(1)：15—24.

[9] Fuh-Kuo Chen，Kuan-Hua Chiu. Stamping Forming of Pure Titanium sheets [J]. Journal of Materials Processing Technology，2005，170：181—186.

基于快速回弹补偿的橡皮囊液压成形模面设计方法

李小强[1]　杨伟俊[1]　李东升[1]　张　鑫[2]　何德华[1]

1. 北京航空航天大学，北京，100191；

2. 沈阳飞机工业（集团）有限公司，沈阳，110034

摘　要：橡皮囊液压成形工艺（简称“橡皮成形”）是航空钣金成形的主要方法之一，而回弹是影响其产品制造精度的主要缺陷。回弹补偿技术可有效地消除钣金件回弹误差，但其依赖的数值模拟耗时极长，目前不易于大范围推广。本文提出一种考虑回弹误差修正的模面设计方法；即在完成模具设计后，直接进行模面的调整，无需单独对零件进行数值模拟。针对橡皮成形零件的特点，提出了基于特征的模面快速设计方法；研究了曲弯边特征的回弹规律，并建立了针对曲弯边的回弹分布函数，以实现回弹角快速预测；基于位移调整法，将回弹角转化为模面网格的调整量，可完成模面的补偿。将该方法应用于某飞机零件的模面设计中，通过数值模拟对补偿后的模具成形效果进行了验证，结果表明该方法能明显地减少回弹误差。

关键词：橡皮囊液压成形；板料成形；弯边；模面设计；回弹补偿。

1　前言

橡皮囊液压成形工艺在飞机钣金件成形中应用广泛，承担了大量钣金零件的生产任务[1,2]。橡皮成形零件成形后回弹误差十分明显，直接影响了后继装配的难度与效率。对于回弹误差，目前主要依靠手工敲修来解决，这种粗放的工艺手段损害了零件表面质量与疲劳寿命，已不能适应新一代飞机长寿命、高可靠性的要求。为满足当前航空钣金精准制造的需求，只有寻求更为科学有效的解决回弹误差的方法，在模面设计中修正回弹误差的回弹补偿技术被寄以重望。

近年来板料成形领域对回弹补偿技术进行了大量的研究。早期人们对回弹补偿的基本原理进行了探索，KARAFILLIS 等提出向前回弹法[3]，可实现二维零件的模具补偿。WAGONER 等实现了位移调整法，并与向前回弹法作了比较，证明了前者在收敛性和精度上有优势[3,4]。LINGBEEK 等、胡平等在位移调整法的基础上，提出一些改进算法，使回弹补偿能够应用于冲压工艺中复杂形状零件的模面优化[5,6]。其他板料成形工艺，同样展开了回弹补偿的研究和应用。韩金全[7]基于位移调整法原理，提出了适合蒙皮拉形工艺的调整算法。黄霖[8]也提出了面向壁板时效成形工艺的修模方法。橡皮成形工艺方面，也出现了回弹补偿方法的研究与应用，对减小回弹误差取得了一定效果[9]。

值得注意的是，以上基于数值模拟的回弹补偿方法，在成形计算、回弹预测与优化迭代上，耗时极长[3,4]。橡皮成形工艺中，零件种类多批量小，且回弹误差普遍存在，因此基于数值模拟的补偿方法不适合大范围的应用。如果能找到一种快速且准确的回弹补偿方法，无需数值模拟步骤，这对橡皮成形产品质量与生产效率的提高将是极大的推动。

本文在分析橡皮成形零件特点的基础上，提出一种考虑回弹补偿的模面设计方法，即在模面设计后直接进行回弹误差的修正，提高设计模面和优化模面的效率。

2　橡皮成形工艺零件的特征

在橡皮成形工艺中，带有弯边结构的零件均可归为弯边件，在零件总数中占到 70%～80%。在结构特征上，这类零件一般由一块腹板、若干个弯边特征和其他特征组成；其他特征一般为翻孔、加强梗、加强窝等，典型零件如图 1 所示。弯边件一般用于飞机外形与内部结构的连接，或内部结构之间的连接，而弯边与腹板处为连接部位，其形状准确度决定了后续装配的难度。弯边处变形接近纯弯曲，缺少拉伸，回弹很大，且其他特征回弹量较小，因此回弹误差主要由弯边特征决定[10]。可以说，解决了弯边特征的回弹误差，就解决了橡皮成形件的制造精度问题。

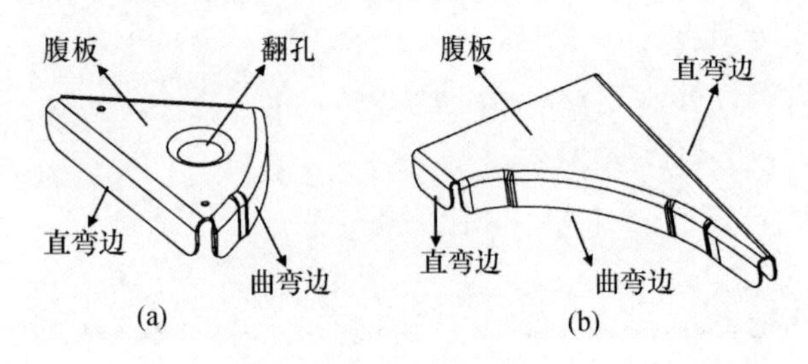

图1 典型弯边零件

弯边特征可看作是板料沿一条直线或曲线的弯曲。根据弯边曲线的不同，弯边可分直弯边与曲弯边。直弯边沿一条直线弯曲，而曲弯边沿一条单曲率或变曲率的曲线弯曲，形状见图2。

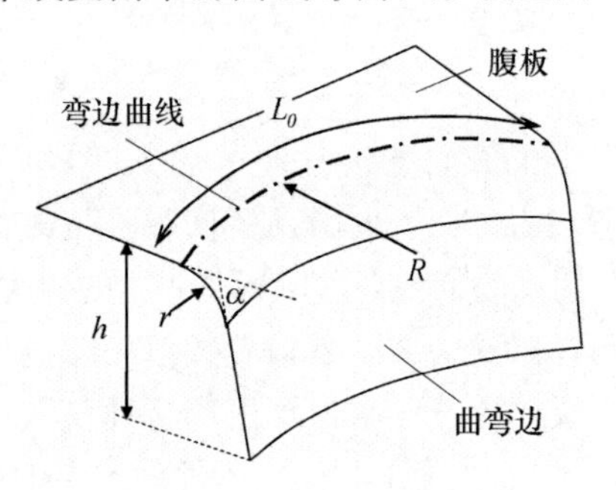

图2 弯边特征示意图

以往对弯边特征的研究中可发现，弯边几何参数是决定其成形性的关键因素[11]。同样对于回弹而言，除了材料与圆角半径外，弯边特征的几何参数也是重要影响因素。弯边的几何参数如图2。L_0为弯边长度；R为弯边曲线上某点的曲率半径，在整条曲线上R可变；h为弯边高度；α为弯边角度。

3 基于回弹的模面设计方法

3.1 原理

一般基于数值模拟的回弹补偿方法，均是借助有限元软件，利用设计好的模面与毛料建立数值模型，进行成形与回弹分析，再将回弹误差量反向补偿到模具网格上，流程如图3（a）。这一方法具有很好的通用性，但没有考虑到航空制造的具体特点——多品种，小批量。一个机型中，橡皮成形零件种类按千计，而逐个对零件进行分析与优化，在时间成本上很难满足实际生产需求。

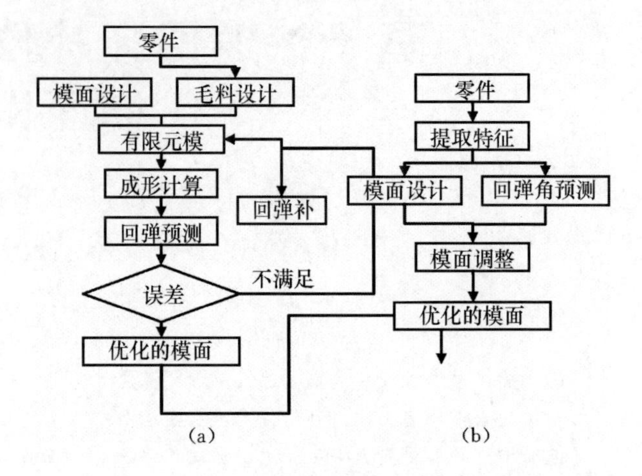

图3 两种考虑回弹补偿的模面设计流程

（a）回弹补偿的一般流程；（b）基于快速回弹补偿的模面设计

事实上，在早期基于模线样板的工装制造中，有一种低成本、快速且有效的回弹补偿解决方案，即在工装样板中标记的弯曲角数值上进行修正，作为回弹角的补偿。该方法局限在于，由于曲弯边回弹的不均匀分布，需要通过“试错法”来得到正确的补偿角；在当前工装模具的数字化设计中，不能通过简单地旋转参考曲面，达到回弹角的修正。然而这种补偿思想，可以借鉴到数字化环境的模面调整中来。

由于橡皮成形零件具有一定特点，回弹误差主要体现在弯边特征上，因此，可以根据弯边的几何特征进行回弹误差的预测，并在模面设计后，直接进行模面的调整与优化。这里提出基于快速回弹补偿的模面设计方法，具体流程如图3（b）。该方法有三个主要研究内容：

（1）模面设计：提取特征曲面，并设计出模面。

（2）回弹角预测：建立回弹分布函数，根据零件弯边特征，计算出弯边曲线上回弹角的分布。

（3）模面调整量计算：将回弹角映射成模具网格的调整量，并得到优化的模面。

3.2 模面设计方法

模面设计是模具结构设计的基础，也是成形分析与回弹补偿的必需条件。模面设计自动化的实现难度较大，需要较多人工操作与判断。文献［12］介绍了UG环境中的橡皮成形模具设计方法，对利用索引曲面建立模具胎体的思想作了讨论。在

CATIA 环境下，零件特征树中存储有腹板基准面、弯边特征的参考曲面，以及其他特征的草图等参考信息，见图 4 左侧。在设计模面时，索引相应特征的参考信息，既可保证零件与模具的相关性，也能提高设计的自动化程度。这里提出基于特征的模面设计方法，流程见图 4 右侧。方法分为以下几步：

（1）检索特征树，找到所有弯边特征的索引曲面，并作适当延伸。

（2）判断特征面能否构成胎体，如果不能构成，需要设计出补充面。将曲面裁剪出适合的曲面。

（3）提取腹板基准面与其他特征的草图，设计出满足成形要求的模面。

最后通过裁剪、倒角等操作完成模面设计。

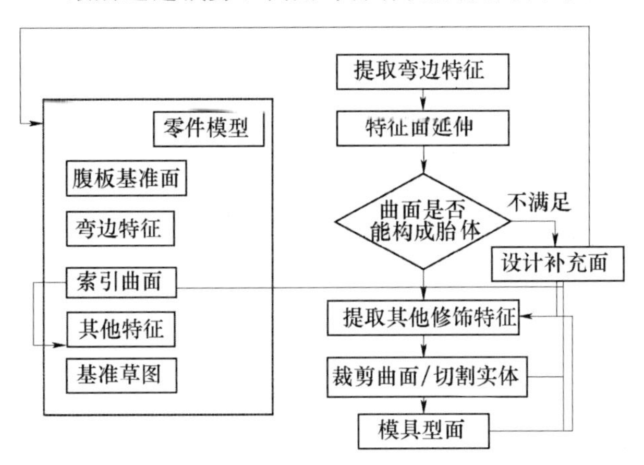

图 4　模面设计流程

3.3　回弹角预测方法

快速而准确的回弹预测方法是回弹补偿的关键。针对直弯边，经典的解析计算方法是通过计算弯曲力矩，来得到回弹角。但对于曲弯边，则很难用解析的方法来预测。这里采取实验与数值模拟结合的方法，通过实验研究，得到曲弯边的回弹分布规律；然后通过详细的数值模拟，找到回弹量沿弯边曲线的分布规律，并给出经验公式。

这里研究弯边曲线的几何参数 L_0 和 R，对回弹角大小与分布的影响。在实验中，设计了不同曲率的弯边模具和不同形状、尺寸的毛料，模具与板料形状如图 5，相应参数见表 1 和表 2。成形零件的材料选为 1.5mm 厚的铝合金板 2B06－O。

在真实实验中选取了表 1 中的模具 1 和模具 2，结合板料 1，研究弯边曲率 R 对回弹大小和分布的影响。实验在 77000t 橡皮囊压力机上进行，压力为 40MPa，成形后的零件见图 6。

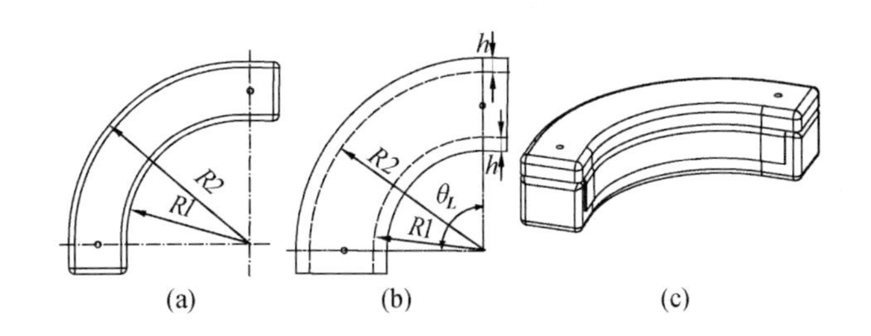

图 5　弯边模具与板料示意图

（a）曲弯边模具；（b）毛料形状；（c）模具、零件与盖板的装配

表 1　模具参数

模具编号	1	2	3	4
凹弯边曲率半径 R_1（mm）	100	150	150	200
凸弯边曲率半径 R_2（mm）	150	250	200	250

表 2　板料参数

板料编号	1	2	3
弧长 θ_L（°）	90	60	30
弯边高度 h（mm）	15	15	15

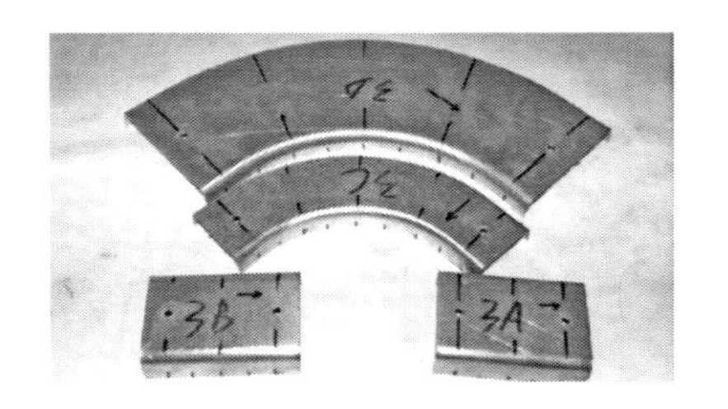

图 6　曲弯边实验得到的零件

沿弯边曲线量取回弹角，数据见图 7。可以发现，随曲率增加，回弹角增大。对于凹弯边，外缘部位的回弹量比中部大；对于凸弯边，这个规律并不明显，但在较大曲率半径下，如模具 2 的凸弯边一侧，中央的回弹角相对较小。实验中发现凸弯边一侧出现了起皱，对回弹的分布产生了影响。

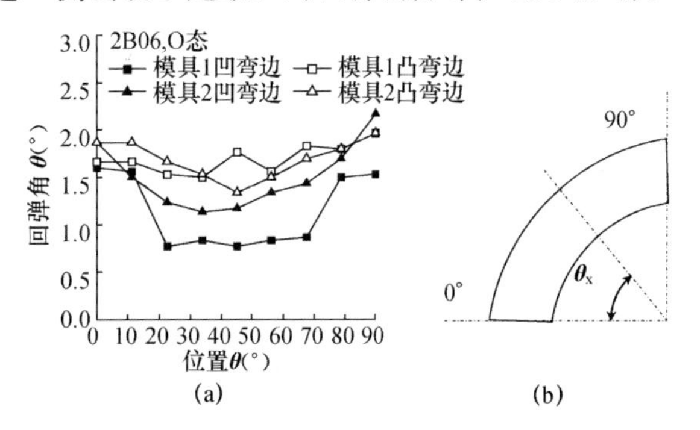

图 7　曲弯边实验获得的回弹角分布

（a）曲弯边零件回弹分布；（b）位置示意

详细的分析通过数值模拟来进行。采用模具 1、模具 3 和模具 4 结合板料 1、板料 2 和板料 3，可以较全面地体现出弯边曲线的几何参数对回弹大小与分布的影响。实验模型在 PAM-Stamp 中建立，工艺参数参照试验。

板料 1 结合模具 1 成形后板料的回弹位移如图 8 所示。可以发现在凹弯边的外侧回弹位移最大，中间较小，这与真实实验中的回弹量分布规律相同。

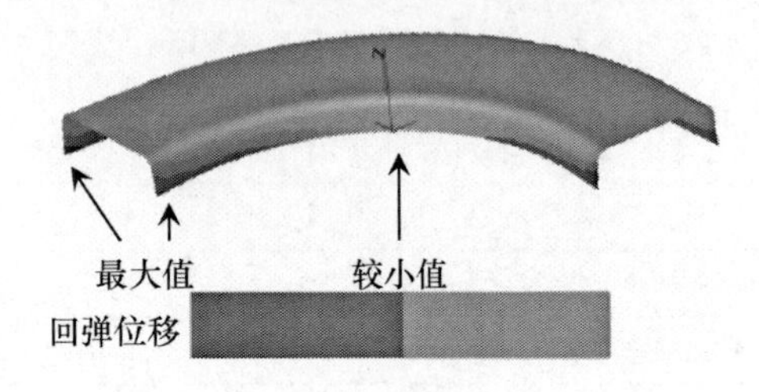

图 8　数值模拟得到的回弹位移分布

图 9 给出了不同曲率的模具用于成形得到的回弹角，可以发现曲率半径越大，回弹越大，而凸弯边一侧比同曲率的凹弯边一侧回弹量大。尽管具体回弹角度值与实验数据有一定误差，但分布规律与变化趋势是正确的。图 10 给出了不同长度的板料结合模具 1 和模具 3 成形的回弹角。可以发现，弯边曲线的长度越小，回弹越大，分布更接近均匀。且在弯边长度较小时，凸弯边起皱基本消失，而回弹量的分布规律也与凹弯边相似。

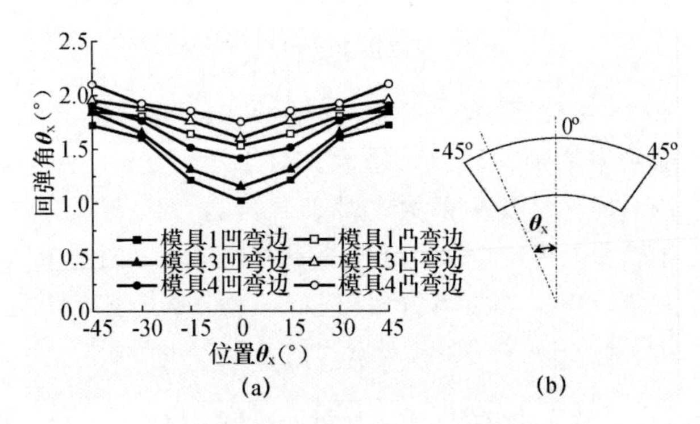

图 9　不同模具配合 Blank1 的回弹角分布

(a) 曲弯边零件回弹分布；(b) 位置示意

结合以上规律，这里提出基于经验回弹规律的回弹分布函数，用于预测曲弯边的回弹角分布。θ_N 为弯边曲线某点 N 的回弹角。θ_s 是相同材料、相同圆角半径下直弯边回弹角，用于代表材料性能与圆角半径对回弹的影响。这里取 $\lambda=\theta_N/\theta_s$，用于定义弯边曲线上回弹角的分布，即为回弹分布函数。

λ 确定了曲弯边与直弯边两者回弹量的比值。

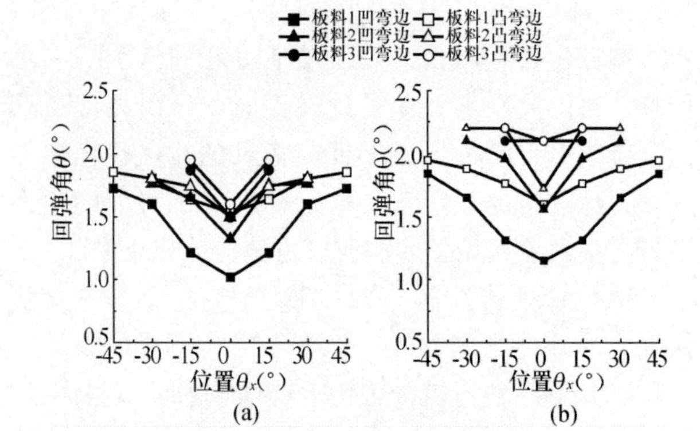

图 10　不同板料配合模具 1 和模具 3 的回弹角分布

(a) 模具 1；(b) 模具 3

直弯边回弹量可认为是材料、弯曲半径、工艺条件等多种关键因素综合决定的结果，回弹分布函数 λ 结合直弯边回弹角，即将影响回弹的重要因素都考虑进来。

将 λ 表示为两个分量的积：

$$\lambda=\frac{\theta_e}{\theta_s}\frac{\theta_N}{\theta_e} \tag{1}$$

θ_e 是弯边曲线上最大的回弹角，处在弯边边缘的位置。将 λ 表示为两个函数的乘积。

$$\lambda=g(R,L_0)f(l,L_0,R) \tag{2}$$

$g(R,\ L_0)\ =\theta_e/\theta_s$ 表示最大回弹角与弯边曲线曲率的关系。$g(R,\ L_0)$ 随着 R 增大而增大，但不会超过 1，因为 R 越大，曲弯边越趋于直弯边；$g(R,\ L_0)$ 随 L_0 减小而增大。函数形式表示为

$$g(R,L_0)=\left(1-\frac{a}{R}\right)\left(1-\frac{bL_0}{\pi R}\right) \tag{3}$$

$f(l,\ L_0,\ R)\ =\theta_N/\theta_e$ 代表回弹角沿弯边曲线的分布。l 是曲线点到边缘的长度，代表了曲线点位置。对于等曲率弯边，中心处回弹最小，外侧大；而对于变曲率弯边而言，R 越大，L_0 越小，则回弹越大。选择二次方程来表示：

$$f(l,L_0,R)=\frac{4}{L_0^2}\left(1-\frac{\theta_o}{\theta_e}\right)\left(l-\frac{L_0}{2}\right)^2+\frac{\theta_o}{\theta_e} \tag{4}$$

其中 θ_o 是中心处回弹量，在等曲率的弯边中，中心处为最小回弹量。取

$$\lambda_o(R,L_0)=\frac{\theta_o}{\theta_e} \tag{5}$$

$$\lambda_o(R,L_0)=1-\frac{cL_0}{\pi R} \tag{6}$$

根据图 9 和图 10 中数据，拟合得到表 3 的参

数。由此可以到了 1.5mm 的 2B06—O 铝板在 3mm 圆角半径下的回弹分布函数。

表 3　　回弹分布函数的参数

参数	a	b	c
凹弯边	6.9	0.282	0.65
凸弯边	11.4	0.122	0.43

回弹分布函数的参数同样可以由实验验数据得到。若有必要，回弹分布函数的形式亦可由实验数据确定。

3.4　调整量计算

在得到回弹分布函数后，需要借助回弹补偿的思想，将回弹角转换到模具的调整量上。基于位移调整法的回弹补偿原理可表示为

$$\boldsymbol{C}=\boldsymbol{R}+a(\boldsymbol{S}-\boldsymbol{R}) \tag{1}$$

式中：$\boldsymbol{C}$ 为补偿后的形状（或网格）；$\boldsymbol{R}$ 为参考形状；$\boldsymbol{S}$ 为回弹后的形状；a 为补偿系数，一般取 -1。

这里用 $\boldsymbol{V}$ 直接描述补偿量：

$$\boldsymbol{V}=a(\boldsymbol{S}-\boldsymbol{R}) \tag{2}$$

对于模具上任一节点 P，ν_p 为调整向量。将 ν_p 表示为调整量和单位向量的乘积：

$$\nu_p=\Delta\nu\nu_{uni} \tag{3}$$

式中：$\Delta\nu$ 为调整量；ν_{uni} 为调整方向的单位向量。

$\Delta\nu$ 由下式得到：

$$\Delta\nu=l_{PR}\tan\theta_p^c \tag{4}$$

$$l_{PR}=\frac{\Delta z}{\sin\alpha} \tag{5}$$

$$\theta_p^c=-a\theta_p \tag{6}$$

$$\theta_p=\frac{\alpha}{90}\lambda\theta_s \tag{7}$$

式中：l_{PR} 为弯边高度；Δz 是节点 P 到上平台（腹板）的距离；θ_p^c 为回弹补偿角；θ_p 为回弹角；a 为补偿系数。

参数示意见图 11。

弯边曲线被划分为网格后，每个节点 N_i 的回弹角 θ_{Ni} 可以根据回弹分布函数计算得到。模具节点 P 投影到曲线上某点 N，N 位于曲线节点 N_1 和 N_2 之间，则 θ_p 可由 θ_{N1} 和 θ_{N2} 通过插值方式计算出来。

调整方向 ν_{uni} 由下式得到：

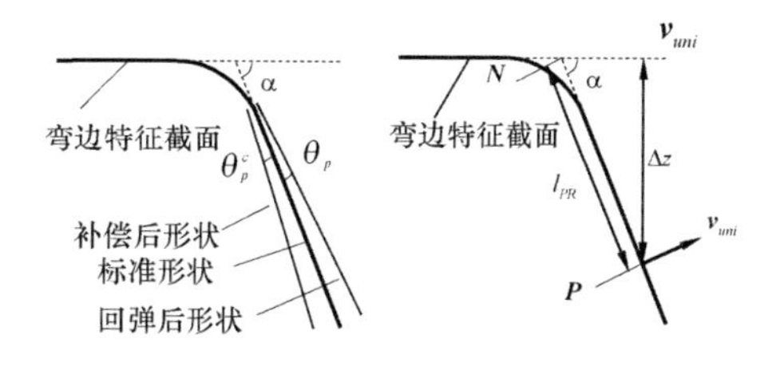

图 11　调整向量计算中参数示意

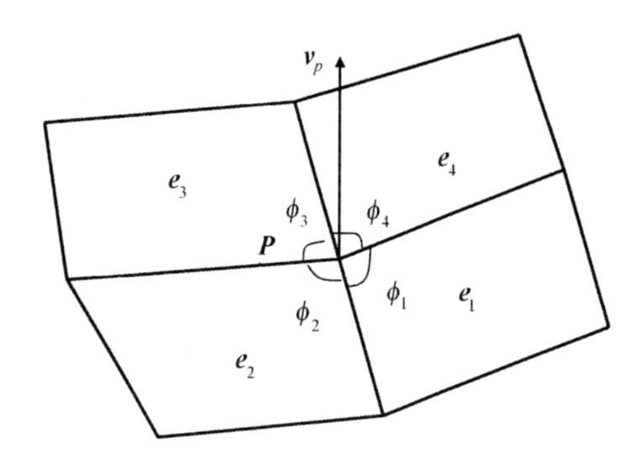

图 12　节点 P 的调整向量

$$\nu_{uni}=\frac{1}{\sum_{i=1}^{n}\phi_i}\sum_{i=1}^{n}\phi_i e_i \tag{8}$$

$$\nu_{uni}=\frac{1}{|\nu_p|}\nu_p \tag{9}$$

式中：e_i 为包含了节点 P 的单元的法向，并取为单位向量，见图 12；ϕ_i 为节点 P 在该单元上的角度，作为权因子。

对于节点 P，调整向量 ν_p 可以得到，相应的模具网格亦可得到。

4　实例应用

将以上方法应用于图 1（b）中所示的飞机机身零件。材料为 1.5mm 厚的 2B06－O 铝合金板。依据特征设计的模具如图 13（a），圆角半径 3mm。零件由三段弯边组成，弯边曲线如图 13（b）。如只考虑仿真环境下实例的应用与验证，可在回弹补偿中使用表 3 中得到数据，以此得到补偿后的模具。

将原始模具与补偿模具，用于成形分析与回弹分析中［见图 14（a）］，可以得到不同状态的板料形状。利用原始模具成形且回弹前的板料，作为目标形状；利用补偿模具成形且弹后的板料，用于说明补偿的效果。取图 14（b）所示的曲弯边段两处截面形状，对比补偿的效果（见图 15）。

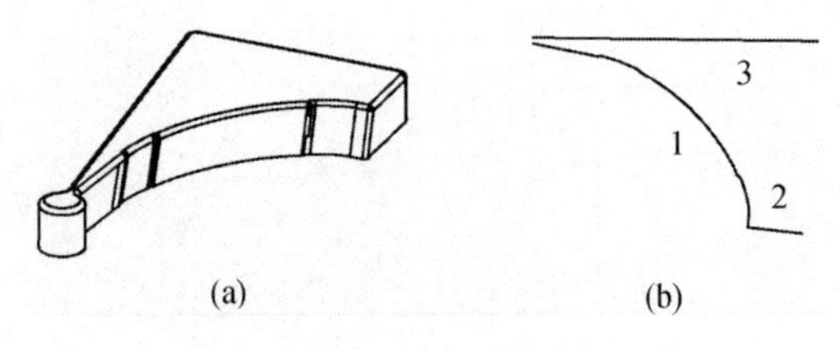

图 13　模具与弯边曲线示意图

(a) 模具；(b) 三条弯边线

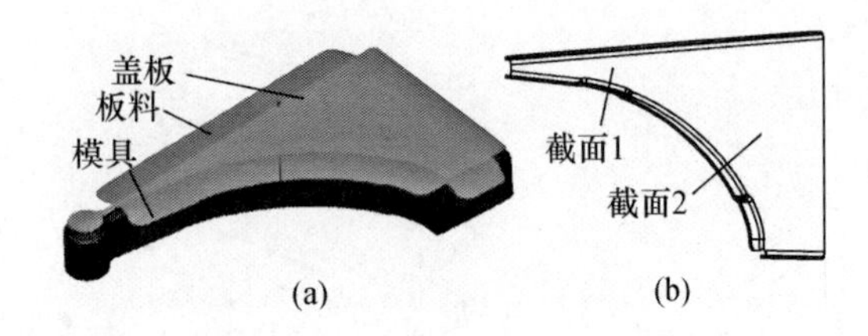

图 14　有限元模型与截面位置

(a) 有限元模型；(b) 两处截面

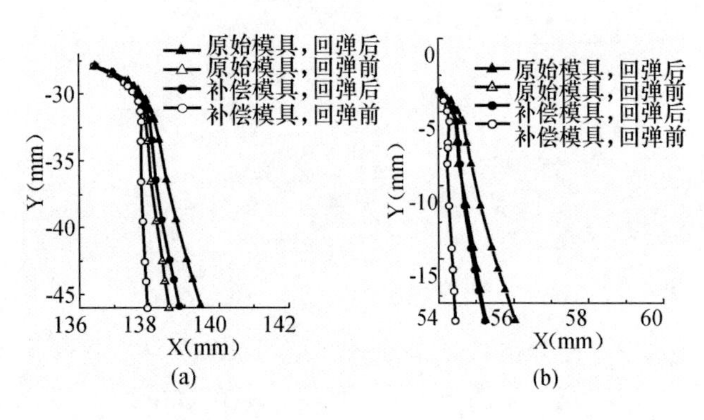

图 15　不同状态的板料形状对比

(a) 截面 1；(b) 截面 2

在截面 1 中回弹后的板料形状比较接近目标形状，角度误差在 0.3°以内；而截面 2 中两者形状基本重合。因此可认为，用优化后的模具成形，零件可以达到精度要求。

5　结论

(1) 基于橡皮成形零件的特征分析，提出一种基于快速回弹补偿的模面设计方法。

(2) 通过实验与数值模拟，研究了曲弯边特征的回弹规律，建立了可用于曲弯边回弹角预测的回弹分布函数。在位移调整法的基础上，提出了从回弹角到模面调整量的计算方法，实现了模面的补偿与优化。

(3) 通过在某飞机零件的数值模拟中应用，表明本方法对减小弯边件的回弹误差有明显的效果。

参　考　文　献

[1] 航空制造工程手册总编委员会．飞机钣金工艺[M]. 北京：航空工业出版社，1992.

[2] SALA G. A Numerical and Experimental Approach to Optimise Sheet Stamping Technologies: Part II-Aluminium Alloys Rubber-Forming [J]. Materials & Design. 2001, 22 (4): 289-299.

[3] GAN W, WAGONER R H. Die Design Method for Sheet Springback [J]. International Journal of Mechanical Sciences. 2004, 46 (7): 1097-1113.

[4] KARAFILLIS A P, BOYCE M C. Tool and Binder Design for Sheet Metal Forming Processes Compensating Springback Error [J]. Internation Journal of Machine & Tools Manufacture. 1996, 36 (4): 503-522.

[5] LINGBEEK R, HUETINK J, OHNIMUS S, et al. The Development of a Finite Elements Based Springback Compensation Tool for Sheet Metal Products [J]. Journal of Materials Processing Technology. 2005, 169 (1): 115-125.

[6] SHEN G, HU P, ZHANG X, et al. Springback Simulation and Tool Surface Compensation Algorithm for Sheet Metal Forming: NUMISHEET 2005: Proceedings of the 6th International Conference and Workshop on Numerical Simulation of 3D Sheet Metal Forming Process [Z]. 2005: 778, 334-339.

[7] 韩金全，万敏，李卫东．基于回弹的飞机蒙皮拉形模型面修模技术研究[J]．机械工程学报．2009, 45 (11): 184-188.

[8] 黄霖，万敏．铝合金厚板时效成形回弹补偿算法[J]．航空学报．2008, 29 (9): 1406-1410.

[9] YANG Weijun, LI Dongsheng, LI Xiaoqiang. Springback Prediction and Compensation in Aluminium Alloys Rubber-Forming Process: ICTP 2008 [Z]. Gyeongju, Korea: 2008: 552-553.

[10] 戴美云，张和兴．橡皮囊液压成形零件常见缺陷分析[J]．航空制造工程．1997, 1 (2): 27-28.

[11] ASNAFI N. On Stretch and Shrink Flanging of Sheet Aluminium by Fluid Forming [J]. Journal of Materials Processing Technology. 1999, 96 (1-3): 198-214.

[12] 王俊彪，肖乐，刘闯，等．橡皮囊液压成形模具快速设计方法及实现[J]．航空制造技术．2008 (2): 32-35.

汽车用高强度钢板冲压回弹模拟探讨

王祖勇[1]　陶长城[1]　代郧峰[1]　戴　勇[1]　侯启军[2]

1. 东风汽车有限公司东风商用车技术中心，湖北十堰，442001；

2. 东风汽车有限公司东风商用车车身厂，湖北十堰，442001

摘　要：为了提高CAE模拟回弹精度和应用水平，本文用PAM-STAMP冲压软件的无模法和有模法分别模拟了两个高强钢零件的切边回弹。为了与实际情况对比，应用三维激光扫描设备对高强度钢板冲压件的回弹进行实测，以验证CAE模拟精度。通过模拟结果和实测对比，二种回弹模拟结果趋势基本上一致，但有模法计算结果相对更符合实际。

关键词：高强度钢板；回弹；有模法；模拟；PAM-STAMP。

1　前言

随着汽车用钢板迅速朝高强度化和轻量化方向发展，高强度钢板的应用日益广泛，随之而来的问题是钢板强度级别越高，成形越困难，回弹越大，严重影响零件的精度和装配质量。为了解决高强度钢板成形性差的问题，避免开裂与起皱，更重要的是保证零件尺寸和形状精度，迫切需要一种手段来优化工艺方案，从而获得合格的零件。随着有限元和塑性理论的不断完善以及计算机技术的迅猛发展，通过CAE方法优化工艺并预测回弹已成为可能。目前，CAE在模拟冲压件起皱和破裂等缺陷方面已达到了很高的精度，但在回弹计算方面还需进一步提高，基于此，回弹问题成为世界性的难点。本文借助PAM-STAMP软件分别应用无模法和有模法计算了高强度钢板冲压回弹，并与实测对比来验证CAE模拟结果，以提高CAE模拟精度。

2　CAE模拟和回弹实测

冲压件分别为左前纵梁和右前纵梁加强梁，通过三维激光扫描测零件的回弹值。

2.1　左前纵梁

2.1.1　高强钢零件

高强钢零件制作由五道序组成：落料—拉延—修边、冲孔—整形—斜楔修边冲孔。用B250P1材料试冲的零件见图1。

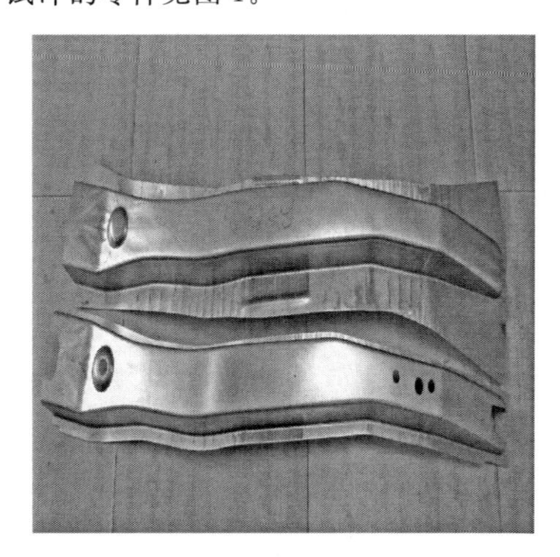

图1　高强钢试冲件

2.1.2　全工序模拟

B250P1材料性能参数如下：弹性模量为210kN/mm^2，密度为7.85×10^{-6} kg/mm^3，泊松比为0.3，$r_0=1.5$，$r_{45}=1.4$，$r_{90}=1.9$，屈服强度$R_s=0.305$kN/mm^2，强化系数$k=0.802$kN/mm^2，硬化指数$n=0.22$。应用PAM-STAMP模拟全工序结果（包括回弹）见图2。分别采用有模法（新算法）和无模法（旧算法）计算回弹，其中无模法的锁点方式与零件在检测支架上的约束方式一致，见图3。回弹大小将以截面线的方式来表述（相对产品数模），详见3.1节。

2.1.3　回弹实测

为了精确验证CAE模拟精度，首先必须提高回弹实测精度，另外，考虑到实用性，检测方法

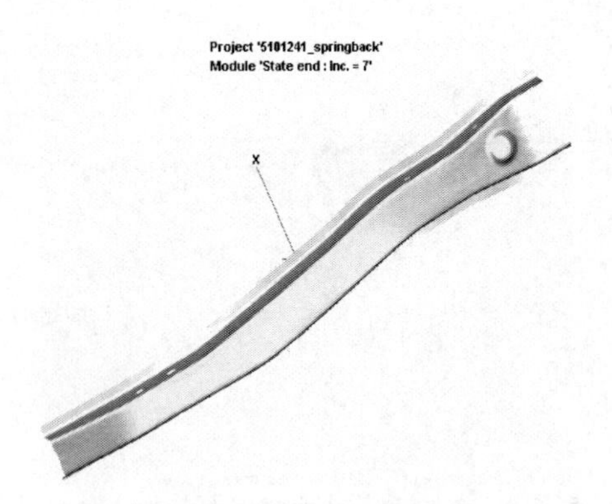

图2 全工序模拟结果

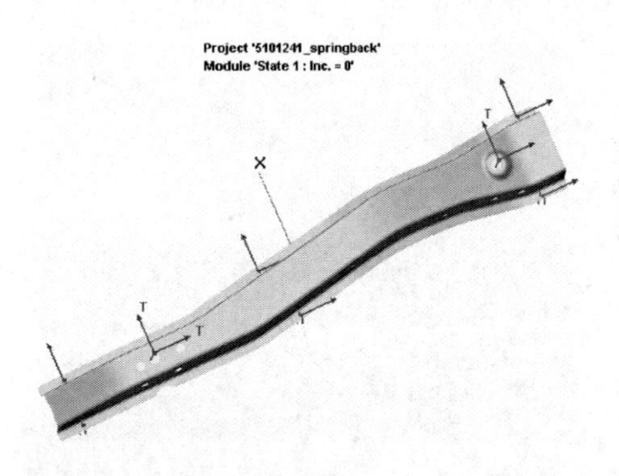

图3 无模法锁点方式

应与生产实际相一致。因此，加工了检测支架来实测零件回弹值，其作用就是保证实际零件与产品数模位于同一个坐标系，以使二者具有定量可比性。将零件放入检测支架并用定位销定位，然后用 Geomagic Qualify 软件通过三维激光扫描得到零件点云数据，由点云生成的三角面见图4。为了更直观地和 CAE 模拟结果进行对比，将零件三角面、产品数模和模拟结果一起导入 CATIA 软件中以截面切线的方式来分析比较（详见3.1节）。

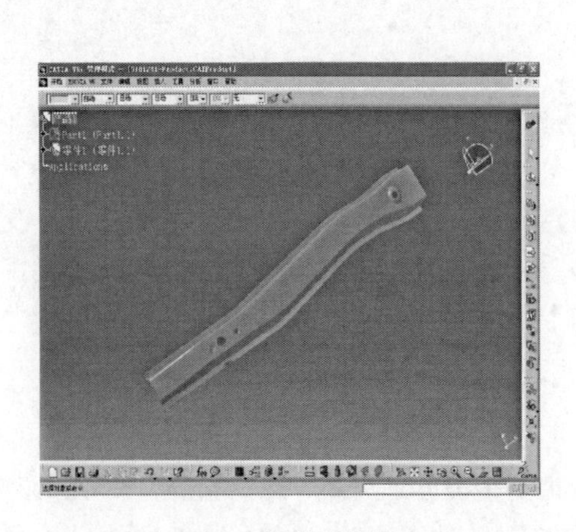

图4 零件三角面

2.2 右前纵梁加强梁

2.2.1 高强钢零件

该件由三道序组成：落料、冲孔—拉延—冲孔、斜楔冲孔。用590DP材料试冲的零件见图5。料厚1.2mm。

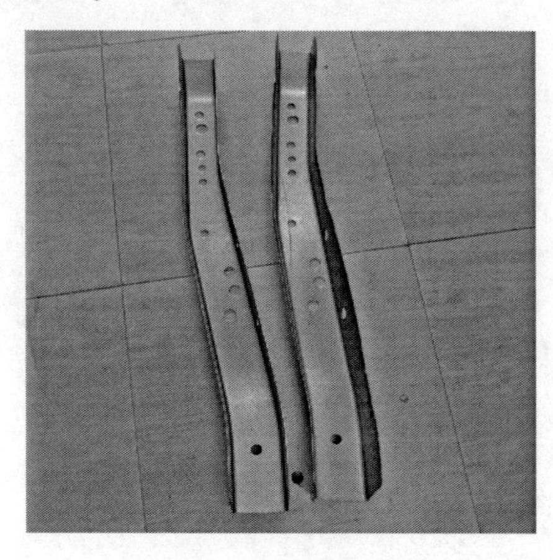

图5 高强钢零件

2.2.2 全工序模拟

590DP 材料性能参数如下：弹性模量为 $210kN/mm^2$，密度为 $7.85\times10^{-6}kg/mm^3$，泊松比为0.3，$r_0=0.9$，$r_{45}=0.9$，$r_{90}=1.1$，屈服强度 $R_s=0.37kN/mm^2$，强化系数 $k=1.035kN/mm^2$，硬化指数 $n=0.18$。应用 PAM-STAMP 软件模拟全工序结果（包括回弹）见图6。分别采用有模法（新算法）和无模法（旧算法）计算回弹，其中无模法的锁点方式与零件在检测支架上的约束方式一致，见图7。回弹大小将以截面线的方式来表述（相对产品数模），详见3.2节。

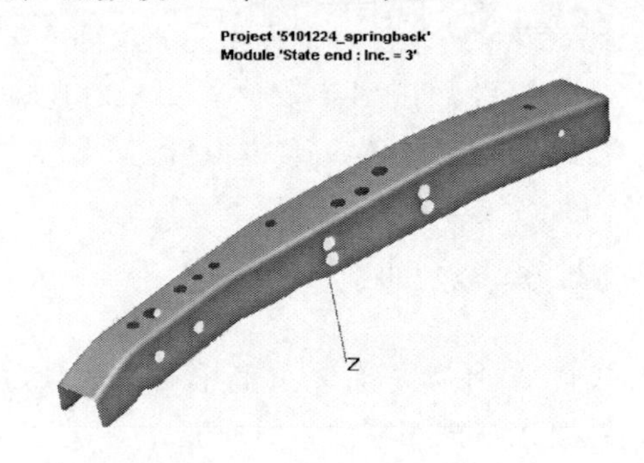

图6 全工序模拟结果

2.2.3 回弹实测

将零件放入检测支架并用定位销定位，然后用 Geomagic Qualify 软件通过三维激光扫描得到零件点云数据，由点云生成的三角面见图8。为了

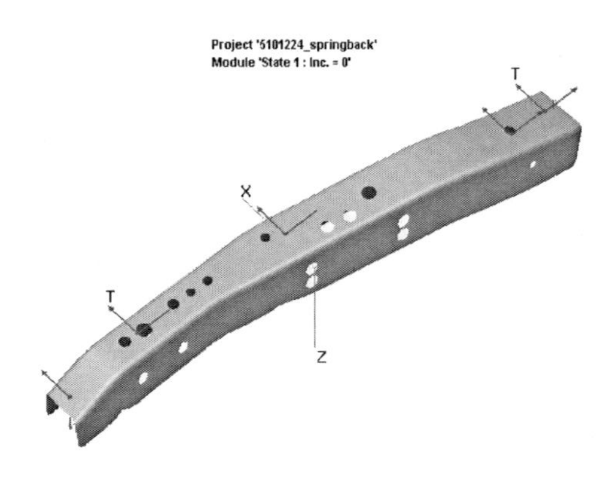

图 7　无模法锁点方式

更直观地和 CAE 模拟结果进行对比，将零件三角面、产品数模和模拟结果一起导入 CATIA 软件中以截面要线的方式来分析比较（详见 3.2 节）。

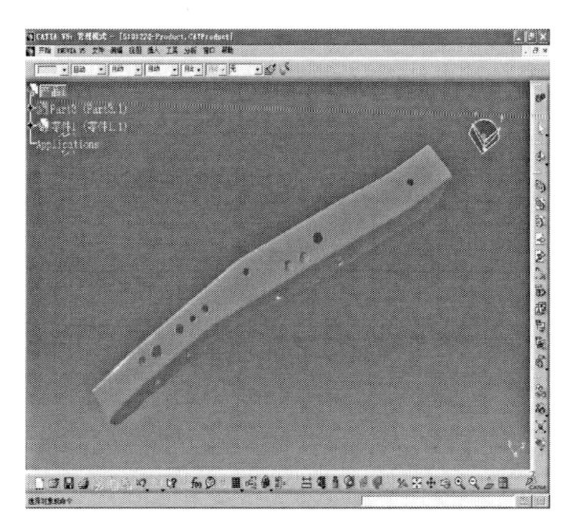

图 8　零件三角面

3　CAE 计算结果和实测值对比分析

3.1　左前纵梁

由于模拟结果为板料的中间层，因此，对图 2 中模拟得到的零件回弹后中间层向外偏移二分之一料厚得到板料的外表面，然后与实测零件外表面的三角面和产品数模面一起导入 CATIA 软件进行对比。具体方法就是以 Y 坐标为 50mm 的平面截取上述四个面，得到的四条切线见图 9，其中切线 1 为产品数模，切线 2 为实测结果，切线 3 为有模法计算结果，切线 4 为无模法计算结果。

3.2　右前纵梁加强梁

由于模拟结果为板料的中间层，因此，对图 6 中模拟得到的零件回弹后中间层向外偏移二分之

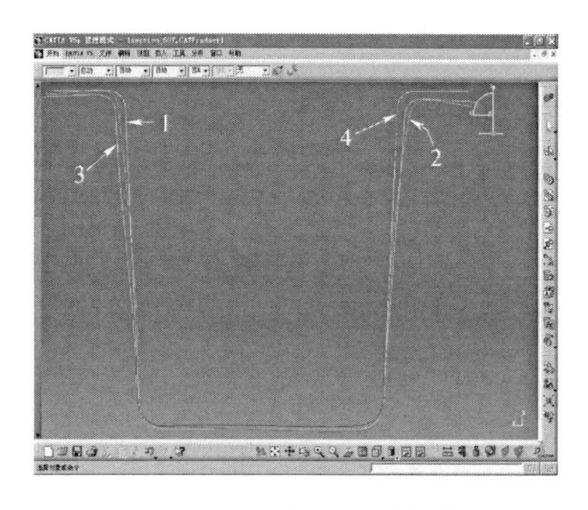

图 9　Y 坐标为 50mm 截面线

一料厚得到板料的外表面，然后与实测零件外表面的三角面和产品数模面一起导入 CATIA 软件进行对比。具体方法就是以 Y 坐标为 400mm 的平面截取上述四个面，得到的四条切线见图 10，其中切线 1 为产品数模，切线 2 为实测结果，切线 3 为无模法模拟结果，切线 4 为有模法模拟结果。

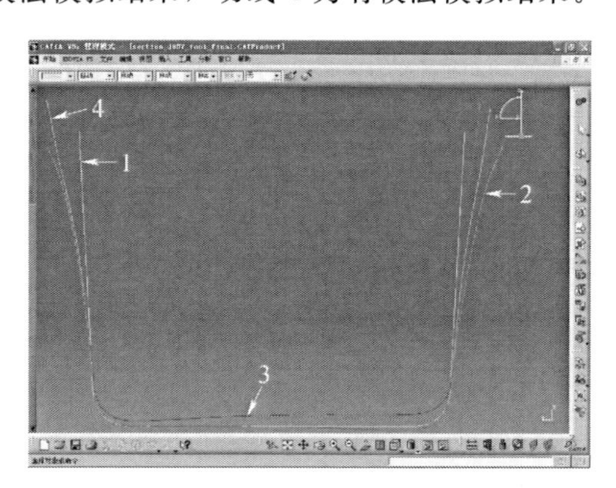

图 10　Y 坐标为 400mm 截面线

3.3　对比分析

计算回弹时，无模法（旧算法）为了限制板料刚体位移，必须约束其六个方向的自由度，施加位置通常是回弹最小处，但由于冲压件形状和受力复杂，导致不同的施加方式对计算结果影响非常大，因此也限制了软件的实用性。而有模法（新算法）是通过板料与模具接触来计算回弹，同时也考虑了重力对回弹的影响，减少了人为因素的影响，更符合实际情。

通过以上两个零件的回弹模拟和实测对比也可看出，两种回弹算法的 CAE 模拟和实测结果总体趋势大致是一样的，有模法的计算结果与实测值更接近，但局部区域与实测值还是存在一定的

差异。另外，零件形状简单，回弹模拟精度相对提高，而零件形状复杂，回弹模拟精度相对降低。

4 结论

(1) PAM - STAMP 新旧两种回弹算法的CAE模拟和实测结果总体趋势大致是一样的，有模法（新算法）的计算结果与实测值更接近。

(2) 回弹计算精度仍有待提高，以推进其实用性。

参考文献

[1] 陈文亮．板料成形CAE分析教程．北京：机械工业出版社．

[2] 黎振东，阮锋，刘成军．复杂曲面冲压件回弹评价参考点选定方法研究．机械设计与制造，2010，6：226～228.

[3] 邹付群，成思源，李苏洋，杨雪荣，张湘伟．基于Geomagic Qualify软件的冲压件回弹检测．机械设计与研究，2010，26 (2)：79～81.

橡皮液压成形工艺的可靠性稳健优化设计方法

王　淼　李东升　李小强　杨伟俊

北京航空航天大学，北京，100191

摘　要： 本文针对当前橡皮液压成形工艺过程中存在的材料特性、工艺参数和其他随机因素都存在着固有波动问题，面向飞机精准制造，提出了一种考虑不确定性的可靠性稳健优化设计方法。该方法基于稳健优化设计和合理的可靠性约束，通过对比可靠性稳健优化解和传统优化解相关度量指标，并对2B06－O态铝合金板材橡皮成形典型的曲弯边零件进行了工艺试验验证，结果表明该方法可有效降低质量评价指标对不确定性因素的敏感度，提高了橡皮成形工艺的稳健性和可靠性。

关键词： 橡皮液压成形；可靠性稳健优化设计；不确定性；波动；铝合金板；曲弯边。

1　前言

当前航空制造业竞争日趋激烈，工程设计过程中如何通过更新、更有效的工程设计方法来确保生产出高稳健型、高可靠性的航空产品，是先进飞机钣金制造技术的关键。为了适应新型号飞机的研发制造，确保成形零件质量的稳健性和可靠性，在生产制造过程中需要使用新的工程设计方法和质量控制技术。[1]

橡皮液压成形（以下简称“橡皮成形”）工艺在飞机钣金制造领域应用较多，其优点是效率高、成本低、成形质量好，适合多品种、小批量生产。[2]传统的橡皮成形工艺主要依靠人工的经验，通过试错法和人工敲修以获得所需的零件形状，工艺质量不稳定，成形结果可靠性低。将有限元数值仿真的分析方法应用于橡皮成形是一种研究的新途径。[3]但是，单一的仿真方法没有考虑到实际生产过程中的波动性，实际上是一种确定性方法，仿真结果未必准确。为了充分考虑板料成形过程中诸多因素产生的工艺不确定性，文献［4～6］通过概率优化、六西格玛原则、响应面法和稳健设计等方法对汽车制造领域的拉深零件进行了稳健优化设计。但目前对航空钣金工艺的可靠性稳健优化设计方面研究尚少。

本文针对2B06－O态铝合金橡皮成形工艺在材料性能波动、工艺参数波动和其他随机因素波动对工艺质量的影响，面向飞机精准制造，提出了一种考虑不确定性的、结合稳健优化设计和可靠性设计的设计方法。它要求产品质量在均值一定范围内波动时，均可满足设计要求。将可靠性设计和基于容差模型的稳健设计相结合，在优化过程中将响应均值远离约束，并减小响应偏差，来提高设计的可靠性和稳健性。可降低质量评价指标对某些材料参数和工艺参数波动的敏感性，改进橡皮成形工艺质量。

2　橡皮成形工艺及有限元建模

2.1　橡皮成形工艺

橡皮成形技术简化了模具，缩短了生产周期，提高了贴膜精度。橡皮成形工艺是通过将橡皮囊充入高压液体后膨胀产生成形力，与压型模具发生相对运动，将模具上的板料包在模面上，直至板料贴模压制出零件，成形原理见图1。

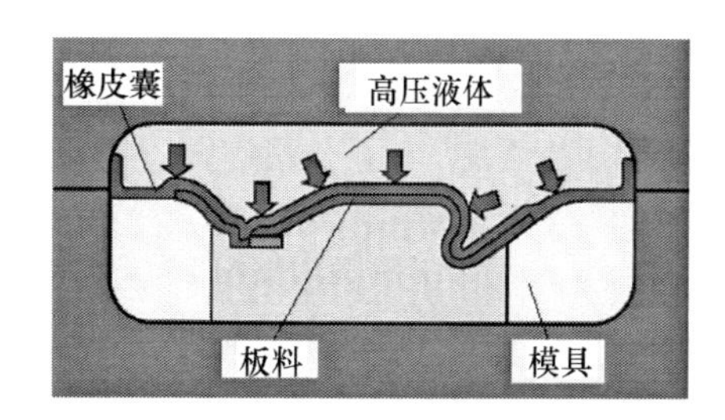

图1　橡皮成形原理

2.2　有限元模型

橡皮成形零件包括直线弯边、凸曲线弯边、凹曲线弯边和凸凹曲线弯边零件。[2]本文选择同时包含内外圆曲线轮廓的典型凸凹曲线弯边零件模型，该零件常用于飞机框缘。几何解析模型见图2，参数详见表1。有限元模型见图3。板料选取的屈服准则是Hill48，硬化模型选取Hollomon，橡胶垫材料模型为Mooney-Rivlin。有限元数值仿真计算基于PAM-STAMP 2G软件。

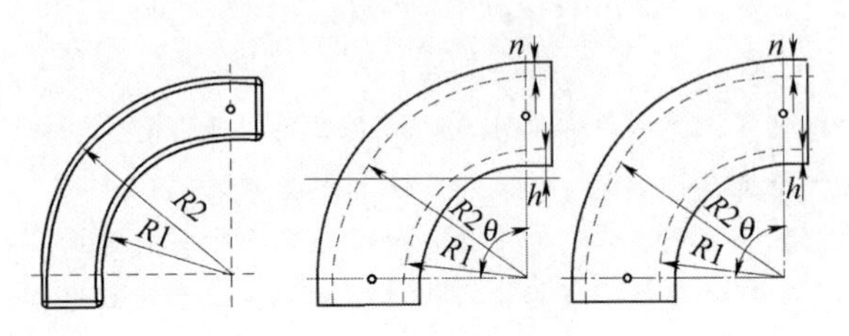

图2 几何解析模型

(a) 模具；(b) 板料

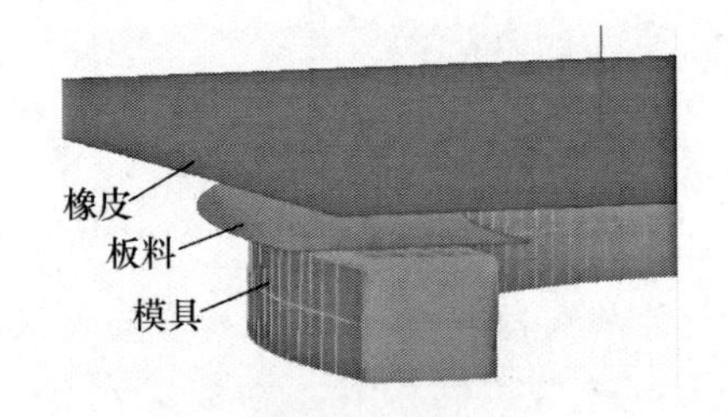

图3 有限元数值解析模型

表1 几何解析模型参数

几何解析模型参数	数值
凹曲线弯边弯曲半径 R_1 (mm)	100
凸曲线弯边弯曲半径 R_2 (mm)	150
弯边曲线中心角 θ (°)	90
弯边高度 h (mm)	15
板料厚度 t_0 (mm)	2

3 可靠性稳健优化设计方法

3.1 稳健优化设计

稳健设计旨在使产品（或过程）的质量特性对设计参数和噪声因素变差的影响不敏感[7,8]。我们把对产品（或过程）的质量特性有影响的因素分为两类：一类是可以控制的设计参数 x，一类是难以控制的噪声因子 z。通过稳健设计可以有效减小由设计参数 x 和噪声因子 z 的变差引起的质量特性波动。

稳健性设计需要实现两个目标：一是使产品质量特性的均值尽可能接近目标值，二是使质量特性的波动（通常用方差度量）尽可能小。稳健优化设计是根据稳健设计的两个目标，通过三种质量特性下的稳健优化准则实现：

望目特性 $$\min\Delta_y=(\mu_y-y_0)^2+\sigma_y^2 \tag{1}$$

望小特性 $$\min\Delta_y=\mu_y^2+\sigma_y^2 \tag{2}$$

望大特性 $$\min\Delta_y=\frac{1}{\mu_y^2}\left(1+\frac{3\sigma_y^2}{\mu_y^2}\right) \tag{3}$$

式中，μ_y 为质量特性 y 的均值；y_0 为 y 的目标值；σ_y^2 为 y 的方差；Δ_y 为 y 的均方误差。

3.2 可靠性优化设计

可靠性优化设计以提高设计的可靠度为优化目标，使设计响应均值远离边界约束，以满足可靠性条件。[9,10]本文中可靠性设计选择以确定性优化中约束条件转化为概率约束的表达方式，即采用可靠度作为约束，其数学模型为：

$$\left.\begin{array}{ll}\min & F(x_1,x_2,\ldots,x_n)\\ \text{s.t.} & \beta>\beta_T\\ & x_{L,i}\leqslant x\leqslant x_{U,i}\end{array}\right\} \tag{4}$$

式中：F 为目标函数，x_i 为设计变量（其中 $i=1$，2，…，n）；β 为可靠度指标；β_T 为目标可靠度指标；$\beta=-\Phi^{-1}\,[1-P(g>0)]$，$\Phi$ 为标准正态分布的累积分布函数。

3.3 可靠性稳健优化设计

可靠性稳健优化设计是一种不确定性设计方法，在一个模型中同时实现稳健性和可靠性。将稳健性作为目标函数，以减少质量损失；同时可靠性约束使得设计满足约束的概率尽可能高。可靠性稳健优化模型可以表达成如下形式：

$$\left.\begin{array}{ll}\min & \Delta_{y_j}\\ \text{s.t.} & \beta_k>\beta_{T_k}\\ & x_{L,i}\leqslant x\leqslant x_{U,i}\end{array}\right\} \tag{5}$$

式中：Δ_{y_j} 为质量特性 y_j 的均方误差；$j=1$，2，…，m；β_k 为第 k 个约束的可靠性指标；$k=1$，2，…，r；β_{T_k} 为第 k 个约束的目标可靠性指标。

4 橡皮成形工艺的可靠性稳健优化设计

4.1 响应

本文研究橡皮成形中凸凹曲线弯边类零件会出现起皱、变薄破裂和卸载后回弹。考虑到回弹指标符合稳健优化设计中的“望小”特性，因此将回弹指标作为优化目标，同时将破裂指标、起皱指标、贴膜度指标和压力控制范围作为约束。

4.1.1 回弹指标

回弹是板料成形卸载后，弹性变形部分产生回复的一种现象。在橡皮成形过程中，凸弯边一侧和凹弯边一侧在卸载后都会存在回弹问题。贴膜度可以作为衡量橡皮成形零件精度的常用指标。在有限元数值模拟中将成形后的弯边零件的节点到模具模面的法向距离作为该零件在该节点处的贴膜度。实质就是空间一点到曲面的最短距离。本文将回弹最大值 Spk_{max} 作为回弹指标。

4.1.2 破裂指标

破裂是材料成形时常见的缺陷，从宏观上看，破裂是材料拉伸失稳的表现；从内部机理上看，是材料所受的最大剪切应力或最大拉伸应力达到了极限造成失稳破裂。在橡皮成形凸凹弯边曲线零件过程中，凹曲线弯边一侧在弯边时受拉应力较大，使材料拉伸变薄，易出现破裂现象。

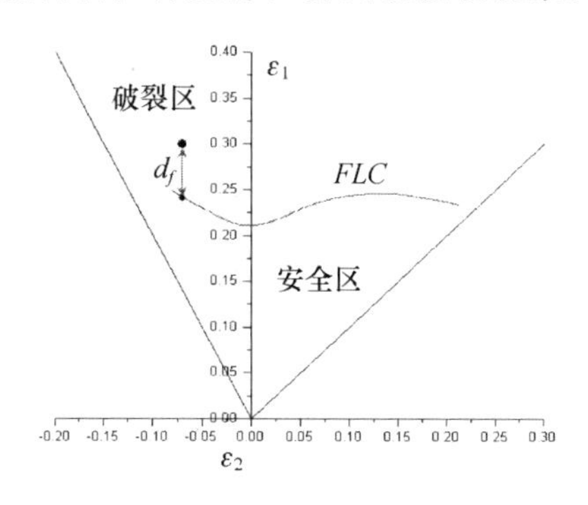

图 4 破裂指标示意图

在板料成形理论解析研究中，常采用成形极限曲线（FLC）来评估材料在成形中的破裂危险性。基于 FLC 的破裂性判别是通过材料局部应变在主应变空间中与 FLC 的相对位置来进行判断。文献［11］通过比较不同屈服准则和硬化准则，提出一种 FLC 曲线的通用模型，如图 4 所示。应变点在安全区内，距离 FLC 越远，安全性越高；应变点在破裂区内，距离 FLC 越远，破裂趋势越大。

根据此特点，本文建立了针对破裂危险性的目标函数。将应变点到 FLC 的垂直坐标距离 d_f 定义为破裂指标的目标函数之一：

$$d_f=\varepsilon_1-\varepsilon_{flc}(\varepsilon_2) \tag{6}$$

式中：ε_1 为材料上某点的面内第一主应变；ε_2 为该点的面内第二主应变；$\varepsilon_{flc}(\varepsilon_2)$ 为第二主应变对应的 FLC 上破裂临界应变点。

当 $d_f<0$ 时，不会发生破裂。

4.1.3 起皱指标

起皱是由于板料局部产生了过大的压应力，导致板料发生了压缩失稳。从物理现象来看，主要是局部产生了过大的应变，进而导致起皱。在橡皮成形凸凹弯边曲线零件过程中，凸曲线弯边一侧在弯边时受压应力较大，易出现起皱现象。

文献［12］通过试验和仿真方法得到应变空间中的起皱极限曲线（WLC），如图 5 所示。可作为判断材料局部是否起皱的判据，近似表示为

$$\varepsilon_{wlc}(\varepsilon_1)=-\varepsilon_2,\varepsilon_2<0 \tag{7}$$

式中：$\varepsilon_{wlc}(\varepsilon_1)$ 为第一主应变对应的 WLC 上起皱临界应变点。

由于起皱区域在安全区之下，因此应变点在安全区内，距离 WLC 越远，安全性越高；应变点在起皱区内，距离 WLC 越远，起皱趋势越大。

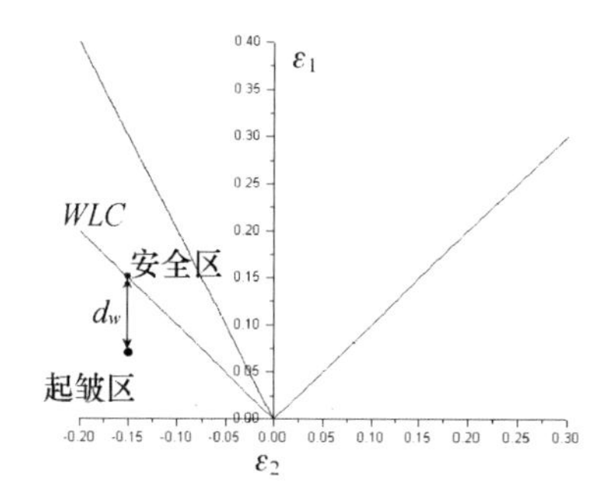

图 5 起皱指标示意图

根据起皱判断依据，将应变点到 WLC 的垂直坐标距离 d_w 定义为起皱指标的目标函数之二：

$$d_w=\varepsilon_{wlc}(\varepsilon_2)-\varepsilon_1 \tag{8}$$

式中：$\varepsilon_{wlc}(\varepsilon_2)$ 为第二主应变对应的 WLC 上起皱临界应变点。当 $d_w<0$ 时，不会发生起皱。

4.2 设计变量

铝合金板料橡皮成形工艺中，影响成形过程和成形件质量的主要因素是材料参数和工艺参数。设计变量分为噪声因子和可控因子两部分，噪声因子主要是 2B06－O 态铝合金材料性能参数，主要包括杨氏模量 E，屈服应力 σ_s，各向异性指数 r_0、r_{45} 和 r_{90}，强度系数 K，应变强化指数 n，泊

松比 μ 等；可控因子主要是成形压力和不同摩擦方式对应的库伦摩擦系数。

4.3 噪声因子波动测量试验

本文按照单拉试验国标设计了单向拉伸试验，获取了2mm厚度2B06－O态铝合金板料的各项性能参数及波动。通过数据统计分析得出该铝合金材料性能参数的均值和容差，见表2。

表2　材料性能和工艺参数的概率分布

衡量指标	材料性能的各项噪声因子							
	E (GPa)	r_0	r_{45}	r_{90}	σ_s (MPa)	K (MPa)	n	μ
均值	66	0.625	0.748	0.694	79	355.5	0.241	0.3
容差	5	0.0396	0.0744	0.034	4.029	15.4	0.011	0.03

4.4 噪声因子筛选试验

当噪声因子过多时，需要采用Plackett-Burman（P－B）筛选试验对成形质量影响相对较敏感的噪声因子进行筛选。本文先通过P－B筛选试验设计出12组数值仿真试验，图6给出了破裂指标、起皱指标和回弹指标的筛选结果主效应图。

图6代表8个噪声因子在不同因子水平（横轴）下，分别对破裂指标 y_1、起皱指标 y_2 和回弹指标 y_3（纵轴）的影响。结果表明，E、K 和 n 这三个噪声因子对响应影响相对更敏感。

4.5 约束条件

变形中的约束条件分为显约束和隐约束。显约束用来控制设计变量的取值空间，即建立设计可行域。隐约束是对成形条件的控制，如控制成形中的破裂、起皱等缺陷。

结合橡皮成形工艺特点，本文将破裂指标和起皱指标作为隐约束，将回弹指标和设计变量成形压力范围约束作为显约束，根据橡皮成形工艺实际经验和贴膜度要求，约束条件为：破裂指标取 $d_f<0$，起皱指标取 $d_w<0$，回弹指标贴模度取 $Spk_{\max}<0.5$mm，压力范围取 $20\text{MPa}\leqslant x_1\leqslant 40\text{MPa}$。

4.6 响应面建模

响应面法是数学方法和统计方法结合的产物，通过近似构造一个具有明确表达形式的多项式，对

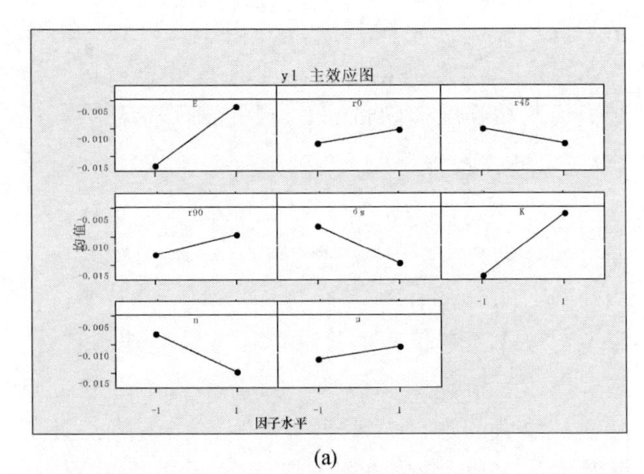

(a)

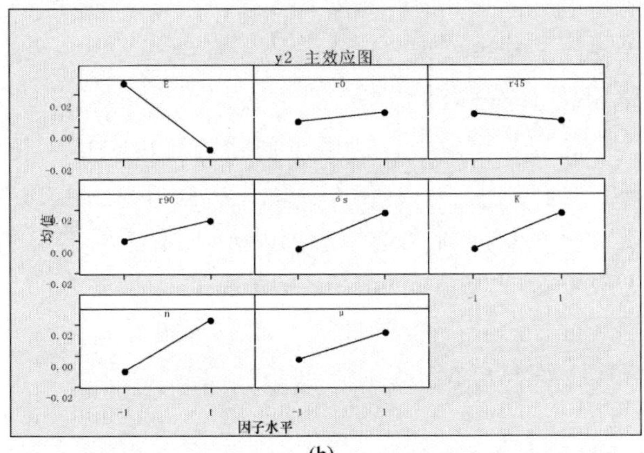

(b)

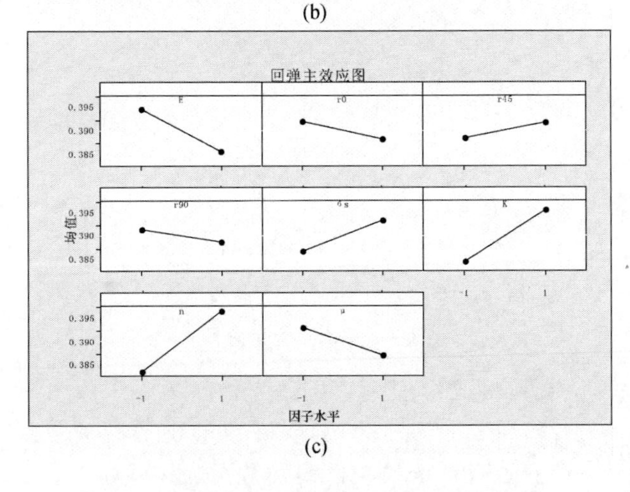

(c)

图6　质量评价指标的P－B筛选试验结果

(a) 破裂指标的筛选结果；(b) 起皱指标的筛选结果；(c) 回弹指标的筛选结果

响应受多个变量影响的问题进行建模和分析，最终达到优化响应值目的。本文针对橡皮成形工艺，将成形压力 F 和摩擦系数 μ 分别作为可控因子 x_1 和 x_2。n、E 和 K 分别作为噪声因子 z_1、z_2 和 z_3；y_1、y_2 和 y_3 代表响应指标。采用中心复合设计（CCD），共进行28组数值仿真试验，可控因子和噪声因子水平见表3。

表 3　　　　可控因子和噪声因子的水平

因子	水平		
	−1	0	1
$x_1(F/\mathrm{MPa})$	20	30	40
$x_2(\mu)$	0.05	0.1	0.15
$z_1(n)$	0.23	0.241	0.252
$z_2(E/\mathrm{GPa})$	61	66	71
$z_3(K/\mathrm{MPa})$	340.1	355.5	370.9

基于响应面法构造 y_1、y_2 和 y_3 关于 x_1 和 x_2 的函数关系式，响应模型建立如下。

当 $x_2=0.05$ 时：

$$y_1=-0.3210+0.0139x+2.281z_1-0.058xz_1$$

$$y_2=0.7390-0.035x-4.053z_1-0.01z_2+0.002z_3+0.178xz_1-(8.365E-5)xz_3$$

$$y_3=0.9910-0.012x_1-0.513z_1-0.007z_2+(5.437E-5)x_1z_2+(2.910E-5)x_1z_3$$

当 $x_2=0.10$ 时：

$$y_1=-1.0160+0.016x+2.281z_1+0.001z_3-0.058xz_1$$

$$y_2=1.0480-0.039x-4.053z_1-0.013z_2+0.002z_3+0.178xz_1-(8.365E-5)xz_3$$

$$y_3=0.9270-0.012x_1-0.5960z_1-0.006z_2+(5.437E-5)x_1z_2+(2.910E-5)x_1z_3$$

当 $x_2=0.15$ 时：

$$y_1=-0.917+0.014x+2.281z_1+0.002z_2+0.001z_3-0.058xz_1$$

$$y_2=1.145-0.04x-4.053z_1-0.014z_2+0.002z_3+0.178xz_1-(8.365E-5)xz_3$$

$$y_3=1.111-0.012x_1-0.916z_1-0.008z_2+(5.437E-5)x_1z_2+(2.910E-5)x_1z_3$$

4.7　可靠性稳健优化设计

令 $\sigma_{x_1}^2=(0.05/3)^2$，$\sigma_{z_1}^2=\sigma_{z_2}^2=(0.03/3)^2$，$\sigma_{z_3}^2=(0.025/3)^2$，基于二阶泰勒展开分别得到 y_3 的均值和方差估计 $\hat{\mu}_{y_3}$ 和 $\hat{\sigma}_{y_3}^2$。质量特性 y_3 以式(2)望小特性为稳健优化准则，加入可靠性约束，令 $\beta_{T_1}=\beta_{T_2}=\beta_{T_3}=3.0902$，该铝合金板料橡皮成形工艺的可靠性稳健优化模型为

$$\begin{aligned}\min\quad & mse_{y_3}=\hat{\mu}_{y_3}^2+\hat{\sigma}_{y_3}^2\\ \text{s.t.}\quad & -\Phi^{-1}[1-P(y_1<0)]>3.0902\\ & -\Phi^{-1}[1-P(y_2<0)]>3.0902\\ & -\Phi^{-1}[1-P(y_3<0.5)]>3.0902\\ & -\Phi^{-1}[1-P(40-x_1\geqslant 0)]>3.0902\\ & -\Phi^{-1}[1-P(x_1-20\geqslant 0)]>3.0902\end{aligned}\tag{9}$$

采用 Matlab7.11.0（R2010b）进行求解，可以得到该铝合金板料橡皮成形工艺的可靠性稳健优化解为 $x_1=39.9$ MPa 和 $x_2=0.10$。

5　试验验证与结果分析

由于噪声因子和可控因子的数量较多，如果全部用工艺试验来验证可靠性稳健设计结果，需要大量工艺试验，这显然不够经济。因此，为了证明可靠性稳健优化方法的有效性，首先可以将数值仿真结果与工艺试验结果相对比，如果误差在可以接受的范围内，那么可以将数值仿真结果作为验证可靠性稳健优化方法的经济型方法。同时，需要将其与传统的优化设计结果进行对比，比较二者在质量和可靠度等方面的指标。最后，还需要在可靠性稳健优化的优化工艺条件下，成形几组零件，进行工艺试验验证，判断其有无破裂和起皱缺陷，若得到成形质量较好的零件则可以证明该方法的有效性。

5.1　工艺性试验结果与数值仿真结果对比

本文将可靠性稳健优化条件下的工艺试验结果与数值仿真结果进行对比，如图 7 和图 8 分别表示凹弯边和凸弯边的回弹角试验与模拟结果比。

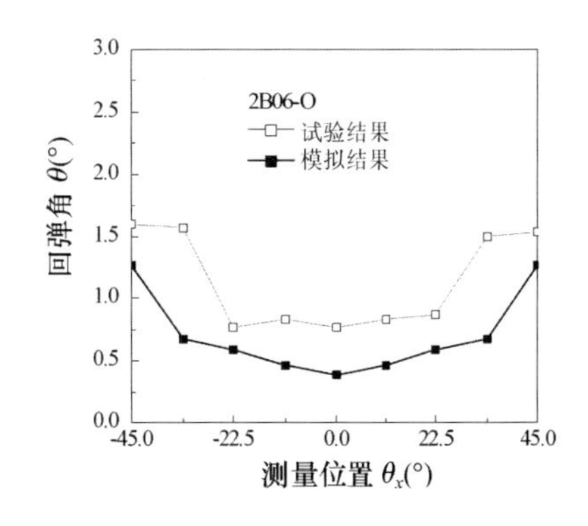

图 7　凹弯边一侧试验与模拟结果对比

结果表明橡皮成形试验结果与仿真结果整体趋势接近，试验结果偏小，试验与模拟的回弹角误差不超过 0.5°，在可接受范围。因此可以证明

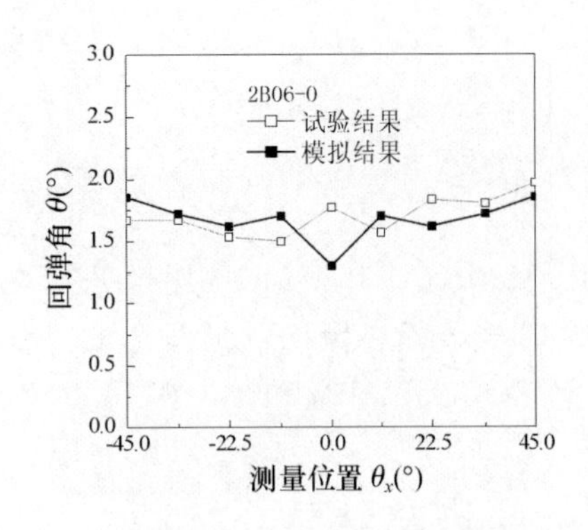

图8 凸弯边一侧试验与模拟结果对比

仿真结果的准确性和可行性，用仿真结果代替试验去验证可靠性稳健优化结果是可行的。

5.2 可靠性稳健设计与传统优化设计结果对比

表4给出了可靠性稳健优化解和传统优化解关于稳健性度量指标和可靠性度量指标的对比，约束可靠度的计算在100000次蒙特卡洛仿真下完成。传统优化解是指在不考虑波动的情况下，通过普通优化方式达到目标值的优化解。

表4 可靠性稳健优化结果与传统优化结果对比

衡量指标	传统优化解 $x_1=20$MPa, $x_2=0.10$	可靠性稳健优化解 $x_1=39.9$ MPa, $x_2=0.10$
y_3 均值$\hat{\mu}_{y_2}$	0.6870	0.4476
约束1可靠度指标	5.6120	5.6120
约束2可靠度指标	−Inf	5.6120
约束3可靠度指标	−Inf	5.6120
约束4可靠度指标	5.6120	3.0902
约束5可靠度指标	−2.9889	5.6120

可靠性稳健优化设计下的回弹 y_3 均值比传统的优化设计下小，特别是约束2、约束3和约束5的可靠度得到了极大的提高，约束4可靠度虽然较传统解低，但已满足可靠度目标要求。结果表明，可靠性稳健优化设计在可靠性稳健优化解在质量、满足约束的可靠度方面全面占优。

5.3 工艺试验验证

为了说明可靠性稳健优化解不仅比传统优化解的度量指标更优，而且可以有效指导橡皮成形工艺试验，获得成形质量较好的弯边零件。本文选取可靠性稳健优化解的工艺条件，成形了几组弯边零件，图9所示是成形后零件，图10所示是工艺试验模具，试验设备是AVURE公司生产的21000t橡皮囊液压机成形机。

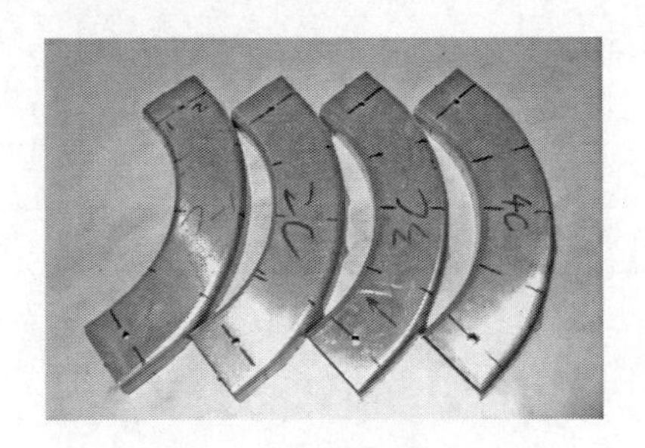

图9 成形后零件

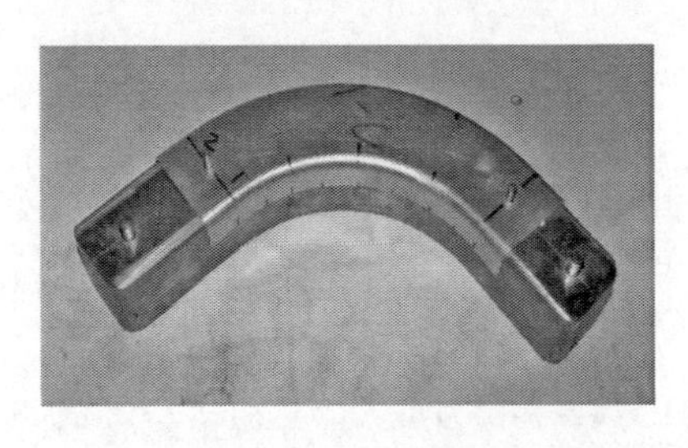

图10 工艺试验模具

通过对破裂和起皱两个典型质量缺陷进行观察发现，在可靠性稳健设计方法的优化工艺条件下橡皮成形零件没有发生起皱和破裂，贴膜度较好；弯边零件整体厚度分布均匀，成形质量好。

6 结束语

本文针对铝合金板材橡皮成形工艺质量控制中出现的问题，提出了一种考虑不确定性的可靠性稳健优化设计方法。该方法通过噪声因子波动测量试验和噪声因子筛选试验获得对成形质量较为敏感的设计变量，最终通过响应面建模法获得可靠性稳健优化结果。本文将可靠性稳健优化结果与传统的优化设计结果进行了对比，结果表明，可靠性稳健优化设计结果的度量指标更优，且满足约束的概率更高，可靠性更好。最后在可靠性稳健工艺条件下，进行工艺验证性试验，得到了成形质量较好的零件。

参 考 文 献

[1] Duncan Manual, Six sigma methodology: reducing defects in business processes[J]. Filtration & Separation, 2006,43(1): 34-36.

[2] 航空制造工程手册总编委员会. 飞机钣金工艺[M]. 北京:航空工业出版社, 1992:439 - 454.

[3] Peng Linfa, Hu Peng, Lai Xinmin, et al. Investigation of Micro/Meso Sheet Soft Punch Stamping Process-Simulation and Experiments[J]. Materials and Design, 2009, 30(3):783 - 790.

[4] Li YQ, Cui ZS, Ruan XY, Zhang DJ. Application of six sigma robust optimization in sheet metal forming [C]. NUMISHEET2005: Proceedings of the 6th international conference and workshop on numerical simulation of 3D sheet metal forming processes, Detroit (MI, USA);2005:819 - 824.

[5] Li YQ, Cui ZS, Ruan XY, Zhang DJ. CAE-based six sigma robust optimization for deep-drawing process of sheet metal [J]. The International Journal of Advanced Manufacturing Technology. 2006; 30(7 - 8):631 - 637.

[6] Li YQ, Cui ZS, Zhang DJ, et al. Six sigma optimization in sheet metal forming based on dual response surface model [J]. Chinese Journal of Mechanical Engineering (English Edition). 2006; 19(2):251 - 255.

[7] 陈立周. 稳健设计[M]. 北京:机械工业出版社, 2000.

[8] MONTGOMERY D C. Design and analysis of experiments[M]. New Jersey: Wiley, 2009.

[9] Nikolaidis E, Stroud W J, Reliability-based optimization: A proposed analytical-experimental study[J]. AIAA Journal, 1996, 34(10):2154 - 2161

[10] Youn B D, Choi K K, Yang R J, et al. Reliability—based design optimization for crashworthiness of vehicle side impact [J]. Structural and Multidiseiplinary Optimization, 2004, 26(3 - 4):272 -283.

[11] Butuc M C, Gracio J J, Rocha A B. A theoretical study on forming limit diagrams prediction [J]. Journal of Materials Processing Technology, 2003, 142:714 - 724.

[12] Kim Y, Son Y. Study on wrinkling limit diagram of anisotropic sheet metals [J]. Journal of Materials Processing Technology, 2000, 97(1-3):88-94.

唐山车辆厂 PAM-STAMP 顶端板冲压成形数值仿真方案与分析报告

栾小东[1]　王　玮[2]

1. 唐山车辆厂；2. ESI 中国

摘　要：本文结合唐车某车型的顶端板冲压成形零件，采用 PAM-STAMP 进行了工艺仿真，提出了有效降低回弹的方案；另对于减少下料，节省成本给出了一模两件、控制毛料尺寸的综合方案。

1　综述

所给零件如图 1 所示。采用 PAM-STAMP 2G 进行了 CAE 分析，计算零件的钣金成形、回弹情况，并根据回弹的结果进行模面的回弹补偿，将零件的回弹控制在误差允许的范围内。采用的工作软件如表 1。

表 1　　工作采用软件列表

工作内容	软件	版本
CAD 建模	CATIA	V5 R19
CAE 分析	PAM－STAMP 2G	V2011. 1. 1

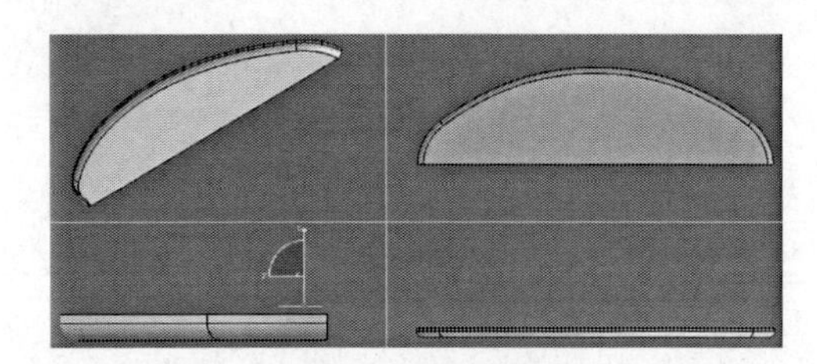

图 1　产品模型

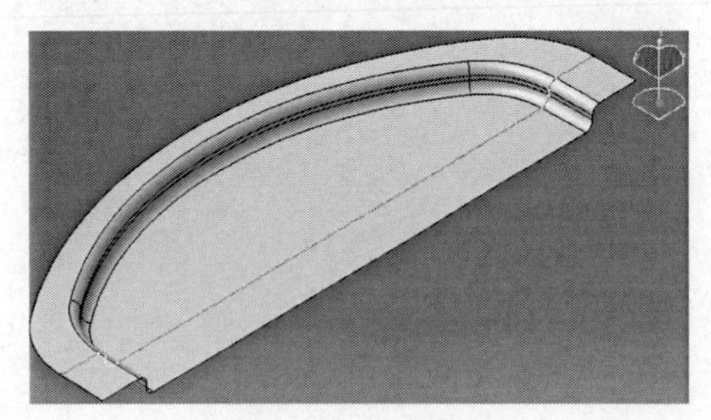

图 2　凹模模具模型

2　模型输入条件

本次分析一共分析了冲压成形、回弹、回弹补偿、新模面输出 4 个工步。

此顶端板零件应用的材料为冷轧耐候钢板 2－05CuPCrNi。

压边力＝10000kN

润滑条件＝常规润滑，摩擦系数＝0. 12

料厚 Thickness＝2mm

其他材料参数为：

E＝190GPa

NU＝0. 3

RO＝7. 8e－006 kg/mm^3

Anistropic 各项异性类型：各向同性

R0＝1. 356

屈服应力＝363MPa

材料硬化曲线 HARDENING _ CURVE＝′2－05CuPCrNi HC′

拟合规律 TYPE＝Point _ List

表 2

序号	真实应变	真实应力（GPa）
1	0	0. 363
2	0. 0361	0. 4359
3	0. 078	0. 50951
4	0. 133	0. 536
5	0. 182	0. 5905
6	0. 2156	0. 5982
7	0. 2356	0. 61344
8	0. 26	0. 63352
9	0. 3055	0. 66869
10	0. 367	0. 68923
11	0. 389	0. 698
12	0. 44	0. 716
13	0. 489	0. 7279
14	0. 522	0. 74759
15	0. 555	0. 7527
16	0. 6153	0. 7577
17	0. 6403	0. 765

3 计算模型

根据实际需要，本模型的产品采用 Deltamesh 进行网格划分，应用 PAM-STAMP 求解。压边圈和冲头应用 PAM-STAMP 的 Toolbuilder 生成。

生成以后的模型如图 3、图 4。

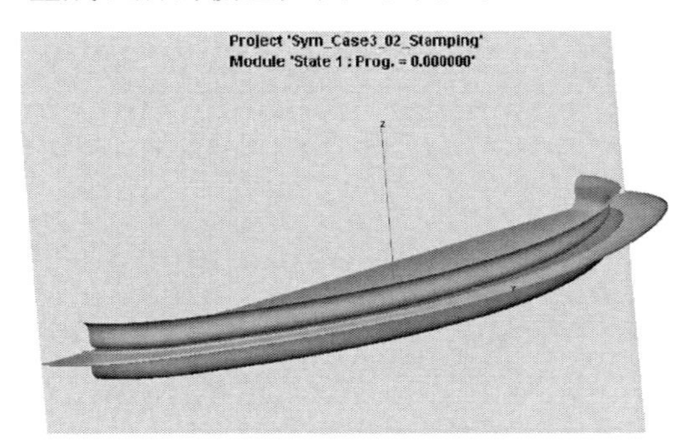

图 3 整体模型（对称的）

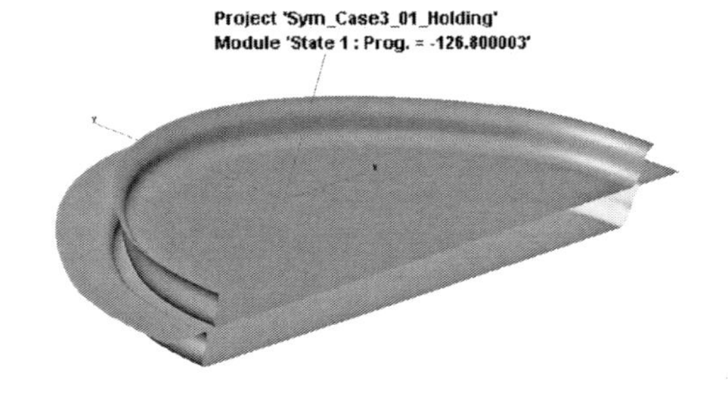

图 4 模具模型

4 毛料反算

毛料反算的分析数据见表 3。

表 3 毛料反算分析数据

计算模型	硬件	单元数量	过程	所用时间	结果
零件+工艺补充面	Intel Core2 P8600 @ 2.4G，2.4G、内存 4G；SMP 并行，双精度	35854	毛料反算	10min	如图 6 所示

经过计算，得出毛料初始尺寸长度方向应大于 3382mm；在宽度方向应大于 948mm（见图 5～图 7）。

5 CAE 结果分析

5.1 模具 Z 向拉延深度对回弹量的影响

（1）模具 Z 向拉延深度＝121mm（见图 8）。

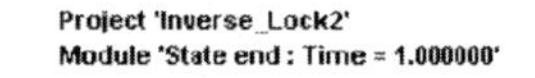

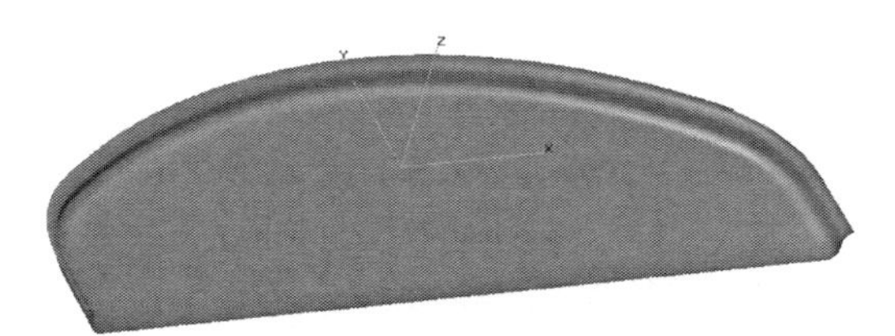

图 5 反算的模型

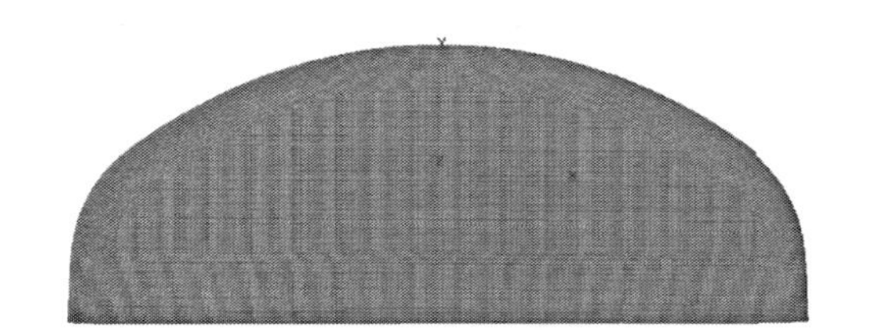

图 6 板料反算结果

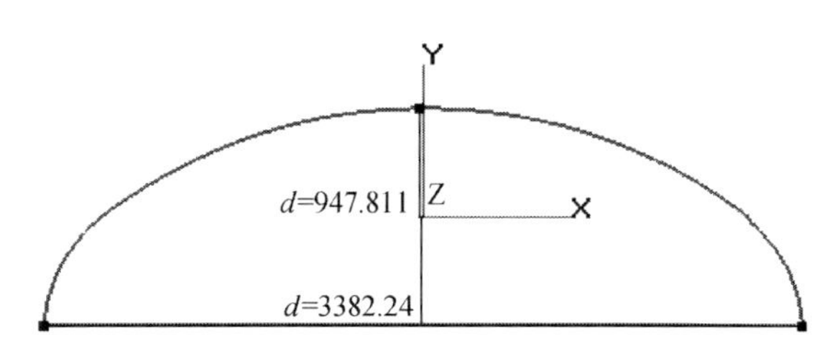

图 7 板料展开的外形线

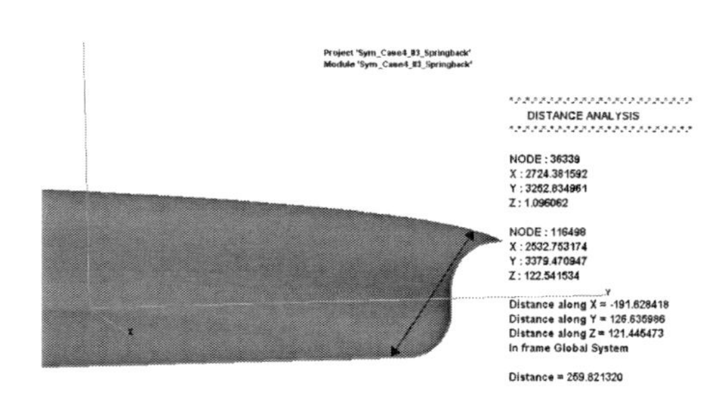

图 8 *Z* 向拉延深度＝121mm

如图 9 所示，当模具 *Z* 向拉延深度为 121mm 时，板料回弹量最大处为 23.23mm。说明在成形阶段有部分板料没有完全进入塑性阶段（见图 10）；需要加大模具 *Z* 向拉延深度（见图 11）。

（2）*Z* 向拉延深度＝127mm。

当 *Z* 向拉延深度增加到 127mm 时，因为大部分板料进入完全塑性，如图 12 所示，零件顶端部位的塑性应变都大于 2%，大部分区域都发生了塑性变形。板料的回弹量大大减小。如图 13 所示，最大回弹量为 5.10mm。

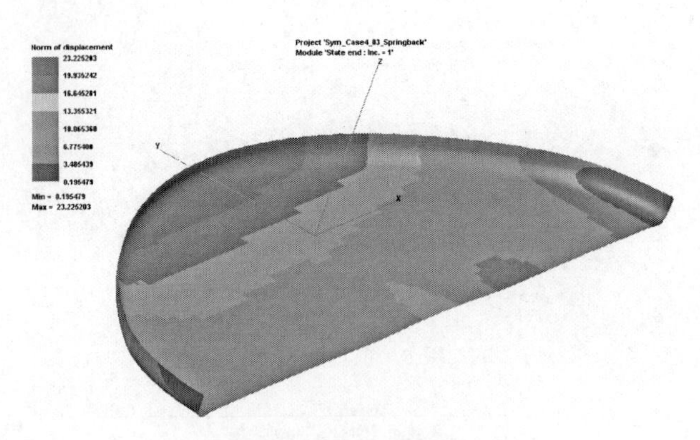

图9　板料回弹量云图

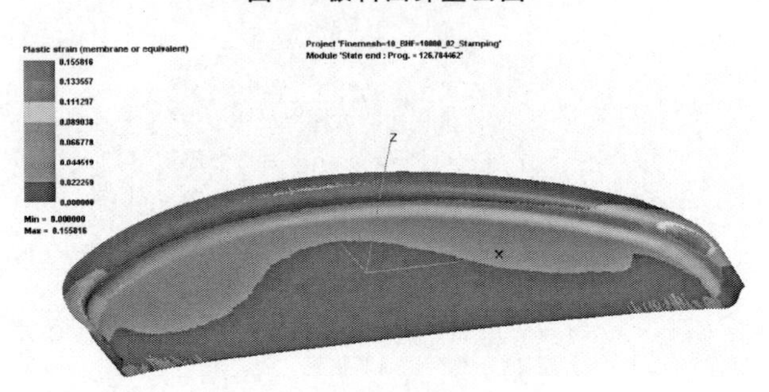

图10　板料塑性应变云图

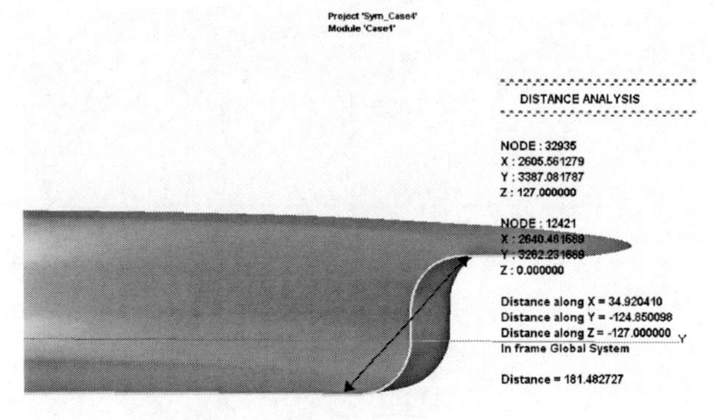

图11　Z向拉延深度＝127mm

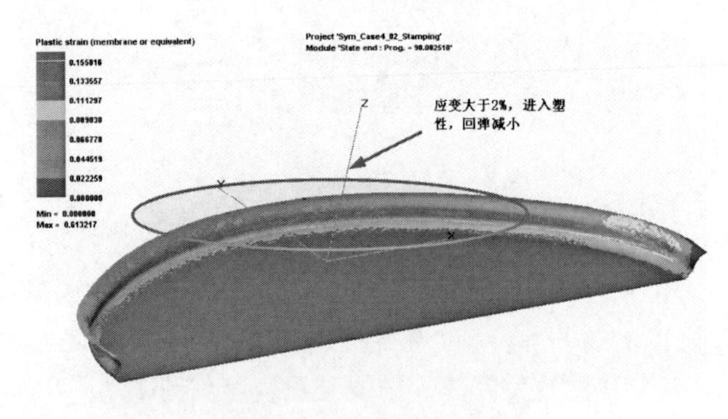

图12　板料塑性应变云图

5.2　模面自动回弹补偿情况

在上述工况载荷下，采用以下迭代条件进行模具的自动回弹补偿：

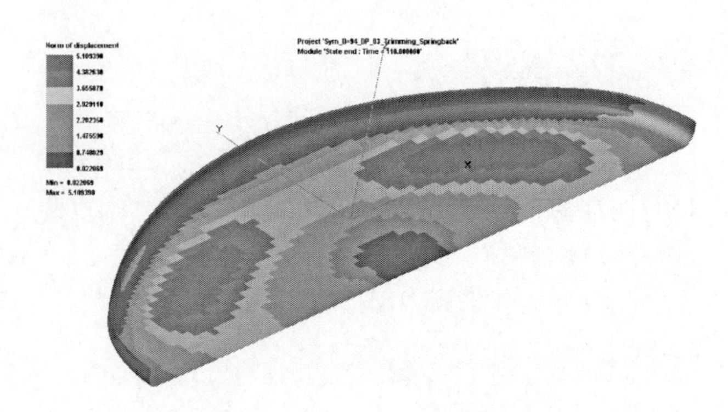

图13　板料回弹量云图（最大回弹量为5.10mm）

（1）最大偏差为3mm，贴模率为93％为迭代条件。

（2）同时启动迭代冗余条件，最多迭代次数为8次。

最后得到第2次模面回弹补偿的结果复合要求：有93.84％的零件型面与设计型面的偏差在3mm以内。模面回弹补偿的结果如图14～图18所示。

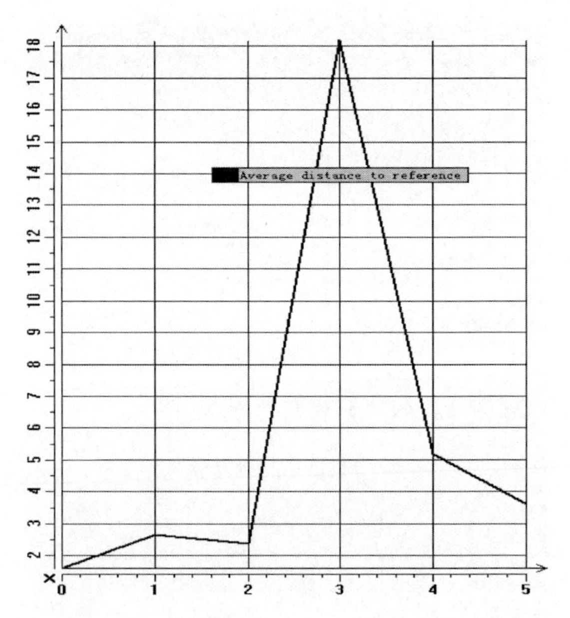

图14　零件回弹后相对设计型面的平均偏差

5.3　结论

（1）从提高板料利用率角度考虑，应采用一模两件，对称零件的加工工艺方式。

（2）从最大程度降低回弹量的角度考虑，首先应该增加顶端版的拉延深度，尽可能使零件进入塑性变形，减少弹性回弹。

（3）随着拉延深度的增加，一方面会耗费更多的材料，另一方面板料有拉裂的危险。

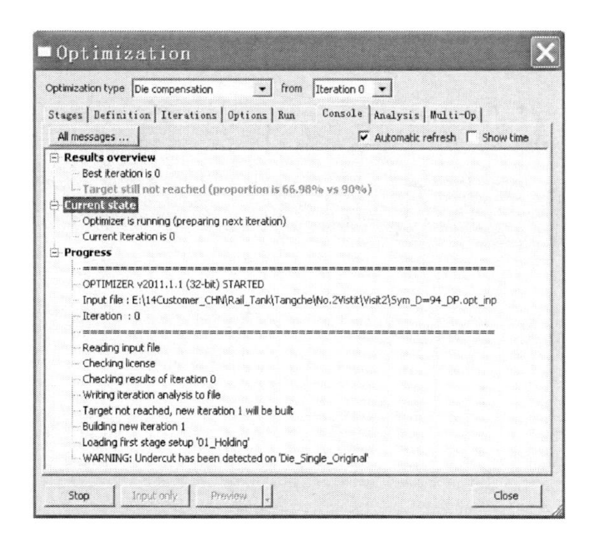

图 15 回弹补偿前总体贴模率只有 66.98%

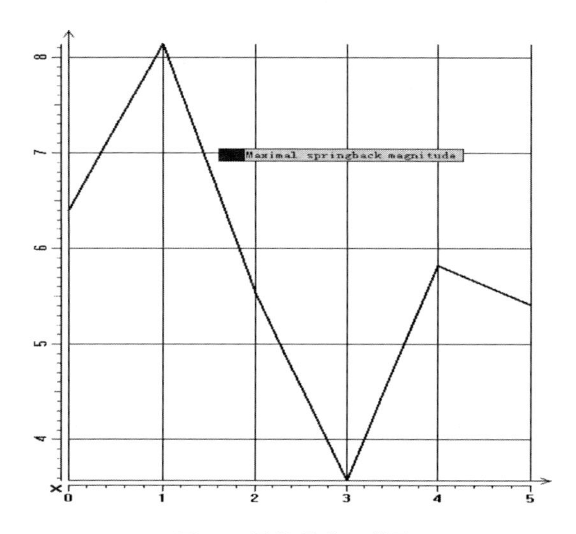

图 17 零件最大回弹量

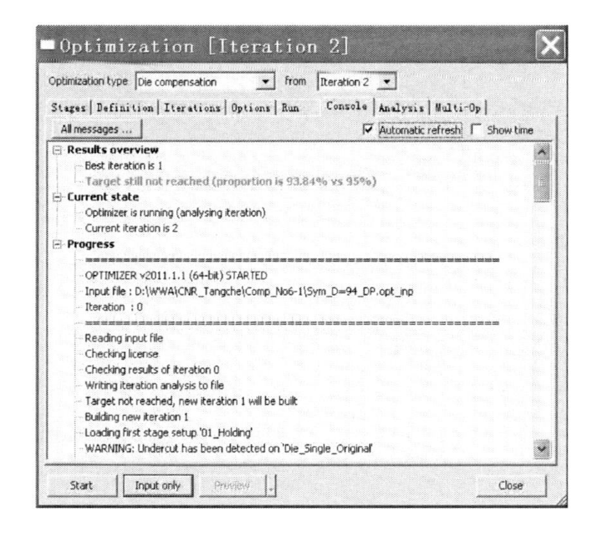

图 16 总体贴模率（从最初的 66.98%，优化到 93.84%的型面偏差小于 3mm）

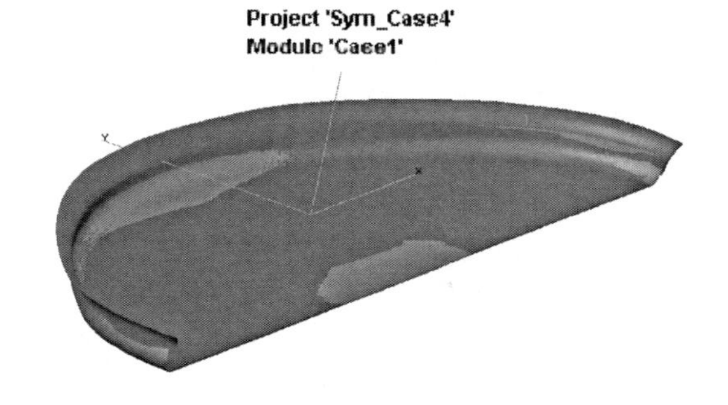

图 18 零件与理想模面的贴模图片

（4）所以适当增加拉延深度，结合模面自动回弹补偿的办法能够有效降低回弹，增加零件的贴模率。

某型号电机产品外壳多工位冲压成形仿真分析结果与对实际工艺的指导

胡玮华[1]　陈卫卫[1]　王　玮[2]

1. 苏州安特精密工业；2. ESI 中国

1　背景综述

所给产品为 7 道次成形的零件，如图 1 所示；利用软件中的对称边界条件，分析其中 1/4 部分的成形情况。

产品的成形过程一共有 7 个工步，采用 PAM-STAMP 2G V2011 版软件，对产品的成形工艺进行了分析和计算。

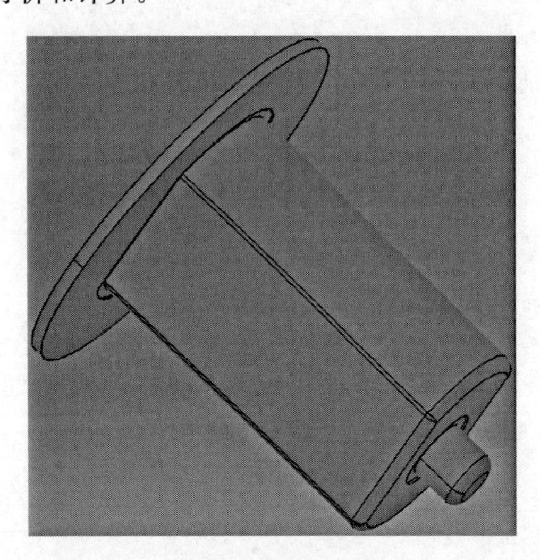

图 1　产品外壳模型

2　模型输入条件

此次分析一共需要分析成形 7 个工步，以及回弹工序。

此模型应用的材料参数为 SPCD _ 0.75mm。

材料参数如表所示：

料厚 Thickness=2mm

E=210；

NU=0.3

RO=7.8e-006

Anistropic 各项异性类型：正交各向异性

R0=1.85

R45=1.37

R90=2.02

屈服应力=300MPa

HARDENING _ CURVE='SPCD _ 0.75mm HC'

TYPE=KRUPKOWSKY _ LAW

K=0.586

N=0.234

SIGMA _ MAX=0

EPSILON0=0.0079

压边力=50KN

3　计算模型

根据实际需要，本模型的产品采用 Deltamesh 进行网格划分，应用 PAM-STAMP 求解。压边圈和冲头应用 PAM-STAMP 的 Toolbuilder 生成。

生成以后的模型如图 2～图 10 所示。

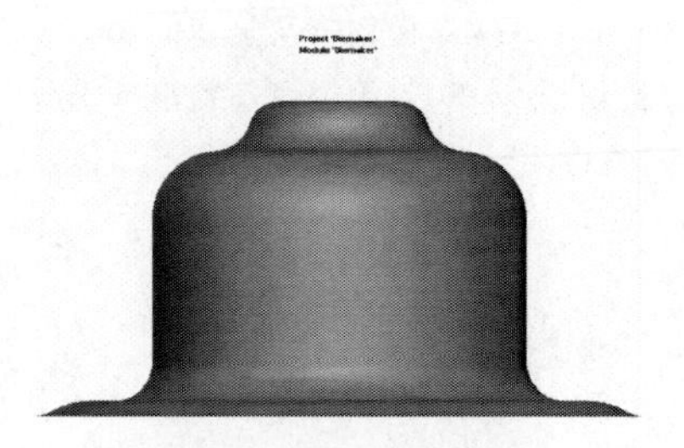

图 2　Layout01 模具模型

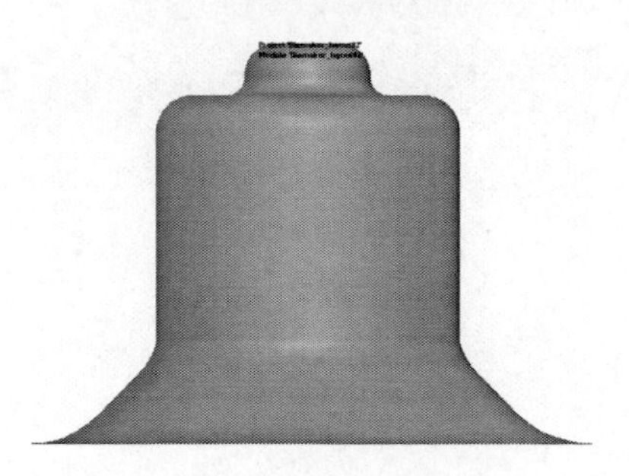

图 3　Layout02 模具模型

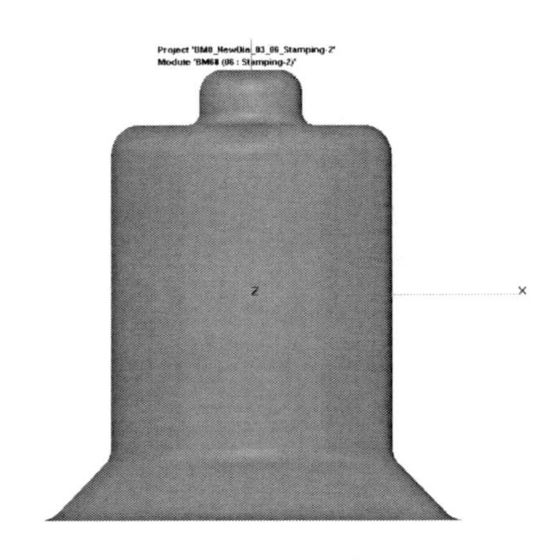

图 4 Layout03 模具模型

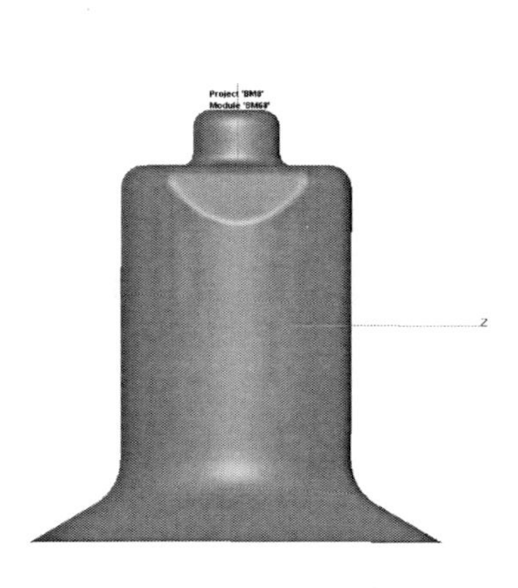

图 5 Layout04 模具模型

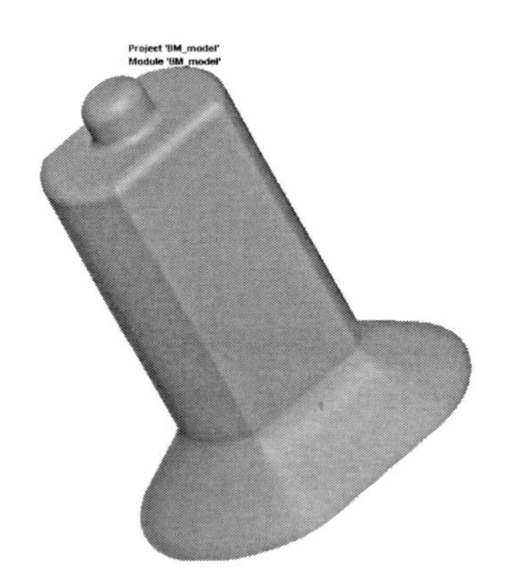

图 6 Layout05 模具模型

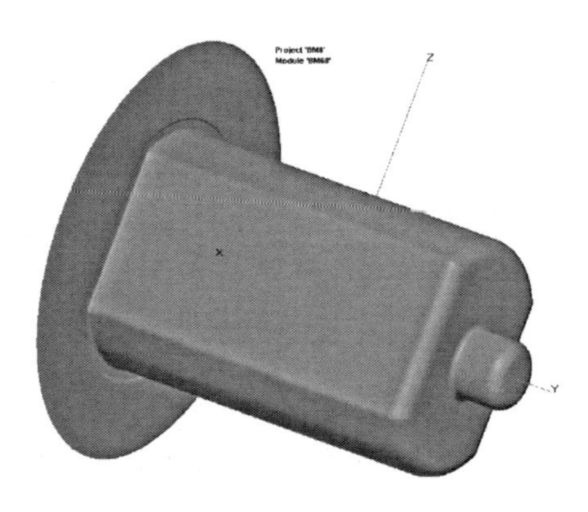

图 7 Layout06 模具模型

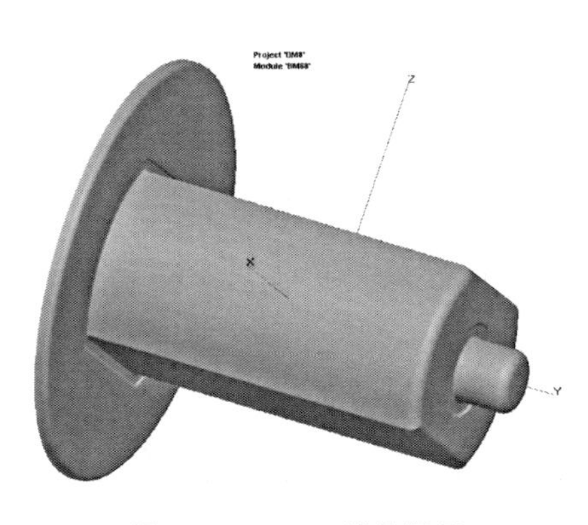

图 8 Layout07 模具模型

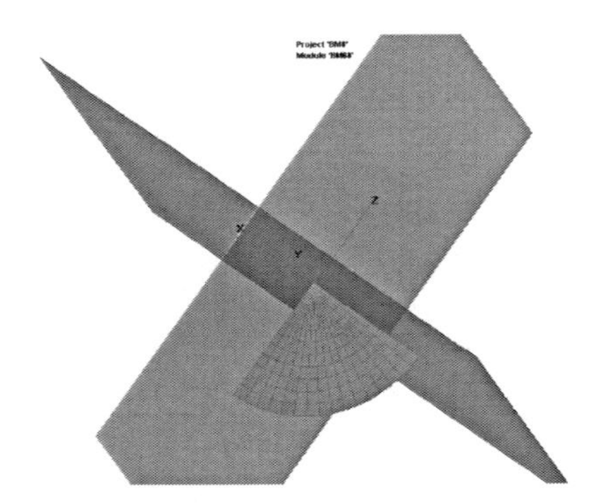

图 9 初始板料与对称面

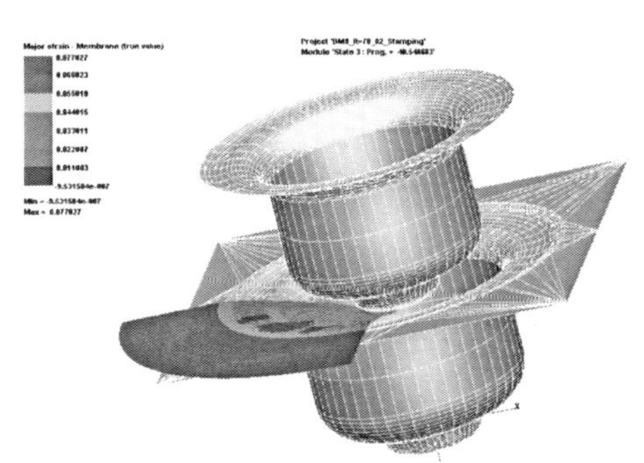

图 10 Layout01 成形过程

4 毛料反算

毛料反算的分析数据如表 1 所示。生成的模型如图 11 所示。板料反算结果如图 12 所示。

表 1 毛料反算的分析数据

计算模型	硬 件	单元数量	过程	所用时间	结 果
Layout02	Intel Core2 P8600 @ 2.4G，2.4G、内存 4G；SMP 并行，单精度	3795	毛料反算	2min	板料直径应大于 122mm，取 d=140mm

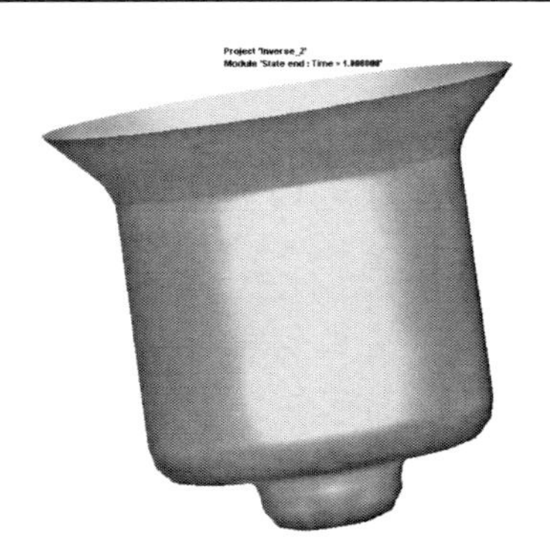

图 11 Layout02 模型

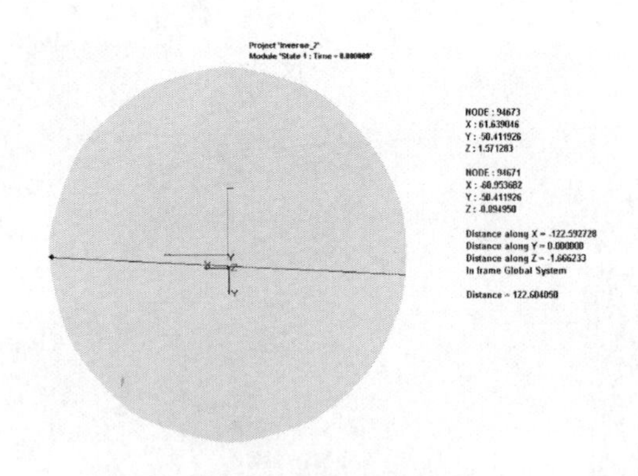

图12 板料反算结果

经过计算，得出毛料初始直径尺寸应大于122.6mm；在本次算例中，取毛料直径为140mm，即毛料半径70mm。

5 成形分析

成形分析数据如表2所示。

表2 成形分析的数据

模型类型	硬　件	最终单元数量	过程	所用时间
Layout01	Intel Core2 P8600@2.4G，2.4G、内存4G；SMP并行	6205	成形计算	24min
Layout02	Intel Core2 P8600@2.4G，2.4G、内存4G；SMP并行	16138	成形计算	50min
Layout03	Intel Core2 P8600@2.4G，2.4G、内存4G；SMP并行	19921	成形计算	60min
Layout04	Intel Core2 P8600@2.4G，2.4G、内存4G；SMP并行	21198	成形计算	70min

6 CAE结果分析

6.1 Layout01成形阶段

1. Thinning减薄率云图

经过计算，板料减薄率范围为24.38%～−23.61%，其分布如图13所示，最大减薄的位置为圈出部分。

2. FLD成形极限图

针对1/4对称板料计算得到的FLD成形极限

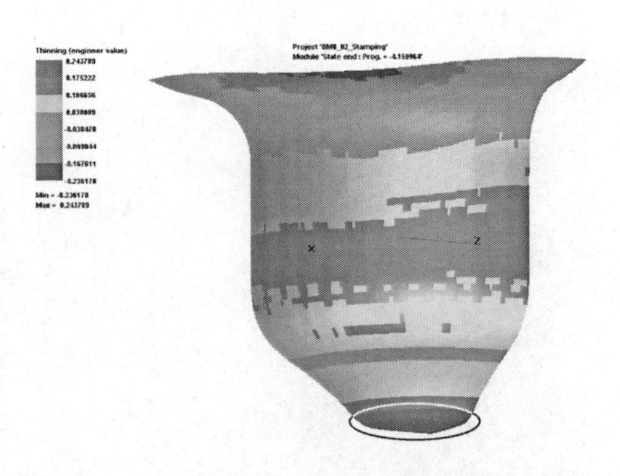

图13 Layout01阶段板料Thinning减薄率云图

图如图14所示：没有出现破裂区域，图上圈出区域为可能出现起皱的部分。

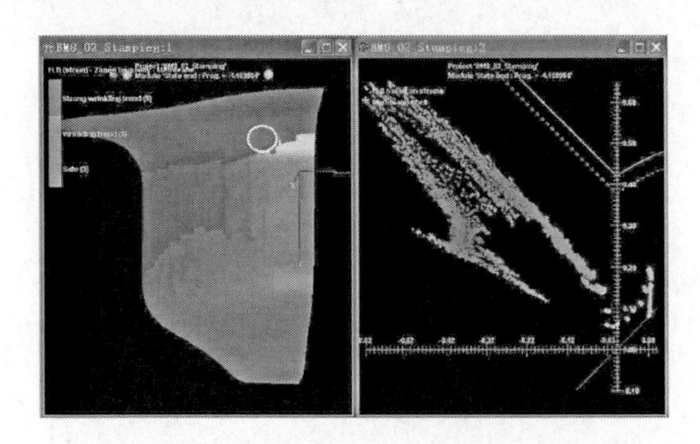

图14 Layout01阶段FLD成形极限图

6.2 Layout02成形阶段

经过计算，发现在Layout02阶段，如果直接进行连续冲压，会导致板料破裂；因此必须先进行一次退火热处理工艺，消除板料的残余应变，方能成形。两种工况的计算结果如下。

1. 直接连续冲压工况

经过计算，板料减薄率范围为95%～−50%，其分布如图15所示，最大减薄的位置为图上圈出区域。

图16给出了Layout02阶段板料FLD成形极限图的情况，图中圈出区域为破裂的部位。

2. 先进行退火热处理工况

经过计算，板料减薄率范围为40%～−10.8%，其分布如图18所示，最大减薄的位置为图上圈出区域。

板料的FLD成形极限图如图19所示，板料没有破裂的区域。

图20显示了板料的主应力云图，主应力的范围是从500～−161MPa。

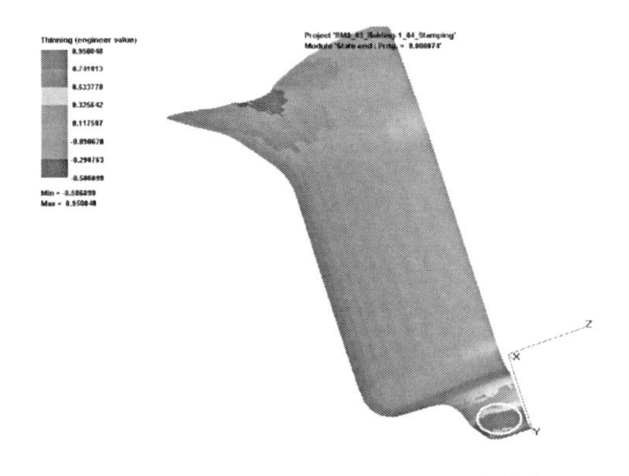

图 15　Layout02 阶段板料 Thinning 减薄率云图

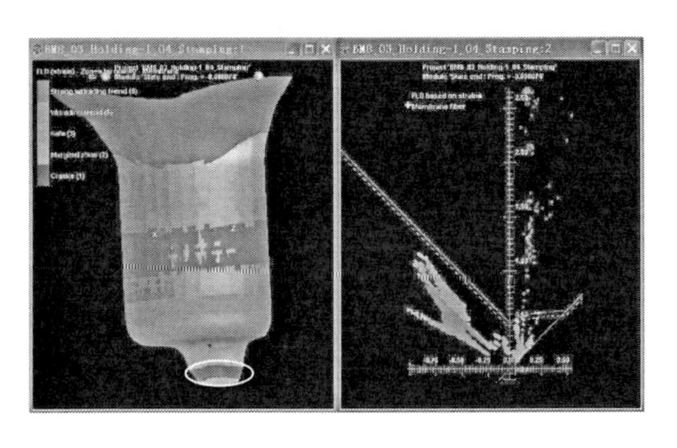

图 16　Layout02 阶段 FLD 成形极限图

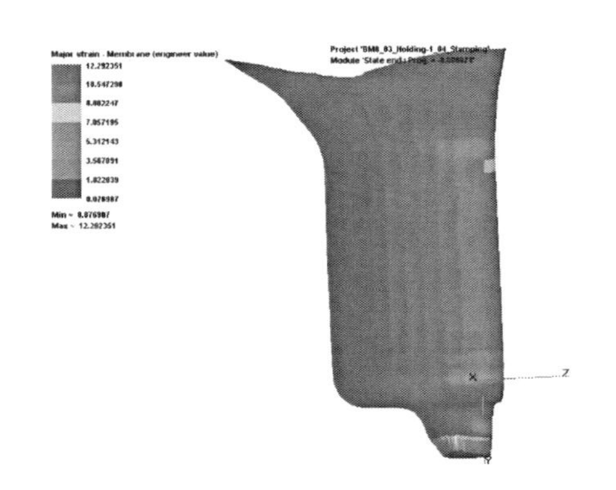

图 17　Layout02　阶段板料的主应变云图

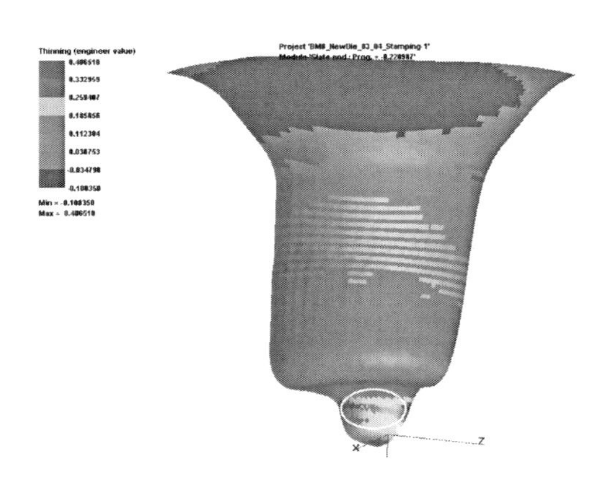

图 18　Layout02 阶段板料 Thinning 减薄率云图

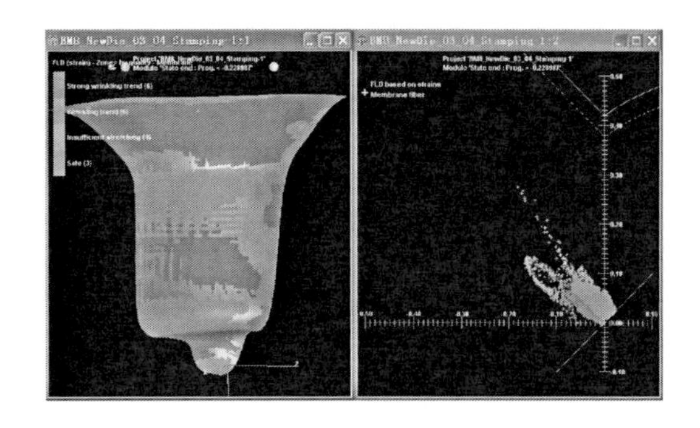

图 19　Layout02 阶段 FLD 成形极限图

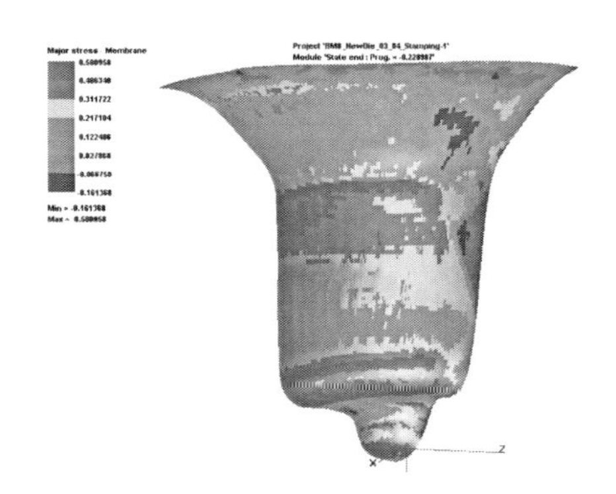

图 20　Layout02 阶段板料的主应力云图

6.3　Layout03 成形阶段

经过计算，板料减薄率范围为 42.8%～－14.6%，其分布如图 21 所示，最大减薄的位置为图上圈出区域。

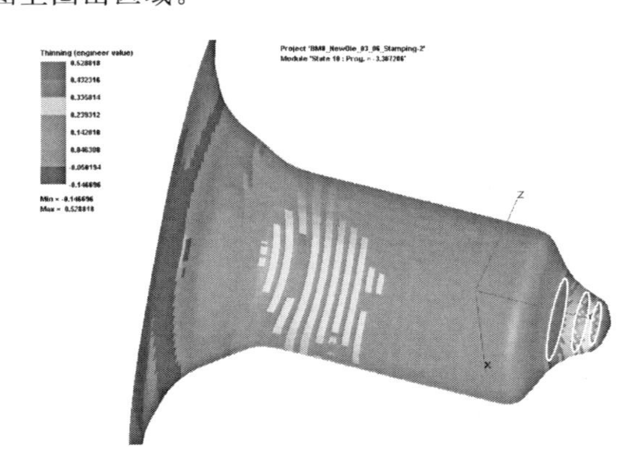

图 21　Layout03 阶段板料 Thinning 减薄率云图

图 22 给出了 Layout03 阶段板料 FLD 成形极限图的情况，图中蓝色区域为破裂的部位。

6.4　Layout04 成形阶段

经过计算，板料减薄率范围为 84%～－15%，其分布如图 24 所示，最大减薄的位置为图上圈出区域。

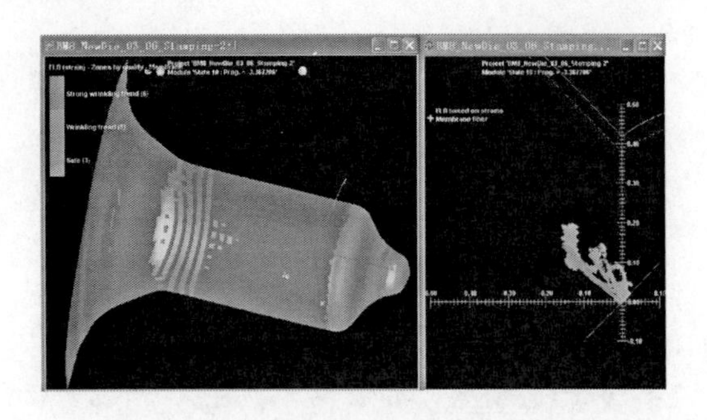

图 22　Layout03 阶段 FLD 成形极限图

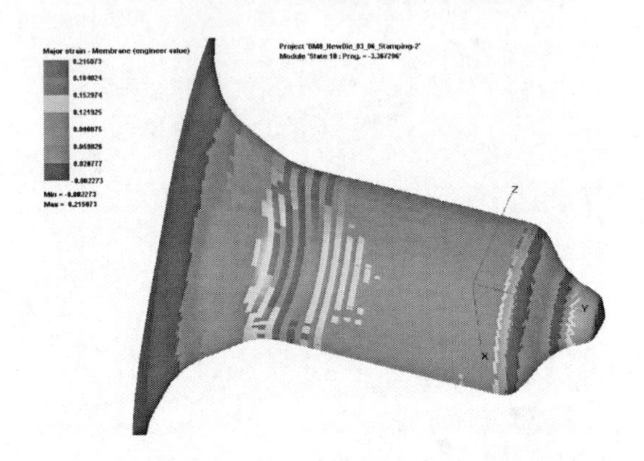

图 23　Layout03　阶段板料的主应变云图

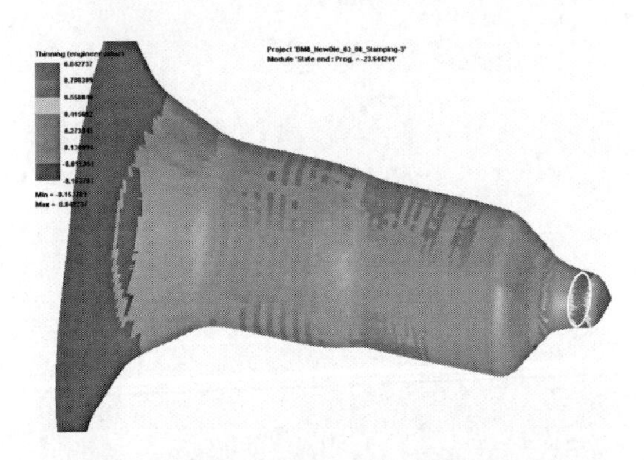

图 24　Layout04 阶段板料 Thinning 减薄率云图

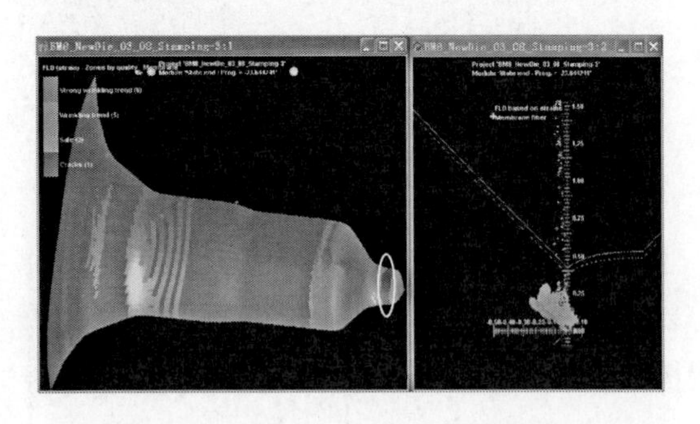

图 25　Layout04 阶段 FLD 成形极限图

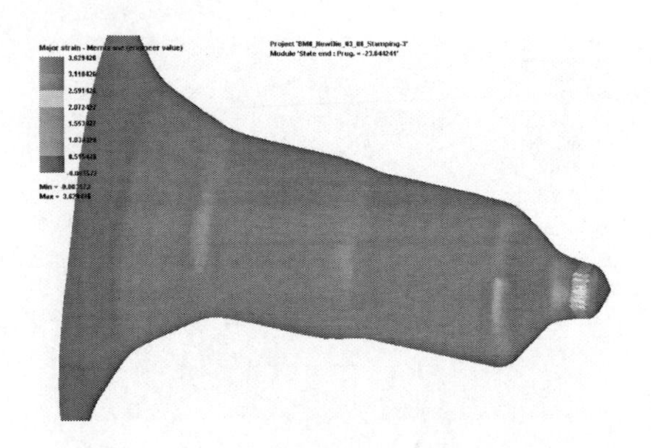

图 26　Layout04 阶段板料的主应变云图

图 25 给出了 Layout03 阶段板料 FLD 成形极限图的情况，图中圈出区域为破裂的部位。

6.5　总结分析

根据分析结果，在工况载荷下，

（1）如果连续进行 7 个工序的冲压，零件会在第 2 个工序就出现破裂。

（2）在第 2 个冲压工序之前，对零件进行退火处理，可以消除在第 2、3 工序的破裂。

（3）但是随着板料减薄效应的累积，到第 4 个工序，板料仍然会被拉裂。

（4）需要从模具设计上进行改进，才能避免板料被拉裂。

（5）随着 PAM-STAMP V2012 的推出，进一步将采用 TTS（Trough Thickness Stress）Element 即应力穿透模具间隙的算法对改拉深件进行分析，通过激活板料的强制减薄功能，使得计算结果与真实情况更加吻合。

某型号电视机后盖板钣金成形工艺仿真分析

胡玮华[1]　陈卫卫[1]　王　玮[2]

1. 苏州安特精密工业；2. ESI 中国

1　模型输入条件

所给产品一共 8 个工步。

此次分析一共分析了 2 个工步。

此模型应用的材料参数为 SPCC _ 0.8mm：

参数如表所示：

E=206；

NU=0.33

RO=7.8e-006

R0=1.09

R45=0.79

R90=1.29

HARDENING _ CURVE='HC _ SPCC'

TYPE=KRUPKOWSKY _ LAW

K=0.645

N=0.238

SIGMA _ MAX=0

EPSILON0=0.0093

2　计算模型

根据实际需要，本模型的模具采用 Visual-mesh 进行网格划分，应用 PAM-STAMP 2G 进行圆角倒圆；毛料采用 PAM-STAMP 2G 进行网格划分。压边圈和冲头应用 PAM-STAMP 2G 的 Toolbuild 生成。

模型	单元数	节点数	划分方法	所用时间
模具	18673	18156	Visual-mesh	3min
板料	14718	14677	PAM-STAMP 2G	1s

生成以后的模型如图 1 所示。

3　结果

应用的硬件参数为 Intel Core2 P8600@2.4G，2.4G、内存 2G。

第一分析步的成型时间如图 2 所示，成型时间为 712s。

第二分析步的成型时间如图 3 所示，成形性时间为 5883s。

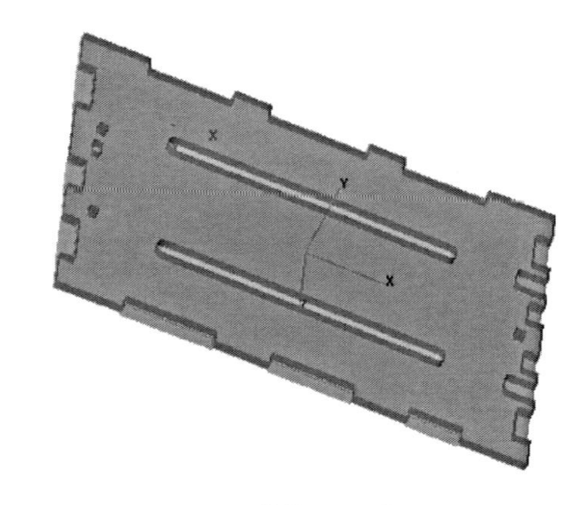

图 1　整体 CAD 模型

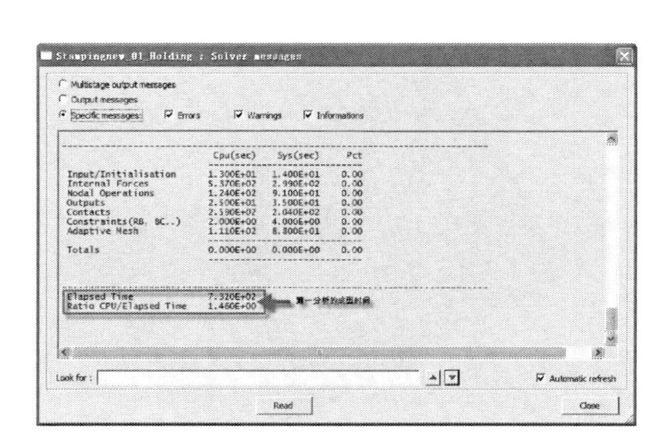

图 2　第一分析步的成型时间

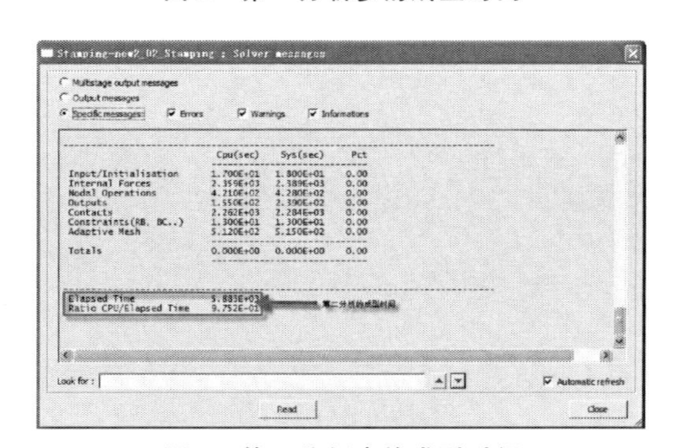

图 3　第二分析步的成型时间

第一分析步的成型结果如图4所示。

第二分析步分析结果如图5所示。

第二分析步以后的零件的厚度分布云图如图6所示，最小厚度为0.643518，出现在如图所示的左边中间凸台的位置。

第二分析步以后零件的塑性应变分布云图如图7所示。

第二分析步以后零件的等效应力分布云图如图8所示。

4 结果分析

根据分析结果，在工况载荷下，零件的最大减薄量为19%，满足工艺要求。

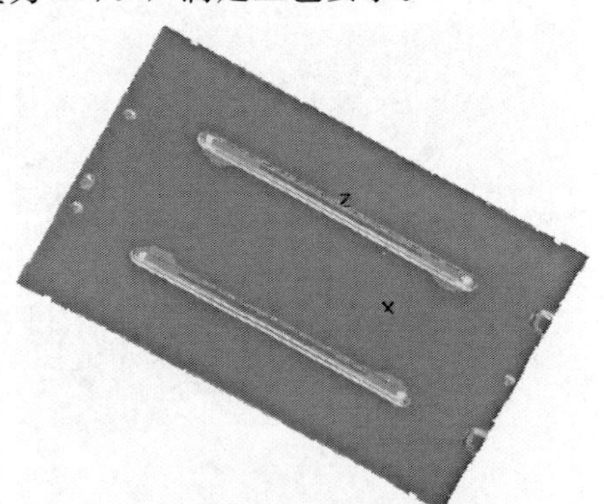

图4 第一分析步的成型结果

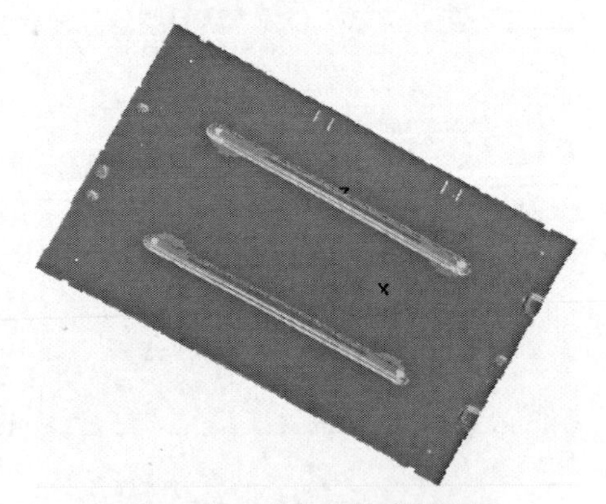

图5 第二分析步的成型时间

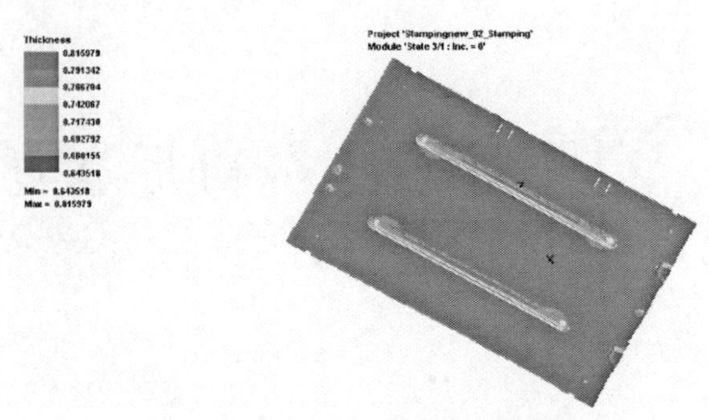

图6 第二分析步的厚度分布云图

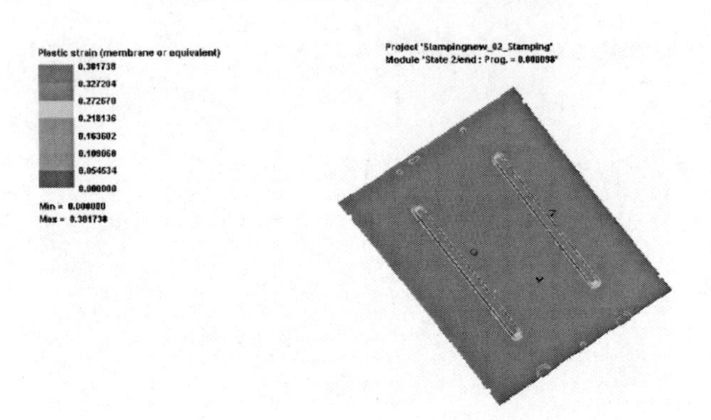

图7 第二分析步塑性应变分布云图

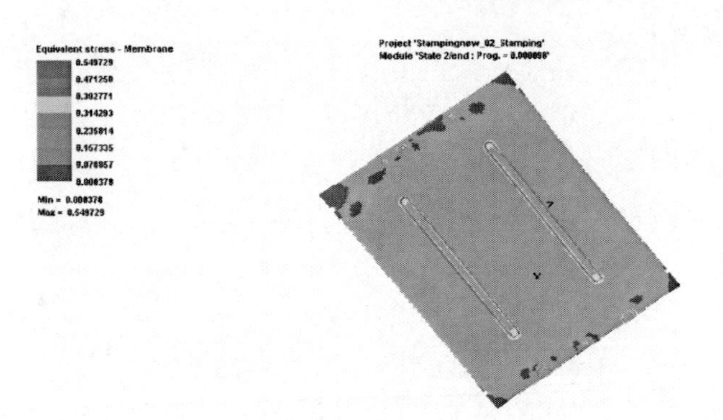

图8 第二分析步等效应力分布云图

上海大众××车门外板覆盖件后期拉延成形仿真及缺陷分析

涂小文[1]　凌　琳[1]　王　玮[2]

1. 上海大众；2. ESI 中国

1　项目背景

所给零件为一模两件，如图 1 所示；利用软件中的对称边界条件，分析其中一侧的拉延、回弹情况。分别用真实拉延筋和虚拟拉延筋进行了两次 CAE 分析，所用软件为 PAM－STAMP 2G V2011.0。

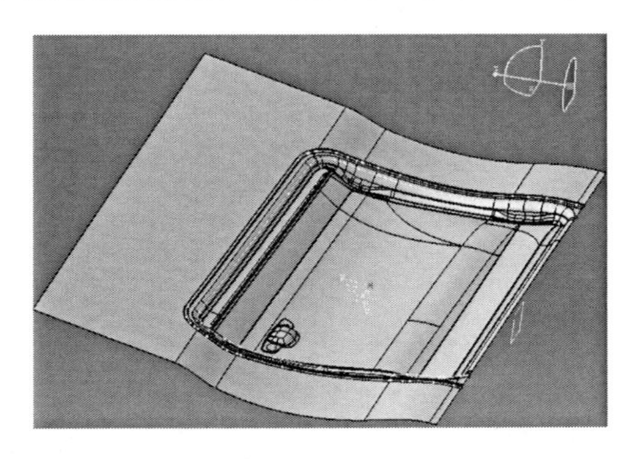

图 1　模具模型

2　模型输入条件

此次分析一共分析了拉延、回弹 2 个工步。

此模型应用的材料参数为 HX180BD＋Z100MC：

材料参数如表所示：

料厚 Thickness＝0.65mm

E＝210；

NU＝0.3

RO＝7.8e－006

Anistropic 各项异性类型：正交各向异性

R0＝1.29

R45＝1.91

R90＝1.93

屈服应力＝224MPa

HARDENING _ CURVE＝'HX180BD＋Z100MC HC'

TYPE＝KRUPKOWSKY _ LAW

K＝0.668

N＝0.195

SIGMA _ MAX＝0

EPSILON0＝0.0042

压边力＝800KN

3　计算模型

根据实际需要，本模型的产品采用 Deltamesh 进行网格划分，应用 PAM-STAMP 求解。压边圈和冲头应用 PAM-STAMP 的 Toolbuilder 生成。

生成以后的模型如图 2～图 4。

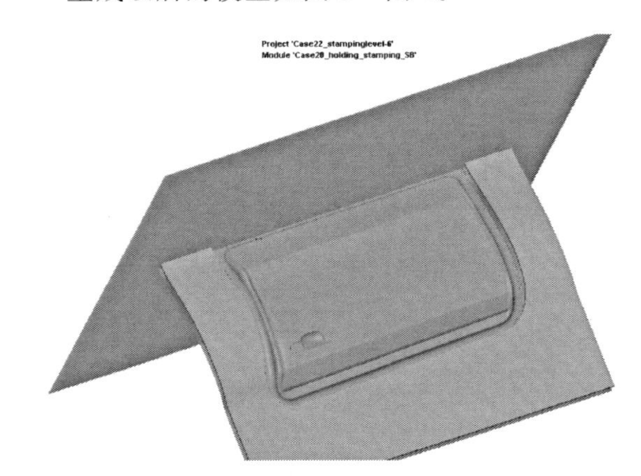

图 2　整体模型

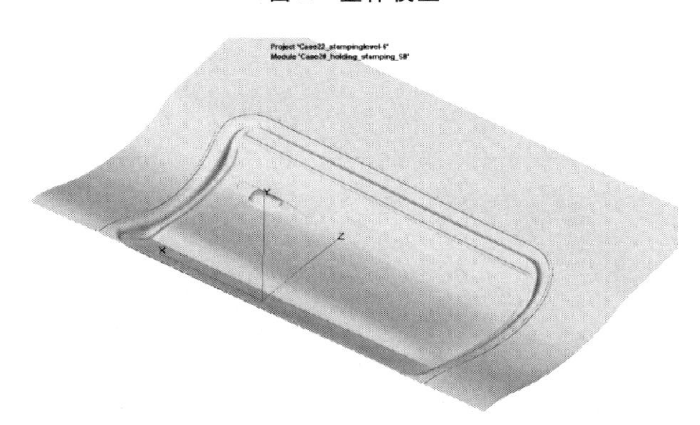

图 3　模具模型

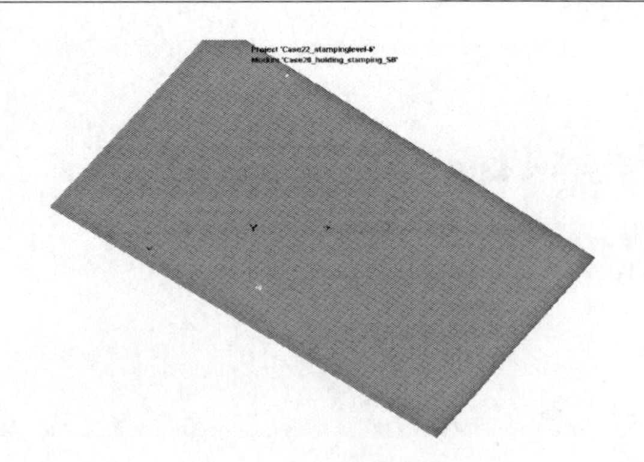

图4　初始板料

4　耗费的时间

真实拉延筋模型分析时间如表1所示，虚拟拉延筋模型分析时间如表2所示。

表1　　真实拉延筋模型分析时间

模型类型	硬件	最终单元数量	过程	所用时间
真实拉延筋	Dell工作站，8核，内存16G；DMP并行，双精度	156767	成形计算	4小时30分钟
			回弹计算	1小时

表2　　虚拟拉延筋模型分析时间

模型类型	硬件	最终单元数量	过程	所用时间
虚拟拉延筋	Intel Core2 P8600 @ 2.4G，2.4G、内存4G；SMP并行，单精度	131688	成形计算	6小时
			回弹计算	内存不足

5　CAE结果分析

5.1　成形阶段

1. FLD成形极限图（真实拉延筋模型）

采用真实拉延筋模型计算得到的FLD成形极限图如图5～图7所示：图中指出部位为破裂区域，主要集中在拉延筋处。

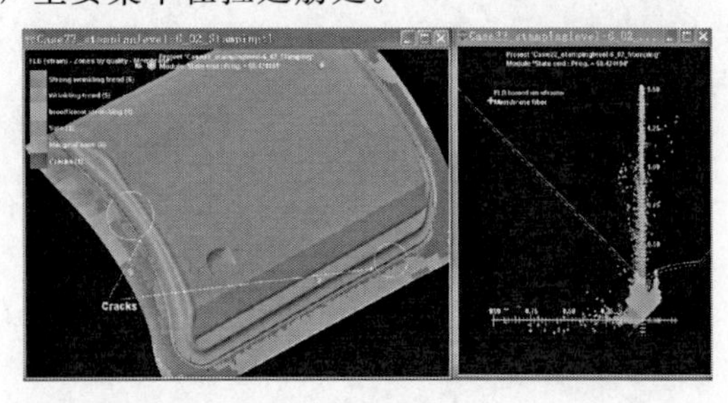

图5　FLD成形极限图一（真实拉延筋）

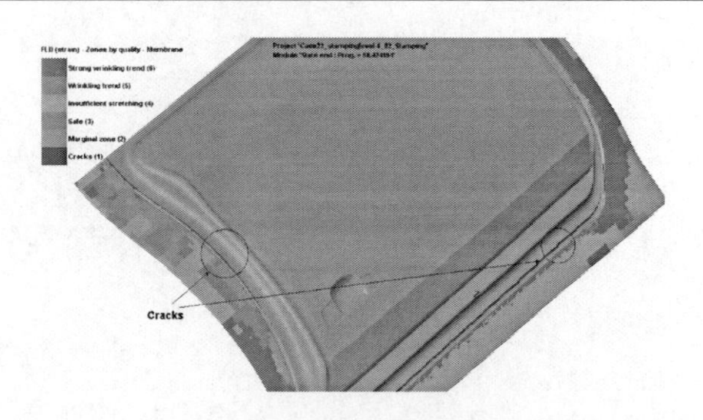

图6　FLD成形极限图二（真实拉延筋）

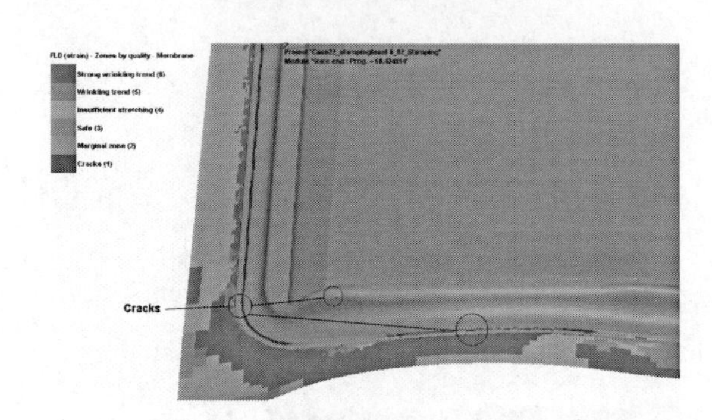

图7　FLD成形极限图三（真实拉延筋）

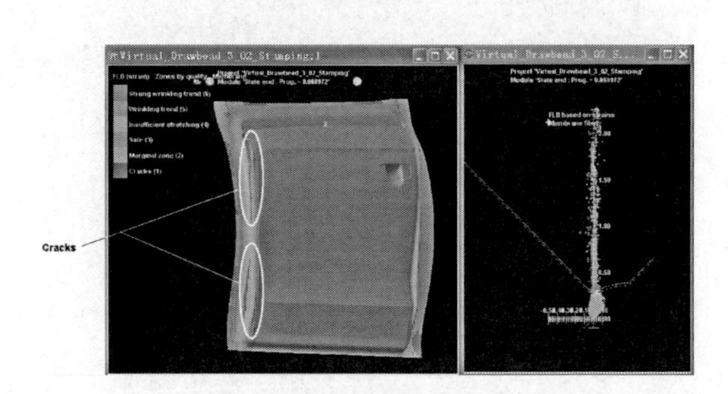

图8　FLD成形极限图四（虚拟拉延筋）

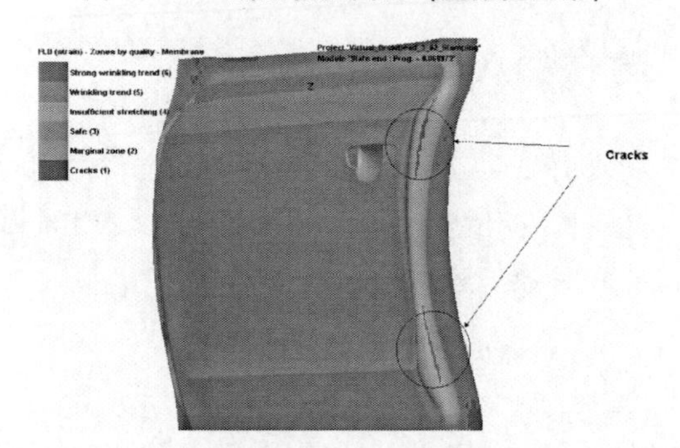

图9　FLD成形极限图五（虚拟拉延筋）

2. FLD成形极限图（虚拟拉延筋模型）

采用虚拟拉延筋模型计算得到的FLD成形极限图如图8～图9所示：图中指出部位为破裂区域，主要集中在模具圆角的地方。

经过真实拉延筋和虚拟拉延筋两种模型计算可以分析得出：

（1）该零件以当前工况拉延时肯定会产生破裂。

（2）由于真实拉延筋模型的计算更为精准，所以破裂区域在拉延筋处。

3. 减薄率

成形的减薄率结果如图 10 所示：最大减薄为 90%，位置如图圈出区域所示。

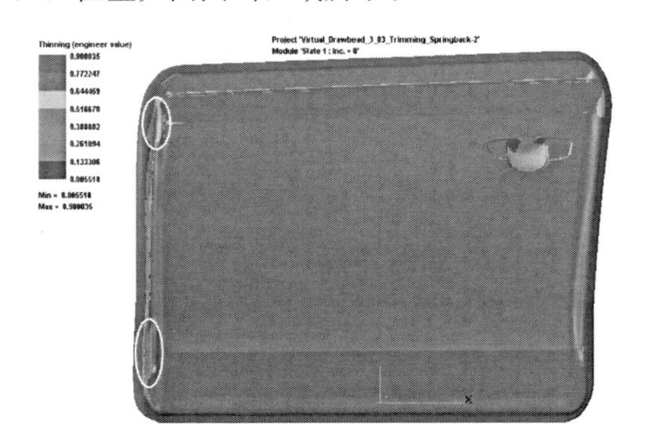

图 10　成形的减薄率云图

4. 缺陷分析（斑马线）

首先用斑马线打光的方式，使门绕 Y 轴旋转，截取如图 11 所示图片作为分析。

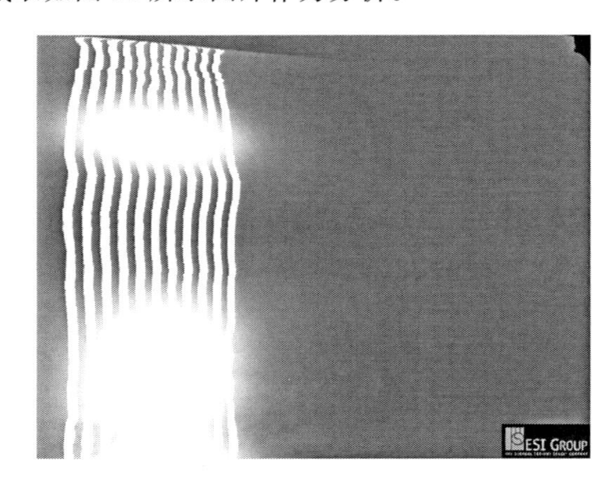

图 11　斑马线打光栅查看缺陷

5. 门把手缺陷分析（油石）

出于计算精度考虑，此处只列出真实拉延筋的计算结果；最小网格尺寸为 1mm。

采用宽度 $W=50$ 油石。

沿着车门从左至右方向一共生成 50 个截面，其坐标云图如 12 示。最大凸起/凹陷值为 0.1341mm。

理想情况应是光顺的圆弧曲线，如果出现尖峰表明有凹陷；而反向的尖峰则表明有凸起。凹陷和凸起的数值可以通过标尺量出（见图 13）。

5.2　回弹阶段

回弹的计算因为网格量很大，所以这次只用

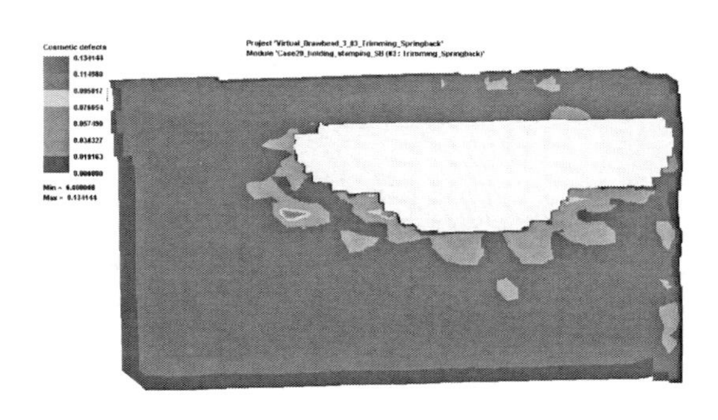

图 12　缺陷云图，一共生成 50 个截面

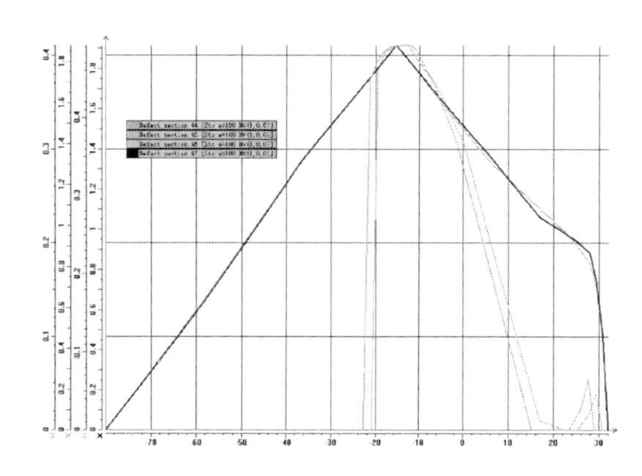

图 13　44—47 截面

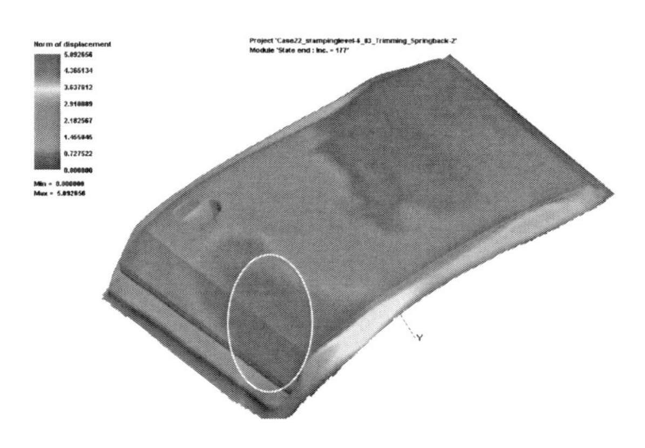

图 14　边后零件回弹量分布云图

了工作站 DMP 方式进行计算，如图 14 所示。采用的是双精度，网格数量 156767。而有效区域（切边后）回弹量最大值为 5.092mm，位置为图中圈出区域。

5.3　总结分析

根据分析结果，在工况载荷下，

（1）零件会出现破裂，最有可能在拉延筋的位置。

（2）门把手处凹陷与凸起情况可参见图 13 的分析。

（3）零件回弹量最大值为 5.09mm。

飞机铝合金大型钣金件精确成形研究

白　颖[1]　张引引[1]　陈　磊[2]

1. 西安飞机国际航空制造股份有限公司钣金 24 厂，陕西西安，710089；

2. 江西蓝天学院机械系，江西南昌，330098

摘　要：飞机铝合金大型钣金件成形尺寸大，刚性差，制造难度大。本文通过对零件结构及装配要求的分析，提出了增大四周拐角角度，减少补加条带长度的改进意见，优化了零件的外形结构。借助双动拉深的优越性，采用了双动拉深的成形方法，确定出合理的制造流程和一套防止零件热处理产生变形的措施，提高了零件的成形准确度。利用有限元数值模拟、理论计算并结合实际试验，优化了展开毛坯的外形尺寸，确定出合理的工装结构以及压边力的最佳数值，达到零件精确成形的要求。

关键词：大型钣金件；精确成形；数值模拟。

ARJ21 飞机是我国自行研制的新型涡扇支线客机，中国航空界把它视为具有战略意义的重点项目，它涉及了多学科、多领域、多层面的复杂系统工程，质量等级高，项目开发的风险大。以有限元法为基础的冲压成形过程计算机仿真技术或数值模拟技术，为冲压过程设计与工艺参数优化提供了科学的新途径。

大型钣金件是飞机中常见的一种零件，大型钣金件的成形非常困难，并且由于飞机大部分都采用铝合金，铝合金零件具有不同的状态，如退火状态、新淬火状态等，零件最终都要求为淬火状态。本文结合我国新支线 ARJ21 飞机的前货舱门加强口框大型钣金件的为例，探索了模具结构、冲压过程等，并进行了实验验证。

1　零件概述

前货舱门由内外蒙皮、盆形件、纵横向隔板组成，采用盆形加强口框的形式进行加强。前货舱门上部铰链与货舱门框相连，下部有锁构，关闭时，锁住门框上的锁槽，其装配结构如图 1 所示。口框零件装配之后与前货舱门门框配合紧密，这无形中增加了该零件型面的加工精度。材料牌号为 2024—0，料厚为 1.27mm，零件外形尺寸为 1419mm×1351mm，零件内开口尺寸为 1270mm×1346mm。

前货舱门加强口框零件为环状封闭框形结构，是飞机货舱门中最主要的承载件。为保证与机身外形的光滑流线，零件底部、边缘都具备一定的理论曲面，因而成形基准难以确定；同时零件四周分布着十几个装配触点，它的加工精度及零件截面角度的成形精度，直接影响到整个货舱门框的密封性和安全性。加强口框零件装配关系复杂、精度要求高，成形工艺性差，是 ARJ21 飞机加工难度较大的钣金零件之一，通常的加工工艺流程无法保证零件的质量。

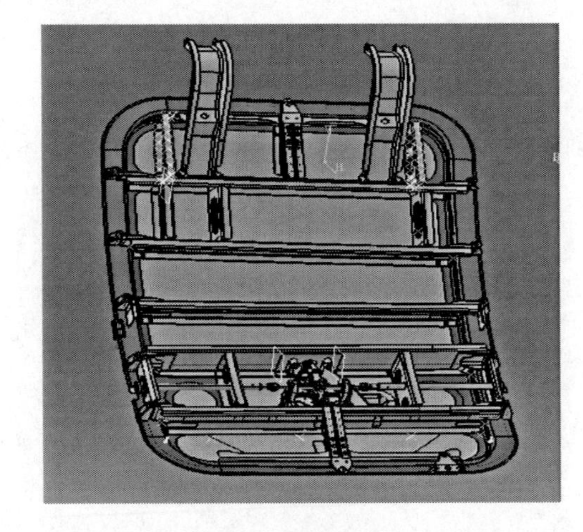

图 1　装配图

2　零件结构优化

在工艺准备过程中，我们发现零件初始设计上存在多处结构不合理而影响零件的成形工艺性。

首先是四周拐角角度为88°（见图2），零件呈收口状，无论是成形还是从模具上拿取都很困难；其次保证零件上横向条带的外形弧面是成形中的一大难点，由于该条带尺寸1239.8mm×52.0mm，纵贯零件的宽度方向，对于整个盆面来说，属于较独立结构，缺乏刚性（如图3），在热处理前，条带四周留有工艺余量，修正中的富裕材料被两侧和上下工艺余量所减免，而将零件切割到位后，条带上无法消除的松动反应尤为显著，仅仅通过橡皮条局部拍打、金属锤轻敲、雅高机收缩、控制淬火时零件捆绑方式等等，是无济于事的，条带的扭晃、松弛改观甚微。

在认真分析了装配图之后，建议设计更改四周拐角角度，至少保证90°，同时减少条带的长度，使成形中的富裕材料通过周围材料的成形进行补偿，更改后的图形（见图3）大大地降低了零件成形中的手工修整量，同时建议设计在零件下方也增加同样结构，减少了椭圆孔开口尺寸，进一步提高了零件成形的工艺性。

图2 初始设计零件图

图3 优化设计零件图

3 分析

选用了ESI/ATE公司的PAM－STAMP软件对零件的工艺成形过程进行辅助指导，该软件具备坯料反算和产品可成形性预测功能，并且可以进行成形过程的分析和控制。我们利用PAM－STAMP软件的冲压模拟功能按优化后的零件结构模拟了该盆形件的成形过程，由于零件深度只有32mm，四周转角半径达R141mm，故模拟效果较好（见图4），侧壁材料流动比较均匀，盆底转角处材料变薄，料厚最小处为1.03mm，法兰边出现局部材料增厚，料厚最大处为1.35mm，皆属公差可接受数值。

图4 数值模拟的材料厚度变化

我们利用PAM-STAMP软件冲压模块中的反算下料功能模拟出该零件的展开毛料尺寸为1478.9mm×1535.3mm（见图5），这是一个理论上的纯展开。

考虑到成形后的拉深件其口端常高低不平或呈波浪状以及在成形中必要的工艺补偿，故在计算毛料时，需加修边余量，其值依据零件的形状、尺寸、材质及试验数据而定。

按照盆形件的拉深概念，我们可以把它的形体依据各部位的几何特征作必要的简化，再按简化后的形体进行展开。把经过简化后的形体展开料作为雏形，与软件得到的展开毛料进行对比，确定出最初的试压用料，再经过试压修正，最终得到适宜的毛料展开形状和尺寸。

模具上没有排气装置，容易导致零件出现鼓动，因而在展开毛料上最终材料需要去除的部分开制了1个ϕ200mm大圆孔，等效于模具上的排气孔，从而解决了零件拉深过程中的排气问题。经

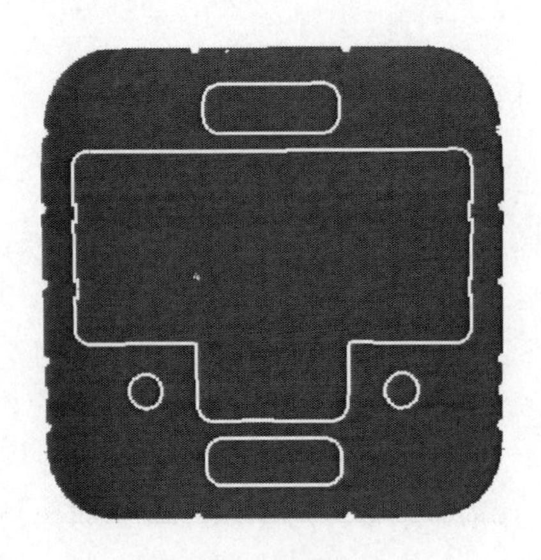

图 5　模拟坯料

过理论分析结合试验加工，确定出最佳展开毛料尺寸（见图 6），同时这也是对 PAM-STAMP 软件冲压反算功能的一个验证，肯定了反算输出展开模型的可行性。

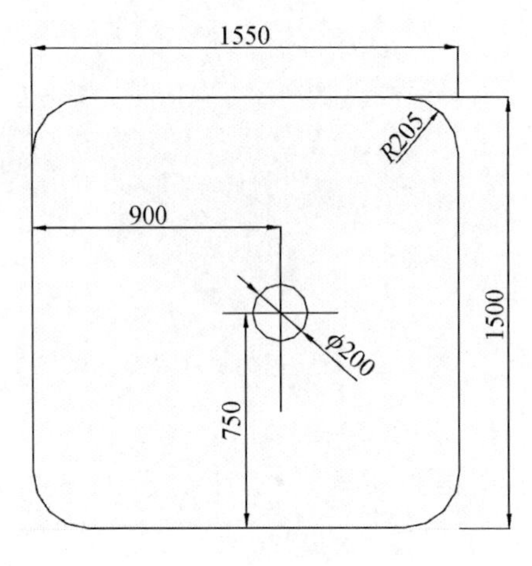

图 6　最终坯料形状

拉深系数是用来表示拉深零件变形程度的主要参数，也是模具设计的重要参数，它是权衡零件拉深所需次数的重要指标。m（拉深系数）$=d$（相对侧壁间的距离）$/D_0$（展开毛料尺寸），经过代入数据得出 $m\approx0.69$，远远大于该材料的许用极限拉深系数 0.56～0.58，因此完全可以使用一套拉深模具成形出合格零件。

4　试验

试验在 YT28—630/1030A 型双动液压机上进行。图 7 显示了制造的模具。在板料拉深成形过程中，影响板料成形质量的因素很多，其中诸如压边力的大小、凸凹模圆角半径、拉深材料机械性能、拉深模具参数、摩擦润滑条件以及毛坯形状和大小等均为重点研究目标。在这当中，压边力的大小对板料拉深成形质量影响尤为明显，而且上述这么多影响参数中最易于控制和调节的当属变化压边力的大小，通过压边圈的压边力的作用，使毛坯不易拱起（起皱）而达到防皱的目的，压边力太大则会增加危险断面处的拉应力，导致拉裂破坏或严重变薄超差，太小则防皱效果不好。

图 7　模具

通过计算来确定压边力的大小，我们故且不考虑四壁直线部分的弯曲，假想该零件为内径 R141mm 的圆筒。

按经验公式单位压边力 q(MPa) 表示如下：

$$q=48(1/m-1.1)D_0\sigma_b/t\times10^{-5} \tag{1}$$

式中：m 为拉深系数，取 0.69；D_0 为毛料直径，取 410mm；t 为材料厚度，取 1.27mm；σ_b 为被拉伸材料的抗拉强度，取 180MPa。

计算得出 $q\approx0.89$MPa。

压边力 F 表示如下：

$$F=1/4\times\pi\times[D_0 2-(d_1+2\times r_d)2]\times q \tag{2}$$

式中：r_d 为凹模圆角半径，取 9mm；d_1 为圆筒直径，取 282mm。

代入计算，得 $F\approx136.5$T。

将其转换成机床操作使用压力表数值，表盘安全行程最大值为 25MPa，1030T 机床最大压边承载压力为 400T，将表盘上指针所示单位压力设为 $q_{机床}$：

$$q_{机床}/F=25/400 \quad 得\ q_{机床}=8.5\text{MPa}$$

为了防止压力过大，零件开裂，我们将实际表盘压边力初定为 7.0MPa，在保证拉深成形件既不起皱又不被拉裂的前提下，在试模中加以调节。

启用 7.0MPa 压边力试压，零件失稳起皱，我们逐渐加大压力，褶皱随之减少，最终将单位压边力确定为 7.8MPa。

润滑的目的在于降低材料和模具接触表面间的摩擦和磨损。我们采用润滑效果较好的机油作为润滑剂，均匀地涂抹在阴模圆角部位和压边圈的压边面上；对于展开毛坯，我们在其两面各覆上一层薄薄的塑料膜，把润滑剂涂抹在与阴模相应部位所接触的表面上，塑料具有较好的弹性，它增加了试压材料的流动性，同时也提高了零件的外观质量。

零件凸缘尺寸接近 60mm，虽然展开毛坯外形精确，但在试压过程中局部仍然出现了褶皱，我们在模具上确定出问题发生部位，在阴模和压边圈之间非毛坯区域用纸垫出材料厚度，实现二者接触后，材料流动的开敞性。成形后的零件如图 8 所示。

图 8 成形后零件

测量成型后零件的角部分材料变薄，最小处为 1.1mm，角部翻边变厚，为 1.4mm，与模拟预测一致，证明了模拟的准确性。

为了使材料达到硬状态，消除塑性成形过程的内应力，在零件拉深成形后安排有淬火工序。为了减少零件淬火变形，在初步切割零件外形时，上部和下部的余量不切割，在余量中间开一些圆孔（见图 9），这些余量在淬火中起到相互牵制的作用，这样可以减少零件热处理变形。

最终经过修边后，得到的零件进行装配，一次合格，图 10 显示了零件在装配型架上的照片。

图 9 热处理时零件的外形图

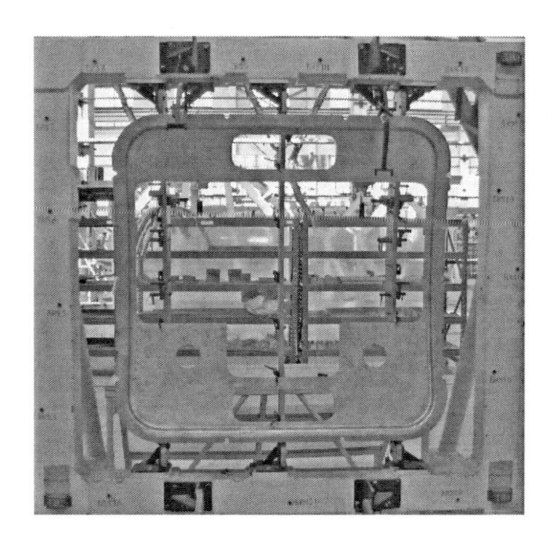

图 10 零件在装配现场试装图

5 结语

以有限元法为基础的冲压成形过程中计算机仿真技术或数值模拟技术，为冲压模具设计、冲压过程设计与工艺参数优化提供了科学的新途径，将是解决复杂冲压过程设计和模具设计的最有效手段，不仅可以节省昂贵的模具试验费用，缩短新产品的试制周期，而且可以逐步建立一套能紧密结合生产实际的先进设计方法，促进了冲压工艺的发展。

参 考 文 献

[1] 郑莹，吴勇国，李尚健，等．板料成形数值模拟进展[J]. 塑性工程学报，1996，3(4)：34－39.

[2] Makinouchi A. Sheet metal forming simulation in industry[J]. J. Mater. Process. Technol.，1996，60(1)：19－30.

[3] Zhou D，Wagoner R H. Development and application of sheet-forming simulation[J]. J. Mater. Process. Technol.，1995，50(1)：1－20.

[4] Zimniak Z. Problems of multi－step forming sheet metal process design [J]. Journal of Materials Processing Technology，2000，106 (1)：152－160.

[5] Liping Lei，Sangmoon Hwang，Beomsoo Kang. Finite element analysis and design in stainless steel sheet

forming and its experimental comparison[J]. Journal of Materials Processing Technology, 2001, 110 (1): 70-80.
[6] 《航空制造工程手册》总编委会．航空制造工程手册·飞机钣金工艺[M]. 北京:航空工业出版社, 1992.
[7] 段磊,蔡玉俊,莫国强．汽车覆盖件成形回弹仿真及模面优化研究[J]. 锻压技术,2010,35(2):34-38.
[8] 陈磊,李善良,张亚兵．板料凹弯边橡皮成形回弹分析与控制方法[J]．塑性工程学报,2010,17(2):1-5.
[9] 余天明,马文星,朱丙东．超薄镀铝钢板冲压成形的数值模拟[J]．锻压技术,2009,34(6):65-69
[10] 白颖,王倩,曹锋．基于数值模拟的不等高盒形件多道次深拉深成形工艺研究[J]. 锻压技术,2010,35(6):30-34.

Influence of Die-punch Gap to Hot Stamping Quality of a Door Anti-collision Beam

ZHANG Mi-lan SHAN Zhong-de
JIANG Chao ZHANG Min
XU Ying ZHANG Zhen
State Key Laboratory of Advanced Forming Technology and Equipment, Advanced Manufacture Technology Center, China Academy of Machinery Science & Technology, Beijing, China, 100083

Abstract: By study on die-punch gap of hot stamping mold for a door anti-collision beam, it was obtained that, when the gap was designed, not only thermal expansion of steel plate but also that of die and punch should be considered. Through simulation and experiments about influence of the gap to hot stamping quality, the following results were obtained that, too great or too small of the gap would lead to much greater of thinning rate and stress, the reasonable gap of die for door anti-collision beam was 1. 1～1. 2 times of steel plate thickness.

Keywords: Hot stamping die; Gap of male and female die; Stamp thinning.

1 Introduction

Hot stamping process meant stamping steel plates under high temperature directly, and parts with high strength (about 1500MPa) and high forming accuracy were obtained[1-4] For low tensile strength of the high temperature steel plate[5-8], influence of die-punch gap to forming quality of hot stamping parts was much great, and its design was crucial to stamping quality.

Till now, design method of die-punch gap was not study completely, and its influence to forming quality of hot stamping parts was not clear, which were studied by comboning method of theory, simulation and experiments in this paper.

2 Design Theory of Die-punch Gap

During hot stamping process, punch and die were heated by high temperature steel plate, that would lead to high temperature of the mold. A temperature testing experiment was done, the testing die and its temperature were shown in Fig. 1 and Fig. 2. Process parameters of the test were as following: steel plate meterial was 22MnB5, its thickness was 2mm, the heating temperature was 930℃, holding time of 20s.

(a)

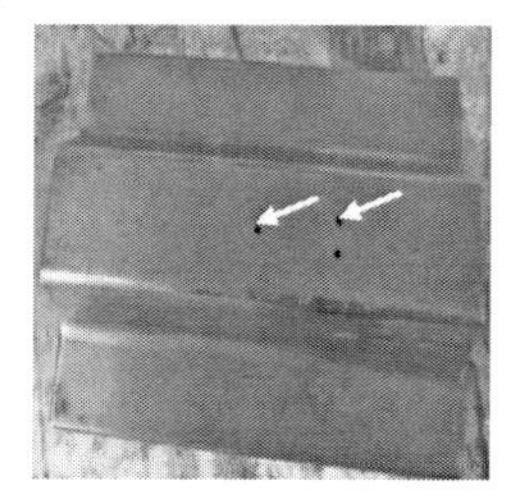

(b)

Fig. 1 The testing die

(a) The whole die; (b) Testing points

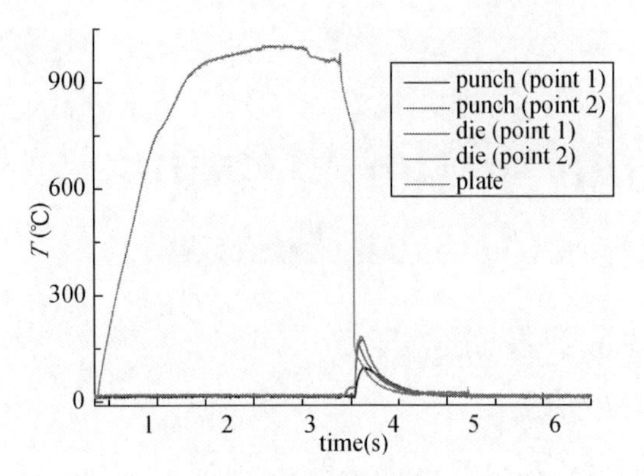

Fig. 2 Temperature of die, punch and blank during hot stamping process

It was known by Fig. 1 that, highest temperature of punch and die could reached above 200℃, which caused cavity being smaller and punch dia. being greater, which caused die-punch gap being much smaller. So, when die-punch gap was designed, heat expansion of die and punch should be considered. Conbining heat expansion of high temperature steel plate[9], the die-punch gap could be designed as following,

$$\delta = (c + \Delta T_1 \alpha_1) t + \Delta T_2 \alpha_2 d_p \quad (1)$$

where, c was gap coefficient, which was chosen between 1.05～1.2 according to reference [10]; ΔT_1 was temperature difference of steel plate before and after being formed; α_1 was heat expansion coefficient of steel plate under heating temperature; t was thick of steel plate; ΔT_2 was greatest temperature difference of die during stamping; α_2 was heat expansion coefficient of die under highest temparature; d_p was the greatest dimension of forming part.

3 Influence of Die-punch Gap to Stamped Part

3.1 Characteristics of Door Anti-collision Beam

Shapes of two ends and middle of the door beam were different, height of the ends and middle part were 15mm and 34mm respectively, the whole length was 1071, the whole width was 100m, as shown in Fig. 3, which was the deepest during all kings of door beams. There were bending stress and tensile stress meantime during being formed.

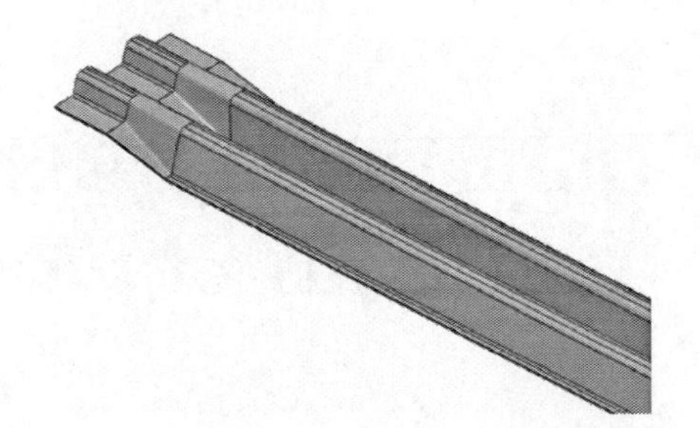

Fig. 3 Door beam

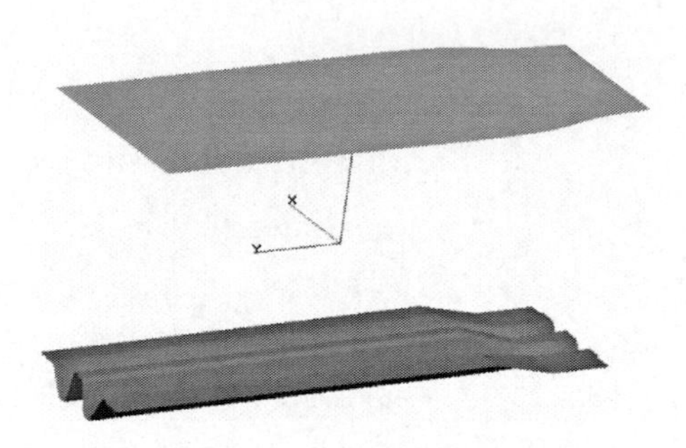

Fig. 4 Simulation model

3.2 Simulation and Results

For the beam had symmetry structure, in order to save simulation time, half of the model shown as Fig. 4 was chosen.

According to formula (1) die-punch gap was chosen as: 1.05t, 1.1t, 1.125t, 1.2t and 1.25t. Boundary conditions were as following: steel plate thickness of 2mm, initial stamping temperature of 850℃, friction coefficient of 0.12, stamping speed of 100mm/s. Simulation results of thinning and greatest major stress were shown in Tab. 1, Fig. 5 and Fig. 6 were results with die-punch gap of 1.1t and 1.25t.

Tab. 1 Thinning and greatest major stress

δ	1.05t	1.1t	1.125t	1.2t	1.225t	1.25t
r	0.204	0.200	0.193	0.201	0.206	0.206
σ	193.6	187.2	180.7	187.3	186.9	186.7

where, r was thinning rate, %; σ was the greatest major stress, MPa.

Curves of thinning rate and greast major stress in Tab. 1 were as following.

It could be known from these upper results that, with die-punch gap shown in Tab. 1, parts could be fully formed; when the gap was smaller

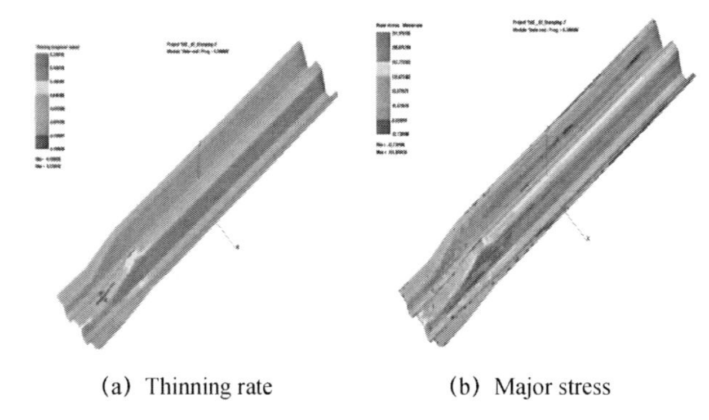

(a) Thinning rate (b) Major stress

Fig. 5 Simulation result with gap of 1. 1t

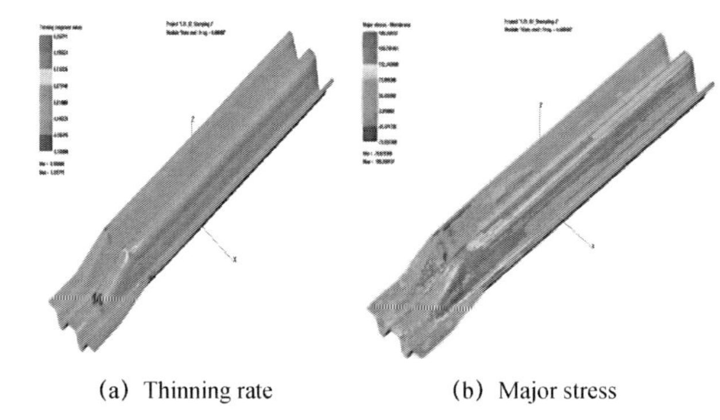

(a) Thinning rate (b) Major stress

Fig. 6 Simulation result with gap of 1. 25t

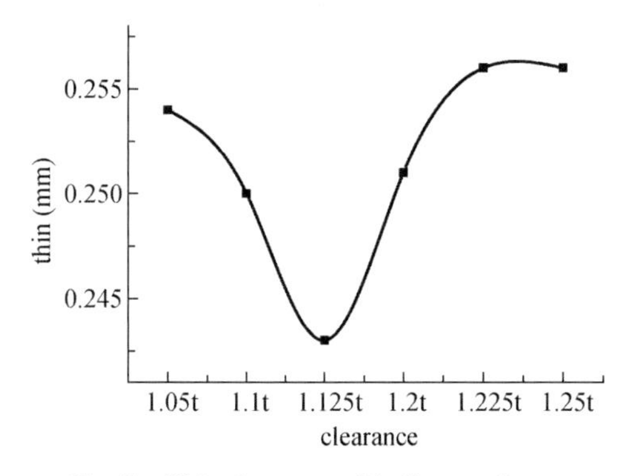

Fig. 7 Thinning rate with die-punch gap

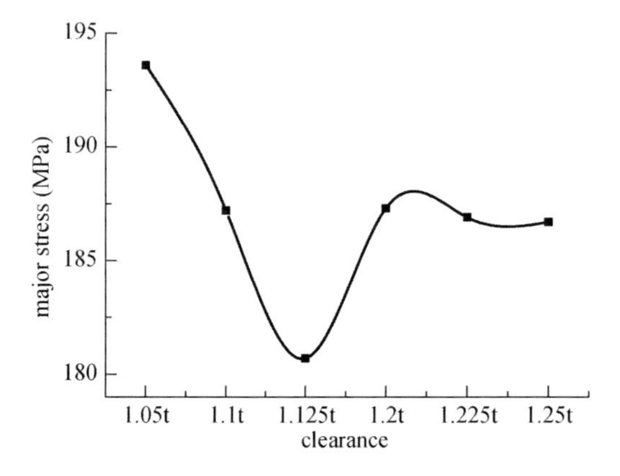

Fig. 8 Greatest major stress with die-punch gap

than 1. 1t, the thinning rate and greatest major stress were both being much greater; when the gap was greater than 1. 2t, the thinning rate and greatest major stress were both much greater too, which meant, much smaller and greater of die-punch gap would lead to greater thinning rate and major stress (Fig. 7 and Fig. 8) . The reasons was as following: for this door beam, smaller or greater of the gap would both led to much small fillet radius of punch, which would increase thinning and stress. The rational die-punch gap was 1. 1t～1. 2t.

4 Experiments and discussion

A hot stamping die designed by the author was carried (shown in Fig. 9), the die-punch gap was 1. 15t, and the experiment process was as following: put steel plate in a furnace with 930℃ and held for 5min, then the plate with high temperature was put onto the die and formed quickly then, the presure holding time was 10s. During the whole forming process, the die was cooled by water to insure quenching.

Fig. 9 Hot stamping die

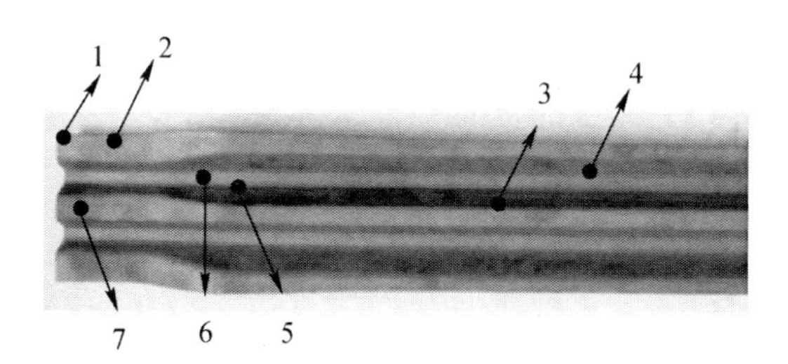

Fig. 10 Testing points

According to simulation results in this paper, typical points were chosen to test thickness, shown in Fig. 10, the results was in Tab. 2.

Tab. 2 Thickness of these testing points (mm)

1	2	3	4	5	6	7
1.95	1.94	1.89	1.90	1.79	1.75	1.91

It was shown by Tab. 2 that, the thickness distribution was much uniform, thinning degree of point 6 and point 5 were much greater; the greatest thinning rate was 12.5%. These results means, die-punch gap designed according to formula (1) and these simulation results in this paper were reasonable.

5 Conclusions

(1) When die-punch gap was design, not only heat expansion of steel plate with high temperature should be considered, that of die and punch should be considered too, shown as formula (1).

(2) Much smaller and greater of die—punch gap would both lead to much greater thinning rate and major stress of hot stamping parts, the reasonable value of the gap for door anti—collision beam was 1.1～1.2t.

References:

[1] SuehiroM, Kusumi K, Miyakoshi T, et al. Properties of aluminum-coated steels for hot forming [J]. Nippon Steel Technical Report, 2003, (88): 295～415.

[2] Gu Zheng-wei, SHAN Zhong-de, XU Hong, et al. Hot forming technology of automotive high strength steel sheet stamping part[J]. Die & Mould Industry, 2009, 35(4): 27～29. (in chinese)

[3] Gu Zheng-wei, SHAN Zhong-de, JIANG Chao, et al. Hot stamping process of ultra-high strength steel [J]. AUTOMOBILE TECHNOLOGY & MATERIAL, 2009, (4): 15～17. (in chinese).

[4] ZHUANG Bai-liang, SHAN Zhong-de, JIANG Chao. Hot stamping process of ultra-high strength steel and its application in car production[C], 2010-2010 annual process meeting of countrywide electronics enterprise. (in chinese).

[5] Geiger M, Merklein M, Hoff C. Basic investigation on the hot stamping steel 22MnB5[C]. Proceedings of the Sheet Metal 2005 Conf.. Switzerland, 2005.

[6] TAN Zhi-yao, TIAN Hao-bin, NI Feng, et al. RESEARCH ON THE TENSIL E PERFORMANCE OF BORON STEEL A T HIGH TEMPERA TURE [J]. PTCA (PART: A PHYS. TEST.) 2006, 42(2): 63～65. (in chinese)

[7] TURETTA A, BRUSCHI S. Investigation of 22MnB5 formability in hot stamping operations [J]. Journal of Materials Processing Technology, 2006, 177 (1), 396～400.

[8] MERKLEIN M, LECHER J. Investigation of the thermo-mechanical properties of hot stamping steels [J]. Journal of Materials Processing Technology, 2006, 177 (1), 452～455.

[9] XU Ying. Study of hot stamping die technology for Ultra High Strength Steel Door Beam [D]. China Academy of Machinery Science & technology, 2011.

[10] XU Fa-yue. Practical manaual of Design and manufacture of die[M]. Bei jing: CHINA MACHINA PRESS, 2005

PAM-STAMP 有限元分析软件在钣金零件展开计算中的应用

张亚兵

钣金总厂

摘　要：本文借助法国 ESI 公司的 PAM-STAMP 软件，通过钣金零件展开计算实例，介绍了有限元软件在钣金零件展开计算中的设置、计算过程，并将展开计算结果与生产使用的展开模线进行了对比，结果证明了运用用有限元展开计算代替按展开/试毛坯确定展开图是切实可行的。

关键词：钣金零件；有限元；展开计算。

1　引言

钣金成形加工中，展开样板是成形前下料的主要依据，毛料的展开形状和尺寸对板料流动有很大的影响，合理的毛坯展开形状，有助于材料成形过程的流动阻力，使钣金件厚度分布比较均匀，改善应力分布状态，提高成形极限，大大减少零件成形过程中的起皱、开裂等缺陷的产生，而且展开毛坯可以直接通过"一步法"成形出零件所需要的外形，减少了成形后的切割、修整等工序，提高了零件成形效率，而且展开形状能进行排样下料，可以大大提高材料的利用率。因此，如何根据钣金件的几何形状和尺寸、材料物理性能和成形工艺来计算毛料形状是钣金成形需要解决的问题之一。

目前，国内飞机零件生产中，由于技术手段的落后，零件制造展开毛坯主要使用经验公式法、展开/试毛坯法。经验公式法主要是根据经验展开公式计算得到零件最终展开形状，主要使用于较规则的零件，展开计算精度较好，但存在展开计算工作量大、效率低的缺点；展开/试毛坯法，主要通过将板料软状态（0 状态下）按工装成形出零件形状，并按外形线切割，检验零件合格后，再将零件恢复到平板状态下形成展开/试毛坯，用来复制得到展开样板，适用于较复杂的零件，过程复杂，无形中增加了零件生产周期，展开形状的精度低，按此展开形状成形后的零件还需要对零件外形进行手工的修整才能满足图纸的要求，劳动强度大，效率低。

近几年，随着有限元技术的发展，板材成形的计算机模拟技术已开始进入应用阶段，国外有许多比较成熟的商业化的软件可用于板材成形过程的数值模拟。目前的仿真软件大致可分为三类：动力显式软件、静力显式软件和静力隐式软件，这些模拟软件的前置处理程序均具备零件展开计算的相关功能模块，法国 ESI 公司的 PAM-STAMP，美国 ETA 公司的 DYNAFORM，瑞士 ETH 公司的 AUTOFORM，加拿大 FTI 公司的 FASTFORM，国内有华中科技大学 FASTAMP，吉林大学的 KMAS 软件，这些软件的出现，为改变传统按展开/试毛坯制作复杂零件的展开样板的方法提供了技术保证。

2　PAM-STAMP 展开计算功能介绍

PAM-STAMP 软件是法国 ESI 公司开发的有限元成形模拟软件，提供了下料估计、成形性分析、成形回弹自动补偿等多种解决方案，软件界面见图 1，软件提供了丰富的数据接口，可以直接导入 catia v5、iges、vda、step acis 类型的数据。

PAM-STAMP 软件中的 INVERSE 功能模块，是展开计算的核心，展开计算功能可根据成形后曲面零件节点计算得到其在初始板料上的位置，原理图见图 2，由于其计算过程没有任何的中间状态，所以 PAM-STAMP 展开计算也称之为"一步法"。计算的有两个方面的应用：

由于钣金零件成形模拟解决的是一种静态、

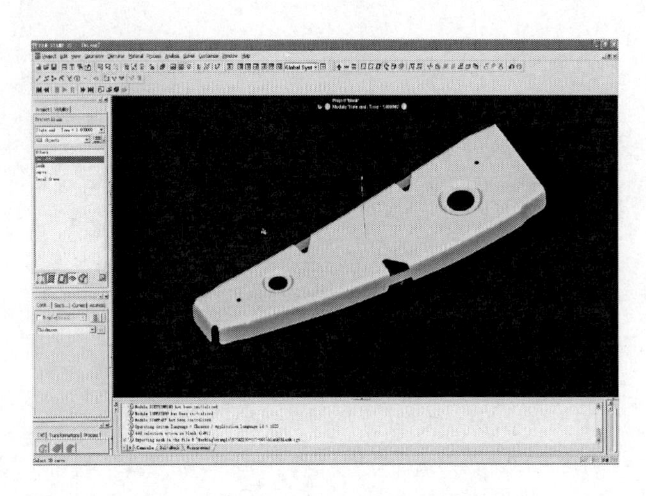

图1　PAM-STAMP 2G软件用户界面

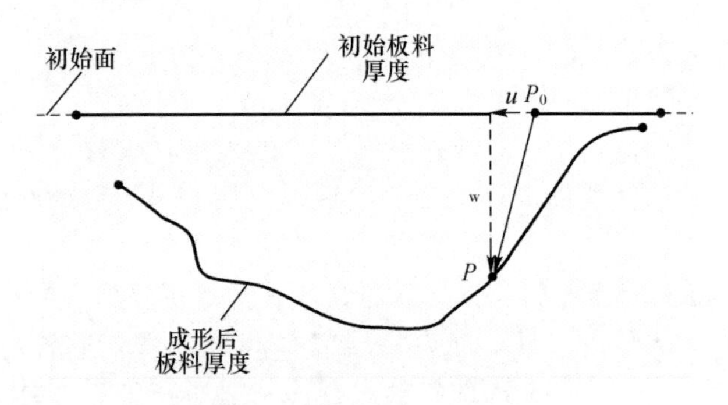

图2　一步法展开计算原理图

非线性问题，所以，存在以下简化：其一，一步法展开将弯曲部位过程变形被忽略；其二，静态分析过程，即未考虑工装与板料的过程接触。这两种假设也是影响一步法展开计算精度的最大缺点。

PAM-STAMP软件的展开计算，可实现两种展开方式：一是一步展开为平面；二是沿给定曲面展开；两种展开方式结果见图3和图4所示。一步展开为平面最常用，使用与大多数带平面腹板的框肋类零件展开计算，沿给定曲面展开计算功能，适用于多步成形的中间状态毛坯展开计算，如多套工装拉深成形的中间毛坯形状。

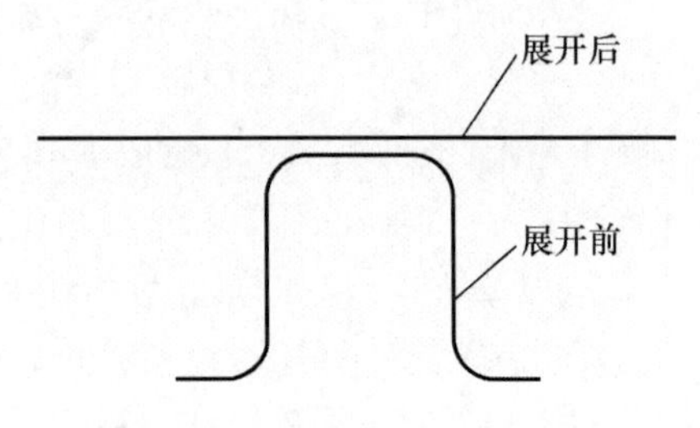

图3　一步展开为平面示意图

PAM-STAMP软件展开计算设置过程见图5。

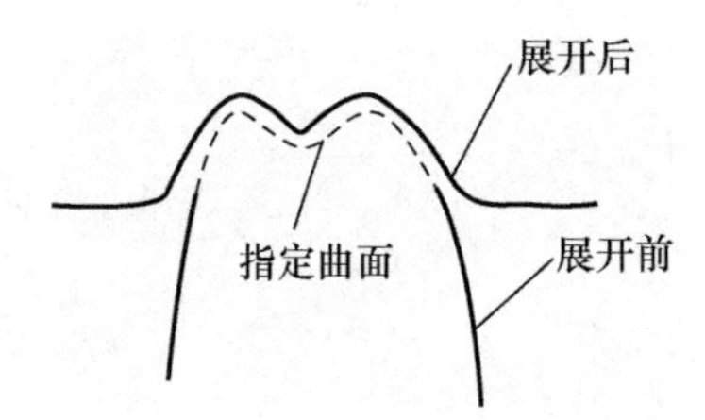

图4　按给定曲面展开示意图

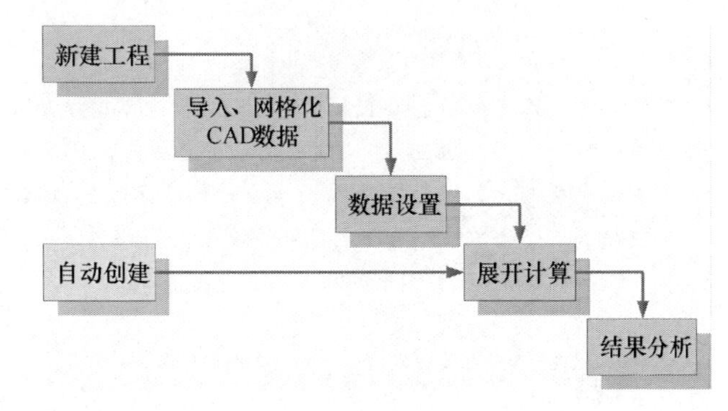

图5　PAM-STAMP软件展开计算流程图

3　零件展开实例

3.1　零件工艺性分析

某翼肋零件（见图6），该零件包含3个边，一个凸弯边，一个凹弯边和一个直弯边。面上有两个减轻孔和两个销钉孔。在两个弯边上有三个长珩通过缺口和四个下陷，材料为2024—O，厚度为1.02mm，零件比较复杂。

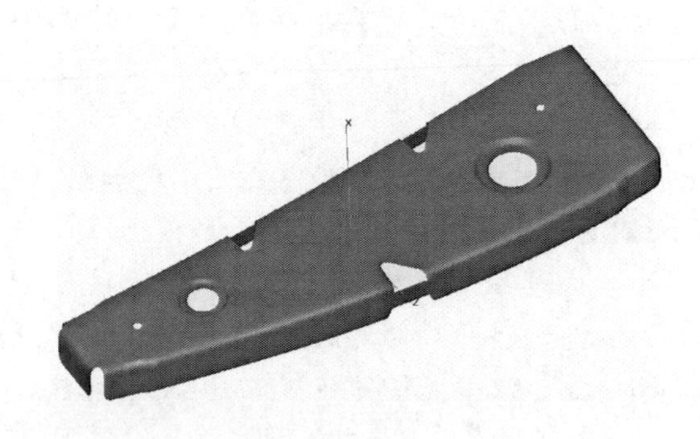

图6　翼肋零件模型

3.2　展开计算过程

3.2.1　计算模型的准备

使用CATIAV5打开零件数序模型，使用抽壳工具取出零件外形或内形，再利用偏移得到数模的中间层，作为展开计算的初始数据，为了防止变形，长桁缺口增加了补加条带，成形后可去除。

3.2.2　展开计算准备

（1）新建工程 project，选择 project type 为 inverse，选择导入展开模型 Part.igs，将自动按设定对数据进行网格化，界面见图 7。

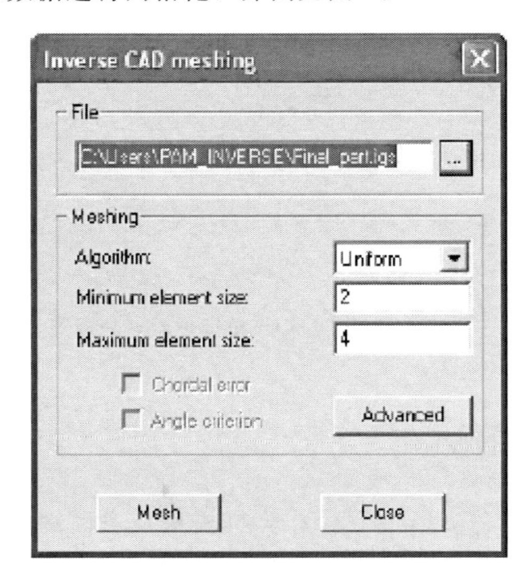

图 7　数据导入界面

设置 algorithm（运算法则）为 Uniform，设置 Minimum element size 选择 2，Maximum element size 选择 4。Uniform 表示导入数据进行网格化时，所有的单元大小为定制。Progressive 表示导入数据进行网格化时，程序会自动对曲度较大部位进行网格的细化，也可叫做自适用网格化，Minimum element size 最小网格尺寸一般取零件弯曲半径的 1/2 或 1/3。

（2）在零件底部建立 coordinate system 局部坐标系，作为展开计算的基准。

（3）利用 Selection toolbar 工具条的工具选择零件底面，添加成 bottom 组件，再利用工具反向选择四周弯边，重新添加成 flange 组件。

3.2.3　展开计算设置

选择 Date setup 工具栏的工具进行展开计算的宏设置，界面见图 8，点击按钮，仅保留组建 Part、part _ bottom、part _ wall 组件，在 group 栏选择组件与数模的对应关系，part 对应导入的 part.igs，part _ bottom 对应 bottom，part _ wall 对应 flange；在 Global parameter 栏，设置计算模型的材料类型、厚度、计算坐标系等，选择 Apply 应用所有设置，完成展开计算的设置。

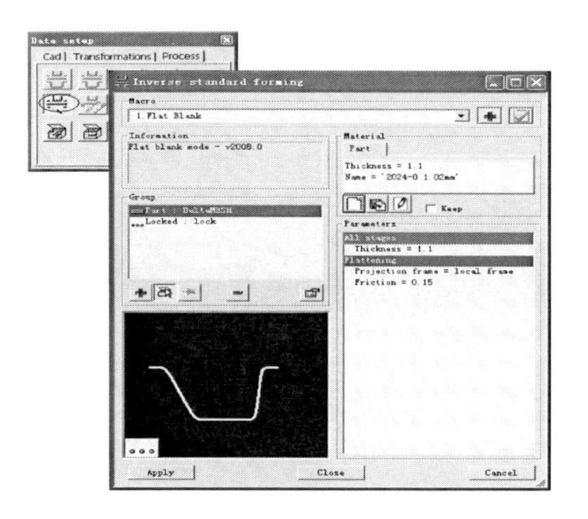

图 8　展开计算设置宏窗口

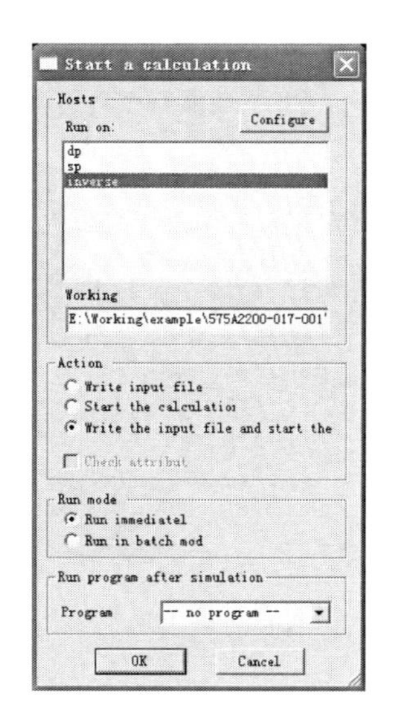

图 9　求解器设置界面

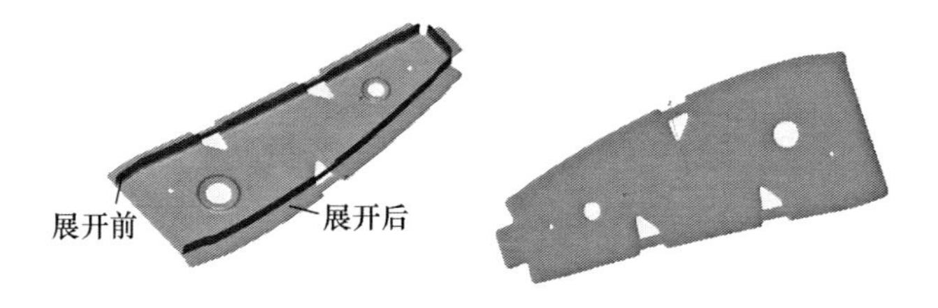

图 10　PAM-STAMP 展开计算结果

3.2.4　求解计算

设置求解器，选择 solver 菜单下 Hosts，增加 inverse 求解器，然后选择 solver 菜单下 Start 开始求解计算。

3.2.5　计算结果

根据软件计算的结果，根据软件提供的工具导出零件外形曲线，在 CATIA 中生成展开数据，展开结果见图 10。

4 结果分析

为了验证展开计算结果的正确性，我们将PAM-STAMP软件展开计算结果与展开模线图进行了重叠对比，图11为重叠对比图，图12为按此下料成形的零件。

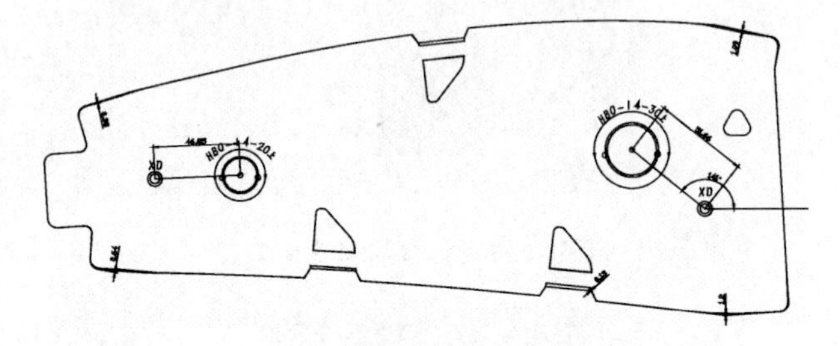

图11 展开计算结果与展开模线图重叠对比结果

图12 按展开结果下料及成形的零件

通过将PAM-STAMP软件进行展开计算结果并与实际模线数据进行对比显示，软件计算结果与实际模线基本吻合，除了具有下陷特征的位置外，相差在0.01～0.35mm之间，符合钣金零件制造公差要求。下陷部位比实际模线要小0.3～1.1mm之间，经查证主要是因为实际模线在计算时，未考虑材料伸长，二在实际的模线计算时下陷位置展开采用了近似，原理如图13所示。根据对成型后的零件尺寸测量，满足零件制造公差，说明，PAM-STAMP软件展开计算满足钣金零件制造要求。

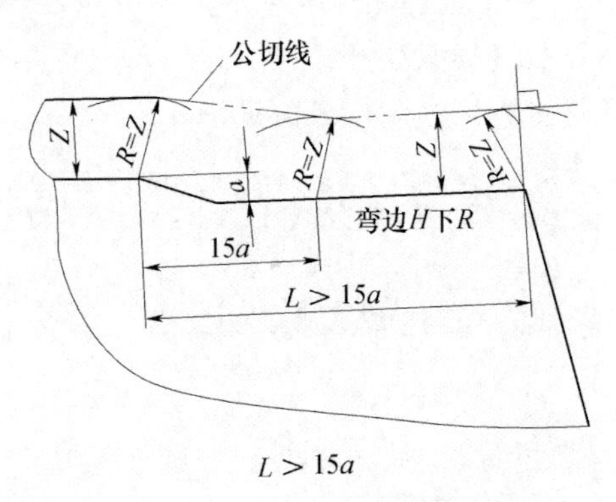

图13 样板手册中下陷部位展开处理图

5 结论

板材成形过程的计算机模拟技术已逐渐成熟并进入实用阶段，有计算速度快、效率高，精度高的特点，通过本论文的实践证明，利用有限元展开计算对解决航空钣金零件展开是切实可行的，随着数字化设计的不断普及，利用有限元软件进行零件展开计算将越来越广。

参 考 文 献

[1] 梁炳文，胡世光．板料成形塑性理论[M]．北京：机械工业出版社，1987.

[2] 孟凡中，弹塑性有限元变形理论和有限元法[M]．北京：清华大学出版社，1985年．

[3] 杨晨．钣金展开有限元逆算法[D]．南京：南京航空航天大学硕士论文，2003.

基于仿真技术的刚模胀形工艺分析

陈振林

中航工业沈阳黎明航空发动机（集团）有限责任公司技术中心，辽宁沈阳，110043

摘　要：某旋转类零件由于结构复杂，需要反复试验并且手工校正才可成形。通过利用成形仿真技术，对此零件进行了多种方案的成形分析，解决了此零件毛坯形状等关键技术问题，摸索出最佳的成形方案，最终成功成形出合格零件。

关键词：刚模胀形；PAM-SRAMP；仿真模拟。

1　引言

钣金冲压生产是一项具有悠久历史的生产技术，在国内外工业生产中起着重要的作用，也是航空产品加工制造的主要手段。多年来，由于钣金冲压成形，尤其是大型、复杂的钣金零件，其成形过程比较复杂，涉及材料、几何、边界条件的非线性问题，影响因素很多，成形规律难以用定量的方式给予表达，所以一直在经验的基础上，采用试错法进行模具设计、工艺设计和生产，在模具的设计制造过程中往往需要多次调试（试胎）和修模，占用了大量的时间，影响研制周期和生产进度，通过数值模拟仿真技术，可以直观地在计算机上观察到零件材料的变形和金属流动的情况 ，预测可能产生的缺陷如破裂、起皱等 ，以及在成形过程中所需的载荷以及工件成形后的回弹、残余应力的分布，从而大大缩短进行试模和修模的时间 ，降低物耗、节约生产成本、减少新产品的开发时间。

2　刚模胀形工艺分析

胀形是利用模具使板料拉伸变薄局部表面积增大以获得零件的加工方法。常用的有起伏成形，圆柱形（或管形）毛坯的胀形及平板毛坯的拉张成形等。胀形可采用不同的方法来实现，如刚模胀形、橡皮胀形和液压胀形等。本文零件采用圆柱形毛坯刚模胀形工艺，采用可分式凹模，分块式凸模，由楔状心块将其分开的模具结构，如图 1 所示。

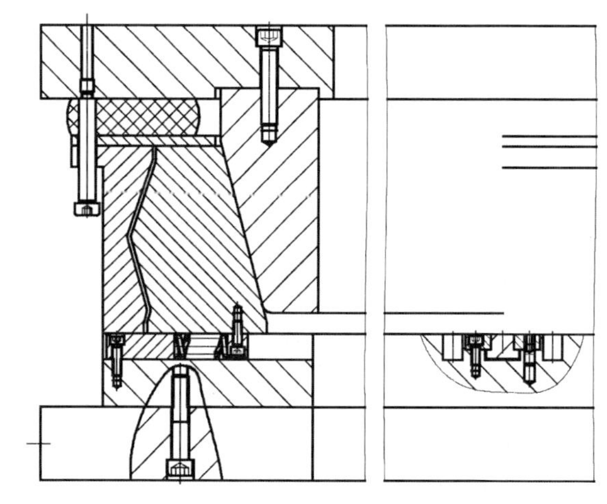

图 1　刚模胀形模具

3　零件特征分析

本文零件为旋转对称零件，如图 2 所示。所用原始圆锥坯料如图 3 所示。材料为 1Cr18Ni9Ti，厚度 0.5mm。图 4 为原始圆锥毛坯和零件的母线轮廓比较情况。

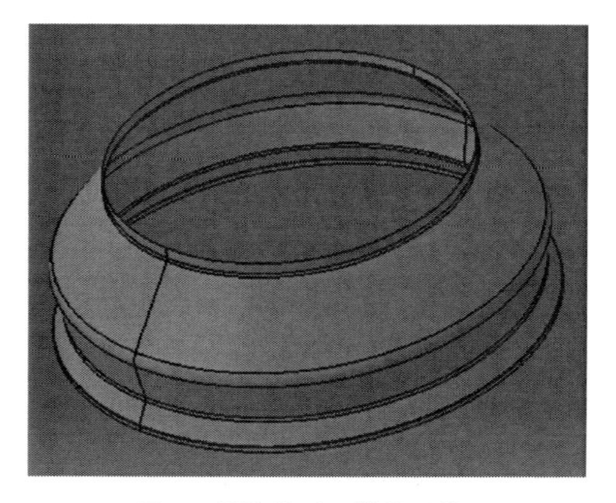

图 2　零件外形（模具形状）

图3 圆锥形毛坯

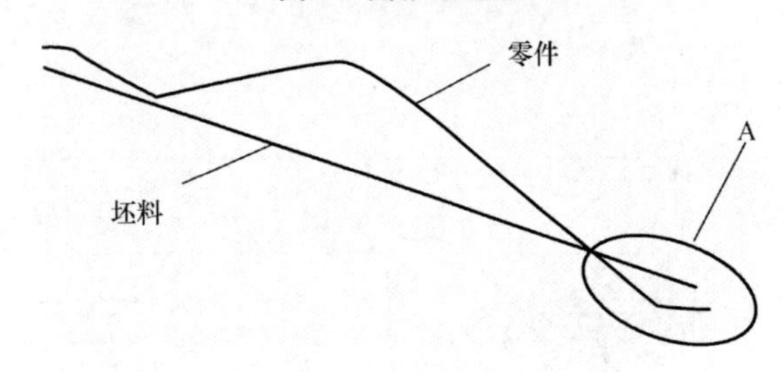

图4 毛坯、零件母线轮廓比较

由图4可以看出，该零件的成形为分瓣刚模胀形＋缩口的复合成形工艺方式。图中A区以上为胀形变形区，胀形变形区在板面方向呈双向拉应力状态，在板厚方向上减薄，即厚度减薄表面积增加。胀形变形时拉应力沿板厚方向的变化很小，因此当胀形力卸除后回弹小，工件几何形状容易固定，尺寸精度容易保证。胀形变形成形极限主要受拉伸破裂的限制。胀形极限变形程度是零件在胀形时不产生破裂所能达到的最大变形。空心毛坯胀形的变形程度用下式胀形系数表示

$$K=\frac{d_{\max}}{d_0} \tag{1}$$

式中：d_0为毛坯直径；$d_{\max}$为胀形后工件的最大直径。

底部A区是缩口变形区，该变形区由于受到较大切向压应力的作用易产生切向失稳而起皱，失稳起皱是缩口工序的主要障碍。缩口变形程度可以采用缩口系数表示如下

$$m_s=\frac{d}{D} \tag{2}$$

式中：d为缩口后直径；D为缩口前直径。

4 仿真模拟分析

4.1 有限元建模

本文应用PAM－STAMP 2G软件对零件成形过程进行仿真分析。为了减少计算时间，根据模具的分瓣数（目前分瓣数为6)，取1/6建立有限元模型，如图5所示。

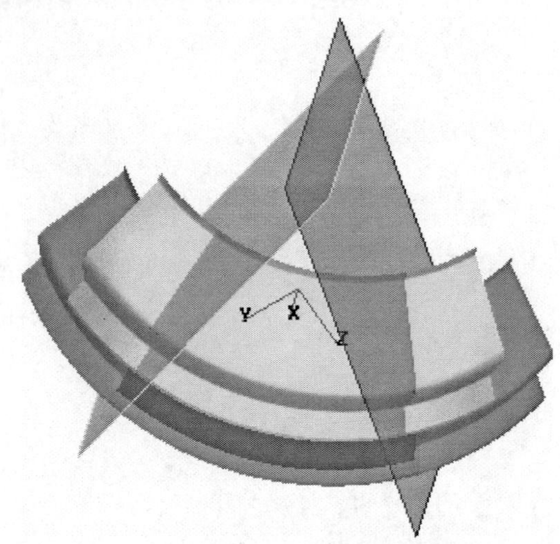

图5 分瓣刚模数为6时的有限元模型

零件材料1Cr18Ni9Ti性能如下：弹性模量$E=$210GPa；泊松比$\mu=0.3$；密度$7.8\times10^{-6}\,\mathrm{kg/mm^3}$，采用Hill48厚向异性本构模型，相关系数$r_0=1.7$，$r_{45}=1.2$，$r_{90}=1.69$，应力-应变硬化曲线如图6所示。

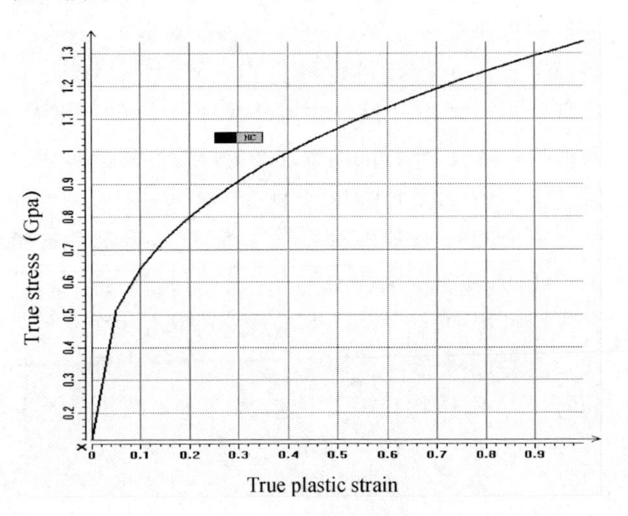

图6 应力-应变曲线

4.2 模拟及分析

模具相对圆锥坯料初始定位如图7所示。考察3种成形方式：

成形方式1：凸模先运动到位，凹模随后运动。

成形方式2：凹模先运动到位，凸模后运动到位。

成形方式3：凸凹模同时运动到位。

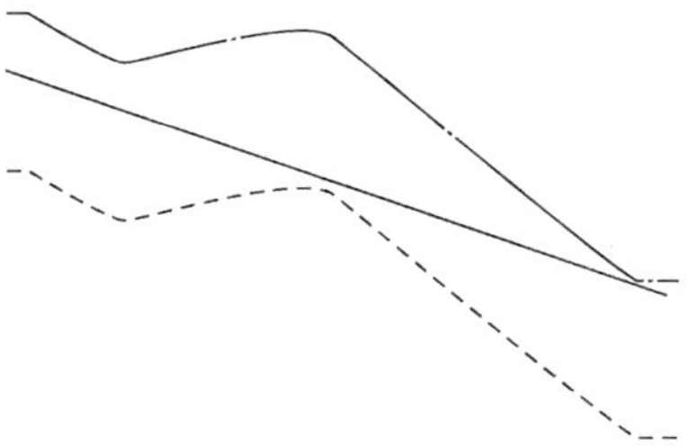

图 7 模具相对圆锥坯料初始定位

4.2.1 成形方式 1 模拟分析

成形方式 1 情况下，凸模先运动带动坯料发生胀形变形，凸模运动到位后，坯料胀形变形结束。凸模运动过程如图 8 所示。凸模运动到位后，凹模开始收拢，带动坯料发生缩口变形，凹模收拢过程如图 9 所示。成形方式 1 情况下圆锥坯料的变形过程如图 10 所示。

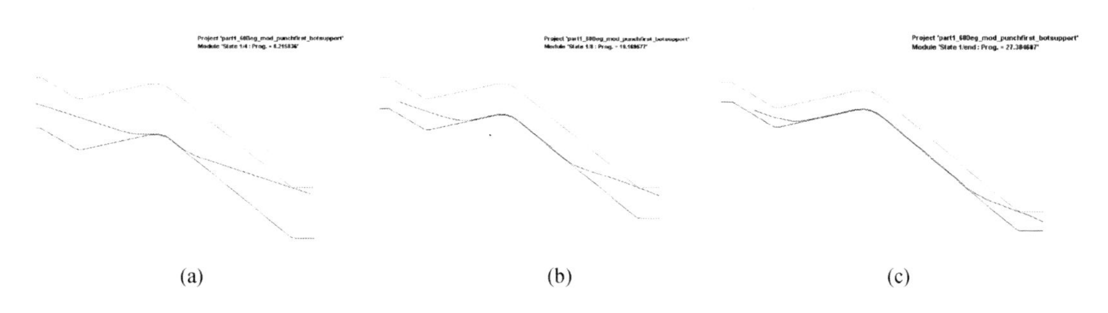

图 8 凸模先运动到位

(a) 阶段 1；(b) 阶段 2；(c) 阶段 3（凸模最后位置）

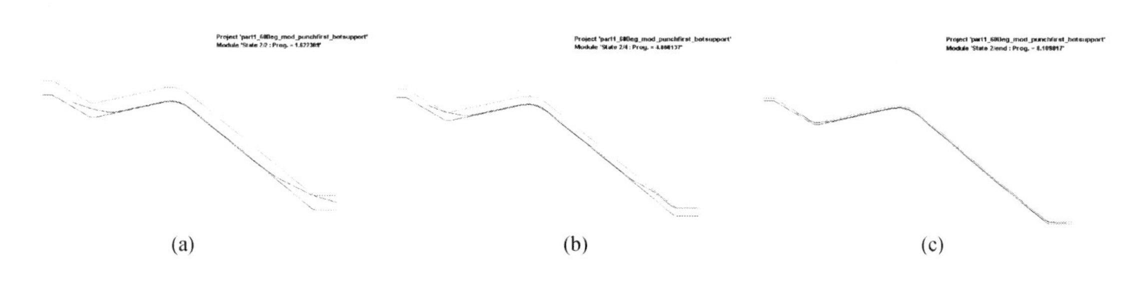

图 9 凹模收拢运动过程

(a) 阶段 1；(b) 阶段 2；(c) 阶段 3（凸模最后位置）

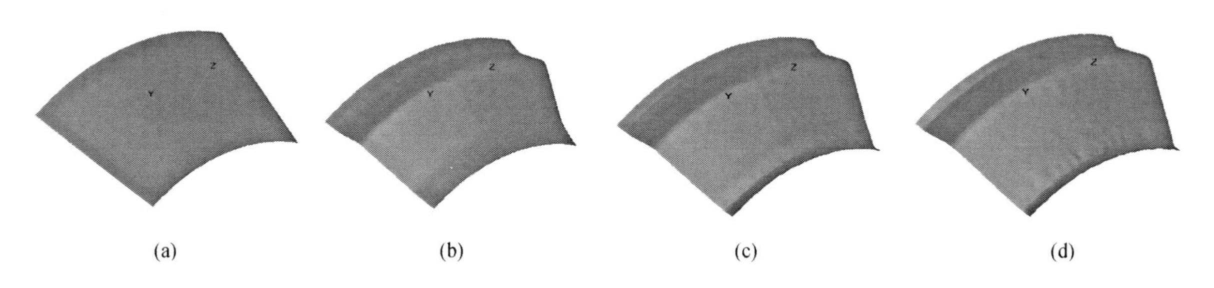

图 10 成形方式 1 情况下圆锥坯料变形过程

(a) 初始圆锥坯料；(b) 凸模运动到位坯料变形情况；(c) 凹模收拢阶段；(d) 凹模收拢到位

凸模先运动到位，凹模随后收拢的变形方式下，圆锥坯料开始一直处于胀形变形，当凹模开始收拢时，缩口变形开始。随着缩口变形量的增大，切向压应力不断增加，直至切向失稳而起皱，缩口量越大，起皱变形越严重。最后凹模和凸模发生压靠，对皱纹会产生一定的熨平效果，如图 10（d）所示。由于先前形成了许多的死皱，最后的熨平效果非常有限。

4.2.2 成形方式 2 模拟分析

成形方式 2 情况下，凸模、凹模同时运动带动坯料分别发生胀形变形和缩口变形，其运动过程如图 11 所示。凹模运动速度较快，因此先运动到位，缩口变形跟着终止。此时凸模仍在继续运动，带动坯料继续发生胀形变形，直到和凹模贴靠为止。成形方式2情况下圆锥坯料的变形情况如图12所示。

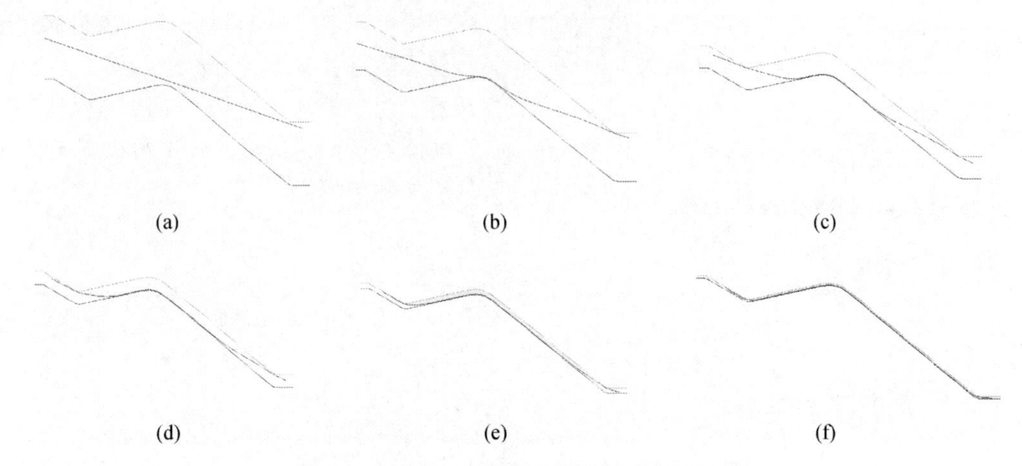

图11　成形方式2情况下模具相对运动过程

(a) 初始位置；(b) 凸模胀形、凹模收拢；(c) 凹模收拢到位；(d) 凸模胀形继续；(e) 凸模继续胀形；(f) 凸模胀形结束（凸凹模贴合）

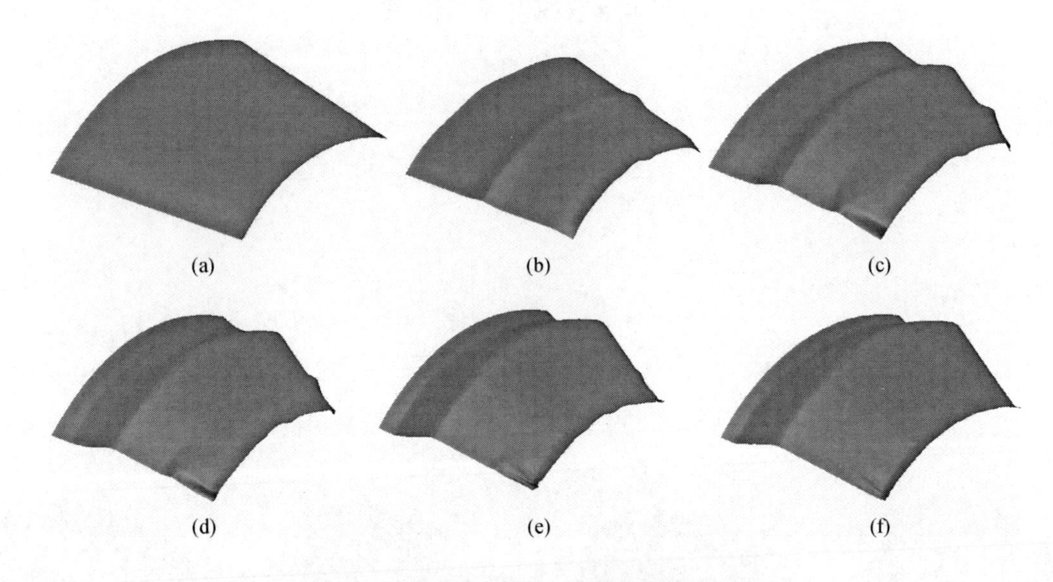

图12　成形方式2情况下圆锥坯料变形过程

(a) 初始坯料；(b) 凸模胀形、凹模缩口；(c) 凹模运动到位、缩口变形结束；(d) 凸模继续胀形（凹模不动）；(e) 凸模继续胀形（凹模不动）；(f) 凸模胀形结束（凹模不动）

成形方式2情况下，当凹模开始收拢时，缩口变形开始。随着缩口变形量的增大，切向压应力不断增加，直至切向失稳而起皱。和成形方式1相比较，成形方式2下起皱要提前发生，形成的皱纹也是死皱，在后面凸模和凹模压贴过程中同样无法消除。

4.2.3　成形方式3模拟分析

成形方式3情况下，凸模、凹模同步运动带动坯料分别发生胀形变形和缩口变形，最后同时到达终点位置，凸模和凹模发生贴靠。成形方式3情况下圆锥坯料的变形情况及厚度分布如图13所示。这种成形方式下，凹模的收拢同样导致了坯料缩口变形区的失稳起皱，并最终形成了无法消除的死皱，成形的最终结果和成形方式1及成形方式2并无较大区别。

4.3　改进方案

根据上述3种成形方式的模拟分析，可以看到由于目前采用的圆锥坯料存在一部分缩口变形区

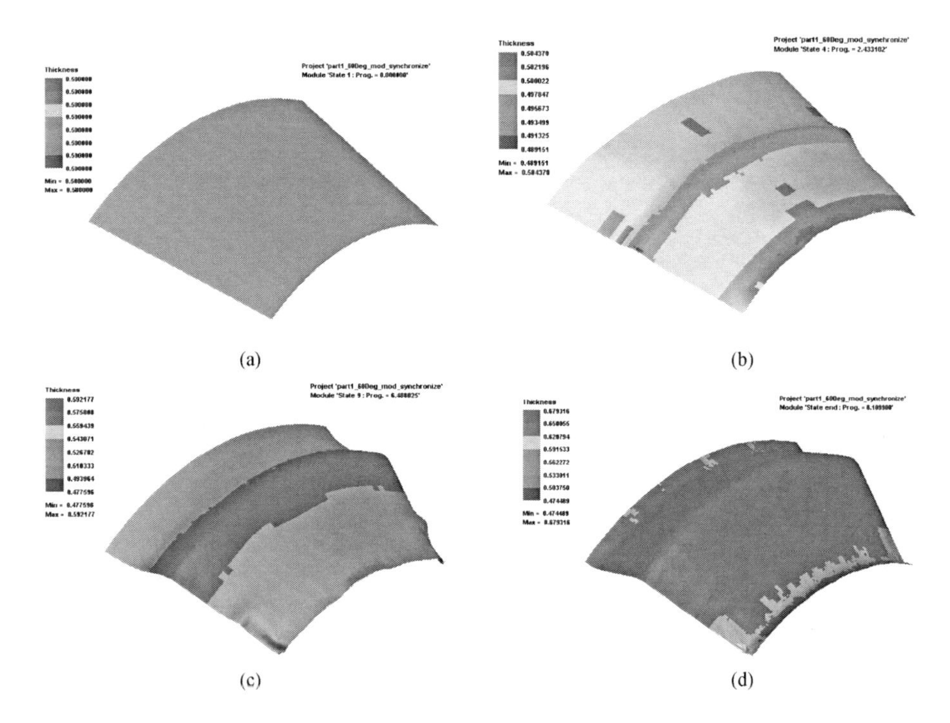

图 13 成形方式 3 情况下圆锥坯料变形过程及厚度分布

(a) 初始状态；(b) 阶段 1；(c) 阶段 3；(d) 盛开结束

(见图 4)，当缩口变形量达到一定值时，坯料就会产生失稳起皱，而且很容易形成难以消除的死皱。改进措施如下；

措施 1：增加分瓣刚模数，减少凸模、凹模位移量。

措施 2：改变坯料形状，尽量消除缩口变形区。

4.3.1 措施 1 模拟及分析

将分瓣刚模数从 6 增加到 12，取零件的 1/12 重新建立有限元模型，如图 14 所示。成形过程为 1.3 节的成形方式 3，即凸模、凹模同步运动的方式，其运动过程如图 15 所示。圆锥坯料的变形情况及厚度分布如图 16 所示。可以看到，增加刚模分瓣数对于消除起皱的作用并不明显，主要原因是缩口变形区并没有得到根本改变。

图 14 分瓣刚模数为 12 时的有限元模型

4.2.2 措施 2 模拟及分析

措施 2 采用的是改进当前圆锥坯料的形状，如图 17 所示。由图可见，改进后的坯料基本消除了原坯料所存在的较大的缩口变形区 A，零件的变形方式基本上是胀形变形，这样就可以避免 A 区的起皱问题。对改进后的圆锥坯料重新建立有限元模型，如图 18 所示。为了防止圆锥坯料成形过程中向下方窜动乃至影响零件的成形质量，在底部增加了一个支撑块。改进后的圆锥坯料变形过程中厚度变化如图 19 所示。成形结束时零件中间部位的最大减薄率只有 6.46%，如图 20 所示。图 21 为改进后的圆锥坯料成形结束时的光照显示，可以看到，原坯料在 A 区的起皱问题在改进后的坯料上并没有出现，可以成形出合格零件。

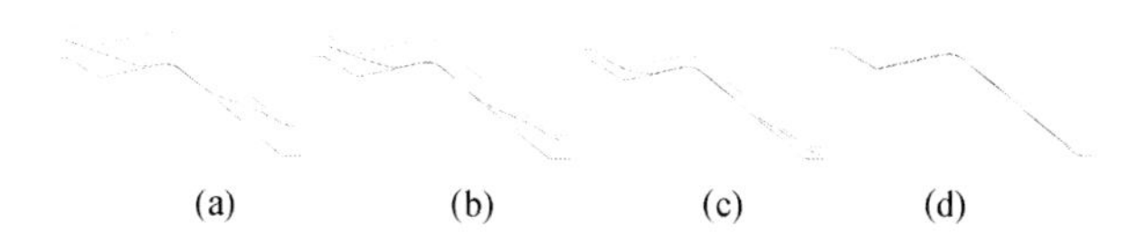

(a) (b) (c) (d)

图 15 成形方式 3 情况下模具相对运动过程 (分瓣数 12)

(a) 初始状态；(b) 阶段 1；(c) 阶段 3；(d) 成形结束

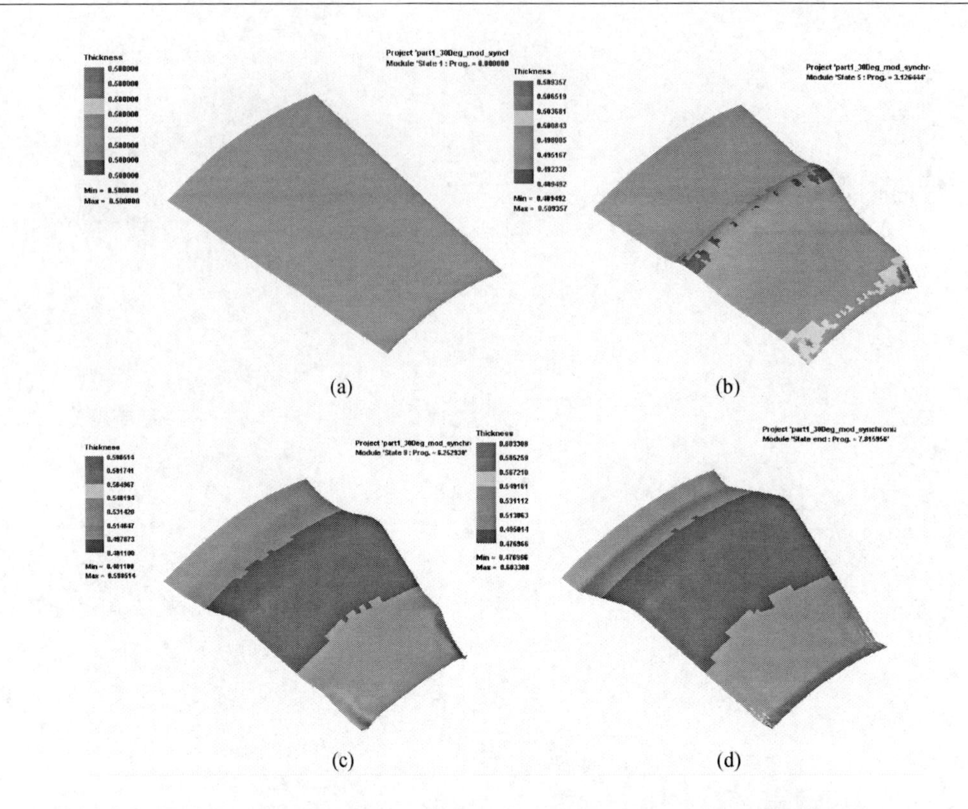

图 16　成形方式 3 情况下圆锥坯料变形过程及厚度分布（分瓣数 12）

（a）初始状态；（b）阶段 1；（c）阶段 3；（d）成形结束

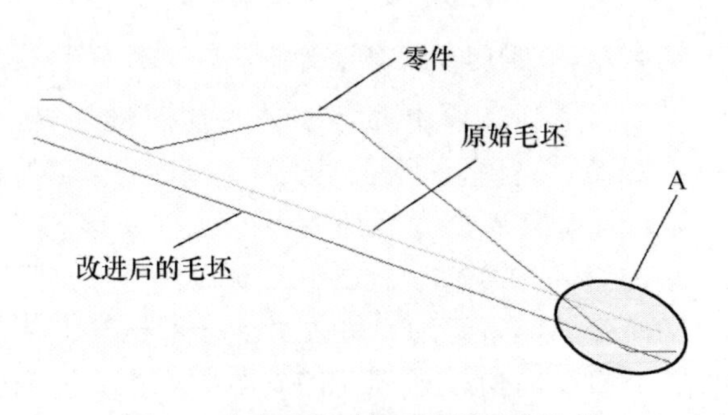

图 17　改变毛坯形状后母线轮廓比较

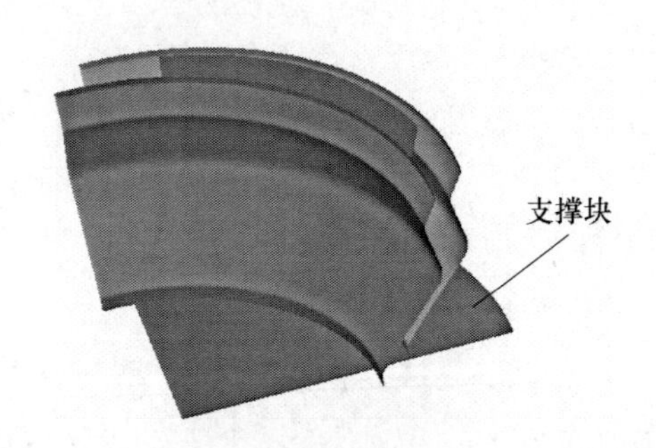

图 18　有限元模型

5　结论

通过以上仿真模拟分析，可以得到以下几点结论：

（1）采用原始圆锥坯料成形，存在较大的缩口变形区，在凹模收拢过程中，随着缩口变形量的增大，切向压应力不断增加，直至切向失稳而起皱。最后凹模和凸模发生压靠，对皱纹会产生一定的熨平效果，但由于之前形成的是死皱，无法通过模具压靠的方式熨平。

（2）采用原始圆锥坯料成形，根据凸模、凹模的运动先后顺序所采用的三种成形方式对零件的成形质量基本上没有实质的影响。

（3）增加刚模分瓣数对于消除起皱的作用并不明显，主要原因是缩口变形区并没有得到根本改变。另外，刚性凸模分瓣越多，虽然所得到的工件精度可以得到提高，但模具结构复杂，成本较高。

（4）采用改进后的圆锥坯料，基本消除了原坯料所存在的较大的缩口变形区 A，零件的变形方式基本上是胀形变形，这样就可以避免 A 区的起皱问题，成形出合格的零件。

（5）通过数值模拟仿真技术，可以得出合理的坯料形状、尺寸、工艺参数及模具结构，为现场实际生产进行指导，避免了大量试验，从而大大降低物耗、节约生产成本并减少了新产品的开发时间。

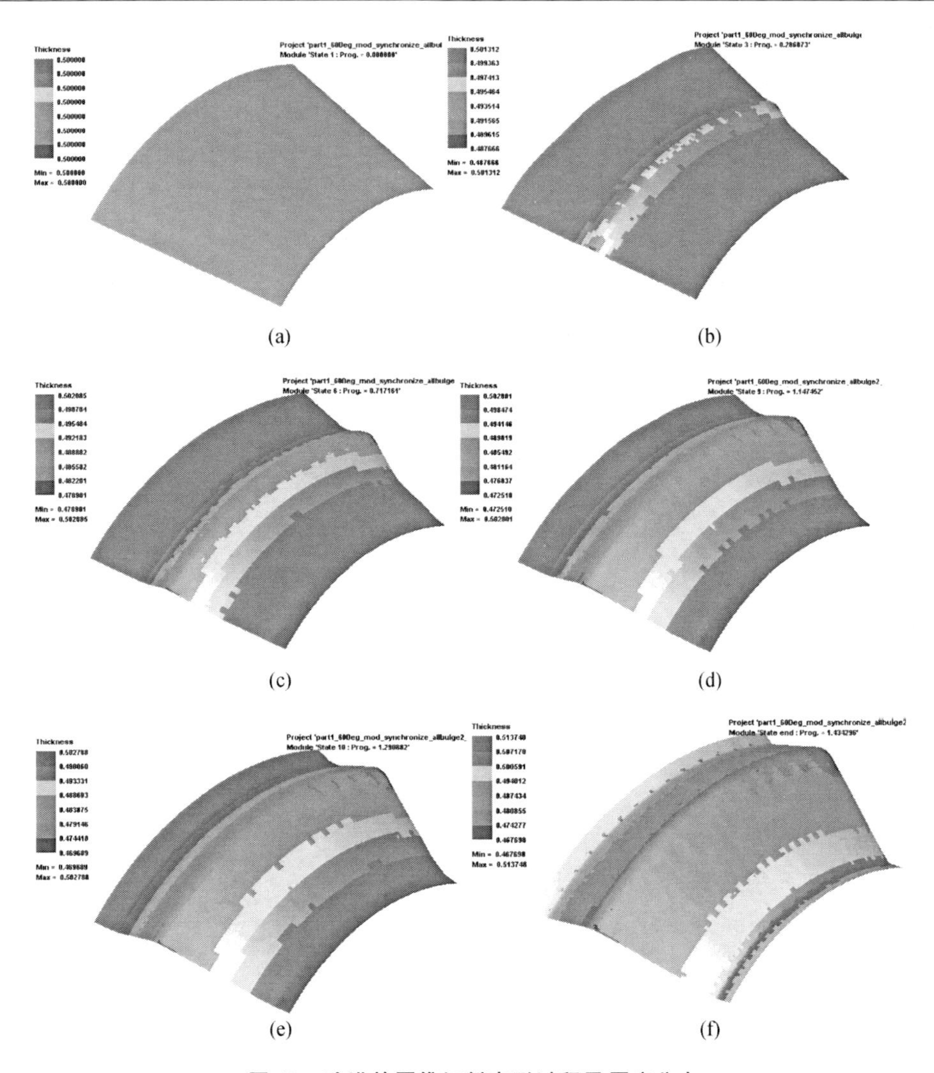

图 19　改进的圆锥坯料变形过程及厚度分布

(a) 初始坯料；(b) 阶段 1；(c) 阶段 2；(d) 阶段 3；(e) 阶段 4；(f) 成形结束

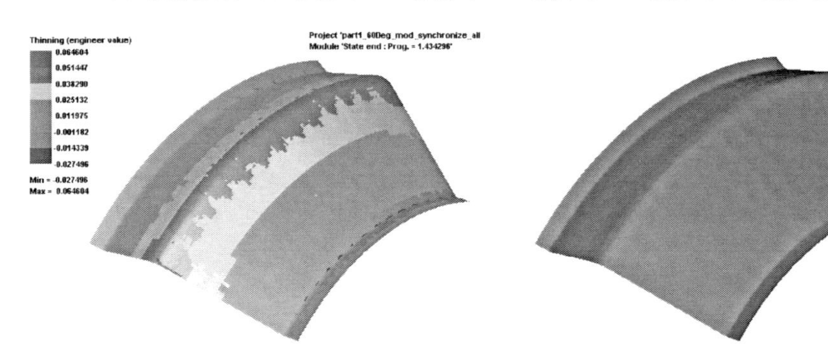

图 20　改进的圆锥坯料变形结束减薄率图

图 21　改进的圆锥坯料变形结束光照显示

参　考　文　献

［1］ 李泷杲．金属板料成形有限元模拟基础．北京：航空航天大学出版社．

［2］ 汪大年．金属塑性成形原理．北京：机械工业出版社．

［3］ 罗益旋．最新冲压新工艺新技术及模具设计实用手册．长春银声音像出版社．

基于数值模拟的不等高盒形件多道次深拉深成形工艺研究

白 颖[1] 王 倩[1] 曹 锋[1] 陈 磊[2]

1. 西安飞机国际航空制造股份有限公司钣金 24 厂，陕西西安，710089；

2. 江西蓝天学院机械工程系，江西南昌，330098

摘 要：由于结构封闭、型面复杂，不等高曲面法兰盒形件成形非常困难，常会发生开裂。采用有限元软件PAMS TAMP 基于拉格朗日的弹塑性本构方程，建立有限元模型来分析不等高凸法兰盒形件的成形过程，摸索和确定出展开毛坯、多道次模具结构、压边力等诸多影响因素的最佳数值，研究出一套行之有效的成形方法，为此类相似零件的后续生产开辟了一条崭新的成形思路。

关键词：拉深成形；有限元法；数值模拟。

板料拉深成形是现代工业特别是汽车、航空工业领域中一种重要的加工方法。板料成形过程是一个复杂的变形过程，涉及力学中的三大非线性问题[1]，这就给成形控制和模具优化设计带来很大困难。传统的冲压过程，只能在提出初步设计方案的基础上，经过大量的实验反复调试才能得到理想的产品。这样会延长产品的研制周期，增加产品成本，并造成模具的报废，浪费大量的人力和物力。采用有限元法模拟板材成形过程可以减少试模时间，缩短产品开发周期，降低产品开发费用[2]。目前，板材成形的数值模拟已得到广泛的重视[3]。对于简单冲压成形过程的数值模拟已进行了较多的研究[4-5]，而对复杂冲压件成形过程的数值模拟研究进行的较少[7-9]。本文以 PAM－STAMP 软件为基础，对新支线飞机的封闭型盒形钣金件的拉深成形过程进行了模拟，探索展开毛坯、多道次模具结构和压边力，并与实验进行比较。

1 零件概述

图 1 给出了不等高、凸法兰盒形件的设计图形。材料为 2024—O，厚度为 2.03mm，盆口尺寸 230mm×259mm，零件最大拉深高度 104.3mm，最小拉深高度 57.8mm，法兰边缘曲度变化大，其型面需与蒙皮外形保持一致，零件底部分布着数量较多、孔径各异的成品孔，该零件的加工精度直接影响着蒙皮开口处的密封性及飞机废水系统的正常运转。采用落压成形方法研制该零件，表面皱褶难以消除，零件表面质量差。

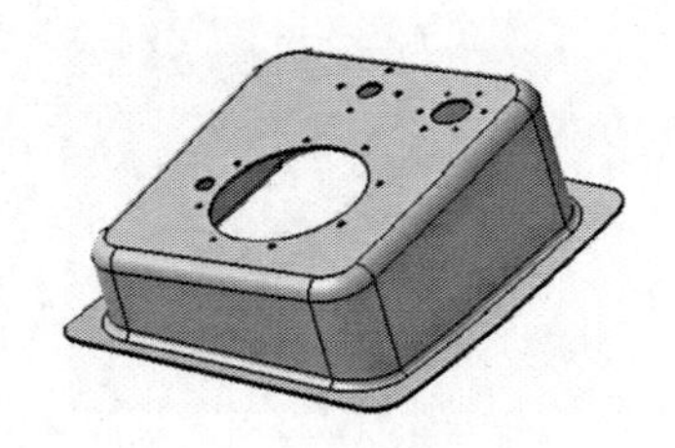

图 1 盒形件结构示意图

2 理论分析

2.1 计算条件与模拟模型

模具、毛坯有限元模型如图 2 所示。模型中凸模、凹模、压边圈作为刚体，板料作为变形体。整个冲压过程中，凹模不动。

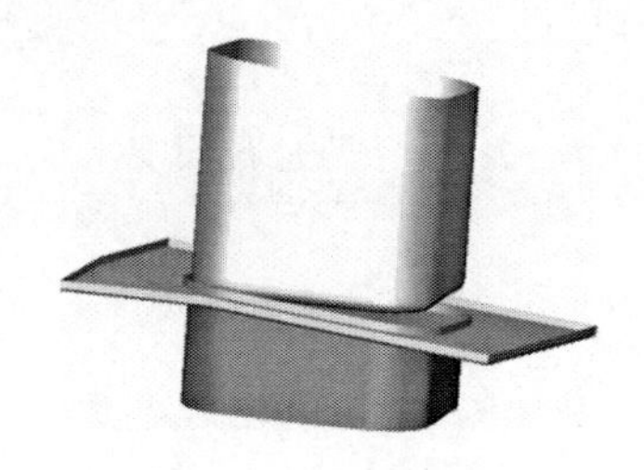

图 2 有限元模型

由于一些限制条件对冲压过程影响很小，因而可以进行一些必要的简化。主要的简化条件如下：

①板料采用正交厚向异性模型且均质；②忽略冲压过程中的热效应；③采用各向同性的硬化模型；④摩擦只发生在模具与工件的界面，并且摩擦系数在冲压过程中保持不变。

2.2 坯料展开

利用PAM－STAMP软件冲压模块中的坯料反算功能模拟出该盒形件的展开形状，在此基础上对4个尖角进行光顺修边，得到不同的数值模拟形状，从正方形到椭圆形，其成形极限逐步增大，椭圆形毛坯（由于长宽仅差23mm，近乎圆形）与盒形件展开形状非常接近，且周边无角，材料受力相对均匀些，模拟的状态最佳。

按经验，在软件反算展开毛坯的基础上周圈均匀增加了20 mm修边余量，如图3所示。

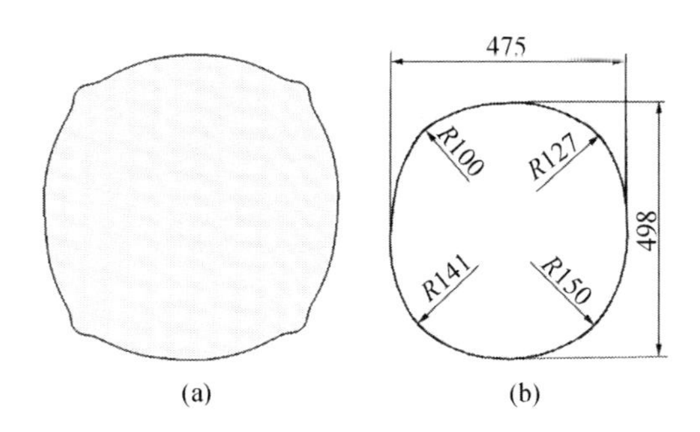

图3 盒形件坯料反算结果示意图

2.3 盒形件拉深次数的确定

对于高盒形件其成形次数可根据盒形件的总拉深系数m_{Σ}来确定[6]：

$$m_{\Sigma}=2(A+B)/[0.5\pi(L+K)] \quad (1)$$

式中：A为盒形件长度；B为盒形件宽度；L为椭圆毛坯长轴长度；K为椭圆毛坯短轴长度。

代入数值$m_{\Sigma}=0.55$，该盒形件相对厚度为

$$t_1=[t/(L+K)]\times 200=0.4$$

总拉深系数$m_{\Sigma}=0.55$时，拉深次数应为两次[6]，t为初始坯料厚度。

2.4 盒形件首次拉深工件外形尺寸的确定

以盒形件最高点所处的1/4圆角作为研究对象，依据圆筒件的多次拉深成形特点进行分析计算。

2.4.1 预定首次拉深工序圆角半径

拉深矩形盒件时，铝合金首次许用极限拉深系数0.35～0.40[6]，只有当拉深系数大于材料的极限拉深系数时，才有可能拉深成功，故初选拉深系数$m_1=0.45$，则首次拉深工件圆角半径：

$$R_1=m_1R_{展}=0.45\times 146=66\text{mm} \quad (2)$$

式中：$R_{展}$为毛坯的半径。

2.4.2 预定首次拉深工件外形尺寸

根据拉深高度h_1的计算公式[6]：

$$h_1=0.25(2R_{展}/m_1-d_f^2/d_1+3.44r_{f1}) \quad (3)$$

式中：h_1为第1道工序的拉深高度；m_1为第1道工序的拉深系数；d_f为第1道工序拉深工件的直径；d_1为第1道拉深工件的直径；r_{f1}为第1道工序拉深工件的凸缘转角半径。

代入数据计算得到深度为90mm＝87%h。

可以看出，首次拉深高度h_1已经让毛料得到了充分的变形，离最终目标不足15mm。

通过作图法，绘制出首次拉深工件外形图。它实际上是将盒形件周圈外形均匀增大13 mm，四周圆角同时加大而得到的一个初始拉深件，如图4所示。

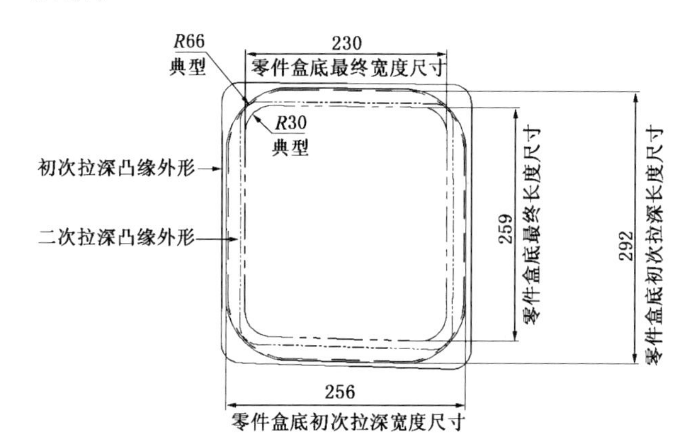

图4 初始工件外形图

2.5 盒形件拉深的有限元模拟

2.5.1 首次拉深数值模拟

材料为2024—O，厚度为2.0mm的盒形件所需参数如表1所示。

表1 2024—O δ2.0mm材料参数

杨氏模量 E（GPa）	泊松比 γ	屈服强度 σ_s（MPa）	硬化指数 n	材料加工硬化系数 K（GPa）	密度 ρ（kg·mm^{-3}）
73	0.3	75	0.262	0.314	2.78×10^{-6}

图5所示是盒形件首次拉深模拟的成形极限

图。从图中可以看出，此方案皆在安全区内，可以进行完全成形。

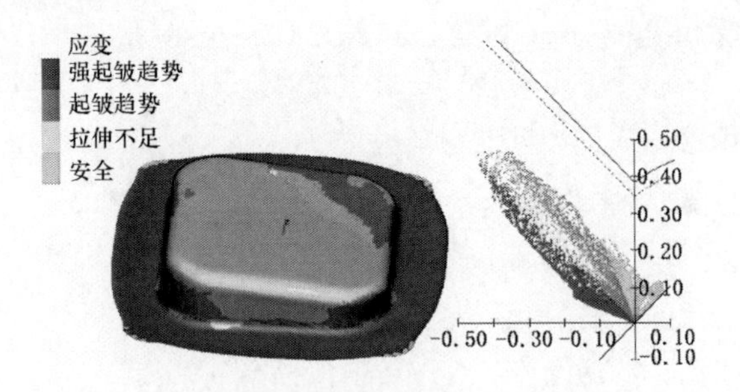

图5　首次拉深成形极限图模拟结果

2.5.2　二次拉深数值模拟

通过软件的Import按钮，导入上一步计算好的变形坯料（partpunch.rst文件）作为本步的初始坯料，这样坯料将继承上次变形后发生的几何形状改变、厚度变化及残余应力等信息，使模拟结果更加逼真。利用Toolbuilder macro工具创建凸模工具，设定冲头的冲压速度为10mm·ms^{-1}。仿真开始，毛坯材料逐渐被拉入凹模，当凸模行程至step3时，进入凹模口的材料处于悬空状态，直壁部分材料除受拉应力外，还受到切向压应力，阻碍了金属的正常流动，褶皱逐渐产生；当凸模行程至step4时，工件最高处为105 mm，已经基本达到图纸要求，材料厚度分布云图6上显示，料厚变化∈[1.6 mm，2.6mm]，在材料变薄的许可范围内。

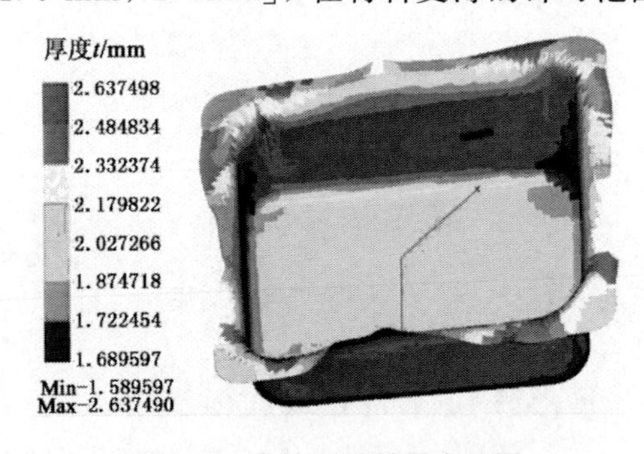

图6　二次拉深材料厚度云图

3　试验

3.1　拉深模结构的优化

该盒形件不等高的外形特征，使得压边圈与凹模接触面倾斜，在零件最低点基本拉深到位时，高点还有一半的行程，这样势必会产生一侧向推力，使凸模具有向低点窜动的趋势，从而改变凸凹模之间的间隙分配，导致低点周围的材料受到挤压变薄，为此在模具两侧增加插入式定位挡块，限制了凸凹模的移动。同时，为了得到一个高精度的产品，在二次拉深模的转接板上增加导向装置——4个导柱，进一步控制拉深时所产生的侧滑力，确保整个拉深行程材料流动均匀。

经过优化，从理论上得到两套较合理的拉深模结构，如图7所示。

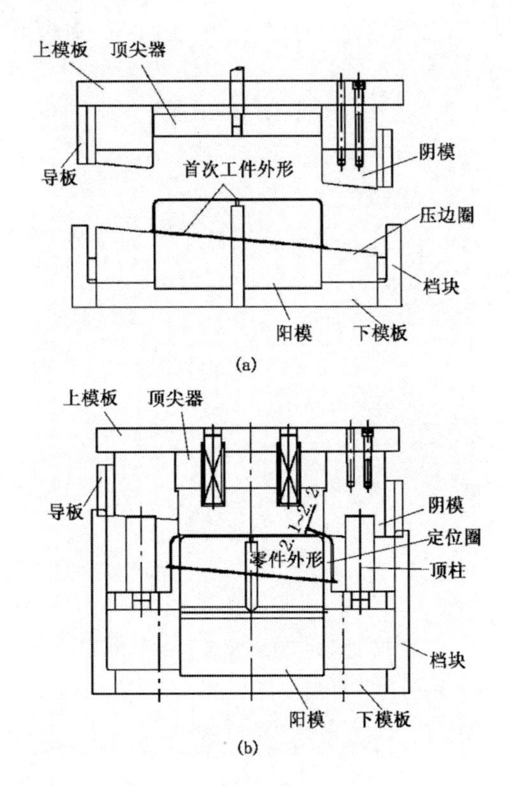

图7　拉深模结构示意图

3.2　制造零件的展开毛坯

图8给出了制造的毛坯，采用激光切割，一次完成。

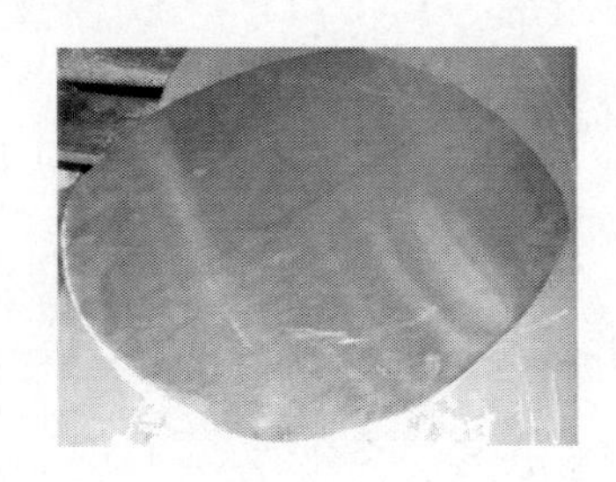

图8　毛坯

3.3　首道工序件的拉深试验

在利用有限元进行动态仿真实现首次拉深的

过程中，设置了不同的压边力值进行模拟，当压边力 $F=118\text{kN}$ 时，拉深效果最佳。将其转换成1030t机床操作使用压力表数值，$q_{机床}=8.0\text{MPa}$。将压边力设为 $q_{机床}=7.5\text{MPa}$，考虑到压边力数值在操作时不便控制，通过改变不至于产生皱褶的压边间隙（压边圈与凹模之间的间隙），也就是在非毛坯区域垫适量铝片实现拉深时坯料流动的开畅性，防止坯料出现压缩失稳现象，此次试验比较成功，零件外形符合初次工件尺寸，如图9所示。

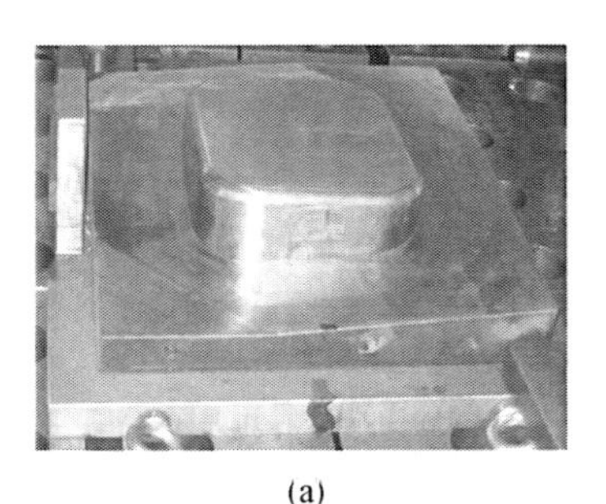

(a)

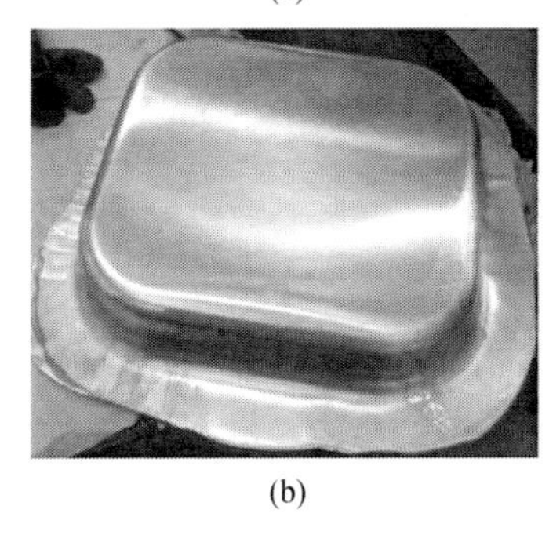

(b)

图9　首次拉深模具及工件实照

3.4　二道工序件的拉深试验

在盒形件的再次拉深时所用的工序件是已经形成直立侧壁的空间体，首道工序件底部是不应产生塑性变形的传力区，与凹模端面接触的环形凸缘为变形区，首次拉深的直立侧壁则是待变形区，在拉深过程中随着凹模的向下运动，变形区不断地增大，而待变形区逐渐缩小，直到坯料除凸缘外全部进入凹模并形成零件的侧壁为止，见图10。

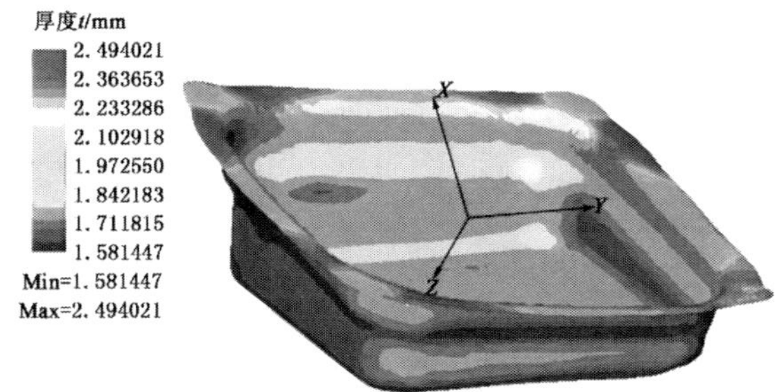

图10　二道拉深模拟过程材料流动显示

因盒形件拉深时，凸缘处材料向凹模流动的速度在直边处较圆角处快，圆角处材料不足需通过凸模圆角附近材料的伸长和从凸模底部流出的材料予以添补。故角部材料除与圆筒形拉深件一样有轴向流动外，最主要是存在沿周边的切向流动，若润滑不好，材料易变形集中产生破裂。为了促使转角部分材料向直边部分流动，使变形均匀，对凹模采用了润滑效果较好的机油作为润滑剂，对于首道工件在均匀涂抹机油后，在凹模和坯料之间覆上一层薄薄的塑料薄膜，它增加了试压材料的流动性，同时也提高了零件的外观质量，如图11所示。

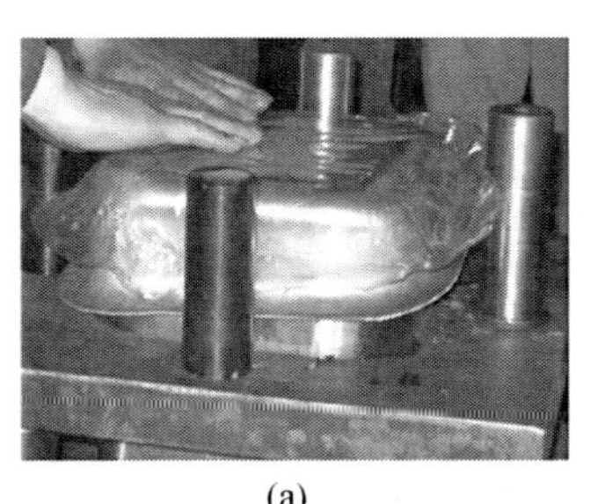

(a)

(b)

图11　二次拉深工件示意图

整个试验过程，侧向挡块进入凹模的导板槽，4根顶柱逐渐插进凹模的定位槽，工件侧壁开始变形，原凸缘部分由于上部材料牵扯，呈喇叭口状张开，最终工件外形参见图12，与模拟吻合很好。

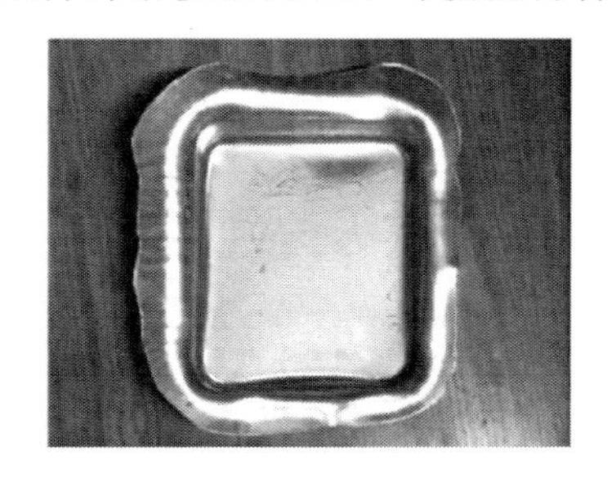

图12　最终拉深工件

4　结论

（1）通过PAM－STAMP软件数值模拟和理

论计算分析，能确定盒形件展开毛坯的最佳工艺参数，分析盒形零件拉深成形材料的变形特征。

（2）利用 PAM - STAMP 软件动态模拟，将可能出现的各种不利因素提前消化，提高零件拉深成形的成功率。

（3）优化零件的外形结构，使其适应拉深工艺特征，将能有效防止盒形拉深件裂纹及死皱的产生，提高零件成形的准确度。

参 考 文 献

[1] 郑莹，吴勇国，李尚健，等．板料成形数值模拟进展[J]．塑性工程学报，1996，3（4）：34-39.

[2] M akin ou chi A. Sheet met al forming simulat ion in indust ry [J]. J. Mat er. Proces s. Technol. ，1996，60（1）：19-30.

[3] Zhou D，Wagon er R H．Developmen t and appl icati on of s heet．．f orming simu lat ion [J]．J. Mat er. Proces s. Technol. ，1995，50（1）：1-20.

[4] Zimniak Z. Probl ems of m ult i st ep f orming sheet metal process design [J]．Jou rnal of Mat erials Processin g T echnology，2000，106（1）：152-160.

[5] Lei Li. Ping，H wang Sang．．Moon，Kang Beom. Soo. Finit e element analys is and des ign in s tainl esss teel sheet form ing and it sex perim ent al comparison [J]．J ou rnal of Materials Processin g T echnology，2001，110（1）：70-80.

[6]《航空制造工程手册》总编委会．航空制造工程手册：飞机钣金工艺[M]．北京：航空工业出版社，1992.

[7] 段磊，蔡玉俊，莫国强．汽车覆盖件成形回弹仿真及模面优化研究[J]．锻压技术，2010，35（2）：34-38.

[8] 陈磊，李善良，张亚兵．板料凹弯边橡皮成形回弹分析与控制方法[J]．塑性工程学报，2010，17（2）：1-5.

[9] 余天明，马文星，朱丙东．超薄镀铝钢板冲压成形的数值模拟[J]．锻压技术，2009，34（6）：65-69.

[10] 吴江妙，杨志强．不等厚板料液压成形数值模拟和试验研究[J]．锻压技术，2010，35（1）：29-31.

浅析不规则拉深件的成形

王　健　赵　刚　张京图　韩　钢

中航工业西飞

摘　要： 拉深体盒形件是某型机前货舱门新机研制过程中加工难度较大的钣金零件之一。本文以理论为指导，结合该零件结构特点进行成形工艺性分析，通过大量的试验制定出合理的工艺方案，并不断地完善工装技术条件，最终生产出满足设计和使用要求的产品。

关键词： 不规则拉深件；拉深成形。

1　概述

＊＊＊A1120—017—001 为某型机飞机前货舱门机构上蒙皮开孔处的一个盒形件，如图 1 所示。通过镶嵌在其盒体内的手柄和盒体底部一系列的传动机构，达到舱门开闭的目的。

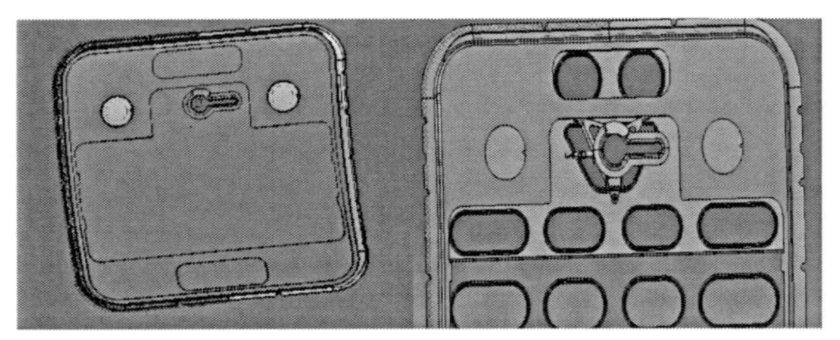

图 1

该零件材料为 2024－O，料厚为 δ0.05″，是一个典型的四周带法兰边的不规则拉深件。从装配图上可以看出，零件外缘与蒙皮连接，带理论外形，蒙皮上开孔要求零件外形尺寸比较严格；为防止手柄凸出蒙皮表面，零件拉深高度必须满足图纸要求；盒体底部一系列的传动机构与该零件通过孔连接，按照装配关系，零件上孔的尺寸要求也比较严格。零件结构如图 2 所示。

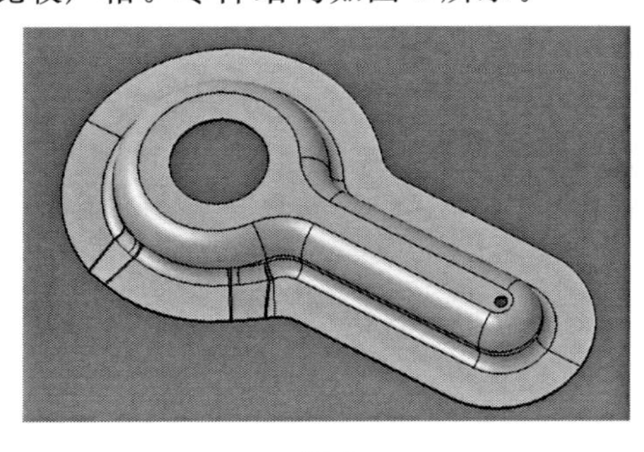

图 2

2　零件成形的技术关键

2.1　零件形状不规则，拉深成形难度大

从该零件的结构特点上看，拉深深度为 24mm，法兰边 28mm 左右，凹模圆角 $R6$，凸模圆角 $R12$，对于整个零件来说属于浅拉深。但是在零件较窄一端，拉深系数初步计算只有 $m \approx 0.39$，远远小于所用材料的许用极限拉深系数，在零件的成形过程中，拉深不到所需高度，零件就会出现破裂，而使零件成形无法继续进行。

图 3

2.2　合理的毛料尺寸的确定

正确合理的毛料形状和尺寸，对于能否加工出合格的零件起着至关重要的作用，毛料尺寸稍有不当，就会出现拉裂或者尺寸不够的情况，影响零件的加工。

2.3　零件外缘与底面孔的加工方法

该零件外缘带理论外形，同时法兰边存在两

处下陷，如图4所示，如果在拉深的同时成形这两个要素，势必对拉深模的制造形成难度，就会影响到拉深质量；同时，零件底面上有两个分别为$\phi48$和$\phi6.3$的圆孔，选定定位基准，合理安排制孔工序，制出符合产品图纸尺寸要求的孔也很关键。

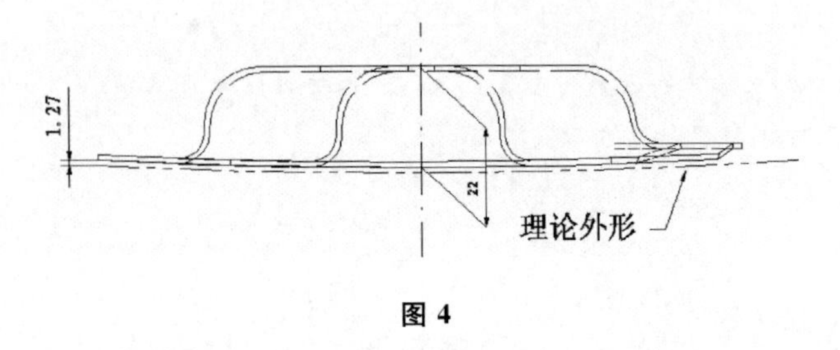

图4

3　零件成形工艺过程分析

3.1　零件材料受力变形分析

该零件拉深部分的外廓可认为是由一段近似整圆的圆弧，一段半圆圆弧、两条直边组成。拉深变形中，直边部分相当于简单弯曲变形，可不做分析；圆弧部分相当于圆筒形零件的拉深，而大端整圆的筒形件拉深从外形尺寸和拉深系数分析，属于浅拉深，比较简单。因此，该零件成形的主要难点集中在小端半圆弧所形成的圆筒的拉深变形上。

这种变形主要分布在零件如下所述的五个区域：

（1）法兰边材料的变形。毛坯的变形区即法兰部分，是主要塑性变形区，受径向拉应力σ_r和切向压应力σ_θ的作用。因此，材料的变形以压缩为主，不会产生压裂（见图5）。

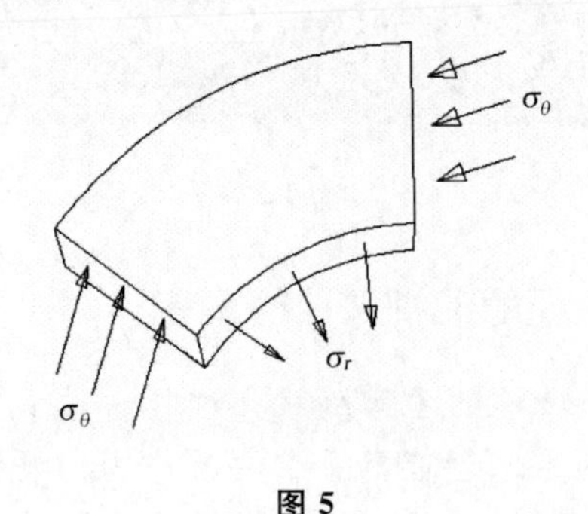

图5

（2）凹模圆角区是凸缘和筒壁的过渡区，材料的变形除了径向拉深和切向压缩外，还发生弯曲。

（3）筒壁的受力变形。凸缘材料从凹模圆角区拉向筒壁时，又要被校直，反向弯曲。侧壁部分只受到轴向拉应力σ_a的作用，盒壁是拉深时力的传递区，将凸模作用在底部的拉力传递到法兰上，变形甚微。

（4）凸模圆角区的变形。此部分一方面受凸模冲压力P，一方面受双向应力的张拉和弯曲，料厚变薄，从而成为拉深中最薄弱的区域。

（5）筒底区材料受平面拉伸，又由于受凸模圆角处摩擦的制约，受力变形不大，在拉深过程中基本保持稳定状态。

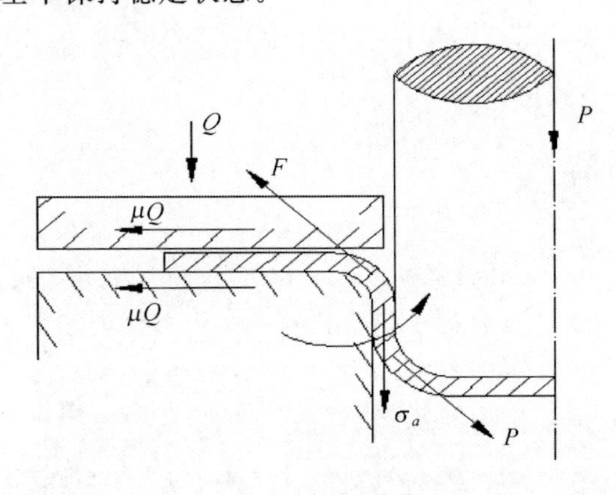

图6

同时，凸缘材料与压边圈和凹模面之间受摩擦力μQ作用，凹模圆角区材料与凹模圆角之间受摩擦力F作用，凸模圆角处材料受拉有向外流动的趋势，摩擦力P向内，对拉深有利。

从上述材料和区域的受力变形分析，压缩失稳引起的起皱和变形程度过大引起的破裂是我们尤其要注意的两方面问题。

为了防止起皱，主要采取的措施是使用压边圈、设置拉深筋和反拉深等。我们主要通过压边圈的压边力的作用，使毛坯不易拱起（起皱）而达到防皱的目的。

破裂主要是由于变形程度过大引起的，而衡量这种变形程度的指标就是拉深系数，当拉深系数小于某个临界值时，拉深过程中就会出现破裂现象。所以，要避免破裂的产生，我们首先应该计算出零件的拉深系数。

3.2　拉深系数与拉深方案的确定

$$M=d/D_0=40/104\approx0.39$$

式中：D_o为小端圆筒毛料的直径；d为小端圆筒筒壁的直径。

该零件小端半圆弧所形成的圆筒拉深系数远远小于材料的极限拉深系数 0.56～0.58，因此无法一次拉深成形出合格的零件，必须通过更改零件尺寸或通过多次拉深成形，或者采用拉深与其他工艺方法结合的形式，降低成形难度。

考虑到设计使用要求和工装制造节点的问题，我们最终确定采用一套拉深模和一套型胎成形的方案，其中型胎制造成为凹凸模的形式，实际意义上也可当做冲模使用。

3.3　确定合理的毛料尺寸

相较于常见的旋转体、盒形件的拉深，不规则拉深件由于形状不规则，材料的塑性变形情况很复杂，许多情况下，兼有拉深、胀形或其他形式的变形，所以不能简单地套用拉深成形的概念。

在实践中我们可以把这类零件的形体依据各部位的几何特征做必要的简化，再按简化后的形体进行展开。把经过简化后的形体展开料作为雏形，经过试压逐步修正，最后得到适宜的毛料展开形状与尺寸。

我们将该零件的形体分解为三个简单几何体：Ⅰ部位和Ⅲ部位视为圆筒体，Ⅱ部位视为槽形件，如图 7 所示。

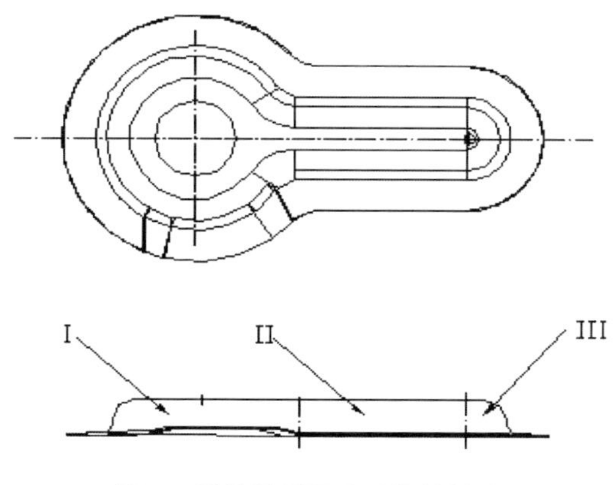

图 7　零件投影图及形体的划分

按各自的形体特征给出展开图形，如图 8 上半部分所示，Ⅰ、Ⅲ部位展开以后是圆形，Ⅱ部位展开为长方形。对于三段几何体各自展开形状间的外廓所构成的阶差部位，用圆弧光滑过渡，即图 8 下半部分第一次修正所示。

同时，我们用 PAM－STAMP 2G 软件反算出零件毛料尺寸为 300mm×180mm 的外廓基本与零件形状相似的形体，如图 9（a）所示。

经过试压修正，在理论计算的基础上我们在

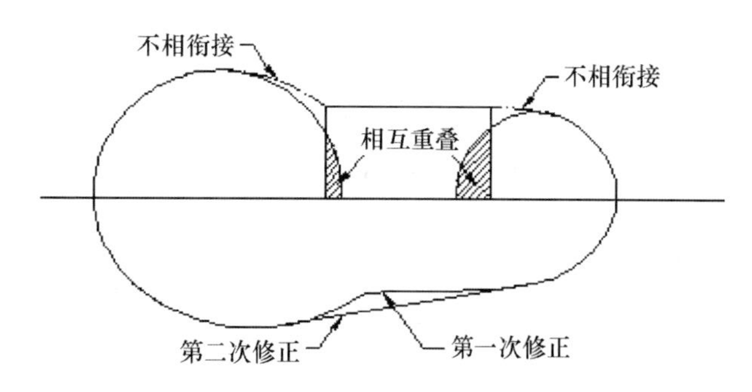

图 8　形体展开图及总体轮廓

I、II 部位接合的圆弧区、即拉深成形的放边区增加余量，将 I、III 两部分圆弧切线连接，图 8 所示第二次修正部分，得到最终毛料尺寸最大处 320mm×190mm，毛料形状如图 9（b）所示。

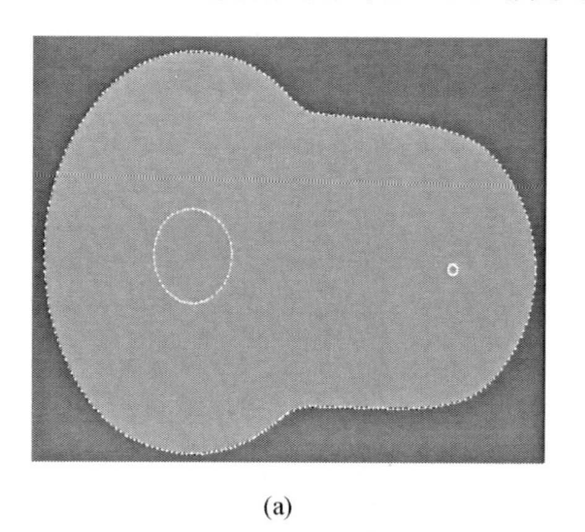

(a)

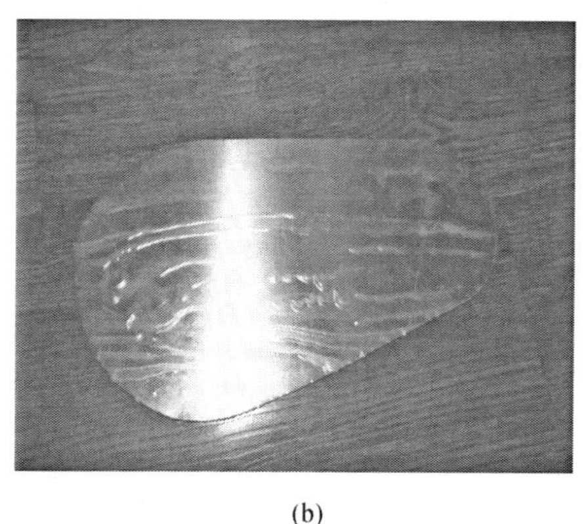

(b)

图 9　毛料图

（a）用软件模拟的零件毛料图；（b）最终确定的零件毛料

3.4　理论外形以及下陷和孔的成形方案

由于前面已经确定了用型胎对第一次拉深后的零件进行校形，因此我们决定用型胎来成形零件外缘的理论外形和下陷，零件在型胎上成形出符合产品图纸的形状和外形尺寸后，以零件外形定位，底面的孔通过装在型胎上的钻模来钻制其工具孔的位置。

3.5 工装技术条件的确定

（1）由于零件理论外形和下陷将在型胎上成形，故拉深模只需按法兰边外缘是平面进行设计；

（2）按照零件拉深时对压边圈的要求经验值，毛料的相对厚度 $t_0/D_0\times100=1.2/104\times100\approx1.15<1.5$，故拉深模需要有压边圈。

（3）拉深模间隙对拉深力、成形质量与模具寿命影响很大。间隙过大，易起皱、形成锥度；间隙过小使摩擦系数增大、零件变薄严重、甚至拉裂。根据经验公式，一次拉深我们选择的间隙 $Z=(1\sim1.1)\,t\approx1.3\sim1.4\text{mm}$。

（4）由于零件料厚 $t=1.27\text{mm}<3\text{mm}$，无需计算拉深力和压边力确定冲床吨位；按照零件尺寸，100T 冲床的工作台面和行程能够满足成形要求，确定用 100T 冲床成形零件。

（5）型胎是零件的最终交付依据，所以型胎按零件数模制造，划零件最终外形线，包括法兰边的下陷和理论外形面；同时型胎要用于冲床和液压机修正零件，故胎体和盖板上需按凹凸模形式做出零件全形，间隙保证零件料厚尺寸 1.27mm；型胎胎体内镶钻套，用于钻制零件底部平面上孔的工具孔。

4 零件的成形试验过程

在零件的实际成形过程中，经过一次拉深达到图纸要求高度时，小端圆弧部分拉裂，其余部分基本达到要求。验证结果与经过计算得出的结果一致，如图 10 所示。

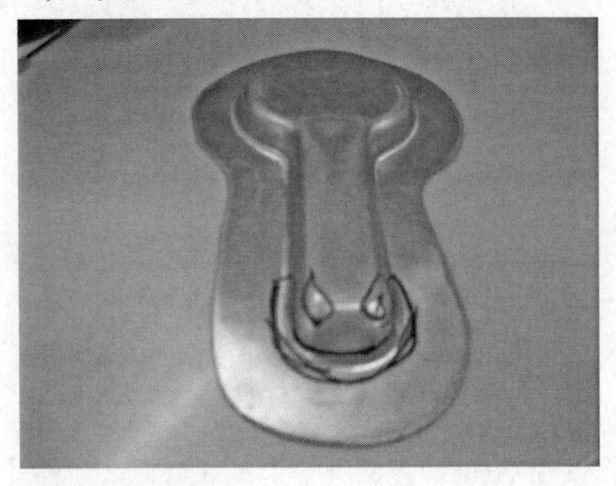

图 10 零件成形验证

按照《航空制造手册·飞机钣金工艺》中旋转体，凸缘筒形件拉深成形次数与成形高度的确定方法如下。

凸缘相对直径：

$$d_f/d_1=92/40=2.3$$

毛料相对厚度：

$$t/D_0\times100=1.27/104\times100=1.15$$

查该书中表 11.37，首次拉深最大相对高度 $h/d_1=0.32$，因此，$h=0.32\times40=12.8\text{mm}$。

所以，我们将第一次拉深成形高度控制在总高度的一半左右。

同时，查该书中表 11.42，当材料相对厚度 $t/D_0\times100=1.15$ 时，在拉深系数 $m=0.39$ 的情况下，需要的拉深次数为 $n=3$。

在进行第二次拉深时，经过反复试验，即使是很浅的拉深量，小端圆弧部分还是会出现裂纹，我们通过调整压边力、加大凹模圆角半径、打磨凹模工作表面降低摩擦、在压边圈和凹模间加一定的垫片，减少摩擦力，有利于毛坯料的流动等方法，均无法消除。同时利用软件成形模拟，小端圆弧端头部分料厚最小变为 0.87mm，变薄量达到原始料厚 31.5%，很难拉深成功。

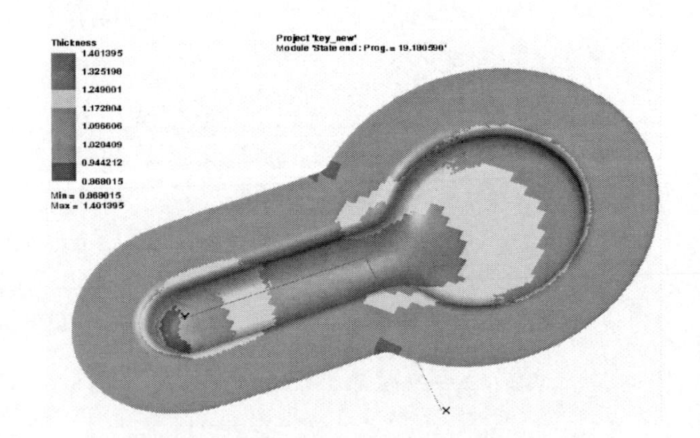

图 11 用 PAM-STAMP 2G 软件模拟出的零件成形中料厚变化图

因此，在不影响使用的基础上，我们与设计沟通，将此处圆角更改为图 12 所示的斜坡，在拉深变薄量最大的地方局部降低拉深高度，从而降低成形难度。经过试验，第二次拉深高度 $h=18\text{mm}$ 时，拉深成功，第三次拉深到图纸尺寸，没有出现拉裂的情况，试验证明更改后的结构可以满足工艺性要求。

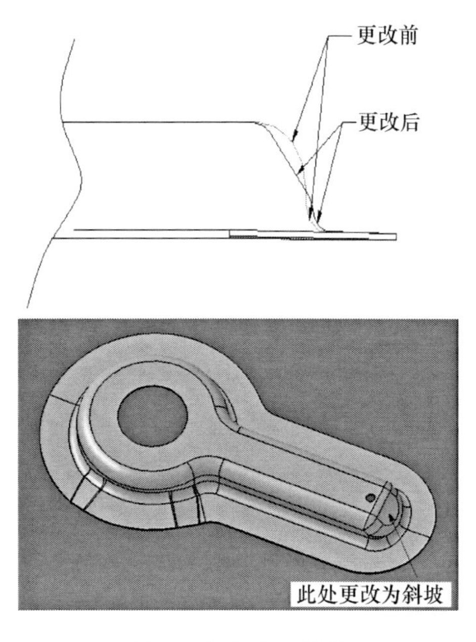

图 12 圆角改为斜坡

5 最终工艺方案的确定

根据以上分析及成形试验过程，确定的工艺方法为：

（1）零件按尺寸 320mm×190mm 下料，然后用自制毛料样板下出展开料。

（2）在 100T 的冲床上三次拉深成形，成形过程中注意控制拉深高度、压边力和拉深力的大小，防止法兰边的起皱和端头的破裂。

（3）利用带有凹凸全型的型胎在冲床上修正零件。

（4）在液压机上按照型胎修正零件贴胎，并按型胎上零件外形线切割，使零件外形符合型胎。

（5）按型胎底部钻套钻制大孔的工具孔 ϕ2.7；

（6）在 100T 冲床上冲制大孔。

（7）按型胎总检零件。

最终，加工出的合格零件。如图 13 所示。

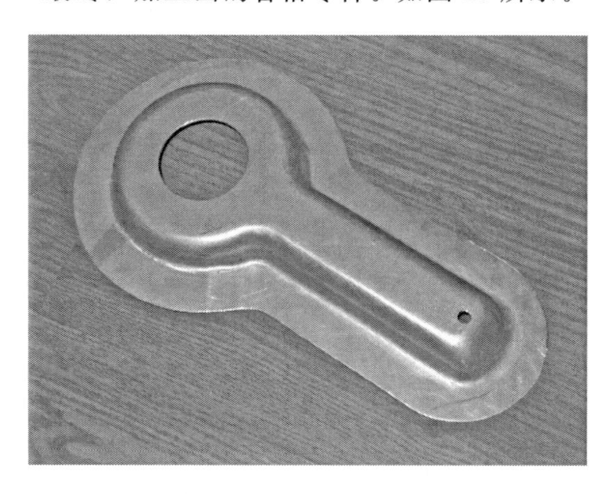

图 13 合格零件

6 总结

通过对某型机中不规则拉深零件成形过程的分析和实践，基本掌握了这类零件的成形工艺方法和拉深成形各个参数的确定方法，为今后加工类似拉深零件积累了宝贵的经验。

参 考 文 献

[1] 李硕本. 冲压工艺理论与新技术 . 北京：机械工业出版社 .

[2] 陈剑鹤. 冷冲压工艺于模具设计 . 北京：机械工业出版社 .

[3] 总编委会主编. 航空制造工程手册 · 飞机钣金工艺 . 北京：航空工业出版社 .

[4] 航空工业技工教材编审委员会. 飞机钣金工艺学 .

斜礼帽零件钣金成形工艺研究

章文亮
钣金总厂

摘　要：斜礼帽形零件材料变化及不均衡，是加工难度比较大的钣金零件；本文通过对典型斜礼帽零件的理论分析，结合零件结构特点和现有设备，制定出合理的工艺成形方案，生产出满足设计要求的零件。
关键词：斜礼帽；拉深成形；工艺方案

1　引言

意航 18 段是西飞公司新签订的一项转包合同，也时西飞公司继意航 16 段之后与意航签订的又一十分重要转包合同，24 厂是意航 18 段钣金零件的主要生产单位，其中有部分钣金零件加工难度大、研制时间短，如何在短时间内生产出满足装配要求的零件摆在了我们面前。

2　零件概述

意航有 2 项零件，它们是 18S53871415－214、18S53871415－216，零件的外形为斜礼帽形，材料为 2024－O，厚度为 1.27mm，零件底部弯曲半径为 $R2.3$，零件底部平面上有 2 个 $\phi22$ 的圆孔和 4 个 $\phi5.54\sim\phi5.82$ 的托板螺母孔，法兰边 30 左右，贴理论外形，与蒙皮直接配合，并且为双曲度，外形要求非常严格，所以加工难度很大，零件形状及部分尺寸如图 1 所示。

3　零件成形的技术难点分析

（1）零件的筒壁高度不一致，材料受力及不均匀，毛坯变形区域伴有剪切变形，零件的拉深系数经初步估算 $m=d/D\approx0.44$，小于材料的许用极限拉深系数，筒壁高的一侧拉深不到所需高度就会拉裂。

（2）零件外缘为双曲度，贴理论外形，外形尺寸要求严格。

（3）零件底部弯曲半径 R 小，仅为 2.3mm，根据我厂多年大量拉深零件的成形经验，如此小的弯曲半径极易出现拉裂现象。

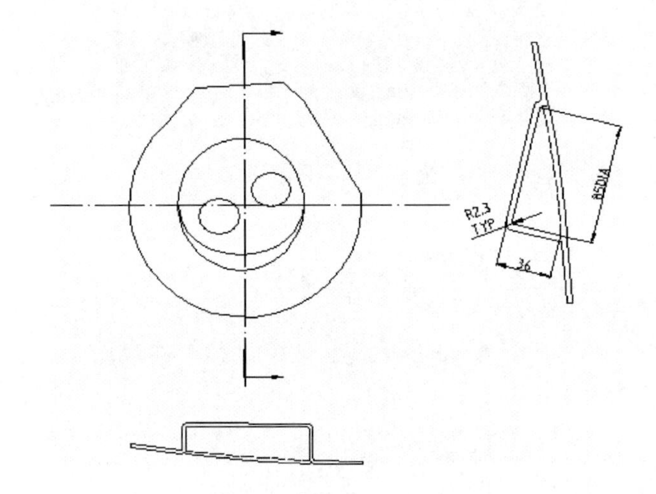

图 1　零件结构示意图

（4）零件底部和法兰边上均有很多孔，制孔很难找到定位基准。

4　零件成形的工艺方法分析

4.1　展开毛料的计算

（1）展开毛料的大小及形状对于拉深零件来说至关重要，如果毛料太大，零件容易起皱或拉裂；如果毛料小零件外形则保证不了。由于零件外形不规则，我们只能根据计算估算零件的展开料，再考虑到修边余量 $\Delta L\approx3.5$（由《冷冲模设计与制造》中表 5－3 查得），根据零件外形修正毛料尺寸，在试模时根据实际拉深情况再修正下料尺寸（忽略零件弯曲半径）：

$$D_0=\sqrt{d_1^2+4d_2h}$$

式中：D_0 为毛料直径；d_1 为底部弯曲中心直径；

d_2 为底部筒形直径；h 为零件拉深高度。

$$D_0=\sqrt{152^2+4\times85\times36}=188$$

$$D=D_0+\Delta L=188+3.5=191.5$$

(2) 用 PAM-STAMP 软件可以在计算机上模拟零件拉深过程，分析零件拉深整个过程及失稳情况，还可以根据零件的外形、尺寸、材料反反算出零件的毛料尺寸，而且比较准确，考虑到修边余量 ΔL，模拟外形＋ΔL 就可制出简易“毛料样板”（见图 2），最后根据实际拉深情况修正“毛料样板”。

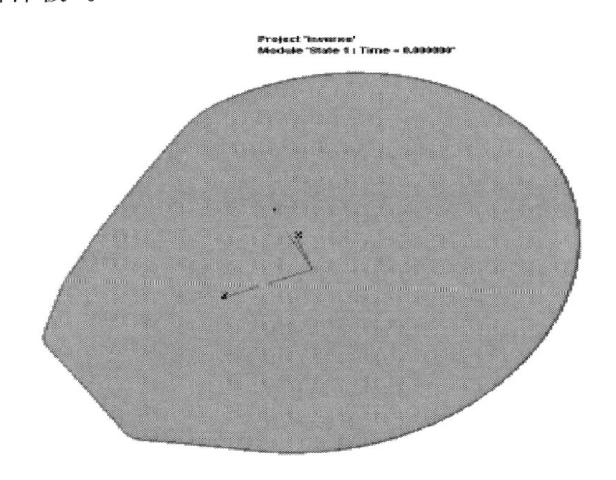

图 2　PAM-STAMP 模拟的展开料

4.2　零件材料受力变形分析

零件的结构为斜礼帽形，所以成形方法拉深，在拉深过程中，根据毛坯各部分的应力应变状态，大致分为 5 个区域。

(1) 法兰边材料的变形。毛坯的变形区即法兰部分，是主要塑性变形区，受径向拉应力 σ_r 和切向压应力 σ_θ 的作用，还由于压边圈的作用产生压应力 σ_1 [见图 3 (a)]。由于零件拉深高度不一致，导致法兰边受力不均匀，拉深高度大的一侧受到的 σ_r、σ_θ 明显大于拉深高度小一侧的 σ_r、σ_θ，由于应力应变在拉深过程中不断变化，高弯边一侧容易起皱。

(2) 凹模圆角区是凸缘和筒壁的过渡区，材料的变形除了径向拉深和切向压缩外受到凹模圆角的压力和弯曲作用，材料受到弯曲和拉直的作用而被拉长和变薄 [见图 3 (b)]。

(3) 筒壁的受力变形。凸缘材料从凹模圆角区拉向筒壁时，又要被校直，反向弯曲。侧壁部分只受到轴向拉应力 σ_a的作用，盒壁是拉深时力的传递区，将凸模作用在底部的拉力传递到法兰

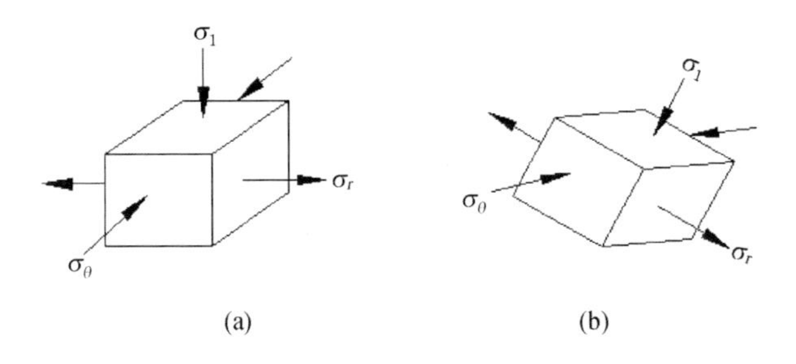

图 3　材料应力图

(a) 法兰变形区的应力；(b) 凹模圆角区的应力

上，变形甚微。

(4) 凸模圆角区的变形。此区域承受径向拉应力 σ_r、切向拉应力 σ_θ，厚度方向由于凸模压力和弯曲作用受压应力 σ_1。该区域壁筒与底部转角处稍上的地方（如图 4 中的 A 处），拉深时处于凸、凹模间，需要转移的材料少，受变形的程度小，加工硬化程度低，也不受凸模圆角有益摩擦的作用，所以往往该区域成为整个拉深件的最薄弱的区域，通常称此断面为“危险断面”。

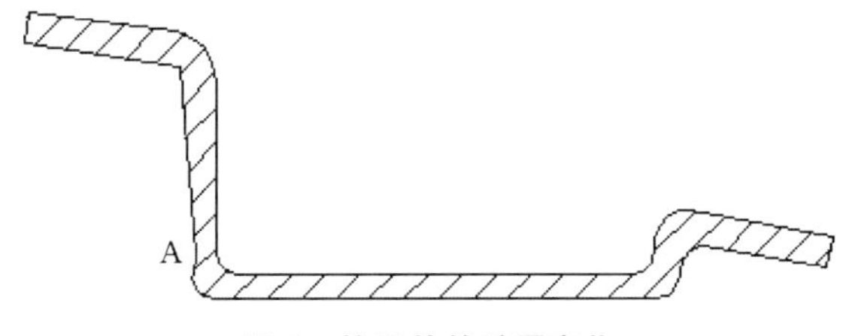

图 4　拉深件的壁厚变化

(5) 筒底区材料受平面拉伸，又由于受凸模圆角处摩擦的制约，受力变形不大，在拉深过程中基本保持稳定状态。

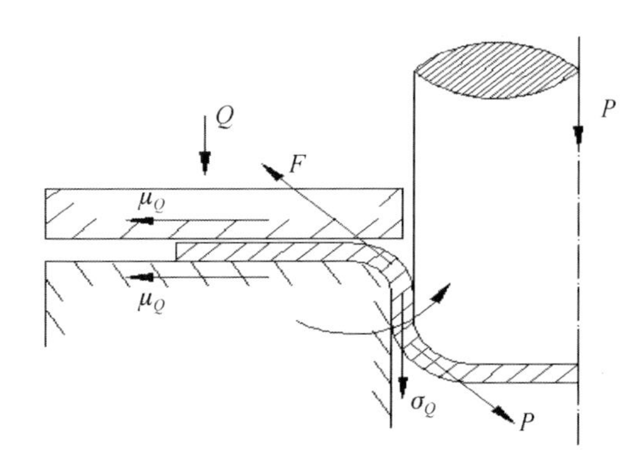

图 5　拉深中的摩擦力

同时如图 5 所示，凸缘材料与压边圈和凹模面之间受摩擦力 μ_Q 作用，凹模圆角区材料与凹模圆角之间受摩擦力 F 作用，凸模圆角处材料受拉有向外流动的趋势，摩擦力 P 向内，对

拉深有利。

从上述材料和区域的受力变形分析，压缩失稳引起的起皱和变形程度过大引起的破裂是我们尤其要注意的两方面问题。

为防止起皱，主要采取的措施有使用压边圈、设置拉深筋和反拉深等。我们主要通过压边圈的压边力的作用，使毛坯不易拱起（起皱）而达到防皱的目的。

4.3 零件成形方案的确定

因意航研制节点和拉深模制造周期长、试模繁琐等问题，我们初步设想用一套拉深模加一套校正型胎成形零件，并在型胎上镶嵌钻套，用于钻制零件底部上的托板螺母孔和$\phi22$通孔的工具孔，按型胎外形线切割零件外形。

4.3.1 拉深系数

$$m = d/D_0 = 85/191.5 \approx 0.44$$

式中：D_0为小端圆筒毛料的直径；d为小端圆筒筒壁的直径。

$d_1 = m_1 D = 0.56 \times 188 = 107.24$（见《航空制造工程手册》中表11.27查得$m = 0.56$）

$d_2 = m_2 d_1 = 107.24 \times 0.75 = 80.43 < 85$

从上面的计算可以看出该零件需2次拉深才能成形出来。要一次拉深成形出合格的零件，必须通过更改零件结构或或者采用拉深与其他工艺方法结合的形式，降低成形难度。

4.3.2 零件结构的更改

(1) 法兰边由双曲面改为平面，有利于材料的流动以及拉深模的制造。

(2) 零件转角半径按拉深零件的工艺更改。法兰边与筒壁间的圆角半径$r_d = (3-5t) = 8$，筒壁与底部间的圆角半径$r_f = (4-8)t = 8$，改善材料弯曲时受力状态，减少凹模与毛坯的摩擦力，有利于材料的塑性变形

(3) 零件弯曲半径$R8$修正到$R2.3$后零件的筒壁高度将变化，当R由大修正变小时，拉深高度H就会相应的变小（见图6）根据体积不变$V_1 = V_2$可以计算出零件拉伸高度变化ΔH，所以第一次拉深时拉深高度要考虑到ΔH。

$$\Delta H = (5.7 + 5.7 + 3.14 \times 2 \times 2.3/4) - 2 \times 3.14 \times 8/4 = 2.5$$

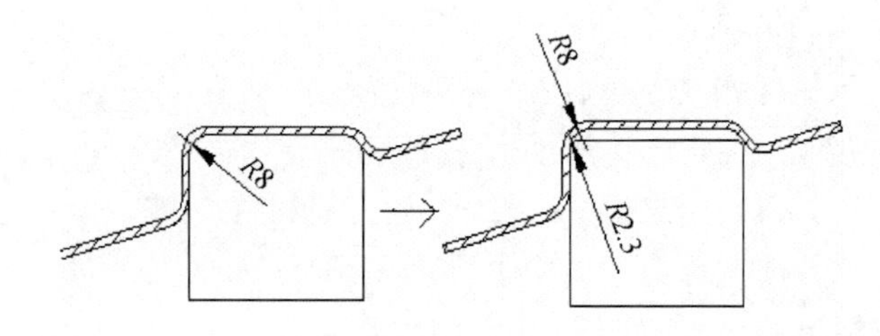

图6 ΔH的产生

4.3.3 确定合理的毛料尺寸

相较于常见的旋转体、盒形件的拉深，斜礼帽零件由于拉深高度不一致，材料的塑性变形情况比较复杂，除具备普通礼帽零件的特性外，还有考虑不到的因素可能造成零件成型的失败。毛料的尺寸是否合理直接影响零件的成形。

我们先将斜礼帽简化看做普通带法兰边的拉深件，计算它的毛坯直径尺寸，然后让零件的中心与毛坯尺寸重合，将部分不合理之处按零件外形修正（见图7），加上修边余量ΔL，得到的就是零件展开毛料。

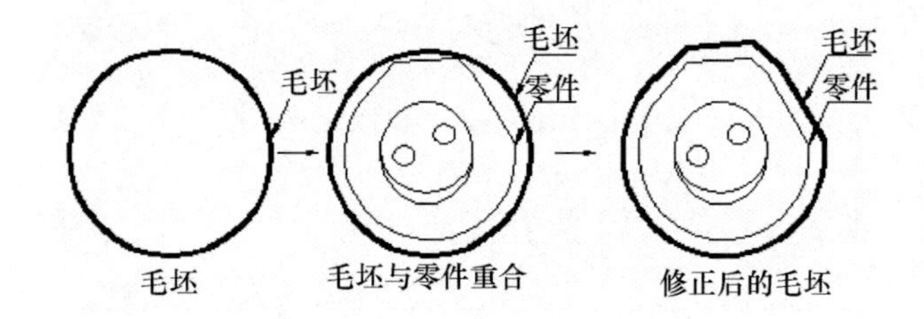

图7 展开料的估算

用PAM-STAMP反算模拟出的零件毛料与估算修正后的毛料外形轮廓尺寸基本相似（见图8）。在估算或模拟的基础上，经过多次试压修正得到真正的展开毛料。

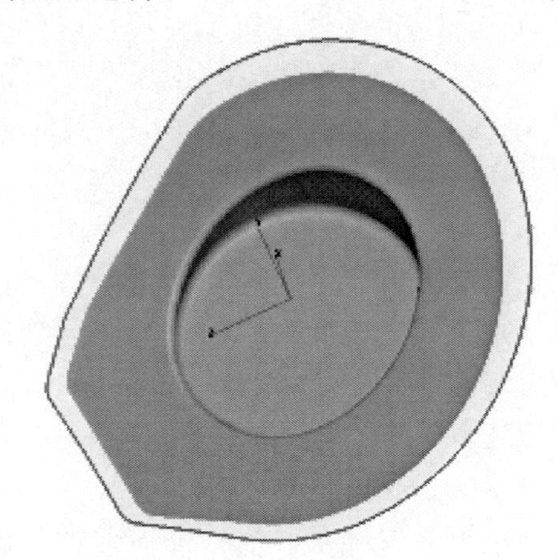

图8 PAM-STAMP模拟的展开料与零件外形对比

4.3.4　工装技术条件的确定

（1）拉深模型面设计成平面（见图9），这样可有利于材料的流动，减少模具的制造时间；

（2）按照零件拉深时对压边圈的要求经验值，毛料的相对厚度 $t/D\times100=1.27/188\times100\approx0.68<1.5$，故拉深模需要有压边圈。

（3）拉深模间隙对拉深力、成形质量与模具寿命影响很大。间隙过大，易起皱、形成锥度；间隙过小使摩擦系数增大、零件变薄严重、甚至拉裂。根据经验公式，一次拉深我们选择的间隙 $Z=(1\sim1.1)t\approx1.3\sim1.4$mm。

（4）由于零件料厚 $t=1.27$mm<3mm，无需计算拉深力和压边力确定冲床吨位；按照零件尺寸，100T 冲床的工作台面和行程能够满足成形要求，确定用 100T 冲床成形零件。

（5）型胎是零件的最终交付依据，所以型胎按零件数模制造，划零件最终外形线，包括法兰边的理论外形面，型胎盖板上镶钻套，用于钻制零件底部平面上的孔，同时型胎可用于冲床和液压机修正零件，故胎体和盖板上需按凹凸模形式做出零件全形，间隙保证零件料厚尺寸 1.27mm（见图9）。

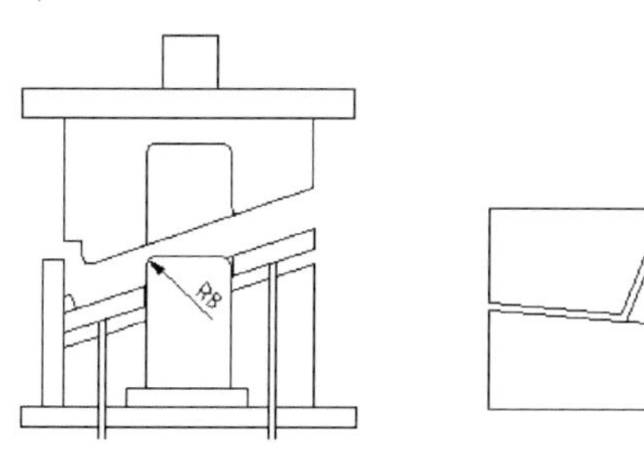

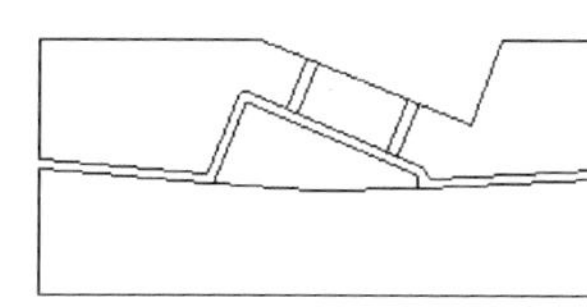

图9　拉深模与型胎结构

4.4　拉深过程的模拟

为了验证我们的方案是否行得通，我们用 PAM-STAMP 软件进行了拉深仿真模拟。按要求修改零件数模，再按更改后的零件数模进行模拟，得到的结果和上述分析基本一致，且一次拉深成功（见图10、图11）。从拉深成功的零件可以看出箭头指示区域，也就是“危险断面”为材料变薄最严重区域，料厚变薄为 1.089，符合拉深零件的变薄量。

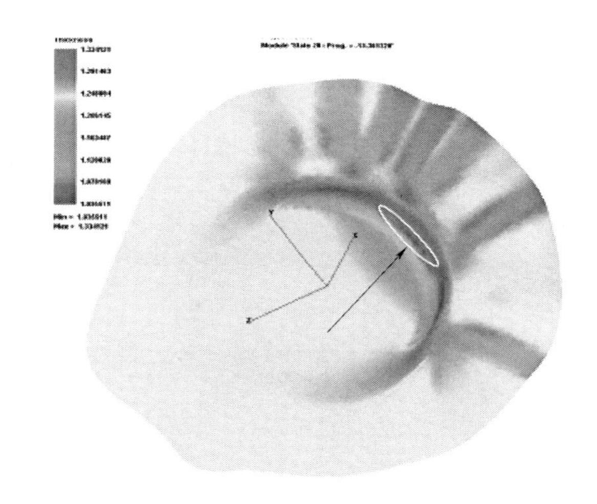

图10　压边力过小导致的起皱

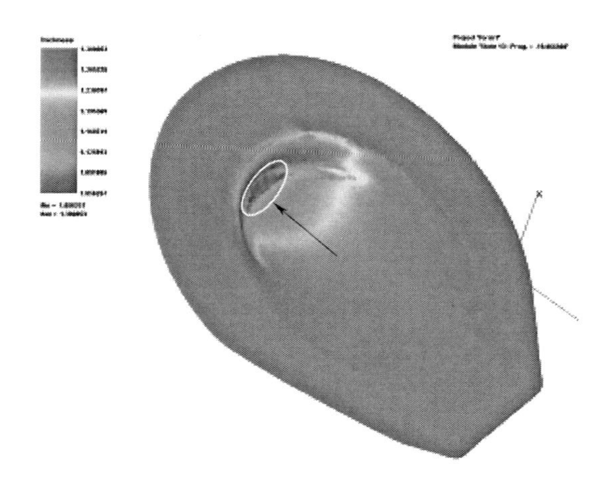

图11　压边力加大后拉深成功的零件

5　零件拉深成形试验过程

斜礼帽零件拉深高度不一致，导致材料受力不均匀，这就对压边力要求苛刻，压边力用来保证拉深成形的零件即不起皱也不被拉裂，在试模中不断调节来确定最合适的压边力。也可以查表计算得出。由《航空制造工程手册》表 11.47 查出。

$$Q=Fq$$

式中：Q 为总压边力；F 为在压边圈下的毛料面积；q 为单位压边力，$q=0.8\sim1.2$MPa。

按要求申请拉深模和型胎，为了分析拉深过程中总的参数，拉深高度分别控制在 20mm、30mm、38.5mm。

按模拟出的展开料加修边余量下料，进行拉深试验，不断调试冲床，得出以下几种典型结果

（见图12）：

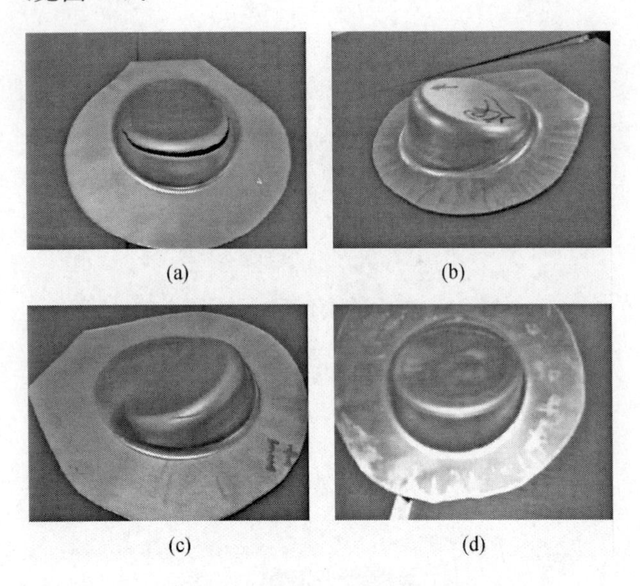

图12　不同状态下的拉深结果

（a）压力力大造成拉裂；（b）中间退火拉深的零件；（c）毛料大造成的疲劳；（d）合格的拉深零件

从拉深试验中看出，拉深高度为20mm、30mm时，零件很容易拉深成形；拉深高度为38.5mm时，如果毛坯不合理、压边力大、润滑不充分都可能造成零件底部的破裂或疲劳；拉深中间退火和中间平皱也可以提高零件的拉深质量，同时也降低了生产效率，增加了工人的劳动强度。所以合理的拉深工艺参数才是保证零件质量最重要的因素。

6　最终工艺方案的确定

根据以上分析及成形试验过程，确定的工艺方法为：

（1）零件按尺寸200mm×400mm下料，按PAM-STAMP软件反算出展开料，加上修边余量，试压修正后制成毛料样板，按毛料样板下出展开料。

（2）在J11—100冲床上拉深成形，成形过程中注意控制拉深高度、压边力等要素，防止法兰边的起皱和底部的破裂。

（3）在型胎上手工修正零件弯曲半径。

（4）在液压机上校正零件外形至贴胎，必要时在J11—100冲床上进行敦制校形，并按型胎上零件外形线切割，使零件外形符合型胎。

（5）按型胎底部钻套钻制大孔的工具孔2—ϕ2.7，托板螺母孔4—ϕ5.6，导孔ϕ2.7（见图13）。

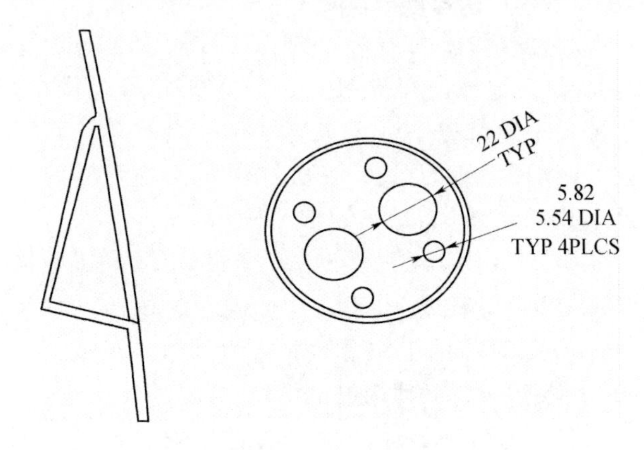

图13　钻制工具孔

（6）在J11—100冲床上冲制2—ϕ22通孔。

（7）按型胎总检零件。

7　结束语

通过对斜礼帽零件成形工艺成形方法进行分析、试验可知两次拉深成形的零件，用一套拉深模加一套型胎也能够成形出合格的零件，而且研制周期短、制造成本低，表面质量满足装配要求，适合批量较少的零件生产。我们应该按实际的情况制订定出一种最合理的工艺方法，既满足用户需求，也提高经济效益。

参　考　文　献

［1］　李寿萱．钣金成形原理与工艺．西安：西北工业大学出版社，1985.

［2］　航空制造工程手册．北京：航空工业出版社，1992.

［3］　夏琴香．冲压成形工艺及模具设计．广州：华南理工大学出版社，2004.9.

［4］　高鸿庭．冷冲模设计及制造．北京：机械工业出版社，2001.9.

PAM-STAMP 2G 在预测汽车外覆盖件面品缺陷上的应用

薛　飞　李　超

天津汽车模具股份有限公司，天津，300300

摘　要：本文利用 PAM-STAMP 对汽车典型外覆盖件——车门外板的面品缺陷问题进行了较为详细的研究。通过模拟油石打磨，并结合应力应变云图的方法预测了制件 A 级面的面品缺陷问题，并与现场取得了良好的对应。本文应用 PAM-STAMP 软件的显式算法计算冲压制件的成型过程，高级隐式算法计算回弹过程，证实了利用 CAE 方法预测 A 级面的面品缺陷的可行性。

关键词：外覆盖件；面品缺陷；PAM-STAMP。

1　前言

计算机数值仿真作为一种虚拟调试技术已经在汽车工业中得到了广泛的应用。在国内外的许多主机厂和模具厂，工程师们利用虚拟调试技术，大大缩短了模具的调试周期，减轻了钳工的工作量。

一般来讲，冷冲压件主要有四个缺陷，即开裂，起皱，面品问题（制件表面凹凸不平等）和尺寸精度不良。目前，通过数值仿真预测开裂和起皱的技术已经相对成熟，而面品缺陷和尺寸精度不良的预测则相对困难一些。

天津汽车模具股份有限公司（简称“天汽模”）十几年来始终利用 CAE 技术模拟冲压制件的成型过程，在预测冲压制件的开裂、起皱、回弹等问题上积累了丰富的经验。尤其是近年来，天汽模开始致力于高精数值模拟的研究和应用，并在面品缺陷和尺寸精度不良的预测上取得了一些有价值的成果。本文只针对面品问题做出讨论和研究。

面品缺陷是一种微妙缺陷，量级为 0.01～0.1mm，现场主要通过油石打磨，光检等手段发现。通常引起制件面品缺陷的原因主要有四种：

（1）造型设计不良。可以利用 CAD 软件中的连接性检查、曲率检查和反射线检查等功能检测到。

（2）模具制造加工过程中产生的模具表面缺陷。这种缺陷可以通过模具研合等方法消除。

（3）制件通过模具的凹凸角产生的冲击线、滑移线引起的面品缺陷。

（4）制件回弹引起的面品缺陷。此种面品缺陷和制件设计的形状以及板料的材料属性有关，是一种回弹现象。

2　面品缺陷预测的方法

面品缺陷是现场很棘手的问题，解决起来需要在经济和时间上付出很大的代价，即使是欧美和日韩的汽车厂也不例外。随着计算机技术的发展，第一种和第三种面品问题的预测已经非常成熟，第二种面品问题也可以通过提高加工精度来解决，只有第四种面品缺陷的预测一直是困扰着模具工程师的难题。天汽模经过长时间的研究和积累，总结出了一套独特的面品缺陷预测的方法，首先利用自定义的应力结果变量和等效塑性应变等仿真结果来预判面品区域，再通过模拟油石打磨来最终确认缺陷的位置以及量值，并与现场取得了良好的对应。

制件的不均匀弹复是引起第四种面品缺陷的主要原因，通过设计合理的模具压料面和补充面可以减轻这种缺陷，而精确并且成功的模拟却能使消除这种表面缺陷成为可能。

随着计算机技术的发展和有限元理论的进步，利用有限元软件精确模拟冲压制件的成型过程越来越多地被技术人员所接受。PAM-STAMP 2G 作为一个专业的钣金成型分析软件，计算精度高，并在结果后处理上有其独特的优势，例如面品检测工具和灵活的结果变量自定义机制等。

PAM－STAMP 2G V2011在后处理中提供了Cosmetic Defect Analysis功能（见图1），这个功能专门用来预测冲压件的面品缺陷，其中包括了Stoning Method方法。这个方法模拟实际油石打磨制件的过程，用云图的方式显示有面品缺陷的区域以及缺陷的量值。

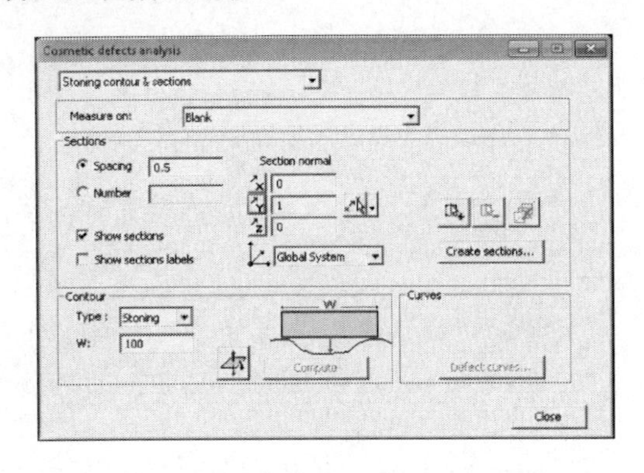

图1 Cosmetic Defect Analysis功能

Stoning Method把选择检查的区域分割成截面，如图2所示，应用油石的一个平面作为参考面，把这个面放到选定网格的上，沿着实际油石打磨的方向，移动这个平面，计算每一个截面的有限元网格到这个参考平面的距离，这个距离即是缺陷的量值。

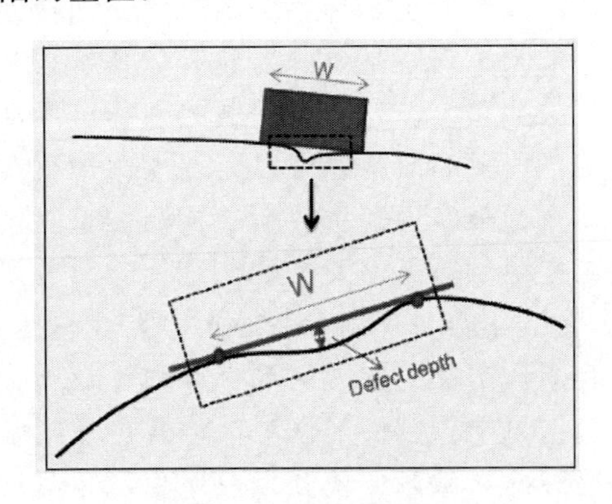

图2 区域分割截面

3 举例：车门外板面品缺陷的预测

车门外板是一个典型的汽车外覆盖件，A级面多，如图3所示。本文选择车门外板为例，以PAM-STAMP 2G软件为平台，利用上述方法预测其典型区域——门把手处的面品缺陷，并和现场出现的实际面品缺陷对比。

首先，观察拉延完成后门把手处的塑性应变量，如图4所示。

其次，定义自定义应力结果变量，方法如图5所示。并观察该区域的自定义应力结果，如图6所示。

图3 车门外板

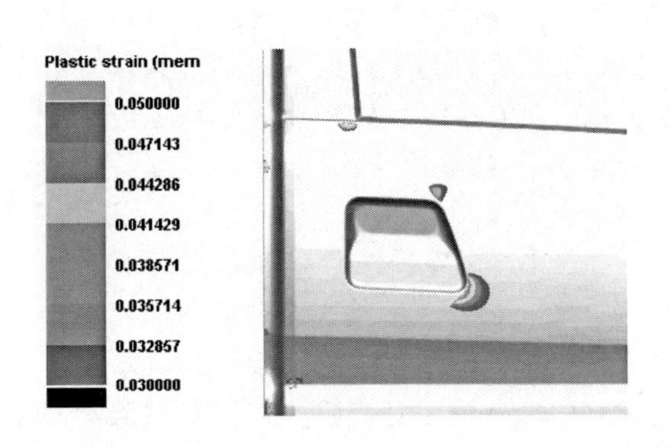

图4 等效塑性应变（0.03～0.05）

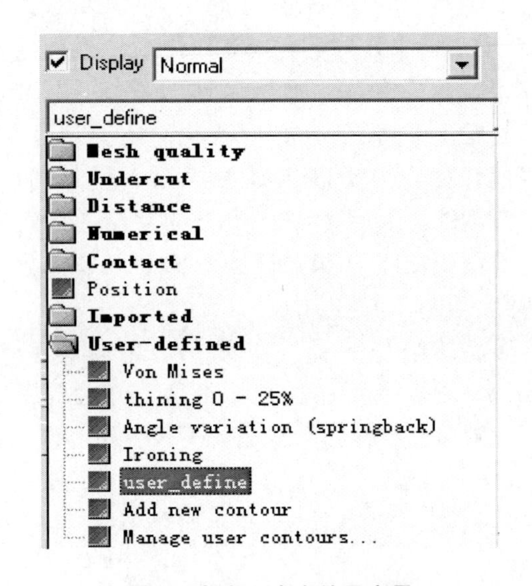

图5 自定义应力结果变量

最后，利用模拟油石打磨功能观察此时此区域的面品情况，如图7所示。可见模拟油石打磨并不能发现有面品凹陷，因此，在原始车门把手的型面设计上没有问题。

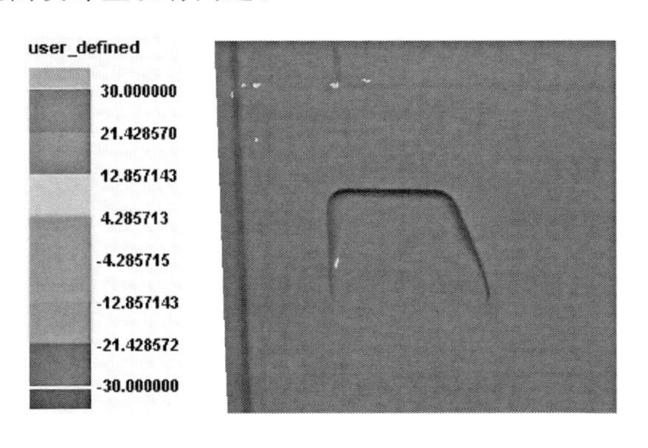

图6　拉延后自定义应力结果变量

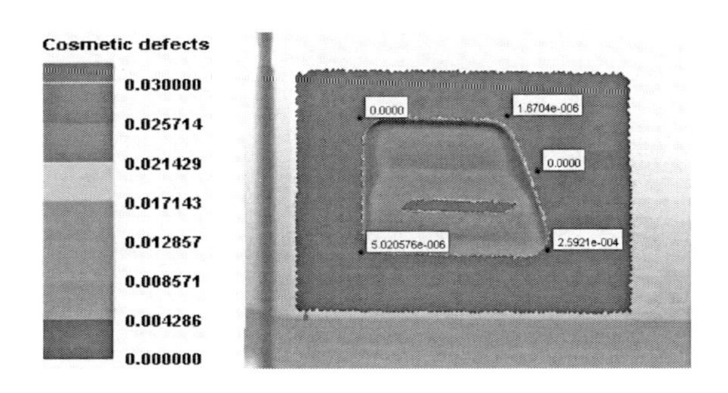

图7　拉延后模拟油石打磨结果

实际上，现场的制件都是卸载之后，即回弹之后的制件，而面品问题大部分正是在回弹之后产生的。因此，本例须继续做车门外板的回弹计算。经过计算，作者发现，门把手区域的塑性应变变化不大，如图8所示，这是与理论相符的。而自定义的应力结果则显示出很大的不同，如图9所示。这是制件回弹后应力释放的结果，作者即是以此为依据预测几个区域有存在面品缺陷的可能性。最后对此区域做模拟油石打磨分析，发现面品凹陷出现，如图10所示。预测的结果与现场油石打磨照片（见图11、图12）对比，显示出良好的一致性。

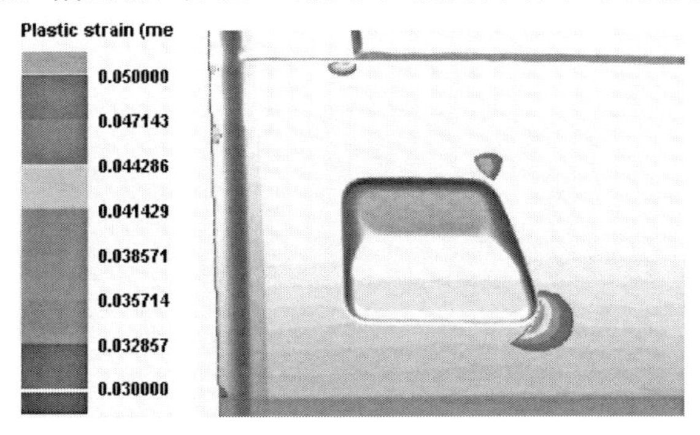

图8　回弹后等效塑性应变（0.03～0.05）

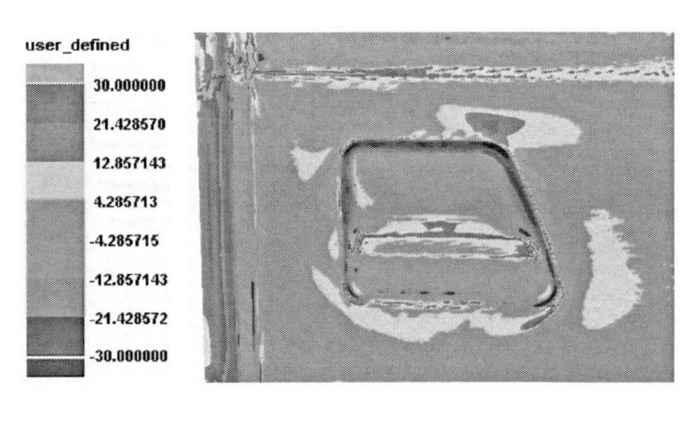

图9　回弹后自定义应力结果变量

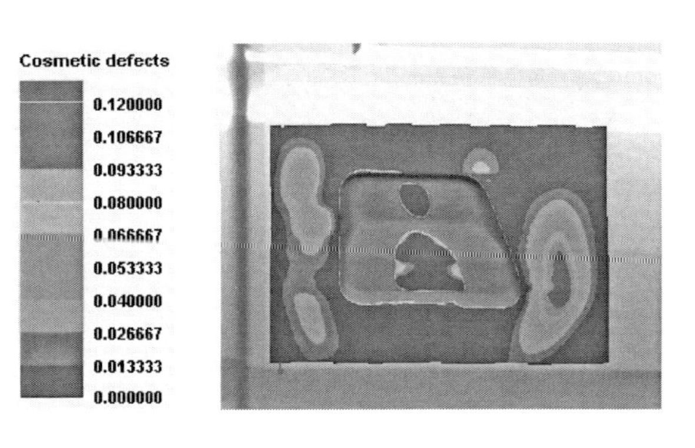

图10　回弹后模拟油石打磨结果

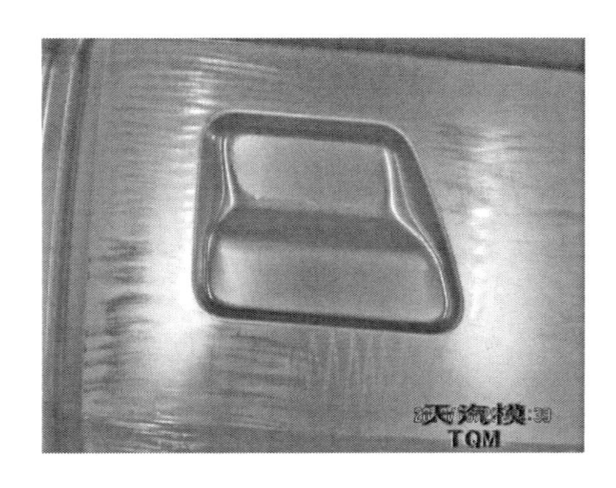

图11　现场油石打磨情况

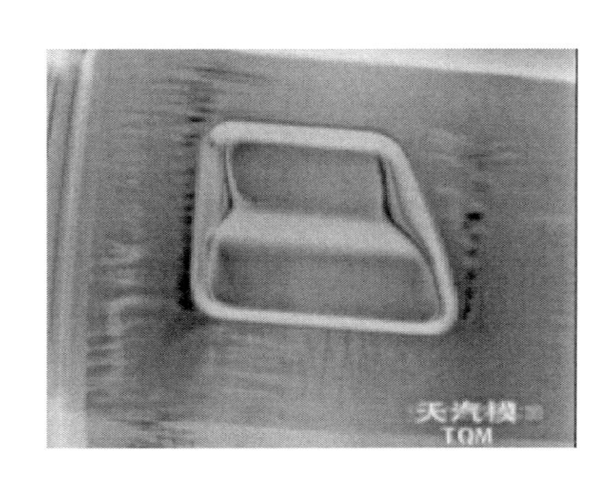

图12　现场油石打磨情况

4 结论

本文以车门外板为例，论述了PAM-STAMP 2G软件预测冲压制件面品缺陷方面的应用，预测区域和现场调试时出现的面品缺陷区域基本一致。这说明应用CAE分析预测冲压制件的面品缺陷是可行的，这为完全消除表面缺陷奠定了良好的基础。利用本文的方法提前预测冲压制件的面品缺陷，在产品开发阶段通过改进造型，在模具设计阶段通过改进模具的工艺和结构，将对模具的现场调试和制件A级面的品质产生积极作用。

参考文献

PAM-STAMP 2G V2011 User's Guide ESI Group 2011.

TA15 板材冷折弯成形过程数值仿真应用研究

高海涛　刘章光　苗建芸　刘太盈

北京星航机电设备厂，北京，100074

摘　要： 为了进一步研究 TA15 板材的冷折弯成形规律，基于金属板料成形有限元模拟成形软件 PAM－STAMP 2G，对 TA15 板材冷折弯过程进行了模拟仿真，分析了凸模行程、凹模跨度、凸模圆角等成形参数对板材折弯后回弹的影响规律，并对 TA15 板材折弯的极限角度、回弹角度进行了研究。同时开展了相关工艺试验，通过对比模拟结果与试验数据，发现两者趋势基本一致，结果较为吻合，验证了 PAM STAMP 2G 有限元仿真在 TA15 板材冷折弯成形过程中应用的有效性和可行性。

关键词： 有限元模拟；冷折弯；钛合金。

1　引言

板料折弯是典型的弯曲成形，弯曲成形理论模型的研究始于 20 世纪初，Ludwik 建立了梁塑性弯曲的工程理论。1950 年，Hill 建立了塑性弯曲的精确数学理论，奠定了板料弯曲成形的理论基础[1]。随着计算机技术和塑性成形理论的发展，有限元理论和仿真软件出现，并在板料成形领域的发挥着重要作用。

板料折弯变形可分自由弯曲、反向弯曲和校正弯曲，钛合金板的折弯适用于成形小角度零件，宜采取自由弯曲形式。自由弯曲是一个存在材料非线性、几何非线性和边界条件非线性等多重因素的复杂非线性过程，材料性能和尺寸、机床速度和压力、模具行程和尺寸等均影响零件成形质量，传统的解析方法难于获得合理的精确解，而有限元的发展和应用为该类复杂问题的解决提供了有效的途径[2]。本文结合有限元模拟与试验，研究折弯零件的应力与应变、角度、回弹、破裂等状态。

2　零件特点

图 1 所示为简单折弯件，材料为 TA15M 钛合金板材，厚度为 δ1.0mm，其中弯曲半径 R 为 1mm，折弯两种角度，弯曲角分别为 7.6°和 5.8°。考虑到生产效率和制造成本，该零件选择选择冷折弯成形。该零件折弯的难点在于成形装备的选择、回弹的预估、折弯成形极限的判定，从不产生裂纹和提高成形精度两个方面控制零件质量。

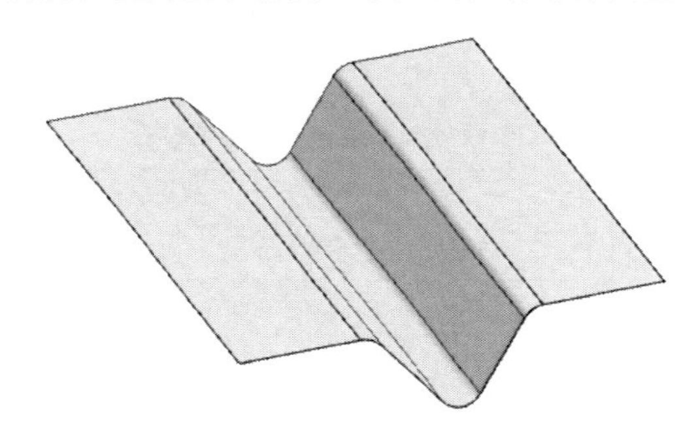

图 1　折弯件示意图

3　折弯成形有限元模型的建立及关键技术处理

本文采用金属板料成形专业有限元模拟成形软件 PAM－STAMP 2G，对 TA15 板材冷折弯过程进行模拟仿真，整个过程分为两个阶段，即基于显式算法的折弯塑性成形阶段，和基于隐式算法的卸载回弹阶段。根据零件特点，本文主要模拟研究了凸模行程、凹模跨度、凸模圆角的变化等参数对板材折弯角度和回弹的影响。通过有限元模拟分析研究折弯成形过程中零件的应力应变状态和卸载过程中出现的回弹现象，同时预测折弯的成形极限角度，从而指导生产成形设备和工装的选择，避免出现折弯过程中的破裂等缺陷。成形过程的有限元数值模拟的建模过程中，在保证模拟计算精度的前提下为节约计算时间忽略了模具的弹性性质，将凸模和凹模简化为刚性约束面，而将板料设为可变形体，采用八节点六面体三维等参数单元划分网格，并在板料弯曲范围局部细化单元尺寸以提高其变形仿真精度，为了更好地与实际折弯试验进行比较分析，选用了精度较高的正交各向异性材料模型，其中所建有限元模型如图 2 所示。

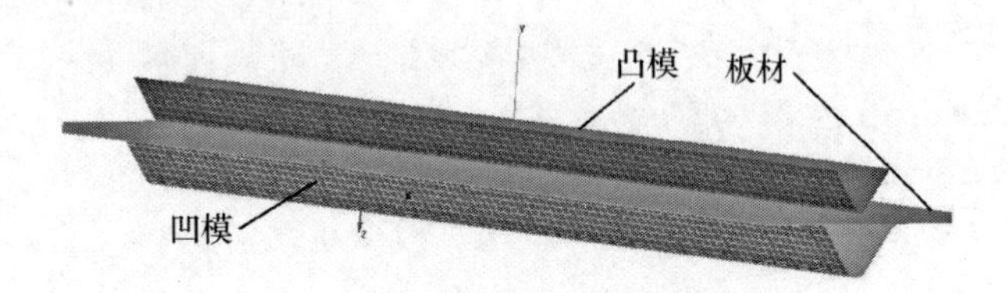

图 2 折弯成形有限元分析模型

为了使有限元模拟结果更接近于板材的实际变形性能，对厚度为 1mm 的 TA15 材料做了室温拉伸试验，得到的材料的基本性能参数如表 1 所示。

表 1 TA15 板材室温拉伸基本性能参数

杨氏模量(GPa)	泊松比	密度(kg/mm^3)	加工硬化指数	厚向异性指数		
				r_0	r_{45}	r_{90}
114	0.33	4.43e-6	0.2935	0.612	1.121	0.442

4 有限元数值模拟

4.1 折弯件的应力状态分析

折弯件的回弹，跟成形过程中折弯零件所受的应力状态密切相关。考虑到实际折弯件的尺寸较大等特性，本文在分析折弯成形的应力状态时只取折弯件的折弯部分进行局部应力状态分析。其中图 3 为折弯件卸载前的主应力分布云图，图 4 为折弯件卸载前的次应力分布云图。从图 3 中可知，折弯件内表面主应力为压应力，外表面主应力为拉应力，中性层主应力接近为零，折弯两直边所受主应力接近为零；从图 4 中可知，折弯件内表面次应力为压应力，外表面次应力为压应力，中性层次应力接近为零，折弯两直边所受次应力仍接近为零。这里主应力主要是指环向应力，次应力指厚向应力。这与实际成形过程中所受的应力状态时一致的，即内表面主要发生压缩变形，外表面发生拉伸变形，折弯直边段为未变形区。折弯件内压外拉的受力状态易促进回弹的产生，因此在成形的过程中可以考虑通过改变其受力状态来减少回弹的产生。

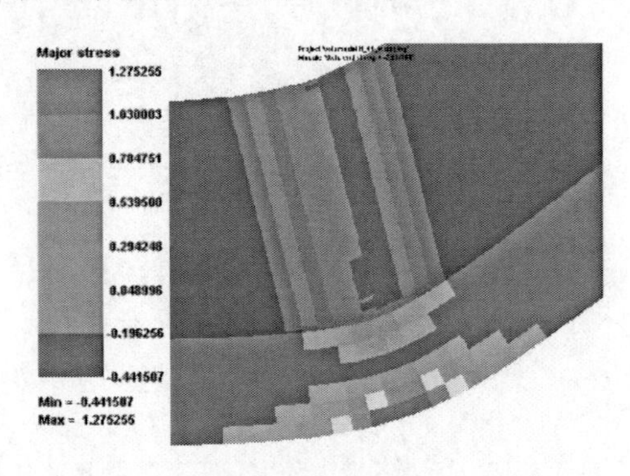

图 3 卸载前的局部主应力分布云图

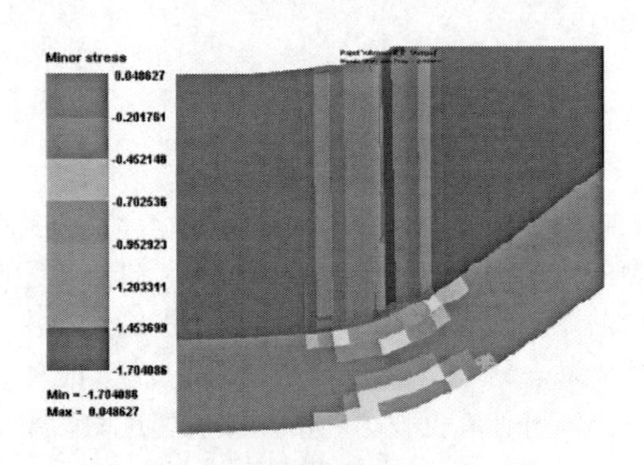

图 4 卸载前的局部次应力分布云图

4.2 凸模圆角半径和凹模跨度对回弹角 $\Delta\alpha$ 的影响

为了探究凸模圆角、凹模跨度对回弹角 $\Delta\alpha$ 的影响，本文选择凸模半径分别为 1mm 和 3mm、分别进行凹模跨度为 4mm、8mm、12mm、20mm、40mm、60mm、80mm 的折弯成形，折弯角为 39°，折弯成形结果对比如图 5 所示。从图中对比可得，对于不同的凸模圆角，回弹角 $\Delta\alpha$ 的变化趋势基本一致，回弹角随凸模半径 R 的增大而略有增加；而回弹角随着凹模跨度的变大却快速增大，其中在凹模跨度小于 60mm 时增长较快、凹模跨度大于 60mm 时增长平缓，在凹模跨度 $B<20$mm 时，回弹角较小，受跨距影响相对较小；在凹模跨度 20mm$<B<$60mm 时，回弹角较大，回弹受跨距的影响较大。在相同弯曲角的条件下，随着凸模圆角和凹模跨度的增大，折弯件变形程度减小，弹性变形在总变形量中的增大，卸载后的弹性回复量也变大。

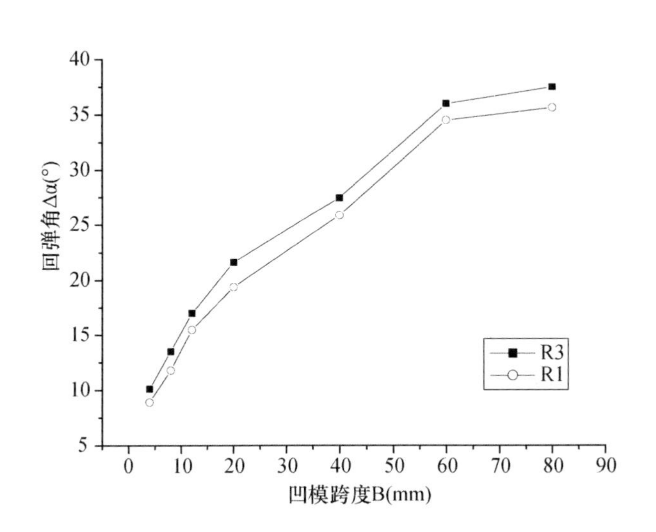

图5　回弹和凸模圆角、凹模跨度的关系

4.3　凸模行程 D 对弯曲角 α 和回弹率 β 的影响

折弯件的变形程度随凸模行程 D 的变化而变化，为了考察凸模行程对弯曲角 α 和回弹率 β 的影响，在其他变形参数相同的条件下，选择凸模半径 R 为 1mm、凹模跨度为 12mm，凸模行程为一系列变化值进行有限元模拟。研究凸模行程对弯曲角 α 和回弹率 β 的影响规律，其中图 6 为不同凸模行程 D 对弯曲角 α 的影响，图 7 为不同凸模行程 D 对回弹率 β 的影响。从图 6 可知，随着凸模行程的增大，弯曲角几乎呈线性增大；从图 7 可知，随着凸模行程的增大，回弹率在凸模行程较小时，呈快速下降趋势，凸模行程较大时逐渐趋向平缓，说明在凸模行程较小时，弹性变形占总变形量中的比例相对较大，因而卸载后产生的回弹量较大；而随着凸模行程的增大，折弯件总变形量增大，同时总变形量中塑性变形所占的比例逐渐增大，因而卸载后弹性回复量随之减小，因而回弹率 β 逐渐变小。

通过对凸模行程 D 对弯曲角 α 和回弹率 β 的影响规律的数值模拟结果分析，拟合图 6 和图 7 的曲线方程可得到弯曲角、回弹率与凸模行程之间的关系式如式（1）和式（2）。根据公式（1）和公式（2），如果已知目标弯曲角，可以预测相应折弯凸模行程和回弹角，这对实际生产折弯件具有理论指导意义。

$$\alpha=-8.10781+18.68506D \tag{1}$$

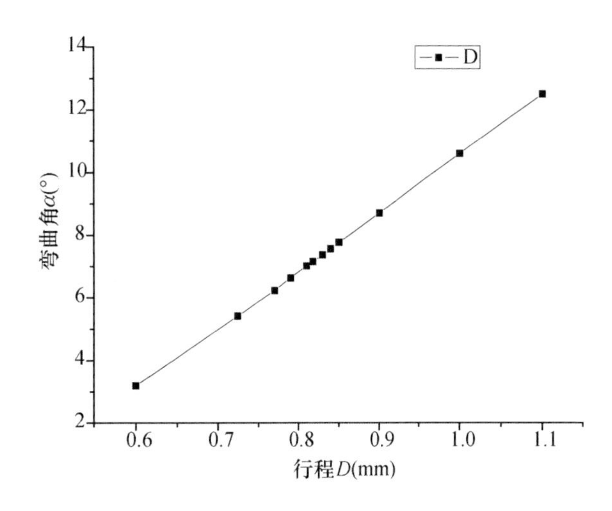

图6　凸模行程 D 对弯曲角 α 的影响

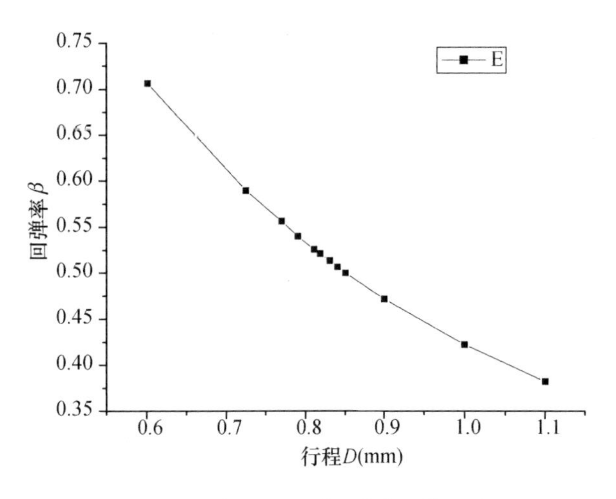

图7　凸模行程 D 对回弹率 β 的影响

$$\beta=\frac{\Delta\alpha}{\alpha+\Delta\alpha}=1.55361-1.83027D+0.69587D^2 \tag{2}$$

4.4　折弯成形极限分析

材料成形极限的大小在材料的成形性能中最为重要，它反映了材料在各种应力应变状态下局部极限变形能力的大小。本文研究凸模圆角 R 为 1mm、凹模跨度 B 为 12mm 条件下的板材回弹角度和成形极限。经过大量的有限元模拟发现，当行程 1.5mm 时，回弹后角度 18.22°，对应成形极限图 FLD 如图 8 所示。从图 8 中可以看出材料折弯区域均在安全区域内，能够顺利折弯，没有产生裂纹。但部分应变分布点已接近破裂临界区，易产生破裂趋势。当行程 2.0mm 时，回弹后角度 29.76°，该凸模行程下的 FLD 图如图 9 所示。从图 9 中可以看出材料折弯范围内有部分区域已在破裂区内，会有裂纹现象产生。因此可以得到凸模圆角R为1mm、凹模跨度B为12mm条件下的极限凸模行程为1.5mm。通过分析该行程下的主应变云图分布，如图10所示，发现在零件边缘材料内表面向外翻起，这种现象与实际折弯成形相吻合。

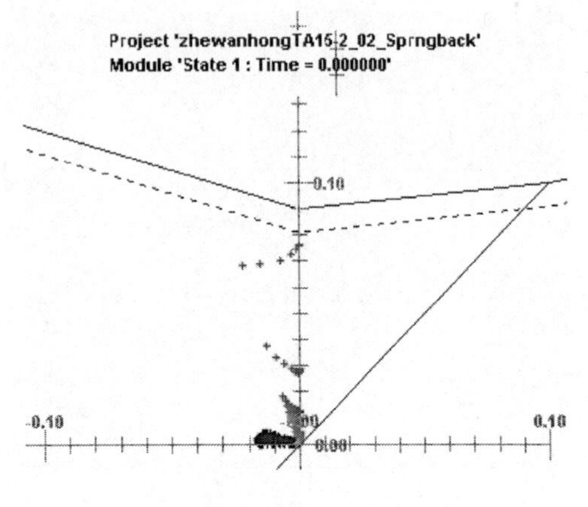

图8 行程1.5mm时FLD图

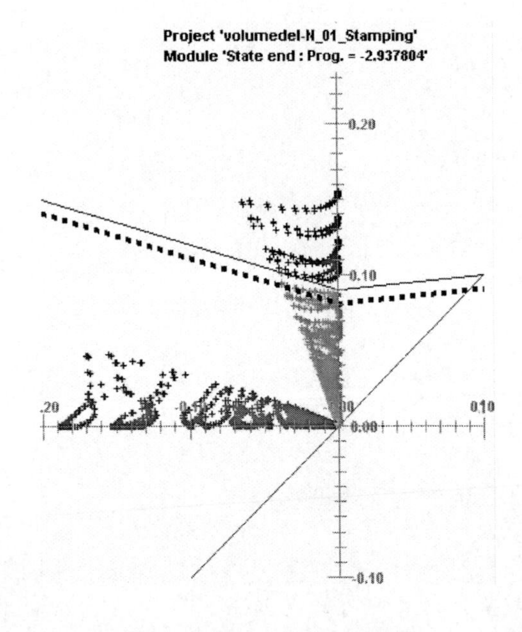

图9 行程2.0mm时FLD图

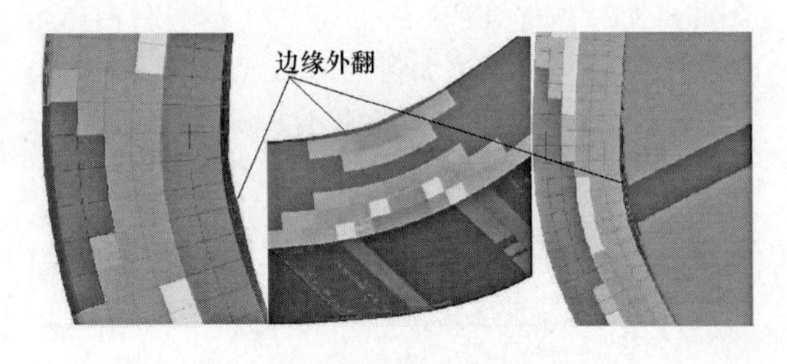

图10 在FLD云图（左）、主应力云图（中）、主应变云图（右）中棱线边缘外翻问题

5 试验分析

结合上述有限元数值模拟结果，选取材料为TA15M，厚度为δ1.0mm的钛合金板材，所用设备为PBB－110/3100数控折弯机进行试验分析。考虑到生产成本和降低折弯成形过程中出现的动态效应，取凸模下压平均速度为10mm/s。本文为了研究凸模行程D对弯曲角α的影响，同时验证通过模拟结果拟合的弯曲角、回弹率与凸模行程之间的公式正确性，选取折弯凹模跨度B为12mm，凸模圆角为1mm。通过上述公式（1）理论计算出弯曲角为7.6°和5.8°的凸模下降行程分别为0.84mm和0.74mm；根据公式（2）理论计算出，弯曲角为7.6°和5.8°的回弹角分别为8.91°、7.81°。在上述设备参数条件下，对弯曲角为5.8°和7.6°进行了试验研究，模拟和试验的具体参数对比如表2所示。由表2可知，与数值模拟分析结果相比较，相应试验结果数值整体偏小，但相差误差不大，因此数值模拟分析结果和试验结果基本吻合，说明了通过模拟拟合的回弹角和回弹率与凸模行程的公式是可行有效的。其中造成两者产生误差、影响有限元分析结果的主要因素有板材性能、有限元模型、边界条件、摩擦系数等。

表2 弯曲角为5.8°和7.6°模拟与试验数据对比

弯曲角 α(°)	研究方式	凸模行程 D(mm)	回弹角 $\triangle\alpha$(°)
5.8	模拟	0.74	7.81
	试验	0.62	6.2
7.6	模拟	0.84	8.91
	试验	0.76	7.8

根据前文凸模圆角半径R和凹模跨B度对回弹角$\Delta\alpha$影响的有限元模拟结果，试验选择凸模半径分别为1mm和3mm、分别进行凹模跨度为4mm、8mm、12mm、20mm、40mm、60mm、80mm的折弯成形，折弯角为39°。试验折弯成形结果和有限元数值模拟结果对比如图11所示。从图中可以看出，试验件回弹角随着凸模圆角和凹模跨度的增大而增大，且受凹模跨度的影响相对明显。试验件测量得到的回弹角$\Delta\alpha$比相应的有限元计算结果略小，但回弹角总的变化趋势基本一致。

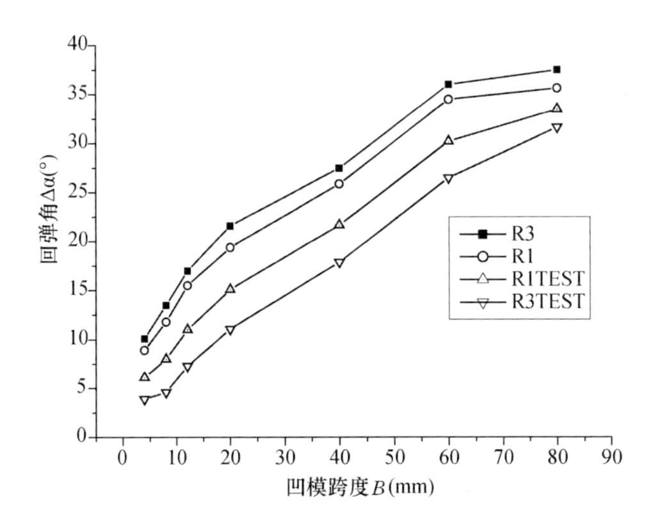

图 11　不同凹模跨度 *B* 和凸模圆角 *R* 对回弹角 Δα 影响的数值模拟和试验结果对比

为进一步探究 TA15 板材的折弯性能和降低折弯废品率，提高折弯工艺的成形效果，本文结合前文所述的数值模拟结果，进行该板材的破裂极限弯曲角试验研究。选取试验折弯凹模跨度 B 为 12mm，凸模圆角 R 为 1mm，得到试验值与模拟值的极限凸模行程 D 和回弹角$\triangle\alpha$ 对比数据如表 3 所示。其中极限弯曲破裂试验件如图 12 所示。从表 3 中可以看出，在相同凹模跨度和凸模圆角条件下，试验的极限凸模行程比模拟得到的极限行程 D 和回弹角$\triangle\alpha$ 均略微偏大，但结果基本一致，说明模拟得到的成形极限凸模行程对实际生产具有指导意义；无论是试验值还是模拟值，凸模极限下降行程偏小，回弹角数值整体较大，说明在材料 TA15 冷折弯性能较差，塑性变形区间较小，回弹较大。可见回弹现象对折弯成形的尺寸精度和形状精度影响较大，不能忽视，实际生产过程中可通过增加弯曲角度进行角度回弹补偿，以此获得比较满意的折弯件。

表 3　　成形极限模拟与试验数据对比

研究方式	凹模跨度 B (mm)	凸模圆角 (mm)	凸模行程 D (mm)	回弹角$\triangle\alpha$ (°)
模拟	12	1	1.54	31.82
试验	12	1	1.90	40

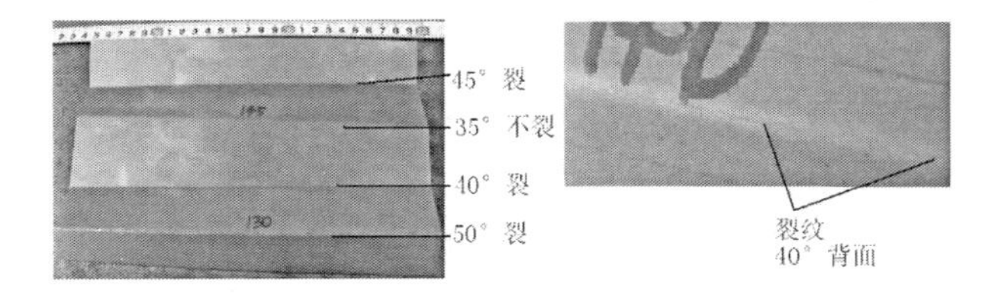

图 12　破裂极限弯曲试验件（左）、极限裂纹形貌（右）

6　结论

（1）建立了材料 TA15 折弯成形的有限元仿真模型，对包含折弯成形和卸载回弹在内的折弯成形全过程进行了系列全面的模拟计算，所得结果和试验结果误差较小，基本一致，为今后进一步设计和制定折弯成形制定合理的成形工艺提供了有效的参考。

（2）回弹角随着凸模半径 R 和凹模跨度 B 的增大而增大，其中回弹角受跨距的影响较大，在凹模跨度小于 60mm 时增长较快、凹模跨度大于 60mm 时增长平缓。

（3）随着凸模行程 D 的增大，弯曲角 α 几乎呈线性增大，而回弹率 β 在凸模行程较小时，呈快速下降趋势，凸模行程较大时逐渐趋向平缓；同时拟合得到了弯曲角 α 和回弹率 β 与凸模行程 D 之间的关系式，经过试验验证，该关系式能有效预测回弹角的大小。

（4）钛合金 TA15 板材的成形极限凸模行程较小，冷折弯性能较差，塑性变形区间较小，回弹较大。

（5）采用有限元分析的手段，能有效地解析板材折弯成形过程中存在的回弹和破裂问题，大大减小了材料成本、试弯周期和生产周期。

参　考　文　献

[1]　刘海燕，金霞．板料成形的回弹预测方法研究．机械制造与研究，2008，37(6)，40～44．

[2]　李建，赵军，高颖，马瑞．宽板 V 型自由弯曲回弹模拟精度及回弹影响因素研究．燕山大学学报，2008，32(05)，193～196．

冲压成形件回弹补偿仿真分析

李 成

工程技术部工艺处

摘 要：近年来，飞机钣金制造领域围绕数字化制造工程的实施方面，开始应用钣金成形有限元分析技术，它已成为解决飞机钣金精确制造的有效途径，受到普遍关注和重视。陕飞公司通过建立钣金成形有限元分析系统，组建钣金成形有限元分析团队，在新机研制过程中进行了复杂典型钣金零件成形过程有限元分析，初步确定零件毛料、成形方式，优化工装结构、成形压力和回弹补偿量，缩短了工艺准备周期，提高了零件成形质量，提升了快速研制和生产能力。

关键词：冲压成形；有限元分析；回弹补偿。

1 前言

为了满足现代军用和民用飞机研制速度更快、周期更短、制造精度更高的要求，飞机制造业的发展趋势是计算机数字化虚拟设计与制造。但是，飞机钣金成形是依靠材料的塑性变形来加工的，毛料展开、成形工艺、变形趋势、缺陷控制、模具设计等一系列问题给数字化虚拟制造带来了较大的难度，使钣金成形数字化虚拟制造系统成为整个飞机数字化虚拟制造的薄弱环节。目前，国内飞机制造厂钣金成形工艺及模具设计主要还是沿袭传统的经验法进行反复修模、试模，各环节孤立地按“串行”的流程进行，不能满足现代飞机研制过程中速度快、周期短、精度高的要求。因此，需要采用一种先进的数字化分析技术，在模具的投产之前，虚拟模仿钣金零件的成形过程，解决钣金零件成形过程中可能出现的问题。其中，有限元分析就是一个比较理想的选择。

有限元分析是在计算机上应用有限元仿真软件进行虚拟的板料成形试验。通过输入实际的工艺参数，进行计算机数值计算模拟，预测板料在成形过程中各种缺陷产生的位置和分布程度，以此判断所选板料力学性能、模具方案、成形工艺参数选择的合理性；同时，借助三维动态显示可以详细地分析成形过程中每一小步的情况，比较精确地确定缺陷产生的具体原因并找出相对应的解决措施。因此，有限元分析为模具设计、工艺过程设计与工艺参数优化提供了科学的新途径，已成为解决复杂钣金成形工艺设计和模具设计的最有效手段，是传统的成形工艺过程从“经验型”转变为“科学型”的重要标志。

本文选取某典型冲压零件，借助 PAM－STAMP 2G V2011 进行仿真模拟，根据成形结果来判断零件的可成形性，并根据计算出来的回弹结果判断回弹量是不是满足工艺要求，在回弹结果研究的基础上，根据回弹量对模具进行自动的回弹补偿。

2 典型冲压零件几何模型

图 1 为某典型冲压零件和成形零件的模具模面，此零件采用成形工艺为标准冲压成形。

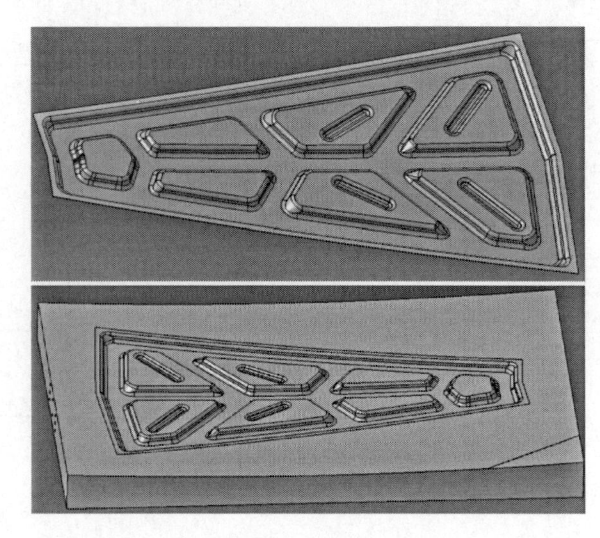

图 1 零件及模面几何模型

3　有限元几何模型的建立及成形回弹仿真结果

在有限元模拟软件 PAM-STAMP 中建立标准冲压的几何模型，有限元模型如图 2 所示。模型包含凸模、凹模、板料、压边圈、拉延筋；仿真所应用的参数为如下：材料为 DC06、毛料厚度为 1mm、采用 500KN、冲压速度为 2mm/ms。

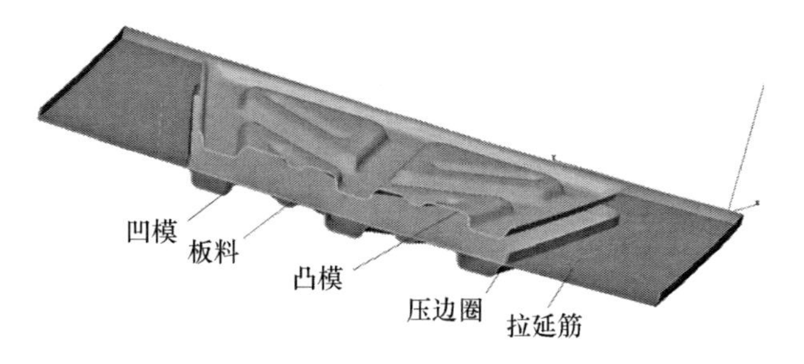

图 2　有限元模型

完成前置处理后提交运算，得到零件的仿真模拟结果，图 3 为零件成形后的厚度分布云图，根据零件的厚度分布云图可以得到零件最大厚度为 1.03mm，零件最小厚度为 0.75mm，零件变薄量为 25%，零件能够成形。

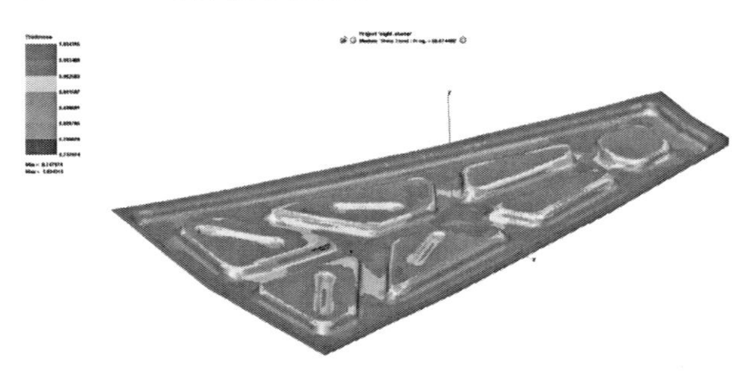

图 3　厚度变化云图

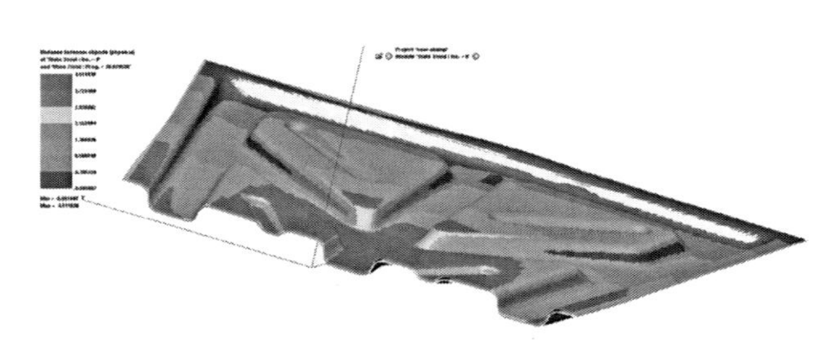

图 4　零件回弹分布云图

图 4 为零件成形后的回弹分布云图，最大回弹量为 4.5mm，出现在零件中间位置；为了改变零件的回弹量，需要修改零件的成形模具，根据零件的回弹量对成形模具进行回弹补偿，在此利用 Pam-stamp 软件的自动回弹模块，对模具进行自动回弹补偿。

4　模面回弹补偿结果

4.1　自动回弹补偿条件设置

根据标准冲压成形零件工艺要求，如图 5 所示，设置自动回弹补偿的条件参数如下：

(1) 回弹的最大距离 $D \leqslant 0.5$mm。

(2) 零件贴合面积 $P \geqslant 95\%$。

(3) 最大补偿迭代次数 $N=8$。

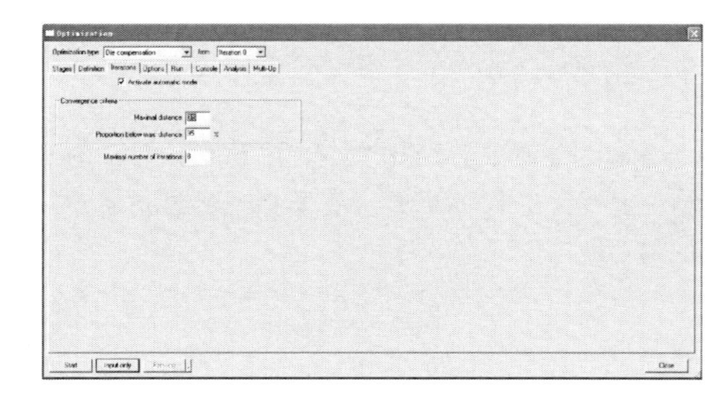

图 5　自动回弹补偿参数设置图

4.2　回弹补偿结果

图 6 给出了模面补偿前零件贴合百分比，零件回弹后，只有 6.33% 的零件型面与理想型面的距离在 0.5mm 以内。

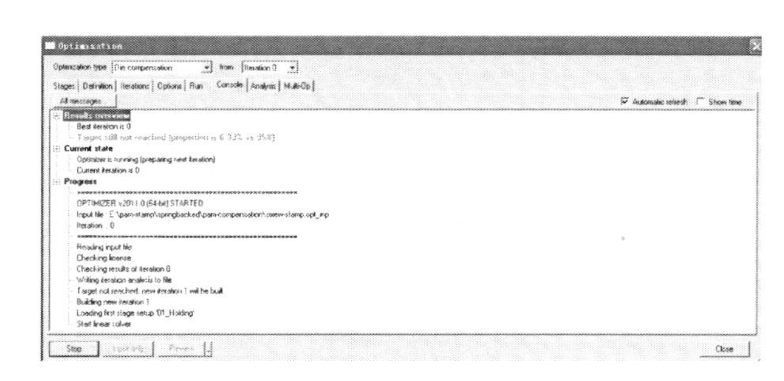

图 6　模面补偿前零件贴合百分比

经过自动的回弹补偿迭代，零件回弹后，有 95.3% 的零件型面与理想型面的距离在 0.5mm 以内。

4.3　回弹补偿后输出的新模面

通过回弹补偿计算，得到的是模面的网格，

而设计人员需要的是模具型面的CATIA文件，以便进行下一步的工装设计。根据初始模面、补偿后模面的网格，利用ICAPP软件可以得到新模具的CATIA文件。补偿后的新模面如图7所示。

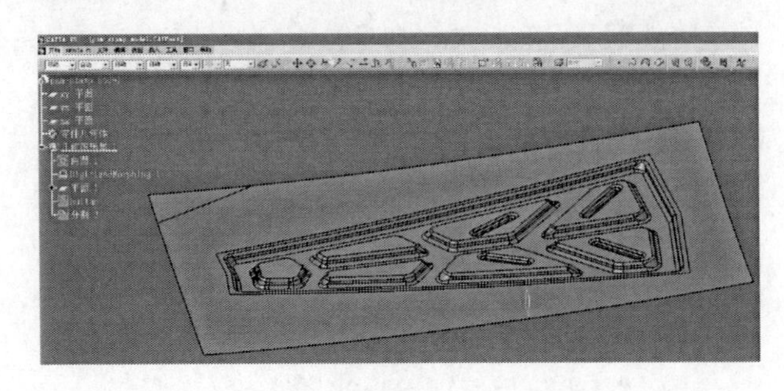

图7　回弹后的CATIA模型

5　结论

本文借助PAM-STAMP 2G仿真软件，对典型冲压零件进行了回弹仿真模拟，通过仿真得出的主要结论如下：

（1）PAM-STAMP 2G仿真软件除了能够获取成形后的相关信息，还能精确计算出零件回弹的结果。

（2）PAM-STAMP 2G的回弹补偿模块在完成简单的设置后，能够根据回弹量自动迭代运算，得出满足回弹要求的新模面网格。

（3）运用仿真软件，能够有效减少模具物理试模的次数，无论从节约成本，还是从缩短产品的研制周期来看，有限元仿真手段是工艺人员手中的一柄利器。

（4）本例中通过仿真后得到的结果用于实际零件的生产，得到与仿真结果一致的结论，验证了参数选择的正确性，表明通过借助仿真软件进行相关零件的生产是可行的。

参考文献

［1］ 航空制造工程手册总编委会．航空制造工程手册飞机钣金工艺[M]．北京：航空工业出版社，1992.

［2］ 李泷杲，王书恒．金属板料成形有限元模拟基础[M]．北京：北京航空航天大学出版社．2008.

阶梯零件拉深成形模拟仿真分析

苗建芸　高海涛　刘章光

北京星航机电设备厂，北京，100074

摘　要： 利用有限元模拟分析软件 PAM－STAMP 2G 对阶梯形零件的拉深过程进行了有限元模拟仿真，通过对仿真结果的分析，优化零件展开料的尺寸，获得了最佳的展开料形状。通过试验论证，对比试验数据及仿真结果，发现两者较为吻合。

关键词： 有限元；拉深；阶梯形零件。

1　引言

板料的拉深成形是板料塑性成形的一种重要方法，起皱和破裂是板料拉深成形过程中的主要成形缺陷。对于复杂拉深零件，如何准确预测零件在拉深成形过程中的起皱或破裂的趋势是决定工艺过程以及最终成形质量的先决条件。本文采用动力显示积分的有限元方法，对阶梯形零件的拉深成形过程进行了模拟仿真，针对仿真预测的成形缺陷优化了成形工艺，为实际生产提供了参考依据。

2　零件变形特点

零件外形如图 1 所示，材料为铝合金 5A06，厚度 2.5mm。从零件示意图可看出，该零件常规成形工艺为拉深＋翻边的组合成形工艺，工艺较为复杂，因此考虑对零件进行型面补充，补型后的零件如图 2 所示。由图可见，补型后零件为非轴对称的阶梯形零件，A 处可近似为圆柱形阶梯零件拉深，B 处可近似为弯曲变形。由于直壁（B 处）部分材料的流动速度大于圆弧（A 处）部分，在直壁的中间部分，材料流动速度最快，越靠近圆弧处，材料受圆弧部分材料的牵制，流动速度变慢，材料在此处受到切向压缩。同时，由于 C 处圆弧段相对相邻部分存在较急剧的变形，使得材料在此处变形极不均匀，在拉深过程中易导致零件在变形区的起皱以及 C 处圆弧段底部圆角处的破裂。

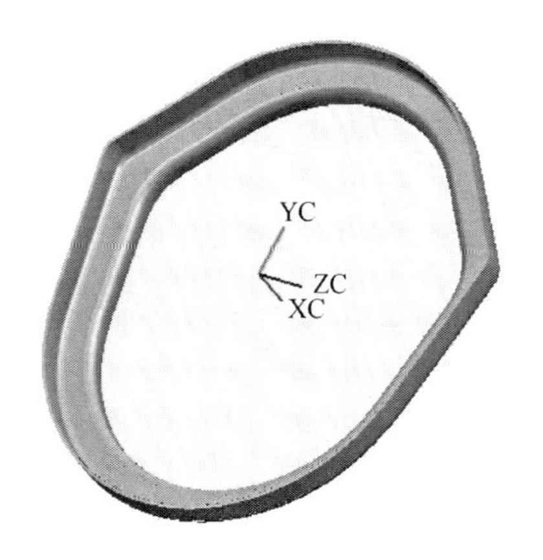

图 1　零件外形示意图

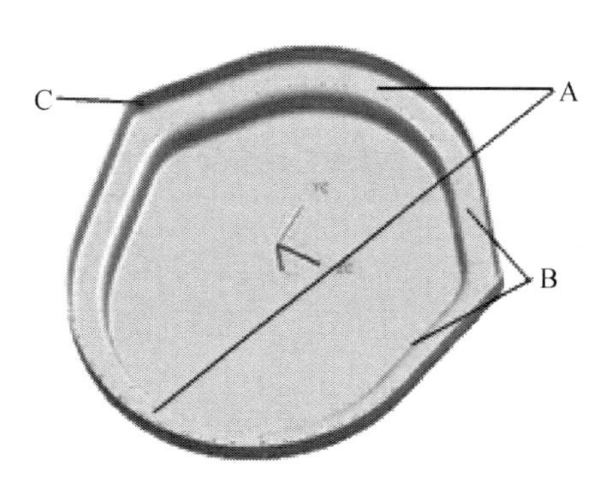

图 2　补型后零件示意图

根据零件尺寸，按照《最新冲压新工艺新技术及模具设计实用手册》[1] 推荐的圆筒形阶梯形零件极限拉深系数，该零件可采用一套模具一次拉深成形。设计零件毛坯展开料如图 3 所示。

3　模具设计

考虑零件成形后切割余量，设计模具如图 4 所示。为使材料在凹模圆角处的流动更为顺畅，凹

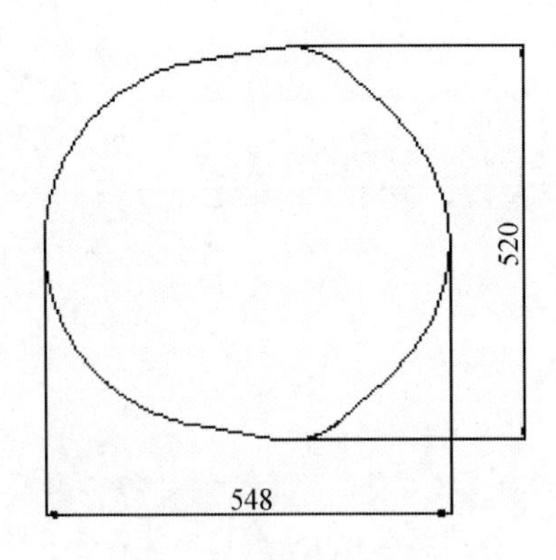

图3　零件展开料示意图

模圆角设计为 $R15$。模具间隙选择 2.6mm。

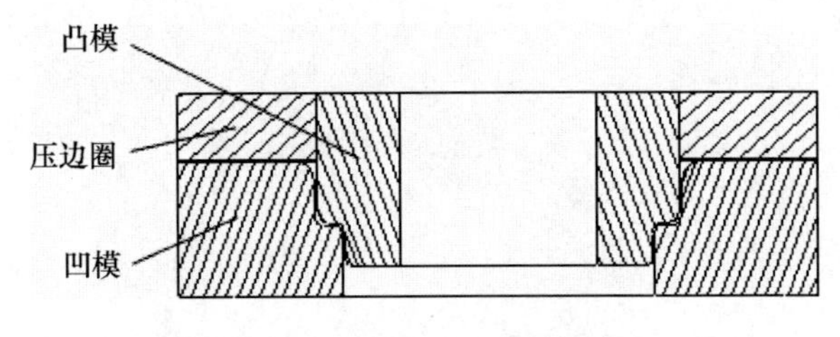

图4　模具结构示意图

4　成形工艺的有限元分析

采用专业金属板料成形有限元模拟分析软件 PAM-STAMP 2G 进行非轴对称阶梯形零件的仿真分析。设定材料为铝合金 5A06，初始厚度 2.5mm，材料室温参数如表1所示。

表1　　材料室温参数

杨氏模量(GPa)	泊松比	密度(kg/mm³)	加工硬化指数	厚向异性指数		
				r_0	r_{45}	r_{90}
70	0.329	2.7e−6	0.2935	0.808	0.756	0.663

设定模具模型为刚体，板料为变形体。拉深方式为双动模式。板料初始网格为 25mm，网格重划分等级为4级，即一个单元可被细分为64个单元。综合考虑计算效率和计算时间，冲头速度选择为软件推荐的 5m/s，压边圈施加压力 50kN。摩擦系数选择 0.12[2]。

5　仿真结果分析及优化

应用初始展开料进行拉深仿真后的结果如图5所示。由图可见，成形后零件在法兰区产生了褶皱，同时在零件第一阶梯圆角及最底圆角处壁厚减薄较为严重，零件有破裂的趋势。图6为拉深过程中板料的成形极限图。由图可见，零件在底部圆角处已经有破裂趋势，而此时板料变形区尚未出现褶皱。可见在给定的初始展开料的拉深过程中，材料破裂的趋势是影响零件能否成形的首要因素，需要对展开料进行调整。

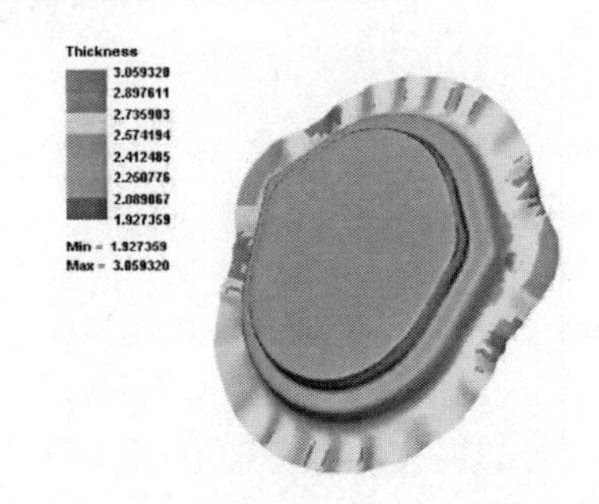

图5　初始展开料仿真后壁厚分布图

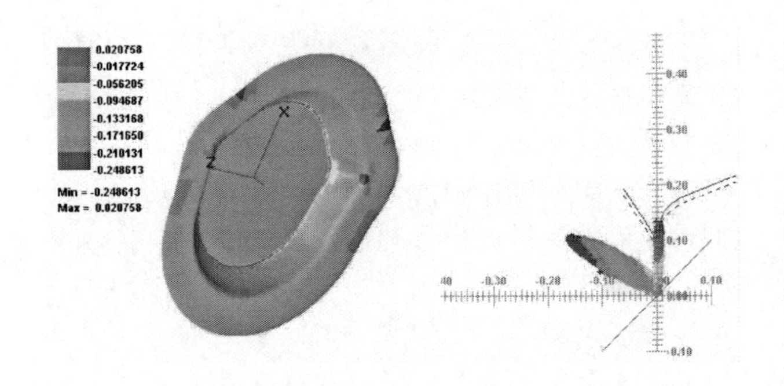

图6　初始展开料成形过程成形极限图

考虑零件成形后必须保留的切割余量，同时根据初始展开料仿真的结果：零件直线段处（见图1B处）材料流动较小圆角处（见图1C处）差异较大，为促进小圆角处材料的流动，将初始展开料向内偏置 25mm，同时将对应小圆角处的展开料进行大过渡圆处理，得到修改后的展开料（见图7）。对其进行模拟仿真结果如图8所示。

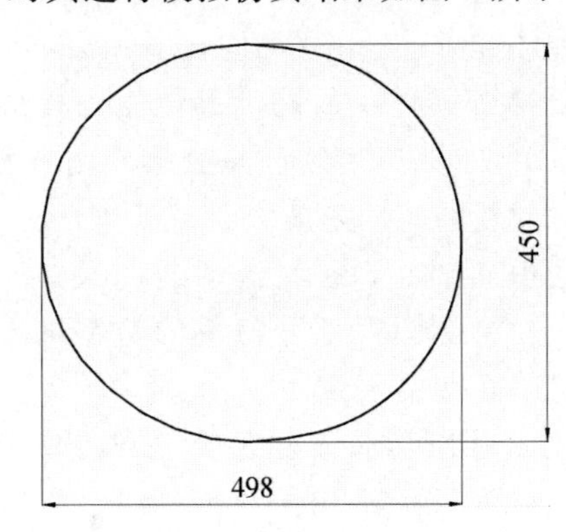

图7　修正后的展开料

由图可见，零件拉深后变形区材料流动较为

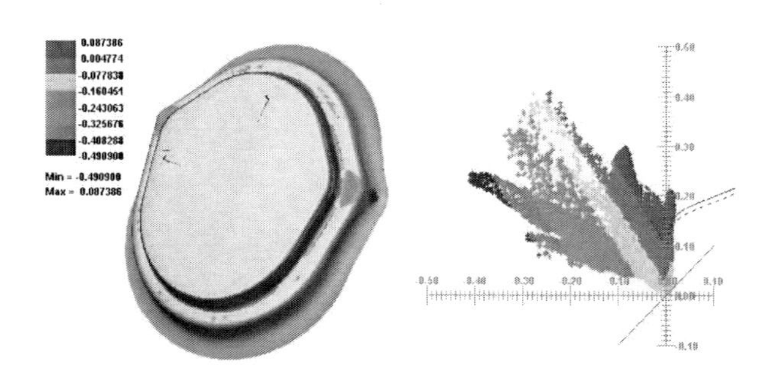

图 8 修正后的成形极限图

均匀，但底角及第一阶梯圆角处材料仍有破裂趋势。通过仿真结果对材料成形过程的分析发现，该零件拉深过程中，板料首先被拉成非轴对称的类筒形零件，然后被拉出阶梯形状。图 9 为该展开料在成形过程中的成形极限图。由图可见，此时板料在底部圆角处尚未发生破裂，而在接下来的拉深过程中，板料的变形更多的是依靠零件底部悬空部分材料拉伸实现，增大了底部圆角处的拉应力，从而加剧板料在此处破裂的趋势。

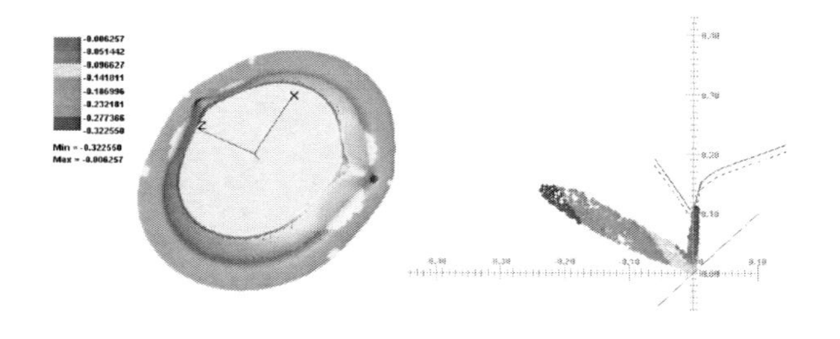

图 9 修正后的展开料成形过程成形极限图

为了保证零件的一次拉深成功率，同时考虑零件拉深后其底部是需要去除的工艺余量部分，再次对展开料进行了修正，修正后的展开料示意图如图 10 所示。对其进行模拟仿真后的结果如图 11 所示。由图可见，由于展开料在零件底部位置冲裁出直径 180mm 的圆孔，板料在阶梯形阶段的拉深过程中，减小了底部板料的流动阻力，减缓了底部圆角拉深破裂的趋势。从有限元模拟的结果来看，零件的成形质量较好。

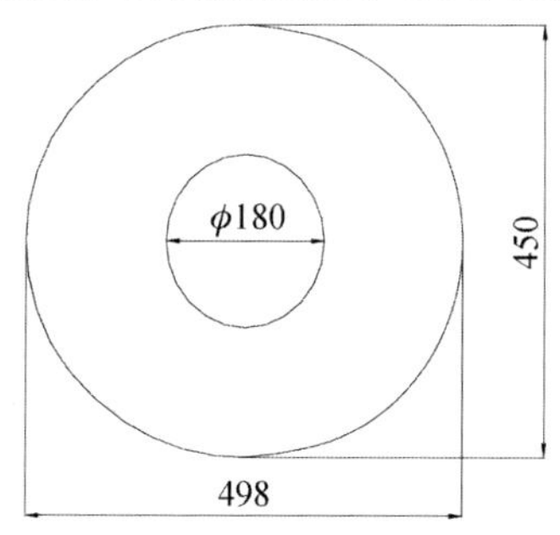

图 10 二次修正后展开料示意图

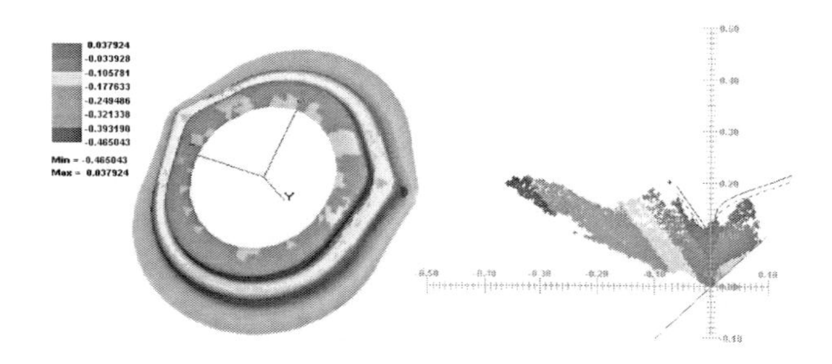

图 11 二次修正后的成形极限图

6 试验分析

试验用板料选择铝合金 5A06，材料状态为退火态，料厚 2.5mm。为保证展开料外形尺寸精度，展开料利用多工位转塔冲床数控下料。试验在 250 吨闭式双点曲轴液压机上进行，该设备配有气垫，可提供板料拉深成形所需的压边力。为减小零件与模具表面的摩擦力，在板料两面以及模具相应型面均匀涂抹润滑剂。

通过多件拉深试验发现，采用有限元模拟得到的压边力以及展开料尺寸，能够保证该零件一次拉深的成功率。拉深成形后，部分零件在底面开口边缘的局部区域出现拉裂现象，但基本能够保证裂纹不发生过度扩展，即裂纹只存在于零件的工艺余量部分，并不影响最终零件的质量。图 12 为切割余量后的零件图。由图可见，零件成形后在 A 处存在由于材料受挤压堆积出现的小凸包，该现象的是由于在拉深过程中凸、凹模没有完全合模所导致，即拉深过程没有实现最后的压力校形。分析认为主要原因是模具间隙设置不够合理，最终合模时由于材料在凹模模口处存在变厚趋势导致材料受挤压，以致无法完成最后的贴膜。由图 13 可明显看出板料存在被拉毛的现象。该结果

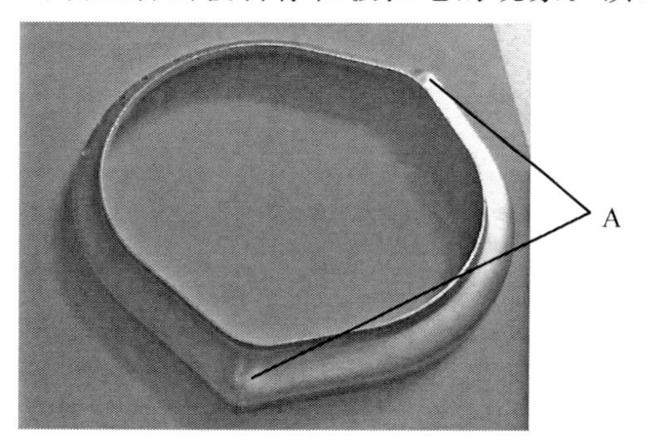

图 12 零件图

与有限元模拟仿真材料流动的趋势较为吻合，图14为有限元模拟仿真最后阶段的零件形状，由图可见，拉深过程中存在由于材料挤压堆积出现的凸包，但最终在模具完全合模后被校平。

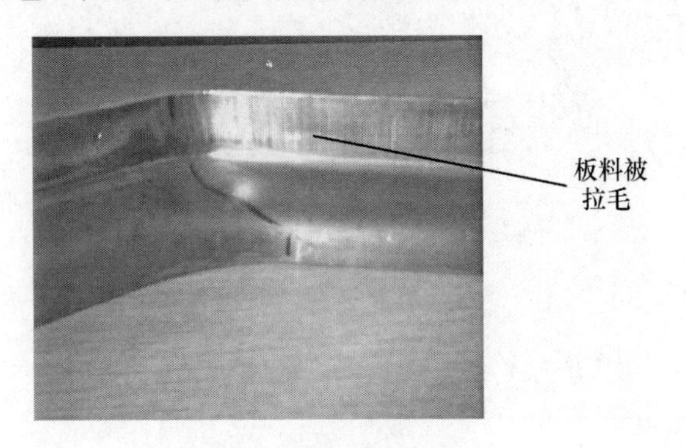

图13　零件图（局部）

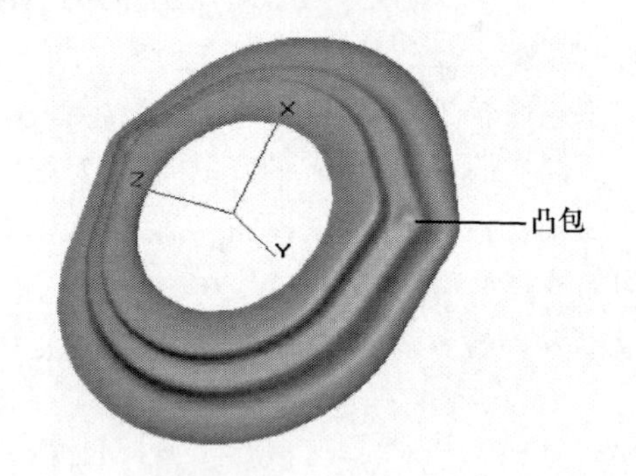

图14　有限元模拟拉深成形最后阶段零件图

7　结论

（1）采用有限元软件PAM－STAMP 2G进行有限元仿真，能够较精确的预测起皱、拉裂等成形缺陷，并能充分表现材料拉深成形过程中材料的流动趋势，并能够为阶梯形零件拉深成形工艺提供有效参考。

（2）采用设计的模具进行拉深成形试验，发现由于模具间隙设置不够合理，最终导致零件无法完全贴膜，成形后存在由于材料挤压堆积出现的凸包。

（3）后续考虑将模具间隙进行调整，解决模具无法完全合模的问题。

参　考　文　献

［1］　罗益旋等．最新冲压工艺新技术及模具设计实用手册.2004．658～666.

［2］　李泷杲，王书恒．金属板料成形有限元模拟基础．2008．97～115.

铝合金管弯曲回弹的有限元模拟与试验分析

刘章光　苗建芸　高海涛　李建辉

北京星航机电设备厂，北京，100074

摘　要：本文在对大量管材弯曲成形试验的基础上，对 LF2M 管材的弯曲成形过程进行了有限元模拟分析，经过验证，有限元分析计算结果基本正确。试验和分析表明，LF2M 管材弯曲成形后具有较强的回弹趋势，弯曲回弹角随弯曲角和弯曲半径增大而增大，而且具有随相对管壁厚增大而略为减小的回弹趋势。

关键词：管材弯曲；回弹角；相对弯曲半径；相对壁厚。

1　引言

金属管材弯曲加工因工艺简单、易于满足流体输送要求而在航天、船舶、汽车及压力容器领域中应用广泛。特别是由于管材构件符合运动机械减轻重量的发展需要，并且具有吸收冲击能量的特殊作用，管材弯曲加工的应用日益广泛。同时，各种不同应用领域对于管材弯曲加工精度和质量也提出了越来越高的要求。导管在成形加工过程中易产生回弹、横截面椭圆畸变、外侧壁厚减薄、内侧失稳起皱等成形缺陷，其中弯管回弹主要是由于卸载后弹性变形部分的恢复使得管件弯曲中心角和弯曲半径与模具尺寸产生不一致现象，回弹现象是不可避免的，其存在严重影响了管件的精度和生产效率[1,2]。目前对于金属管材弯曲成形规律的认识和掌握有限，管材弯曲加工技术的进展落后于市场需求。其中，弯曲回弹作为弯管加工最主要的成形缺陷，一直没能得到很好解决，严重阻碍管材精确弯曲技术的发展。铝合金管具有较高的强度和刚度，被大量用于管材弯曲加工。本文在前期管材弯曲成形试验和有限元模拟分析的基础上[3,4]，针对铝合金管材弯曲回弹现象进行了有限元模拟分析，为管材弯曲研究和弯曲生产提供参考。

2　管材弯曲回弹有限元模型的建立

在有限元模拟软件中 PAM－TUBE 2G 中建立部件的几何模型，如图 1 所示。模型由管件，弯曲模，压块，上下表面夹块，防皱块组成。其中管件为变形体，管材采用壳单元，相对于实体单元可相对提高计算速度，其周向有 50 个单元，长度方向有 300 个单元，共划分 15000 个单元。由于弯曲模、压块、上下表面夹块、防皱块等相对变形很小，简化为刚体，也用壳单元划分，并采用较大网络，以便节省计算时间，并采用适合于后续存在回弹计算的非线性罚函数接触算法 Accurate 和应变阶数 Strain Order＝2 对壳体单元进行特殊处理以提高计算精度，所建模型如图 1 所示。

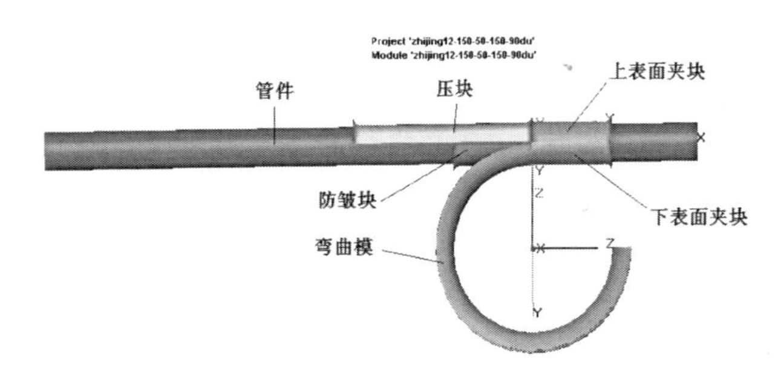

图 1　弯曲回弹的有限元模型

为与实际弯曲进行比较分析，选用经典双线性各向同性材料模型，其中，分别取管材外径 d_0 为 6mm、8mm、10mm、12mm、14mm，壁厚 t_0＝1mm。为了使有限元模拟结果更接近于管材的实际变形性能，对 LF2M 管材作了拉伸试验，得到的材料参数如表 1 所示。实际拉伸试验获得的材料参数与 LF2M 标准拉伸试验数据有一定出入，即强度指标和塑性指标均高于后者，因此在有限元建模时对材料性能参数做了适当调整。

表1　LF2M管材室温拉伸基本性能参数

材料	弹性模量 E(GPa)	泊松比 λ	延伸率 δ(%)	屈服强度 σ_s(MPa)	强度极限 σ_b(MPa)	厚向异性指数 γ
LF2M	76	0.33	21.7	88	206	0.55

3　弯管回弹有限元模拟与试验分析

3.1　管材弯曲过程中的应变分布规律

图2为弯曲后管材内部等效塑性应变分布图。从图中可知，主要分布在弯曲区域的中间部分，在回弹前后管子等效塑性应变分布无明显变化。同时管子的塑性变形主要发生在弯曲的内外侧，外侧受拉而内侧受压；并且在弯曲中管径有稍微的颈缩，即弯曲后的管子椭圆断面的长轴比管的初始外径略小，其等效塑性应变分布云图如图2所示。管子的变形主要集中在弯曲内、外侧，并且越靠近外表面，等效应变值越大。未进入弯曲的两端直管部分也产生了微量变形，即因弯曲引起的材料变形向直管段过渡，开始弯曲侧相对较大。弯曲管壁外侧分布比较均匀，而内侧等效应变较大且呈跳跃式分布，形成失稳起皱的变形倾向，最大等效应变值约为0.198。由图2可见，如果沿着弯管横截面从弯曲内、外侧向垂直于弯曲水平面的方向靠近，弯管壁部产生的变形逐渐减小，等效应变值不足0.1。

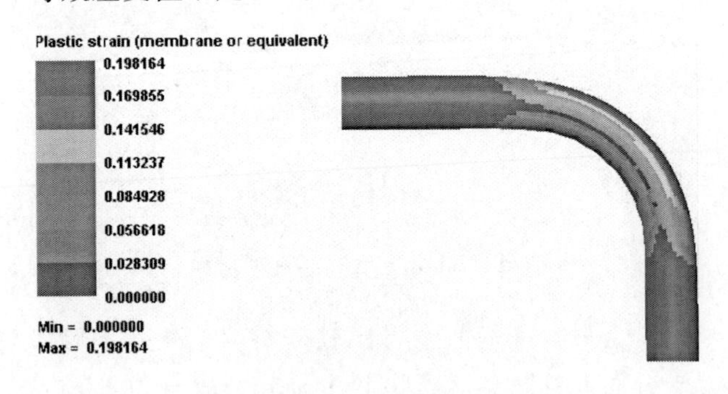

图2　管子等效塑性应变分布图

3.2　管材弯曲过程中的应力分布规律

图3为弯曲后应力回弹前管材内部切向应力分布。可以看出，弯曲结束后管材外侧受拉应力，而内侧受较大的压应力，横截面上最外层和最内层应力差较大，卸载后将产生较大的回弹。同时从图中可知，模拟发现在管子的整个弯曲成形过程中，等效应力较大的区域始终处于管子的起弯段，不随其弯曲角度的增大而向前推移，即在其弯曲成形过程中管子存在应力自卸载。在释放全部模具完成回弹分析后，管子的等效应力发生了很大的应力重分布，且数值急剧下降，其残余应力主要集中于管子预压段与压紧模接触的一小块区域上。

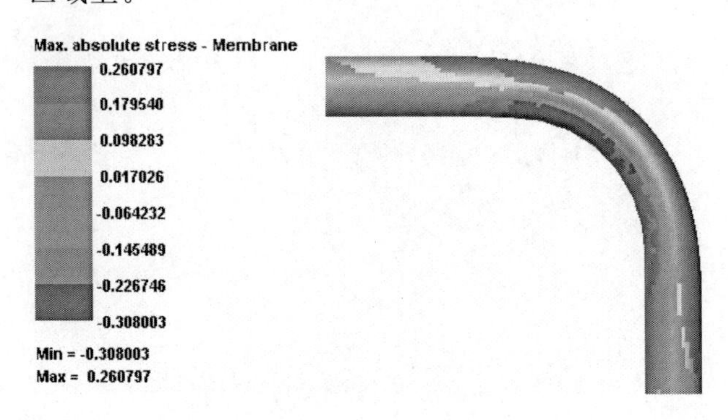

图3　管子等效应力应变分布图

3.3　弯管的回弹变形及影响因素

在有限元模拟中，为了计算弯管回弹量，对卸载后的弯管进行二次弹性加载。修改模型时采用无模具法处理卸载问题，即卸除导向块、弯曲模及夹持端的约束作用，并将弯曲后的管材一个端面固定，进行全约束，卸载模型中所加的载荷即为弯管中的弹性应力。管材弯曲成形后，对模型进行相应修改，由显示积分向隐式积分转换，然后导入应力进行回弹计算。

3.3.1　弯曲角度θ对回弹的影响

图4所示为将$d_0=8$mm、$t_0=1$mm的LF2M管材，在相对弯曲半径$R/d_0=3.75$的条件下分别弯曲45°、90°、135°、180°，卸载后回弹的有限元模拟结果。管材弯曲的初始阶段，随着弯曲角θ增大，由弹性变形逐渐进入塑性变形，随着变形逐渐进行的同时，变形区域不断增大，其中包含的弹性变形成分也相应增加，因此，卸载后的回弹角$\triangle\theta$也因θ增大而增加。管材的回弹量随弯曲角θ增大而增加，即卸载后的$\triangle\theta$因θ增大而增加的倾向越显著。弯管回弹角$\triangle\theta$的有限元计算结果比实际弯曲试验略大，但$\triangle\theta$随弯曲角θ增大而增大的趋势基本一致。但由于管材弯曲成形必然要进入塑性变形阶段，而弯曲卸载时只有弹性变形部分产生恢复，回弹量并不随弯曲角度增大而线性增大。

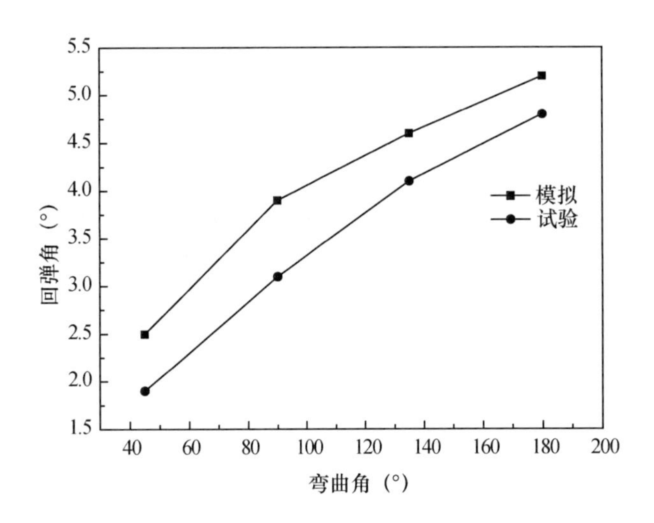

图 4 回弹角与弯曲角关系

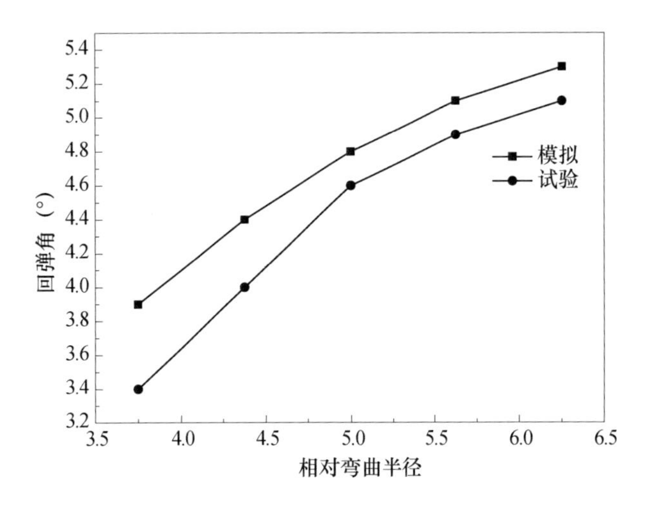

图 5 回弹角与相对弯曲半径的关系

3.3.2 相对弯曲半径 R/d_0 对回弹的影响

管材弯曲的变形程度随弯曲半径 R 和 d_0 变化而变化，工程中常用相对弯曲半径 R/d_0 来判断弯管的变形程度和成形极限。为了考察 R/d_0 对弯曲卸载后的回弹角度的影响，将其他变形参数相同的 LF2M 管在 R/d_0 分别等于 3.75、4.375、5、5.625、6.25 条件下弯曲至 90°，卸载后产生的回弹的有限元模拟结果如图 4. 弯管回弹角△θ 随 R/d_0 增大而略有增加。

上述弯管回弹角的大小受弯曲角 θ 和相对弯曲半径 R/d_0 影响的有限元模拟结果，可由图 4 所示实际弯曲试验结果得到验证。从弯曲回弹的试验结果来看，对于相同外径 d_0 的管材，当 R/d_0 较小时，管材弯曲变形程度将增大，总变形量中塑性变形成分所占比例相对大，因而卸载后产生的回弹量减小。如果增大 R/d_0 管材弯曲变形区的位移量增大，但变形程度相对减弱，弹性变形成分占总变形量的比例增大，卸载后产生的弹性回复量随之增大。对于 LF2M 小直径薄壁管，实际弯曲试验和有限元分析结果，均显示出弯曲回弹角△θ 随相对弯曲半径 R/d_0 增大而增大。

3.3.3 相对壁厚对 t_0/d_0 回弹的影响

图 6 所示为 LF2M 管在同一相对弯曲半径 $R/d_0=3.75$，弯曲 90°卸载回弹后的有限元模拟示例。当其他变形条件完全相同时，有限元计算结果显示，管材弯曲卸载后的回弹角△θ 因管材的相对壁厚 t_0/d_0 减小而增大。

管材相对壁厚 t_0/d_0 对弯曲回弹角△θ 的影响比较复杂。图 6 所示为 LF2M 管材弯曲的有限元计算回弹与实际弯曲试验测试结果。由图可以看出，回弹角△θ 随 t_0/d_0 减小而增大，试验结果显示，在小角度弯曲时，卸载后的回弹因 t_0/d_0 导致的变化不明显，但随弯曲角 θ 增大而产生的角度回弹△θ 因 t_0/d_0 减小而增大的倾向相对明显。

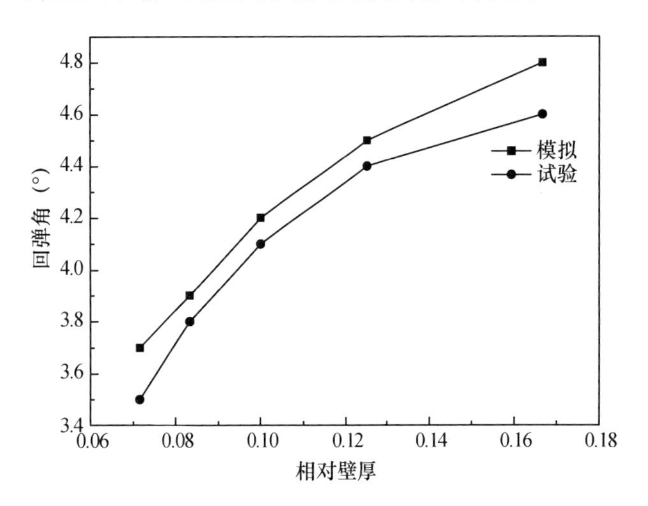

图 6 回弹角与相对壁厚的关系

4 结束语

在大量弯曲试验的基础上，对常用 LF2M 管材的弯曲成形过程进行了有限元模拟，并与实际弯曲试验结果对比分析，初步得出以下结论：

（1）基于 PAM－TUBE 2G 管成形专业分析软件对数控弯管成形及回弹过程进行了系列全面的模拟计算，管材弯曲过程的有限元模拟基本符合弯曲试验结果，但还存在一定差异，需要进一步修正和完善，为今后设计和制定折弯成形制定合理的成形工艺提供了有效的参考。

(2) LF2M管材弹性模量较小，与其他管材相比，LF2M管弯曲回弹倾向较大。管材弯曲卸载后的角度回弹除与管材固有的机械性能有关外。还受管材外径、管壁厚及弯曲半径构成的相对变形条件有关。

(3) 弯曲卸载后产生的角度回弹随弯曲角增大而增加；随相对弯曲半径增大而增大；并且具有随相对壁厚增大而减小的变形倾向。

参 考 文 献

[1] 李振强．大直径薄壁导管数控弯曲回弹解析及工艺数据库[D].西北工业大学,2007.

[2] 詹梅,杨合,栗振斌．管材数控弯曲回弹规律的有限元模拟[J]. 材料科学与工艺,2004,12(4):349～352.

[3] 古涛,鄂大辛,任颖,等．管材弯曲壁厚变形的有限元模拟与试验分析[J]. 模具工业,2006,32(4):17～20.

[4] 何花卉,鄂大辛,胡新平,等．管材弯曲时横截面变形的试验及有限元分析[J]. 现代制造工程,2006(11):40～42.

钛合金（CP—3）钣金零件冲压成形模拟技术研究

王厚闽
上海飞机制造有限公司，上海，200436

摘　要：针对钛合金（CP—3）在成形的过程中回弹大的特点，利用PAM-STAMP 2G软件研究钛合金钣金零件成形与回弹规律，以一个典型零件为例，建立其成形有限元模型，并对成形过程分析板料与模具的贴模情况与实际的零件进行对比。模拟结果与实际生产结果吻合较好，对实际的生产有一定的指导意义。

关键词：钛合金；CP—3；回弹；数值模拟。

1　前言

CP钛也叫工业纯钛，它是一般通用性种类的使用材料，因为它含有少量的O、N、C、Fe、H杂质，所以使用工业性含义。因为其为高纯度钛，所以称为工业纯钛（Commercially Pure Titaniun）。纯钛强度方面，含有杂质，主要取决于O和Fe的数量，在美国的AMS标准中有4个种类的纯钛。纯钛物理性质与其他通用金属进行比较，值得重视的各项物理性能如下。

（1）在密度方面，它与铝合金、镁合金相比稍大，大约是钢的60%，铜的一半。

（2）在线［膨］胀系数方面，约为不锈钢的一半，是铝合金的1/3，对温度变化而引起的尺寸及形状变化小。

（3）热导率与不锈钢相当，与铝合金及镁合金相比较小，用密度×质量热容来表示其体积热容量，为低。即升温容易、热传导不利。

（4）电导率低，与铜相比，其电阻率高将近30倍，与其他金属相比，它和不锈钢同列，导电不利。

（5）纵弹性模量为钢铁材料的一半，易于挠曲。

某型飞机为满足结构需要，在飞机的某系统大量使用了CP—3制造钣金件。虽然材料的厚度仅0.635mm，且零件的形状虽然并不复杂，但成形工艺性却很差。我们利用前期对CP—3成形工艺性的研究，在零件的生产中积累了一定的经验，根据此零件的特点采取了针对性的方法。

2　CP－3的成形工艺性

本文以某飞机零件成形有限元模拟为例。零件数模如图1所示，由于钛合金强度高，硬度大，弹性模量低，回弹大，均匀延伸率及断面收缩率较低，屈强比高，塑性变形小，常温下加工困难，因此要求加工的设备功率大，模具和刃具应有较高的强度和硬度。虽然成形的深度只有1mm，板料厚度只有0.635mm，但是用橡皮囊成形非常困难。表1和表2是根据试验测出的基本参数。

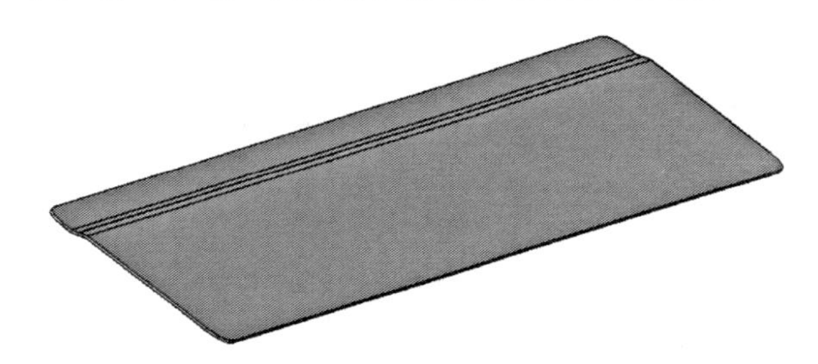

图1　零件数模

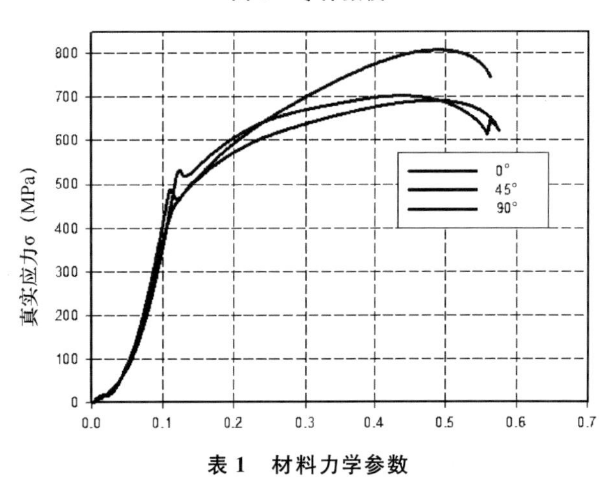

表1　材料力学参数

表 2　　　　CP—3 的机械性能

轧制方向	弹性模量(GPa)	屈服强度(MPa)	均匀延伸率	硬化指数 n 值	强度系数 C	平面各向异性指数 ΔR
0°	126.15	450.9	14.28%	0.203	972.63	
45°	138.93	417.2	14.70%	0.18	871.31	−0.775
90°	93.8	402.1	19.80%	0.203	1032.77	

3　模拟分析与实际对比

利用 PAM - STAMP 2G 软件进行有限元分析，利用已经修好回弹的上模和下模模型，确定成形各个阶段的模具和板料的成形工艺参数。

图 2 为模具的有限元模型。利用软件的后处理功能可以了解冲压后板料的厚度、应力、应变、位移以及贴模状态，由图 3 和图 4 所示的冲压后板料的等效应力和贴模状态。由图 3 可知，等效应力最大的地方集中在成形区域。根据图 4 的模拟结果显示，零件的成形区域的很好，间隙只有 0.05mm 左右。

图 2　模具有限元模型

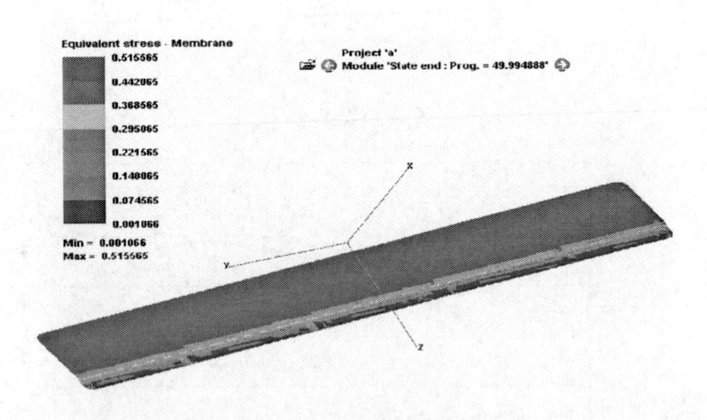

图 3　等效应力分布

图 5（a）和图 5（b）为利用经验，多次修模后生产的零件，零件的状态基本与分析结果一致。

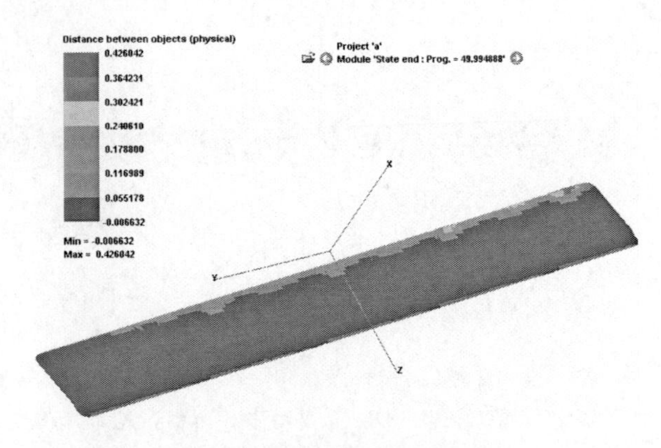

图 4　模拟的板料贴模状态

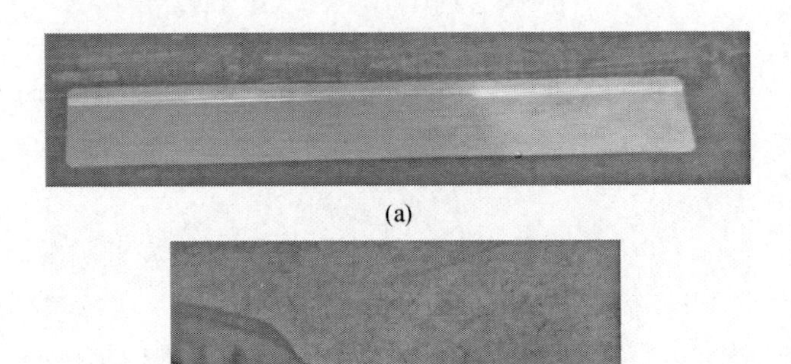

(a)

(b)

图 5　多次修模后生产的零件

4　结论

CP—3 板料的成形有许多不同于 Ti - 6Al - 4V 的变形特点。目前对国内对 CP—3 成形工艺的研究较少。本文根据 CP—3 材料性能参数，利用 PAM-STAMP 2G 软件模拟零件的成形过程，并利用模拟结果与根据经验多次修形的模具做对比，修正模拟的各项参数，为以后利用有限元分析软件，减少模具的试模量打下基础。

参　考　文　献

[1]　李泷杲，王书恒，徐岩．金属板料成形有限元模拟基础[M]. 北京：北京航空航天大学出版社，2008.

[2]　ESI Groop. PAM－STAMP2G Reference Manual[M], 2010.

双曲度板弯零件精确展开仿真

胡高林

钣金厂工艺室

摘　要：在钣金零件双曲度弯边零件成型过程中，获得零件的精确展开料是零件精确成型的关键。本文选取某双曲度板弯零件进行工艺验证，借助 PAM - STAMP 2G 进行了有限元仿真分析，模拟出了零件的精确展开料。

关键词：双曲度板弯零件；有限元分析；精确展开。

1　前言

随着航空技术的发展，航空制造业也越来越朝着精确化、信息化、自动化的方向进行发展。机加零件由于数控机床的大量使用，使其在精确化以及自动化方面取得了长足的进步。而占飞机零件数量绝大多数的钣金零件在精确化、信息化、自动化方面却不尽如人意。由于钣金零件大部分依靠展开料通过模具进行成型。而零件回弹以及精确展开料的获取是钣金零件成形过程中必须考虑的问题。随着计算机应用和计算机辅助技术的迅速发展，借助有限元仿真软件可进行复杂冲压零件的回弹仿真分析以及精确展开下料。

本文选取某典型双曲度板弯零件，借助 PAM－STAMP 2G V2011 进行仿真模拟，得出了精确展开仿真结果。

2　零件模型

图 1 为某典型双曲度零件，此零件采用橡皮囊液压成形。由图 1、图 2 可以看出零件两侧表面均为曲面。从图 1 中，可以看出，零件上有很多齿形缺口，零件材料为 2A12－O－δ2，手工成型这些齿形缺口比较困难，而且无法保证精度。

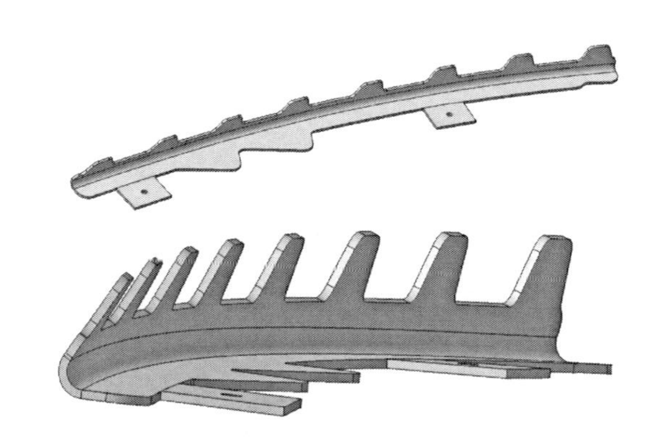

图 1　零件模型

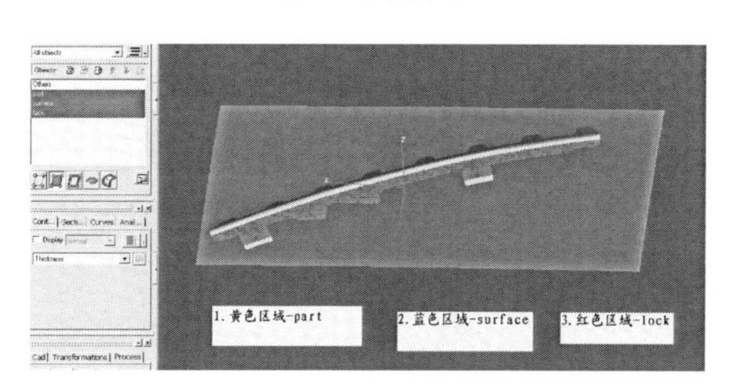

图 2　几何模型

3　有限元几何模型的建立及成形精确展开结果

在有限元模拟软件 PAM－STAMP 中建立冲压的几何模型，如图 2 所示。模型由 part、surface、lock 组成。为了保证展开料的精确性，通过两次展开零件。

部分参数如下：材料为 AL99，料厚为 2mm。完成前置处理后提交运算，模拟出了零件的成形过程，图 3 给出了零件成形后板料的厚度变化云图，零件最大厚度为＝2.04mm，零件最小厚度为＝1.99mm，零件允许变薄量为 20%，零件变薄量在公差范围内。

展开计算时，第一采用 Curved－Blank 计算器进行展开，展开后几何模型如图 4 所示：

将 Curved-Blank 展开后的 part 模型导出，作为第二次展开后的原始文件重新计算。第二次展开采用Flat-Blank进行计算，并导出展开边界线。

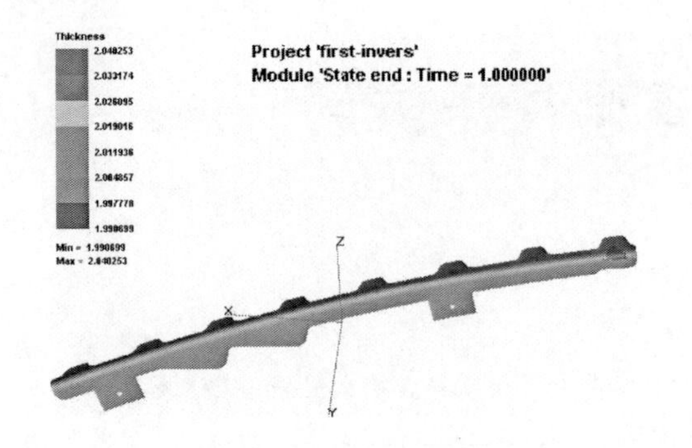

图3　厚度变化云图

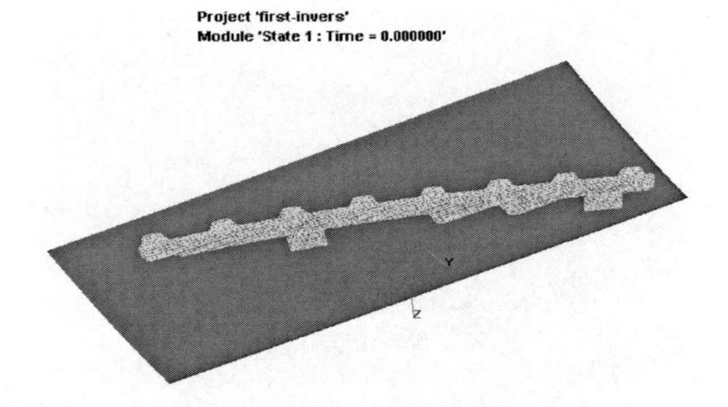

图4　Curved-Blank展开后模型

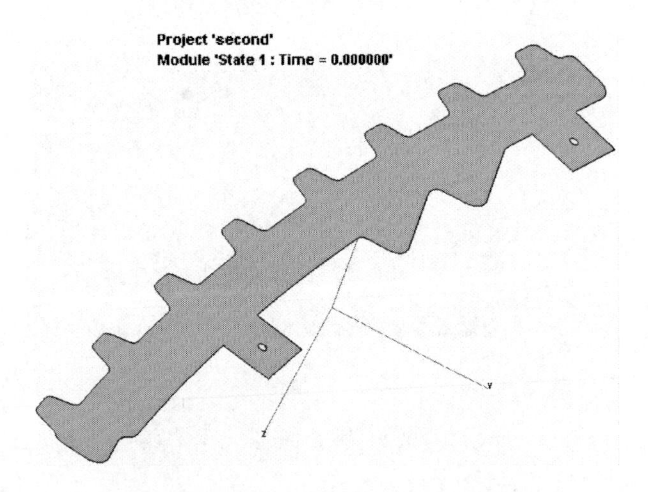

图5　零件展开模型以及展开边界线

4　展开边界转换为可加工模型

为了将PAM-STAMP软件计算出的展开模型用于实际生产，我们可以将其在CATIA软件中进行相关的操作，最后转换为dwg格式的文件，供数控机床进行下料。

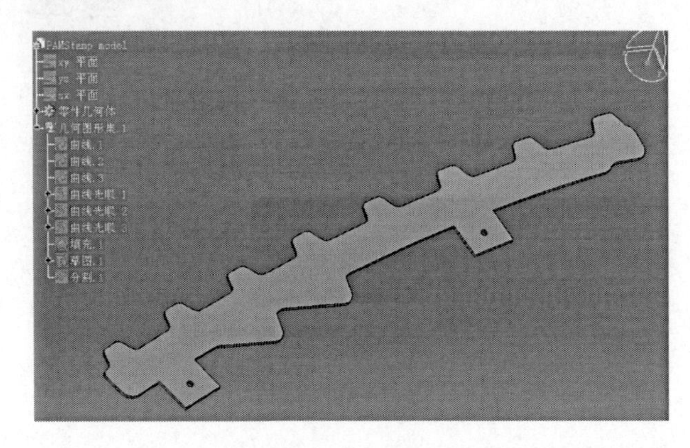

图6　零件展开料的三维模型

5　结论

本文借助PAM-STAMP 2G仿真软件，对双曲度板弯零件进行了展开模拟，通过仿真得出的主要结论如下：

(1) PAM-STAMP 2G仿真软件在进行双曲度零件的精确展开料的计算时，为了能够获得准确的展开料，需结合零件实际成型的过程进行多次展开，经过多次展开计算的展开料比较准确。

(2) 经过零件实际成型过程中数据收集，并结合飞机钣金零件的公差要求，需对PAM-STAMP 2G仿真软件在进行双曲度零件的精确展开料的轮廓进行放大0.1mm的补偿，更加符合零件实际的成型结果．

参　考　文　献

[1] 航空制造工程手册总编委会．航空制造工程手册飞机钣金工艺[M]．北京：航空工业出版社，1992.

[2] 李泷杲，王书恒．金属板料成形有限元模拟基础[M]．北京：北京航空航天大学出版社．2008.

第六篇
焊 接

工艺仿真技术在车体结构焊接变形控制中的应用研究

刘海鹏

内蒙古第一机械制造集团，内蒙古包头，014032

摘　要：运用有限元计算软件 SYSWELD、Visual-Mesh、PAM-ASSEMBLY 对车体拼焊过程的变形进行模拟。有限元模型选用二维壳单元与三维实体单元相结合的方法，考虑焊接过程中的特定工艺条件。获得了焊接过程变形，并对计算结果进行分析，更改工艺条件以获得可接受的变形。

关键词：有限元模拟；焊接装配；变形。

1　引言

焊接结构有一个明显问题是焊接残余应力和变形。由于焊接生产中，绝大部分焊接方法都是采用局部加热，所以不可避免地将产生焊接残余应力和变形。焊接应力和变形都是由焊接过程的非线性引起的，焊接过程中应变的产生和不均匀的温度场有关。焊接残余应力和变形不但可能引起热裂纹、冷裂纹、脆性断裂等缺陷，而且在一定条件下将影响结构的承载能力，如强度、刚度和受压稳定性等，除此之外还将影响到结构的加工精度和尺寸的稳定性，从而影响结构质量和使用性能，因此对焊接应力和变形进行深入的研究和有效的控制有着重要的现实意义。计算机技术与焊接的结合将全面地提升焊接技术水平，可缩短产品的设计和试制周期等。如将其用于预测焊接的应力应变场的分布特性，可辅助工艺人员进行工艺优化，尤其将模拟仿真技术应用于大型装配焊接件的生产，更能体现其价值。通过采用计算机模拟，实现焊接结构的虚拟化制造，可达到省时、省力、保证质量和降低成本的目的。

1.1　模拟及计算

1.1.1　有限元模型

仿真分析前应对三维模型进行网格划分处理以适应有限元计算方法的需要。网格划分和时间步长设置将直接影响以后的模拟结果。对于焊接，局部模型存在非常强烈的非线性特征，材料经过高温、相变、冷却后会有残余应力，因此对焊缝附近需要详细的模拟。而作为整体结构而言，可能又体现为弹性变形，这些区域采用线弹性分析即可。焊接过程温度梯度极大，在时间空间上均表现出显著的非线性特征，为在保证计算精度的前提下尽可能提高计算效率，缩短计算时间，在网格划分时，焊缝及附近区域较精细，远离焊缝区域相对粗大，既保证在焊缝及附近区域数据的准确，又减少整体计算所需要的节点。

几何模型的有限元离散需根据模型的几何特征以及模拟方法的特点进行网格划分。针对车体的结构特征采用 Local-Global 方法，由于该方法存在二维单元和三维单元的连接，因此在划分整体网格时需要对焊缝部位进行局部调整，以适应与 Local 模型网格进行连接。每一个焊缝部位需要反复修改，直到 Global 模型能够与 Local 模型连接并且不影响计算精度。整体模型网格划分后如图 1 所示。单元总数 31468 个，节点总数 31139 个，其中一维单元 1062 个，二维单元 30406 个。从图 1 可见，靠近焊缝区域的网格较细小，而远离焊缝区域网格则相对粗大。计算时插入 110 个局部模型后其节点数为 43944 个，单元数 52006 个。

1.1.2　边界条件

实际生产中，在部分位置进行装夹，部件之间进行定位焊，完成焊接后在接近于无约束状态（仅受重力作用）下释放装夹。对其力学的边界条件作相应简化，焊接时各约束点以接近全束缚方

图1 三维模型的有限元网格划分

式约束即XYZ三个方向进行刚性约束，释放装夹时可抽象为三点约束，分别在XYZ、XY、X方向进行刚性约束，避免模型计算时产生刚性位移，如图2所示。

焊接过程在空气介质中进行，无预热、急冷和后热措施，因此设定其热学边界条件为：在空气介质环境中进行辐射和对流换热，母材与环境初始温度均为15℃。

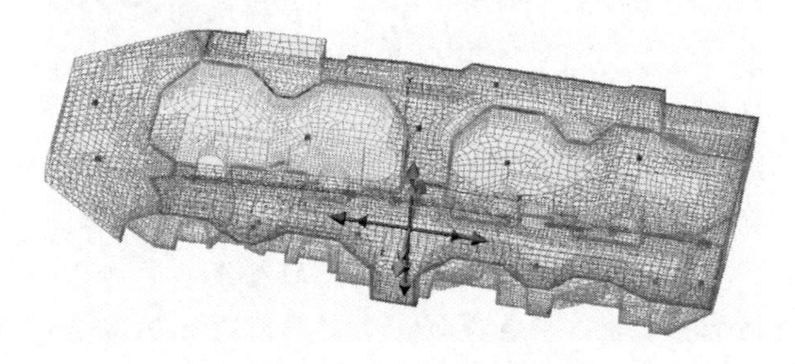

图2 模型的力学约束状态

1.1.3 焊接热源

焊接过程数值模拟中，温度场的模拟是最基本的工作，然后是应力和应变场的模拟。温度场的模拟是对焊接应力场、应变场及焊接过程中其他现象进行模拟的基础，通过温度场的模拟可以判断固相和液相的分界，能够得出焊接熔池的形状。焊接温度场准确模拟的关键在于提供准确的材料属性，热源模型与实际热源的拟合程度，热源移动路径的准确定义，边界条件是否设置恰当等。

为了计算焊接过程中的热循环，人们提出了一系列的热源计算模型，其中主要的有：解析模式、高斯热源分布模式、双椭球热源模式等。解析模式热源的特点是以集中热源为计算方法的基础，假定热物性参数不变，不考虑相变与结晶潜热，对焊件的稽核形状简单归于无限的（无限大，无限长，无限薄），计算结果对于远离熔合线的较低温度区（＜500℃）较准确；高斯热源分布模式可以引入材料性能的非线性，可提高高温区的准确性，但仍未考虑电弧挺度对熔池的影响。

双椭球热源模式：双椭球热源模型（图3）充分考虑了焊接过程中热源前端温度的陡变，而后端温度变化比较慢的特点。虽然计算量大，但随着科技的进步，计算机性能的提高，这种热源形式已经较多地应用于焊接有限元分析当中。

前、后椭球的热分布函数分别是：

$$Q(x,y,z)=Q_f\exp\left(-\left(\frac{x^2}{a_f^2}+\frac{y^2}{b^2}+\frac{z^2}{c^2}\right)\right)$$

$$Q(x,y,z)=Q_r\exp\left(-\left(\frac{x^2}{a_r^2}+\frac{y^2}{b^2}+\frac{z^2}{c^2}\right)\right)$$

式中：Q_f、Q_r 分别为前、后两椭球的能量输入；a_f、a_r、b、c 为高斯参数，a_f、a_r 分别为前、后椭球的长度，b 影响熔宽，c 影响熔深。

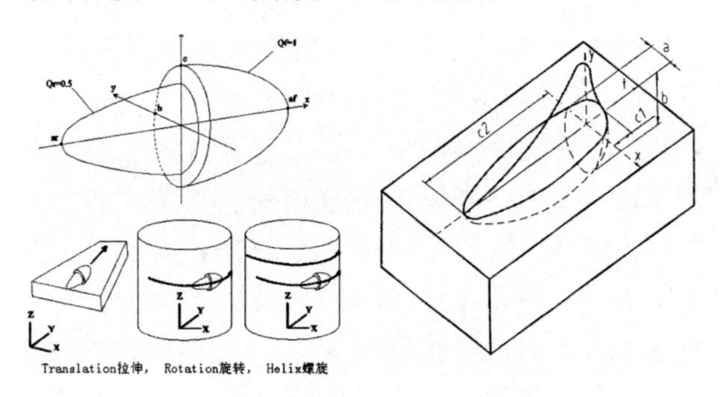

图3 双椭球热源模型

本次模拟采用双椭球热源模型作为焊接热源，两种热源模型的参数见表1。模拟热源及焊接热源试验试件见图4和图5。经与实际焊接热源校核无误后用于仿真计算。

表1 两种热源模型参数表

参数	T-joint	Butt-joint
Q(J)	5980	6240
af(mm)	3	3
ar(mm)	4	4
b(mm)	3	3
c(mm)	5	5
ay(°)	45	0
v(mm/s)	4.43	6.6
η	0.7	0.7
Q_f	26.5	41.2
Q_r	19.5	46.4

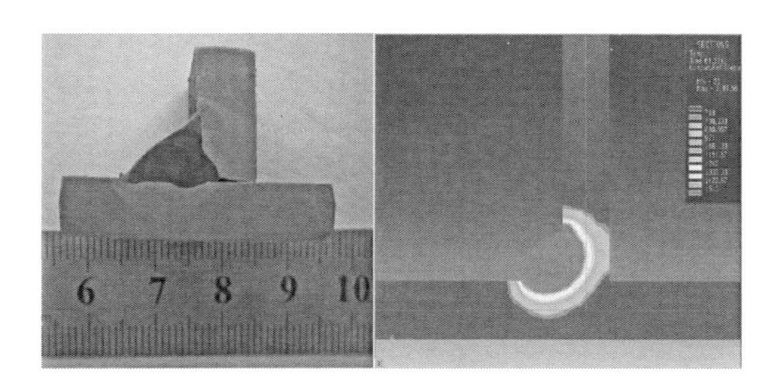

图 4　T 型接头

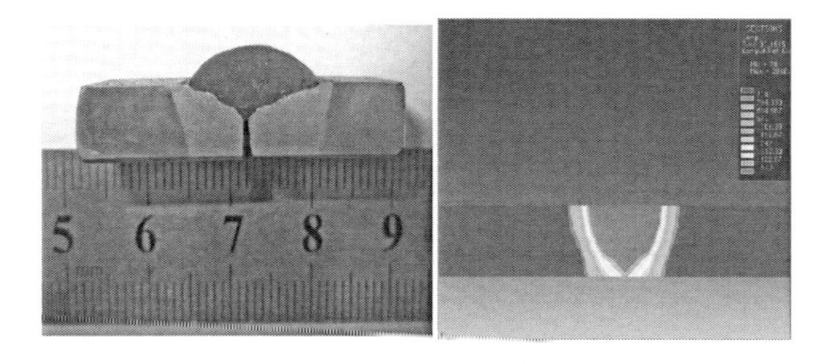

图 5　对接接头

1.1.4　Local-Global 方法的实现

在模拟过程中利用焊接宏单元技术实现 Local-Global 方法，焊接宏单元技术见图 6 及图 7。首先需进行 Local 模型模拟，Local 模型模拟需要 2D 或 3D 的良好网格划分（通常好的网格划分仅取决于温度梯度的情况）的局部模型（见图 8）；需要适当的移动热源（根据已校核的模拟热源进行计算）；计算时需要考虑热学，冶金学和力学耦合效应；要把 Local 模型模拟结果（见图 9）映射到 Global 模型上，需要从 Local 模型模拟计算结果中抽取残余塑性应变建立宏单元（见图 10）。在 Global 模型模拟中应用局部模型先把宏单元插入到整体构件上（见图 11），软件通过识别宏单元内的几何参数以及保存下来的应力、应变结果把局部模型与整体模型连接起来（见图 12），实现 Global 模型最终变形的弹性模拟计算。此时可试验多种

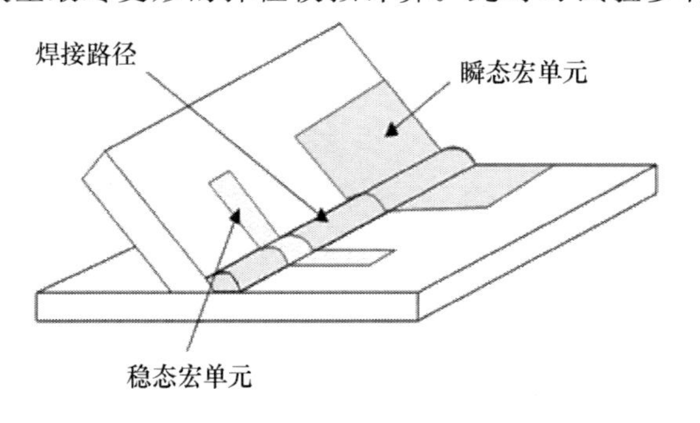

图 6　宏单元定义

装夹方式和焊接次序。车体模型简化后共计使用局部模型 5 种，110 道焊缝。

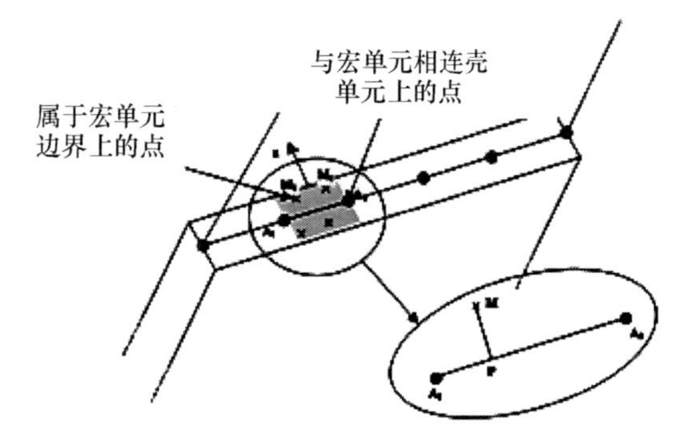

图 7　宏单元与壳单元的连接

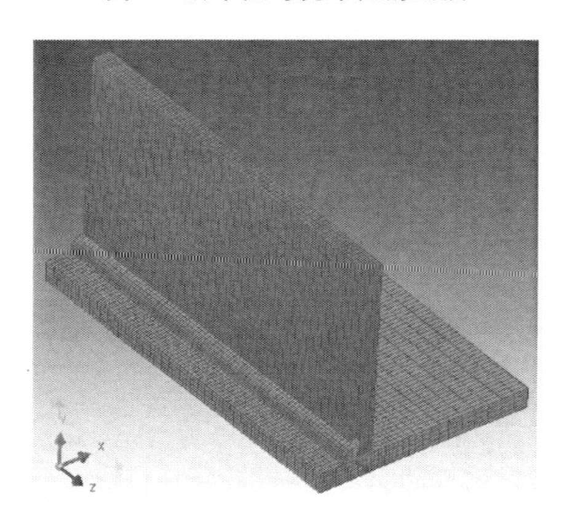

图 8　局部模型有限元模型

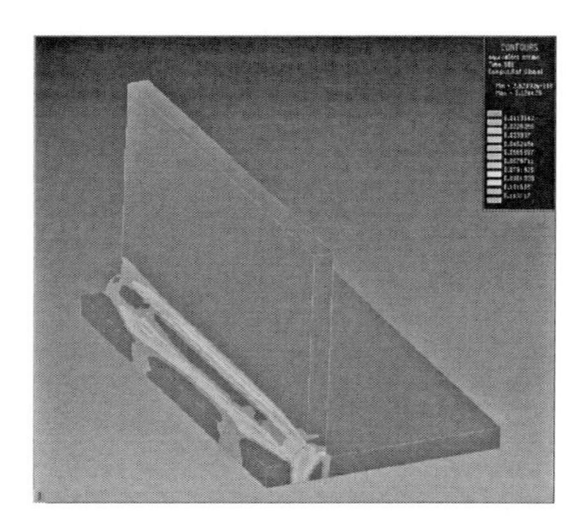

图 9　局部模型的残余应力

1.5　计算结果及分析

1.5.1　原工艺方案及模拟结果

图 13 中 Step1 到 Step110 表示完成焊接总共进行了 110 道焊缝的焊接，W1 到 W110 分别表示 110 道焊缝，简化掉部分较短的焊缝。每道焊缝单独进行局部模型与整体模型的匹配性插入并且进行相应的装夹条件设置。Step111 表示 110 道焊缝焊接完成后释放掉装夹。图 14 表示根据现场生产

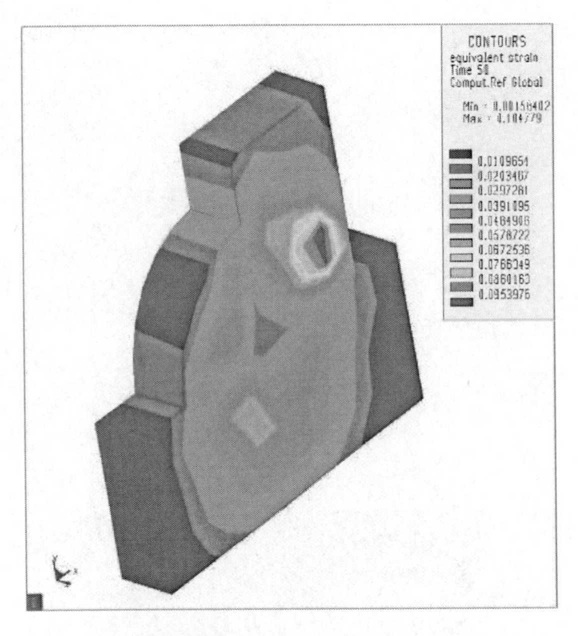

图 10　抽取的局部计算结果（宏单元）

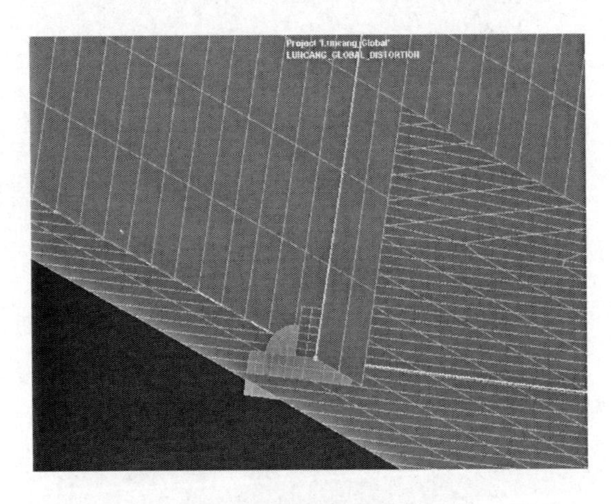

图 11　局部模型插入整体网格

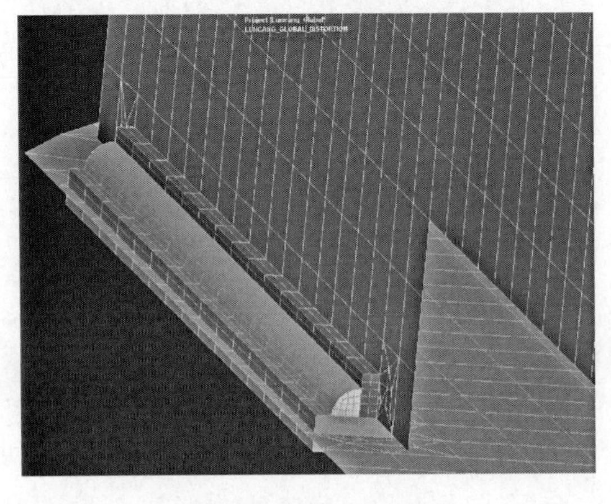

图 12　整体网格生成结果

的装夹进行简化处理后在部分点进行全约束的装夹方式。图 15 表示完成 110 道焊缝并释放掉装夹后的模拟结果，由于薄板类零件刚性较差易变形，模拟结果中最大变形量达到 13.8mm，大部分区域的变形量达到了 8.3mm 以上，由于现场实际操作主要依靠经验予以控制，焊后质量不稳定，易超差，且后期难以校正。为使产品质量合格达到设计要求，需对原焊接工艺进行改进。

Step1 (W1)	Step21 (W21)	Step41 (W41)	Step61 (W61)	Step81 (W81)	Step101 (W101)
Step2 (W2)	Step22 (W22)	Step42 (W42)	Step62 (W62)	Step82 (W82)	Step102 (W102)
Step3 (W3)	Step23 (W23)	Step43 (W43)	Step63 (W63)	Step83 (W83)	Step103 (W103)
Step4 (W4)	Step24 (W24)	Step44 (W44)	Step64 (W64)	Step84 (W84)	Step104 (W104)
Step5 (W5)	Step25 (W25)	Step45 (W45)	Step65 (W65)	Step85 (W85)	Step105 (W105)
Step6 (W6)	Step26 (W26)	Step46 (W46)	Step66 (W66)	Step86 (W86)	Step106 (W106)
Step7 (W7)	Step27 (W27)	Step47 (W47)	Step67 (W67)	Step87 (W87)	Step107 (W107)
Step8 (W8)	Step28 (W28)	Step48 (W48)	Step68 (W68)	Step88 (W88)	Step108 (W108)
Step9 (W9)	Step29 (W29)	Step49 (W49)	Step69 (W69)	Step89 (W89)	Step109 (W109)
Step10 (W10)	Step30 (W30)	Step50 (W50)	Step70 (W70)	Step90 (W90)	Step110 (W110)
Step11 (W11)	Step31 (W31)	Step51 (W51)	Step71 (W71)	Step91 (W91)	Step111=Release
Step12 (W12)	Step32 (W32)	Step52 (W52)	Step72 (W72)	Step92 (W92)	
Step13 (W13)	Step33 (W33)	Step53 (W53)	Step73 (W73)	Step93 (W93)	
Step14 (W14)	Step34 (W34)	Step54 (W54)	Step74 (W74)	Step94 (W94)	
Step15 (W15)	Step35 (W35)	Step55 (W55)	Step75 (W75)	Step95 (W95)	
Step16 (W16)	Step36 (W36)	Step56 (W56)	Step76 (W76)	Step96 (W96)	
Step17 (W17)	Step37 (W37)	Step57 (W57)	Step77 (W77)	Step97 (W97)	
Step18 (W18)	Step38 (W38)	Step58 (W58)	Step78 (W78)	Step98 (W98)	
Step19 (W19)	Step39 (W39)	Step59 (W59)	Step79 (W79)	Step99 (W99)	
Step20 (W20)	Step40 (W40)	Step60 (W60)	Step80 (W80)	Step100 (W100)	

图 13　原工艺方案焊接顺序

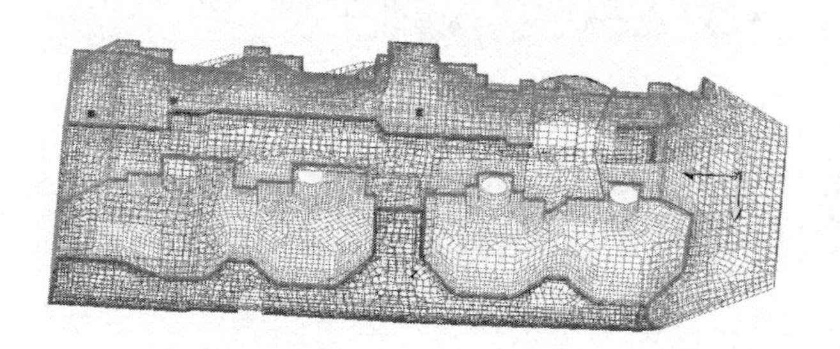

图 14　原工艺方案装夹方式

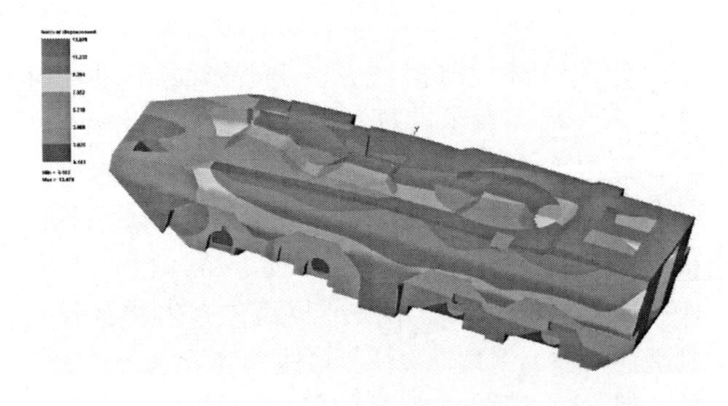

图 15　原工艺方案模拟结果

1.5.2　改进工艺方案及模拟结果

车体生产中普遍采用焊接夹具定位和紧固，装夹的刚度越大，变形越小。对于刚性小的结构通过采用焊接夹具或其他临时支撑方法，增加结构在焊接时的刚性，达到减小焊接变形的目的。由于原工艺方案中变形量大的区域较多，因此在改进工艺方案中增加约束点提高整体刚性。在车体焊接过程中，有较多焊缝较长，且分布广泛，因此施焊顺序和焊缝分布对焊接变形有较大影响。当施焊顺序不对称时，不仅会产生线性缩短，而且会产生弯曲变形。焊缝数量越多，变形越大。调整焊接顺序使其尽量对称，以使焊缝引起的变形相互抵消。焊缝不对称的先焊焊缝少的一侧，因为焊缝越长，变形越大，先焊焊缝少的一侧可以增加焊缝多的一侧焊件的结构刚性和反变形能力。图 16 中标识 W1 到 W110 中较对称的焊缝从 Step1 到 Step110 进行调整后的施焊顺序，然后每道焊缝单独进行局部模型与整体模型的匹配性插入并且进行相应的装夹条件设置。Step111 表示 110 道焊缝焊接完成后释放掉装夹。图 17 中增加了部分装夹点，以提高整体刚性，图 18 为 110 道焊缝完成后并释放掉装夹的模拟结果，最大变形量为 7.3mm，大部分区域的变形量在 4.7mm 以内。从图 15 和图 18 的对比可发现，增加车体整体刚性后，其变形量大大地减小了，并且改进后工艺方案可满足设计要求。

Step1 (W1)
Step2 (W50)
Step3 (W51)
Step4 (W2)
Step5 (W49)
Step6 (W3)
Step7 (W52)
Step8 (W4)
Step9 (W48)
Step10 (W5)
Step11 (W53)
Step12 (W6)
Step13 (W47)
Step14 (W7)
Step15 (W54)
Step16 (W8)
Step17 (W46)
Step18 (W9)
Step19 (W55)
Step20 (W10)
Step21 (W45)
Step22 (W100)
Step23 (W56)
Step24 (W101)
Step25 (W44)
Step26 (W102)
Step27 (W57)
Step28 (W103)
Step29 (W43)
Step30 (W104)
Step31 (W58)
Step32 (W105)
Step33 (W42)
Step34 (W106)
Step35 (W59)
Step36 (W107)
Step37 (W41)
Step38 (W108)
Step39 (W60)
Step40 (W109)
Step41 (W40)
Step42 (W110)
Step43 (W61)
Step44 (W99)
Step45 (W39)
Step46 (W98)
Step47 (W62)
Step48 (W97)
Step49 (W38)
Step50 (W96)
Step51 (W63)
Step52 (W95)
Step53 (W37)
Step54 (W94)
Step55 (W64)
Step56 (W93)
Step57 (W36)
Step58 (W92)
Step59 (W65)
Step60 (W91)
Step61 (W35)
Step62 (W90)
Step63 (W66)
Step64 (W89)
Step65 (W34)
Step66 (W88)
Step67 (W67)
Step68 (W87)
Step69 (W33)
Step70 (W86)
Step71 (W68)
Step72 (W85)
Step73 (W32)
Step74 (W84)
Step75 (W69)
Step76 (W83)
Step77 (W31)
Step78 (W82)
Step79 (W70)
Step80 (W81)
Step81 (W30)
Step82 (W80)
Step83 (W71)
Step84 (W79)
Step85 (W29)
Step86 (W78)
Step87 (W72)
Step88 (W28)
Step89 (W11)
Step90 (W73)
Step91 (W27)
Step92 (W12)
Step93 (W74)
Step94 (W13)
Step95 (W26)
Step96 (W14)
Step97 (W25)
Step98 (W15)
Step99 (W24)
Step100 (W75)
Step101 (W16)
Step102 (W23)
Step103 (W17)
Step104 (W76)
Step105 (W18)
Step106 (W22)
Step107 (W19)
Step108 (W21)
Step109 (W77)
Step110 (W20)
Step111=Release

图 16 改进工艺方案焊接顺序

2 结论

（1）通过对焊接结构的模拟，实现对于特定焊

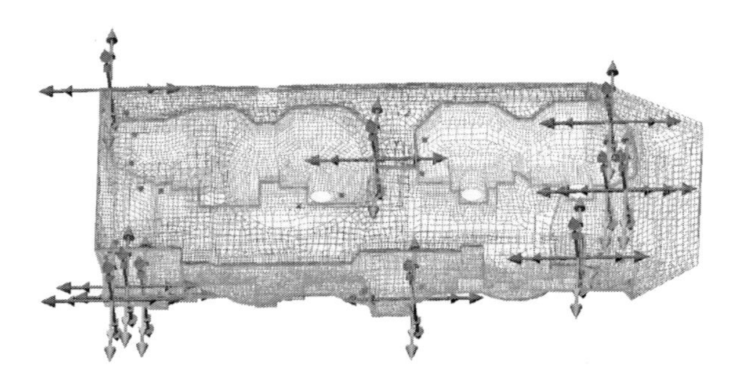

图 17 改进工艺方案装夹方式

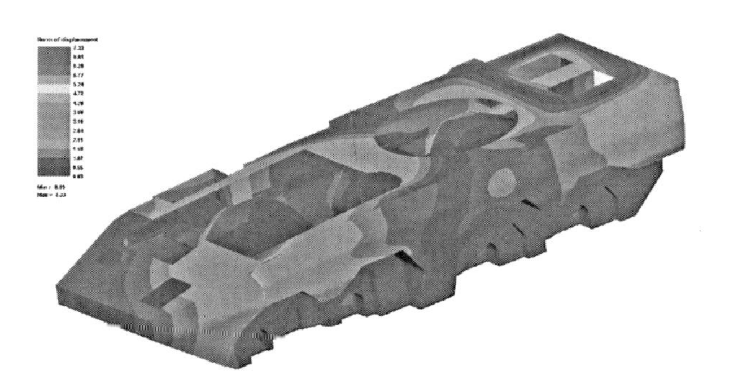

图 18 改进工艺方案模拟结果

接工艺条件下（如焊接顺序、装夹条件等）焊接结构的变形进行预测，并通过对焊接顺序、装夹条件等进行优化，确定合理有效的焊接生产方案，减小车体变形，提高综合质量。

（2）车体在制造过程中，焊接变形是不可避免的，只能采取合理的焊接工艺和工装设计等措施控制变形，通过焊接仿真技术模拟传统经验的变形控制方法，确定变形控制措施的合理性及有效性，调整优化变形控制措施，达到了为工艺设计提供可靠依据、缩短产品生产周期、保证车体的尺寸精度和装配要求的目的。

基于固有应变法对大型构件焊接装配数值分析预测

冯和永[1]　陈　星[2]　张宝东[1]　李国强[1]　高金良[1]　耿景刚[1]　张　宏[2]

1. 北京北方车辆集团有限公司，北京，100000；2. ESI中国，北京，100000

摘　要：本文基于固有应变法原理，对某大型焊接件进行焊接装配数值仿真分析。对比分析了加筋板与不加筋板的变形与应力区别，确定了焊接筋板施加位置对最终结果的影响，控制工件焊接质量，为实际生产提供理论依据。

关键词：固有应变法；焊接构件；变形；应力。

1　引言

在实际生产前，通过仿真软件对大型结构件进行快速高效的焊接仿真模拟，可以在生产前提供理论指导，能够节省焊接变形后矫正的处理时间，也有利于工程师对工件进行合理规划和设计，以达到结构设计对变形、应力公差的要求。基于固有应变法，是发展比较快的一种数值处理方法，尤其在焊接工艺仿真中已得到广泛应用。[1] Weldplanner是法国ESI集团推出的基于固有应变法的焊接工艺仿真软件，针对复杂的焊接装配工艺仿真具有显著的速度分析优势。

基于固有应变理论的有限元法是一种可行而有效的大型复杂结构焊接仿真方法。固有应变法就是在焊接时，焊缝及其附近因热膨胀受到周围温度较低金属的拘束，产生大量的压缩塑性应变，冷却后焊缝及其附近存在了残余塑性应变，残余塑变的大小就决定了最终的焊接变形。如果知道了残余塑变的大小，把它作为初始应变置于焊缝及其附近，就可以通过一次弹性有限元分析求得整个构件的焊接变形。[2] 20世纪90年代开始，日本研究者把固有应变理论引入热加工过程的应力和变形；Takeda使用固有应变法成功地预测了船体上弧形板的变形，Jang等人预测了固有应变法并提出了固有应变与材料的熔点温度和拘束度的关系在船板变形预测中采用该方法，证明了该方法的可行性与有效性。[3] 固有应变有限元法，是一种既适合于大型复杂结构，又比较经济的焊接变形预测方法，具有显著的实用意义，发展前途广阔。固有应变法预测焊接变形是利用焊接后在焊缝及其附近所产生的固有应变作为初始应变，进行一次弹性有限元计算来获得整个结构的焊接变形。目前，固有应变法的研究主要集中在平板结构方面，而焊接变形的主要形式有两种。其一可以认为是，由于焊缝的纵向收缩引起的纵向变形（纵向缩短和弯曲挠度等）；其二可以认为是，由于焊缝的横向收缩引起的横向变形（横向缩短和角变形等）。因此，焊接变形也可以认为主要是焊缝及其附近的纵向及横向固有应变引起的。[4] 纵向固有应变的总和 W_x、横向固有应变的总和 W_y 与焊接线能量 Q 存在着一定的关系，假定为

$$W_x = KQ; W_y = \xi Q$$

式中：K 为纵向固有应变系数；ξ 为横向固有应变系数。

2　有限元模型的建立

划分网格是建立有限元模型的一个重要环节，它要求考虑的问题较多，需要的工作量较大，所划分的网格形式对计算精度和计算规模将产生直接影响，即网格数量的多少将影响计算结果的精度和计算规模的大小。[5] 一般来讲，网格数量增加，计算精度会有所提高，但同时计算规模也会增加，所以在确定网格数量时应权衡两个因数综合考虑。因此我们对焊缝区域的网格进行细密划分以得到精细的结果，出于考虑计算规模的因素在远离焊缝区域进行的网格划分较焊缝区域粗大。[6] 图1是某构件网格模型，网格模型中，单元类型为8节点六面体和6节点五面体单元，其中节点数71028，

单元数 47336。

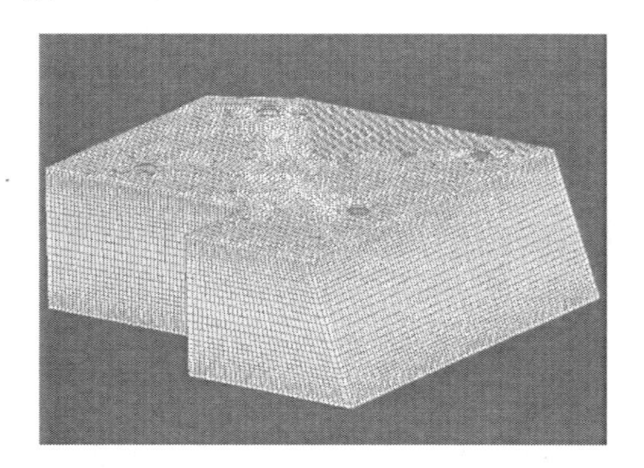

图 1　工件网格模型

3　焊接工艺参数

此处焊接顺序是本着避免产生过大的残余应力和减少变形，而优化设计的。表 1 为焊接参数，图 2 为该构件的焊接顺序。

表 1　　　　焊接参数

焊接方法	电流 (A)	电压 (V)	焊速 (mm/s)
氩气保护焊 ($80\%Ar+20\%CO_2$)	280～300	28～32	10～12

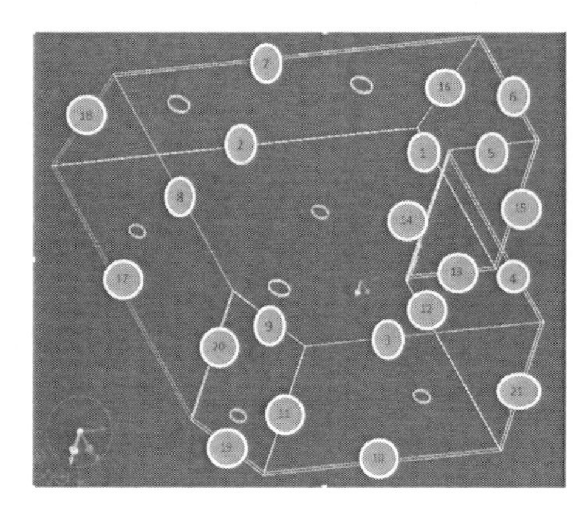

图 2　焊接顺序

4　工件约束条件

根据工件焊接加工情况和约束理论，建立约束条件。由于实际焊接中，是把夹具放置在四个孔里面。所以，在仿真计算中我们根据图 3 中显示的约束位置进行施加，即在孔周围及孔内部施加了 X 方向和 Z 方向的约束，工件在 Y 方向能够自由移动。对于施加筋板的情况，则在 A 处以及 B 处给予 XYZ 三个方向的约束（见图 4）。

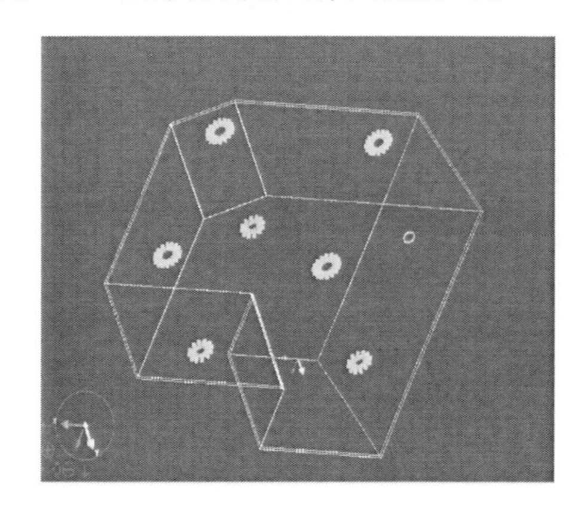

图 3　无筋板约束施加位置

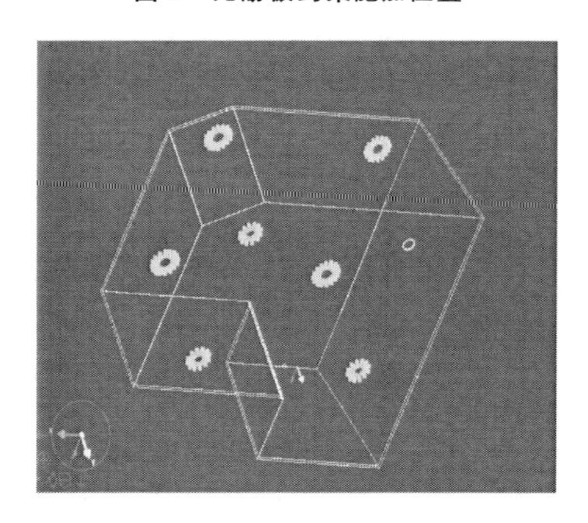

图 4　带有筋板约束施加位置

5　计算结果及分析

5.1　无筋板约束焊接变形与应力的计算

采用同一种焊接顺序，不施加筋板的工件整个焊接过程的变形如下。

从图 5、图 6 可以看出，带夹具焊后最终的变形仅有 1.1mm 且集中在侧板上，而当夹具释放后，工件整体变形能达到 3.25mm，且变形分布接近实际情况，因此，可以认为在大型焊接装配件进行焊接后，必须进行夹具释放，这样才能真正得到工件的整体变形。

从图 7 应力分布可以看出，工件焊后应力主要集中在焊缝包括热影响区附件，应力值最高能达到 300MPA；而工件其他区域则应力比较小，这说明，在该焊接工艺条件下，工件应力主要分布于焊缝区域，即该区域也是应力敏感区域。

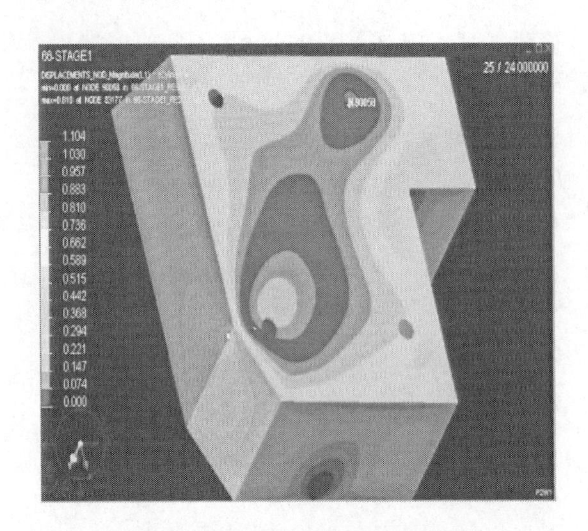

图5　带约束工件最终焊后变形

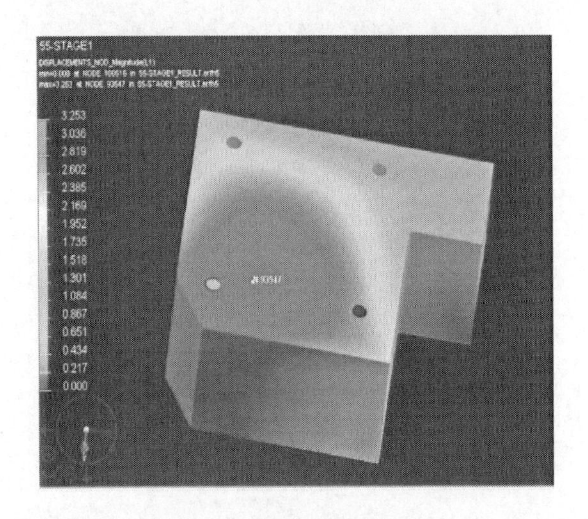

图6　夹具释放后工件变形

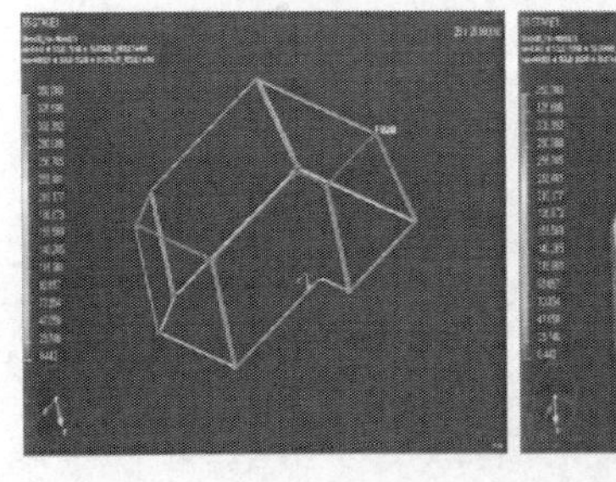

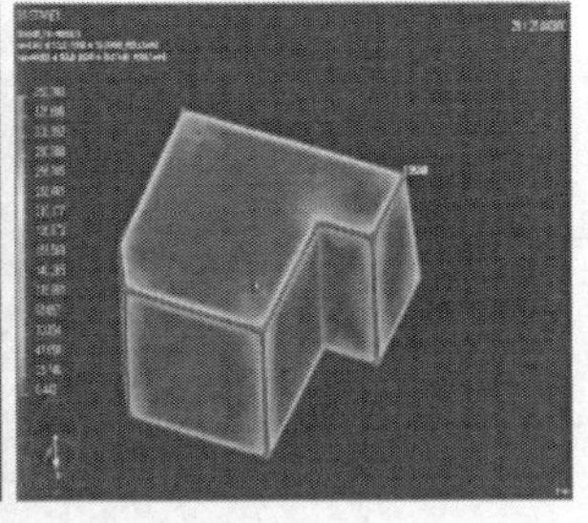

图7　带约束工件最终焊后应力

5.2　带筋板约束焊接变形的计算

采用同一种焊接顺序，施加筋板的工件整个焊接过程的变形如下。

从图6可以看出，考虑筋板并且带夹具焊后最终的变形仅有0.5mm且集中在侧板上，而当夹具释放后，工件整体变形能达到1.1mm，同时，考虑筋板的情况，可以看出带筋板工件变形要小于不考虑筋板的，这主要是在工件内部施加筋板相当于提供了工件的整体刚度，阻碍了工件的整体变形。

从图10应力分布可以看出，工件焊后应力主要集中在焊缝包括热影响区附件，应力值最高能达到350MPA，这与不考虑筋板情况类似，但应力在其他区域也有明显的阶梯分布。这说明，在该焊接工艺条件下，考虑筋板情况，整个工件应力分布比较均匀，在整个工件都有明显应力分布梯度，这与筋板对工件刚度的加强有关。

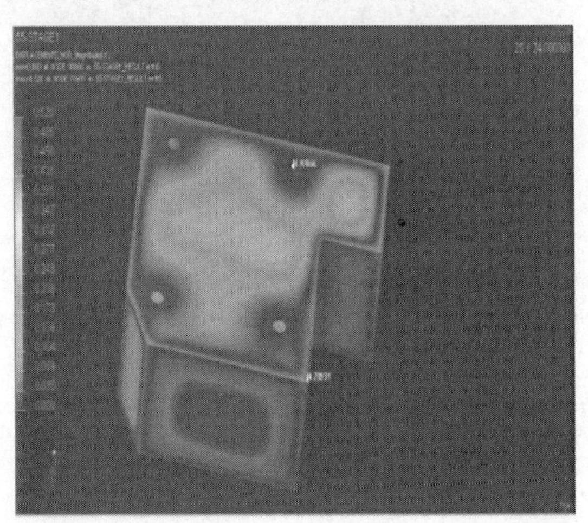

图8　带约束工件最终焊后变形

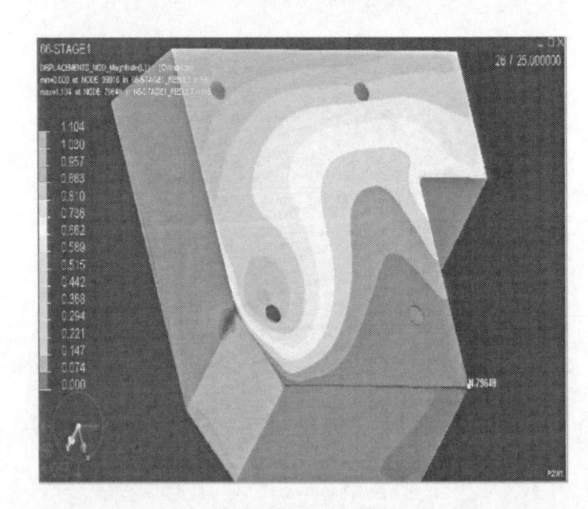

图9　夹具释放后工件变形

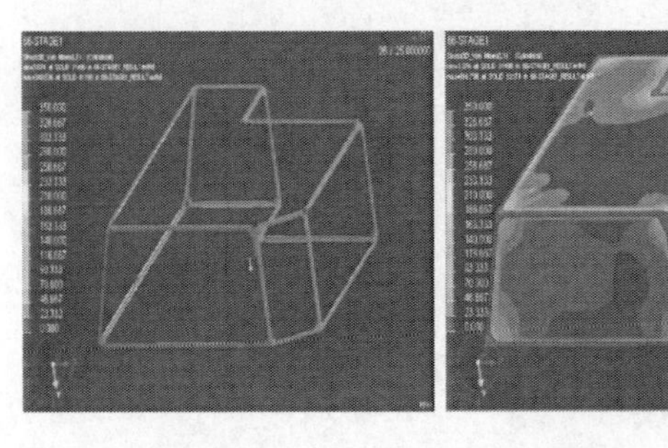

图10　考虑筋板工件最终焊后应力

表 2　　焊接变形计算机值与测量值对比

焊接变形	整体变形（mm）	屈服应力（MPa）
不带筋板计算结果	3.25	300
带筋板计算结果	1.1	350
实测结果	1.5	280

6　结论

（1）对某大型焊接装配工件采用固有应变法进行了考虑筋板和不考虑筋板两种工艺情况的变形与应力计算。进行了两种不同工艺条件焊接变形与应力的对比分析。

（2）将计算结果与实测值进行了对比，从而验证了该计算方法的准确性与高效性（见表 2）。

（3）通过对工件两种工艺条件的计算，为施加筋板焊接生产提供了理论依据，同时为工件实际焊接生产提供了重要的理论参考依据。

参 考 文 献

[1]　陈丙森．计算机辅助焊接技术[M]. 北京：机械工业出版社，1999.

[2]　武传松．焊接热过程与熔池形态[M]. 北京：机械工业出版社，2008.

[3]　Goldak John. Anew Finitemodel Forwelding Heat Source [J]．Metallurgual Transac- tions，1984，15B（2）：299 -305.

[4]　潘际銮．现代弧焊控制[M]. 北京：机械工业出版社．2000.

[5]　陈丙森．计算机辅助焊接技术[M]. 北京：机械工业出版社．1999，10：112 - 119.

[6]　张明贤，等．基于有限元分析对新型 DE - GMAW 焊缝尺寸预测[J]. 焊接学报，2009，28(2)：33 - 37.

镁合金点焊中电极球半径对熔核形状影响的数值模拟

王　军　梁志敏　张玉凤　汪殿龙
河北科技大学材料科学与工程学院，河北石家庄，050018

摘　要：由于电阻点焊是个热、电、力耦合的复杂过程，而且镁合金自身熔点低、热传导率与线膨胀系数较高使镁合金电阻点焊的质量很难控制。焊接接头的质量和强度主要取决于熔核的尺寸和形状。本文基于SYSWELD模拟了不同电极球半径对镁合金电阻点焊熔核形状的影响，并进行了大量的试验研究。通过结果分析，建立了电极球半径与熔核形状的关系。同时证明试验结果与模拟结果吻合。

关键词：电阻点焊；数值模拟；镁合金；熔核形状；SYSWELD。

1　前言

电阻点焊以其生产效率高、焊接质量稳定、易实现机械化和自动化等优点，成为生产中常用的镁合金焊接工艺之一。由于点焊是一个热、电、力及冶金相互耦合的复杂过程，以及镁合金自身的特点（低熔点、高热导率、大线膨胀系数），增加了焊接质量的控制难度。焊接接头的质量和强度主要取决于熔核的尺寸和形状。[1]而电极球半径是影响熔核尺寸和形状的主要参数之一。本文通过SYSWELD焊接专用软件模拟了不同电极球半径下对镁合金ZA31B点焊熔核形状的影响进行了数值模拟并与试验数据进行对比。通过分析结果，得到了镁合金AZ31B电阻点焊中电极球半径与熔核形状的关系曲线，有助优化焊接参数，指导镁合金点焊实际生产，减少或避免通常研究镁合金点焊形核时所进行的各种试验[2]，降低研究成本与时间。

2　理论分析

电阻点焊是指利用大电流通过两块或两块以上板材时，在重叠接触的部分因电阻而发热，使焊件熔融，并利用电极加压，使焊件结合在一起的焊接方法。因此重叠接触部分的接触条件分析成为重点解决的问题。SYSWELD对接触条件进行了以下处理，假设焊件两接触面分别为$S1$、$S2$，在接触面任一接触单元e上存在任一接触点k（见图1），则有如下情况。

在接触面$S1$上：

$$I_k^e = C_e \sum_{i=1}^{ni} N_k^{e(i)} j^{(i)} A^{(i)} \tag{1}$$

$$Q_k^e = C_t \sum_{i=1}^{ni} N_k^{e(i)} \varphi^{(i)} A^{(i)} + C_e^2 \sum_{i=1}^{ni} N_k^{e(i)} p^{(i)} A^{(i)} \tag{2}$$

在接触面S2上：

$$I_k^e = \frac{1}{C_e} \sum_{i=1}^{ni} N_k^{e(i)} j^{(i)} A^{(i)} \tag{3}$$

$$Q_k^e = \frac{1}{C_t} \sum_{i=1}^{ni} N_k^{e(i)} \varphi^{(i)} A^{(i)} + \frac{1}{C_e^2} \sum_{i=1}^{ni} N_k^{e(i)} p^{(i)} A^{(i)} \tag{4}$$

式中：I_k^e为接触点k处的电流，A；Q_k^e为接触点k处的热量，W；$N_k^{e(i)}$为与接触点k在（i）时有关的形状函数；$j^{(i)}$为（i）时的电流密度，A/m^2；$A^{(i)}$为（i）时的总接触面积，m^2；$\varphi^{(i)}$为（i）时交换的热流量密度，J/m^2；$p^{(i)}$为（i）时损失的热量密度，J/m^2；C_e、C_t分别为修正系数，$C_e=\sqrt{-\frac{I^{S1}}{I^{S2}}}$，$I^{S1}$、$I^{S2}$分别为通过接触面$S1$、$S2$的电流（A），$C_t=\sqrt{-\frac{\varphi^{S1}}{\varphi^{S2}}}$，$\varphi^{S1}$、$\varphi^{S2}$分别为通过接触面$S1$、$S2$交换的热流量（J）。

式（2）、（3）、（4）、（5）结合的总体矩阵为

$$[K]=\begin{bmatrix} K_{VV} & K_{VT} \\ K_{TV} & K_{TT} \end{bmatrix}$$

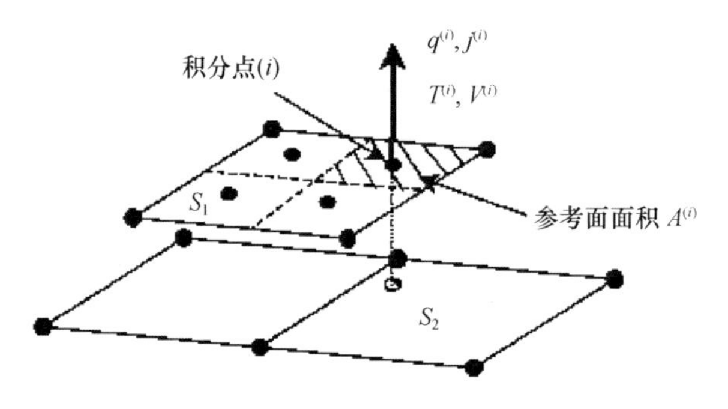

图 1 接触条件的处理[2]

[$V^{(i)}$, $T^{(i)}$ are the electric potential and temperature of a Gauss point (i)]

$$(K_{TT})_{kl}=-\frac{\partial Q_k}{\partial T_l},\ (K_{VV})_{kl}=-\frac{\partial I_k}{\partial V_l},$$

$$(K_{TV})_{kl}=-\frac{\partial Q_k}{\partial V_l},(K_{VT})_{kl}=-\frac{\partial I_k}{\partial T_l} \tag{5}$$

3 有限元模型的建立

SYSWELD 电阻点焊模块直接实现了热、电、力及冶金的耦合过程，处理这些耦合过程的模型如图 2 所示。[3,4]模拟时在各个时间步距处理耦合过程的方法如图 3[5]，图中 U^i，T^i 为 $t+\tau$ 时的触点与温度。在建立模型时，首先将一些不重要因素进行简化和假设，假设接触表面足够紧密接触及相应的接触点能够把接触面细化分为接触单元，并考虑电极曲率对接触条件的影响[3]。由于电阻点焊的轴对称性及电压和温度分布的近似对称性，将点焊的数值模拟模型简化成轴对称模型（见图 4）。同时建立相应的材料库，其主要包括：

（1）热与冶金的耦合：工件的冶金转变直接取决于工件的温度；冶金转变伴随着影响温度场的熔化潜热；不同阶段的热力学性能

（2）热与力的耦合：热膨胀的影响；不同温度下的材料性能；电极与工件及工件之间的接触条件

（3）力与冶金的耦合：冶金转变所带来的体积的变化；不同相所对应的力学性能尤其是相变引起的塑性的变化。

4 结果与分析

热源的特点决定了熔核的形状及尺寸。电阻热作为点焊的热源，由焦耳定律计算得到，电阻

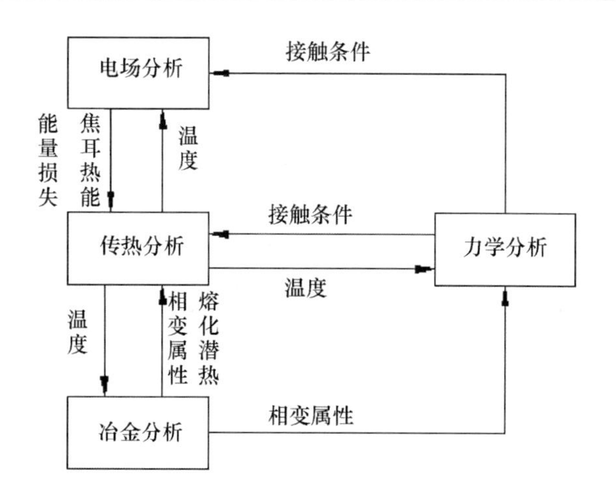

图 2 SYSWELD 中电阻点焊模型的热、电、力、冶金耦合过程

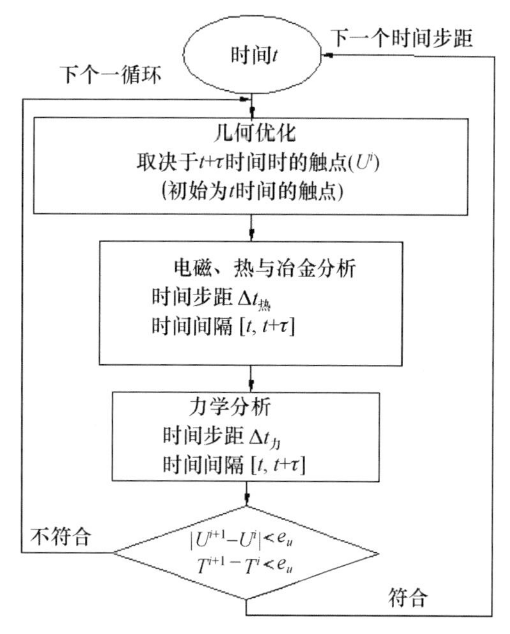

图 3 SYSWELD 的模拟过程

热由焊接电流、通电时间和焊接区的电阻决定。焊接区的电阻由接触电阻（工件与电极之间接触电阻和工件之间的接触电阻）和焊件内部电阻组成。电极球半径的变化引起了接触面积的变化，导致了热源的变化，最终影响了熔核的形状及尺寸。

图 5、图 6 为电极球半径为 30mm、50mm、70mm、100mm，其他工艺参数不变的情况下，刚开始焊接时的应力分布图及电流密度的分布状况。随电极球半径的增大，电极与工件间接触面上的应力减小，应力分布均匀化（见图 5）；随电极球半径的增大，电流密度降低，（见图 6）。这主要是由于电极球半径的增大，电极与工件间的接触面积

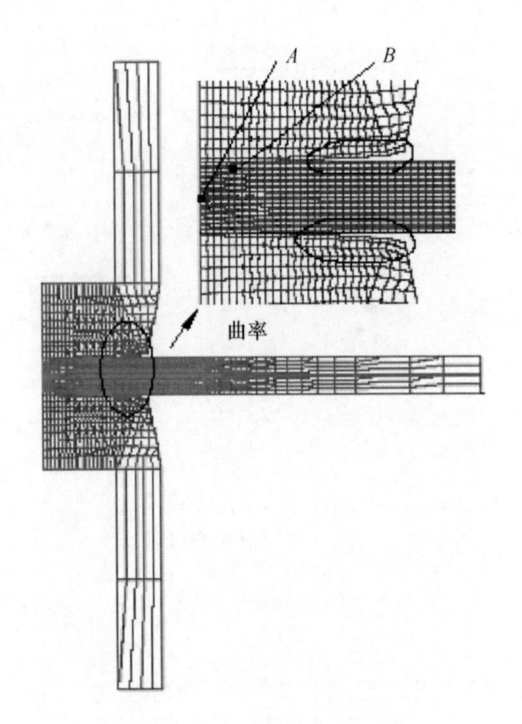

图 4　镁合金点焊的有限元模型

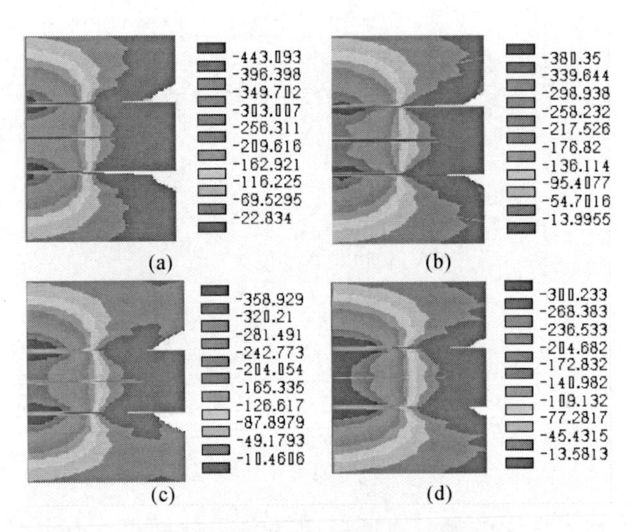

图 5　电极球半径与应力分布的关系

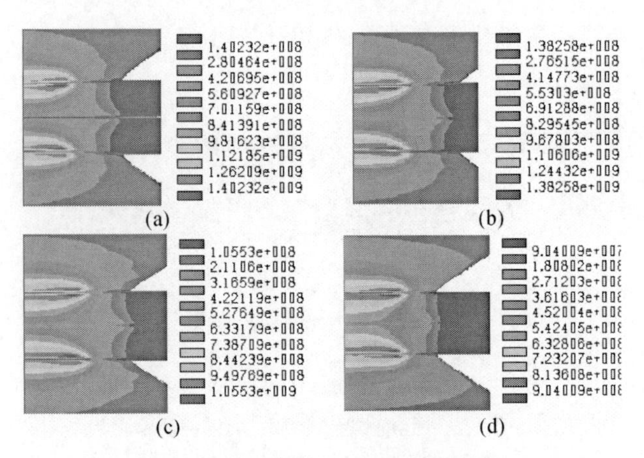

图 6　电极球半径与电流密度的关系

（a）r=30mm；（b）r=50mm；（c）r=70mm；（d）r=100mm

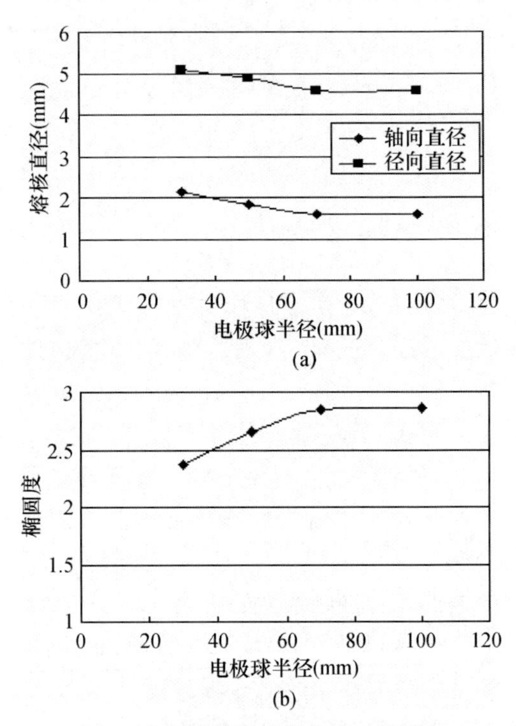

图 7　电极球半径对熔核尺寸的影响

（a）不同电极球半径下的熔核尺寸；

（b）不同电极球半径下的椭圆度

增大，在其他参数不变的情况下，应力减小，接触电阻增大，电流密度减小。由焦耳定律可知，这些变化必将引起电源的变化，改变熔核的形状及尺寸。

图 7 为电极直径 6mm，电极球半径在 30～100mm 之间变化，电极压力 2400N，焊接电流 16kA，通电时间 0.12s，焊件厚度 1.5mm 时，熔核形状与电极球半径之间的关系。由图可知，随电极球半径的增大，熔核的轴向直径与径向直径同时减小，见图 6（a）所示，但轴向直径比径向直降减小得快，即随电极球半径的增大椭圆度（熔核的径向直径与轴向直径的比值）增大，见图 6（b），当电极球半径增大到一定程度，熔核尺寸与形状基本保持不变。由上面的分析可知，电极球半径增大，接触电阻增大，电流密度减小，整体的电阻热降低，导致熔核的轴向半径与径向半径同时减小，当电极球半径增大到一定程度，电极与工件间的接触面积变化缓慢，熔核基本保持不变。熔核的轴向直径主要是靠自身电阻热产生的热量熔化形成的，而熔核的径向直径一部分是自身电阻热形成的，一部分是依靠传递的热量形成的。因此熔核的轴向是否形核直接与其自身产

生的电阻热有关，熔核的径向是否形核不仅与其自身产生电阻热有关，同时还与直接由自身电阻热所产生的熔化区域的大小有关。电极球半径增大，直径由自身电阻热产生的熔化区域增大，阻碍熔核径向直径的减小，所以熔核的径向直径要比轴向直径变化缓慢，即椭圆度增大。

图 8 为在工艺参数为电极直径 6mm，电极球半径 40mm，焊接电流 16kA，电极压力 2400N，焊接通电时间 0.16s，工件板厚 1.5mm 时，模拟与试验所得熔核形状与尺寸的对比。经测量得：①焊接试验的熔池厚度约为 1.92mm，模拟的熔池厚度约为 2.01mm；②焊接试验的熔池直径约为 4.95mm，模拟的熔池直径约为 4.90mm。可见，模拟结果与试验结果极为相近。

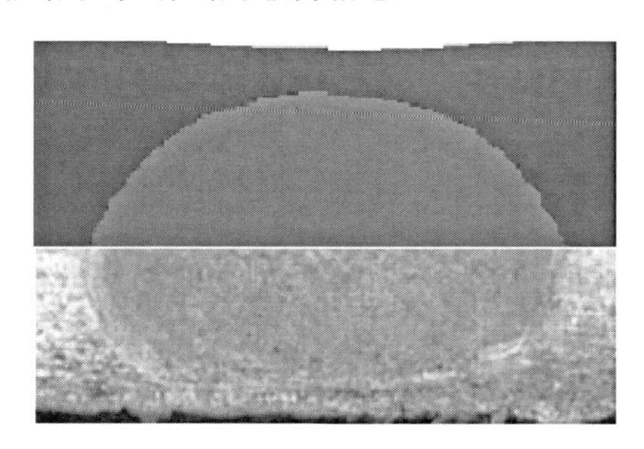

图 8　试验熔核形状与模拟对比示意图

5　结论

本文采用了 SYSWELD 对镁合金点焊熔核形状进行数值模拟，实现了点焊过程中热、电、力与冶金过程的直接复杂耦合。通过大量模拟及实际试验，得到了在其他工艺参数不变的情况下电极球半径与熔核尺寸之间关系：随电极球半径的增大，工件与电极间的接触面积增大，电流密度减小，接触电阻减小，导致熔核的轴向半径与径向半径同时减小，接头的强度降低，但电极半径过小会引起飞溅，因此在镁合金电阻点焊中为了保证接头的质量，要选择合适的电极球半径。同时，通过试验验证所得模拟结果与试验结果一致，可用于指导实际生产。

参　考　文　献

[1]　Hamid Eisazadeh, Mohsen Hamedi, Ayob Halvaee. New Parametric Study of Nugget Size in Resistance Spot Welding Process Using Finite Element Method. Material and Design, 2010(31):149 - 157.

[2]　D. Q. Sun, B. Lang, D. X. Sun, J. B. Li. Microstructures and Mechanical Properties of Resistance Spot Welded Magnesium Alloy Joints. Material Science and Engineering:A, 2007:494 - 498.

[3]　E. Feulation, V. Robin, J. M. Bergheau. Resistance Spot Welding Simulation: A General Finite Element Formulation of Electrothermal Contact Conditions. Journal of Materials Processing Technology, 2004, 11(10):436 - 441.

[4]　H. Cerjak (Eds). Mathematical Modeling of Weld Phenomena 6. Institute of Materials, London, 2002: 573 -590.

[5]　V. ROBIN, A. SANCHEZ, T. DUPUY. Numerical Simulation of Spot Welding with Special Attention to Contact Conditions. Mathematical Modeling of Weld Phenomena 6. Institute of Materials, London, 2002.

16Mn 钢输油管道在役焊接修复的数值模拟

岑 康[1] 张 宏[2]

1. 西南石油大学建筑工程学院，四川成都，610500；

2. 中国石油西南油气田分公司川东北气矿，四川达州，635000

摘 要：本文针对 16Mn 钢输油管道在役焊接修复过程中易产生烧穿和氢致裂纹等影响作业安全的问题，采用焊接过程数值模拟软件 SYSWELD，对 16Mn 钢输油管道在役焊接修复过程中的管道内壁峰值温度、焊接接头和热影响区的硬度和残余应力分布进行了数值模拟，并采用正交试验分析法对管道壁厚、焊接线能量、管内介质温度、管内介质流速等因素对在役焊接安全性的影响规律以及在不同管道壁厚下的允许热输入范围进行了研究。结果表明：热输入和管道壁厚是影响 16Mn 钢输油管道在役焊接修复安全性的主要因素；在管道壁厚一定的情况下，管道内壁峰值温度与线能量近似成正比关系；在线能量一定的情况下，内壁峰值温度随着管道壁厚的减小而增大；不同管壁厚度对应一定的焊接线能量上限值，超过该上限值将产生烧穿。

关键词：16Mn；原油管道；在役焊接；数值模拟。

1 前言

我国 20 世纪建设的输油管道用钢常采用 16Mn 钢，目前这些在役管道由于腐蚀和第三方破坏等各种原因，常出现管道壁厚减薄或泄漏而需相应修复作业。常规修复作业首先需要停输卸压，然后再在需修复或更换的部位两端钻孔卸油封堵，在确保管内残留油气不会燃烧或爆炸时才可进行相应焊接施工。而若采用在役焊接修复，则无需停输泄压，可很好克服传统修复方式工期长、经济损失及环境污染较大等缺点，具有巨大的经济效益、社会效益和广阔的应用前景，但在役焊接易产生烧穿和氢致裂纹，其安全性问题应给予高度关注。然而，目前针对 16Mn 钢输油管道在役焊接安全性的影响因素及其影响规律的认识尚不深入，也还没有制定出适用于 16Mn 钢输油管道在役焊接修复作业要求的具有较好可操作性的工艺技术标准。因此，探讨管道壁厚、焊接线能量、管内介质温度、管内介质流速等各种可能影响因素对 16Mn 钢输油管道在役焊接安全性的影响规律对提高我国在役焊接修复技术水平具有重要现实意义。

本文采用焊接过程数值模拟软件 SYSWELD，对 16Mn 钢在役焊接修复过程中的管道内壁峰值温度、焊接接头和热影响区的硬度和残余应力分布进行数值模拟，探讨管道壁厚、焊接线能量、管内介质温度、管内介质流速等因素对在役焊接安全性的影响规律，并对 16Mn 钢输油管道在不同管道壁厚下的允许热输入范围进行研究，以期用于指导 16Mn 钢输油管道在役焊接修复作业。

2 数值模型的建立

2.1 几何模型及约束

输油管道在役焊接修复工艺及焊接接头形式如图 1。重点关注易产生烧穿和氢致裂纹的环焊缝，由于管道是轴对称结构，可采用二维横截面模型进行数值模拟，其整体网格模型如图 2 所示。环焊缝堆焊分三道进行，W_1、W_2、W_3 分别为第一、二、三焊道，C_1 为修复套管，C_2 是输油管道。待修输油管道尺寸为 $\phi377\times8$，套管尺寸为 $\phi394\times8$，分析区域的输油管道长度为 300mm，套管长度为 180mm。分析区域两端的力学约束为刚性约束。

2.2 换热边界条件

根据传热学基本理论，管道内外的换热应采用第三类边界条件[1]，即

$$\lambda\frac{\partial T}{\partial n}=\alpha(T_a-T_s) \tag{1}$$

式中：n 为边界外法线方向；λ 为材料的导热率，W/(m·K)；α 为表面换热系数，W/(m²·℃)；

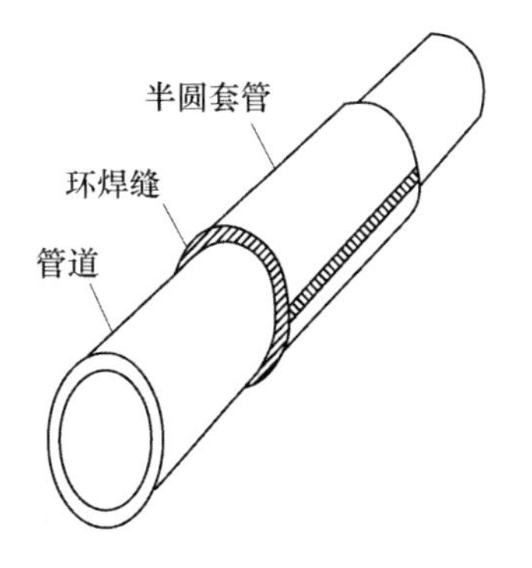

图 1　套管修复示意图

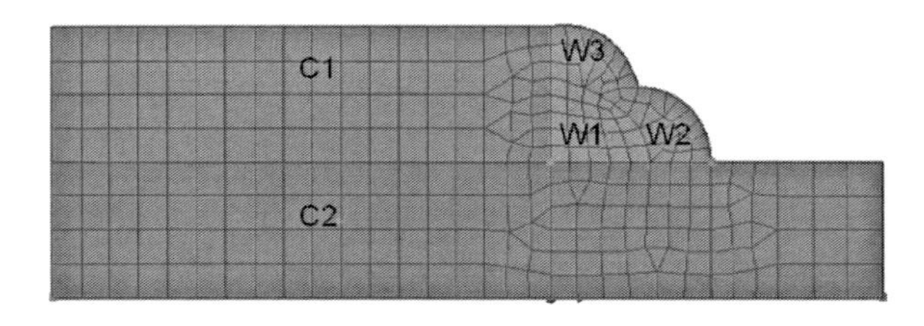

图 2　焊接结构

T_s 为物体表面温度,℃；T_a 为环境温度,℃。

管道外表面和外界空气的换热主要考虑辐射换热和空气的自然对流换热，总换热系数为[2]

$$\alpha=4.536\times10^{-8}[(273+T_0)+(273+T)][(273+T_0)^2+(273+T)^2]+25 \quad (2)$$

式中：T_0 为环境温度，本文取 20℃；T_1 为焊接接头与空气接触表面的温度,℃。

管道内壁和原油间的换热为管内强迫对流换热，其换热系数为[1]

$$\alpha=0.027\frac{\lambda}{d}Re^{0.8}Pr^{\frac{1}{3}}\left(\frac{\mu}{\mu_w}\right)^{0.14} \quad (3)$$

式中：λ 为原油导热系数，W/m・K；Re 为雷诺数；Pr 为普朗特数；μ 为原油动力黏度，Pa・s；μ_w 为原油在管道内壁温度下的动力黏度，Pa・s。

μ_w 可由下式计算得到：[2]

$$\mu_w=\mu_0\left(\frac{273+T_2}{273}\right)^{0.76} \quad (4)$$

式中：T_2 为管道内壁的温度,℃；μ_0 为原油在 0℃ 时的动力黏度，Pa・s。

管内原油为大庆原油，其黏温关系通过实验得到，相对密度、比热和导热系数则根据文献［3］中的经验公式计算得到。

2.3　热源模型与材料热物性

由于目前国内在役焊接修复均采用手工焊条电弧焊，因此焊接热源选用适合于手工焊条电弧焊的高斯热源模型[4]。根据不同电流下焊接熔池的深度和宽度初步确定高斯热源模型的各参数，然后采用 SYSWELD 的热源拟合工具进行多次校核，直至模拟出的熔池形状和实际接头相符。模拟过程中选用了 30 种不同的焊接参数，取值范围：焊接电流 40～200A；焊接电压 18～25V；焊接速度 2～10mm/s；热输入 400～2000J/mm。

16Mn 钢的热物性参数根据文献［5］的公式计算。

3　模拟结果分析

3.1　在役焊接影响因素分析

根据前述数值计算模型，通过模拟获得 16Mn 钢输油管道在役焊接过程中在不同管道壁厚、焊接线能量、介质温度、介质流速等情形下的管道内壁峰值温度、焊接接头和热影响区的最大硬度和残余应力的基础上，采用正交试验分析法[6]分析管道壁厚、焊接线能量、介质温度、介质流速等因素对内壁峰值温度 T_{max}、焊接热影响区最大硬度 H_{max} 和焊接接头最大残余应力 σ_{max} 的影响规律。正交试验因子及水平见表 1，试验方案及结果见表 2，指标分析表见表 3。

表 1　正交试验因素水平表

因素／水平	介质流速 (m/s)	介质温度 (℃)	管道壁厚 (mm)	热输入 (J/mm)
1	1	40	8	400
2	2	50	10	600
3	3	60	12	1200

表 2　试验方案及结果

因素／试验号	介质流速 (m/s)	介质温度 (℃)	管道壁厚 (mm)	热输入 (J/mm)	试验指标		
					T_{max} (℃)	H_{max} (HV)	σ_{max} (MPa)
1	1	1	1	1	401	318	340
2	1	2	2	2	408	299	368
3	1	3	3	3	618	211	309
4	2	1	2	3	678	221	300
5	2	2	3	1	250	320	403
6	2	3	1	2	488	312	362
7	3	1	3	2	335	308	391
8	3	2	1	3	794	246	300
9	3	3	2	1	265	293	379

表3中A代表介质流速（m/s），B代表介质温度（℃），C代表管道壁厚（mm），D代表热输入（J/mm）。K_1、K_2和K_3是指标下相应元素在三个水平条件下的指标值之和，k_1、k_2和k_3是K_1、K_2和K_3的均值。R称极差，是每一列的k_1、k_2和k_3中最大值与最小值的差。极差的大小反映了因素变化时指标的变化幅度，因此，极差越大就说明该因素对指标的影响越大，也就是越重要。

表3　　指标分析表

指标	T_{max}（℃）				H_{max}（HV）				σ_{max}（MPa）			
因素	A	B	C	D	A	B	C	D	A	B	C	D
K_1	1427	1414	1684	916	828	847	876	930	1016	1030	1002	1121
K_2	1416	1452	1351	1230	853	866	813	918	1065	1071	1047	1121
K_3	1394	1371	1203	2091	847	815	839	679	1070	1050	1102	909
k_1	476	471	561	305	276	282	292	310	339	343	334	374
k_2	472	484	450	410	284	289	271	306	355	357	349	374
k_3	465	457	401	697	282	272	280	226	357	350	367	303
R	11	27	160	392	8	17	21	84	18	14	33	71

从表3中的极差R可以看出，各因子对内壁峰值温度和最大硬度的影响按其影响大小排序依次为焊接线能量、管壁厚度、管内介质温度和介质流速，而对最大残余应力的排序依次为焊接线能量、管壁厚度、管内介质流速和介质温度。

目前国内外一般采用管道内壁峰值温度和热影响区最大硬度两项指标分别来判断在役焊接过程中的烧穿和氢致裂纹问题，即认为在役焊接过程中只要内壁峰值温度控制在980℃以下一般不会发生烧穿，而最大硬度控制在350HV以下不会产生氢致裂纹。[7]焊后残余应力常作为辅助指标用来校核氢致裂纹的产生问题。从以上分析可以发现，热输入和管道壁厚是影响烧穿和氢致开裂的主要因素。因此在焊接工艺的优化上应着重关注热输入和管道壁厚的搭配关系，以确保焊接过程中的安全性。

3.2　在役焊接安全性分析

输油管道在役焊接时一旦发生烧穿就有可能引发爆炸，威胁焊工的人身安全，因而国外一直非常注重烧穿的研究。本文针对不同的管道壁厚模拟得到了管道内壁峰值温度与线能量的关系（管内介质流速为2m/s，温度为50℃），如图3所示。

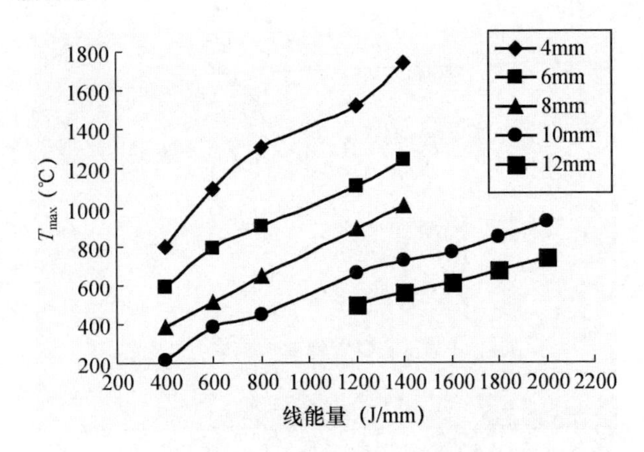

图3　不同壁厚下内壁峰值温度与线能量的关系

从图3可以看出：在管道壁厚一定的情况下，管道内壁峰值温度与线能量近似成正比关系；在线能量一定的情况下，内壁峰值温度随着管道壁厚的减小而增大。因此，热输入越大、管道壁厚越小，在役焊接过程中越容易发生烧穿。根据目前常用的烧穿判断方法，从图3的数据可以得到在某个管壁厚度下对应于管道内壁峰值温度为980℃时的线能量值，该线能量值即为该壁厚下所允许的最高线能量值。在得到了一系列壁厚所对应的允许最高线能量值之后，便可绘制出如图4所示的壁厚与允许的最高线能量值的关系图，曲线下方即为16Mn钢输油管道不发生烧穿的安全区域。

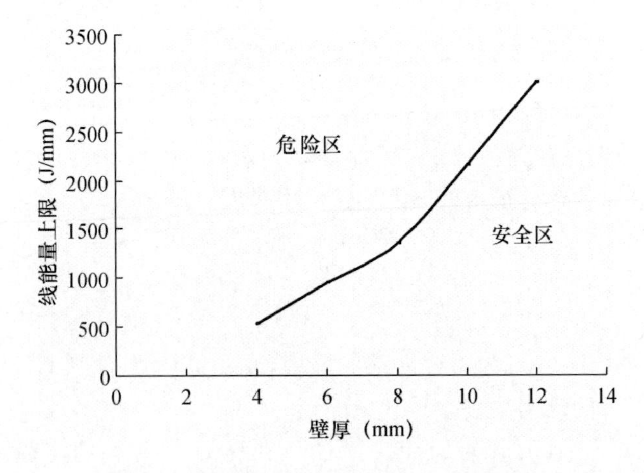

图4　不同壁厚下所允许的最高线能量值

4　结论

（1）热输入和管道壁厚是影响16Mn钢输油管道在役焊接修复安全性的主要因素。

（2）在管道壁厚一定的情况下，管道内壁峰值温度与线能量近似成正比关系；在线能量一定的情况下，内壁峰值温度随着管道壁厚的减小而增大。

（3）不同管壁厚度对应有一定的焊接线能量上限值，超过该上限值将产生烧穿。

参 考 文 献

[1] 任瑛,张弘. 传热学[M]. 东营:石油大学出版社,1988.
[2] 陈玉华,王勇,何建军. 输气管线在役焊接管道内壁变形的数值模拟[J]. 焊接学报,2010,31(1):109-112.
[3] 蒋洪,刘武. 原油集输工程[M]. 北京:石油工业出版社,2006.
[4] Boring, A. Wei Zhang, Bruce, A.. Improved Burn-through Prediction Model for In-service Welding Applications[C]. Proceedings of 7th International Pipeline Conference, 2008:1-11.
[5] Watt D F. An Algorithm for Modeling Microstructure Development in Weld Heat-affected Zones (Part A) [J]. Acta Metallurgica, 1988, 36(11):3029-3035.
[6] 中国科学院数学研究所数理统计组. 正交试验法[M]. 北京:人民教育出版社,1975.
[7] 岑康,李薇,王大创,等. 油气管道在役焊接技术进展[J]. 油气田地面工程,2010,(6).

SYSWELD 新功能浅谈

李洪林[1]　张　宏[2]

1. 中航工业成都飞机工业（集团）有限责任公司；

2. ESI 中国

1　制造厂商与焊接仿真系统介绍

ESI 集团是在法国巴黎上市的世界最大最著名的 CAE 软件公司之一。作为虚拟测试方案的倡导者和执行者，ESI 集团始终是全球首屈一指的材料物理学数值模拟原型和制造流程供应商。ESI 集团成功的关键在于使用真实材料物理特性，能够进行更真实的模拟，来代替耗时的物理样机尝试和纠错过程。

ESI 集团开发了一系列完整的面向工业应用的产品，真实模拟产品在测试中的性能，精细协调制造过程与预期的产品性能间的关系，并评估环境对产品使用的影响。ESI 集团主要产品分为虚拟样机、虚拟制造和虚拟环境三大类。ESI 集团的产品组合，已经被工业界广泛验证并与多向价值链相结合，代表着独特的协同、虚拟工程方案，称为虚拟试验空间（VTOS），能够持续对虚拟样机进行改进。

ESI 集团的焊接模拟仿真解决软件起源于法国核工业巨头法玛通公司，当初是为了解决焊接过程中的变形和应力分布而发展起来的，现经过 30 多年的发展，在核工业方面已经积累了丰富的经验和案例，已在全球成为热处理、焊接和焊接装配过程模拟的领先技术方案，其能够全面考虑材料特性、设计和工艺过程，是包含强大的网格划分、完善的材料数据库、简单易用的焊接/热处理专家向导等的专业、成熟的焊接模拟仿真全面解决方案，是迄今为止世界上唯一整合了各种焊接方法的有限元模拟仿真解决方案，是世界上应用成熟、广泛、专业的焊接模拟仿真软件，是融合了前端可行性评估、几何和过程优化，及详细的过程验证的软件系统。

ESI 焊接模拟解决方案的软件组成主要为：

(1) VISUAL-MESH（网格划分工具）主要用于焊接及热处理过程模拟仿真的网格准备。

(2) SYSWELD（焊接及热处理分析）用于工件的焊接及热处理具体工艺过程模拟仿真分析。

(3) PAM-ASSEMBLY（焊接装配分析工具）是 ESI 集团专业的焊接装配模拟仿真软件。

(4) WELD-PLANNER 焊接快速变形评估分析软件。

各软件特性如下。

1. VISUAL-MESH——专业网格划分工具

VISUAL-MESH 是基于 ESI 集团 OPEN VTOS 平台的专业网格划分工具。其强大的网格划分能力，可以支持一维、二维和三维网格的划分和编辑，也可以支持对壳单元和实体单元的混合划分；同时其专有的二维、三维层划分能力更是对 SYSWELD 软件提供了优秀的前、后处理工具。

2. SYSWELD——焊接及热处理分析工具

SYSWELD 软件是法国核工业巨头法玛通公司开发的工业级焊接、热处理模拟软件，现由法国 ESI 集团完全收购拥有，同时法玛通公司也是我们最大的客户和合作伙伴。其专业和友好的工具组，可以使工程师利用不多的有限元知识就能够控制和优化焊接、热处理过程，显著减少物理样机和分析周期，降低企业成本，得到较高的投资回报率。

显著优势：

(1) 综合的完善的材料数据库，并可支持用户自己添加修改材料库。

(2) 完善的专业自动求解器，能够求解覆盖了焊接、热处理的所有相关问题。

(3) 易用的焊接、热处理专家向导系统，通过顾问模式进行工艺模拟仿真准备（见图 1）。

(4) 多物理场后处理显示各种变量，数据直观表示及精确分析。

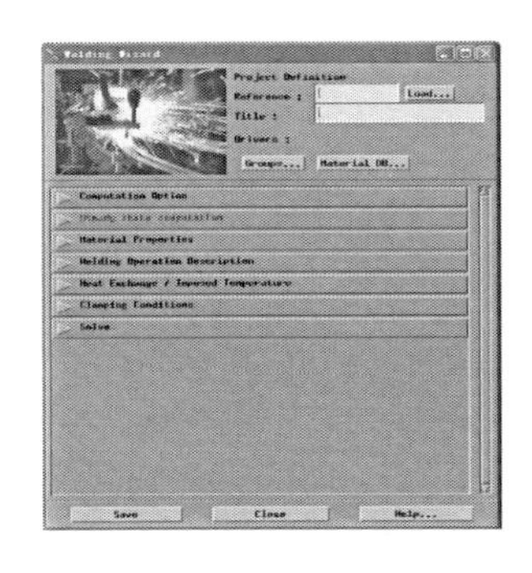

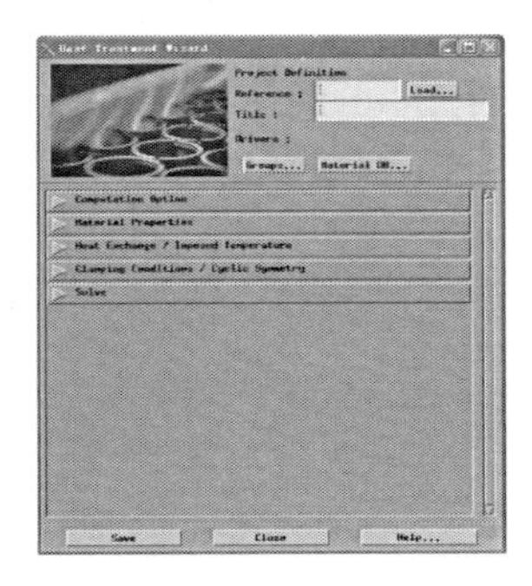

图 1　焊接、热处理专家向导界面

3. PAM-ASSEMBLY——焊接装配分析工具

PAM-ASSEMBLY 软件是 ESI 集团专业的焊接装配模拟仿真软件。其是以 SYSWELD 软件为前提，然后从 SYSWELD 软件中映射结果到该软件中高度自动化完成模拟仿真，其专业的焊接宏单元技术更是对焊接装配模拟仿真技术的创新，是大型装配设计的最高效方法。

显著优势：

（1）基于直观的加工构造过程，可以自定义每个装配工序步的加载情况。

（2）能够优化、比较并最终选择最佳的焊接顺序和夹具工具。

（3）独有的 Local-Global 和焊接宏单元技术，能保证高效快速地进行求解，是大型装配设计的最高效的保障。

4. WELD-PLANNER——焊接装配分析工具

WELD-PLANNER 致力于产品设计和生产规划，它使我们可以通过一天时间的模拟来控制复杂焊接工艺的焊接变形，在减少重复试验和减少校形成本上有重要的意义，WELD-PLANNER 与 ESI 集团的其他焊接模拟方案很好地结合在一起，使我们可以从早期焊接设计细节和焊接质量评估上对生产进行管理。

显著优势：

（1）优化初期产品焊接装配设计的最佳途径。

（2）不需要很深的有限元知识。

（3）易操作。

（4）计算快速，高效。

（5）适用于工艺设计阶段。

2　SYSWELD 新功能介绍

1. 基于 VISUAL 平台焊接仿真软件版本

Visual-weld 是一个新开发的易用的包含在 Visual-Environment 里面的焊接模拟工具，它提供了全部焊接工艺仿真，Visual-WELD 与 Visual-Mesh，Visual-Viewer 一起完成前后处理以及求解的整个过程。

全新的标准 Windows 界面和焊接工艺流程树概念的引入，软件操作更加简单，更加易用，方便客户操作。

工作流程：

Step 1：建立工程（见图 2）。

Step 2：定义求解类型（见图 3）。

Step 3：定义母材和焊缝的材料属性（见图 4）。

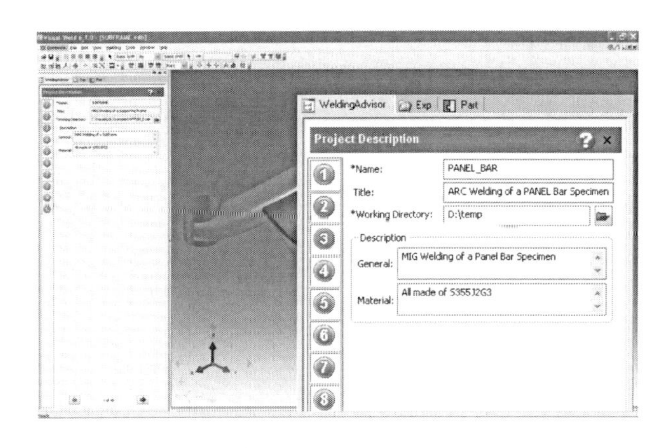

图 2　建立工程

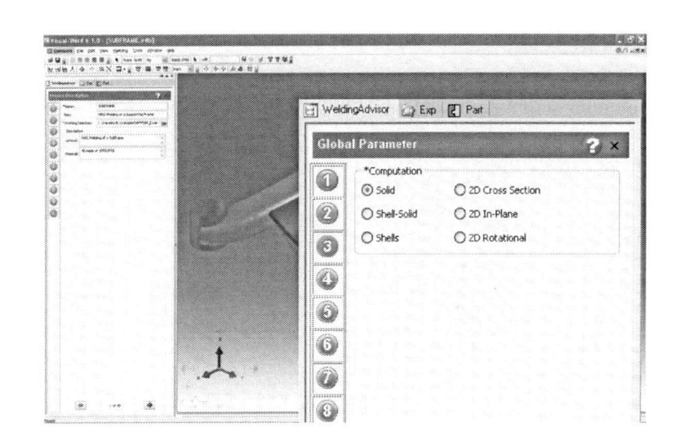

图 3　定义求解类型

Step 4：定义焊接参数（见图 5）。

Step 5：定义环境温度，散热条件（见图 6）。

Step 6：定义装夹条件（见图 7）。

Step 7：设置求解参数（见图 8）。

Step 8：求解（见图 9）。

后处理（见图 10）。

Visual-VIEWER 新一代基于 VISUAL 平台后处理软件，与 Visual-Weld 无缝集成。可以用各种

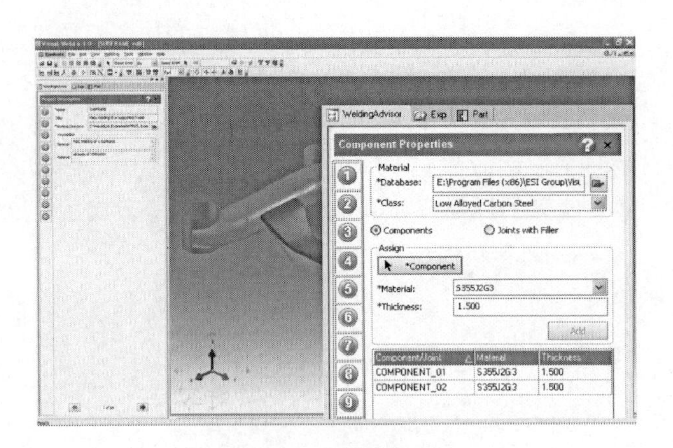

图 4　定义焊接参数

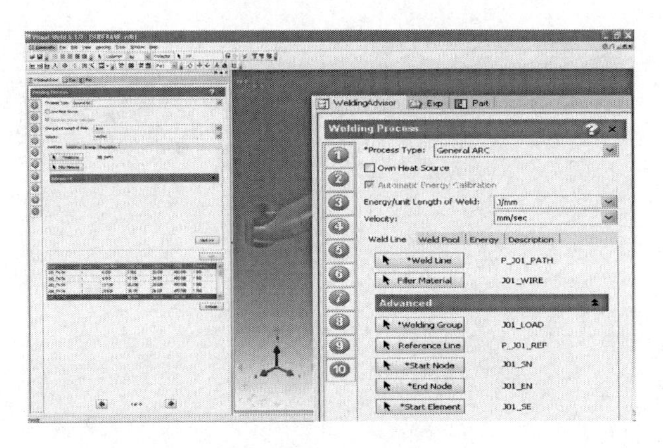

图 5　定义焊接参数

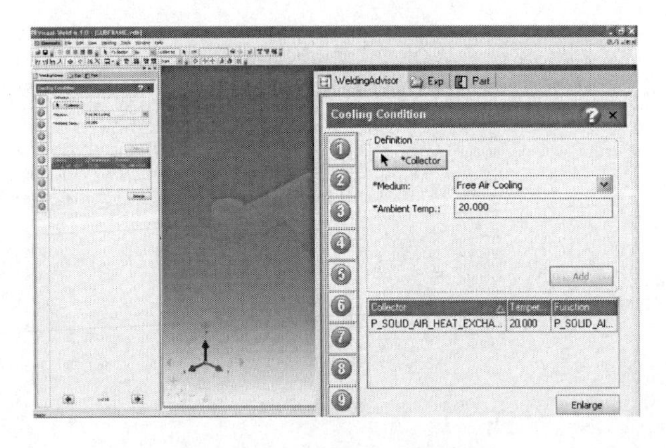

图 6　定义环境温度、聚热条件

云图、曲线、矢量、动画等显示及导出各种后处理结果。

2. Welding planner2012

软件定位：快速解决大型焊接装配变形问题，较 PAM-ASSEMBLY 更加方便简单，尤其是网格划分操作处理与计算效率。

2012 版本支持 3D 体网格计算，即可以考虑实体单元焊接装配变形分析。

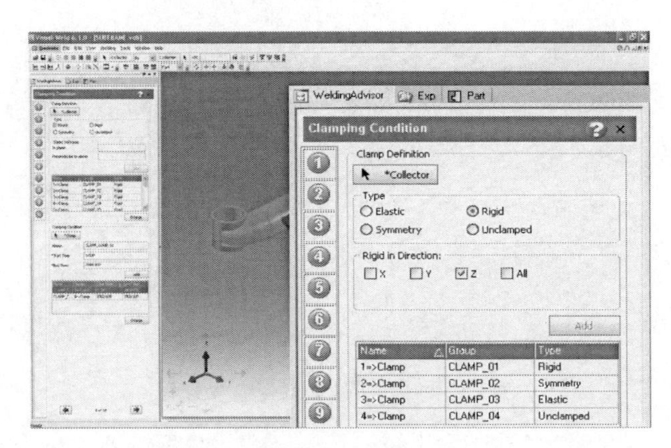

图 7　定义装夹条件

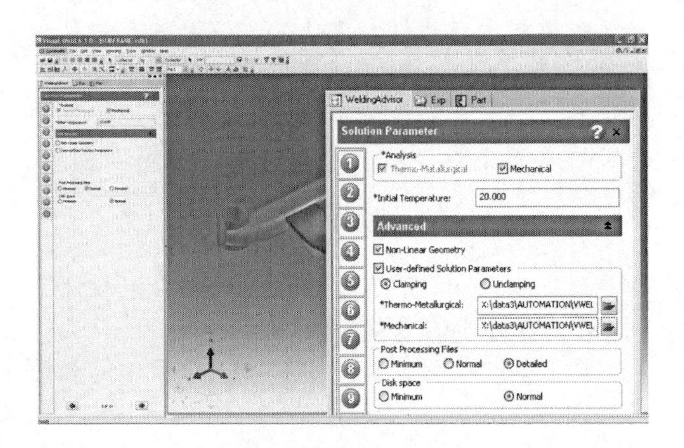

图 8　设置求解参数

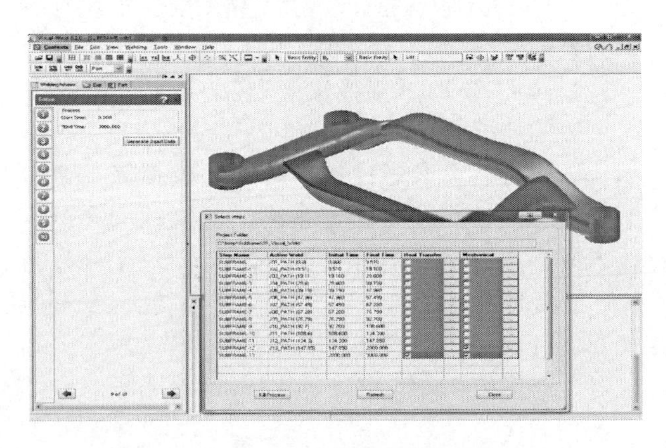

图 9　求解

软件结果：进行焊接装配变形与应力分析。

3. Dang Van 准则进行高周疲劳寿命分析

2012 版本 SYSWELD 后处理里面集成高周疲劳预测准则，即可以预测焊后裂纹扩展趋势。

Dang Van 准则输出后处理结果。

4. DMP/SMP 并行计算

DMP/SMP 并行计算大大地节约计算时间，计算效率更高，计算速度更快。

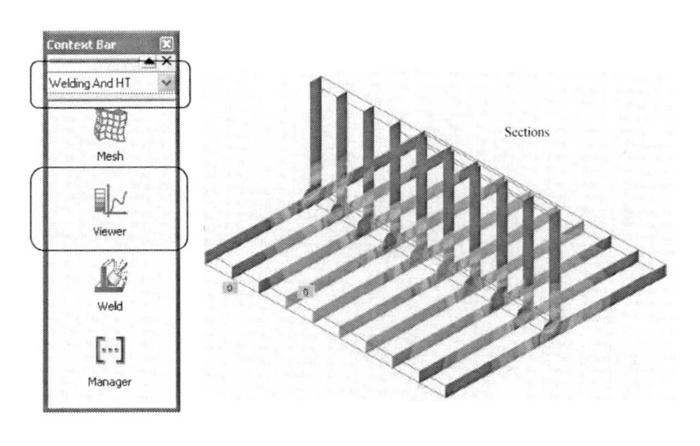

图 10　后处理

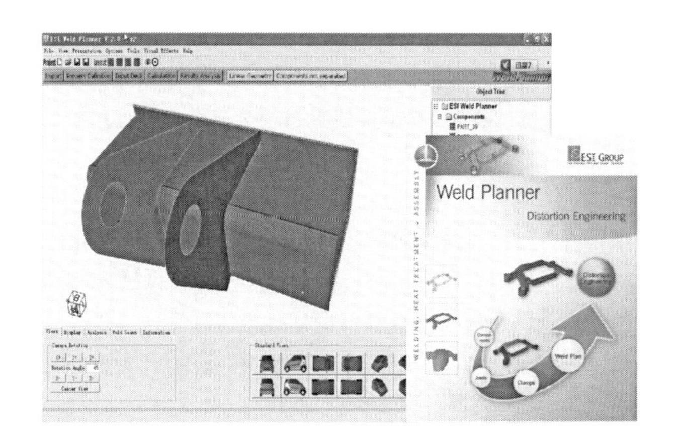

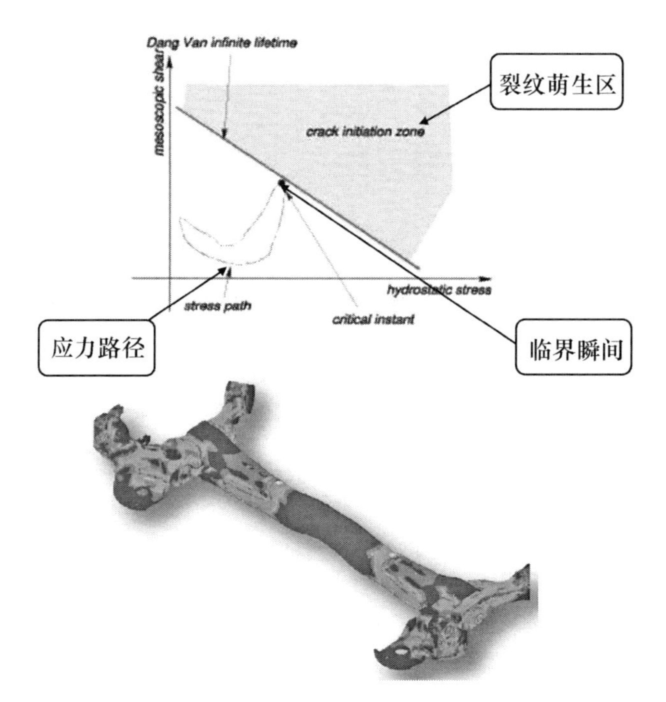

图 11　Dang Van 准则输出后处理结果

DMP 支持 Linux 系统；

SMP 支持 Linux 或 windows 系统。

不同核个数求解速度

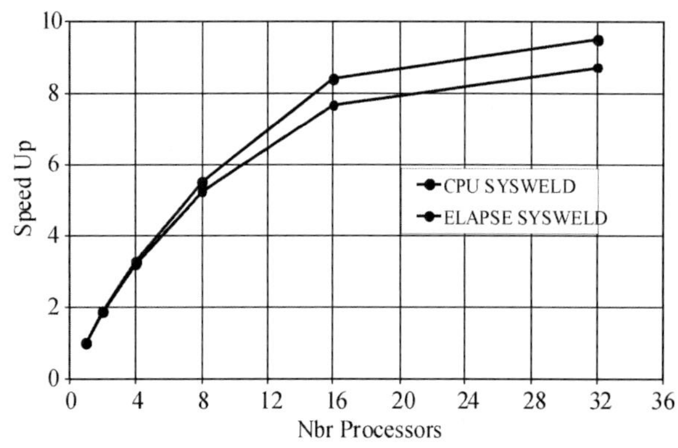

Processors	CPU SYSWELD	ELAPSE SYSWELD	RAM	Virtual Memory
32	9,51	8,73	19,05	
16	8,41	7,68	12,2	
8	5,52	5,26	10,2	
4	3,29	3,21	9,9	19,75
2	1,88	1,85		
1	1	1	8	10,1

不同核个数求解速度

3　总结

（1）SYSWELD 软件是焊接、热处理仿真领域最为专业的软件。

（2）新版本 SYSWELD 功能，在软件操作性和易用性方面有了很大的提升，具体表现为基于标准 windows 界面的前后处理界面 Visual-weld，界面友好智能；WELD-PLANNER 较 PAM-ASSEMBLY 操作更加简单，计算更为高效。

（3）进一步提升了结果专业处理方法，即集成高周疲劳预测准则，可以方便准确的预测疲劳裂纹扩展区域。

（4）支持 DMP/SMP 并行，使得求解更加高效。

材料硬化模型对316L奥氏体不锈钢焊接残余应力的影响

徐济进

上海交通大学材料科学与工程学院，上海，200030

摘　要：316L奥氏体不锈钢具有较强的硬化特征，选择合适的硬化模型可以更加准确地预测焊接残余应力。本项目采用SYSWELD软件，建立了一种新型的非线性混合硬化模型，同时选用等向硬化和随动硬化模型模拟316L奥氏体不锈钢三道槽焊缝的残余应力，与实际测量结果比较发现，材料的硬化模型对焊接残余应力的预测具有重要的影响，随着热循环次数的增加，硬化模型的影响越明显，与实际测量结果比较，随动硬化模型低估了焊接残余应力，等向硬化模型高估了残余应力，采用非线性混合硬化模型可以更加准确地评估模型焊接残余应力。

关键词：焊接残余应力；硬化模型；数值模拟。

1　前言

焊接是一种主要的材料连接方法，广泛应用于造船、航天航空、核电、汽车等制造领域。但是由于焊接是局部快速加热并冷却的过程，焊缝及其热影响区不可避免地产生焊接残余应力和变形。焊接残余应力和变形不仅影响结构的承载能力、尺寸稳定性，而且还降低结构的疲劳性能、抗应力腐蚀性能等。因此准确地评估残余应力对焊接结构的完整性评估具有极其重要的作用。

目前，焊接残余应力的评估有两种方法：试验测量和有限元数值模拟。试验测量技术从对结构的破坏程度可以分为无损检测（如中子法、X射线衍射）、完全破坏技术（如割条法、云图法）和半破坏技术（如盲孔法、深孔法）。对于许多焊接结构，尤其是在役结构件，很难进行焊接残余应力的测试。随着计算机技术的快速发展，焊接过程的数值模型越来越受到广大研究者的青睐。可是由于焊接热影响区许多复杂的现象，很难获得可靠的残余应力预测结果。数值模拟主要面临三个挑战[1]：①如何准确地评估焊接温度场；②焊缝凝固冷却至室温，材料热－力应变如何演化；③如何建立合适的材料连续体模型。因此，焊接数值模拟的灵敏性分析成为近期研究的趋势。[2]

本项目来自于欧洲NeT项目，研究316L奥氏体不锈钢三道槽焊缝的焊接残余应力。奥氏体不锈钢具有较强的材料硬化特征，经过焊接热循环，热影响区强度明显的提高。[3]选择合适的材料硬化模型可以更加准确地预测焊接残余应力。本文针对316L奥氏体不锈钢建立了一种新的非线性混合硬化模型，使用SYSWELD有限元软件进行间接耦合三维热弹塑性有限元分析，研究了不同硬化模型对焊接残余应力的影响，与实测数据比较，选择最佳的材料硬化模型。

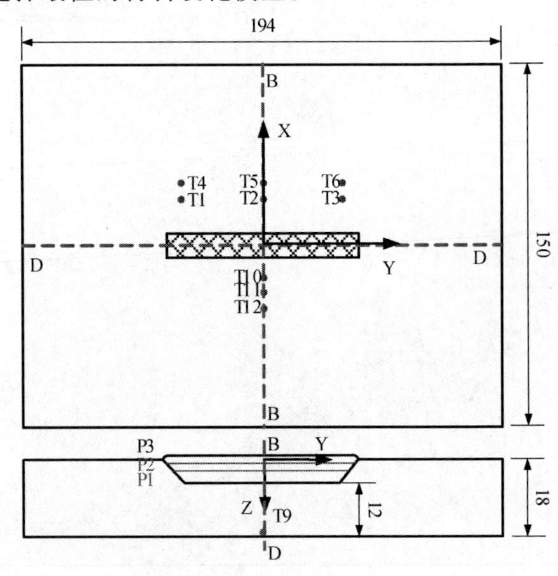

图1　焊接试样示意图

2　焊接试验

本项目选用的材料为316L奥氏体不锈钢板，尺寸为194mm×150mm×18mm。焊前在平板中间开槽，长度为 80mm，深度为 6mm。结构示意图见图 1。采用 TIG 焊填充三道焊完，焊接工艺参数见表 1。

表 1 焊接工艺参数

焊接道数	热输入 Q (J mm^{-1})	焊接速度 v (mm s^{-1})	焊缝长度 l (mm)	层间温度 T_0 (℃)
Pass 1	1732	1.27	70	22
Pass 2	1635	1.27	80	58
Pass 3	1457	1.27	84	60

3 焊接数值模拟

3.1 几何模型

由于焊接结构的几何对称性，取其 1/2 建立三维有限元计算模型，采用不均匀网格技术划分网格，焊缝及其附近区域网格较细，远离焊缝的网格逐渐变粗，如图 2 所示，模型中三维单元数为 22364，节点数为 25558。

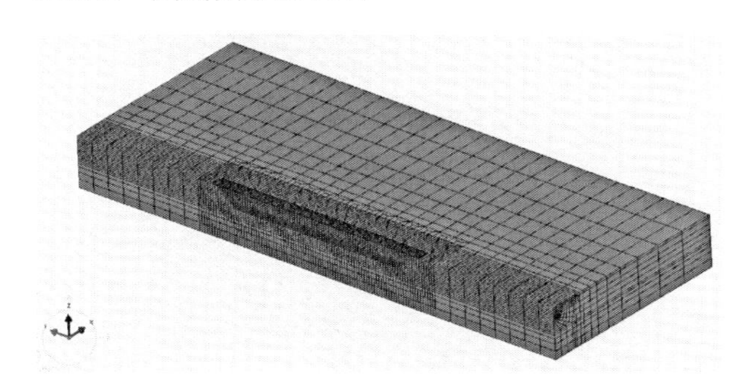

图 2 有限元网格模型

3.2 热分析

焊接过程的有限元计算首先进行温度场的计算。热源模型的选择及散热边界条件对温度场的计算结果具有重要的影响。本文选择两个偏置的双椭球体热源模型，见公式 (1)：

$$q_{1,2}(x,y,z,t)=\frac{3\sqrt{3}f_{1,2}Q}{abc_{1,2}\pi\sqrt{\pi}}e^{\frac{-3(y+vt)^2}{c_{1,2}^2}}e^{\frac{-3z^2}{b^2}}\left(e^{\frac{-3(x+x')^2}{a^2}}+e^{\frac{-3(x+x')^2}{a^2}}\right) \tag{1}$$

式中：a、b、c_1 和 c_2 表示双椭球体热源的尺寸参数；Q 为热输入；v 为焊接速度；t 为时间；x' 为偏置距离；$f_{1,2}$ 为热量份数，$f_1+f_2=2$。

这些系数可以通过 SYSWELD 的热源拟合工具获得。

散热条件考虑对流和辐射，材料的热传导率、比热、密度随温度变化，具体数值见文献 [4]。材料的熔点温度设为 1400℃。

多道焊采用虚拟材料属性进行模拟，类似于生死单元技术。当单元达到材料的熔点温度时，激活该单元。

3.3 力学分析

热分析计算完之后，焊接温度作为初始条件进行力学分析。材料的热力学属性见文献 [4]。本文针对 316L 不锈钢建立了一种非线性混合硬化模型，采用三种不同硬化模型（等向硬化、随动硬化和非线性混合硬化模型）模拟试样拉伸压缩试验，与实际测量数据比较（见图 3），发现非线性混合硬化模型可以更加准确地表征材料循环载荷下地应力应变关系。三种不同的硬化模型被选用模拟 316L 三道槽焊的焊接残余应力，分析硬化模型对焊接残余应力的影响。回火温度设为 800℃，当温度超过此值，等效塑性应变为零。

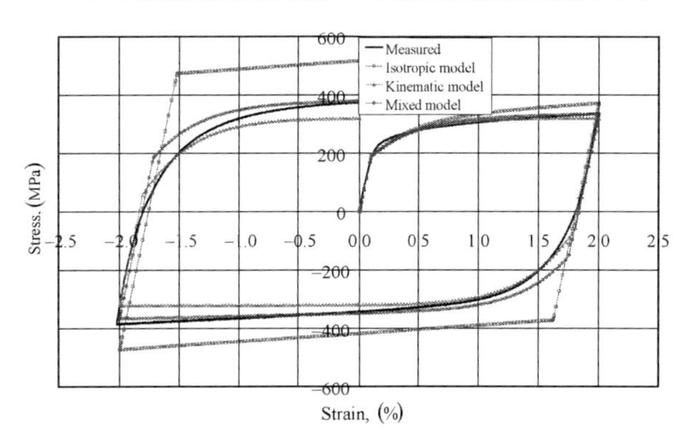

图 3 室温下应力应变曲线的模拟值与测量值的比较

4 结果及讨论

4.1 热模拟结果

焊缝或热影响区的横截面形貌可以作为热源校正的参考指标，如果模拟的焊缝熔池边界与实际值符合，那么温度场的计算应该也是准确的。[5] 图 4 显示了预测焊缝截面形貌与实际形貌的比较，发现模拟结果与实际结果非常吻合。同时，我们比较了焊缝中心底部测点 TC9 的温度变化，见图 5。从图中可以看出，计算值和测量值也非常的吻合。

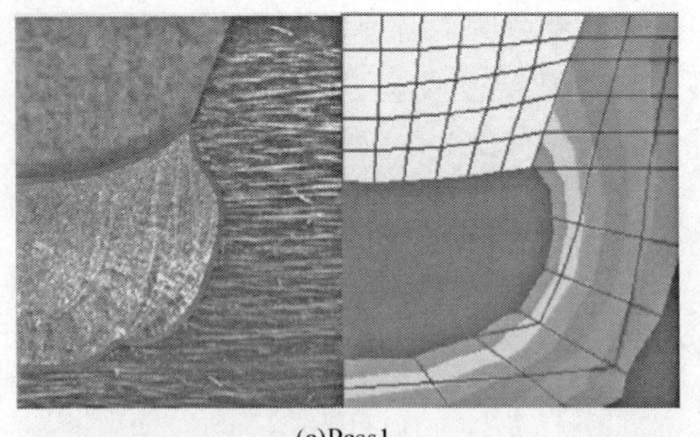

(a)Pass1

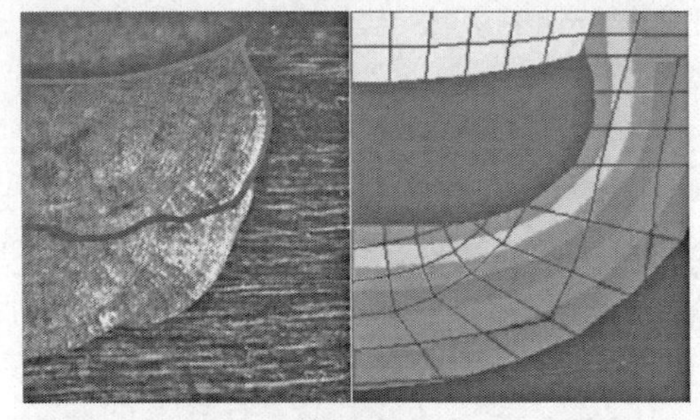

(a)Pass2

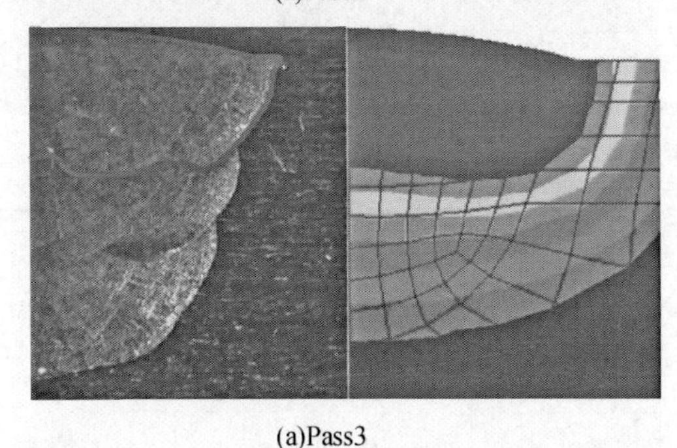

(a)Pass3

图 4 预测焊缝截面形貌与实际形貌的比较

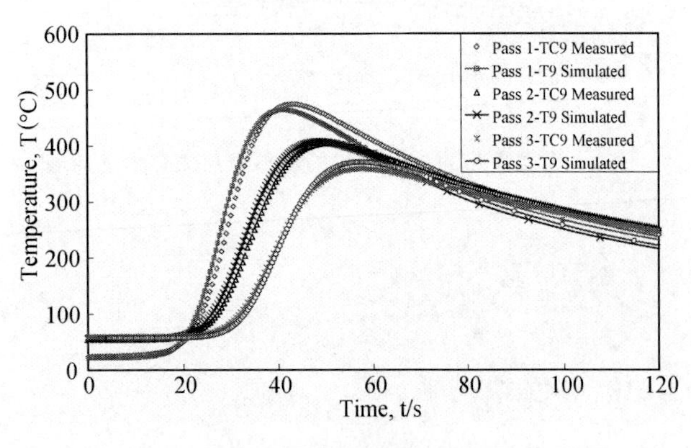

图 5 TC9 的温度比较

4.2 残余应力结果

焊接残余应力采用中子法，测量位置为焊缝中心沿纵向，分别距离表面 2mm、5mm 和 9mm。图 6～图 8 分别比较了三个位置的残余应力预测值和测量值。测量值给出了上限值和下限值，如图所示，实线表示上限值，虚线表示下限值。从图中可以看出，焊缝处的横向应力为拉应力，远离焊缝处逐渐过渡为压应力，而纵向应力显示为拉应力。

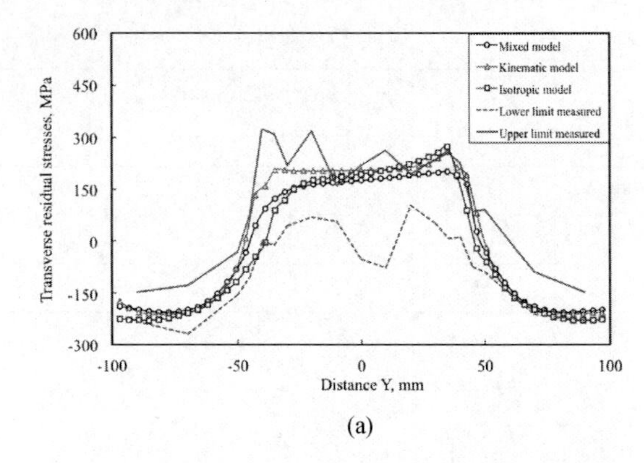

(a)

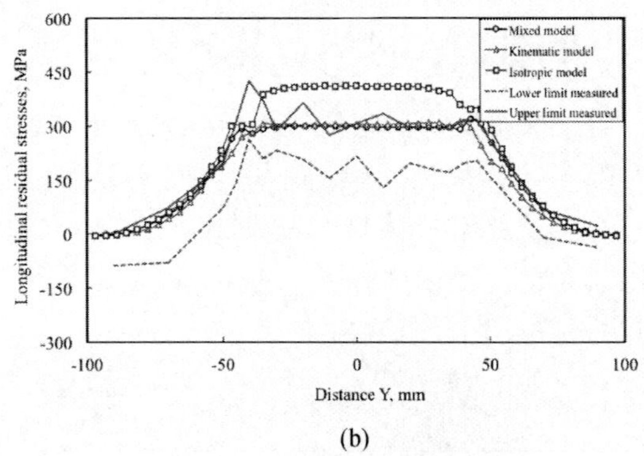

(b)

图 6 沿 D2 的残余应力比较

（a）横向应力；（b）纵向应力

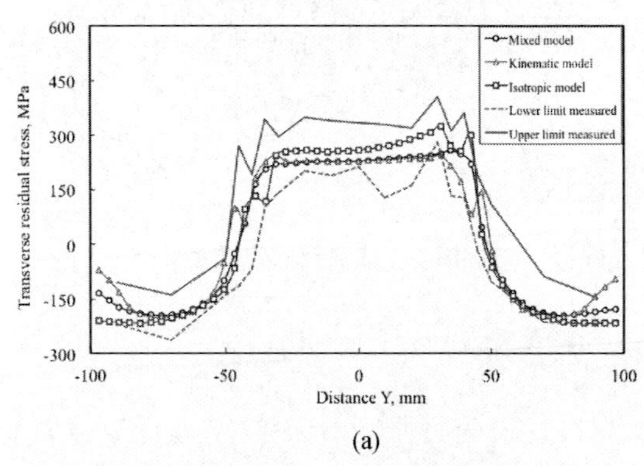

(a)

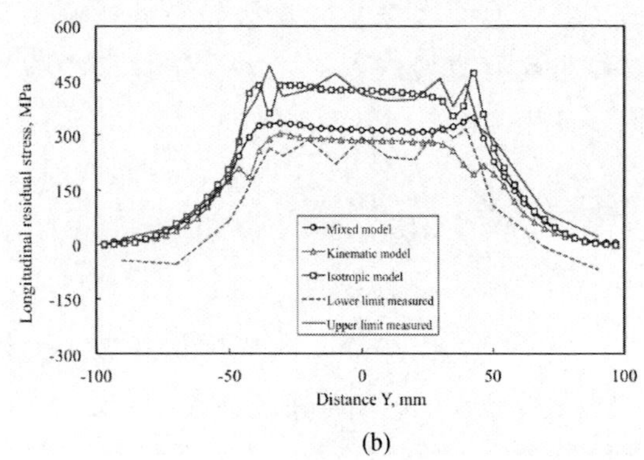

(b)

图 7 沿 D5 的残余应力比较

（a）横向应力；（b）纵向应力

从图 6 可以看出，硬化模型对焊接残余应力的影响不是非常明显，这是因为距表面 2mm 的位置是最后一道焊缝，材料只经历了一次单向的冷却拉伸过程。随着距离的增加，材料经历加热冷却的次数增加，硬化模型对焊接残余应力的影响越来越明显。综合发现非线性混合硬化模型预测的焊接残余应力更加接近测量值，等向硬化模型明显地高估了焊接残余应力，随动硬化模型低估了焊接残余应力。对于多道焊，由于材料经历多次热循环过程，为了准确地预测焊接残余应力，必须选择合适的材料硬化模型，可以准确地表征循环载荷下的应力应变关系。

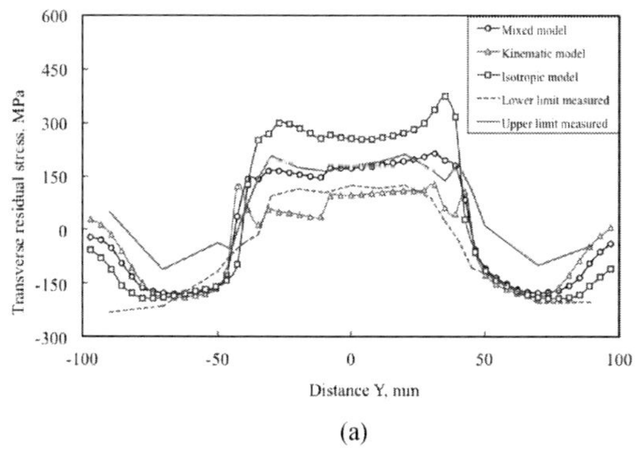

(a)

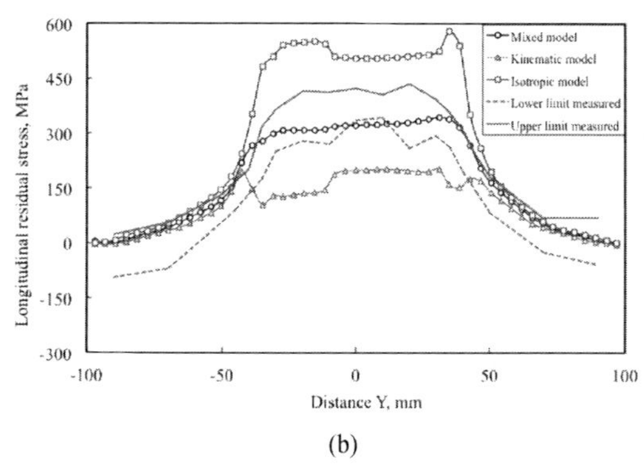

(b)

图 8 沿 D9 的残余应力比较

(a) 横向应力；(b) 纵向应力

5 结论

(1) 采用两个偏置的双椭球体热源模型可以准确地预测多道焊焊缝横截面形貌和测点温度变化；

(2) 非线性混合硬化模型预测的焊接残余应力更加接近测量值，等向硬化模型明显地高估了焊接残余应力，随动硬化模型低估了焊接残余应力。

(3) 对于多道焊，由于材料经历多次热循环过程，为了准确地预测焊接残余应力，必须选择合适的材料硬化模型，可以准确地表征循环载荷下的应力应变关系。

参 考 文 献

[1] A. De and T. DebRoy. (2011) A Perspective on Residual Stresses in Welding. Sci. Technol. Weld. Join. 3, 204 - 208.

[2] P. Michaleris. (2011) Modelling Welding Residual Stress and Distortion: Current and Future Research Trends. Sci. Technol. Weld. Join. 4, 363 - 368.

[3] Jin Weon Kim, Kyoungsoo Lee, Jong Sung Kim, Thak Sang Byun. (2009) Local Mechanical Properties of Alloy 82/182 Dissimilar Weld Joint between SA508 Gr. 1a and F316 SS at RT and 320 ℃. Journal of Nuclear Materials. 384, 212 - 221.

[4] Protocol for Phase 2 Finite Element Simulations of the NET Single - bead - on - plate Test Specimen. 2004.

[5] Lars - Erik Lindgren. Computational Welding Mechanics: Thermomechanical and Microstructural Simulations. Woodhead Publishing Limited, Cambridge England. 2007.

轨道车辆用铝合金自动焊搭接接头裂纹研究

王陆钊　王德宝

唐山轨道客车有限责任公司制造技术中心，河北唐山，063035

摘　要： 本文采用CLOOS焊接专机对6005A铝合金型材进行了单丝脉冲MIG搭接焊试验。针对焊后普遍出现的焊趾裂纹问题，从接头组织、焊接热输入、焊接应力等方面进行了综合分析，并结合SYSWELD软件对焊接热源以及焊接过程的温度场、应力场进行了数值模拟。试验结合模拟结果表明：6005A铝合金搭接接头焊接时，焊接热输入大和焊枪角度不合理导致接头局部热量集中是焊接裂纹产生的根本原因，焊前装配间隙导致应力集中是诱发焊接裂纹扩展延伸的重要因素，通过优化焊接工艺参数、调整焊枪角度、提高装配质量可有效控制焊接裂纹的产生，保证产品质量。

关键词： 焊接裂纹；热输入；应力；数值模拟。

1　前言

铝合金具有密度小、耐腐蚀性好、比强度高、加工与塑性好等特点，尤其是中强铝合金，在轨道车辆铝合金车体生产中获得了广泛应用[1]。铝合金具有熔点低、导热系数大、比热容大、线膨胀系数大等特点，焊接时具有一定的裂纹敏感性，同时焊接过程中接头区域组织变化导致工件结构强度发生改变，为裂纹扩展延伸提供了条件。在进行生产工艺试验时，6005A铝合金型材搭接接头角焊缝及热影响区普遍出现了裂纹，成为影响焊接质量和制约焊接生产的重要问题。本文结合生产实际，采用SYSWELD软件对焊接热量和接头应力分布进行了数值模拟，分析了铝合金焊接接头裂纹的形成机理和产生原因，并提出了解决铝合金焊接裂纹的工艺措施。

2　试验材料及方法

2.1　试验材料

试验选用EN－AW 6005A铝合金大尺寸空心型材，供货状态为T6状态，即固溶处理之后进行人工时效，属于热处理强化铝合金。型材的厚度为80mm，壁厚8mm，设计采用a5角焊缝的搭接接头。焊前用D40清洗剂对待焊接区域进行擦拭，然后用风动打磨工具清理氧化皮，最后用D40清洗剂对待焊接区域再次进行清理，保证焊前母材清洁无氧化。试验选用规格为ϕ1.6mm的ER5087（AlMg4.5MnZr）盘状焊丝，母材及焊丝化学成分见表1。

表1　试验用铝合金及焊丝的化学成分（%）

牌号	Si	Fe	Cu	Mn	Mg	Cr	Zn	Ti	Zr	余量
6005A	0.6～0.9	0.35	0.10	0.10	0.4～0.6	0.10	0.10	0.10	—	Al
5087	0.25	0.40	0.05	0.7～1.1	4.5～5.2	0.05～0.25	0.25	0.15	0.1～0.2	Al

2.2　试验方法

试验采用CLOOS焊接专机进行单丝MIG焊接，采用纯Ar（99.99%）作为保护气体，气体流量25L/min。焊接工艺参数如表2所示。

表2　自动焊搭接工艺参数

焊丝类型	焊接电流（A）	电弧电压（V）	送丝速度（m·min⁻¹）	焊接速度（m·min⁻¹）	脉冲频率（Hz）	焊枪角度（°）
单丝	275	25	10.5	0.70	290	30～50

焊缝冷却后，在垂直工件表面沿焊缝中心方向将焊接接头剖开切取金相试样，经过打磨、抛光后，

用ψ(HF) 1%+ψ(HCl) 1.5%+ψ(HNO_3) 2.5%的混合酸 Keller 溶液腐蚀微观金相试样、超声波清洗之后，采用 Zeiss Mxiovert40MAT 型金相显微镜观察组织形貌。

采用 SYSWELD 软件对焊接温度场和应力场进行数值模拟，焊接热源采用高斯双椭球模型。使用 Visual Mesh 软件绘制 a5 搭接接头三维网格，运用 SYSWELD 软件根据焊接工艺参数下焊缝的熔宽、熔深确定双椭球热源模型的各参数并进行多次校核。热源校核结果如图 1 所示，从图中可以看出焊缝区温度在 670℃ 以上，最高温度达到 786℃，高于铝合金的熔点温度，符合试验情况。

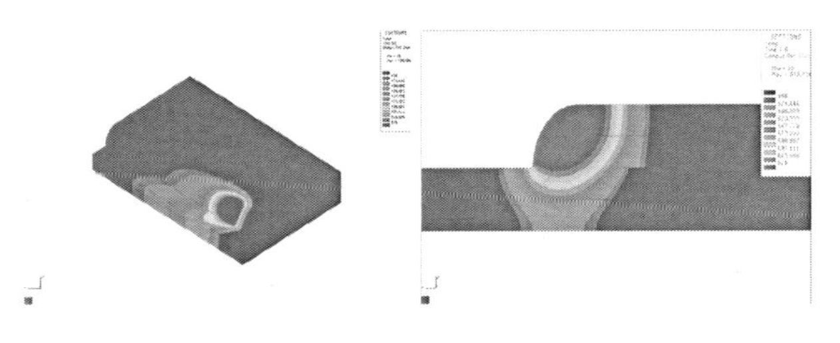

图 1　焊缝热源模拟

3　试验结果与分析

为了分析裂纹分布状态，对焊缝表面进行渗透检测，发现在焊接接头热影响区及附近普遍出现了明显的线性显示，确定为裂纹。铝合金焊接时，结晶裂纹和液化裂纹是最常见的裂纹形式。结晶裂纹一般出现在焊缝区，液化裂纹一般出现在热影响区[2]。如图 2（a）所示，焊缝附近出现了大量裂纹，部分粗大的裂纹甚至用肉眼清晰可见，从右侧渗透检测的线性显示进行分析可知，焊接裂纹基本上垂直焊缝，部分焊缝与熔合线相连并平行，贯穿于母材、焊接热影响区和局部焊缝区域，但以焊接热影响区内的裂纹最宽且数量最多，且裂纹几乎分布于整道焊缝的下沿，用风动铣刀将右侧的缺陷往深处打磨去除约 2.0mm，发现接头内部依然存在焊接裂纹的线性显示，说明裂纹已扩展延伸到接头内部，但根据线性显示的迹象分析可知内部为细微裂纹。

通常产生焊接裂纹的原因，有母材成分、焊接热输入、焊接应力及约束条件等因素。试验用母材经国家有色金属质量监督检验中心进行检验，母材化学成分符合 EN573－3 标准、力学性能和宏观金相等各项指标均满足标准要求。因此，可以排除母材本身的原因。

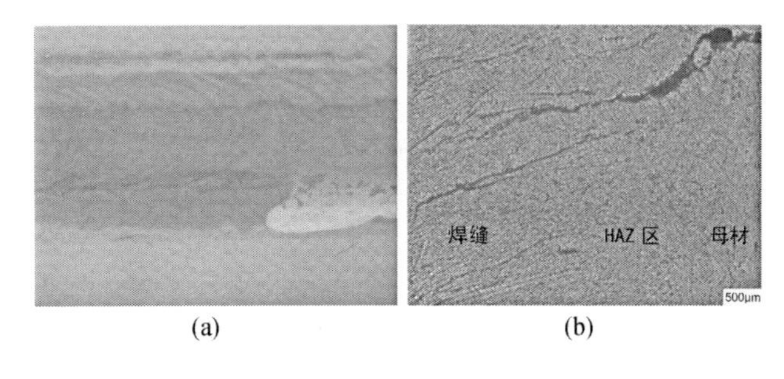

(a)　　(b)

图 2　焊接裂纹

3.1　焊接热输入

通过对裂纹区域进行微观金相试验，进一步确定焊接裂纹的种类和形成原因，如图 2（b）。图中可以看出，粗大的裂纹分布在热影响区和母材上互相贯穿连接，热影响区内的裂纹存在粗化和扩展现象，同时裂纹从热影响区延伸到了焊缝中，并且在焊缝中不同地方存在少量细小的微观裂纹。

试验用 6005A－T6 铝合金共晶相 Al－Mg_2Si 中的 Mg_2Si 为主要的强化相，与其他金属间化合物一样，Mg_2Si 也是一种存在严重的脆性问题的脆化相[3]。6005A 铝合金焊接时，由于热输入过大导致热影响区过时效而发生软化，从而为裂纹的延伸创造了条件。在晶粒粗化的焊接热影响区，由于低熔点共晶相 Al－Mg_2Si 以薄膜状分布在晶粒界面上[4]，在焊接应力的诱导下从而产生裂纹，并伴随有裂纹往焊缝及附近母材上扩展，成为液化裂纹。

焊接热输入是影响焊接接头组织晶粒大小、强度和韧性的重要因素，从而影响接头强度、力学性能和抗裂纹能力，因此热输入过大导致接头热影响区软化、晶粒粗化是焊接裂纹产生和扩展延伸的根本原因。因此有必要对焊接工艺参数进行优化，严格控制热输入量。同时焊接过程中上下板热输入的分布情况对焊缝的组织性能也有重要影响。

采用 SYSWELD 软件对焊接热量分布情况进行了数值模拟分析，发现焊接过程中焊枪角度及指向对焊缝的热量分布情况有重要影响，如图 3 所示。

试验中的焊枪角度指焊枪中心线与搭接下板水平方向所形成的夹角，不同的焊枪角度影响焊接时电弧的指向和分散范围，从而导致焊接热量的分布差异。图 3（b）、图 3（c）为焊枪指向偏上（为 50°）时焊接热源分布和等效应力图，可见接头上板的热量较大，局部模拟温度可达 750℃以上，下板热量较少，焊缝下焊趾处温度 650～670℃左右，容易造成下沿未熔；图 3（d）、图 3（e）为焊枪指向偏下（为 30°）时焊接热源分布和等效应力图，自动焊搭接接头下板的热量集中，由于焊接时电弧和熔池受重力的影响，接头的焊趾处温度偏高，表现为热应力相对集中，如图 3（e）所示。

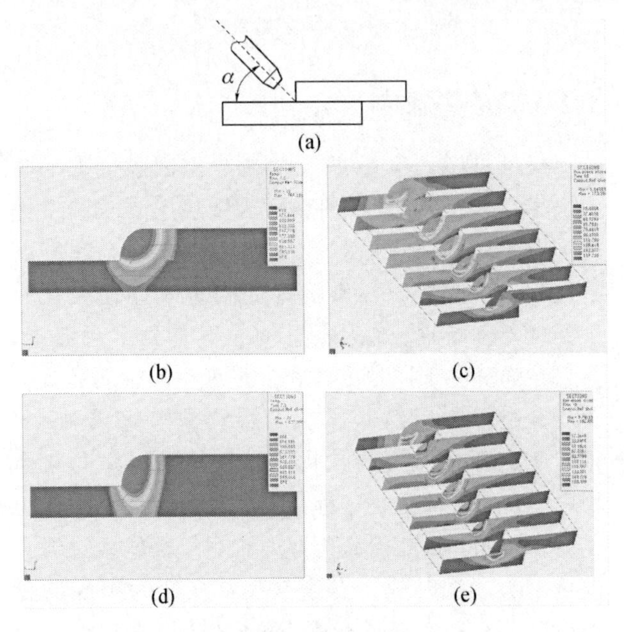

图 3　焊枪角度影响热量分布

由此可知，焊接热输入大和焊枪偏角度不合理使得焊接热量分布不均匀，导致接头局部热量集中温度偏高，表现为下板的焊接热影响区及附近热应力高度集中，成为致使铝合金自动焊搭接接头焊趾处产生裂纹的根本原因。

3.2　装配间隙

焊接应力及分布情况对焊接质量有重要影响，不同的结构和接头形式其应力状态存在差别。本试验为铝合金自动焊搭接接头的 a5 角焊缝，采用数值模拟发现装配间隙对结构焊后应力影响较大，尤其铝合金焊接时接头中存在薄膜态的低熔共晶组织和脆化相，应力可能诱使裂纹发生并扩展，因此装配间隙产生的焊接应力成为裂纹形成的外在因素。

采用 sysweld 软件对不同装配间隙时焊接应力分布情况进行了数值模拟分析，图 4（a）、图 4（b）分别为无间隙和 1mm 装配间隙时铝合金自动焊搭接接头的应力场，图中可见焊缝下沿的热影响区附近是应力集中部位，这跟焊接时电弧和熔池受重力影响使得下板热量比上板多而导致焊缝冷却收缩时焊缝下沿产生的拉应力大有关。通过图 4 可以看出，装配间隙 1mm 时焊后下板焊接热影响区的等效应力主要为 150MPa 左右，比无间隙时等效应力 120MPa 普遍要大，并在焊前有间隙接头的焊趾处出现了焊接应力集中且最大应力达 173.99MPa，给裂纹的产生埋下了隐患。在焊接接头冷却及组织结晶的过程中，集中的应力达到低熔共晶组织析出处晶界的承受能力就会诱使晶界开裂，并伴随粗大脆化相的断裂等，使应力集中的下板热影响区成为裂纹源。

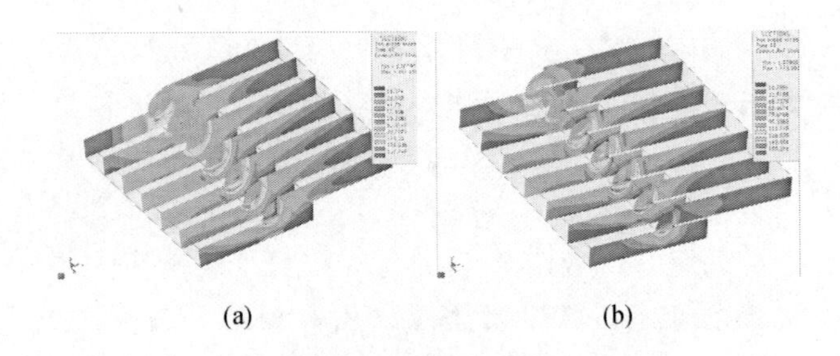

图 4　装配间隙影响应力分布

3.3　工艺优化

工艺试验中，焊接裂纹主要出现在搭接接头焊缝下沿的焊趾处，并且焊缝渗透检测时大面积出现线性显示，从而对焊接工艺进行优化，以控制接头裂纹，提高产品质量。

根据热量对焊接裂纹形成的重要影响，对焊接工艺参数进行调整，以降低接头焊接热输入，见表 3。根据 EN1011－1 标准，计算表 2 中原参数的 Q_1 与表 3 中优化后焊接热输入 Q_2。

$$Q_1=10^{-3}KU_1I_1/V_1=10^{-3}\times 0.8\times 25\times 275/0.70=7.857\text{kJ/mm} \quad (1)$$

$$Q_2=10^{-3}KU_2I_2/V_2=10^{-3}\times 0.8\times 24\times 265/0.80=6.360\text{kJ/mm} \quad (2)$$

优化前后焊接热输入差为

$$\triangle Q=Q_2-Q_1=1.497\text{kJ/mm} \quad (3)$$

式（1）和（2）中的 k 为由于焊接热损耗而给定的焊接有效热输入因数，MIG 焊接时取 0.8。

由以上数据可以看出，优化后自动焊搭接的热输入量减少了 1.497kJ/mm，与原工艺相比下降了近 20%，减少了接头组织晶粒粗化的几率。试验发现，产生裂纹的试件有所减少，但仍不能满足批量生产的要求。

表 3　优化后的自动焊搭接工艺参数

焊丝类型	焊接电流（A）	电弧电压（V）	送丝速度（m・min^{-1}）	焊接速度（m・min^{-1}）	脉冲频率（Hz）	焊枪角度（°）
单丝	265	24	9.5	0.80	285	38～45

根据数值模拟中焊枪角度影响焊接过程中热量分布不均匀导致下板热影响区热应力集中，对焊枪角度进行了合理调整。焊接工艺试验发现，将焊枪角度从原来的 30°～50°调整到 38°～45°的范围内，可充分减少铝合金自动焊搭接裂纹的产生，并且能有效保证下板充分焊透，从而提高了接头的焊接质量。

焊前装配间隙对焊接应力有重要影响，采用合理的装配工艺，将搭接接头的下板摆放平整后将上板与下板紧贴，采用从中间向两边依次压卡的次序可降低结构应力，尽量做到两板焊前严丝合缝，达到装配零间隙，以降低接头应力，从而避免下板热影响区焊后应力高度集中。

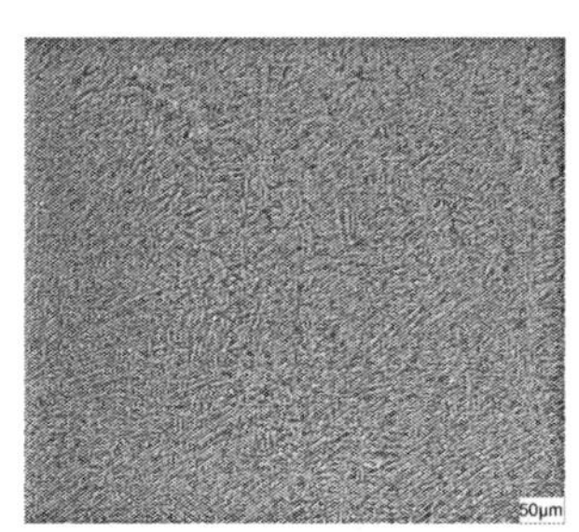

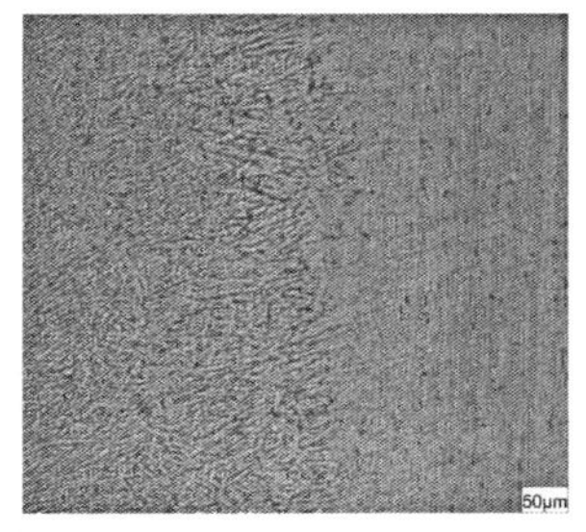

图 5　焊缝及热影响区微观组织

采用合理的焊接工艺参数，保证焊缝质量的前提下尽量使用弱的规范参数可降低焊接热输入；正确调整焊枪角度，保证下板充分焊透时焊枪略朝上板偏置可避免焊趾处热量集中；严格控制焊前装配间隙提高装配质量可减少焊接应力；通过以上工艺优化有效地解决了铝合金自动焊搭接接头裂纹问题，保证了产品焊接质量。

图 5 为工艺优化后铝合金搭接接头焊缝和热影响区微观组织，没有发现细微裂纹或晶界开裂现象。图中焊缝组织为焊缝中心区域均匀细小的等轴晶，主要由 $\alpha-Al$ 固溶体和 $\alpha-Al+\beta-Al_8Mg_5$ 共晶相组成，该组织有良好的强度、韧性，具有较强的抗裂性能。焊接热影响区中，熔合线附近沿散热方向生长着柱状树枝晶，主要由较母材组织粗大的 Mg_2Si 颗粒组成，由于铝合金导热系数大，接头冷却速度快组织生长较慢，热影响区较窄且 Mg_2Si 颗粒长大趋势不明显，大大提高了热影响区的抗液化裂纹性能。综上所述，工艺优化后铝合金自动焊搭接接头具有较好的抗裂性能，可有效保证焊缝质量。

4　结论

本文分析了轨道车辆用铝合金自动焊搭接接头裂纹的形成机理和影响因素，通过工艺试验和数值模拟，得出以下结论：

（1）热输入大和焊枪角度不合理导致局部热量集中，使得焊接热影响区温度过高是接头焊趾处形成液化裂纹的根本原因。

（2）装配间隙导致焊接热影响区应力集中是裂纹发展延伸的诱导因素。

（3）通过优化焊接工艺参数，调整焊枪角度，提高焊前装配质量，可有效解决搭接焊缝焊接裂纹问题，保证了产品质量。

参　考　文　献

[1]　姜澜，王炎金，王宇新等．高速列车用 6005A 铝合金焊接接头组织与性能研究[J]．材料与冶金学报，2002，1(4)：302～306.

[2]　唐秀梅，张宏伟，杨金凤．浅析 7A10 铝合金焊接裂纹的成因及预防措施[J]．轻合金加工技术．2003，(31)7：40～41.

[3]　熊伟，秦晓英，王莉．金属间化合物 Mg2Si 的研究进展[J]．材料导报．2005，(19)6：4～7.

[4]　刘仁培，董祖珏，潘永明．6082 和 ZL101 铝合金低熔共晶测试与分析．焊接学报．2005，(26)10：27～31.

基于SYSWELD的不锈钢板管焊接应力变形模拟

路 浩 刘英臣 耿义光

南车青岛四方机车车辆股份有限公司，山东青岛，266034

摘 要：针对发生失稳变形的奥氏体不锈钢板管典型焊接结构，使用sysweld软件，以实体单元、PA焊接装配两种不同计算方式对焊接变形进行了模拟，对比计算结果和试验结果，分析了计算方式的优缺点。对焊接残余应力、硬度分布进行了模拟计算。

关键词：有限元法；板管结构；失稳变形。

1 序言

焊接变形预测对焊接结构的生产和使用具有重要意义，进行焊接变形准确预测较为困难。奥氏体不锈钢导热慢，热导率仅为碳钢的1/3左右，膨胀系数比碳钢大50%左右，电阻为碳钢的5倍，焊接变形很大。

焊接变形预测的理论依据主要有解析法、基于弹性有限元的固有应变法，焊接热弹塑性有限元法、粘弹塑性有限元法、建立在实验和统计基础之上的经验公式等。解析法以焊接热传导理论、结构力学理论、残余塑变理论或弯曲理论为基础，能够确定一些较为简单的焊接变形。对于复杂构件，利用解析法求解则非常困难[1~4]。失稳变形、大位移等情况下的变形预测较为困难。

SYSWELD软件提供了三种建模方式，为实体单元、板壳单元建模和焊接装配建模，不同建模方式有其优缺点。本文使用sysweld软件，以两种不同建模方式，模拟了奥氏体不锈钢板管焊接这一典型焊接结构，对计算结果和试验结果进行对比，分析了两种计算方式的优缺点，为不同焊接结构计算分析选择适用方法提供了参考。并对其残余应力分布、硬度分布进行了模拟。

2 板管实体单元模拟

不锈钢板管结构材质为X5CrNI1810不锈钢材料，由板厚1.5mm的方形板和管厚2.3mm的圆管焊接而成，方板宽150mm,，管高125mm，焊接时工件管子中插入方管进行支撑。焊接工艺参数电压20V，电流70A，焊接速度4mm/s。化学成分见表1。

表1 X5CrNI1810不锈钢材料化学成分

元素	C	Si	Mn	P	S	Cr	N	Ni	Fe
%	≤0.07	≤1.0	≤2.0	≤0.045	≤0.015	17~19.5	≤0.11	8.0~10.5	其余

2.1 双椭球热源

焊接温度场的精确描述是进行焊接应力分析的基础，焊接温度场决定了焊接应力场和应变场。温度场计算精确取决于热源模型，为了准确计算三维热传导，采用接近电弧焊熔池的3D双椭球热源模型[5]，热源模型如图1所示。

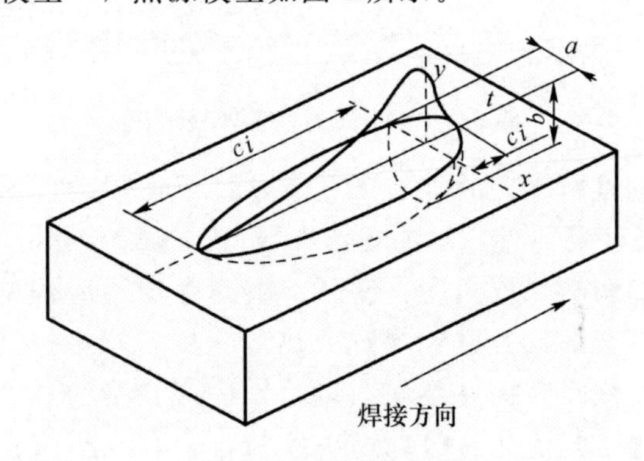

图1 双椭球热源模型

在双椭球热源模型中，前半部分椭球热源表达式为：

$$q(x,y,z,t)=\frac{6\sqrt{3}Qf_f}{abc_1\pi\sqrt{\pi}}\mathrm{e}^{-3\left(\frac{x^2}{a^2}+\frac{y^2}{b^2}+\frac{(z-v\times t)^2}{c_1^2}\right)} \quad (1)$$

后半部分椭球热源表达式为：

$$q(x,y,z,t)=\frac{6\sqrt{3}Qf_r}{abc_2\pi\sqrt{\pi}}\mathrm{e}^{-3\left(\frac{x^2}{a^2}+\frac{y^2}{b^2}+\frac{(z-v\times t)^2}{c_2^2}\right)} \quad (2)$$

上面两式中，a、b 分别是椭球的 x、y 半轴长度；c_1、c_2 分别是前后椭球体 z 向的半轴长度；f_f、f_r 是前后椭球的热源集中系数，$f_f+f_r=2$；Q 是热输入量，$Q=\eta UI$（η 是电弧的热效率），v 是焊接速度。在实际计算时，各参数的取值为：$a=2.5$mm、$b=3$mm、$c_1=4$mm、$c_2=6$mm、$f_f=0.6$、$f_r=1.4$、$\eta=0.75$、$v=4$mm/s。

2.2 实体单元模型

在 SYSWELD 软件提供的前处理软件 Visual mesh 中对板管构件进行实体单元建模，共 16134 个实体单元。在焊缝附近采用密网格，在远离焊缝处采用较疏网格。为保证计算精度，1.5mm 厚度方向上建立 4 层实体单元。

在求解参数中选择几何非线性，大位移求解计算。热源功率 1250W 加载到焊缝上。在 6G 内存的 64 位小型工作站上进行计算，计算时间约一小时。计算过程表现出了高度的非线性。位移边界条件约束管子顶部端部位移，实际仰焊方式焊接。

计算完毕后变形云图如图 2 所示，模拟变形趋势与实际变形相符。工件俯视变形如图 3 所示，焊接变形收缩趋势和实际构件相同，方板顺着焊接方向逆时针旋转变形。

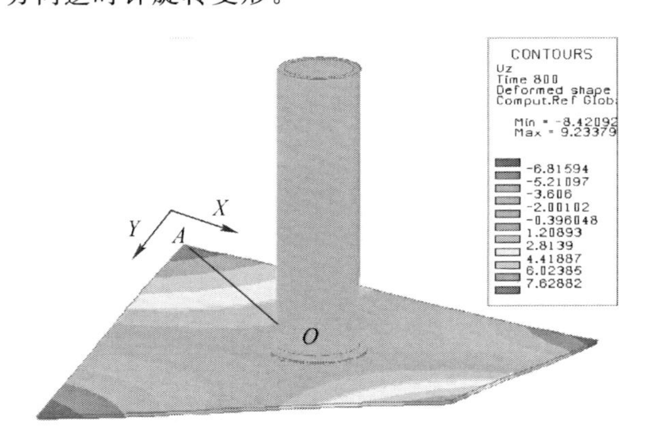

图 2　焊后变形云图分布

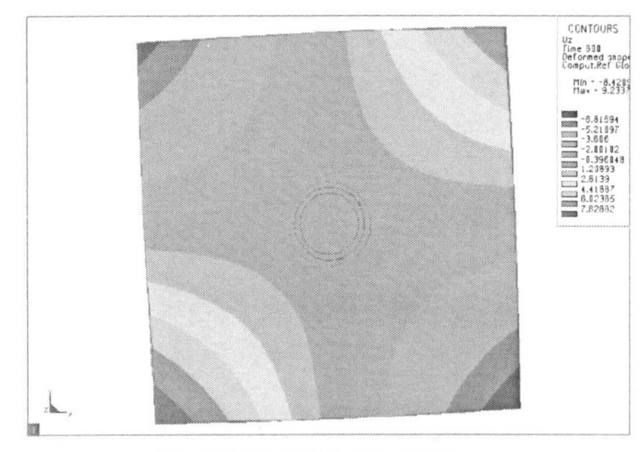

(a) 工件俯视变形（放大4倍）

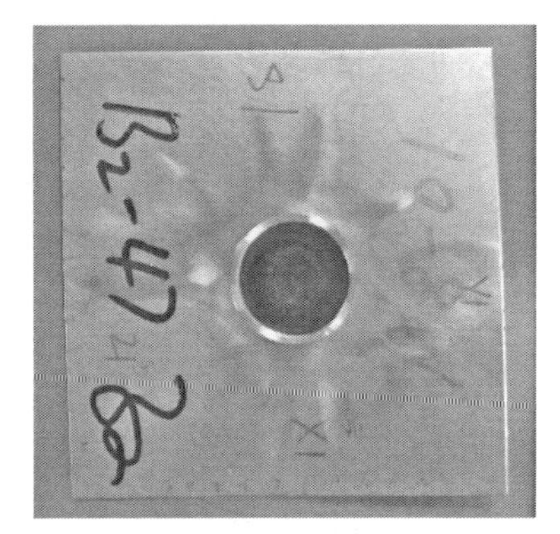

(b) 实际工件俯视图

图 3　焊后俯视变形

3　板管焊接装配变形模拟

SYSWELD 软件提供的 PAM-ASSEMBLY 焊接装配模块，依据“局部-整体（Local-Global）”方法。其主要思想是：焊接过程主要是局部应力和应变的改变，它们的变化导致了整体模型变形。高温和材料非线性出现在焊缝周围很小的区域内，塑性应变主要集中在相对小的范围。而结构的整体变形是由于焊缝的局部塑性应变导致的，整个结构的变形可以看成是弹性的。

焊接装配模拟结果主要包括焊接变形，对计算机硬件要求略低。整体模型为壳单元，局部实体单元。焊接装配的计算机仿真主要分三步：

第一步，局部模型模拟，在考虑到温度、冶金、机械方面的情况下，对细化的焊缝区三维实体有限元模型进行局部塑性应变计算。

第二步，焊接宏单元的抽取，从局部模型抽取局部残余塑性应变和焊缝刚度。

第三步，整体变形计算，利用宏单元技术转换到整体壳单元模型中，然后对结构变形做出预测。

3.1 焊接装配局部接头

局部接头信息取自上述整体实体模型，包含塑性区。局部模型计算结束后，需要抽取焊接宏单元，该宏单元中包含了焊缝及其附近的残余塑性应变和其他信息。

3.2 焊接装配

板管整体模型为面单元，在 PAM-ASSEMBLY

焊接装配模块中进行计算。在 6G 内存的 64 位小型工作站上进行计算，焊接装配过程计算时间约 2 分钟。结果见图 4 所示。计算变形趋势与实际变形不同，且数值相差较大，说明焊接装配的模拟方法不适用于非线性的失稳变形情况。

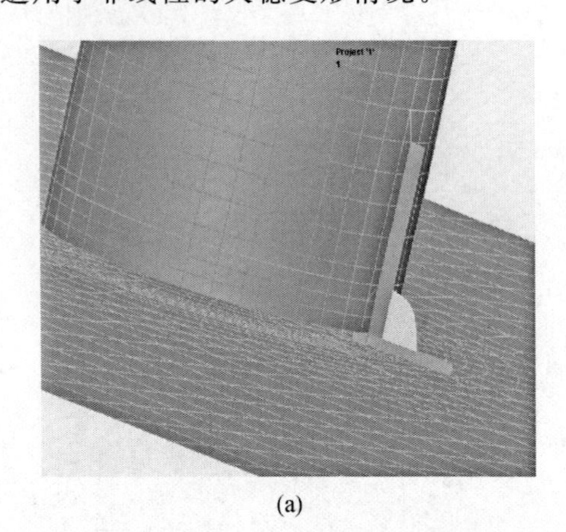

(a)

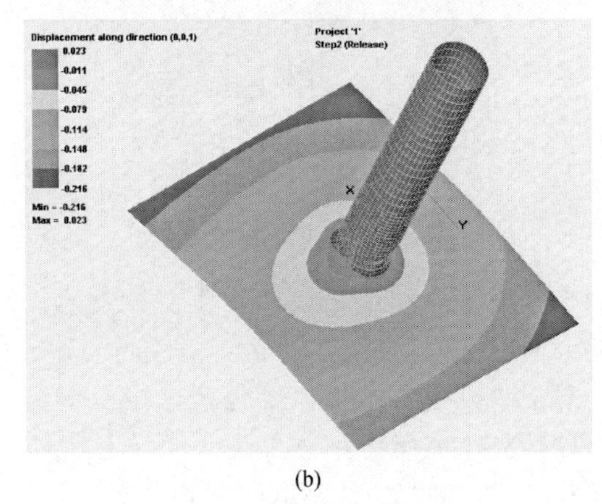

(b)

图 4　焊接装配变形

(a) 局部接头插入整体模；(b) 整体模型（放大 30 倍型）

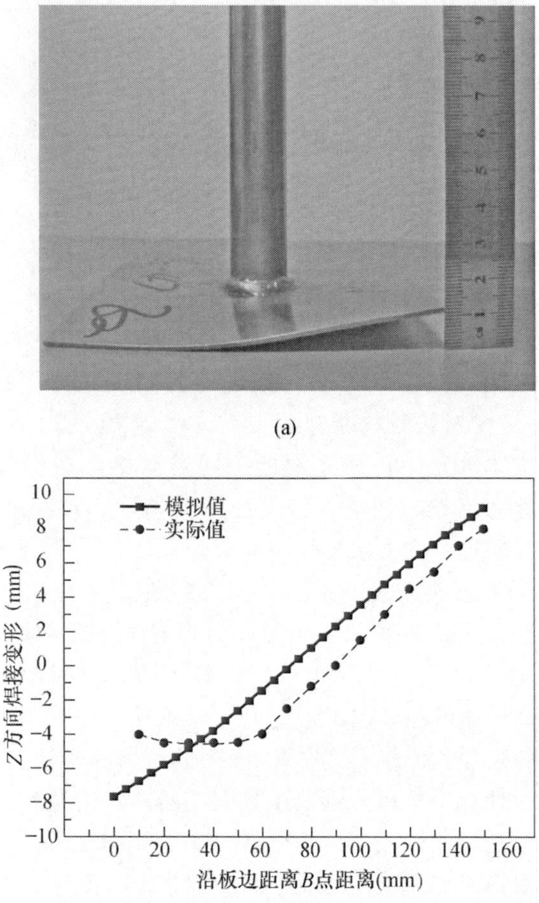

4　结果分析

4.1　焊接变形

板管结构实际焊接后的变形如图 5（a）所示，图 5（b）为板边实际变形和模拟结果的对比，可以看到 Z 方向最大相对变形到 14mm。

4.2　残余应力分布

沿图 2 中所示对角线 AO，整体坐标 X、Y 方向残余应力分布如图 6 所示。在距焊趾 40mm 处呈压应力分布。焊缝周围受拉，外圈受压，焊缝部位收缩时，发生波浪变形，板宽方向的弯曲和板长方向的弯曲是相反的。从结果看，残余应力值比屈服强度高，是因为奥氏体钢具有高的线膨胀系数，应变硬化指数高，另一方面，一点的横向或纵向残余应力并不为其最大主应力。

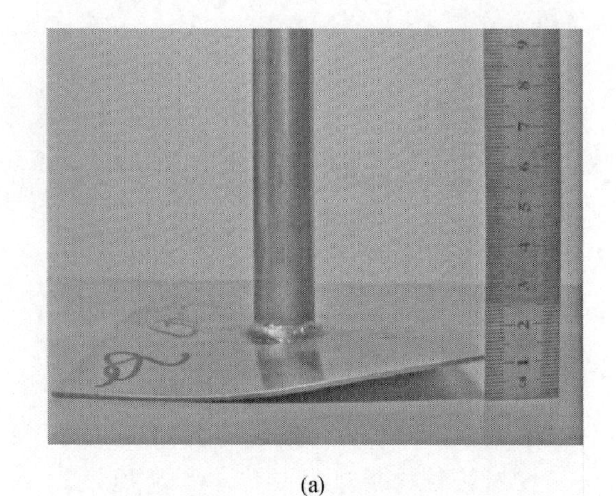

(a)

(b)

图 5　板管变形对比

(a) 板管实际变形；(b)（板边变形对比）

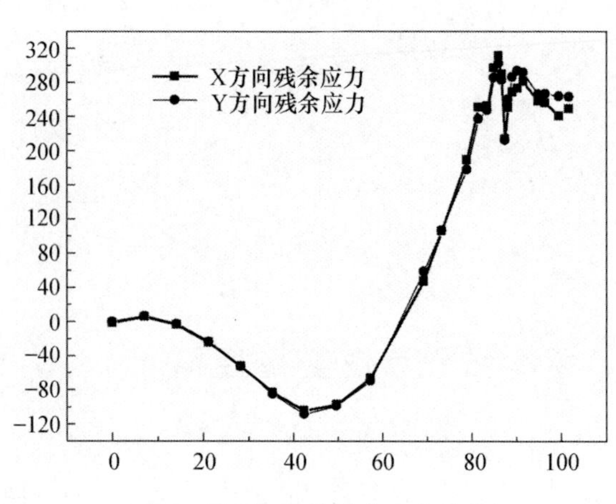

图 6　沿线 AO 的残余应力分布

建模时并没考虑点固焊，以及实际边界条件与真实情况的差别，手工焊的焊接速度不能严格保证恒定等影响因素造成模拟计算结果的误差。

4.3　硬度分布

奥氏体不锈钢焊缝的结晶模式主要取决于焊缝的铬镍当量［Cr/Ni］eq，通过对本试验材料铬镍当量的计算，［Cr/Ni］eq＞（1.47～1.58），为先δ铁素体结晶模式，即焊接形成焊缝的结晶模式均为先δ铁素体模式，即一次结晶为δ铁素体，冷却过程中发生δ→γ转变，冷却到室温后形成奥氏体，但转变不完全，焊缝组织中仍存在残余δ铁素体[6]。SYSWELD软件硬度计算根据初始材料化学成分（C、Si、Mn、Ni、Cr、Mb、V等）、相组织等进行计算。硬度模拟结果见图7所示。

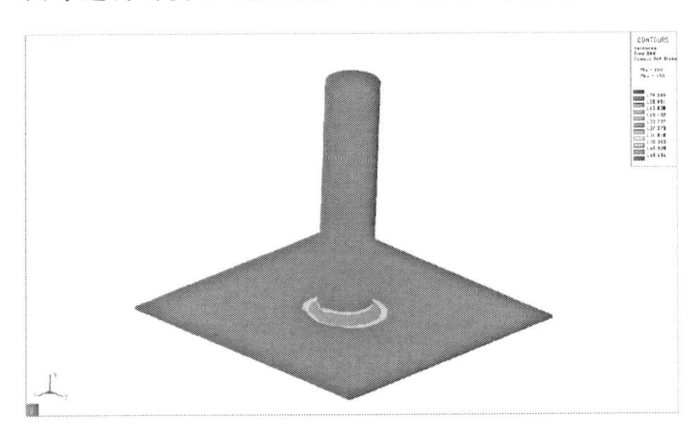

图7　硬度分布

5　结论

焊接变形预测不准确的主要因素有：焊接变形机理的复杂性，一些重要的物理数据在材料处于高温时难于测定，热力分析过程中的误差积累。

（1）对大位移变形情况，焊接模拟需考虑几何非线性，再进行迭代求解。

（2）SYSWELD软件焊接装配焊接装配提高了效率，降低了求解时间，但不适用于高度非线性的焊接变形分析。实体单元建模模拟结果丰富，大模型计算时间略长。

（3）组织及硬度的精确模拟取决于材料数据库的精确建立。

参　考　文　献

［1］　薛忠明，曲文卿，柴鹏，张彦华．焊接变形预测技术研究进展．焊接学报[J].2003，24(3)：87－90.

［2］　闫俊霞，刘群山．薄板焊接失稳变形的影响因素．铸造技术[J].2009，30(1)：80－82.

［3］　陆皓等．薄板焊接失稳变形的简化模型及其应用．焊接[J].2007，5：16－18.

［4］　汪建华，焊接变形和残余应力预测理论的发展及应用前景．焊接[J].2001，9：5－7.

［5］　J. Goldak, A. Chakravarti. New Finite Element Model for Welding Heat Sources. Metallurgical Transactions. 1984，15B(2)：299～305

［6］　李亚江．焊接冶金学－材料焊接性[M].北京：机械工业出版社，2006.133.

基于 SYSWELD 的钻杆键条焊接接头的残余应力分析

徐兴全[1]　赵海燕[1]　于兴哲[2]　朱小武[3]

1. 清华大学机械工程系，北京，100084；2. 北京市三一重机有限公司，北京，102206；

3. ESI 中国

摘　要：本文利用焊接专用有限元模拟软件 SYSWELD 对旋挖钻机钻杆键条接头的焊接过程进行了计算，得到了焊接温度场、焊后组织和残余应力分布，并与金相组织和残余应力的实测结果进行了比较。

关键词：钻杆键条接头；有限元模拟；金相组织；SYSWELD。

1　前言

近年来，随着经济的高速发展，我国铁路、公路、桥梁以及各种大型高层建筑工程投资规模不断扩大；与此同时，以人为本和保护环境的施工理念也不断强化，使桩基础特别是混凝土灌注桩基础得到了广泛的应用。旋挖钻机是一种适合建筑基础工程中成孔作业的施工机械，凭借其优越的桩基施工性能在各大工程中得到广泛应用[1-3]。旋挖钻机主要由钻头、动力头、钻杆、桅杆总成、主副卷扬、变幅装置、自行走履带底盘及电气控制系统等组成，其中，钻头、动力头、钻杆合称为钻进系统，钻进系统是旋挖钻机进行钻孔作业的关键部件[1,4,5]。

旋挖钻机在工作过程中，钻杆通过内外键条的配合向下一级钻杆传递扭矩，同时，钻杆需要反复的正转和反转，以实现钻杆的钻进和提升。在这种工作环境下，钻杆需要不断的承受钻杆转动方向上的交变载荷，同时受到竖直方向上的摩擦作用和钻头钻进产生的震动。在这种恶劣的承载条件下，钻杆与键条的焊接接头处极容易产生破坏。对于焊接结构而言，残余应力及其分布是影响结构失效的重要原因，特别是在有交变载荷作用的情况下，残余应力的影响更为剧烈。[6]因此对焊接结构的残余应力分布和接头处的金相组织进行研究分析具有很重要的实际意义。

2　钻杆组成结构

旋挖钻机钻杆一般采用多级组合的结构形式，通过将管径不同的钻管进行嵌套组装，来实现钻杆伸长和收缩的功能。相邻钻杆之间通过内键条和外键条实现转矩的传递，钻杆的结构形式如图 1 所示。本文主要研究外键条焊接时残余应力的分布规律。

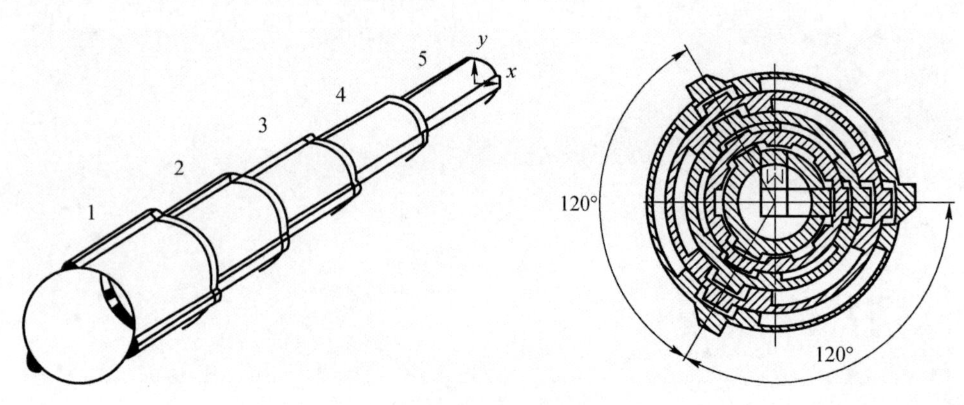

图 1　旋挖钻机钻杆结构示意图

3　有限元模拟

焊接过程的热弹塑性模拟一般包括两个过程：焊接温度场模拟和焊接应力场模拟。准确地模拟焊接过程中的温度场，是模拟焊接过程应力场的前提之一。实际的焊接过程中除了包含由于温度变化和高温引起的材料热物理性能的变化而导致传热过程严重的非线性外，还涉及金属的熔化、凝固以及液固相传热等复杂现象，因此是非常复杂的。焊接热应力的计算是由多方面因素影响的热弹塑性问题，比一般弹性或弹塑性问题要复杂得多。

3.1　热源模型

本文在进行计算时选取双椭球热源模型，在以热源中心为原点的局部坐标系内，热源的热流分布为[7]：

热源前半部分：

$$q(x',y',z')=\frac{6\sqrt{3}f_fQ}{abc_1\pi\sqrt{\pi}}\exp\left(\frac{-3x'^2}{a^2}\right)\exp\left(\frac{-3z'^2}{b^2}\right)\exp\left(\frac{-3y'^2}{c_1^2}\right)$$

热源后半部分：

$$q(x',y',z')=\frac{6\sqrt{3}f_rQ}{abc_2\pi\sqrt{\pi}}\exp\left(\frac{-3x'^2}{a^2}\right)\exp\left(\frac{-3z'^2}{b^2}\right)\exp\left(\frac{-3y'^2}{c_2^2}\right)$$

式中：a、b、c_1、c_2 为热源形状参数；Q 为焊接热源热输入功率；f_f、f_r 为模型前后部分的能量分配系数，且 $f_f+f_r=2$。

3.2　材料参数

在 SYSWELD 的材料数据库中选取相应的材料或者化学成分相近的材料进行模拟计算，选取材料的化学成分见表 1。

表 1　计算时选取材料的化学成分（%）

成分	C	Cr	Mn	Si	S、P
键条	0.14－0.19	0.80－1.10	1.00－1.30	≤0.40	≤0.035
焊缝金属	0.085	0.41	1.54	0.11	—
管材	≤0.20	—	≤1.60	≤0.55	≤0.035

3.3　计算模型

考虑到计算对象的结构特征，为缩短计算时间提高计算效率，有限元模拟计算时采用平面应变模型进行计算，建立的平面应变模型见图 3。模型中钻杆外径为 320mm，管壁厚 10mm；键条尺寸为 40mm×20mm，在管外壁均匀分布，通过角焊缝与管体焊接在一起，键条开有 6mm×6mm 坡口。

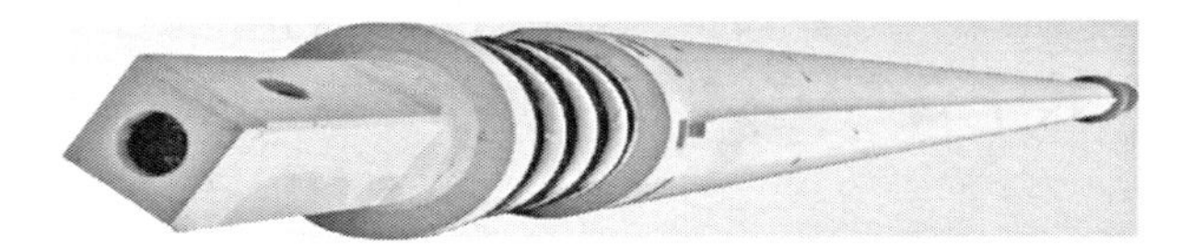

图 2　钻杆实物照片

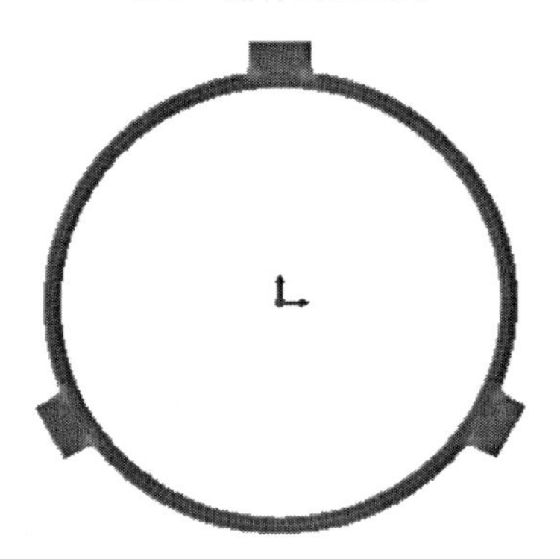

图 3　钻杆平面应变模型

4　计算结果及分析

本文采用焊接专用有限元模拟软件 SYSWELD 对钻杆的焊接过程进行了模拟计算，根据钻杆键条焊接接头实际焊接参数选取了模拟计算参数，得到了焊接过程中的温度场、焊后残余应力场及组织演变情况。

4.1　熔池形貌

熔池形状的计算结果和焊缝横截面的试验结果的对比如图 4 所示。

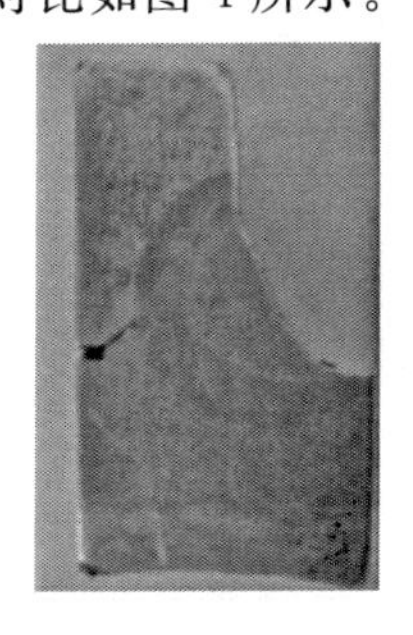

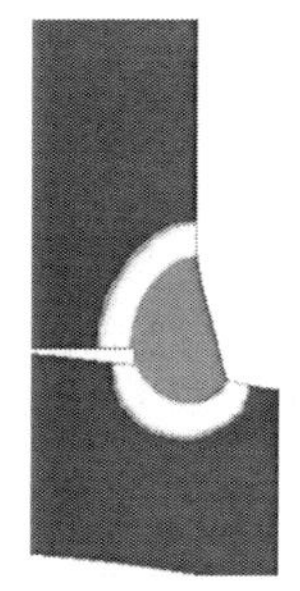

图 4　熔池形状的计算结果与实验结果的对比

从图4中可以看出，熔池的计算结果和实验所得的焊缝横截面的焊缝形状大小相当、形状相似，这在一定程度上说明了所选取的热源模型和所建立的温度场数值分析模型的正确性。

4.2 组织组成模拟结果及其与实验对比

图5为焊接前各部分的组织组成图示。焊接前，管体和键条的原始组织均为铁素体和珠光体，焊缝区域设置为空气（在SYSWELD中，空气也可作为一种特殊的“组织”），用来模拟焊接过程中焊缝金属的填充作用。在建立材料模型时，珠光体和铁素体共同作为一“相”进行设置。

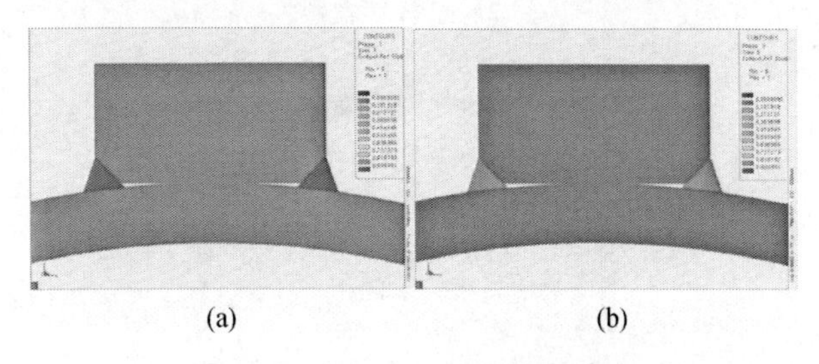

(a) (b)

图5 焊接前各种材料相组成

（a）初始相（球光体＋铁素体）；（b）空气相（焊缝填充相）

图6为焊接后各部分组织组成图。从图中可以看出，焊接之后母材区域的组织仍为珠光体和铁素体，焊缝区域组织主要是马氏体。

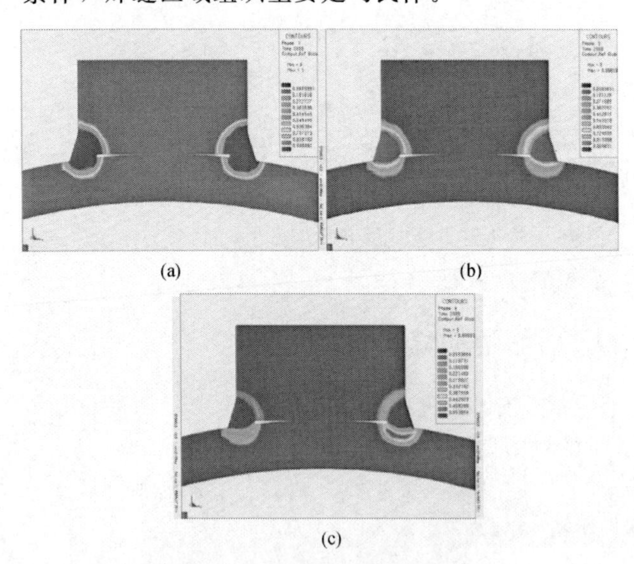

(a) (b) (c)

图6 焊接后焊接接头各相组成

（a）（球光体＋铁素体）相；（b）马氏体；（c）贝氏体

图7为母材及焊缝区的金相组织照片。从图中可以看出，管体和键条的组织为铁素体和珠光体，焊缝区虽然出现马氏体组织，但是马氏体特征不太明显。

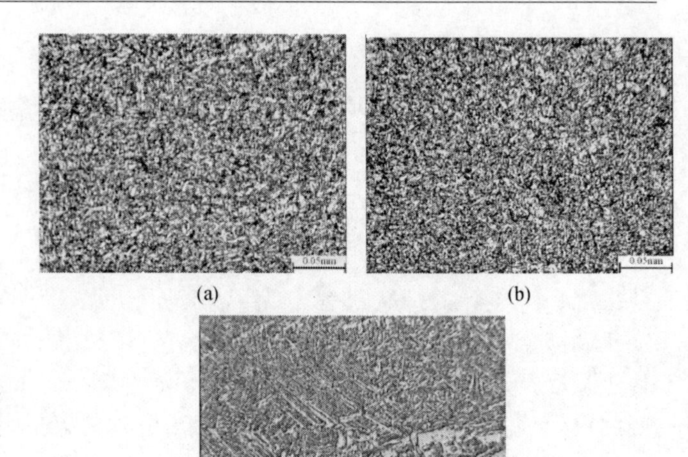

(a) (b) (c)

图7 母材及焊缝区组织

（a）管体组织（母材）；（b）键条组织（母材）；（c）焊缝区组织

4.3 应力场模拟结果及其与实验的对比

钻杆截面的焊接残余应力分布如图8。图中，左侧焊缝为先焊焊缝（焊缝1），右侧焊缝为后焊焊缝（焊缝2）。

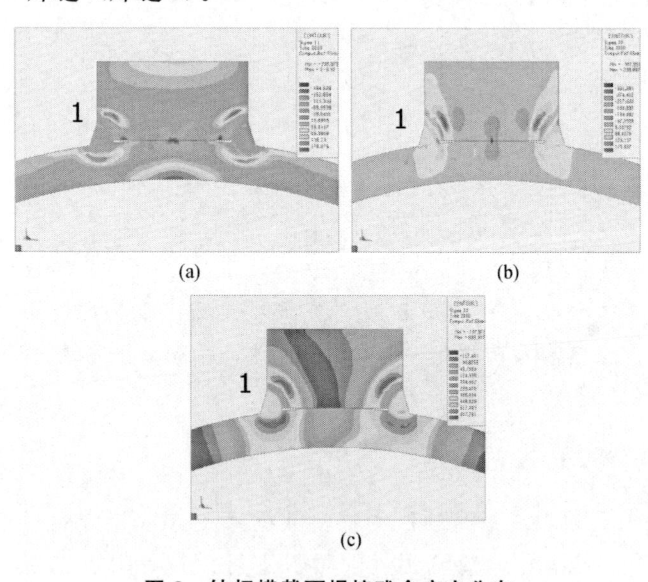

(a) (b) (c)

图8 钻杆横截面焊接残余应力分布

（a）周向；（b）径向；（c）轴向

从图8中可以看出，热影响区的残余拉应力较大，超过了焊缝区域的残余拉应力，这是可能因为焊缝区产生马氏体膨胀造成的，也可能是因为键条材料较软造成的；键条与管材的接触部位普遍存在残余压应力，是因为在焊后冷却过程中由于焊缝的冷缩作用导致管材与键条接触部位产生挤压。后焊焊缝（右侧焊缝）附近的残余拉应力比先焊焊缝

(左侧焊缝) 附近的残余拉应力大，因为在焊接后焊焊缝时已经焊好的焊缝对其产生拘束；两条焊缝中间键条与管体接触的部位产生了明显的压应力，这是因为焊缝冷却收缩时致使接触部位受压所致。

为了验证焊接残余应力计算的有效性，利用X射线衍射方法对钻杆试样管体表面周向距焊趾不同距离处的残余应力进行了测试，并与计算值进行比较，如图9。由于测试试样较大以及测试设备的局限性，我们只测量了轴向残余应力。从图8中可以看出，实验值比计算值低近250MPa，这是因为钻杆的管体在焊接键条之前进行了表面喷丸处理而在表面生成了残余压应力（即喷丸应力，约为－250MPa)，实验测量的应力值应是焊接残余应力和喷丸产生的应力的叠加。

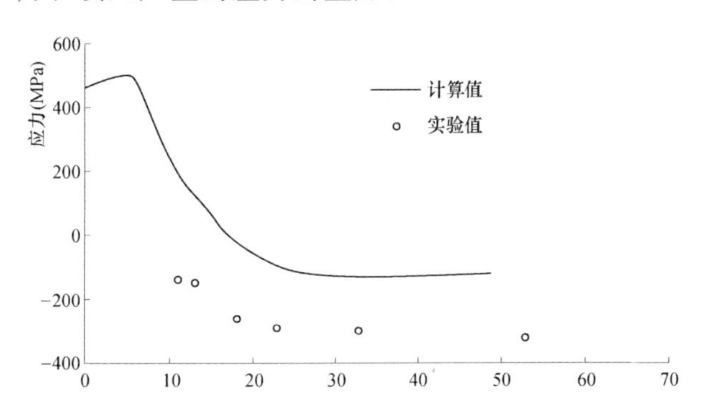

图9　轴向残余应力计算值与实验值对比

5　结论

本文利用焊接专用有限元分析软件SYSWELD建立了焊接热源模型、材料模型和几何模型，对钻杆/键条的焊接过程进行了模拟。由模拟结果可得出以下结论：

(1) 焊缝区域出现了大量马氏体组织，导致热影响区内的残余拉应力较大，超过了焊缝区域的残余拉应力。

(2) 后焊焊缝附近的残余拉应力比先焊焊缝焊缝附近的残余拉应力大。

(3) 位于管材内的热影响区和位于键条内的热影响区，其残余拉应力大小不同。

(4) 键条中部与管材的接触部位普遍存在残余压应力。

参　考　文　献

[1]　张启君，张忠海，等．国内外旋挖钻机结构特点的探讨[J]．筑路机械与施工机械化，2004，10：37－41.

[2]　刘文忠，管佩先，朴宽良．旋挖钻机入岩能力简述[J]．建设机械技术与管理，2010，04：69－72.

[3]　王振．旋挖钻机在桥梁桩基础施工中的应用[J]．科技传播，2011，8：173.

[4]　刘晓敏．ZY－200型旋挖钻机钻挖系统动力学分析．吉林大学硕士论文．2007.4.

[5]　秦四成，刘晓敏，等．NR22型旋挖钻机钻挖系统动力学分析[J]．桥隧机械 & 施工技术，2007，08：70－72.

[6]　方洪渊．焊接结构学[M]．北京：机械工业出版社，2008.

[7]　Goldak J, Chakravarti A, Bibby M. A new finite element model for welding heat sources[J]. Metallurgical Transactions, 1984, 15B (2): 299－305.

基于固有应变法对大型构件焊接装配数值分析预测

张 宏 陈 星

摘 要：本文是基于固有应变法原理，对某大型焊接件进行焊接装配数值仿真分析。对比分析了加筋板与不加筋板的变形与应力区别，确定了焊接筋板施加位置对最终结果的影响，控制工件焊接质量，为实际生产提供理论依据。

关键词：固有应变法；焊接构件；变形；应力。

1 引言

在实际生产前，通过仿真软件对大型结构件进行快速高效的焊接仿真模拟，可以在生产前提供理论指导，能够节省焊接变形后矫正的处理时间，也有利于工程师对工件进行合理规划和设计，以达到结构设计对变形、应力公差要求。基于固有应变法，是发展比较快的一种数值处理方法，尤其在焊接工艺仿真中已得到广泛应用。Weld planner 是法国 ESI 集团推出的基于固有应变法的焊接工艺仿真软件，针对复杂的焊接装配工艺仿真具有显著的速度分析优势。

基于固有应变理论的有限元法是一种可行而有效的大型复杂结构焊接仿真方法。固有应变法就是在焊接时，焊缝及其附近因热膨胀受到周围温度较低金属的拘束，产生大量的压缩塑性应变，冷却后焊缝及其附近存在残余塑性应变，残余塑变的大小就决定了最终的焊接变形。如果知道了残余塑变的大小，把它作为初始应变置于焊缝及其附近，就可以通过一次弹性有限元分析求得整个构件的焊接变形。20 世纪 90 年代开始，日本研究者把固有应变理论引入热加工过程的应力和变形；Takeda 使用固有应变法成功地预测了船体上弧形板的变形，Jang 等人预测了固有应变并提出了固有应变与材料的熔点温度和拘束度的关系，在船板变形预测中采用该方法，证明了该方法的可行性与有效性。固有应变有限元法，是一种既适合于大型复杂结构，又比较经济的焊接变形预测方法，具有显著的实用意义，发展前途广阔。固有应变法预测焊接变形是利用焊接后在焊缝及其附近所产生的固有应变作为初始应变，进行一次弹性有限元计算来获得整个结构的焊接变形。目前，固有应变法的研究主要集中在平板结构方面，而焊接变形的主要形式有两种。其一可以认为是，由于焊缝的纵向收缩引起的纵向变形（纵向缩短和弯曲挠度等）；其二可以认为是，由于焊缝的横向收缩引起的横向变形（横向缩短和角变形等）。因此，焊接变形也可以认为主要是焊缝及其附近的纵向及横向固有应变引起的。纵向固有应变的总和 W_x、横向固有应变的总和 W_y 与焊接线能量 Q 存在着一定的关系，假定为：

$$W_x = KQ;\ W_y = \xi Q,$$

式中：K 为纵向固有应变系数；ξ 为横向固有应变系数。

2 有限元模型的建立

划分网格是建立有限元模型的一个重要环节，它要求考虑的问题较多，需要的工作量较大，所划分的网格形式对计算精度和计算规模将产生直接影响，即网格数量的多少将影响计算结果的精度和计算规模的大小。一般来讲，网格数量增加，计算精度会有所提高，但同时计算规模也会增加，所以在确定网格数量时应权衡两个因数综合考虑。因此我们对焊缝区域的网格进行细密划分以得到精细的结果，出于考虑计算规模的因素在远离焊缝区域进行的网格划分较焊缝区域粗大。图 1 为某构件网格模型，网格模型中，单元类型为 8 节点六面体和 6 节点五面体单元，其中节点数 7.1×10^4，单元数 4.7×10^4。

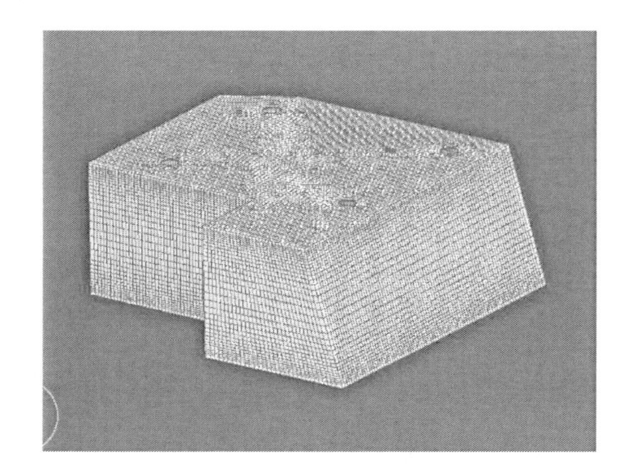

图 1　工件网格模型

3　焊接工艺参数

此处焊接顺序是本着避免产生过大的残余应力和减少变形，而优化设计的。图 2 为该构件的焊接顺序。

这里要加上焊接工艺参数，例如，速度、电流、电压等，最好列个表格。

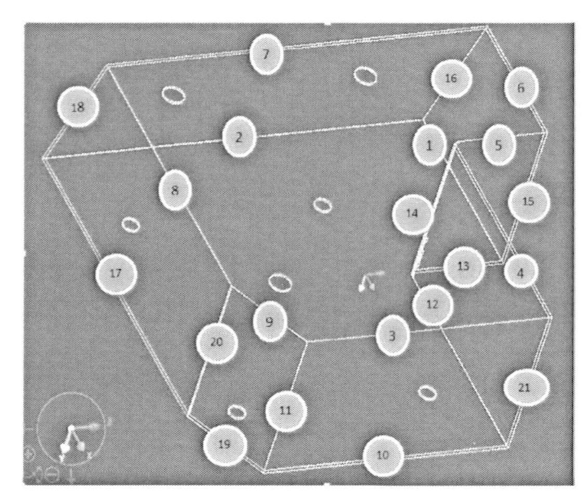

图 2　焊接顺序

4　工件约束条件

根据工件焊接加工情况和约束理论，建立约束条件。由于实际焊接中，是把夹具放置在四个孔里面。所以，在仿真计算中我们根据图 3 中显示了约束位置进行施加，即在孔周围及孔内部施加了 X 方向和 Z 方向的约束，工件在 Y 方向能够自由移动。对于施加筋板的情况，则在 A 处以及 B 处给予 XYZ 三个方向的约束（见图 4）。

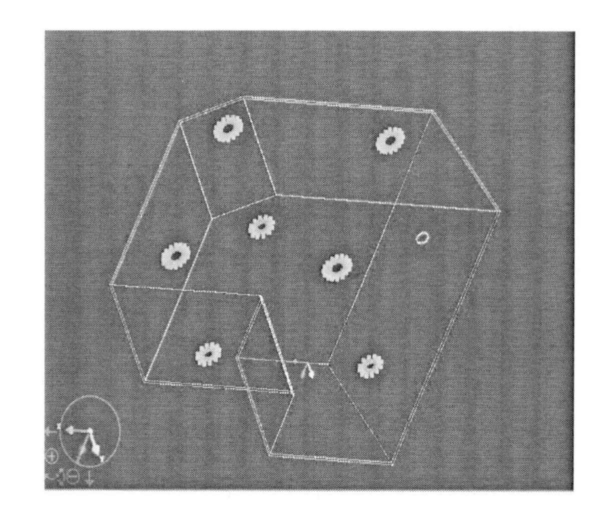

图 3　无筋板约束施加位置

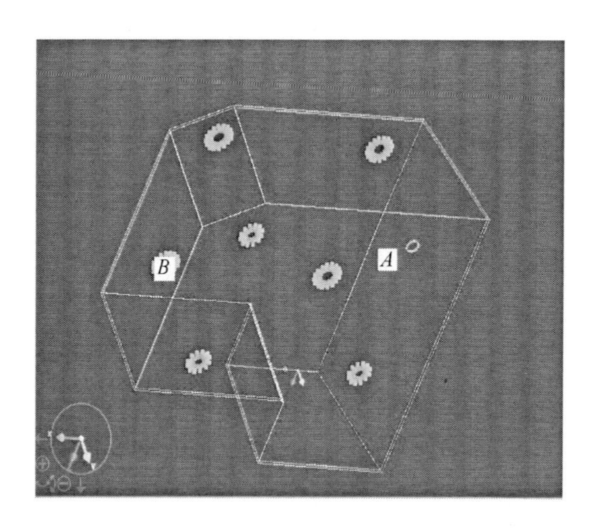

图 4　带有筋板约束施加位置

5　计算结果及分析

5.1　无筋板约束焊接变形与应力的计算

采用同一种焊接顺序，不施加筋板的工件整个焊接过程的变形如下。

从图 5 可以看出，带夹具焊后最终的变形仅有 1.1mm 且集中在侧板上，而当夹具释放后，工件整体变形能达到 3.25mm，且变形分布接近实际情况，因此，可以认为在大型焊接装配件进行焊接后，必须进行夹具释放，这样才能真正得到工件的整体变形。

从图 7 应力分布可以看出，工件焊后应力主要集中在焊缝包括热影响区附件，应力值最高能达到300MPa；而工件其他区域则应力比较小，这说明，在该焊接工艺条件下，工件应力主要分布于焊缝区域，即该区域也是应力敏感区域。

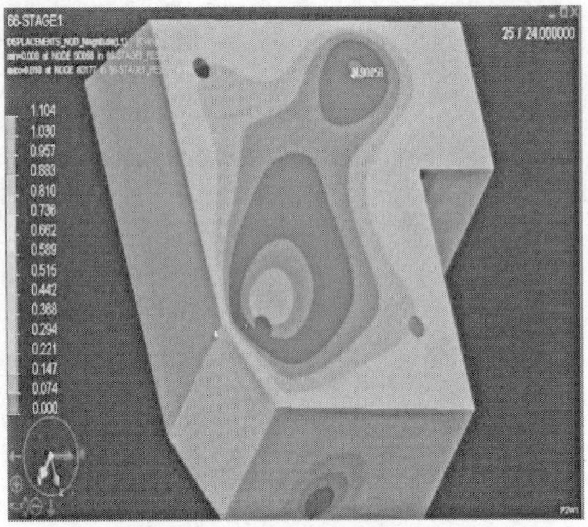

图5 带约束工件最终焊后变形

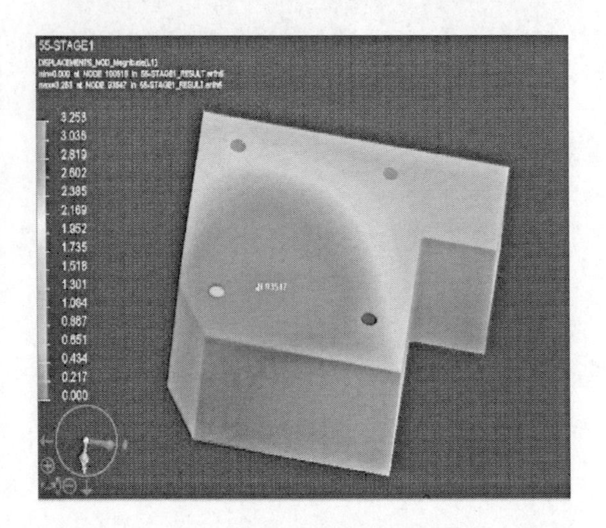

图6 夹具释放后工件变形

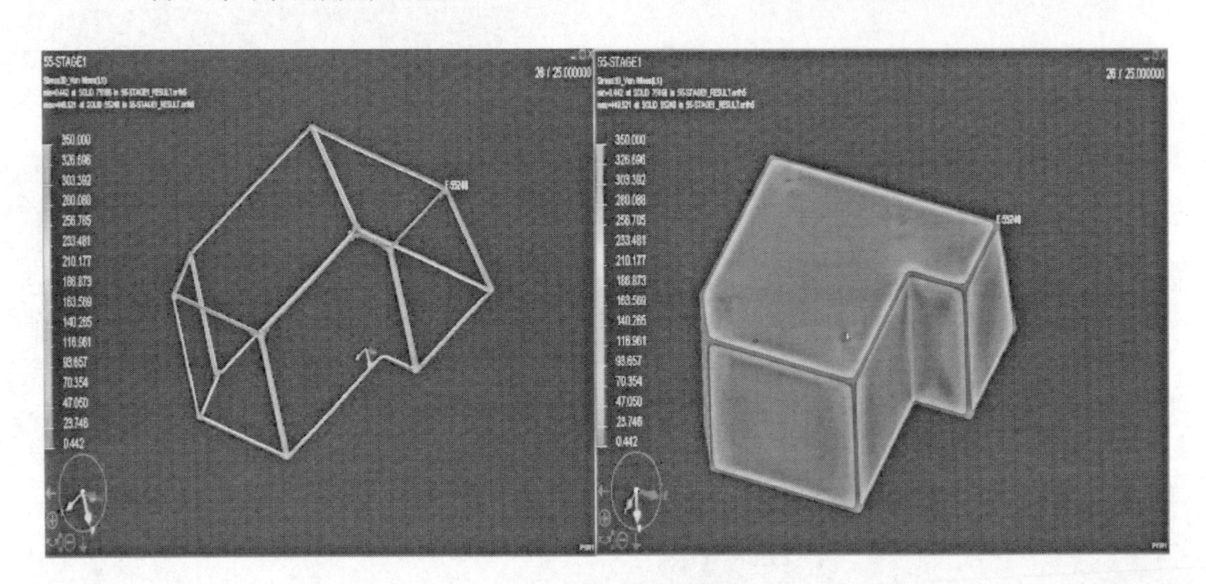

图7 带约束工件最终焊后应力

5.2 带筋板约束焊接变形的计算

采用同一种焊接顺序，施加筋板的工件整个焊接过程的如下。

从图6可以看出，考虑筋板并且带夹具焊后最终的变形仅有0.5mm且集中在侧板上，而当夹具释放后，工件整体变形能达到1.1mm，同时，考虑筋板的情况，可以看出带筋板工件变形要小于不考虑筋板的，这主要是在工件内部施加筋板相当于提供了工件的整体刚度，阻碍了工件的整体变形。

从图10应力分布可以看出，工件焊后应力主要集中在焊缝包括热影响区附件，应力值最高能达到350MPa，这与不考虑筋板情况类似，但应力在其他区域也有明显的阶梯分布。这说明，在该焊接工艺条件下，考虑筋板情况，整个工件应力分布比较均匀，在整个工件都有明显应力分布梯度，这与筋板对工件刚度的加强有关。

表1 焊接变形计算机值与测量值对比

焊接变形	整体变形（mm）	屈服应力（MPa）
不带筋板计算结果	3.25	300
带筋板计算结果	1.1	350
实测结果	1.5	280

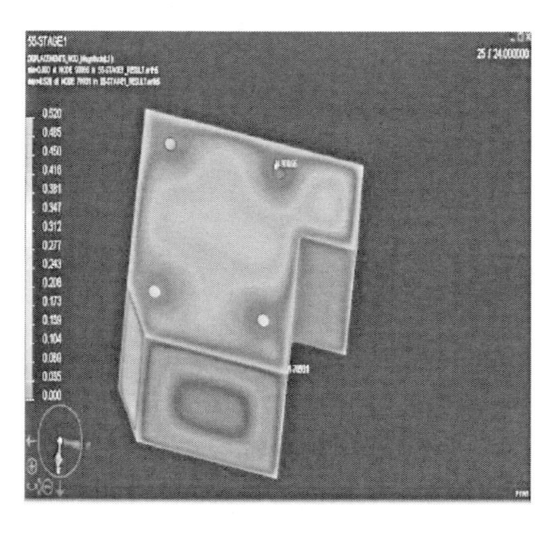

图 8　带约束工件最终焊后变形

图 9　夹具释放后工件变形

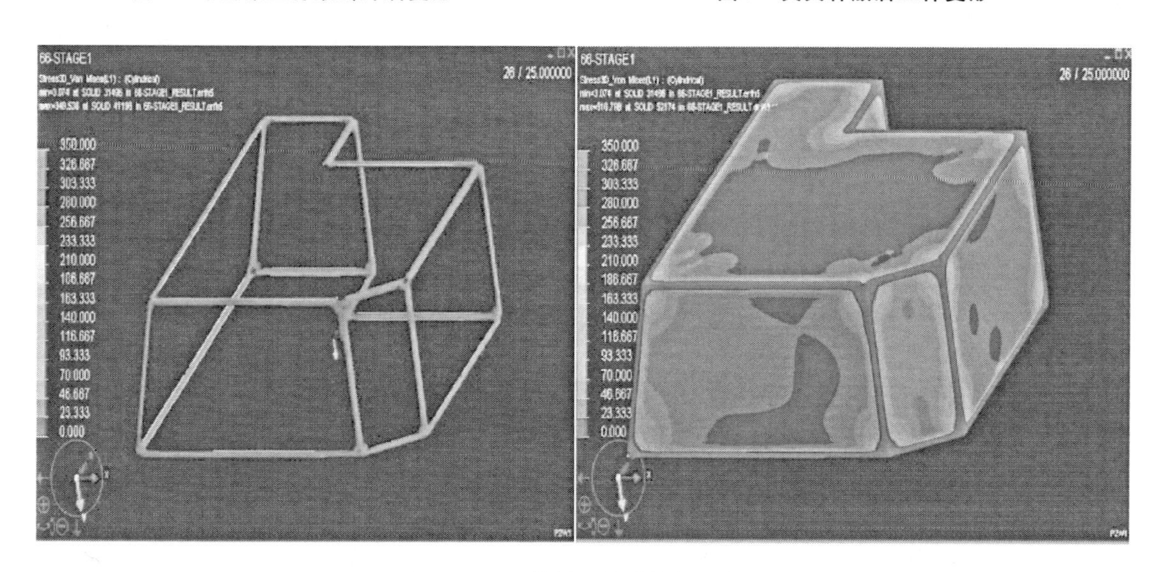

图 10　考虑筋板工件最终焊后应力

6　结论

（1）对某大型焊接装配工件采用固有应变法进行了考虑筋板和不考虑筋板两种工艺情况的变形与应力计算。进行了两种不同工艺条件焊接变形与应力的对比分析。

（2）进行了计算结果与实测值进行了对比，从而验证了该计算方法的准确性与高效性（见表 1）。

（3）通过对工件两种工艺条件的计算，为施加筋板焊接生产提供了理论依据，同时为工件实际焊接生产提供了重要的理论参考依据。

参　考　文　献

[1]　陈丙森．计算机辅助焊接技术[M]．北京：机械工业出版社，1999.

[2]　武传松．焊接热过程与熔池形态[M]．北京：机械工业出版社，2008.

[3]　Goldak John. A New Finite Model Forwelding Heat Source[J]. Metallurgual Transactions，1984，15B(2)：299－305.

[4]　潘际銮．现代弧焊控制[M]．北京：机械工业出版社．2000.

[5]　陈丙森．计算机辅助焊接技术[M]．北京：机械工业出版社．1999，10：112－119.

[6]　汪建华．焊接数值模拟技术及其应用[M]．上海：上海交通大学出版社．1999.

[7]　张明贤等．基于有限元分析对新型 DE-GMAW 焊缝尺寸预测[J]．焊接学报，2009，28(2)：33－37.

基于固有应变法某大型罐体焊接仿真变形分析

张　宇　张　宏　陈　星

北创公司

摘　要：针对大型罐体焊接仿真中模型大、焊缝长，焊缝多等问题，采用基于固有应变法的局部一整体映射方法来预测焊接变形。采用双椭球热源模型，模拟了其焊接的过程，得到了焊接温度场并求得焊接变形分析。根据该构件的焊接结构特点，抽取了一个焊接局部接头结果，得到了相应的焊接宏单元。通过将局部模型的计算结果向整体模型映射，实现对侧梁内部焊缝焊接过程中变形的数值仿真，并和实测变形情况进行了对比。为进行焊接顺序、焊接位置等优化，减少生产过程中焊接残余变形提供参考，减少物理实验。

关键词：局部全局法；焊接变形；PAM-ASSEMBLY。

1　引言

金属焊接时局部加热，融化的过程，在焊件局部区域加热后又冷却凝固的过程，由于不均匀温度场，导致工件的膨胀与收缩，从而使工件内部产生焊接应力和变形。当然焊接接头金属组织转变以及工件的刚性约束等对变形与应力也有一定的影响。大型罐体在焊接装配过程中面临的主要问题是如何控制焊接变形，其中焊接变形是影响结构设计完整性、制造工艺合理性和结构使用可靠性的关键问题。目前常采用反变形，焊后进行冷，热变形矫正和整体退火等工艺来控制焊接，为了得到合适的焊接构件需要长时间的测试和较长的周期而且制造成本较高。因此，探究合理的构架焊接工艺、方法，在焊接生产过程中实现其质量控制就显得尤其重要。借助于现代先进的计算机仿真技术对焊接过程进行仿真，可以对焊接变形情况进行预测，并通过对焊接顺序、焊接位置等进行优化，来减少焊接残余变形，提高产品的质量，降低生产成本。可以研究几何、材料和焊接参数等对焊接质量影响，减少设计错误，为工艺设计提供参考，避免在生产后期可能出现的昂贵的工程更改费用。PAM-ASSEMBLY 是法国 ESI 集团基于局部全局法开发的焊接装配专业仿真软件，针对大型构件的焊接装配变形有着十分明显的优势，并能得到精准的变形结果。

2　有限元模型建立

为了能进行焊接仿真我们需要对焊接构件进行网格划分，在网格参数中，需要对网格的长度确定，其取值的大小将直接影响网格划分的数量和网格的疏密，单元格长度值越大、网格数量越少、间隙越疏越不能准确全面反应焊接情况；如果单元格长度值过小，计算点会密集，计算时间长，效率低从而影响分析。因此我们引入局部全局法进行分析，采用局部全局法能有效地降低单元数量，大大节约计算时间，在此前提下能得到较为精确的仿真计算结果。罐体焊接的有限元整体网格采用 2D 面单元，相比于 3D 单元网格能有效地减少单元个数，降低计算量。在载入局部接头区域，采用细密的网格结构，网格需与局部接头网格尺寸匹配，处于对计算量的考虑在远离焊缝区域采用相对较大的单元尺寸。在整体模型中需要定义相应的焊接组以用于赋予相应的材料属性，焊接起始结束位置，夹具条件等。图 1 为某构件网格模型，网格模型中，单元类型为 8 节点六面体和 6 节点五面体单元，其中节点数 26277，单元数 26269。

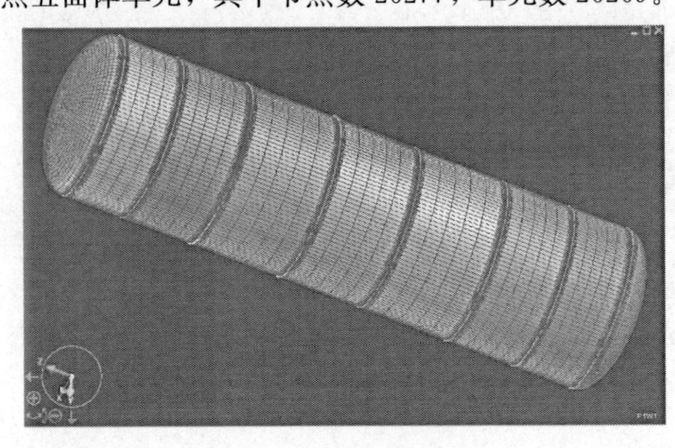

图 1　有限元网格模型

3　焊接工艺参数

此处焊接顺序为依次焊接，按照循序渐进顺序进行，表 1 为焊接参数，图 2 为该罐体焊接顺序。

表 1　　　　焊接参数

焊接方法	电流（A）	电压（V）	焊速（mm/s）
氩气保护焊（80%Ar+20%CO2）	280～300	28～32	10～12

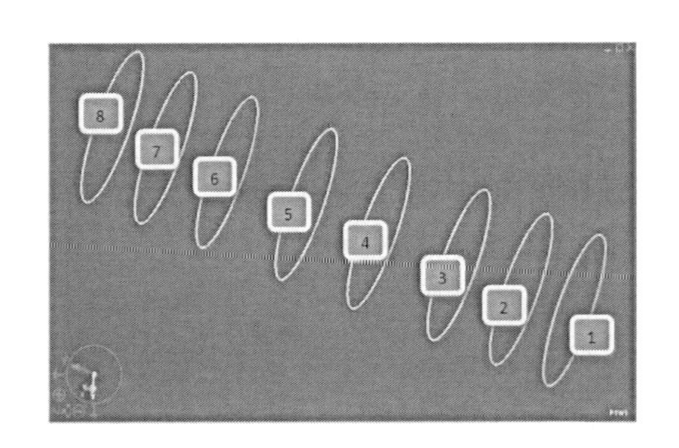

图 2　焊接顺序

4　焊接构件约束条件

焊接约束条件在焊接过程中起到至关重要的作用，在结构上，焊接散件大多数是具有空间曲面的成型件，形状结构复杂。根据构件实际焊接情况和约束理论，给予构件相应的与约束条件。在焊接中我们对该构件外表面时间一圈相应的约束（见图 3），把夹具放于待焊接罐体组件上，构件旋转进行焊接。其中 1、2、3、5、6、7 点施加 XY 方向约束，*Z* 方向自由移动，4 点施加 XYZ 方向约束。

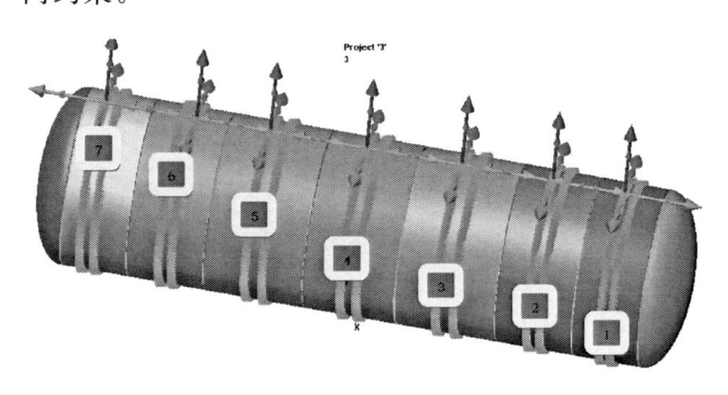

图 3　约束施加位置

5　计算结果及分析

在有限分析软件 PAM-ASSEMBLY 进行计算后得出后处理结果文件，结果如图 4。

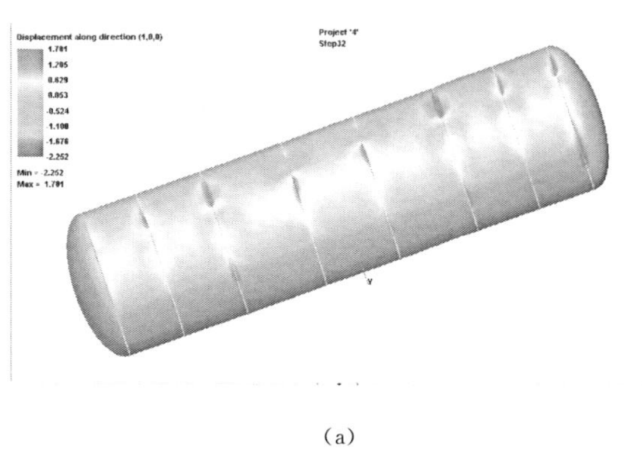

（a）

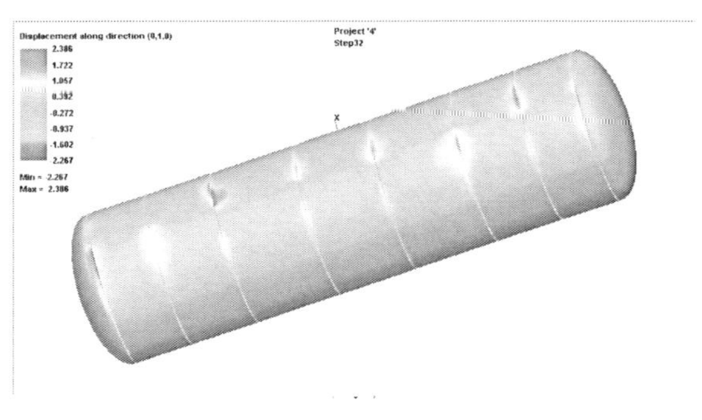

（b）

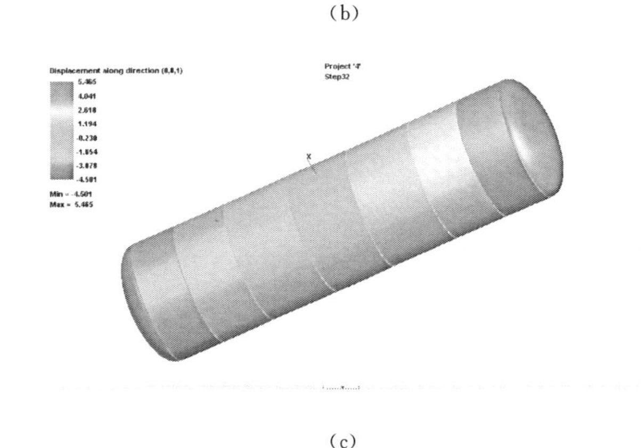

（c）

图 4　计算结果

（a）*X* 方向的变形；（b）*Y* 方向的变形；（c）*Z* 方向的变形

可以看出在工件焊接完后，在 *X*、*Y* 正反方向有 2mm 左右变形；在 *Z* 正反方向有 5mm 左右变形量，这是由于刚焊接完，夹具没有释放还在起主要的约束作用。

夹具释放后，工件在三个方向变形如图 5。

可以看出在工件焊接完进行夹具释放后，在 *X* 正方向有 27mm 变形；在 *Y* 方向有 25mm 变形；

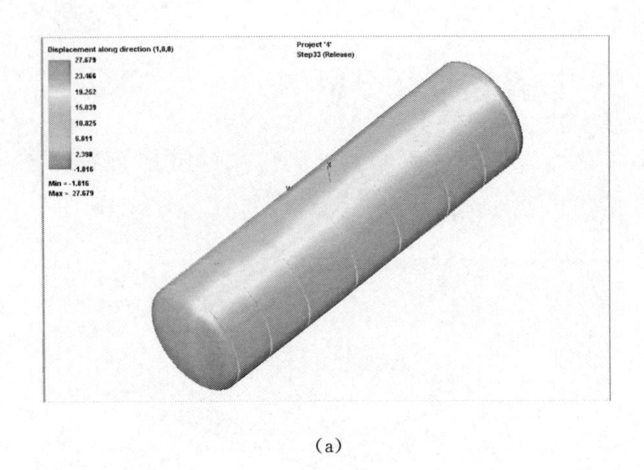

(a)

(b)

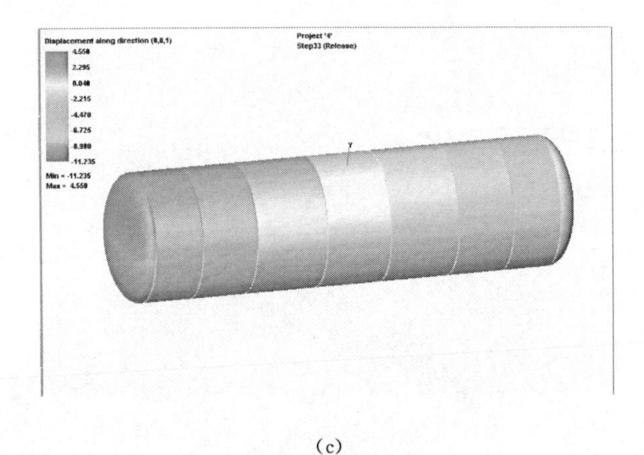

(c)

图5　夹具释放后的变形

(a) 释放后X方向；(b) 释放后Y方向；(c) 释放后Z方向

在 Z 正反方向有4.5mm变形量；在 Z 反方向有11mm变形量，这是由于夹具释放后，工件可以进行自由变形而引起的。

6　结论

(1) 基于固壳耦合方法能处理复杂焊接装配变形问题。

(2) 利用基于固壳耦合方法的PAM-ASSEMBLY软件能有效进行大型工件焊接装配分析，可以得到焊接变形分布。

(3) 软件理论预测与实际测试进行对比，吻合情况比较良好。

基于四面体单元焊接过程的数值模拟

徐济进

上海交通大学材料科学与工程学院，上海，200030

摘　要： 本文采用ESI开发的一种新型线性四面体单元P1+/P1模拟316L不锈钢表面堆焊焊接过程，计算焊接残余应力。与六面体单元计算结果和实际测量值进行比较，验证四面体单元的可行性和有效性。

关键词： 焊接残余应力；硬化模型；数值模拟。

1　前言

对于体网格划分，四面体网格方法可以很自动地实现并能通过相关网格控制在重要区域提高网格精度。与之相反，六面体虽然具有很高精度，但是却很难生成。由于四面体单元具有自动网格划分功能，常用于大型的复杂结构。目前在锻压、铸造等热加工模拟中，常采用四面体单元。线性四面体单元P1+/P1具有良好的求解精度，网格划分容易，ESI将这种单元用于焊接过程的模拟。本文基于P1+/P1线性四面体单元模拟316L不锈钢表面堆焊焊接过程，计算焊接残余应力。与六面体单元计算结果和实际测量值进行比较，验证四面体单元的可行性和有效性。

2　焊接试验

本项目选用的材料为316L奥氏体不锈钢板，尺寸为180mm×120mm×17mm。采用TIG焊在平板中部堆焊一道60mm长的焊缝，图1是焊接试样示意图。焊接过程测量焊接温度，焊后采用中子衍射法、X射线衍射法、深孔法测量焊接残余应力。切割焊接试样，制作焊缝纵向和横向熔池轮廓形貌。焊接测试数据由NeT-TG1提供。

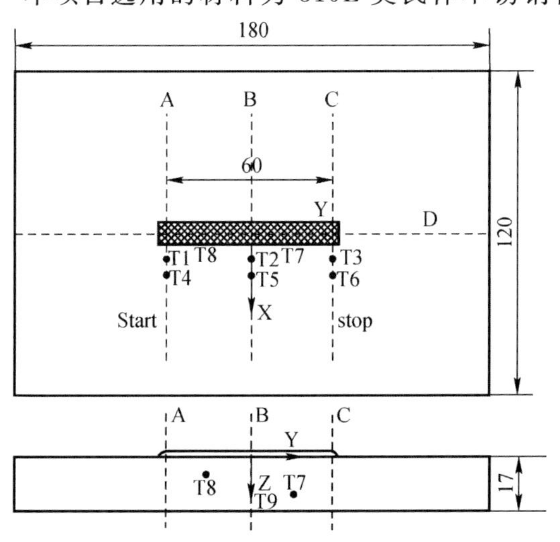

图1　焊接试样示意图

3　焊接过程数值模拟

3.1　几何模型

由于焊接试验为对称结构，取一半建立几何模型。图2分别是四面体网格模型和六面体网格模型。四面体网格由66068个三维单元和14069个节点组成，六面体网格由16104个三维单元和18346个节点组成。

3.2　热源模型

焊接过程的有限元计算首先进行温度场的计算。热源模型的选择及散热边界条件对温度场的计算结果具有重要的影响。焊缝或热影响区的横截面形貌可以作为热源校正的参考指标，如果模拟的焊缝熔池边界与实际值符合，那么温度场的计算应该也是准确的[1]。以焊缝熔池的横截面形貌来建立、拟合和修正焊接热源参数是一种重要而准确的手段。图3显示了焊缝纵向和不同位置处横

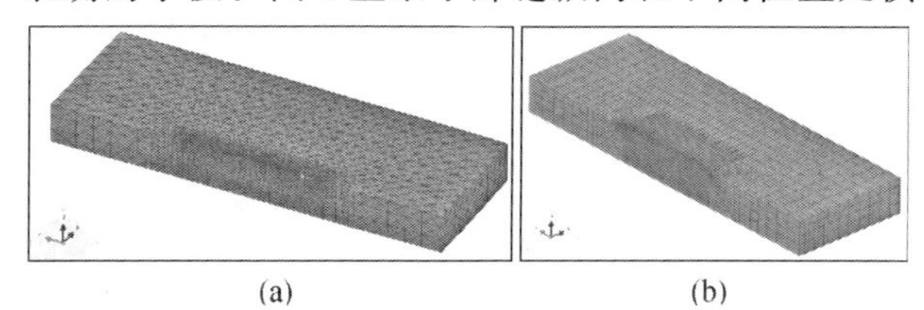

(a)　　(b)

图2　几何模型

(a) 四面体网格；(b) 六面体网络

向的熔池截面形貌。从图中可以看出，从启焊到收弧，焊缝的形状、宽度和深度都不同，采用传统的热源模型无法模拟焊接熔池形貌。

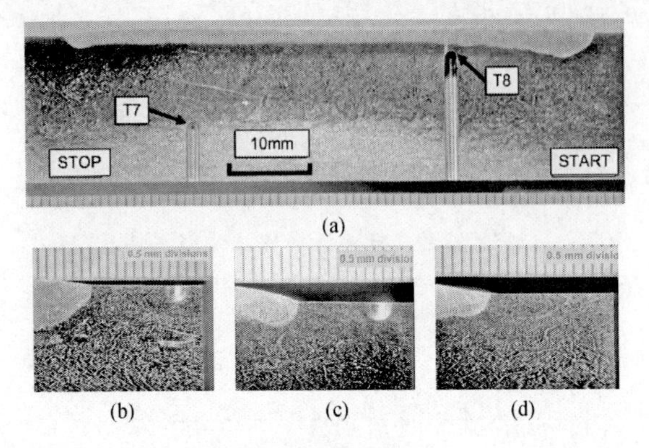

(a)

(b) (c) (d)

图3 熔池截面形貌

(a) 纵向；(b) 横向启焊位置；(c) 横向焊缝中心；(d) 横向收弧处

本文选择两个偏置的双椭球体热源模型，见公式(1)：

$$q_{1,2}(x,y,z,t)$$

$$=\frac{3\sqrt{3}f_{1,2}Q}{abc_{1,2}\pi\sqrt{\pi}}e^{\frac{-3(y+vt)^2}{c_{1,2}^2}}e^{\frac{-3z^2}{b^2}}\left(e^{\frac{-3(x+x')^2}{a^2}}+e^{\frac{-3(x-x')^2}{a^2}}\right) \quad (1)$$

式中：a、b、c_1 和 c_2 表示双椭球体热源的尺寸参数；Q 为热输入；v 为焊接速度；t 为时间；x' 为偏置距离；$f_{1,2}$ 为热量份数，$f_1+f_2=2$。

这些系数可以通过SYSWELD的热源拟合工具获得。

散热条件考虑对流和辐射，材料的热传导率、比热、密度随温度变化，具体数值见文献[2]。材料的熔点温度设为1400℃。

3.3 力学模型

将热分析计算的焊接温度作为初始条件进行力学分析。材料的热力学属性见文献[2]。针对316L不锈钢热循环过程中的硬化行为，建立了非线性混合硬化模型，可以准确地表针材料的循环硬化和包辛格效应。[3] 材料的力学熔点设为800℃，当温度超过此值，等效塑性应变变为零。

4 结果及讨论

4.1 热模拟结果

图4是采用四面体单元模拟的焊接熔池截面形貌，从图中可以看出，模拟的焊缝熔池纵向和横向截面形貌与图3非常接近。采用六面体模拟的结果见文献[3]，四面体单元和六面体单元模拟的熔池形貌一致。

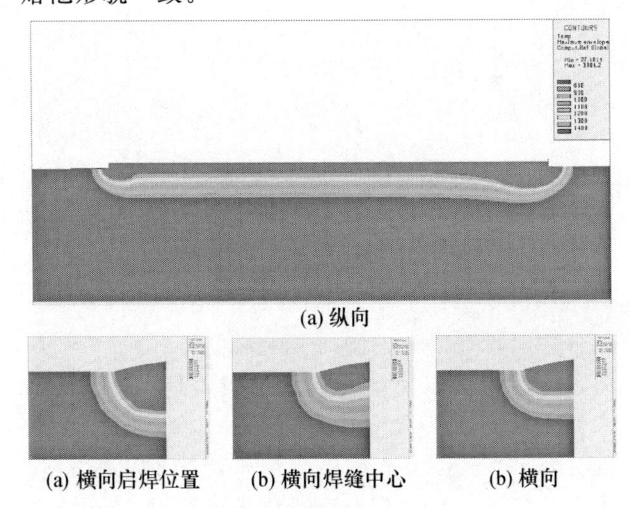

(a) 纵向

(a) 横向启焊位置　(b) 横向焊缝中心　(b) 横向

图4 预测焊缝截面形貌

4.2 残余应力结果

图5、图6分别是焊接残余应力测试值、六面体模拟结果和四面体模拟结果沿D2和B2的比较。从图中可以看出，采用四面体单元模拟的结果和六面体模拟的结果基本一致，接近实际测量值。但是在实际的计算过程中，四面体单元的收敛性很差，需要更长的计算时间。采用四面体单元的计算时间约为3天，但使用六面体单元只需3小时。

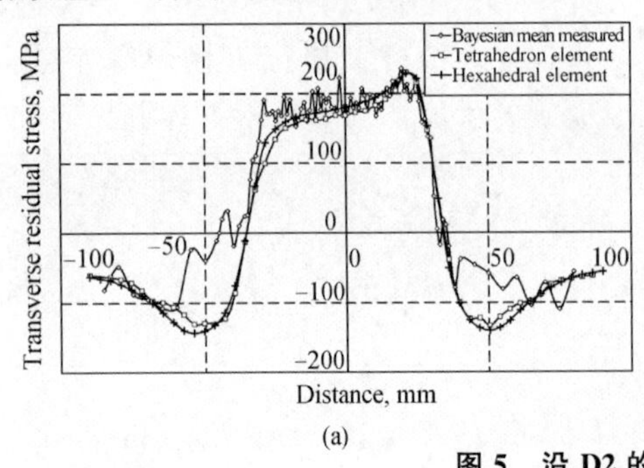

(a)

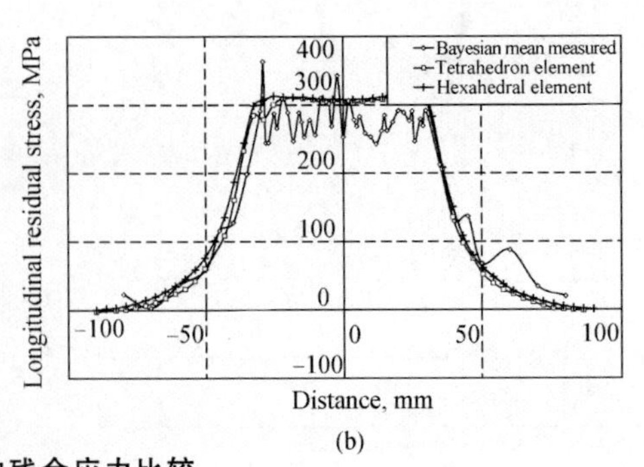

(b)

图5 沿D2的残余应力比较

(a) 横向应力；(b) 横向应力

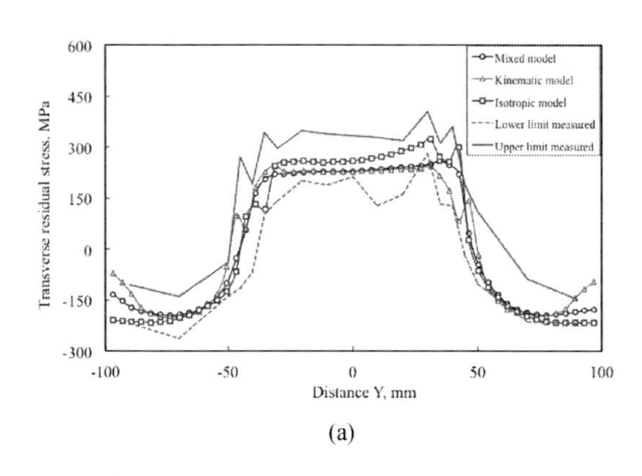

(a)

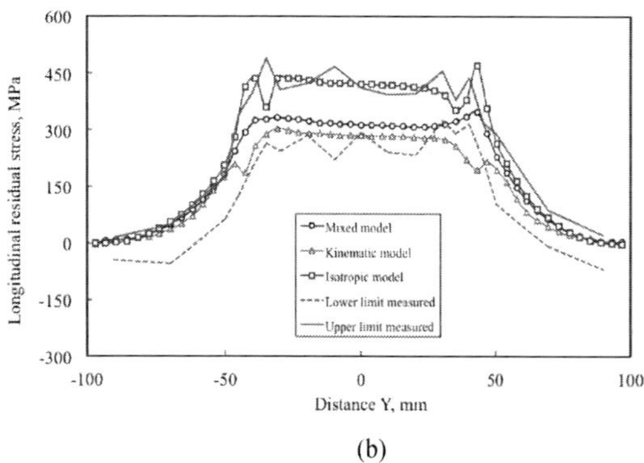

(b)

图 6　沿 B2 的残余应力比较

（a）横向应力；（b）纵向应力

5　结论

采用线性四面体单元 P1＋/P1 可以准确地模拟焊接过程，计算的焊接残余应力结果与六面体单元计算的结果基本一致。但是四面体单元的收敛性较差，计算时间更长。

参　考　文　献

[1]　Lars-Erik Lindgren. Computational Welding Mechanics: Thermomechanical and Microstructural Simulations. Woodhead Publishing Limited, Cambridge England. 2007.

[2]　J. J. Xu, P. Gilles, C. Yu, Y. G. Duan. Temperature and Residual Stress Simulations of the NeT Single-Bead-on-Plate Specimen Using SYSWELD. International Journal of Pressure Vessels and Piping. Accepted.

[3]　J. J. Xu, P. Gilles, Y. G. Duan. Simulation and validation of welding residual stresses based on non-linear mixed hardening model. Strain. Published Online.

[4]　Jin Weon Kim, Kyoungsoo Lee, Jong Sung Kim, Thak Sang Byun. (2009) Local mechanical properties of Alloy 82/182 dissimilar weld joint between SA508 Gr. 1a and F316 SS at RT and 320℃. Journal of Nuclear Materials. 384, 212—221.

[5]　Protocol for Phase 2 finite element simulations of the NET single- bead-on-plate test specimen. 2004.

基于体积收缩法预测及验证某大型罐体焊接装配数值计算

陈　星　张　宏

摘　要：本文基于体积收缩法原理，利用商用成熟软件 Weld-planner 对某大型焊接件进行焊接装配变形与应力进行了分析验证。证明了体积收缩法对于大型焊接装配工件计算变形和应力的高效性与可靠性，为实际工程生产提供快速有效的理论依据。

关键词：体积收缩法；罐体；变形应力；Weld-planner。

1　引言

焊接作为一种灵活高效的连接方式广泛运用于重工制造业。焊接过程不均匀的加热和冷却、材料的局部非协调塑性应变以及焊接残余应力的作用使得焊接件产生各种焊接变形。焊接变形的存在不仅造成了焊接结构形状变异、尺寸精度降低和承载能力降低，并且在工作荷载作用下引起的附加弯矩和应力集中现象是焊接结构早期失效的主要原因，也是造成焊接结构疲劳强度降低的原因之一，因此控制焊接变形成为控制焊接质量的重要一环。然而对于大型构件完全的热弹塑性模拟难于分析各种非线性问题（几何非线性、材料非线性和状态非线性），并且需要高性能的计算硬件资源，需要大量的计算时间，这对于工程生产来说是不可取的。近年来利用体积收缩法来进行大型构件焊接变形数值计算，已逐渐成为焊接仿真界的一个热门话题，各国学者都在这块进行了大量研究，也取得了不菲的成绩。Weld-planner 是法国 ESI 集团推出的基于体积收缩法的焊接装配变形分析软件，针对复杂的大型焊接装配件，可以快捷、高效准确地进行工艺仿真分析。

体积收缩法是一种对大型复杂结构焊接仿真可行而且有效的方法。所谓体积收缩法简单地可以理解为固有应变法的一种近似简化。经过热循环后，残留在物体中的引起物体残余应力和变形的应变，它是物体产生应力和变形的根源。如不追究热循环过程，在结构中施加一定的初始应变，求解整个复杂结构的变形。因此体积收缩法避开整个焊接热冶金过程，着眼于焊接以后在焊缝和热影响区存在的体积收缩。这样可以大大减少计算工作量。因此体积收缩法是一种能相对经济地预测大型复杂焊接结构变形的方法，同时能够获得有一定准确度的变形值，有很大的实用意义和发展前途。

2　有限元模型建立

有限元网格划分是进行数值模拟分析的重要一步，它直接影响数值计算分析结果。网格数量的多少将影响计算结果的精度和计算规模的大小。一般来讲，网格数量增加，计算精度会有所提高，但同时计算规模也会增加，所以在确定网格数量时应权衡两个因数综合考虑。一般焊接仿真时，对网格质量要求很高，六面体单元是必须的单元属性。而在体积收缩法中，网格的划分可以更加简单、随意，并且支持二维和三维四边形、三角形和五面体、六面体网格计算。当然，在重点研究的结构关键部位，应保足够的网格密度数量。而在结构次要部位，网格质量可适当降低。图 1 为某罐体网格模型，模型尺寸：10m×3.5m；网格模型中，单元类型为六面体和五面体单元，其中节点数 94561，单元数 101645。

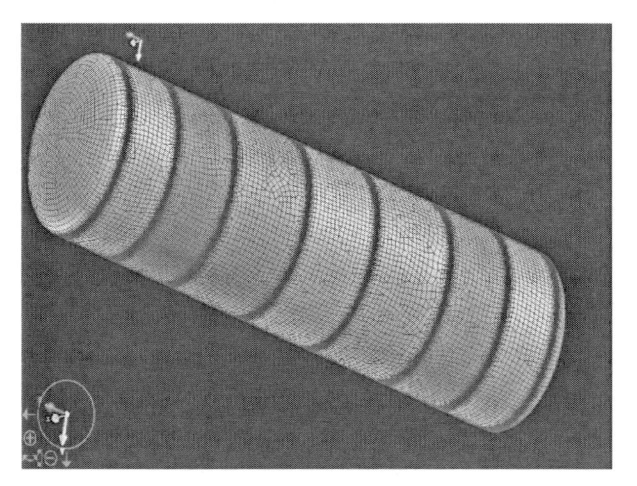

图 1　网格模型

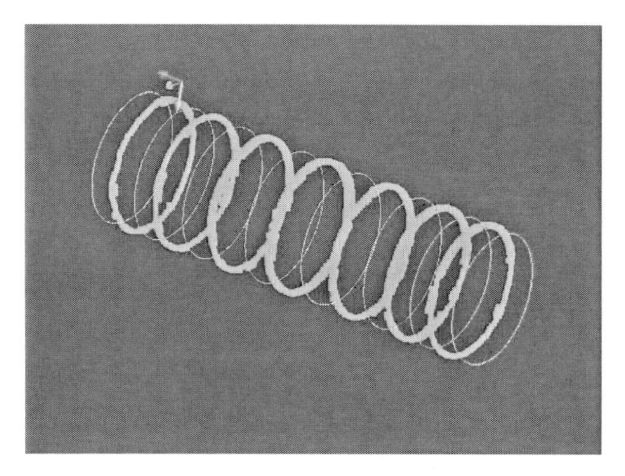

图 3　约束施加位置

3　焊接工艺参数

此件焊接顺序选择是依次焊接，递进进行。表 1 为焊接参数，图 2 为该罐体焊接顺序。

表 1　　焊接参数

焊接方法	电流 (A)	电压 (V)	焊速 (mm/s)
氩气保护焊 (80%Ar+20%CO_2)	280～300	28～32	10～12

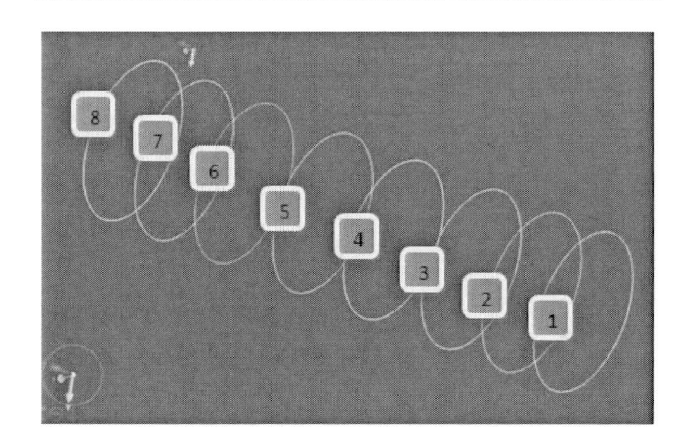

图 2　焊接顺序

4　焊接构件约束条件

根据焊接构件实际焊接加工情况和约束理论，建立约束条件。在实际焊接过程中，把夹具放于待焊接罐体组件上，构件旋转进行焊接。在计算中根据图 3 中显示约束位置进行简化施加，即在外围施加了 X 方向和 Y 方向的约束，工件能够在 Z 方向自由移动。

5　计算结果及分析

整个模型尺寸：10m×3.5m，节点数 94561 单元数 101645，在 2.4GHz CPU，4G 内存计算机上，模拟时间：2h。

图 4 显示了构件随着焊接顺序依次焊接，变形变化情况。

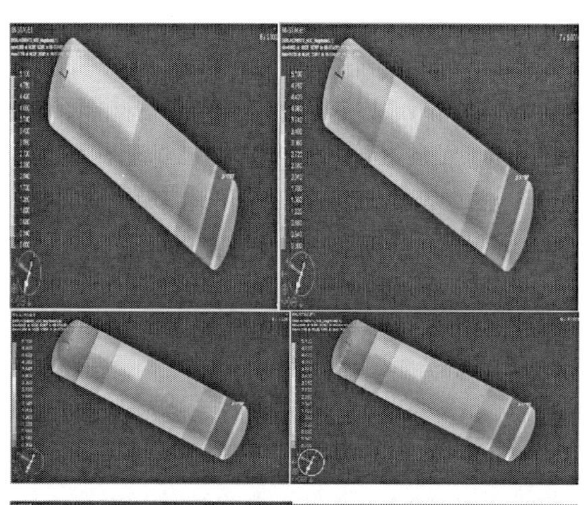

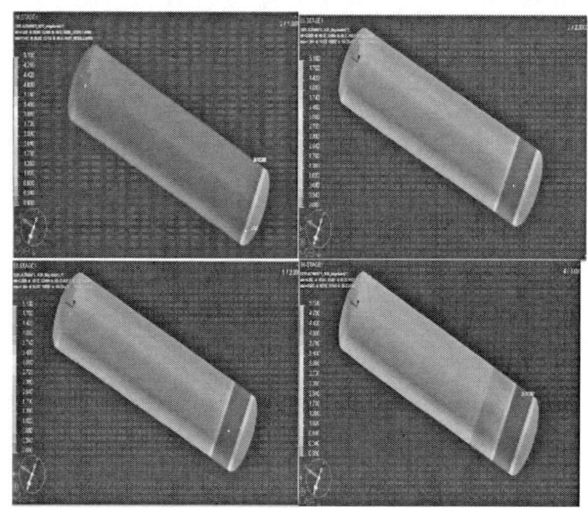

图 4　构件焊接变形情况

可以看出，应用体积收缩法，可以高效地计算出整个构件的变形情况，同时也能直观显示整个构件在固有的焊接顺序下依次变形情况。

整个焊接构件在焊完后有5.1mm的变形量，集中分布在最后一个焊缝端部，这与实际工程生产变形趋势相吻合。

可以看出，应用体积收缩法，还可以计算出整个构件的应力分布情况，在各条焊缝处应力分布比较集中，且有400MPa的值，当然这个值只能作为参考值使用，但应力分布趋势与实测比较吻合。

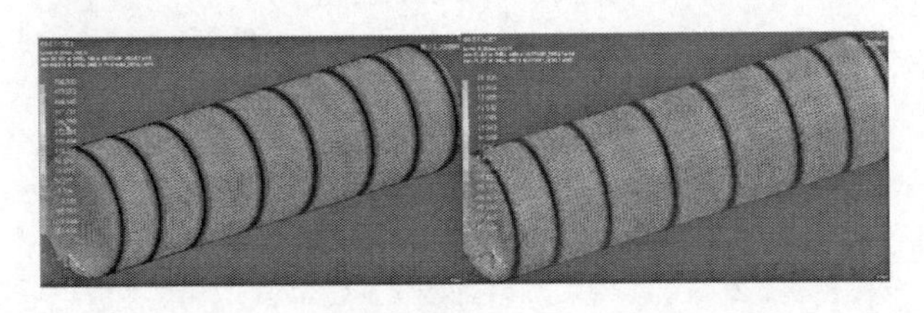

图5

6 结论

（1）利用体积收缩法，分析预测了某大型焊接装配构件的变形与应力，证明此方法的高效性与可行性。

（2）根据计算的结果，与实测结果进行了对比，两者比较吻合，证明此方法的准确性。

（3）ESI公司Weld-planner软件开发成熟专业，使得焊接工艺人员能进行复杂大型构件数值分析，指导实际生产。

参 考 文 献

[1] Goldak John. A New Finite Model Forwelding Heat Source[J]. Metallurgual Transac-tions，1984，15B(2)：299－305.

[2] 陈丙森．计算机辅助焊接技术[M]. 北京：机械工业出版社．1999，10：112－119.

[3] 汪建华．焊接数值模拟技术及其应用[M]. 上海：上海交通大学出版社．1999.

[4] Weld-planner使用手册．

摩托车平叉轴管与侧管 CO_2 焊数值仿真

齐喜岑　凌泽民　王高见　张　宏

重庆大学材料与工程学院，重庆，400030

摘　要： 摩托车平叉轴管与侧管之间的连接主要为 CO_2 焊接成形，但由于其焊缝密集且需对称同时焊接、焊缝之间相互影响，导致成形质量与结构尺寸难于保证。本文采用 SYSWELD 焊接专用有限元软件对摩托车平叉轴管与侧管 CO_2 焊接过程进行了数值模拟，结果表明：基于 SYSWELD 建立的有限元数值分析模型与实际焊接过程基本相符，短直焊缝与圆弧焊缝之间的残余应力相互影响，且较为复杂，但整体上仍呈现出 M 形。

关键词： 摩托车平叉；温度场；残余应力；SYSWELD。

摩托车平叉是摩托车的重要部件，主要生产工艺为拼装焊接，在焊接生产过程中，由于其对称同时焊接、焊接工序多、焊缝密集、焊接结构残余应力和焊后变形大的特点，导致成形质量与结构尺寸难于保证，这不但直接影响整车装配及整车性能，还可能降低平叉结构的承载能力[1]。因此，研究并掌握摩托车平叉焊接残余应力和焊接变形的分布规律，有效地控制或减少焊接残余应力和焊接变形，显得十分必要[2]。本文依据重庆宗申摩托车有限公司 ZS125－70 型摩托车平叉焊接的实际工艺，以热－弹塑性理论为基础，采用 SYSWELD 焊接专用有限元软件对摩托车平叉轴管与侧管 CO_2 焊接过程中结构的瞬态温度场和焊接残余应力及变形进行数值模拟，目的是对其进行定量地分析，为控制、调整和减小焊接残余应力及焊接变形提供理论基础，并为解决实际生产中的焊接质量问题奠定理论基础[3-4]。

1　平叉轴管与侧管焊接结构及工艺特点

平叉轴管与侧管的材料均为 Q345D；平叉轴管与侧管焊接部位包含两条短直焊缝和两条圆弧焊缝，其结构如图 1；各部件为薄壁件，均无坡口，焊接方法为 CO_2 气体保护焊，实际的焊接工艺顺序为短直焊缝焊接——随行夹具冷却——卸取焊件——圆弧焊缝焊接——冷却，焊接工艺参数见表 1。

表 1　平叉轴管与侧管组合的焊接工艺参数

焊缝名称	焊丝型号	焊丝直径	电流（A）	电压（V）	焊速（mm/s）	气体流量（L/min）
短直焊缝	GB ER50－6	$\phi1$	200～210	16～18	15	10.5
圆弧焊缝	GB ER50－6	$\phi1$	170～180	14～16	8	10.5

2　模型的建立

2.1　几何/网格

数值模拟结果依赖于合适的网格、正确的材料物理属性、工艺参数和数值模型；然而，在很多情况下，网格是问题的根源。在摩托车车架平叉轴管与侧管焊接过程中，侧管较长且未参与焊接的一端距焊缝较远，因此，侧管未参与焊接的一端受焊接过程的影响很小，可将其简化建立最终网格模型如图 1 所示。网格模型中，单元类型为 8 节点六面体和 6 节点五面体单元，节点总数为 1.9302×10^4，单元总数为 3.0587×10^4。

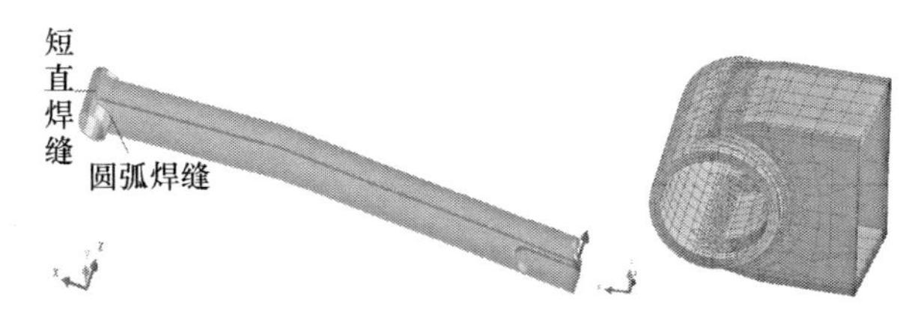

图 1　平叉侧管与平叉轴管的结合图及简化网格模型

2.2　热源模型

对于 CO_2 焊，选取双椭球体热源模型较为准

确。双椭球体热源模型的几何形状如图2所示

设双半椭球体的半轴为（a_f，a_r，b，c），设前、后半椭球体内热输入分别是f_f、f_r，且$f_f+f_r=2$，则前、后半椭球体内的热流分布[5]：

$$q_f(x,y,z) = \frac{6\sqrt{3}(f_fQ)}{a_f bc\pi\sqrt{\pi}}\exp\left(-\frac{3x^2}{a_f^2}-\frac{3y^2}{b^2}-\frac{3z^2}{c^2}\right),x\geqslant 0 \quad (1)$$

$$q_r(x,y,z) = \frac{6\sqrt{3}(f_rQ)}{a_r bc\pi\sqrt{\pi}}\exp\left(-\frac{3x^2}{a_r^2}-\frac{3y^2}{b^2}-\frac{3z^2}{c^2}\right),x<0 \quad (2)$$

式（1）和（2）中，Q为热输入功率。

$$Q=\eta UI \quad (3)$$

式中：η为电弧的热效率，本文取$\eta=0.8$[61]；U为焊接电压；I为焊接电流。

根据不同电流下焊接熔池的深度和宽度初步确定双椭球热源模型的各参数，然后采用SYSWELD的热源拟合工具进行多次校核，直至模拟出的熔池形状和实际接头相符。

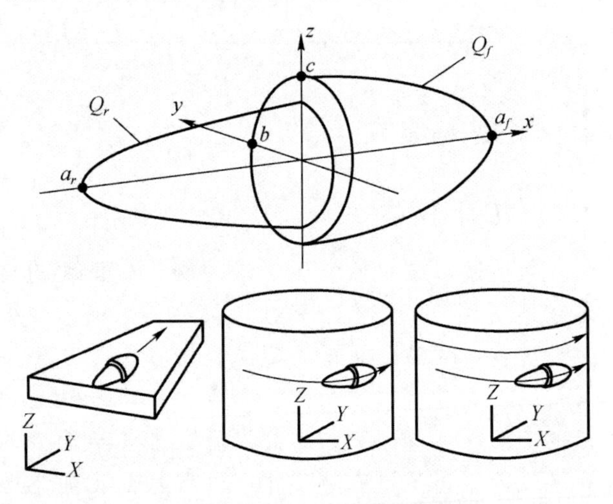

图2　双椭球体分布热源示意图

2.3　约束条件

根据实际工艺和约束理论，建立了平叉轴管与侧管焊接过程中和卸取焊件后的约束条件，分别如图3。简化后的平叉侧管是整体平叉侧管的左端部，因此，在其右端面施加了刚性全约束以表示其与整体平叉侧管的连接；由平叉焊件的实际夹持情况可知，在实际生产中平叉轴管在夹具的作用下所有方向的自由度都被限制，因此，在平叉轴管两端面上施加了K_X、K_Y和K_Z为100N/mm的弹性约束。当焊接完成卸取焊件后，平叉轴管上不再受夹具夹持，故在该阶段，将焊接过程模拟时其端面上加载的弹性约束去掉。

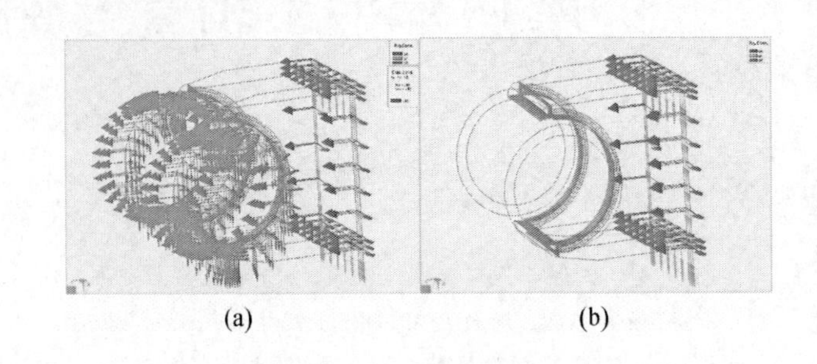

(a)　　　　(b)

图3　约束条件

(a) 焊接过程中；(b) 卸取焊件后

3　计算结果及分析

3.1　焊接温度场结果及分析

焊接加热的局部性在焊件上产生不均匀的温度分布，同时，由于热源的不断移动，焊件上各点的温度也在随时间变化，其焊接温度场也随时间演变。根据实际工艺，对于短直焊缝和圆弧焊缝采用连续焊接模拟，在短直焊缝焊后冷却至300s时，开始圆弧焊缝数值模拟计算。整个焊接过程的温度场动态演变过程如图4。

从图4可以看出，0～0.33s时间段内，两条短直焊缝同时进入了形成焊缝熔池并逐渐长大；当焊件加热到0.33s后，熔池形状基本不再变化，呈现出与实际焊接中的熔池外形基本相符的椭圆形，焊缝及近焊缝区的温度梯度较大，该阶段称为焊接准稳态阶段；当1.84s后，热源离开焊件，短直焊缝的焊接结束，工件开始冷却阶段，焊件与外界空气发生热交换，温度逐渐降低。在300.1s时，开始对两条圆弧焊缝进行焊接。从图4(d)中可知，当圆弧焊缝开始焊接时，经历了升温和冷却的焊件已经基本上冷却到了室温，并没有影响到圆弧焊缝的焊接。无论是短直焊缝还是圆弧焊缝，焊缝两端各阶段温度基本成对称分布。

3.2　焊接残余应力模拟结果及分析

3.2.1　短直焊缝处及其附近的焊接残余应力模拟结果及分析

图5给出了300.1s时（短直焊缝焊接冷却后圆

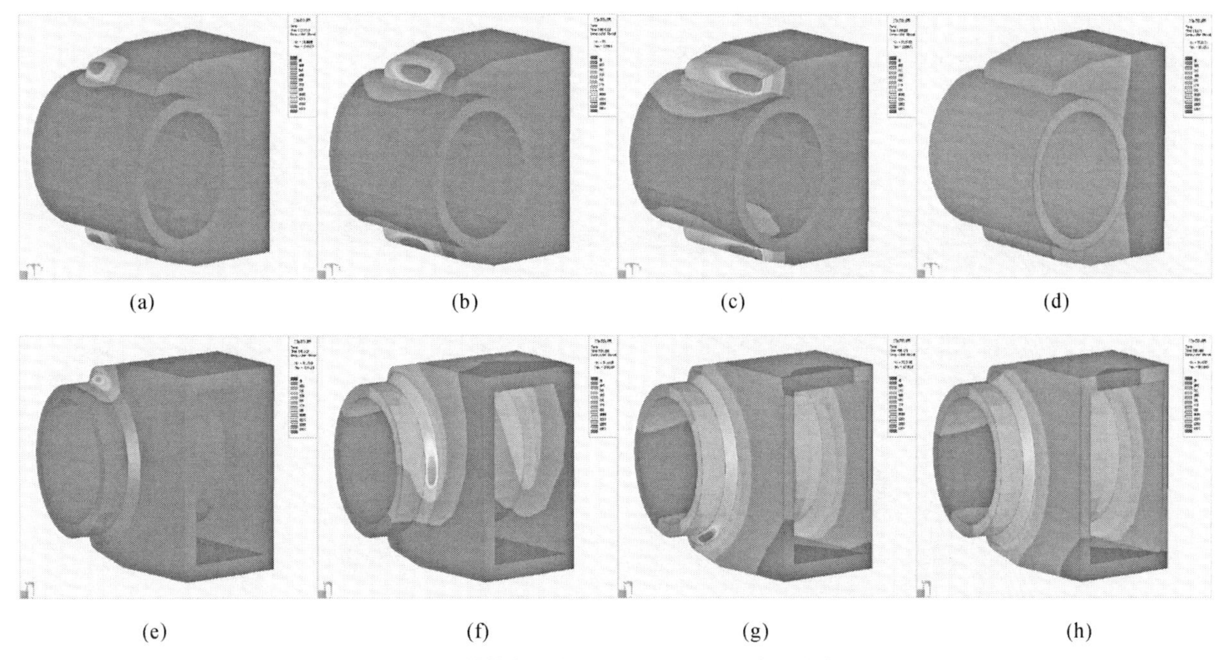

(a)　(b)　(c)　(d)

(e)　(f)　(g)　(h)

图 4　平叉轴管与侧管组合焊接温度场动态演变云图

(a) t=0. 33 s；(b) t=0. 99s；(c) t=1. 84s；(d) t=10. 47s

(e) t=300. 1s；(f) t=303. 26s；(g) t=304. 94s；(h) t=305. 47s

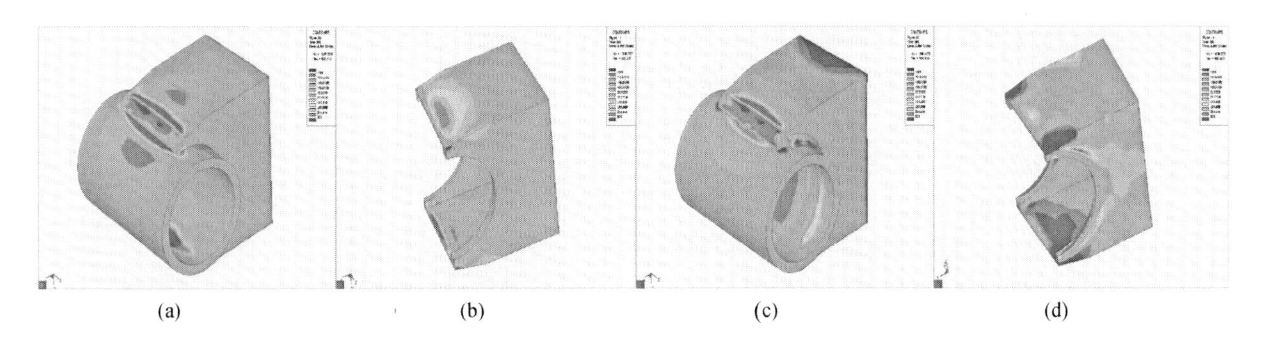

(a)　(b)　(c)　(d)

图 5　短直焊缝处及其附近的残余应力分布云图

(a) 纵向残余应力（300. 1s）；(b) 横向残余应力（300. 1s）；(c) 纵向残余应力（350. 1s）；(d) 横向残余应力（350. 1）

弧焊缝焊接前）短直焊缝处及其附近的纵向（沿短直焊缝方向）和横向（垂直于短直焊缝方向）残余应力分布云图，其中，由于焊接结构的复杂性，无法准确显示整体的横向残余应力分布，故图 5（b）仅给出了平叉侧管的横向残余应力云图。

从图 5（a）可以看出，短直焊缝及其附近的纵向残余应力表现为：焊缝中心线上主要为压应力（应力值为负），近焊缝处为拉应力（应力值为正），再往外距离焊缝较远处又出现压应力区。一般情况，在焊缝及近焊缝区为拉应力，拉应力区以外为压应力。而对于高强钢，当焊接接头区冷却过程中奥氏体转变为马氏体时比容增大，由于相变温度低于力学其力学熔点，此时材料已经处于弹性状态，焊件内将出现相变应力，其与焊缝处的纵向拉伸应力叠加后，在相变区的残余应力呈现为压应力。另外，焊缝两端的纵向残余应力下降至零，这正与材料内部残余应力的自平衡性相吻合。

从图 5（b）横向残余应力云图看出，近焊缝区域出现拉应力，离焊缝越远，应力值就越低，直至边缘附近应力递减为零。

图 5（c）、图（d）给出了短直焊缝及附近在 350.1s（圆弧焊缝焊接并冷却后的最终时间）时的横向和纵向残余应力，在此，主要讨论圆弧焊缝的焊接对其的影响。通过图 5（a）、图 5（b）与图 5（c）、图 5（d）分别比较可以看出，由于圆弧焊缝焊接产生的残余应力与其固有的残余应力相叠加，横向和纵向残余应力较大幅度的下降；在

平叉侧管右端出现纵向压应力；在平叉侧管邻近焊缝处的两侧出现横向压应力。由此可见，平叉轴管与平叉侧管组合的焊缝及其附近的残余应力分布复杂，以至于难以控制。

为了进一步探讨短直焊缝及附近的残余应力分布规律，提取了该组合外表面上部垂直于短直焊缝的中央位置（见图6）各节点的残余应力值，并绘制出了焊接残余应力分布曲线。由于横向残余应力分布复杂，无法准确表示出其分布曲线，故本文中仅给出了纵向残余应力分布曲线（见图6）。

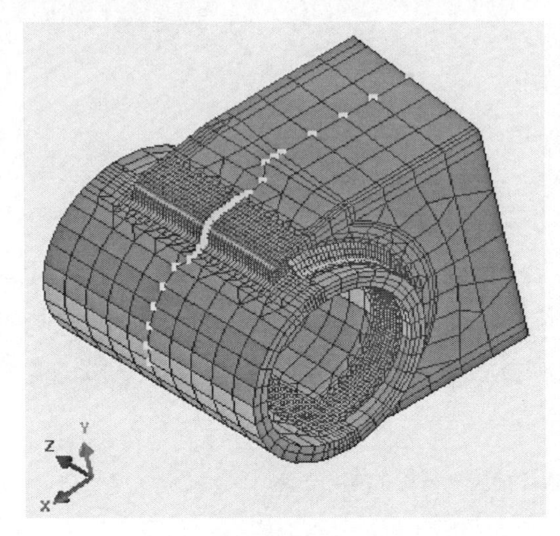

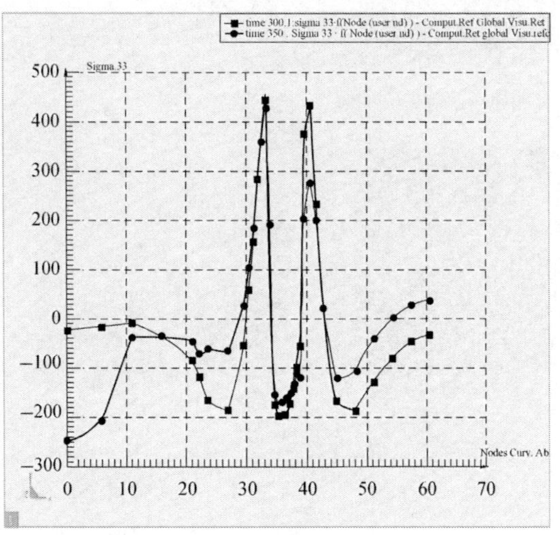

图6　短直焊缝处取样位置及对应的焊接纵向残余应力曲线（红：300.1s，蓝：350s）

图6纵向残余应力分布曲线中横坐标为0的位置对应于取样位置中平叉侧管右端节点。从图6中可以看出，①与上文结论一致，焊缝及近焊缝区的纵向残余应力呈现出M形；②从两条曲线比较来看，短直焊缝及其附近的纵向残余应力受到圆弧焊缝焊接残余应力的叠加，最终其峰值和谷值都有所减小；③圆弧焊缝焊接前，焊缝中心压应力谷值为200MPa，近焊缝处两拉应力峰值分别约为450MPa和440MPa；拉应力峰值明显高于母材的常温屈服极限，产生高应力的主要原因是焊接时焊件受到夹具的夹持而产生了较大的拘束应力。④最终焊缝中心压应力谷值降为170MPa，近焊缝处两拉应力峰值分别降为440MPa和280MPa。

3.2.2　圆弧焊缝处及其附近的焊接残余应力模拟结果及分析

圆弧焊缝焊后冷却至350s时焊接结构的纵向（沿圆弧焊缝方向）和横向（垂直于圆弧焊缝方向）残余应力分布云图如图7所示。从图7（a）中看出，圆弧焊缝及其附近的纵向残余应力分布规律与短直焊缝基本相同，不同之处在于，由于其焊缝较长，焊缝及其近焊缝区域的压拉应力分布呈为狭长区域，且平叉侧管上距焊缝较远处的压应力区域面积较大。图7（b）中看出，由于其受短直焊缝焊接的影响，压应力区域面积较大，且在边缘出现两峰域。

图8中横坐标为0的位置对应于图3.23取样

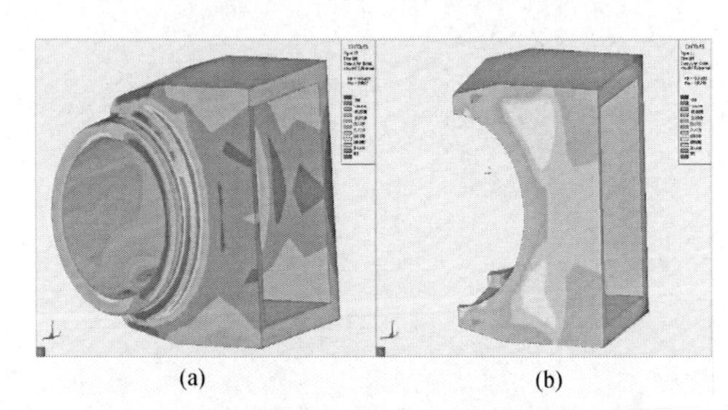

(a)　　(b)

图7　圆弧焊缝处及其附近的残余应力分布云图

（a）纵向残余应力；（b）横向残余应力

位置中平叉侧管右端节点。从图8可以看出：①与上文结论一致，焊缝及近焊缝区的纵向残余应力呈现出M形；②焊缝中心压应力谷值为252MPa，近焊缝处两拉应力峰值分别约为402MPa和230MPa；两拉应力峰值相差较大主要是由该组合的结构特点及约束条件所决定。

3　结论

（1）基于SYSWELD软件平台，采用双椭球体移动热源模型建立了ZS125－70型摩托车平叉

轴管与侧管 CO_2 焊焊接过程的有限元数值分析模型，与实际焊接过程基本相符。

（2）短直焊缝与圆弧焊缝之间的残余应力相互影响，且较为复杂，但整体上仍呈现出 M 形。

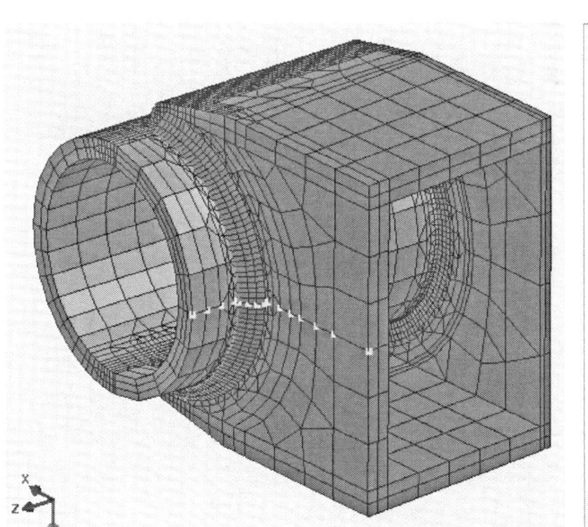

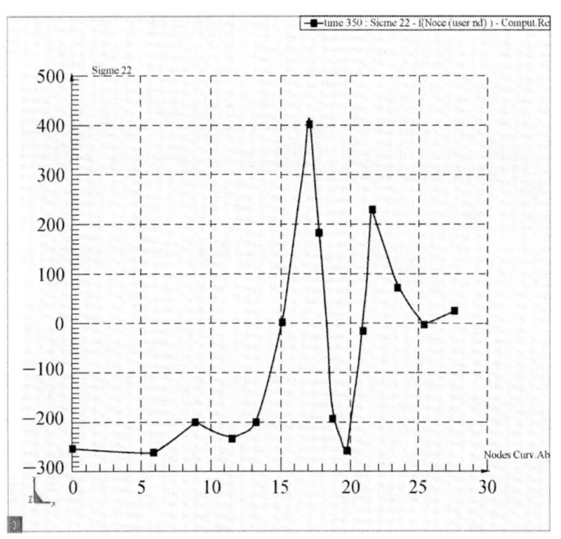

图 8　圆弧焊缝处取样位置及对应的焊接纵向残余应力曲线

参　考　文　献

［1］　董敬．摩托车结构设计．北京：人民邮电出版社，1997.

［2］　张幸，安珍仙．对摩托车车架焊接变形的研究［J］．摩托车技术 2009.06：37－41.

［3］　李瑞英，赵明，孙永兴．基于 SYSWELD 的不锈钢薄板 TIG 焊焊接三维温度场的有限元分析［J］．热加工工艺，2007(19)：69－72.

［4］　武传松．焊接热过程与熔池形态［M］．北京：机械工业出版社，2008.

基于SYSWELD的载荷对高速列车车体焊缝残余应力的影响研究

徐　浩　陈　鹏　朱忠尹　陈永红
西南交通大学焊接实验室，四川成都，630031

摘　要：高速列车底架边梁与侧墙连接处焊缝是机车车体焊缝中最重要的焊缝之一，本文采用ESI公司开发的SYSWELD软件，以热弹塑性理论为基础，采用双椭球热源模型，对底架边梁与侧墙处连接焊缝的残余应力进行了数值模拟，由于本文采用的模型只是截取底架边梁与侧墙局部模型，因此在实际焊接过程中必须在截面上添加约束，在模拟中位移约束很难实现，只能添加弹性约束，在模拟过程中通过载荷的大小来实现弹性约束，讨论不同载荷对残余应力的影响。结果表明：不同载荷约束下，自由状态下的纵向应力值是最小的；随着载荷增加，焊接接头中纵向残余应力增大；到载荷增加到一定的数值时，纵向拉应力值出现小幅度下降，下降后的值不会低于自由状态的应力值。随着载荷增加，应力分布趋于均匀。

关键词：数值模拟；双椭球热源；载荷。

1　序言

随着高速列车的发展，铝合金车体成为实现高速车体轻量化的理想材料。这是因为铝合金材料具有良好的力学性能和物理特性，即密度低、比强度高、热导率高、反射率高、电导率高、比模量、断裂韧度、疲劳强度和耐腐蚀能力强，同时还具有良好的成形工艺性和良好的焊接性，易加工成形及美观耐用等[1]。焊接技术是保证高速车体质量的关键性技术之一，焊接的质量直接影响铝合金车体质量的成败。由于高速车体采用的是热导系数高且膨胀系数大的中空铝合金型材，而且高速车体结构复杂，因此，铝合金车体的残余应力非常复杂。焊接残余应力及变形不仅会影响高速车体制造的尺寸精度、尺寸稳定性，而且还会与焊接缺陷、接头几何不连续、冶金非均匀等因素交互作用，影响焊接结构的强度、抗脆断能力、耐腐蚀性能等，降低高速列车车体结构的安全系数，缩短其服役寿命。所以，研究高速车体焊接残余应力对于指导高速车体的实际生产有重大意义。本文采大型用有限元软件SYSWELD，对高速列车底架边梁与侧墙连接处焊缝进行数值模拟，通过模拟不同载荷下的残余应力来优化焊接工艺。

2　材料参数

在SYSWELD软件中，充分考虑到了在焊接过程中产生的热应变和相变应变，而热应变和相变应变的产生的同时会引起弹性或塑性应力场和与之相关的变形。这样弹塑性本构关系可以表示为[2]

$$\{d\sigma\}=[D^{ep}]\{d\varepsilon\}-[C^{th}][M][\Delta T]$$

式中：D^{ep}为弹塑性刚度矩阵；C^{th}为热刚度矩阵；M为温度形函数；ΔT为温度改变量；$d\sigma$为应力增量；$d\varepsilon$为应变增量。

根据以上的数学模型，可知在利用SYSWELD进行焊接热弹塑性有限元模拟时需要考虑到材料的非线性，即考虑到材料特性与温度之间的相关性。

铝合金高速列车的车顶结构使用的材料为铝合金A6N01S－T5，A6N01S－T5的固相线温度和液相线温度分别为611℃和660℃。其主要化学成分如下表1所示，在不同温度下的物理参数如表2所示[3,4]。

表 1　　A6N01S－T5 的化学成分（%）

Si	Fe	Cu	Mn	Cr	Zn	Ti	V	Mg
0.60	0.13	0.009	0.11	0.0021	0.03	0.034	0.010	0.64

表 2　　A6N01S－T5 在各温度下的材料性能参数

温度（℃）	25	100	200	400	600	611	660
热导率 [W/(m·K)]	180.48	185.33	189.53	194.47	197.45	197.37	87.16
比热容 [J/(kg·K)]	0.9	0.94	0.99	1.07	1.21	2.21	1.17
密度 (g/cm^3)	2.7	2.68	2.66	2.62	2.57	2.57	2.39
弹性模量 (GPa)	67.54	64.65	60.79	25.4	7	5	1
屈服强度 (MPa)	210	185	110	30	12	5	5
泊松比	0.339	0.342	0.347	0.358	0.373	0.374	0.498

3　有限元模型

整个模型为高速列车底架边梁与侧墙局部构成，这个模型采用实体单元，模型总长 223mm，总高度为 76mm，模型中有两条焊缝，分别分布在上下两个面上。在数值模拟时，网格的质量直接影响计算的精度和效率，网格划分稀疏，计算量小但是计算精度不高，网格画的细密计算精度高但是工作量大，工作效率不高。因此，在温度梯度变化大的焊缝及其附近区域用细密的网格以提高计算精度；在远离焊缝、能量传输缓慢、温度梯度变化较小的区域采用相对稀疏的网格以节约计算时间、提高计算效率。综上所述，有限元模型如图 1 所示。

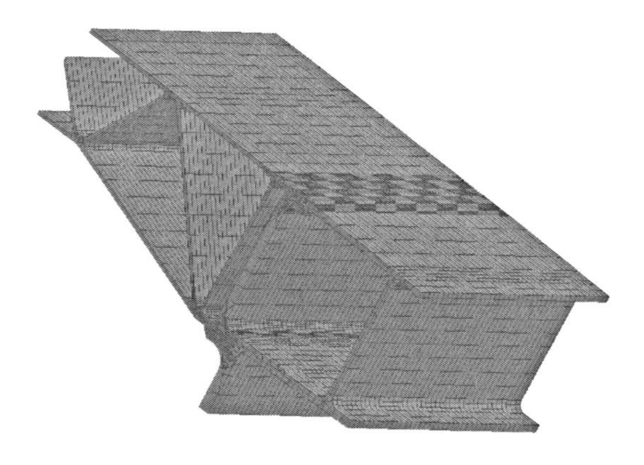

图 1　高速列车底架边梁与侧墙局部模型网格划分

模型中焊缝及近焊缝区域采取 1mm 的网格，远离焊缝区域为 10～12mm 的网格，模型单元为 33200，节点数共 39360 个。

在焊接过程中，焊缝边上材料对焊缝位置的压应力，随着离焊缝距离的增大而逐渐减小。对于大型结构，在现有的计算机硬件条件下，要对整个结构进行焊接模拟，是非常困难的。若在大结构上截取局部结构建立模型进行模拟，将大大减少计算时间，提高计算效率。但在截取部位采用什么样的约束使之与原结构力学等效则非常复杂困难。本文采取在截取部位施加不同载荷来模拟不同的约束状态，模拟计算焊接接头焊接残余应力场，从而反映出不同约束条件下焊接残余应力的变化。本文从整体结构中选取底架边梁与侧墙连接的部分建模，在截断的截面上施加一个拉伸载荷，模拟截掉部分对焊缝的约束（见图 2、图 3）。

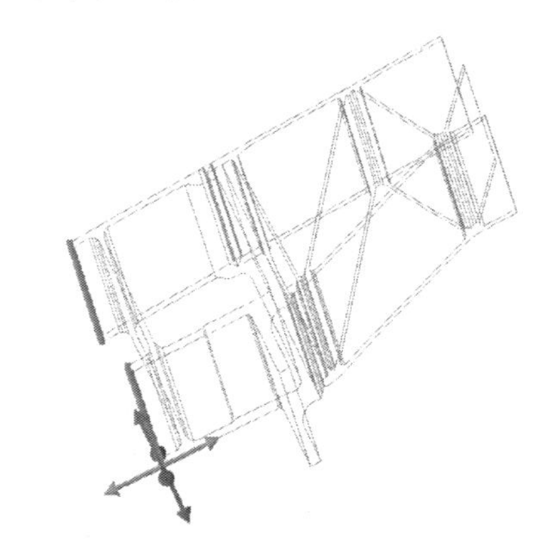

图 2　高速列车底架边梁与侧墙局部模型边界约束

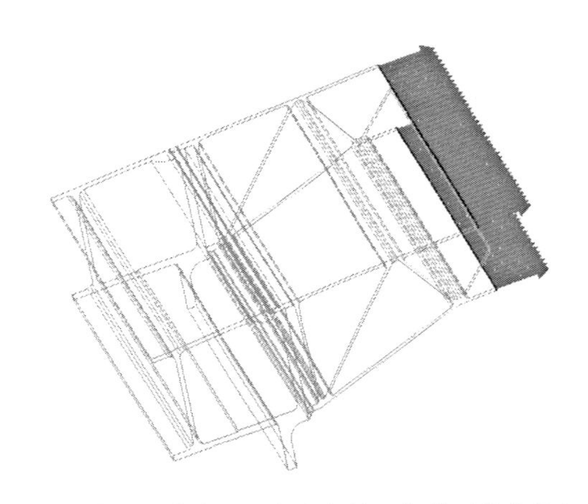

图 3　高速列车底架边梁与侧墙局部模型载荷施加

3　数值模拟及分析

通过软件模拟四种不同载荷下的等效应力情

况，如图4～图7所示。

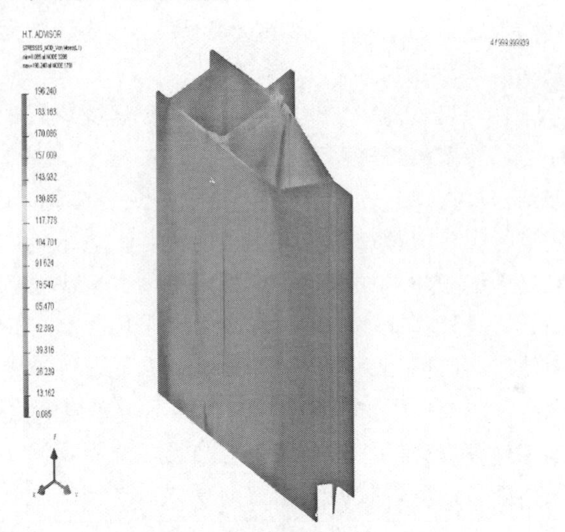

图4　无载荷情况下的应力图

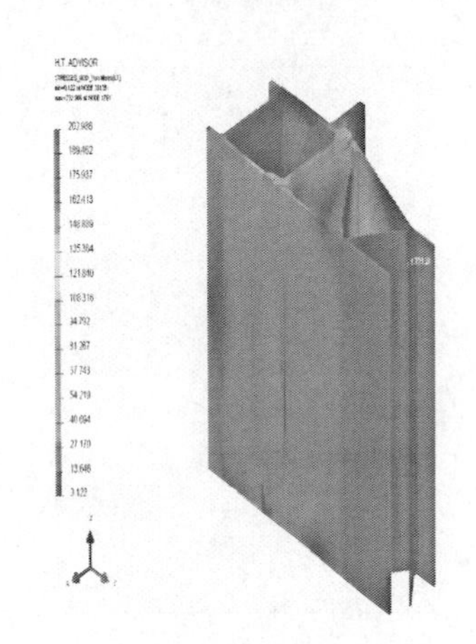

图5　载荷为15MPa时的应力图

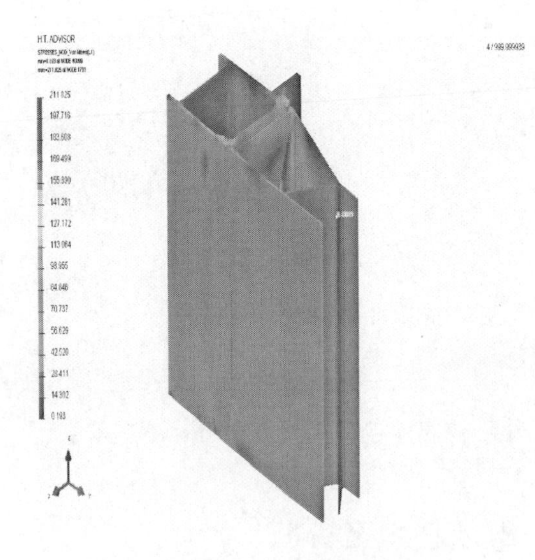

图6　载荷为50MPa时的应力图

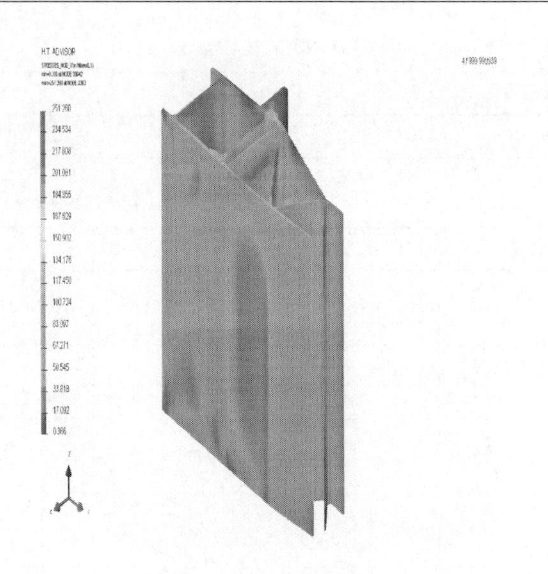

图7　载荷为100MPa时的应力图

考虑各个载荷情况下的纵向应力，选取离焊缝中心的各个节点不同情况下的纵向应力如表3所示。

表3　不同载荷下的纵向应力

距离 (mm)	0	2	6	10	14	16	19
0 (MPa)	116.79	114.25	107.70	130.41	53.81	−27.21	−52.04
15 (MPa)	128.96	127.28	120.59	143.31	67.16	−19.17	−48.97
50 (MPa)	137.44	138.14	135.13	160.09	90.81	−4.11	−35.55
100 (MPa)	131.26	124.10	126.51	140.19	128.66	60.9	45.89

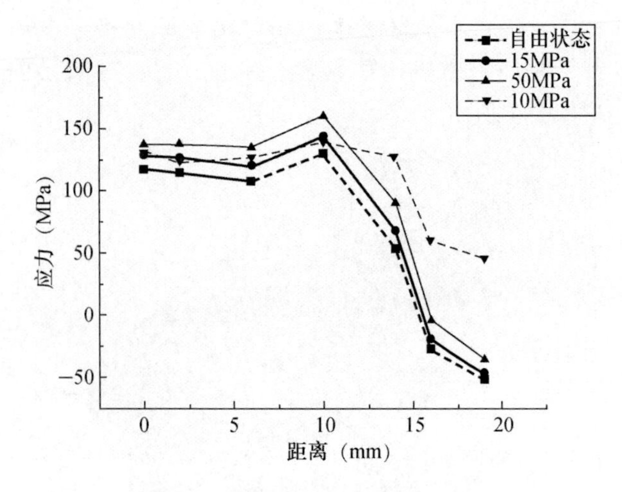

图8　不同载荷下的纵向应力分布

在计算过程中在一端截取面上施加一定数值的拉伸应力，在另一端施加约束，施加的拉伸应力值范围从零到100MPa之间。不同载荷下的计算结果如图8表所示，在外载荷为零（自由状态下）的情况下计算出来的残余纵向应力值是最小的，这是由于在这种情况下计算的残余应力完全由焊接不均匀加热产生，不受外载影响，而且模型较小焊缝周围的拘束度较小。在相同载荷条件下，纵向应力呈现先减小再增加最后减小的趋势。

在距离焊缝10mm时，不同载荷下纵向应力到达最大值，而且随着载荷的增加，纵向应力增加，当载荷达到一定值时，纵向应力反而减小。在远离焊缝中心（14～19mm），纵向应力随着载荷增大呈现规律性变化即随着载荷的增加纵向应力增加。在距离焊缝中心19mm时，纵向应力均达到最小值。

外载荷较小时，构件中的纵向应力值随着外载荷的增加而增加，当外载荷达到一定数值时，构件中的纵向应力变化较小，如果这时外载继续增加，则纵向拉应力值出现下降，下降后的值不会低于自由状态的应力值。不同的载荷约束，其焊接接头残余应力分布基本相同。

4　结论

（1）不同载荷约束下，自由状态下的纵向应力值是最小的。

（2）随着载荷增加，焊接接头中纵向残余应力增大。

（3）当载荷增加到一定的数值时，纵向拉应力值出现小幅度下降，下降后的值不会低于自由状态的应力值。

（4）随着载荷增加，应力分布趋于均匀。

参　考　文　献

[1] 郑卜祥，闫志鸿．铝合金结构件焊接变形数值模拟的研究现状及发展．北京工业大学机电学院．

[2] 徐芝纶．弹性力学．北京：高等教育出版社，1990：12～123.

[3] Handbook of Al Alloys. America.

[4] 周万盛，姚君山．铝及铝合金的焊接．北京：机械工业出版社，2006。

基于SYSWELD焊接顺序对高速列车车体焊接残余应力的影响研究

陈永红　陈　鹏　朱忠尹　许　浩

1. 西南交通大学焊接实验室，四川成都，630031；

2. 四方股份机车车辆有限公司，山东青岛，266000

摘　要：本文基于大型有限元分析软件SYSWELD，建立铝合金车体上车顶的有限元模型，采用双椭球热源，以热弹塑性理论为基础，对构件在不同焊接顺序下的焊接残余应力进行模拟，得出焊接残余应力的分布规律，分析焊接顺序对结构最后的焊接残余应力大小和分布的影响。数值计算结果表明，仿真数据与试验测试数据吻合较好，最大残余应力出现在焊缝及近缝区，远离焊缝中心残余应力值逐渐减小；铝合金车顶焊接时，焊接顺序对结构最后的焊接残余应力有比较大的影响，需要控制残余应力的一侧应予以先焊接。

关键词：焊接模拟；车顶；双椭球热源；焊接顺序；应力场。

高速铁路的不断发展，对列车的生产质量提出了更高的要求。特别是铝合金焊接相关，铝合金的导热系数大，散热快，热膨胀系数大，焊接完成后容易出现较大的残余应力，可能直接或间接地减少构件的承载能力，也导致疲劳强度恶化和减少构件的稳定性。因此，定量的得到残余应力状态对于焊接结构的设计者、制造者和使用者来说非常重要。残余应力的研究方法有实验测试和数值分析，实验测试具有真实性，但无法避免人为因素、环境因素的影响，即使是同一模型的不同次测量结果都会有很大的差异。数值分析方法主要有固有应变法、热弹塑性分析法、黏弹塑性分析法等。其中热弹塑性分析法是通过跟踪整个焊接热循环中每一步的热应变行为来计算热应力。[1]该方法往往需要采用有限元法在计算机上实现，本文也是基于此理论，借助于有限元软件在计算机上实现对焊接残余应力的模拟研究。

本文结合实际生产情况，利用SYSWELD软件，对某铝合金列车的车顶的生产焊接进行数值模拟，计算不同焊接顺序下应力场的变化，分析焊接顺序对最后的残余应力大小和分布的影响，为优化工艺提供参考。

1　材料参数及热源参数

1.1　材料参数

在SYSWELD软件中，充分考虑到了在焊接过程中产生的热应变和相变应变，而热应变和相变应变的产生的同时会引起弹性或塑性应力场和与之相关的变形。这样弹塑性本构关系可Q以表示为[2]

$$\{d\sigma\}=[D^{ep}]\{d\varepsilon\}-[C^{th}][M][\Delta T]$$

式中：$[D^{ep}]$ 为弹塑性刚度矩阵；$[C^{th}]$ 为热刚度矩阵；$[M]$ 为温度形函数；$[\Delta T]$ 为不温度改变量；$d\sigma$ 为应力增量；$d\varepsilon$ 为表示应变增量。

根据以上的数学模型，可知在利用SYSWELD进行焊接热弹塑性有限元模拟时需要考虑到材料的非线性，即考虑到材料特性与温度之间的相关性。

铝合金车体的车顶结构使用的材料为铝合金A6N01S－T5，A6N01S－T5的固相线温度和液相线温度分别为611℃和660℃。其主要化学成分如表1所示，在不同温度下的物理参数如表2所示[5,6]。

表1　A6N01S－T5的化学成分（%）

Si	Fe	Cu	Mn	Cr	Zn	Ti	V	Mg
0.60	0.13	0.009	0.11	0.0021	0.03	0.034	0.010	0.64

表2　A6N01S－T5在各温度下的材料性能参数

温度（℃）	25	100	200	400	600	611	660
热导率［W/(m·K)］	180.48	185.33	189.53	194.47	197.45	197.37	87.16

续表

温度（℃）	25	100	200	400	600	611	660
比热容［J/(kg·K)］	0.9	0.94	0.99	1.07	1.21	2.21	1.17
密度（g/cm^3）	2.7	2.68	2.66	2.62	2.57	2.57	2.39
弹性模量（GPa）	67.54	64.65	60.79	25.4	7	5	1
屈服强度（MPa）	210	185	110	30	12	5	5
泊松比	0.339	0.342	0.347	0.358	0.373	0.374	0.498

1.2 热源参数

SYSWELD 提供三种热源：2D 高斯表面热源适用于表面热处理；双椭球热源适用于常规弧焊，如 TIG、MIG、SAW 等；3D 高斯圆锥形热源适用于高能束流焊接，如激光焊、电子束焊等。本文采用双椭球热源模型模拟电弧焊。

本文所计算的焊接都使用的 MIG 焊，为更好的符合实际情况，计算采用的热源为双椭球热源模型。双椭球热源模型用于模拟 MIG、TIG 等焊接，能获得较高的精度。双椭球热量分布模型的如图 1。

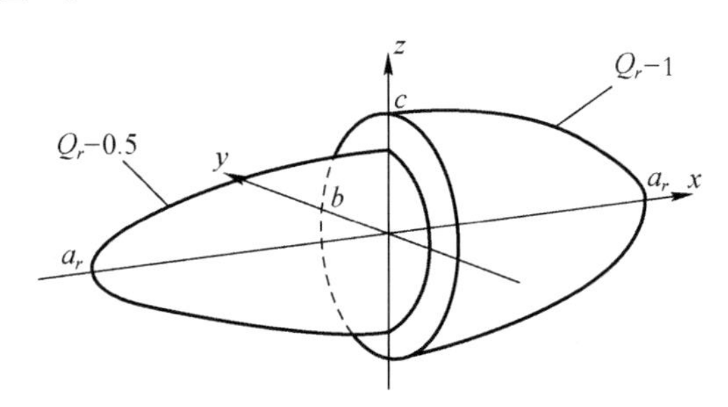

图 1　双椭球热源模型

双椭球热源模型的数学表达式如下：[4]

$$Q(x,y,z)=Q_f\exp\left(-\left(\frac{x^2}{a_f^2}+\frac{y^2}{b^2}+\frac{z^2}{c^2}\right)\right)$$

$$Q(x,y,z)=Q_r\exp\left(-\left(\frac{x^2}{a_r^2}+\frac{y^2}{b^2}+\frac{z^2}{c^2}\right)\right)$$

式中：Q_f 为热源前端的热量输入；Q_r 为热源后端的热量输入；a_f、a_r、b、c 为高斯参数。

运用 SYSWELD 软件进行模拟时，根据不同电流电压下的焊接熔池的深度和宽度初步确定双椭球热源模型的各参数，再使用 SYSWELD 中的热源校核工具对热源模型进行校核直至模拟出的熔池形状和实际接头相符。

2　SYSWeld 软件验证

在对进行焊接模拟前，通过使用 SYSWeld 计算对接试件焊接接头的应力场和试验测试结果进行比较，验证计算方法的可靠性。对接试件是由两块 500×110×8 构成，材料均为 A6N01S－T5，采用的焊接工艺为：焊接电流为 270A，焊接电压为 25V，焊接速度为 520mm/min，有效热输入为 412J/mm。对接接头是开有 V 型坡口。计算过程采用双椭球热源对模型加热，在施加热源之前对热源的高斯参数进行调整。计算出来的纵向应力分布云图如图 2。

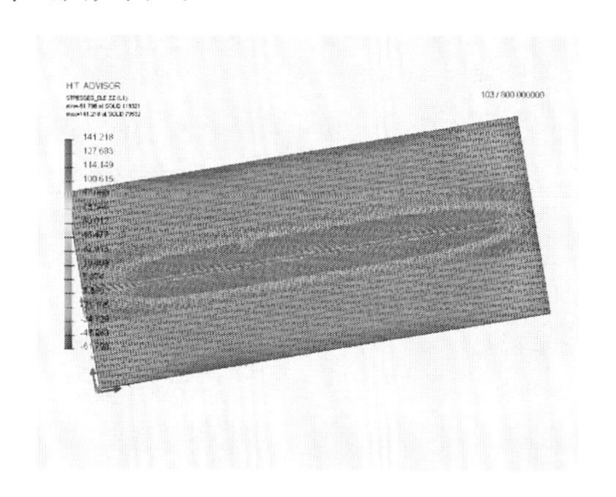

图 2　对接试件的纵向应力分布云图

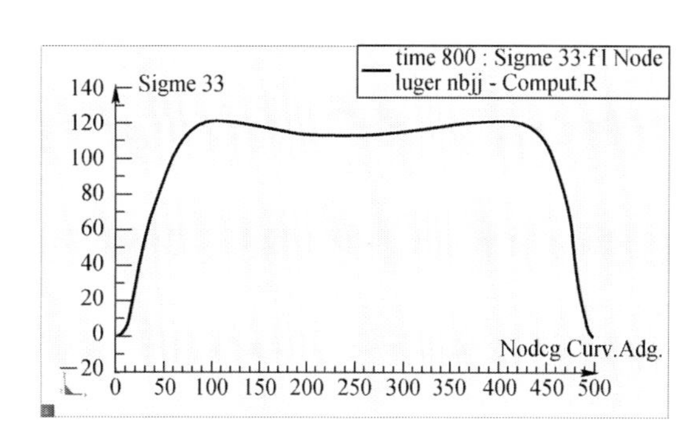

图 3　焊缝方向上纵向残余应力的分布

云图中可以看出，焊接后的纵向应力分布为：在焊缝位置存在拉应力，压应力分布焊缝边上较远的位置。计算出来的纵向应力分布规律和人们认知的焊接理论相一致。

对接试件焊缝中心的残余应力分布读数（见图 3），看出在焊缝长度较短阶段纵向应力随着焊缝长度的增加而增加，当焊缝的长度达到一定数值时，纵向应力趋于稳定，随焊缝长度增加的波动很小。因此对于长直焊缝，在建立模型时在焊缝方向上只要取足够的长度（500mm）就可以代表整条焊缝，这样就可以大幅减少计算时间。

在稳定区取焊缝及焊缝边缘区域的节点读数，记录好计算数据，将之与小孔法残余应力测试[3]出的结果进行对比（见图4）。

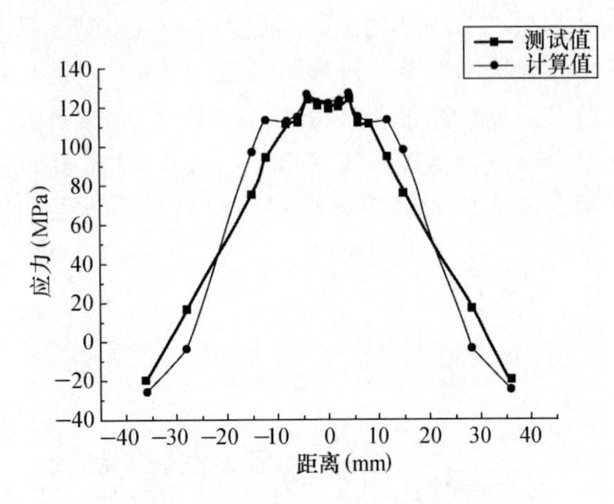

图4　实际测试和计算结果对比

从曲线图中可以看出计算的结果和实验测试的结果在残余应力的分布趋势是相同的，在数值大小上有一点偏差，原因是小孔法虽然测试的深度可以达2mm，计算的结果取出的数据位置的厚度大于2mm，因此在数值上有所偏差，但是这种偏差在工程上是允许的，所以采用SYSWELD软件计算焊接残余应力分布是可靠的。

3　车顶有限元模型及边界条件

整个车顶用的型材厚度较平均，都在2.3～2.5mm范围内，可以采用壳单元，设置厚度为2.3mm；结构总长为20m左右，共有16条长直对接焊缝，呈对称分布，在建立模型的时候取一半。焊缝长度方向上，为了减少计算量，建立的模型只截取500mm计算。在有限元分析中，网格的划分直接关系到计算的精度和效率，网格划分细密则计算精度高，但耗时长，反之则计算精度低、耗时短。因此，在温度梯度变化大的焊缝及其附近区域用细密的网格以提高计算精度；在远离焊缝、能量传输缓慢、温度梯度变化较小的区域采用相对稀疏的网格以节约计算时间、提高计算效率。根据以上分析，最终建立的有限元网格模型如图5所示（共46299个单元，44215个节点）。

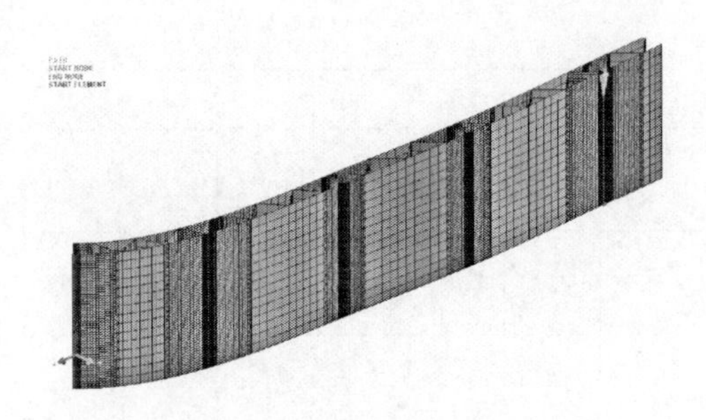

图5　车顶模型的网格划分

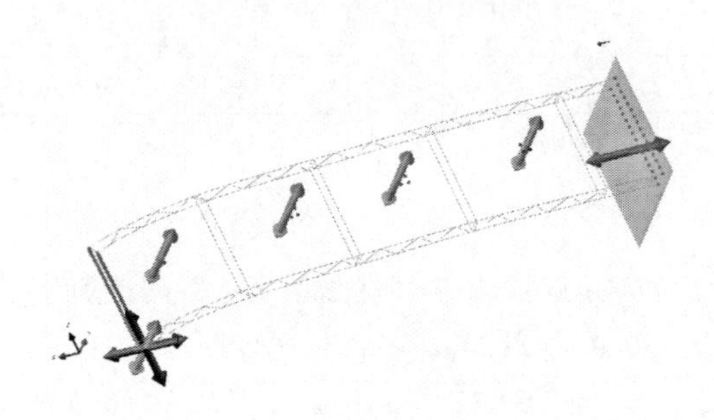

图6　模型的边界条件

边界条件如图6所示，整个车顶结构呈对称分布，在建立模型的时候取了一半，所以在截取的一端施加一个对称约束；车顶的另一端为刚性约束；在现场施工时，车顶在生产过程，在焊接之前对铝合金型材进行组对，根据实际的约束夹持情况，对计算模型进行多个上下方向的单方向约束。

4　铝合金车体的车顶模拟计算及分析

为便于分析讨论，将8条焊缝编为W1～W8，其中车顶上侧焊缝从对称面开始分别为W1、W3、W5、W7，下侧相对应的焊缝为W2、W4、W6、W8。在实际生产过程一般是先焊完一侧再翻转焊接另一侧，在用SYSWELD模拟时不考虑上下混焊。计算的两种焊接顺序为：第一种顺序，先焊上侧面焊缝（焊接顺序为：W1—W3—W5—W7—W2—W4—W6—W8）；第二种顺序，先焊下侧面（W2—W4—W6—W8—W1—W3—W5—W7）。模拟得出两种顺序下的纵向焊接残余应力分布云图（见图7、图8），从云图就可以得知两种顺序下纵向焊接残余应力分布规律相似；在焊缝及焊缝边缘区存在残余拉应力，随着离焊缝距离的增加，残余拉应力逐渐减小，最后转变为残余压应力；并且以焊缝中心为对称轴，呈对称分布。但在第一种焊接顺序下，上侧面纵向焊接残余应力高拉应力区明显比先焊下侧面时候小，纵向焊接残余应力最大值在下侧，为 195.62 MPa；第二种焊接顺序下，下侧面焊缝的向残余应力高拉应力区较小，纵向焊接残余应力最大值则在上侧，为 196.81 MPa。

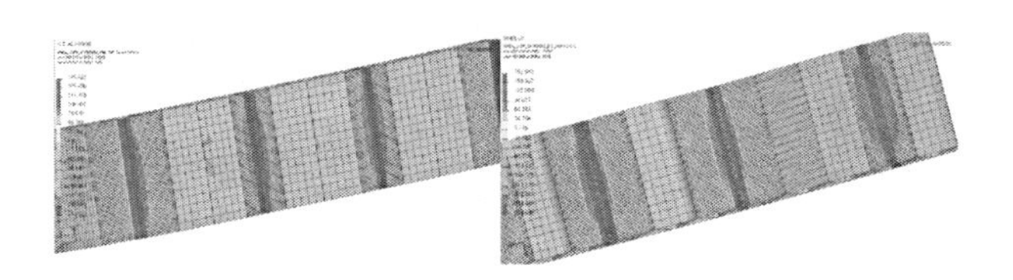

图 7　第一种顺序纵向焊接残余应力分布云图
（左图为上侧面，右图为下侧面）

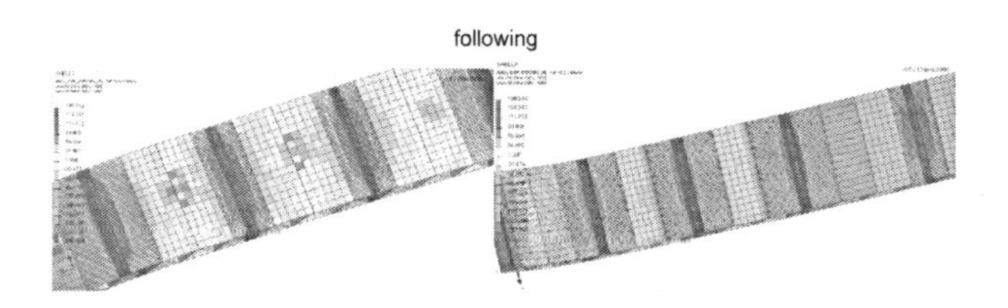

图 8　第二种顺序纵向焊接残余应力分布云图
（左图为上侧面，右图为下侧面）

取上侧面单条焊缝 W1 在不同焊接顺序下产生的应力读数，绘制成曲线再进行比较，不同焊接顺序下应力值的大小变化较大，第一种焊接顺序下，纵向焊接残余应力明显比先焊下侧面时候小，两者的应力值相差在几十个兆帕。W1 最终的纵向焊接残余应力对比如图 9。

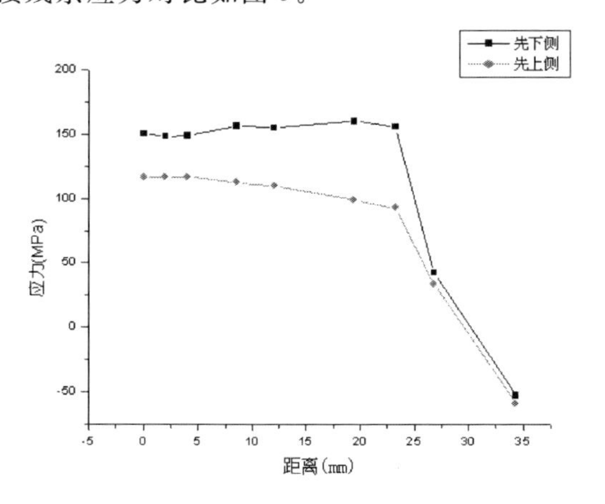

图 9　不同焊接顺序下 W1 焊缝的残余应力分布

另外在第一种焊接顺序的情况下，查看 W1 焊缝及其近缝区应力场的变化，可以看出焊接顺序对车顶焊接残余应力的影响。W1 焊缝及其近缝区应力场的变化如图 10、图 11；图 10 为 W1 焊缝及近缝区三个不同时间的不同应力值：第一个时间点为 W1 焊接完成、冷却，W3 未开始焊接的时间（90s）；第二个时间点为 W3 焊接完成，W5 未开始焊接的时间（180s），可以查看焊接 W3 对 W1 焊缝近缝区应力场的影响；第三个时间点为对侧焊缝 W2 焊接完成，冷却后（450s），W2 的焊接对 W1 焊缝近缝区应力场的影响；图 11 为 W1 焊缝中心一节点上整个焊接过程的应力变化图。

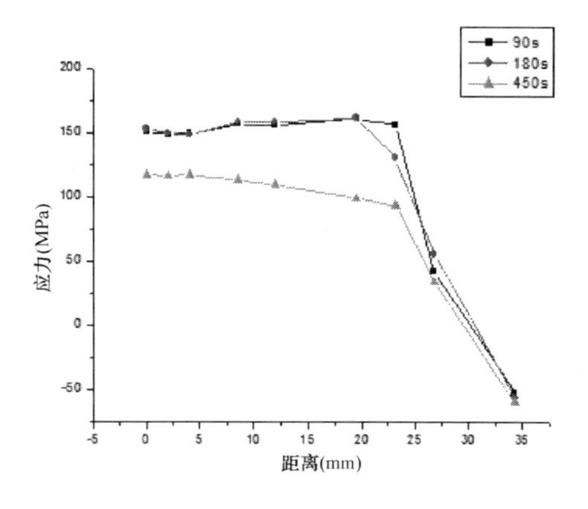

图 10　不同时间下 W1 的焊接纵向残余应力

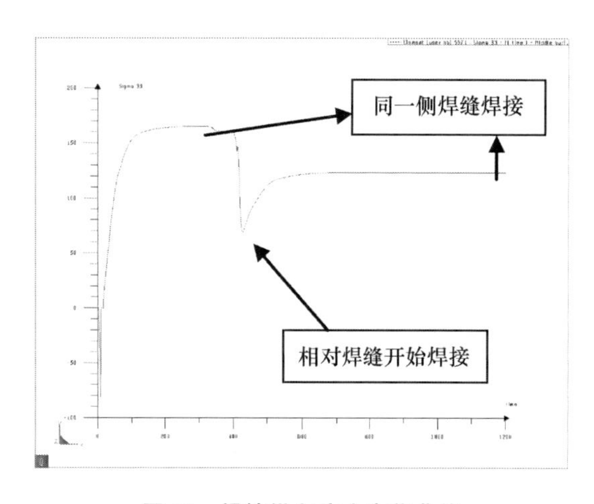

图 11　焊缝纵向应力变化曲线

图 10 中可以明确看出：同一侧上的焊缝 W3 的焊接对 W1 焊缝残余应力影响不大，而对侧 W2 焊缝的焊接却导致 W1 位置的纵向应力降低，并且 W1 焊缝残余应力变化很大。图 11 中也可以看出同侧焊缝 W3、W5、W7 的焊接对 W1 焊缝中心的焊接残余应力基本没影响；对侧焊 W2 的焊接对 W1 焊缝残余应力影响很大，而 W4、W6、W8 的焊接对 W1 焊缝中心的焊接残余应力也没什么影响。这种影响是由两条焊缝距离过小造成的，车顶上下两侧的焊缝位置是对应的，而且上下两个面的距离较小，在 50mm 左右，第一种焊接顺序情况下，在焊接 W2 时，使得 W1 近缝区材料温度

升高到200℃以上，相当于一次后处理，导致W1位置的纵向应力降低；第二种顺序下则情况相反，W2位置的纵向应力会降低。所以不同顺序下整个车顶的纵向焊接残余应力分布不同，需要控制残余应力的一侧应予以先焊接。

5 结论

本文使用专用焊接有限元分析软件SYSWELD，对铝合金车体的车顶焊接过程进行了模拟，得到了焊接温度场和应力场，并对应力场进行了分析，有如下结论：

(1) SYSWELD计算出的纵向焊接残余应力分布规律和人们认知的焊接理论相一致；应力值与实验测试残余应力的结果相同，SYSWELD计算焊接残余应力可靠。

(2) 用SYSWELD软件模拟长直焊缝焊接时，在建立模型时在焊缝方向上只要取足够的长度(500mm)就可以代表整条焊缝。

(3) 铝合金车体车顶上纵向焊接残余应力的分布：在焊缝及焊缝边缘区存在残余拉应力，随着离焊缝距离的增加，残余拉应力逐渐减小，最后转变为残余压应力；并且以焊缝中心为对称轴，呈对称分布。

(4) 焊接顺序对铝合金车体的车顶最终的焊接残余应力分布有较大影响。先予以焊接的一侧纵向焊接残余应力较小。

参考文献

[1] 余昌莲．焊接结构的残余应力研究．硕士学位论文．2006,04.

[2] 徐芝纶．弹性力学．北京:高等教育出版社,1990:12-123.

[3] CB3395-92 残余应力测试方法钻孔应变释放法．

[4] Goldak John. Chakravarti Aditya, Bibbv. Mlalcolm. A double ellipsoid finite element model for welding heat source[Z]. ⅡWDoc,1985.

[5] Handbook of Al Alloys. America.

[6] 周万盛,姚君山．铝及铝合金的焊接．北京:机械工业出版社,2006.

基于 SYSWELD 软件焊接温度场数值探讨

凌泽民　张　宏

重庆大学材料科学与工程学院，重庆，400030

摘　要：基于有限元软件 SYSWLD 对低合金结构钢 CO_2 焊的温度场进行三维动态模拟，结合实际焊接工艺参数应用软件的校正工具对热源进行校正，得出了瞬态温度场分布图和特征点的温度变化曲线，通过与实测结果比较，表明所建立的数值模拟仿真模型可以较好的模拟温度场，为实现焊接过程中的应力应变等分析提供了前提条件。

关键词：数值模拟；温度场；SYSWELD。

焊接是一个牵涉到电弧物理，传热、冶金和力学的复杂过程，焊接现象包括焊接时的电磁、传热过程、金属的熔化和凝固、冷却时的相变、焊接应力与变形等，其中焊接传热过程的准确计算和测定可以说是焊接冶金分析和焊接应力变形分析和对焊接过程进行控制的前提，影响温度场的主要因素是热源的种类、焊接规范、材料的热物理性能、焊件的形态及热源作用的时间。[1]焊接温度场的研究包括焊接熔池中冶金、结晶及相变等复杂的过程，它直接决定着焊接应力、应变场的变化，并间接影响着焊接热影响区的熔合、裂纹、组织性能等，[2]因此对焊接温度场的深入研究是十分必要的。

随着计算机技术和仿真算法的发展、完善，采用数值模拟的方法来模拟复杂的焊接过程取得了很大的进展，节省了大量的人力、物力和财力。另外，理论分析结果往往需要和实验研究结果进行比较，以确定理论解的可用性和准确度，尤其是在焊接数值模拟技术中，实验验证是十分必要的。[3]本文以 SYSWELD 有限元计算软件为基础，结合实际实验，对低合金结构钢的 CO_2 气体保护焊焊接过程进行数值模拟，通过分析焊接过程中的温度场变化，为评定和优化焊接工艺奠定了基础。

1　实验材料和实验方法

实验材料：低合金结构钢（化学成分见表 1），固相线温度 1440℃，液相线温度 1505℃，相变潜热 270000J/kg，焊件尺寸 180mm × 120mm × 8mm，ER50 － 6 焊丝直径 1.2mm，德国产 PHOENIX300 焊机，铂铑$_{30}$－铂铑$_{60}$热电偶，SBW－O－1300 温度送变器，装有法国 ESI 公司的 SYSYWELD 软件的计算机。

表 1　S355J2G3 钢的化学成分（质量分数，%）

C	Mn	Si	P	S	V	Nb	Ti	Al
0.18	1.00～1.60	0.55	0.030	0.030	0.02～0.15	0.015～0.06	0.02～0.20	0.015

实验方法：对母材进行 CO_2 气体保护焊平板堆焊实验，热效率取 0.8，电弧电压 24 V，焊接电流 160 A，送丝速度 4.3 m/min，焊接速度 5 mm/s，保护气体为 100%CO_2，气体流量 15 L/min，数值模拟和实际焊接的实验材料、工艺参数一致。采用铂铑$_{30}$－铂铑$_{60}$热电偶测量某几点的热循环曲线（图 1），并通过温度送变器传输到计算机，得到瞬态热循环曲线。

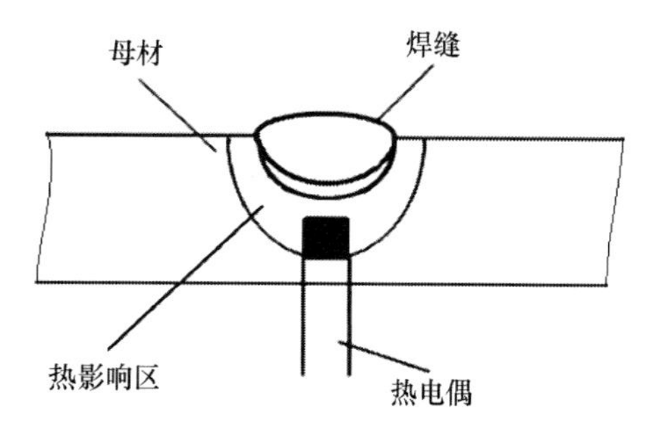

图 1　机加工示意图

2　数值模拟及分析

2.1　理论基础

熔化极气体保护焊中，热源的不断移动，

使得工件上温度场随着时间和空间不断发生剧烈的变化，同时伴随着填充材料及母材的熔化与熔池中发生相变时的潜热现象，焊接温度场分析属于典型的非线性瞬态热传导问题，假设材料为各向同性材料，温度 T 可以表示为空间坐标（x，y，z）和时间 t 的函数，在区域 Ω 中的点应满足：

$$\rho_c \frac{\partial T}{\partial t} = \nabla \cdot (k \nabla T) + \overline{Q}$$

$$\nabla = \frac{\partial}{\partial x} i + \frac{\partial}{\partial y} j + \frac{\partial}{\partial z} k$$

式中：T 为温度场分布函数；c 为材料的比热容；λ 为材料的导热系数；ρ 为材料的密度；t 为传热时间；$\overline{Q}$为内热源强度；其中 c、λ 和 ρ 都是温度的函数。

导热时通常有三类边界条件：

第一类边界条件，已知边界上的温度值，即 $T_s = T_s(x, y, z, t)$；

第二类边界条件，已知边界上的热流分布，即 $\lambda \frac{\partial T}{\partial n} = q_s(x, y, z, t)$；

第三类边界条件，已知边界上物体与周围介质间的热交换，即 $\lambda \frac{\partial T}{\partial n} = \alpha(T_a - T_S)$；

特殊情况下，边界与外界无热交换，即绝热边界条件，$\frac{\partial T}{\partial n} = 0$。

式中　n 为边界表面外法线方向；q_s 为单位面积上的外部输入热流；α 为表面换热系数；T_a 为周围介质温度。

2.2　热源模型

SYSWELD软件提供了常用的三种热源模型：双椭球热源模型、2D高斯热源模型和3D高斯圆锥形热源，焊接数值模拟中常用的高斯热源虽然能描述表面热流形式，但对于厚度方向上的热源形状只能靠材料本身的导热来获得。[4] 因此，本文采用了图2所示的适用于常规弧焊的双椭球热源模型。为了进一步提高焊接热源计算的准确性，结合实际焊缝剖面的形状和尺寸，应用SYSWELD软件中的热源校正工具，输入具体的焊接结构和尺寸、焊接材料的热物理性能参数以及选定的焊接工艺参数对热源进行校正（见图3）。

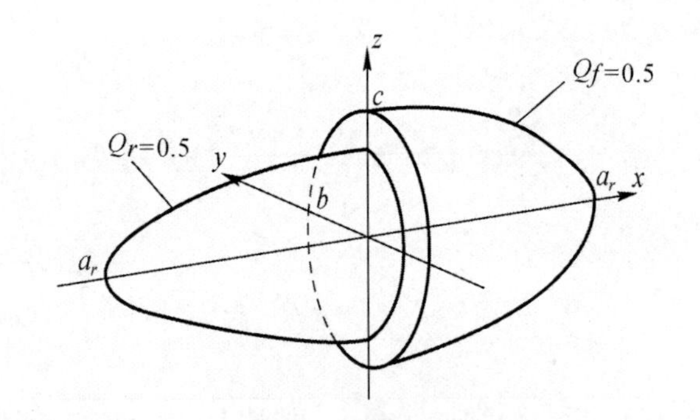

图2　热源模型图

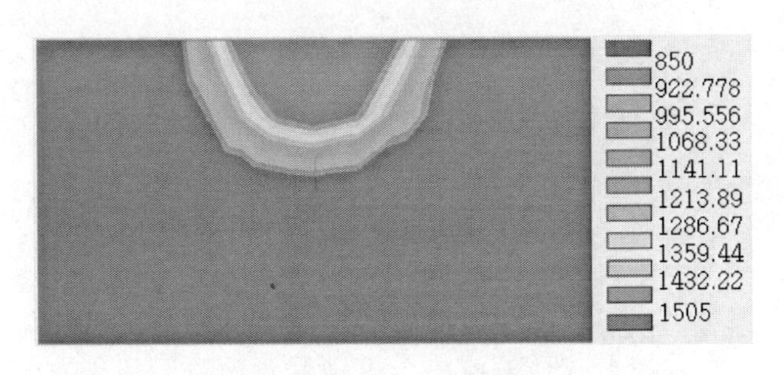

图3　校正后的热源模型

2.3　有限元模型

在计算之前进行网格划分时如何预设焊缝余高的形状将直接影响以后的模拟结果，[5] 为了准确模拟焊接热过程，在模型中考虑了焊缝余高，根据实际焊接中的余高形状和尺寸，把余高部分预先加到工件上，在计算的过程中采用单元激活的方式处理。焊接模型及网格划分如图4所示，整个模型尺寸为180mm×120mm×8mm，焊缝及近焊缝区域网格密集，远离焊缝区域网格稀疏，共有16138个节点，200个1D单元，6940个2D单元，13000个3D单元。

图4　有限元模型

2.4　模拟结果与实验验证

图5给出了焊接过程中6s、12s、24s、36s时的温度场分布，可清楚地看到焊接及其冷却过程

中的整个温度场的动态变化情况，随着热源的移动，焊件上各点的温度迅速升高，经过一段时间后形成准稳态温度场，等温线的分布形状基本一致，只是热源中心不断推进，在随后的冷却过程中，由于受到后面熔池的再热作用，各位置的冷却速度互不相同，随时间的变化，焊件上的温度逐渐趋于稳定，降至室温。

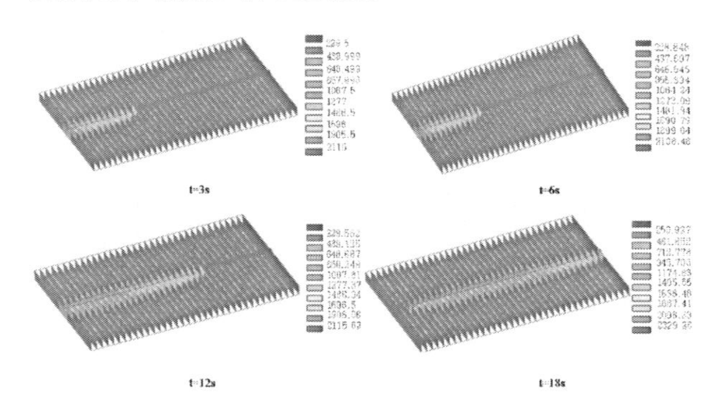

图 5　温度场分布图

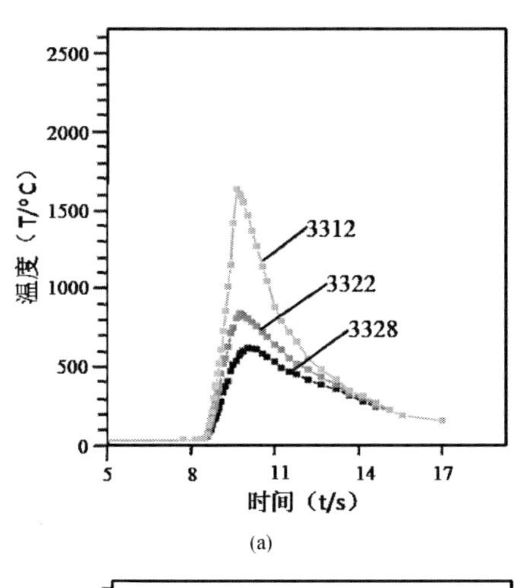

(a)

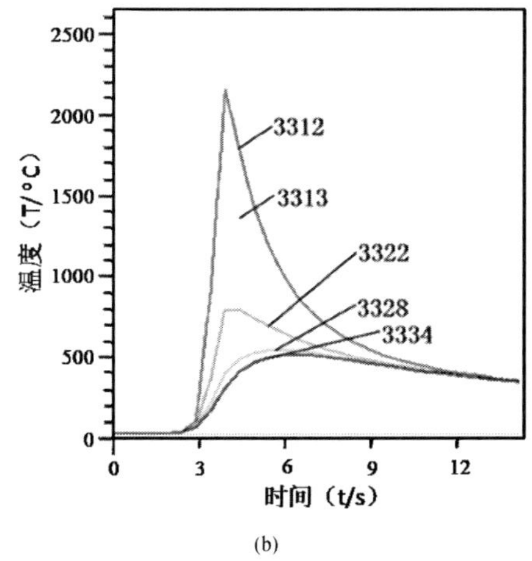

(b)

图 6　温度变化曲线

(a) 实验结果；(b) 模拟结果

由图 6 (a) 可以看出焊接线上的节点 3312 先急剧升温然后冷却，与升温速度相比冷却速度明显缓慢，这是由于热源未到该节点时，前面熔池内的高温金属对其有预热作用，当热源移动到节点处时温度到达峰值，随着热源的远离，该节点处的熔池开始冷却，但依然受到后面熔池的再热作用，减缓了冷却速度。远离焊缝区域的节点 3313、3322、3328 和 3334 经历了与 3312 类似的热循环，图 6 (b) 给出了节点 3312 3322 3328 对应的实验结果，两者吻合较好，测量点离焊缝区域越远，峰值温度越低，到达峰值温度的时间越滞后，通过短暂的热传导，整个试件的温度逐渐趋于一致。但实测温度比计算值略高，因为实验中用的热电偶端头是个球面，测量温度是这个面的最高温度，而模拟温度是热电偶中心点处的温度。

3　结论

(1) 本文对实际焊件进行三维有限元模拟，结合实际焊缝剖面的形状和尺寸对热源进行校正，得到了三维温度场的实时动态模拟，并通过相应实验进行了验证，为进一步分析应力和变形问题奠定了基础。

(2) 焊接温度场随时间和空间急剧变化，焊缝、熔合区和热影响区的升温速度均高于降温速度，距离焊接线越远，峰值温度越低，到达峰值温度的时间越滞后。

(3) 温度曲线的模拟结果和实测结果基本吻合，但由于实验过程中实验设备的局限性，模拟过程中，忽略熔池的流动作用等影响使模拟结果也存在一定的误差。

参　考　文　献

［1］　潘际銮. 现代弧焊控制[M]. 北京：机械工业出版社. 2000.

［2］　陈丙森. 计算机辅助焊接技术[M]. 北京：机械工业出版社. 1999,10:112－119.

［3］　汪建华. 焊接数值模拟技术及其应用[M]. 上海：上海交通大学出版社. 1999.

［4］　陈玉喜，等. 基于 ANSYS 的铝合金薄板焊接温度场三维有限元模拟[J]. 热加工工艺，2009,38(9):88－90.

［5］　张明贤，等. 基于有限元分析对新型 DE－GMAW 焊缝尺寸预测[J]. 焊接学报，2009,28(2):33－37.

平板对接焊接温度场的数值模拟计算

苏　杭　常荣辉　倪家强
中航工业沈阳飞机工业（集团）有限公司，辽宁沈阳，110000

摘　要：焊接过程的传热问题十分复杂，焊接过程中的温度分布对于焊接变形有着重要的作用。薄板钛合金结构在焊接生产中得到了广泛的应用。针对平板 TA15 钛合金对接接头，对焊接温度场进行了仿真模拟计算，得出了焊接热循环曲线，并进行了试验验证。经过测量比对，焊接热循环曲线变化趋势与模拟所得结果大体一致，说明了模拟计算的正确性。

关键词：薄板钛合金；温度场；数值模拟。

1　引言

钛合金已经被广泛地应用于航空航天等制造领域[1]。焊接工艺是材料热加工的重要方法，也是材料连接的主要手段，薄板钛合金的焊接变形一直备受关注。焊接过程中影响变形的因素很多，仅仅凭借积累的工艺试验数据来深入了解和控制焊接过程，既不切实际成本又高。随着计算机技术的发展，采用数值方法求解以获得焊接过程的定量认识，即焊接过程的计算机模拟，成为一种强有力的手段。[2]

焊件中的温度场分布反映了复杂的焊接热过程，它不仅直接通过热应力、热应变，而且还间接通过相变应变决定焊接残余应力，焊缝熔化、结晶、变形和应力等状况，这些因素影响到熔合、裂纹、组织等与焊接质量有关的指标。所以焊接温度场是影响焊接质量和生产率的主要因素之一，其数值模拟技术的研究具有重要的意义。

本文针对 δ2.0mm 的平板 TA15 钛合金的对接接头，对焊接过程中的温度场分布情况进行了分析，获得了焊接热循环曲线，并进行了试验验证，为改善焊接变形提供了参考依据。

2　几何模型的建立

针对 δ2.0 的 TA15 钛合金对接接头建立了数学模型，并进行了网格划分，如图 1 所示。

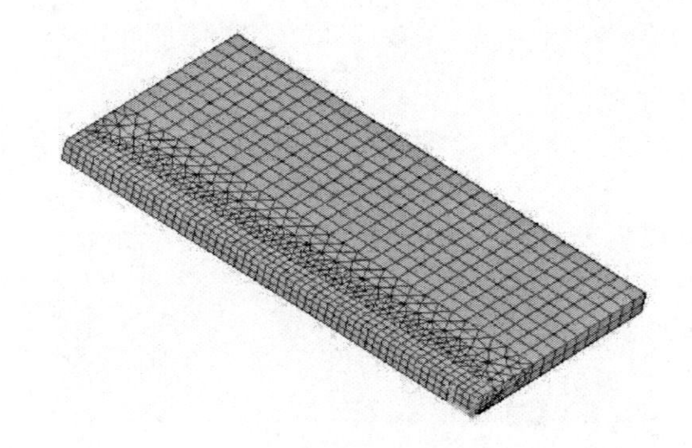

图 1　平板结构模型

3　高斯热源模型的建立

焊接时，电弧热源把热能传给焊件是通过一定的作用面积进行的，这个面积称为加热斑点。

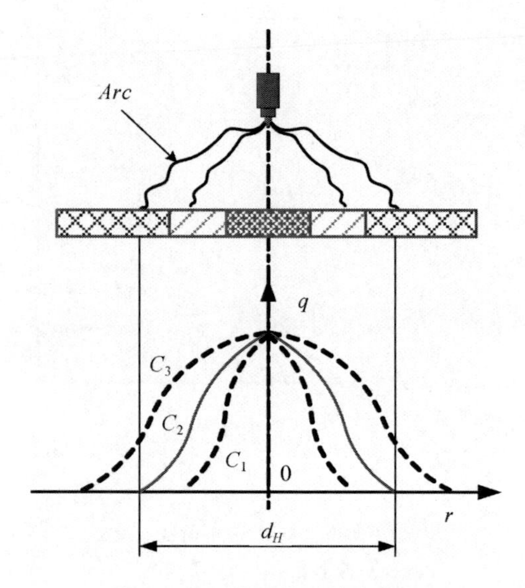

图 2　高斯热源模型的分布图

加热斑点上热量分布是不均匀的，中心多而边缘少，将加热斑点上的热流密度分布近似的用高斯数学模型来描述，高斯热源模型的热源分布如图 2 所示。

加热斑点上任意点的热流密度可以表示为如下高斯分布的函数：

$$q^{*}=q_{\max}^{*}\exp\left(\frac{-3r^{2}}{R^{2}}\right) \tag{1}$$

$$q_{\max}^{*}=\frac{3}{\pi R^{2}}Q \tag{2}$$

$$Q=\eta UI \tag{3}$$

式中：$q_{\max}^{*}$ 为加热斑点中心最大热流密度，$J/(m^{2}\cdot s)$；R 为电弧有效加热半径，mm；r 为热源某点至电弧加热斑点中心的距离，mm；Q 为热源瞬时给焊接构件的热能，W；η 为焊接热效率；U 为焊接电压，V；I 为焊接电流，A。

4　焊接温度场模拟结果及分析

通过模拟计算，得到平板对接接头的焊接温度场的分布如图 3 所示。

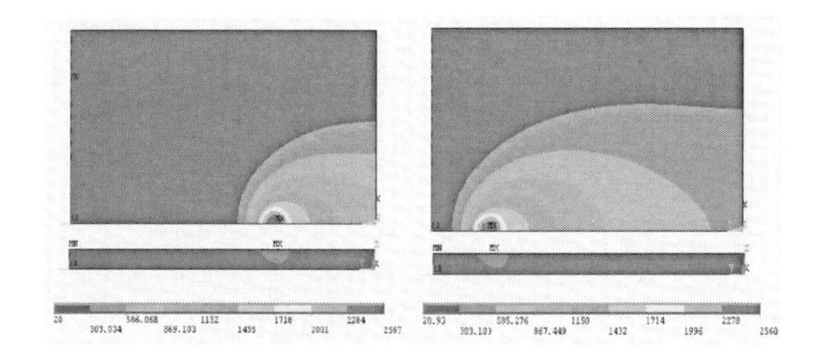

图 3　焊接过程中温度场分布云图

观察平板结构温度场分布云图可以发现，随着热源向前移动，温度场分布不断发生变化，熔池随热源一起移动，热源前方的等温线相对密集，温度梯度较大；热源后方等温线较稀疏，温度梯度较小。

通过特定节点的热循环曲线可以分析整个焊接和冷却过程中平板结构不同位置点温度的变化。图 4 是采用高斯热源加载计算得到的平板结构上表面垂直于焊缝方向上五个节点的热循环曲线，节点坐标分别为 (0，0.03，0)、(0.002，0.03，0)、(0.003，0.03，0)、(0.006，0.03，0) 和 (0.01，0.03，0)。

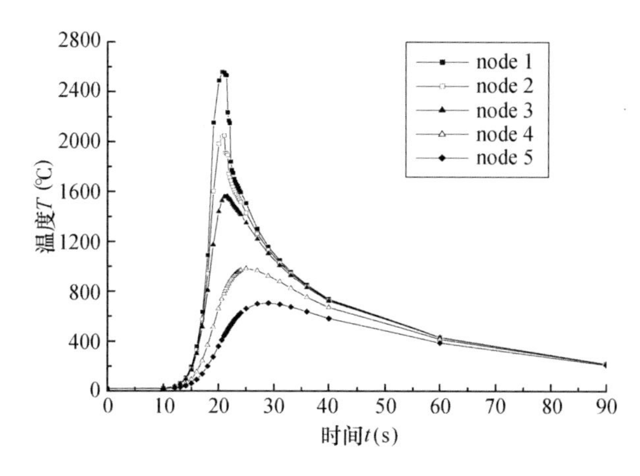

图 4　采用高斯热源模型模拟得到的热循环曲线

从热循环曲线可以看出，由于焊接具有极高的加热速度，因此曲线上升速度极快，温度迅速达到峰值，且距焊缝越近的点温度上升越快，峰值温度越高。在冷却阶段，温度下降相对缓慢。

5　焊接热循环曲线试验验证

本文所用的实验构件尺寸为：平板 200mm×100mm×2mm，平板结构焊接热循环曲线测试结果与模拟比较如图 5 所示。

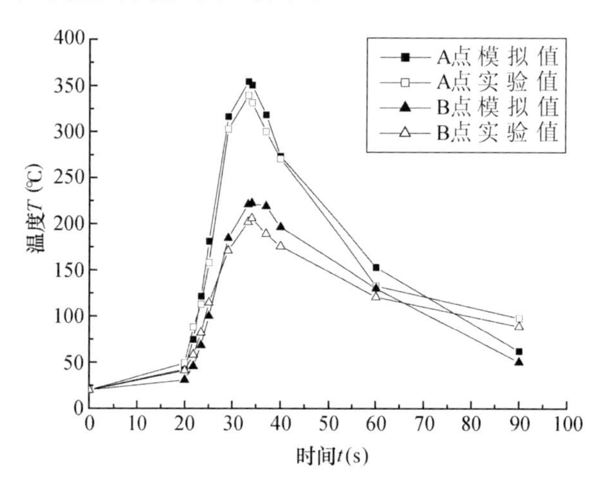

图 5　平板结构模拟与实验结果比较

通过分析，测得的焊接热循环曲线变化趋势与模拟所得结果大体一致，平板结构测得的峰值温度较模拟结果略低。在冷却过程中，模拟曲线比测试曲线温度下降快，这是由于模拟冷却过程中设定的散热系数是一个固定值，而实际过程中，散热系数是随着温度的降低而减小的。综上所述，测量结果与模拟结果比较吻合，说明了模拟计算的正确性。

6 结论

(1) 本文针对 δ2.0mm 的 TA15 钛合金对接接头，采用高斯热源对焊接温度场进行了模拟计算，并对温度场的分布情形进行了分析，得出热源前方的等温线相对密集，温度梯度较大；热源后方等温线较稀疏，温度梯度较小。

(2) 对模拟计算获得的热循环曲线进行了试验验证，测得的焊接热循环曲线变化趋势与模拟所得结果大体一致，说明了模拟计算是正确的。

参 考 文 献

[1] 张庆玲,王庆如,李兴无．航空用钛合金紧固件选材分析[J]. 材料工程,2007,(1):11-14.

[2] 陈丽萍,娄贯涛．舰船用钛合金的应用及发展方向[J].舰船科学技术,2005,27(5):13-15.

平板天线焊接变形仿真技术

张光元　李晓艳　谢义水　黄本林　陈永盛
中国电子科技集团公司第十研究所，四川成都，610036

摘　要：本文利用 SYSWELD 软件对天线在焊接过程中的变形进行仿真分析，根据分析结果对天线结构进行优化，保证天线在真空钎焊过程中钎料能够完全填充密封钎焊面，避免焊缝脱层。经过焊接变形数字模拟分析，并据此对天线结构进行优化并通过焊接试验进行验证。经过性能测试，证明经结构优化后的天线满足设计的要求。

关键词：真空钎焊；天线；数字模拟；结构优化。

1　概述

天线由单阵向多阵、螺装结构向焊接结构、辐射源与功分、和差结合方向发展，零件厚度越来越薄，精度越来越高。每当一个新天线进行研制时，必须先进行模拟件设计，并进行结构设计、工艺验证，这将导致天线研制周期长，成本高，计划进度无法保证的问题，并且当功能样件数量较少时，不能完全反应结构设计、工艺设计上存在的隐含缺陷，导致天线在进入批量生产后成品率偏低，成本居高不下的问题。

某天线工作于毫米波频段，主要是由多层个天线构件经真空钎焊成为一体，其主要特点是：天线构件腔体多且壁薄，壁厚为 0.6～2mm 不等；辐射缝几何尺寸小而数量大，天线材料为 3A21 铝合金。由于层数多，定位精度高，不能采用分层焊接方式解决，需要采用一次焊接成形。在焊接试验过程中发现，天线焊接后的质量不稳定。

2　仿真分析

天线主要由天线安装区域和功能区域组成。由于功能区域电性能要求，各功能腔之间的壁厚需要尽量薄，最薄处仅 0.6mm，同时天线对对称性也有较高要求，需要保证焊接后的天线两侧性能指标非常接近。这些特点造成天线钎焊难度增加、零件变形控制难度大。需要保证焊接后天线整体变形小，对天线的电性能指标影响小，并能够保证产品的批量实现和高的成品率。由此，开展天线的焊接变形模拟仿真优化工作，保障天线焊接过程可靠。

2.1　单元划分

根据前期试验和切层观察，天线在焊接中出现问题的区域在最下面的两层，出现钎着率低，部分焊缝有分层脱离现象。因此，对天线最下面的两层进行分析。

为了能够在 Visual Mesh 中顺利划分单元网格，将底板和第 4 层的模型在 UG NX3 中进行修改，去除模型中安装孔等细小结构后导入 Visual Mesh6.0 中进行六面体网格和四面体网格划分，在网格划分时由于零件较薄，需要保证壁薄处仍然能构成一个完整的单元格，因此根据零件最小功能尺寸 0.8mm 宽度，厚度 1mm 的现状，将单元格尺寸设定为 0.8mm×0.8mm，并将采用的 2D 网格在厚度方向上采用等距分布方式设定单元格高度尺寸，保证 3mm 厚度方向划分为 5 层单元。

对于结构较简单的底板最薄处大于 2mm，则采用 Visual Mesh 自带的四面体单元划分工具自动划分，单元格最大尺寸为 5mm，最小尺寸为 1mm，最终形成图 1 和图 2 的有限元模型。

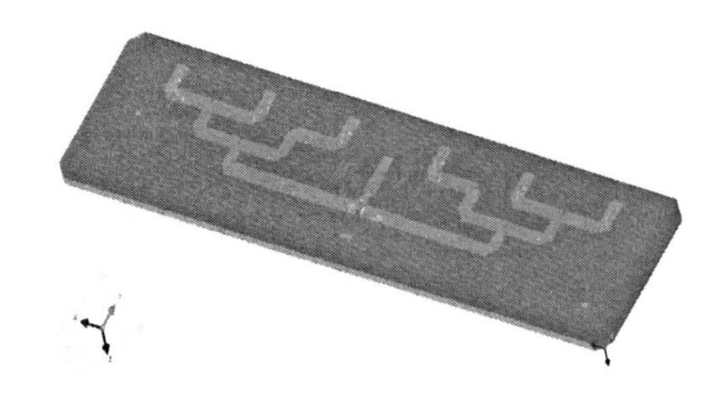

图 1　第 4 层的有限元模型

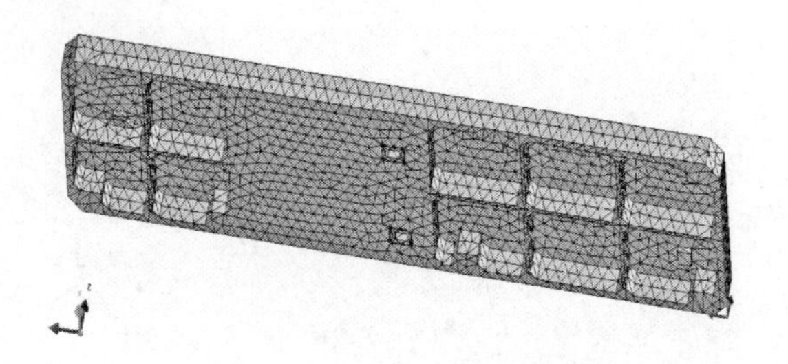

图2 第5层底板的有限元模型

2.2 计算

划分好单元格后，按照SYSWELD分析的约束定义，在Visual Mesh中定义好传热表面、约束面、核心单元、传热节点等定义出来。在所有的Collectors定义好后，Visual Mesh中将网格数据导出成MESH _ DATA 1000. ASC文件。随后，利用文本编辑工具将 * _ HT. DAT 中的 Name，Definition 修改为与分析文件的 MESH _ DATA 1000 相同，并将 GROUP 相应的单元修改到与 MESH _ DATA 1000 中 Collectors 定义相同名字。

在修改 *. HC. DAT 配置文件，将热源定义为一个热源数据表 TABLE，通过在 TABLE 表中据加热的传热效率和真空钎焊的温度曲线，将零件随着时间的进行，周围环境温度值进行对应，创建温度时间对应表 TABLE 10001，并在 * _ HT. DAT 文件的 LOAD 字段中引用“NODES GROUPS MYMC1MYM / TT 1 FT 10001”。此外根据零件在真空钎焊炉中的热传导方式，修改导热系数为 0.07W/m^2，在受到夹具夹持的面上，将导热系数进一步降低到 0.0035W/m^2。

在 * _ HT. DAT 文件修改好后，再根据 3A21 材料的特性以及焊接装夹方式修改 * _ HT _ C. DAT、 * _ MECH. DAT、 * _ MECH _ C. DAT 文件中的约束方向、约束强度、材料熔化温度、计算步进值、生成的文件名等内容，然后根据修改后计算配置文件进行计算。

3 计算结果及分析

整个求解计算过程共分为加热、冷却过程，由于冷却过程为随炉冷却，冷却过程只计算了到达钎料熔化温度保温结束后 10min 范围内的。焊接过程根据焊接实际的加热过程，计算时间为 27600s，计算过程中的温度场加载由程序根据时间和对应表格决定。在 SYSWELD/Generic 模块中 Heat Transfer 中的 Post Processing 中加载分析后的结果数据。

如图3所示，在时间 27600s，温度为 500℃时第4层的分析结果显示图，在功能腔周围存在一定的变形在 0.01mm 作业，图4 时间是为 27000s、温度为 610℃时变形模拟图。图5、图6所示为 27000s 在底板减重腔处由于支撑薄弱，在重力作用下，出现下塌的变形，变形量在 0.14mm 左右。而第四层由于自身为一个平板，刚度较大，不会随着底板上表面的变形而变形，这将导致两个零件之间的焊接面存在脱开，而为了防止钎料流入功能腔中，采用的钎料厚度仅 0.05mm，小于底板的变形量。

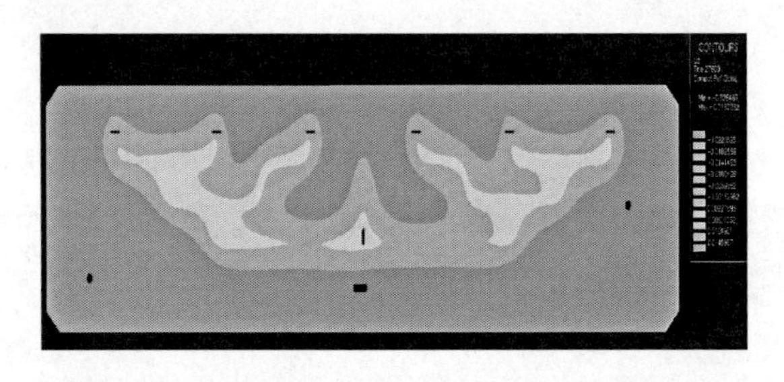

图3 27600s、500℃时第4层（上端面）

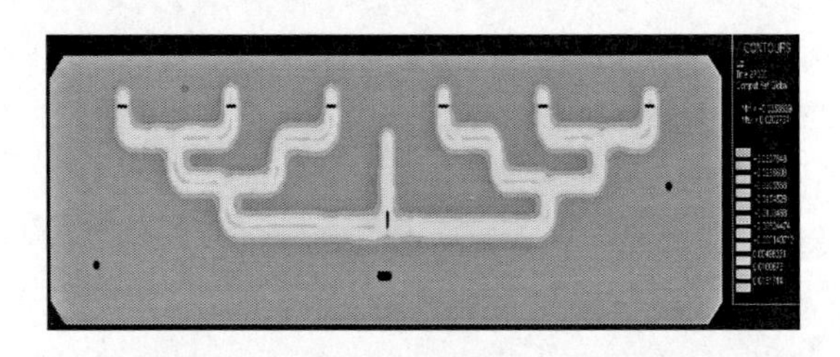

图4 27000s、610℃第4层（下端面）

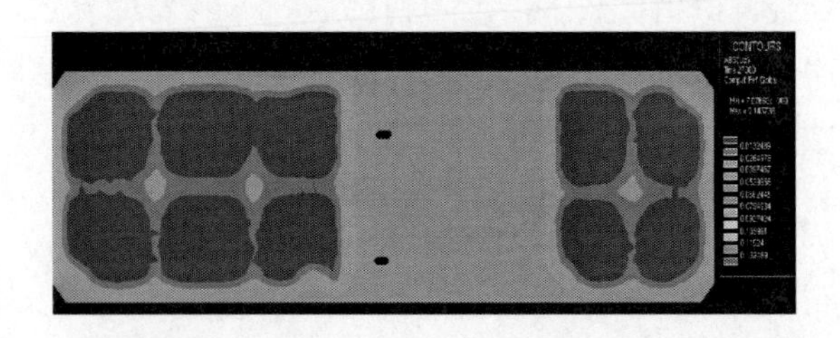

图5 27000s、610℃底板Z向（正面）

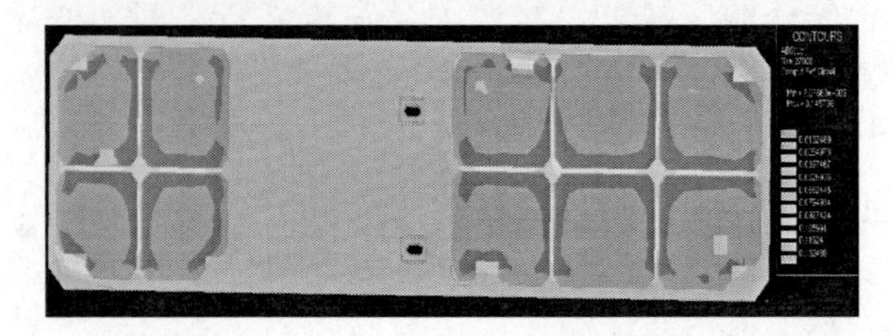

图6 27000s、610℃底板Z向（底面）

4 试验

基于以上分析结果，可以得出，底板在焊接过程中由于底部减重导致支撑变弱，导致底板与第4层之间的焊接面由于变形形成间隙，钎料熔化后不能依靠表面张力形成有效的焊接接触面，在冷却后在功能腔周围不能形成一个封闭的空间，电信号在该功能腔内产生不一致的衰减，导致天线性能发生偏差，不能满足设计要求。

针对上述分析结果，对天线结构进行优化设计和对比试验。将原来底板减重腔处的厚度2mm增加到6mm，提高底板刚度。经过焊接对比试验，经过优化后的天线性能指标满足设计要求，天线成品率达到85%，证明优化后的结构方案能够提高的天线在焊接过程中刚度，减少焊接变形，保证焊接面在焊接过程中不产生分层间隙。

5 结论

通过利用SYSWELD中的热处理模块对钎焊过程中的温度场、零件组织状态变化在焊接过程中的变形进行模拟，对钎焊零件的变形进行近似的模拟，得到其变形的趋势，对比两个组合零件在焊接过程中变形差异，从而判断钎焊缺陷位置，推动结构设计上进行优化设计，提高钎焊的焊接质量。

参 考 文 献

［1］ 赵越．钎焊技术及应用．第一版.北京:化学工业出版社,2004.
［2］ SYSWELD 2009 用户手册,ESI Group 2010.
［3］ 张光元．冷板的真空钎焊工艺仿真优化技术．2011年ESI中国论坛论文集．

钛合金构件的SYSWELD焊接模拟分析

苏　杭　常荣辉　倪家强

中航工业沈阳飞机工业（集团）有限公司，辽宁沈阳，110850

摘　要：本文针对典型钛合金焊接构件，采用SYSWELD焊接模拟软件进行计算，建立了三维模型并进行了网格划分，采用双椭球热源模型，对焊接过程进行了模拟分析，获得了温度场、焊接变形及应力分布规律并进行了分析，为改善焊接变形提供了借鉴依据。

关键词：焊接模拟；SYSWELD；双椭球热源模型。

1　引言

随着仿真技术的发展，仿真技术软件应用越来越广泛。SYSWELD软件是法国ESI集团开发的一款针对焊接热处理进行模拟计算的专业软件。该软件可以对材料的焊接性进行评估，通过模拟计算对焊接工艺进行优化，控制夹具位置，减少试验成本，节省生产成本，改善产品质量，提高使用寿命。

本文针对典型的焊接壁板构件，采用SYSWELD软件进行了模拟计算，对焊接变形、温度场分布情形进行了计算分析，为生产中改善焊接变形，提高产品质量提供了理论依据。

2　构件模型的三维网格划分

所选构件材料为钛合金TA15，底板δ2.0mm，立筋δ2.5mm，共7道焊缝，采用自动钨极氩弧焊工艺进行焊接。首先对该构件进行了网格划分，网格划分直接影响着计算的精度与效率，网格划分越细，计算精度越高但耗时也越长，网格划分越疏，计算速度越快但精度较低。因此为了提高计算精度，对焊缝处及附近区域的网格单元进行了细化，而远离焊缝处的区域对焊接变形影响不是很大，为了节省计算时间，网格划分较疏，划分后的网格图如图1所示。

图1　构件的网格划分模型

3　热源模型的校核

模拟仿真常用的热源模型有高斯热源模型、双椭球热源模型，根据热输入不同，选择不同的热源模型。本文所选构件采用自动钨极氩弧焊工艺进行焊接，因此采用双椭球热源模型进行计算。双椭球热源模型示意图如图2所示。

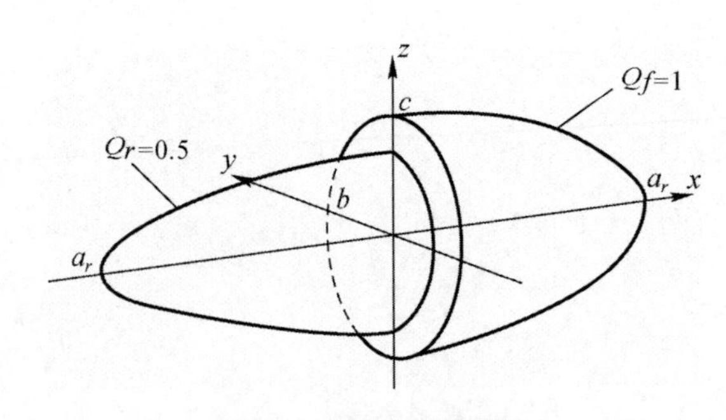

图2　双椭球热源模型

图中a_f、a_r、b、c为高斯参数，a_f是前半部椭球的长度，a_r是后半部椭球的长度，b为熔深的一半，c为熔宽的一半。本文所采用的焊接工艺为焊接电流380A，焊接电压9.2V，焊接速度9 cpm，熔深为8mm，熔宽为4mm，经过反复校正，最终确定了正确的热源函数，保存至函数库中，以备模拟计算时调用。

4　边界条件的设定

利用SYSWELD软件进行模拟计算，加载材料参数，设置焊接顺序、热交换条件、装夹条件、焊接起始及结束时间等，然后就可以进行计算了。本文实例由于有7道焊缝，焊接顺序的确定对于模拟结果会有很大影响，采用的焊接顺序如图3所示(黑点方向为焊接起始方向)。

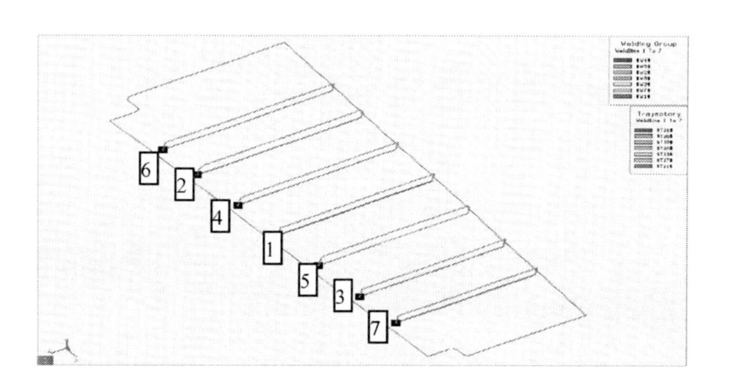

图3　焊接顺序图

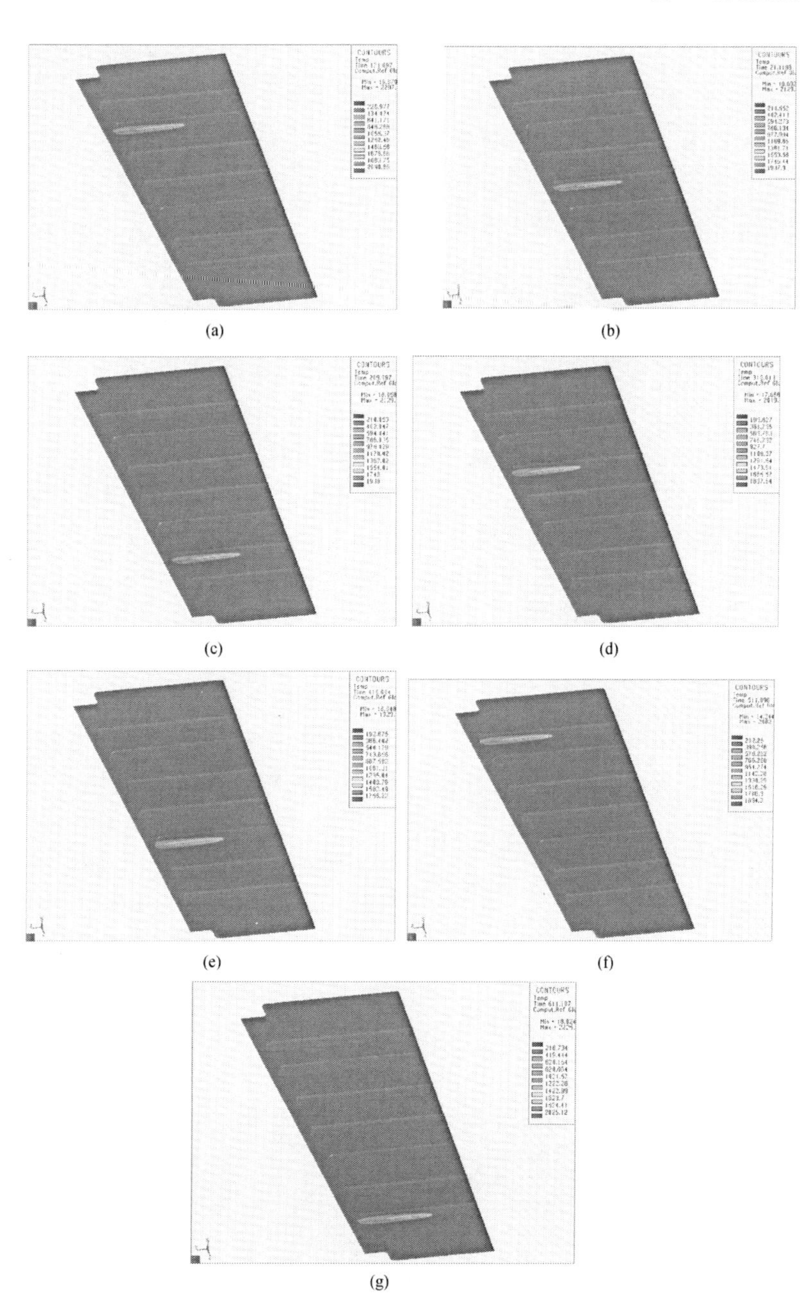

图4　温度场的分布

(a) 第一道焊缝的温度场分布；(b) 第二道焊缝的温度场分布；(c) 第三道焊缝的温度场分布；(d) 第四道焊缝的温度场分布；(e) 第五道焊缝的温度场分布；(f) 第六道焊缝的温度场分布；(g) 第七道焊缝的温度场分布

5 焊后温度场结果分析

对模拟计算后的温度场分布情形进行了分析，获得了温度场的分布情形如图4所示。

通过对温度场的分析可以看出，焊缝单元的温度随着焊接的进行迅速升高，温度场的形态也在不断的发生变化，焊接熔池随着热源一起移动。温度场的形态在整个焊接过程中大体上不发生变化。

6 焊接后变形分析

对焊接过程中的变形情况进行了模拟计算，获得的焊后冷却后的变形分布图如图5所示。

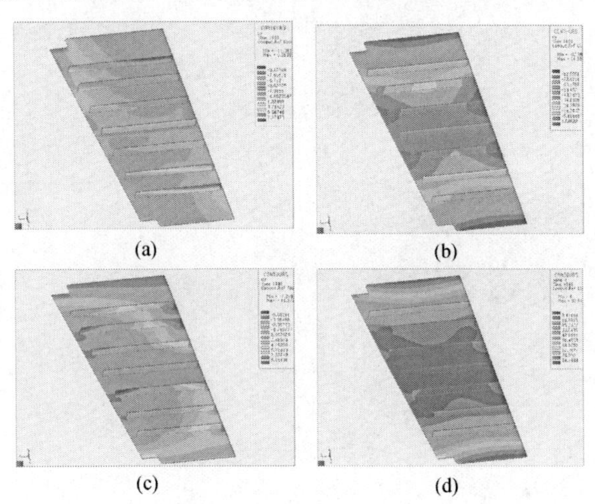

(a) (b) (c) (d)

图5 焊后变形分布图

(a) X方向变形；(b) Y方向变形；(c) Z方向变形；(d) 整体变形

对焊后变形情况进行了分析，由于焊缝的纵向收缩，底板在各道焊缝位置都发生了纵向的收缩变形，同时加强筋板也同样发生纵向收缩变形。获得的焊接变形量如表1所示。

表1 焊接变形 单位：mm

焊缝	X方向变形量	Y方向变形量	Z方向变形量	整体变形量
1	1.75	3.90	4.57	5.02
2	1.75	9.95	7.92	24.08
3	8.44	12.86	11.54	38.17
4	9.05	10.23	9.94	75.08
5	11.98	8.16	10.24	104.76
6	14.76	10.07	16.67	102.39
7	12.45	14.10	12.35	99
焊后变形	9.35	14.38	10.57	92.51

7 焊后应力分析

对焊后应力分布进行了模拟计算，如图6所示。

图6 焊后应力分布图

通过分析可以得出，在每条焊缝处应力较为集中，因此由于应力较大，在焊缝处易出现焊接缺陷，如焊缝开裂等，因此在实际焊接时要尤其注意。

8 结论

(1) 焊缝单元的温度随着焊接的进行迅速升高，温度场的形态也在不断的发生变化，焊接熔池随着热源一起移动，温度场的形态在整个焊接过程中大体上不发生变化。

(2) 由于焊缝的纵向收缩，底板在各道焊缝位置都发生了纵向的收缩变形，同时加强筋板也同样发生纵向收缩变形，焊完冷却后的翘曲变形量为92.51mm。

(3) 通过模拟分析，得出焊缝处的应力较为集中，易出现焊接变形。通过对典型焊接构件的模拟分析，为实际焊接生产中控制焊接变形提供了理论依据。

火焰温度对8V对接接头火焰矫正分析*

于金朋[1,2]　王贵国[2]　陈　辉[1]　刘春宁[2]　张立民[1]

1. 西南交通大学牵引动力国家重点实验室，四川成都，610031；

2. 唐山轨道客车有限责任有限公司，河北唐山，063035

摘　要： 针对铝合金构件的焊接变形的火焰调修过程中温度及温度/时间组合控制策略，提出了基于对8V对接焊缝数值仿真的温度循环曲线的火焰矫正方法，解决了热矫温度及温度/时间组合的控制策略，通过试验验证了基于数值仿真的温度循环曲线确定的温度及温度/时间组合可以直接应用于构件的焊后火焰矫正。其策略用于实际工艺优化，减少焊接变形的火焰矫正次数，降低了调修成本，进一步提高了热矫正效率和生产效率。

关键词： 铝合金；温度循环曲；火焰矫正；温度及温度/时间组合；数值仿真。

1　引言

铝合金焊接时，由于铝合金的导热性是钢的5倍，线膨胀系数是钢的2倍，焊接过程中由于急剧地非平衡加热及冷却，导致铝合金最大的焊接难点是焊接变形的控制。在实际制造生产过程中，为了避免由于部件焊接变形而导致的结构几何不完整性和不稳定性，保证几何尺寸精度，在部件焊接后对工序进行火焰

矫正变形。目前，关于火焰调修工艺技术研究主要是基于试验室试件的硬度和屈服强度测试来获取火焰矫正温度，既浪费时间，增加生产成本，又降低了生产效率。热矫正必须严格控制额外的热输入：一方面，热点、热线、热边的输入必须充足，以保证矫形成功；另一方面，不得超过一定的温度/时间组合。本文基于实验室研究的基础上，采用温度循环曲线的加热方法，通过数值仿真分析优化火焰矫正的温度及温度/时间组合，为铝合金焊后调修提供火焰矫正工艺参数。

2　火焰矫正概述

火焰加热前后焊接接头的硬度分布是以焊缝中心线为轴呈近似对称分布[3]。对于未加热的6系铝合金试板，焊缝中心硬度较低，焊缝两侧由于存在软化区，其硬度比母材的硬度低；经过火焰加热后的试板，当加热温度达到200℃时，焊接接头的力学性能较未加热的焊接接头相比略有降低；超过200℃后，热影响区和焊缝区的力学性能降低非常显著，且软化区的范围明显扩大，分别向两侧母材方向延伸。

3　火焰矫正数值仿真

3.1　研究对象

某6系铝合金T6状态，300mm×150mm的8V对接板材，焊缝长度300mm，焊接成对接接头形式如图1所示，基本焊接工艺参数如表1所示。

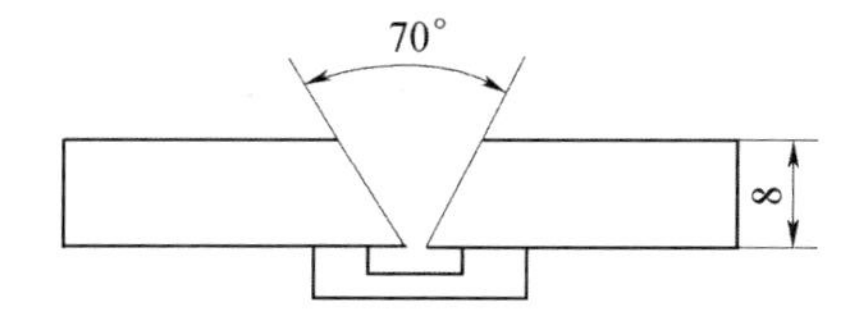

图1　8V对接焊缝坡口形式

表1　对接焊缝焊接工艺参数

焊道	工艺方法	焊材规格(mm)	电流强度(A)	电弧电压(V)	焊接速度(mm/s)	热输入(kJ/mm)
1	131	1.2	169	22.7	7.1	0.43
2	131	1.2	210	23.7	8.1	0.49
3	131	1.2	209	23.7	6.5	0.61
4	131	1.2	195	23.5	7.8	0.47

火焰矫正工艺条件：

* 基金项目：国家科技支撑计划资助项目（2009BAG12A04）和铁道部科技研究开发计划（2009J006—J）。

调修温度：200℃；

调修次数：200℃温度段各调修1次、2次、3次、4次；

调修方式：氧－乙炔火焰调修；

调修区域：焊缝区；

调修工艺：每次调修时间5分钟，每次调修后试件温度控制在50～60℃，再进行下一次的调修。

3.2 有限元模型

母材材质6系铝合金T6状态，填充材料ML5087，四面体单元26014个，节点20770个。装卡条件：右侧全约束，左侧约束 X/Y 方向。数值分析基本参数如表2所示。

火焰加热位置为焊缝的表面，如图2中圈出的区域为火焰矫正时加热位置。

表2 数值分析基本参数

部位	密度（kg/m^{-3}）	弹性模量（MPa）	泊松比
母材	2740	71000	0.33
填充材料	2740	71000	0.33

图2 火焰矫正的加热位置

3.3 仿真结果

设置了两侧是全约束装卡条件，在焊接过程中，最大变形量为0.7mm。焊接后的冷却后的应变场如图3所示。

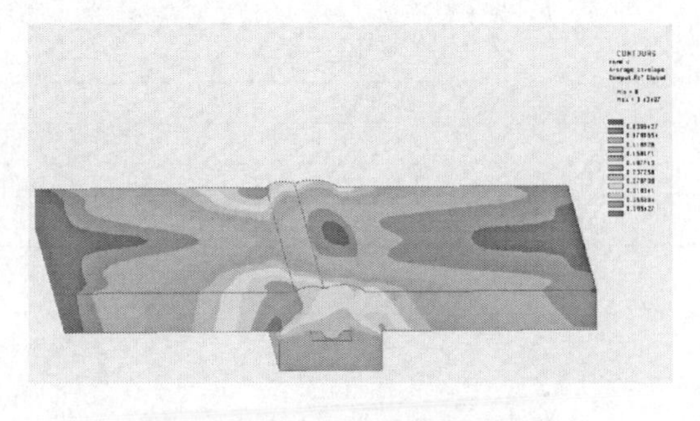

图3 焊后冷却至室温的应变场

经过4次调修后，调修区域的应力应变变化趋势如图4所示；在经历4次调修过程中，调修区域的温度变化曲线如图5所示。

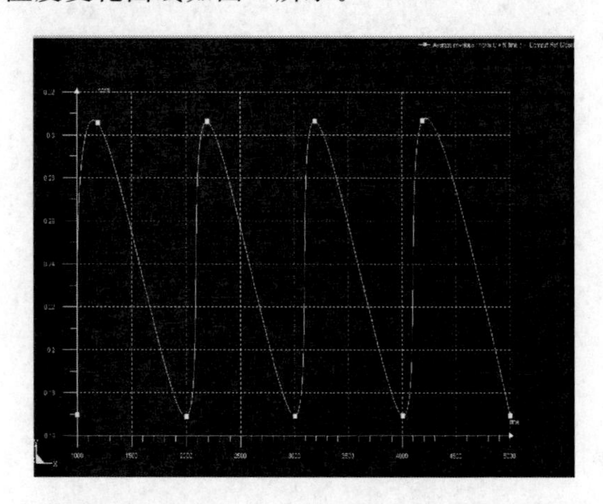

图4 焊接后至四次调修过程中调修区域的应变变化曲线

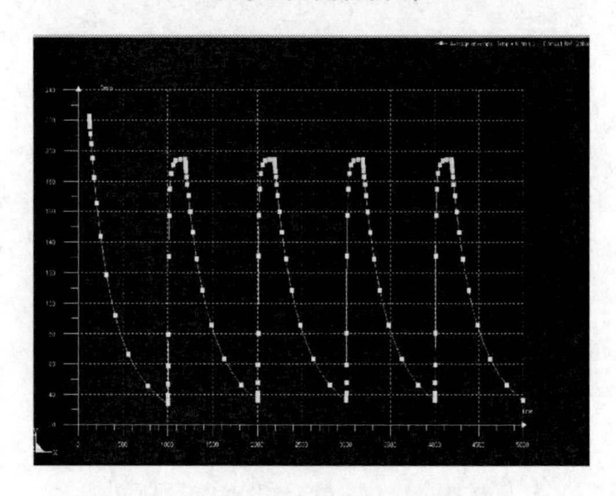

图5 焊接后冷却至四次调修的调修区域温度变化曲线

4 火焰矫正试验

在实验室对某6系T6的铝合金状态进行不同加热温度的多次火焰矫正调修试验：焊接方法tMIG/t131，检测温度22℃，填充材料ML5087，试件形状为矩形，调修过程中要控制试件的温度不能高于60℃，每次调修时间控制在5min以内，每批次试件为5个/组，调修温度选择200℃和300℃。

4.1 抗拉试验

以检测标准ISO 4136为试验依据，以试件的抗拉强度应不低于180MPa为定量衡量依据，评估火焰矫正的温度及温度/时间组合对焊接接头的抗拉强度的影响。

火焰矫正温度为200℃时，不同调修次数的抗拉强度变化曲线如图6所示。

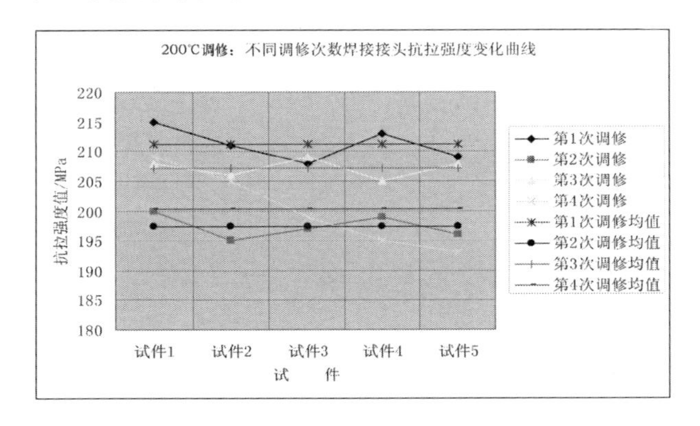

图6　调修温度为200℃时，不同调修次数的抗拉强℃变化曲线

分析上述试验结果可以得出：第一、第二和第三次调修的抗拉强度变化趋势比较稳定，第三次调修抗拉强度变化幅度较大。

火焰矫正温度为300℃时，不同调修次数的抗拉强度变化曲线如图7所示：

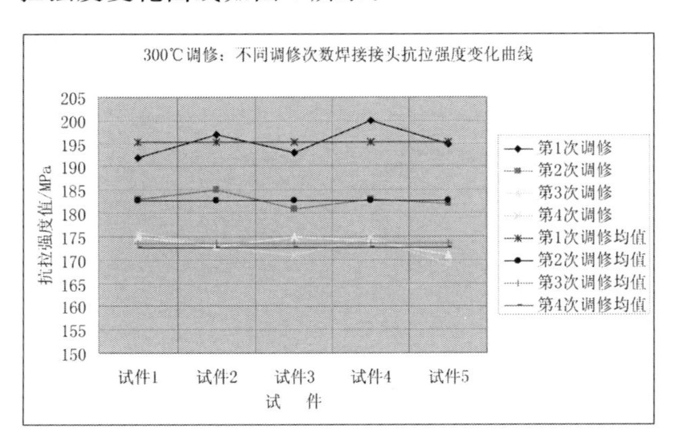

图7　调修温度为300℃时，不同调修次数的抗拉强度变化曲线

分析调修温度为300℃的调修试件的抗拉试验结果可以得出：每次调修抗拉强度的变化趋势比较稳定，但除第一次调修外，其他次调修后焊接接头的抗拉强度均低于了许用值。

小结：在加热温度为200℃、调修间隔时间5min、试件温度控制在50℃时，调修温度及温度/时间组合能够满足试件火焰矫正的需求；随着加热温度的升高，焊接接头的抗拉强度下降非常明显，甚至低于许用值。

4.2　弯曲试验

以检测标准DINEN 910为检测依据，对调修温度200℃的试件进行三点弯曲试验（弯曲角度180°，压头直径80mm，支辊间距100mm），面/背弯的弯曲试验的结果均未发现缺陷，说明调修温度200℃未造成焊接接头的母材、热影响区和焊缝的弯曲性能的明显降低。

4.3　金相试验

以试验标准ISO 17639为依据，利用试验检测仪器ZEISS Axiovert 40 MAT，对经过第一、第二、第三和第四次调修后焊接接头的母材、热影响区和焊缝的金相进行观察和分析得出：调修温度200℃的不同调修次数的试件的母材、焊缝区和热影响区的金相组织观察均未发现微观裂纹，说明调修温度及温度/时间组合为对焊接接头的母材、热影响区和焊缝的微观组织结构没有微观裂纹产生。

调修温度为200℃时，每次调修后焊接接头的热影响区的金相组织的200倍显微观察如图8。

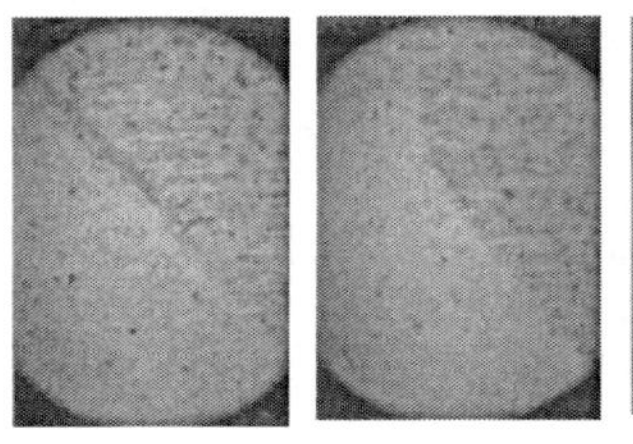
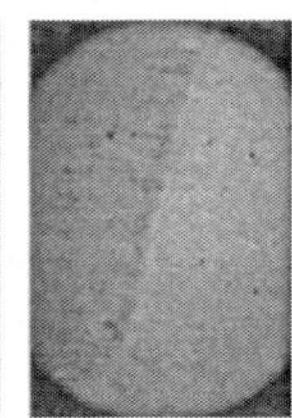
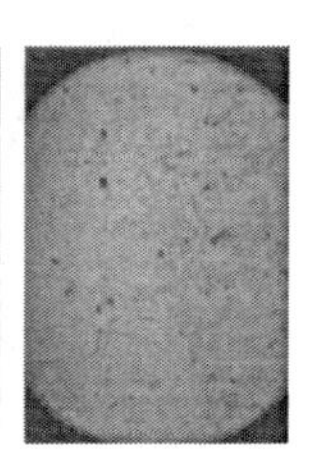

图8　200℃调修时一、二、三和四次调修后热影响区金相图

小结：本试验铝合金为6系T6状态，母材的抗拉强度275MPa，是通过T6状态时效处理获得的。当加热温度超过200℃后，焊接接头的强度明显低于未加热接头的强度，且断裂区都是硬度较低的区域。这是因为在焊接热循环[1,2]的作用下，在靠近焊缝处的母材组织（即热影响区）发生了变化，引起其力学性能随之改变。热影响区的组织梯度变化大，依次为局部熔化区、淬火区和软化区。[1,2]

火焰矫正是一种与焊接加热、与焊接冷却相似的温度变形过程。当矫正加热温度超过一定的温度值时，加热温度超过原有的时效处理温度，但温度又未达到固溶温度，会出现过时效效应，导致硬度和抗拉强度降低，使得已经经受焊接热循环影响的热影响区再度软化。

5 结束语

通过对温度循环曲线的数值仿真结果及试验结果分析，热矫正过程中加热温度及温度/时间组合最佳工艺技术条件是：

(1) 火焰加热最高温度不能超过 200℃。

(2) 每次调修间隔时间控制在 3～5min：在实际的铝合金焊接结构的调修过程中一般施加 2～3 次热矫正就可以实现变形量 3～5mm 的矫正，只有个别的要通过 4～5 次才可以实现 6～8mm 左右的调修变形量。

(3) 调修时工件温度控制：随调修次数的增加，调修量会呈现下降趋势，为了提高调修效果和降低材料力学性能，每次调修间隔时间最好是以工件的温度降低至 50～60℃为宜。

通过仿真计算与试验对比分析可以得出，仿真计算提取到的温度循环曲线，符合调修工艺的实际情况，减少了焊接变形的热矫正次数，提高了热矫正效率，降低了调修成本，提高了生产效率。

参考文献

[1] 拉达伊 D. 焊接热效应，温度场、残余应力、变形[M]. 熊第京等译．北京：机械工业出版社，1997.

[2] 水野政夫，蓑田和之，阪口章．铝及其合金的焊接[M]. 许慧姿译．北京：冶金工业出版社，1985.

[3] 姜澜，王炎军，刘爱军，魏绪钧．火焰矫形对高速列车用铝合金焊接接头组织和性能的影响．材料热处理学报，2004. 6.

[4] 戴静敏．高速列车用大型挤压铝型材[J]. 轻合金加工技术，1995.

[5] 汪明朴，王志伟，王正安，等．地铁列车用 7005 铝合金力学性能及微观结构分析[J]，中国有色金属学报，2003.

[6] 曾渝，彭志辉，潘青林，等．AI－Mg－Si 系中强挤压铝合金[J]. 湖南有色金属，2001.

[7] 戴静敏，吴云兴．车辆用铝合金的性能及其应用(上)[J]. 机车车辆，1994.

[8] 蒙多尔福．铝合金的组织与性能[M]. 北京：冶金工业出版社，1988.

[9] 尹志民，张爱琼，王炎金．6005A 铝合金型材焊接接头组织与性能[J]. 轻合金加工技术，2001.

基于局部-整体方法的货车底门焊接变形有限元分析及工艺优化

刘海鹏　谷志飞　班永华

内蒙古一机集团工艺研究所

摘　要：本文运用有限元计算软件 SYSWELD 对货车底门拼焊过程进行模拟分析。有限元模型模拟采用局部-整体方法，充分考虑焊接过程中特定工艺条件。发现了焊接过程变形规律，并对不同焊接装配工艺方案可行性进行仿真分析，确定了最优化的工艺方案，并获得了可接受的变形。

关键词：有限元；焊接装配；变形；局部-整体方法。

1　引言

货车底门是铁路货车的重要部件，其生产批量大，使用要求高，在生产过程中面临的主要问题，是如何控制焊接变形和焊接残余应力。焊接残余应力和变形不但可能引起热裂纹、冷裂纹、脆性断裂等缺陷，而且在一定条件下将影响结构的承载能力，如强度、刚度和受压稳定性等，除此之外还将影响到结构的加工精度和尺寸的稳定性，从而影响结构质量和使用性能，因此对焊接应力和变形进行深入的研究和有效的控制有着重要的现实意义。其中，焊接变形是影响该部件后续安装的关键问题。目前，通常采用退火、焊前预热、焊后校正等工艺，来降低或消除焊接残余应力与变形。但这样导致生产周期延长，制造成本增加。因此，探究该部件合理的焊接工艺，在焊接生产过程中变形控制就显得尤其重要。计算机技术与焊接的结合将全面地提升焊接技术水平，缩短产品的设计和试制周期等。将其用于预测焊接的应力、应变场的分布特性，可辅助工艺人员进行工艺优化，尤其将模拟仿真技术应用于大型装配焊接件的生产，更能体现其价值。本次研究通过对货车底门不同焊接装配工艺方案可行性进行仿真分析，发现了焊接过程变形规律，并确定了最优化的工艺方案。使试件达到可控制变形，缩短了产品试制周期，降低了生产成本，提高了产品的综合合格率。

2　研究过程

2.1　研究思路

构件的主要厚度为 5mm，有一块板厚为 6mm。本次研究根据焊接构件的特点采用局部一整体方法（见图 1），该方法是采用将局部（Local）模型模拟的计算结果映射到整体（Global）模型模拟上的方法，以减小模拟分析薄板焊接变形问题时的计算数据量及时间。Local 模拟表明在焊接过程中高温和材料的非线性集中出现在焊缝周围的很小区域内，在这个区域内存在较大的内应力。Global 模拟表明焊接装配结构的变形是由焊缝周围的局部内应力引起的，焊接装配结构的整体变形可认为是弹性的。因此在考虑到温度、冶金、机械方面的情况下，对细化的焊缝区三维实体有限元模型进行局部塑性应变计算，然后再把从局部模型得到的残余塑性应变和焊缝刚度，利用宏单元技术转换到整体壳（shell）单元模型中，对结构变形做出预测。

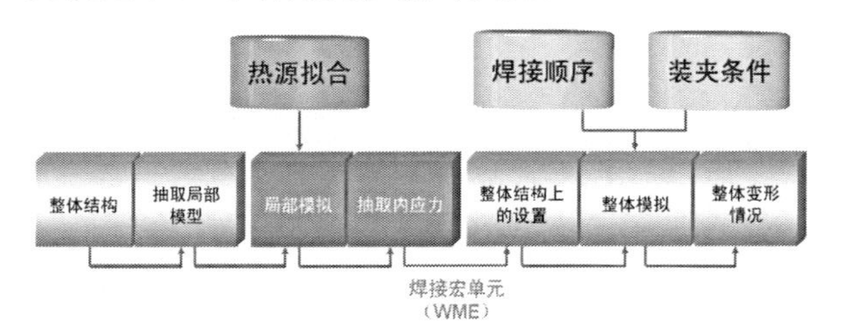

图 1　焊接仿真数值模拟方法

2.2 焊接模型的建立

2.2.1 材料特性

货车底门采用材料为耐候钢，牌号 09CuPCrNiA。由于软件内置的材料库中没有这个钢种，而针对一个钢种建立材料库需要大量时间以及资金支持，为了更经济、更快速地解决生产难题，因此选择与该钢种碳当量相近的钢 $16MnCr_5$ 代替。具体成分对比见表 1。

表 1 材料成分

牌号	C	Si	Mn	S	P	Cr	Ni	Ceq
09CuPCrNiA	<0.12	0.25～0.75	0.2～0.5	0.04	0.07～0.15	0.3～1.2	<0.65	0.18～0.27
$16MnCr_5$	0.14～0.19	<0.40	1.0～1.3	<0.04	<0.04	0.8～1.1	-	0.24～0.32

2.2.2 物理模型

通过对实际生产过程中主要焊接部位及其结构进行分析，将零件物理模型抽象简化后建立三维实体图如图 2。

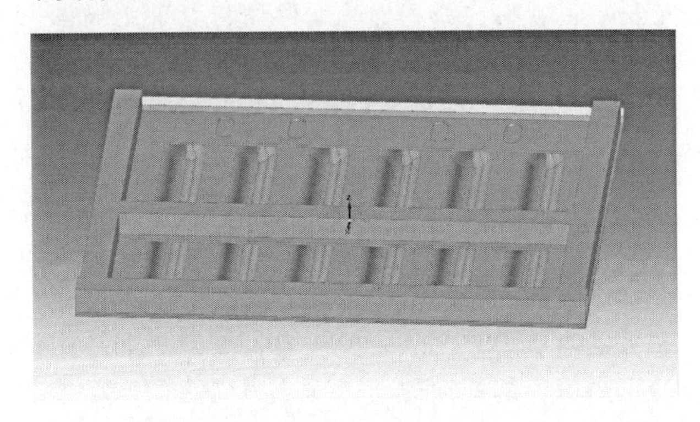

图 2 货车底门简化三维图

2.2.3 有限元模型

仿真分析前应对三维模型进行网格划分处理以适应有限元计算方法的需要。网格划分和时间步长设置将直接影响以后的模拟结果。对于焊接，局部模型存在非常强烈的非线性特征，材料经过高温、相变、冷却后会有残余应力，因此对焊缝附近需要详细的模拟。而作为整体结构而言，可能又体现为弹性变形，这些区域采用线弹性分析即可。焊接过程温度梯度极大，在时间空间上均表现出显著的非线性特征，为在保证计算精度的前提下尽可能提高计算效率，缩短计算时间，在网格划分时，焊缝及附近区域较精细，远离焊缝区域相对粗大，既保证在焊缝及附近区域数据的准确，又减少整体计算所需要的节点。

几何模型的有限元离散需根据模型的几何特征以及模拟方法的特点进行网格划分。模拟采用 Local-Global 方法，由于该方法存在二维单元和三维单元的连接，因此在划分整体网格时需要对焊缝部位进行局部调整，以适应与 Local 模型网格进行连接。每一个焊缝部位需要反复的修改，直到 Global 模型能够与 Local 模型连接并且不影响计算精度。整体模型网格划分后如图 3 所示。单元总数 108805 个，节点总数 106966 个，其中一维单元 2191 个，二维单元 106614 个。

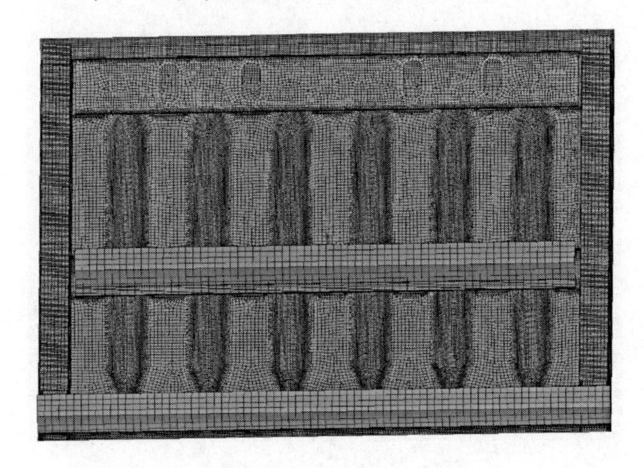

图 3 三维模型的有限元网格划分

2.2.4 边界条件

对其力学的边界条件作相应简化，由于该构件在焊接时采用的是自由状态，因此可抽象为三点约束，分别在 *XYZ*、*XY*、*X* 方向进行刚性约束，避免模型计算时产生刚性位移，如图 4 所示。

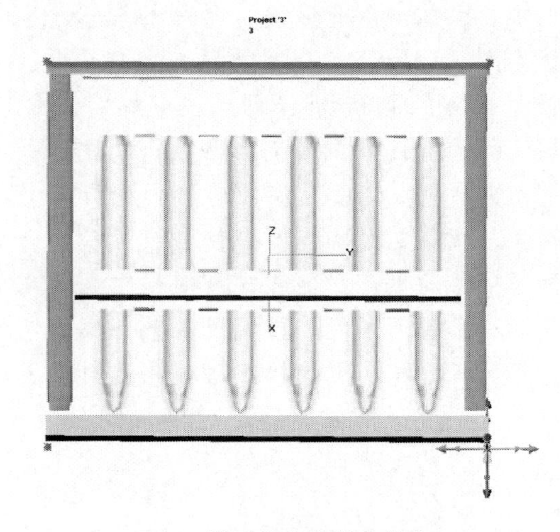

图 4 模型的力学约束状态

焊接过程在空气介质中进行，无预热、急冷和后热措施，因此设定其热学边界条件为：在空气介质环境中进行辐射和对流换热，母材与环境初始温度均为15℃。

2.2.5　焊接热源

焊接过程数值模拟中，温度场的模拟是最基本的工作，然后是应力和应变场的模拟。温度场的模拟是对焊接应力场、应变场及焊接过程中其他现象进行模拟的基础，通过温度场的模拟可以判断固相和液相的分界，能够得出焊接熔池的形状。焊接温度场准确模拟的关键在于提供准确的材料属性，热源模型与实际热源的拟合程度，热源移动路径的准确定义，边界条件是否设置恰当等。

为了计算焊接过程中的热循环人们提出了一系列的热源计算模型，其中主要的有：解析模式、高斯热源分布模式、双椭球热源模式等，解析模式热源的特点是以集中热源为计算方法的基础，假定热物性参数不变，不考虑相变与结晶潜热，对焊件的稽核形状简单归于无限的（无限大，无限长，无限薄）计算结果对于远离熔合线的较低温度区（<500℃）较准确；高斯热源分布模式可以引入材料性能的非线性，可提高高温区的准确性，但仍未考虑电弧挺度对熔池的影响；双椭球热源模式如图5所示，充分考虑了焊接过程中热源前端温度的陡变，而后端温度变化比较慢的特点。虽然计算量大，但随着科技的进步，计算机性能的提高，这种热源形式已经较多地应用于焊接有限元分析当中。

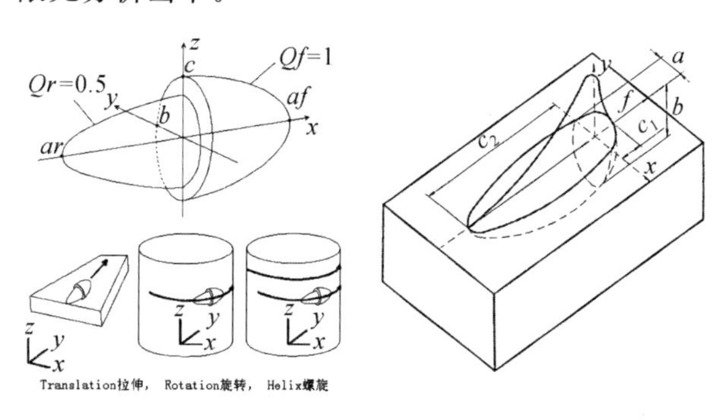

图5　双椭球热源模型

前、后椭球的热分布函数分别是：

$$Q(x,y,z)=Q_f\exp\left(-\left(\frac{x^2}{a_f^2}+\frac{y^2}{b^2}+\frac{z^2}{c^2}\right)\right)$$

$$Q(x,y,z)=Q_r\exp\left(-\left(\frac{x^2}{a_r^2}+\frac{y^2}{b^2}+\frac{z^2}{c^2}\right)\right)$$

其中：Q_f、Q_r分别为前、后两椭球的能量输入；a_f、a_r、b、c为高斯参数，a_f、a_r分别表示前、后椭球的长度，b影响熔宽，c影响熔深。

本次模拟采用双椭球热源模型作为焊接热源。模拟热源见图6和图7。经与实际焊接热源校核无误后用于仿真计算。

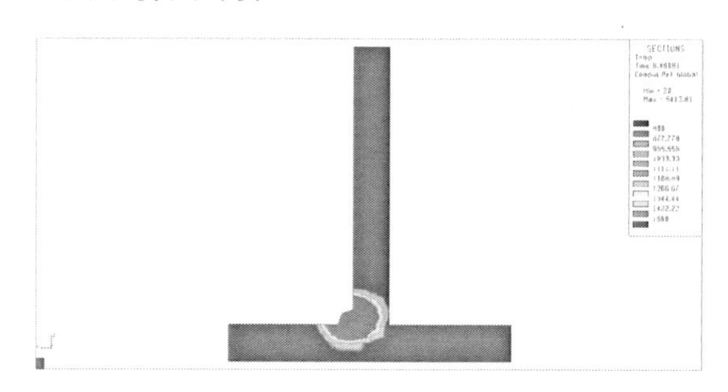

图6　T型接头

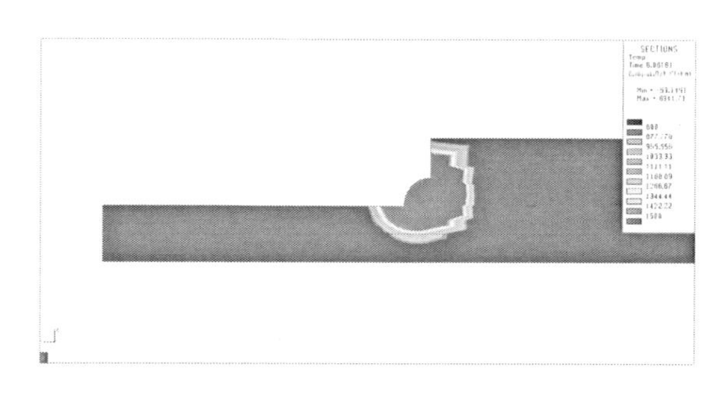

图7　对接接头

3　模拟结果及分析

按照不同的顺序分步骤焊接分为7个方案。其中1～4方案为22道焊缝，5～7方案为29道焊缝。

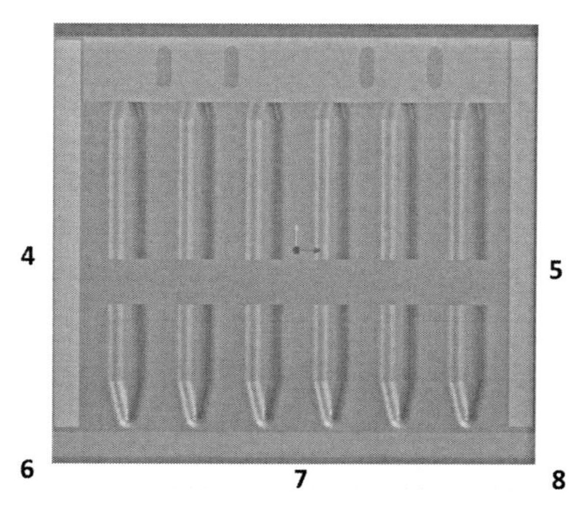

图8　焊接后部件的8个测量位置

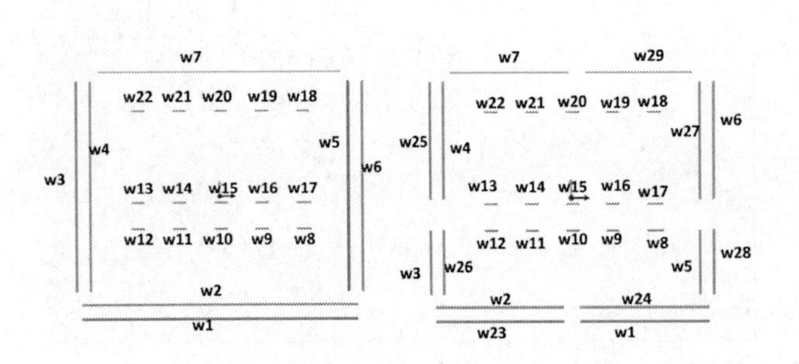

图9 焊缝位置

本次研究主要针对不同的焊接顺序研究变形规律，由于底板为较大的薄板，在7个方案结果中先焊接中间的梁对底板起到了加强的作用，最终的焊接变形较小。采用较对称的焊接顺序比对称性低的焊接顺序最终变形小。具体的模拟结果云图见表2。

表2　不同方案模拟结果

序号	焊接顺序	模拟结果
方案1	W1→W2→W3→W4→W5→W6→W7→W8→W9→W10→W11→W12→W13→W14→W15→W16→W17→W18→W19→W20→W21→W22	
方案2	W8→W9→W10→W11→W12→W13→W14→W15→W16→W17→W1→W2→W3→W4→W5→W6→W7→W18→W19→W20→W21→W22	
方案3	W8→W9→W10→W11→W12→W13→W14→W15→W16→W17→W3→W4→W5→W6→W1→W2→W18→W19→W20→W21→W22→W7	
方案4	W8→W9→W10→W11→W12→W13→W14→W15→W16→W17→W1→W2→W18→W19→W20→W21→W22→W7→W3→W4→W5→W6	

续表

序号	焊接顺序	模拟结果
方案5	W8→W9→W10→W11→W12→W13→W14→W15→W16→W17→W18→W19→W20→W21→W22→W7→W29→W1→W23→W2→W24→W3→W25→W4→W26→W5→W27→W6→W28	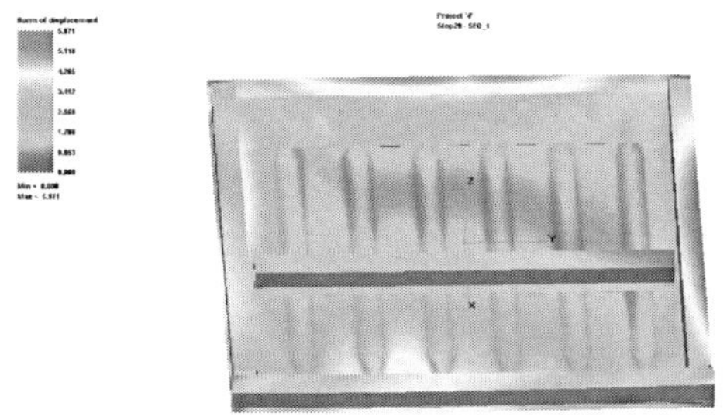
方案6	W3→W25→W4→W26→W5→W27→W6→W28→W1→W23→W2→W24→W7→W29→W18→W19→W20→W21→W22→W8→W9→W10→W11→W12→W13→W14→W15→W16→W17	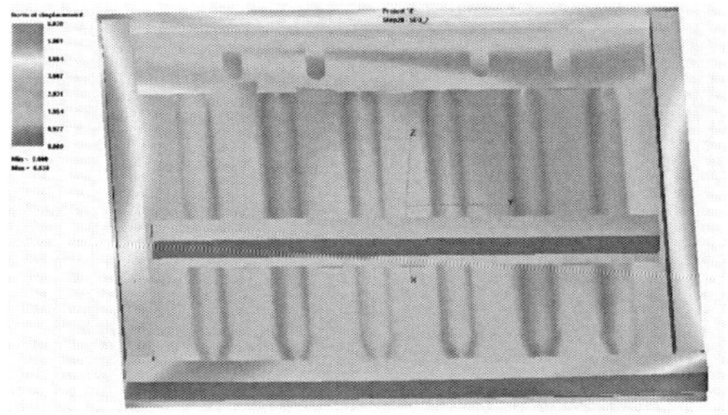
方案7	W8→W9→W10→W11→W12→W13→W14→W15→W16→W17→W3→W25→W4→W26→W5→W27→W6→W28→W18→W19→W20→W21→W22→W7→W29→W1→W23→W2→W24	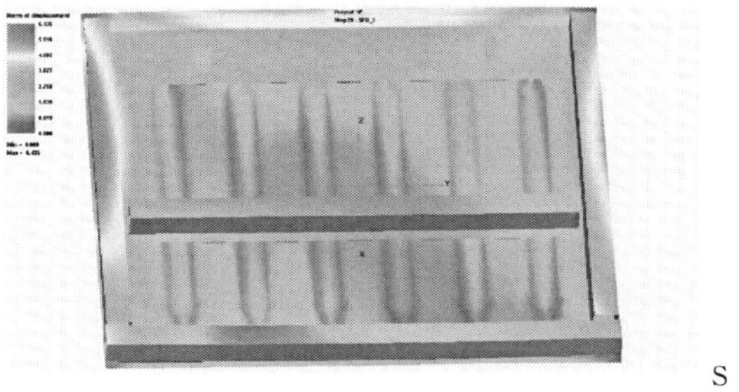

完成各方案的模拟后，对图8中的8个测量位置变形量进行对比。详细结果见表3。变形主要集中在2、4、5、7四个位置，其中4、5两个位置的变形容易校正，2、7两个位置的变形校正困难。在7个焊接工艺方案中，方案1为目前执行的方案，其变形趋势与实际生产一致，变形量与实际生产接近。方案2、3两侧梁变形量较大。方案5、6、7均把7道长焊缝拆分为14道较短焊缝，其中方案6两侧梁及加强版和底梁均有较大变形。方案4与方案5、7变形趋势及大小接近，由于方案4焊缝数量少，其效率较高。因此选用方案4进行试生产。其最大变形量降低24%。变形位置在4、5号位置，容易校正。

表3　各方案变形趋势、分析及评价

序号	变形趋势	分析及评价
方案1	2号位置变形量最大达到8.4mm，7号位置变形量较大为6mm	原始方案，变形量大且校正困难。变形控制差
方案2	5号位置变形量最大达到8mm，4号位置变形量为7mm，2号、7号为4～5mm	变形量较大，位置较多。变形控制差
方案3	5号位置变形量最大达到8mm，4号位置变形量为7mm，2号为6mm	变形量较大，位置较多。变形控制差
方案4	4号位置变形量最大达到6.4mm，5号位置变形量为5mm，2号为4mm	变形量小，容易校正。变形控制好

续表

序号	变形趋势	分析及评价
方案5	5号位置变形量最大达到6mm，4号位置变形量为5mm，2号、7号为4～5mm	变形量小，校正困难。焊缝数量多，效率低，变形控制较好
方案6	4、5、8号位置变形量最大达到6.8mm，2号为4.8mm	变形量较大，位置较多。变形控制差
方案7	4号位置变形量最大达到6.4mm，5号位置变形量为4.5mm，2号为4.5mm	变形量小，校正困难。焊缝数量多，效率低，变形控制较好

4 结论

（1）采用局部一整体方法对货车底门焊接过程进行了仿真，通过仿真分析再现了原生产工艺的不足之处，通过与生产现场的变形趋势进行对比，表明该方法用于薄板焊接仿真是可行的。

（2）通过对焊接结构的不同工艺方案进行仿真分析，实现对于特定焊接工艺条件下焊接结构的变形进行预测，并通过对焊接顺序、装夹条件等进行优化，选出了最优化工艺方案。使最大变形量比原工艺方案减少了24%，且变形位置容易校正。

（3）货车底门在制造过程中，焊接变形是不可避免的，只能采取合理的焊接工艺和工装设计等措施控制变形，通过焊接仿真技术模拟结合传统经验的变形控制方法，确定变形控制措施的合理性及有效性，调整优化变形控制措施，达到为工艺设计提高可靠依据，缩短产品生产周期，保证货车底门的尺寸精度和装配要求的目的，提高了产品综合质量。

基于VISUAL平台焊接工艺模板开发流程定制研究

董　雯[1]　钟　奎[1]　文　超[1]　朱小武[2]　刘北南[2]　张　宏[2]
1. 南车戚墅堰机车车辆工艺研究所有限公司，江苏常州，213011；
2. ESI中国

摘　要：本文基于ESI公司最新的VISUAL Environment平台，结合南车戚墅堰工艺研究所焊接工艺流程，进行焊接模板流程定制，实现焊接仿真建模、网格、前处理、后处理和结果报告生成操作自动化，从而有效提高焊接仿真在工厂的使用效率。

关键词：VISUAL Environment；焊接；自动化。

1　前言

对于焊接工艺仿真分析，传统的方法是用网格软件导入几何模型进行网格处理，用SYSWELD软件进行调热源、前处理参数设置，然后求解后处理查看结果，用户手动完成仿真结果报告生成。这种方法对于工厂而言，过程比较繁琐，且对操作人员的要求比较高，这无形中提高了软件的使用门槛，使软件不能最大程度地发挥其价值。而基于工厂焊接工艺的模板的定制就可以很好地解决这些问题，使用户用起来更加简洁、快捷。

2　模板流程定制

ESI公司的VISUAL Environment，致力打造的新一代CAE仿真工作平台，目前在该平台上集成有ESI公司VP/VM/VE软件的前后处理模块，即在这一个平台上可以实现模型导入、网格处理、前后处理操作等工作流程，同时该平台是一个开放平台，可以与其他CAE软件或CAD软件实现集成；带有专业的流程定制开发模块，可以满足客户深层次的专业定制，并且支持中文操作界面。

南车戚墅堰工艺研究所与ESI公司，结合戚墅堰典型焊接接头基于VISUAL Environment平台定制开发了焊接工艺流程模板，模板工作流程如图1。

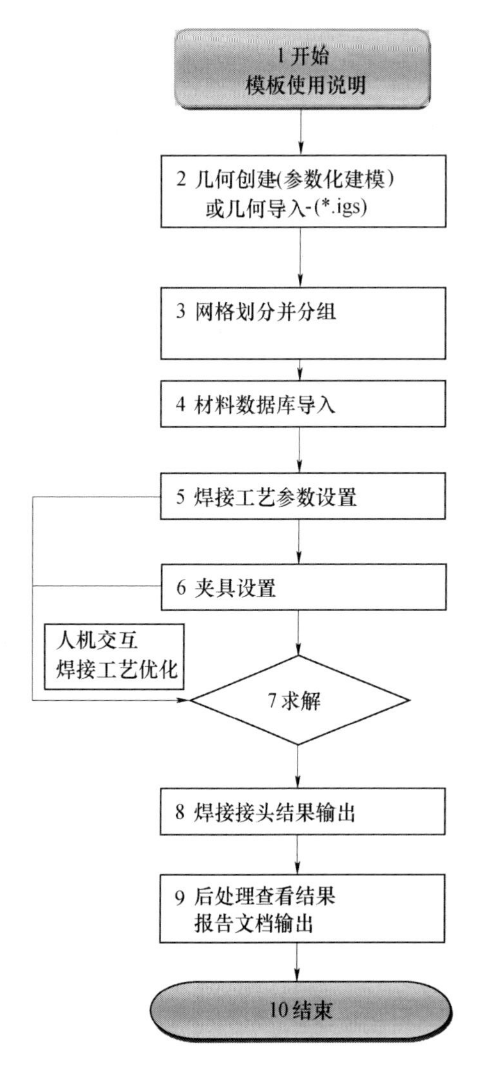

图1　焊接接头仿真流程图

1. 开始模块

启动焊接接头仿真流程，设置工作路径。如果是已有的流程配置文件，可以选择相应的配置文件，对此配置文件进行修改，并生成新的仿真前处理文件（不会改变已有仿真文件）。

同时在开始模块中还带有中文模板使用说明，方便后续模板流程操作与设置。

用户界面见图2。

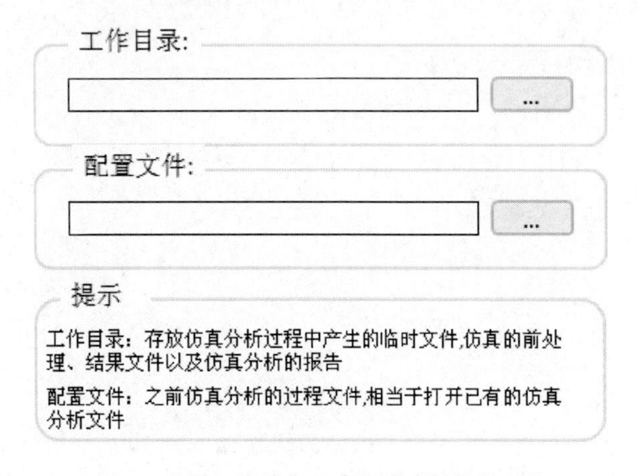

图2　设置工作路径示意图或选择配置文件

2. 几何创建/导入模块

此模块的功能为参数化建模（仅限于典型焊接接头）或导入三维造型软件创建好的模型。将设计好的接头CAD模型导入系统当中，CAD文件可以是＊.igs。

用户界面见图3。

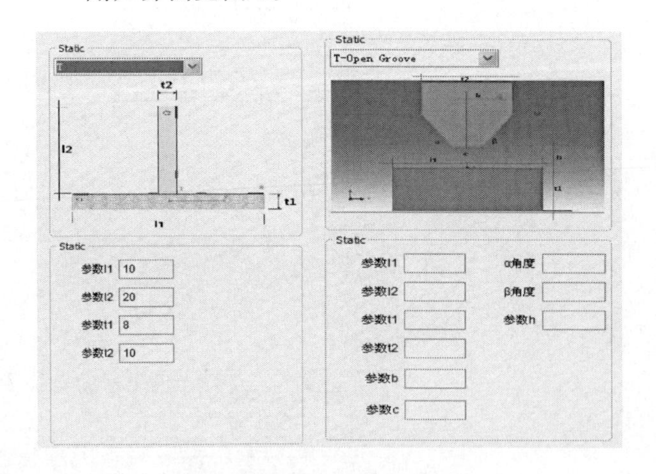

图3　参数化建模和导入模型

3. 接头网格划分模块

此模块主要的功能为创建或导入的几何模型进行网格划分并分组。该模块是通过定制集成VISUAL-mesh和SYSWELD网格划分功能，实现典型焊接二维自动划分，三维局部手工调整。

用户界面见图4。

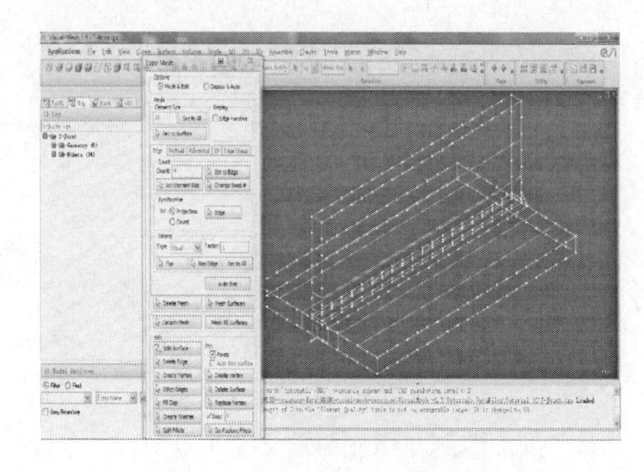

图4　网格划分

4. 材料数据库创建和导入模块

此模块的主要功能是创建和导入材料数据并施加于几何模型上。

用户界面见图5。

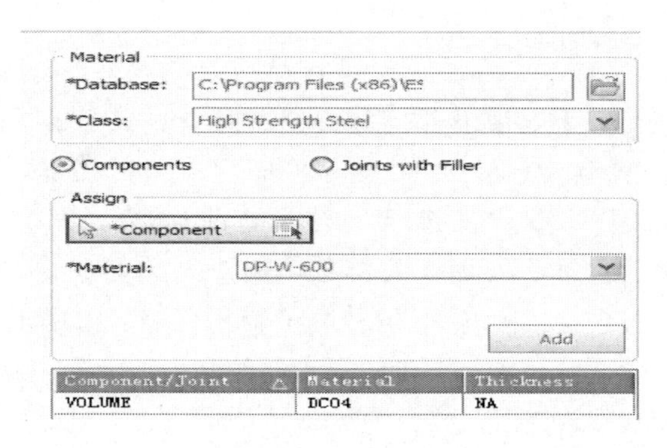

图5　导入材料并施加

5. 焊接工艺参数设置模块

此模块的主要功能是实现焊接工艺参数输入功能，通过该功能可以导入实际的焊接工艺参数。

用户界面见图6。

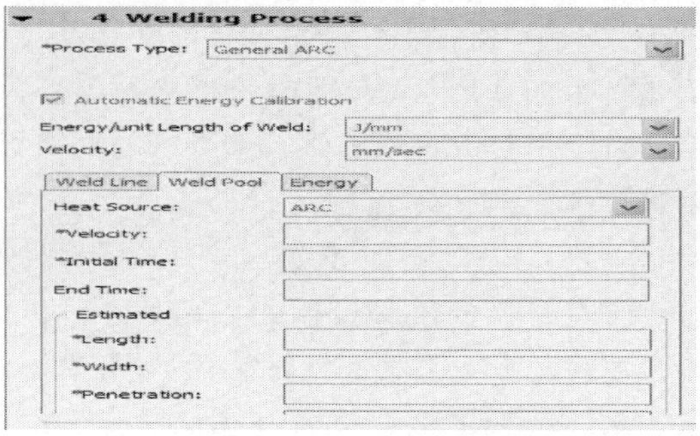

图6　焊接工艺参数设置

6. 夹具设置模块

此模块的主要功能是实现零件夹具夹持约束

的功能，此模块带有用户自定义夹具数据库。

用户界面见图 7。

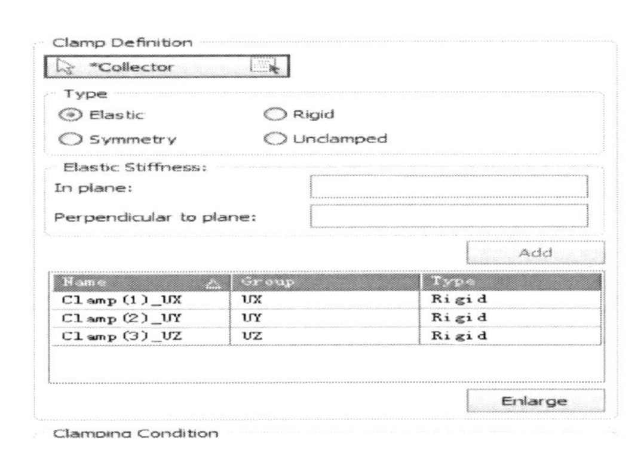

图 7 夹具设置

7. 求解模块

此模块的功能为生成求解文件，然后利用 SYSWELD 求解器对模板定义的参数进行求解以便生成后处理所需的温度、变形和应力结果。

用户界面见图 8、图 9。

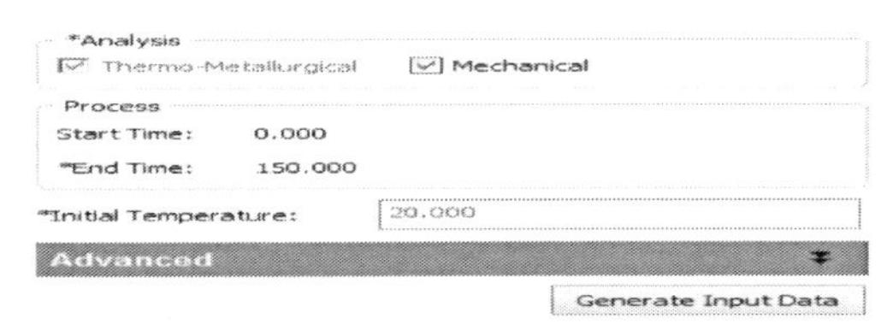

图 8 生成求解文件

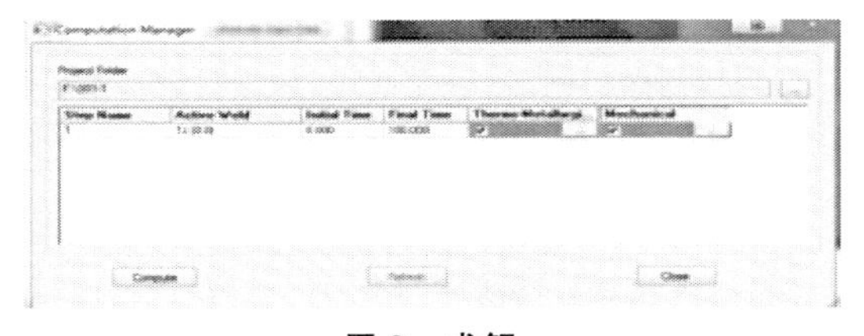

图 9 求解

8. 焊接接头结果输出模块

此模块的主要功能是实现焊接接头结果输出到指定工作路径下，同时支持焊接接头截图输出保存。产品焊接仿真需要该模块功能，除此可以跳过该模块。

用户界面见图 10。

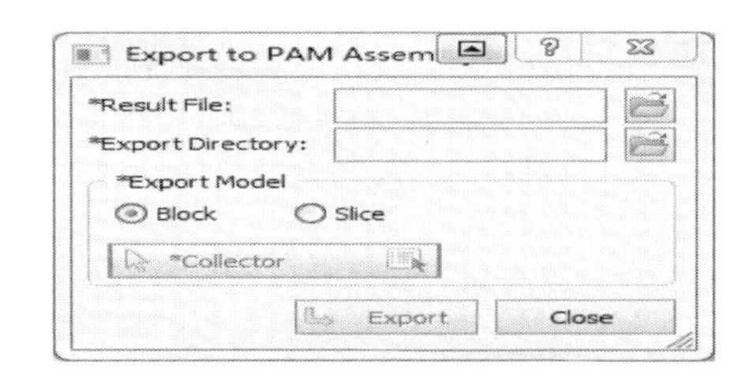

图 10 接头结果输出

9. 后处理查看模块

此模块的主要功能是基于 VISUAL-viewer 实现结果显示和分析，同时能根据用户自定义的报告模板来生成结果报告。

用户界面见图 11。

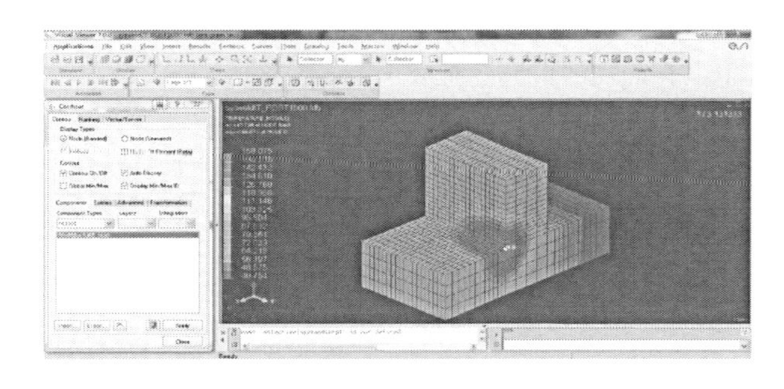

图 11 后处理查看程序

10. 结束程序模块

此模块的主要功能为结束所启动的工艺流程，正常退出程序以及查看相关的信息。

3 结论

本文采用 VISUAL Environment 平台结合南车戚墅堰工艺研究所典型焊接工艺，定制开发了焊接工艺模板，实现了焊接工艺仿真建模、网格、前处理、后处理和结果报告生成操作自动化和中文化，更加切合工厂实际的使用。

SYSWELD 在热处理加热模拟中的参数修正

雷晓娟　沈丙振

洛阳矿山机械设计研究院，河南洛阳，471039

摘　要： 本文研究对轧辊加热过程进行测温，利用得到的温度曲线修正 SYSWELD 加热过程中的热交换系数和材料的导热系数，得到较为精确的模拟结果，修正得到的参数可以用于以后的热处理模拟。并指出炉气界面换热系数对工件的加热温度场是主要影响因素，如果工件材料成分相差不大，可以使用相同的导热系数。该研究有助于热处理数值模拟技术的进一步推广应用。

热处理过程是热、组织、应力相互耦合的复杂非线性物理过程，不仅包括了零部件材质的特性，在热处理中化学元素扩散、热、相变和力学行为的相互作用，还包括了淬火介质特性的影响。数值模拟技术作为一种有效的热处理研究手段，近年来得到广泛关注。热处理数值计算模型和相关软件如 Deform-HT、sysweld 及部分自主开发的模拟软件已经逐步成熟，并已成功应用于实际热处理过程。

然而，制约热处理模拟技术推广和应用的关键是缺乏热处理模拟所需的参数。缺少大量的热处理实验验证，得不到可靠的材料特性和淬火介质传热特性，无法保证热处理数值模拟的精度。热处理模拟所需的材料参数和淬火介质参数随组织和温度的变化而变化，还没有一种理论能够直接获得这些参数。每个参数的确定都有多种方法。而采用尽量少的设备、实验量得到热处理模拟所需的参数对于热处理模拟技术的推广应用具有重要意义。

本文对轧辊加热过程进行测温，利用得到的温度曲线修正 sysweld 加热过程的热交换系数和材料的导热系数，得到较为精确的模拟结果。修正得到的参数可以用于以后的热处理模拟。

1　工件尺寸及测温位置

图 1 为工件尺寸及测温位置，测温点位置从浅到深依次为：一区、二区、三区、四区、五区、六区、七区、八区 。

本实验使用燃气炉加热保温，燃烧气体为人工煤气。利用温度曲线修正热交换系数和导热系数时，因为测温一区距工件表面较近，用其修正炉气的热交换系数。八区离心部较近，用其修正材料的导热系数。

2　SYSWELD 模拟结果修正

热处理炉传热影响因素有导热、对流、辐射、热损失等。其中导热受材料的化学成分和温度影响

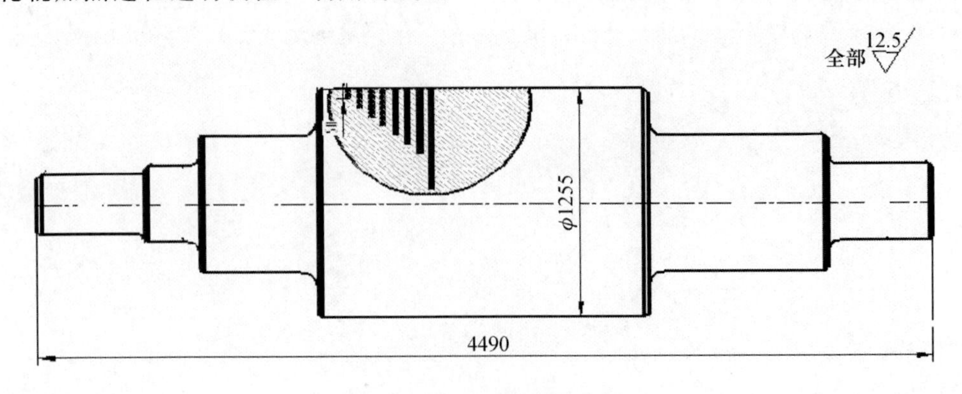

图 1　工件尺寸及测温位置

较大；对流主要取决于炉气流动的动力（流速 V）、炉气的流动状态、炉气的物理性质、换热面的几何因素；辐射主要受黑度和工件几何形状及在炉内的摆放位置影响，而热损失就要看炉体设计。这就意味着同一加热炉，不同工件，热交换系数不同；相同工件，不同炉子，热交换系数不同。也就是说，此修正结果仅适用于此炉次和此批工件。

2.1　利用 SYSWELD 自带数据库模拟

图 2 是利用 SYSWELD 自带的淬火介质 AIR 模拟得到温度曲线和实测曲线的对比图。可以看出计算曲线和实测曲线误差较大。不同的炉子，工件的摆放方式和工件几何形状不同，都会影响到加热温度曲线，所以，误差是不可避免的。热处理加热模拟，必须专门做出为加热炉匹配的热交换系数，才能减小误差。

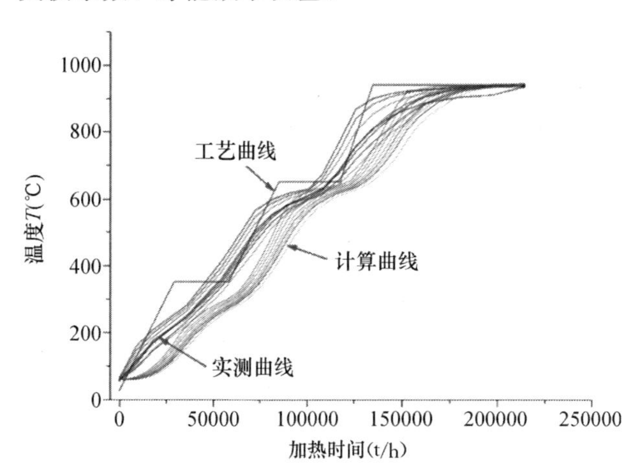

图 2　第一次计算模拟值与实测值比较

2.2　修正结果与实测值比较

修正的过程和 SYSWELD 热交换系数修正相同，不再赘述。

经过多次修正以后，模拟值和实测值如图 3 所示。图 4 为修正曲线与实测曲线各区误差比较（此处误差为绝对值误差）。可以看出通过修正界面热交换系数和材料的导热系数，使模拟结果的误差大大减小，绝对值误差的总平均值在 5℃左右。但是温度场数据不仅仅是传热和导热，还和相变有关，因为此时材料库的相变温度和实际材料相变不同，材料库奥氏体化温度比实际材料稍低，所以第八区误差稍大。

另外值得一提的是实测值的误差，一般热电偶的测量误差是±10℃，从图上可以看出，实测值有很多明显错误的测量点，所以一味追求和实测值零误差也是不可取的。

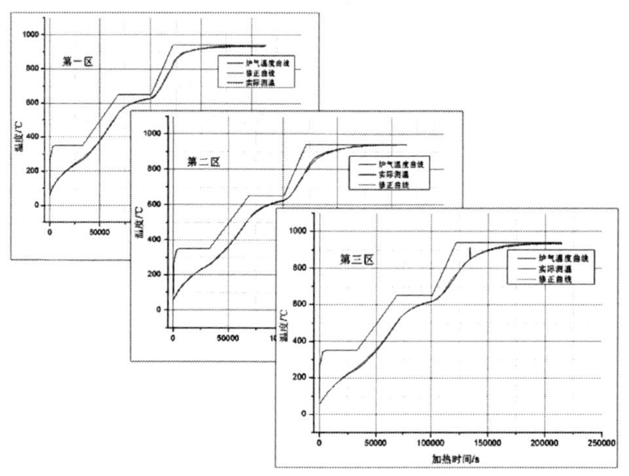

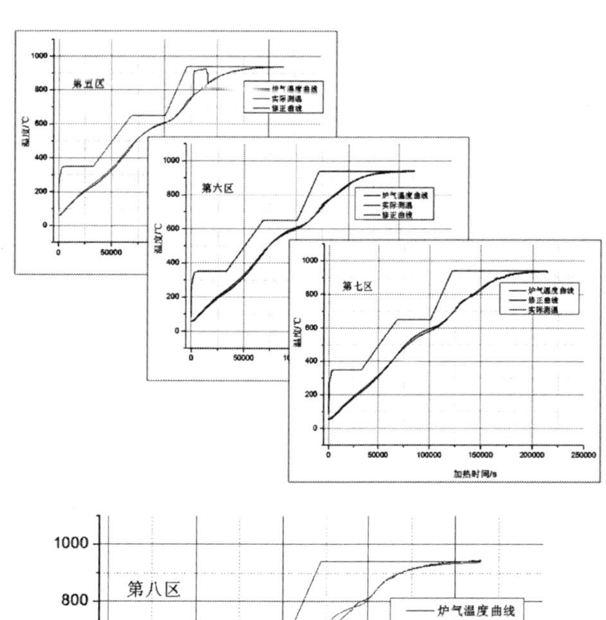

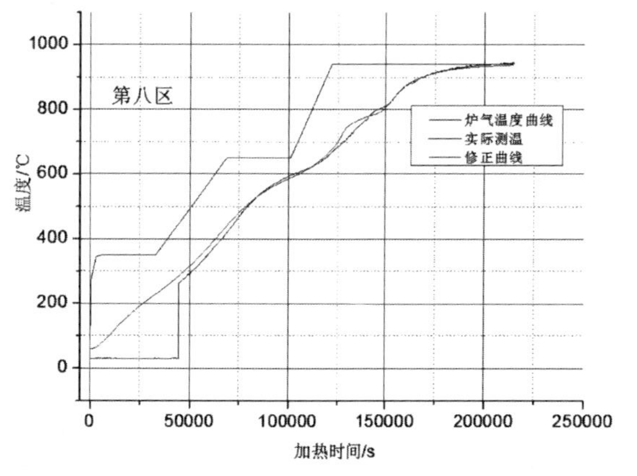

图 3　各区修正后的模拟曲线和实测值曲线比较

2.3　得到的修正数据

通过上述模拟修正，得到了炉气换热系数和材料的导热系数两个系列的参数。

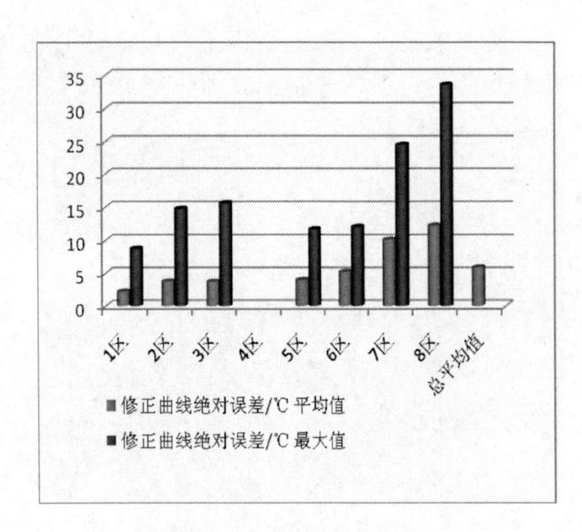

图4 修正曲线与实测曲线各区误差比较（此处误差为绝对值误差）

2.3.1 炉气换热系数

图5为此热处理煤气炉加热过程中的界面换热系数，在以后的加热模拟中，如果炉况相同，可使用此界面换热系数。

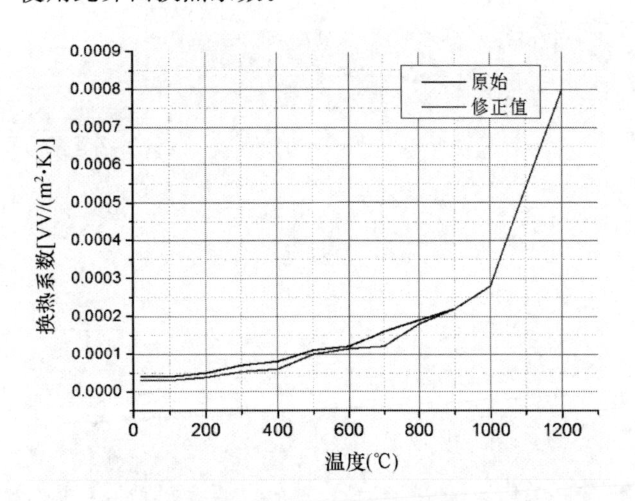

图5 热处理煤气炉加热过程换热系数修正

2.3.2 材料导热系数

图6为修正后的材料导热系数。比较图5可知，在模拟中，导热系数对于工件的温度场不是主要影响因素，而界面换热系数 α 是最重要的参数。故在模拟中，如果工件材料成分相差不大，可以使用相同的导热系数。

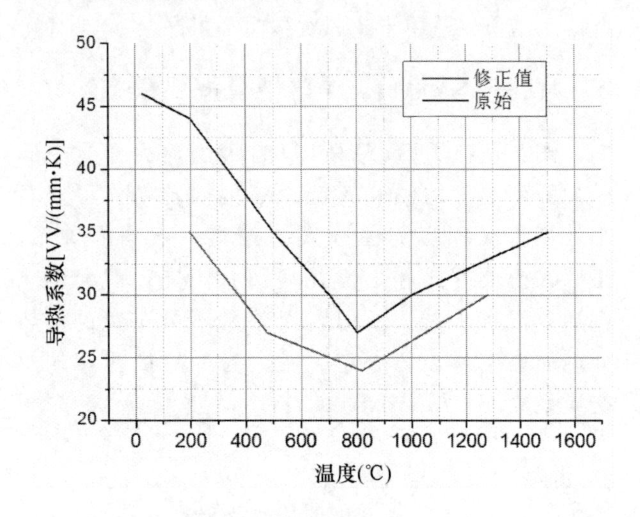

图6 材料导热系数修正

3 结论

（1）热处理加热模拟，必须专门做出为加热炉匹配的热交换系数，才能减小误差。

（2）在加热模拟中，可以通过修正炉气界面换热系数和材料的导热系数减小模拟值误差，得到较好的结果。

（3）在模拟中，炉气界面换热系数对工件的加热温度场是主要影响因素，如果工件材料成分相差不大，可以使用相同的导热系数。

第七篇
流体力学多物理场

Effects of Mold Geometries and Initial Resist Thickness on Filling Behavior in UV-NIL

DU Jun WEI Zhengying HE Wei TANG Yiping

State key Laboratory of Manufacturing System Engineering ,

Xi'an Jiaotong University, Xi'an, China, 710049

Abstract: The resist filling behavior in nanoimprint lithography process is crucial for determining the quality of the final imprinted pattern. In this paper, a numerical model based on the computational fluid dynamics was built to predict the resist filling process, and the surface tension and contact angle were considered in the model. The effects of the duty ratio of the recessed feature and the initial resist thickness on the cross-sectional profile of the imprinted resist were analyzed. The numerical results revealed that when the initial resist thickness maintained a fixed value, the recessed feature would be more inclined to be filled in a form of double-peak mode as the depth-to-width ratio of the recessed feature decreased. The position of peak point in horizontal direction will shift in a step-like way, and the curve of filling ratio versus filling time under double-peak mode showed an obvious nonlinear feature. There was a conversion of filling mode from double-peak to single-peak mode with the decrease of the initial resist thickness, the critical range of conversion is determined in this paper. The soft code used in the study is the commercial CFD—ACE+ package developed by ESI Group.

Keyword: nanoimprint lithography; filling behavior; duty ratio; initial resist thickness; filling mode; CFD—ACE+

1 Introduction

The nanoimprint lithography (NIL), as a versatile, cost effective, flexible and high-throughput method for fabrication of micro and nano structures over large areas, is hopeful to be an alternative for the conventional photolithography process1. According to the curing methods, nanoimprint lithography could be roughly classified into two kinds: ultra violet nanoimprint lithography (UV-NIL) and thermal NIL. Compared with thermal NIL, UV-NIL can obtain the nanometer scale pattern more effectively and quickly, because it usually uses low viscosity polymer materials as the resist. The low viscosity resist is favorable to improve the fluidity of resist, reduce required imprinting force and operation time. In addition, the flexible polymer mold can significantly increase the adaptability of the mold to a wavy substrate, so as to obtain homogeneous residual layer thickness more easily.

Although the current UV-NIL techniques can fabricate photonic and optical components2, there still exist some problems to be solved urgently, such as bubble trapping3, 4, mold deformation5, the in-depth understanding of resist filling mechanisms and so on. Among all these problems, the understanding of the filling behavior of a UV-curable resist seems especially important6, because it directly affects the quality of the replicated patterns and plays a key role in determining the productivity of a nanoimprint process. More importantly, the operation control of imprinting process is very difficult due to the lack of understanding of the complicated transfer mechanism of resist in the filling process. Exiting research means with regard to the filling process of thin resist films mainly includes experimental approaches7, 8, 9, simplified theoretical models10, 11, and numerical simulations of the resist deformation6, 12, 13, 14. However, above-mentioned research mostly aimed at thermal NIL. In the present study, we hope to investigate the flow and filling behavior in the UV imprinting filling process. For this purpose, computational fluid dynamics method has been employed to simulate the squeeze flow and predict the filling profile. The effects of factors such as mold geometries and initial resist film thickness on the replicated pattern were analyzed, and the surface tension and contact angle were also considered in the numerical model. The surface topography of the replicated patterns could be interpreted according to the local mass transfer properties of resist. To evaluate the validity of the numerical model, the simulated results were compared with the experimental results. Agreement between model predictions and experimental results verified that the numerical model is capable of simulating the transport mechanism of resist in the imprinting process accurately and efficiently. Therefore, numerical model is highly valuable in providing guidance for the selection of imprinting process parameters and the mold structure design.

2 Numerical Model

In UV-NIL, a mold is pressed into a low viscosity photo-curable resist spin-coated on a wafer and the complementary structures of the mold recesses are replicated on the wafer by curing the liquid photo-curable resist. For NIL, the mold recesses should be completely filled as soon as possible, underfilling may be beneficial for some specific applications, while overfilling should be avoided in view of thickness and uniformity of residual layer. A numerical investigation on the squeeze flow of thin resist film into mold recesses is helpful to optimize the imprint process. The dynamic flow field inside the resist was obtained by N-S equations in the present work. A computational method based on the semi-implicit pressure-linked equation algorithm (SIMPLE) was adopted to solve N-S equations. The volume of fluid (VOF) method was employed to describe the free surface. In the surface reconstruction method, the piecewise linear interface construction (PLIC) scheme was used for free surface reconstructi-on. The resist was assumed to be an incompressible fluid, and the flow behavior of resist during NIL process can be obtained by solving the following continuity, momentum and energy conservation equations.

Mass conservation equation:

$$\frac{D\rho}{Dt}+\rho\nabla\cdot u=0 \tag{1}$$

Momentum conservation equation:

$$\rho\frac{Du}{Dt}=\nabla\cdot\sigma+\rho f \tag{2}$$

where $\sigma=-PI+2\mu D$.

Energy conservation equation:

$$\rho C_v\frac{DT}{Dt}=-\nabla\cdot q+Q \tag{3}$$

In the above equations, t is the time, u is the velocity, ρ is the density, μ is the dynamic viscosity, f is the body force and σ denotes the stress.

2.1 VOF Method

VOF method was used to reconstruct the free surface between air and resist using the N-S equations, in consideration of the transient motion of gas and liquid phases. In this method, the continuity equation is

$$\frac{\partial\rho}{\partial t}+\rho\frac{\partial u_i}{\partial x_i}=0(\rho=\sum\alpha_q\rho_q) \tag{4}$$

where ρ_q and α_q are the density of each phase and the volumetric ratio in one cell, respectively. The momentum and constitutive equations are

$$\rho\frac{\partial u_i}{\partial t}+\rho u_j\frac{\partial u_i}{\partial x_j}=\frac{\partial\sigma_{ji}}{\partial x_j}+\rho g+f_\sigma \tag{5}$$

$$\sigma_{ij} = -p\delta_{ij} + \eta\left(\frac{\partial u_i}{\partial x_j} + \frac{\partial u_j}{\partial x_i}\right)\eta = \sum \alpha_q \eta_q \tag{6}$$

where η, η_q and f_σ are the mean viscosity, the viscosity of each phase, and the momentum terms due to surface tension, respectively.

2.2 Surface Tension

Surface tension is usually neglected in macro-scale analysis. However, surface tension may play an important role due to the size effect in UV-NIL. The surface stress boundary condition at an interface between two fluids is given as

$$(p_1 - p_2 + \sigma\kappa)\vec{n}_i = (\tau_{1ik} - \tau_{2ik})\vec{n}_k + \frac{\partial \sigma}{\partial x} \tag{7}$$

where σ is the fluid surface tension coefficient, p_q is the pressure of fluid q ($q = 1, 2$), $\tau_{\alpha ik}$ is the viscous stress tensor, $\vec{n}_i$ is the unit normal at the interface, and κ is the local surface curvature ($\kappa = R_1^{-1} + R_2^{-1}$), R_1 and R_2 are the principal curvature radius of the interface.

Wall adhesion property is reflected in the numerical model through the contact angle:

$$\hat{n} = \hat{n}_w \cos\theta + \hat{t}\sin\theta \tag{8}$$

where θ is the contact angle between wall and resist, $\hat{n}_w$ is the unit vector normal to the surface, $\hat{t}_w$ is the unit vector tangent to the wall.

2.3 Geometry and Boundary Conditions

Boundary conditions are required in order to numerically solve the above-mentioned governing equations. It was assumed that the dependent variables didn't exhibit significant gradients in the thickness direction. We selected a half of one element out of the periodically repeated patterns as the computation domain and applied symmetric boundary along both sides of the computation domain, as shown in Fig. 1. P is the uniformly distributed imprinting force applied to the back side of mold.

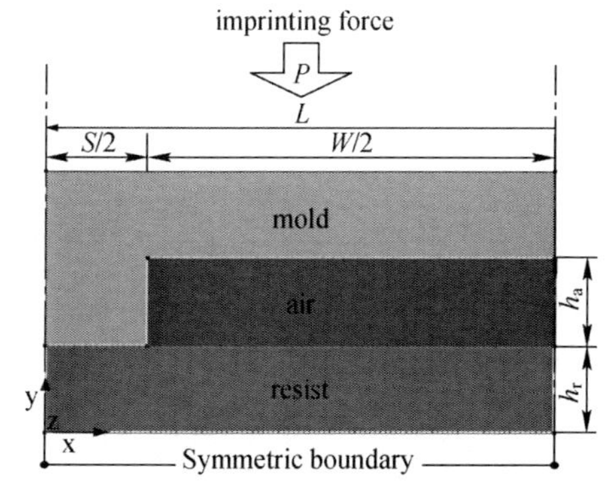

Fig. 1. Geometry of computation domain and boundary conditions.

In order to facilitate the quantitative research on the effect of mold geometries and initial resist thickness on resist filling behavior, several dimensionless number ratios were introduced, such as duty ratio (*DR*), thickness ratio (*TR*), thickness-width ratio (*TWR*), depth-width ratio (*DWR*) and volume supply ratio (*SR*). The ratios of $W/2L$ and $2h_a/W$ were defined as the duty ratio (*DR*) and depth-width ratio (*DWR*), respectively, which mainly described the geometric features of mold structure. However, the ratios of h_r/h_a, $2h_r/W$ and $(L*h_r)/(h_a*W/2)$ were defined as the thickness ratio (TR), thickness-width ratio (*TWR*) and volume supply ratio (*SR*), respectively. These number ratios mainly reflected the relationship between mold geometries and resist thickness.

Here, W, L, h_r and h_a are the half width of recessed feature, half width of mold, initial thickness of the resist, and the height of recessed feature, respectively. The half widths of recessed feature were 200, 250, 300nm, and the initial thicknesses of the resist film were 100, 125, 150 and 200nm. Numerical investigations based on combinations of the above parameters were conducted, as listed in Tab. 1.

Tab. 1 Twelve combinations of simulation parameters (*DR* and *TR*). In all cases, the values of L and h_a are fixed to 800 and 200 nm, respectively.

TR	*DR*=0.5 (*DWR*=1)	*DR*=0.625 (*DWR*=4/5)	*DR*=0.75 (*DWR*=2/3)
1	$W/2$=200 nm h_r=200 nm	$W/2$=250 nm h_r=200 nm	$W/2$=300 nm h_r=200 nm
8/5	$W/2$=200 nm h_r=125 nm	$W/2$=250 nm h_r=125 nm	$W/2$=300 nm h_r=125 nm

续表

TR	DR=0.5 (DWR=1)	DR=0.625 (DWR=4/5)	DR=0.75 (DWR=2/3)
4/3	W/2=200 nm h_r=150 nm	W/2=250 nm h_r=150 nm	W/2=300 nm h_r=150 nm
2	W/2=200 nm h_r=100 nm	W/2=250 nm h_r=100 nm	W/2=300 nm h_r=100 nm

In the process of mold fabrication, the mold was treated with anti-adhesive chemicals to facilitate demolding, which will also make the contact angle between resist and surface of recessed feature increase. At contact surfaces, the measured static contact angles at upper and lower contact surfaces were θ (102.5°) and θ_s (30°), respectively.

Feature sizes of the mold used in present research were blow 1 (m. Bond number and capillary number (Ca) were less than 1, so the effects of gravity and dynamic contact angle could be ignored.

2.4 Material Properties

In this numerical experiment, it was assumed that the filling process is isothermal and the substrate is fixed. A UV photo-curable resist specifically synthesized for this experiment was used. Tab. 2 lists the material parameters used.

Tab. 2 Material parameters.

physical properties	resist	air	quartz mold
density (kg/m^3)	1220	1.1614	2650
viscosity (mPa·s)	23.6	1.846×10^{-2}	—
surface tension (mN/m)	40.37	—	—
elastic modulus (MPa)	—	—	77.8×10^3
poisson's ratio	—	—	0.17

3 Results and Discussion

3.1 Effect of mold structure

To investigate the effect of mold structure on the resist filling behavior in imprinting process, three typical cases were simulated by the numerical model described in the previous section, namely, the three molds with different aspect ratios, listed in Tab. 1.

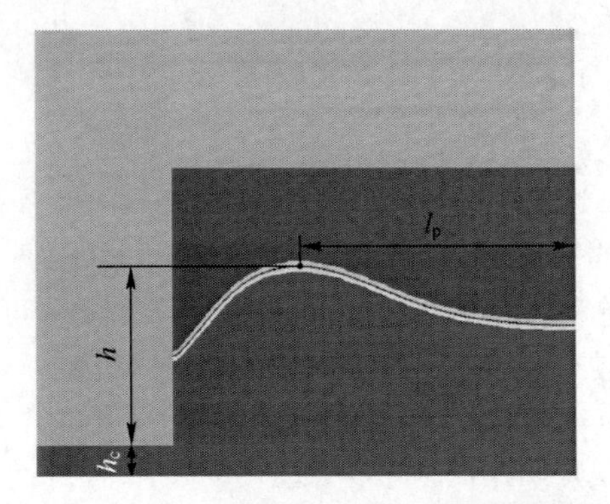

Fig. 2 Cross-sectional profiles of filling resist

A simulated cross-sectional profile of the resist was shown in Fig. 2, h_c is the residual film thickness, h is the height of profile from the peak the protrusion feature, l_p is the distance from the peak point of the profile to the symmetric center line of recessed feature. Three different groups of the initial resist thickness were adopted in numerical model, h and l_p versus filling time for different DWR values were shown in Fig. 3.

For different h_r and DWR values, the peak height of cross-sectional profile and the distance of peak-to-symmetric center line with filling time were calculated respectively to better understand the behavior of the UV-NIL process. For a relatively thick initial resist (h_r=200 nm), it is clear that the volume supply ratios of resist are all larger than one, that is to say, there is no under-filling phenomenon in the whole filling process. Fig. 3 a and Fig. 3b show the influences of DWR on the peak height and distance of peak-to-symmetric center line. In this case, the peak height increased approximate linearly at first, and then the increase rate became smaller as the filling process proceeded. For DWR=4∶5 and DWR=2∶3, little change occurred in the slope of the curve until the filling time arrived at about 20μs, which means that the flow behavior of the resist began to change, from this moment, the increase rate of peak height for DWR=4∶5 was more higher than that in the case of DWR=2∶3. This change was also confirmed by the observation in Fig. 3b. When *DWR* decreased from 1 to 4：5 or 2∶3, the resist would fill the recessed features in a form of double-peak mode at the early stage of imprinting. The two peaks formed near the recesses sidewalls, and then moved to form a single peak at the moment t=20μs (*DWR*=4∶5) or t=46μs (*DWR*=2∶3).

For the resist film with thickness of 150 nm, the relationship among peak height, distance of peak-to-symmetric center line and filling time is described in Fig. 4c and Fig. 4d. Compared with Fig. 3a and Fig. 3b, as the initial resist thickness decreased to 150 nm, the recessed feature with *DWR* = 1 would also be filled in a form of double-peak mode at initial stage, and the peak height was obviously greater than that for *DWR*=2∶3 and 4∶5 at the corresponding filling time. At the same time, the double-peak exhibited an obvious step shape [Fig. 3 (d)]. As the initial thickness h_r further decreased to 100 nm, the recessed feature with different DWR values were all filled in a form of double-peak mode in the whole filling process.

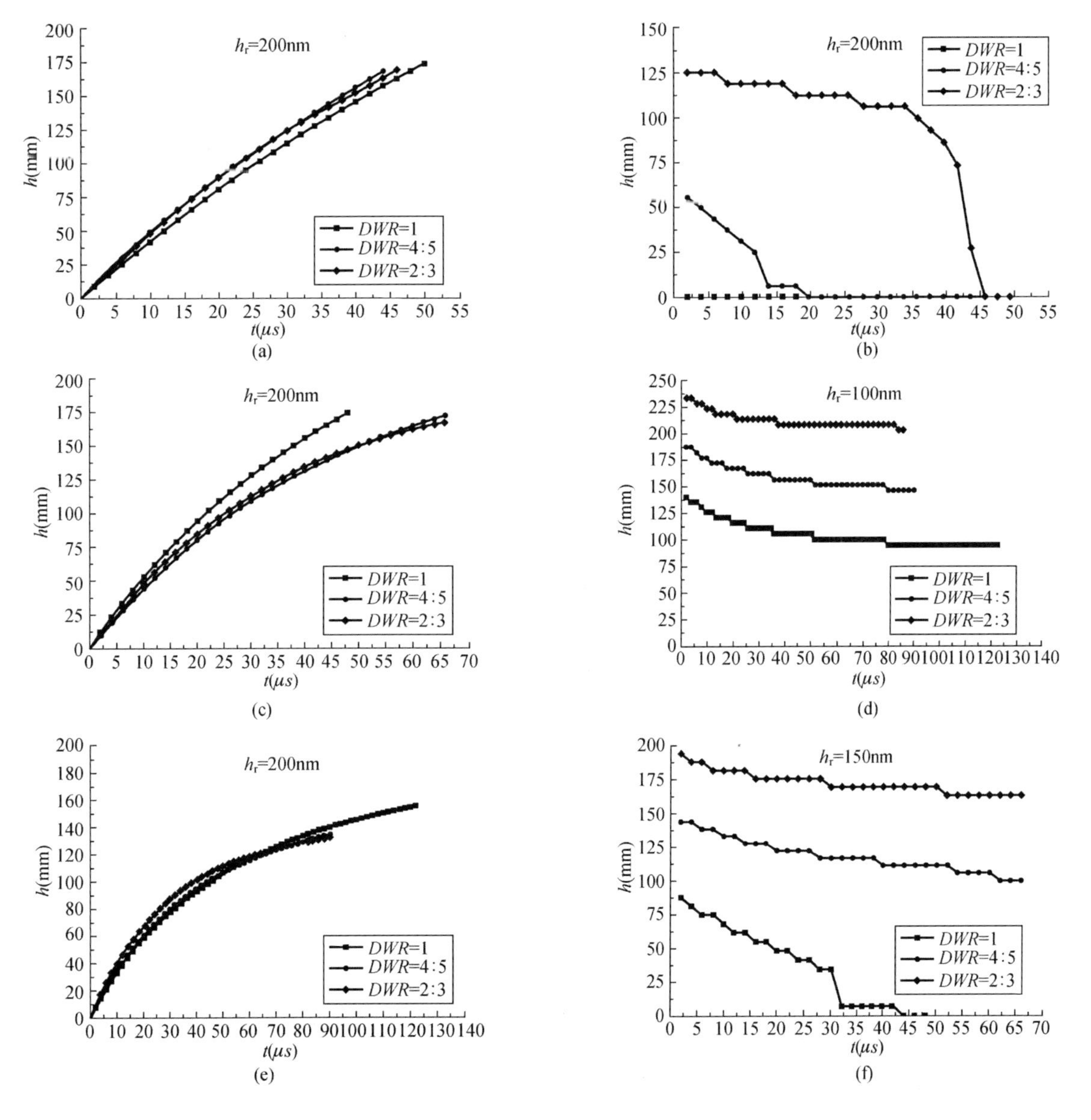

Fig. 3 The relationships among peak height, width of peak-to-symmetric center line and filling time under different initial thickness conditions. (a), (c), (e) the peak height versus filling time; (b), (d), (f) the peak-to-symmetric center line versus filling time

3.2 Effect of initial resist thickness

In this section, the change of filling ratio with the initial thickness was investigated. Resist flow simulations based on CFD were performed, and the curves of filling ratio versus filling time were shown in Fig. 4. The filling ratio of the recesses can be expressed by the ratio of the recesses area filled with resist to the total area of recesses.

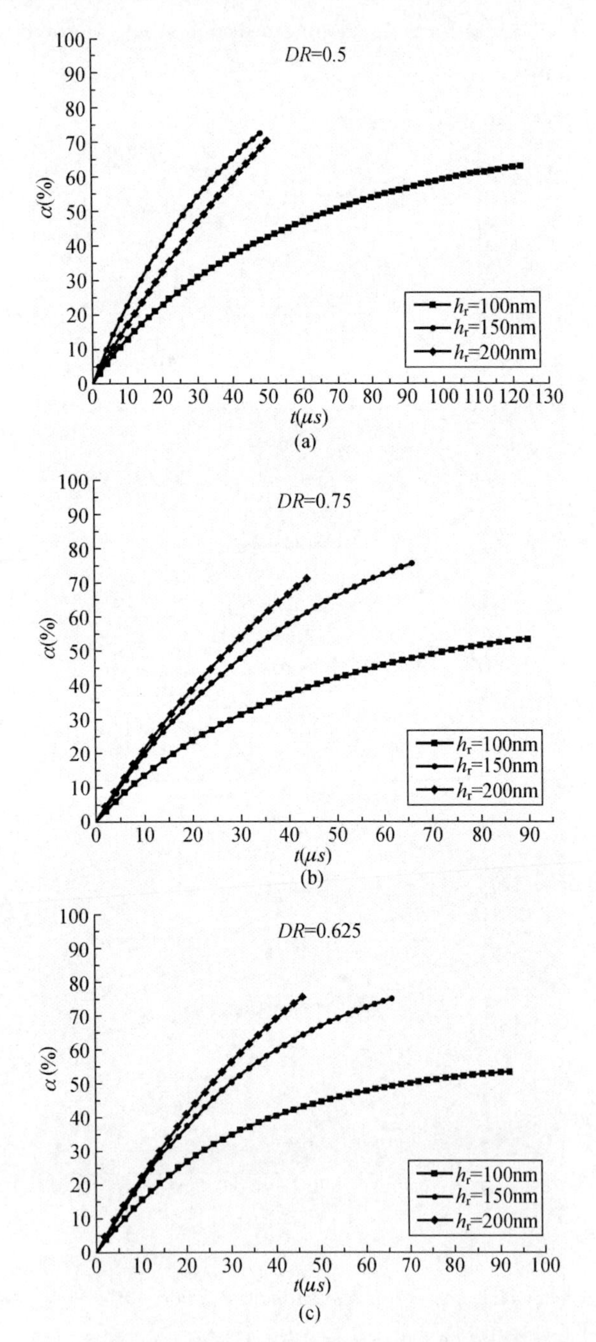

Fig. 4 Simulation results of relation between filling ratio and filling time at various initial thickness of resist

For $DR=0.5$, the recessed feature was filled in a form of single-peak mode when the initial thickness was 200 nm (Fig. 4a). The slope of the curve of filling ratio versus filling time was almost a constant. Under the same duty ratio conditions, the slope of the curve in the other two cases ($h_r=150$ nm and $h_r=100$ nm) would gradually decrease, this tendency was mainly attributed to the conversion of filling modes.

Fig. 4 (b) and (c) corresponded to $DR=0.625$ and 0.75, where the initial resist thickness ranged from 100 nm to 200nm, at the initial stage, the recessed feature would be filled in a form of double-peak mode in all cases. During the filling process, as the thickness of the resist increased, the filling ratio would also continually increase. The thinner the resist initial thickness was, the more obvious the decrease of filling ratio would be.

The resist filling behaviors are different according to the filling modes, which were reflected in the local mass transfer properties of resist in imprinting process. The velocity contour shown in Fig. 5 is useful to help understand the filling mechanism of resist. To reveal the difference in filling behavior due to different filling modes, we assumed that the duty ratio was set to 0.625, and the initial resist thicknesses were 150 nm and 100 nm, respectively. Figure 5 show the snapshots of velocity distribution inside the resist. In Fig. 5 (a), the recessed feature was filled in a form of single-peak mode, while the filling mode in Fig. 5 (b) was double-peak mode, the maximum flow velocity of resist was located at the underneath of the corner of mold protrusion feature.

The resist in region A doesn't has apparent hindrance to the filling of resist into the recesses. The resist below the protrusion feature mainly transfer towards the underneath of the peak point, and the direction of maximum velocity $\vec{n}_1$ always points to the center of recessed feature, which will provide volume supply for the development of single peak.

For a relatively thin initial resist or wide recessed feature, the recesses were more inclined to be filled in a form of double-peak mode, which was shown in Fig. 6 (b). In such circumstances, an obvious obstruction effect could be observed inside the region B of the resist, which made the resist transfer towards underneath the peak point.

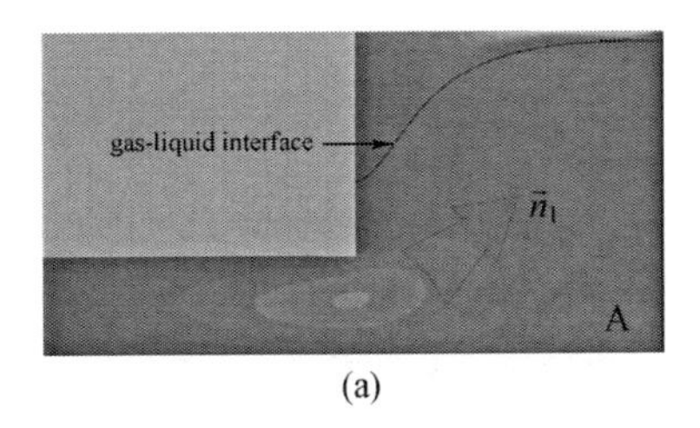

(a)

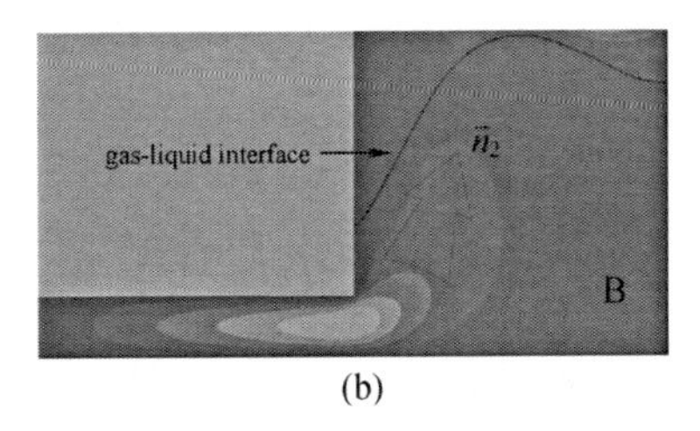

(b)

Fig. 5　Volume transfer characteristics under the single-peak and double-peak mode

(a) Snapshot of velocity distributions under the single-peak mode; (b) Snapshot of velocity distributions under the double-peak mode

The resist filling modes are jointly determined by the mold structure and initial resist thickness. The quantitative study on the mold structure and initial resist thickness was carried out. Here, the thickness-width ratio *TWR* which was defined as the ratio of initial resist thickness to the half width of recessed feature was introduced. By analyzing the cross-sectional profile of the replicated pattern in 12 groups of computation model, it was clear that when *TWR* was greater than 2 : 3, the recessed feature would be filled in a form of single-peak mode; while the other recesses would be filled in a form of double-peak mode when *TWR* was less than 5 : 8. Therefore we could draw a conclusion: the critical range of conversion from single-peak mode to double-peak mode is determined as: *TWR* is between 5 : 8 and 2 : 3, as illustrated in Fig. 6.

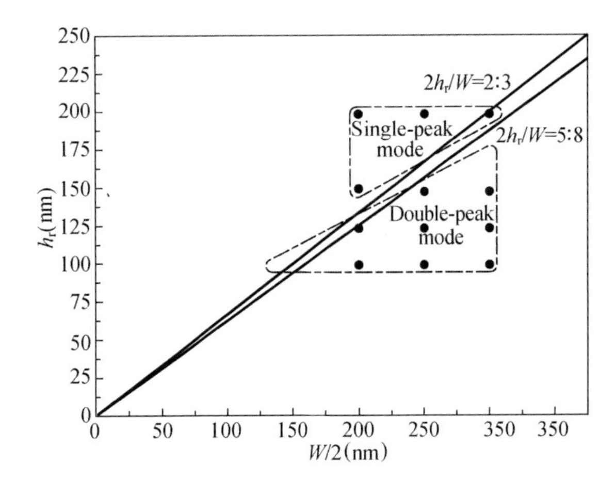

Fig. 6　Dependency of the filling profiles on the initial thickness and the half-width of cavity

The upper triangular region enclosed by black dashed line represents single-peak filling mode, while thc lower triangular region represents the double-peak filling mode. To verify the correctness of numerical calculation results, two group experiments with different mold structures and initial resist thickness were performed under the same conditions. The imprinting pressure P was 0.01 MPa. Fig. 7 shows two groups of SEM micrograph of the replicated patterns. In Fig. 7a, S/2 = 1.5μm, W/2 = 2.5μm, h_r = 3μm, h_a = 2μm; in Fig. 7b, S/2=300nm, W/2=600nm, h_r =350nm, h_a=500nm.

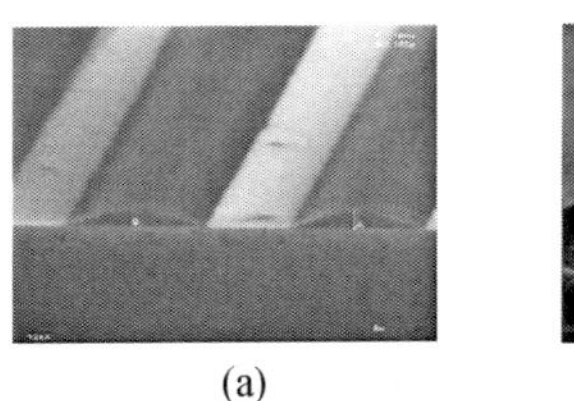

(a)

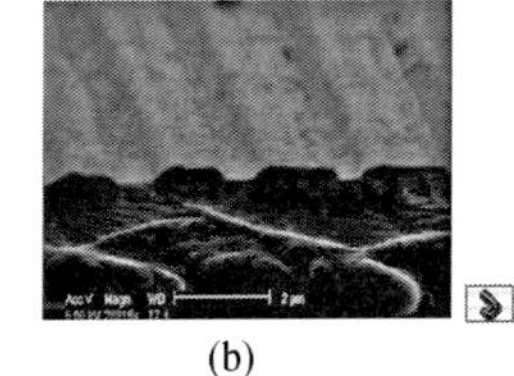

(b)

Fig. 7　SEM images of replicated patterns

(a) single-peak mode; (b) double-peak mode

In the case of Fig. 7 (a), the thickness-width ratio of experimental model was 6 : 5, the replicated pattern had typical single-peak shape, while in Fig. 7 (b), the thickness-width ratio was 7 : 12, and the replicated pattern with double-peak shape was observed. Compared with the prediction results in Fig. 6, experimental data agreed well with the simulation results.

4 Conclusions

This article took the resist flow behavior in UV-NIL as the research object, and computational fluid dynamics method was employed to simulate and predict the resist filling process. The effects of mold geometry and initial resist film thickness on the filling behavior were investigated. The simulation and related experimental results agreed well with each other. Through the investigation, the filling mechanism and influencing factors on the filling mode were revealed, and some useful conclusions were obtained as follows:

① Under given initial thickness conditions, the effect of mold geometry on the resist filling behavior was investigated. The results indicated that the micro-cavities are more inclined to be filled in a form of double-peak mode with the decrease of duty ratio, and the position of the peak point in horizontal direction will shift constantly in a step-like way, and the smaller the duty ratio is, the more obvious the step effect of conversion phenomenon will be.

② For a relatively thin initial resist or wide recessed feature, the recesses are more inclined to be filled in a form of double-peak mode; the change rate of filling ratio versus filling time shows obvious nonlinear characteristics in this case, and the recesses becomes more difficult to be filled as filling process proceeds;

③ The critical range of conversion from single-peak mode to double-peak mode is determined as: TWR is between 5 : 8 and 2 : 3.

These results will be valuable in the optimization of imprinting process conditions and mold structure design in UV-NIL.

Acknowledgements

Du Jun would like to acknowledge the simulations are done by the multiphysics suite CFD-ACE + (v2010) of ESI Group. The research is financially supported by National Natural Science Foundation of China under Grant No. 50675172 and Special Funds of national excellent doctor degree dissertation (No. 200740) .

References

[1] S. Y. Chou, P. R. Krauss, P. J. Renstrom: Appl. Phys. Lett. 67 (1995) 3114.

[2] M. Bender, A. Fuchs, U. Plachetka, H. Kurz: Microelectronic Engineering. 83 (2006) 827-830.

[3] Y. Nagaoka, D. Morihara, H. Hiroshima, Y. Hirai: Journal of Photopolymer Science and Technology. 22 (2009) 171-174.

[4] H. Hiroshima, M. Komuro: Jpn. J. Appl. Phys. Part 1 - Regul. Pap. Brief Commun. Rev. Pap. 46 (2007) 6391-6394.

[5] S. Merino, A. Retolaza, H. Schift, V. Trabadelo: Microelectronic Engineering. 85 (2008) 877-880.

[6] I. Yoneda, Y. Nakagawa, S. Mikami, H. Tokue, T. Ota, T. Koshiba, M. Ito, K. Hashimoto, T. Nakasugi, T. Higashiki: Proc. SPIE-Int. Soc. Opt. Eng. 7271 (2009) 72712A (72717 pp.) -72712A (72717 pp.) .

[7] Z. N. Yu, H. Gao, S. Y. Chou: Applied Physics Letters. 85 (2004) 4166-4168.

[8] H. Hocheng, C. C. Nien: Jpn. J. Appl. Phys. Part 1-Regul. Pap. Brief Commun. Rev. Pap. 45 (2006) 5590—5596.

[9] Z. N. Yu, H. Gao, S. Y. Chou: Nanotechnology. 18 (2007) .

[10] N. W. Kim, K. W. Kim, H. C. Sin: Microelectronic Engineering. 86 (2009) 2324—2329.

[11] W. B. Young: Microelectronic Engineering. 77 (2005) 405—411.

[12] M. Yasuda, K. Araki, A. Taga, A. Horiba, H. Kawata, Y. Hirai: Microelectronic Engineering. In Press, Corrected Proof (2011) .

[13] Y. Woo, D. Lee, W. Lee: Tribology Letters. 36 (2009) 209—222.

[14] K. D. Kim, H. J. Kwon, D. G. Choi, J. H. Jeong, E. S. Lee: Jpn. J. Appl. Phys. 47 (2008) 8648—8651.

内送粉等离子喷涂的三维数值模拟*

胡福胜　魏正英　刘伯林　杜　军

西安交通大学机械学院，陕西西安，710049

摘　要：本文基于内送粉等离子体喷枪，建立了一个对应的全三维计算模型，以研究喷枪内外部多物理场下的等离子体气流特性。利用 CFD－ACE＋软件研究内部的高温高速气体，侧重研究氩等离子体的温度与速度，对气流输运性质则考虑了等离子体中的电离与复合反应，得到了等离子体气流中的氩离子数密度的分布，这对决定送入的粉末颗粒是否带电具有重要影响。对于内送粉形式的喷枪，其主气流道的气流速度和温度分布与外送粉有明显不同，文中对内送粉流道对主气出口的速度、温度影响进行了分析，对等离子体气流及内送粉流道的影响，得出了相应的三维分布规律。以上这些分析将有助于后续对粉末粒子的计算分析。

关键词：数值方法；等离子喷涂；内送粉。

1　引言

在等离子喷涂过程中金属与非金属粒子在等离子体气流中被加热加速后以熔融或半熔融状态撞击到准备好的靶材上形成所需的隔热、防腐蚀等涂层。[1] 在喷涂粒子的选择上，为了提高沉积效率，只要材料的熔化温度相对其汽化温度低 300 K，即可用作等离子喷涂的原料粉末[2]，选择范围广。所以这种喷涂技术被广泛用于石化、能源、国防工业中。[1]

等离子喷涂包括三个主要的不同而又相互联系的过程：等离子体产生、等离子体与粉末粒子的相互作用和涂层的形成。[3] 对以上这三个过程可通过操作经验和工艺参数的优化得到较好的粉末粒子飞行速度与熔化状态，最终得到较好的涂层。喷枪中轴向与径向的温度和速度分布直接影响粉末粒子的熔化及飞行速度，最终将影响到涂层质量。因此对等离子体射流中的热传导及流动过程进行分析将提高对喷涂过程的本质认识。等离子体射流的速度和温度可用实验方法来测得，但要对全场的射流温度分布进行准确测量，必将耗费大量的时间与精力。由于等离子体喷涂涉及的物理现象相对较复杂，过去一段时间，很多喷涂参数的优化都靠试验与经验的方法来确定。近年来很多学者都将研究的目标放在数值模拟的方法上。[4-7]

本文利用 CFD－ACE 软件对内送粉喷枪结构建立了全三维的计算模型，将入口设在电弧产生区的上方，入口的气体为纯氩气而后经过高温电弧区后成为等离子体，在等离子体的输运性质方面考虑气体的电离与复合，从而得到了离子与电子的分布情况。

在等离子体密度的计算方面 B. Liu et al.[4] 利用 Chen et al.[8] 的结果证实，等离子体在假定其符合理想气体方程来计算与利用 Maxwell 能量分布方式计算的结果区别不是很大。Erick Meillot et al.[9] 利用焦耳热模型简化了电弧加热处的计算，并计算了等离子体与周围空气的相互作用。虽然喷枪结构和边界条件的设置是一个三维轴对称的，但喷枪中产生的等离子体气流有明显的三维非对称的特点。[5,9,10] 为尽量减少边界条件的设置对计算结果的影响，固体电极也应该包括在计算区内。[11]

1　数值分析中的理论模型

1.1　计算模型的假设

由于等离子体流动的复杂性，在模型建立与计算过程中将应用一些假设以简化计算模型，在本文中采用的假设如下：

（1）工作气体与环境气体均为连续的可压缩纯

* 已被《材料科学与工艺》收录。

氩气。

（2）对气体密度的计算可用理想气体方程。

（3）等离子体是光学薄的。

（4）喷涂过程中等离子体气流已达到了稳定状态。

（5）对于氩气的电离只考虑其一次电离与复合反应。

1.2 流体控制方程

作为连续性气体，连续性控制方程反映了气体的连续性，方程的物理意义为气体将连续地充满所有可到达的流动空间。

$$\frac{\partial\rho}{\partial t}+\nabla\cdot(\rho\vec{V})=0$$

式中：ρ为流体密度，$\vec{V}$为速度矢量。

控制方程中的动量守恒方程描述的是流体元所受的外力与本身速度的关联。

$$\frac{\partial(\rho\vec{V})}{\partial t}+\nabla\cdot(\rho\vec{V}\vec{V})=-\nabla P+\nabla\cdot\vec{\vec{\tau}}$$

对等离子体喷涂过程中的重粒子，其温度与焓值由能量方程控制：

$$\frac{\partial(\rho H)}{\partial t}+\nabla\cdot(\rho\vec{V})-n=\nabla\cdot(k\nabla T)+\frac{\partial P}{\partial t}-S_R$$

式中：焓值定义为：

$$H=h+\frac{1}{2}V^2$$

利用理想状态方程对气流密度进行计算：

$$P=\rho RT$$

1.3 等离子体控制方程

对于阴阳固体电极及可导电的等离子体气流内的电流传导，可由电流连续性方程计算：

$$\frac{\partial\rho}{\partial t}+\nabla\cdot\vec{J}=0$$

式中，ρ为电荷密度，$\vec{J}$是电流密度矢量。

在直流导电状态中，利用Laplace方程计算：

$$\nabla\cdot(\sigma\nabla\varphi)=0$$

电场控制方程：

$$E=\nabla\varphi$$

磁场与电场的关联可由Maxwell方程计算：

$$\nabla\cdot\vec{E}=-\frac{\partial\vec{B}}{\partial t}$$

在电弧加热区，应用Ohm定律对产生热量进行计算：

$$\vec{J}=\sigma E$$

1.4 计算中考虑的成分

在等离子喷涂过程中，当电子密度达到一定程度时（数密度高于$10^{23}\mathrm{m}^{-3}$）电子与重粒子间的碰撞频率足以使得气体达到热平衡状态[12]。这一平衡状态只存在于大气压下的高温的电弧区中，而对于在与固体电极相接处和射流的边缘，由于气流温度相对较低，电子与重粒子的碰撞频率下降，电子的温度T_e将比重粒子的温度T_h高，这种情况下将不能采用热平衡假设，而用双温模型进行计算。[13]本文将运用动力学模型对等离子体内部的组分进行分析，如果所有的反应系数都知道，那么运用这一模型将得到实际的气体粒子组分。然而在等离子体喷涂过程中，包含的电离与复合反应及粒子组分相对比较复杂，所以只能考虑一些主要的反应及离子组分。文中运用Arrhenius定律来计算反应物与产物间的反应速率：

$$k_f=AT^n\left(\frac{P}{P_{atm}}\right)^m e^{-E_a/RT} \tag{11}$$

无论电离与复合，如果反应中有电子的参与，则对这一反应的描述可用碰撞截面定律进行描述，则由电子引发的反应，其速率可由下式进行计算：

$$k=\int\sqrt{u}\sigma(u)f\mathrm{d}u \tag{12}$$

式中，f为电子能量分布函数；σ为碰撞截面积，其值随电子能量u的变化而变化。

本文考虑氩等离子体的一次电离与复合反应，而忽略其更高次的反应，从而也只考虑一价的氩离子，由于A_r^{2+}所占的比例较小，故忽略。[12]

2 内送粉喷枪计算域的生成与设置

2.1 计算模型的建立

依照实际喷枪结构建立全三维的计算模型如图1所示。

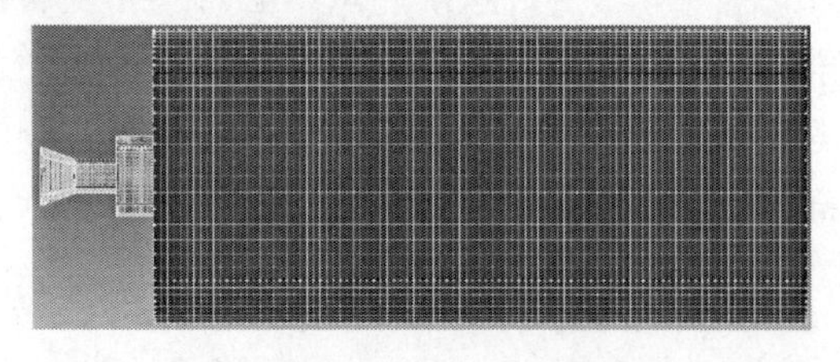

图1 超音速喷枪的计算模型

为了分析内送粉形式的等离子喷涂过程，将整个计算区如图 2 所示分区。整个计算域中包含有 678300 的计算结点和 572992 网格。对于在计算中比较关注的喷枪处的计算区的网格较密集，对于喷枪外的气体环境计算区，网格划分则比较稀。另外，在边界等一些计算变量梯度较大的计算区其网格密度划分也更细密。基于以上这个全三维的计算模型，对入射气体的切向分量也可以考虑进去。

2.2　计算模型的条件设置

模型中对主气流道的 Laval 喷管部分进行了简化，但还是包含了喷管的缩放形式。为了减小边界条件设置对计算的影响，把喷枪的阴阳极固体也加入计算区进行了考虑，阴极固体端面尖点设成直径为 2mm 的凸台。送粉气流道与主气流道不垂直，夹角为 83 度。具体的计算区的条件设置如表 1 所示。

表 1　　　　计算模型的条件设置

参数	值
工作气体	氩（Ar）
气体密度计算	理想气体
外部计算环境的直径	109.54(mm)
外部计算环境长度	250(mm)
大气压	1(atm)[0.1(MPa)]
湍流模型	RNG $k-e$
阴极热导率	190[W/(m·K)]
阳极热导率	398[W/(m·K)]

等离子体气流的导热率由实验数值得到一随温度变化的曲线。[14]

2.3　边界条件设置

本计算中所用的边界条件设置如表 2 所示。

表 2　　　　边界条件设置

边界名称	边界条件值
轴向主气入口速度	35(m/s)
切向主气入口速度	40(m/s)
主气入口温度	1000(K)
主气入口电子温度	$\frac{\partial T_e}{\partial n}=0$
主气入口电流密度	$J_n=0$
阴极侧面温度	3500(K)
阴极侧面电流密度	5350000(A/m^2)
送粉气入口速度	30(m/s)
送粉气入口温度	500(K)
阳极边界电势	0(V)

阳极外环境气体的温度设置为 500K，而固体边界的温度则由气体的换热来计算，换热系数设置为 1。

在主气流道入口设置电流密度为 0A/m^2，也就是说电势梯度$\frac{\partial \varphi}{\partial r}=0$。因为入口处气体几乎未电离，但仍含有部分电子，在阴阳极电极间的产生的电场中，这些电子也会产生加速，为排除不同电子入口温度对计算的影响，其电子温度的边界条件设置成$\frac{\partial T_e}{\partial n}=0$，也就是说入口平面处的电子温度梯度为 0，电子温度在这一平面上没有差别。

3　结果与讨论

过送粉流道轴线的截面上计算出来的温度分布如图 2 所示。

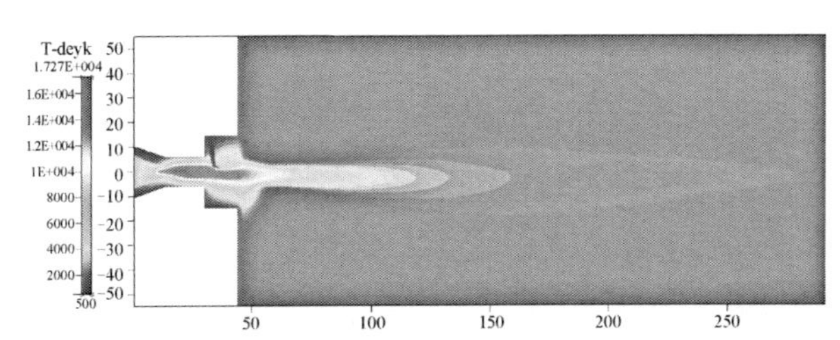

图 2　XOY 截面的计算温度分布图（K）

从图中可以看出，计算出来的最高温度为 17000 K，此温度已达到了工作气体的电离温度。因为电弧也是热电离的一种形式，可以用气流的温度来定义电弧运动。从温度场分布来看，所得的温度场分布为一个不对称的结果，即阳极弧根仅发生在阳极内表面一个较小的区域内，沿轴线不对称，与二维对称计算有较大区别，[15-17]另外送粉气流对主气流温度的影响在喷口外已经很小，因送粉流道直径相对主气流道的直径小，故其影响不能持续太远。

在喷嘴出口平面平行 Z 轴（水平）沿 Y 轴正向每隔 0.5mm 截线上气流的温度变化曲线如图 3 所示。

从图 3 可以看出，出口平面沿水平轴线的温度

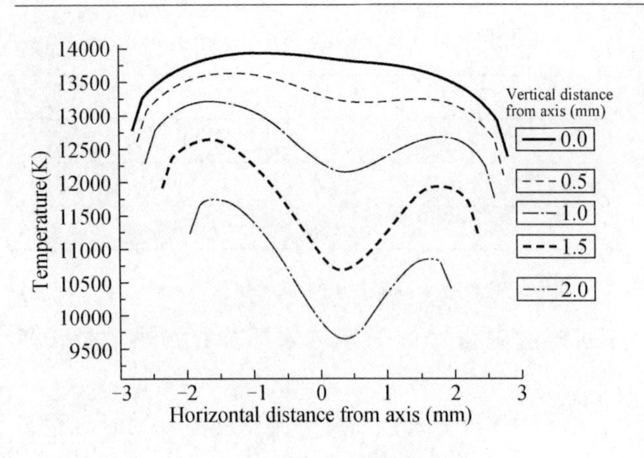

图 3 喷嘴出口平面温度分布

最高，离轴线越远其温度越低，而且呈现出一个中间低两边高的驼峰分布，这与送粉口加入的冷送粉气（入口温度为室温 300 K）有关。

根据图 4 所示的温度分布图，喷枪内部的气流最高速度达到了 1200 m/s 且在喷枪内降低较少，但在距喷嘴出口外 20mm 以内速度降低得很快。通过出口平面的速度分布可知，由于内送粉的影响，速度的最大值相对轴心偏离 1mm 左右。在电弧区由于热膨胀的作用气流的速度从 400 m/s 迅速度提高到 1200 m/s。速度、温度沿轴线的分布曲线如图 5 所示，从图中可以看出速度的最大值比温度的最大值滞后 10mm 左右，这是因为速度的提高大部分原因是气流膨胀，所以在气流速度最大值滞后温度最大值。而沿轴线出现的速度谷点，则是送粉气流的影响。

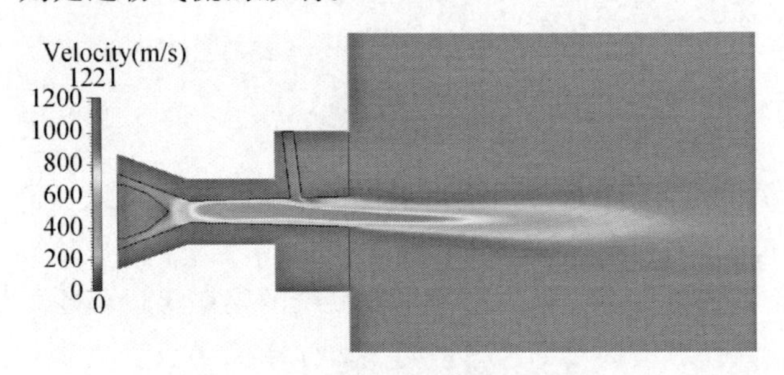

图 4 XOY 截面处速度分布图

从图 6 所示的 Ar 离子的数密度分布可以看出，数密度在 10^{22} 这个数量级以上，由等离子体的电中性和本次计算中的 Ar 等离子体只有一次电离，电子的数密度与离子的数密度的分布是一样的。

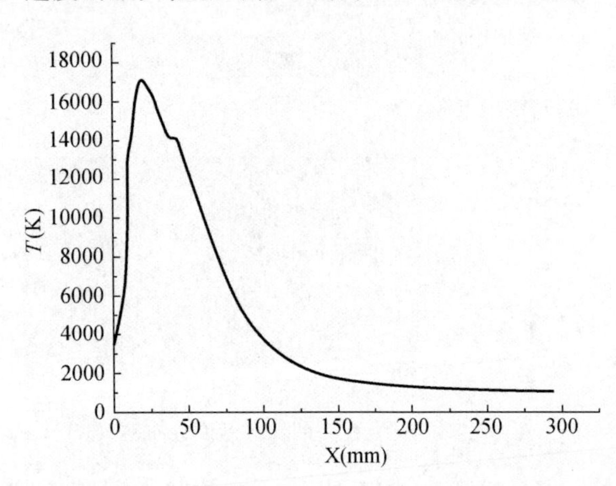

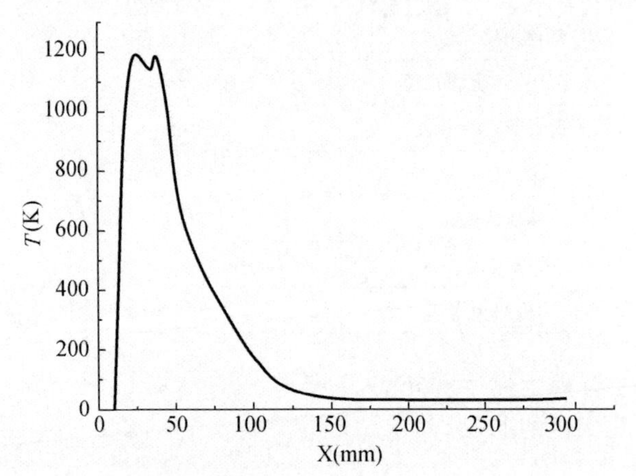

图 5 温度速度沿轴线的变化曲线

另外由于高速气流对离子数与电子数分布的影响，氩离子产生在电弧产生区的后端，而不是出现在电弧产生的尖点处。另外，在距喷嘴不远处，离子的数密度下降很快。由离子分布可知，送入的粉末粒子在这样的气流下是带电的。

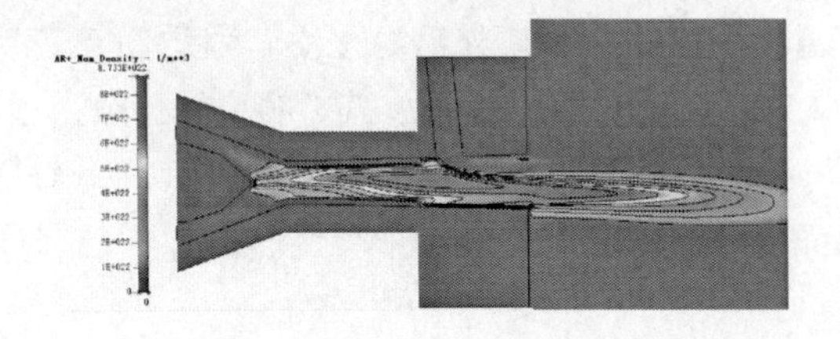

图 6 XOY 截面 Ar+数密度分布

3 结论

（1）从计算结果可以看出内送粉流道对整个流场的影响，冷送粉气流进入高温高速气流后，使出口气流的最高温度偏离轴线，且水平截线温度分布表现出驼峰状。

（2）由于送粉流道的直径比主气流道直径的一半还小，再加上送粉气是在喷嘴的出口前加入到主气中的而且其相对速度与温度较小，所示其对主气速度与温度的影响持续的距离不长。

（3）从离子分布图可以看出，虽然气流的最高温度出现在阴极尖点处，但离子最大电离处距阴极尖点大概有 5 mm 左右。电弧与阳极内表面的接触不是三维对称的。

以上这些对喷枪内外流场的计算对分析粉末粒子行为有着重要的作用，为下一步对粉末粒子的加热与加速等分析提供了良好的基础，同时也对涂层质量的控制有重要意义。

参考文献

[1] Pawlowski Lech. The Science and Engineering of Thermal Spray Coatings [M]. West Sussex, England: John Wiley & Sons Ltd, 2008.

[2] P Fauchais. Understanding Plasma Spraying [J]. Journal of Physics D: Applied Physics, 2004, 37(09).

[3] Selvan B., Ramachandran K., Pillai B. C., etc. Numerical Modelling of ar-n2 Plasma Jet Impinging on a Flat Substrate [J]. Journal of Thermal Spray Technology, 2011, 20(3): 534－548.

[4] Liu B., Zhang T., Gawne D. T. Computational Analysis of the Influence of Process Parameters on the Flow Field of a Plasma Jet [J]. Surface and Coatings Technology, 2000, (132).

[5] Qunbo Fan, Lu Wang, Fuchi Wang. 3d Simulation of the Plasma Jet in Thermal Plasma Spraying [J]. Journal of Materials Processing Technology, 2005, (166): 224－229.

[6] Mariaux Gilles, Vardelle Armelle. 3-d Time-dependent Modelling of the Plasma Spray Process. Part 1: Flow Modelling [J]. International Journal of Thermal Sciences, 2005, 44(4): 357－366.

[7] Ahmed I., Bergman T. L. Simulation of Thermal Plasma Spraying of Partially Molten Ceramics: Effect of Carrier Gas on Particle Deposition and Phase Change Phenomena [J]. Transactions of the ASME, 2000.

[8] Chen X., Chyou Y. P., Lee Y. C., etc. Heat-Transfer to a Particle Under Plasma Conditions with Vapor Contamination from the Particle [J]. Plasma Chemistry and Plasma Processing, 1985, 5(2): 119－141.

[9] Meillot Erick, Vincent S., Caruyer C., etc. From dc Time-dependent Thermal Plasma Generation to Suspension Plasma-spraying Interactions [J]. Journal of Thermal Spray Technology, 2009, 18(5): 875－886.

[10] Li He-Ping, Pfender E. Three Dimensional Modeling of the Plasma Spray Process [J]. Journal of Thermal Spray Technology, 2007, 16(2): 245－260.

[11] Bolot Rodolphe, Coddet Christian, Allimant Alain, etc. Modeling of the Plasma Flow and Anode Region Inside a Direct Current Plasma Gun [J]. Journal of Thermal Spray Technology, 2011, 20(1): 21－27.

[12] Rat V., Andre′ P., Aubreton J., etc. Two-Temperature Transport Coefficients in Argon-Hydrogen Plasmas—i: Elastic Processes and Collision Integrals [J]. Plasma Chemistry and Plasma Processing, 2002, 22(4): 453－474.

[13] Andre′ P., Aubreton J., Elchinger M. F., etc. A new Modified Pseudoequilibrium Calculation to Determine the Composition of Hydrogen and Nitrogen Plasmas at Atmospheric Pressure [J]. Plasma Chemistry and Plasma Processing, 2000, 21(1): 83－105.

[14] Boulos Maher I., Fauchais Pierre, Pfender Emil. Thermal Plasmas Fundamentals and Applications [M]. New York: Plenum Press, 1994.

[15] Trelles J., Chazelas C., Vardelle A., etc. Arc plasma torch modeling [J]. Journal of Thermal Spray Technology, 2009, 18(5): 728－752.

[16] Selvan B., Ramachandran K., Sreekumar K. P., etc. Numerical and Experimental Studies on dc Plasma Spray Torch [J]. Vacuum, 2009, 84(4): 444－452.

[17] Selvan B., Ramachandran K. Comparisons between two Different Three-dimensional Arc Plasma Torch Simulations [J]. Journal of Thermal Spray Technology, 2009, 18(5): 846－857.

差分格式及限制器对气动热数值模拟影响的研究

张　磊

北京机电工程总体设计部，北京，100854

摘　要：本文以N－S方程为基本控制方程，采用FDS的Roe格式、FVS的van Leer格式对10°钝锥和双椭球模型进行了数值模拟工作，并在此基础上采用Roe格式选取min mod、van Leer、Osher _ C三种限制对模型进行了进一步数值模拟。对比研究了不同空间差分格式、不同限制器对气动热数值模拟的影响，并对流场进行了相关分析。

关键词：双椭球；差分格式；限制器；气动热。

1　引言

高超声速流动中所带来的气动热必然会引起弹头表面温度的变化，甚至产生烧蚀变形。同时气动热造成的热变形会反过来影响气动力，尤其对远程导弹、洲际导弹弹头等关键技术，准确预测弹头表面热流环境，进行热防护设计是总体设计的关键。一方面气动热的准确计算可以为结构设计和热应力设计提供原始的数据；另一方面，通过外流场温度的计算可以预估导弹弹头舱内的温度变化，为电子仪器提供准确的工作环境温度。准确的预测气动热是弹头总体设计的重要的前提。采用CFD技术，数值模拟高超声速流动以得到气动力/气动热数据，已成为与实验及理论分析相并列的三种主要研究手段之一。

众所周知，气动力的数值模拟取得了令人较为满意的结果，但气动热常常会有数量级的误差。气动热数值模拟中的困难主要表现在如下几个方面：①对差分格式的要求较高；②网格相关性敏感；③收敛判别问题；④耦合复杂效应的气动热计算；⑤真是复杂外形的大规模计算量和计算效率问题等。

本文研究差分格式对气动热数值模拟结果的影响，期待能偶对工程中的气动热数值起到指导作用。针对差分格式，一般可以将求解Euler方程和N－S方程的计算方法（或称计算格式）分为两大类：上风格式和中心格式。其中考虑了流动信息传播特征的上风格式及其变种，是今天CFD中应用最广泛、最受欢迎的计算方法，其中FDS格式和FVS是上风格式的典型代表[1]。FVS的应用很广，是很受欢迎的上风格式，它捕捉强非线性波（如激波）的能力很强，可靠性较高，理论上不会出现非物理解，格式简单，计算效率高，因而广泛地用于求解Euler方程；但其值耗散比较大，即使对于精确的接触间断条件，仍然存在数值通量，从而抹平间断区间，导致显著的黏性计算误差，而这种误差通过简单的网格加密或是使用高阶差分也不能消除。相对来说，以Roe为代表的FDS格式属于Godunov类求解器，是典型的线性化Riemann解，对线性波（如接触间断）具有天然的高分辨率，由于黏性作用区的特性如剪切层类似于接触间断，因而FDS具有高的黏性分辨率。这是一般格式所不具备的，但同时也产生了非物理解的问题。另外，对于上风格式，需采用限制器（1imiter）。随着上风格式的发展，限制器的研究一直进行，利用限制器限制高阶项的作用或使格式局部地退化为完全一侧的一阶或二阶精度的格式，这在所有上风型格式中都是十分必要的。实际上，限制器对计算精度、稳定性或者收敛性的影响都是很大的。相对差分格式来说，限制器的研究相对较少。文献［2］研究了限制器对FDS和FVS的影响，认为影响计算精度的主要因素是限制器而不是分裂技术。李君哲[3]也对差分格式下的限制器进行了探讨，模型相对简单。

本文选取10°钝锥模型和双椭球模型作为研究对象，采取Roe的FDS格式和Van Leer的FVS格式以及min mod、van Leer、Osher _ C不同限制器对其进行了数值模拟并与相关实验数据进行对比。分析了差分格式和限制器对气动热数值模拟的影响。

1　计算模型和网格

1.1　15°钝锥模型及网格

高超声速钝锥绕流实验中球锥模型总长487mm，球头半径为29.74mm，锥角15°，计算来流条件为[4]：

$$U_\infty=1461.3\text{m/s},\ P_\infty=132.1\text{Pa},$$
$$T_\infty=47.3\text{K},\ T_w=294.4\text{K},$$
$$Ma_\infty=10.6,\ Re_\infty/\text{m}=3.937\times10^6$$

头部网格采用蝶形网格，分9块对接，法向网格数60，保证边界层内有20层网格，同时保证网格区域之间尺度的均匀过渡，具体模型和三维网格分布参见图1。

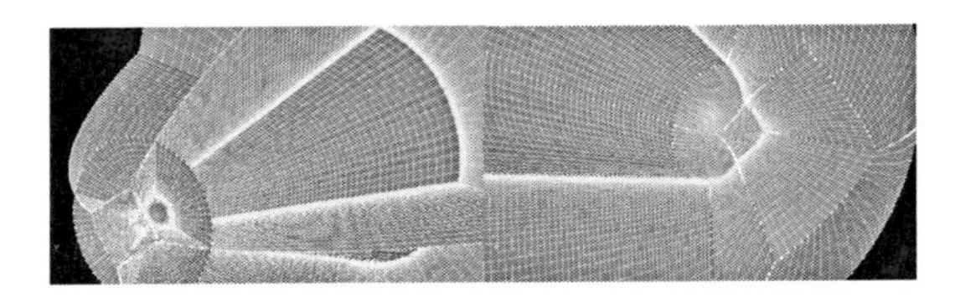

图1　15°钝锥网格结构图

1.2　双椭球模型

双椭球模型几何外形方程如下，基座椭球在x，y，z方向上的半轴长分别为157.9mm、39.47mm、65.79mm，两椭球中心重合，坐标原点设在椭球中心。为了保证了高精度模型的生成，给出具体模型方程如下。

水平椭球：$\left(\frac{x}{157.9}\right)^2+\left(\frac{y}{39.47}\right)^2+\left(\frac{z}{65.79}\right)^2=1$

垂直椭球：$\left(\frac{x}{92.11}\right)^2+\left(\frac{y}{65.79}\right)^2+\left(\frac{z}{46.05}\right)^2=1$

上半柱形：$\left(\frac{y}{39.47}\right)^2+\left(\frac{z}{65.79}\right)^2=1$

下半柱形：$\left(\frac{y}{65.79}\right)^2+\left(\frac{z}{46.05}\right)^2=1$

李素循[5,6]等人在FD－07、JF4B、FD－20、FD－14A风洞中对马赫数为5、8、10，雷诺数为百万量级，攻角在－5°～30°范围的双椭球模型进行了表面压力和热流密度的测量实验，并和国外Vetter[7]等人进行的实验做了对比。图2为双椭球模型及实验数据位置的图示。文献中的实验数据主要有上下子午线、Ⅰ剖线、Ⅱ剖线、Ⅲ剖线（Ⅲ剖线热流数据无）。本文建模过程中以几何O点为坐标原点。Ⅰ剖线的位置是$x=-79.9$mm，Ⅱ剖线的位置是$x=-37.9$mm，Ⅲ剖线的位置是$x=12.1$mm。

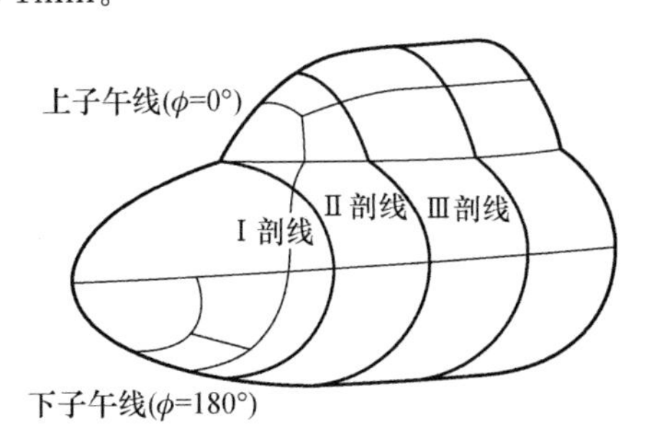

图2　双椭球模型实验数据位置

由于计算状态无侧滑角，流动关于$z=0$平面对称，故只对$z>0$的半个双椭球进行计算。为了保证网格质量，采用双椭球相贯区域采用蝶形网格，总网格点数90万，法向布置60个点，内层网格20个节点。表面网格以及区域分解如图3。

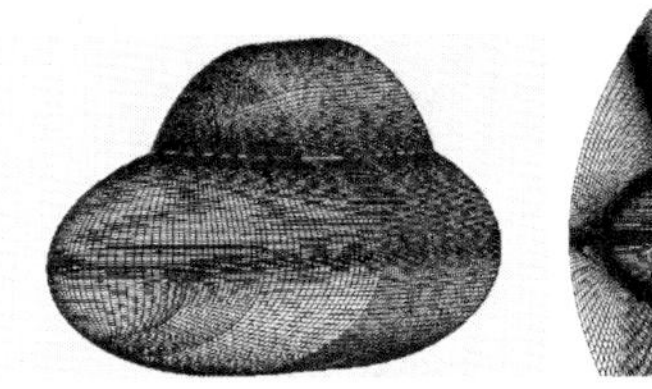
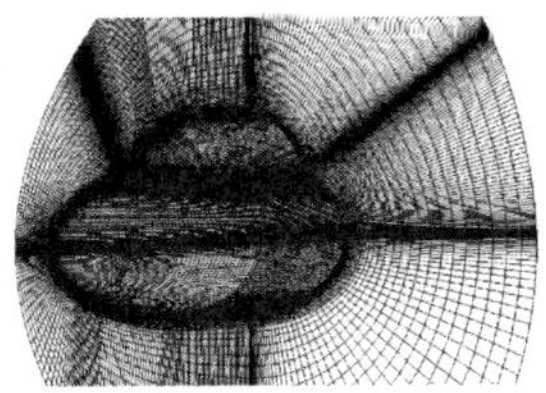

图3　双椭球网格结构图

气动热数值模拟工况：$Ma=8.04$，$Re=1.13\times10^7/\text{m}$，$P_0=7.8$MPa，$T_0=892$K，$T_w=288$K。

2　计算结果和分析

2.1　15°钝锥数值模拟结果

图4为15°钝锥高压区、低压区不同区域钝锥表面热流密度沿物面分布曲线图。可以看出两种差分格式所模拟出来的表面热流分布趋势基本一致；但是无论低压区还是高压区热流数据值都有较大差距，在有实验数据对比的低压区，Roe所模拟的结果相对Van Leer差分格式来说更加接近实验值。

对于上风格式，需采用限制器（1imiter），利用限制器限制高阶项的作用或使格式局部地退化为完全一侧的一阶或二阶精度的格式，这在所有上风型格式中都是十分必要的。综合上面数值模拟的结果，采用Roe差分格式，对比了Roe格式附加min mod，Van Leer，Osher _ C三种限制器的数值模拟结果。

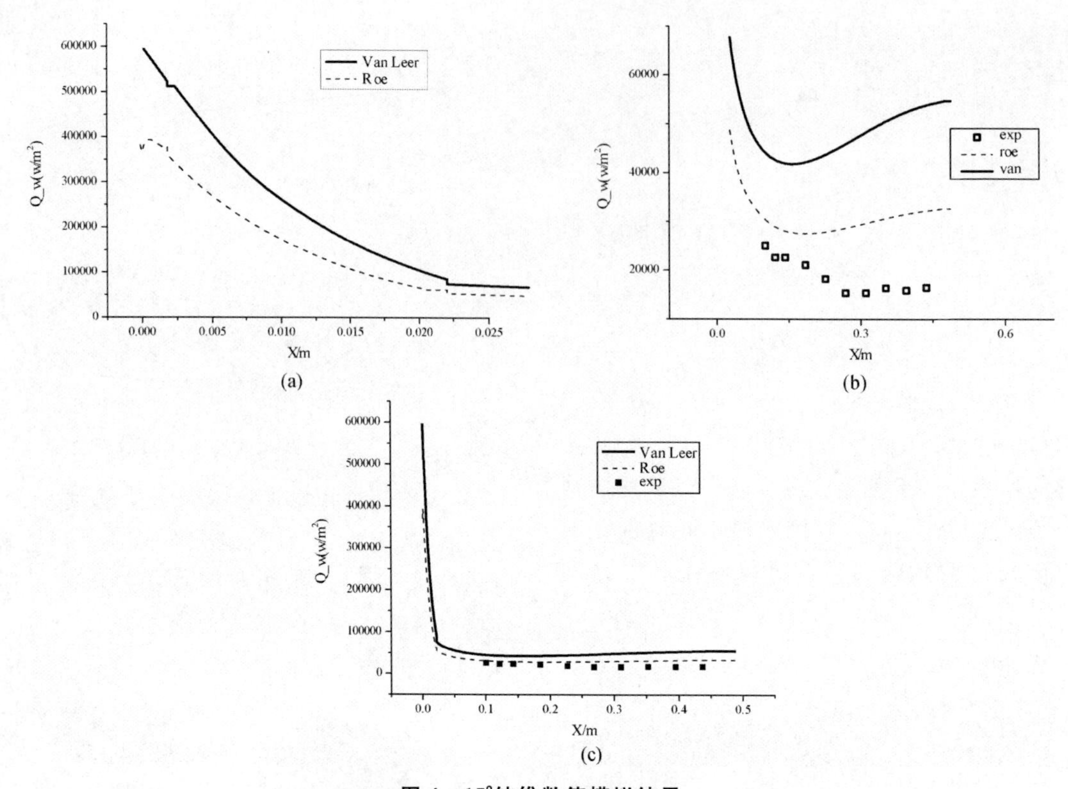

图 4　15°钝锥数值模拟结果

（a）高压区域；（b）低压区域；（c）模型整体热流变化

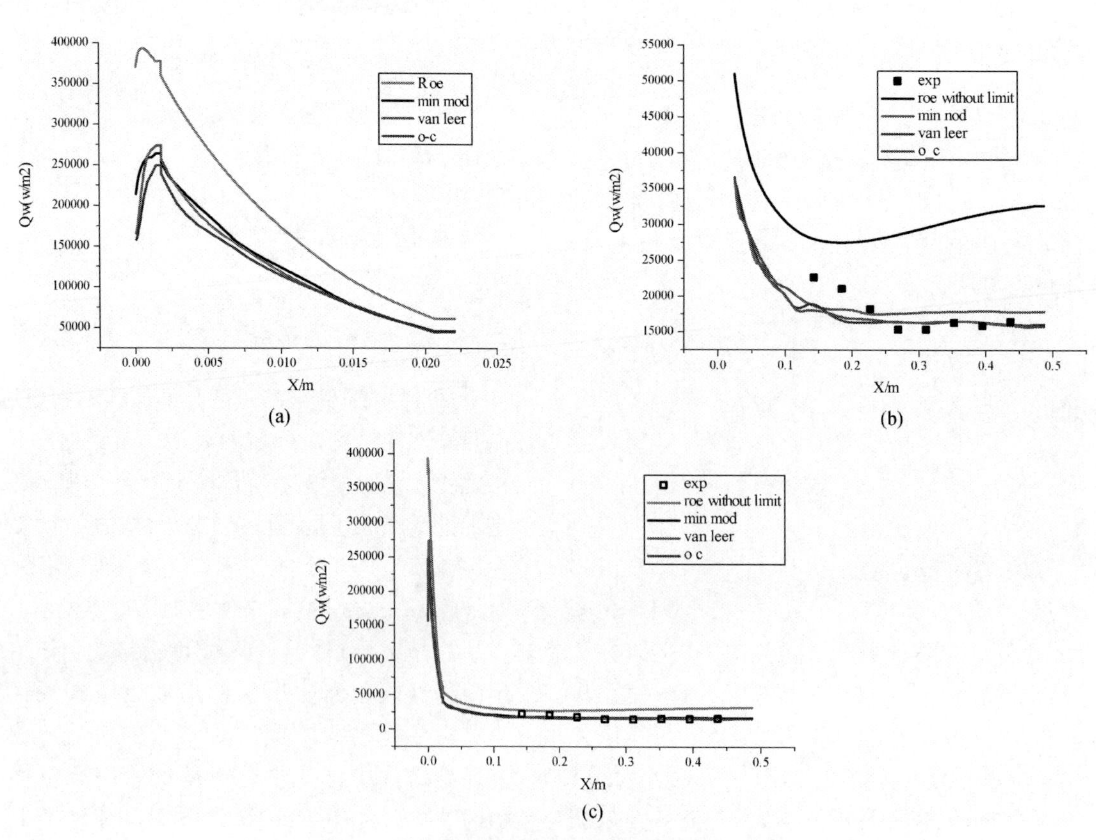

图 5　15°钝锥不同限制器下表面热流变化曲线

（a）高压区域；（b）低压区域；（c）模型表面整体热流变化

图 5 为 15°钝锥不同限制器下沿钝锥表面热流分布曲线图。可以看出加入限制器以后，无论高压区驻点热流密度还是低压区热流分布，数值模拟结果与实验值更加吻合。不加限制器的结果是实验数据的两倍左右，加入三种限制的结果都与实验数据吻合的很好。热流数据的这种差异是由于热流数据对计算精度的要求大大高于气动力数据，加入限制器后差分精度提高，耗散性减少。

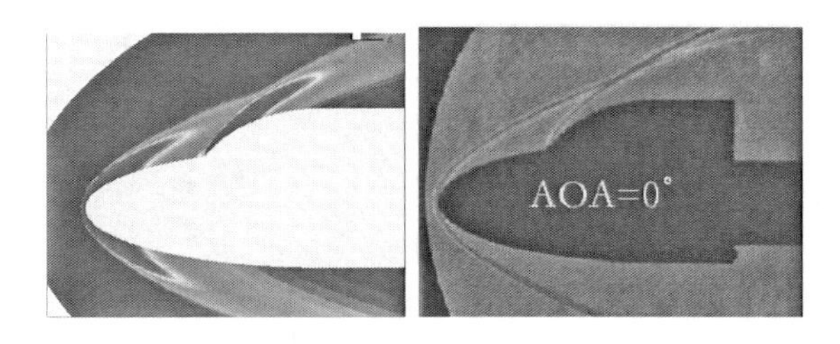

图 6　双椭球子午面压力云图

2.2　双椭球气动热数据对比

图 6 为 0°攻角下双椭球流场压力云图与实验纹影图的对比。可以看出数值模拟结果与实验吻合。双椭球的流场相对是比较复杂的。在大椭球和小椭球的头部都会产生较强激波，在两椭球相贯区域，存在较为明显的镶嵌激波，另外还存在较强的激波一激波，激波一边界层相互干扰以及回流区等复杂现象；小椭球上部存在较为明显的膨胀波系。

2.2.1　Roe 格式与 Van Leer 格式双椭球数值模拟结果对比

图 7 为双椭球不同差分格式下热流数据对比。图 7（a）、图 7（b）为上下子午面剖线不同差分格式下热流分布曲线，对比图 4（a）、图 4（b）可以看出：相对气动力来说，热流对差分格式的依赖性更大。沿上子午线热流总体趋势来说，不同差分格式的数值模拟结果都比较理想，但在流场细节方面（驻点、大小椭球相贯区域等）都有一定的差异。图 7（c）、图 7（d）分别为Ⅰ、Ⅱ剖线不同差分格式下热流分布曲线。虽然两种差分格式对热流总体趋势的模拟都比较好，但热流数据相差还是比较大，差距在一个量级左右，黏性分辨率比较高的 Roe 格式的模拟结果比 Van Leer 格式好很多。

下面选取 Roe 差分格式，加入限制器进一步考虑限制器对气动热数值模拟的影响。

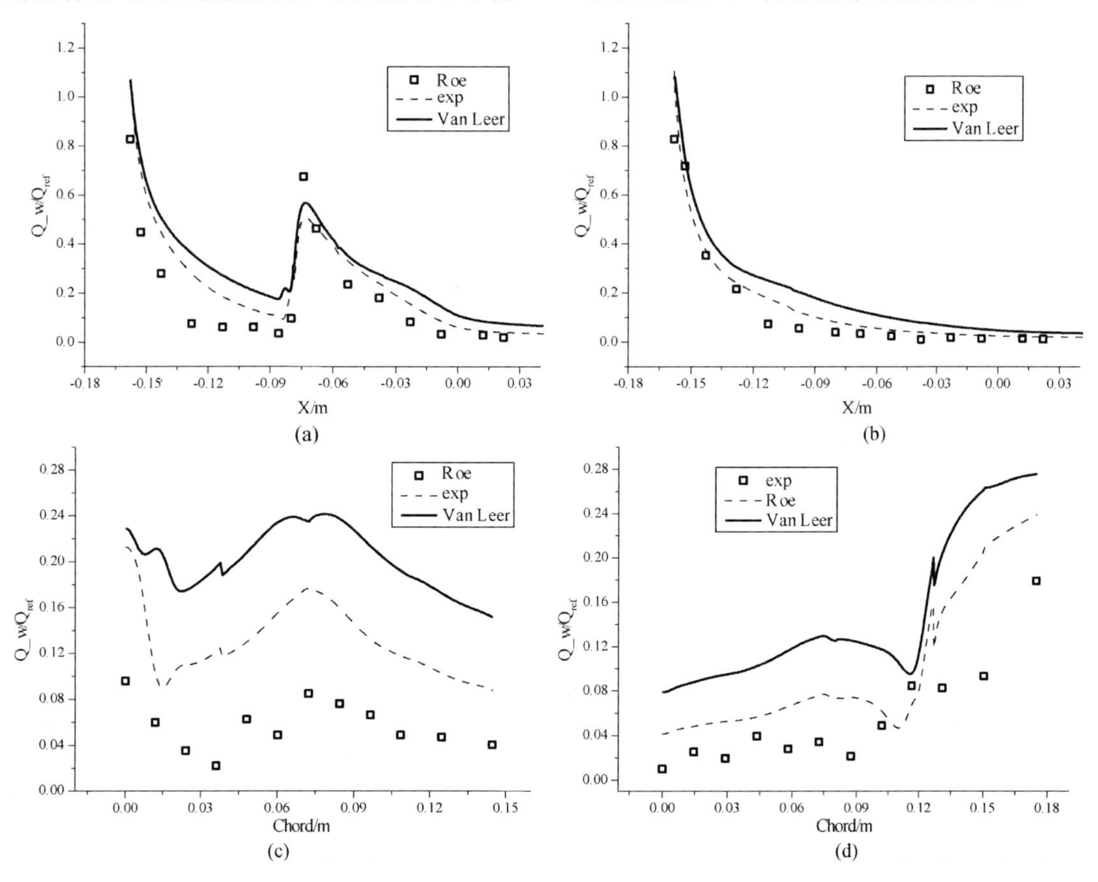

图 7　双椭球不同差分格式下热流数据对比

（a）上子午线（$\varphi=0$）；（b）下子午线（$\varphi=180$）；（c）Ⅰ剖线（$x=-79.9$mm）；（d）Ⅱ剖线（$x=-37.9$mm）

2.2.2 Roe格式不同限制器双椭球气动热数值模拟结果

图8为双椭球模型Roe格式下不同限制器的热流对比结果。可以看出随着限制器的加入，热流数据的模拟更加准确，尤其在驻点区域和Ⅰ、Ⅱ剖线。图8（a）、图8（b）为上下子午线热流曲线，可以看出Roe格式下加入限制器后驻点处的模拟结果得到了加大提升。图8（c）、图8（d）为双椭球Ⅰ、Ⅱ剖线热流对比曲线。在Ⅰ剖线中，可以进一步看出复杂流场中气动热数值模拟结果对差分格式的要求较高，加入限制器后，数值模拟结果与实验结果更加吻合，其中min mod限制器所得到的结果相对最好。

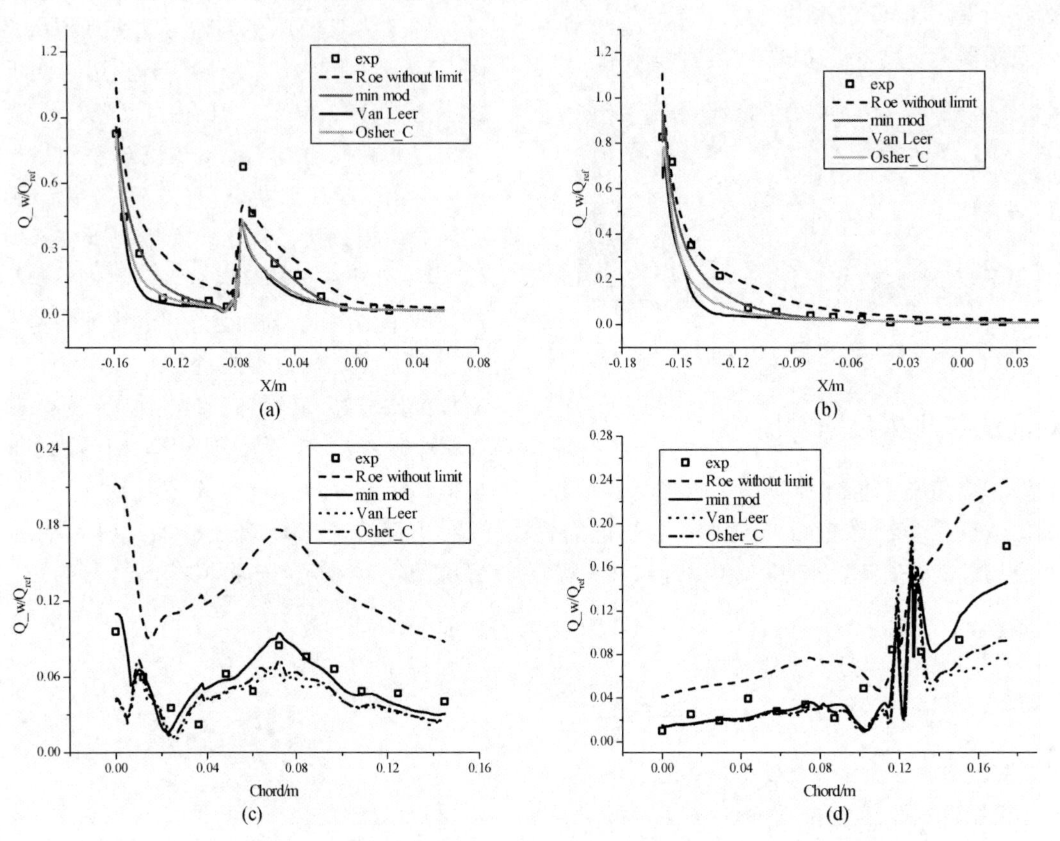

图8 双椭球Roe格式下不同限制器的热流数据对比曲线

（a）上子午线（$\varphi=0$）；（b）下子午线（$\varphi=180$）；（c）Ⅰ剖线（$x=-79.9$mm）；（d）Ⅱ剖线（$x=-37.9$mm）

2.2.3 不同攻角下双椭球气动热数值模拟结果

采用Roe差分格式，加入min mod限制器，对双椭球模型进行攻角−5°、0°、10°、20°、25°下的气动热数值模拟，工况同上。图9为不同位置热流曲线对比，可以看出随着攻角的增大，热流峰值和热流趋势会发生明显的变化，随着攻角增大迎风线热流峰值后移，同时背风线双椭球相贯区域热流明显减小。图10为不同攻角下压力云图对比，可以看出随着攻角的增大，镶嵌激波的强慢慢变弱。

3 结论

本文采用Roe的FDS格式和van Leer的FVS格式以及Roe格式下不同限制器对15°钝锥模型、双椭球模型进行了数值模拟，对比了不同差分格式、不同限制器下气动热数值模拟的结果，并与实验数据进行了对比，初步得出以下结论：

（1）由于气动热数值模拟结果对黏性的捕捉要求较高，而Roe格式相对于van Leer由于其具有较高的黏性分辨率，气动热的数值模拟结果相对较好。

（2）限制器对气动热的数值模拟结果影响也较大，随着Roe格式下限制器的加入，气动热的数值模拟取得了令人满意的结果，其中min mod相对最好。

（3）双椭球III剖线存在比较明显的膨胀波系，Roe格式和van Leer格式结果都不是很好，对于

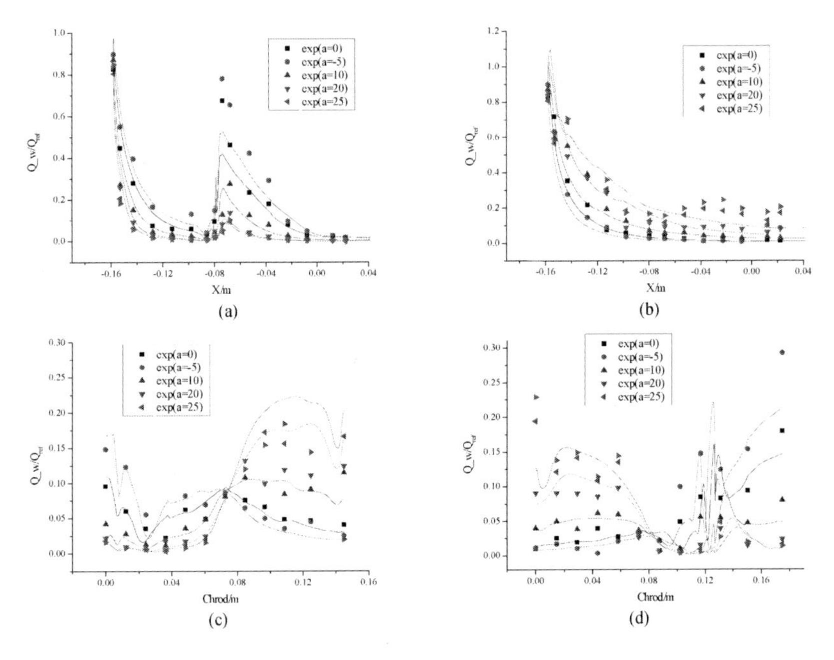

图 9　不同攻角下线热流曲线对比

(a) 上子午线 ($\varphi=0$)；(b) 下子午线 ($\varphi=180$)；(c) Ⅰ剖线 ($x=-79.9$mm)；(d) Ⅱ剖线 ($x=-37.9$mm)

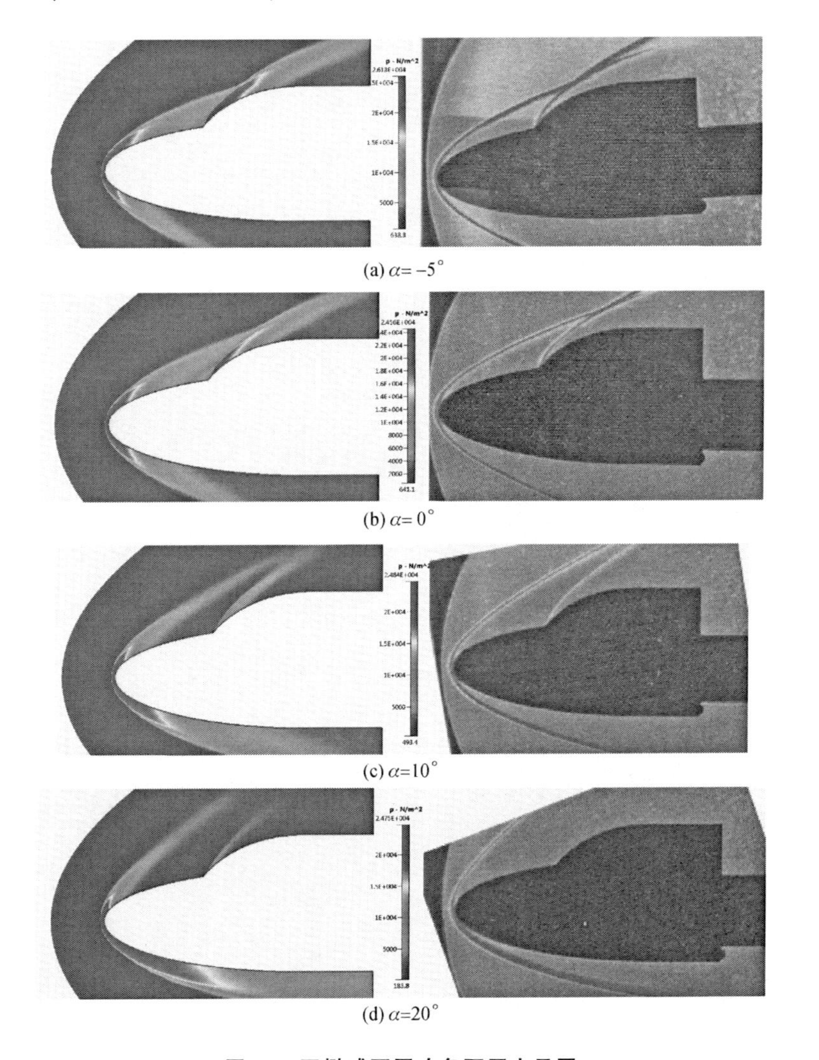

图 10　双椭球不同攻角下压力云图

膨胀波区域的数值模拟还需要进一步的研究。

(4) 随着攻角的增大，双椭球相贯区域二次激波逐渐消失。Roe 差分格式加 min mod 限制器在大攻角下气动热数值模拟取得了较为令人满意的结果。

参考文献

[1] 阎超. 计算流体力学方法及应用[M]. 北京:北京航空航天大学出版社,2006.

[2] Scott J N, Niu Y Y. Comparison of Several Spatial Discretizations of the N－S Equation[C]. AIAA 93－0068,1993.

[3] 李君哲,阎超,柯伦,等. 气动热 CFD 计算的格式效应研究[J]. 北京航空航天大学学报,2003,11.

[4] Joseph W. Clemy. Effect of Angle of Attack and Bluntness on Laminar Heating-rate Distribution of a 15 Deg Cone at Mach number of 10.6[R]. NASA TN 5450,1969.

[5] 李素循. 典型外形高超声速流动特性[M]. 北京:国防工业出版社,2008.

[6] LIU Xin, DENG Xiaogang. Application of High-order Accurate Algorithm to Hypersonic Viscous Flows for Calculating Heat Transfer Distributions[C]. AIAA-2007-691-773.

[7] Desideri J A, Glowinski R, Periaux J. Hypersonic Flows for Reentry Problems[M]. Berlin: Spring-Verlag. 1991.

喷漆及漆雾捕捉分析

赵 锐

机械工业第九设计研究院有限公司，吉林长春，130011

摘 要：本文通过对CFD技术的研究，运用ESI－ACE＋对涂装线喷漆室设备内部流动及漆雾浓度分布状况进行分析、验证，对喷漆设备的结构、性能进行优化和改善，从而达到减少设备投资和设备试制过程，有效降低漆雾排放的目的。

关键词：CFD；ACE＋；漆雾捕捉。

1 条件输入

根据喷漆房和捕捉房的相关参数，在此基础上进行多相流动耦合分析，对房间内部的流动速度、压力以及油雾分布密度、捕捉率等状况有所了解。相关初始参数见图1、表1、表2。

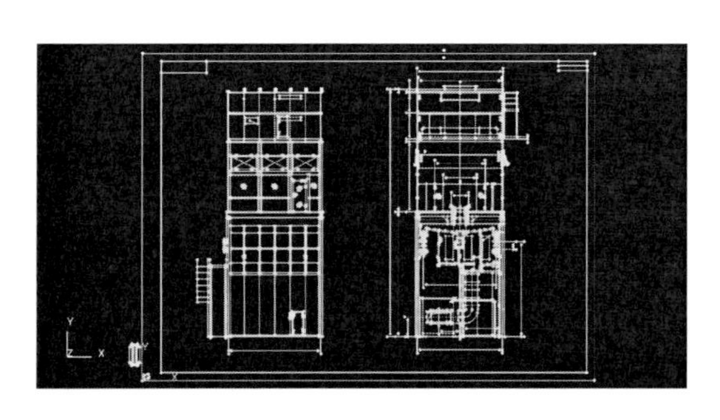

图1 几何尺寸

表1 材料参数

油漆	密度	1.3～1.4g/cm^3
	黏度	22～24S/T－4、20℃
	热容量（比热）	J/kg·℃
车体	热容量（比热）	沿用常用材料数据库
	热传导系数	沿用常用材料数据库
墙体	热容量（比热）	同烘干室［J/(kg·℃)］
	热传导系数	绝热
过滤袋	孔隙率	40%
	透过率	62@1.0μm m^2
	过滤精度	F6
空气		沿用常用材料数据库
水		沿用常用材料数据库

表2 工况参数

喷枪	喷嘴位置	高度：根据车型全车 喷涂个数：2把
	喷漆速度	70～80cm/s
	吐出量	120～130ml/min
	喷漆扩张角	30°～35°
	雾化率（平均粒径）	＜15μm
	裹气率	60%
	喷幅	25cm
	温度	22±1℃
	喷涂距离	25cm
气流	流量	8910m^3/m/h
	湿度	70%
	温度	23℃
捕捉	水流量	35m^3/m/h
	水膜厚度	8mm
	温度	23°C
	排风压力	1800Pa
	迷宫结构捕捉率	99%

求解方式使用多物理场耦合求解器CFD－ACE＋，求解此多相流动耦合问题，具体步骤如下所示：

1.1 使用CFD－GEOM进行几何建模、网格划分

考虑到问题的几何特性，下面使用二维建模和三维实体建模结合的方法：对两个厂房内部进行二维建模，进一步扩展生成三维模型。在文丘里结构附近采取结构化网格和非结构化网格结合的方式进行建模，对厂房整体采取喷漆房较稀疏，

捕捉房较密集的网格过渡（图 2～图 5）。

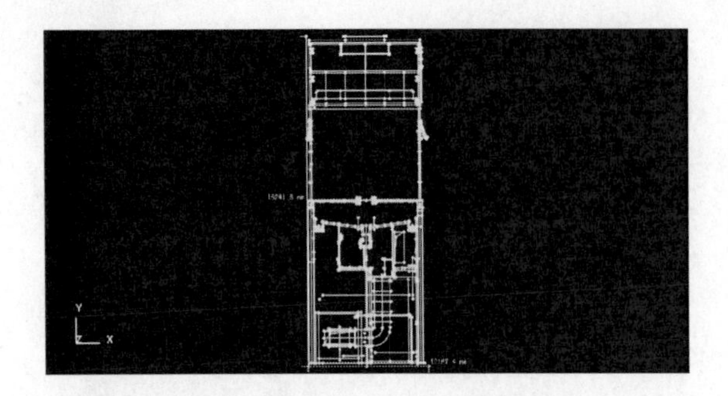

图 2　厂房有效部分 CAD 图纸

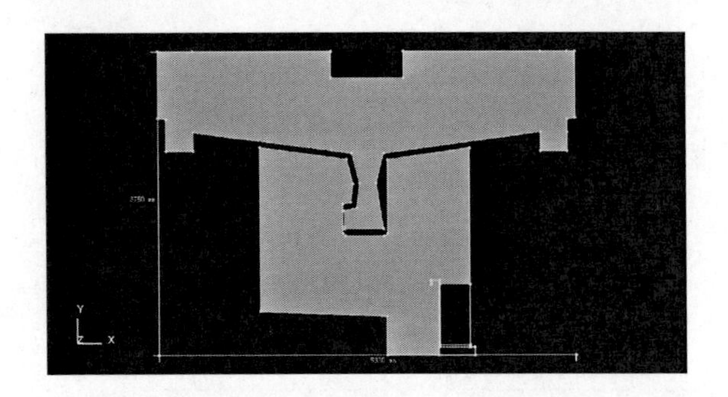

图 3　捕捉房有效流体部分二维建模

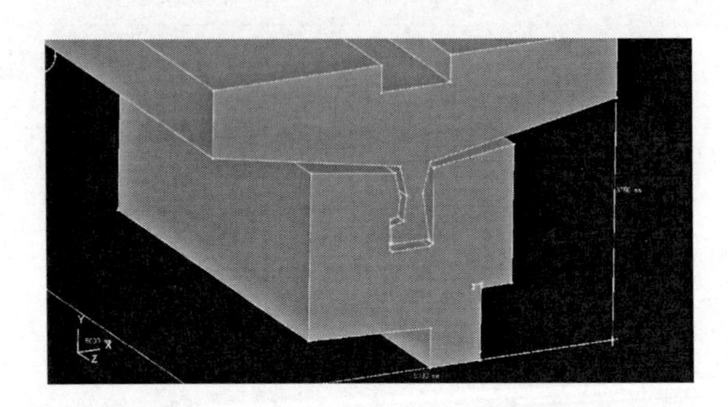

图 4　捕捉房有效流体部分三维建模

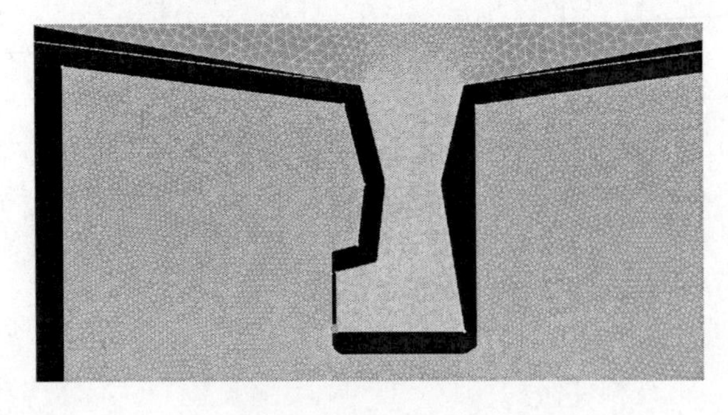

图 5　文丘里结构附近局部网格

1.2　建立计算模型

CFD－ACE＋使用欧拉方法和拉格朗日方法耦合模式求解喷漆和捕捉的问题（见图 6、图 7）。

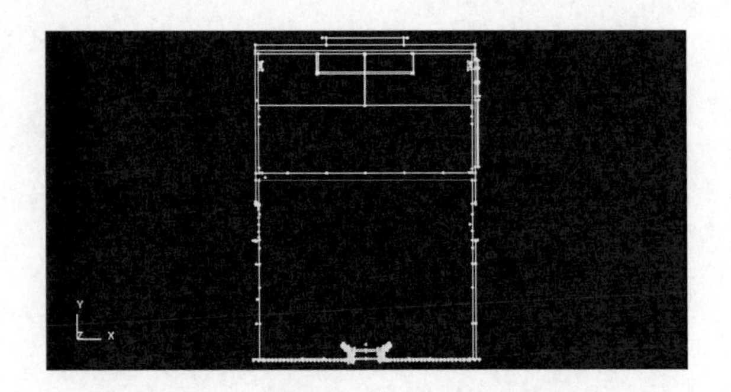

图 6　喷漆房有效流体部分建模

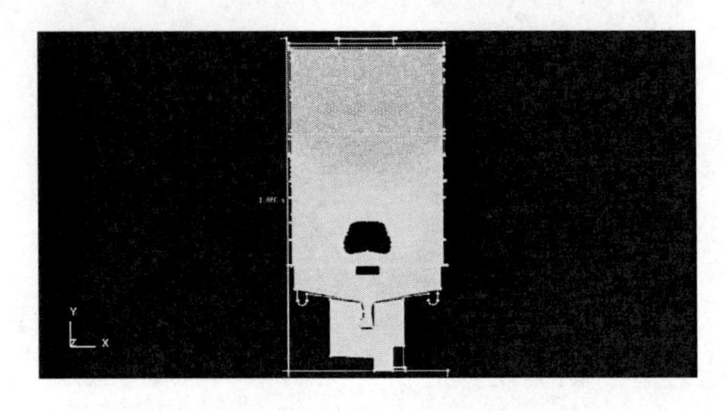

图 7　总体厂房建模

1. CFD－ACE＋流体模块

采用有限体积法求解 N－S 方程，可以求解电池中的任何气体、液体流动。

$$\frac{\partial\rho}{\partial t}+\nabla\cdot(\rho\vec{V})=0$$

$$\frac{\partial(\rho u)}{\partial t}+\nabla\cdot(\rho\vec{V}u)=\frac{\partial(-p+\tau_{xx})}{\partial x}+\frac{\partial\tau_{yx}}{\partial y}+\frac{\partial\tau_{zx}}{\partial z}+S_{Mx}$$

$$\frac{\partial(\rho v)}{\partial t}+\nabla\cdot(\rho\vec{V}v)=\frac{\partial\tau_{xy}}{\partial x}+\frac{\partial(-p+\tau_{yy})}{\partial y}+\frac{\partial\tau_{zy}}{\partial z}+S_{My}$$

$$\frac{\partial(\rho w)}{\partial t}+\nabla\cdot(\rho\vec{V}w)=\frac{\partial\tau_{xz}}{\partial x}+\frac{\partial\tau_{yz}}{\partial y}+\frac{\partial(-\rho+\tau_{zz})}{\partial z}+S_{Mz}$$

在该题目中，流体部分为气－液混合两项流动，由于环境无重力，所以采用

$$\frac{\partial\alpha_k}{\partial t}+\nabla(\alpha_k u_k)=0$$

$$\frac{\partial(\rho_k\alpha_k u_k)}{\partial t}+\nabla(\rho_k\alpha_k u_k u_k)=\nabla(\alpha_k\tau_k)-\alpha_k\nabla p+F_k$$

$$\alpha_c+\alpha_d=1$$

多组分模型，其中 k 是组分标号。

2. CFD－ACE＋传热模块

求解能量方程：

$$\frac{\partial(\rho h_0)}{\partial t}+\nabla\cdot(\rho\vec{V}h_0)$$

$$=\nabla\cdot(k_{eff}\nabla T)+\frac{\partial p}{\partial t}+\left[\frac{\partial(u\tau_{xx})}{\partial x}+\frac{\partial(u\tau_{yx})}{\partial y}+\frac{\partial(u\tau_{zx})}{\partial z}\right]$$

$$+\left[\frac{\partial(v\tau_{xy})}{\partial x}+\frac{(v\tau_{yy})}{\partial y}+\frac{\partial(v\tau_{zy})}{\partial z}\right]$$

$$+\left[\frac{\partial(w\tau_{xz})}{\partial x}+\frac{\partial(w\tau_{yz})}{\partial y}+\frac{\partial(w\tau_{zz})}{\partial z}\right]+S_k$$

3. CFD－ACE＋湍流模块

本次计算采取标准的 $k-\varepsilon$ 湍流模型，求解

$$\frac{\partial}{\partial t}(\rho k)+\frac{\partial}{\partial x_j}(\rho u_j k)=\rho P-\rho\varepsilon+\frac{\partial}{\partial x_y}\left[\left(\mu+\frac{\mu}{\sigma_k}\right)\frac{\partial k}{\partial x_j}\right]$$

和 $\frac{\partial}{\partial t}(\rho\varepsilon)+\frac{\partial}{\partial x_j}(\rho u_j\varepsilon)=C_{\tau_1}\frac{\rho P\varepsilon}{k}-C_{\varepsilon_2}\frac{\rho\varepsilon^2}{k}+\frac{\partial}{\partial x_y}\left[\left(\mu+\frac{\mu_t}{\sigma}\right)\frac{\partial\varepsilon}{\partial x_y}\right]$

4. CFD－ACE＋喷雾模块

针对典型的喷雾颗粒两相流动，CFD－ACE＋提供喷雾模块，求解拉格朗日方法下的颗粒（液滴）动量方程：

$$m_d\frac{\mathrm{d}u}{\mathrm{d}t}=C_D\rho(U-v)\left|U-v\right|\frac{A_d}{2}+m_d g+Sm$$

并采取不可压缩流动假设下的阻力公式：

$$C_p=\frac{24}{Re}\qquad \text{for } Re<1$$

$$C_p=\frac{24}{Re}\left[1+0.15Re^{0.87}\right]\qquad \text{for } 1<1\ Re<10^3$$

$$C_p=0.44\qquad \text{for } Re<10^3$$

其中雷诺数　$Re=\frac{\rho\left|U-v\right|d}{\mu}$

从而求解出从喷嘴以一定流量、速度、粒径和扩张角喷出的大量液滴在空间的动力学状态、分布密度以及被墙面和车体表面捕获的状况。

1.3 导入 CFD－ACE＋求解器进行参数设置

导入 CFD－ACE＋求解器进行参数设计如图 8、图 9。

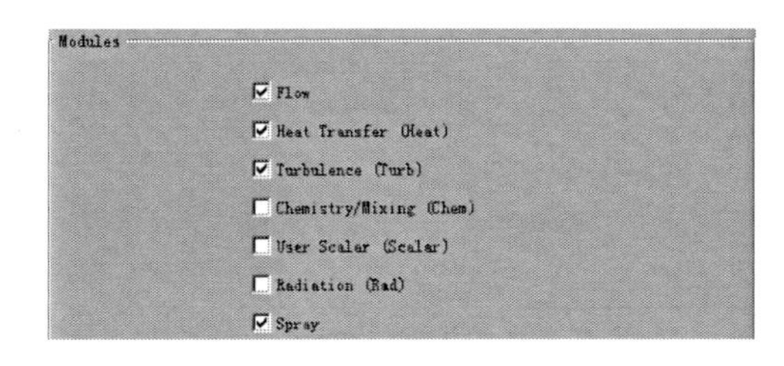

图 8　在 CFD－ACE＋中选择所需要的功能模块

2 分析结果及结论

为了更好的分析和说明厂房中的流动和漆雾浓度分布，以下定义几个关键点作为描述流动和漆雾浓度分布的基准（见图 10）。

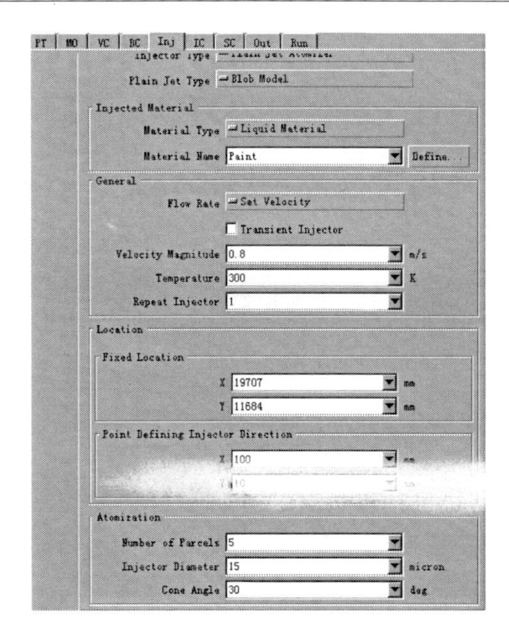

图 9　在 CFD－ACE＋喷雾界面中设置关键参数，（包括喷嘴的位置，油漆的材料参数，喷出速度、流量、粒径和扩散角）

A 点：距离车体顶棚正中 10cm 处；

B1 点：车体左侧与喷枪对应，距离车体 10cm 处；

B2 点：车体右侧与喷枪对应，距离车体 10cm 处；

C1 点：左侧栅板中心点；

C1 点：右侧栅板中心点；

D 点：文丘里结构上方通道最窄处；

E1 点：气流进入文丘里结构前 5cm 处；

E2 点：气流流出文丘里结构后 5cm 处；

F 点：气流接近迷宫结构前 10cm 处。

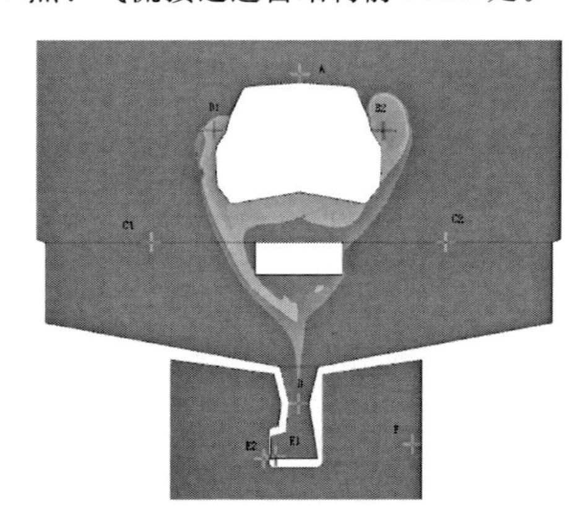

图 10　标基条分布图

2.1 气流分析

首先，在喷漆房中，速度分布较为均匀，除

了喷嘴造成的局部速度之外，各处速度基本在 0.5m/s 以下。从均风设备上端和下端的速度大小分布曲线看来，均风效果明显，从均风设备输出的气流速度均匀。在喷枪附近有明显的涡流现象（见图 11～图 16）。

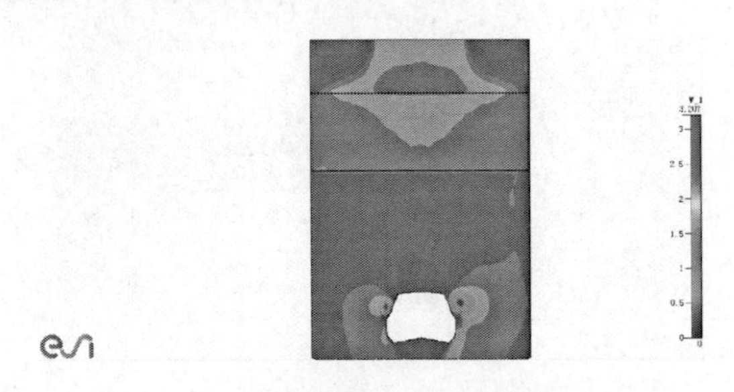

图 11　喷漆房内的速度分布云图

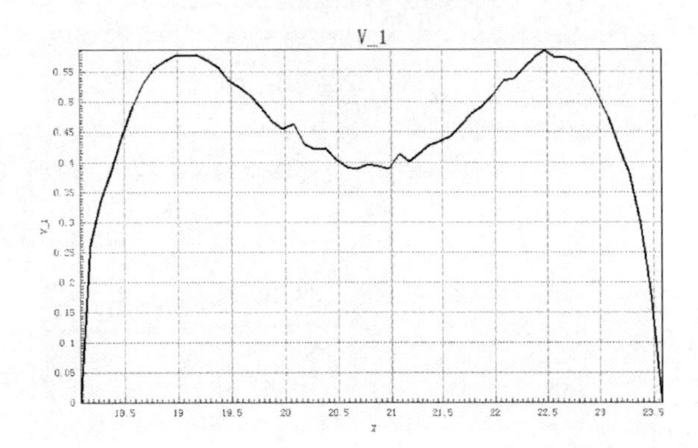

图 12　均风带入口（上端）速度分布曲线

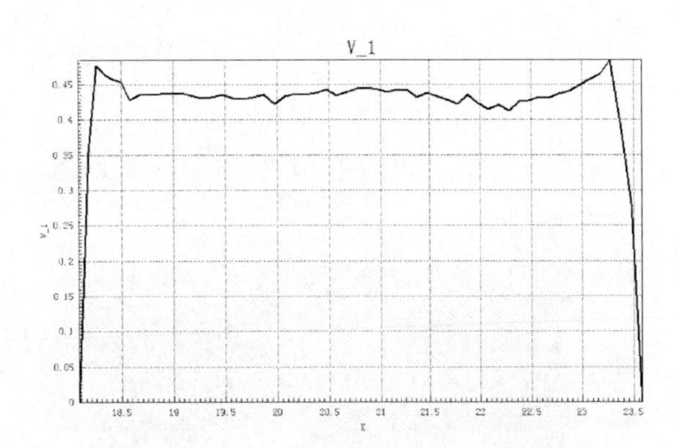

图 13　均风带出口（下端）速度分布曲线

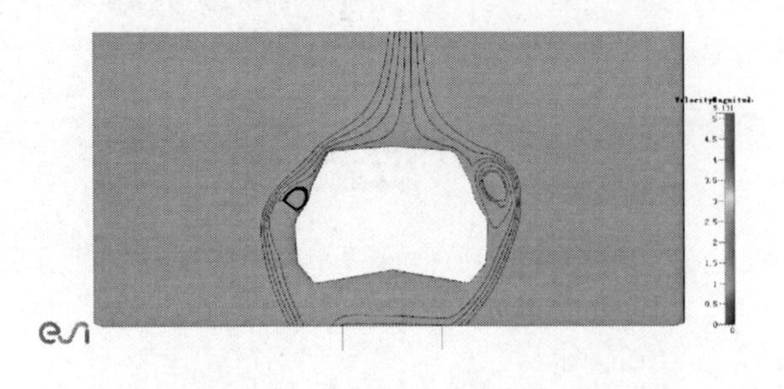

图 14　喷枪附近的涡流分布

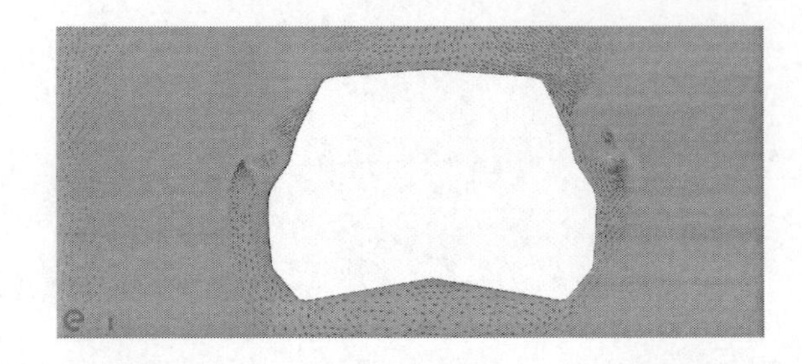

图 15　车体一喷枪截面上的速度和涡流分布

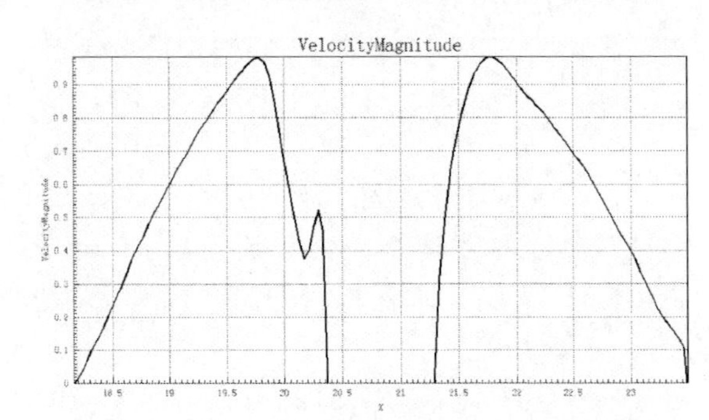

图 16　两个工作室分界隔板处的速度分布曲线

其次，在捕捉房中，速度最高点处于文丘里结构处，最大值可达到 41.86m/s。而由文丘里结构引起的射流在捕捉房中形成了明显的涡流（见图 17～图 19）。

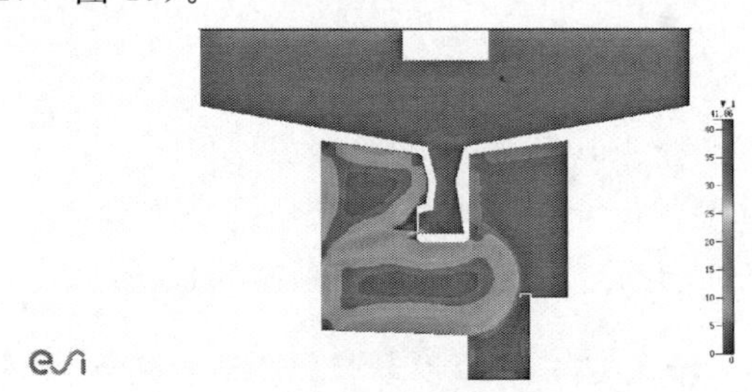

图 17　捕捉房内的速度分布云图

图 18　捕捉房中的涡流分布

图 19　文丘里结构附近的流动和涡流分布

各关键点速度大小分布如表 3。

表 3　　各类键点速度　　单位：m/s

位置	A	B1	B2	C1	C2	D	E1	E2	F
速度	0.14	1.42	1.36	0.76	0.74	4.72	10.77	27.82	0.37

2.2　漆雾浓度分析

首先，在喷漆房中，喷枪附近的局部漆雾浓度（质量比）可以达到 51.04%。而随着流动的发展和附着迅速降低。同时从曲线图中可以看出，在靠近中部支架结构的位置有两股漆雾集中，所以在实际生产中，支架结构上可能会有漆雾沉淀（见图 20、图 21）。

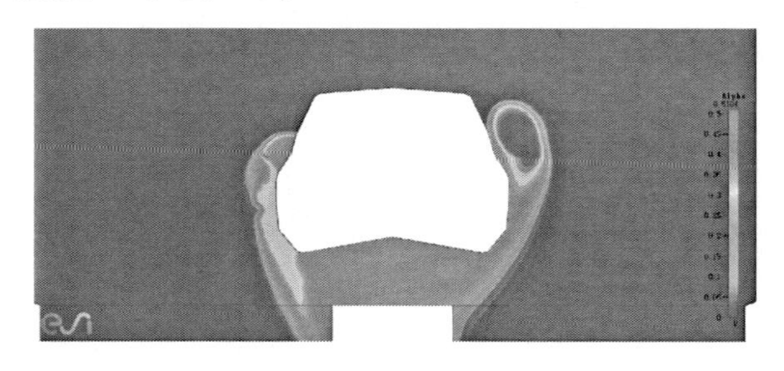

图 20　车体附近的漆雾浓度分布

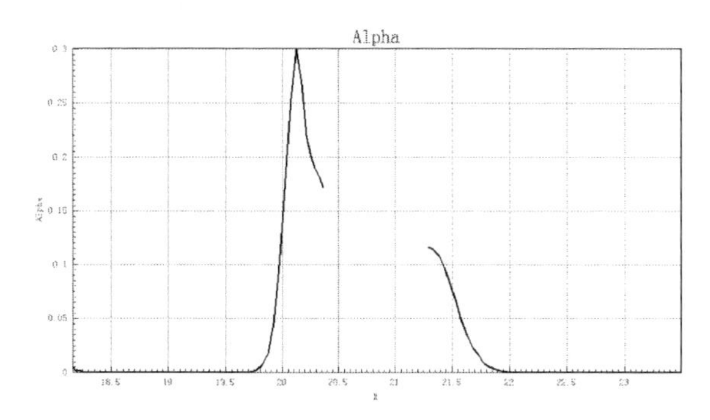

图 21　两个工作室隔板处的漆雾浓度分布曲线

其次，在进入捕捉房中的气流中，除了极少数位置之外，大部分的漆雾浓度（质量比）都在 5%以下。同时，在经过水膜清洗以后，进入文丘里结构前的漆雾浓度已经降低到 2.8%，在通过了文丘里结构以后漆雾浓度降低到了 1%以下。气流到达迷宫板以前，浓度已经降低到 0.1%以下（见图 22）。

最后，关于附着率可以通过求解器的统计数据获得。根据两支喷枪总共 340g/min 的吐出量，而计算得到的喷漆房进入捕捉房的气流中油漆成分流量为 181.63g/min，所以附着率约为 46.58%。从捕捉房出口处（进入迷宫结构以前）计算得到的油漆成分流量为 3.20g/min，所以文丘里结构的整体捕捉率为 98.24%（见图 23）。

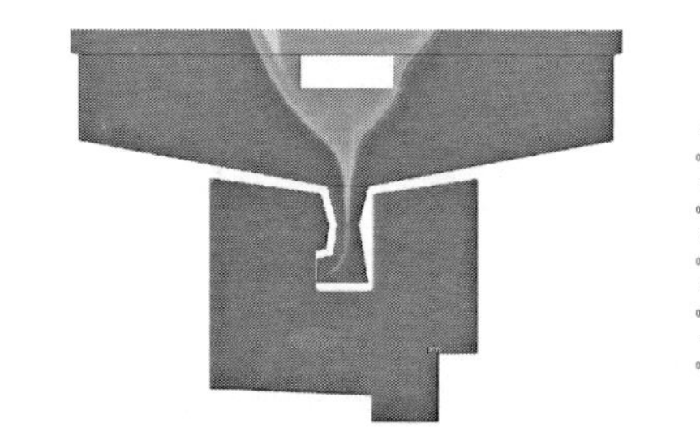

图 22　捕捉房中的漆浓度分布

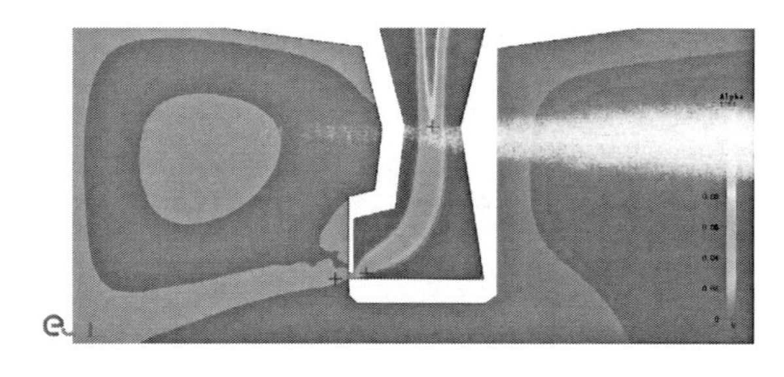

图 23　文丘里结构附近的漆雾浓度分布

各关键点漆雾浓度（质量比）分布如表 4。

表 4　　各类键点雾浓度

位置	A	B1	B2	C1	C2	D	E1	E2	F
浓度	<0.1%	37.4%	38.1%	1.4%	1.3%	6.4%	2.8%	0.8%	<0.1%

3　总结

通过对该喷房的分析，喷漆房气流分布较均匀，涡流现象不明显，油漆附着率约为 46.58%；在捕捉房中，漆雾捕捉效果明显，浓度急剧下降，整体捕捉率为 98.24%。

需要注意的是：

（1）车体底盘支架上可能会有较多的漆雾沉着，可以通过改变结构形式来减少漆雾沉着。

（2）捕捉房中的涡流可能会使边角等位置有漆雾沉着，在边角采取圆滑过度。

4　备注

软件支持：CFD－ACE＋ 2010 多物理场求解器软件包

硬件平台：Dell Precision M4500，i5 core，4G RAM

ESI Solutions in Computational Electromagnetics

Initiated more than thirty years ago for Aeronautics and Defense applications, the PAM-CEM Simulation Suite proposed by ESI Group in the field of Computational Electromagnetics is offering a numerical alternative to the pure experimental investigation of Electromagnetic Compatibility (EMC) issues.

Automotive and Railways, Electronics, Telecommunications, all sectors are concerned.

The solution has been continuously upgraded through international projects gathering major industrial partners with the aim of addressing EMC problems early in the design stage of electronic products.

With the Efield AB acquisition (December 2011), ESI Solutions in scattering & RADAR signature have been significantly improved with an extended range of applications now including Antenna radiation and integration, Microwave design of various filters, connectors and RF components.

Within a complete and integrated simulation environment, many different computational techniques are gathered operating either in time or frequency domain and including full wave solutions (MoM, MLFMM, FDTD, FEM), MultiConductor Transmission Lines (MTL) or high-frequency asymptotic method (Physical Optics), as well as hybrid techniques when focusing on large and fully equipped realistic models.

1 PAM-CEM Simulation Suite & Efield Solutions

The PAM-CEM Simulation Suite is a software package proposed by ESI Group in the field of Computational Electromagnetics with the aim of addressing all major electromagnetic issues related to both radiated and conducted effects.

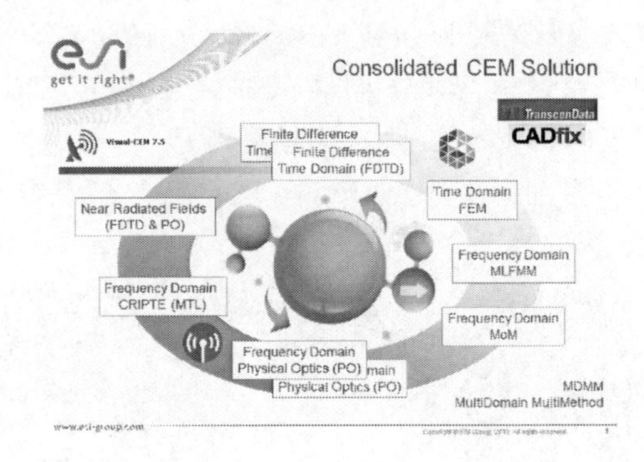

Fig. 1

All industrial sectors are concerned: Automotive and Railways, Aeronautics and Defense, Energy, Electronics and Telecommunications. The PAM-CEM Suite is gathering several software products which can be used in standalone mode or coupled one with the other. Together with the CRIPTE software for all induced phenomena along cable networks, unique 3D modeling capabilities are offered to handle bundles gathering hundreds of wires and integrated in fully equipped realistic geometries. Since targeting EMC/EMI issues spreading on a wide frequency spectrum, the solution is mainly running time domain while dedicated S/W products are proposed for very high frequency RADAR applications.

Since one single method cannot be applied efficiently to all required applications, the S/W environment includes a set of methods complementing each other by running either time or frequency domain, or through coupling or hybridization. Efield Solutions offer simulation capacity for complex electromagnetic phenomena in a number of important areas.

① Antenna design with all kind of devices including horn, reflector, wire and microstrip antennas as well as broadband antennas and antenna arrays.

②Antenna integration dealing with cross coupling or radiation pattern of emitting devices installed on large platforms such as aircrafts or ships.

③ Microwave design of RF components, filters, connectors and couplers.

④ Analysis of a wide range of EMC/EMI issues with shielding & coupling problems.

⑤Scattering & RADAR cross section (RCS) analysis of structures such as aircrafts, ships, air-intakes, exhausts, and antennas.

2 Automotive & Ground Transportation

The EMC development of automotive electronic systems cannot rely on the usual "trial and error" approach only, but must be guided by the continuous development of an electromagnetic modeling know-how, to evaluate on a computer the EMC performances of a new electronic system. The miniaturization trend is evolving rapidly, making inaccessible large parts of the circuits, and impossible to adjust after design. Such constraints make it difficult to take simple remedial actions at a late stage of design, but often require reconsidering the design philosophy. An EMC-Safe design is needed ensuring that the final product will perform as requested, without the need for adjustments during the prototype development phase.

To guarantee optimal performances in their operating frequency bands, antennas are optimized according to their environment, location, orientation or size, by computing input impedances and radiation patterns. Several near-by antennas with different operating frequencies can be associated on the same device, making their optimization a delicate task. In the automotive industry, many antennas (AM/FM, TV, phone, keyless units) can be combined with advanced receiving systems for driver comfort (navigation systems, traffic control) and vehicle safety.

①When dealing with industrial models, the EMC/EMI analysis of a fully equipped automotive vehicle with its complete internal wiring leads to huge computer requirements if performed by one single 3D software tool. The total number of cables can easily exceed one thousand for new generations of cars, trucks and buses. As a result, additional tools have to be used to manage conducted phenomena along Cable Networks with specialized coupling procedures as proposed within the PAM-CEM Suite, to handle all those typical situations described in international standard regulations, such as Immunity or Emission.

② Beyond EMC/EMI, Efield Solutions are proposing dedicated S/W tools when targeting Antenna Design and Integration. In the Automotive field, the total number of onboard emitting & receiving devices in continuously increasing for many different purposes: infotainment with multimedia, audio, Bluetooth, WiFi, GPS and many more but also onboard diagnostics, V2V & V2I applications *.

③ Last application field dealing with Active Safety and radiation of onboard RADAR devices is quite important as well, while representing a real challenge for simulation because of the very high operating range running from 24 GHz up to 77 GHz. This constraint is combined with another one relying in the need to handle multiscale modeling (array antenna with plastic bumper, very thin paint coatings, full 3D scene featuring several vehicles with extra obstacles, such as metallic rail guards & others).

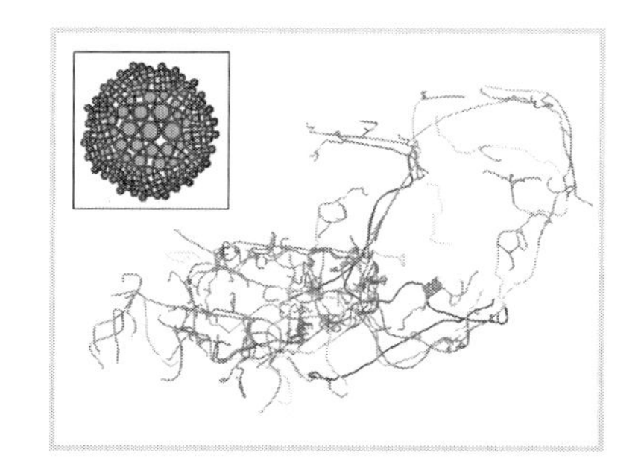

Fig. 2 CRIPTE Management of Typical Automotive Networks

(*) Vehicle-to-Vehicle & Vehicle-to-Infrastructure

Typical Automotive applications are illustrated in the following, dealing with the Electromagnetic Immunity or Susceptibility of a complete vehicle inside a Virtual Anechoic Chamber, the radiation of on-board antennas or Active Safety.

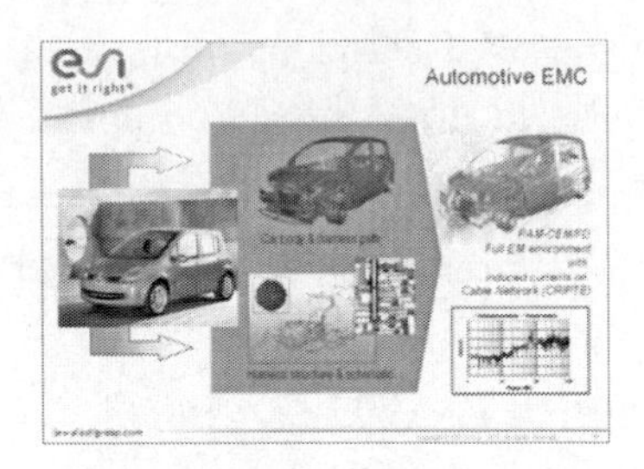

Fig. 3 3D/MTL Coupling with the PAM-CEM Simulation Suite (RENAULT)

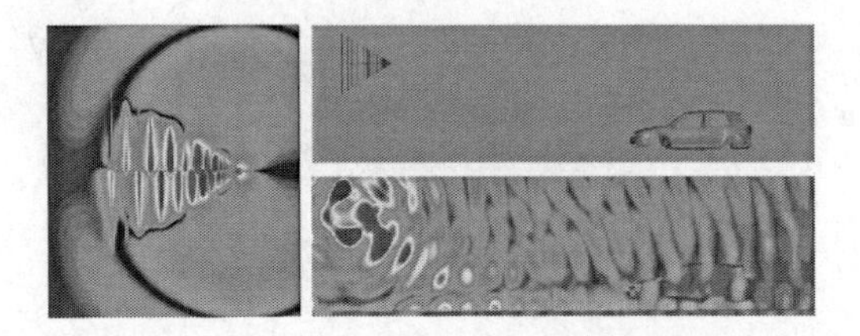

Fig. 4 The Virtual Anechoic Chamber (With Log Periodic Antennas)

Fig. 5 Active Safety & EM Radiation of Onboard RADAR Devices (MAZDA Motor Corporation)

3 Aeronautics & Defense

Within a complete and integrated simulation environment, ESI Solutions in Computational Electromagnetics are proposing a coherent software package allowing Aeronautics & Defense experts to evaluate the ability of complex systems to resist electromagnetic aggressions such as high altitude Nuclear pulses (NEMP), thunder lightning or High Intensity Radiated Fields, High Power Microwaves.

The objective is not only relying in reducing those experimental measurements required for the systems qualification, but also in understanding those complex phenomena created by typical electromagnetic aggressions or weapons.

Models being managed in Defense or Aeronautics are not significantly different from the automotive sector, since featuring similar contributors: a highly detailed geometrical model, including on-board wiring, bundles and electronic equipment. Anyway, one noticeable difference is relying in the size of the computational models frequently exceeding hundreds of million elements up to billions sometimes.

Efield solvers operating in frequency domain (MoM/MLFMM) are well suited to the RADAR analysis of very large structures like aircrafts or ships, while asymptotic methods (PO) or hybrid techniques (MLFMM-PO) are also available when the operating frequency is getting higher.

① Major scattering and RCS (RADAR Cross Section) applications include the signature prediction of full vehicles, the electromagnetic contribution of air inlets and exhausts, as well as small and large onboard scatterers such as integrated sensors, weapons or antennas. Stealth activities are targeting Low Observable shapes design with absorbing RAM coatings. With a complementary solver technology, Efield experience is combining with previous ESI Group expertize in this field, thus strengthening the global Defense offering for virtual simulation.

② With about forty antennas onboard commercial airliners and/or military fighters (for HF/VHF, SATCOM, emergency and satellite communications, surveillance navigation and airborne purposes), Antenna Placement & Integration is definitely a key challenge for electromagnetic simulation. With the high performance Efield Solutions, a cost efficient engineering process can be achieved by simulating the antenna performance at an early stage.

③ Hardening electronic equipment, shielding cable networks, evaluating indirect effects of thunder lightning, of NEMP and other HIRF aggressions are other typical applications our partners and customers are dealing with. Virtual certification activities are not applying to the full aircraft only, but also to jet engines, composites parts and other sub-systems.

The CRIPTE software finds here its ideal playground since initially developed by ONERA and the French Department of Defense with these aims in view.

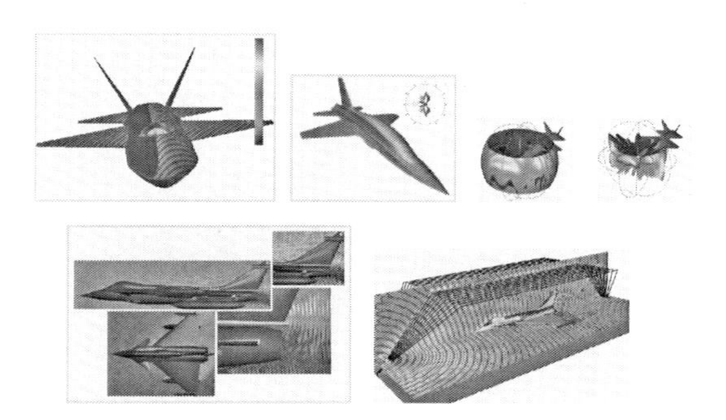

Fig. 6 RADAR Analysis of Predator UAV, Prototype Fighter and Jet Aircraft Jet Aircraft under Nuclear EM Pulse simulator

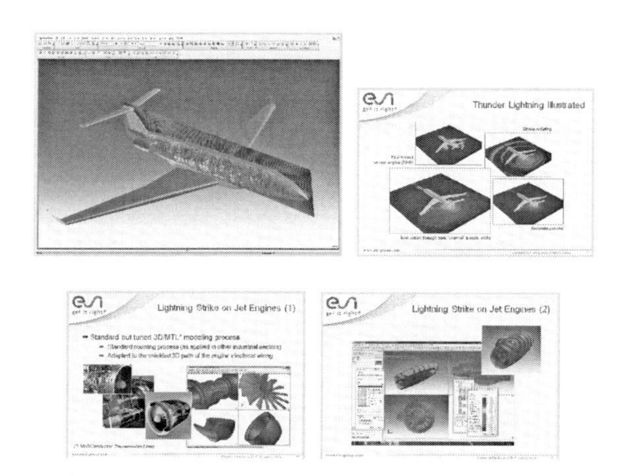

Fig. 7 Thunder Lightning on Full Aircraft & Jet Engine EM Radiation of Internal Wiring

4 Marine Industry

Together with RADAR signature & stealth, antenna placement is another critical concern in naval applications because of very few locations for communications devices to be integrated. When considering the total number of onboard antennas and emitting/receiving devices, the overall situation is quite comparable to Aeronautics, while extra constraints are arising from electromagnetic radiation hazards (RADHAZ) to fuels, electronic hardware, ordnance, and personnel.

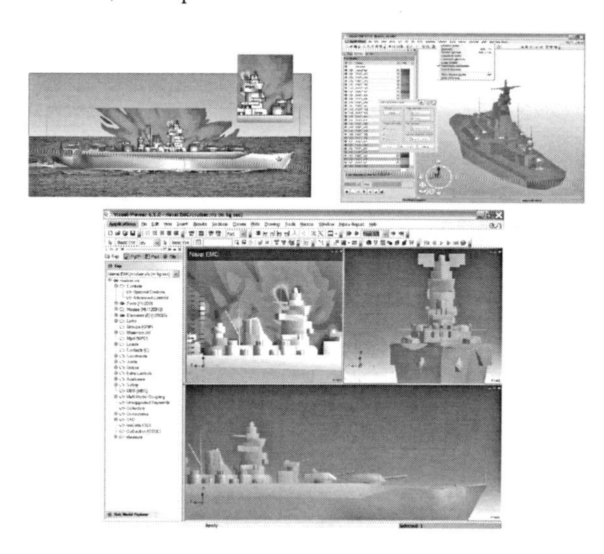

Fig. 8 Naval EMC (EM Radiation of a Power Mast Antenna)

Recent Technology Advances in the Computational Electromagnetics Code Efield® for Large Scale Sensor Integration Simulations

B. Strand　B. W. Stberg　E. Abenius
Efield AB OJ ESI Group

Abstract: Sensors and antennas play a very important role in many areas. In studies of future military airborne systems integration of sensors with demands on preserved low radar cross section is a prioritized area where a balance between the performance of the sensor and the radar cross section has to be found. In civil as well as military aerospace industry there are also needs to find more efficient methods to study interference between different antenna systems. Similar requirements can also be found within the automotive industry where an increasing amount of electronic equipment is integrated in the vehicles and where the electronics performs an increasing number of functions. In the present paper recent technology advances in Efield. for large scale sensor integration simulations are described.

Keywords: domain decomposition, multi-domain, multi-method, method of moments, integral equation formulation, fast multipole method, finite element, cavity problems, antenna installation, cavity RCS.

1 INTRODUCTION

This paper describes recent technology advances in the Efield. electromagnetic solver suite version 6.0 for large scale sensor integration simulations. These include Efield. MDMM (Multi-Domain Multi-Method), a domain decomposition technique for cavity problems that may be used for a wide range of applications including radar cross section of installed sensors, installed antenna performance and antenna interference. Recent advances in integral equation formulations include hybrid EFIE-CFIE formulations.

2 EFIELD® MDMM

MDMM[2] (Multi-Domain Multi-Method) is a domain decomposition technique which may be used for various applications involving cavities such as scattering of large open ended cavities and installation of cavity antennas. When solving large scale problems involving cavities that is part of a platform often the MLFMM is the only alternative because of the size of the problem. PO is usually not well suited since it gives poor accuracy and typically the problem is too large for MoM and FEM.

In MDMM the geometry is divided into domains and at the interface between the domains the field is approximated using an expansion in special basis functions. Using this field expansion, the solutions for the different domains can be computed independently using the Efield. frequency domain methods, MoM, FEM, MLFMM and PO. After these solutions have been computed the expansion coefficients are determined by enforcing continuity at interfaces between domains and the final solutions for each domain are obtained. Advantages with the MDMM are:

- Faster simulation times: The most efficient method can be used in each domain resulting in a reduction of the overall simulation time. For example, FEM may be used in cavities containing complex geometry and materials while the MLFMM or PO is used for the external problem.
- Improved MLFMM performance: Resonant

parts of the geometry, such as cavities, may lead to slow convergence of the MLFMM. Using MDMM, the cavity parts may be treated using a direct method while the exterior problem is solved by MLFMM, resulting in much faster overall simulation times.

- Less memory: Dividing the full problem into several domain problems reduces the memory requirements drastically, particularly for boundaryelement methods.

- Flexibility: If design changes are done in one domain only this domain needs to be re-computed which avoids time consuming re-computations of the whole problem.

3 HYBRID EFIE-CFIE

Released in Efield. 5. 3 was the possibility to use a hybrid EFIE-CFIE integral equation formulation for antenna installation problems of partly closed and partly non-closed objects. The EFIE is then solved for thin PEC surfaces and CFIE for the closed part of the geometry.

4 NUMERICAL EXAMPLES

4.1 Installed Patch Antenna

This case is a patch antenna [1] installed in a rectangular box with dimensions 6.0m × 1.0m × 0.3m, see Figure 1. The dimensions of the patch have been scaled with a factor 2.3 compared to [1] to get an operating frequency around 1 GHz, see Figure 2. The antenna is placed in a rectangular cavity centered in the y-direction and located 0.7 m in the x-direction from the end of the box. The cavity is 31.1 mm deep.

The problem is solved in four different ways using the MLFMM for the whole problem with EFIE, MLFMM with EFIE on the patch antenna and CFIE on the remaining part, and using MDMM with MoM or FEM for the antenna cavity and MLFMM for the exterior. The far field is computed at 1GHz when the patch is excited using a localized source on the strip between the patch and the ground plane. For MLFMM and MoM the excitation is a voltage source and for FEM a current gap source as shown in Fig. 3. The far field in the xz-plane is shown (zero degrees correspond to the positive z-axis) in Fig. 4 with good agreement between the different cases.

The number of unknowns for the full problem when solved with MLFMM was 157155. Using EFIE for the whole problem the solution time was 95377 s with the major part spent in the iterative solver which used 3055 iterations to reach a residual of 1e-3. When EFIE is applied to the patch antenna and CFIE to the rest of the geometry the solution time is only 4328 s since the number of iterations is decreased to only 67 to reach the same residual.

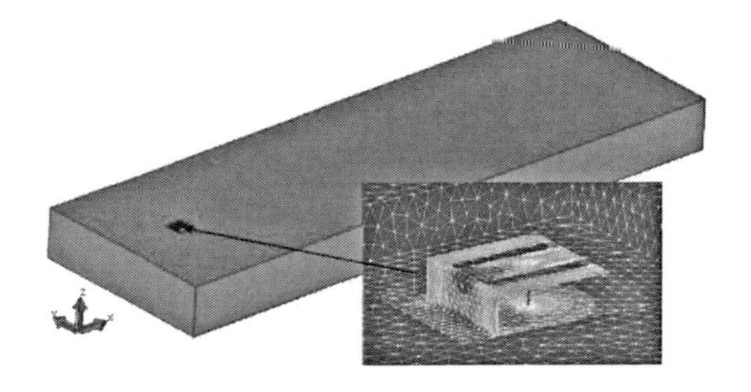

Fig. 1　Patch antenna installed in a rectangular box

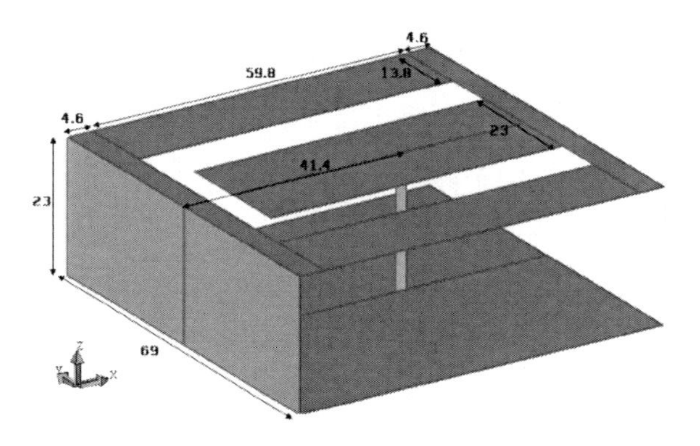

Fig. 2　Dimensions of the patch antenna in mm

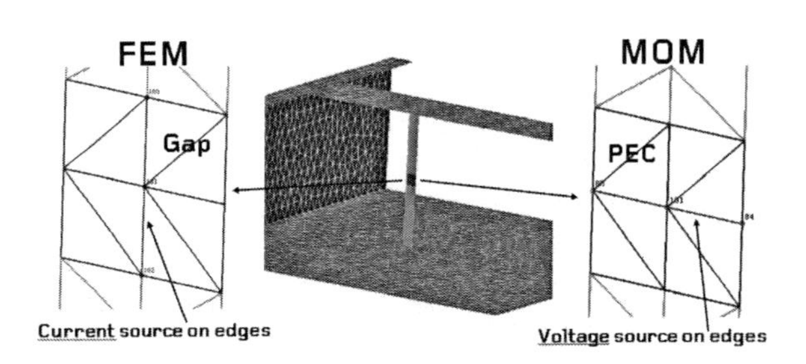

Fig. 3　Excitation models

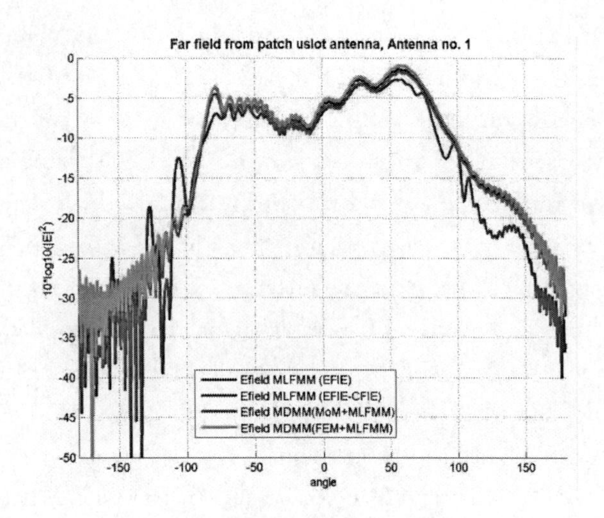

Fig. 4 Far field from installed patch antenna

In MDMM the interface between the antenna cavity and the exterior is at the cavity aperture where 14 basis functions are used to approximate the field. The run time for the cavity part is very small only 77 s using MoM and 138 s using FEM. The run time for the exterior domain solved with MLFMM is 2823 s and the total solution time using MDMM is less than 3000 s (regardless whether MoM or FEM was used) which is approximately 30 times faster than using MLFMM on the full problem with EFIE. The explanation for this is that in MDMM the MLFMM is used with a CFIE formulation on an exterior problem that is closed.

REFERENCES

[1] R. Chair, C-L Mak, K-F Lee, K-M Luk and A. A. Kishk, Miniature wide-band half Uslot and half E-shaped patch antennas, IEEE Transaction on Antennas and Propagation, Vol 53(8), Aug 2000.

[2] B. Strand, B W. stberg and E. Abenius, Efield. MDMM-A new and innovative domain decomposition technique for advanced cavity problems, EuCAP 2011, The Sixth European Conference on Antennas and Propagation, Prague, Czech Republic, 26 - 30 March 2011.

CFD－ACE＋微电子行业应用方案

法国ESI集团旗下的CFD－ACE＋是用于模拟和设计微电子产品、传感器及微机电系统（MEMS）的专业方针软件产品，还提供项目和产品设计服务，并积极参与相关工艺研发和下一代传感器、MEMS、致动器、微流体、微光学、射频MEMS、光学MEMS和其他微系统的开发研究。CFD－ACE＋是ESI－CFD的旗舰型多物理场耦合仿真软件，模拟功能包括流体力学，结构应力/变形，静电，电磁场，传热学，化学反应及其他相关学科，使得CFD－ACE＋成为设计复杂传感器及MEMS装置和完整微系统的强大平台。CFD－ACE＋和SPICE的直接连接可用于设计传感、控制和激励电路的混合层次模拟。

CFD－ACE＋已有了快速进行MEMS虚拟样机、参数化建模和设计优化的设计流软件工具，快速建模工具CFD-Micromesh自动从版图产生模型及网格，CFD－ACE＋求解全耦合多物理场问题，内置的流程优化工具SimManager提供了用户控制的脚本来进行用户的参数化和自动优化设计功能。下图表述了CFD－ACE＋的自动MEMS设计流程。

1　CFD－ACE＋传感器及MEMS应用的领域

用CFD－ACE＋ 求解已经获得了很多的不同MEMS和微流体设备的设计。对IMM，Honeywell和很多先进的研究机构的数据和设备都做了很多应用工作。应用包括下列内容：

①喷墨液滴的喷出

②微容器的填注

③BEAD mesopump（Honeywell）流体－结构－静电模拟（见图1）

④惯性MEMS

⑤被动微阀的流体－结构相互作用

⑥微流体振荡器（见图2）

⑦带有Tesla阀门/动力阀门的微泵

⑧Tesla阀门特性（见图3）

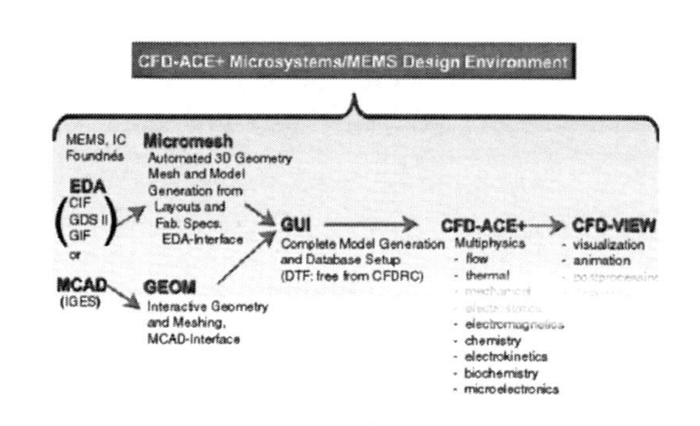

图1　BEAD Mesopump的耦合流体—结构—静电模拟

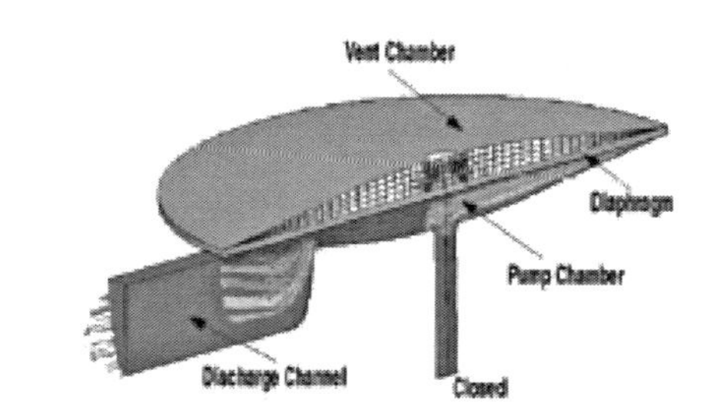

图2　微流体振荡器的流动模拟

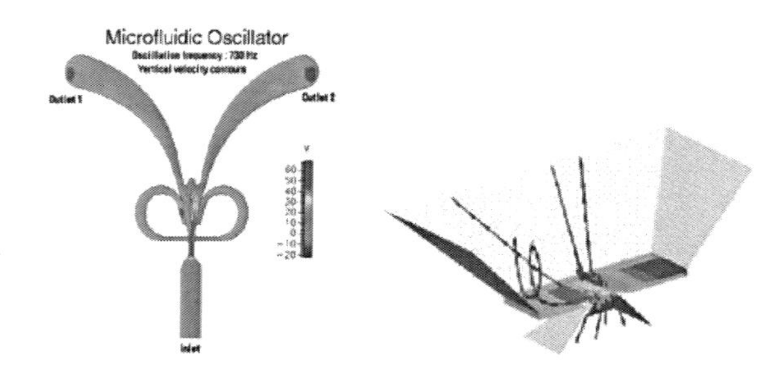

图3　被动片状微活门（IMM）的流固耦合模拟

2　射频MEMS（RF－MEMS）

①感应器

②开关（见图4）

③混合器

④有源（激励）天线

⑤射频封装（RF packaging）

3　光学MEMS（MOEMS）

①微镜（见图5）

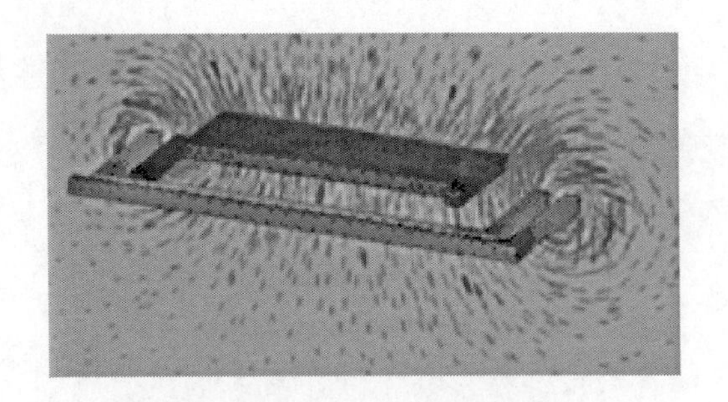

图 4 CFD－ACE＋射频开关

②红外探测器（IR detectors）
③谐振器
④干涉计

图 5 微镜

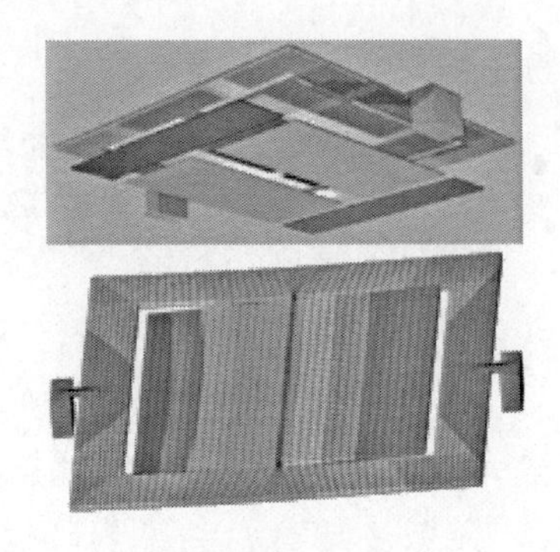

图 6 多电极激励的微镜电极排列和预测的位移

图 7 压阻压力传感器预测的应力场

4 惯性传感器

①加速度计
②陀螺仪
③空气阻尼
④激励（见图 6）

5 加速度计

传感器及换能器
①压力（见图 7）
②温度
③气体传感器
④污染探测
⑤ChemFETS，ISFETS

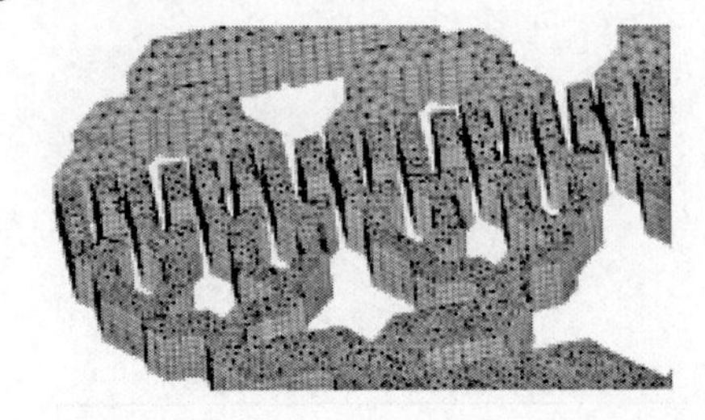

CFD-Micromesh 产生微混合器的棱柱计算网格

6 微流体 MEMS

CFD－ACE＋提供微机电系统（MEMS）和微流体设备设计分析支持、验证和优化的软件工具和服务。这些前沿设备典型是多学科、耦合的物理效应，完成希望的结果（激励，抽吸，流体和固体运动等等）。

CFD－ACE＋ 提供 MEMS 和微流体设备高可信度及多维模式（耦合的 1D－2D－3D 模拟）准确分析的多物理解决方案。CFD－ACE＋多物理功能包括求解流体流动，结构，静电，AC/DC 传导，电磁，PZT，考虑表面张力的自由表面流动和 MHD。MEMS 设备通常一层一层地建立起来，允许利用专门的快速网格生成器。CFD－Micromesh 就是一个模型及网格生成器，可以用于快速产生模型及网格。

脚本驱动的网格生成和求解过程（用 SimManager）是强大的用于自动网格生成、问题定义和参数化运行的工具，用于涉及几何物理和边界条件改变的设备。这种环境可用于设备的性能开发或利用 SimManager 进行设计优化，及其对特定性能参数的反设计。

7　应用案例（图 8～图 10）

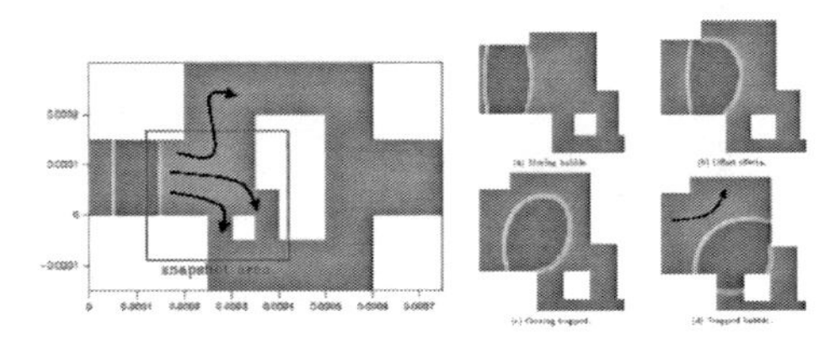

图 8　被动气泡捕捉器

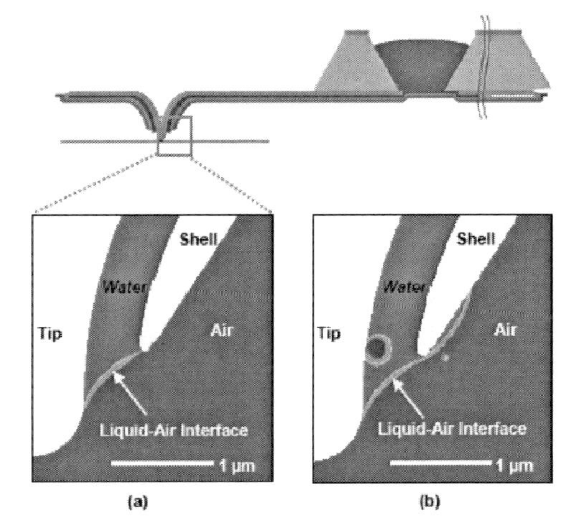

图 9　CFD－ACE＋中模拟的捕捉过程

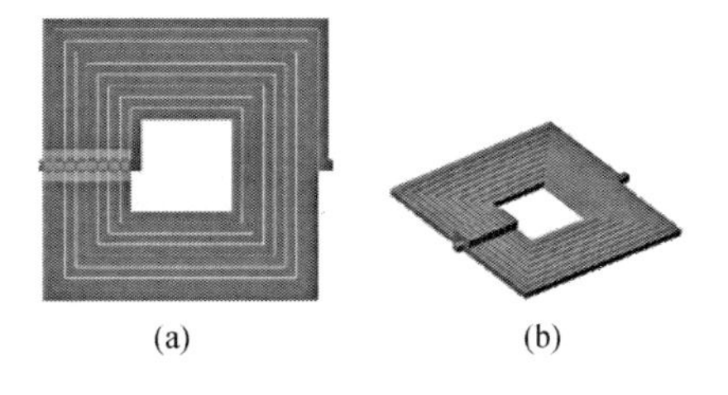

图 10　微流体喷射模拟

8　射频 MEMS

射频（RF）MEMS 设备在军事和商业无线通信、导航和传感器系统有广泛的潜在应用。军事应用在 K－W 波段包括射频搜索器，地基雷达。毫米波（MMW）传感器可以利用射频 MEMS 设备作为诸如天线（开关和移相器）、激励器、发射机、滤波器和 IF/RF 接收器的部件

射频 MEMS 设备尽管小，但十分复杂通常包括多个相关工程学科。而且，射频 MEMS 设备的性能可以受到环境和封装的影响。模拟这些设备对减少优化最终射频 MEMS 设备或整个射频 MEMS 微系统的研制时间和成本都是至关重要的。

CFD－ACE＋软件，包括 CFD－ACE＋，CFD-Micromesh 和 CFD-Maxwell 可以模拟这些复杂的设备 MEMS 设备并能够无缝求解多学科（流动、热、电、磁、结构等）完全耦合的问题。设计参数包括电一结构接触动力学，snap-on 电压，磁滞现象，串扰，信号传播和提取（电容、电感，S 参数）

CFD－ACE＋提供半导体设备综合的模拟功能。这些工具可用于设计高频电子和 MMIC 设备。有些应用中，射频 MEMS（过滤器，开关，谐振器）与固态电子装置集成。CFD－ACE＋有所有涉及物理学科必要的设计工具。

CFD－ACE＋积极参与 DARPA 小组来开发" meta materials" 应用于射频微装置（光子能带隙，configurable antenna，低损失衬底等）。

8　应用案例

8.1　感应器（见图 11）

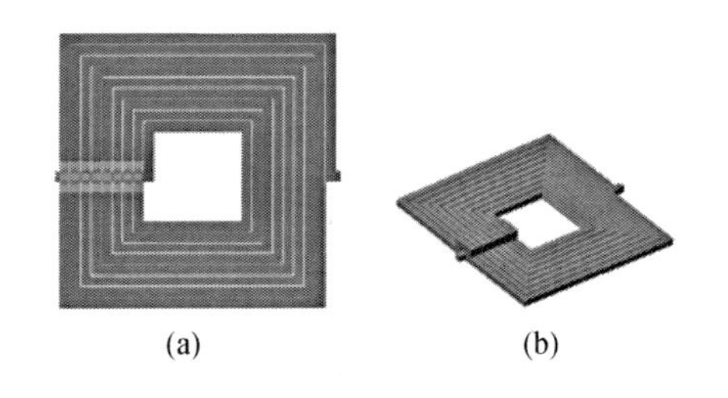

图 11　感应器

（a）感应器几何和在 CFD-Micromesh 中的布局图；

（b）感应器从 CFD-Micromesh 产生的网格

8.2　平面线圈导致的磁场

①电模型求解导体（线圈）中的电场（E）并计算传导电流（sE）（见图 12）

②磁模型用计算的传导电流作为计算磁场的源电流

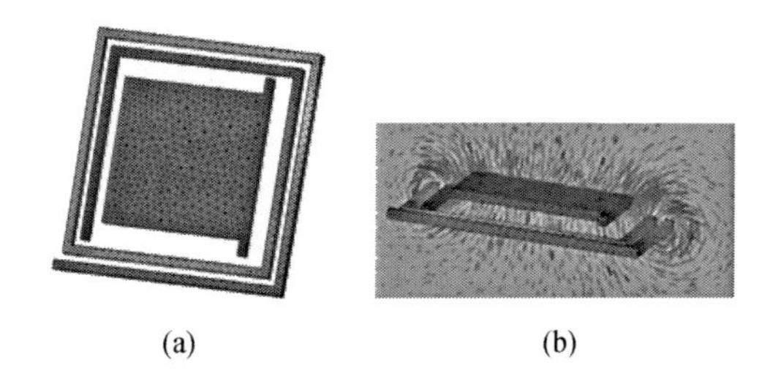

图 12　中面线圈磁场

（a）线圈中的电势；（b）由于线圈电流引起的磁场

8.3 MEMS静电开关

（1）MEMS 设计，版面图，在 CFD-Micromesh 中生成网格。

（2）利用CFD－ACE＋进行静电，电磁，热，流体耦合分析。

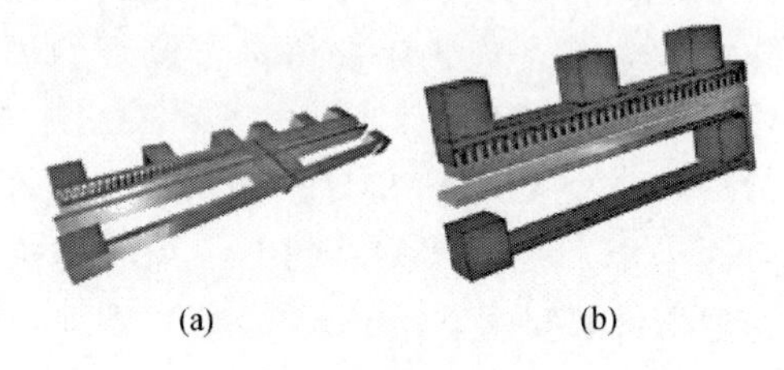

(a)　　　　(b)

图 12

（a）CFD－ACE＋设计的梳状驱动横向 MEMS 开关；

（b）表示在 CFD－ACE＋静电模拟开关的垂直位移

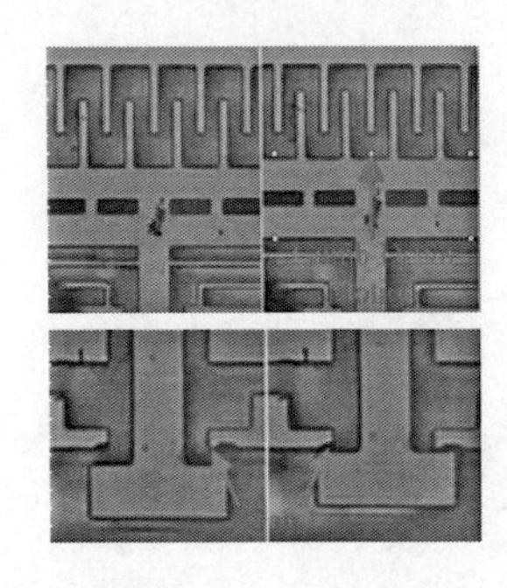

利用SOI过程制造的梳状驱动横向MEMS开关，由于梳状驱动运动梳状驱动齿向左移动正好关闭开关。

8.4 封装的MEMS设备分析

（1）封装设计，版面图，在CFD-Micromesh中产生网格。

（2）利用CFD-Maxwell进行全电磁模拟。

（3）利用CFD-Maxwell可以从高斯脉冲分析计算阻抗和S参数。

射频MEMS封装设备完全与MMIC微电路集成。对MMIC微电路全封装，去掉密封盖，去掉封装空腔，去掉封装基底。

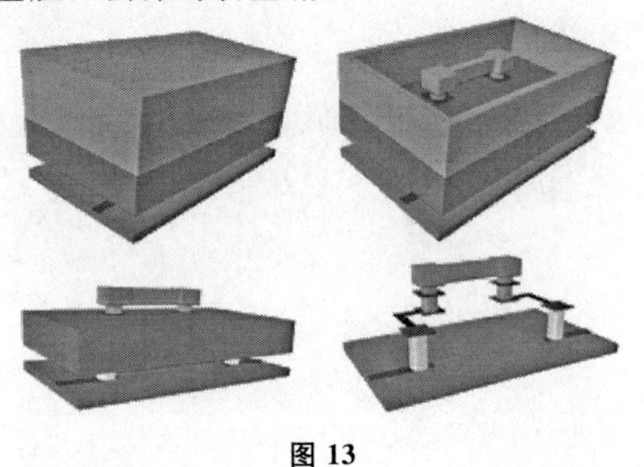

图 13

CFD-Maxwell中用于电磁计算的全网格，所选封装横截面上的电场。

8.5 阻抗和S参数分析

图 14

利用CFD-Maxwell电磁模拟高速脉冲进行全封装射频MEMS开关装置的S－参数计算。阻抗值可用获得S参数计算的相同数据计算得到。

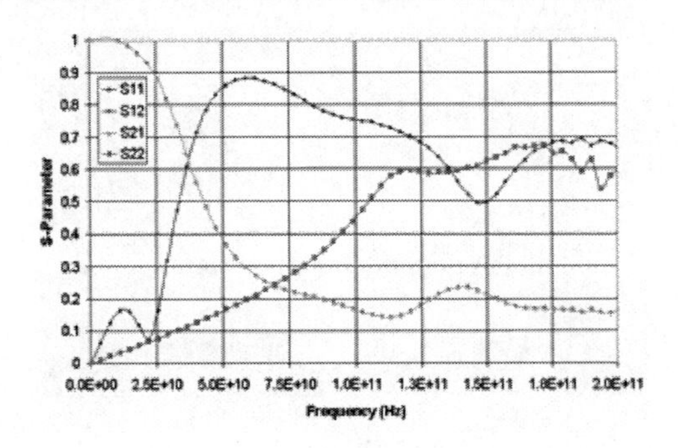

图 15

8.5 天线

CFD－ACE＋电磁模块可用于设计智能和可调谐天线。可以进行谐波和时域模拟。可以处理带有移动部件和多种材料的复杂几何模型。图16是在偶极子圆锥单极天线高斯脉冲传播的模拟结果。

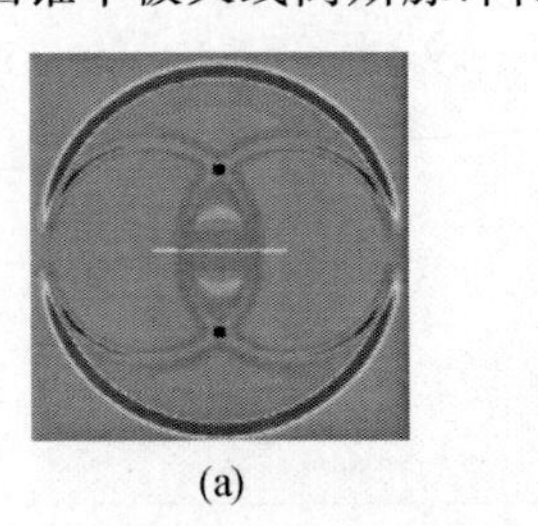

(a)

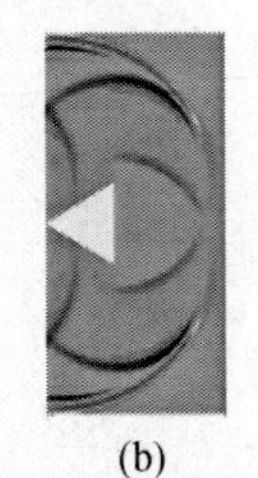

(b)

图 16　偶极形状受高斯脉冲的辐射

（a）圆锥单极天线；（b）利用 CFD－ACE＋电磁模块计算的结果

8.6 快速射频MEMS设计

（1）CFD－ACE＋的设计软件能够快速并轻松建立MEMS模拟的几何模型，从CIF或GDSII文件或从零开始并设定制造过程的参数来建立模型（见图17）。

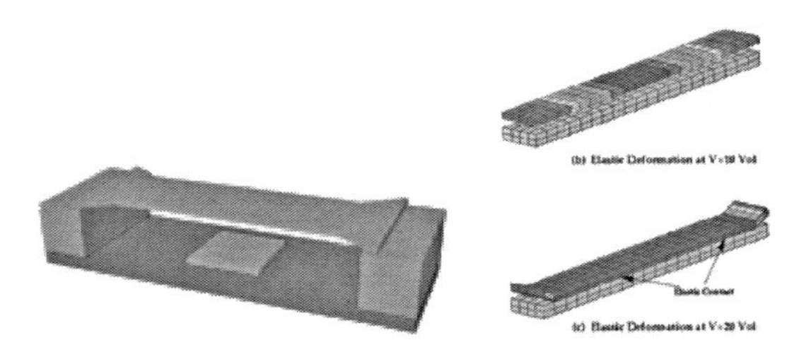

图 17　静电开关的三维模型示例，CFD－ACE＋模拟 snap on 电压和柔体－刚体接触模型

（2）网格的产生是自动的，只需要很少的用户输入。

（3）减少花费在网格产生和三维模型图像上的时间。

8.7　光学 MEMS (MOEMS) 及生物光电学

光学 MEMS 特别是光学微镜，在图像显示方面令人吃惊的成功。这种技术已经延伸到光通信上，微镜、微快门和微气泡的可用于快速激光开关。通信业不久将会看到 MEMS 设备作为可调谐激光器（VCSELs），谐振器，干涉计和多路（复用）器。

另外一个革命不久将看到的是生物光学。最近得到证实光不但可以用于探测（显微镜，荧光或光谱）还可用于样本或大颗粒的操作。经典的显微镜将被彻底改革，几个学术机构（例如 U. C. Berkeley BSAC）正在致力于“on chip integrated microscopy”。

就如同其他 MEMS 设备一样，计算多物理场模拟将对这种技术的开发和商业化起主导作用。CFD－ACE＋有新的下一代 MOEMS 和生物光学设计独到的经验和研究工具（见图 18）。

CFD－ACE＋同时提供下列多物理场模拟功能：

（1）MOEMS：机械，动力，振动，空气阻尼，静电，电磁，全波光学，光电子学，控制电路。

（2）生物光学：流体力学，传热，生物化学，细胞输送和生物技术，波动光学，光的吸收、散射和干涉现象。

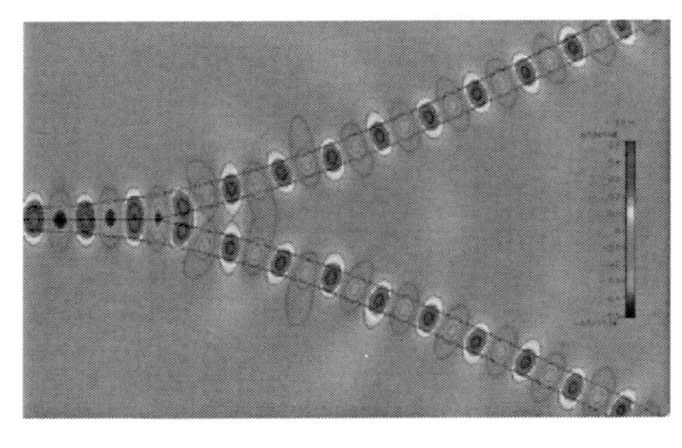

图 18　波导波束分光器的光学模拟

CFD－ACE＋提供的 EMAG 模块全波麦克斯韦方程求解器能够处理三维网格上的波动光学，EM－LINK 3D 波求解器可用于无网格自由空间光学（面对面）。图 19 显示用 CFD－ACE＋工具模拟的光波导波束分光器和光衍射透镜。

探测器、干涉器和其他光学设备的衍射光学。CFD－ACE＋开发了光设计工具应用于衍射光学，如 lenslet 模型所示（见图 19～图 21）。

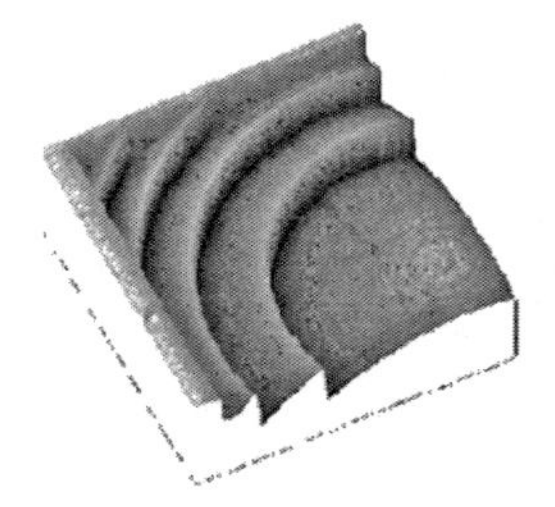

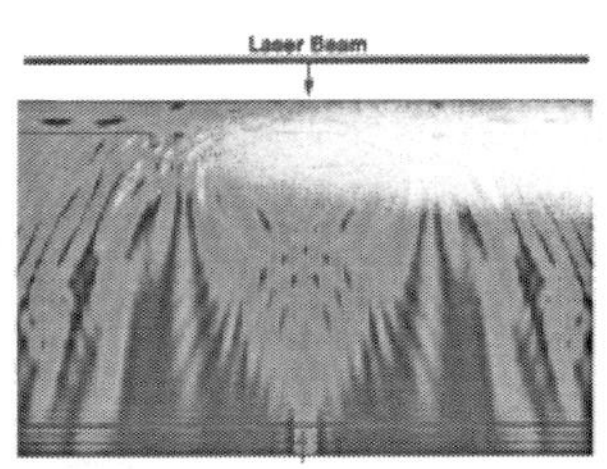

图 19　衍射透镜的光学模拟

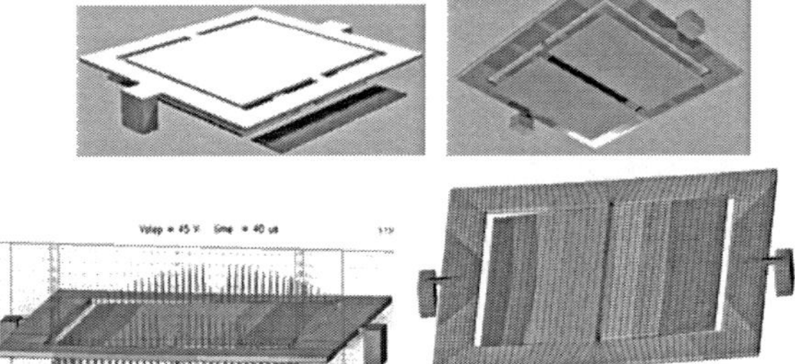

图 20　透明的微镜在 CFD-Micromesh 中的模型，可调谐微镜的瞬态模拟结果，耦合了静电、应力/变形和空气阻尼

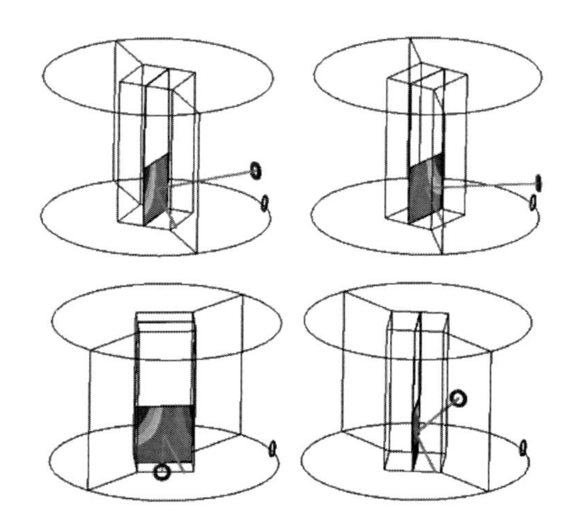

图 21　CFD－ACE＋模拟垂直微镜，预测纤维反射光电探测器微阵的动态光耦合效率

CFD－ACE＋已经用于用于设计垂直和水平微镜。CFD－ACE＋被用来进行全耦合的结构，静电（激励）和空气阻尼模拟。从一个变形的移动微镜表面光束偏转的动力学特性可用于设计光链路或优化激励电路。图22为用CFD－ACE＋模拟的水平和垂直微镜。

CFD－ACE＋下一个版本将会包括几个生物光学功能，诸如微流体血细胞干涉测量，细胞及细胞器官的激光散射，细胞和高分子（光学镊子）的光学操作。下面的两个图显示预测的血细胞计数微通道光学干涉测量的图像和在白细胞及细胞器官上的光散射。

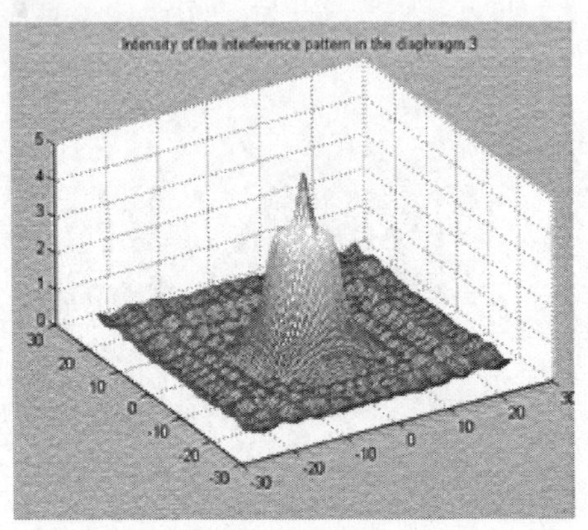

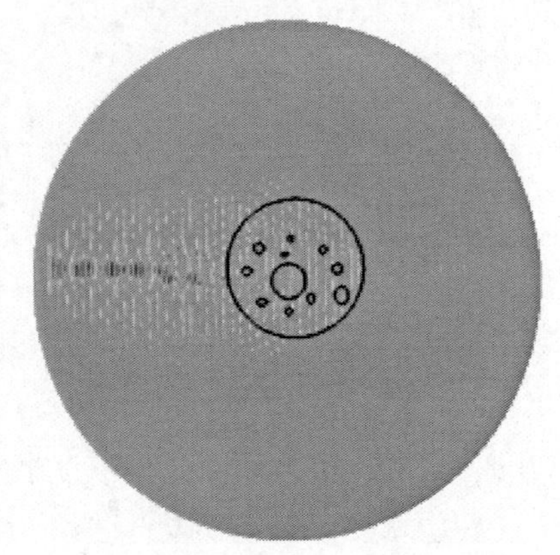

图22　CFD－ACE＋预测的血细胞计算器的干涉图及生物细胞及其细胞器官的光散射

8.8　惯性MEMS

微机电系统（MEMS）是多学科领域的快速扩展的领域，利用半导体制造过程产生微尺度的机械、流体、电、光学和其他设备。MEMS设备通常与微电子电路集成，来控制其行为，执行信号处理和计算，并控制/激励机械结构（见图23）。

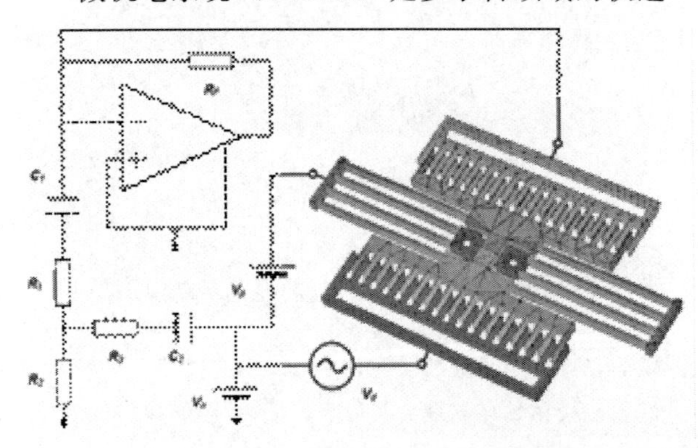

图23　三维加速度计模型的电一结构混合层次模拟，与电子传感器的接口。计算和控制电路

MEMS设计涉及几个学科包括：结构、热、流体、电、磁、化学、光学和几者的组合。

CFD－ACE＋开发了第一个真正集成的多物理场模拟和自动多尺度设计工具，适用于宽泛的MEMS设备。

设计过程的第一个任务是几何和网格的生成（见图24），已经是相当友好并完全自动的工具，CFD-Micromesh，提供版面的构造和过程模型，能够直接访问EDA，完全支持CIF、GDSII、DXF、CIF、和GIF格式。

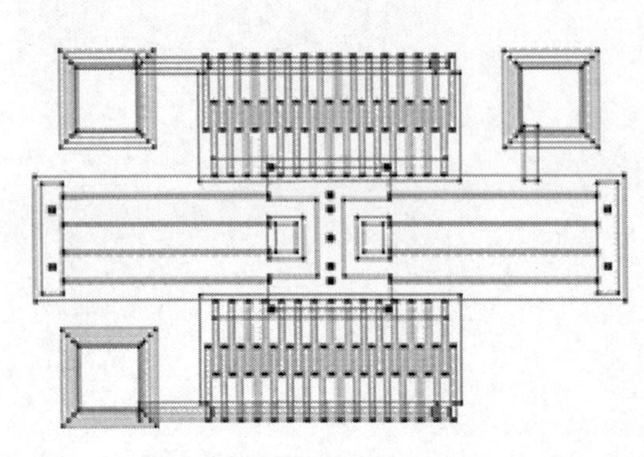

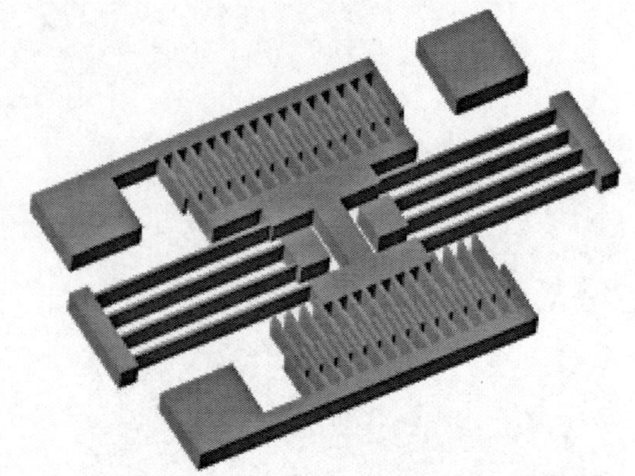

图24　一个MEMS加速度计的CIF版面图，只需一次点击CFD-Micromesh就生成了三维实体模型

受激MEMS结构（梁，膜）经历机械的接触，CFD－ACE＋提供一个完全耦合的电－结构接触模型，并考虑流体（空气，水）的阻尼。有柔体－刚体及电－柔体接触物理模型供选择。梁在10V和20V激励下的电－结构模拟示意了耦合和接触模型（见图25）。

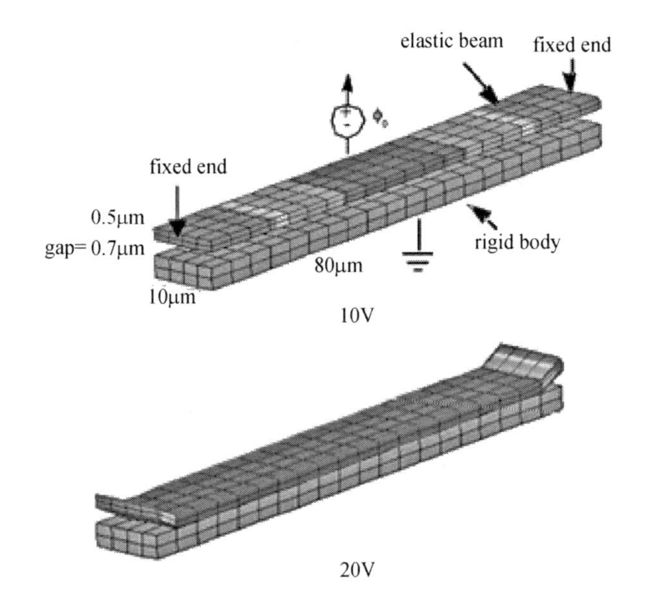

图25　两端固定梁受静电载荷的作用，施加的电压为 f_o＝10V，f_0＝20 V

动力学结构部件的空气阻尼对惯性传感器、光学微镜、薄膜泵、射频开关等都是重要的MEMS设计参数。CFD－ACE＋提供了无与伦比的设计和优化空气阻尼的功能。利用CFD－ACE＋来设计移动盘上的穿孔方案并自动提取压缩模型给SPICE（见图26）。

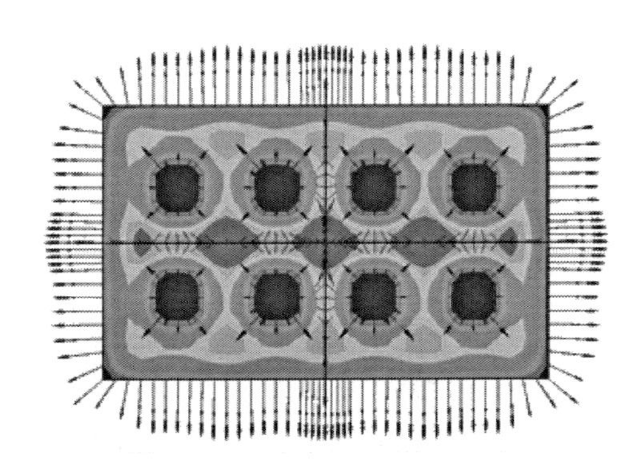

图26　谐振器平板的三维空气阻尼3D

对陀螺仪，振动的质量上的哥氏力用来探测角加速度。CFD－ACE＋有移动质量的全六自由度（6DOF）功能，激励电路，位移监测（例如电容传感）来模拟陀螺仪（见图27）。

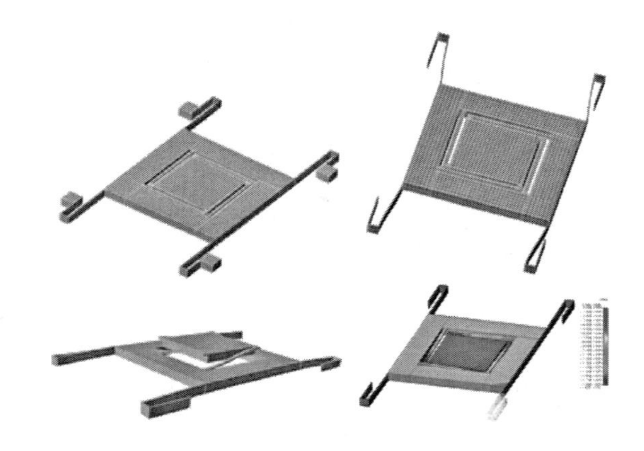

图27　CFD－ACE＋对陀螺仪的模拟结果

准确的探测MEMS结构的位移是非常有挑战的设计参数，同时有几个物理现象，包括电容，电感，压阻，压电，光学甚至是电调谐。CFD－ACE＋提供了所有上述的模型。例如压电传感器（耦合应力和静电）和场发射陀螺仪带有已调制的电调谐读出模块如图28、图29所示。

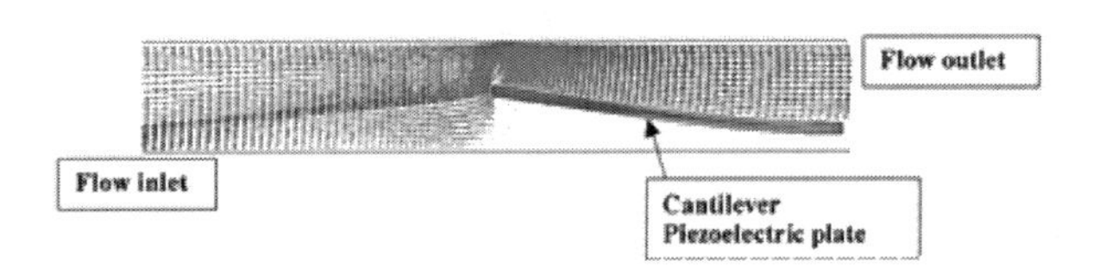

图28　CFD－ACE＋模拟耦合的压电结构和压电流体调节器中的流体流动

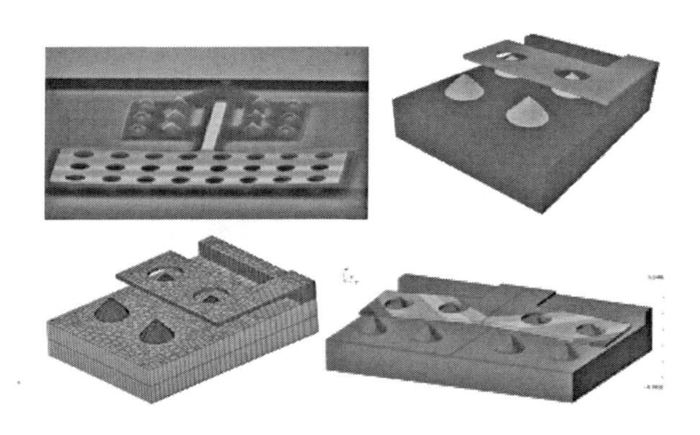

图29　场发射设备带有可移动的门用于高灵敏度微重力陀螺仪

8.9　传感器和换能器

微尺度的传感器和致动器预计在将来会有更大的作用，因为它们具有尺寸小，成本低，多功能性和独立的封装。其应用包括压力，流动和热通量传感器，化学传感器和微测辐射热计。

微传感器和致动器利用多物理场作用来产生需要的传感或换能作用。耦合的学科包括流动，热，结构，电，压电，化学和电化学等。在一个软件中耦合这些不同特性的物理现象是一个有挑战的任务，CFD－ACE＋求解步骤和统一的用户界面都使得用户能够混合并匹配相应的功能轻松进行快速和准确的分析。

CFD－ACE＋在这一领域提供独一无二的功能。软件提供多物理场功能来处理流动，传热，结构，化学，电场，磁场，电化学和生物化学问题。半导体设备的微流体和化学耦合模拟可用于模拟化学场效应晶体管（chemFETs）及离子特性场效应晶体管（ISFETS）。而且传感器/致动器是与微流体、生物 MEMS、射频 MEMS 等相关的。

8.10 双金属传感器

双金属传感器由两种不同热膨胀系数的材料制作而成。温度的改变会产生形状的改变，用来感知温度的变化。双金属单元还用于致动器（喷墨）或热激励阀。下面的两个例子为双金属单元的热一弹性计算的案例。

8.11 双金属梁的挠度

梁由两种不同热膨胀系数（a）和弹性模量（E）的材料形成。上端挠度和双金属梁的力是梁温度的函数的解析表达式可以查到（Chu et. al., J. Micromech. Microeng., Vol. 3, 1993）。用 CFD－ACE＋计算得到在不同温度下梁上端的位移，与解析分析结果的对比如图 30、图 31，计算结果与之符合得很好。

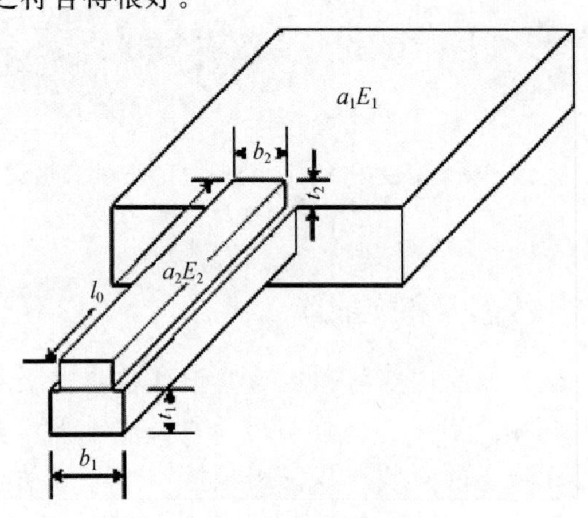

图 30　双金属梁的草图

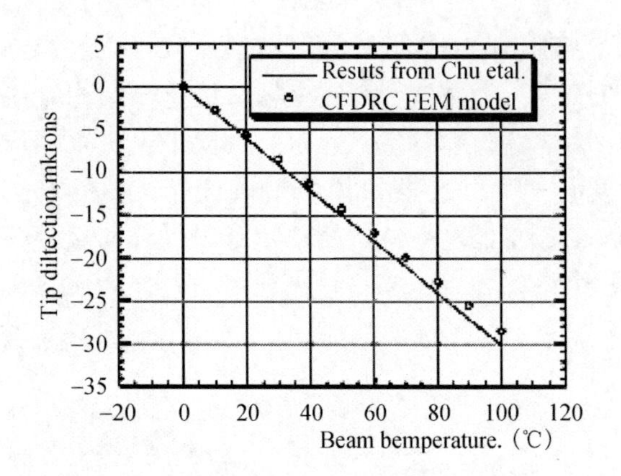

图 31　梁上端位移随梁温度变化的函数

8.12 无冷却的红外照相机（与 UC Berkeley 合作）

开发创新的红外照相机已由 Zhao et. al 的论文（ASME paper IMECE 2001/2 － 16 － 9 － 6，IMECE 2001）描述。相机的像素包含双金属梁。当像素吸收红外辐射时，它的温度增加，引起悬臂梁的弯曲。像素的挠度利用光结构成像系统显示。CFD－ACE＋用来模拟热和热力耦合模拟，对不同的几何形状和材料来计算像素的敏感性和时间常数。左侧显示像素图，右侧为在给定的红外通量情况下计算的温度（见图 32、图 33）。

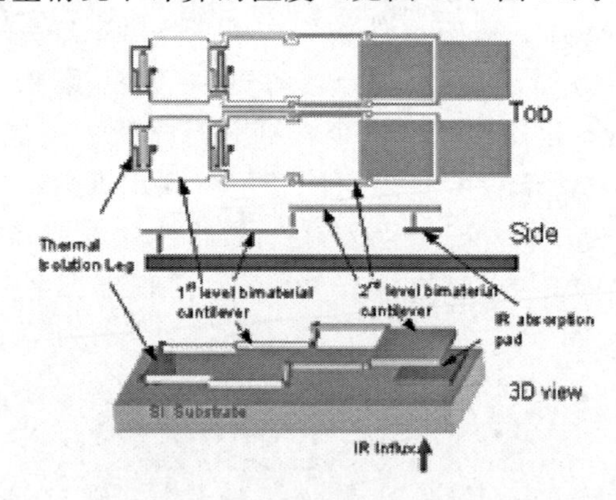

图 32　两层像素几何模型包括一个绝热柱和绝热 Au/SiNx 双材料悬臂梁及一个红外吸收衬垫

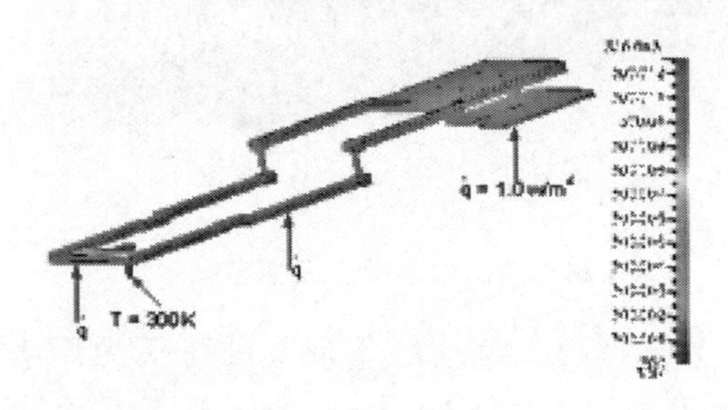

图 33　CFD－ACE＋MEMS 模拟在 W/m2 IR 热流密度下像素尺寸为 65mm

8.13　综合喷射致动（与 Georgia Tech 合作）

综合微喷射用来产生一个零质量输送的小动量源。它包括一侧带有孔的腔，激励膜在相反一侧。如图左上部分。利用 CFD－ACE＋进行综合喷射的高可信度分析并减少模型的模拟次数。右上图显示了合成喷射计算结果与试验数据的对比。可以在翼型表面使用多个喷射来改善翼型的性能，如图 34～图 36 所示。

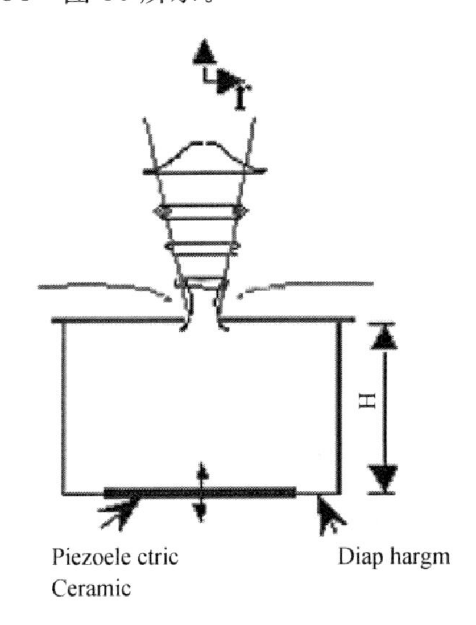

图 34　综合喷射的示意图

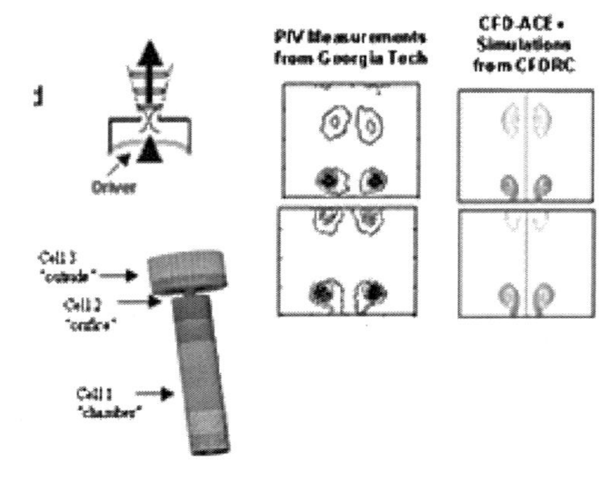

图 35　CFD－ACE＋MEMS 模拟与 PIV 测量的对比

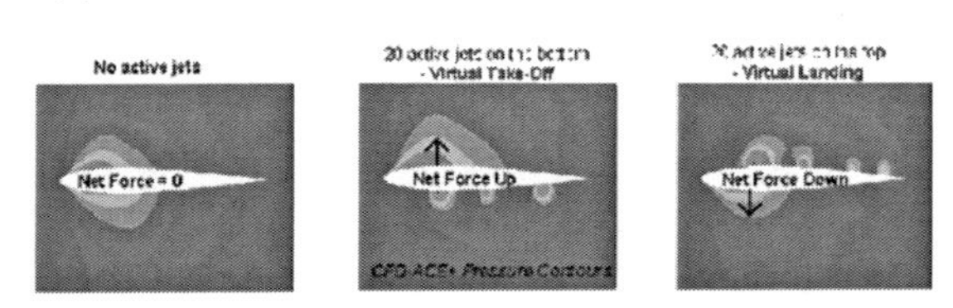

图 36　利用综合喷射阵来改善翼型的流场特性

8.14　微型蝙蝠

绝大多数的飞行动物使用扑翼来提供升力和推力。从力学的观点说，这样的运动是流体（空气）与柔性表面（机翼）的交互过程。扑翼模型显示为图 37。翼保持为刚性条按给定的 10Hz 正弦运动。图 38 显示为流场和机翼在拍动过程中的变形。计算结果与 UCLA 大学 Chi-Ming Ho 教授得试验数据符合得很好。

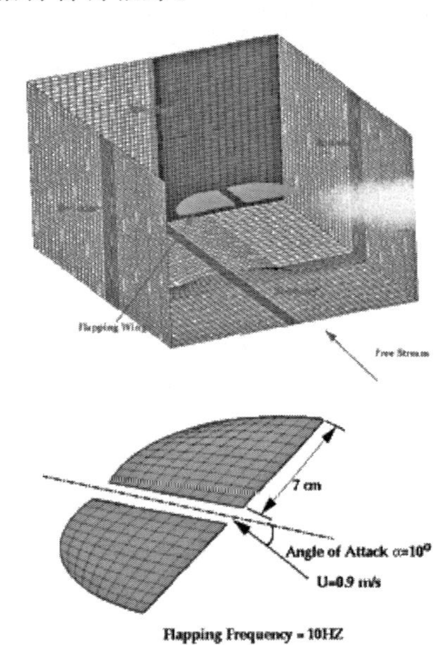

图 37　昆虫飞行的计算模型

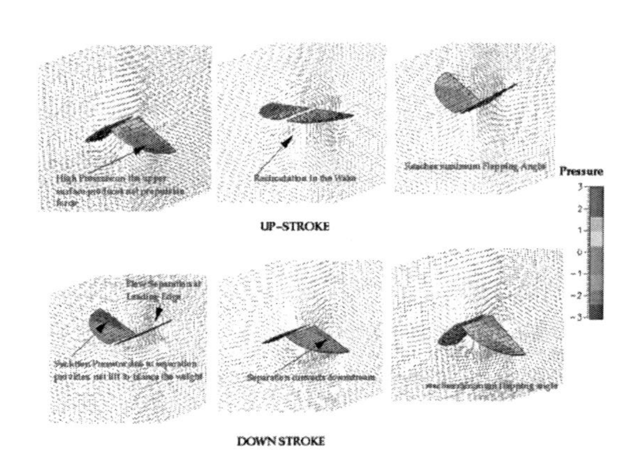

图 38　扑翼周围的流场

8.15　压阻压力传感器

在有机械应力的情况下压阻改变电阻。如果压阻膜片用于压力传感单元，施加的压力就会产生一个可知的应力和电阻的变化，可用于计算施加的压力。先进设计的模拟挑战包括流体一结构耦合的模拟，瞬态压力的流体阻尼，封装的影响，圆角的影响，应力集中、制造偏差和不同膜片形状的影响。

采用 CFD－ACE＋模拟压阻压力传感器的挠

度和应力，结果与解析及实验结果吻合得很好。图39为膜片的计算模型。图40为不同膜片尺寸的膜片变形，计算结果与公开出版的文献进行了对比。

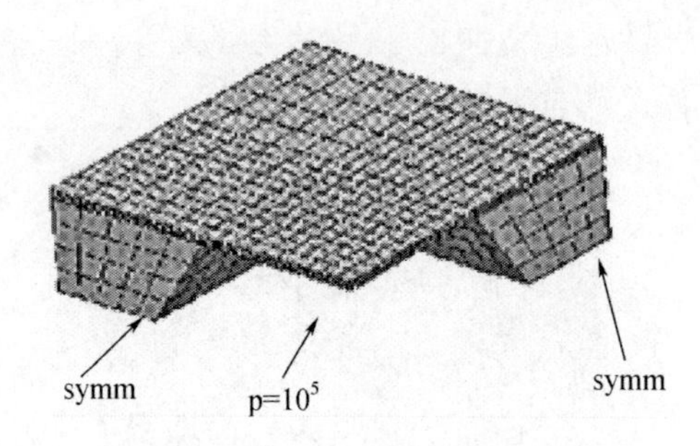

图39 压阻压力传感器膜片示意图

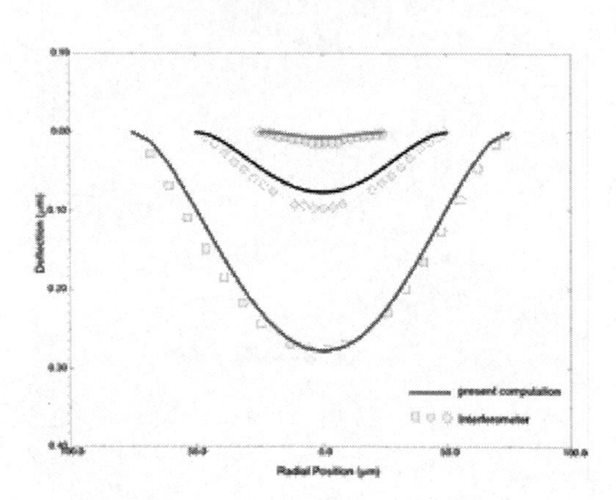

图40 不同膜片尺寸变形得验证

9 CFD-Micromesh MEMS专用建模及网格生成工具

CFD-Micromesh是高度自动从版面图、设计形成三维几何模型和网格生成的工具，专门用于微电子和MEMS工业的特殊需要。可以利用CFD－ACE＋的三维多物理场模拟功能或探索并显示复杂微系统三维几何模型的设计

主要特点：

（1）CFD－Micromesh能够从电子设计自动工具（EDA）和制造过程中创建的版面图建立三维模型及其计算网格。

（2）版面图可以以CIF、GDSII、DXF文件或图形文件（GIF、BMP）格式导入。

（3）CFD-Micromesh能够产生固体区域、空间（流体区域）或两者都存在的网格。

（4）典型的三维模型和网格创建需要20～120s。

（5）CFD-Micromesh有直观的用户界面设计方便没有或只有很少CFD经验的微电子和微系统工程师使用。可用CFD-Micromesh版面编辑器来构建版面形状或输入图形文件，或绘制简单几何构形（矩形，圆和多边形）。

CFD-Micromesh最适合于设计基于二维版面图（计划，设计图，地图），尤其是当三维结构的侧壁是垂直（三维模型从二维版面图拖拉而来）情况。典型的应用包括电子集成电路，互连，MEMS，微流体芯片，多片模块（MCM），印刷电路板（PCBs），光电和射频波导，电子封装及其诸如从地图上的建筑和城市的大型结构。

9.1 CFD-Micromesh的应用实例（见图41、图42）

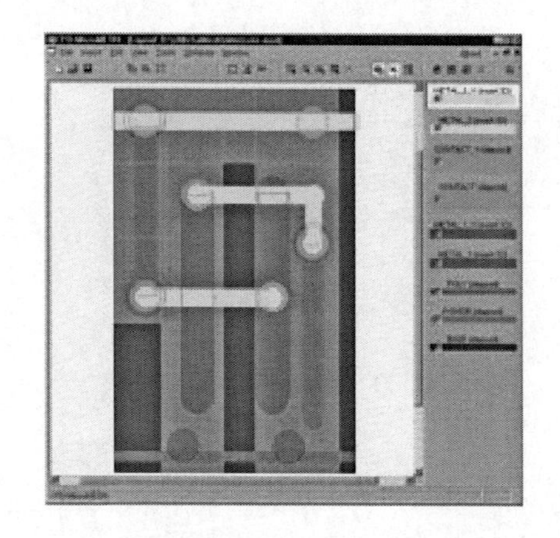

图41 CFD-Micromesh界面布置

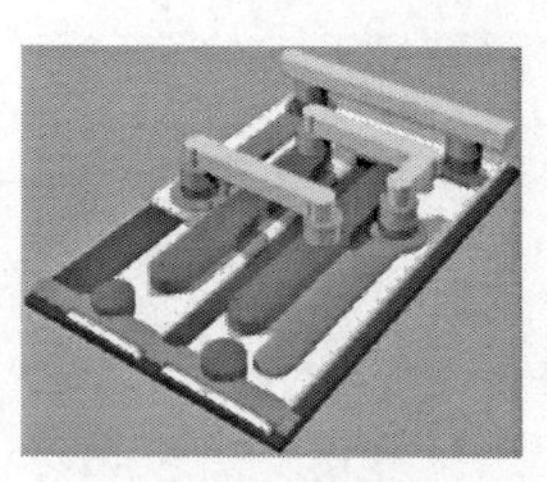

3D实体模型

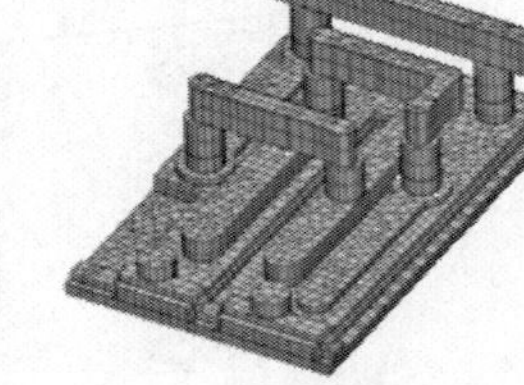

3D网格

图42 模型

10 典型的CFD-Micromesh模型产生步骤

10.1 CFD-Micromesh应用

（1）按CIF或GDSII格式输入版面数据（一个大项目的GDSII版面文件）。

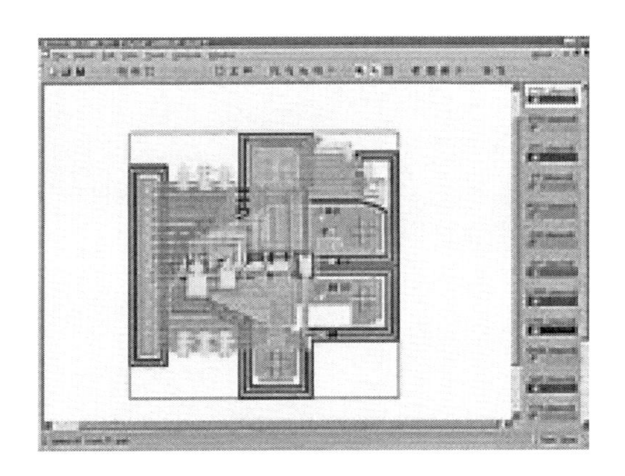

图 43

（2）选择模拟的设备（放大的几个阀结构中的一个）。

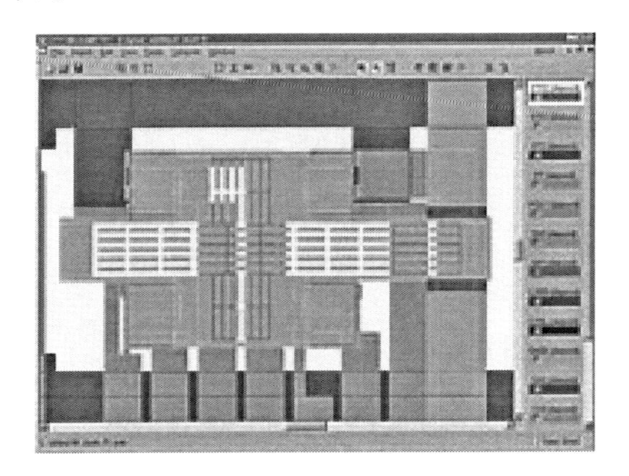

图 44

（3）阀的实体模型（CFD-Micromesh 中的光线跟踪）。

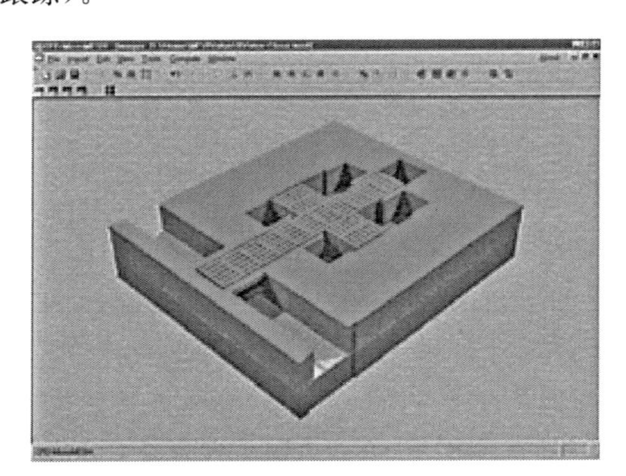

图 45

（4）流体区域的三维棱柱网格（显示在 CFD-VIEW 中）。

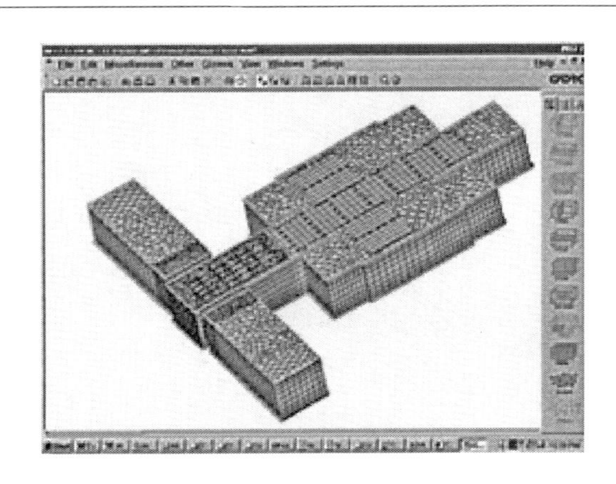

图 46

流体微混合器的自动三维模型和网格生成：

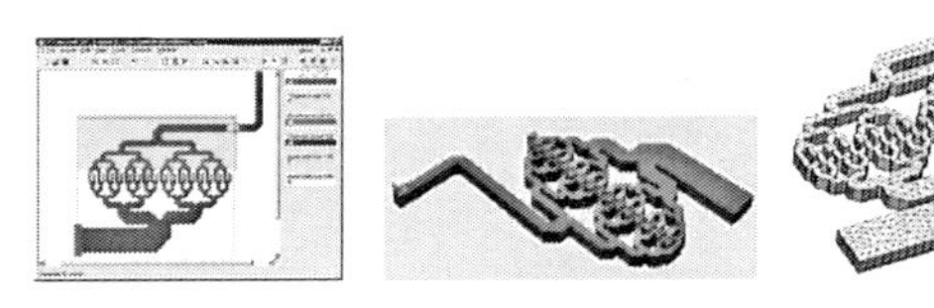

版面　　三维实体模型　　计算网络

图 47

IC 电子互连的三维建模：

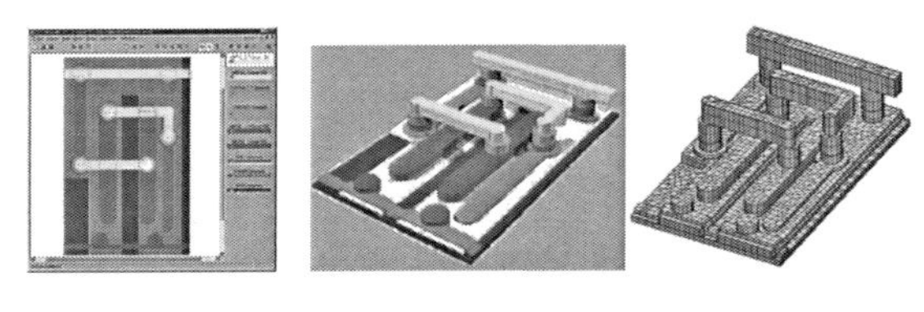

图 48

电子封装的自动三维建模和网格生成：

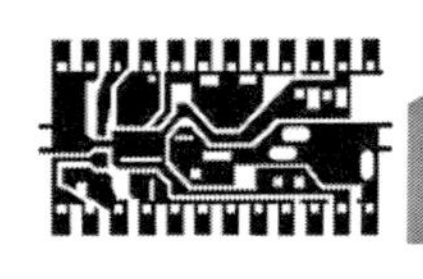

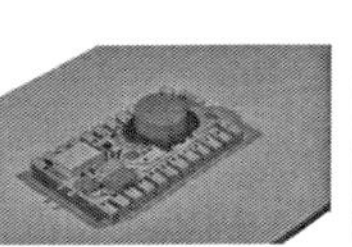

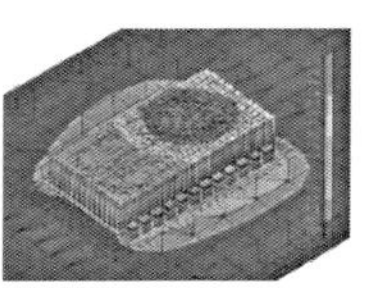

图 49

CFD-Micromesh 应用领域

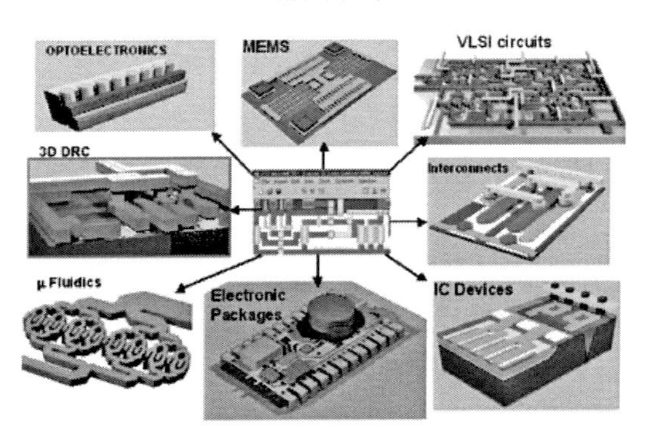

图 50

第八篇
平　台

结构设计制造性的快速预测评估

杨　军[1]　王凌云[2]

1. 成都飞机设计研究所，四川成都，610000；2. ESI China

摘　要：由于整体件的大量采用，现代飞机零部件成本不断增加，制造工艺也越来越复杂，常常需要采取多种工艺进行制造，为避免出现大的反复和报废超差情况，保证将最优的设计方案提供给制造端，在较短的项目周期内完成设计制造任务，可通过结构制造性快速预测评估系统，对零部件设计方案在各个工艺环节下的应力、应变及变形情况进行快速预测评估，并对设计方案进行优化，从而保证方案的可制造性，减少返工和方案性更改。

关键词：工艺；应力；应变；变形；优化。

1　前言

现代飞机为提高性能，大量采用了结构效率更高的整体结构，如大型整体化复合材料件、复杂整体铸件、大曲率钣金件等。由于整体结构的制造采用了许多新技术，且周期长、成本高，成本和周期风险显著增加，对制造业提出了严峻的挑战。

在铸造工艺中，由于设计方案未充分考虑铸件的相应工艺特点，常常会出现零部件制造的内部缺陷和几何变形等情况；而在复材工艺中，由于未考虑铺层不对称/均衡性和外形曲率在固化过程中的物理和化学变形，存在大型复材构件成形中的内应力、热变形大等缺陷，影响或无法满足装配要求，由此使零部件出现超差甚至报废的情况。导致返工甚至使零部件设计方案重新修改，项目周期相应延长，成本显著提高。

为适应航空航天业的快速发展，相关产业的创新和产业发展能力需要全面提升，以满足项目需要。按照传统的零部件设计制造流程，即设计只考虑性能，工艺负责制造性评估，会严重降低项目效率，影响项目进度。因此，在设计端增加工艺性预测和评估，通过优化提高零部件设计方案的可制造性，可有效减轻制造端的压力，避免大的方案性的反复，从而有效地缩短项目整体周期，也减少或避免了在模具、材料、人工上不必要的浪费，保证项目在周期内按时完成。

基于项目周期缩短、提高零部件的成品率以及改善设计方案的可制造性，在设计阶段可以通过“结构设计制造性的快速预测评估系统”进行零部件设计方案的快速预测评估，并对设计方案进行优化，可改善设计方案的可制造性，有效提高零部件的成品率。

2　结构设计制造性快速预测评估系统方案

如图 1 所列出的框架图所示，在该系统中，设计者可以根据零部件的不同制造工艺，通过简单的操作，按系统的导引功能和相关流程对零部件的制造性进行快速模拟仿真，同时根据零部件预测中的应力、应变、变形等结果进行零部件的设计优化，从而完成零部件制造性的评估过程，实现面向制造的设计的快速预测评估。图 2 所示为该系统的操作界面。

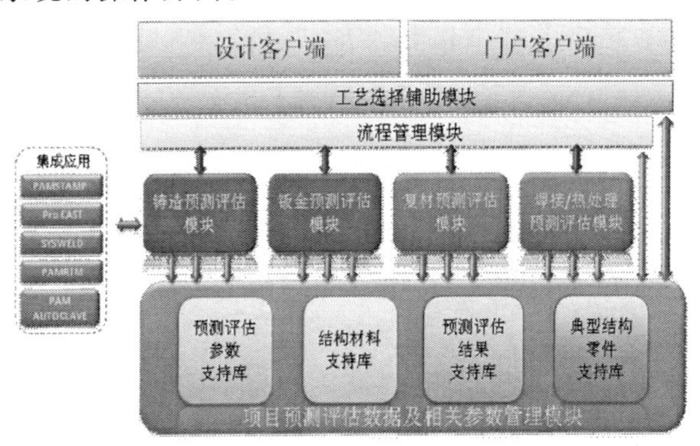

图 1　结构制造性快速预测评估系统框架图

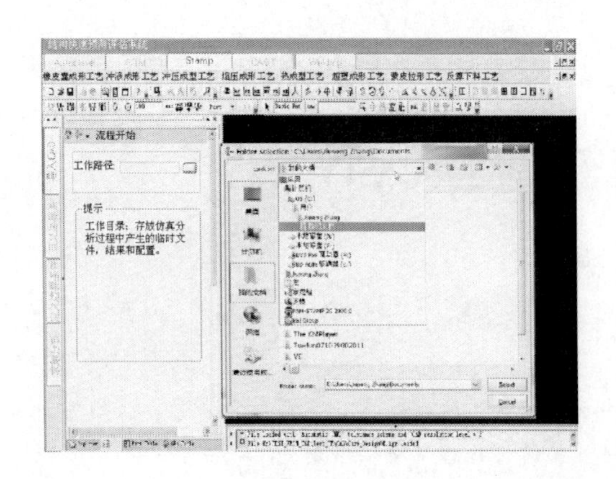

图 2　结构设计制造型快速预测评估系统操作界面

在图 1 所示的框架图中，可以看出，该系统主要由客户端、工艺选择辅助模块、流程管理模块、参数管理模块组成，设计人员通过设计客户端进入该系统，进行相应的工艺选择后，基于各个工艺的定制流程进行预测评估，而参数管理模块，则为设计人员提供了材料参数、输入参数、结果参数等相关预测评估参数的所有参数支持管理。

此外，图 3 所示的系统技术架构图，表示了该预测评估系统的具体技术架构。

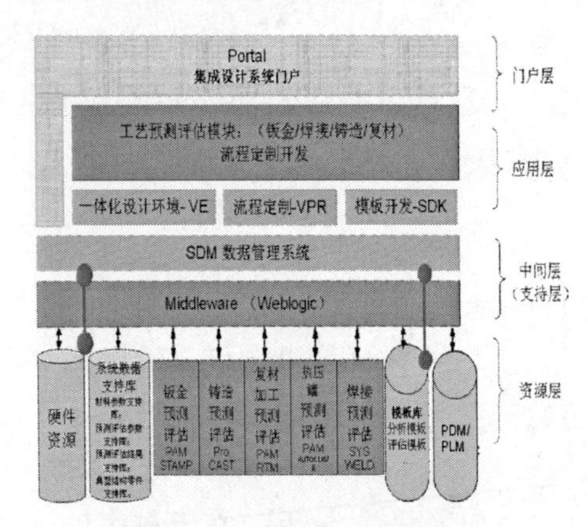

图 3　系统的总体技术架构图

其中，在图 3 的模板开发中，还考虑了预测评估系统中的评估优化功能，该功能可使设计者在相应的工艺预测评估模板的评估报告中，将本次预测评估结果与预测评估结果支持库中的参考值范围进行比较，从而进行相关的设计优化。具体流程及结果比对图如图 4 及 5 所示。

在该系统中，可选取典型零部件设计方案进行预测评估，并对相关工艺知识、参数和相应工艺流程进行模板化，并在系统中进行知识固化，从而降低系统使用门槛，提高该系统的易用性，使设计者可以在并不十分熟悉工艺参数、工艺流程分析的情况下进行设计方案的趋势性预测评估及优化工作。

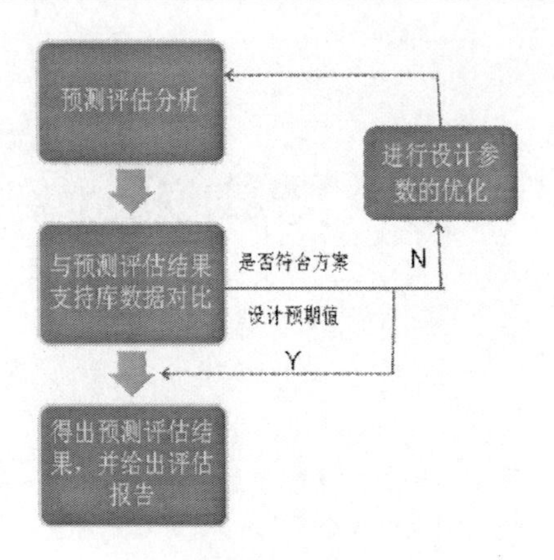

图 4　预测评估流程图

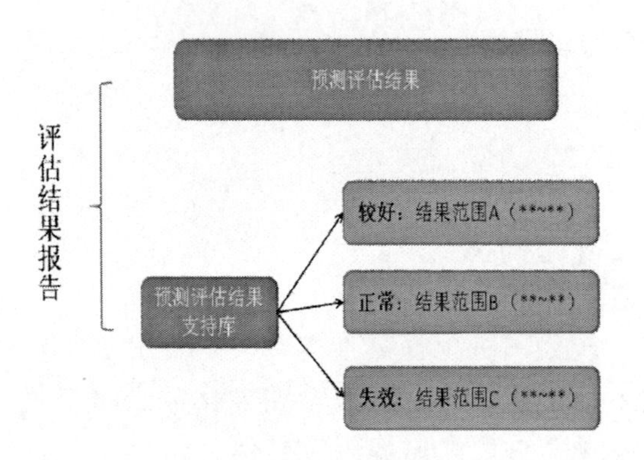

图 5　预测评估报告

下面通过钣金工艺和铸造工艺的例子进行进一步的说明。

2.1　钣金预测评估后的设计优化

图 6 为巴西航空工业公司（Embraer）某型号 ERJ 支线客机的某段蒙皮。

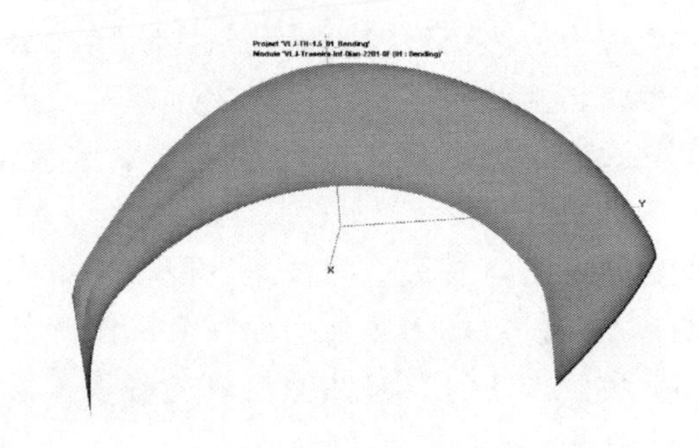

图 6　蒙皮零件外形

该蒙皮成形的工艺方式为蒙皮包覆成形，即两端夹钳加持不动，模具上顶。

根据蒙皮包覆成形工艺的流程图，进行 1.5mm 料厚设计方案的快速预测评估，得出图 7、8 的结果图。

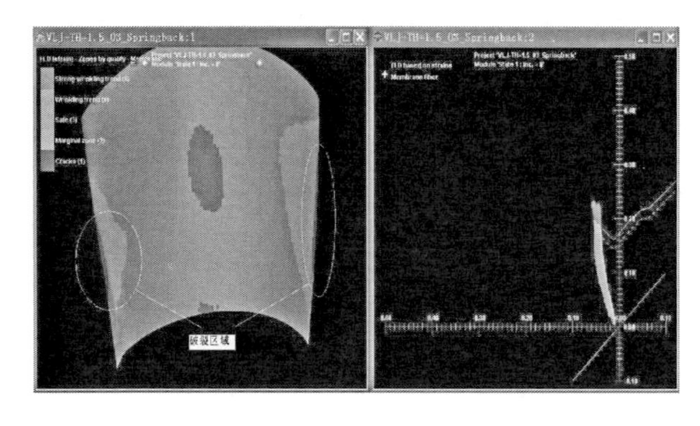

图 7 料厚 1.5mm 工况的 FLD 图

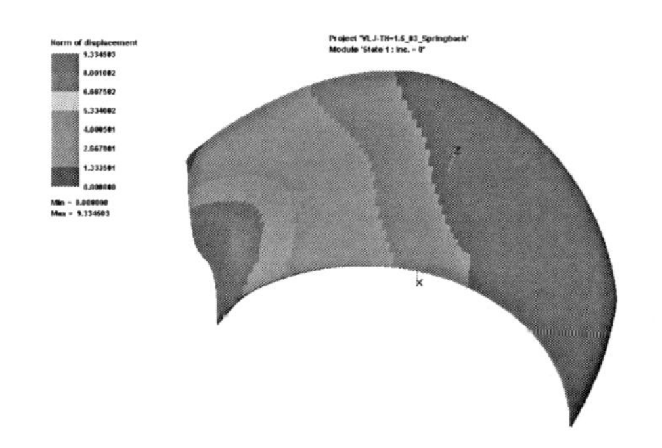

图 8 料厚 1.5mm 工况的蒙皮回弹量云图

通过与评估结果支持库中的相关结果标准比对，该设计方案不可行，进入设计方案优化阶段，通过修改相应的料厚厚度进行优化迭代，最终，料厚 2mm 的蒙皮包覆工艺预测评估成功。其结果如图 9、图 10 所示。

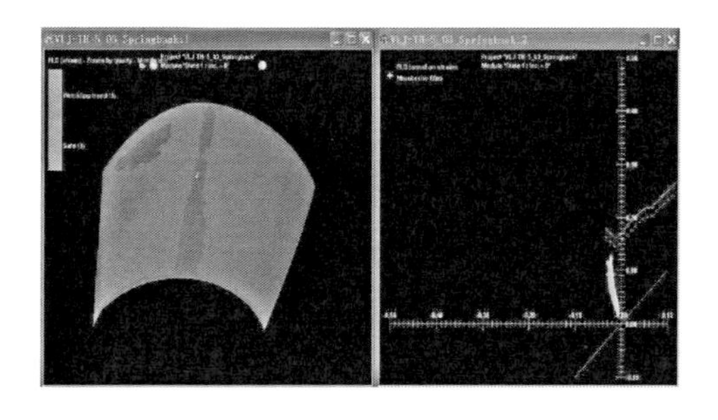

图 9 料厚 2mm 工况的 FLD 图

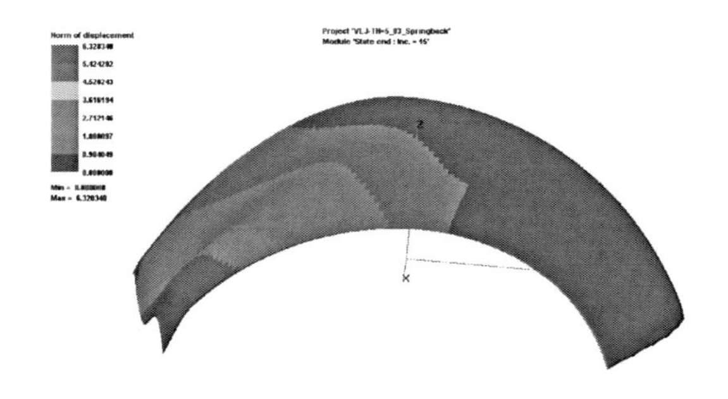

图 10 料厚 2mm 工况的蒙皮回弹量云图

通过优化前与优化后的结果对比，可以得出以下评估优化结果：

（1）板料的厚度会直接影响板料能否正确、顺利地成形。

（2）板料的厚度会直接影响回弹量的大小。

（3）同样的工艺参数情况下，料厚为 1.5mm 的蒙皮件在拉形过程中会发生破裂（图 7 中白色椭圆线所围区域）；料厚为 2mm 的蒙皮件则能成功地成形。

2.2 铸造工艺预测评估后的设计优化

利用 ProCAST 模块对电机铸铝转子离心铸造工艺进行预测分析并提供解决铸铝转子下端环缩孔问题的可操作的优化的工艺设计方案（见图 11）。

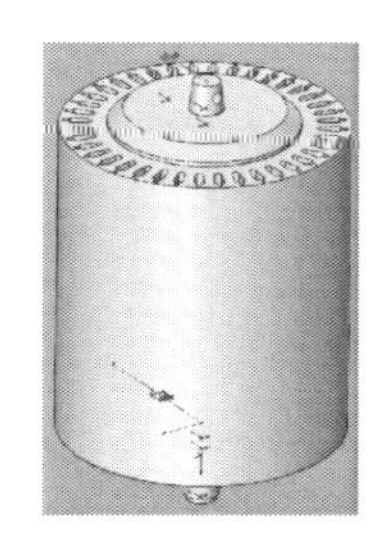

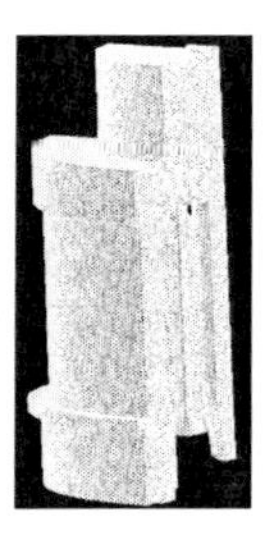

图 11 铸件三维模型及有限元模型

预测分析内容及影响因素如下所示：

（1）铁芯温度的变化对解决铸铝转子内部质量的模拟分析，提出最为合理的温度范围：400～500℃（见图 12）。

图 12 铁芯温度凝固场影响

（2）铸铝转子上、下模温度的高低对解决铸铝转子内部质量的模拟分析，提出最为合理的温度范围：上模 300～350℃；下模 90～150℃（见图 13）。

（3）离心机转速的变化（升速和降速浇注方法）对解决铸铝转子内部质量的模拟分析，提出最为合理的浇注方法：提速：90～350；降速 350～90（见图 14）。

铸铝下模内外壁厚对转子下端环顺序凝固过

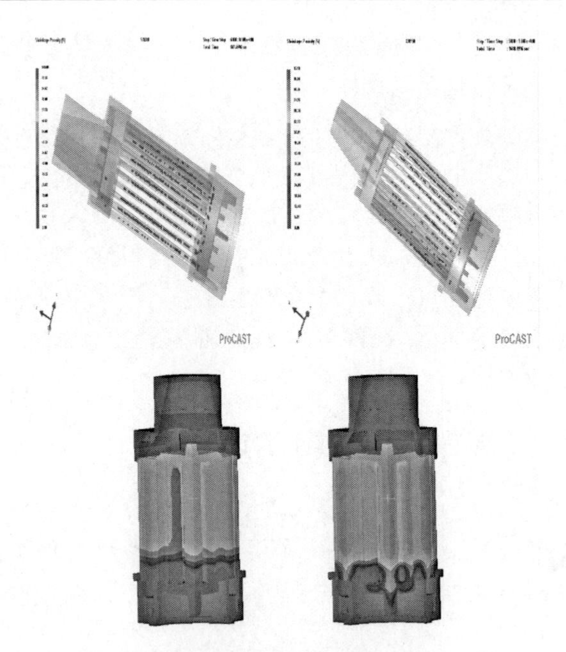

图13　上下模具温度变化对铸件缩孔影响

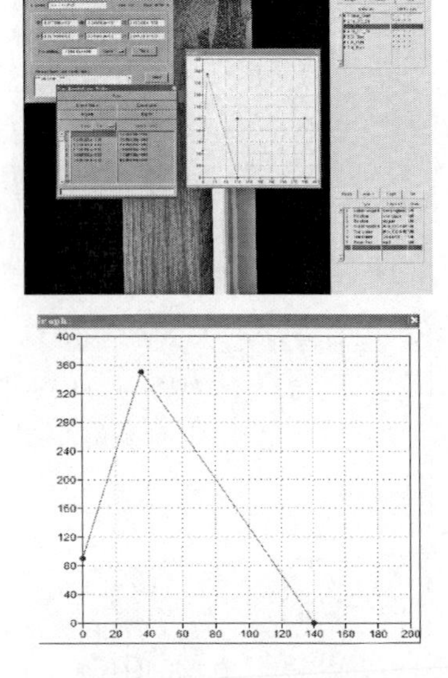

图14　转速变化示意图

程的模拟分析，提出最为合理的模具结构尺寸：端环模具内壁可与端部齐高向内侧加厚40～50mm，以达到补缩效果（见图15）。

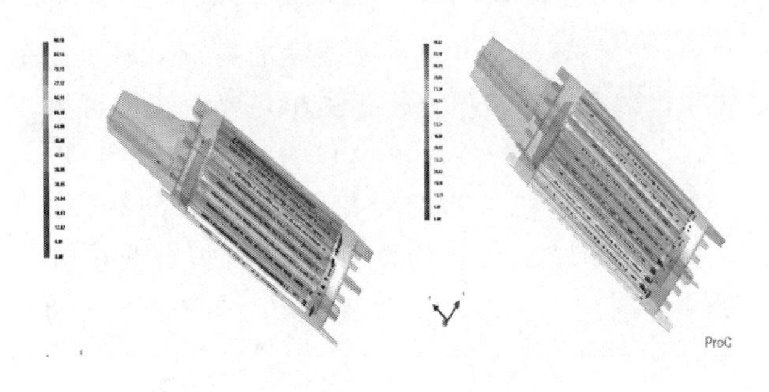

图15　转子模具结构影响

（4）模具的排气结构的是否合理的模拟分析。提出模具排气系统的合理结构（见图16）。

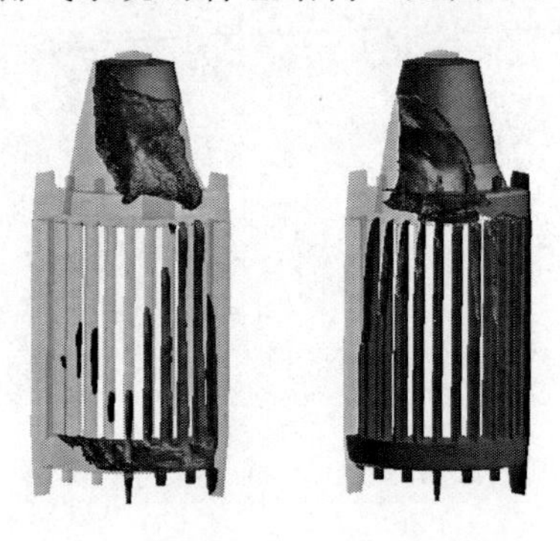

图16　充型过程中的气体分布

3　总结

该系统将设计方案中的工艺进行了流程化、通用化、自动化、智能化开发，使设计人员可以根据零部件的结构工艺情况，计算出零部件在各个工艺下的变形量和残余应力以及应变情况，帮助设计人员初步了解结构零部件在制造过程中的变化情况及制造后的变化趋势；同时该系统将工艺知识和流程等进行了知识固化，使设计人员根据系统内固化的工艺知识快速掌握工艺预测分析的知识等，提高了系统的易用性，帮助设计人员按照相关工艺的流程进行快速的预测评估。可以辅助企业更好地完成设计工作。其具有的主要优势如下：

（1）灵活便利、功能强大的开发管理系统。

（2）项目流程和设计流程规范化、通用化、自动化、智能化。

（3）分析工具软件集成在统一系统体系下。

（4）可以与CATIA有效数据关联。

（5）分析仿真工具集成封装，加强企业的知识积累。

（6）实现了嵌入式基于流程的优化。

（7）数据集中、统一管理。

（8）开发环节的紧密耦合、综合研究。

因此，通过该预测评估系统，设计者不仅可以确定零部件设计方案的可实施性，而且还可以实现工艺设计的优化目标，改善设计方案的可实施性，而且还可以实现工艺设计的优化目标，改善设计方案的可制造性，缩短项目周期。

准确定位差异化用户的ESI航空航天钣金仿真集成平台

王　玮　魏战冲　张久松　袁安杰

ESI中国

摘　要：ESI航空航天钣金仿真集成平台是摸索、找准航空航天钣金工艺分析这一差异化市场定位的产品。

在产品同质化竞争愈加严重的今天，品牌和市场定位显得极为重要。已经成为金字招牌的王老吉品牌，就是依靠差异化市场定位的企业战略，在众多洋品牌的夹击下，创造了成功营销的市场神话。

无独有偶，在钣金有限元分析软件这一专业、狭小的市场领域，依然有几十家软件供应商在激烈地争夺份额。而ESI航空航天钣金仿真集成平台（Aero Metal Forming Simulation Platform）就是ESI中国团队准确分析国内外航空航天钣金行业需求、依据ESI自身产品和研发能力，前瞻性地领先于其他竞争对手而推出的战略性产品。如图1、图2所示。

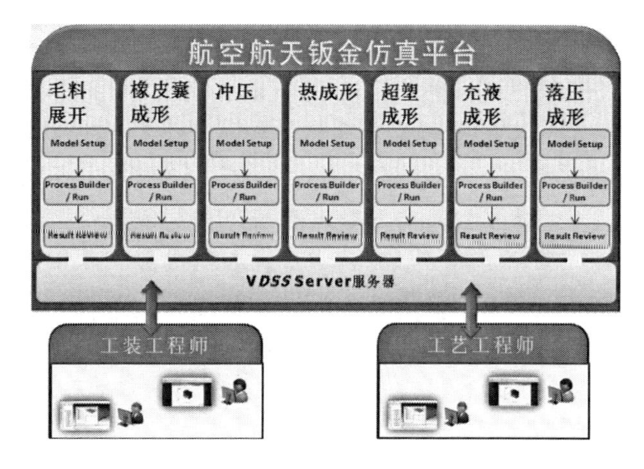

图1　ESI航空航天钣金仿真集成平台的架构图

众所周知，催生和推动钣金有限元分析软件迅速发展的是汽车行业。从20世纪六七十年代有限元方法诞生起，到后来的NUMISHEET（板料成形数值仿真国际会议），各大汽车厂商基本主导了钣金有限元软件的发展。

与此同时，航空工业的飞速发展使得飞机的设计人员和工艺制造人员纷纷借鉴汽车同行的经验，采用各种商业有限元软件来进行模面设计、模具工装和制造工艺的分析。但是，这样利用为汽车工业定制的软件来进行飞机钣金零件的设计与分析，不论从易用性还是软件的功能来说，都有隔靴搔痒的感觉。因此，市场对于一款为航空、航天行业定制的专业钣金工艺有限元分析软件的需求呼之欲出。ESI航空航天钣金仿真集成平台就是顺应、找准这样差异化市场定位的产品。

正所谓隔行如隔山，飞机工业与汽车工业大相径庭，其差异主要体现在以下方面：

（1）钣金工艺的类型有差异：汽车工业以冲压为主。飞机工业有橡皮囊成形、充液成形、超塑成形、热成形、落压成形、冲压、蒙皮拉伸、型材拉弯等十多种工艺。而且冲压只占其中比例不大的一部分。

（2）分析之后的处理有差异：汽车工业冲压设备的运动方式更为简单。而飞机工业的成形设备种类繁多，很多时候而且需要把仿真分析的结果转换成设备能读取的数据加工指令文件，从而具体、深入地指导生产制造过程。

（3）材料的种类、零件的形式有差异：对于飞机工艺来说，钛合金、铝锂合金复杂形状零件及铝合金特殊结构件的成形是重点。

（4）零件的数量和规模有差异：汽车工业一套模具每年的产品基本以万、十万来计数；而飞机工业，以橡皮囊成形工艺为例，某机型有近千个零件，但是每一种零件的数量只是从百到千。

（5）软件使用人员的水平有差异：经过30多年的快速发展，汽车工业从事CAE分析人员的数量和水平都远高于飞机行业，甚至产生了专门的CAE分析师这一职业。飞机行业的CAE分析人员基本都属于兼职（Part time），其有限元的理论知识也较为匮乏。

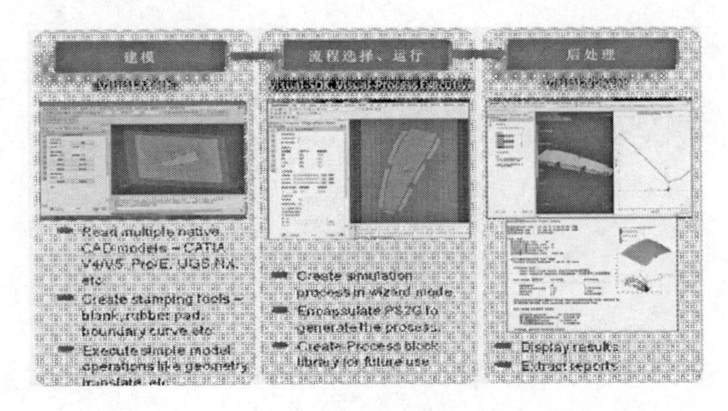

图 2　平台的工作流

在准确地对航空航天行业、软件使用人员进行差异化分析之后，ESI中国团队梳理出了航空航天钣金仿真集成平台的市场定位点，或者说其产品的特点。与上述相对应，也有5个方面的特点：

（1）平台目前的版本涵盖了橡皮囊成形、充液成形、超塑成形、热成形、落压成形、冲压等飞机钣金工艺；下一个版本将加入蒙皮拉伸、型材拉弯等更为复杂的工艺。

（2）平台具备了与制造设备紧密配合的特点，能把仿真的结果转换成各种机床、设备的接口文件。比如毛料反算得到的毛料外形线，以及钳口的轨迹曲线可以转换成数据加工指令，最终指导设备完成加工。

（3）平台提供了多种材料本构模型、硬化模型，材料卡片应当齐全。

（4）平台仿真满足了客户要求，为客户梳理出了标准的软件使用流程，突出仿真的快速、标准化。飞机钣金零件种类多、分析的周期长；而流程定制归纳了各类零件分析的特点，流水线似的操作大大加快了分析的速度。虽然零件种类多、形状复杂，但是模板和流程的出现，减少了建模时间和工作量。

（5）平台尽可能地进行了客户化的定制和封装，大大降低有限元软件使用的门槛，突出仿真的易用性。

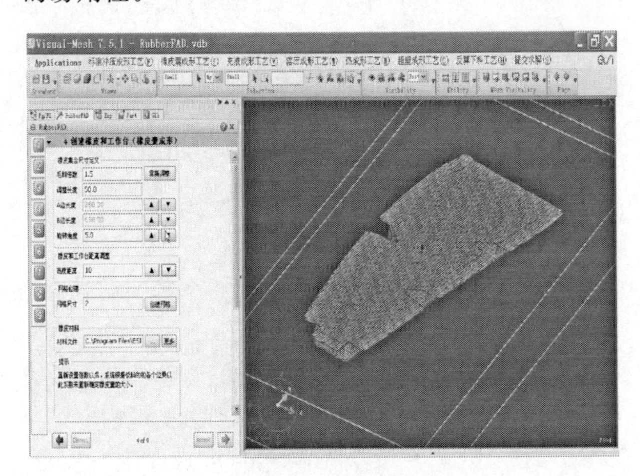

图 3　平台的使用界面

到目前为止，ESI航空航天钣金仿真集成平台已经在国内几家主机厂进行了实施。其功能正在不断地提高和完善过程中。ESI集团从总部到ESI中国团队都对这一全局性、战略性的产品投入了各种力量；着力推动这一填补航空航天行业空白的产品发挥越来越重要的作用。

参　考　文　献

［1］ 林忠钦，等. 车身覆盖件冲压成形仿真. 北京：机械工业出版社，2005.

［2］ 周贤宾. 冲压技术的发展与数值模拟. ChinaPAM2002数值模拟与工程应用技术研讨会，2002年.

［3］ Zienkiewicz O C，Taylor R L. The Finite Element Method. 4th edition. New York：McGraw-Hill，1991.